D1692612

Werner Schatt · Klaus-Peter Wieters · Bernd Kieback (Hrsg.)

Pulvermetallurgie

Werner Schatt · Klaus-Peter Wieters
Bernd Kieback (Hrsg.)

Pulvermetallurgie

Technologien und Werkstoffe

2., bearbeitete und erweiterte Auflage

Mit 200 Abbildungen

Springer

Herausgeber:
Professor Dr. Werner Schatt
Dr. Klaus-Peter Wieters
Professor Dr. Bernd Kieback
TU Dresden
Fakultät Maschinenwesen
Institut für Werkstoffwissenschaft
Helmholtzstraße 7
01069 Dresden
Germany

bernd.kieback@ifam-dd.fraunhofer.de

Bibliografische Information der Deutschen Nationalbibliothek
Die Deutsche Bibliothek verzeichnet diese Publikation in der Nationalbibliografie;
detaillierte bibliografische Daten sind im Internet über http://dnb.d-nb.de abrufbar.

ISBN-10 3-540-23652-X Springer Berlin Heidelberg New York
ISBN-13 978-3-540-23652-8 Springer Berlin Heidelberg New York

Dieses Werk ist urheberrechtlich geschützt. Die dadurch begründeten Rechte, insbesondere die der Übersetzung, des Nachdrucks, des Vortrags, der Entnahme von Abbildungen und Tabellen, der Funksendung, der Mikroverfilmung oder der Vervielfältigung auf anderen Wegen und der Speicherung in Datenverarbeitungsanlagen, bleiben, auch bei nur auszugsweiser Verwertung, vorbehalten. Eine Vervielfältigung dieses Werkes oder von Teilen dieses Werkes ist auch im Einzelfall nur in den Grenzen der gesetzlichen Bestimmungen des Urheberrechtsgesetzes der Bundesrepublik Deutschland vom 9. September 1965 in der jeweils geltenden Fassung zulässig. Sie ist grundsätzlich vergütungspflichtig. Zuwiderhandlungen unterliegen den Strafbestimmungen des Urheberrechtsgesetzes.

Springer ist ein Unternehmen von Springer Science+Business Media

springer.de

© Springer-Verlag Berlin Heidelberg 2007

Die Wiedergabe von Gebrauchsnamen, Handelsnamen, Warenbezeichnungen usw. in diesem Buch berechtigt auch ohne besondere Kennzeichnung nicht zu der Annahme, dass solche Namen im Sinne der Warenzeichen- und Markenschutz-Gesetzgebung als frei zu betrachten wären und daher von jedermann benutzt werden dürften. Sollte in diesem Werk direkt oder indirekt auf Gesetze, Vorschriften oder Richtlinien (z. B. DIN, VDI, VDE) Bezug genommen oder aus ihnen zitiert worden sein, so kann der Verlag keine Gewähr für die Richtigkeit, Vollständigkeit oder Aktualität übernehmen. Es empfiehlt sich, gegebenenfalls für die eigenen Arbeiten die vollständigen Vorschriften oder Richtlinien in der jeweils gültigen Fassung hinzuzuziehen.

Satz: Fotosatz-Service Köhler GmbH, Würzburg
Herstellung: LE-TEX Jelonek, Schmidt & Vöckler GbR, Leipzig
Einbandgestaltung: medionet AG, Berlin

Gedruckt auf säurefreiem Papier   68/3100/YL – 5 4 3 2 1 0

Vorwort

Mit der vorliegenden zweiten Auflage des Buches „Pulvermetallurgie – Technologien und Werkstoffe" beim Springer-Verlag soll die seit 1979 bereits in fünf Auflagen erschienene und im deutschsprachigen Raum zu einem Standardwerk gewordene Monografie in durchgesehener und aktualisierter Fassung dem Leser wieder zugänglich gemacht werden, nachdem die letzte Auflage vergriffen ist. Eine Überarbeitung war vor allem durch den raschen Fortschritt bei den pulvermetallurgischen Verfahren und die Entwicklung neuer bzw. die Weiterentwicklung traditioneller Sinterwerkstoffe, die außerdem in weiteren Anwendungsgebieten ihren Platz fanden, dringend erforderlich. Darüber hinaus wurde der Inhalt der früheren Ausgabe kritisch am technischen Stand geprüft und – wo erforderlich – überholtes weggelassen und inzwischen allgemein bekanntes gestrafft. Nur so war es möglich, dem Leser ein im Umfang nur unwesentlich angewachsenes Werk anzubieten, das ihm ein effektives Lesen ermöglicht.

Sowohl bei der Durchsicht der letzten Fassung als auch bei der Aufnahme neuer Inhalte galt als Kriterium für den Verbleib oder die Neuaufnahme, inwieweit pulvermetallurgische Verfahrenstechniken und die nach ihnen hergestellten Sinterwerkstoffe sich in der industriellen Praxis bereits bewährt haben oder nach Einschätzung der Herausgeber und Autoren an der Schwelle zur industriellen Nutzung stehen. Das Buch spiegelt damit den gegenwärtigen Entwicklungsstand der Pulvermetallurgie im Hinblick auf die Anwendungsrelevanz wider und verzichtet bewusst auf die Darstellung vieler, vielleicht interessanter, aber doch technisch nicht so bedeutender oder noch sehr im Grundlagenbereich angesiedelter Forschungsergebnisse. Der Leser profitiert hierbei von der langjährigen Erfahrung der Autoren auf den Gebieten der jeweiligen Fachkapitel als notwendiger Grundlage der kritischen Stoffauswahl.

Die bei früheren Auflagen vorgenommenen Straffungen durch Weglassen inzwischen eigenständiger Gebiete, wie der Keramik, der Werkstoffe der Kerntechnik und der Schleifkörper haben sich bewährt und werden bei der neuen Auflage beibehalten. Zwar wurde der Wegfall eines Abschnittes „Grundlagen des Sinterns" verschiedentlich beklagt, jedoch soll auch hier konsequent keine Wiederaufnahme erfolgen, da sich das Gebiet auf wenigen Seiten nicht dem Wissensstand entsprechend darstellen lässt und auch vom erstgenannten Herausgeber eine zusammenfassende Monographie inzwischen vorliegt.

Die Kapitel des Buches reflektieren somit die vom Begriff „Pulvermetallurgie" heute in der Praxis umfassten Gebiete. Die Darstellung reicht von den Verfahren der Gewinnung, Aufbereitung und Charakterisierung der Pulver über deren Formgebung zu Bauteilen und Halbzeugen bis zu den technischen Varianten des Sinterns sowie der Prüfung von Sinterwerkstoffen. Einen ebenso breiten Raum nehmen die Sinterwerkstoffe selbst ein. Mit Massenformteilen auf Eisen- und Nichteisenbasis, hochlegierten Sinterwerkstoffen, Reib- und Gleitelementen, hochporösen Materialien, Kontakt- und Magnetwerkstoffen, hochschmelzenden Metallen und Legierungen sowie Hartmetallen und Metallmatrix-Verbundwerkstoffen wird eine umfassende Beschreibung der PM-Werkstoffe und wichtiger Anwendungen gegeben.

Die weitgefasste, nahezu enzyklopädische Darstellung des Gebietes Pulvermetallurgie mit den zahlreichen Querverweisen gestattet es, sich zu unterschiedlichen Aspekten des Faches rasch zu informieren oder sich systematisch zu bilden. Der Leser- und Nutzerkreis der „Pulvermetallurgie" wird sich damit von der anwendungsorientierten Forschung und Entwicklung bis zu den mit der Produktion und dem Einsatz von Sinterwerkstoffen und Bauteilen befassten Ingenieuren und Technikern erstrecken. Auch Lehrenden und Studenten verschiedener Ingenieurdisziplinen sollte das Buch nutzbringend sein, da gerade in der modernen Technikentwicklung die vielfältigen Möglichkeiten der Pulvermetallurgie, Bauteile wirtschaftlicher herzustellen, Werkstoffe mit speziellen, für die Anwendung maßgeschneiderten Eigenschaften zu generieren und funktionelle Porosität zu erzeugen, überproportional und in vielen Industriebereichen an Bedeutung gewinnen.

Nicht zuletzt soll mit der Monographie die durch *Friedrich Eisenkolb* in Dresden begründete Tradition in Lehre und Forschung auf dem Gebiet der Pulvermetallurgie fortgesetzt werden. Zu der vorliegenden Überarbeitung des Buches haben auch ausschließlich Dresdener Autoren, die ihre zum Teil sehr langjährigen Facherfahrungen an der Technischen Universität Dresden und an Fraunhofer-Instituten gesammelt haben, beigetragen.

Die Herausgeber

Autoren

Dr.-Ing. Alexander Böhm, Dresden
Dr.-Ing. Hartmut Göhler, Dresden
Dr.-Ing. Ilgwar Kalning, Dresden
Prof. Dr.-Ing. Bernd Kieback, Dresden
Dr.-Ing. Gerd Lotze, Dresden
Dr. rer. nat. Klaus Müller, Dresden
Dr.-Ing. Heinz Rebsch, Dresden
Dr.-Ing. Volkmar Richter, Dresden
Dr.-Ing. Christa Sauer, Dresden
Prof. Dr.-Ing. habil. Wolfgang Scharfe, Dresden
Prof. Dr.-Ing. habil. Dr.-Ing. E. h. Werner Schatt, Dresden
Dr.-Ing. Lothar Schneider, Dresden
Dr.-Ing. Thomas Schubert, Dresden
Dr.-Ing. Günter Stephani, Dresden
Dr.-Ing. Thomas Weißgärber, Dresden
Dr.-Ing. Horst Wibbeler, Dresden
Dr.-Ing. habil. Klaus-Peter Wieters, Dresden

Der herzliche Dank der Herausgeber und Autoren gilt all denen, die durch Ratschläge, Informationen und Abbildungen zur Neuauflage der „Pulvermetallurgie" beigetragen haben, vor allem den Herren:

Prof. Dr. P. Beiss, RWTH Aachen; Dr. H. van den Berg, Kennametal Technologies GmbH, Essen; Dr. W. Böhlke, CERATIZIT Luxembourg Sàrl, Mamer (Luxemburg); Dr. G. Brooks, Sandvik Osprey Ltd., Neath (UK); Dipl.-Ing. I. Cremer, Thermoprozessanlagen-GmbH, Düren; Dipl.-Ing. D. Ermel, ALD Vacuum Technologies AG, Hanau; Dr. E. Ernst, GKN Sinter Metals GmbH, Brückenau; Dipl.-Ing. D. Geldner, MAHLER GmbH, Esslingen; Dr. habil. O. Gutfleisch, IFW e.V.,

Dresden; Dr. D. Hinz, IFW e.V., Dresden; Dipl.-Phys. K. Hummert, Powder Light Metals GmbH, Gladbeck; Dr. V. Kruzhanov, GKN Sinter Metals Engineering GmbH, Radevormwald; Dipl.-Ing. I. Langer, Schunk Sintermetalltechnik GmbH, Thale; Dr. F. E. H. Müller, Elektro-Metall AG, Seon (Schweiz); Dipl.-Ing. H. C. Neubing, ECKA Granulate GmbH, Velden; Dr. J. Schröder, Plansee AG Reutte (Österreich); Dr. W. Smarsly, MTU Aero Engines GmbH, München; Dr. V. Uhlenwinkel, Stiftung Institut für Werkstofftechnik, Bremen; Dipl.-Ing. P. Vervoort, ELINO Industrie-Ofenbau GmbH, Düren;
Ing. H. Wukitschewicz, Böhler Edelstahl GmbH, Kapfenberg (Österreich)

Dem Springer-Verlag, Berlin Heidelberg, sind wir für die tatkräftige und geduldige Förderung sowie die ansprechende Ausgestaltung und sorgfältige Drucklegung des Buches „Pulvermetallurgie" sehr zu Dank verpflichtet.

Inhaltsverzeichnis

1	**Einführung**...	1
	Literatur zu Kapitel 1	4
2	**Herstellung von Pulvern**................................	5
2.1	Mechanische Zerkleinerung ohne Phasenumwandlung	6
2.2	Mechanische Zerkleinerung mit Phasenumwandlung	10
2.2.1	Druckluft- und Druckwasserverdüsung	12
2.2.2	Inertgasverdüsung..	16
2.2.3	Spezielle Methoden der Dispergierung von Schmelzen	19
2.2.4	Faserherstellung	22
2.3	Trockene Reduktion von Metallverbindungen	24
2.3.1	Reduktion von Eisenoxiden	24
2.3.2	Reduktion von Nichteisenmetallverbindungen..............	28
2.3.3	Reduktion von Metallverbindungen mit Metallen	31
2.4	Pulvergewinnung durch Elektrolyse........................	32
2.4.1	Pulvergewinnung aus wässrigen Elektrolyten	33
2.4.2	Schmelzflusselektrolyse	35
2.5	Nasse Reduktion von Metallverbindungen....................	36
2.6	Spezielle Verfahren der Pulverherstellung	38
2.6.1	Herstellung mikro- und nanokristalliner Feinstpulver durch Verdampfung und Kondensation.......................	39
2.6.2	Pulvergewinnung durch Gasphasenreaktionen	41
2.6.3	Herstellung von Hartstoffpulvern.........................	43
2.6.4	Herstellung von superharten Hartstoffen	44
2.6.5	Pulverherstellung durch chemische Fällung.................	46
	Literatur für Kapitel 2	47
3	**Aufbereitung der Pulver**.................................	49
3.1	Klassieren der Pulver	49
3.2	Glühbehandlung von Pulvern	50
3.3	Zugabe von Presshilfsmitteln	51
3.4	Mischen von homogenen und heterogenen Pulvern	53
3.5	Anlegieren und Beschichten von Pulvern	58
3.5.1	Anlegieren von Pulvern...................................	59
3.5.2	Beschichten von Pulvern.................................	61
3.6	Mechanisches Legieren von Pulvern	64

3.7	Granulieren von Pulvern	65
	Literatur zu Kapitel 3	68
4	**Prüfung und Charakterisierung der Pulver**	**71**
4.1	Teilchengrößenbestimmung	71
4.1.1	Trennverfahren	72
4.1.2	Sedimentationsverfahren	77
4.1.3	Zählverfahren	80
4.1.3.1	Zählung von Feldstörungen	80
4.1.3.2	Laserstrahlverfahren	81
4.1.3.3	Metallographische Verfahren	83
4.2	Ermittlung der spezifischen Oberfläche	89
4.3	Untersuchung der Mischungsgüte	94
4.3.1	Bestimmung der Mischungsgüte im Makrobereich	96
4.3.2	Kennzeichnung der Mischungsgüte im Mikrobereich	97
4.4	Technologische Prüfmethoden	100
4.4.1	Fließverhalten und Haftfähigkeit	100
4.4.2	Füll- und Klopfdichte	104
4.4.3	Pressverhalten der Pulver	107
	Literatur zu Kapitel 4	109
5	**Formgebung der Pulver**	**111**
5.1	Grundlagen und Vorgänge der Verdichtung	111
5.1.1	Pressdruck und Verdichtung	112
5.1.2	Pressen in Formen	114
5.2	Formgebung mit Druckanwendung bei Normaltemperatur	116
5.2.1	Zweiseitiges Pressen in Matrizen	116
5.2.1.1	Pressen und Werkzeuge	117
5.2.1.2	Doppelpressverfahren und Warmpressen	121
5.2.1.3	Gestaltung und Pressen komplizierter Formteile	122
5.2.2	Isostatisches Pressen	127
5.2.2.1	Nasspressverfahren	128
5.2.2.2	Trockenpressverfahren	129
5.2.3	Walzen von Pulvern	130
5.2.4	Impulspressen	133
5.3	Formgebung mit Druckanwendung bei erhöhter Temperatur	135
5.3.1	Heißpressen (Drucksintern) und heißisostatisches Pressen	135
5.3.2	Sinterschmieden	139
5.3.3	Strangpressen	141
5.4	Formgebung ohne Druckanwendung	144
5.4.1	Schlickergießen und nasse Verfahren	144
5.4.2	Pulverspritzgussverfahren	145
5.4.3	Sprühkompaktieren	149
	Literatur zu Kapitel 5	152

6	**Sintern, Verfahren und Anlagen**	155
6.1	Schutzatmosphären	157
6.1.1	Reine Gase	159
6.1.2	Ammoniak-Spaltgas	162
6.1.3	Über Verbrennung von Kohlenwasserstoffen hergestellte Schutzgase.	163
6.1.4	Oxidierende Atmosphären	165
6.1.5	Vakuum	165
6.2	Beheizung der Öfen	166
6.2.1	Heizleiter auf Nickel-Chrom-Basis.	167
6.2.2	Heizleiter auf Eisen-Chrom-Aluminium-Basis.	167
6.2.3	Siliciumcarbid-Heizelemente	168
6.2.4	Molybdändisilicid-Heizleiter	168
6.2.5	Molybdän- und Wolfram-Heizleiter	168
6.2.6	Graphit-Heizleiter	169
6.2.7	Induktive Beheizung	169
6.2.8	Mikrowellenheizung	170
6.3	Sinteröfen	171
6.3.1	Kontinuierlich arbeitende Sinteröfen	172
6.3.2	Periodisch arbeitende Sinteröfen	179
6.4	Tränken	182
	Literatur zu Kapitel 6	184
7	**Prüfung von Sinterwerkstoffen**	185
7.1	Dichte, Porosität und Schwindung	187
7.2	Festigkeit, Elastizitätsmodul und Härte	191
7.3	Bruchzähigkeit und -sicherheit	197
7.4	Gefügeuntersuchung von Sinterwerkstoffen.	203
7.4.1	Herstellung der Schlifffläche	203
7.4.2	Entwicklung des Gefüges	205
7.4.3	Quantitative Gefügeanalyse	208
8	**Formteile aus Sintereisen oder Sinterstahl**.	215
8.1	Technologische Grundoperationen	219
8.2	Nachbehandlung von Sinterformteilen	228
8.3	Sinterformteile auf Eisenbasis	234
8.3.1	Niedriglegierte Sinterstähle	234
8.3.2	Hochlegierte Sinterstähle	242
8.4	Herstellung und Eigenschaften geschmiedeter Sinterstähle	248
	Literatur zu Kapitel 8	261
9	**Sinterwerkstoffe aus Nichteisenmetallen**	263
9.1	Kupferbasis-Werkstoffe	264
9.2	Aluminiumbasis-Werkstoffe	271
9.2.1	Sinterformteile aus Aluminium.	271
9.2.2	Aluminium-Hochleistungswerkstoffe	275
9.2.3	Aluminiumverbundwerkstoffe	280

9.3	Titanbasis-Werkstoffe	281
9.4	Berylliumwerkstoffe	286
	Literatur zu Kapitel 9	287
10	**Hochdichte und hochlegierte Sinterwerkstoffe**	**291**
10.1	Gesinterte Schnellarbeitsstähle und hartstoffangereicherte Eisenbasislegierungen	292
10.2	Pulvermetallurgisch hergestellte Superlegierungen	303
	Literatur zu Kapitel 10	314
11	**Gleitwerkstoffe und Sinterlager**	**317**
11.1	Ölgetränkte Sinterwerkstoffe	318
11.2	Poröse Sinterwerkstoffe für Gasschmierung	325
11.3	Metall-Festschmierstoff-Verbundwerkstoffe	326
11.4	Metall-Polytetrafluorethylen-Verbundwerkstoffe	332
11.5	Gleitwerkstoffe auf Stützschalen	333
11.5.1	Metallische Gleitwerkstoffe	333
11.5.2	Metall-Hochpolymer-Verbundgleitlager	334
11.6	Sintergleitwerkstoffe für hohe Beanspruchungen	337
	Literatur zu Kapitel 11	340
12	**Reibwerkstoffe**	**341**
12.1	Reibwerkstoffe für Trockenlauf	342
12.1.1	Aufbau und Wirkungsweise	342
12.1.2	Herstellung	346
12.1.3	Werkstoffe, Eigenschaften, Anwendung	348
12.1.3.1	Werkstoffe auf Kupferbasis	348
12.1.3.2	Werkstoffe auf Eisenbasis	351
12.1.3.3	Hochleistungswerkstoffe	354
12.2	Reibwerkstoffe für Öllauf	360
12.2.1	Aufbau und Wirkungsweise	360
12.2.2	Herstellung	363
12.2.3	Werkstoffe, Eigenschaften, Anwendung	364
	Literatur zu Kapitel 12	368
13	**Hochporöse Werkstoffe und Filter**	**371**
13.1	Filter und durchströmte Werkstoffe	372
13.1.1	Einsatz und Anwendung	372
13.1.2	Prüfung der spezifischen Eigenschaften	374
13.1.3	Herstellung und Eigenschaften	379
13.2	Zellulare metallische Werkstoffe	388
13.2.1	Metallschaum-Treibmittel-Verfahren	389
13.2.2	Metallpulver-Platzhalter-Verfahren	390
13.2.3	Offenzellige Metallschäume	390
13.2.4	Hohlkugelstrukturen	392
13.3	Hochporöse Werkstoffe für Sonderzwecke	393
	Literatur zu Kapitel 13	395

14 Kontaktwerkstoffe ... 397
14.1 Vorgänge an Kontakten ... 398
14.2 Werkstoffe auf Basis hochschmelzender Metalle ... 400
14.2.1 Werkstoffherstellung ... 401
14.2.2 Sinterwolfram ... 402
14.2.3 Sintermolybdän und Sinterrhenium ... 403
14.2.4 Wolfram–Kupfer-Verbundwerkstoffe ... 404
14.2.5 Wolfram–Silber-Verbundwerkstoffe ... 406
14.2.6 Wolframcarbid–Silber-Verbundwerkstoffe ... 407
14.2.7 Kontaktwerkstoffe für Vakuumschaltgeräte ... 408
14.3 Verbundwerkstoffe auf Silberbasis ... 411
14.3.1 Werkstoffherstellung ... 411
14.3.2 Silber–Metalloxid-Verbundwerkstoffe ... 412
14.3.2.1 Silber–Cadmiumoxid ... 412
14.3.2.2 Silber–Zinndioxid ... 415
14.3.2.3 Silber–Zinkoxid- und sonstige Silber–Metalloxid-Werkstoffe ... 419
14.3.3 Silber–Nickel-Verbundwerkstoffe ... 419
14.4 Metall–Graphit-Verbundwerkstoffe ... 422
14.4.1 Silber–Graphit-Verbundwerkstoffe ... 423
14.4.2 Kupfer–Graphit-Verbundwerkstoffe ... 424
Literatur zu Kapitel 14 ... 425

15 Hochschmelzende Metalle und Legierungen ... 429
15.1 Herstellung von Halbzeugen und Formteilen ... 431
15.1.1 Sintern von Wolfram, Molybdän und Tantal ... 431
15.1.2 Weiterverarbeitung der Sinterteile ... 434
15.2 Anwendungen von Wolfram-, Molybdän- und Tantal-Werkstoffen ... 442
15.2.1 Hochwarmfeste Bauteile ... 442
15.2.2 Korrosiver Beanspruchung ausgesetzte Teile ... 448
15.2.3 Bauelemente der Elektrotechnik und Elektronik ... 449
15.3 Schwermetalle ... 456
Literatur zu Kapitel 15 ... 458

16 Pulver- und Sintermagnete ... 461
16.1 Pulverkerne ... 463
16.2 Sintereisenmagnete ... 468
16.3 AlNiCo-Sintermagnete ... 473
16.3.1 Herstellung der AlNi Co-Sinterteile ... 473
16.3.2 Wärmebehandlung, Gefüge und Eigenschaften ... 476
16.4 Hartmagnete aus intermetallischen Phasen von Seltenerd- und Übergangsmetallen ... 479
16.4.1 Samarium-Cobalt-Magnete ... 479
16.4.2 Neodym-Eisen-Bor-Magnete ... 490
Literatur zu Kapitel 16 ... 502

17	**Hartstoffe und Hartstoffverbunde**	505
17.1	Übersicht und Charakterisierung der Hartstoffe	505
17.1.1	Metallische Hartstoffe	505
17.1.2	Nichtmetallische Hartstoffe	507
17.2	Hartmetalle	510
17.2.1	Bildung des Hartmetallgefüges	511
17.2.2	Mechanische Eigenschaften von Hartmetallen	514
17.2.3	Herstellung von Hartmetallen	518
17.2.4	Anwendung unbeschichteter Hartmetalle	520
17.2.5	Beschichtung von Hartmetall	525
17.2.6	Hartmetalle mit verändertem Bindemetall oder Härteträger	530
17.3	Werkzeuge aus superharten Stoffen	532
17.4	Cermets	536
17.4.1	Einflussnahme von Eigenschaften der Komponenten	537
17.4.2	Anwendung und Entwicklungsaussichten	538
	Literatur zu Kapitel 17	539

Anhang: Normen 541

Sachverzeichnis 547

1 Einführung

In der Sintertechnik werden durch Kompaktieren (meist mechanisches Pressen) eines Pulvers und Glühen (Sintern) unterhalb seiner Schmelztemperatur – bei mehrphasigen Systemen allenfalls unterhalb des Schmelzpunktes der am höchsten schmelzenden und basisbildenden Phase – Halbzeuge und Formteile hergestellt. Für keramische Materialien ist die Sintertechnik das dominierende Verfahren. Im Bereich der metallischen bzw. Metallbasis-Werkstoffe hat sich die Sintertechnik, deren zahlreiche technologischen und Werkstoff-Varianten hier unter dem Begriff *Pulvermetallurgie* (PM) zusammengefasst werden, auf bestimmten Gebieten – wie ein geschichtlicher Rückblick lehrt – wenn auch nicht stürmisch, so doch aber stetig entwickelt. Ihr Fortschritt und ihre Ausweitung auf neue Gebiete sowie das damit verbundene technische Interesse waren immer dann besonders ausgeprägt, wenn dringende Probleme der Werkstoffsubstitution, der wirtschaftlichen Bauteilherstellung und die Suche nach Werkstoffen mit speziellen Eigenschaftsprofilen anstanden.

Die großtechnische Anwendung der Pulvermetallurgie setzte – wenn man den 1826 bis 1865 im zaristischen Russland geprägten Sinterplatinrubeln ab – um 1900 in Verbindung mit der industriellen Erzeugung der hochschmelze Metalle Wolfram (T_S = 3410°C) und Molybdän (T_S = 2630°C), für die no eignete Schmelzeinrichtungen fehlten, ein. Das Hauptverdienst an dieser En lung haben die Glühlampen- und Elekroindustrie, die größere Mengen an D Blechen und Bändern dieser Metalle und ihrer Legierungen benötigen. D gangsstoffe sind sekundäre Erzeugnisse, deren Eigenschaften durch die lung beeinflusst werden können. Die spätere Erfindung des Vakuumlichtb Elektronenstrahlofens, mit denen sich auch schwere Molybdän- und Wolframbl erschmelzen lassen, hatte nur einen vorübergehenden Rückgang der Produktion von Sinterwolfram und -molybdän zur Folge, da deren Feinkörnigkeit und Duktilität nicht erreicht werden konnten. Zum pulvermetallurgisch erzeugten Wolfram und Molybdän gesellte sich Ende der zwanziger Jahre, nachdem das Problem des Hochvakuumsinterns gelöst war, das sehr chemikalienbeständige Tantal (T_S = 3000°C). Seine hohe Löslichkeit für Gase, dank der es in der Elektronik als Getterwerkstoff Verwendung findet, stellte dabei eine zusätzliche Erschwernis bei der Gewinnung eines duktilen Materials dar.

Gleichfalls zu Beginn des 20. Jahrhunderts wurden in Gestalt der sog. Metallkohlen, die die gute elektrische Leitfähigkeit des Kupfers (oder Silbers) mit der hervorragenden Gleitfähigkeit des Graphits verbinden, die ersten Sinterverbundwerkstoffe in die Praxis eingeführt. Auch hierfür gab die Elektrotechnik im Zuge der

Entwicklung der Dynamomaschinen und Elektromotoren den Anlass. Damit treten neue Gesichtspunkte, die erst mehr als zwei Jahrzehnte später in größerem Umfang technisch umgesetzt werden, in den Vordergrund: Da in der Sintertechnik für das Zusammenführen verschiedener Komponenten z.T. andere Verträglichkeitskriterien gelten als in der Schmelzmetallurgie, ist es mit ihr möglich, nahezu beliebige Stoffe in einem Verbundgefüge zu gemeinsamer oder neuer Wirkung zu bringen. Das ist besonders dann von Bedeutung, wenn die Komponenten große Unterschiede in der Schmelztemperatur, keine oder nur geringe Löslichkeit im flüssigen Zustand sowie starke Unterschiede in der Dichte aufweisen, oder gar die Hartstoffkomponente vom flüssigen Metall angegriffen wird. In diesen Fällen ist es mit den Mitteln der Schmelzmetallurgie nicht gegeben, einen technisch brauchbaren Werkstoff zu erzeugen.

Nach 1920 folgten den Metallkohlen weitere wichtige Verbundmaterialien. Die als hochverschleißfeste Werkzeuge für die Zerspanungs- und Umformtechnik bekannten Hartmetalle auf WC-, WC-TiC- oder WC-TiC-TaC-Basis mit Co als Bindemittel sind heute ebenso wenig aus der Technik wegzudenken wie zahlreiche Kontaktwerkstoffe vor allem der Systeme Ag-Ni, $Ag-SnO_2$, Ag-CdO (dispersionsgehärtet), W-Ag, W-Cu und W-Ni-Cu oder die gleichfalls als Werkzeuge eingesetzten Diamant- und Bornitrid-Legierungen, d.h. in einer metallischen Matrix gebundene Pulver von superharten Stoffen.

Als Verbunde im weiteren – und auch physikalischen – Sinn müssen die Sinterwerkstoffe mit Poren- und Kapillargefüge angesehen werden. Ihre stärkere Entwicklung begann nach 1930 mit der Herstellung der sog. „selbstschmierenden" Gleitlager auf Eisen- und Bronzebasis, die heute für wartungsfreie Geräte unentbehrlich geworden sind. Der Porenraum, der meist mit Öl getränkt ist, beläuft sich auf etwa 25%. Der Selbstschmiereffekt kommt durch das Wechselspiel von Kapillarkräften und Lagerdruck zustande. Auf Grund des in weiten Grenzen variierbaren Volumens und mittleren Durchmessers der Poren haben sich die porösen Sintermaterialien auch als Dochte, Diaphragmen und Filter feste Anwendungsgebiete gesichert. Letztere weisen gegenüber älteren Filtermaterialien den Vorteil auf, dass sie mit definiertem Porenraum herstellbar und plastisch verformbar sind sowie in korrosionsbeständiger Qualität geliefert werden können.

Spezielle Bedeutung erlangt haben die nach dem zweiten Weltkrig entwickelten Eisen- bzw. Bronzebasisgleit- und -reibwerkstoffe mit vorzugsweise nichtmetallischen Zusätzen sowie einige für Hochtemperaturzwecke verwendete Oxid-Metall-Verbunde (Cermets), beispielsweise ZrO_2-Mo als Hüllenmaterial für Temperaturmessfühler in Stahlschmelzen. Indes setzte mit den siebziger Jahren die Herausbildung einer zweiten Generation von Cermets ein, die sich nicht nur dank des technologischen Fortschritts durch ein feineres und gleichmäßigeres Gefüge, sondern auch durch die Verwendung spezieller Legierungen als metallische Bindemasse sowie einer Reihe nichtoxidischer Hartstoffe (Carbide, Boride, Nitride, Silicide und deren Mischphasen) gegenüber der ersten Cermets-Generation auszeichnet. Auf diese Weise konnte erhöhten Anforderungen an Hochtemperatur- wie auch Verschleißfestigkeit entsprochen werden. Da die Hartstoff-Metall-Ausgangspulvergemische der Verbundmaterialien häufig schwer verpressbar und die auf konventionelle Weise daraus gewonnenen Sinterkörper oft noch in unerwünschter Weise porös sind, war die Einbeziehung der unterdessen ausgereiften kalt- und

1 Einführung

heißisostatischen Presstechnik der weitergehenden Nutzung von Verbundwerkstoffen zweifellos förderlich.

Die PM-Fertigung löst das Ur- und Endformen im wesentlichen mit ein- und derselben technologischen Operation: Vollautomatisiert und programmgesteuert zugeführt erhält eine genau dosierte Pulvermenge durch Pressen bereits die Form des Finalerzeugnisses. Damit ist zwangsläufig eine abfallarme oder -freie Produktion bei hoher Materialausnutzung verbunden und fallen energie- und zeitaufwendige Fertigungsschritte weg. Gegenüber der spanenden Fertigung, dem Hauptkonkurrenten, ist in der Massenformteilerzeugung mit Sinterstahl, dem bedeutendsten Einsatzgebiet der PM, die Materialausnutzung mit rund 95% doppelt so hoch, wobei – je nach Art des Formteiles – der Energieaufwand nur etwa 30 bis 50% beträgt. Das trifft in ähnlicher Weise für die Ausgangsmaterialien zu: Die Erzeugung von 1 t Stabstahl beispielsweise erfordert im groben Mittel 3500 kWh, von 1 t druckwasserverdüsten Eisenpulvers 2130 kWh [1.1]. Diesen Vorteil gegenüber der spanenden Formgebung machten sich ab der Jahre 1935 bis 1940 in rasch zunehmendem Maße die Hersteller von Eisen- und Stahlgenauteilen zunutze. Unterdessen, insbesondere nach 1960, konnte diese Entwicklung durch wichtige Neuerungen bereichert werden: Die wirtschaftliche Gewinnung höchst- und superkompressibler sowie legierter und hochlegierter Pulver mit Hilfe der Druckwasser- und Inertgasverdüsung ließ im Verein mit geeigneten Verarbeitungstechnologien die Sintertechnik nun auch in das Gebiet der hochfesten Stähle und höchstfesten Legierungen vordringen. Der in mancherlei Hinsicht in seiner Qualität dem schmelzmetallurgisch hergestellten gleichen Stahl überlegene gesinterte Schnellarbeitsstahl hat seinen festen Standort im Erzeugnisspektrum erlangt. Verdichtungs- und Formgebungsverfahren, wie Strangpressen, Sinterschmieden oder Pulverspritzgießen, haben nicht nur die Arbeitsproduktivität weiter erhöht, sondern auch das Sortiment der angebotenen Produkte sowohl seitens des Formenreichtums als auch hinsichtlich der erschlossenen Werkstoffqualitäten merklich erweitert. Unter den letztgenannten verdienen vor allem Al- und Ti-Basis-Sinterwerkstoffe sowie die PM-Superlegierungen genannt zu werden.

Wie bei jeder Technikvariante stehen den genannten Vorteilen der PM auch restriktive Kriterien gegenüber, die bei der Wahl der Sintertechnik zu beachten sind. Trotz der ohne Zweifel erheblichen Fortschritte in der Pulvergewinnung sind die Pulver immer noch relativ teuer. Das gleiche gilt für die aus hochwertigen Stählen oder Hartmetallen hergestellten und für formkomplizierte Bauteile sehr komplex aufgebauten Presswerkzeuge. Weiter muss man bedenken, dass die Leistungsfähigkeit der Pressen bei Einhaltung wirtschaftlicher Kriterien nicht beliebig gesteigert werden kann. Das hat zur Folge, dass die Masse bzw. Größe der Formteile begrenzt ist. Bei nach der konventionellen Technologie hergestellten Formteilen beispielsweise beträgt die größte Flächenausdehnung ca. 250 cm^2 und die maximale Höhe etwa 60 mm. Gewisse Einschränkungen bestehen auch hinsichtlich der Formgestaltung (Kap. 8). Dennoch können, wenn Pulvermetallurge und Konstrukteur bereits von der Konzipierung eines Funktionsteiles an zusammenarbeiten, manche derartiger Hemmnisse durch meist geringfügige Gestaltsänderungen, ohne dass die Funktionstüchtigkeit des Teiles darunter leidet, mit Vorteil für den Hersteller aus dem Wege geräumt werden. In nicht unwesentlichem Ausmaß wirken sich auch die Kosten der Sinteranlagen einschließlich der zum Sintern erforderlichen Schutzgase oder Vakua auf die Preisbildung eines Sintererzeugnisses aus (Kap. 6). Des Genannten wegen gilt die Regel: Je komplizierter die Gestalt, je höher die Genauigkeitsanforderungen und je teurer der Werkstoff, desto günstiger ist die Substitution durch Sinterbauteile, für deren Herstellung außerdem noch gewisse Mindestlosgrößen gewährleistet sein müssen [1.2].

Aus solchen Überlegungen folgt auch, dass aus gegenwärtiger Sicht die Pulvermetallurgie die Schmelzmetallurgie nicht in großem Umfang verdrängen kann. Die in den hochentwickelten Industrieländern (USA, Japan, Europa) insgesamt produzierte Metallpulvermenge, die zugleich auf die Größe der Sinterproduktion schließen lässt, liegt bei ca. 1 Million Jahrestonnen [1.3]. Einen großen Anteil nehmen die Genauteile ein, die bei ihrer Herstellung über pulvermetallurgische Prozesse durch die Einsparung von Arbeitsstufen, Material und Energie wirtschaftliche Vorteile gegenüber alternativen Fertigungsmöglichkeiten bieten. Hier steht die Pulvermetallurgie im unmittelbaren Wettbewerb, den sie vor allem in Bereichen mit großen Losgrößen, wie der Automobilindustrie, mit erheblichen Wachstumsraten erfolgreich besteht. Bei vielen anderen Sintererzeugnissen steht das nur oder besser über den dispersen Zustand einstellbare Gefüge und die dadurch erreichten Eigenschaften im Vordergrund. Zu den bereits aus der modernen Industrie nicht mehr wegzudenkenden Spezialwerkstoffen, wie Hartmetallen, Kontakwerkstoffen, Friktions- und Antifriktionswerkstoffen, porösen Materialien usw., kommen durch erhöhte Anforderungen im Werkstoffeinsatz, aber auch durch die Entwicklung neuer pulvermetallurgischer Verfahren ständig weitere Einsatzfälle von Sinterwerkstoffen hinzu. So bieten dispersionsverfestigte oder nanostrukturierte Werkstoffe, Gradientenwerkstoffe, über unterschiedliche Verfahren pulvermetallurgisch hergestellte Metallmatrix-Verbundwerkstoffe und hochporöse, zellular aufgebaute metallische Werkstoffe innovative Lösungen für die Entwicklung oder Verbesserung technischer Systeme an. Neue Verfahrenstechniken, wie die Erzeugung von Nanopulvern, das Sprühkompaktieren, das Hochenergiemahlen, Mikrowellen- oder Spark Plasma Sintern (SPS), um nur einige zu nennen, werden intensiv gerade im Hinblick auf die Einstellung ungewöhnlicher Werkstoffzustände, -strukturen und -gefüge untersucht, um weitere Möglichkeiten zu erschließen. Zeigt bereits der Wert der Erzeugnisse eine größere Bedeutung der Pulvermetallurgie, als die Tonnage aussagt, so sind die Wirkungen auf die Technik noch weitaus höher einzustufen, da die aus Sinterwerkstoffen erzeugten Produkte oft für die Funktion der technischen Systeme eine Schlüsselposition einnehmen. Mit den steigenden und immer komplexer werdenden Anforderungen an die Werkstoffe bei der weiteren technischen Entwicklung wird deshalb auch die Bedeutung der Pulvermetallurgie weiter wachsen, auch wenn, gemessen am Produktionsvolumen, sie stets ein Spezialgebiet bleiben dürfte.

Literatur zu Kapitel 1

[1.1] *Zapf, G.*: VID-Berichte Nr. 227 (1977) 207
[1.2] *Lindskog, P.*: Powder Met. Int. 25 (1993) 138
[1.3] *Capus, J.M.*: Metal Powders – A Global Survey of Production, Applications and Markets 1996–2005, Third Edition; Oxford, Elsevier Advanced Technology 2000

2 Herstellung von Pulvern

Eine entscheidende Voraussetzung für die sintertechnische Herstellung von Werkstoffen besteht in der Bereitstellung von Pulvern mit einem Eigenschaftsspektrum, das sowohl den bevorzugten Verarbeitungsmethoden angepasst als auch geeignet ist, die vom Sinterwerkstoff geforderten Eigenheiten zu gewährleisten.

Von den im Entwicklungsprozess der Sintertechnik zur Herstellung von Pulvern vorgeschlagenen zahlreichen Methoden werden, um in der bekannt gewordenen Fülle nicht den Blick für das Wesentliche zu verlieren und ein an der gegenwärtigen Praxis orientiertes Bild zu geben, im folgenden solche Verfahren behandelt, die sowohl für die Pulvermassenproduktion wie auch als Spezialmethoden in der pulvermetallurgischen Technik vorherrschend sind bzw. deren absehbare Entwicklung eine solche Stellung erwarten lässt.

Die konventionelle Pulvermetallurgie sowie auch neuere Verarbeitungsmethoden, wie Pulverschmieden, isostatisches Pressen oder Pulverwalzen, setzen für die Gebrauchsmetalle und viele hochlegierte Werkstoffe nach wie vor Pulver im Teilchengrößenbereich von 400...40 µm und für hochschmelzende Metalle, Hartmetalle u.a. bis etwa 0,4 µm ein. Auf der anderen Seite ist ein stetiges Anwachsen des Bedarfes an Pulvern im Teilchengrößenbereich unter 45 µm zu beobachten. Als Einsatzgebiete sind hier beispielsweise das Metallpulverspritzgießen (MIM), aber auch die pulvermetallurgische Herstellung poröser metallischer Strukturen zu nennen. Da zwischen der Qualität der Pulver und der Erzeugnisse ein enger Zusammenhang besteht, ist insbesondere für die Erzeugung von Pulvern aus Sonderwerkstoffen auch weiterhin der Einsatz ständig verbesserter Herstellungsverfahren kennzeichnend, wie z.B. die Reduktion von Wolframverbindungen im Drehrohrofen, die Erzeugung und Zerkleinerung von Schmelzen im Lichtbogen oder Elektronenstrahl oder die Schnellabkühlung zerkleinerter Schmelzen mit Edelgasen.

Das zunehmende wissenschaftliche und anwendungstechnische Interesse an amorphen und nanokristallinen Pulvern mit einer Teilchengröße <0,1 µm sowohl für die Entwicklung von Sinterwerkstoffen als auch für andere Zwecke, z.B. magnetische Informationsspeicher oder Katalyse, gab Veranlassung, chemische Methoden, Gasphasenreaktionen oder Verdampfung und Kondensation als Herstellungsverfahren heranzuziehen. Sie gestatten besser als Verfahren, die auf mechanischen Wirkprinzipien beruhen, nicht nur die Herstellung von Pulvern der erwünschten Teilchengröße, sondern zugleich auch die Einstellung spezieller, für die Anwendung unerlässlicher Eigenschaften.

2.1 Mechanische Zerkleinerung ohne Phasenumwandlung

Das Wirkprinzip der mechanischen Zerkleinerung beruht auf der Übertragung mechanischer, im Mahlaggregat erzeugter Bewegungsenergie auf den zu zerkleinernden Festkörper. Die Bewegungsenergie wird in mechanische Spannungen umgesetzt, die auf die Kristallite der Mahlgutteilchen einwirken. Von deren physikalischen Eigenschaften hängt es ab, ob die aufgebrachte Spannung zum Sprödbruch führt oder ob der Bruch erst eintritt, nachdem das Umformvermögen des Werkstoffes infolge Kaltverfestigung erschöpft ist.

Die zur Dispergierung erforderlichen Spannungen werden im Falle der in verschiedenen Varianten durchführbaren Fremdzerkleinerung durch eine Energieübertragung von den Mahlkörpern auf das zu zerkleinernde Gut erzeugt, wobei die im Mahlaggregat fest eingebauten (z.B. Stiftmühle) oder beweglichen (z.B. Kugelmühle) Funktionselemente auf das chargenweise oder kontinuierlich zugeführte Mahlgut einwirken und es zerkleinern. Bei der Selbst-(Eigen-)zerkleinerung, die wegen des geringen Wirkungsgrades für die Pulvermetallurgie kaum noch Bedeutung hat, bewirkt der Zusammenprall der mechanisch beschleunigten Teilchen des vorzerkleinerten Mahlgutes ihre Zerkleinerung.

Der Mahlprozess führt zu einem mit der Mahldauer zunehmenden Dispersitätsgrad des Mahlgutes (Bild 2–1). Dabei bildet sich auch je nach den physikalischen Eigenschaften des Mahlguts (Gitterstruktur, Plastizität, Reinheitsgrad, Korngröße) und der Art der Energieübertragung eine für das Verfahren typische Teilchengestalt heraus. Die Zerkleinerung lässt sich jedoch nicht beliebig fortsetzen. Es stellt sich vielmehr, und dies wurde insbesondere für die Fremdzerkleinerung von duktilen Werkstoffen nachgewiesen, ein den gegebenen Mahlbedingungen (Mahlaggregat, Mahlkugeln, Füllungsgrad der Mühle, Beanspruchungsart) entsprechendes Mahlungsgleichgewicht ein, dessen Teilchengröße nicht weiter unterschritten werden kann. Es wird auch dann erreicht, wenn ein Pulver, dessen Teilchengröße geringer als die des Mahlungsgleichgewichtes ist, zur Mahlung kommt; die eingesetzten Primärteilchen verschweißen zu größeren Sekundärteilchen.

Unter geeigneten Mahlbedingungen können neben der Dispergierung/Agglomeration auch metallurgische Prozesse, wie Mischkristallbildung in fester Phase aus den Komponenten (mechanisches Legieren), ablaufen. Über Zwischenprodukte mit Schichtstruktur kann die Mahlung bis zur Bildung von Teilchenagglomeraten mit Teilchengrößen zwischen 10 und 100 µm geführt werden. Diese sind aus amorph-

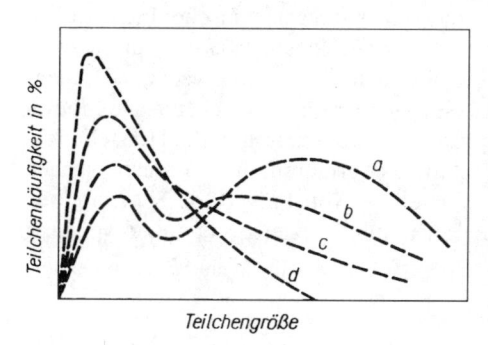

Bild 2–1. Veränderung der Teilchengrößenverteilung eines Pulvers durch mechanische Zerkleinerung (nach H.H. Hausner). *a* ursprüngliche Teilchengrößenverteilung; *b*, *c*, *d* mit zunehmender Mahldauer ($b < c < d$) sich verändernde Teilchengrößenverteilung

2.1 Mechanische Zerkleinerung ohne Phasenumwandlung

nanokristallinen Teilchen mit Kristallitgrößen um 10 nm aufgebaut. Ultrafeine Pulver mit Teilchengrößen ≤100 nm als Einzelpartikel eines Pulverhaufwerks werden durch Mahlen nicht erhalten, sie können auch aus dem Mahlgut nicht separiert werden.

Eine weitgehende Zerkleinerung ist in Kugelmühlen verschiedener Ausführungsformen gegeben (Bild 2–2). Für die Zerkleinerung spröder Werkstoffe genügen einfache (Schwerkraft-)Rotationskugelmühlen, in denen das Mahlgut durch Abrieb, Stoß und Schlag beansprucht wird. Oberhalb einer kritischen Umdrehungsgeschwindigkeit rollen die Mahlkugeln nicht nur, sondern fallen auch als Kugelschauer, der durch geeignete Einbauten im Mahlbehälter noch verstärkt werden kann, auf das Mahlgut herab.

Zur Dispergierung auch duktiler Materialien werden Schwing- oder Planetenmühlen, die sich durch eine erhöhte Mahlkörperenergie auszeichnen, genutzt. Beim

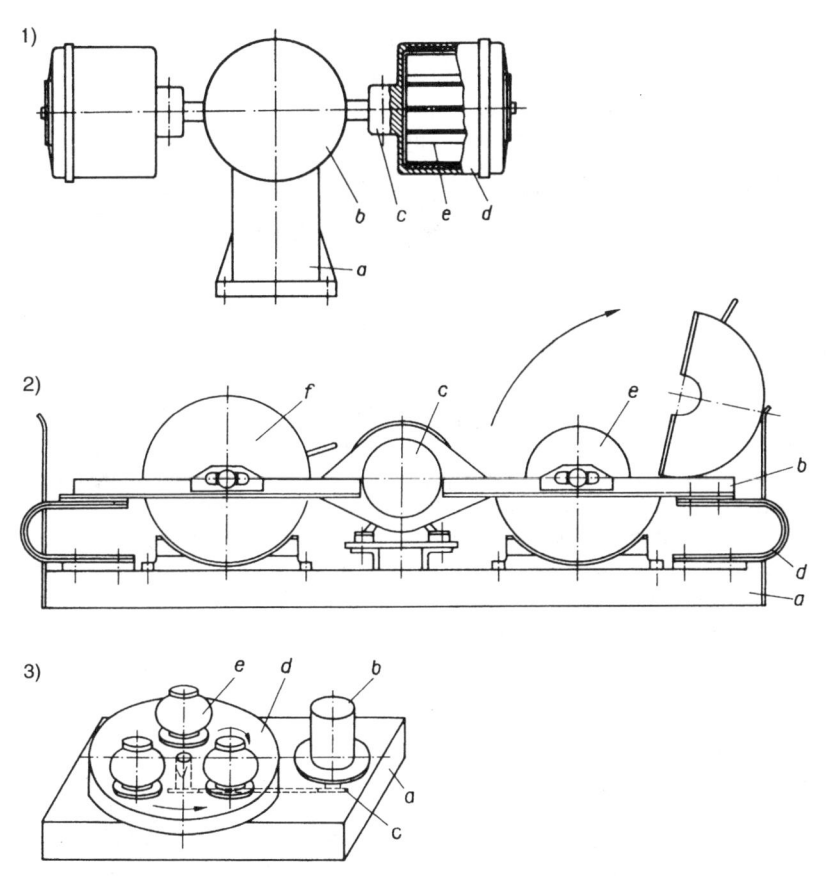

Bild 2–2. Prinzipskizzen von Mahlaggregaten. 1) Kugelmühle: *a* Ständer; *b* Motor; *c* Lager mit Mahltopfhalterung; *d* Mahltopf; *e* Einbauten zur Erzeugung von Kugelschauern; 2) beheizbare Schwingmühle: *a* Grundplatte; *b* Schwinggestell; *c* Antrieb mit Unwucht zur Amplitudenverstellung; *d* Federn; *e* Mahlbehälter; *f* Beheizung; 3) Planetenkugelmühle: *a* Grundplatte; *b* Motor mit verstellbarer Drehrichtung und -geschwindigkeit; *c* Antriebsübertragung; *d* Tragscheibe; *e* Mahlbehälter (Drehrichtung gegenläufig zur Tragscheibe)

erstgenannten Typ wird die Schlagenergie über die Steuerung der Schwingungsfrequenz und -amplitude, in Planetenmühlen dagegen durch die Umdrehungsgeschwindigkeit des Planetengetriebes, das die Mahlbehälter trägt, geregelt. Während alle Schwerkraft- und Schwingmühlen, insbesondere in Verbindung mit zylindrischen Mahlbehältern, auch einen kontinuierlichen Mahlgutdurchsatz gestatten, sind Planetenkugelmühlen, obwohl der hohe Energieeintrag sie für das Hochenergiemahlen sehr geeignet macht, nur chargenweise betreibbar. Durch das Hochenergiemahlen in Planetenkugelmühlen können beispielsweise das Einbringen von carbidischen oder oxidischen Verstärkungskomponenten in Metallpulver für die pulvermetallurgische Herstellung dispersionsverfestigter und nano-dispersionsverfestigter Legierungen [2.1], mechanisches Legieren und die Aufbereitung von Pulvern für das Reaktionssintern intermetallischer Verbindungen [2.2] erfolgen. Der hohe Energieeintrag kann zu einer teilweisen oder vollständigen Reaktion von Mischungsbestandteilen während des Mahlvorganges führen. Die Überwachung und Analyse von thermischen Effekten (Phasenbildungen) und Gasreaktionen während der Hochenergiemahlung sowie zur Prozessanalyse beim mechanischen Legieren ist mit Hilfe von Gasdruck-Temperatur-Meßsystemen möglich [2.3].

Für die Hartmetall-Herstellung können, aus den Erfahrungen des mechanischen Legierens abgeleitet, elementare Pulver entsprechend der Zusammensetzung des Hartmetalles (z.B. WC-12Co-0,3VC) gemischt und in Hartmetall-Planetarkugelmühlen hochenergiegemahlen werden. Der duktile Zustand der metallischen Ausgangspulver gestattet, beim Mahlen eine Verteilung der Komponenten im Nanometerbereich einzustellen, auch wenn gröbere Pulver eingesetzt werden. Die Phasenbildung geschieht hier erst parallel mit der vollständigen Verdichtung beim Heißpressen [2.4].

Mahlbehälter und Mahlkugeln werden in Abhängigkeit von Härte, Mahlbarkeit und geforderter Reinheit des Mahlgutes aus Hartporzellan, unlegiertem Stahl, Chrom-Nickel-Stahl, Nickelhartguss, Achat, Ti-TiO_2-Werkstoffen oder Hartmetall gefertigt, bzw. werden in den zuletzt erwähnten Fällen größere Mahlbehälter auch mit dem hochverschleißfesten, aber teuren Werkstoff ausgekleidet.

In der Regel kommen bereits auf Teilchengrößen unter 2 mm vorzerkleinerte Güter zum Einsatz, die trocken oder auch nass gemahlen werden. Die Verwendung einer geeigneten, grenzflächenaktiven Mahlflüssigkeit erleichtert die Dispergierung (Rehbinder-Effekt). Die für die Zerkleinerung aufzuwendende Arbeit.

$$\Delta A = \Delta S \gamma \tag{2.1}$$

ist der Vergrößerung der Oberfläche ΔS und der Oberflächenspannung γ des Festkörpers proportional. Infolge der Benetzung durch die grenzflächenaktive Flüssigkeit wird nicht nur die Bildung größerer Sekundärpartikel erschwert, sondern über Adsorption an der Festkörperoberfläche auch γ erniedrigt, so dass bei vorgegebener Leistung des Aggregats die Mahldauer verkürzt oder die Feinheit des Dispersats erhöht werden kann.

Besonders intensiv arbeitende Aggregate zum Trocken- und Nassmahlen sind die sogenannten Attritoren, bei denen Mahlgut und Mahlkörper (kleine Kugeln, große Oberfläche) mit Hilfe eines Rührwerkes in intensiver Bewegung gehalten werden und für den ständigen Umlauf im Fall des Nassmahlens eine Pumpe sorgt

2.1 Mechanische Zerkleinerung ohne Phasenumwandlung

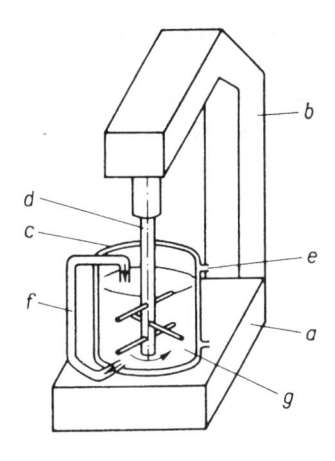

Bild 2–3. Attritor: *a* Grundplatte; *b* Ständer mit Antrieb; *c* Mahlbehälter; *d* Rührerwelle mit Rührerflügel; *e* Kühlwasserkreislauf; *f* Umpumpsystem für Mahlflüssigkeit und -gut; *g* Mahlkugeln, Mahlgut und Mahlflüssigkeit

(Bild 2–3). Die Zerkleinerung geschieht hauptsächlich durch Rollreibung zwischen Mahlgut und -kugeln und kann beispielsweise für oxidische Pulver (Ferrite, Sintermagnete) oder Hartstoffe mit Bindemetallzusatz bis auf Teilchengrößen $\leqq 1$ µm getrieben werden.

Attritoren bilden, obwohl in ihnen der erreichbare Energieeintrag über die Mahlkörper unter dem in Planetenkugelmühlen bleibt, infolge der möglichen kontinuierlichen Prozessführung (auch unter Schutzgas) die bevorzugten Aggregate für das Hochenergiemahlen, das zum mechanischen Legieren oder zur Darstellung von amorph-nanokristallinen Feinstpulvern eingesetzt wird.

Sonst wird das Aufmahlen eines vorzerkleinerten regulinen Materials zu Pulver nur in Sonderfällen technisch eingesetzt. Hierunter fallen die Zerkleinerung sehr spröder Metalle, die Dispergierung oxidationsempfindlicher und reaktiver Metalle unter definierten Schutzgasbedingungen, die Herstellung dichter oder blättchenförmiger Pulver (Aluminium, Bronze, Eisen), oder die Erzielung von Aktivierungseffekten [2.5]. Vielfach wird das Mahlen zum Mischen mehrerer Pulverkomponenten genutzt, bei dem es neben der Erhöhung der Dispersität des Mahlgutes auf eine möglichst gleichmäßige Verteilung der Komponenten, d.h. eine hohe Mischungsgüte im Pulvergemisch ankommt (s. Abschn. 3.4). Beibehalten hat die mechanische Zerkleinerung ihre Bedeutung für die Erzeugung von Hartstoff- und oxidischen Pulvern sowie SE-Legierungspulvern.

Das Zerkleinern von schwammartigen Vorprodukten, wie sie bei Reduktionsverfahren anfallen, wird meist mit Nockenbrechern und Hammer- oder Stiftmühlen, die mit kontinuierlichem Durchsatz arbeiten und in gekapselter Form auch unter Schutzgas betrieben werden, vorgenommen. Dabei wird das porige Aufgabegut aufgebrochen und in der Regel in gröbere Pulverteilchen zerkleinert. Für eine Feinmahlung sind diese Aggregate nicht geeignet.

Für die Herstellung von Feinstpulver auf trockenem Wege bei Verwendung eines relativ groben Einsatzgutes ist das Coldstream-Verfahren geeignet. Die Mahlgutteilchen werden mit einem hochkomprimierten Gas ($\geqq 7$ MPa) durch eine Venturidüse in eine auf Unterdruck gehaltene Kammer eingeblasen, wobei sie Geschwindigkeiten >300 ms^{-1} erreichen. Die adiabatische Entspannung des Gases führt zu einer Abkühlung des Mahlguts, derzufolge es versprödet. Es trifft auf eine Prallfläche auf und wird zerkleinert. Die Grobanteile werden durch Sichter abgetrennt und, wie auch das Inertgas, in den Kreislauf zurückgegeben. Der Oxidationsgrad des Pulvers ist sehr gering, zumal beim ersten Mahlgutdurchsatz spröde Oxidbelegungen des Einsatzpulvers als Feingut abgesondert werden können. Die Teilchengröße des Endpulvers liegt für duktile Materialien zwischen 5 und 10 µm, für sprödes, z.B. im Ergebnis der Aufarbeitung von Hartmetallschrott erhaltenes Gut, bei 2 µm und darunter.

2.2 Mechanische Zerkleinerung mit Phasenumwandlung

Die Pulvererzeugung durch Zerteilung einer Schmelze wird in mehreren Varianten genutzt [2.6, 2.7]. Zur Herstellung von legierten Massenpulvern wird sie in der Regel als die wirtschaftlichste Methode angesehen. Im Fall von Sonderlegierungen stellt sie die aussichtsreichste Form der Gewinnung von Pulvern mit sehr hoher Reinheit und in bestimmter Weise eingestelltem Gefüge dar. Das Grundsätzliche des Verfahrens besteht darin, dass eine Schmelze oder ein lokal aufgeschmolzener Werkstoff von strömenden komprimierten Gasen und Flüssigkeiten, von mechanisch bewegten Teilen oder durch Ultraschall in Tröpfchen zerteilt wird, die im Zerteilungsmedium oder mit Hilfe zusätzlicher Kühlmittel rasch erstarren.

Die im technischen Maßstab am häufigsten genutzten Varianten der Dispergierung von Schmelzen sind das Verdüsen mit Druckluft und mit Druckwasser. Die Inertgasverdüsung spielt hingegen eine untergeordnete Rolle. Laut [2.7] werden gegenwärtig jährlich etwa 1,2 Mio t Metallpulver durch Verdüsungsverfahren hergestellt. Den größten Anteil nehmen hier die Gruppen Eisen, Stahl und Ferrolegierungen auf der einen und Zink auf der anderen Seite ein. Die Produktionsmengen sind in Tabelle 2–2 in einer Übersicht zusammengefasst.

Über die Variation der Höhe der auf die Schmelze einwirkenden Energie, der Temperatur, Viskosität und Oberflächenspannung der Schmelze sowie der Abkühlungsbedingungen gelingt es [2.8], den Dispersitätsgrad, die Gestalt und das Gefüge der Teilchen in weiten Grenzen zu verändern. Je größer die auf die Schmelze einwirkende Energie ist, um so kleiner wird der mittlere Teilchendurchmesser des Pulvers, wodurch sich die Masse des Feinanteils je Charge erhöht. Die Abhängigkeit des mittleren Teilchendurchmesses $\bar{D}$ (in µm) vom Druck p des Verdüsungsmediums (in MPa) wird durch die Beziehung

$$\bar{D} = k \cdot p^{-n} \tag{2.2}$$

beschrieben, wobei k eine von der Art des Verdüsungsmediums und der Metallschmelze abhängige Konstante und n eine für alle Systeme zutreffende Konstante ($\approx 0{,}9$) sind. Die erhaltene Teilchengrößenverteilung entspricht praktisch der Gaußschen Normalverteilung, so dass durch eine Veränderung des Verdüsungsdruckes nur eine Verschiebung der Lage der mittleren Teilchengröße, nicht aber der Teilchengrößenverteilung (Verteilungsbreite) zu erwarten ist.

Diese Tatsache ist darauf zurückzuführen, dass in den konventionellen Düsen das Verdüsungsmedium in turbulenter Strömung auf den ausfließenden Schmelzstrahl trifft, demzufolge die Zerkleinerung lokal nicht definiert und mit ungleich großem

2.2 Mechanische Zerkleinerung mit Phasenumwandlung

Energieeintrag sowohl durch Druck als auch durch Scherspannung stattfindet. Bezüglich der erreichbaren Teilchenfeinheit (≤10 µm) sowie auch der Einengung der Teilchengrößenverteilung kann das Verdüsungsprodukt durch die Verwendung einer Laval-Düse noch merklich verbessert werden. Die Veränderung im Verdüsungsvorgang besteht darin, dass das Verdüsungsmedium (komprimierte Gase, Wasserdampf), das im Unterschallbereich (Machzahl <1) laminar und parallel zum Schmelzstrahl in die Düse einströmt, strömungstechnisch bedingt im Düsenbereich auf Überschallgeschwindigkeit (Machzahl >1) beschleunigt wird. Dadurch übt das Medium hohe Scherspannungen auf die Schmelze aus, die in ein Bündel von Schmelzfäden zerteilt wird. Ihre Beschaffenheit lässt sich durch die Arbeitsbedingungen beeinflussen; sie bestimmen die Charakteristik der daraus unter Einwirkung der Oberflächenspannung entstehenden Pulverteilchen [2.9].

Bei den konventionellen Verdüsungsverfahren nimmt die Teilchengröße eines Pulvers etwa linear mit steigender Temperatur (Überhitzung), d.h. mit fallender Viskosität der Schmelze, ab. Gleichzeitig wird die Bildung von kugelförmigen Teilchen, die sich durch eine hohe Schüttdichte auszeichnen, begünstigt (Tabelle 2–1). Die größenabhängige Erstarrungszeit der Metalltröpfchen während des freien Fluges liegt zwischen 1 und $50 \cdot 10^{-3}$ s. Die höhere Wärmekapazität von überhitzten Metalltröpfchen verlängert diese etwas. Sie reicht dann noch aus, im Düsenbereich entstandene längliche Tröpfchen unter dem Einfluss der Oberflächenspannung kugelig einzuformen. Des weiteren kann auf die Form der Metalltröpfchen durch Zusätze, wie B, P oder Si, die die Oberflächenspannung der Schmelze verändern, eingewirkt werden, was insbesondere zur Erzeugung kugelförmiger Pulver (beispielsweise für Schüttfilter) technisch genutzt wird (vgl. Bild 2–4 u. 13–8). Zugleich können solche Zusätze, wenn sie in größeren Mengen angewandt werden, die Viskosität der Schmelze erheblich beeinflussen und z.B. über eine Viskositätsverringerung unter sonst gleichen Verdüsungsbedingungen zu einer kleineren mittleren Teilchengröße führen, ohne dass die Verteilungsbreite des Pulvers verändert wird.

Bei der technischen Verdüsung von Schmelzen mit Druckluft oder Druckwasser werden durch Konvektion Abkühlgeschwindigkeiten der Teilchen von 10^3 bis 10^4 K s^{-1} erreicht. Dies genügt, um auch solche Komponenten einer Legierung in feiner Verteilung im Gefüge zu halten, die sonst aufgrund der Schwereseigerung grob entmischen (Fe-Pb-, Cu-Pb-Legierungen) oder bei langsamer Abkühlung über

Tabelle 2–1. Einfluss der Temperatur der Schmelze auf die Teilchengröße und Schüttdichte wasserverdüster Zinkpulver (nach *A.C. Chilton*)

Tiegeltemperatur in °C	Überhitzung in °C	Schüttdichte in g cm^{-3} von Pulvern der Teilchengröße		mittlere Teilchengröße in µm
		< 250 µm	< 45 µm	
480	60	1,63	1,59	160
540	120	1,74	1,67	140
590	170	1,84	1,87	120
670	280	1,99	1,99	110
740	320	2,18	2,18	105
800	380	2,30	2,47	85

Tabelle 2–2. Weltproduktion durch Verdüsungsverfahren hergestellter Metallpulver, nach [2.7]

Metall	Produktions-volumen kt/a	wasser-verdüst	luft-verdüst	inert-gas-verdüst	ultra-schall-verdüst	zentri-fugal-verdüst
		Anteile in %				
Eisen, Stahl, Ferrolegierungen	450–600	93	2*)	5		
Zink	400–500	5	90			5
Aluminium	100–150		99	1		
Kupfer, Kupferlegierungen	50–80	80	19	1		
Andere (Sn, Pb, Au, Ag, Co, Ni, …)	20–30	15	40	40	2	3

*) luft-/dampfverdüst

Kristallisation und Seigerung zur Bildung grober Gefügebestandteile neigen; beispielsweise Carbide in Schnellarbeitsstählen. Durch eine Steigerung der Abkühlgeschwindigkeit auf $\geq 10^5$ K s^{-1} können in entsprechenden Legierungen auch metastabile Zustände eingestellt, d.h. Phasenumwandlungen und die Bildung von Eutektika unterdrückt, sowie eine erhöhte Löslichkeit der Legierungselemente in der Matrix und ein weitgehend homogenes mikrokristallines Gefüge erzwungen werden.

Die dazu erforderlichen hohen Abkühlgeschwindigkeiten können im Wesentlichen und unabhängig von der Art der Herstellung und Zerteilung der Schmelze mit Hilfe zweier Methoden realisiert werden. Die eine besteht in einer speziellen Verdüsung mit Gasen hoher Wärmekapazität und Wärmeleitfähigkeit (z.B. Helium). Hier wird zur Wärmeableitung eine beschleunigte Konvektion der Gase ausgenutzt. Dadurch, dass die Schmelztröpfchen frei schwebend in der Gasphase erstarren, entstehen kugelförmige Teilchen (Abschn. 2.2.2, Nanoval-Verfahren). Die andere Methode besteht darin, dass man Schmelztröpfchen auf eine gekühlte Metallfläche aufprallen lässt (Prinzip des splat-cooling. s. Abschn. 2.2.3). Man erhält überwiegend flockige Produkte.

2.2.1 Druckluft- und Druckwasserverdüsung

Während die Wasserverdüsung insbesondere für die Herstellung von Pulvern aus Eisen, Stahl, Kupfer und Kupferlegierungen eingesetzt wird, erfolgt die Verdüsung von Aluminium und Zink überwiegend, die von Kupfer teilweise unter Luft. Die rasche Ausbildung einer sehr dünnen und dichten oberflächlichen Oxidschicht verhindert bei den sauerstoffaffinen Elementen Aluminium und Zink die weitere Oxidation der Pulverteilchen. Typische Sauerstoffgehalte druckluftverdüster Aluminiumpulver liegen bei etwa 3000 bis 5000 ppm. Die Partikel letztgenannter Pulver sind von ausgesprochen spratziger Gestalt. Bild 2–4 zeigt mikroskopische Aufnahmen einiger druckdispergierter Pulver.

Die in Bild 2–5 dargestellte Ringdüse ist für beide Verdüsungsmedien ähnlich beschaffen. Konstruktive Unterschiede bestehen in der Ausbildung des Austritts-

2.2 Mechanische Zerkleinerung mit Phasenumwandlung

Bild 2–4. Druckdispergierte Pulver: a) druckluftverdüstes Eisen-Pulver; b) druckwasserverdüstes Eisenpulver; c) druckluftverdüstes Bonzepulver

spaltes für das Medium und seiner Strömungsrichtung sowie im Durchmesser der Öffnung für den Schmelzstrahl. Für Gase ist der Spalt häufig unverengt und meist parallel zur Fließrichtung des Schmelzstrahles angeordnet, da das expandierende Gas ohnehin eine Zerteilung der Schmelze bewirkt. In Abweichung davon wird bei Wasser ein verengter Austrittsspalt verwendet, der im spitzen Winkel gegen den meist dicker als bei der Gasverdüsung bemessenen Schmelzstrahl gerichtet ist. Der Arbeitsdruck beträgt bei Gasen 0,2 bis 1,5 MPa und bei Wasser 3 bis 50 MPa, wobei in technischen Anlagen Drücke zwischen 10 und 20 MPa vorherrschen.

Neben Ringdüsen unterschiedlicher Bauart, mit denen beispielsweise etwa 50% des weltweit hergestellten wasserverdüsten Eisenpulvers erzeugt werden, existieren sowohl für Luft- als auch für Wasserverdüsung weitere Düsenkonstruktionen. Sehr häufig findet man einfache Systeme, bei denen ein frei fallender Schmelzstrahl durch schräg oder rechtwinklig auftreffende Luft- oder Wasserstrahlen zerstäubt wird, die aus einer oder mehreren separat angebrachten Düsen austreten. Diese Düsensysteme erzeugen allerdings meist gröbere Pulver mit einer breiteren Kornverteilung.

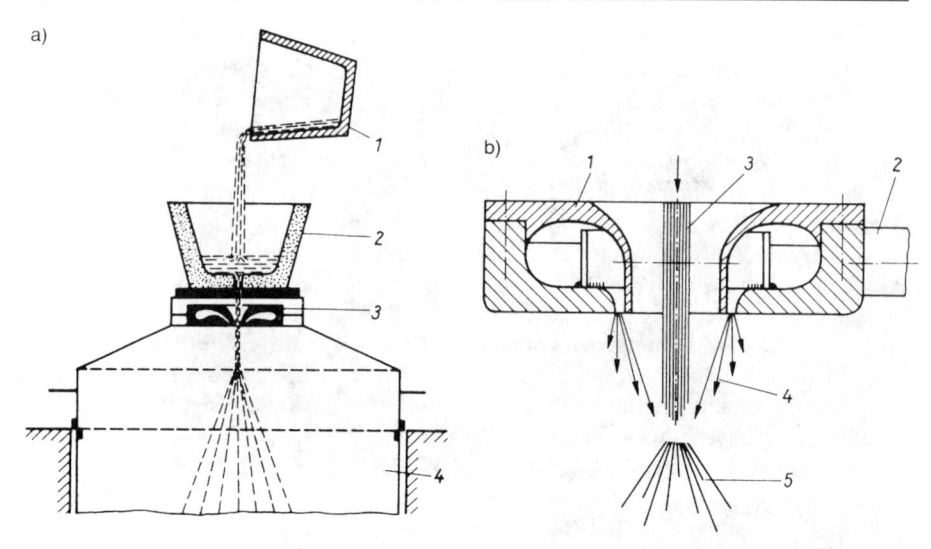

Bild 2–5. Anlage zur Pulverherstellung durch Verdüsen. a) Prinzipskizze einer Verdüsanlage: *1* Tiegel mit Schmelze; *2* mit Keramik ausgekleideter Eingießtrichter; *3* Düse; *4* Verdüsungsbehälter; b) Schnitt durch ein Düsensystem: *1* Düsenoberseite mit Einlauföffnung für Schmelze; *2* Zuführung des Verdüsungsmediums; *3* flüssiger Metallstrahl; *4* Ausströmrichtung des Verdüsungsmediums (Gas); *5* zerstäubter Metallstrahl (Pulverteilchen)

Die Anwendung von Verdüsungsverfahren wird in der Regel durch die Höhe der Schmelztemperatur der Werkstoffe (maximal 1800 °C) und die Art des Verdüsungsmediums bestimmt. So ist es beispielsweise nicht möglich, mit Hilfe von Druckluft aus Werkstoffen mit sauerstoffaffinen Legierungskomponenten sauerstoffarme Pulver zu erzeugen.

Für die Druckluftverdüsung wird zunächst eine Schmelze des zu verdüsenden Metalles oder der zu verdüsenden Legierung aufgebaut und entsprechend überhitzt. Diese überhitzte Schmelze läuft meist über einen zweiten kleineren Tiegel oder einen Eingießtrichter und bildet dort einen Schmelzstrahl aus, der senkrecht durch die Düsenkonstruktion fällt. Der Schmelzstrahl wird durch das Gas zerstäubt und die entstehenden Tröpfchen erstarren in der Verdüsungskammer in der Bewegung. In der Verdüsungskammer und in nachgeschalteten Gasreinigungsanlagen (Zyklone, Filter) wird das Metallpulver vom Trägergas getrennt. Da für sehr viele Anwendungsfälle eine enge, definierte Kornteilung benötigt wird, macht sich meist eine anschließende Klassierung des Metallpulvers in einzelne Fraktionen erforderlich. Dies geschieht in der Mehrzahl der Fälle durch Sieben, aber auch durch Sichten des Pulvers (siehe Kapitel 3).

Bei der industriellen Stahlpulvergewinnung durch Wasserverdüsung spielen die Kosten für die Erzeugung der Stahlschmelze und der dazu benötigten Rohstoffe eine größere Rolle. Man setzt deshalb bevorzugt niedriggekohlte, im LD-Verfahren hergestellte Stahlschmelzen ein. Wo dies nicht gegeben ist, wird auf sortierten Schrott zurückgegriffen und im Lichtbogenofen geschmolzen. Bei einem Wasserdruck von rund 10 MPa verdüste Schmelzen liefern ein Pulver mit etwa 1% O_2-Gehalt. Die Hauptmenge der Teilchen liegt im Größenbereich zwischen 60 und 150 µm. Die

2.2 Mechanische Zerkleinerung mit Phasenumwandlung 15

nachfolgende Reduktion wird falls erforderlich in Förderband- oder Hubbalkenöfen unter gespaltenem Ammoniak vorgenommen; danach beträgt der O_2-Gehalt $\leqq 0{,}025\%$. Infolge ihrer Reinheit sind die Pulver gut verpressbar. Ihre Gestalt bedingt jedoch, dass die Grünfestigkeit der Presslinge relativ niedrig ist.

Durch Steigerung des Wasserdrucks (≥ 12 MPa) lässt sich der Feinanteil des Verdüsungsgutes erhöhen. Während des Reduktionsglühens sintern dann die feinen Teilchen merklich zusammen, so dass nach der Aufmahlung und Klassierung ein Sekundärpulver aus globularen Agglomeraten mit rauher Oberfläche vorliegt. Diese Pulver sind für die Sintertechnik besser geeignet (Bild 2–4). Die Grünfestigkeit der daraus hergestellten Presskörper liegt höher (vgl. Abschn. 8.1).

Zur weiteren Erhöhung der Qualität von wasserverdüsten Fe-Pulvern werden verschiedene Maßnahmen angewendet. In jedem Fall bilden eine bessere Sortierung des eingesetzten Schrotts sowie eine sorgfältige Raffination der Eisenschmelze wichtige Voraussetzungen. Die bekannten metallischen Stahlbegleiter einschließlich Si werden nach japanischen Angaben auf $\leq 0{,}02$ Masse-% gebracht und nach der Verdüsung gesonderte Nachbehandlungen, wie zweimaliges Glühen, Mahlen und Klassieren, in unterschiedlicher Abfolge angewendet, wodurch es gelingt, den Gehalt an nichtmetallischen Stahlbegleitern, wie P, S, C und N_2, auf $\leq 0{,}003$ Masse-% weiter abzusenken und zugleich die Teilchenmorphologie bezüglich des Press- und Sinterverhaltens zu optimieren. Diese Eisenpulver erreichen bei einem Pressdruck von 490 MPa bereits eine Gründichte von $\geq 7{,}05$ g cm^{-3} [2.10, 2.11].

Die Herstellung von legierten Stahlpulvern für höherbeanspruchte Sinter- und Pulverschmiedeteile bereitet keine Schwierigkeiten, wenn man auf konventionelle Legierungselemente der Pulvermetallurgie, wie Cu, Ni oder Mo, zurückgreift, deren Oxide sich leicht mit Wasserstoff reduzieren lassen. Damit legierte Schmelzen sind gleich gut wie unlegierte zu verdüsen und weiterzubehandeln. Diese Elemente sind auch Bestandteile anlegierter Pulver (s. Abschn. 3.5 und Kap. 8, vgl. Tab. 2–3).

Die Nutzung von sauerstoffaffinen (und zugleich kostengünstigeren) Legierungselementen, wie Cr, Mn oder Si, die auch für die Einsatz- und Vergütungsstähle typisch sind, wird bei nicht zu hohen Anteilen über eine Ölverdüsung der Schmelze oder eine Nachreduktion des druckwasserverdüsten Pulvers in trockenem H_2 beherrscht. Der O_2-Gehalt solcher Pulver beträgt im ersten Fall $\approx 0{,}08\%$, im zweiten $\leqq 0{,}25\%$. Pulver mit höheren Anteilen an Cr und Mn ($\approx 1\%$) und einem gleichzeitig auf 0,1 bis 0,05% abgesenkten O_2-Gehalt sind dagegen nur über eine spezielle Nachreduktion zu erhalten. Man geht dabei entweder von einem ölverdüsten Rohpulver bzw. gemäß dem VIDOP-Prozess (Japan) von einem druckwasserverdüsten Pulver mit erhöhtem C-Gehalt ($\approx 0{,}5\%$ C) aus. Im letztgenannten Fall geschieht die Reduktion durch Umsetzung von C und Oxiden, wobei das entstehende Kohlenmonoxid laufend abgepumpt wird. Dank einer Verschiebung der Gleichgewichtslage im Reaktionssystem durch Senkung des Partialdruckes p_{co} (vgl. Abschn. 2.3) gelingt es, auch die Oxide von Cr und Mn zu reduzieren. Der Glühung schließt sich die Aufbereitung des nur geringfügig gesinterten Reduktionsgutes zu Pulver an (vgl. Tab. 2–3).

Sofern den Schmelzen geeignete Desoxidationsmittel beigegeben werden, können, wie Bild 2–6 erkennen lässt, auch höher mit sauerstoffaffinen Elementen legierte Eisenbasiswerkstoffe, beispielsweise korrosionsbeständige austenitische Cr-Ni-Stähle, über Verdüsen mit Wasser unter hohem Druck zu spratzigen, für eine Verdichtung durch Pressen optimal geeigneten Pulvern verarbeitet werden (s.a. Bild 13–8).

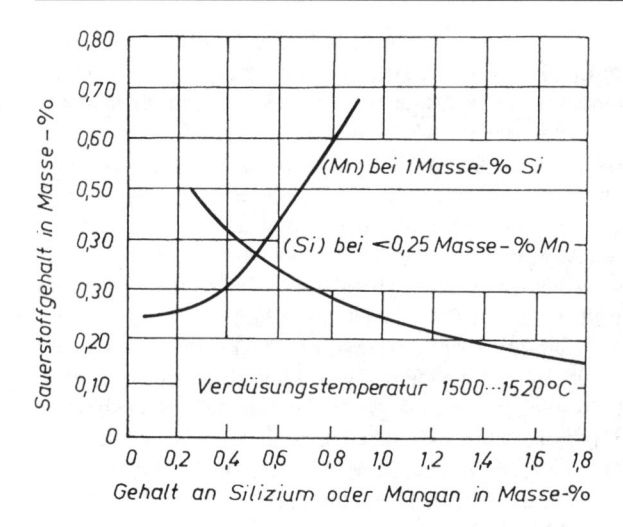

Bild 2–6. Zusammenhang zwischen dem Mn- und Si-Gehalt von Schmelzen austenitischer Cr-Ni-Stähle und dem Sauerstoffgehalt der daraus durch Wasserverdüsung gewonnenen Pulver (nach *N. Dautzenberg* und *H. Gesell*)

Der O_2-Gehalt lässt sich bei Anwendung der Desoxidationsmittel Si oder Mn und bei sehr sorgfältiger Verfahrensausführung auf ≈ 0,2% reduzieren. Für die Erzeugung von Pulvern aus niedrig und hoch legierten Stählen sowie Edelstählen wendet ein japanischer Hersteller (Atmix Co.) ein kombiniertes Verfahren aus Wasser- und Gasverdüsung an. Dieser Prozess liefert sehr feine, nahezu sphärische Pulver. Der mittlere Teilchendurchmesser dieser Pulver liegt bei 2 bis 10 µm. Die so erzeugten Pulver zeichnen sich durch geringe Sauerstoffgehalte und hohe Klopfdichten aus und eignen sich beispielsweise für die Verwendung zum Pulverspritzgießen [2.12].

Die Druckluft-, insbesondere aber die im Folgeabschnitt beschriebene Inertgasverdüsung, hat sich auch zur Herstellung von Pulvern aus Nichteisen- und Leichtmetallen sowie deren Legierungen (Bild 2–4), nicht zuletzt wegen der Vorteile, die aus einem durch Verdüsen entstandenen Gefüge resultieren können, durchgesetzt. Hinzu kommt, dass die Verdüsungstechniken Verfahrensgrundlagen für das Sprühkompaktieren (Abschn. 5.4.3) liefern. Das Sprühkompaktieren eignet sich sowohl zur Herstellung von bandförmigen Vorprodukten als auch von Ingots oder Vorformen, die durch Umformverfahren oder Schmieden zu Profilen und Werkstücken verarbeitet werden.

Durch eine Verdüsung mit reaktivem Gas kann man eine vollständige oder auch oberflächliche Veränderung der chemischen Zusammensetzung der erzeugten Pulverteilchen erreichen. So können Metallnitride oder Metalloxide durch Zerstäubung des Metalls mit stickstoff- bzw. sauerstoffhaltigen Gasgemischen gewonnen werden [2.13, 2.14].

2.2.2 Inertgasverdüsung

Hochreine Pulver aus Sonderstahl, Superlegierungen und anderen hochlegierten bzw. oxidationsempfindlichen Werkstoffen lassen sich vorteilhaft durch Verdüsen mit Inertgas gewinnen. Diese Methode liefert meist kugelige Pulver, die für das

2.2 Mechanische Zerkleinerung mit Phasenumwandlung

konventionelle mechanische Pressen von Formteilen kaum, für eine Verarbeitung durch isostatisches Pressen und Pulverspritzgießen (Abschn. 5.4.2) aber vorzüglich geeignet sind. Im Vergleich zur Verdüsung mit Luft oder Wasser sind mit Inertgas verdüste Pulver meist relativ teuer und waren bislang in der Mehrzahl der Fälle Spezialanwendungen vorbehalten. Die mittlere Teilchengröße konventionell inertgasverdüster Pulver liegt je nach Werkstoff und Verdüsungsbedingungen bei etwa 45 bis 150 µm.

Großtechnisch wird das ASEA-STORA-Verfahren (Schweden) zur Verdüsung von Schnellarbeitsstahlschmelzen angewendet. Durch Einsatz von gereinigtem Inertgas (N_2, Ar) und Arbeiten in einer geschlossenen Anlage lassen sich Pulver mit ≈100 ppm Sauerstoff erzeugen. Zur Erhöhung der Abkühlgeschwindigkeit der Metalltröpfchen wird die Verdüsungskammer von außen gekühlt und für das Sammeln der Pulver ein wassergekühlter Boden verwendet. An solcherweise gewonnenen Pulvern ist im Gegensatz zu Gusswerkstoffen keinerlei Makrosegregation oder Carbidzeiligkeit zu beobachten. Das Erstarrungsgefüge der überwiegend kugeligen Pulverteilchen besteht aus sehr feinen Dendriten, deren Anordnung, insbesondere bei kleinen Teilchendurchmessern, auf Keimbildung und Kristallisationsbeginn im Teilcheninnern schließen lässt. Teilchen mit einer davon abweichenden Gestalt entstehen durch Kollision zwischen festen und festen oder flüssigen Teilchen. Sie bilden, da sie auf eine thermische Behandlung anders ansprechen, offenbar auch die Ursache für die in pulvermetallurgisch erzeugten Schnellarbeitsstählen beobachteten Inhomogenitäten. Aus der Bestimmung des Nebenarmabstands der Dendriten wurde für Teilchen im Größenbereich von 500 bis 40 µm eine teilchengrößenabhängige Abkühlgeschwindigkeit zwischen 10^4 und 10^6 K s^{-1} abgeschätzt. Neue Verfahren wie das Metallpulverspritzgießen erfordern zunehmend feinere Pulver, während neue Anwendungen beispielsweise in Medizin und Raumfahrt einen wachsenden Bedarf an reinen Pulvern aus reaktiven Metallen wie Titan oder Zirkonium und deren Legierungen schaffen. Aus diesen Gründen entstand in den

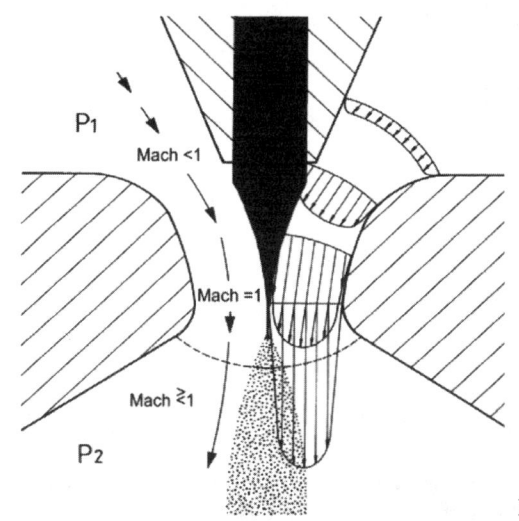

Bild 2–7. Laval-Düse (nach NANOVAL)

letzten Jahren eine Reihe von Verfahrensvarianten, die diese Bedürfnisse befriedigen sollen.

Eine sehr elegante Methode zur Erzeugung von feinkörnigen, kugeligen, schnell abgekühlten Pulvern besteht in der Verdüsung mit Gasen in einer Laval-Düse nach NANOVAL [2.9]. Die Gasströmung erreicht in einem gewissen Düsenabschnitt Überschallgeschwindigkeit (Machzahl >1), was sowohl den Zerteilungsablauf des Schmelzenstrahles als auch die Abkühlung der entstandenen Teilchen (Abkühlungsgeschwindigkeit $\geq 10^6$ K s^{-1}) prägt (Bild 2–7). Bei der Verdüsung mit Argon können die Metallpulver einen mittleren Teilchendurchmesser d_{50} zwischen 10 und 80 μm erreichen, wobei die Vorteile des Verfahrens im Bereich der feineren Körnungen liegen. Man erreicht eine vergleichsweise enge Korngrößenverteilung. Die Streubreite d_{85}/d_{50} liegt gewöhnlich zwischen 1,6 und 2,0, das Gas/Metall-Verhältnis etwa zwischen 0,5 und 6,5 m^3 Argon je kg Metall.

Für die Erzeugung reiner kugeliger Metallpulver aus reaktiven Metallen wie Titan oder Zirkonium sind Verfahren vorteilhaft, die den Kontakt des schmelzflüssigen Metalls mit keramischem Tiegelmaterial nicht zulassen, da dies zu einer Oxidation der Schmelze und möglicherweise zur Zerstörung des Tiegels führen könnte. Daher erschmilzt man das reaktive Metall induktiv oder mittels Plasma in einem wassergekühlten Kupfertiegel. Zwischen Kupfertiegel und Schmelze bildet sich eine dünne, erstarrte Schicht des zu verdüsenden Metalls, welche eine Reaktion der Schmelze mit dem Tiegelmaterial wirkungsvoll verhindert (PIGA- und VIGA-CC-Verfahren, Induction Skull Melting) [2.15, 2.16].

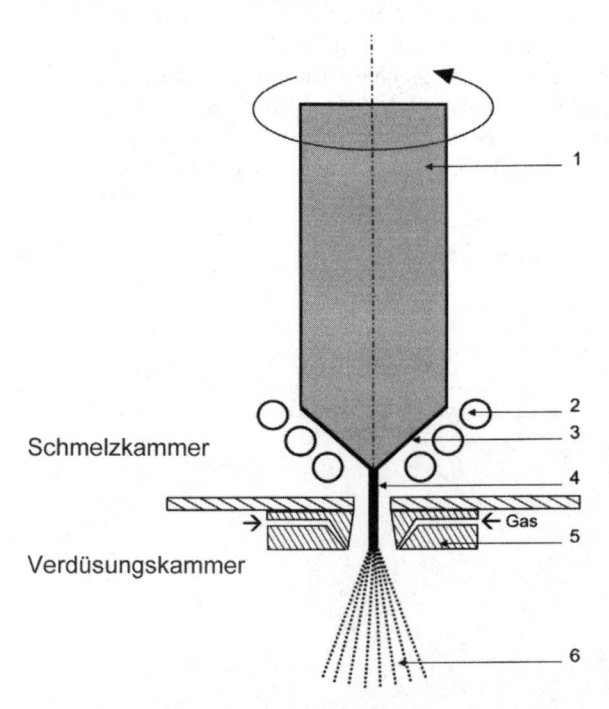

Bild 2–8. Prinzipskizze einer EIGA-Anlage (nach [2.7]). (1-Metallelektrode, 2-Induktionsspule, 3-flüssiger Metallfilm, 4-Schmelzstrahl, 5-Gasdüse, 6-Metallpulver)

2.2 Mechanische Zerkleinerung mit Phasenumwandlung

Eine andere Möglichkeit der keramikfreien Metallverdüsung, die sich besonders für reaktive Werkstoffe eignet und beispielsweise für die Herstellung von Titan-Pulver Verwendung findet, stellt das EIGA-Verfahren dar [2.15, 2.17]. Bei dieser Methode wird das zu verdüsende Metall bzw. die zu verdüsende Legierung als Elektrode in Stangenform senkrecht einer ringförmigen Induktionsspule zugeführt und hier oberflächlich aufgeschmolzen. Um ein gleichförmiges Anschmelzen zu gewährleisten, unterliegt die Stange während des Prozesses einer Drehbewegung. Die so erzeugte Schmelze tropft schließlich im freien Fall durch eine Ringdüse, wird hier zerstäubt und erstarrt. Anschließend wird das Pulver im Verdüsungsbehälter abgeschieden. Das Verfahrensprinzip wird in Bild 2–8 veranschaulicht.

Ebenfalls für die Herstellung reiner sphärischer Titan- und Titan-Legierungspulver verwendet man die Plasma-Verdüsung [2.18]. Ein aus der zu verdüsenden Legierung gefertigter Draht von etwa 3 mm Durchmesser wird einer Anordnung von 3 Plasmabrennern zugeführt, wo er in einem Schritt geschmolzen und zerstäubt wird. Durch die Reinheit des Ausgangsmaterials, das Fehlen jeglichen Tiegelmaterials und das Schmelzen unter inerter Atmosphäre erhält man ein Endprodukt höchster Reinheit.

Eine Zerteilung von Schmelzen unter Vakuum, die man vom Prinzip her auch der Verdüsung zuordnen muss, ist mit Hilfe von Edelgasen oder Wasserstoff möglich. Die unter Druck mit dem Gas angereicherte Schmelze wird in dünnem Strahl in eine evakuierte Kammer gedrückt; die Expansion des in der Schmelze gelösten Gases zerteilt diese in feine Tröpfchen.

2.2.3 Spezielle Methoden der Dispergierung von Schmelzen

Zur Dispergierung von Schmelzen haben sich für die Pulvergewinnung neben den Verdüsungsverfahren mit gasförmigen Medien verschiedene Schleuder- und Schmelzschleuderverfahren, sowie die Schmelzextraktion, die sich besonders für die Herstellung von faserförmigen Produkten eignet (Abschn. 2.2.4), in unterschiedlichem Ausmaß eingeführt. Daneben gibt es Methoden, deren Anwendung bislang wohl meist nicht über den Labormaßstab hinausgeht, die aber geeignet sind, Feinstpulver oder Flakes mit Teilchengrößen ≪100 µm herzustellen, wobei im Fall von Abkühlgeschwindigkeiten $\geq 10^7$ K s^{-1} mit Sicherheit mikrokristalline oder amorphe Strukturen entstehen.

Relativ grobe Partikel mit sehr einheitlicher Teilchengröße im Durchmesserbereich von etwa 100 bis 2000 µm erhält man mit Hilfe der so genannten Impulszerstäubung. Das Verfahren ist geeignet, um Metallpulver oder -granulate mit nahezu einheitlichem Durchmesser aller Partikel zu erzeugen. Das Verfahrensprinzip besteht darin, dass Schmelze mit Hilfe eines pulsierenden Stößels durch eine siebartige Düsenplatte gedrückt wird. Die Größe der entstehenden Tropfen wird durch den Durchmesser der Bohrungen in der Düsenplatte bestimmt. Die Erstarrung der Tröpfchen erfolgt in einem nachfolgend angeordneten Auffangbehälter [2.19].

Bei den Schleuderverfahren werden zur Zerteilung der Schmelze schnell rotierende Scheiben, z.T. in Kombination mit Methoden der Schnellabkühlung der Schmelztröpfchen [2.4] genutzt. So erzeugt man Pulver aus Superlegierungen, indem eine unter Vakuum hergestellte Schmelze als Strahl auf eine turbinenangetriebene Scheibe (Drehzahl bis 25000 min^{-1}) geleitet und durch Zentrifugalkraft in Tröpfchen zwischen 100 und 10 µm Größe zerteilt wird. Ihre beschleunigte Abkühlung geschieht durch Helium, das mit großer Geschwindigkeit ($\approx$ 240 m s^{-1} $\triangleq$ Machzahl 0,7) bei gleichzeitig hohem Durchsatz (Helium : Metall $\approx$ 0,90 kg s^{-1} : 0,020 kg s^{-1}) in die Zerteilungskammer eingeblasen wird. Die bei derart intensivierter Konvektion erreichbaren Abkühlungsgeschwindigkeiten liegen zwischen 10^5 und 10^7 K s^{-1}. Während der raschen Erstarrung werden all jene Reaktionen und Folgeerscheinungen weitestgehend unterdrückt, die im Gussgefüge unerwünscht sind und die die pulvermetallurgische Verarbeitbarkeit oder Eigenschaftsoptimierung erschweren.

Eine andere Form der Dispergierung stellt der Schleuderprozess in einer Topfwalze (rapid spinning cup, RSC) dar. In deren Innenseite befindet sich eine Kühlflüssigkeit, die mit der Topfwalze rotiert und den eingeleiteten Schmelzstrahl wirksam zerteilt, z.B. bis zu Teilchengrößen von 60…20 µm, und zugleich den Wärmeübergang zwischen Teilchen, Flüssigkeit und Topfwalzenwand verbessert, so dass Abkühlgeschwindigkeiten von 10^4 bis 10^6 K s^{-1} sicher erreicht werden. Das Verfahren ist bezüglich der herzustellenden Teilchenform, -größe und -größenverteilung relativ variabel.

Bei den Schmelzschleuderverfahren laufen das Aufschmelzen des Werkstoffs und die Zerteilung der lokal entstehenden Schmelze durch Einwirkung einer Zentrifugalkraft gleichzeitig ab. Sie sind darauf gerichtet, aus hochlegierten oder hochschmelzenden, oxidationsempfindlichen Werkstoffen Pulver möglichst hoher Reinheit und Gleichmäßigkeit der kugeligen Teilchengestalt zu gewinnen, die besonders für eine Weiterverarbeitung durch isostatisches Pressen geeignet sind (vgl. Kap. 10). Der zu zerteilende Werkstoff wird meist als Gußstück oder als geschmiedeter und geschälter Stab eingesetzt. So benutzt das REP-Verfahren (rotating electrode) eine rotierende Stabelektrode, die, im Lichtbogen (Gegenelektrode Wolfram) aufgeschmolzen, sich selbst verzehrt. Beim PREP-Verfahren erfolgt das Aufschmelzen durch ein Plasma. Eine Weiterentwicklung stellt das so genannte gasunterstützte REP-Verfahren dar. Um die rotierende Metallelektrode wird zusätzlich eine Hochdruck-Gasdüse angeordnet. Die Schmelztropfen werden durch Zentrifugalkräfte

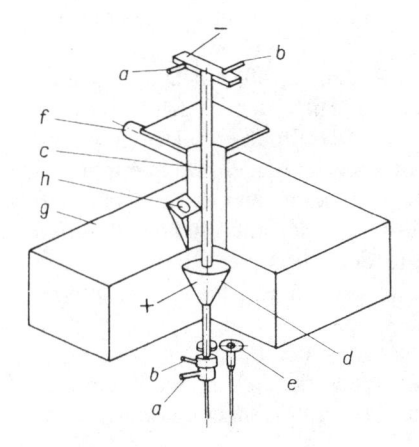

Bild 2–9. Aufbau einer Zentrifugalschmelzschleuderanlage (CSC-Verfahren) zur Herstellung von Metall- oder Legierungspulvern (nach *D.J. Hodkin, P.W. Sutcliffe, P.G. Mardon* und *L.E. Russell*). *a* Wasserzuführung; *b* Stromzuführung; *c* Abschmelzelektrode; *d* Kupfertiegel; *e* Antriebssystem des Tiegels; *f* Vakuum- und Gasanschluß; *g* Pulverauffangkammer; *h* Schauglas

2.2 Mechanische Zerkleinerung mit Phasenumwandlung

von der Elektrode geschleudert und passieren dabei die Gasdüse, wo sie in kleinere Partikel zerstäubt werden [2.20]. Im PSV-Verfahren (pulverisation sous vide) wird der rotierende Stab durch einen Elektronenstrahl aufgeschmolzen. Das CSC-Verfahren (centrifugal shot casting) arbeitet mit einer rotierenden Anode (400 bis 6000 U min^{-1}), von der zu einer feststehenden Katode (Bild 2–9) ein Lichtbogen gezündet ist, in dem der durch Zentrifugalkraft zu zerstäubende Werkstoff aufgeschmolzen wird. Das Schmelzgut liefert entweder die sich selbst verzehrende Anode, oder es wird der als Tiegel ausgebildeten Anode zugeführt. Die von außen wassergekühlte Kammer der Anlage kann unter Vakuum oder mit hochreinem Ar (6 ppm Verunreinigung) betrieben werden. Nach dieser Methode lassen sich Pulver mit kugeliger oder flockenartiger Teilchengestalt herstellen. Beim EBRD-Verfahren (electron beam rotating disc) tropft, wie Bild 2–10 veranschaulicht, das der Anlage kontinuierlich zugeleitete und mit dem Elektronenstrahl 2.1 abgeschmolzene Material in einen rotierenden, gekühlten Kupfertiegel, in dem der Elektronenstrahl 2.2 die Tropfen zu einem gleichmäßig dicken Schmelzfilm verteilt. Der Elektronenstrahl 2.3 erhitzt die Schmelze lokal am Tiegelrand nach, von wo die Schmelztröpfchen in einem Sektor von 1,05 bis 1,4 rad abgeschleudert werden, im freien Flug abkühlen und nach Auftreffen auf eine Reflexionsfläche in den Sammelbehälter fallen. Der Vorteil dieser Methode gegenüber den Verdüsungsverfahren, die die Schmelze im Vollkreis zerteilen, besteht in der geringeren Gasaufnahme (Ar, O_2) der Pulver sowie in einer genaueren Einhaltung der gewünschten Teilchengröße (300 bis 600 µm) und Teilchengestalt; bis 85% der Teilchen fallen in kugeliger Form an.

Andere Verfahren zur Schnellabkühlung setzen gekühlte Prallflächen aus einem gut wärmeleitenden Metall, meist Cu, ein (splat-cooling). Um eine Oxidation der Pulver zu vermeiden, werden die Anlagen unter Inertgas betrieben. Die meist in-

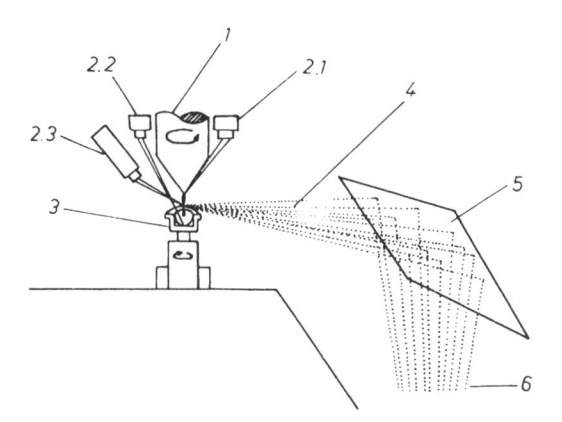

Bild 2–10. Herstellung von hochlegierten Metallpulvern durch Elektronenstrahlschmelzen und Zerteilung mittels Zentrifugalkraft; Prinzipskizze des EBRD-Verfahrens (electron beam rotating disc, nach *H. Stephan, H. Schmitt* und *R. Ruthardt*). *1* drehbarer Abschmelzstab mit 60…140 mm Durchmesser, Drehzahl 10…50 min^{-1}; *2* Elektronenstrahlkanonen; *2.1* Abschmelzen des Stabes, 90 kW Leistung; *2.2* Verteilen des Schmelztropfens im Kupfertiegel, 30 kW Leistung; *2.3* lokale Nacherwärmung des Schmelzfilms am Rand des Kupfertiegels, 30 kW Leistung; *3* wassergekühlter rotierender Kupfertiegel, Drehzahl 4000…15 000 min^{-1}; *4* durch Zentrifugalkraft erzeugte Schmelztröpfchen; *5* Ablenkschild; *6* Sammelbehälter für das Pulver

duktiv erschmolzenen und um bis zu 150 K überhitzten Legierungen werden entweder mit Inertgas (vertikal) verdüst oder mittels heizbarer, rotierender Graphittiegel zerteilt (horizontal) und auf eine zur Tröpfchenflugbahn entsprechend angeordnete Kühlfläche geschleudert. Verfahrensbedingt entstehen aus den Schmelztröpfchen flockenartige Produkte, deren Dicke unter 30 µm liegen muss, wenn man Abkühlgeschwindigkeiten $\geq 10^5$ K s^{-1} erzielen und beispielsweise von Aluminiumlegierungen metastabil mikrokristalline Pulver erhalten will.

2.2.4 Faserherstellung

Zur Herstellung von Metallfasern mit einem Durchmesser zwischen 1000 und 50 µm und einer unterschiedlichen Querschnittsgeometrie wird die Tiegelschmelzextraktion (crucible melt extraction – CME) angewendet, da andere Methoden, wie die Zerteilung von Feindraht, zu hohe Produktkosten verursachen. Hinzu kommt, dass über die Abkühlgeschwindigkeit der Schmelze (>10^3 K s^{-1}) sich verschiedene metallphysikalische Effekte, wie Feinkristallinität, feine Ausscheidungen, geringe Seigerung u.a. einstellen lassen, die bei der Verarbeitung der Fasern zu Werkstoffen eine Eigenschaftsoptimierung gewährleisten. Metall- und Legierungsfasern werden weiter zur Herstellung von Faserfiltern (Abschn. 13.1.3) bzw. faserverstärkten Werkstoffen, wie Feuerfestbeton, eingesetzt.

Das Verfahren der Schmelzextraktion beruht darauf, dass in einer Metallschmelze von einer gekühlten Walze etwas Material aufgenommen und in Form von festen Teilchen oder Fasern ausgetragen wird. Hierzu nutzt man gut wärmeleitende Metallwalzen, die im Umfang mit meist mehreren V-förmigen Kanten versehen sind. Diese enthalten in Segmente unterteilte Nuten, die zur Bildung der Faser (Geometrie und Länge) beitragen. Beim gesteuerten Eintauchen der Walzen in den Schmelztiegel nehmen die Nuten infolge Benetzung Schmelze auf, währenddessen das Material

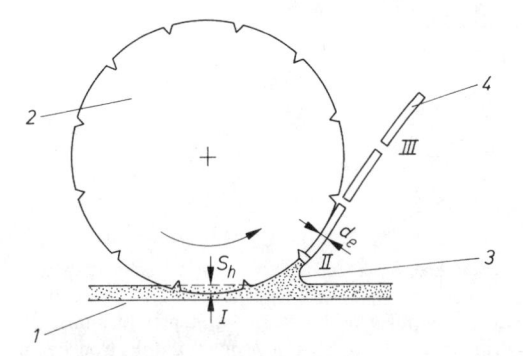

Bild 2–11. Prinzipskizze zur Tiegelschmelzextraktion von Fasern (nach [2.21]). *1* Metall-(Legierungs-)schmelze; *2* Walze (Substrat); *3* dynamischer Meniskus; *4* Metallfaser. Etappen der Faserentstehung: *I* Kontakt zwischen Walze und Schmelze (Benetzung, Grenzschichtbildung; dyn. Meniskus, Eintauchtiefe S_h); Einstellung der Erstarrungsdicke d_e; *II* Abkühlung der Faser an der Extraktionskante (ca. 100...300 K unterhalb T_l); *III* Weitere Abkühlung der abgelösten Faser durch Konvektion

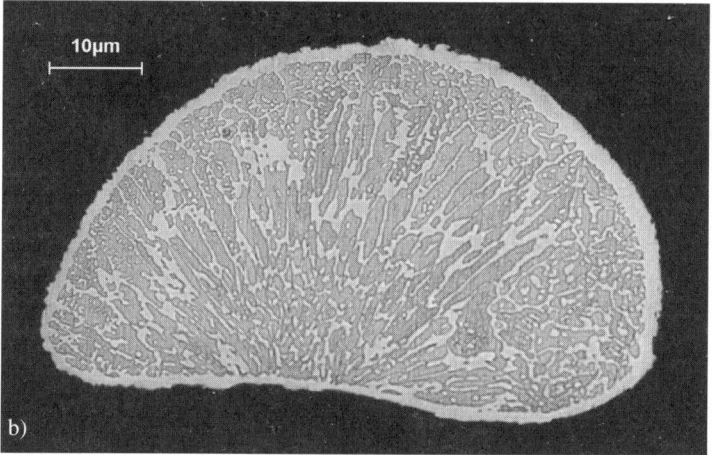

2.2 Mechanische Zerkleinerung mit Phasenumwandlung 23

Bild 2–12. a) Metallische Fasern und Flakes hergestellt nach dem Tiegelschmelz-Extraktionsverfahren, Faserlänge zwischen 3 und 25 mm, Faserdurchmesser 50–350 µm; b) Querschnitt einer schmelzextrahierten Ni_3Al-Faser nach thermischer Auslagerung bei 1000 °C, 1000 h an Luft

auf der Walzennut erstarrt, durch Kontraktion sich von dieser trennt und infolge der Walzenrotation von der Walze abgeschleudert wird. Bild 2–11 verdeutlicht das Prozessschema des Verfahrens und wesentliche dabei ablaufende Vorgänge. Das Bild 2–12 zeigt nach dem CME-Verfahren aus unterschiedlichen Werkstoffen hergestellte Fasern und Flakes, wobei über die Kerbung der V-förmigen Extraktionskanten die Länge der Fasern definiert eingestellt wurde. Unter Nutzung verfahrensbedingter Effekte, wie der Schnellabkühlung, wurden in den letzten Jahren zahlreiche neue Faserwerkstoffe entwickelt, die mit konventionellen Verfahren, wie z.B. dem Drahtziehen oder mechanischen Verfahren (Fräsen, Strehlen) nicht herstellbar sind. So konnten Fasern auf der Basis von Aluminiden, z.B. Ni_2Al sowie FeCrAl, für den

Einsatz bei Temperaturen bis ca. 1100 °C erzeugt werden, die sich durch eine sehr gute Oxidationsbeständigkeit auszeichnen. Bild 2–12b zeigt den Querschnitt einer Ni_3Al-Faser, die bei 1000 °C über 1000 Stunden an Luft ausgelagert worden ist. Deutlich zu sehen ist die Ausbildung einer dichten und stabilen, vor weiterer Oxidation schützenden Aluminiumoxidschicht an der Oberfläche der Faser [2.22]. Die Schnellerstarrung kann auch genutzt werden, um Fasern zu erhalten, die sich durch eine hohe katalytische Aktivität und Selektivität für Gasreaktionen auszeichnen, wie an quasikristallinen AlCuFe-Fasern durch die sehr hohe Selektivität von Propen bei der oxidativen Dehydrierung von Propan nachgewiesen wurde [2.23].

2.3 Trockene Reduktion von Metallverbindungen

Die Reduktion von Metallverbindungen mit festen oder gasförmigen Reduktionsmitteln stellt eine der wichtigsten Verfahrensgruppen zur Herstellung von Metallpulvern dar. Bei der Reduktion in fester Phase entfällt in jedem Fall die beim Schmelzprozess gegebene Möglichkeit, Verunreinigungen des Metalls über die Schlacke abzuführen, weshalb dem Reduktionsprozess eine Aufbereitung der Ausgangsstoffe vorangehen oder eine Reinigung nachfolgen muss. Hierfür eignen sich mechanische, magnetische und chemische Trennverfahren, wobei teure Metalle sorgfältiger (z.B. durch Fällung oder Sublimation) gereinigt werden als Eisenerze oder Walzzunder, bei denen eine magnetische Reinigung der Oxide und erforderlichenfalls eine Nachglühung des Pulvers ausreichend sind.

Weiterhin gilt für die Reduktionsverfahren, dass die Ausgangsstoffe in einer hinreichenden Dispersität vorliegen müssen, damit die thermodynamisch möglichen Reaktionen nahezu vollständig in technisch vertretbaren Zeiten ablaufen können. Bei Festkörper-Gas-Reaktionen (und dazu ist auch die Oxidreduktion mit Kohlenstoff zu rechnen) wird dadurch die Diffusion von Gas zum Metalloxid und bei fortgeschrittener Reaktion die von Sauerstoff oder von Reduktionsprodukten durch die Metallschicht begünstigt.

Die Reduktionsverfahren arbeiten überwiegend mit den Reduktionsmitteln Kohlenstoff und Wasserstoff, die in elementarer Form oder als gasförmige Verbindungen bzw. Gemische (Methan und andere Kohlenwasserstoffe sowie deren Teilverbrennungsprodukte, Ammoniakspaltgas, Kohlenmonoxid u.a.) zur Anwendung kommen (s.a. Kap. 6).

2.3.1 Reduktion von Eisenoxiden

Etwa die Hälfte des Eisenpulverbedarfs der Welt wird durch Aufkommen gedeckt, die aus den Reduktionsverfahren kommen. Sie gehen von Eisenoxiden aus, die als Eisenerze oder Walzzunder eingesetzt und mit festen (Koks, Ruß) oder gasförmigen Mitteln (Wasserstoff, Erdgas) reduziert werden. Auch bei der Anwendung des festen Reduktionsmittels Kohlenstoff gilt als gesichert, dass nach einer Startreaktion zwischen den festen Phasen die entscheidende Reduktionsstufe gemäß

$$MeO + CO \rightleftharpoons Me + CO_2 \qquad (2.3)$$

2.3 Trockene Reduktion von Metallverbindungen

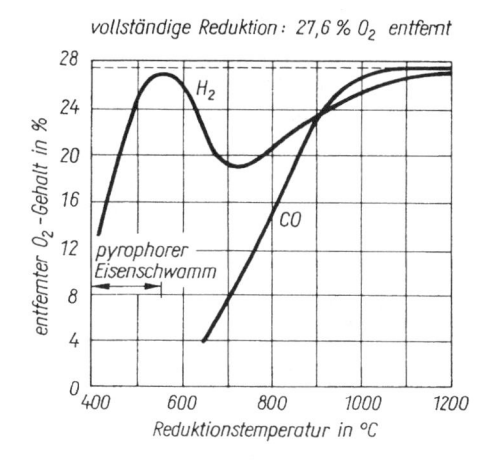

Bild 2-13. Reduktionsgeschwindigkeit von Magnetit Fe_3O_4 bei der Reduktion mit Kohlenmonoxid CO und Wasserstoff H_2 bei verschiedenen Temperaturen (nach *M. Widberg*). Der Reduktionsgrad (Reduktionsdauer 2 h) wird durch die Bestimmung des O_2-Gehalts im Reduktionsgut ausgewiesen

über die Gasphase abläuft. Nebenreaktionen, wie Aufkohlung des Eisens, Bildung von Eisenkarbid Fe_3C u.a., sind nicht auszuschließen, haben aber für den eigentlichen Reduktionsprozess keine Bedeutung.

Die Temperaturabhängigkeit des Reduktionsverlaufes ist für Wasserstoff und Kohlenmonoxid recht unterschiedlich. Wie Bild 2–13 deutlich macht, ist bei der Reduktion von Fe_3O_4 mit Kohlenmonoxid der Temperaturbereich $<650°C$ von geringerem Interesse, weil hier noch keine nennenswerte Umsetzung stattfindet. Außerdem ist zu berücksichtigen, dass aufgrund der Temperaturabhängigkeit der Gleichgewichtslage im System

$$CO_2 + C \rightleftharpoons 2\,CO \tag{2.4}$$

die Reaktion zur Bildung von Kohlenmonoxid unter Normaldruck erst oberhalb 700°C überwiegt und auch die Reduktion von Wüstit (FeO) zu Fe erst hier thermodynamisch möglich wird, was die hohe Wirksamkeit des Reduktionsmittels Kohlenstoff bei höheren Temperaturen erklärt. Weiterhin sind, um die Reduktion in technisch vertretbaren Zeiten und ausreichender Güte vornehmen zu können, das Verhältnis Reduktionsmittel/Reduktionsnebenprodukt, die Verteilung des festen bzw. eine geeignete Zuführung des gasförmigen Reduktionsmittels zum Reduktionsgut sowie die Porigkeit oder Permeabilität des Reduktionsgutes, die im wesentlichen durch Teilchengröße, -gestalt und -oberfläche sowie Agglomeratbildung, Schichtdicke und Packungsdichte bzw. das Bewegen des Reduktionsgutes bestimmt werden, und schließlich die Wärmezufuhr für die endotherme Reaktion sowie das Temperatur-Zeit-Profil der Reduktion von Bedeutung.

Vom Produktionsvolumen her ist unter den Reduktionsmethoden das Höganäs-Verfahren an erster Stelle zu nennen. Es geht von hochreinem Magnetiterz (Fe_3O_4) aus, das nach Mahlen auf Teilchengrößen $\leq 0,5$ mm und Magnetscheidung einen Fe-Gehalt von 71,5% aufweist. Das Schwammeisenpulver wird in Schweden und in den USA nach dem gleichen Verfahrensschema produziert.

Vor der Reduktion wird das Erzkonzentrat im Drehrohrofen getrocknet, durch Magnetscheidung nachgereinigt und gebunkert. Als Reduktionsmittel dient reiner

Koks und als Zuschlagstoff Kalkstein, der den im Koks enthaltenen Schwefel bindet. Beide werden im Drehrohrofen getrocknet, gemahlen und im Verhältnis von 85:15 gemischt. Das Eisenerz und die Koks-Kalkstein-Mischung werden zur Reduktion in kreisförmigen Schichten in vertikal stehende Keramikrohre gefüllt, was mit Hilfe von zwei eingesetzten Eisenrohren geschieht, die danach wieder entfernt werden. Im Kern und an der Wand des Rohres befindet sich die Koks-Kalk-Mischung, dazwischen das Erz. Auf diese Weise wird eine enge Berührung der röhrenförmigen Füllungen erreicht, eine Durchmischung der Schichten aber verhindert. Danach stellt man je 36 Stück dieser etwa mannshohen Rohre auf Eisenwagen, die einen Tunnelofen von 260 m Länge passieren. Die mit Gas beheizte Zone hat eine Temperatur von 1260°C; etwa 20 m des Ofens bilden am Auslauf die mit Gasumwälzung betriebene Kühlzone. Eine Ofenfahrt dauert ungefähr 68 h, wonach die Keramikrohre zur Wiederverwendung entleert werden.

Während der Reduktion von Fe_3O_4 mit CO (Gln. (2.3) und (2.4)) sintern die entstehenden Eisenteilchen und bilden porösen Eisenschwamm, wogegen der Koks weitestgehend umgesetzt wird. Der Eisenschwamm wird mechanisch gereinigt, auf Nockenbrechern vorzerkleinert und in mehreren Stufen in Kugelmühlen auf eine Größenverteilung mit 65% der Teilchen ≤ 150 µm gemahlen, wobei nach jeder Mahlung eine Magnetscheidung sowie Rückführung der Grobanteile erfolgt. Die Teilchenfraktionen >150 µm werden als Pulver für Schweißelektroden verwendet. Die für Sinterzwecke vorgesehenen Eisenpulver werden im Windsichter vorgereinigt und dabei Staubteilchen und oxidische Verunreinigungen entfernt. Danach enthält das Pulver noch etwa 0,3% Kohlenstoff und 1% Eisenoxid. Beide Gehalte werden durch eine Nachreduktion im Förderbandofen bei einer Temperatur von 870°C unter Ammoniakspaltgas auf $\leq 0,03\%$ C und 0,3 bis 0,4% O_2 gesenkt (vgl. Tabelle 2–3). Das leicht gesinterte Reduktionsgut muss nochmals aufgemahlen und klassiert werden; mitunter wird es noch nachbehandelt. Das Reduktionspulver, das in seiner Gestalt dem luftverdüsten Pulver (Bild 2–4) ähnelt, weist sehr gute Press- und Sintereigenschaften auf.

Bei einer Anzahl weiterer, nach dem Prinzip der stationären Reduktion arbeitenden Verfahren wird als Oxidkomponente Eisenerz geringerer Qualität oder Walzzunder (Fe_3O_4) eingesetzt. Es bereitet offenbar Schwierigkeiten, Erze mit geringer Qualität im erforderlichen Maß vorzureinigen oder Walzzunder so zu sortieren, dass sie für eine Pulverherstellung geeignet sind. Störend wirken insbesondere die Oxide von Si, Al und Mn, da sie unter den technischen Reduktionsbedingungen nicht reduziert oder über die Gasphase entfernt werden. Eine wirtschaftliche Aufarbeitung von Walzzunder setzt voraus, dass über längere Zeiten ausreichende Mengen von in seiner Zusammensetzung gleichbleibendem Walzzunder zur Verfügung stehen. Die technischen Varianten dieser Reduktionsverfahren sind:

a) Reduktion von Walzzunder-Kohle-Kalk-Mischungen im Ringofen.
b) Reduktion von Mischungen aus Walzzunder, Ruß und grobem Eisenpulver, die als Schüttung zwischen 50 und 80 mm Höhe oder in brikettierter Form in Blechkästen gefüllt einen gasbeheizten Durchschubofen passieren, der mit konvertiertem Erdgas betrieben wird.

2.3 Trockene Reduktion von Metallverbindungen

Tabelle 2-3. Chemische Zusammensetzung von unlegierten und legierten Eisenpulvern

Herstellungsmethode	Chemische Zusammensetzung in %										Unlösl. Rückstand in %	Glühverlust in $H_2^{1)}$ in %
	C	$O_2^{1)}$	Si	Mn	Cr	Ni	Cu	Mo	P	S		
Reduktion von Magnetit mit Kohlenstoff, (Höganäs-Verfahren) Standardqualität	0,1	n.b.	0,15	0,02	–	–	–	–	0,015	0,015	0,2	0,3
Nachreduktion mit $H_2^{2)}$	0,03	n.b.	0,11	0,02	–	–	–	–	0,008	0,004	n.b.	0,15
Reduktion von Walzzunder mit Wasserstoff	0,02	0,8	n.b.	0,035	–	–	–	–	0,012	0,05	0,34	n.b.
Reduktion von Walzzunder mit Kohlenstoff, Nachreduktion mit H_2	0,05	n.b.	0,20	0,40	–	–	–	–	0,015	0,015	n.b.	0,5
Reduktion von Walzzunder unter Zusatz von Kohlenstoff mit gespaltenem Erdgas	0,12	n.b.	0,20	0,40	–	–	–	–	0,020	0,013	0,22	1,0
Wasserverdüstes Eisenpulver, Nachreduktion mit $H_2^{2)}$	0,02	0,25	0,05	0,20	–	–	–	–	0,020	0,015	n.b.	0,20
Wasserverdüstes Eisenpulver, Standard	0,004	0,19	0,02	0,21	0,03	–	–	–	0,016	0,016	n.b.	n.b.
Wasserverdüstes Eisenpulver, Sonderverfahren[3]	0,001	0,08	0,01	0,01	0,02	–	–	–	0,003	0,003	n.b.	n.b.
Luftverdüstes Eisenpulver, mod. RZ-Verfahren	0,12	0,50	0,12	0,35	–	–	–	–	0,035	0,035	n.b.	0,3
Elektrolyteisenpulver, unbehandelt	0,05	0,5	0,02	0,06	–	–	–	–	0,01	0,01	n.b.	n.b.
Anlegiertes Eisenpulver, Basis Reduktionspulver	0,01	–	–	–	–	1,75	1,50	0,50	–	–	n.b.	0,25
Legiertes Eisenpulver, Wasserverdüsung	0,02	0,30	0,05	0,20	0,40	0,40	–	0,40	0,015	0,020	n.b.	0,25
Nachreduktion mit $H_2^{2)}$	0,02	n.b.	0,13	0,40	–	0,45	–	0,70	0,020	0,020	n.b.	0,25
Legiertes Eisenpulver, Ölverdüsung	0,03	0,18	0,05	0,9	1,10	–	–	0,30	n.b.	n.b.	n.b.	n.b.
Legiertes Eisenpulver, VIDOP-Prozess	0,42	0,05	n.b.	1,4	0,50	0,50	–	0,60	n.b.	n.b.	n.b.	n.b.

[1] Der Sauerstoffgehalt wird nicht einheitlich ermittelt; üblich sind neben der Heißextraktion (Gesamtsauerstoffgehalt) auch die Bestimmung des unlöslichen Rückstandes oder des Glühverlustes in H_2.
[2] Nachreduktion mit H_2 (auch gespaltenes Ammoniak).
[3] Firma Kawasaki, Japan.

c) Reduktion von Walzzunder, auch nach Zusatz von Ruß, mit Erdgas.
d) Walzzunder oder voroxidierte Späne werden nach Mahlung auf eine Teilchengröße $\leq$150 µm und Magnetscheidung bei Temperaturen zwischen 870 und 980°C an Luft geglüht, wodurch ein einheitliches Fe_3O_4 entsteht. Der heiße Zunder wird ohne Zwischenabkühlung in einer Schicht bis zu 26 mm Dicke auf ein mit Kalkmilch bestrichenes Förderband aufgegeben und bei einer Temperatur von 980°C mit Wasserstoff im Förderbandofen zu einem schwach zusammengesinterten Eisenschwamm reduziert, der durch Mahlen in Kugelmühlen zerkleinert wird. Auch die unter a) bis c) angeführten Varianten führen zu Eisenschwamm, der zu Pulver aufbereitet wird.
e) Reduktion von gebrochenem und gemahlenem Walzzunder mit Wasserstoff im Bandofen [2.24]. Dieses Verfahren wird auch als Pyron-Prozess bezeichnet und liefert aufgrund der Reduktion im festen Zustand ebenfalls ein schwammiges Eisenpulver.

Eine Kombination aus Wasserverdüsung und Reduktionsprozess stellt das seit 1969 bei Quebec Metal Powders für die Herstellung hoch verpressbarer Eisenpulver angewendete Verfahren dar (QMP-Prozess, [2.24]). Flüssiges Roheisen, welches etwa 3,5% Kohlenstoff enthält, wird zunächst mit Wasser verdüst. Durch in der Verdüsungs- und Absetzkammer anwesende Luft wird das grob granulierte Eisen partiell oxidiert. Nach dem Trocknen erfolgt das Mahlen der oxidierten Partikel zu feinem Pulver, welches anschließend im Durchlaufofen unter Schutzgasatmosphäre aus dissoziiertem Ammoniak geglüht wird. Der im Pulver enthaltene Sauerstoff und Kohlenstoff reagieren miteinander und entweichen in die Ofenatmosphäre. Das Resultat ist ein reiner Eisenschwamm, welcher anschließend wieder zu Pulver vermahlen wird.

2.3.2 Reduktion von Nichteisenmetallverbindungen

Für die Herstellung von Molybdänpulver kommt die Wasserstoffreduktion von Oxid oder Ammoniummolybdat in Betracht. Durch Rösten sulfidischer Erze wird ein MoO_3-Konzentrat hergestellt, das noch mit 10 bis 20% Gangart (Eisenoxid, Kieselsäure) verunreinigt ist und das anschließend über eine Sublimation des Rohoxids bei 1000 bis 1100°C in ein feines und lockeres MoO_3-Pulver hoher Reinheit überführt wird (s. Bild 2–14). Außer durch Sublimieren kann das Rohoxid auch nasschemisch verarbeitet werden, indem es mit Ammoniumhydroxid gelaugt, gereinigt und nach Zusetzen von Salzsäure als Ammoniumpolymolybdat (bei einem pH-Wert der Lösung von 3,4 bis 4,0) gefällt bzw. durch Eindampfen der ammoniakalischen Lösung als Ammoniumparamolybdat auskristallisiert wird. Über die Kontrolle der Fällungs- oder Kristallisationsbedingungen lässt sich die Teilchengröße des Reduktionsgutes besser als über das Sublimieren einstellen, was insbesondere dann von Wichtigkeit ist, wenn die Verbindung nicht zu Molybdäntrioxid, sondern direkt zu Metallpulver aufgearbeitet werden soll.

Die durchgehende Reduktion von Molybdänverbindungen mit Wasserstoff bei nur einer Temperatur liefert meist ein relativ grobes, für Sinterzwecke ungeeignetes Pulver. Das unzureichend kontrollierbare Teilchenwachstum wird durch die ständige

2.3 Trockene Reduktion von Metallverbindungen

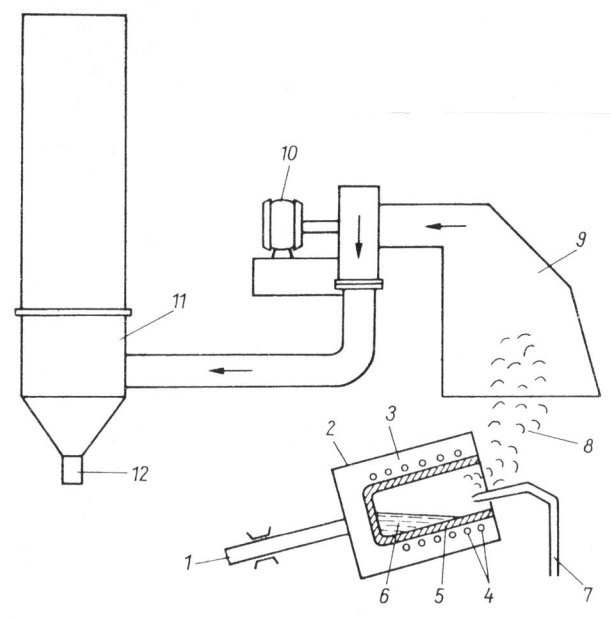

Bild 2–14. Aufbauschema einer Anlage zur Gewinnung von Molybdäntrioxid MoO_3 durch Sublimation. *1* Antriebswelle mit Lagerung; *2* Außenmantel des Elektroofens; *3* Isoliermaterial; *4* Heizleiter; *5* Quarztiegel; *6* Ausgangsmaterial (Molybdäntrioxid); *7* Zuleitung für Pressluft; *8* sublimierendes Molybdäntrioxid; *9* Auffanghaube; *10* Sauglüfter; *11* Sublimatabscheider mit Filter; *12* Entnahmevorrichtung für Molybdäntrioxid

Berührung bereits reduzierten Metalls mit Wasserdampf sowie noch vorhandenem Molybdäntrioxid, das bei gleichzeitiger Reduktion über die Gasphase transportiert wird, verursacht. Um eine optimale Metallteilchengröße (2 bis 5 µm) zu erzielen, wird in der industriellen Fertigung ein zweistufiges Verfahren bevorzugt [2.25]. Die Reduktion des in Glühschiffchen gefüllten Gutes wird in verschiedenen Temperaturzonen vorgenommen:

(1) $MoO_3 + H_2 \rightarrow MoO_2 + H_2O$ bei 500–650°C
(2) $MoO_2 + 2H_2 \rightarrow Mo + 2H_2O$ bei 900–1000°C

Neben den Eigenschaften der eingesetzten Molybdänverbindung bestimmen die Reinheit und Strömungsgeschwindigkeit des Wasserstoffs, die Schichtdicke des Gutes im Schiffchen sowie das Temperatur-Zeit-Profil der Reduktion die Qualität des Pulvers. Um während der Reduktion flüchtige Verunreinigungen noch entfernen zu können, wird im Gegenstromprinzip (Pulverbewegung und H_2-Strömung sind gegenläufig) und mit Gasüberschuss gearbeitet.

Dem Molybdän weitgehend analog wird auch Wolframpulver durch Wasserstoffreduktion von Wolframverbindungen hergestellt. Diese erhält man aus den Erzkonzentraten von Wolframit oder Scheelit, die, aufgeschlossen und nasschemisch oder durch Kristallisation gereinigt, zu Wolframhydratsäure, Wolframtrioxid oder Ammoniumparawolframat (APW) verarbeitet werden. Die H_2-Reduktion der W-Verbindungen führt dank der geringeren Flüchtigkeit des Wolframtrioxids bereits im einstufigen Prozess zu brauchbaren Pulvern. Hinsichtlich der chemischen Reinheit und der einzustellenden Teilchengröße des Pulvers sind unterschiedliche Forderungen zu befriedigen. Für duktiles Sinterwolfram werden reine Pulver mit einer Teilchengröße zwischen 2 und 5 µm, zur Herstellung von Wolframcarbid (WC) durch Carburieren dagegen sehr feine Pulver (hauptsächlich zwischen 0,3 und 1,5 µm) bevorzugt (Bild 2–15).

Die erwünschte Teilchengröße erreicht man in der Regel durch Steuerung der Pyrolyse und Reduktion der Wolframverbindungen. Eine Reduktion oberhalb 600°C führt stets zu α-Wolfram, unterhalb 575°C gelingt die Herstellung von β-Wolfram in Form von nanokristallinen Pulvern. Ferner sei darauf hingewiesen, dass die Beschaffenheit der Wolframverbindung, z.B. sprühgetrockneten Ammoniumparawolframats, sich günstig auf die erwünschte Teilchenfeinheit auswirken kann.

Das Wolframpulver zur Glühfadenherstellung wird aus Mischungen von Wolframtrioxid und teilreduziertem Material (braunes bis blaues Wolframdioxid WO_{2+x}) mit Dotierungen von Alkalisilikaten bzw. hochschmelzenden Oxiden, die das Kornwachstum beeinflussen (s. Abschn. 15.1.1), gewonnen. Die Reduktion dieser Mischungen erfolgt in mehreren Stufen mit steigender Reduktionstemperatur, beispielsweise 480, 760 und 920°C, und zunehmender Strömungsgeschwindigkeit des Wasserstoffs.

Gleichfalls durch Reduktion seiner Verbindungen mit Wasserstoff wird Rheniumpulver hergestellt. Das Rhenium bildet keine eigenen Erze, sondern kommt als Begleitelement besonders in Molybdän- und Kupfererzen vor und wird aus den Flugstäuben der Aufbereitung dieser Metalle je nach dem gewählten Gewinnungsverfahren als Kaliumperrhenat $KReO_4$, Ammoniumperrhenat NH_4ReO_4 oder Rheniumdioxid ReO_2 erhalten. Die Reduktion von Ammoniumperrhenat oder des reineren Rheniumdioxids (1 h bei 400 bzw. 600°C) mit Wasserstoff liefert ein gut sinterfähiges Pulver, dessen Eigenschaften durch eine Nachreduktion (2 h bei 800°C) noch verbessert werden können. Kaliumperrhenat ist als Ausgangsprodukt insofern nicht günstig, als das daraus hergestellte Pulver meist, auch nach einer Laugung des Reduktionsgutes, mit Kaliumsalzen verunreinigt ist und einer zusätzlichen Aufbereitung über das Ammoniumperrhenat bedarf.

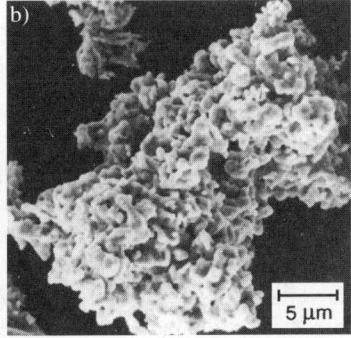

Bild 2–15. Abbildung von Reduktionspulvern aus Wolfram und Nickel. a) Wolframpulver aus APW, Agglomerat kristalliner Teilchen (Hersteller: Fa. Hermann C. Starck GmbH); b) Nickelpulver aus Nickeloxid, schwammartiges Pulveragglomerat

2.3 Trockene Reduktion von Metallverbindungen

Weitere Nichteisenmetalle, deren Verbindungen durch Behandlung mit Wasserstoff zu Pulvern aufbereitet werden, sind Nickel, Cobalt und Kupfer. Die Reduktion wird meist in Durchschuböfen mit in Schiffchen eingegebenem Gut durchgeführt. Eingesetzt werden entweder die Oxide oder durch Fällung erhaltene Vorprodukte (s. Abschn. 2.6.5). Werden sehr feine Pulver gefordert, wie meist im Fall von Cobalt und Nickel, dann wird, um ein stärkeres Teilchenwachstum zu verhindern, bei niedrigeren Reduktionstemperaturen, beispielsweise 500 und 570°C, gearbeitet (Bild 2-15). Die Erzeugung von Kupferpulver durch die Reduktion von Kupferoxiden (Walzzunder) orientiert auf Teilchengrößen zwischen 300 und 20 µm. Dementsprechend können höhere Reduktionstemperaturen (bis 950°C) gewählt werden, die außerdem geeignet sind, einen höheren Reduktionsgrad zu erreichen.

2.3.3 Reduktion von Metallverbindungen mit Metallen

Die Herstellung von Metallen durch Reduktion ihrer Oxide und Halogenide mit metallischen Reduktionsmitteln tritt gegenüber anderen Verfahren stark zurück und hat technisch vor allem noch in Verbindung mit der Gewinnung von Tantalpulver neben dessen Erzeugung durch Schmelzflusselektrolyse (s. Abschn. 2.4.2), Titanpulver sowie SE-Metallegierungspulver Bedeutung. Das Verfahren ist grundsätzlich für Verbindungen von Metallen der Gruppen IVa–VIa des Periodensystems anwendbar, wenn die thermodynamischen Bedingungen eine Reaktion Metallverbindung + Reduktionsmetall ⇌ Metall + Verbindung des Reduktionsmetalls erlauben, d.h. die freie Bildungsenthalpie ΔG der Metallverbindung positiver als die des Reaktionsnebenprodukts (Verbindung des Reduktionsmetalls) ist. Hohe Werte für ΔG treten im Falle einer Oxidreduktion in Verbindung mit Ca, Mg und Al, bei der Chlorid- und Fluoridreduktion (wie beim Ta) in Verbindung mit den Reduktionsmetallen Na, K und Mg auf.

Die Herstellung von Tantalpulver nach der klassischen Methode erfolgt durch Reduktion von K_2TaF_6 mit Natrium in Eisen- oder Nickelreaktoren unter Argon bei ≥600°C. Sie liefert in der Regel Pulver mit einer Teilchengröße <10 µm und ≤200 ppm Verunreinigungen, insbesondere Fe, Ni und Cr aus dem Reaktormaterial und Na sowie K aus den Prozesskomponenten. Die neuere Verfahrensentwicklung zeichnet sich durch eine sorgfältige Verfahrenskontrolle aus (Reaktionstemperatur, Dosierung der Reaktionskomponenten, Chemie der Salzschmelze, Teilchenwachstum u.a.), wodurch Produkte möglich sind, die sich hervorragend für Zwecke des Kondensatorbaus eignen (Teilchengröße ≤3 µm, Verunreinigungen zwischen 65 und 20 ppm, davon bei Spitzenprodukten nur 3 ppm K und Na).

Alternativ zu der Reduktion in einer Salzschmelze kommt noch die Variante des getrennten Einbringens von Tantalfluorid und Na in Betracht [2.26]. Hierzu werden die Reaktionspartner in jeweils verschiedene Schiffchen gepackt und in ein beheizbares, evakuiertes Rohr eingeschoben. Bei etwa 800°C verdampft das Na und setzt sich in einer kontrollierbaren Reaktion mit dem K_2TaF_7 um. Der Vorteil dieser Methode besteht darin, dass das Produkt fast kein freies Na und wenig feinste Metallanteile enthält. Das gewonnene Metallpulver wird nachfolgend mit Schwefel- und Flusssäure gereinigt. Die Ausbeute beläuft sich auf 90%, die Reinheit auf 99,5% Ta. Die Produktion von Titan-Pulver erfolgt durch die Reduktion von $TiCl_4$

mittels Natrium (Armstrong-Prozess). Dieses kontinuierliche Verfahren stellt eine Weiterentwicklung des als Titan-Gewinnungsverfahren bekannten Hunter-Prozesses dar. In eine strömende Natrium-Schmelze wird TiCl$_4$-Dampf eingespritzt. Es kommt unmittelbar zu einer Reduktion des Titans und zur Bildung von NaCl. Das entstandene Titanpulver wird mit dem überschüssigen Natrium ausgebracht und durch Filtration, Destillation und Auswaschen des NaCl gereinigt. Auf diese Weise gewinnt man ein sehr reines Titan-Pulver mit einem Chlorgehalt unter 50 ppm sowie einem Sauerstoffgehalt kleiner als 1000 ppm. Bei gleichzeitiger Reduktion anderer Metallchloride ist auch die Herstellung von Legierungspulver möglich [2.20].

2.4 Pulvergewinnung durch Elektrolyse

Mit Hilfe der Elektrolyse von Metallsalzen, bei der der elektrische Strom als Reduktionsmittel dient, lassen sich etwa 60 Metalle gewinnen. Die weitaus größere Zahl entfällt auf die Schmelzflusselektrolyse; etwa 20 Metalle können aus wäßrigen Elektrolyten abgeschieden werden, davon aber nur wenige im dispersen Zustand [2.9]. Die elektrolytische Abscheidung aus Salzschmelzen hat vorrangige Bedeutung für die Tantalpulverherstellung; die aus wässrigen Salzlösungen – soweit es pulvermetallurgische Zwecke betrifft – vor allem für die Erzeugung von Kupferpulver.

Die Elektrolyse wird im einfachsten Fall mit zwei an eine Gleichspannung angeschlossenen Elektroden vorgenommen, von denen die Anode aus dem Metall, dessen Ionen der Elektrolyt enthält, besteht. Bei Stromfluss wird dann an der anodisch geschalteten (positiven) Elektrode Metall aufgelöst und an der katodisch (negativ) geschalteten Metall abgeschieden. Auflösung und Abscheidung an den Elektroden verlaufen jedoch nicht ungehemmt. Es trifft eine als Polarisation bezeichnete Erscheinung auf, die mit der Stromdichte zunimmt. Sie bedingt, dass für die Elektrolyse nicht nur die Zersetzungsspannung des Metallsalzes, sondern noch ein zusätzlicher, als Überspannung bezeichneter Spannungsbetrag aufzubringen und die tatsächlich abgeschiedene Metallmasse m kleiner als die theoretisch aus dem elektrochemischen Äquivalent abgeleitete Masse $m_{theor.}$ ist. Die in der Zeit t bei einer Strömstärke i niedergeschlagene Metallmasse m ist durch die Beziehung

$$m = A_e it \frac{\sigma}{100} \qquad (2.5)$$

gegeben, wobei A_e das auf 26,8 Ah bezogene elektrochemische Äquivalent (relative Atommasse/Wertigkeit) und σ die in % ausgedrückte Stromausbeute $m/m_{theor.}$ ist.

Elektrolytpulver zeichnen sich durch einen hohen Reinheitsgrad und eine große „Aktivität" beim Sintern aus. Nachteilig sind die erforderliche Nachreinigung zur Entfernung von Elektrolytresten, insbesondere von Salzresten nach der Schmelzflusselektrolyse, die häufig hohen Kosten für Elektroenergie sowie die Einschränkung des Verfahrens auf reine Metalle, da die Gewinnung legierter Pulver uneffektiv ist. Die Ausbildungsform des Niederschlages wird in erster Linie von der Keimbildungsgeschwindigkeit und dem Angebot an Metallatomen bestimmt; hohe Keimbildungsgeschwindigkeit und großes Metallatomangebot ergeben in der Regel glatte und dichte Niederschläge. Elektrolyte mit geringer Leitfähigkeit, wie Salzschmelzen, neigen zur Bildung grober dendritischer Abscheidungen. Zur Sicherung einer unmittelbaren Pulverabscheidung an der Katode sind deshalb in Verbindung mit einer möglichst hohen Stromausbeute folgende Elektrolysebedingungen anzustreben: geringe Konzentration der abzuscheidenden Ionen; hohe Leitfähigkeit des Elektrolyten, gewährleistet durch Zusatz von Säuren oder Salzen; hohe Stromdichte bei niedriger Badtemperatur, zumindest aber niedrige Katodentemperatur; unbewegter oder schwach bewegter Elektrolyt.

Im Interesse einer hohen Qualität des Produkts versteht es sich, dass Metallsalze und Zusätze verwendet werden, die hinreichend sauber sind. Als Katodenmaterial eignen sich Stähle, Buntmetalle, Aluminium, hochschmelzende Metalle oder Graphit, die als Bleche, Stäbe oder Rohre eingesetzt werden. Im Hinblick auf die Entfernung des Katodenniederschlages ist mitunter eine flexible Katode zweckmäßig. Es kommen auch Metallsiebe oder aus Pulvern gepresste Katoden zur Anwendung, die gemeinsam mit dem Abscheidungsmaterial zu Pulver aufbereitet werden. Als Anoden werden, sofern sie aus dem abzuscheidenden Metall bestehen, Rohmetallbarren und -bleche, Katodenplatten aus einer elektrolytischen Vorraffination oder in unlösliche Körbe gepackter Schrott und im Falle nichtlöslicher Anoden auch Graphitelektroden eingesetzt. Die Anwendung von flüssigem Katodenmaterial (Quecksilber), die eine Abscheidung von Metallen aus wässrigen Elektrolyten unter speziellen Bedingungen gestattet, hat sich praktisch nicht durchgesetzt.

2.4.1 Pulvergewinnung aus wässrigen Elektrolyten

Für die Kupferpulvergewinnung wird ein Elektrolyt aus Kupfersulfat und Schwefelsäure verwendet. Der Säurezusatz erhöht die Leitfähigkeit des Elektrolyten und senkt damit die Elektrolysespannung, die zur Unterdrückung der Bildung von Kupferoxid erforderlich ist. Da bei fallendem pH-Wert Wasserstoffionen katodisch mit abgeschieden werden, hat ein steigender Säuregehalt des Elektrolyten allerdings auch eine Abnahme der prozentualen Stromausbeute (für die H_2-Abscheidung wird zusätzlich Strom verbraucht), insbesondere bei Elektrolyttemperaturen >25°C, zur Folge. Sowohl die Pulverbeschaffenheit als auch die prozentuale Stromausbeute werden entscheidend vom Kupfergehalt des Elektrolyten beeinflusst. So wird mit einem Elektrolyten, der 4 g l^{-1} Kupfer enthält, nur eine Stromausbeute von 78%, mit 35 g l^{-1} Kupfer dagegen eine 97%ige Stromausbeute erreicht. Die Elektrolyse liefert (Bild 2–16) bei niedrigem Kupfergehalt feine und lockere Pulver (Teilchengröße <38 µm, Schüttdichte ≈0,5 g cm^{-1}), bei hoher Kupferkonzentration dagegen bevorzugt gröbere und dichte Pulver (Teilchengröße ≥125 µm, Schüttdichte 2,4 g cm^{-3}). Es besteht somit die Möglichkeit, über den Kupfergehalt des Elektrolyten, d.h. beispielsweise auch über den Zyklus des Elektrolytwechsels, die Pulverqualität wesentlich zu beeinflussen. Weitere Beeinflussungsmöglichkeiten bietet die Wahl der Bedingungen einer Nachbehandlung durch reduzierendes Glühen.

Damit die für die Elektrolyse optimalen Arbeitstemperaturen von 40 bis 60°C eingehalten werden können, muss wegen der starken Elektrolyterwärmung durch den elektrischen Strom das Bad meist gekühlt werden. Dies ist trotz der sich bei steigender Temperatur verbessernden Leitfähigkeit des Elektrolyten und der Stromausbeute notwendig, da hohe Elektrolyttemperaturen feine und dichte Niederschläge

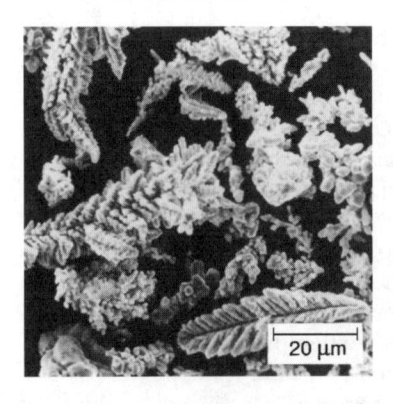

Bild 2-16. Elektrolytkupferpulver, dendritisch; bei 350°C reduzierend geglüht

mit erhöhtem Oxidanteil bedingen. Schließlich hängen Pulverbeschaffenheit und prozentuale Stromausbeute auch von der Abscheidungsdauer an einer Katode und der katodischen Stromdichte ab. Wie aus Tabelle 2–4 hervorgeht, nimmt nicht nur die Stromausbeute, sondern auch die Tendenz zur Bildung grober und dichter Niederschläge mit der Abscheidungsdauer zu. Die katodische Stromdichte beträgt bei der Elektrolyse 2000 bis 4000 A m^{-2}. Ihre Erhöhung begünstigt die Entstehung feiner und dichter Niederschläge sowie die verstärkte Abscheidung von Wasserstoff.

Der Niederschlag wird in regelmäßigen Abständen von der Katode abgestreift und alle 2 bis 3 Tage den Elektrolysezellen entnommen. Nachfolgendes Waschen, reduzierendes Glühen und Zerkleinern vervollständigen den Herstellungsgang bis zu einem anwendungsgerechten Kupferpulver.

Die Herstellung von Eisenpulver geht bevorzugt von wässrigen Elektrolyten aus Eisenchlorid mit Zusatz von Ammoniumchlorid zur Erhöhung der Leitfähigkeit aus. Sulfat-Elektrolyte haben den Nachteil einer zu geringen Leitfähigkeit (ein Schwefelsäurezusatz ist wegen der Bedingung pH-Wert ≥ 5 bzw. der Gefahr einer Passivierung der Anode nicht möglich). Wird mit sehr hohen Eisensulfatgehalten gearbeitet,

Tabelle 2–4. Beziehungen zwischen der Verweildauer der Abscheidung auf der Katode und der prozentualen Stromausbeute sowie der Teilchengrößenverteilung und Schüttdichte von Kupferpulver (nach *M.J. Nomberg*). Elektrolyt: 8 g l^{-1} Kupfer, 130 g l^{-1} Schwefelsäure; Elektrolyttemperatur: 56°C ± 2 K; katodische Stromdichte: 1400 A m^{-2}

Verweildauer in min	Stromausbeute in %	Anteil der Teilchengröße					Schüttdichte des Pulvers der Teilchengröße < 55 μm in g cm^{-3}
		145 μm in %	100 μm in %	75 μm in %	55 μm in %	< 55 μm in %	
5	90,0	16,6	15,8	16,6	11,3	39,7	1,1
15	91,4	13,3	13,3	15,5	12,2	45,7	1,1
20	90,7	4,6	10,2	16,4	14,8	54,0	1,2
30	93,5	4,8	10,5	16,8	14,8	53,1	1,2
40	93,9	7,6	9,9	16,2	13,5	52,8	1,0
60	96,8	14,5	19,4	22,1	12,7	31,3	1,2
300	97,5	54,3	16,3	13,6	6,2	9,6	1,3

gelingt eine sichere Pulverabscheidung erst bei Stromdichten > 4000 A m^{-2}, was der technischen Durchführung der Elektrolyse Schwierigkeiten bereiten kann.

2.4.2 Schmelzflusselektrolyse

Aufgrund der geringen Leitfähigkeit der Salzschmelzen-Elektrolyte fallen die Niederschläge als grobe dendritische oder flitterartige Kristalle an. Da die Alkali- und Erdalkalihalogenide bei hohen Temperaturen eine um Größenordnungen höhere spezifische elektrische Leitfähigkeit als die meisten der für eine Schmelzflusselektrolyse in Frage kommenden Metallsalze haben, benutzt man sie in Zusammensetzungen, die binären oder ternären Eutektika entsprechen, als Basis der Salzschmelzen, in denen die Salze der abzuscheidenden Metalle gelöst werden. Das Abscheidungspotential der Alkali- und Erdalkalimetalle ist merklich negativer als das der zu gewinnenden Metalle, so dass Konkurrenzreaktionen zur Metallabscheidung nicht zu befürchten sind. Dass für die Herstellung disperser Abscheidungen die Schmelzflusselektrolyse trotzdem nur mit prozentualen Stromausbeuten von etwa 60% arbeitet, ist auf nicht auszuschließende Nebenreaktionen anderer Art, z.B. die Rückdiffusion bereits reduzierten Metalls oder das Abfallen der Niederschläge von der Katode, zurückzuführen. In Verbindung mit Pulvern der Sintertechnik hat die Schmelzflusselektrolyse vor allem für das Ta und in gewissem Umfang auch für Be technische Bedeutung. Sie gelangen als Halogenide oder Oxide zum Einsatz, wobei den Halogeniden wegen ihrer besseren Löslichkeit in der Salzschmelze der Vorzug zu geben ist.

Die Elektrolyte zur Tantalpulvergewinnung bestehen aus 50 bis 70% Kaliumchlorid, 20 bis 35% Kaliumfluorid, 5 bis 10% Kaliumtantalfluorid K_2TaF_7 und 4 bis 5% Tantalpentoxid Ta_2O_5, das aus Kostengründen sowie zur Stabilisierung des Anodenprozesses mit verwendet wird. Ein beheizbarer Gußeisentopf dient als Elektrolysezelle und ein vertikal eingesetzter Graphitstab als Katode. Die Elektrolysetemperaturen betragen 700 bis 900°C, die Katodenstromdichten bis zu 4000 A m^{-2}. Kaliumtantalfluorid und Tantalpentoxid werden während der Elektrolyse nachchargiert. Dabei ist darauf zu achten, dass sich das Oxid vollständig in der Salzschmelze löst, weil sonst ein stark verunreinigtes Metall entsteht. Wenn nach mehreren Stunden der Elektrolyt von Tantalkristallen vollständig durchwachsen ist, wird die Elektrolyse abgebrochen und der erstarrte Tiegelinhalt entnommen, zerkleinert und mit Wasser gewaschen. Die Größe der Pulverteilchen reicht von 75 bis zu 750 μm; bei großer Stromdichte überwiegen feine, bei hohen Elektrolyttemperaturen grobe Teilchen. Der Anteil metallischer Verunreinigungen ist gering. Das Pulver enthält aber 0,3% O_2 und 0,1% C und, sofern mit Säure gebeizt wurde, auch Wasserstoff; es kann durch Glühen bei 1200 bis 1600°C im Vakuum noch nachgereinigt werden.

Für die Herstellung von Berylliumpulver wird als Elektrolyt eine Berylliumchlorid-Natriumchlorid-Schmelze (Molverhältnis 6:4) verwendet. Die Elektrolysezelle (Bild 2–17) besteht aus einem heizbaren Nickeltrog, in dem sich die Graphitanode und eine Nickelkatode befinden, die im unteren Teil zur Aufnahme von abfallendem Niederschlag als Korb ausgebildet ist. Im Falle einer weitergehenden elektrolytischen Raffination des Metalls kann die Anode auch aus Berylliummetall bestehen. Daneben finden noch andere Elektrodenanordnungen Nutzung. Die Elektrolyse

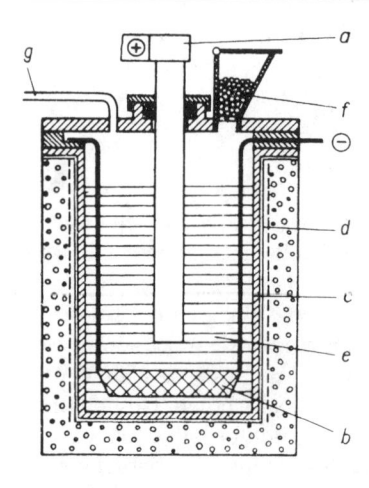

Bild 2–17. Schema einer Elektrolysezelle zur Abscheidung von Beryllium aus einer Salzschmelze (nach *H.H. Hausner*). *a* Anode (Graphit); *b* Katode (Nickelkorb); *c* Nickelbehälter; *d* Heizkörper; *e* Salzschmelze (Elektrolyt); *f* Chargiertrichter; *g* Verschluss der Elektrolysezelle mit Gasaustrittsöffnung

wird bei 330 bis 380°C und einer Stromdichte von 720 A m^{-2} vorgenommen. Der Berylliumniederschlag, der in Form von Flocken oder Flittern anfällt, wird täglich von der Katode entfernt und anschließend mit Wasser, verdünnter Salpetersäure und Alkohol gewaschen. Das Produkt (99,5% Be) ist im wesentlichen durch Fe, C, O_2 und Cl_2 verunreinigt. Mit Hilfe einer Raffinationselektrolyse lässt sich der Berylliumgehalt auf 99,85% anheben.

Die Gewinnung von Titan-Pulver ist ebenfalls über den Weg der Schmelzflusselektrolyse möglich (FFC-Cambridge-Prozess). Bei diesem Verfahren werden in flüssiges CaCl eingebrachte poröse TiO_2-Kathoden elektrolytisch reduziert. Zunächst wird das elektrisch isolierende Rutil in die leitfähige Magnelliphase (TiO_{2-x}) konvertiert. Anschließend entfernt man den Sauerstoff durch die Elektrolyse vollständig aus der Kathode und scheidet ihn als O_2, CO oder CO_2 an der Graphit-Anode ab. Die an Stelle der TiO_2-Kathoden verbleibenden porösen Ti-Platten werden zerkleinert und gewaschen. Das Produkt dieses Prozesses ist ein sehr reines Titan-Pulver mit Sauerstoffgehalten unter 1000 ppm sowie Stickstoffgehalten zwischen 5 und 20 ppm. Die Partikelgröße und die Teilchenform können durch die Art der Herstellung der Rutilelektroden vorgeprägt werden [2.20].

2.5 Nasse Reduktion von Metallverbindungen

Metallionen können in wässrigen Lösungen durch feste, flüssige und gasförmige Reduktionsmittel sowie, wie in Abschnitt 2.4 erörtert wurde, durch elektrischen Strom zu Metall reduziert und danach in disperser Form abgeschieden werden. Von den stromlosen Methoden hat nur die Reduktion von Metallsalzlösungen mit gasförmigen Reduktionsmitteln (Wasserstoff oder wasserstoffhaltige Spaltgase, Kohlenmonoxid) technische Ausmaße angenommen und insbesondere in Verbindung mit der Gewinnung von Cu, Ni und Co industrielle Bedeutung erlangt. Ihre Entwicklung wie allgemein die der Hydrometallurgie ist durch die Verknappung an reichen, hüttenmännisch aufbereitbaren Erzen und die Notwendigkeit, ärmere und komplex

2.5 Nasse Reduktion von Metallverbindungen

zusammengesetzte Erze wie auch Sekundärrohstoffe zur Metallgewinnung heranzuziehen, maßgeblich gefördert worden.

Aus dem mechanisch aufgeschlossenen und angereicherten Erz wird durch nasschemischen Aufschluss, Laugung, Reinigung und Trennung eine Metallsalzlösung gewonnen, in die das Reduktionsgas eingeleitet wird. In stark sauren Lösungen (pH-Wert < 4) können nur Ag- und Cu-Ionen durch Wasserstoff zu Metall reduziert werden. Eine sichere Reduktion von Sn-, Ni-, Co und Cd-Ionen erfordert pH-Werte der Salzlösungen, die $\geqq 5$ sind. Durch Konstanthalten von pH-Wert und Wasserstoffdruck während der Reduktion können auch Metalle mit sehr ähnlichen Potentialen ($\varepsilon_{Ni}^0 = -0{,}23$ V, $\varepsilon_{Co}^0 = -0{,}27$ V) selektiv reduziert werden. Unter Berücksichtigung dieser Zusammenhänge ist es im Falle der Reduktion von Co- und Ni-Ionen vorteilhaft, in basischen Lösungen zu arbeiten. Um den pH-Wert zu erhöhen, wird den Lösungen vielfach gasförmiges Ammoniak zugeführt. Die mit der Bildung von Amminkomplexen einhergehende Verschiebung des Metallpotentials zu negativen Werten ist, gemessen an der Änderung des Wasserstoffpotentials, gering und für die Reduktion nicht nachteilig. In Tabelle 2–5 sind Beispiele und Daten zusammengestellt, die den Einfluss der Veränderung des pH-Wertes auf den Grad der Reduktion von Ni-Ionen in verschiedenen Nickelsalzlösungen, auch mit Zusatz von Komplexbildnern, verdeutlichen.

Der Prozessablauf einer hydrometallurgischen Erzaufbereitung und der nassen Reduktion der gewonnenen Metallsalze durch Wasserstoff soll am bekannten Beispiel sulfidischer Ni-Cu-Co-Erze, die etwa 1,21% Ni, 0,58% Cu, 0,04% Co, 10,5% Fe und 6,8% S enthalten, dargestellt werden (Sherritt-Gordon-Verfahren). Durch Flotation wird die Gangart abgetrennt und das Erz zu einem Kupferkonzentrat mit etwa 40% Cu und 0,5% Ni und einem Nickelkonzentrat mit etwa 14% Ni, 0,4% Co und 1,5% Cu angereichert. Beide Konzentrate enthalten außerdem ≈30% Fe und 28 bis 35% S. Das Kupferkonzentrat wird hüttenmännisch weiterverarbeitet. Die hydrometallurgische Aufarbeitung des Nickelkonzentrates geschieht in Rührwerksautoklaven mit Luft (0,7 bis 0,9 MPa) als Oxidationsmittel. Man arbeitet bei 70 bis 90°C in ammoniakalischen Lösungen. Der Sulfidschwefel wird zu Sulfat, Thiosulfat, Polythionaten und Sulfamaten umgesetzt; aus Ni, Cu und Co bilden sich wasserlösliche Amminsalze. Wesentliche Teile des Eisensulfids werden nicht

Tabelle 2–5. Reduktion von verschiedenen Nickelsalzlösungen durch Wasserstoff (nach *F.A. Schaufelberger*). Reaktionsbedingungen: Nickelkonzentration: 0,2 mol l^{-1} Reduktionstemperatur: 200°C, Wasserstoffdruck: 7,03 MPa

Salzlösung	Erreichter Reduktionsgrad im Gleichgewicht in %	Erreichter pH-Wert der Lösung bei 20°C
NiCl$_2$	5	1,9
NiSO$_4$	10	2,2
NiSO$_4$-(NH$_4$)$_2$SO$_4$	50	1,6
NiSO$_4$-Ammoniumacetat	100	4,1
NiSO$_4$-Pyridin	70	2,0
NiSO$_4$-NH$_3$-(NH$_4$)$_2$SO$_4$	98	9,0
NiSO$_4$-KCN	0	11,0

aufgeschlossen, sie bleiben mit dem als Hydroxid gefällten Eisen im Laugungsrückstand.

In der ersten Druckreduktionsstufe werden die Ni-Ionen in Rührwerksautoklaven zwischen 170 und 200°C bei einem Druck von 3,5 MPa (p_{H2} = 2,8 MPa) unter Zusatz von Eisensulfat, das als Katalysator und Keimbildner wirkt, mit Wasserstoff reduziert. Um den Anteil des mitreduzierten und abgeschiedenen Cobalts gering zu halten, wird die Reduktion nur bis ≈0,8 g l^{-1} Nickel geführt. Das erzeugte Nickelpulver entspricht in der chemischen Zusammensetzung (99,8% Metall, davon max. 0,092% Co) der Standardqualität. Die Teilchengröße liegt zwischen 40 und 100 µm, die Schüttdichte zwischen 4,16 und 3,5 g cm^{-3}. Die in der Restlauge enthaltenen ~0,8 g l^{-1} Nickel sowie Cobalt werden als Sulfide gefällt und in meist gesonderten Chargen hydrometallurgisch zu Metallpulver aufgearbeitet.

Mit Hilfe der Hydrometallurgie lassen sich die Eigenschaften der erzeugten Pulver sehr variabel gestalten. Über die Änderung der Zusammensetzung der Lösung und den Zusatz meist organischer Verbindungen, die eine Agglomeration verhindern, die Benetzung und Ausflockung fördern oder zur Schichtbildung beitragen, lassen sich kompakte bis hochvoluminöse Pulver unterschiedlicher Teilchengestalt herstellen. Es gelingt z.B., die spezifische Oberfläche der Pulver von 0,8 m^2 g^{-1} auf 7,9 m^2 g^{-1} zu erhöhen, was für spezielle Anwendungsfälle von großer Bedeutung sein kann.

2.6 Spezielle Verfahren der Pulverherstellung

Die Variationsbreite der Eigenschaften von chemisch erzeugten dispersen Metallverbindungen wie auch die daraus gewonnener Metallpulver ist der von Metallpulvern, die auf direktem Wege hergestellt werden, überlegen. So lassen sich beispielsweise hydrometallurgisch Metallkarbonate fällen, die hinsichtlich Teilchengröße und -gestalt sowie -zustand weitaus variabler als Metallpulver anfallen. Eine nachträgliche Reduktion der Karbonate unter Bedingungen, die eine entscheidende Veränderung der Eigenschaften des dispersen Reduktionsgutes ausschließen, führt zu Metallpulvern mit einem ähnlich breiten Eigenschaftsspektrum. Ebenso sind drucklos gefällte Metallverbindungen und die daraus hergestellten Metallpulver gleich gut variierbar.

Bei isomorph kristallisierenden Salzen gelingt über die Fällungsreaktion auch eine hinreichend gute Verteilung mehrerer Arten von Kationen im Fällungsprodukt. Anderenfalls kann die Sprühtrocknung (zum Teil kombiniert mit einer thermischen Zersetzung der Metallsalze) oder die Gefriertrocknung von Metallsalzlösungen herangezogen werden. Mit ihnen ist es möglich, aus nicht gemeinsam fällbaren Kationen Substrate herzustellen, die sich durch eine homogene Verteilung der Komponenten auszeichnen und zugleich für die Beeinflussung von Teilchengröße, -gestalt und -zustand einen breiten Spielraum zulassen. Schließlich ist es mit Hilfe nasschemischer Reaktionen, wie der Zersetzung von organo-metallischen Komplexverbindungen, oder durch Sol-Gel-Prozesse gelungen, neuartige und ganz speziellen Anwendungsfällen angepasste Dispersate anzubieten.

2.6.1 Herstellung mikro- und nanokristalliner Feinstpulver durch Verdampfung und Kondensation

Das wissenschaftliche und zunehmende wirtschaftliche Interesse an Pulvern mit Teilchengrößen im Mikro- und Nanometerbereich für Grundlagenuntersuchungen und die Entwicklung von Werkstoffen hat u.a. auch zur Anwendung des Prinzips der Verdampfung und Kondensation als Darstellungsmethode disperser Systeme geführt. Die Eigenheiten der dabei erhaltenen Produkte, wie große spezifische Oberfläche, hohe Reaktivität oder verstärkte Adsorption von Gasen, erschweren ihre Handhabung außerhalb der Gewinnungsanlage. Man schließt deshalb Vorrichtungen zur Behandlung derart feindisperser Pulver sogleich an die Herstellungsanlage an. Gasphasenprozesse stellen heute die wichtigsten Verfahren der Herstellung nanodisperser Metallpulver dar. Neben den hier beschriebenen Verdampfungs- und Kondensationsprozessen zählen dazu auch Gewinnungsverfahren durch Gasphasenreaktionen (vgl. Abschnitt 2.6.2).

Die einfachste Methode, ein Dispersat über Verdampfen und Kondensieren darzustellen, besteht darin, dass man in einem Rezipienten bei vermindertem Druck oder unter Inertgas ein Metall durch direkte Widerstandsbeheizung nach dem Aufschmelzen zum Verdampfen bringt und unter gleichen Bedingungen, d.h. ohne eine Substratfläche, den Metalldampf kondensiert. Dabei kristallisiert das Metall, was meist mit einem Teilchenwachstum verbunden ist. Der über der Wärmequelle aufsteigende Metalldampf nimmt die Form einer Kerzenflamme an. Er besteht aus drei Zonen, in denen sich unterschiedlich beschaffene Teilchen, die ein Teilchengrößenspektrum von drei Größenordnungen umfassen, bilden. Für diese Pulver gibt es keine Möglichkeit einer Klassierung.

Bild 2–18 gibt die Prinzipskizze einer mit Vakuum arbeitenden Apparatur, die sog. VEROS-Methode (vacuum evaporation on running oil substrate), wieder. Der Ölfilm verhindert die Bildung geschlossener Metallschichten und dient als Suspensionsmittel für die kristallisierenden Teilchen. Deren Größe wird über die Verdampfungsbe-

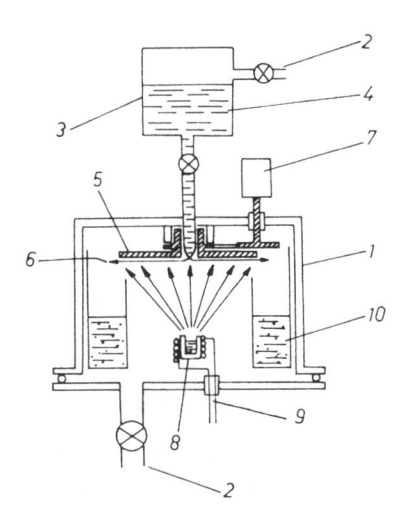

Bild 2–18. Prinzipskizze einer Anlage zur Herstellung von Feinstpulvern durch Verdampfung und Kondensation (nach *S. Yatsuya, Y. Tsukasaki, K. Mihama* und *R. Uyeda*). *1* Vakuumkammer; *2* Abgänge zu den Vakuumpumpen; *3* Ölbehälter mit Zuführung; *4* Silikonöl (spez. Qualität); *5* rotierende Kühlscheibe; *6* Ölfilm für die Kondensation des Metalldampfes; *7* Antriebsmotor für Kühlscheibe und vakuumdichte Wellendurchführung; *8* Verdampfertiegel; *9* Wärmequelle (Induktionsspule oder Elektronenstahlkanone); *10* Sammelbehälter für Öl und Feinstpulver

dingungen und die Bewegungsgeschwindigkeit der Kühlfläche geregelt, sie beträgt ≦0,01 µm und kann in einem eng begrenzten Größenspektrum gehalten werden.

Einrichtungen zur Verdampfung und Kondensation unter Inertgas (inert-gas-condensation, IGC) stellen eine elegante Lösung der Feinstpulverherstellung dar. Häufig sind sie mit Vorrichtungen zur Handhabung der Pulver integriert. Bild 2–19 zeigt die Prinzipskizze einer entsprechenden Anlage. Andere Ausführungen einzelner Teile sind möglich. Man erkennt einen UHV-Rezipienten, der die Verdampfungsquelle und eine mit flüssigem N_2 gekühlte Kondensationsfläche aufnimmt. Weiter weist der Rezipient Zugänge für Material, Verdampfungsenergie und Pulverbehandlung auf. Zur Präparation wird die Anlage evakuiert, vom Restgas durch Aufheizen gereinigt, mit einem Edelgas geflutet (Druck nur 1...10 mb) und durch Sputtern, Elektronenstrahl, Laser oder Widerstandserwärmung die Verdampfung des Materials eingeleitet. Die Versuchsparameter, wie Temperatur und Edelgasdruck, werden geregelt eingestellt. Durch physikalische Wechselwirkung des Metalldampfes mit dem Edelgas finden Keimbildung und Koaleszenz von Teilchen statt, deren Größe im Wesentlichen von der Verdampfungsintensität und dem Edelgaspartialdruck abhängt. Die Partikel kondensieren danach als „Metallrauch" an einer Kühlfläche, werden abgestreift, in der Anlage gesammelt und periodisch ausgeschleust. Danach gelangt das Produkt in den Apparateteil zur Pulverbehandlung [2.10, 2.24, 2.25]. Eine Agglomeration der Pulverpartikel kann durch unmittelbares Eintragen in eine bewegte Flüssigkeit nach dem VERL-Verfahren (Vacuum Evaporation on Rotating Liquid) vermieden werden. Während in der ersten Verfahrensvariante versinterte, aus nanokristallinen Teilchen bestehende Agglomerate im Mikrometerbereich entstehen, sind in der zweiten Variante vereinzelte Pulverteilchen (5–100 nm) eingebettet in die Flüssigkeit das Ergebnis. Nanopulver werden heute im Tonnenmaßstab hergestellt [2.4].

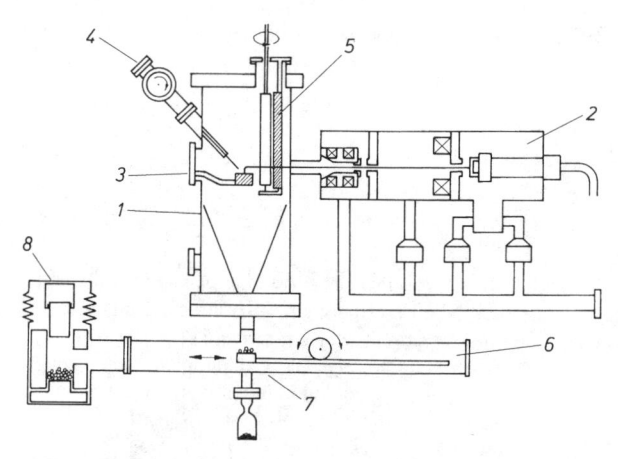

Bild 2–19. Prinzipskizze einer Anlagenvariante zur Herstellung von Feinstpulvern durch Verdampfung und Kondensation (Inertgaskondensationstechnik; IGC) (nach [2.7]). *1* Hochvakuumkammer; *2* Energiequelle (Elektronenstrahlerzeugung); *3* Metalldampfbildung; *4* Material-(Draht-)zuführung; *5* mit N_2 gekühlte Fläche als Pulverabscheider; *6* Vorrichtung zur Pulverbehandlung; *7* Entnahmevorrichtung; *8* Pressvorrichtung

2.6.2 Pulvergewinnung durch Gasphasenreaktionen

Die Gewinnung von Pulvern aus Metallverbindungen, die – erforderlichenfalls durch Erwärmung – in den gasförmigen Zustand überführt werden, ist insofern von Interesse, als sie feine und sinteraktive Pulver relativ reiner Metalle oder Metallverbindungen für Sonderzwecke liefert. Technische Bedeutung hat das Carbonylverfahren für die Herstellung feiner Pulver hoher Reinheit aus Eisen und Nickel und mit Einschränkung auch aus Molybdän erlangt, wenngleich noch eine Anzahl weiterer Metalle, darunter Mn, V, Cr und W, flüchtige Metallcarbonyle bilden.

Die Entstehung und Zersetzung von Metallcarbonylen gemäß

$$Fe + 5\,CO \rightleftharpoons Fe(CO)_5 \tag{2.6}$$

bzw.

$$Ni + 4\,CO \rightleftharpoons Ni(CO)_4 \tag{2.7}$$

sind Reaktionen, deren Gleichgewichtskonstante eine starke Druck- und Temperaturabhängigkeit zeigt. Zur Carbonylbildung wird Kohlenmonoxid bei Temperaturen von 200 bis 250 °C und erhöhtem Druck (7 bis 30 MPa) über kostengünstige Metallträger, wie Erz, Eisenfeinschrott, Schwammeisen, Nickelgranulat oder Nickelfeinstein, geleitet. Verunreinigende Metallbegleiter (S, Si, Cu, P), die keine Carbonyle bilden können, werden nicht mit umgesetzt. Das gasförmige Produkt wird unter Druck kondensiert und gespeichert. Erforderlichenfalls kann es vor der Zersetzung über eine Filtration und Destillation (Siedetemperatur des $Fe(CO)_5$: 103 °C, des $Ni(CO)_4$: 43 °C) gereinigt werden.

Die Zersetzung der Metallcarbonyle ist eine endotherme Reaktion. Sie wird in beheizten Metallzylindern bei 200 °C ($Ni(CO)_4$) bzw. 300 °C ($Fe(CO)_5$) vorgenommen. Hinsichtlich der angewendeten Arbeitsdrücke spricht man von einer Niederdruck- ($Fe(CO)_5$, $Ni(CO)_4$: 0,1 bis 0,4 MPa) und einer Hochdruckzersetzung ($Ni(CO)_4$: 25 MPa). Im Falle des Eisencarbonyls geht man so vor, dass es zunächst unter Druck in beheizten Verdampfern in den gasförmigen Zustand überführt und danach in den Zersetzungszylinder eingeleitet wird. Das mit dem Eisen, das dem Behälter entnommen wird, gleichfalls entstehende CO wird in den Kreislauf zurückgeführt.

Um vom Fe katalysierte Nebenreaktionen, bei denen CO_2, Fe_3C und FeO entstehen, einzuschränken, wird gemeinsam mit dem gasförmigen Carbonyl noch Ammoniakgas in den Behälter eingelassen. Das Eisenpulver enthält dann etwa nur 0,7 % C, ohne Ammoniakzusatz aber mindestens 1 bis 1,2 % C. Die Größe und Form der Pulverteilchen sind von der Konzentration des $Fe(CO)_5$ und von der Temperatur im Zersetzungsraum abhängig; mit steigender Konzentration (erhöhter Keimbildung) und Temperatur nehmen Teilchengröße und Dichte der Pulver ab, die Neigung zur Bildung kugeliger Teilchen aber zu. Unter den meist üblichen Bedingungen fallen kugelförmige Partikel mit schalenförmigem Aufbau im Größenbereich von 2 bis 15 µm an (Bild 2–20). Bei der Kristallisation aus der Gasphase entsteht ein extrem feines Gefüge (mittlere Kristallitgröße $\approx 10^{-5}$ mm) mit starken Gitterverzerrungen, die sich makroskopisch in der hohen Härte äußern.

Die so erzeugten Partikel können anschließend gemahlen, gemischt und klassiert werden. Man erhält so Kohlenstoff und Stickstoff enthaltende „unreduzierte" Pulver mit hoher mechanischer Härte (~850 HV), die so genannten „O-Grade". Diese Pul-

Bild 2–20. Karbonyleisenpulver: a) Pulverhaufwerk kugeliger Teilchen, Teilchengröße < 7 µm; b) Pulveranschliff zur Sichtbarmachung des Schalenaufbaus

ver werden vorzugsweise für das Metallpulverspritzgießen verwendet. Fügt man vor diesem abschließenden Schritt eine Glühung im Wasserstoff ein, baut man die hohe Härte ab. Diese mechanisch weicheren Pulver weisen geringe Kohlenstoff-, Stickstoff- und Sauerstoffgehalte auf. Man bezeichnet sie als „reduzierte Pulver" oder „C-Grade". Sie eignen sich besonders für das Verpressen unter höheren Drücken [2.7].

Carbonyleisenpulver wird seit langem zu magnetischen Massekernen (Kap. 16) verarbeitet. Für die Sintertechnik hat es mit der Entwicklung des Spritzgießens (metal injection moulding) große Bedeutung erlangt, da sich hierfür konventionelle und spratzig-schwammige Eisenpulver mit Teilchengrößen 100...40 µm weniger eignen (vgl. Abschn. 5.4.2).

Für die Herstellung von Carbonylnickelpulver wird neben der Niederdruckzersetzung, die gröbere kugelförmige Nickelpulver liefert, auch die Hochdruckzersetzung angewendet, die Nickelpulver mit Teilchengrößen um 3 µm herzustellen gestattet. Das Nickelpulver enthält weniger Verunreinigungen als das Fe, da Ni die Nebenreaktionen der Carbonylzersetzung kaum katalysiert.

Auch Wolframfeinstpulver (<1,5 µm) wird durch Zersetzung gewonnen, allerdings mit dem wesentlichen Unterschied, dass außer dem gasförmigen Wolframhexafluorid noch ein gasförmiges Reduktionsmittel an der Reaktion teilnimmt:

$$WF_6 + 3H_2 \rightleftharpoons W + 6HF. \tag{2.8}$$

Die Reduktion findet in der Wirbelschicht statt und führt zu einem kugeligen Pulver mit ausgezeichneten Presseigenschaften.

Besonders feine Pulver aus hochschmelzenden Metallen und Hartstoffen werden erhalten, wenn die gasförmige Verbindung zur Zersetzung in ein Temperaturfeld eingebracht wird, in dem sie augenblicklich die Reaktionstemperatur annimmt. Die erforderlichen Reaktionswärmen lassen sich durch Verbrennen von Wasserstoff im Halogengas oder mittels Plasmas erzeugen.

Im Prinzip hängt es von den Bedingungen der Wärmeerzeugung ab, ob die Stoffumsetzung in neutraler, reduzierender oder oxidierender Atmosphäre stattfindet.

Der Plasmastrahl bietet infolge der hohen, für eine Reaktion nutzbaren Temperaturen bis 8000 K und der Ionisation von Stoffen, die nicht nur Edelgase, N_2, H_2, Kohlenwasserstoffe und Alkohole, sondern auch andere Gase oder Dämpfe sein können, für eine Darstellung von Metallverbindungen, z.B. von Metallcarbiden, günstige Voraussetzungen. Obwohl die Verweilzeit der Reaktionspartner in solchen Wärmequellen sehr kurz ist und eine Gasströmung sie schnell aus der Temperaturzone herausträgt, ist dennoch eine gewisse Rückreaktion im noch heißen Gas-Feststoff-Gemisch nicht auszuschließen, was sich bei den Pulvern im erreichbaren Reinheitsgrad bemerkbar machen kann. Diese Methoden liefern Pulver, die meist aus Einkristallteilchen $\leq 0,1$ µm bestehen. Ihre Eigenschaften, wie Teilchengröße, Reinheit und Pyrophorität, können über die Zusammensetzung der Reaktionskomponenten beeinflusst werden. Mit dem Plasmastrahl lassen sich nicht nur sauerstoffarme Produkte, sondern auch Oxidpulver herstellen, z.B. Siliciumdioxid mit extrem geringer Schüttdichte (0,015 g cm^{-3}) oder auch Nitride, Carbide u.a. hochschmelzende Verbindungen.

Eine ähnlich geartete Gasphasenreaktion stellt die Gewinnung von Tantal und anderen Refraktärmetallen durch Reaktion von Metallchloriden und Wasserstoff in einem Heißwandreaktor dar, welche nanodisperse Partikel liefert [2.28]. Dieser Prozess wird auch als CVR-Prozess (Chemical Vapor Reaction) bezeichnet.

Andere Verfahren der Herstellung nanodisperser Pulver wie Flammreduktion oder Plasmareduktion nutzen die Zersetzung und Reduktion von Metallsalzen in einer Gasflamme oder einem Plasma [2.28].

2.6.3 Herstellung von Hartstoffpulvern

Die Darstellung von Hartstoffen (s.a. Kap. 17) gelingt mit thermochemischen Reaktionen in fester, flüssiger oder gasförmiger Phase. Die zur Reaktion gebrachten Komponenten sind Metalle oder ihre Oxide und Nichtmetalle oder deren Verbindungen.

Im folgenden wird am Beispiel einiger Metalle der Gruppe IVa–VIa des Periodensystems aufgezeigt, welche chemischen Grundreaktionen zwischen der Metall enthaltenden Komponente und dem Kohlenstoff für die Herstellung von Carbiden geeignet sind. In Gegenwart von Stickstoff lassen sich diese erweitern, und man erreicht eine Bildung von Carbonitriden oder Nitriden. Weitere Methoden, wie Schmelzflusselektrolyse, metallothermische Reduktion oder Abscheidung aus der Gasphase, sind bei der Herstellung von Boriden oder Siliciden üblich.

Die Herstellung der Carbide erfolgt durch Carburierung des Metall- oder Metalloxidpulvers durch den in Form von Ruß der Reaktionsmischung zugefügten Kohlenstoff, vorzugsweise in den nachfolgend aufgeführten Varianten:

WC:	WO_3 + Ruß, W + Ruß,	1400 bis 1600°C
	W + Ruß + Kohlenwasserstoff,	1200 bis 1400°C
Mo_3C:	MoO_2 + Ruß, Mo + Ruß,	1200 bis 1400°C
	Mo + Ruß + Kohlenwasserstoff,	1100 bis 1300°C
TiC:	TiO_2 + Ruß,	1700 bis 2000°C
ZrC:	ZrO_2 + Ruß,	1800 bis 2000°C
VC:	V_2O_5 bzw. V_2O_3 + Ruß,	1100 bis 1200°C

NbC: Nb_2O_5 + Ruß bzw. Nb_2O_3 + Ruß,   1300 bis 1400°C
TaC: Ta_2O_5 + Ruß, Ta + Ruß,   1300 bis 1500°C

Zugaben von Kohlenwasserstoff zum Schutzgas können die Carbidbildung beschleunigen. Die Carburierung wird üblicherweise kontinuierlich im Kohlerohrdurchschubofen (Wasserstoffatmosphäre) oder diskontinuierlich in großen Graphittiegeln im Mittelfrequenzofen (Vakuum) vorgenommen. Zur Herstellung sehr feiner Carbide kommen heute Drehrohr- oder Wirbelbettöfen zur Anwendung, die eine ständige Bewegung des Pulvers gewährleisten.

Die festen Ausgangsstoffe werden bereits in gut durchmischter Form eingebracht. Ihre Teilchengröße und die Reaktionsbedingungen (Temperatur, Glühdauer, Zusammensetzung der Atmosphäre) bestimmen die Eigenschaften des Reaktionsprodukts, das entweder aus dichten und grobkristallinen oder lose gesinterten, feinkristallinen Teilchen besteht. Die Carburierung von Metallpulvern liefert in der Regel das reinere Produkt und führt zu Feinstpulvern mit Teilchengrößen, die denen des eingesetzten Metallpulvers nahekommen. Im technischen Maßstab sind heute Carbidpulver mit einer Teilchengröße bis herab zu 0,1 µm zugänglich (vgl. Kap. 17).

Neben der Carburierung hatte insbesondere in den USA die Umsetzung in Metallschmelzen (Menstruum-Prozess) für die Carbidherstellung Bedeutung gewonnen:

$$Me + \text{Eisenschmelze} + C \rightarrow MeC + \text{Eisenschmelze} . \tag{2.9}$$

Nach der Abkühlung wird die gepulverte Schmelze in Säure gelöst und das resistente Carbid isoliert. Das gleiche Verfahren kann auch zur Herstellung von Mischcarbiden genutzt werden. Aufgrund der hohen Kosten hat das Verfahren heute nur noch geringe Bedeutung.

2.6.4 Herstellung von superharten Hartstoffen

Superharte Hartstoffe sind unter besonderen Bedingungen in der Natur (Diamant) oder durch Hochdruckumwandlung von einer stabilen in eine metastabile Kristallstruktur entstandene Stoffe, deren Härte meist zwischen 9000 und 10 000 HV liegt. Sie bestehen aus Kohlenstoff oder Bornitrid BN, deren stabile Struktur das hexagonale Kristallgitter ist.

Unter den Bedingungen hohen Drucks und hoher Temperaturen gelingt die Umwandlung von hexagonalem Graphit in kubischen Diamant sowie von Bornitrid in das kubische BN mit Zinkblende-(Sphalerit-)Gitter, das in der Natur nicht vorkommt. Beide Stoffe weisen in ihrer Kristallstruktur und in ihrem Verhalten große Ähnlichkeiten auf. Vom Bornitrid existieren noch eine hexagonale Graphit- und eine hexagonale Wurtzit-Modifikation, deren Härten etwas geringer (7000 bis 8000 HV) sind.

Technisch wird der Prozess der Hochdruckumwandlung in Druckwerkzeugen spezieller Bauart durchgeführt, die den primär durch hydraulische Pressen (bis 500 MN Presskraft) oder durch Explosionsschockwellen erzeugten Druck verstärken und auf eine Reaktionskammer übertragen, die sich in einem durch die Stempel des Druckwerkzeuges gebildeten Hohlraum befindet. Die Kammer besteht aus einem unter Druck verformbaren, aber fließfesten und temperaturbeständigen Mine-

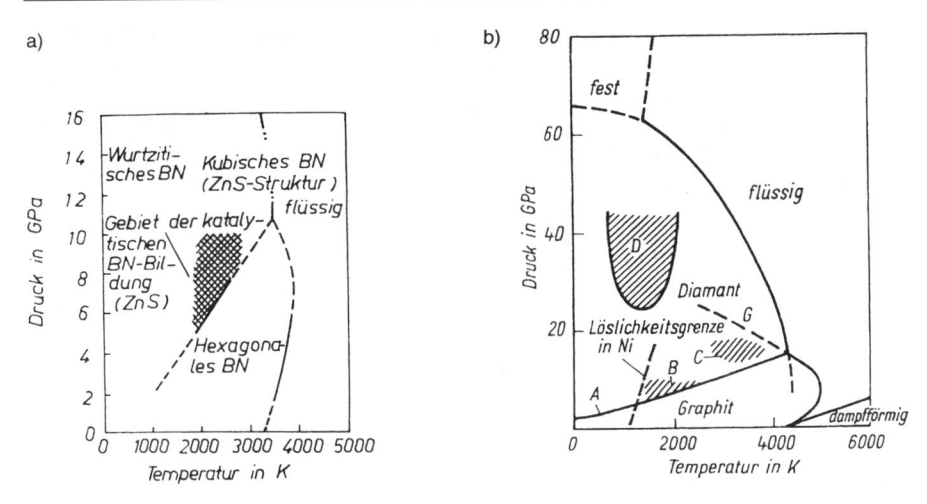

2.6 Spezielle Verfahren der Pulverherstellung

Bild 2–21. Phasendiagramme superharter Hartstoffe: a) für Bornitrid (nach *F.P. Bundy*); b) für Kohlenstoff (nach *K. Nassau* und *I. Nassau*)

ral (Pyrophyllit), das zugleich der Abdichtung und elektrischen Isolierung dient. Sie enthält ein Graphitrohr als Heizelement, das mit dem umzuwandelnden Stoff gefüllt ist. Die Stromzuführung erfolgt über zwei isolierte Stempel. Die Hochdruckanlagen haben ein Kammervolumen bis zu einigen Hundert cm^3.

Wie aus dem Phasendiagramm des Kohlenstoffs (Bild 2–21) zu entnehmen ist, verläuft die Phasengrenze Graphit/Diamant entlang der Linie A; unterhalb dieser ist der Graphit bis zur Schmelztemperatur von ≈4000 K die stabile Modifikation des Kohlenstoffs, oberhalb dagegen der Diamant. Im schraffierten Bereich B gelingt eine Umwandlung von Graphit in Diamant dadurch, dass man die unterschiedlich hohe Löslichkeit von Graphit (4 Masse-%) und Diamant (3,5 Masse-%) in einer Metallschmelze (Katalysator-Lösungsmittel), meist Nickel, ausnutzt (gestrichelte Linie Ni). Der unter beispielsweise 6 GPa und 1770 K metastabile Graphit wird in der Metallschmelze gelöst; der stabile Diamant kristallisiert aus. Dem schraffierten Bereich C entsprechen die technisch schwerer zu realisierenden Bedingungen für eine direkte Umwandlung von Graphit in Diamant. Im Bereich D wird die Umwandlung mittels einer Explosionsschockwelle (Druck ≧60 GPa, Dauer Mikrosekunden) bereits bei etwa 1300 K erreicht, da der unter diesen Verhältnissen metastabile Graphit oberhalb der gestrichelten Linie G schmilzt und Diamant als stabile Phase auskristallisiert. Alle drei Verfahrensvarianten werden so geführt, dass eine Rückumwandlung von Diamant in Graphit durch eine Absenkung der Temperatur vor einem Druckabfall verhindert wird, was man bei den Arbeiten im Bereich D (kurze Druckeinwirkung) mittels einer Mischung aus dem umzuwandelnden Graphit und einem gut wärmeleitenden Metall erreicht. In der Regel werden die Diamanten für die technische Anwendung im Bereich B und C mit einer Teilchengröße ≦1500 μm hergestellt. Falls man Druck und Temperatur über längere Zeit konstant hält (z.B. etwa 120 h), lassen sich auch Einzelkristalle bis 5 mm Durchmesser erhalten. Die Verfahren mit Schockwellen (Bereich D) liefern Pulver mit Teilchengrößen zwischen 50 nm und 1 µm. Alle Produkte werden, ehe sie für die Herstellung von Spanungswerkzeugen (Kap. 17) eingesetzt werden können, mit chemischen oder physikalischen Methoden gereinigt und klassiert.

Auch das kubische Bornitrid wird über eine katalyseartige Umwandlung bei Drücken zwischen 5 und 10 GPa und Temperaturen unterhalb 3000 K gewonnen (Bild 2–21). Es ist die härteste Bornitrid-Modifikation und wird ebenfalls zu Werkzeugen für die Spanung verarbeitet (Kap. 17). Die anderen Modifikationen haben als Rohstoffe für die Gewinnung des kubischen BN und die wurtzitische außerdem auch für die Herstellung polykristalliner Schneidwerkstoffe Bedeutung.

2.6.5 Pulverherstellung durch chemische Fällung

Die Methoden der chemischen Fällung werden zur Herstellung von Pulvern genutzt, deren Teilchengröße vorzugsweise im Bereich zwischen einigen Mikrometern und Nanometern liegt. Die Fällungsprodukte stellen amorphe bis feinkristalline Metallverbindungen dar, die durch thermische Behandlung zu Oxiden aufbereitet und direkt weiterverarbeitet oder aber mit gasförmigen Reduktionsmitteln vollständig (Ag-Ni-Sinterkontakte) oder partiell (TD-Nickel) in den metallischen Zustand überführt werden. Der durch Fällung erzeugte Dispersitätsgrad kann bei den amorphen Produkten kaum, bei den feinkristallinen dagegen nahezu erhalten werden, wenn die thermische Weiterbehandlung bei ausreichend niedrigen Temperaturen durchgeführt und sorgfältig überwacht wird. Man gewinnt dadurch Pulver, die sich durch große spezifische Oberfläche, kleine Kristallit- und Teilchengröße sowie hohe Sinteraktivität auszeichnen. Ausgangsstoffe einer Fällung sind lösliche Salze der als Pulver darzustellenden Metalle. Für die den Salzlösungen zuzusetzenden Fällungsmittel eignen sich lösliche Hydroxide, Carbonate, Oxalate und Formiate. Deren Anionen bilden als Fällungsprodukte schwerlösliche Metallverbindungen, gehen aber bei der thermischen Zersetzung der Metallverbindung in den gasförmigen Zustand über, so dass sie leicht entfernt werden können. Lösungen, die mehrere Metallsalze enthalten, ergeben nur dann ein homogenes Fällungsgut, wenn die Salze isomorph sind. Mit Hilfe neuerer Verfahren, wie der Gefrier- oder Sprühtrocknung, die die Fällung umgehen, gelingt es jedoch, auch aus Lösungen nicht isomorpher Salze feindisperse Pulver mit homogener Verteilung der Komponenten herzustellen und dann in der obengenannten Weise weiterzuverarbeiten.

Beispiele für eine konventionelle chemische Fällung sind die Verfahren der Gewinnung von Pulvergemischen aus Silber und Ni bzw. CdO für Sinterkontaktwerkstoffe (s. Abschn. 14.3.2.1 und 14.3.2.3), die sogleich in dem geforderten Mengenverhältnis über eine Mischfällung als feindisperse, innige Mischungen erhalten werden. Die Grundschritte der Ag-Ni-Mischfällung sind:

a) Herstellen einer wäßrigen Lösung von $AgNO_3$ und $Ni(NO_3)_2$ in dem der gewünschten Mischpulverzusammensetzung entsprechenden Verhältnis.
b) Ausfällung durch Zugabe von Alkalihydrogencarbonat (*Me*HCO_3). Es entsteht ein sehr feines Kristallgemisch aus Ag_2CO_3 und $NiCO_3$.
c) Glühen und Zersetzen bei $\geq 300°C$ an Luft, demzufolge ein Gemisch aus feinem Ag- und NiO-Pulver gebildet wird.
d) Reduktion von NiO in H_2 bei $\geq 400°C$; Endprodukt feines Ag-Ni-Mischpulver.

Analog wird bei der Gewinnung von Ag-CdO-Pulvergemischen verfahren. Die durch Mischfällung erzeugten basischen Carbonate oder Oxalate werden an Luft zu einem Ag-CdO-Mischpulver geringer Teilchengröße und sehr guter Verteilung, wie sie sich über eine mechanische Mischung nicht erzielen lässt, zersetzt.

Zur Herstellung gelartiger Produkte, z.B. aus Salzen des Eisens und eines oxidbildenden Elements zur Dispersionsverfestigung, werden die löslichen Metallsalze über einer Ammoniumhydroxidlösung, die gelstabilisierende Substanzen, wie Polysaccharide, enthält, vernebelt. Bei der Reaktion entsteht ein Gel aus Eisenhydroxid und dem Hydroxid des oxidbildenden Metalls. Die Stabilität des Gels wird durch die organische Komponente in der Hydroxidlösung aufrechterhalten. Nach dem Trocknen wird das Produkt bei 560°C in Wasserstoff reduziert und ein Eisenfeinpulver erhalten, in dem das Oxid in sehr feindisperser Verteilung vorliegt.

Von Cobaltamminsulfatlösung ausgehend, gelangt man über eine Druckfällung mit CO_2 zu einem Cobaltcarbonatpulver, dessen Teilchengröße unter 4 µm liegt. Sofern nun Hydroxide reaktiver Metalle beim Fällungsprozess zugegen sind, werden diese in das Cobaltcarbonat eingebaut. Die Reduktion des Fällungsproduktes führt dann zu einem Cobaltpulver, dessen Teilchengröße weniger als 2 µm beträgt und in dem Oxidpartikel eingelagert sind. Die besondere Wirkung der nicht reduzierbaren Oxide beruht in der Hemmung des Kristallit- und Teilchenwachstums der metallischen Phase, die dem daraus hergestellten Sintercobalt hohe Remanenz und Koerzitivfeldstärke verleiht.

In ähnlicher Weise lassen sich auch feindisperse Ni-Pulver darstellen. Aus der wässrigen Lösung eines Nickelsalzes, die kolloidales ThO_2 enthält, wird Nickelhydroxid ausgefällt. Die ThO_2-Partikel dienen bei der Fällung als Keime. Das nach der Trocknung und Reduktion etwa 2% ThO_2 enthaltende Ni-Pulver wird zu einem dispersionsverfestigten Sinterwerkstoff (TD-Nickel) weiterverarbeitet.

Literatur für Kapitel 2

[2.1] *Weissgaerber, Th., C. Sauer, W. Puesche, B. Kieback, G. Dehm* und *J. Mayer*: Advances in Powd. Met. & Part. Mat., 2 (1997) 11–23 bis 11–34

[2.2] *Böhm, A.*: Untersuchungen zum Reaktionssintern von Ti-Al-Elementpulvermischungen, Verlag Mainz, Aachen, 2001

[2.3] GTM-System, Firmenprospekt und CD-ROM, Fritsch GmbH, Idar-Oberstein

[2.4] *Kieback, B.* und *Th. Weißgärber*: „Nanopulvermetallurgie" in: Pulvermetallurgie in Wissenschaft und Praxis, Band 19, Pulvermetallurgie: Material – Prozess – Anwendung. Vorträge des Hagener Symposiums. Fachverband Pulvermetallurgie, Hagen, 2003

[2.5] *Schatt, W.*: Sintervorgänge-Grundlagen; VDI-Verlag, Düsseldorf 1992

[2.6] *Necipoprenko, O.S., Ju.J. Najda, A.S. Medvedovskij*: Rspilennye metalliceskije poroski; Kiev, Naukova dumka 1980

[2.7] Landolt-Börnstein Group VII: Advanced Materials and Technologies, Vol. 2: Materials, Subvol. A: Powder Metallurgy Data, Part 1: Metals and Magnets; Springer-Verlag, Berlin und Heidelberg, 2003

[2.8] *Lawley, A.*: Atomisation- The production of metal powders, Princton, MPIF 1992

[2.9] *Gerking, L.*: Powd. Metall. Intern., 25 (1993) 2, S. 59–65

[2.10] *Nitta, M., H. Ogawa* und *S. Ito*: Proc. Jap. Soc. Powder and Powder Met. (1989) 11, 30

[2.11] *Sakuma, H., H. Hanaoka, N. Akagi, M. Sato* und *D. Takai*: Characteristics of High Compressibility Atomized Iron Powder, Advances in Powd. Met. & Part. Mat., 1992, Princton, MPIF 1992, 327

[2.12] N.N.: Injection Moulding Magazine, June 1999, p. 32
[2.13] *Biancello, F.S., S.D. Ridder* und *R.D. Jiggets*: PM94, Powder Metallurgy World Congress, 3 (1994) 2117–2120
[2.14] Patentschrift DE 196 23 351 C2, 1999
[2.15] Vacuum Inert Gas Metal Powder Technology, Firmenprospekt, ALD Vacuum Technologies AG, Hanau, www.ald-vt.de
[2.16] Informationsmaterial Crucible Research LLC, Pittsburgh, PA, USA www.crucibleresearch.com
[2.17] *Pleier, S., W. Goy, B. Schaub, M. Hohmann, M. Mede* und *R. Schumann*: Advances in Powd. Met. & Part. Mat. 2004, Chikago, 1, 2–49
[2.18] *Smagorinski, M.E.* und *P.G. Tsantrizos:* Advances in Powd. Metallurg. and Particulate Mat., 3 (2002) 3–248 bis 3–260
[2.19] *Henein, H.*: Advances in Powd. Metallurg. and Particulate Mat.,3 (2002) 3–111
[2.20] Summary of Emerging Titanium Cost Reduction Technologies, Studie, EHL Technologies, Vancouver, WA, USA, 2004, www.ehktechnologies.com
[2.21] *Stephani, G.*: Teilchen- und Faserherstellung mit Methoden der Schnellerstarrung; DGM-Fortbildung Pulvermetallurgie, Dresden 1992
[2.22] *Andersen, O.* und *G. Stephani*: Metal Powder Report, Vol. 54, (1999), 7/8, 30
[2.23] *Brüning, R., P. Scholz, I. Morgenthal, O. Andersen* und *B. Ondruschka*: Chem. Ing. Technik 76 (2004), 693
[2.24] *Capus, Joseph M.*: Metal Powders, A Global Survey of Production, Applications and Markets 1996–2005, Third Edition, Elsevier Advanced Technology, Oxford, U.K., 2000
[2.25] *Leichtfried, G.*: Powder Metallurgical Components for Light Sources, Habilitation Thesis, Montanuniversitaet Leoben, Austria, 2003
[2.26] *Kieffer, R., G. Jangg* und *P. Ettmayer*. Sondermetalle, Wien/New York; Springer-Verlag 1971
[2.27] *Günther, B.*: Preparation of Nanostructured Materials by PM Methods „Mat. By Powder Technol. PTM 93" (Hrsg. F. Aldinger) DGM-Informationsgesellschafts-Verlag (1993), 475
[2.28] *Eifert, H., D. Kupp* und *B. Günther*: Advances in Powd. Metallurg. and Particulate Mat., (2000) 9–99

3 Aufbereitung der Pulver

In den meisten Fällen ist das Pulver unmittelbar nach der Gewinnung (Rohpulver) für pulvermetallurgische Zwecke nicht verwendbar. Es muss noch einer Aufbereitung unterzogen werden, zu der vor allem das Trennen in Teilchengrößenklassen (Klassieren), ein reinigendes oder entfestigendes Glühen, die Zugabe von Presshilfsmitteln, das Mischen verschiedener Teilchenfraktionen oder Pulverarten sowie das mechanische Legieren und das Granulieren gehören.

3.1 Klassieren der Pulver

Das mit der Herstellung anfallende Pulver (Rohpulver) überstreicht meist einen sehr großen Teilchengrößenbereich. Um eine optimale Schüttdichte (Abschn. 4.4.2) und Verpressbarkeit (s. Abschn. 4.4.3) der zum Einsatz kommenden Pulver gewährleisten zu können, sind jedoch bestimmte Teilchengrößenzusammensetzungen erforderlich. Das Rohpulver muss deshalb nach der Herstellung zunächst in verschiedene Teilchengrößenklassen, sog. Fraktionen (Abschn. 4.1), getrennt werden, aus denen anschließend durch Mischen die geforderte Teilchengrößenverteilung aufgebaut wird (Abschn. 3.4). Auch an das Granulieren schließt sich im Allgemeinen ein Klassieren an, da die Größenverteilung der Granulatkörner nicht zu breit sein darf.

Das Klassieren kann mittels Siebens, Schlämmens und Sichtens geschehen. Beim Sieben (Abschn. 4.1.1) wird das Pulverhaufwerk direkt infolge unterschiedlicher geometrischer Abmessungen der Teilchen getrennt. Die Siebklassierung wird in der Regel für Teilchen > 0,02 mm angewendet. Mit Hilfe von Siebböden verschiedener Maschenweite wird das Rohpulver in einzelne Fraktionen zerlegt. Zur Lösung dieser Aufgabe ist eine größere Zahl von Siebmaschinentypen entwickelt worden. Sie unterscheiden sich sowohl in der Ausbildung der Siebböden als auch in der Art der Siebbewegung. Die Sieböffnungen der Siebböden können rund, quadratisch oder rechteckig sein; hinsichtlich der Siebbewegung trennt man in Wurf-, Plan- und Luftstrahlsiebe.

Beim Sichten und Schlämmen dient nicht die Teilchengröße, sondern die Sinkgeschwindigkeit in gasförmigen oder flüssigen Medien als Trennmerkmal. Die Sinkgeschwindigkeit, die ein Teilchen in einem Medium erreicht, hängt vom Volumen, der Dichte und Form des Teilchens, von der Dichte und Viskosität des Mediums sowie von der Beschleunigung des Teilchens im Kraftfeld ab. Im Fall des Sichtens (Abschn. 4.1.1) bewegen sich die Teilchen in einem Luftstrom entgegen der Schwerkraft. Durch Sichter lassen sich Pulverteilchengrößen im Bereich von etwa

5 bis 60 µm klassieren. Für die technische Klassierung stehen verschiedene Arten von Sichtern zur Verfügung, die grundsätzlich als Schwerkraftsichter mit Sichtung im Schwerefeld oder als Fliehkraftsichter, bei denen die Sinkgeschwindigkeit der Teilchen durch die Fliehkraft vergrößert wird, arbeiten. Unter den ersteren unterscheidet man je nach dem verwirklichten Konstruktionsprinzip Horizontalstrom-, Aufstrom-, Zickzack- und Gegenstrom-Umlenksichter. Die bei der zweiten Gruppe erforderlichen Fliehkräfte werden dadurch erzeugt, dass der Klassierraum rotiert oder – wenn der Sichter steht – dass die Sichtluft zu einer Wirbelströmung gezwungen wird.

Das Schlämmen geschieht mit bewegten Flüssigkeiten (Wasser) und wird vorwiegend für die Klassierung oxidischer und silikatischer Pulver eingesetzt. Es kann ebenfalls als Schwere- und Fliehkraftverfahren durchgeführt werden. Der durch Schlämmen trennbare Teilchengrößenbereich liegt etwa in denselben Grenzen wie beim Windsichten.

Falls eine hohe Reinheit der Pulver gefordert wird, wie z.B. für die Herstellung von Sintersuperlegierungen, kann die Pulveraufbereitung auch in einem geschlossenen System unter Schutzgasatmosphäre erfolgen. Dabei ist es möglich, aus dem Rohpulver Oxid- und Schlackenteilchen, hohle Teilchen mit eingeschlossenen Gasen sowie superfeine Stäube mit hohem Sauerstoffgehalt zu entfernen und ein weitgehend reines Pulver zu erhalten.

3.2 Glühbehandlung von Pulvern

Eine Reduktion der Pulver ist notwendig, wenn infolge längerer oder ungünstiger Lagerung (erhöhte Feuchtigkeit und Temperatur) die Pulverteilchen mehr oder weniger oberflächlich oxidiert sind. Nach der Reduktion muss das Pulver bald verarbeitet werden, weil frisch reduzierte Pulver eine wesentlich größere Reaktionsneigung zeigen, die um so stärker ist, je kleiner die Pulverteilchen sind. Die Reduktion wird in herkömmlichen, auch für das Sintern genutzten Öfen (Abschn. 6.3) vorgenommen. Am häufigsten werden als Reduktionsatmosphären reiner Wasserstoff und Ammoniakspaltgas verwendet. In Tabelle 3–1 sind die ungefähren Reduktionstemperaturen für einige technisch wichtige Beispiele angegeben. Hochsauerstoffaffine Elemente, wie Al, Cr, Mn oder Ti, lassen sich großtechnisch kaum wirkungsvoll und wirtschaftlich reduzieren. Ihre Pulver bzw. solche, in denen sie als Legierungselemente enthalten sind, werden besser durch Verfahren, bei denen eine Sauerstoffaufnahme weitgehend ausgeschlossen ist, hergestellt (Abschn. 2.2). Die Reduktionstemperatur sollte immer so niedrig wie möglich gewählt werden, um ein zu

Tabelle 3–1. Reduktionstemperatur wichtiger Metalloxide; Reduktion durch Wasserstoff, Druck 1,103 bar (nach [3.1])

Reduktionstemperatur in °C						
Co	Cu	Fe	Ni	W	Mo
600...700	$\geqq$ 250	700	600...700	750...800	900...1000

starkes Zusammensintern der Teilchen zu vermeiden. Je mehr der bei der Reduktion entstehende Sinterkuchen verdichtet ist, um so größer sind die Kräfte, die zu seiner anschließenden Zerkleinerung aufgebracht werden müssen; damit wächst auch die Gefahr der Wiederoxidation und Kaltverfestigung des dispergierten Materials.

Pulver, die von der Herstellung her kaltverfestigt sind, müssen, um eine ausreichende Kontaktbildung und mechanische Verhakung bei der Druckverdichtung zu Formteilen zu ermöglichen, vor dem Verpressen in einer geeigneten Schutzgasatmosphäre weichgeglüht werden.

3.3 Zugabe von Presshilfsmitteln

Häufig werden den Pulvern Presshilfsmittel (Gleit-, Binde- und Plastifizierungsmittel) zugemischt. Gleitmittel haben die Aufgabe, die Reibung zwischen dem Pulver und der Wandung des Presswerkzeugs sowie zwischen den Pulverteilchen selbst herabzusetzen. Außerdem erleichtern sie den Formteilausstoß, vermindern den Werkzeugverschleiß und verhindern – bei richtiger Dimensionierung von Stempel und Matrize – ein Festfressen des Werkzeugs. Das sind auch die Gründe, weshalb z.B. bei der Massenformteilfertigung (Kap. 8) grundsätzlich mit Gleitmittelzusätzen gearbeitet wird.

In Tabelle 3–2 sind die wichtigsten der in der Praxis verwendeten Gleitmittel zusammengestellt. Unter diesen haben die Stearate, besonders das Zinkstearat, eine

Tabelle 3–2. Häufig verwendete Gleitmittel (nach [3.1])

Name	Formel	Schmelz-temperatur in °C	Siede- bzw. Zersetzungs-temperatur in °C
Zinkstearat	$Zn(C_{18}H_{35}O_2)_2$	140	335
Calziumstearat	$Ca(C_{18}H_{35}O_2)_2$	180	350
Aluminiumstearat	$Al(C_{18}H_{35}O_2)_2$	120	360
Magnesiumstearat	$Mg(C_{18}H_{35}O_2)_2$	132	360
Bleistearat	$Pb(C_{18}H_{35}O_2)_2$	116	360
Lithiumstearat	$LiC_{18}H_{35}O_2$	221	320
Stearinsäure	$CH_3(CH_2)_{16}COOH$	69,4	360
Oleinsäure	$CH_3\text{-}(CH_2)_7\text{-}CH=CH\text{-}(CH_2)_7\text{-}COOH$	13	286
Benzoesäure	C_6H_5COOH	122	249
Capronsäure	$CH_3\text{-}(CH_2)_4\text{-}COOH$	– 4	205
Ethylendistearylamid (Stearinsäureamidwachs)	$CH_3\text{-}(CH_2)_{16}\text{-}CO\text{-}NH\text{-}(CH_2)_2\text{-}NH\text{-}CO\text{-}(CH_2)16\text{-}CH_3$	140	> 350
Paraffin	$C_{22}H_{46}$ bis $C_{27}H_{56}$	40…60	320…390
Molybdändisulfid	MoS_2	1185	–
Wolframdisulfid	WS_2	1250	–
Molybdänsäureanhydrid	MoO_3	795	–
Graphit	C (kristallin)	3500	–
Mangansulfid	MnS	1655	–

dominierende Stellung inne. Zunehmend erlangen jedoch auch andere Gleitmittel wie z.B. Amidwachse Bedeutung, weil sie fast ohne Rückstände im Sinterformteil ausgetrieben werden können [3.2] und eine verbesserte Schmierwirkung aufweisen, so dass der Gleitmittelgehalt gesenkt werden kann. Der Presshilfsmittelzusatz sollte 0,2 bis 1 Masse-% nicht überschreiten, da größere Zugaben den Pressling – wenn das Gleitmittel beim Aufheizen auf isotherme Sintertemperatur verdampft – auflockern. Besonders beim Pressen hochdichter Sinterformteile sollte nur ein geringer Gleitmittelzusatz gewählt werden, da die nahezu vollständige Füllung des Porenraumes einer weiteren Verdichtung beim Pressen entgegenwirkt und bei relativen Dichten über 92% infolge des abnehmenden offenen Porenraumes die Gleitmittel nicht vollständig ausgetrieben werden können [3.3]. Außerdem verschlechtern sie das Fließverhalten der Pulver (Tabelle 4–3). Weiterhin wurde festgestellt, dass durch unvollständiges Austreiben von Gleitmitteln die verbleibenden Rückstände Reaktionen mit den Metallpulvern verursachen können und dadurch die mechanischen und physikalischen Eigenschaften der Sinterformteile beeinflusst werden [3.4]. Ein gewisser Ausweg besteht darin, dass nur die Innenflächen des Presswerkzeuges geschmiert werden und das Pulverhaufwerk selbst ohne Gleitmittel bleibt. Dieses Verfahren hat sich jedoch bisher nicht wirtschaftlich in die Produktion einführen lassen [3.3, 3.4, 3.5].

Die Auswahl des Gleitmittels und die zuzusetzende Menge hängen von vielen Faktoren ab, wie z.B. von der Zusammensetzung der Metallpulver, von den Presswerkzeugen, den Pressdichten und der Form der Sinterteile. Befriedigende Methoden zur Prüfung der Eignung und Wirksamkeit eines Gleitmittels gibt es nicht. Die häufiger anzutreffende Ermittlung der Ausstoßkraft eines Testzylinders hat den Nachteil, dass der Wert der Ausstoßkraft stark von der Oberflächenbeschaffenheit des Matrizenwerkstoffes beeinflusst wird. Im Allgemeinen wird man wohl von Fall zu Fall prüfen müssen, welches Gleitmittel bei welchem Prozentsatz am besten geeignet ist. Für Eisenwerkstoffe werden z.B. vorwiegend Zinkstearat, Amidwachs, synthetische Wachse sowie Kombinationen von Amidwachs mit Zinkstearat verwendet [3.4, 3.6, 3.7]. Bei rostfreiem Stahlpulver hat sich vor allem Lithiumstearat als Presshilfsmittel bewährt [3.4]. Gleitmittel wie Zinkstearat, Lithiumstearat, Stearinsäure, synthetische Wachse oder Mischungen von Lithium- und Zinkstearat bzw. Zinkstearat und Stearinsäure sind besonders für Bronzemischpulver geeignet. Eine besonders hohe elektrische Leitfähigkeit von Kupfersinterformteilen wird erreicht, wenn Lithiumstearat als presserleichternder Zusatz zugemischt wird [3.4]. Für Aluminiumbasissinterformteile sind Wachse aus Stearinsäure bzw. auf Stearatbasis nicht geeignet, weil diese Wachse sich nicht vollständig austreiben lassen. Deutlich besser geeignete Gleitmittel sind Amidwachse oder Polyethen-Microwachse [3.8].

Vor Beginn des eigentlichen Sinterns muss das Gleitmittel wieder ausgetrieben werden, damit das Wachstum der von den Pulverteilchen gebildeten Kontakte nicht gestört wird. Dazu wird im Zuge des Aufheizens auf isotherme Sintertemperatur in einem eigens dafür vorgesehenen Teil des Sinterofens (Abbrennkammer, -zone, Abschn. 6.3) längere Zeit auf einer Temperatur, die von der Verdampfungstemperatur des Gleitmittels abhängt, angehalten (für Zinkstearat z.B. 1 h bei 600°C). Das ist wegen des damit verbundenen Energie- und Zeitaufwandes allgemein von Nachteil, weshalb verstärkt nach schneller aus dem sinternden Presskörper zu entfernenden Gleitmitteln gesucht wird.

In anderen Fällen, wenn das Verpressen eines Pulvers nicht möglich ist oder wenn die Festigkeit des Presskörpers erhöht werden muss, werden dem Pulver geringe Mengen von Bestandteilen zugegeben, die die Funktion eines Bindemittels ausüben. Im Allgemeinen wird das Bindemittel als Lösung (z.B. Amidwachs in höhersiedenden organischen Lösungsmitteln wie Benzin oder Toluol) zugefügt, so dass sich die Pulverteilchen allseitig überziehen können und nach dem Abdampfen des Lösungsmittels die Teilchen gleichmäßig mit dem Bindemittel bedeckt sind. Um die Fließeigenschaften des Pulvers zu erhalten, ist es sinnvoll, aus der mit dem Bindemittel versehenen Pulvermischung ein Granulat (Abschn. 3.7) herzustellen. Das Bindemittel wird dann wie das Gleitmittel vor oder während des Sinterns ausgetrieben, weswegen auch der Anteil 1 Masse-% nicht überschreiten sollte. Ein ähnliches Vorgehen fordert das Warmpressen (s. Kap. 5), bei dem wegen der hohen Pressdichten ein möglichst geringer Gleitmittelgehalt und sehr gleichmäßige Verteilung erreicht werden müssen. Um das Fließverhalten nicht zu beeinträchtigen, darf das Gleitmittel bei der Vorwärmung der Pulver (130°C) nicht aufschmelzen.

Werden Presshilfsmittel Pulver oder deren Mischungen beigemengt, um dadurch eine plastisch formbare Masse zu erhalten (z.B. für das Strangpressen oder für das Pulverspritzgießen), dann spricht man von Plastifizierungsmitteln. Der Anteil dieser Presshilfsmittel ist wesentlich höher als der der Gleit- und Bindemittel. Für das Strangpressen von Hartmetallen, z.B. für die Herstellung von Kompakthartmetallbohrern, enthalten die pressfertigen Mischungen bis etwa 25 Vol.-% Plastifizierungsmittel (Paraffine, Wachse oder andere organische Verbindungen), für das Pulverspritzgießen (Abschn. 5.4.2) sogar 40 Vol.-%. Das Entwachsen vor dem Sintern muss sehr sorgfältig durchgeführt werden. Organische Bindemittel (Zellulosederivate, Alginate, Stärke, Wachse) werden auch in Verbindung mit der Herstellung poröser Sinterteile verwendet (Abschn. 13.1).

3.4 Mischen von homogenen und heterogenen Pulvern

Der Mischvorgang ist erforderlich, um verschiedene Pulverfraktionen zu einem möglichst gleichmäßigen Pulver mit bestimmter Teilchengrößenverteilung zu vereinen (Verschneiden) oder hinsichtlich Herstellung und/oder Zusammensetzung unterschiedliche Pulverkomponenten zu einer Pulvermischung möglichst statistischer Verteilung (Abschn. 4.3) aufzuarbeiten. Häufig müssen außerdem noch Gleit- und Bindemittel zugemischt werden. Der Mischprozess muss sehr sorgfältig durchgeführt werden, weil viele Eigenschaften der Pulver, Presskörper und Sinterteile, wie z.B. das Fließverhalten und die Schüttdichte der Pulver (Abschn. 4.4), die Ausstoßkraft und das Entbinderungsverhalten der Presskörper (Abschn. 5.1.2 und 5.4.2) sowie die Maßtoleranz und die Eigenschaften der Sinterteile sehr empfindlich auf geringe Schwankungen der Teilchengrößenverteilung und auf Konzentrationsschwankungen innerhalb einer Pulvermischung reagieren.

Die Herstellung eines Pulvers vorgegebener Teilchengrößenverteilung verfolgt den Zweck, die Fülldichte und die Verpressbarkeit (Abschn. 4.4) zu optimieren. Höhere Fülldichten gestatten, die Höhe der Werkzeuge zu reduzieren, und bedingen kürzere Verdichtungswege und höhere Pressleistungen. Je besser die Verpressbarkeit ist, um so niedriger ist der Pressdruck, mit dem die geforderte Pressdichte erreicht wird. Teilchengrößenverteilungen mit engerem Spektrum werden in der Regel für hochwertige Sinterteile, die mit breiterem für größere Teile mit definiertem Porenraum verwendet (z.B. selbstschmierende Lager).

Das Mischen von Pulverkomponenten unterschiedlicher chemischer Zusammensetzung dient der Herstellung von Sinterlegierungen und Verbundwerkstoffen. Es ist das von den pulvermetallurgischen Legierungstechniken in der Praxis am häufigsten verwendete Verfahren. Um eine gleichmäßig feine Verteilung der Gefügebestandteile und im Falle löslicher Komponenten einen ausreichenden Grad der Homogenisierung zu erzielen, muss der Mischvorgang so geführt werden, dass ein einer Zufallsmischung (Abschn. 4.3) möglichst weitgehend angenäherter Mischungszustand entsteht. Dieser wird aber nur erhalten, wenn das kinetische Verhalten aller Teilchen gleichartig ist. Treten zwischen den Teilchen Unterschiede im Bewegungsverhalten auf, so entstehen neben den zufälligen Platzwechseln auch systematische, die zu Entmischungserscheinungen der Komponenten führen. Außer von den Eigenschaften der Pulverkomponenten, wie Dichte, Teilchengrößenunterschied und Teilchenform (Bild 3–1), Mischungsverhältnis, mittlere Teilchengröße, Teilchengrößenverteilung und Oberflächenstruktur, hängt die Mischungsgüte auch in starkem Maße von der Art des Mischers ab.

In der Praxis werden Mischer sehr unterschiedlicher Konstruktion verwendet, die nach den Kräften, die den Platzwechsel bewirken, eingeteilt werden können. Man unterscheidet beim Mischen grundsätzlich drei verschiedene Mechanismen: Diffusion, Konvektion und Scherung (Bild 3–2). Die Diffusion erfolgt durch kleine

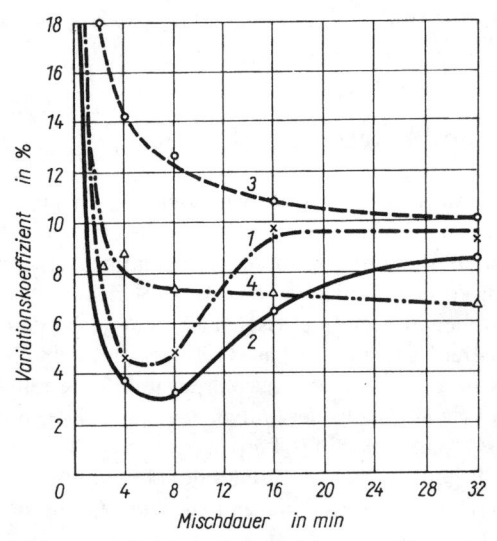

Bild 3–1. Einfluss des Teilchengrößenunterschieds und der Teilchenform der Komponenten auf die Mischungsgüte (Fe–Cu-90/10-Mischungen) in Abhängigkeit von der Mischdauer. Die Mischungsgüte nimmt mit abnehmendem Variationskoeffizienten zu; *1* Cu: 0,20…0,315 mm; Fe: < 0,063 mm, Teilchenform: kugelig; *2* Cu: 0,20…0,315 mm; Fe: 0,10…0,20 mm, Teilchenform: kugelig; *3* Cu: 0,20…0,315; Fe: < 0,063 mm, Teilchenform: spratzig; *4* Cu: 0,20…0,315 mm; Fe: 0,10…0,20 mm, Teilchenform: spratzig

3.4 Mischen von homogenen und heterogenen Pulvern

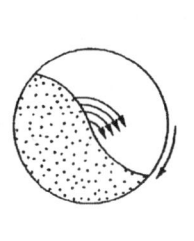

Diffusion   Konvektion   Scherung

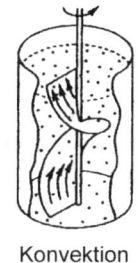

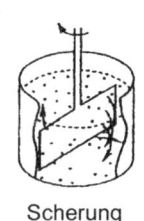

Bild 3–2. Mögliche Mechanismen der Teilchenbewegung während des Mischvorganges (nach [3.9])

zufällige Bewegungen der individuellen Teilchen, Konvektion entsteht durch örtliche Bewegung verschiedener Pulverbereiche innerhalb der Mischung und Scherung wird verursacht durch kontinuierliches Fließen und Teilen des Pulverhaufwerkes über Gleitflächen (z.B. Schaufeln). Während des Mischvorganges tragen mehr oder weniger alle Mechanismen zur Homogenisierung der Pulvermischung bei. Bei der Auswahl des Mischaggregates muss darauf geachtet werden, dass die Teilchen durch eingebaute Mischwerkzeuge nicht so stark verändert werden (z.B. durch Zerkleinerung, Änderung der Teilchenform oder Verfestigung), dass die Verdichtbarkeit und die Grünfestigkeit der Teile nach dem Pressen sinkt. Besonders ungeeignet sind schnell rotierende Messer oder Propeller innerhalb des Mischraumes.

Häufig werden in der Pulvermetallurgie Trommel-, Doppelkonus-, V- und Taumelmischer eingesetzt, bei denen die Mischwirkung über Schwer- und Zentrifugalkraft erfolgt. Diese Mischer sind für leicht mischbare und nicht zum Entmischen neigende Komponenten geeignet. Erst wenn die Mischwirkung erhöhende Einbauten (z.B. Leitbleche) vorgenommen werden, können bei zum Entmischen neigenden Pulvern zufrieden stellende Verteilungsgrade erzielt werden (Bild 3–3). Bei V- und Y-Mischern

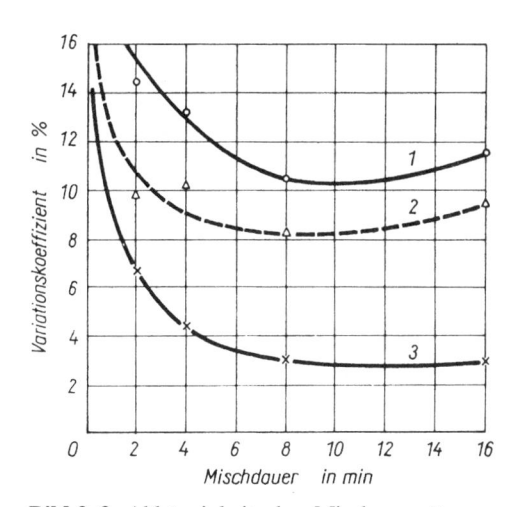

Bild 3–3. Abhängigkeit der Mischungsgüte vom Mischgerät (Fe-Cu-90/10-Mischungen). Die Mischungsgüte nimmt mit abnehmendem Variationskoeffizienten zu. Teilchengröße: Fe 0,063...0,10 mm; Cu 0,16...0,20 mm; *1* Trommelmischer; *2* Trommelmischer mit Leitblech; *3* Trommelmischer mit Rührwerk

kann die Mischwirkung erhöht werden, wenn durch eine asymmetrische Bauform die Axialbewegung des Mischgutes verbessert wird [3.10]. Ein intensiveres Mischverhalten bewirken Mischer, in denen der Mischvorgang überwiegend durch Konvektion oder Scherung erfolgt. Zu dieser Gruppe gehören Mischer mit stehendem oder sich drehendem Behälter und sich drehenden Mischwerkzeugen (Bild 3–3, Kurve 3), die schnecken-, spiral-, paddel- oder schaufelförmig ausgebildet sein können. Mit ihnen ist es möglich, leichtere Komponenten, wie z.b. Gleitmittel einzumischen (Abschn. 3.3) oder Binder dem Pulver zuzuführen, wie es für das Herstellen des Feedstocks beim Pulverspritzgießen (Abschn. 5.4.2) notwendig ist.

Zur Verbesserung des Verteilungsgrades einer Mischung und zur Verminderung einer Agglomeratbildung ist es günstig, Mischzusätze zu verwenden. Als solche eignen sich alle benetzenden Flüssigkeiten, die das Sinterverhalten nicht beeinträchtigen, z.B. Alkohol. Bei ausreichenden Flüssigkeitszugaben wird die Haftkraft zwischen den Teilchen verringert und der Teilchenaustausch beschleunigt (Bild 3–4). Andererseits sind stabilisierende Zusätze, die die Bewegung der Teilchen stark einschränken, erforderlich, wenn ein Übermischen (Verschlechterung der Mischungsgüte und Vergrößerung des Variationskoeffizienten durch Überschreiten der optimalen Mischdauer, z.B. Bild 3–1, Kurve 1, 2) und Veränderungen der Mischungsstruktur bei der Weiterverarbeitung (Umschütten, Transport, Fließen durch Behälter und Pressen) vermieden werden sollen [3.11, 3.12].

Bei zu geringen Flüssigkeitsmengen bilden sich zwischen benachbarten Teilchen Flüssigkeitsbrücken (Zwickelkapillaren, Bild 3–5), die infolge ihres kapillaren Unterdruckes starke Haftkräfte zwischen den Teilchen bedingen. Bild 3–6 zeigt die Abhängigkeit des Kapillardruckes vom Flüssigkeitsfüllungsgrad. Der Druck ist am höchsten, wenn nur Zwickelkapillarflüssigkeit vorliegt, und verschwindet, wenn alle Poren vollständig mit Flüssigkeit gefüllt sind.

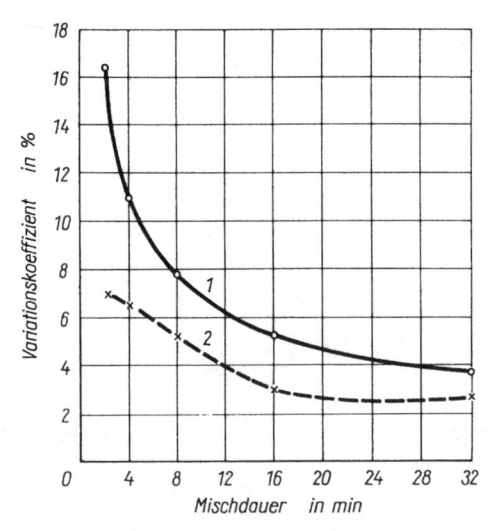

Bild 3–4. Einfluss eines Mischzusatzes auf die Mischungsgüte (Fe-Mo-95/5-Mischungen). Teilchengröße: Fe < 0,063 mm, Mo < 0,04 mm; Mischzusatz: Äthanol; *1* ohne Mischzusatz; *2* mit Mischzusatz

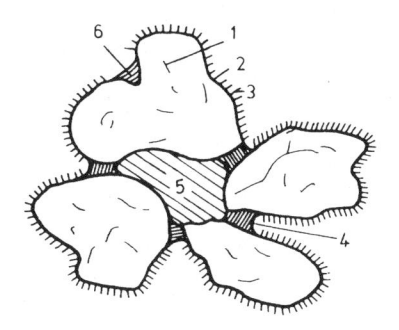

3.4 Mischen von homogenen und heterogenen Pulvern

Bild 3–5. Flüssigkeitsbindungsarten in einem Pulverhaufwerk (nach [3.13]). *1* Innere Feuchtigkeit; *2* Adsorptionsflüssigkeit; *3* Adhäsionsflüssigkeit; *4* Zwickelkapillarflüssigkeit; *5* Zwischenraumkapillarflüssigkeit; *6* Grobkapillarflüssigkeit

Bild 3–7 verdeutlicht den Einfluss eines Stabilisierungszusatzes auf die Mischungsgüte einer stark entmischenden Pulvermischung. Eine Flüssigkeitszugabe zu Beginn des Mischprozesses behindert den zunächst erforderlichen Teilchenaustausch. Wird dagegen das Stabilisierungsmittel zum Zeitpunkt der optimalen Mischdauer (minimaler Variationskoeffizient) zugegeben, dann unterbindet die Haftkraft einen Wiederabbau des erzielten günstigen Verteilungsgrades; ein Stabilisierungszusatz von 1% hat bei dem in Bild 3–7 dargestellten Beispiel geringere Haftkräfte zur Folge.

Als Stabilisierungsmittel ist jede benetzende Flüssigkeit geeignet, die einen Zusatz enthält, der auch nach der Verdampfung des Lösungsmittels, z.B. als bleibender Ölfilm, die Stabilisierung der Mischung aufrechterhält. Es ist auch möglich, das presserleichternde Gleitmittel als Stabilisator zu verwenden, indem es als Lösung verwendet wird. Durch die Stabilisierungszusätze wird jedoch das Fließverhalten der Mischungen stark verschlechtert. Es sind deshalb binderstabilisierte Pulvermischungen entwickelt worden, bei denen die feinen Legierungspulver mittels eines Binders an die größeren Pulverteilchen des Basispulvers gebunden werden (Flomet, QMP). Andere Möglichkeiten, die Entmischungen von Pulvermischungen zu unterbinden, bestehen darin, Pulvervorbehandlungen wie das Anlegieren (Abschn. 3.5.1) oder Granulieren (Abschn. 3.7) zu wählen.

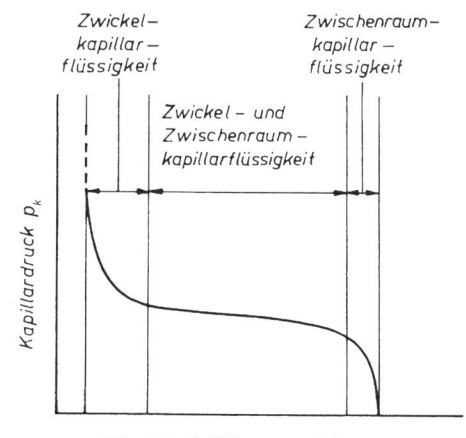

Bild 3–6. Kapillardruck p_k in Abhängigkeit vom Flüssigkeitsfüllungsgrad S (nach [3.6]). S ist das Verhältnis Flüssigkeitsvolumen zu Zwischenraumvolumen

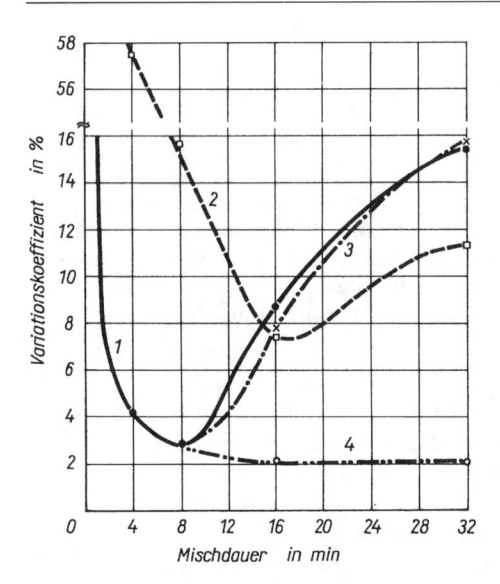

Bild 3-7. Einfluss eines Stabilisierungszusatzes auf die Mischungsgüte (Fe-Al-90/10-Mischungen). Teilchengröße für beide Komponenten: 0,10...0,20 mm; Stabilisierungszusatz: Benzol/ Oleinsäure; *1* ohne Stabilisierungszusatz; *2* stabilisiert mit 1% Zusatz nach einer Mischdauer von 0 min; *3* stabilisiert mit 1% Zusatz nach einer Mischdauer von 8 min; *4* stabilisiert mit 3% Zusatz nach einer Mischdauer von 8 min

    Für Pulvermischungen werden nicht nur reine Pulverkomponenten (Basispulver und pulverförmige Legierungskomponenten) verwendet, sondern das Basispulver kann über die Schmelze bereits teillegiert und/oder anlegiert sein und die Legierungskomponente kann über einen pulverförmigen Legierungsträger mit relativ hoher Konzentration der Legierungselemente (Vorlegierungspulver) in die Mischung eingebracht werden.
    Die Güte der Mischung hat einen großen Einfluss auf die Maßtoleranzen und damit auf die Qualität von Sinterformteilen. Besonders ausgeprägt ist dieser Einfluss bei Sinterwerkstoffen mit hoher Festigkeit, weil sie nicht oder nur schwer kalibriert werden können. Eine schlechte Homogenität der Mischung verursacht größere Schwankungen in den Abmessungen fertiger Sinterformteile als Abweichungen in der Dichte oder der Sintertemperatur und -dauer. Nach einer Verbesserung der Mischungsgüte und Verringerung der Entmischungsneigung (Starmix) konnten die Maßänderungsschwankungen minimiert werden [3.11].

3.5 Anlegieren und Beschichten von Pulvern

Die Herstellung von Sinterlegierungen kann bei Komponenten, die füreinander löslich sind, auch aus einem fertiglegierten Pulver erfolgen. Jedoch ist dann damit zu rechnen, dass die durch die einlegierten Elemente verursachte Grundhärtung (Mischkristallhärtung) die Verpressbarkeit merklich verschlechtert. Liegen hinge-

3.5 Anlegieren und Beschichten von Pulvern

gen die Legierungspartner als mechanische Mischung vor, dann wird nicht nur eine gute Verpressbarkeit erhalten, sondern in vielen Fällen auch als eine Folge der bei Sintertemperatur stattfindenden Homogenisierung der Sintervorgang günstig beeinflusst [3.8]. Freilich wird mit den technisch üblichen Sinterzeiten dabei in der Regel nicht der Homogenisierungsgrad, der in fertiglegierten Pulvern anzutreffen ist, erreicht. Außerdem neigen die Legierungspartner bei der Weiterverarbeitung der Pulvermischung in Abhängigkeit von der Teilchengröße, -dichte und -form mehr oder weniger zum Entmischen. Der Homogenisierungsgrad indessen lässt sich verbessern und die Entmischungsneigung verringern, wenn die mechanisch gemischten Legierungspartner einer Glühung unterzogen werden, bei der die Zusatzpulverteilchen nur an die Oberfläche der Basispulverteilchen anlegieren oder wenn das Basispulver mit dem Legierungselement beschichtet wird.

Die unterschiedliche Anordnung der Legierungskomponenten, wie sie in den nach den verschiedenen Legierungstechniken (Mischen, Anlegieren, Beschichten, Fertiglegieren) hergestellten Pulvern vorliegt, zeigt Bild 3–9.

3.5.1 Anlegieren von Pulvern

Bei der Anlegierungstechnik wird eine mit hoher Mischungsgüte hergestellte mechanische Mischung von Pulverkomponenten unterschiedlicher chemischer Zusammensetzung einer Glühung unterzogen, so dass sich zwischen dem Legierungselement und dem Basispulver durch Heterodiffusionsprozesse eine dünne Diffusionsschicht ausbilden kann (Bild 3–10). Werden die Prozessparameter geeignet gewählt (optimale Anlegierungstemperatur und -zeit), so ist es möglich, dass sich die Teilchengestalt und -oberflächenstruktur des Basispulvers praktisch nicht verändert und die damit verbundenen Vorteile, wie z.B. gute Presseigenschaften und hohe Grünfestigkeit, weitestgehend erhalten bleiben. Die erforderliche Homogenisierung findet wie bei der Pulvermischung während des Sinterprozesses statt. Da es die Anlegierungstechnik durch die Verhinderung von Entmischungen im Gegensatz zu den mechanischen Mischungen ermöglicht, sehr feine Legierungspulver zu verwenden, können die für die Legierungsbildung notwendigen Diffusionszeiten wesentlich verkürzt werden. Sauerstoffaffine Elemente eignen sich nicht zum Anlegieren. Sie werden günstiger über Vorlegierungspulver (Abschn. 3.4) in die Mischung eingebracht.

☐ Basispulver ■ Legierungselement (e)

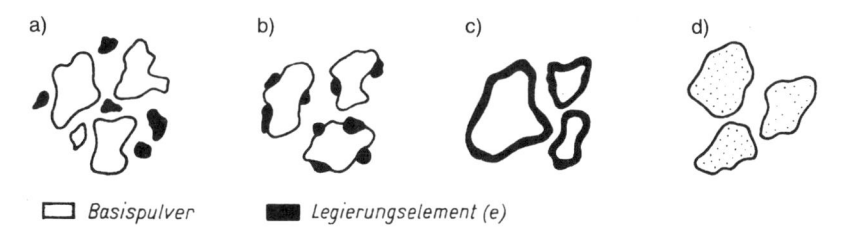

Bild 3–9. Verteilung der Legierungselemente bei verschiedenen Legierungstechniken (nach [3.14]). a) gemischtes Pulver; b) anlegiertes Pulver; c) beschichtetes Pulver; d) fertiglegiertes Pulver

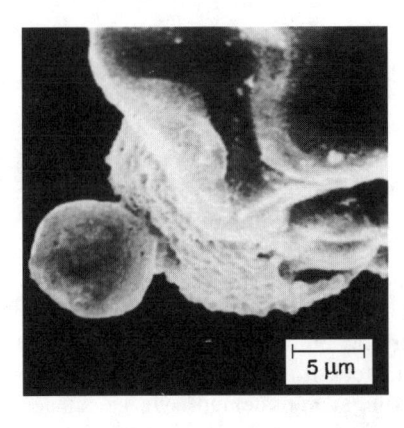

Bild 3-10. Diffusionsschicht zwischen einem Nickel- und Eisenteilchen nach dem Anlegieren (nach [3.14])

Das Pressverhalten eines nach verschiedenen Legierungstechniken hergestellten Stahlpulvers zeigt Bild 3–11. Während die Pulvermischung und das anlegierte Pulver ein ähnlich gutes Pressverhalten aufweisen, ist die Verpressbarkeit des fertiglegierten Pulvers aufgrund seiner Mischkristallhärtung wesentlich verschlechtert. Die niedrige Gründichte des fertiglegierten Pulvers ist auch die Ursache dafür, dass nach dem Sintern trotz guter Homogenität nur eine geringe Zugfestigkeit erreicht wird (Bild 3–12). Sinterkörper aus anlegiertem Pulver weisen wegen ihres besseren Homogenisierungsgrades gegenüber Pulvermischungen die höchsten Festigkeiten auf.

Das zum Anlegieren verwendete Basispulver kann entweder aus der reinen Basiskomponente oder aus einem Vorlegierungspulver bestehen. Es ist also möglich, mehrere Legierungsmethoden zu kombinieren. Ein Beispiel dafür ist das Stahlpulver DISTALOY DC-1 (1,5% Mo, 2% Ni) der Firma Höganäs AB, bei dem Mo vorlegiert und Ni anlegiert wird. Zur Erhöhung der Festigkeit kann dem Anlegierungspulver

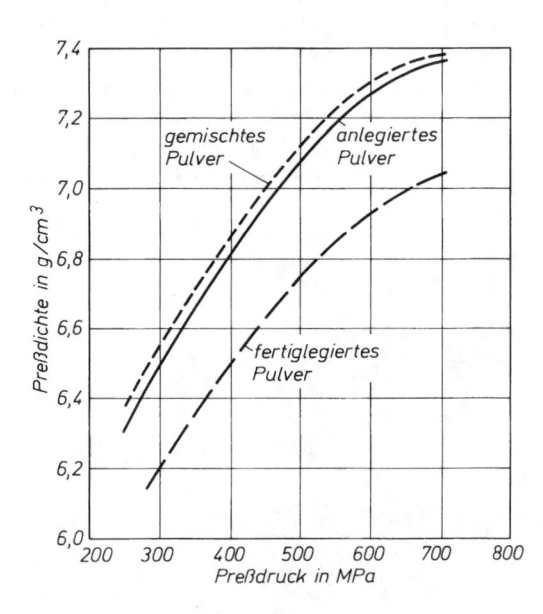

Bild 3-11. Pressverhalten eines nach verschiedenen Legierungstechniken hergestellten Stahlpulvers mit 1,75% Ni und 0,5% Mo. Gleitmittel: 0,6% Kenolube P11 (nach [3.14])

3.5 Anlegieren und Beschichten von Pulvern

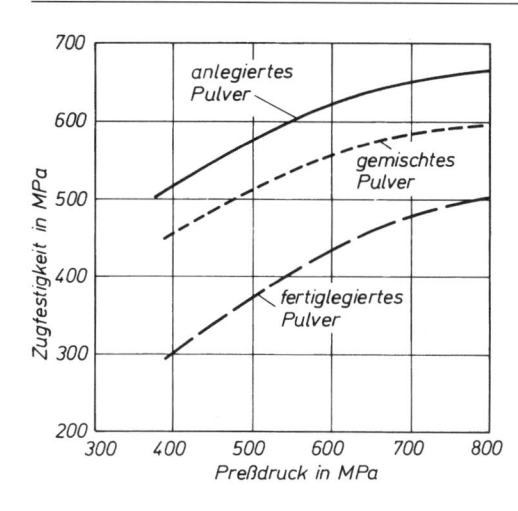

Bild 3–12. Zugfestigkeiten von Sinterteilen aus nach verschiedenen Legierungstechniken hergestelltem Stahlpulver. Stahlpulver mit 1,75% Ni, 0,5% Mo, 1,5% Cu und 0,5% C; Gleitmittel: 0,6% Kenolube P11; Sinterbedingungen: 30 min bei 1120°C, Endogas (nach [3.14])

noch Graphit zugemischt werden. Durch die Verwendung organischer Bindemittel ist es auch möglich, den feinen Graphit neben anderen Legierungselementen an die Oberfläche der Eisenteilchen zu binden (STARMIX der Firma Höganäs AB), wodurch Staubentwicklung und Entmischungen nahezu vermieden werden können und als Folge dessen die Abmessungen fertiger Sinterteile weniger schwanken [3.15].

Die Anlegierungstechnik wird in der Industrie sowohl bei der Herstellung von Stahlpulvern (DISTALOY von Höganäs AB, Schweden) als auch bei der Erzeugung von Bronzepulver eingesetzt.

Obwohl die Anlegierungstechnik in den letzten Jahren technologisch wesentlich weiterentwickelt wurde, geht der Trend bei der Entwicklung von Legierungspulvern von den misch- zu den fertiglegierten Pulvern [3.3, 3.16]. Der Grund dafür ist, dass bei den anlegierten Pulvern trotz verbesserter Technologie noch eine gewisse ungleichmäßige Verteilung von Legierungselementen vorhanden sein kann, die Schwankungen der Dimensionsstabilität verursachen können und somit oft die geforderte Maßgenauigkeit nicht gewährleisten (Abschn. 3.4). Der schlechteren Verdichtbarkeit der fertiglegierten Pulver stehen die Vorteile einer homogeneren Verteilung und besseren Ausnutzung der Legierungselemente gegenüber. Es hängt von dem Einsatz und der Anwendung des Sinterwerkstoffes ab, welcher Legierungsvariante man den Vorzug geben wird.

3.5.2 Beschichten von Pulvern

Die gleichmäßige Verteilung der Komponenten im Pulverhaufwerk und die Vermeidung von Entmischungen lassen sich durch die Verwendung von beschichteten Pulverteilchen in perfekter Weise erreichen. Dabei wird jedes Basispulverteilchen mit einer Schicht, deren Dicke auf den gewünschten Legierungsgehalt abgestimmt ist, versehen. Grundsätzlich besteht die Möglichkeit, nicht nur eine zweite Komponente, sondern auch mehrere Legierungselemente als Schichtenfolge, in einigen Fällen auch als eine einzige Legierungsschicht, aufzubringen. Damit ergibt sich

Tabelle 3–3. Für Pulver geeignete Beschichtungsmethoden

Typ	Verfahren	Bemerkung
mechanisch	Aufmahlen der Schicht in Mühlen (Kugelmühle, Stabmühle u.a.),	Teilchengröße Schichtmaterial: ~ 1 µm Parameter: Verhältnis Kugeln/Pulver und Füllungsgrad der Mahltrommel (empirisch zu ermitteln) Beispiele: Oxide auf Metallteilchen, Metall/Metall (Sn auf Cu, Cu auf Al)
	Mechano-Fusion Hybridisation Aufkleben von feinen Teilchen	Kombination von Verdichtungs-, Scherungs-, Reibungsbeanspruchung
chemisch (stromlos)	spontane Zementation (Basispulver als Reduktionsmittel)	Bed.: Standardelektrodenpotential des Basispulvers negativer als das des Schichtmaterials, Beispiel: Ni, Cu auf Fe
	Abscheidung aus Lösungen mit Reduktionsmittelzusatz (Einflussfaktoren: pH-Wert und Temp. der Lösung)	Vorwiegend Ni-Salzlösungen mit P- oder B-Verbindungen als Reduktionsmittel; Basispulver: Metalle oder Nichtmetalle (hier Aktivierung durch katalytisch wirkenden Oberflächenfilm erforderlich) [3.18]
	Substitution (Kontaktverfahren)	Mischung des Basispulvers mit einem unedleren Metallpulver, das ein Salz des Beschichtungsmetalls in der Lösung reduziert; Beispiel: Gemisch W-Pulver (Anode) mit Al-Pulver (Katode), Ni-Chlorid-Lösung, Ergebnis: Ni-Schicht auf W-Teilchen
	CVD (chemical vapour deposition)	Zersetzung von Chlorverbindungen, Carbonylen, metallorganischen Verbindungen an heißer Teilchenoberfläche
	Sherritt-Gordon-Verf.	Reduktion von Salzlösungen mit H_2 unter Druck; Ni-, Co-Schichten auf Metallen oder Nichtmetallen
Elektrolyse	Galvanische Beschichtung	im Pulververfließbett; Spezialkatoden (Rohre, Netze); Einfluss auf Schichteigenschaften: Stromdichte, Elektrolyt, Temperatur
Physikalisch	Bedampfung	Metall- oder Nichtmetallpulver [3.19]

eine große Vielfalt von Kombinationsmöglichkeiten. Als Beschichtungsverfahren kommt ein Großteil jener Methoden in Frage, die, bis auf mechanische Verfahren, für Oberflächenbeschichtungen standardmäßig eingesetzt werden (Tab. 3–3).

Die Auswahl der Beschichtungsmethode richtet sich in erster Linie danach, ob metallische oder nichtmetallische Basispulverteilchen vorliegen und welche Materialkombinationen angestrebt werden. Allerdings müssen, abgesehen von den

3.5 Anlegieren und Beschichten von Pulvern

mechanischen Methoden, in allen anderen Fällen geeignete technologische Maßnahmen ergriffen werden, die eine allseitige Beschichtung der Pulverteilchen gewährleisten, z.b. durch intensives Rühren oder Durchblasen von Inertgas bei elektrolytischen Methoden, auch um den periodischen Kontakt der Pulverteilchen mit der Katode zu gewährleisten. Wenn das Beschichtungsmaterial durch ein Feld in Richtung Substrat (Pulverteilchen) transportiert wird, ist die ständige Bewegung der Pulverpartikel erforderlich, um nicht nur ungleichmäßige Beschichtung, sondern auch Agglomeration oder gar Haftung an der Wandung des Reaktionsraumes zu vermeiden. In dieser Hinsicht ist die Teilchengröße des Basispulvers von Bedeutung: In Lösungen wird eine bessere Agglomerattrennung erreicht, so dass Teilchengrößen ≥ 1 µm noch verarbeitet werden können, während physikalische Methoden (z.B. PVD) wesentlich gröbere Pulver (geringere Adhäsionsneigung) erfordern (> 100 µm). Beim CVD-Verfahren wird die Beschichtung von Pulvern mit Teilchengrößen < 1 µm angestrebt. Turbulenzen und hohe Strömungsgeschwindigkeiten im Trägergas sollen über die auftretenden Scherkräfte zur Agglomerattrennung führen und die Einzelteilchenbeschichtung ermöglichen.

Durch Variation der Verfahrensparameter können die Schichteigenschaften besonders bei den chemischen und elektrolytischen Verfahren modifiziert werden, so dass sich, abgesehen von anderen Zielstellungen der Beschichtung, z.B. die Verpressbarkeit spröder Pulver (Oxide, Hartstoffe) oder kugeliger Metallpulver merklich verbessern lässt [3.20, 3.21]. Das hat zur Entwicklung der „Cold Forming PM Technologie" geführt [3.22], die eine porenfreie Verdichtung von Cu-beschichteten W-, Al- und SiC-Pulvern mit spezieller Matrizenfüllung (komplizierte Teile präziser Abmessungen) ermöglicht.

In speziellen Fällen üben dünne metallische Schichten auf den Pulverteilchen die Funktion des Gleitmittels beim Pressen aus und erlauben eine nahezu völlige Verdichtung, da offener Porenraum zum Austreiben des Gleitmittels nicht erforderlich ist, weil das Schichtmaterial nach anschließender kurzer Glühbehandlung in die Basisteilchen diffundiert.

Das Sinterverhalten beschichteter metallischer Verbundpulver weicht von jenem der Elementpulvermischung ab, da nur gleichartige Teilchenkontakte bestehen und bei relativ geringen Schichtdicken der große Konzentrationsgradient den Materialtransport im Sinterkontakt merklich beeinflussen kann. Sehr gleichmäßige und bei geeigneter Materialkombination entsprechend erhöhte Dichtezunahme, z.B. infolge Defektdichteerhöhung durch Heterodiffusion in allen Kontaktbereichen oder Entstehung dünner Schmelzefilme in jedem Kontakt und damit verbundene intensivere Teilchenumlagerung, sind neben sehr guter Homogenisierung die Vorzüge beschichteter Pulver. Sie sind zur Herstellung maßgerechter Kleinteile und zur Gewährleistung des gleichmäßigen Ansinterns von Dickschichtpasten in der Elektroniktechnologie sowie zur Fertigung von Elektroden im Einsatz.

Vorteile gegenüber der Pulvermischung ergeben sich besonders dann, wenn eine geringe Menge einer zweiten Komponente eingebracht werden muss, z.B. die gleichmäßige Verteilung von Sinteradditiven bei hochschmelzenden Pulvern. So wird die perfekte Ausbildung des elektrisch gut leitenden Cu-Skelettes bei Kontaktwerkstoffen durch Verwendung von Cu-beschichtetem W-Pulver ermöglicht.

Ni-beschichtete Al- bzw. C-Teilchen finden bei der Herstellung von Turbinenteilen Verwendung.

Ein großer Teil der Verbundpulver wird zur Erzeugung von Schutzschichten durch Flammenspritzen eingesetzt, weil die günstige Kombination von hochschmelzender Komponente und Bindephase im Einzelteilchen hochwertige Schutzschichten hervorbringt.

3.6 Mechanisches Legieren von Pulvern

Das Mahlen von Pulvermischungen mit hohem Energieeintrag wurde erstmals von *Benjamin* [3.23] für die Herstellung von Oxid-dispersionsverfestigten (ODS) Superlegierungen detailliert untersucht. Da bei der intensiven mechanischen Behandlung eine Homogenisierung bis zum atomaren Niveau erreicht werden kann, wird das Verfahren allgemein als „mechanisches Legieren" bezeichnet. Im Gegensatz zu dem bekannten der Zerkleinerung dienenden Mahlen spröder Stoffe muss die Pulvermischung beim mechanischen Legieren zumindest eine relativ duktile Komponente enthalten. Als weitere Komponenten können duktile Materialien oder spröde Stoffe zugesetzt werden. Der Energieeintrag ist wesentlich höher als bei herkömmlichen Mahlvorgängen, was vor allem durch ein größeres Verhältnis von Mahlkugelmenge zum Mahlgut und durch die Wahl des Mahlaggregates erreicht wird. Geeignet sind neben Schwing- und Planetenkugelmühlen vor allem Attritoren sowie Kugelmühlen mit großer Fallhöhe der Mahlkörper. Während des Prozesses kommt es ständig zu Kugel-Pulver-Kugel-Kollisionen, die aufgrund der hohen Mahlkörperenergie zu einer starken Verformung der Pulver und zu einer kontinuierlichen Folge von Verschweißungs-, Aufbrech- und Wiederverschweißungsvorgängen führen.

Obwohl es sich beim mechanischen Legieren (Hochenergiemahlen) um einen statistischen Prozess handelt, bei dem nicht alle Teilchen identische Zustände aufweisen, sind fünf Stadien anhand charakteristischer Prozessmerkmale zu unterscheiden [3.24]:

– Im Anfangsstadium werden duktile Pulverpartikel stark verformt und umschließen eventuell vorhandene spröde Teilchen, die teilweise zerkleinert werden.
– Im Stadium vorherrschender Verschweißneigung geht mit der Ausbildung plättchenförmiger Teilchenstrukturen ein starker Anstieg der Teilchengröße einher. Die Härte der Partikel steigt an, jedoch reicht die eingebrachte Verformung nicht aus, um ein Auseinanderbrechen der Teilchen zu bewirken.
– Das Stadium äquiaxialer Pulverausformung zeigt lamellare Teilchenstrukturen. Mit jedem Aufbrech- und Wiederverschweißungsvorgang nimmt die Lamellendicke weiter ab. Gleichzeitig wird die mittlere Teilchengröße durch Zerkleinerung der hochverformten Partikel geringer (Bilder 3–13b) und c)).
– Im Stadium statistisch verteilter Aufbrech- und Verschweißungsvorgänge geht die äquiaxiale Ausrichtung verloren. Die maximal verfestigten Pulverteilchen brechen und verschweißen an Stellen maximaler Spannungen.
– Im stationären Bereich existiert ein Gleichgewicht zwischen Verschweiß- und Aufbrechvorgängen mit einer relativ engen und über die Mahldauer konstanten Teilchengrößenverteilung.

Bei den energiereichen Kollisionen der Mahlkörper kann die in den Pulverteilchen kurzzeitig auftretende Temperaturerhöhung von einigen hundert Grad Diffusion ermöglichen [3.25]. Diese ist umso intensiver, je höher der Grenzflächenanteil mit fortschreitender Mahlung wird. In Systemen mit negativer Mischungsenthalpie bilden sich dabei Mischkristalle oder stabile Phasen (z.B. Hartstoffe), jedoch können wegen des hohen Anteils an Defektenergien auch metastabile und amorphe Phasen sowie stark übersättigte Mischkristalle entstehen. Die Phasenbildung verläuft in Abhängigkeit von der Bildungsenthalpie und den Mahlbedingungen entweder kontinuierlich oder infolge der in den Pulverteilchen freiwerdenden Wärme auch schlagartig. Bislang nicht endgültig geklärt ist die Entstehung von amorphen Zuständen oder Mischkristallen in Systemen mit positiver Mischungsenthalpie. Der Energiebeitrag der Gitterdefekte und Grenzflächen verschiebt hier offensichtlich die Existenzgebiete der möglichen Phasen.

Hauptsächlich findet das mechanische Legieren Anwendung bei der Produktion von ODS-Superlegierungen (Abschn. 10.2). Sie werden aus Ni-, Cr- und Ni(Al, Ti)-Vorlegierungs-Pulvern hergestellt und enthalten ca. 1 Masse-% Y_2O_3 in extrem feiner Verteilung. Die Verdichtung nach dem Mahlen geschieht durch Warmstrangpressen. Ebenfalls zur Verbesserung der mechanischen Eigenschaften bei erhöhter Temperatur werden Al_2O_3- oder Al_4C_3-Dispersoide in Aluminiumlegierungen (Abschn. 9.2.2) beim Mahlen bzw. während der anschließenden Wärmebehandlung erzeugt. Eine Vielzahl von Forschungsarbeiten zur Dispersionsverfestigung von Cu-, Fe- und Ti-Legierungen sowie von intermetallischen Phasen (Aluminide, Silicide) lässt weitere Anwendungen erwarten. Durch das mechanische Legieren sind neue Lösungen auf dem Gebiet der Funktionswerkstoffe möglich, wo z.B. verbesserte hartmagnetische Eigenschaften, höhere katalytische Wirksamkeit oder auch größere Speicherkapazität für Wasserstoff angestrebt werden.

3.7 Granulieren von Pulvern

Granulation bezeichnet eine Pulverbehandlung, bei der die Primärteilchen des Ausgangspulvers zu sekundären Teilchen (Granulatkörnern) agglomerieren. Sie wird vorwiegend angewendet, um die Fülldichte zu erhöhen und Entmischungen während der Weiterverarbeitung zu verhindern sowie nicht fließenden Pulvern gute Fließeigenschaften zu verleihen. Es gibt Pulver, die für die Verarbeitung zwar günstige Eigenschaften zeigen, aber im Anlieferungszustand kein gutes Fließverhalten aufweisen. Dazu gehören Karbonylpulver sowie andere feine Pulver, die durch Elektrolyse, über eine Fällung oder durch Reduktion aus einer Metallverbindung hergestellt wurden. Die Bindung zwischen den Teilchen eines Granulatkornes kann verschiedener Art sein und hängt vom Granulierverfahren ab. Von den zahlreichen bekannten Methoden der Granulation werden nach *H. Schreiner* in der Pulvermetallurgie besonders die Granulation mit Hilfe geeigneter Zusätze, die mechanische und thermische Granulation sowie daraus kombinierte Verfahren angewendet. Weiterhin können sehr feine Pulverteilchen (Hauptanteil unter 5 µm) über eine Sprühtrocknung granuliert werden.

Für die Granulation durch Granulierzusätze werden dem Pulver Granuliermittel zugesetzt, die oft mit einem Lösungsmittel gleichmäßig auf die Pulveroberfläche verteilt werden. Hierfür geeignet sind organische Stoffe, wie Wachse, Paraffin, Glykol, Glyzerin oder Kampfer. Es ist beispielsweise möglich, das mit dem Granu-

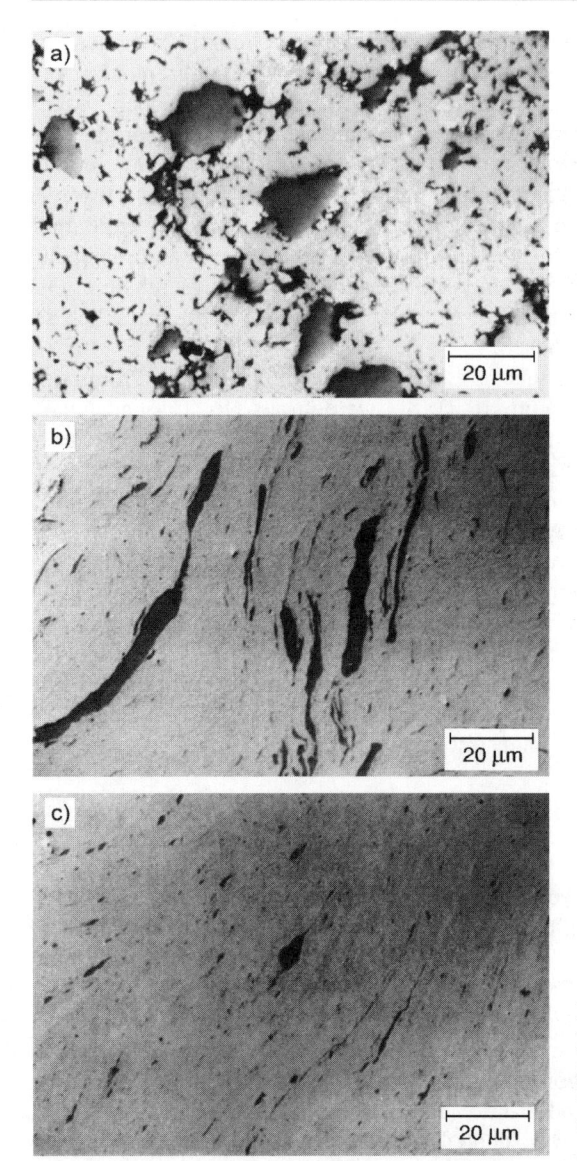

Bild 3–13. Gefüge mechanisch legierter Cu-4Masse-%Ti-Mischungen nach einer Mahlung in einer Planetenkugelmühle. a) Pulvermischung; b) 10 h gemahlen; c) 30 h gemahlen

lierzusatz vermischte Pulver durch ein Sieb zu passieren und mittels rotierender Messer die gewünschte Granulatgröße abzuschneiden. Um die Masse passierfähig zu machen, muss vorher das überschüssige Lösungsmittel abgedampft werden. Die Granulatbildung kann auch durch Bewegung der granulierfähigen Masse in einem Mischer, in einer Granuliertrommel, auf dem Granulierteller oder im Fließbett erfolgen. Das Granuliermittel wird vor der Sinterung wieder ausgetrieben. Sehr feinkörnige Pulver, deren Hauptgrößenanteil unter 1 μm liegt, können auch ohne Zusatz granuliert werden, da die feinen Teilchen infolge großer Oberflächenkräfte bereits im trockenen Zustand agglomerieren [3.26].

3.7 Granulieren von Pulvern

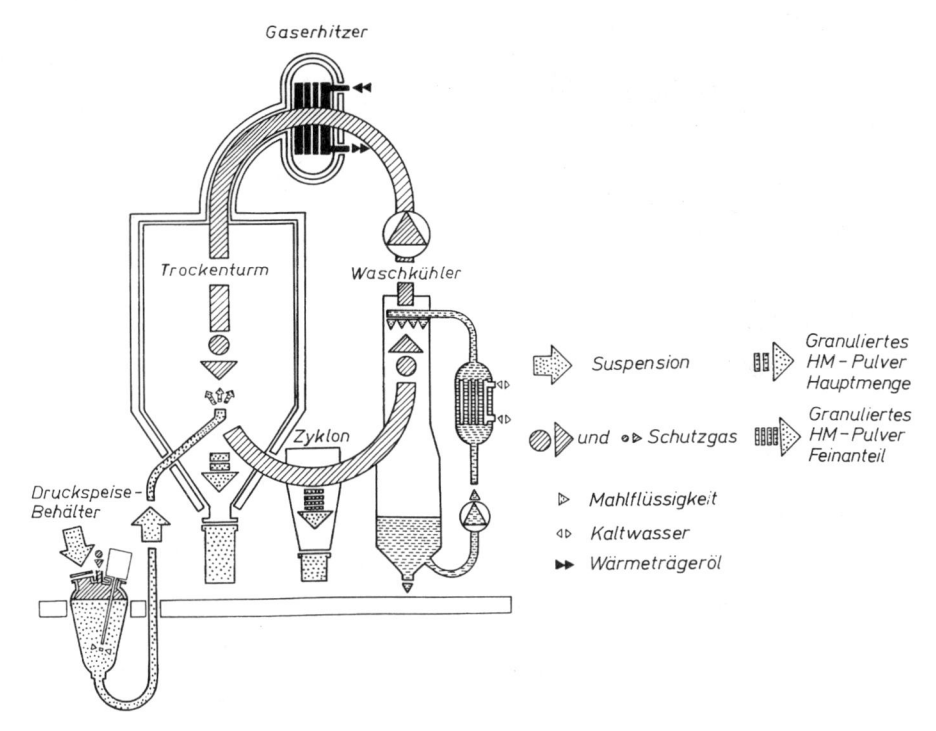

Bild 3–14. Funktionsschema einer Sprühtrocknungsanlage (nach [3.27])

Bei der mechanischen Granulation wird das Pulver mechanisch verdichtet und anschließend der Presskörper wieder in einer Mühle zerkleinert. Der Pressdruck muss so gewählt werden, dass die Zerkleinerung in der Mühle keine Schwierigkeiten bereitet und das so gewonnene Granulat gute Fließeigenschaften aufweist. Für weiche duktile Pulver beträgt nach *H. Schreiner* der optimale Pressdruck 5 bis 100 MPa, während er sich bei harten Pulvern bis auf 600 MPa belaufen kann.

In der Pulvermetallurgie hat auch die thermische Granulation Bedeutung erlangt. Das Pulver bzw. Pulvergemisch wird im Schütt- oder vorgepressten Zustand so vorgesintert (richtige Temperaturwahl), dass der entstandene Sinterkuchen nachfolgend wieder in einer Mühle zerkleinert werden kann. Das Granulatkorn besteht aus zusammengesinterten Primärteilchen des Ausgangspulvers und weist nach dem Absieben auf die gewünschte Körnung gute Fließeigenschaften auf. Während der Zerkleinerung wird der vorgesinterte Pulverkörper weiter verdichtet. Dabei können im Falle duktiler Metalle, wie Kupfer oder Silber, infolge hoher örtlicher Verdichtungen Gaseinschlüsse entstehen, die beim Sintern des Granulates zu Aufblähungen, Rissen oder unerwünschten Formänderungen führen. Deshalb soll bei derartigen Pulvern die Dichte des Granulates nicht über der Pressdichte liegen.

Die Granulierverfahren lassen sich auch kombinieren. So kann z.B. bei der mechanischen Granulation ein Granulierzusatz verwendet und vor der thermischen Granulation das Pulver gepresst werden. Eine thermische Granulation liegt auch dann vor, wenn im Zuge der Herstellung oder Aufbereitung der Rohpulver Glüh-

Bild 3–15. Sprühgetrocknetes Pulvergranulat (nach [3.27])

behandlungen (Reduktions-, Weichglühen) mit Temperaturen, bei denen die Pulverteilchen bereits zusammensintern, vorgenommen werden. Die sich anschließende Grob- und Feinzerkleinerung des stückig anfallenden Sinterkuchens kann so geführt werden, dass mit dem Absieben ein Granulat anfällt, das gute Fließeigenschaften aufweist.

Eine andere Methode der Granulation, die beispielsweise in der Hartmetallherstellung angewandt wird (s. Kap. 17), ist die Sprühtrocknung. Entweder wird – wie bei der Hartmetallfertigung – das ohnehin als Nassschlamm anfallende Pulver direkt oder nach Aufschlämmung in einer organischen Flüssigkeit bzw. Wasser mit hohem Druck durch eine Düse im Inneren eines Sprühturmes unter Tropfenbildung versprüht. Das versprühte Gut wird auf seinem Flugweg von einem in den Sprühturm eingeleiteten heißen Gasstrom (Stickstoff, Luft) sogleich getrocknet und im unteren Teil des Turmes als Granulat gesammelt (Bild 3–14). Häufig geschieht die Sprühtrocknung im geschlossenen Kreislauf. Dazu muss dem heißen Trocknungsgas die verdampfte Flüssigkeit der Pulverschlämmung mit Hilfe eines Kühlsystems wieder entzogen werden, so dass das Gas über einen Erhitzer von neuem in den Sprühturm geführt werden kann. Ein sprühgetrocknetes Hartmetall-Pulvergranulat ist in Bild 3–15 dargestellt.

Literatur zu Kapitel 3

[3.1] *Hausner, H.:* Handbook of Powder Metallurgy, Chemical Publishing Co., New York, 1973
[3.2] *Moyer, K.H.:* Intern. J. Powder Metall., 7 (1971), 33
[3.3] *Koch, H.P.:* Pulvermetallurgie – Fortschritte in Prozessen und Funktionalität, Hagen 2002, 3
[3.4] *Klar, E.* und *C.B. Thompson:* in ASM Handbook, 1998, Vol. 7, ASM International, Materials Park, OH
[3.5] *Beiss, P.:* Int. Conf. on Materials by Powder Technology, Dresden, 1993, 11
[3.6] *Salak, A.:* Ferrous Powder Metallurgy, Cambridge Int. Science Publishing, 1995
[3.7] *Lawrence, A.I.; S.H. Luk and J.A. Hamill:* „A Performance Comparison of Current P/M Lubricants and Routes to Improvement", PM^{2}TEC '97, Chicago 1997, IL USA
[3.8] *Neubing, H.-C.* und *H. Danninger:* Innovative Produkte durch neue Pulver, Hagen 1998, 266

Literatur zu Kapitel 3

[3.9] *German, R.M.:* Powder Metallurgy Science, MPIF, Princeton, NJ, 1994
[3.10] *Weidenbaum, S.S.:* in M.E. Fayed und L. Otten: Handbook of Powder Science and Technology, Van Nostrand Reinhold Company Inc., New York, 1984, 345
[3.11] *Tengzelius, J.:* Innovative Produkte durch neue Pulver, Hagen 1998, 89
[3.12] *Lindskog, P., P. Beis* und *V. Braun:* Innovative Produkte durch neue Pulver, Hagen 1998, 244
[3.13] *Schubert, H. u.a.:* Mechanische Verfahrenstechnik II, VEB Deutscher Verlag für Grundstoffindustrie 1979; Leipzig
[3.14] *Engström, U.:* in W.J. Huppmann, W.A. Kaysser und G. Petzow, Powder Metallurgy 1986, State of the Art, Vol. 2, Schmid, Freiburg 1986, 41
[3.15] *Lindskog, P.:* Fertigungsoptimierung, Hagen 1996, 39
[3.16] *Thümmler, F.* und *R. Oberacker:* Pulvertechnologische Wege in die Zukunft, Hagen 1995, 3
[3.17] *Schatt, W.:* Sintervorgänge – Grundlagen, VDI-Verlag, Düsseldorf, 1992
[3.18] *Riedel, W.:* Funktionelle chemische Vernickelung, Eugen G. Leuze Verlag, Saulgau 1989
[3.19] *Kojima, K.:* New Technology for Producing Composite Powders by Power Sputtering, Nisshin Steel Tech. Rep. 73 (1996), 44–54
[3.20] *Coleman, D.S.* und *J.F. Foba:* Powder Metallurgy 32 (1989), 35
[3.21] *Coleman, D.S.:* Proc. Materials by Powder Technology – PTM 93, Dresden, DGM Informationsgesellschaft, Verlag, 1993
[3.22] *Bean, A., G. Bean* und *D. Lashmore:* Cold Forming extends to reach of PM, Metal Powder Report (1997), Febr. 18–23
[3.23] *Benjamin, J.S.:* Metall. Trans. *1* (1970), 2943
[3.24] *Gleiter, H.:* Int. Union of Crystallography *24* (1991) 79
[3.25] *Bormann, R.:* Proc. Int. Conf. on Materials by Powder Technology PTM 93, Dresden, 1993, 247
[3.26] *Pietsch, W.B.:* in M.E. Fayed und 1. Otten: Handbook of Powder Science and Technology, Van Nostrand Reinhold Company Inc., New York, 1984, 231
[3.27] *Schedler, W.:* Hartmetall für den Praktiker, VDI-Verlag GmbH, Düsseldorf, 1988

4 Prüfung und Charakterisierung der Pulver

Das Verhalten eines Pulverhaufwerkes bei der Verarbeitung zu einem kompakten Werkstoff wird von einer Vielzahl von Parametern bestimmt. Je vollständiger und genauer das Eigenschaftsbild des Ausgangspulvers bekannt ist, desto sicherer können technologische Kennwerte abgeleitet werden und desto enger lassen sich die Toleranzen der Eigenschaftswerte des Endprodukts einstellen.

Die gegenwärtigen Kenntnisse von der Natur der Sintervorgänge [4.1] gestatten es, den Sinterablauf über die Herausbildung bestimmter Pulvereigenschaften zu beeinflussen. Um solche Zusammenhänge einer weitgehenden und reproduzierbaren technischen Nutzung zuführen zu können, bedarf es vielfältiger Untersuchungs- und Prüfmethoden, die das Pulverteilchen sowohl individuell charakterisieren als auch die Eigenschaften eines Teilchenkollektivs kennzeichnen. Dafür stehen z.Z. die geometrische und statistische Beschreibung im Mittelpunkt. Ihre Ergebnisse sind für den Praktiker in vieler Hinsicht richtungsweisend, entheben ihn jedoch nicht der Notwendigkeit, sich auch mittels technologischer Prüfverfahren über die Verarbeitungseigenschaften der Pulver zu informieren. Es ist noch nicht möglich, praktikable quantitative Zusammenhänge zwischen beiden Gruppen zu formulieren.

Zu Prüfzwecken muss der zur Verarbeitung vorgesehenen Pulvermenge (Los) eine repräsentative, aus mehreren Einzelproben (Losproben) bestehende Stichprobe (Sammelprobe) entnommen werden; wird das Pulver kontinuierlich entladen (Pulverstrom), werden die Proben in festgelegten Zeitabständen gezogen. Zur Probenahme aus Behältern dienen Probenahmegeräte (z.B. Probenheber). Die Sammelprobe (Stichprobe) wird homogenisiert und zur weiteren Untersuchung in kleinere Mengen aufgeteilt, was durch Vierteln der Probe oder mittels besonderer Probenteilgeräte (Riffelteilgerät, Rotationsprobenteiler) geschieht (DIN ISO 3954).

4.1 Teilchengrößenbestimmung

Die Definition des Begriffes „Teilchengröße" bereitet einige Schwierigkeiten, da sich die Teilchengröße nur bei Kugelgestalt eindeutig durch den Durchmesser charakterisieren lässt, während die in der Praxis verwendeten Pulver mehr oder weniger von der Kugelform abweichen. Zur Kennzeichnung der Teilchengröße benutzt man deshalb bestimmte messbare physikalische Eigenschaften der Teilchen, wie Längen, Volumen oder Masse, Oberfläche bzw. Projektionsfläche, Sinkgeschwindigkeit oder Störungen eines elektrischen Feldes. Aus diesen Messwerten werden Teilchendurchmesser abgeleitet, denen wiederum die Kugelgestalt zugrunde liegt. Man bezeichnet sie deshalb als äquivalente Teilchendurchmesser, die – um die wichtigsten zu nennen – die Durchmesser von Kugeln sind, die die gleiche Oberfläche, die gleiche Projektionsfläche, das gleiche Volumen oder die gleiche Sinkgeschwindigkeit wie das unregelmäßig geformte Teilchen aufweisen.

Der Einfluss von Teilchenform und Teilchengröße ist für die einzelnen Messverfahren unterschiedlich, so dass Messungen nach verschiedenen Methoden unterschiedliche Ergebnisse liefern. In Bild 4–1 sind einige Durchmesser, die nach verschiedenen Methoden an einem unregelmäßigen Teilchen ermittelt werden können, gegenübergestellt. Beim Sieben hängt die Größe des ermittelten Durchmessers davon ab, in welcher Lage das Teilchen die Siebmaschen passiert (Bild 4–1, oben links). Er kann deshalb größer oder kleiner als der äquivalente Kugeldurchmesser sein (Bild 4–1, oben rechts).

Die Verfahren zur Teilchengrößenmessung lassen sich in drei Gruppen einteilen: Trennverfahren, Sedimentationsverfahren und Zählverfahren. Von den zahlreichen bekanntgewordenen Methoden sind die wichtigsten in Tabelle 4–1 zusammengestellt. Die Wahl der Methode, die zur Teilchengrößenmessung herangezogen wird, richtet sich in erster Linie nach der Größe der zu messenden Teilchen.

4.1.1 Trennverfahren

Die in der Praxis am häufigsten genutzten Trennverfahren sind die Sieb- und die Sichtanalyse. Die Siebanalyse (DIN ISO 4497 und DIN 66165) gestattet in der Siebnormalausführung Teilchengrößen >20 µm zu bestimmen. Mit Hilfe spezieller Mikrosiebe kann der Siebbereich bis herunter zu 5 µm erweitert werden (Tabelle

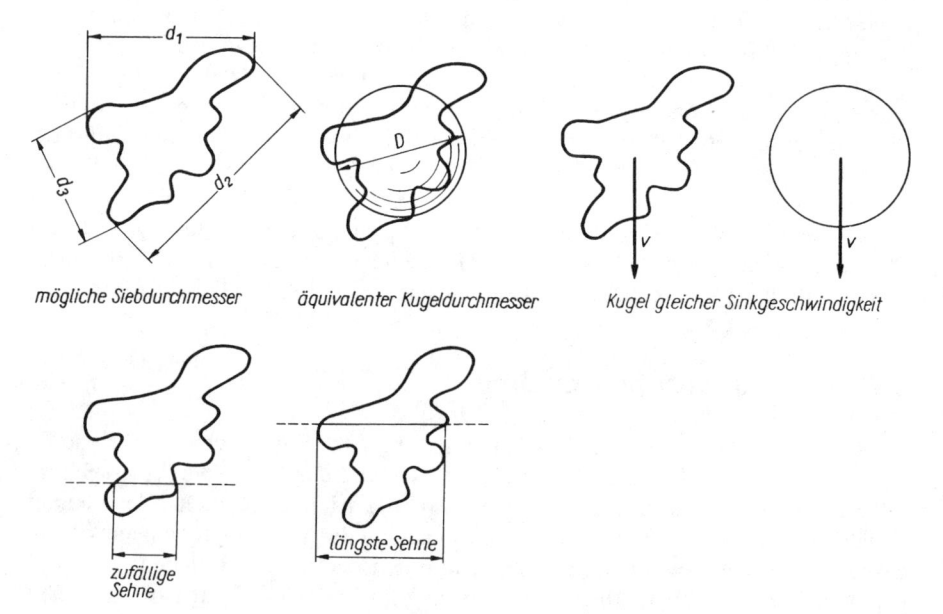

Bild 4–1. Größenmessung eines Teilchens mit unregelmäßiger Form nach verschiedenen Methoden

4.1 Teilchengrößenbestimmung

Tabelle 4–1. Methoden zur Teilchengrößenbestimmung

Methode	Anwendungsgrenzen in µm
Trennverfahren	
Siebanalyse	
Gewebeprüfsiebe	> 20
Mikrosiebe	5…100
Sichtanalyse	
Schwerkraftsichtung	5…40
Fliehkraftsichtung	1…60
Sedimentationsverfahren	
im Schwerefeld	
Pipetten-Methode, Sedimentationswaage	1…60
Photosedimentometer	0,5…500
im Zentrifugalfeld	
Zentrifugen	0,05…10
Zählverfahren	
unmittelbare Verfahren	
Zählung von Feldstörungen	0,4…1200
Laserstrahlverfahren	0,1…2000
mittelbare Verfahren	
Mikroskopie	1…100
Elektronenmikroskopie	0,004…1

4–1). Hinsichtlich der Arbeitsweise unterscheidet man zwischen vertikal bewegtem Siebboden (Schwingsiebe, Wurfsiebmaschine), horizontal bewegtem Siebboden (Rüttelsiebe, Plansiebmaschine) und ruhendem Siebboden (Luftstrahl-, Flüssigkeitsstrahlsiebe). Für die Siebanalyse bedeuten: die „Klasse" das Intervall zwischen Maschenweiten des oberen und unteren begrenzenden Prüfsiebes, die „Fraktion" ΔD die Pulvermasse, die zu einer bestimmten Klasse gehört, der „Durchgang" D die Summe der Fraktionen, die das entsprechende Sieb passiert haben und der „Rückstand" R die Summe aller Fraktionen, die auf dem Sieb zurückbleiben. Die Ergebnisse der Siebanalyse werden als Tabellen (Tabelle 4–2) oder anschaulicher graphisch als Summenhäufigkeitsverteilung (Bild 4–2) dargestellt. Dazu trägt man

Tabelle 4–2. Siebanalyse und ihre Auswertung, Eisen-Verdüsungspulver < 400 µm

Maschenweite Teilchengröße µm	Klasse µm	Fraktion ΔD %	Durchgang D %	Rückstand R %
40	> 0 ≤ 40	2,4	2,4	97,6
63	> 40 ≤ 63	6,6	9,0	91,0
100	> 63 ≤ 100	23,0	32,0	68,0
200	> 100 ≤ 200	42,0	74,0	26,0
315	> 200 ≤ 315	20,5	94,5	5,5
400	> 315 ≤ 400	5,5	100,0	0

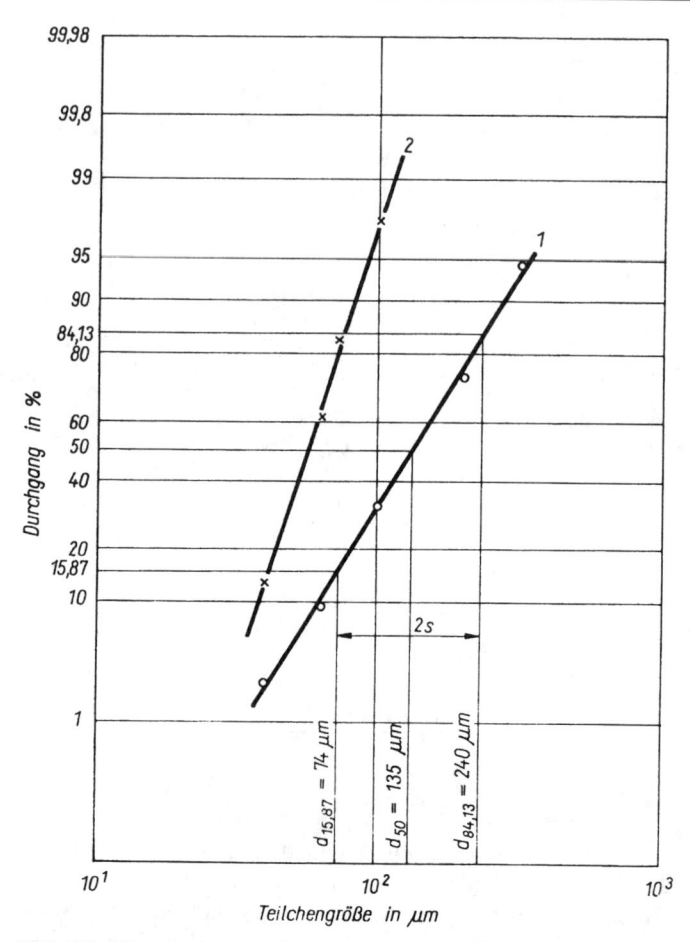

Bild 4–2. Verteilungskurve im logarithmischen Verteilungsnetz. *1* Eisenverdüspulver < 400 μm, $d_{50} = 135$ μm, $s = 0{,}58$; *2* Kupferverdüsungspulver < 160 μm, $d_{50} = 56$ μm, $s = 0{,}3$

den Siebdurchgang bzw. -rückstand in ein spezielles Netzpapier über dem Teilchendurchmesser (obere Klassengrenze) auf. Lässt sich der Verlauf der auf diese Weise erhaltenen Summenkurve angenähert durch eine bekannte Verteilungsfunktion beschreiben, dann ergibt sich bei Verwendung eines entsprechenden Netzpapiers (Papier für Normalverteilung, für logarithmische Normalverteilung, für Rosin-Rammler-Sperling-Verteilung oder für Potenzverteilung) eine Gerade. Besondere Bedeutung hat die logarithmische Normalverteilung, weil Metallpulver, die durch Verdüsen oder auf elektrolytischem Weg hergestellt werden, oft zufriedenstellend mit dieser Verteilungsform beschrieben werden können; zwei Beispiele enthält Bild 4–2. Aus diesen lässt sich der Mittelwert d_{50}, Durchgang = 50%, entnehmen und die Standardabweichung $S = \frac{1}{2} \ln \frac{d_{84,1}}{d_{15,9}}$ ermitteln; der Verteilungskurve 1 liegen die in Tabelle 4–2 angegebenen Siebanalysenwerte zugrunde.

4.1 Teilchengrößenbestimmung

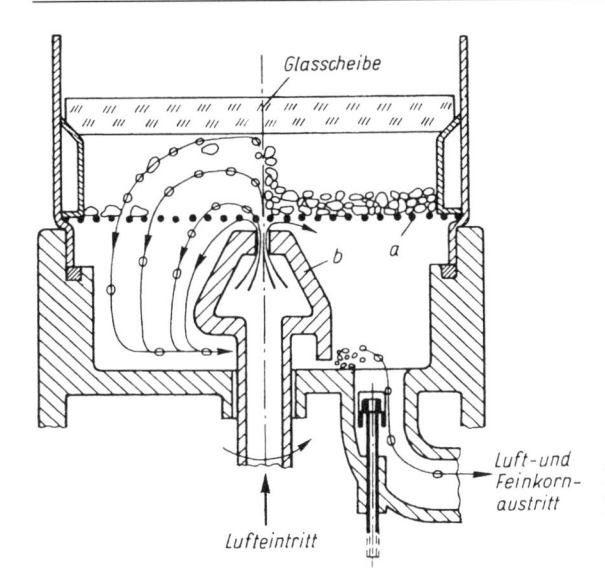

Bild 4–3. Arbeitsweise eines Luftstrahlsiebes (nach W. *Batel*)

Zur Durchführung der Siebanalyse ordnet man die Siebe (in der Regel 3 bis 5) mit abgestufter Maschenweite d übereinander an, gibt auf das oberste Sieb mit den größten Öffnungen eine bestimmte Pulvermasse (100 g bei Pulvern mit einer Fülldichte $> 1{,}5$ g/cm^3, 50 g bei einer Fülldichte $< 1{,}5$ g/cm^3) auf und stellt nach einer gewissen Siebdauer (im allgemeinen 10 min) fest, welcher Massenanteil auf den einzelnen Sieben verblieben ist. Das feinste Pulver sammelt sich in einem Bodengefäß, das den Siebsatz verschließt, so dass bei n Sieben $n + 1$ Fraktionen erhalten werden.

Im Gegensatz zu den Siebmaschinen, in die der ganze Siebsatz auf einmal eingesetzt wird, kann mit dem *Luftstrahlsieb* jeweils nur eine Fraktion analysiert werden (Bild 4–3). Man beginnt die Siebung mit dem feinsten Sieb und setzt sie mit dem Rückstand auf dem nächst gröberen Sieb fort. Das Luftstrahlsieb ist besonders für Teilchengrößen von 10 bis 40 µm geeignet. Der durch den Siebboden a aus einer Schlitzdüse b eintretende Luftstrahl wirbelt das Pulver auf, verteilt sich und wird mit geringerer Geschwindigkeit durch die nicht über der Schlitzdüse befindliche Siebfläche abgesaugt; Pulver $< d$ wird dabei mit durch die Maschen der Weite d getragen. Das Sieb ist mit einem Deckel verschlossen.

Neben der Siebmethode wirken sich auch die Eigenschaften des Siebgutes (Teilchenform, Teilchengrößenverteilung, Agglomerationsneigung) auf das Ergebnis der Siebanalyse aus. Bei feinen Pulvern mit Teilchengrößen < 40 µm können so starke Agglomerationserscheinungen auftreten, dass es zweckmäßig ist, auf Luftstrahlsiebe, in denen der Luftstrahl die Agglomerate zerstört, überzugehen oder eine Nasssiebung, bei der auch eine Ultraschallanregung möglich ist, vorzunehmen. Prinzipiell ist bei der Siebanalyse zu beachten, dass die Güte der Siebmaschine, die angewendete Siebdauer, die Abweichungen der Siebmaschen von der Nennöffnungsweite sowie die Agglomerationsneigung der Pulver den Siebvorgang beeinflussen und die experimentell ermittelte Trenngrenze zwischen dem Rückstand und dem Durchgang nur näherungsweise der als Teilchengröße verwendeten Nennöffnungsweite entspricht.

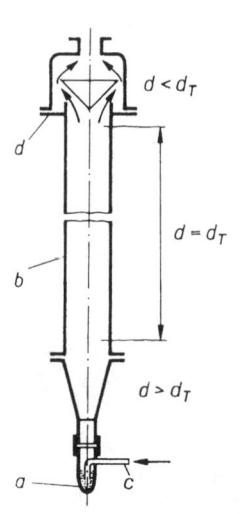

Bild 4-4. Schwerkraft-Gegenstromsichter (nach R.W. Gonell)

Zur Größenanalyse kleiner Teilchen (1 bis 60 µm) ist unter den Trennverfahren auch die Sichtanalyse (DIN 66 118), bei der Teilchen in einem Luftstrom entgegen der Schwerkraft bewegt werden, geeignet. Das Prinzip der Sichtanalyse soll anhand des Bildes 4-4 verdeutlicht werden. Die mit hoher Geschwindigkeit über ein Glasrohr c eingeblasene Sichtluft trägt das zu analysierende Pulver aus dem Glaseinsatz a in das Trennrohr (Glaszylinder) b aus. Die Teilchen, deren Sinkgeschwindigkeit der Strömungsgeschwindigkeit der Luft entspricht, bleiben im Trennrohr in der Schwebe; sie haben die sog. Trennteilchengröße d_T. Teilchen < d_T werden mit der Luft fortgetragen, umgelenkt und auf dem Tellerrand der Glasglocke d abgelagert; Teilchen > d_T fallen in den Glaseinsatz zurück. Für eine vollständige Teilchengrößenanalyse muss die Strömungsgeschwindigkeit der Sichtluft verändert werden, was bei Schwerkraft-Gegenstromsichtern (DIN 66119) durch mehrere Sichtrohre unterschiedlichen Innendurchmessers erreicht wird. Damit lässt sich der Trenngrenzenbereich bei gleicher Gebläseleistung erweitern, weil mit abnehmendem Zylinderdurchmesser die Luftgeschwindigkeit und mit ihr die Größe der ausgetragenen Teilchen zunimmt. Jeder Luftgeschwindigkeit entspricht eine Sinkgeschwindigkeit der Trennteilchengröße, die sich nach dem Stokesschen Gesetz berechnen lässt. Es lassen sich Teilchen von 5–40 µm analysieren.

Gegenüber der Sedimentationsanalyse hat die Sichtanalyse den Vorteil, dass die Schwierigkeiten der Herstellung einer Suspension entfallen und sich auch poröse Teilchen sichten lassen, die bei der Sedimentation durch Flüssigkeitsaufnahme ihre Dichte ändern würden. Die zum Sichten im Schwerefeld erforderlichen Zeiten lassen sich verkürzen, wenn Fliehkraftsichter (Erhöhung der Teilchensinkgeschwindigkeit infolge Fliehkraftwirkung) verwendet werden. Ein nach diesem Prinzip arbeitender Sichter ist der im Bild 4–5 dargestellte Fliehkraft-Gegenstromsichter (DIN 66120), der zur Teilchengrößenanalyse von 2–40 µm häufig verwendet wird. Die Sichtluft tritt durch einen einstellbaren Ringspalt (Veränderung der Luftgeschwindigkeit) in die Sichtzone ein. Feine Teilchen folgen der Luftströmung, grobe Teilchen werden im ringförmigen Behälter aufgefangen. Die einem bestimmten Luftdurchsatz zuge-

4.1 Teilchengrößenbestimmung   77

Bild 4–5. Fliehkraft-Gegenstromsichter (nach *K.A. Gustavson*)

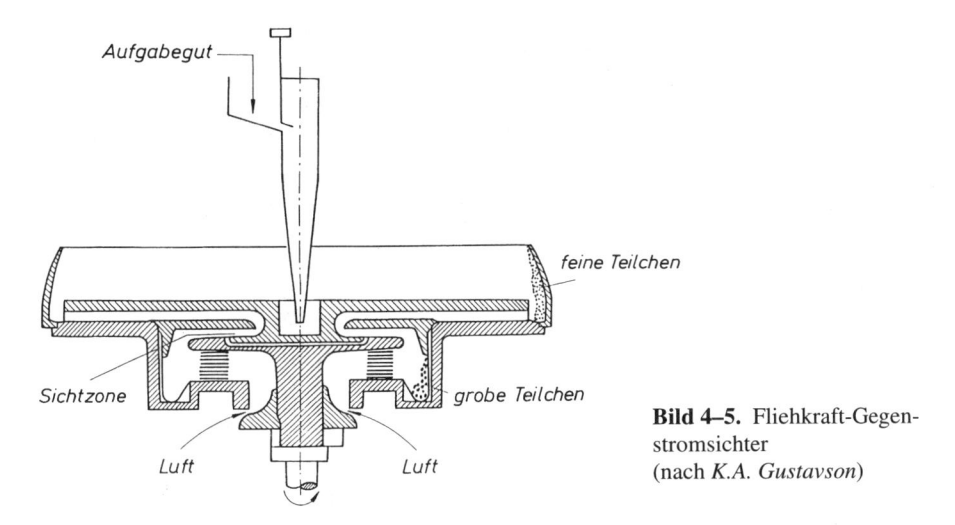

hörige Trennteilchengröße lässt sich nur schwer berechnen. Sie wird im allgemeinen empirisch mit Hilfe eines geeigneten Eichmaterials bestimmt.

4.1.2 Sedimentationsverfahren

Bei den Sedimentationsverfahren (DIN 66111) wird die Teilchengröße und deren Verteilung aus der Sinkgeschwindigkeit der in einer ruhenden Flüssigkeit suspendierten Teilchen ermittelt. Die zu Beginn der Messung über die Höhe der Suspension gleichmäßig verteilte Teilchenkonzentration C_0 ändert sich in Abhängigkeit von der Zeit und vom Ort. Die aussedimentierte Menge wird in einer bestimmten Sedimentationshöhe gemessen. Die Mengenanteile können dabei inkremental oder kumulativ bestimmt werden (Bild 4–6a, b). Bei der inkrementalen Messung wird nach selbst zu wählenden Zeiten t in einer Fallhöhe h die Konzentration C_t ermittelt. Dies geschieht entweder gravimetrisch oder durch Absorptionsmessung elektromagnetischer Strahlung. Die gemessene Konzentration C_t ist dem gesuchten Durchgang D proportional. Somit ergibt sich die Verteilungssummenkurve in Abhängigkeit von der Sinkgeschwindigkeit auf direktem Weg. Unter der Annahme von kugelförmigen Teilchen und im Gültigkeitsbereich des Stokesschen Gesetzes, d.h. Reynoldszahlen Re ≤ 0,25, lässt sich die Teilchengröße d_s aus der Sinkgeschwindigkeit $\omega = h/t$ errechnen:

$$d_s^2 = \frac{18}{g} \frac{\eta}{\rho_s - \rho_L} \frac{h}{t} \tag{4.1}$$

wobei g die Fallbeschleunigung, η die Viskosität der Flüssigkeit, ρ_s die Teilchen- und ρ_L die Flüssigkeitsdichte sind.

Bei unregelmäßig geformten Teilchen ist d_s der Äquivalentdurchmesser einer Kugel mit der gleichen Sinkgeschwindigkeit wie das Teilchen. Er ist – da physika-

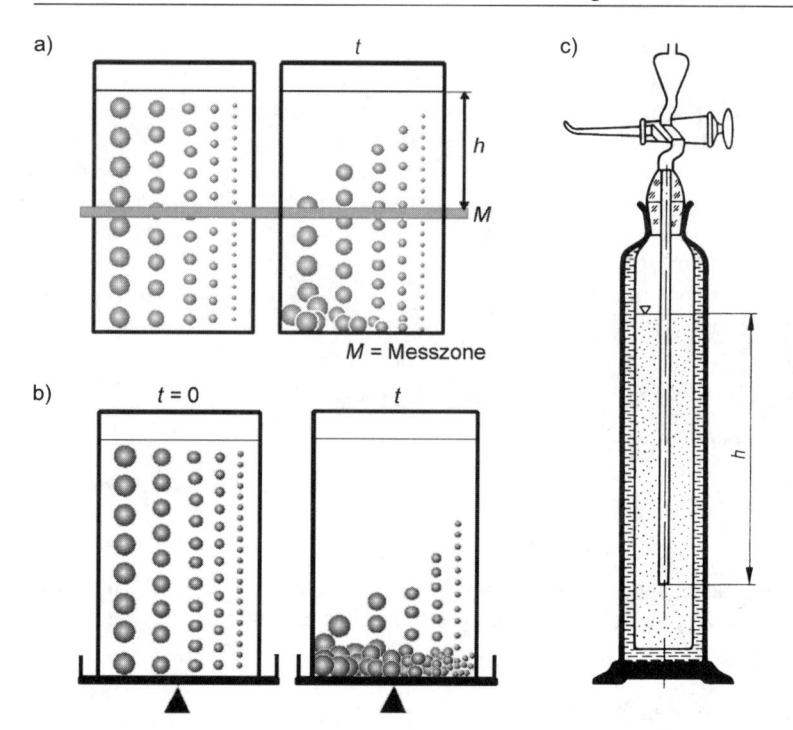

Bild 4–6. Sedimentationsverfahren. a) inkrementale Messung (nach [4.2]), b) kumulative Messung (nach [4.2]) c) Sedimentationspipette (nach *A.H.M. Andreasen*)

lisch anders definiert – mit der beim Sieben ermittelten Teilchengröße nur bedingt vergleichbar. Mit den aus Gl. (4.1) erhaltenen Sinkgeschwindigkeits-Äquivalentdurchmessern d_s und dem Durchgang $D = C_t/C_0$ kann dann – wie in Bild 4–2 demonstriert – eine Verteilungssummenkurve aufgestellt werden. Der mit den Sedimentationsverfahren zu erfassende Teilchengrößenbereich liegt zwischen 1 und 60 µm.

Die Genauigkeit der Sedimentationsanalyse hängt wesentlich von der Sedimentationsflüssigkeit ab; sie darf mit den Teilchen nicht reagieren und muss die Bildung von Agglomeraten verhindern. Letzteres ist oft nur durch die Zugabe von Dispergier- und Netzmitteln zu erreichen (DIN 66111). Damit sich die Teilchen während des Sinkens nicht behindern und keine der Fallrichtung entgegengerichteten Flüssigkeitsströmungen entstehen können, sollte die Teilchenkonzentration der Suspension 0,2 Vol.-% nicht überschreiten.

Eines der bekanntesten inkrementalen Sedimentationsverfahren ist das Pipetteverfahren nach *Andreasen* (DIN 66115) (Bild 4–6c): Von der im Sedimentationsgefäß befindlichen Suspension wird aus der Messebene eine bestimmte Menge (z.B. 10 cm³) in eine Pipette *a* gesaugt, über einen Dreiwegehahn in eine Schale abgelassen und nach dem Abdampfen der Flüssigkeit gewogen. Die erste Probe wird unmittelbar nach der Herstellung der Suspension gezogen und zur Ermittlung der Anfangskonzentration C_0 ausgewertet. Weitere Proben werden nach festgelegten Zeiten *t*, die für gegebene Sedimentationshöhen *h* und Teilchendurchmesser nach

4.1 Teilchengrößenbestimmung

Gl. (4.1) vorausberechnet werden können, entnommen. Die Bestimmung der Dichte der Teilchensubstanz ρ_s geschieht pyknometrisch.

Eine weitgehend automatisierte Variante der Sedimentationsanalyse stellt die Teilchengrößenbestimmung mit der Sedimentationswaage (DIN 66116) dar. Sie ist ein kumulatives Verfahren, bei dem die aus einer ursprünglich homogenen Suspension in die Messebene aussedimentierten Teilchen auf einer Waagschale (Fallplatte) abgelagert werden (Bild 4–6b). Nachdem bis zur Zeit t eine bestimmte Teilchenmasse m aussedimentiert ist, wird der Waagebalken selbsttätig in die Nulllage zurückgedreht, und der Vorgang wiederholt sich. Eine Registriereinrichtung zeichnet den $m(t)$-Verlauf auf, aus dem nach Differentiation mit Hilfe der Beziehung

$$R = \frac{1}{m_\infty}\left(m - t\,\frac{dm}{dt}\right) \tag{4.2}$$

die gesuchte Verteilungssummenkurve aufgestellt werden kann. In Gl. (4.2) ist R der Rückstand und m_∞ diejenige Teilchenmasse, die nach unendlich langer Zeit auf die Waagschale aussedimentiert wäre.

Wie einleitend erwähnt, kann die Bestimmung der Teilchenkonzentration in dem Sedimentationsgefäß auch über Absorptionsmessung geschehen, da sedimentierende Teilchen einen bestimmten Lichtanteil bzw. Röntgenstrahlen absorbieren. Bei der photometrischen Konzentrationsbestimmung wird die Schwächung eines Lichtstrahles, der die Messebene der Suspension durchsetzt, mit einer gegenüberliegenden Photozelle gemessen. Zur Abkürzung der Messzeit wird die Photometeranordnung mit einer von einem Computer berechneten Geschwindigkeit an dem Sedimentationsgefäß (Küvette) nach oben geführt. Vorteilhaft ist, dass der Sedimentationsvorgang nicht gestört wird und wegen der sehr hohen Empfindlichkeit mit sehr niedrigen Teilchenkonzentrationen (0,1 Vol.%) gearbeitet werden kann. Bei der Teilchenkonzentrationsmessung mit Röntgenstrahlen ist die Intensität des durchgehenden Röntgenstrahles ein Maß für die Materiemasse an einer bestimmten Stelle der Messzelle. Die Absorption der Röntgenstrahlen darf durch die Sedimentationsflüssigkeit nicht zu hoch sein und Stoffe mit niedrigen Ordnungszahlen erfordern höhere Teilchenkonzentrationen. Um die Messzeit zu verkürzen, bewegt sich die Zelle während der Messung in vertikaler Richtung. Aus der zeit- und höhenabhängigen Intensität der Röntgenstrahlung berechnet ein angeschlossener Computer die Teilchengrößenverteilung. Handelsübliche Geräte arbeiten vollautomatisch.

Eine Sedimentation im Schwerefeld ist nur bis zu Teilchen von 1 µm Durchmesser sinnvoll, weil bei kleineren Teilchen die Messzeiten (mehr als 24 h) zu lang werden und Messfehler durch Brownsche Molekularbewegung und Konvektionsströmungen zunehmen. Wenn dagegen eine Sedimentation im Zentrifugalfeld durchgeführt wird, wächst infolge zunehmender Beschleunigung die Sinkgeschwindigkeit der Teilchen und es ergeben sich wesentlich kürzere Messzeiten (etwa 1 h). Es lassen sich z.B. mit einer handelsüblichen Andreasen-Pipetten-Zentrifuge Teilchengrößenanalysen im Bereich von 0,05 bis 10 µm durchführen.

4.1.3 Zählverfahren

Bei den Zählverfahren werden Teilchengröße und -verteilung als unmittelbares Mengenmaß entweder direkt über eine Zählung von Feldstörungen durch Laserlichtbeugung oder durch die Auswertung einer Abbildung mittels metallographischer Methoden bestimmt.

4.1.3.1 Zählung von Feldstörungen

Verfahren, die auf einer Zählung von Störungen des elektrischen Feldes beruhen, sind auf enge Bereiche der Teilchengröße beschränkt. Die Teilchen werden in einem geeigneten Elektrolyten suspendiert und in eine elektrolytische Zelle (Bild 4–7) gegeben, deren Anoden- und Katodenraum eine nichtleitende Wand trennt. Der Stromtransport ist nur durch eine Wandöffnung, die sog. Zählöffnung oder Düse, möglich. Befindet sich in der Öffnung ein Teilchen, so verändert sich der elektrische Widerstand, der dabei entstehende elektrische Impuls, der dem Teilchenvolumen proportional ist, wird gezählt. Es lassen sich bei neueren Geräten Teilchendurchmesser von 0,4 bis 1200 µm messen. Allerdings darf in der jeweils zu untersuchenden Suspension das Verhältnis von kleinstem zu größtem Teilchen 1:30 nicht übersteigen. Bei ausreichendem Rühren, geeignetem Elektrolyten und nicht zu hoher Teilchenkonzentration lassen sich Teilchensedimentation und -agglomeration sowie Verstopfungen der Zählöffnung und das gleichzeitige Auftreten mehrerer Teilchen im Messvolumen vermeiden. Bei Pulverteilchen höherer Dichte wie Eisen und Wolfram nehmen jedoch die Sedimentationsprobleme zu, und es können nur Teilchen mit kleineren Abmessungen, beispielsweise für Wolfram unter 6 µm,

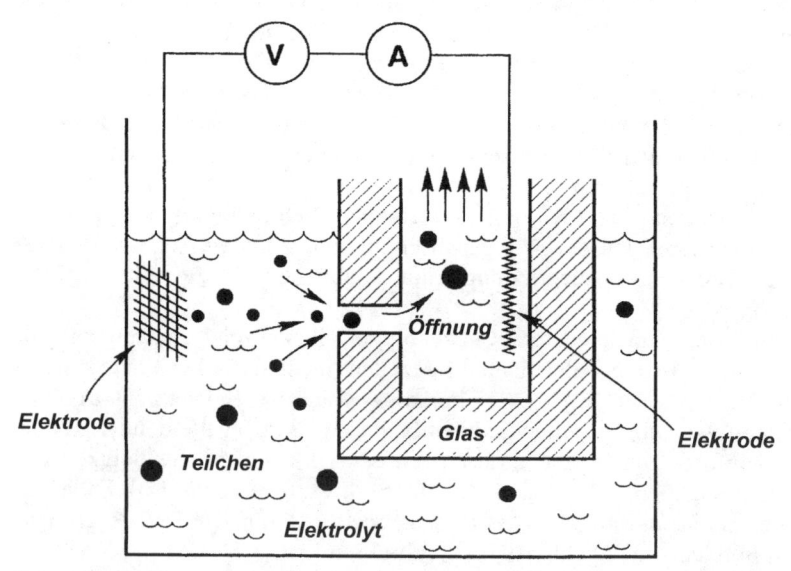

Bild 4–7. Prinzip eines Teilchenzählgerätes auf der Basis von Störungen des elektrischen Feldes (nach [4.3])

gemessen werden [4.3]. Die besten Ergebnisse erhält man mit Teilchen niedriger Dichte wie Keramik und Polymere. Zur Gewährleistung einer ausreichenden statistischen Genauigkeit müssen 200 000 bis 300 000 Teilchen gezählt werden. Vorteilhaft ist, dass die Messung automatisch und in sehr kurzer Zeit erfolgen kann. Eine weitere Erhöhung der Analysengeschwindigkeit sowie eine Erweiterung des messbaren Teilchengrößenverhältnisses auf 1:400 ist möglich, wenn ein System mit zwei Messzellen eingesetzt wird [4.4].

4.1.3.2 Laserstrahlverfahren

Die Teilchengrößenanalyse mit Hilfe von Laserstrahlen beruht auf dem Prinzip der Laserlichtbeugung an Teilchen. Diese Technik hat sich mit der Einführung von marktfähigen Laser-Beugungsspektrometern in den letzten Jahrzehnten zunehmend durchgesetzt. Geräte mit Lasertechnik haben gegenüber den klassischen Verfahren wie z.B. Sieb-, Sedimentations- und Bildanalyse den großen Vorteil, dass die Messgeschwindigkeit sehr hoch ist, dadurch große Probenmengen bewältigt werden können und sie sehr gut in eine automatische Prozesskontrolle einzubeziehen sind. Das Messprinzip zur Laser-Teilchengrößenanalyse ist in Bild 4–8 dargestellt. Ein Laserstrahl mit niedriger Energie erzeugt bei der Durchstrahlung eines Teilchenkollektives ein Beugungsbild, da das Laserlicht in Abhängigkeit von der Größe der Einzelteilchen in unterschiedliche Streuwinkel abgelenkt wird. Dabei verursachen kleine Teilchen größere Streuwinkel als große Teilchen. Die winkelabhängige Intensitätsverteilung wird an einem Multielement-Detektor aufgenommen, und der angeschlossene Computer berechnet aus diesen Messsignalen die zugehörige Teilchengrößenverteilung. Das Ergebnis kann je nach Wunsch entweder als Häufigkeitsverteilung, als Summenhäufigkeitsverteilung oder in Tabellenform auf einem Bildschirm dargestellt bzw. mit einem Drucker ausgedruckt werden (Bild 4–9). Das Messprinzip ist absolut, so dass das Gerät nicht geeicht werden muss.

Für die Messung müssen die Teilchen getrennt voneinander vorliegen. Um das zu erreichen ist die Anwendung einer Dispergiereinheit notwendig, die das Pulver so aufbereitet, dass es ungestört und mit der erforderlichen Dispergierung durch den Messbereich (Laserstrahl) bewegt wird. Deshalb gibt es für verschiedene An-

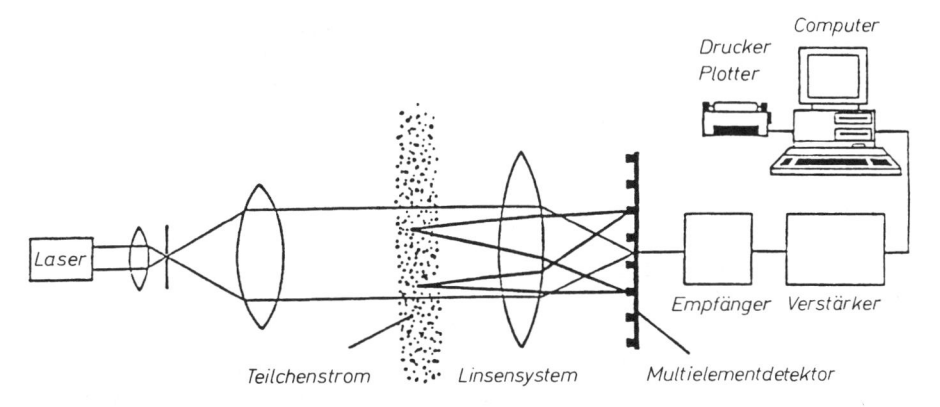

Bild 4–8. Aufbau eines Laserbeugungsspektrometers (nach [4.5])

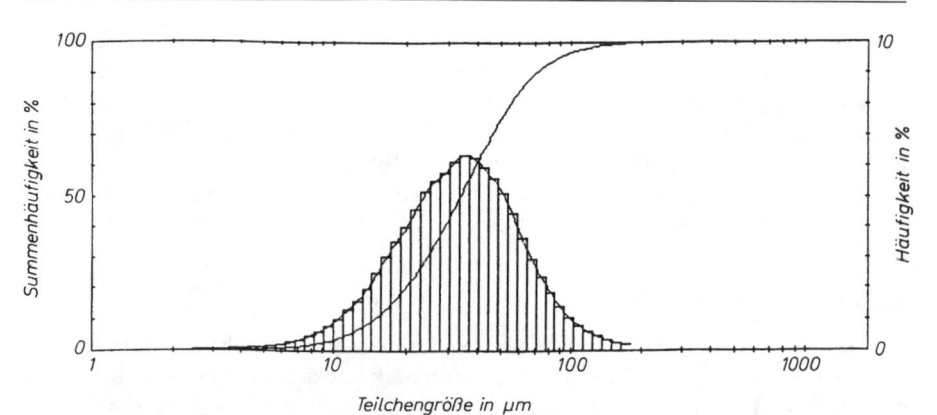

Bild 4–9. Graphische Darstellung einer Teilchengrößenverteilung von Elektrolytkupferpulver; durchgezogene Kurve: Summenhäufigkeit

wendungsbereiche auch unterschiedliche Dispergiereinheiten. Üblich ist, dass die Pulver in Flüssigkeiten dispergiert werden, um die Haftverbindungen in den Teilchenagglomeraten aufzubrechen. Als Flüssigkeit kann jede klare Flüssigkeit (z.B. Wasser, Alkohol, Benzin, Öl, Kohlenwasserstoffe) verwendet werden, deren Viskosität kleiner als 2 Pa · s ist. Mit Hilfe von Ultraschall und/oder eines Rührers wird eine stabile Dispergierung der Teilchen in der Flüssigkeit erreicht. Wenn das Einbringen trockener Teilchen in Flüssigkeiten unerwünschte und unkontrollierbare Nebeneffekte durch Oberflächenkräfte, Anlösen und Aufquellen der Teilchen verursacht, ist es auch möglich, die Pulver unter Verwendung einer Trockendispergiereinheit (Zerstörung der Agglomerate durch Bürsten, Druckluft und Prallflächen) trocken zu messen.

Ein großer Vorteil der Laser-Teilchengrößenanalyse ist, dass auch extrem breite Teilchengrößenverteilungen (0,1–2000 µm) bei einer Messung erfasst werden können, da die entsprechenden Messbereiche in wenigen Sekunden umzustellen sind. Da bei der Messung keine materialspezifischen Daten in das Ergebnis eingehen, können auch die Teilchengrößenverteilungen von Mischungen unterschiedlicher Zusammensetzungen untersucht werden. Für die Durchführung der Teilchengrößenanalyse ist nur eine geringe Probenmenge notwendig (z.B. bei der Messung in Suspensionen etwa 1 g, bei Trockenmessungen ca. 2 bis 10 g), so dass die Geräte auch eingesetzt werden können, wo wenig Probenmaterial zur Verfügung steht. Laser-Teilchengrößenmessgeräte sind im Laborbetrieb, im on-line-Einsatz sowie in der Prozesskontrolle verwendbar.

Es ist mit moderner Gerätetechnik auch möglich, Teilchengrößen von 0,01 bis 0,1 µm zu messen. Bei diesen kleinen Teilchen liegen die Radien in der Größenordnung der Wellenlänge des Lichtes und die Lichtstreuung wird dadurch sehr komplex. Es ist deshalb notwendig, die Teilchengrößenverteilung aus den gemessenen Streulichtintensitäten auf der Basis der Mie-Theorie zu berechnen [4.6]. Die Ergebnisse sind bei diesen kleinen Teilchengrößen nicht mehr materialunabhängig, sondern werden beispielsweise stark von den optischen Eigenschaften der Teilchen beeinflusst. Bei Teilchen größer als 0,1 µm kann die Auswertung über die einfachere Fraunhofer-Theorie erfolgen.

4.1.3.3 Metallographische Verfahren

Von den Zählverfahren, die eine individuelle Größenmessung der Teilchen gestatten, haben die mikroskopischen Methoden den Vorteil, dass neben der Teilchengröße auch die Teilchenform und das Gefüge der Pulverteilchen erfasst werden können. Zu diesem Zweck ist jedoch mitunter ein relativ hoher präparativer Aufwand nötig, so dass diese Verfahren weniger im Rahmen großtechnischer Prozesse als vielmehr zur Gewinnung wissenschaftlicher Erkenntnisse eingesetzt werden.

Je nach der zur Verfügung stehenden Gerätetechnik ist für eine zweifelsfreie Messung durch entsprechende Präparation eine repräsentative Probe ohne Entmischungen und möglichst ohne Agglomeration Voraussetzung.

Die einfachste Methode ist das Aufschütten der Pulver auf einen Objektträger (Bild 4–10). Neigt das Pulver zur Agglomeration, dann ist es besser, eine Suspension (z.B. in Terpentin) herzustellen und diese auf dem Objektträger zu verreiben. Interessiert auch das Gefüge, müssen die Pulverteilchen eingebettet werden. Die metallographische Bearbeitung geschieht wie bei anderen zur Schliffherstellung eingebetteten Kleinteilen.

Von den Pulverteilchen erscheinen im Schliffbild Anschnittflächen, die in der Regel nicht Flächen größter Ausdehnung sind, also nicht den wahren Teilchendurchmesser d, sondern einen Durchmesser $d_{KI} < d$ enthalten. Für eine Umrechnung gilt angenähert:

$$d_{KI} \approx 0,79\, d \qquad (4.3)$$

Teilchengrößen < 1 µm sind der lichtmikroskopischen Betrachtung nicht mehr zugänglich. Für die elektronenoptische Teilchengrößenbestimmung können, sofern sie auf einer Abbildung der Teilchen im Schattenriss basiert, die Präparate in analoger Weise, indem eine Pulversuspension in leicht verdunstender Flüssigkeit direkt auf den Objektträger gebracht oder das Pulver mit dem Einbettmittel gemischt zu einer durchstrahlbaren Folie ausgebreitet wird, hergestellt werden. Je feiner die Pulver

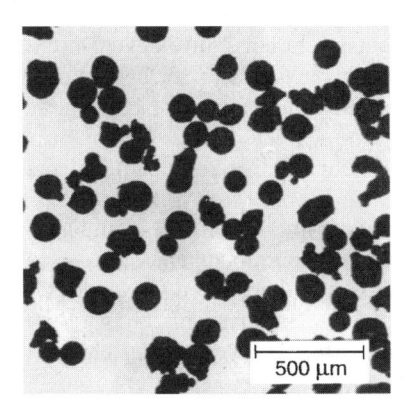

Bild 4–10. Lichtoptische Abbildung von Verdüskupferpulverteilchen (Schattenriss)

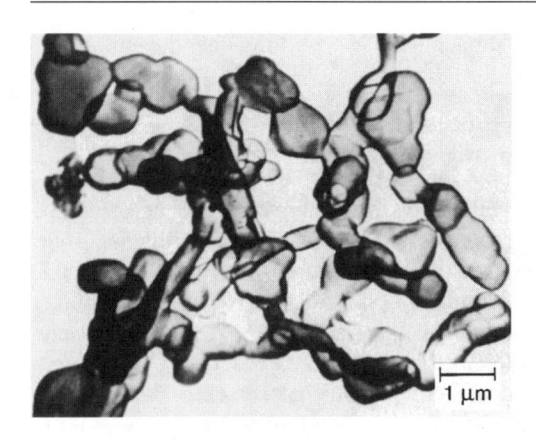

Bild 4–11. Kohlehüllenabdruck eines Kupferpulveragglomerates

sind, umso größere Schwierigkeiten bereitet es, eine Agglomeration zu verhindern und die Pulver als Primärteilchen abzubilden. Einen gewissen Ausweg bietet die Ultraschallvernebelung von Suspensionen oder bei sehr feinen Pulvern die Anfertigung von Hüllenabdrücken. Die Teilchen werden mit Kohle bedampft und anschließend chemisch aus der formbeständigen, porösen Hülle herausgelöst. Die Hüllen sind soweit durchstrahlbar, dass auch in Agglomeraten die „Einzelteilchen" ausgemacht und vermessen werden können (Bild 4–11).

Die leistungsfähigste Art der optischen Untersuchung von Pulvern ist jedoch die im Rasterelektronenmikroskop. Sie liefert ein sich durch große Tiefenschärfe und räumlichen Eindruck auszeichnendes Bild der Teilchen (Bilder 2–15, 2–16, 2–6), das auch bei Agglomeratbildung die Primärteilchen in der Regel noch soweit erkennen lässt, dass sie zumindest halbautomatisch gemessen werden können. Für die Betrachtung werden die Pulverteilchen auf den Objektträger aufgestreut oder als Emulsion aufgebracht. Eine anschließende Bedampfung mit Gold schützt das Mikroskop vor Kontaminationen.

Das Ausmessen und Auszählen der Teilchen kann auf der Mattscheibe des Mikroskopes oder an fotografischen Aufnahmen geschehen. Während im Fall kugliger Teilchen der Durchmesser ohne weiteres feststellbar ist, muss für unregelmäßig geformte Partikel ein äquivalenter Kugeldurchmesser (Durchmesser der volumengleichen Kugel, Bild 4–1) bestimmt werden. Schablonen mit Vergleichsflächen erleichtern hier die Arbeit (jeder Vergleichsfläche entspricht ein äquivalenter Durchmesser). Sie ermöglichen eine sofortige Zuordnung der Teilchen zu bestimmten Größenklassen und liefern bei den üblichen Pulvertypen brauchbare Ergebnisse [4.7]. Allerdings besteht bei flitter- und plättchenförmigen Teilchen die Gefahr, dass die gemessenen Durchmesser unter Umständen erheblich größer als der äquivalente Kugeldurchmesser ausfallen.

Bei halbautomatischen Teilchenzählgeräten wird die mitabgebildete Öffnung einer Irisblende der vom Teilchenbild eingenommenen Fläche so angepasst, dass sie einen flächengleichen Kreis ergibt. In bestimmter Weise abgestuften Größenbereichen der Blendenöffnung sind Zählwerke zugeordnet, die die Anzahl der zu einem jeweiligen Größenbereich gehörenden Teilchen registrieren. Es versteht sich, dass die Qualität der Teilchenabbildung die Messung beeinflusst.

4.1 Teilchengrößenbestimmung

Als sehr günstig hat sich besonders bei feinen, zur Agglomeration neigenden Pulvern die interaktive Bildverarbeitung mit automatischen Geräten erwiesen, wobei die Konturen der Einzelteilchen entweder auf Papierbildern jeder Art (Lichtmikroskop, REM, TEM) oder am Bildschirm (Lichtstift) nachgezeichnet und vom System digitalisiert und vermessen werden. Vom Computer gezeichnete Vergleichsnetze von Kreisen oder anderen geometrischen Gebilden, jeweils gleicher Größe (pro Vergleichsbild) und zufälliger Anordnung sind als Richtreihen zur Ermittlung der Primärteilchengröße von REM-Abbildungen agglomerierter Feinpulver ebenfalls geeignet [4.8].

Eine nicht zuletzt wegen der gegebenen, weitgehenden Mechanisierung und schließlich Automatisierung des Zähl- und Klassiervorganges leistungsfähige Methode ist die Linearanalyse. In die als Schattenriss oder bei eingebetteten Pulvern als Schnitt abgebildeten Teilchenflächen wird willkürlich eine Gerade gelegt, deren in den Teilchenflächen erzeugte Abschnitte (Sehnen) l_i gezählt, gemessen und in Größenklassen eingeteilt registriert werden (s. Abschn. 7.3.3). Der Einsatz entsprechender TV-Systeme mit geeigneter Software schafft die Möglichkeit der digitalen Bildverarbeitung, wobei vor der eigentlichen Messung nicht nur Fremdteilchen ausgeblendet, sondern über die Operationen „Erosion" und „Dilatation" auch Teilchenagglomerate getrennt, Fremdteilchen ausgeblendet und Poren in den Teilchen gefüllt werden können. Auf diese Weise lassen sich auch Schnittflächen- bzw. Durchmesserverteilungen flächengleicher Kreise und weitere Messgrößen erfassen, die zur geometrischen Beschreibung der Pulverteilchen beitragen.

Für die Einteilung der Teilchendurchmesser sowie Sehnenlängen in Größenklassen ist eine logarithmisch äquidistante Klassenteilung: a. $\alpha \cdot a$; $\alpha^2 \cdot a$; ...$\alpha^n \cdot a$ (mit dem Modul $\alpha = \sqrt{2}$) gebräuchlich, wobei α die Klassenbreite und a eine willkürlich wählbare untere Klassengrenze sind. Diese Klasseneinteilung bietet sich an, da – wie bereits erwähnt – bei einem großen Teil der Pulver logarithmisch normalverteilte Teilchengrößen vorliegen, die im entsprechenden Funktionspapier (Wahrscheinlichkeitsnetz) Geraden ergeben (Abschn. 4.1.1). Mit Hilfe dieser Klasseneinteilung kann im Fall der Ermittlung von Sehnenlängen die Sehnenhäufigkeit in einfacher Weise in die räumliche Teilchengrößenverteilung nach G. *Bockstiegel* umgerechnet werden:

$$N_{i+1/2} = \frac{2^{-i}(2n_i - n_{i+1})}{\sum_{i=1}^{k} 2^{-i}(2n_i - n_{i+1}) \cdot 100\%} \tag{4.4}$$

wobei n_i die Sehnenhäufigkeit (Anzahl der Sehnen) in der Größenklasse i (a; $a \cdot \alpha$, $a \cdot \alpha^2$, ...), n_{i+1} die Sehnenhäufigkeit in der folgenden Größenklasse $i + 1$, i die Klassenzahl und $N_{i+1/2}$ die Teilchenhäufigkeit im Durchmesserbereich $d_{i-1/2}$ bis $d_{i+1/2}$ sind.

Die errechneten Werte sind über den Klassenmitten der Sehnenlängenverteilung aufzutragen (s. Bild 4–12). Die Beziehung (4.4) ist nicht nur für kugelige, sondern auch für Teilchen anderer Formen mit konvexen Grenzflächen (außer für platten- und nadelförmige) anwendbar; sie liefert dann eine äquivalente Kugelgrößenverteilung. Gleichfalls linearanalytisch zu ermitteln sind die volumenbezogene

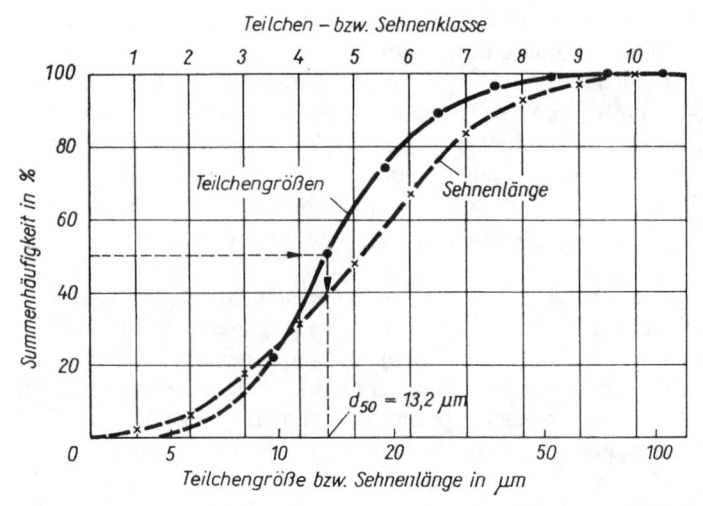

Bild 4–12. Summenhäufigkeitsverteilung der Sehnenlängen und Teilchengrößen von kugeligem Eisenpulver (nach *H.E. Exner*)

spezifische Oberfläche und der mittlere Teilchendurchmesser des Pulvers (s.a. Abschn. 7.4.3). Ist L_L der auf die Messlinienlänge bezogene Anteil der in den Teilchenschnittflächen erzeugten Sehnen und P_L die Anzahl der Schnittpunkte mit den Teilchenbegrenzungen je Messlinienlängeneinheit, dann ergibt sich die spezifische Oberfläche (Abschn. 4.2.1), auf das Teilchenvolumen bezogen, zu

$$S_V = \frac{2 P_L}{L_L} \tag{4.5}$$

und der mittlere Teilchendurchmesser beträgt analog der linearen Mittelkorngröße nach *E. Heyn*

$$d_H = \frac{2 L_L}{P_L} \tag{4.6}$$

Für die gebräuchlichen Metallpulver ist mit dem Werkstoff und dem Herstellungsverfahren in den meisten Fällen auch eine charakteristische Teilchenform verbunden, deren Beschreibung durch subjektiv gewählte Begriffe, wie kugelig, nadlig, dendritisch, flittrig usw. (EN ISO 3252), jedoch nur im Routinefall genügt. Das Rasterelektronenmikroskop vermittelt in dieser Hinsicht einen ausgezeichneten Eindruck (z.B. Bilder 2–4, 2–15, 2–16).

Zur quantitativen, von subjektiven Einflüssen freien, Kennzeichnung der Teilchenform werden anhand der Teilchenabbildung (Schattenriss, Schnittfigur) Formfaktoren gebildet. Wenn alle Teilchen die gleiche Form und Größe aufweisen, kann der Umfang der Teilchenkontur mit dem eines flächengleichen Kreises verglichen und ein dimensionsloses Verhältnis von tatsächlichem Teilchenumfang und Kreis-

4.1 Teilchengrößenbestimmung

umfang gebildet werden. Die zeitaufwendige individuelle Messung beider Größen kann z.B. mit Hilfe einer von *H.F. Fischmeister* angegebenen Beziehung für den Formfaktor K umgangen werden:

$$K = \frac{2}{3\pi} \frac{P_L^2}{N_A \cdot L_L} \tag{4.7}$$

wobei N_A die Zahl der Teilchen je Schnittflächeneinheit ist. Bei Kugeln ist $K = 1$; mit zunehmender Formkompliziertheit nimmt K Werte > 1 an. Liegen Teilchen gleicher Form mit bekannter Größenverteilung vor, so muss ein gewichteter Mittelwert (z.B. der flächengewichtete Mittelwert) des Formfaktors errechnet werden, da sich für Kugeln sonst ein von 1 abweichender Wert ergibt, der eine andere Teilchenform vortäuscht. Dies trifft auch für alle anderen in der Literatur angegebenen Formfaktoren zu. Darüber hinaus ist darauf hinzuweisen, dass der hier als Beispiel genannte Formfaktor zwar die Abweichung von der Kugelform beschreibt, damit aber nur ein einziger Formaspekt erfasst wird. Für ausgesprochen ungleichachsige Teilchen wird häufig auch das Verhältnis Länge/Breite der Schnittfigur oder Teilchenprojektion zur Angabe des Streckungsgrades als weitere Charakterisierung verwendet.

Die quantitative Beschreibung der räumlichen Teilchenform aus ebenen Bildern ist nur bei bekannter räumlicher Größenverteilung möglich. Letztere kann jedoch nur bestimmt werden, wenn für die Teilchen eine einfache geometrische Form angenommen wird. Wegen dieser Erschwernisse ist die Formbeschreibung räumlicher Objekte durch die Methode „fractal dimension" (gebrochene Dimension) für die Pulvermetallurgie von besonderem Interesse. Die fraktale Charakteristik eines zwei- oder dreidimensionalen Objektes (Teilchenschnitt oder Teilchen) lässt sich in verschiedener Weise bestimmen [4.9]. Beispielsweise wird die Teilchenabbildung bei der Linearanalyse von einer Anzahl paralleler Geraden mit dem Abstand λ geschnitten. Die Schnittpunkte der Geraden mit dem Umriss des Teilchens lassen sich zu einem Polygon verbinden, dessen Umfang U errechnet werden kann. Seine Größe wird umso genauer bestimmt, je geringer λ ist (Erhöhung der Auflösung) (Bild 4–13a). Für ein einfaches geometrisches Gebilde (Kreis, Quadrat, Sechseck) konvergiert diese Größe gegen einen festen Wert, d.h. $\lim U (\lambda \to 0) = U_0$. Für ein ideales fraktales Objekt konvergiert dieser Übergang nicht; der Umfang wächst beliebig, je kleiner λ wird. Trägt man $U(\lambda)$ gegen λ doppelt logarithmisch auf (U und λ mit der maximalen projizierten Länge der Teilchenabbildung normiert), so ergibt sich aus dem Anstieg m der Regressionsgeraden die fraktale Dimension des Objektes (Bild 4–13b):

$$\delta = 1 + |m| \tag{4.8}$$

Für zweidimensionale Abbildungen liegt der Wert der fraktalen Dimension des Umfanges im Bereich: $1 < \delta < 2$. Für die räumliche Formbeschreibung bedeutsam ist, dass sich die fraktale Dimension der Oberfläche eines Teilchens δ_s aus der fraktalen Dimension des Umfanges seiner zweidimensionalen Abbildung in einfacher Weise bestimmen lässt [4.10]:

$$\delta_s = 1 + \delta \tag{4.9}$$

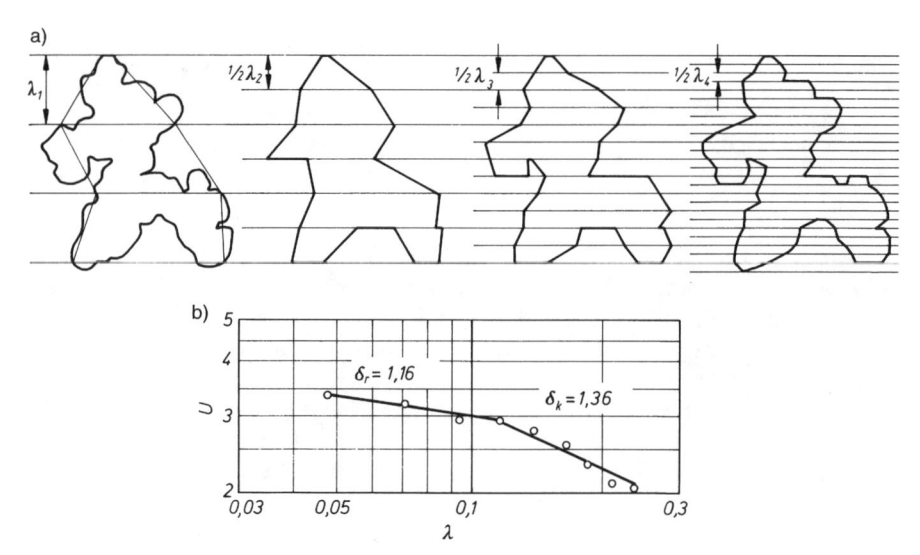

Bild 4–13. a) Bestimmung des Umfanges der Teilchenabbildung aus Polygonen, gebildet durch Verbindung der Schnittpunkte der Messgeraden (Abstand $\lambda_1\ldots\lambda_4$, steigende „Auflösung") mit dem Teilchenumriss (nach [4.9]; b) Ermittlung der fraktalen Dimension (δ_k bzw. δ_r) auf dem Verlauf der Messwerte (Umfang U) über der „Auflösung" (Messgeradenabstand λ) (nach [4.9])

Die so erhaltenen Werte könnten zur Charakterisierung des Fließverhaltens und der Packungseigenschaften von Pulvern herangezogen und so möglicherweise Ansätze für Beziehungen zwischen räumlicher Teilchenform und technologischen Eigenschaften der Pulver entwickelt werden [4.11].

Darüber hinaus lassen sich mit dieser Methode auch Zusammenhänge zwischen Pulverherstellung und Teilchenform finden. Wie aus dem Bild 4–13b zu entnehmen ist, werden in Abhängigkeit vom überstrichenen Bereich des „Auflösungsgrades" (λ) zwei Regressionsgeraden unterschiedlicher Steigung (δ_r und δ_k) ermittelt. Während δ_k die Teilchenkontur charakterisiert, ist δ_r im Bereich der höheren Auflösung ein Ausdruck für die „Rauhigkeit" der Teilchenoberfläche. Im Falle von sog. natürlichen Fraktalen (wie sie Pulverteilchenschnitte darstellen) kann sich bei hoher Auflösung (kleinen λ-Werten) zusätzlich eine Gerade mit $m = 0$ (d.h. $\delta = 1$, wie für einfache geometrische Objekte) anschließen. Dies ist z.B. bei Verdüspulvern durch die Wirkung der Oberflächenspannung im Erstarrungsintervall der Teilchen bedingt. Aus der Lage des Überganges in diese zur Abszisse parallele Gerade, d.h. Wechsel von der zerklüfteten Oberfläche in eine geometrisch einfache Form (als Funktion der Schrittweite bei der Umfangsbestimmung) können Rückschlüsse auf die Abkühlungsgeschwindigkeit der Teilchen gezogen werden [4.8]. Diese, vom Messvorgang her aufwendig erscheinende, Methode der Formkennzeichnung ist durch Einsatz der Bildanalyse (nach verschiedenen Messprinzipien) mit vertretbarem Aufwand anwendbar.

4.2 Ermittlung der spezifischen Oberfläche

Die spezifische Oberfläche ist ein hervorragendes Kennzeichen dispergierter Körper. Sie geht in die sog. Oberflächenaktivität der Pulverpresslinge beim Sintern ein und stellt somit eine wichtige Triebkraft für den Materialtransport beim Sintern dar [4.1].

Als spezifische Oberfläche wird die an einem pulverförmigen Stoff gemessene und auf die Masseneinheit 1 Gramm bezogene Oberfläche bezeichnet. Verschiedentlich ist es zweckmäßig, die Oberfläche auf die Volumeneinheit 1 cm^3 zu beziehen. Die Berechnung der spezifischen Oberfläche aus einer vorher durch Trenn-, Sedimentations- oder Zählverfahren ermittelten Teilchengrößenverteilung (Abschn. 4.1) setzt voraus, dass allen Teilchen eine Kugelform zugeschrieben wird und die tatsächliche Gestalt sowie die Oberflächenrauhigkeit zunächst unberücksichtigt bleiben (idealisierte, geometrische Oberfläche). Dazu teilt man die Rückstandssummenkurve in enge Klassen mit dem Durchmesserintervall Δd ein und ermittelt die Oberfläche jeder Klasse. Für die massenbezogene spezifische Oberfläche S_m der i-ten Klasse mit dem mittleren Teilchendurchmesser d_{mi} und dem Rückstandsanteil ΔR_i gilt:

$$\Delta S_{mi} = \frac{6}{\rho \, d_{mi}} \Delta R_i \tag{4.10}$$

ρ ist die Dichte der Teilchensubstanz. Durch Summenbildung über alle Klassen bzw. durch Integration der Korngrößenverteilungsfunktion ergibt sich die (geometrische) spezifische Oberfläche des Pulvers. Um die rechnerisch ermittelte der tatsächlichen Oberflächengröße anzunähern, multipliziert man das Ergebnis mit einem Rauhigkeitskoeffizienten, der von der Pulverart und insbesondere vom Herstellungsverfahren des Pulvers abhängt. Er muss jeweils auf experimentellem Weg durch Oberflächenmessung und Vergleich der Ergebnisse bestimmt werden.

Die offensichtliche Unzulänglichkeit der rechnerischen Methode, dass sie die wirkliche Oberflächengröße nicht erfasst, führte zur Entwicklung von Verfahren, die die Oberflächengröße nicht unmittelbar, sondern über die Messung von Eigenschaften (Adsorption, Gaspermeabilität), die zur Oberfläche in Beziehung stehen, bestimmen. Die Messwerte sind folglich vom physikalischen Prinzip des angewendeten Verfahrens beeinflusst und können sich recht erheblich unterscheiden.

Hinsichtlich Empfindlichkeit, Genauigkeit und Anwendungsbereich nimmt die Adsorptionsmethode von *S. Brunauer*, *P.H. Emmett* und *E. Teller* (BET-Verfahren) unter den Oberflächenmessverfahren eine bevorzugte Stellung ein ([4.9] u. DIN 66131). Sie beruht auf der Adsorption von Edelgasen oder inerten Gasen an der Oberfläche der Pulverteilchen. Das Prinzip der Methode besteht darin, dass man die Oberfläche einer Pulverprobe der Masse m mit einer monomolekularen Schicht von Gasmolekülen zu bedecken sucht. Aus dem hierfür benötigten Gasvolumen V_A und dem Flächenbedarf eines Adsorbatmoleküls f wird die spezifische Oberfläche S_m der Pulverprobe berechnet:

$$S_m = V_A \, N_M \, f \, m^{-1} \tag{4.11}$$

N_M ist die Zahl der Moleküle je m³ Gas unter Normalbedingungen; als Flächenbedarf f werden für Stickstoff 0,162 nm², für Argon 0,138 nm² und für Krypton 0,202 nm² angegeben.

Indem die gesamte Oberfläche, die den Absorbatmolekülen zugänglich ist, einschliesslich offener Poren und Oberflächenrauhigkeiten bis in den atomaren Bereich hinein, erfasst wird, gewinnt man mit der BET-Methode die für die Pulvercharakterisierung zuverlässigsten Oberflächenwerte. Dem Verfahren haftet jedoch die Unsicherheit an, dass bei der Berechnung von einer durchgängig monomolekularen Bedeckung ausgegangen werden muss. Diese Voraussetzung ist an Ecken und Kanten sowie aktiven Oberflächenbereichen, wo sich infolge weiter reichender unabgesättigter Bindungskräfte Doppel- und Mehrfachbelegungen einstellen, sicherlich nicht erfüllt.

Für die experimentelle Durchführung der BET-Messungen verwendet man als Messgase im allgemeinen Stickstoff, Argon oder Krypton. Damit der Adsorptionsvorgang nach der für die Gültigkeit der BET-Gleichung vorausgesetzten S-förmigen Isothermen verläuft, muss die Adsorptionsmessung unterhalb der kritischen Temperatur des Adsorbats, am zweckmäßigsten dicht oberhalb seines Siedepunktes für Normaldruck, erfolgen. Man arbeitet daher in einem Kältebad bei der Temperatur des siedenden Stickstoffs ($T = 77,4$ K). In bestimmten Fällen wird n-Butan (C_4H_{10}) als Adsorptionsgas benutzt. Da dessen kritische Temperatur höher liegt, können die Messungen bei Raumtemperatur vorgenommen werden.

Vor Beginn jeder Messung ist eine vollständige Entgasung der Pulverprobe im Adsorptionsgefäß erforderlich. Das geschieht im allgemeinen durch Erhitzen auf 200 bis 300°C unter Hochvakuum (mindestens 10^{-4} Pa). Sodann wird bei eingebrachter Probe der verbleibende freie Raum, das „Totraumvolumen", im Adsorptionsgefäß einschließlich aller Zuleitungen bestimmt. Üblicherweise bestimmt man dazu das Volumen von Inertgas wie Helium, das unter Bedingungen in die Anlage einströmt, die eine Adsorption ausschließen. Da man die Gasmenge für eine monomolekulare Bedeckung der Oberfläche nicht direkt messen kann,

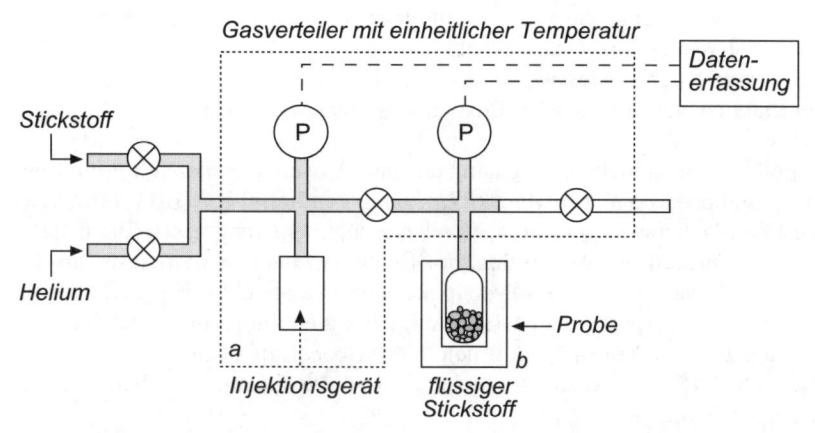

Bild 4–14. Prinzipieller Aufbau einer BET-Apparatur („Sorptomatic 1990", Prager Elektronik GmbH)

4.2 Ermittlung der spezifischen Oberfläche

wird die Adsorptionsisotherme aufgezeichnet. Dabei wird die Menge von Gas ermittelt, die in Abhängigkeit vom Gasdruck im Probenraum von der Probe adsorbiert wird. Bei der in Bild 4–14 dargestellten Anlage wird für die Messung der Vorratsbehälter (a) des Injektionsgerätes mit dem Stickstoff gefüllt. Die Probe befindet sich im mit flüssigem Stickstoff auf 77 K abgekühlten Probengefäß (b). Dann wird mit Hilfe eines Stempels eine definierte Menge Gas aus dem Vorratsgefäß ins Probengefäß gedrückt und der sich einstellende Druck gemessen. Die Messung wird beim Mehrpunktverfahren für verschiedene Drücke p im Bereich $0{,}05 < p/p_0 < 0{,}35$ wiederholt, wobei p_0 den Gleichgewichts-Dampfdruck des Stickstoffs bei der Messtemperatur darstellt. Anschließend wird aus der Adsorptionsiosthermen mit Hilfe der BET-Gleichung die Anzahl der Moleküle oder Atome in der monomolekularen Schicht berechnet. Mit Hilfe des mittleren Platzbedarfs erhält man daraus die Oberfläche.

Das BET-Verfahren ist vorzugsweise für die Oberflächenmessung an Pulvern mit großer spezifischer Oberfläche, insbesondere Feinstpulvern, geeignet. Stickstoff ist für Pulver mit Oberflächen unter $1\ \mathrm{m^2\ g^{-1}}$ als Messgas nicht mehr verwendbar. Man geht dann auf Krypton über, mit dem noch totale Probenoberflächen bis herab zu $50\ \mathrm{cm^2}$ mit befriedigender Genauigkeit gemessen werden können. Die mit dem BET-Verfahren bestimmten Oberflächenwerte sind gut reproduzierbar und werden oft für andere Verfahren als Vergleichswerte herangezogen. Bis zu mittleren Teilchengrößen von etwa $20\ \mathrm{\mu m}$ erhält man noch gesicherte Ergebnisse. Darüber treten wegen der kleinen spezifischen Oberfläche des Pulvers und der entsprechend geringen Mengen an adsorbiertem Gas größere relative Fehler auf.

Wegen des gegenüber den Adsorptionsverfahren wesentlich geringeren apparativen und zeitlichen Aufwandes haben insbesondere für prozessmäßige Kontrollmessungen die Durchströmungsverfahren breite Anwendung gefunden [4.10]. Diese beruhen darauf, dass aus der Gas- bzw. Luftdurchlässigkeit (-permeabilität) einer Teilchenpackung unter bestimmten Bedingungen auf die spezifische Oberfläche geschlossen werden kann (DIN 66126). Ein dichtgepacktes Pulverbett setzt dem Durchgang eines Gasstromes einen Widerstand entgegen, der von der Feinheit des Pulvers abhängt und desto größer ist, je feiner das Pulver und je enger daher die Hohlräume in der Packung sind. Dabei sind grundsätzlich zwei verschiedene Strömungszustände, Kontinuumsströmung und Knudsen-Diffusion, zu unterscheiden.

Kontinuumsströmung herrscht vor, wenn die mittlere freie Weglänge der Gasmoleküle klein ist im Vergleich zu den Porenabmessungen. Das ist im allgemeinen für Luft mit Atmosphärendruck bei charakteristischen Porenabmessungen $\geq 10\ \mathrm{\mu m}$ der Fall, was bei Porositäten θ um 0,5 einem mittleren Teilchendurchmesser von etwa $10\ \mathrm{\mu m}$ entspricht. Die Bewegung der Gasmoleküle wird dann nur in einer dünnen Schicht durch die Reibung an der Pulveroberfläche beeinflusst, während sie im Innern der Poren ausschließlich gegenseitige Stöße ausführen. Unter diesen Bedingungen kann die volumenbezogene spezifische Oberfläche S_V aus dem Druckabfall Δp des Gases nach der Kozeny-Carman-Gleichung ermittelt werden:

$$S_v^2 = \frac{1}{k} \frac{\Theta^3}{(1-\Theta)^2} \frac{1}{\eta} \frac{F}{L_{PK}} \frac{\Delta p}{\dot{\upsilon}} \qquad (4.12)$$

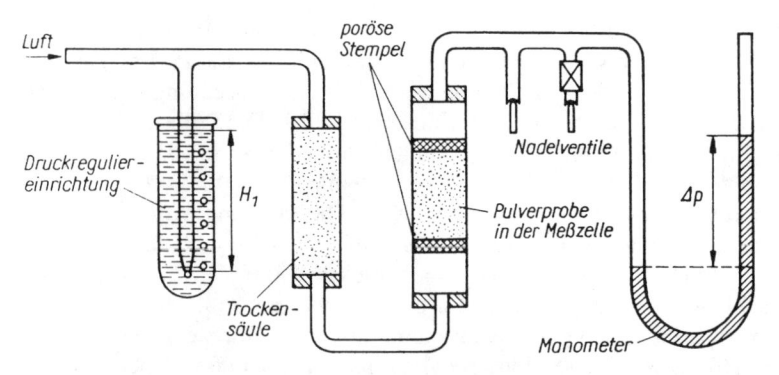

Bild 4–15. Fisher Subsieve Sizer (schematisch)

wobei Θ die Porosität des Pulverbetts (Presslings η die Viskosität des Gases, F die Querschnittsfläche des Strömungskanals, in dem die Pulverprobe angeordnet ist, L_{PK} die Länge der Pulverprobe im Strömungskanal und $\dot{v}$ den Volumenstrom (cm³ Gas je s) bedeuten. Für den Kozeny-Carman-Beiwert k wird vielfach der Zahlenwert 5 angenommen.

Ein einfaches Gerät, mit dem man bereits nach wenigen Minuten Ergebnisse erhält, ist das als „Fisher Subsieve Sizer" bekannte Permeameter. Es arbeitet mit Luft, die von einer Pumpe in das Gerät gedrückt und mit einer Reguliereinrichtung auf 10^5 Pa konstant gehalten wird (Bild 4–15). Die Pulverprobe (eine Menge in Gramm, die der Dichte der Pulversubstanz entspricht) wird in eine Messzelle eingebracht, die aus einem kalibrierten Rohr besteht, in dem die Pulverprobe mittels Zahnstangentriebs zwischen zwei luftdurchlässigen porösen Stempeln so verdichtet wird, dass sich eine Porosität zwischen 0,4 und 0,7 einstellt. Der beim Luftdurchgang erzeugte Druckabfall Δp wird am Manometer abgelesen und mit einem Korrekturfaktor, der sich aus der vorliegenden Porosität ergibt, multipliziert. Anhand von Tabellen wird daraus die spezifische Oberfläche des Pulvers ermittelt.

Mit dem Fisher-Permeameter sind brauchbare Oberflächenwerte im Teilchendurchmesserbereich von etwa 2 bis 20 µm zu erzielen. Feinere Pulverteilchen werden vom Luftstrom in tote Winkel des Pulverbettes getragen, so dass deren Oberflächenanteil mehr oder weniger unberücksichtigt bleibt. Die Messgenauigkeit wird vor allem dadurch beeinträchtigt, dass je nach der Pulversubstanzdichte unterschiedliche Einwaagen zur Messung gelangen und sich merkliche Abweichungen in der Länge des Pulverbettes ergeben. Wie aus vielen Vergleichsmessungen hervorgeht, werden trotz verfahrensbedingt auftretender größerer Abweichungen meist keine systematischen Unterschiede zwischen den nach dem BET-Verfahren und mit dem Fisher Subsieve Sizer gemessenen Oberflächenwerten beobachtet.

Ein anderes häufig zur Oberflächenmessung herangezogenes Gerät ist das Permeameter nach *Blaine* (Bild 4–16). Es besteht im einfachsten Fall aus der Messzelle, einem U-Rohr-Manometer und einer Vakuumpumpe bzw. einem Gummibalg. Die Länge des Pulverbettes in der Messzelle soll hier gegenüber dem Durchmesser möglichst groß gewählt werden. Bei geöffnetem Ventil $V2$ und geschlossenem Ventil $V1$

4.2 Ermittlung der spezifischen Oberfläche

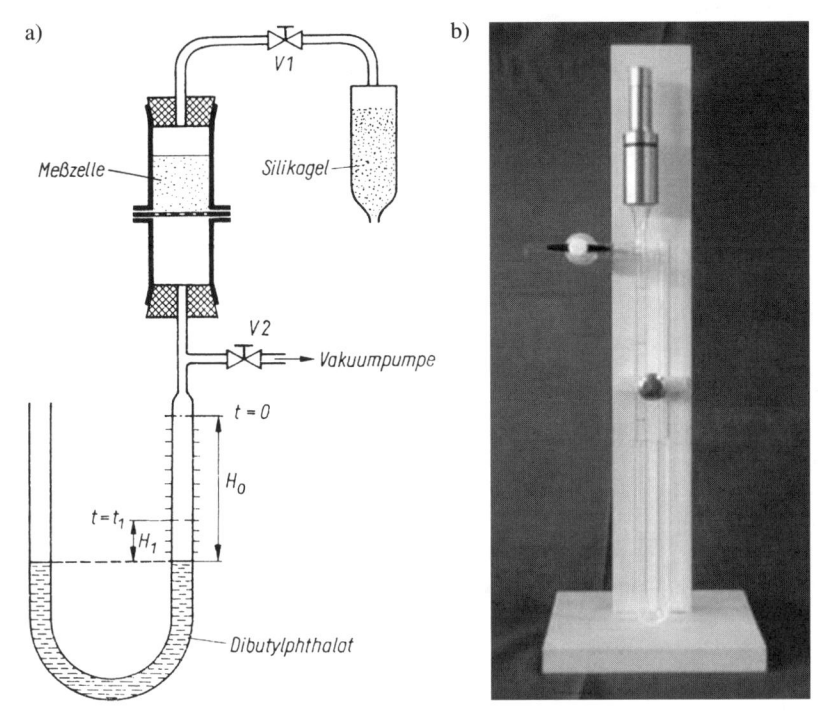

Bild 4–16. Permeameter nach *Blaine.* a) Prinzipskizze; b) modernes Gerät (Fa.: Particle Analytical 1 µS)

wird der rechte Schenkel der Manometerfüllung um H_0 hochgesaugt und so durch die aus dem Gleichgewicht gebrachte Flüssigkeitssäule eine veränderliche Druckdifferenz erzeugt. Dann wird $V2$ geschlossen und $V1$ geöffnet. Man stoppt die Zeit t, in der der Flüssigkeitsspiegel auf eine vorzugebende Höhe H_1 absinkt, d.h. in der ein bestimmter Druckabfall stattfindet. Aus dem Verhältnis H_0/H_1 und der Zeitdauer t kann bei bekannter Porosität die volumenbezogene spezifische Oberfläche anhand der aus Gl. (4.11) folgenden Beziehung

$$S_v^2 = \frac{\Theta^3}{(1-\Theta)^2} \frac{1}{\ln(H_0/H_1) K^2} \frac{t}{L_{PK}} \qquad (4.13)$$

berechnet werden; K ist eine dimensionsbehaftete gerätebedingte Größe. Die Genauigkeit der Ergebnisse wird mit ±10% angegeben. Für eine größere Anzahl Pulver (z.B. W, Al_2O_3; TiO_2, Fe_3O_4) wurde gefunden, dass die mit dem Permeameter nach *Blaine* ermittelten Oberflächen zu den BET-Oberflächenwerten in nahezu linearer Beziehung stehen.

Bei allen Durchströmungsverfahren mit überwiegend Kontinuumsströmung hat die Rauhigkeit keinen Einfluss auf den Druckabfall, so dass für Teilchen mit glatten und rauhen Oberflächen gleiche Werte gemessen werden. Die Gestalt und die Oberflächenbeschaffenheit der Teilchen werden somit idealisiert und bei der Ermittlung der spezifischen Oberflächen vernachlässigt. Sowohl der Fisher Subsieve Sizer als auch das Permeameter nach *Blaine* sind daher für die Untersuchung von Pulvern beispielsweise aus flachen oder nadelförmigen Teilchen mit starker Oberflächenrauhigkeit nicht geeignet.

Der Strömungszustand ändert sich, wenn das Gas mit sehr niedrigem Druck durch den dispersen Körper strömt oder die Probe aus einem sehr feinen Pulver besteht. Die Gasmoleküle stoßen dann fast ausschließlich gegen die begrenzenden Oberflächen und beeinflussen sich praktisch nicht gegenseitig. Das trifft zu bei Porenweiten <10 µm und Drücken unterhalb von 10^2 Pa. Dieser Strömungszustand wird als Knudsen-Diffusion bezeichnet. Ihre Gesetzmäßigkeiten sind am besten für unendlich kleinen Gasdruck erfüllt. Man nimmt daher mehrere Messungen bei verschiedenen niedrigen Drücken vor und bestimmt die Oberfläche für den auf Null extrapolierten Druck. Permeameter, die auf Knudsen-Diffusion beruhen, liefern gut reproduzierbare und von allen Durchströmungsmethoden die genauesten Oberflächenwerte. Sie können für Untersuchungen grober und feiner Pulver bis herab zu mittleren Teilchendurchmessern von 0,01 µm eingesetzt werden. Feinste Oberflächenrauhigkeiten, die mit der BET-Methode noch erfasst werden, gehen allerdings auch hier nicht in das Messergebnis ein, so dass gegenüber den BET-Werten stets etwas kleinere Oberflächen gemessen werden.

4.3 Untersuchung der Mischungsgüte

Für die Herstellung und Eigenschaften von Sinterlegierungen aus Pulvergemischen spielt die Verteilung der Komponenten in der Pulvermischung sowie in dem daraus angefertigten Presskörper eine wesentliche Rolle. Je besser die Mischungsgüte ist, um so größer ist die Kontaktfläche (Grenzfläche) zwischen den Komponenten. Die beste Güte weist die Pulvermischung auf (Bild 4–17b), deren Zusatzkomponente statistisch verteilt und frei von Agglomeraten ist (Zufallsmischung). Auch in diesem Fall treten Kontakte zwischen den Pulverteilchen der Zusatzkomponente auf. Sie wären nur dann zu vermeiden, wenn eine geordnete Verteilung (Bild 4–17a) vorliegt, was aber technisch nicht realisierbar ist. Pulvergemische, die zur Entmischung neigen, müssen, um einen möglichst hohen Grenzflächenanteil zu sichern, zusätzlich (z.B. durch Zugabe von Stabilisatoren, Abschn. 3.3) behandelt werden (Bild 4–18).

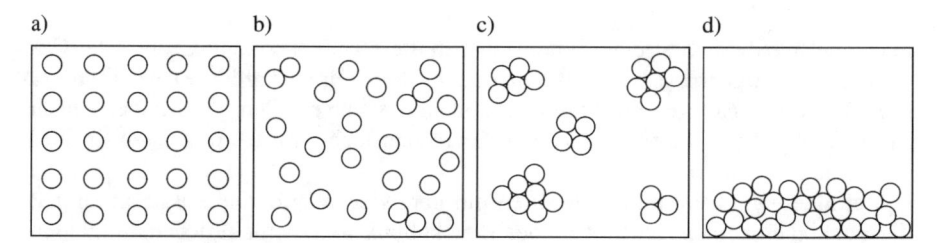

Bild 4–17. Teilchenanordnungen. a) geordnete Verteilung, b) zufällige (statistische Verteilung), c) Agglomeratbildung, d) Entmischungszustand

4.3 Untersuchung der Mischungsgüte

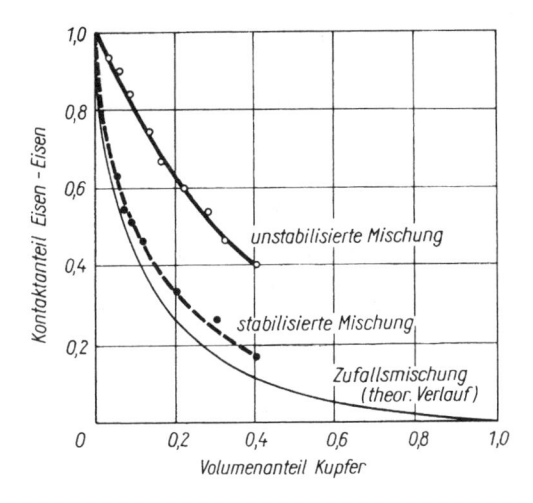

Bild 4-18. Abhängigkeit des Kontaktanteils Eisen-Eisen vom Kupfergehalt in Presslingen aus Eisen-Kupfer-Mischungen unterschiedlicher Qualität. Als Vergleich ist der Verlauf für eine Zufallsmischung angegeben. Alle drei Kurven gelten für Mischungen, in denen die mittlere Eisenpulverteilchengröße das 5fache der mittleren Kupferpulverteilchengröße beträgt

Mit der im Pressling vorliegenden Mischungsgüte ist die geometrische Startsituation für den Sintervorgang festgelegt. Sie hat besonders für solche Systeme Bedeutung, bei denen eine mit dem Sintervorgang gleichzeitig ablaufende Legierungsbildung oder das Auftreten einer schmelzflüssigen Phase den Sintervorgang beeinflusst [4.1]. Im letztgenannten Fall wird, wie Bild 4-19 im Fall des Flüssigphasensinterns von Fe-Cu-Presslingen zeigt, allein durch die Verbesserung der Mischungsgüte die zur Erzielung der maximalen Schwindung erforderliche Sinterdauer wesentlich verkürzt.

Methode und Art der Bestimmung der Mischungsgüte sind von der Aufgabenstellung abhängig. So muss für eine gute Mischung zunächst gewährleistet sein, dass innerhalb des Mischgutes eine gleichmäßige Verteilung der Komponenten auftritt, d.h. in einer bestimmten Probenmenge die vorgeschriebene Konzentration der Komponenten eingehalten wird. Die Größe der Proben sollte zweckmäßigerweise mit einem Sinterteil übereinstimmen. Diese Verteilungsanalyse innerhalb von großen Bereichen (Makrobereiche) ist aber in der Pulvermetallurgie normalerweise

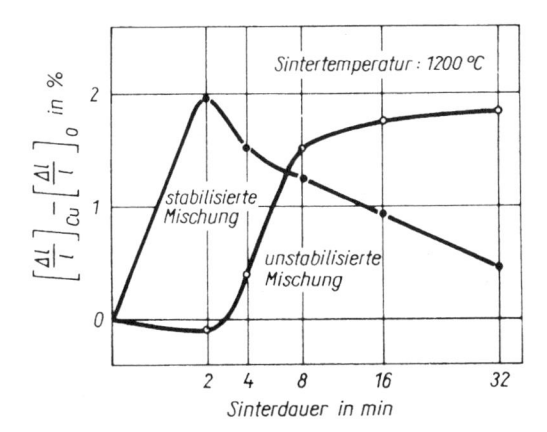

Bild 4-19. Einfluss der Verteilung der Kupferteilchen in einer Eisen-Kupfer-Mischung (10% Kupfer) auf die durch den Kupfergehalt bewirkte Dimensionsänderung (Differenz der relativen Längenänderung von Proben ohne Kupfer $(\Delta l/l)_0$ und mit Kupfer $(\Delta l/l)_{Cu}$ beim Flüssigphasensintern

nicht ausreichend, sondern es wird auch eine gute Verteilung der Komponenten im Mikrobereich gefordert.

4.3.1 Bestimmung der Mischungsgüte im Makrobereich

Zur Beurteilung des Mischungszustandes im Makrobereich ist es zweckmäßig, die Standardabweichung s, die die Schwankung der Zusammensetzung der untersuchten Probe um den Mittelwert charakterisiert, zu berechnen und, um die Abhängigkeit vom Mittelwert auszuschließen, diese auf den Mittelwert zu beziehen. Der damit erhaltene Ausdruck wird als Variationskoeffizient V bezeichnet:

$$V = \frac{s}{\overline{q}} = \frac{\sqrt{\frac{1}{n}\sum_{i=1}^{k}(q_i - \overline{q})^2}}{\overline{q}} \qquad (4.14)$$

wobei $\overline{q}$ der mittlere Konzentrationswert der untersuchten Komponente, q_i die Konzentration der Komponente in der i-ten Probe und n die Probenzahl sind. Bei statistischer Probenahme entspricht der Konzentrationsmittelwert $\overline{q}$ bis auf statistische Schwankungen dem Sollwert (Einwaage) q. Je kleiner V ist, umso besser ist die Mischungsgüte (s. Abschn. 3.4).

Für die Ermittlung des Variationskoeffizienten ist es notwendig, mehrere massen- oder volumengleiche Proben dem Mischgut bzw. dem Pressling zu entnehmen und den Gehalt der Komponenten analytisch zu bestimmen. Um eine statistische Sicherheit zu gewährleisten sollten mindestens 20 Proben analysiert werden. Durch Vergleich der experimentell ermittelten Standardabweichung s mit der erreichbaren minimalen Standardabweichung s_z einer Zufallsmischung bzw. der entsprechenden Variationskoeffizienten, wie dies in Bild 4–20 für verschiedene Fe-Mo-Pulver-

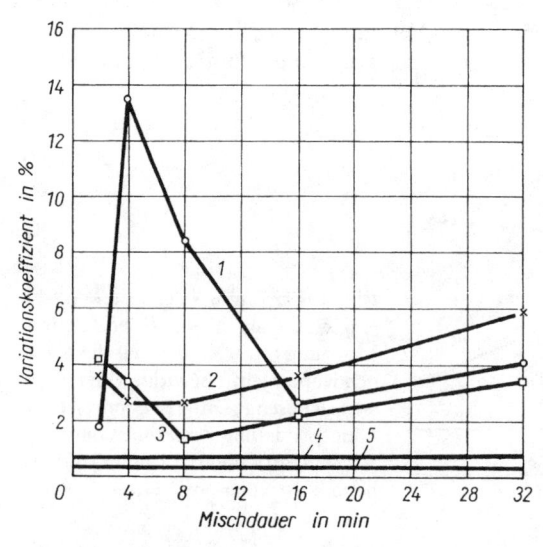

Bild 4–20. Variationskoffizient in Abhängigkeit von der Mischdauer (Fe-Mo-95/5-Mischungen).
1 Fe 0,1…0,2 mm, Mo < 0,04 mm;
2 Fe 0,063…0,10 mm, Mo < 0,04 mm;
3 Fe < 0,063 mm, Mo < 0,04 mm;
4, 5 berechnete Zufallsmischungen:
4 Fe; 0,1…0,2 mm,
5 Fe 0,063…0,1 mm

mischungen geschehen ist, kann beurteilt werden, ob bei den angewandten Mischbedingungen für die entsprechende Pulvermischung bereits die optimale Mischungsgüte erreicht wurde oder ob gegebenenfalls andere Mischbedingungen (Mischerbauart, Mischdauer) gewählt werden müssen. Die dafür benötigte Standardabweichung der Zufallsmischung s_z kann nach *K. Stange* gemäß

$$s_z = \sqrt{\frac{p \cdot q}{M} [p \cdot m_q (1 + C_q^2) + q m_p (1 + C_q^2)]} \qquad (4.15)$$

berechnet werden; p und q sind die Massensollanteile der Komponenten, m_p und m_q die mittleren Teilchenmassen, C_p und C_q die Variationskoeffizienten der Teilchenmassenverteilung und M die Probenmasse.

Nach *Carley-Mc Cauly* und *Rumpf/Sommer* [4.15] ist es auch möglich, die Güte einer Mischung über einen Mischungsindex zu definieren:

$$M = (s^2 - s_Z^2)/(1 - 1/n) \qquad (4.16)$$

Für eine perfekte Mischung ist M = 0.

4.3.2 Kennzeichnung der Mischungsgüte im Mikrobereich

Die Untersuchung der Mischungsgüte im Mikrobereich geschieht entweder an der Pulvermischung oder einem daraus hergestellten Pressling, die zu diesem Zweck mit Stearin oder Epoxidharz getränkt werden. Bei der Bestimmung der Mikroverteilung interessiert, ob die Komponenten auch in kleinen Bereichen gleichmäßig verteilt sind. Dazu ermittelt man von mehreren gleichgroßen Flächen (Bild 4–22), z.B. über Bildanalyse, die Zahl der Teilchen einer Komponente bzw. deren Anteil und bestimmt die Häufigkeitsverteilung sowie gemäß Gl. (4.14) die Standardabweichung bzw. den Variationskoeffizienten. Beträgt der Anteil der Zweitkomponente ≥ 5%, dann ist im Zustand einer zufälligen (statistischen) Verteilung die Häufigkeitsverteilung durch eine Normalverteilung (Bild 4–21) gekennzeichnet. Liegt die Zusatzkomponente unter 5%, dann wird die zufällige Verteilung durch eine Poissonverteilung charakterisiert. In diesem Fall geschieht die Beurteilung der Mischungsgüte nicht über den Variationskoeffizienten, sondern mit Hilfe des Homogenitätskoeffizienten H_H

$$H_H = \frac{s^2}{\bar{x}} \qquad (4.17)$$

wobei $\bar{x}$ der Mittelwert der Teilchenzahl einer Teilchenart in den untersuchten Flächen ist. Für eine zufällige Verteilung (Poissonverteilung) besteht zwischen dem Mittelwert $\bar{x}$ und der Standardabweichung s die Beziehung $s^2 = \bar{x}$, d.h. $H_H = 1$ (Bild 4–22a); wenn $H_H > 1$ (Bild 4–22b), dann ist die Verteilung nicht statistisch. Bild 4–23 zeigt als Beispiel die Änderung des Homogenitätskoeffizienten mit der Mischdauer für Fe-Cu-Pulvermischungen.

Neben einer gleichmäßigen Verteilung der Komponenten in einer Mischung ist es wichtig zu wissen, wie sich die einzelnen Teilchen gegeneinander angeordnet

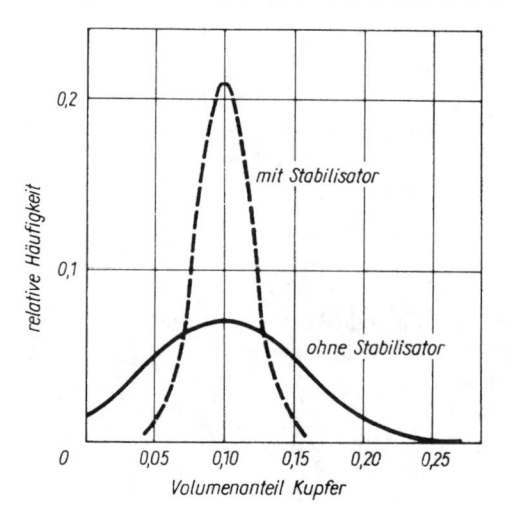

Bild 4–21. Verteilung der Kupfergehalte in Fe-Cu-Mischungen bei zwei unterschiedlichen Mischungsqualitäten, mittlerer Kupfergehalt 10%

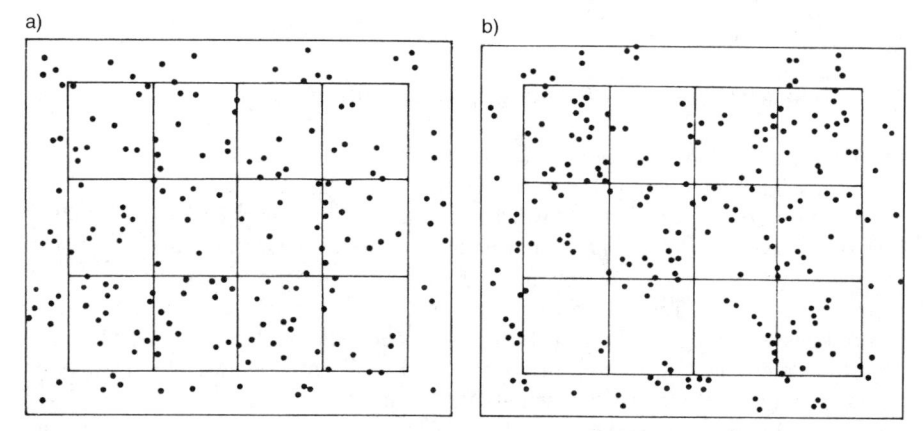

Bild 4–22. Verschiedene Verteilungen von Kupfer in Eisen-Kupfer-Mischungen. a) zufällige Verteilung: H = 1,04; $\bar{x}_i/a$ = 0,55; b) nicht zufällige Verteilung: H = 1,95; x_i/a = 0,41

haben, ob sie beispielsweise Agglomerate bilden. Über statistische Analyseverfahren ist es möglich, Teilchenanhäufungen (Gruppen, Cluster) von zufälligen oder regelmäßigen Anordnungen zu unterscheiden. Dazu wird mittels Bildanalyse die Abstandsverteilung zwischen nächstgelegenen Teilchen gleicher Art gemessen (kürzeste Teilchenabstände). Da sich die Abstände in einer statistischen Mischung oder in einer geordneten Verteilung ebenfalls berechnen lassen, können mit dem an einer Probe gemessenen mittleren kürzesten Abstand $\bar{x}_i$ Rückschlüsse auf Teilchenanhäufungen gezogen werden (vgl. auch Bilder 4–22a und b). Bei der in Bild 4–24 gewählten Darstellung wurde der kürzeste mittlere Teilchenabstand $\bar{x}_i$ auf den Abstand a bezogen, der auftritt, wenn die Verteilung der Teilchen geordnet wäre (Bild 4–17a).

4.3 Untersuchung der Mischungsgüte 99

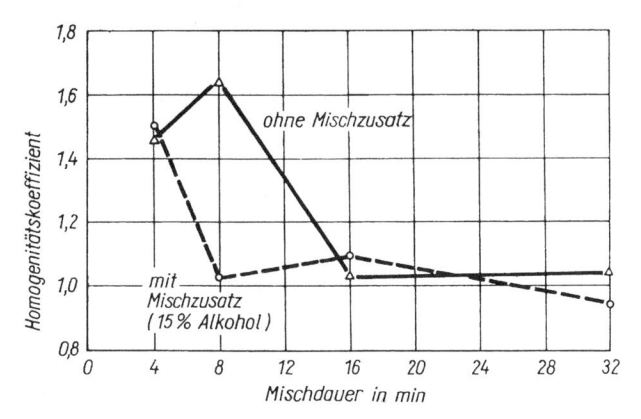

Bild 4–23. Charakterisierung der Mikroverteilung durch den Homogenitätskoeffizienten H_H (Fe-Cu-96/4-Mischungen) Teilchengröße für Eisen und Kupfer 0,10 bis 0,16 mm

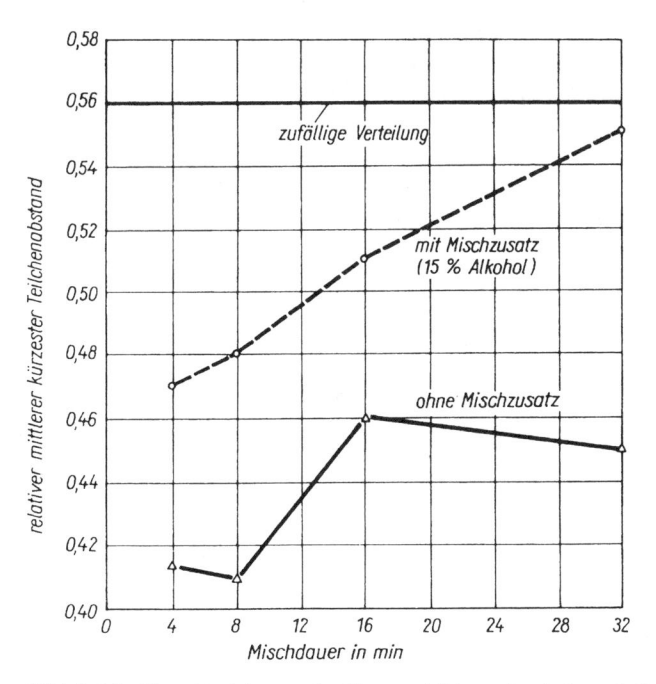

Bild 4–24. Charakterisierung der Gruppenbildung durch den relativen mittleren kürzesten Teilchenabstand $\bar{x}_i/a$ zwischen Cu-Teilchen (Fe-Cu-96/4-Mischungen) Teilchengröße für Eisen und Kupfer 0,10 bis 0,16 mm

4.4 Technologische Prüfmethoden

Die Kenntnis der Größe, Größenverteilung und Form der Pulverteilchen reicht zur umfassenden Beschreibung eines Pulverhaufwerkes nicht aus, weil sich aus diesem nicht ohne weiteres Aussagen über das statische und dynamische Verhalten des Teilchenkollektivs ableiten lassen, die für die Gestaltung des technologischen Prozesses jedoch unentbehrlich sind. Deshalb werden verschiedene Prüfmethoden angewendet, die bestimmte Teilschritte der Pulververarbeitung simulieren, und, obzwar sie nur relative Größen liefern, dem Technologen hinreichend Aufschluss über die Eignung des Pulvers geben bzw. ihm gestatten, die Wirkung bestimmter Maßnahmen (Änderung der Teilchengrößenzusammensetzung, Gleitmittelzusätze, Granulierung usw.) auf die Verarbeitbarkeit des Pulvers zu prüfen.

4.4.1 Fließverhalten und Haftfähigkeit

Die Herstellung von Massenformteilen erfordert für den Formgebungs- und Verdichtungsvorgang eine schnelle und gleichmäßige Füllung des Presswerkzeuges (Abschn. 5.2.1) mit Pulver. Bei automatischen Pressen muss die Matrize in etwa 1 s mit einer bestimmten konstanten Pulvermenge gefüllt sein. Das bedeutet, dass das Fließverhalten des dem Presswerkzeug mechanisch zugeführten Pulvers die Arbeitsgeschwindigkeit der Presse, aber auch die Werkzeuggestaltung beeinflusst. Beim Pulverwalzen (s. Abschn. 5.2.3) nimmt das Fließverhalten auf die Qualität der Pulverzufuhr zum Walzenspalt und damit auch auf die Dichteverteilung im gewalzten Band und dessen Eigenschaften merklichen Einfluss.

Das Fließverhalten eines Pulvers wird durch die Zeit gekennzeichnet, die eine festgelegte Pulvermenge (50 g) benötigt, um aus einem genormten und geeichten Trichter (Bild 4-25) auszulaufen (DIN ISO 4490). Das Fließen wird durch eine im Pulver wirkende Scherspannung verursacht, die bei gleichbleibendem Querschnitt des Pulverstrahles der durch das Eigengewicht der Pulverteilchen ausgeübten Belastung proportional ist. Fließwiderstände ergeben sich aus der inneren Reibung des

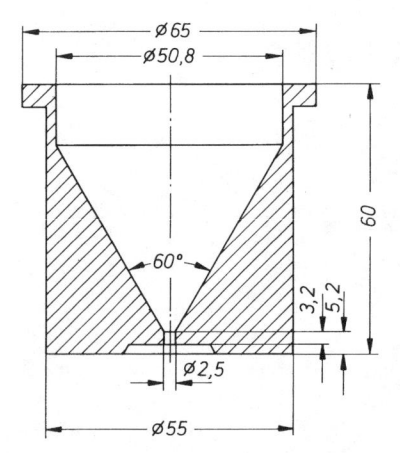

Bild 4–25. Prüftrichter zur Bestimmung des Fließverhaltens (nach DIN ISO 4490)

4.4 Technologische Prüfmethoden

Pulvers (Reibung zwischen den Pulverteilchen) und der Reibung zwischen Pulver und Trichterwand. Außer diesen spielt die Geometrie des Prüftrichters eine wichtige Rolle. Eine Vergrößerung des Öffnungswinkels verlängert, eine Erweiterung der Austrittsöffnung verkürzt die Fließdauer; die Fließdauer t ist umgekehrt proportional dem Radius r der Ausflussöffnung:

$$t \sim \frac{1}{r^n} \tag{4.17}$$

n schwankt für die meisten Metallpulver zwischen 2,46 und 2,79. Bei konstanten geometrischen Verhältnissen (Trichteröffnungswinkel 60° und Ausflussdurchmesser 2,5 mm, DIN ISO 4490) wird die Fließdauer bei Verwendung einer gleichbleibenden Pulvermenge im wesentlichen von der Dichte der Pulversubstanz und den Reibungsverhältnissen bestimmt.

Die Reibungsbedingungen sind zunächst eine Funktion der spezifischen Oberfläche des Pulvers. In einem Pulver mit großer spezifischer Oberfläche, d.h. geringer mittlerer Teilchengröße, wird die Reibung stärker und das Fließvermögen ungünstiger sein als für ein Pulver mit kleinerer Oberfläche. Wegen der mit abnehmender Teilchengröße zunehmenden Wirkung von Oberflächenkräften neigen feine Pulver außerdem zur Brückenbildung; sie blockieren damit den Teilchenfluss. Hinzu kommt der Einfluss des Pulverherstellungsverfahrens, das durch eine scheinbare Verminderung der Dichte des Pulvermaterials (Poren in den Teilchen), vor allem aber über die Bildung charakteristischer Teilchenformen und Rauhigkeiten deutliche Unterschiede im Fließverhalten der Pulver bedingen kann (Bild 4–26). Bei dendritischer Teilchengestalt, insbesondere wenn die Teilchenachsen sehr ungleich sind, zeigen auch grobe Pulverfraktionen u.U. ein ungünstiges Fießverhalten, da die mechanische Verklammerung der Teilchen zu Behinderungen im Pulverdurchfluss (Bild 4–26, Elektrolytkupferpulver) führt. Über die Erweiterung des Teilchengrö-

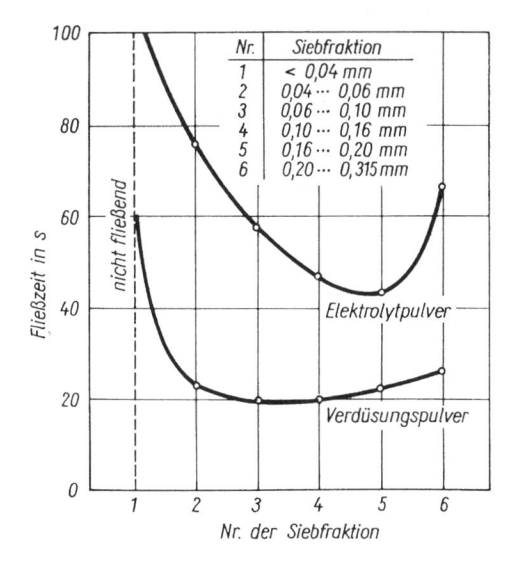

Bild 4–26. Abhängigkeit des Fließverhaltens von Teilchengröße und -form bei Kupferpulvern

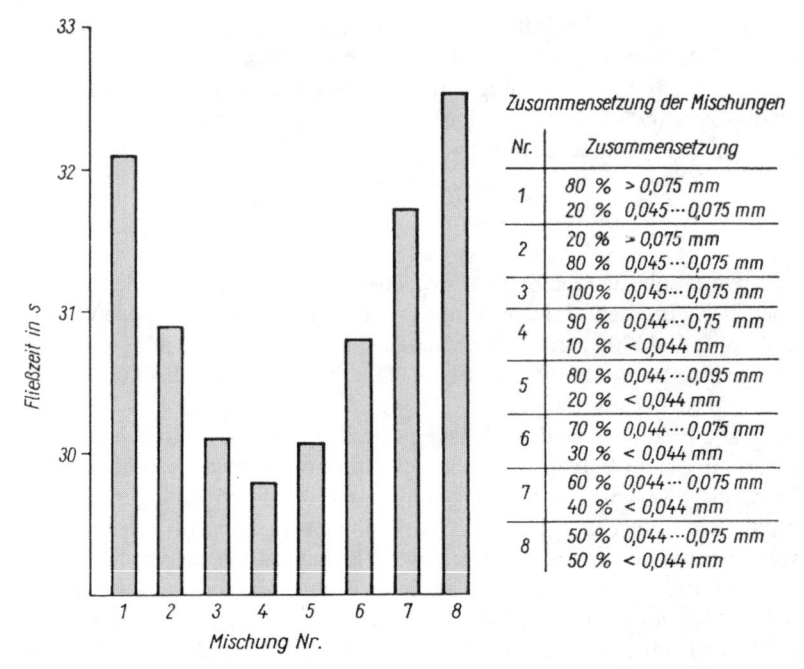

Bild 4–27. Fließdauer von Mischungen unterschiedlicher Teilchengrößenzusammensetzung (nach A. *Adler*)

Nr.	Zusammensetzung	
1	80 %	> 0,075 mm
	20 %	0,045 ··· 0,075 mm
2	20 %	> 0,075 mm
	80 %	0,045 ··· 0,075 mm
3	100%	0,045 ··· 0,075 mm
4	90 %	0,044 ··· 0,75 mm
	10 %	< 0,044 mm
5	80 %	0,044 ··· 0,095 mm
	20 %	< 0,044 mm
6	70 %	0,044 ··· 0,075 mm
	30 %	< 0,044 mm
7	60 %	0,044 ··· 0,075 mm
	40 %	< 0,044 mm
8	50 %	0,044 ··· 0,075 mm
	50 %	< 0,044 mm

ßenspektrums und die Veränderung des Feinanteiles im Pulver ist es möglich, aus verschiedenen Fraktionen ein Pulver zusammenzustellen, das ein optimales Fließverhalten aufweist (Bild 4–27).

Da während der Lagerung des Pulvers eingetretene Veränderungen (Bildung von Oxid- und Feuchtigkeitsfilmen) oder technologische Maßnahmen, wie die Zugabe von Presshilfsmitteln (Gleitmitteln) und das Zumischen weiterer Pulverkomponenten, sich ebenfalls auf das Fließverhalten auswirken (Tabelle 4–3), wird dieses immer am pressfertigen Pulver geprüft. Pulver, die bei der Herstellung mit sehr geringer Teilchengröße anfallen, wie Karbonyl- oder Fällungspulver, und deren Fließverhalten deshalb unbefriedigend ist, müssen vor dem Pressen durch Granulieren (s. Abschn. 3.7) in eine fließfähige Form überführt werden.

Für den Transport (pneumatische Förderung) der Pulver zum Presswerkzeug spielt auch das Haftvermögen auf einer Unterlage eine gewisse Rolle. Man ermittelt es, indem die mit einer gleichmäßigen Pulverschicht belegte Unterlage so lange um einen Winkel φ geneigt wird (Bild 4–28), bis das Pulver abrutscht. In diesem Moment ist die Kraftkomponente infolge der Massenanziehung gleich der Haftreibung, und es gilt

$$m\,g\,\sin\varphi = \mu\,m\,g\,\cos\varphi \qquad (4.18)$$

wobei m die Pulvermasse, g die Erdbeschleunigung und μ der Reibungsbeiwert sind. Wird die Masse des Pulvers verändert (Änderung der Schichtdicke), dann liefern die

4.4 Technologische Prüfmethoden

Tabelle 4–3. Einfluss von Zusätzen auf das Fließverhalten von Metallpulvern

Zusatz Art	Fließdauer in s für 50 g Pulver			
	Menge	Elektrolyt Fe-Pulver	Fe-Verdüsungspulver	RZ-Fe-Pulver
Ohne Zusatz		22,0	26,3	–
Zn-Stearat	0,25%	26,5	28,1	–
Zn-Stearat	0,5%	30,0	30,5	–
Zn-Stearat	1,0%	nicht fließend	35,0	–
Ohne Zusatz		–	–	28,6
Wasser	0,011%	–	–	29,0
Wasser	0,067%	–	–	29,6
Wasser	0,122%	–	–	nicht fließend

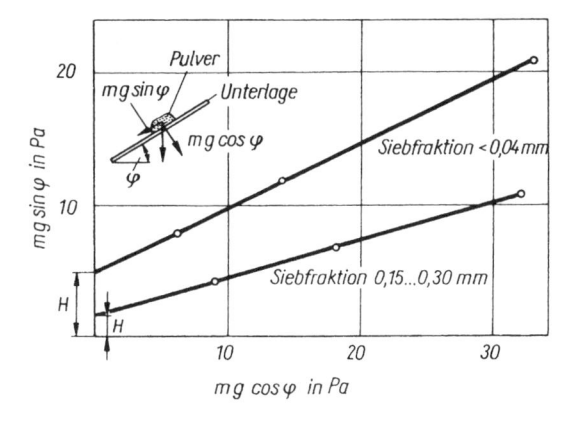

Bild 4–28. Bestimmung der Haftkraft H für RZ-Eisenpulverfraktionen. Unterlage: rostfreier Stahl, poliert

als $m\,g\,\sin\varphi$ über $m\,g\,\cos\varphi$ aufgetragenen Messergebnisse bei alleiniger Wirkung der Reibung eine Gerade, die durch den Koordinatenursprung geht und deren Steigung dem Reibungsbeiwert μ entspricht.

Bei feinkörnigeren Pulvern trifft die Gerade jedoch nicht auf den Koordinatenursprung, sondern legt für $m\,g\,\cos\varphi = 0$ auf der Ordinate einen Wert fest, der eine zwischen Pulver und Unterlage bestehende „Haftkraft" H kennzeichnet (Bild 4–28), in die sowohl absorptive Wechselwirkungen zwischen den Bausteinen der Pulver- und der Unterlagenoberfläche als auch der Einfluss von Rauhigkeiten der Gleitfläche eingehen. Weitere Größen, die die Haftkraft beeinflussen, sind Durchmesser und Form der Pulverteilchen (Bild 4–29) sowie Material und Vorbehandlung von Pulver und Unterlage.

Auch zur Charakterisierung des „Fließverhaltens" sonst nicht fließfähiger Feinpulver hat sich der Kotangens des Neigungswinkels φ einer Glasplatte, bei dem ein definiert aufgebrachter Pulverschüttkegel abrutscht, als geeignet erwiesen. Auf diese Weise kann z.B. der Einfluss der Mischbedingungen (Mischgerät, Mischdauer) auf das Verhalten von Hartmetallpulvermischungen deutlich erfasst werden [4.11].

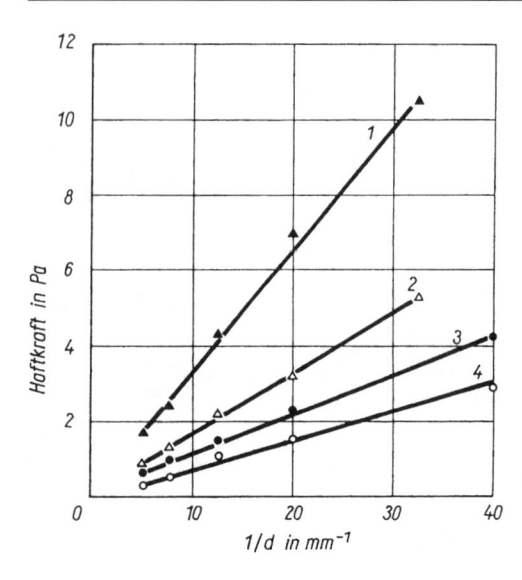

Bild 4–29. Einfluss der Teilchengröße auf die „Haftkraft" verschiedener Metallpulver
Unterlage: rostfreier Stahl, poliert
1 Aluminiumpulver, *2* SnBz-Pulver (unregelmäßig), *3* RZ-Eisenpulver, *4* SnBz-Pulver (kugelig)

4.4.2 Füll- und Klopfdichte

Bei der Herstellung von Massenformteilen (s. Kap. 8) auf automatischen Pressen hängt die Hubhöhe des Stempels und damit auch der Ausstoß der Presse je Zeiteinheit vom Platzbedarf der eingefüllten Pulvermasse ab. Auch die Größe von Transport- und Vorratsbehältern wird nach dem Volumen der ruhenden Pulvermasse ausgelegt. Außerdem dient sie zur Beurteilung der Eignung verschiedener Pulver für das Pulverspritzgießen (Abschn. 5.4.2) und die drucklose Formgebung (Abschn. 5.4).

Die Fülldichte ρ_0 ist als die Masse eines Einheitspulvervolumens definiert; der Kehrwert ist das Füllvolumen. Zu ihrer Bestimmung wird ein Gefäß mit 25 cm^3 Rauminhalt mit Hilfe eines Trichters (Bild 4–25) mit 2,5 oder 5 mm Durchmesser der Ausflussöffnung (DIN ISO 3923, Teil 1) mit Pulver gefüllt, dessen Masse in g, mit dem Faktor 0,04 multipliziert, die Fülldichte in g cm^{-3} ergibt. Bei sehr feinen Pulvern geschieht das Einfüllen in das Messgefäß mit Hilfe eines oszillierenden Trichters (DIN ISO 3923, Teil 3) oder über einen Trichter mit einem zusätzlichen System von schrägstehenden Glasplatten (Bild 4–30) nach DIN ISO 3923, Teil 2.

Die Packungscharakteristik eines Pulvers wird von der Teilchengröße, -verteilung und -form bestimmt. Der Volumenbedarf einer Teilchenmasse hängt im wesentlichen davon ab, wie die Teilchen in der Schüttung angeordnet sind, d.h. ob infolge ihrer gegenseitigen Abstützung und mechanischen Verklammerung größere Hohlräume verbleiben oder kleinere Teilchen vorhanden sind, die in den Lücken zwischen den größeren Platz finden, oder ob sogar eine teilweise reguläre Teilchenanordnung entsteht. Dafür lassen sich folgende qualitative Hinweise geben. Kugelige Pulver (z.B. Verdüsungspulver) weisen eine größere Fülldichte als unregelmäßig geformte und dendritische auf. Sie neigen weniger zur Brückenbildung und ordnen sich wegen der relativ guten Beweglichkeit zu einer verhältnismäßig dichten Packung an. Ihre Fülldichte kann bis zu 50% der Dichte des kompakten Materials betragen. Extrem niedrige Werte der Fülldichte liefern flittrige Teilchen.

4.4 Technologische Prüfmethoden

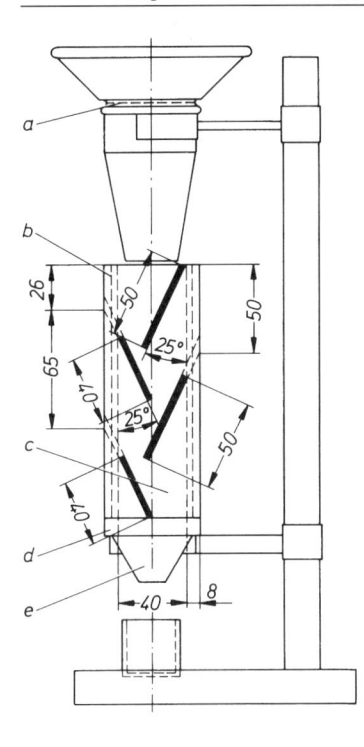

Bild 4–30. Vorrichtung zum Prüfen des Füllvolumens von feinen Pulvern (nach DIN ISO 3923, Teil 2).
a Sieb aus CuZn-Legierung, *b* Glaswand, *c* Holzwand, *d* unterer Rahmen, *e* unterer Vierkanttrichter

Sie können unter 10% der Dichte des Kompaktmaterials liegen. Bei gleichem Material bewirken kleinere Teilchen wegen ihrer größeren spezifischen Oberfläche und der damit einhergehenden stärkeren Reibung eine geringere Fülldichte als größere. Für kugelige Pulver (geringe Reibung) trifft dies jedoch nicht immer zu (Tabelle 4–4).

In der Praxis werden Pulver mit einem breiten Teilchengrößenspektrum verwendet (s. Tabelle 4–2), so dass die Möglichkeit besteht, dass kleinere Teilchen in die Räume zwischen größeren eingelagert oder Mischungen aus unterschiedlichen Anteilen verschiedener Teilchenfraktionen zusammengestellt werden, die eine optimale Fülldichte aufweisen (Bild 4–31). Bei nicht zu großen Mengen bewirken auch

Tabelle 4–4. Einfluss der Teilchengröße und -form auf die Fülldichte (nach *H. Hausner*)

Teilchengröße	Fülldichte in g cm^{-3}		
	Fe-Elektrolytpulver	Cr-Ni-Stahlpulver (kugelig)	Reduktions-Fe-Pulver
0,150…0,100 mm	3,6	4,5	2,15
0,100…0,075 mm	3,4	4,5	–
0,075…0,050 mm	3,1	4,5	–
0,050…0,040 mm	2,8	4,5	2,08
< 0,040 mm	2,4	4,3	1,87

Tabelle 4–5. Einfluss von Gleitmittelzusätzen auf die Fülldichte (nach *H. Hausner*)

Zusatz	Fülldichte in g cm^{-3}	
	RZ-Fe-Pulver	Cu-Elektrolytpulver
Ohne Zusatz	2,36	2,27
0,5% Zn-Stearat	2,57	–
1,0% Zn-Stearat	2,57	–
1,5% Zn-Stearat	2,51	–
0,1% Stearinsäure	–	2,67
0,2% Stearinsäure	–	2,40
5,0% Stearinsäure	–	2,27

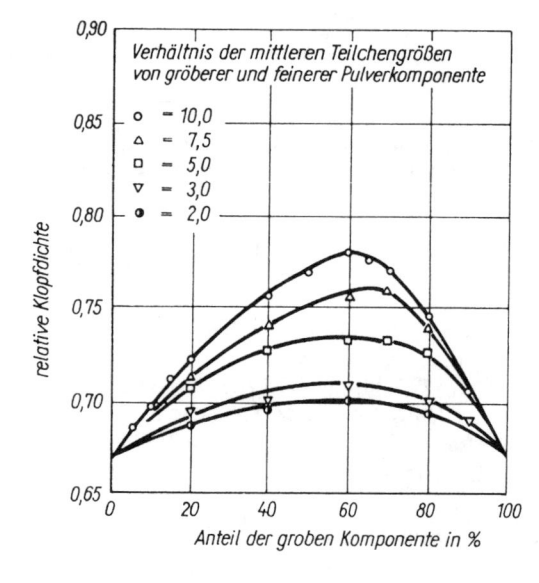

Bild 4–31. Einfluss des Mengenverhältnisses zweier Pulverfraktionen (mit jeweils verschiedener mittlerer Teilchengröße) in der Mischung auf die relative Klopfdichte (nach *H.Y. Sohn* u. *C. Moreland*)

die zur Presserleichterung zugesetzten Gleitmittel infolge der Reibungsverminderung zwischen den Teilchen eine Verbesserung der Fülldichte (Tabelle 4–5).

Durch Klopfen oder Vibration lässt sich der Raumbedarf eines geschütteten Pulvers reduzieren, da die Teilchen infolge der damit verbundenen diskontinuierlichen und gegensinnigen Bewegung kurzzeitig den Kontakt zu ihren Nachbarn verlieren und die gegenseitige Reibung für einen Moment stark vermindert wird. Die auf diese Weise erzielbare dichtere Packung und höhere Dichte des Pulverhaufwerkes wird durch die sog. Klopfdichte ρ_t (DIN ISO 3953) gekennzeichnet (Bild 4–32). Die Differenz zwischen der Füll- und der Klopfdichte hängt von der Form und der Oberflächenbeschaffenheit der Teilchen ab, die im wesentlichen die Reibungsverhältnisse im Pulver bestimmen; deshalb wird der Quotient aus Klopfdichte und Fülldichte (ρ_t/ρ_0) häufig auch als „Reibungskoeffizient" bezeichnet.

In der Regel zeigen Pulver mit relativ geringer Fülldichte (große Reibung zwischen den Teilchen) einen starken Dichteanstieg während der Vibration. In spe-

4.4 Technologische Prüfmethoden

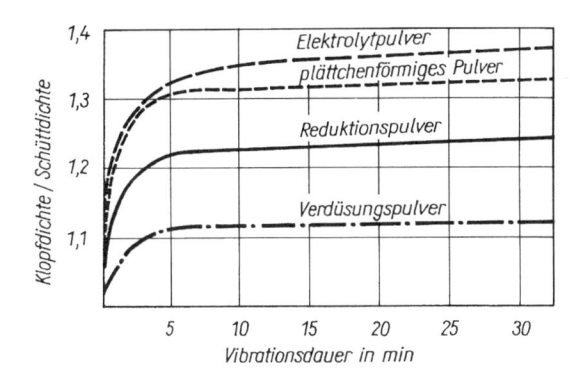

Bild 4–32. Vergleich der sich einstellenden Klopfdichte-Fülldichte-Verhältnisse von Kupferpulvern verschiedener Teilchenform (nach *J.K. Beddow, A.F. Vetter* u. *K. Sission*)

ziellen Fällen benutzt man die Ermittlung der Klopfdichte zur Identifizierung der Teilchenform, da ein kugeliges Pulver eine höhere Klopfdichte einnimmt als ein aus dem gleichen Werkstoff gewonnenes unregelmäßiges Pulver.

4.4.3 Pressverhalten der Pulver

Hinsichtlich der Bewertung der Pressbarkeit sind die Verhältnisse insofern komplizierter, als neben der Teilchenform und -oberflächenbeschaffenheit noch die vom Herstellungsverfahren und der Vorgeschichte des Pulvers abhängigen plastischen und elastischen Eigenschaften der Teilchen mit in die Beurteilung eingehen. Es ist deshalb schwierig, eine auf den Realfall anwendbare und für den Praktiker handhabbare Beziehung zwischen Pressdruck und Dichte aufzustellen. Meist ist es günstiger, eine dem praktischen Verdichtungsvorgang möglichst angenäherte und leicht durchführbare Prüfmethode zur Beurteilung der Pressbarkeit von Pulvern heranzuziehen.

Für die Prüfung (DIN ISO 3927) wird die Pulvermenge je Pressling verwendet, die es gestattet, einen Presskörper durch beidseitiges Pressen herzustellen, dessen Höhe etwa gleich dem Durchmesser ist; die Dichte des Presskörpers ist ein Maß für die Verdichtbarkeit. Um sich von den zwischen Dichte und Pressdruck bestehenden Beziehungen ein Bild machen zu können, müssen mehrere Prüfkörper bei unterschiedlichem Pressdruck hergestellt werden. Man kann aber auch so verfahren, dass eine bestimmte Pulvermasse mit stufenweise zunehmendem Druck verdichtet und nach jeder Druckstufe und Druckentlastung durch Differenzmessung in der Matrize die Presslingshöhe ermittelt wird. Aus der Querschnittsfläche des Stempels, der Höhe des Presslings und der Pulvermasse ist die jeweilige Dichte bestimmbar. Darüber hinaus lässt sich das den Praktiker interessierende Verdichtungsverhältnis (Füllhöhe/Presskörperhöhe) berechnen. Aus der Abhängigkeit von Verdichtungsverhältnis und Pressdruck kann der Werkzeuggestalter Rückschlüsse auf die nötige Füllhöhe, d.h. auf die Dimensionierung der Matrize, ziehen.

Den größten Einfluss auf die Pressbarkeit übt der Pulverwerkstoff selbst aus: Je duktiler der Werkstoff ist, desto besser ist auch die Verdichtbarkeit des aus ihm hergestellten Pulvers (Bild 4–33). Alle Faktoren, die die plastische Verformbarkeit des kompakten Werkstoffs beeinträchtigen, wie Verunreinigungen, Legierungsbestand-

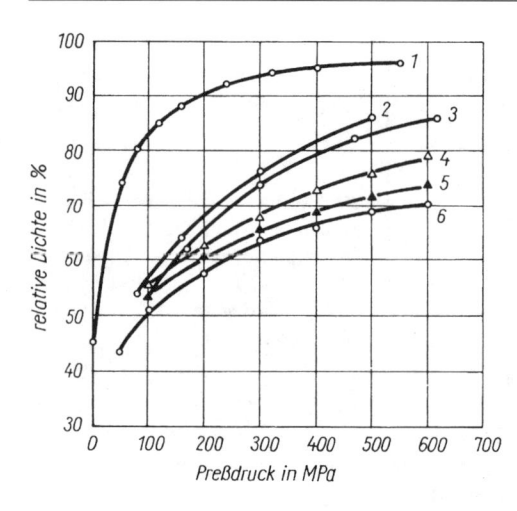

Bild 4–33. Pressdruck-Dichte-Verlauf für verschiedene Metallpulver. *1* Aluminiumpulver; *2* Cu-Elektrolytpulver; *3* Fe-Schwammpulver; *4* Fe-Elektrolytpulver; *5* Fe-Karbonylpulver; *6* Wolframpulver

teile oder erhöhte Versetzungsdichten, erschweren auch das Pressen der Pulver. Dem überlagert sich der Einfluss der Teilchenform. Während letzterer insbesondere bei geringen Pressdrücken und schwammigen Pulvern auf die Dichtezunahme einwirkt, gewinnen bei höheren Pressdrücken die plastischen Eigenschaften des Werkstoffs an Bedeutung. Aus den bereits erörterten Gründen (Reibung zwischen den Teilchen) lassen sich gröbere Pulver besser verdichten als feine. Pulver mit einem breiteren Teilchengrößenspektrum im groben Bereich zeigen die beste Pressbarkeit. Presserleichternde Zusätze (Verminderung der Reibung) begünstigen die Verdichtung (Bild 4–34), können u.U. aber die Stabilität des Presslings herabsetzen.

Hinsichtlich einer guten Verpressbarkeit werden an die Pulver mehrere, teils konträre Forderungen gestellt: gutes Fließverhalten, geringes Füllvolumen, möglichst hohe Dichte bei niedrigen Drücken und Formbeständigkeit. Gutes Fließverhalten und geringes Füllvolumen verlangen eine kugelige Teilchengestalt, mit der beim Pressen u.U. noch die geforderte Dichte, nicht aber eine den Anforderungen der

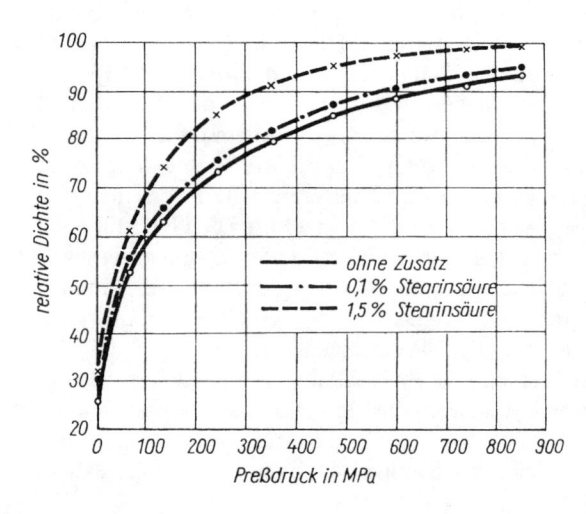

Bild 4–34. Einfluss von Stearinsäurezusätzen auf die Verdichtbarkeit von Elektrolytkupferpulver (nach *D. Yarnton* u. *T.J. Davies*)

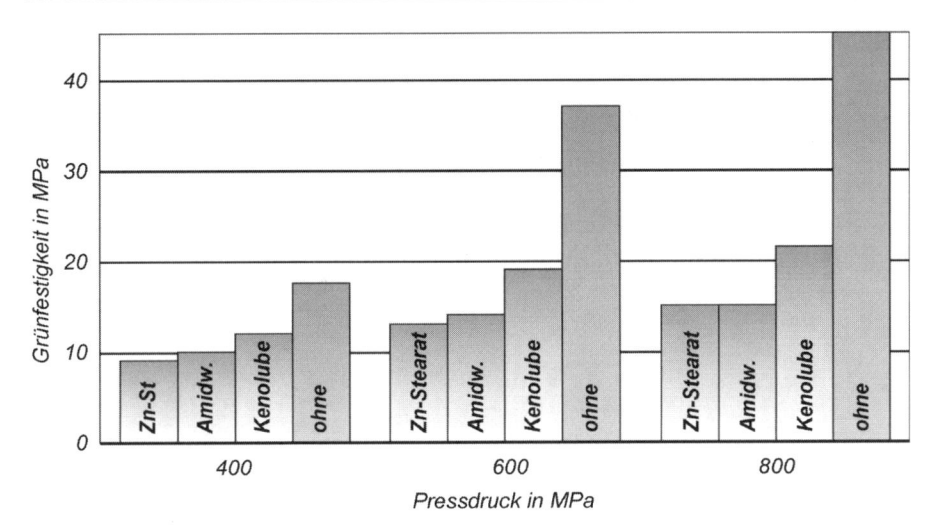

Bild 4–35. Einfluss von Gleitmittelzusätzen (Zn-Stearat und Amidwachs 0,8%, Kenolube 0,6%) auf die Grünfestigkeit von Preßlingen am Beispiel wasserverdüsten Eisenpulvers, diffusions-anlegiert (1,75% Ni, 1,5% Cu, 0,5% Mo) (Typ: Distalloy AB, Hoeganaes)

Weiterverarbeitung genügende Stabilität des Presslings erreicht werden kann. Es ist deshalb sinnvoll, die Prüfung der Verdichtbarkeit durch eine solche der Formbeständigkeit zu ergänzen. Zu diesem Zweck werden die Presslinge eine festgesetzte Zeit lang in einer mit Siebgewebe bespannten rotierenden Trommel beansprucht, deren Maschenweite so groß ist, dass der entstehende Abrieb durchfallen kann. Der Quotient aus der Masse der Presslinge vor und nach der Prüfung ist ein Maß für die Formbeständigkeit (Kantenbeständigkeit).

Zur quantitativen Kennzeichnung seiner Pressqualität wird die Biegebruchfestigkeit des Pulverpresslings (Grünfestigkeit) herangezogen (DIN ISO 3995). Die Prüfung erfolgt entweder an Testproben mit vorgegebener Dichte oder an mit einem bestimmten Pressdruck verdichteten Prüfkörpern (Bild 4–35). Für Massenteile aus Eisenpulver ist beispielsweise eine Grünfestigkeit von > 5,5 MPa für das sichere Handhaben der Presslinge ausreichend.

Literatur zu Kapitel 4

[4.1]   *Schatt, W.*: Sintervorgänge – Grundlagen, VDI-Verlag GmbH, Düsseldorf, 1988
[4.2]   *Allan, T.*: Particle Size Measurement, Vol. 1, Kluwer Academic Publishers, Dordrecht/Boston/London, 1999
[4.3]   *German, R.M.*: Powder Metallurgy Science, MPIF, Princton, NJ, 1994
[4.4]   *Berg, R.H.*: Powder met. int. 3 (1992), 194
[4.5]   *Vielhaber, U.*: Sprechsaal 123 (1990), 79
[4.6]   *Iacocca, R.G.*: in ASM Handbook, Vol. 7, ASM International, Materials Park, OH
[4.7]   *Exner, H.E.* und *H.P. Hougardy*: Einführung in die Quantitative Gefügeanalyse, DGM Informationsgesellschaft, Verlag Oberursel 1986
[4.8]   *Roebuck, B.* und *E.A. Almond*: Powder Metall. 29 (1986), 119

[4.9] *Kaye, B.H.*: A Random Walk Through Fractal Dimensions, Verlag Chemie, Weinheim, 1989
[4.10] *Vicsek, T.*: Fractal Growth Phenomena, World Scientific, Singapore, 1989
[4.11] *Kaye, B.H., J.E. Leblanc* und *P. Abbot*: Part. Charact. 2 (1985), 56
[4.12] *Lowell, F.* und *J.E. Shields*: Powder Surface Area and Porosity. Third Edition. Chapman & Hall Ltd. London, New York, Tokyo, Melbourne, Madras, 1991
[4.13] *Fayed, M.E.* und *L. Otten* (*Hrsg*): Handbook of Powder Science and Technology, Van Nostrand Reinhold Company Inc. New York, Cincinnati, Toronto, London, 1984
[4.14] *Seeker, U.* und *H.E. Exner*: Powder metal. int. 19 (1987), 40
[4.15] *Rumpf, H.* und *K. Sommer*: Cem. Ing. Tech. 40 (1974) 6, 257

5 Formgebung der Pulver

Betrachtet man Verfahren, die geeignet wären, aus einem Pulver einen Formkörper herzustellen, der anschließend durch Sintern oder schon während des Formgebungsvorganges in einen nahezu dichten Körper überführt werden kann, so bietet sich zunächst eine große Zahl von Möglichkeiten an. Aufgrund einschränkender Bedingungen, von denen nur die Formtreue und Maßhaltigkeit des Sinterkörpers sowie die Produktivität und Automatisierbarkeit des Verfahrens genannt seien, werden jedoch nur relativ wenige von ihnen technisch genutzt. Nichtsdestoweniger zwingt das Streben, die Eigenschaften der Sinterkörper den sich ständig erhöhenden Anforderungen anzugleichen und den Sinterteilen weitere Anwendungsgebiete zu erschließen, immer wieder zu Bemühungen, die bestehenden Verfahren zu verbessern und neue zu entwickeln, die sich in Konkurrenz mit anderen Formgebungsverfahren, aber auch mit Fertigungsverfahren außerhalb der Pulvermetallurgie bewähren müssen. Ziele, die hierbei verfolgt werden, sind vor allem eine gleichmäßigere Verdichtung des Presslings über seinen gesamten Querschnitt, die Verringerung des Porenraumes im Sinterteil, ein größerer Formenreichtum der Teile und gegebenenfalls ein größeres Stückgewicht. Gleichzeitig sollen die Produktivität erhöht und die Kosten gesenkt werden. In der Regel erfüllt kein Verfahren alle Forderungen, die zum Teil einander zuwiderlaufen, so dass im konkreten Fall die Entscheidung für dieses oder jenes Verfahren getroffen werden muss.

Die hier zu besprechenden Verfahren sind nach solchen mit und ohne Druckanwendung und solchen bei Raumtemperatur sowie bei höheren Temperaturen, die Sintervorgänge mit einschließen, eingeteilt. Dabei wird sich auf Verfahren beschränkt, die bereits technisch in größerem Umfang angewandt werden oder technische Nutzung erwarten lassen. Darüber hinaus finden sich in der keramischen Technologie eine Reihe weiterer Verfahren, die versuchsweise oder in beschränktem Rahmen in der Pulvermetallurgie, insbesondere für spröde Pulver genutzt werden, ohne dass sie hier näher behandelt werden; Schlickergießen und Strangpressen plastifizierter Massen seien hierfür genannt.

5.1 Grundlagen und Vorgänge der Verdichtung

Die Vorgänge beim Pressen von Metallpulvern sollen exemplarisch am Beispiel des Pressens in Matrizen besprochen werden. Nach dem Füllen der Matrize beginnt die Verdichtung zunächst mit Dreh- und Umordnungsvorgängen der Teilchen, die zum Einstürzen von Brücken und Ausfüllen von Hohlräumen führen. Mit steigendem Druck folgt eine Vergrößerung der Teilchenkontakte infolge plastischer Verformung, wobei die Teilchenoberflächen geglättet, Oxidhäute aufgerissen und durch mechanisches Verhaken Pulverteilchenaggregate gebildet werden. Die Teilchen werden kaltverfestigt. Schließlich wird bei weiterer Zunahme von Kontaktfläche und Kaltverfestigung die Adhäsionswirkung zwischen den Teilchen verstärkt, und Teilchen, deren Verformungsvermögen erschöpft ist, werden zertrümmert. Es treten Kaltverschweißungen auf. Die genannten Vorgänge laufen mehr oder weniger ausgeprägt und nebeneinander im Volumen des realen Pulverkörpers ab. Das mechanische Verhaken und Kaltverschweißen der Pulverteilchen geschieht über eine Schubdeformation von Oberflächenbereichen, die durch asymmetrisch angreifende Kräfte ausgelöst wird, weshalb unregelmäßig gestaltete Teilchen leichter zu einem festen Pressling verdichtet werden als kugelige Pulver.

5.1.1 Pressdruck und Verdichtung

Mit der Veränderung von Dichte und Porosität während des Pressvorganges werden weitere messbare Eigenschaften beeinflusst, die besonders bei duktilen Pulvern zur Kennzeichnung des Presszustandes verwendet werden können (s.a. Abschn. 4.4.3): Die Härte steigt mit der Kaltverfestigung und kann erheblich über der des duktilen Metalls liegen (Bild 5–1), fällt dann aber bei der Sinterung infolge Erholung und Rekristallisation wieder ab. Die spezifische elektrische Leitfähigkeit des Presslings nimmt zunächst mit abnehmender Porigkeit zu, sinkt nachfolgend jedoch mit zunehmender Verformung der Teilchen unter dem Pressdruck ab. Sie ist unter Umständen um 2 bis 3 Größenordnungen geringer als die des kompakten Materials [5.1].

Zur Beschreibung des Verdichtungsverhaltens im praktisch interessierenden Druckbereich zwischen 150 bis 600 MPa ist eine Reihe von „Interpolationsformeln" bekannt. Wohl wegen ihrer einfachen Handhabbarkeit werden am häufigsten die Formeln von *M. Ju. Balshin* sowie von *R. L. Hewitt* verwendet. Die erstgenannte Beziehung verknüpft den Pressdruck P und die „relative Dichte" γ des Presskörpers

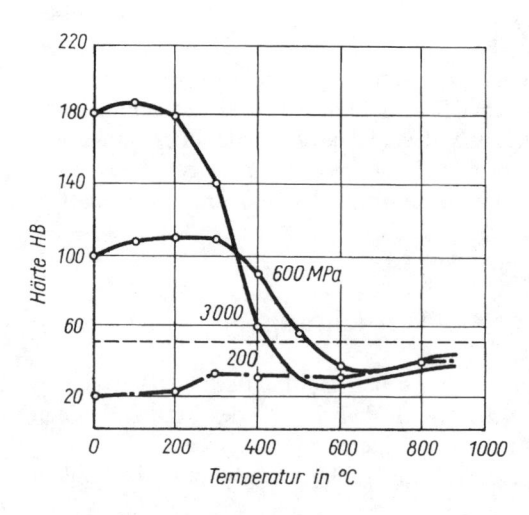

Bild 5–1. Brinellhärte mit unterschiedlichem Druck gepresster Cu-Formkörper in Abhängigkeit von der Sintertemperatur (nach *W. Trzebiatowski, R. Kieffer* und *W. Hotop*). Gestrichelte Gerade: Härte des weichgeglühten, über Schmelzen hergestellten Kupfers

5.1 Grundlagen und Vorgänge der Verdichtung

$$\gamma = \frac{V_d}{V_p + V_d} \tag{5.1}$$

mit Hilfe der Konstanten P_{max} und des Verdichtungsexponenten m zu

$$P_{max} = P \cdot \left(\frac{1}{\gamma}\right)^m \tag{5.2}$$

V_p ist das Porenvolumen im Pressling und V_d das Volumen des dichten Materials. Bei logarithmischer Darstellung von $P = f(1/\gamma)$ erhält man für viele Eisen- und Kupferpulver im industriell angewendetem Druckintervall eine Gerade, deren Steigung m darstellt. In analoger Weise werden die beiden Konstanten k und b in der Verdichtungsgleichung von *Hewitt*

$$\ln \frac{1}{1 - \gamma} = k \cdot P + b \tag{5.3}$$

ermittelt. Die Konstante P_{max} hat die Bedeutung jenes hypothetischen Druckes, der erforderlich wäre, um das Pulver bis zur theoretischen Dichte, also der des kompakten Materials zu verdichten.

Eine Verdichtungsgleichung, die keine anzupassenden Parameter enthält, wurde unter Zugrundelegung bestimmter Modellvorstellungen von *H. F. Fischmeister und E. Arzt* [5.2] entwickelt. Das Modell berücksichtigt die Abplattung der einander berührenden Teilchen, das Ausfließen von Material aus der Kontaktzone und die Bildung neuer Kontaktflächen zwischen den zusammenrückenden Teilchen sowie die Verfestigung durch Verformung. Hieraus ergibt sich für den Pressdruck P in Abhängigkeit von der relativen Dichte γ

$$P(\gamma) = R_p(\gamma) \frac{3 \cdot a(\gamma) \cdot z(\gamma)}{4 \cdot R^2 \pi} \cdot \gamma \tag{5.4}$$

wobei $R_p(\gamma)$ die Dehn-(Fließ-)grenze, $a(\gamma)$ die mittlere Kontaktfläche, $z(\gamma)$ die mittlere Zahl der Kontakte zwischen den Teilchen und R der Teilchenradius sind. Mit dieser Beziehung lässt sich die Pressdruck-Dichte-Kurve bis zu Dichten von 0,92 der theoretischen Dichte in guter Übereinstimmung mit entsprechenden Messwerten wiedergeben (Bild 5–2).

Es muss aber darauf hingewiesen werden, dass alle Modelle, die auf das elastische und plastische Verhalten des Materials zurückgeführt werden, im Prinzip das Pressverhalten nur ungenügend beschreiben können, da das Pressverhalten technischer Pulver nicht nur von den Materialeigenschaften, sondern auch von der unterschiedlichen geometrischen Form und der chemischen Zusammensetzung der Oberflächen wesentlich beeinflusst wird.

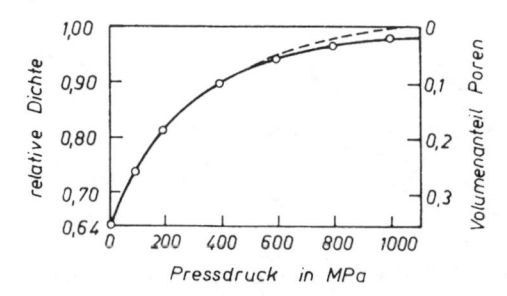

Bild 5–2. Verdichtungsverhalten von Bronzepulver (nach *H. Fischmeister* und *E. Arzt*). Durchgezogene Kurve berechnet nach Gl. (5.4)

5.1.2 Pressen in Formen

Beim Pressen in Matrizen bewirkt die Reibung an den Werkzeugwänden, dass die Kräfte im Pressling und damit die Dichte im Presskörper ungleichmäßig verteilt sind (Bild 5–3). Die größte Verdichtung und damit der größte effektive Druck ist am Rand des eingedrungenen Pressstempels festzustellen, während die geringsten Werte am unteren Rand des Presskörpers gefunden werden. Für den Abfall des Pressdruckes P_1 am Oberstempel auf P_2 im Abstand h vom Oberstempel des Werkzeugs gibt *K. Torkar* die Beziehung

$$P_2/P_1 = \exp\left(-8\frac{h}{D} \cdot K \cdot \mu\right) \tag{5.5}$$

an, wobei D der Durchmesser des Presskörpers, μ der Reibungskoeffizient zwischen Pulver und Wand und K das Verhältnis von seitlichem und axialem Druck ist. $K \cdot \mu$ erweist sich als vom Pressdruck unabhängig, indem K mit steigendem Druck zu- und μ abnimmt. Die seitliche Komponente des Druckes bewirkt, dass nach Entlas-

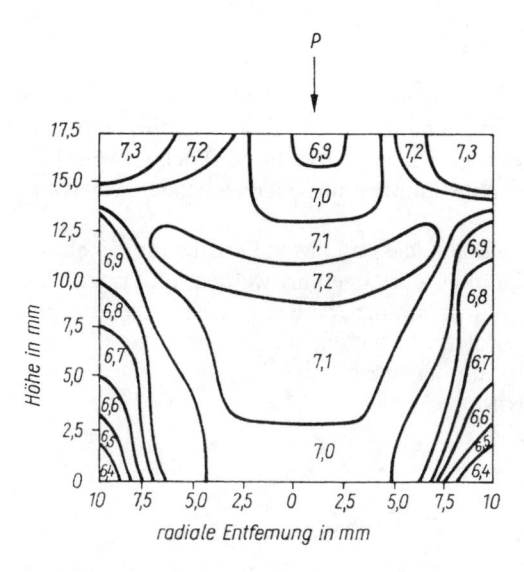

Bild 5–3. Dichteverteilung in einem einseitig gepressten Nickelpressling (nach *G. Kyczynski* und *I. Zaplatynskyj*). Die Dichteverteilung wurde durch Härteeindrücke am getrennten Formkörper ermittelt

5.1 Grundlagen und Vorgänge der Verdichtung 115

tung des Presslings durch Heben des Oberstempels der Formkörper unter einer sehr inhomogenen Belastung verbleibt. Der elastische Anteil der Verdichtung kann über eine Längenzunahme des Presslings in axialer Richtung zurückgebildet werden, während in radialer Richtung der Spannungszustand erhalten bleibt. Das Ausstoßen des Presskörpers aus der Matrize geschieht gegen diese Kräfte [5.3]. Die „Auffederung" des Presskörpers in axialer Richtung beträgt bei Eisenpulver etwa 0,3%. Sie hat aber auch den Vorteil, dass sich die Presskörper von innenliegenden Dornen abheben und leichter abziehen lassen. Die beim Ausstoßen im Presskörper entstehenden Spannungsfelder können unter ungünstigen Umständen Größen erreichen, die die Festigkeit des Formkörpers übersteigen und zu so genannten „Abschiebungen" oder „Überpressungen" führen. Reibungsmindernde Maßnahmen, wie das Schmieren der Matrizenwand oder die Zugabe von Gleitmitteln zum Pulver, verbessern zwar die Dichteverteilung und die Verhältnisse beim Ausstoßen aus der Matrize, können aber die genannten Erscheinungen nicht grundsätzlich verhindern.

Zweiseitiger Druck, d.h. beweglicher Ober- und Unterstempel, gestattet, die mögliche Höhe des Presskörpers auf das Doppelte zu vergrößern. Ober- und unterhalb der so genannten „Pressneutralen" schließt sich spiegelbildlich die gleiche Druck- und Dichteverteilung an, so dass unter sonst unveränderten Verhältnissen die Presshöhe verdoppelt werden kann. Bei kompliziert geformten Pressteilen nimmt die Ungleichmäßigkeit der Dichte und der Spannungsverteilung zu. Das durch Computersimulation erhaltene Bild 5–4 der Dichteverteilung soll verdeutlichen,

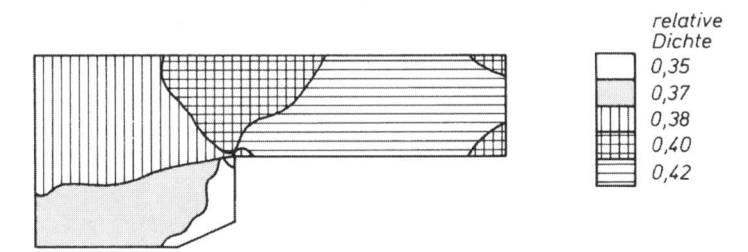

Bild 5–4. Dichteverteilung in einem Pressling (Computersimulation) (nach [5.4])

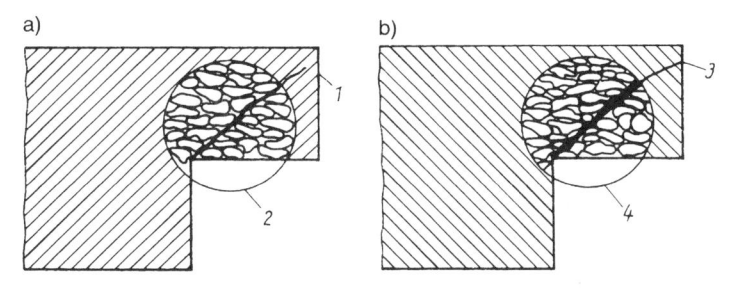

Bild 5–5. Typische Pressfehler (nach *H. Silbereisen*). a) Rissbildung beim Verdichten durch Füllraumfehler, b) Rissbildung beim Ausstoßen nach zu hohem Pressdruck. *1* Nicht durchgehend, erst nach Aufbrechen sichtbar; *2* Schiebefläche glatt; *3* Rissbildung durchgehend und sichtbar; *4* Bruchfläche rauh

wie innenliegende Kanten nicht erst bei dynamischer Belastung des Sinterkörpers, sondern bereits im Presszustand ein kritisches Gebiet für die Rissentstehung, vor allem unter der Belastung des Ausstoßvorganges, darstellen können (Bild 5–5).

5.2 Formgebung mit Druckanwendung bei Normaltemperatur

Das zweiseitige (oder doppelseitige) Pressen in Matrizen ist bei Metallpulvern, und von diesen wiederum bei Pulvern auf Eisenbasis, vom Anwendungsumfang her allen anderen Verfahren weit überlegen. Gute Maßhaltigkeit der Pressteile und hohe Produktivität bei günstigen Kosten unter der Voraussetzung hoher Stückzahlen sind die Gründe dafür. In der Regel werden nur dann andere Formgebungsverfahren gewählt, wenn es die Eigenschaften der Pulver, die gewünschten Werkstoffeigenschaften, Stückgröße und -form oder anderes zwingend erfordern.

5.2.1 Zweiseitiges Pressen in Matrizen

Die Elemente eines einfachen Presswerkzeuges zeigt Bild 5–6. Doppelseitiges Pressen setzt nicht voraus, dass Ober- und Unterstempel bewegt werden; der gleiche Effekt lässt sich auch durch entsprechende Relativbewegung der Matrize erreichen (Bild 5–7). Bei einer „Schwebematrize" wird diese durch die Reibungskräfte gegen eine Federkraft mitgeführt. Für höhere Arbeitsgeschwindigkeiten und eine genaue Steuerung des Bewegungsablaufes, die beim Pressen komplizierter Teile wichtig und notwendig ist, wird die Matrize jedoch direkt maschinell angetrieben.

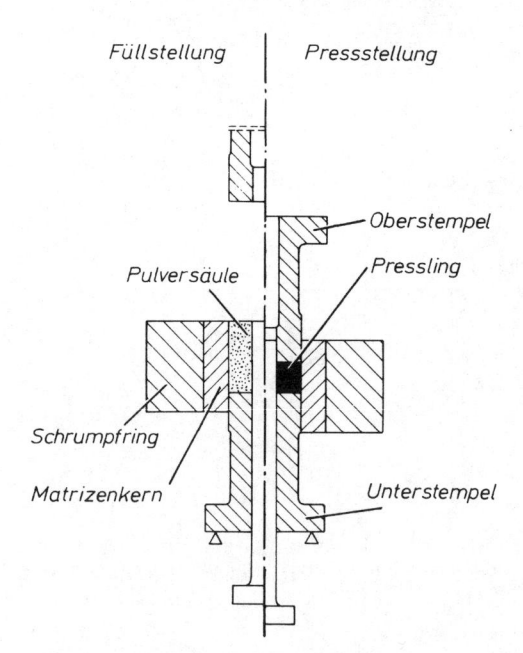

Bild 5–6. Elemente eines einfachen Pulverpresswerkzeuges (nach [5.5])

5.2 Formgebung mit Druckanwendung bei Normaltemperatur   117

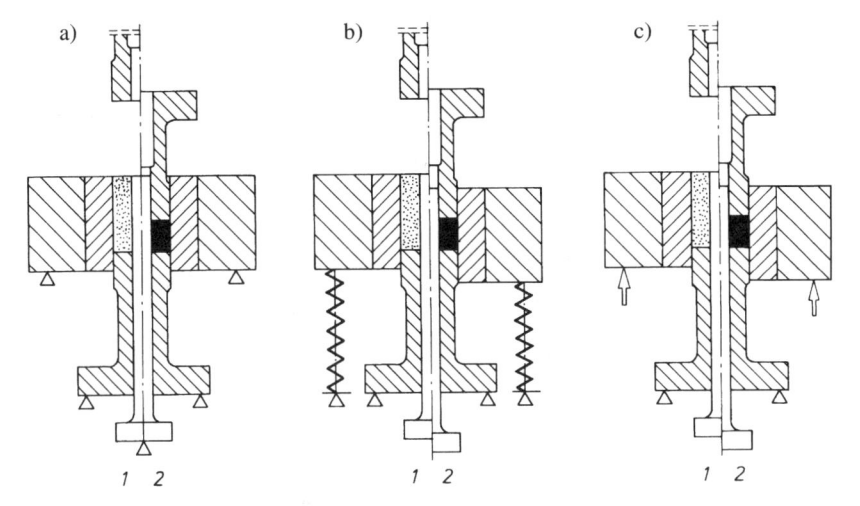

Bild 5–7. Bewegungsablauf beim Pressen (nach [5.5]). a) einseitiges Pressen: Matrize fest, Dorn fest; b) zweiseitiges Pressen: Matrize schwimmend, Dorn fest oder schwimmend; c) doppelseitiges Pressen: Matrize zwangsbewegt, Dorn fest oder schwimmend. *1* Füllen, *2* Pressen

Die Entnahme des Presslings erfolgt zumeist nach dem Abzugsverfahren in der Weise, dass nach Beendigung des eigentlichen Pressvorganges der Stempeldruck zunächst auf einen bestimmten geringen Betrag erniedrigt wird und die Matrize nach unten abgezogen wird (Bild 5–8). Erst dann wird der Oberstempel angehoben und der Pressling vollständig freigegeben. Gegenüber einem Ausstoßen des Presslings ist die Gefahr, dass während des Freilegens aus der Matrize durch den Abbau elastischer Spannungen Risse im Pressling entstehen, hier wesentlich geringer.

5.2.1.1 Pressen und Werkzeuge

Die Produktivität des Pressverfahrens wird in erster Linie durch die Leistungsfähigkeit der eingesetzten Pressen bestimmt. Bei modernen Aggregaten wird der gesamte Bewegungsablauf automatisch nach einem einstellbaren Programm gesteuert. Hierzu gehört außer dem eigentlichen Pressvorgang das Füllen der Matrize durch einen Füllschuh, der über den Pressentisch gleitet und dem in der hinteren Ruhestellung das zu pressende Pulver aus einem Vorratsbunker zugeführt wird. Beim Vorwärtsgang schiebt der Füllschuh außerdem das bereits freigegebene Pressteil auf eine Ablage oder ein Band zum Abtransport. Bruchempfindliche Presslinge (z.B. Hartmetalle) müssen dagegen von Hand oder mit programmierbaren Greifvorrichtungen (Robotern) aufgenommen und auf die entsprechenden Unterlagen zum Sintern abgelegt werden.

Grundsätzlich werden je nach Druckbereich zwei Arten von Pressen angewandt (Bild 5–9). Für Presskräfte von 30 bis 500 kN, gegebenenfalls bis 1000 kN, sind in der Regel mechanische Kniehebel- oder Exzenterpressen im Einsatz, die hohe Stückzahlen je Zeiteinheit zulassen. Hubzahlen von 20 bis 120 je min werden an-

a) b)

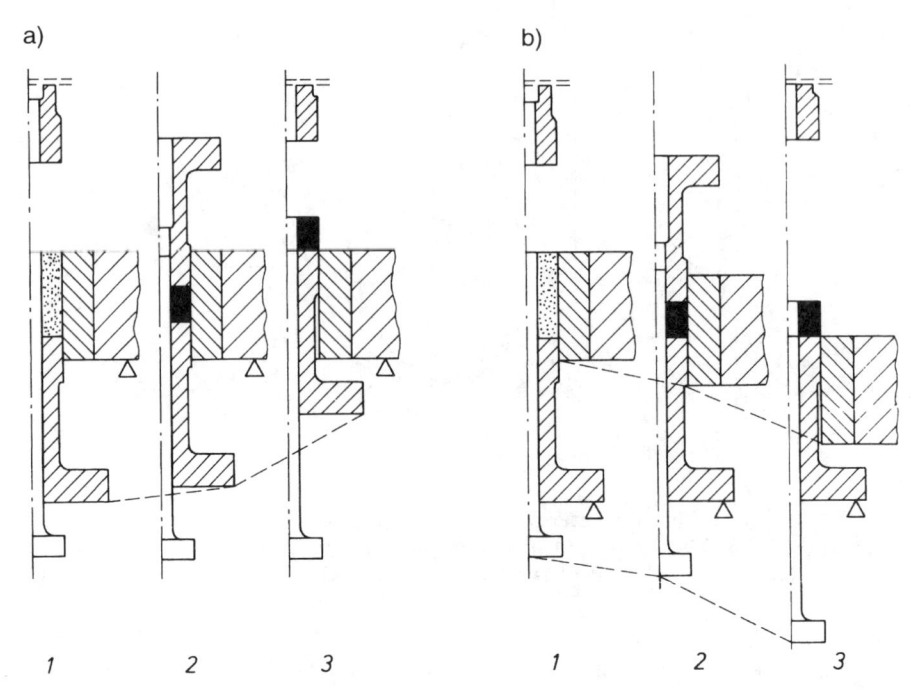

1   2   3   *1   2   3*

Bild 5–8. Verfahren zum Freilegen des Presskörpers nach [5.5]. a) Ausstoßverfahren, b) Abzugsverfahren. *1* Füllen, *2* Pressen; *3a* Ausstoßen, *3b* Abziehen

gegeben. Ausgesprochene Schnellpressen mit geringer Presskraft für Kleinteile ermöglichen noch weitaus größere Stückzahlen.

Hydraulische Pressen werden nicht nur in Verbindung mit hohen Presskräften (bis 20000 kN) zum Pressen von größerflächigen Teilen, sondern wegen noch anderer Vorteile eingesetzt. Sie zeichnen sich durch eine höhere Steifigkeit und genauere Steuerung des Bewegungsablaufes aus und ermöglichen z.B. im Bereich von 250 bis 800 kN eine reproduzierbare Höhe von ± 0.015 mm [5.5]. Diese und teilweise noch höhere Genauigkeit wird jedoch nur an einfach gestalteten Formteilen, z.B. Wendeschneidplatten erreicht, während für komplexe Bauteile mit mehreren Höhenniveaus in der Serienfertigung Maßabweichungen bis zu 0,1 mm auftreten [5.7]. Vor allem für das Pressen komplizierter Teile bieten hydraulische Pressen mit bis zu 10 getrennt steuerbaren Hydraulikkreisen zur Führung der Stempel, Dorne und Matrizen gute Voraussetzungen, auch wenn die Hubzahl gegenüber mechanischen Pressen deutlich geringer ist (bis 10 Teile/min) [5.6]. Die Vorteile der hydraulischen und der mechanischen Pressen wurden unlängst in sog. Hybridpressen (bis 2500 kN) vereinigt [5.7, 5.8], deren schnelle Hauptbewegung am Oberkolben mechanisch durch regelbare Hydromotoren erfolgt, während die Zusatzfunktionen von hydraulischen Systemen ausgeführt werden.

Wichtig ist eine ständige Überwachung des Produktionsganges. Außer der Prüfung des Presskörpers auf Gewicht und Maßhaltigkeit wird zunehmend eine direkte Kontrolle und Steuerung des Pressvorganges angestrebt [5.7]. So ist die maximale Presskraft, die an den Stempeln gemessen werden kann, für den Fall, dass deren

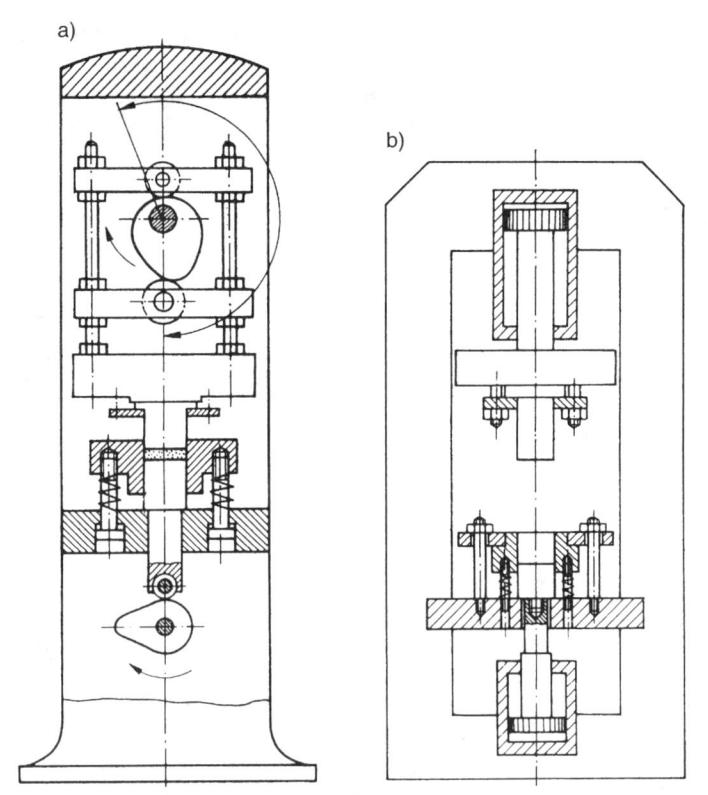

5.2 Formgebung mit Druckanwendung bei Normaltemperatur

Bild 5–9. Prinzip einer Exzenterpresse (a) und einer hydraulischen Presse (b) (nach *F. Krall*)

Endstellung beim Pressvorgang vorgegeben wird, ein gutes Maß zur Überwachung der Matrizenfüllung und damit des Verdichtungsverhältnisses im Pressling.

Die Werkzeuge selbst sind aus verschleißfesten Stählen hergestellt. Für ihre Dimensionierung ist zu beachten, dass – anders als beim isostatischen Pressen – der Druck, der senkrecht zur Pressrichtung auf die Werkzeugwand ausgeübt wird, kleiner ist als der angewandte Pressdruck (Tabelle 5–1) [5.3]. Mit solchen Werkzeugen

Tabelle 5–1. Beziehung zwischen dem Pressdruck $P_\parallel$ und dem Druck $P_\perp$, der senkrecht zu $P_\parallel$ auf die Wand des Presswerkzeugs ausgeübt wird (nach *G.A. Vinogradov* und *I.D. Radomyselskij*)

Metall	Pressdruck in MPa	$P_\perp/P_\parallel$
W	1000	0,20
Fe	500	0,30
Sn	400	0,49
Cu	350	0,54
Au	270	0,72
Pb	250	0,79
Flüssigkeit		1,0

lassen sich in der Produktion von Sintereisenteilen Stückzahlen bis zu 100 000 erreichen. Noch höhere Stückzahlen sind möglich, wenn die inneren Matrizenteile aus Hartmetall bestehen. Durch elektroerosive Bearbeitung oder eine Bearbeitung mit Diamantwerkzeugen ist eine Fertigungsgenauigkeit bis IT4 erreichbar. Die hohen Werkzeugkosten erfordern aber eine Mindestlosgröße der zu pressenden Teile, die in der Größe von 20 bis 50 Tausend Stück liegen sollte.

Für die Dimensionierung des Presswerkzeuges ist das Verhältnis von Füllhöhe des Pulvers und Höhe des gepressten Körpers wichtig. Um Werkzeug und Presswege nicht übermäßig zu vergrößern, wird eine kleine Füllhöhe angestrebt, was eine hohe Schüttdichte des Pulvers (Abschn. 4.4) voraussetzt. Das Verhältnis Füllhöhe zu Presshöhe sollte den Wert 3 : 1 möglichst nicht übersteigen. Grundsätzlich sind eine relativ hohe Dichte des Presslings (Gründichte) und damit ausreichende Festigkeit und Handhabbarkeit des Presslings erwünscht (Bild 5–10). Dies gewährleistet einen geringeren Schwund beim Sintern und damit eine engere Maßtoleranz des Sinterkörpers. Anderseits sind aus wirtschaftlichen Überlegungen Grenzen gesetzt, denn mit steigendem Pressdruck nehmen der Verschleiß der Werkzeuge sowie die Kosten und die Leistungsaufnahme der Pressen schnell zu. Außerdem kann ein zu hoher Pressdruck zu Fehlern im Pressling führen, wie es in Abschn. 5.1.2 beschrieben wurde. Aus all diesen Gründen wird vor allem bei der Fertigung von Sinterteilen auf Eisenbasis bereits beim Pulverherstellungsverfahren versucht, den Forderungen nach guter Pressbarkeit und Grünfestigkeit weitgehend zu entsprechen. Die Pressbarkeit eines Pulvers lässt sich zudem durch Zusatz von Gleitmitteln (Kap. 3) verbessern. Sie setzen die Reibung der Pulverteilchen untereinander wie auch mit dem Werkzeug herab. Dadurch werden nicht nur die notwendigen Pressdrücke, sondern auch die Dichteunterschiede im Pressling und der Verschleiß des Werkzeuges verringert. Die Gleitmittel werden vor dem Pressen als feste Stoffe zugemischt und vor dem isothermen Sintern in eigens dafür vorgesehenen Abdampfzonen der Sinteröfen (Abschn. 6.3) rückstandslos ausgetrieben.

Vorstehende Betrachtungen gelten für „gut pressbare" Pulver, die während des Pressvorganges verformbar sind und bereits feste Kontakte durch mechanisches Verhaken und Kaltverschweißung bilden. Bei plastisch wenig oder gar nicht verformbaren Pulvern, insbesondere bei Hartmetallpulvermischungen auf Basis WC–Co,

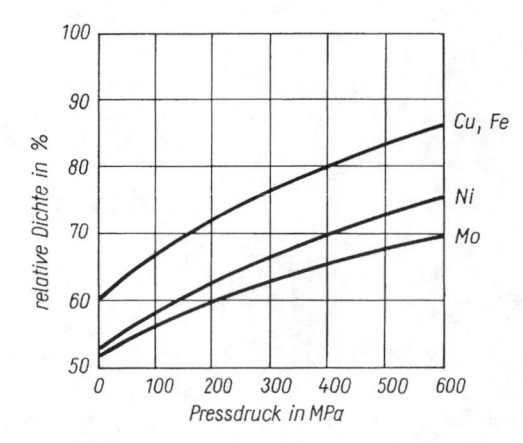

Bild 5–10. Zusammenhang von Dichte und Pressdruck beim Pressen einiger Metallpulver (zweiseitiges Pressen) (nach *G. A. Vinogradov* und *I. D. Radomyselskij*)

5.2 Formgebung mit Druckanwendung bei Normaltemperatur

müssen Bindestoffe zugefügt werden, die eine gewisse Klebwirkung ausüben und dadurch eine minimale Festigkeit des Presslings sichern. Wegen der Spannungsverhältnisse beim Freilegen der Presslinge ist aber auch der anwendbare Pressdruck beschränkt. Auf ähnliche Probleme sei bei stark kaltverfestigtem Pulver nach dem mechanischen Legieren hingewiesen.

Die den Sintervorgang begünstigenden sinteraktiven Pulver mit z.T. kleiner Teilchengröße und großer spezifischer Oberfläche bereiten wegen des von ihnen gebildeten voluminösen Pulverhaufwerkes und der damit verbundenen großen Füllhöhe in anderer Weise beim Pressen Schwierigkeiten. Durch Granulieren der Pulver (s. Kap. 3) kann dem entgegengewirkt und auch die Füllung des Werkzeuges verbessert werden.

5.2.1.2 Doppelpressverfahren und Warmpressen

Einmaliges Pressen und Sintern liefert Sinterteile geringerer Dichte und Maßhaltigkeit, wenn man mit Drücken arbeitet, die aus Gründen der Pressen- und Werkzeuggestaltung und des Werkzeugverschleißes vertretbar sind (bis 600 MPa). Die Genauigkeit des Sinterkörpers liegt dann bei IT 10 bis IT 11 in radialer Richtung und bei ± 0,1 mm in der Höhe.

Wie Bild 5–11 am Beispiel von Eisenpulver demonstriert, kann eine bestimmte Dichte, die bei einmaligem Pressen einen hohen Pressdruck erfordern würde, auch mit beträchtlich niedrigeren Drücken durch zwei Pressungen, zwischen die eine Glühbehandlung eingeschoben wird, erreicht werden (s.a. Bild 8–6). Wird die Glühung so geführt, dass die durch das erste Pressen verursachte Kaltverfestigung abgebaut und zwischen den Pulverteilchen festigkeitserhöhende Brücken gebildet werden, der Pressling aber nur soweit schwindet, dass die Auffederung beim Aus-

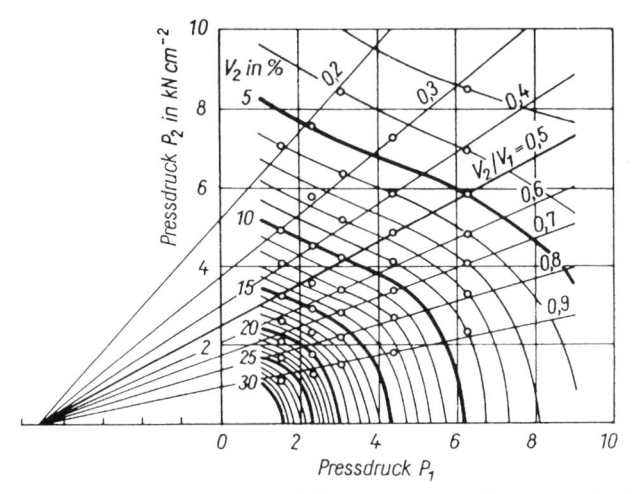

Bild 5–11. Wirkung des Doppelpressens auf die Porosität von Sintereisen (nach *G. Bockstiegel*). P_1, V_1 Pressdruck und damit erhaltene Porosität beim 1. Pressen; P_2, V_2 Pressdruck und damit erhaltene Porosität beim 2. Pressen

stoßen aus der Matrize kompensiert wird, dann kann die zweite Pressung sogar im gleichen Werkzeug geschehen. Über zweimaliges Pressen und eine Sinterung bei einer Temperatur, die die Temperatur der ersten Wärmebehandlung übersteigt, lassen sich mit einer anschließenden Kalibrierung in einer Matrize die durch die Matrize bedingten Maße auf IT 7 bis IT 8 und die Abweichungen im Höhenmaß auf Werte unter ± 0,1 mm verringern.

Um höhere Pressdichten zu erzielen, kann auch bei leicht erhöhter Temperatur (ca. 150 °C) gepresst werden [5.9, 5.10]. Die leichtere Verdichtbarkeit des Pulvers beruht auf der Absenkung der Fließgrenze des Metalls bei Temperaturerhöhung. Um dies technisch, z.B. bei der Herstellung von Sinterstahlformteilen, nutzen zu können, muss jedoch der Gehalt an Gleitmittel im Pulver vermindert werden (< 0,6%), da dieses sonst den Porenraum zwischen den Metallteilchen vollständig ausfüllt und eine weitere Verdichtung verhindert. Das Gleitmittel wird außerdem durch Beschichten der Pulverteilchen besonders gleichmäßig eingebracht, um trotz des geringeren Gehaltes noch eine ausreichende Schmierwirkung zu erzielen. In dem auf ca. 135 °C vorgewärmten Pulver liegen die organischen Zusätze noch in fester Form vor, wodurch die Fließfähigkeit des Pulvers gewährleistet bleibt, und werden erst in dem auf ca. 150 °C geheizten Werkzeug beim Pressen flüssig. Neben der erhöhten Dichte von 7,3 bis 7,4 g/cm^3 (Sinterstahl) der Presslinge ist auch die hohe Grünfestigkeit von Vorteil. Schwierigkeiten bereiten im industriellen Betrieb allerdings die hohen Anforderungen an die Temperaturkonstanz.

Eine noch weitergehendere Verminderung oder sogar der Wegfall des Gleitmittelanteils ist prinzipiell denkbar, wenn die Matrize und weitere Werkzeugteile geschmiert werden können. In Kombination mit erhöhter Presstemperatur könnten mit der Matrizenschmierung weitere Dichtesteigerungen erzielt werden. Obwohl mit der elektrostatischen Beschichtung von Werkzeugen mit gleiterleichternden Mitteln bereits elegante Lösungen vorgeschlagen wurden, hat sich das Verfahren bisher im industriellen Maßstab noch nicht durchsetzen können [5.10].

5.2.1.3 Gestaltung und Pressen komplizierter Formteile

Hinsichtlich der Formgestaltung der Pressteile sind einige Einschränkungen zu berücksichtigen, die im Formgebungsverfahren, aber auch in den Eigenschaften der Pressteile und der fertigen Sinterteile, vor allem in deren höherer Kerbempfindlichkeit, begründet sind. Beim Pressen in Matrizen sollte in der Regel das Verhältnis Höhe zu Durchmesser einen Wert von 2 : 1 bzw. 3 : 1 nicht überschreiten, isostatisches Pressen und Pulverspritzguss (s. Abschn. 5.4.2) bieten hierfür günstigere Voraussetzungen. Auf eine werkstoffgerechte Gestaltung der Sinterteile ist großer Wert zu legen. Sie führt oft zu brauchbaren Lösungen, wenn Werkstoff-Fachmann und Konstrukteur eng zusammenarbeiten. In Bild 5–12 sind Beispiele bzw. Konstruktionsregeln wiedergegeben. Dünne Wandungen sollten grundsätzlich vermieden werden. Schroffe Übergänge und scharfe Kanten sind nicht nur beim Pressen, sondern auch bei der späteren Anwendung der Teile wegen der möglichen Spannungskonzentration Gefahrenstellen für Rissentstehung und Bruch. Die Frage, welche Formen durch Presstechnik herstellbar sind oder nicht, kann nicht mehr allgemeingültig beantwortet werden. Die stetige Weiterentwicklung der Presstech-

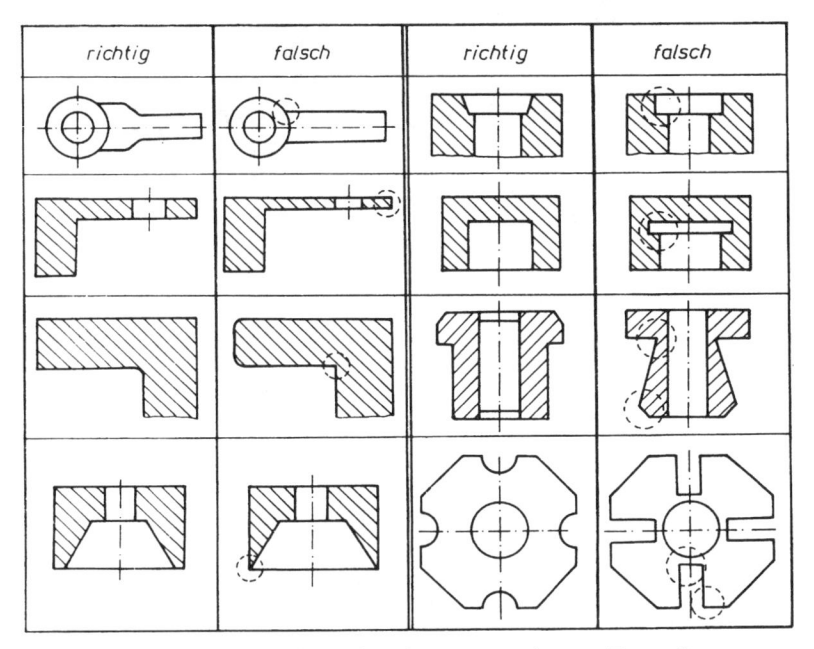

5.2 Formgebung mit Druckanwendung bei Normaltemperatur 123

Bild 5–12. Hinweise zur zweckmäßigen Gestaltung von gesinterten Formteilen

nik, der Werkzeuggestaltung und -steuerung ermöglicht heute die Fertigung von Pressteilen, die früher als unmöglich galten, so z.B. Teile mit Hinterschneidungen oder mit Schrägverzahnung [5.10].

Formteile mit ungleichen Höhen und Querschnitten erfordern entsprechend gestaltete Werkzeuge mit mehreren Pressstempeln, die getrennt voneinander geführt werden (Bild 5–13 bis 5–16). Der Bewegungsablauf der Stempel ist so zu steuern, dass nach Füllung der Matrize alle Gebiete in gleicher Weise verdichtet werden. Nach Beginn der Verdichtung dürfen sich die Pulverteilchen nur in Pressrichtung bewegen und nicht mehr in seitlich liegende Gebiete abfließen. Ungleiche Verdichtung hat neben den in Bereichen geringerer Dichte reduzierten Eigenschaften auch ungleichen Schwund und ein Verziehen des Presslings beim Sintern zur Folge. Insbesondere in den letzten Stadien des Pressens muss vermieden werden, dass bereits vorverdichtete Bezirke gegeneinander abgleiten. Das Abgleiten führt zu Rissen, die äußerlich nicht sichtbar sind und während des Sinterns nicht wieder ausheilen, wie in Bild 5–5 gezeigt wurde.

Beim Pressen von Teilen mit sehr unterschiedlichem Querschnitt, so z.B. von Ringen (Bild 5–14), wird ein Transport des Pulvers innerhalb der Matrize nach Eintauchen des Oberstempels bewirkt, wobei darauf zu achten ist, dass die Pulverbewegung mit Beginn der Verdichtung beendet ist [5.8].

Eine andere Möglichkeit des Pressens kompliziert geformter Teile, insbesondere auch von Kleinstteilen aus Eisenpulver, besteht in der Anwendung so genannter geteilter Matrizen (Zweifachmatrizen). Die Teile der Matrize liegen während des Füllens und Pressens aufeinander und werden nur zum Freilegen des Presslings geöffnet (Bild 5–15). Auf diese Weise können auch Teile mit Hinterschneidungen

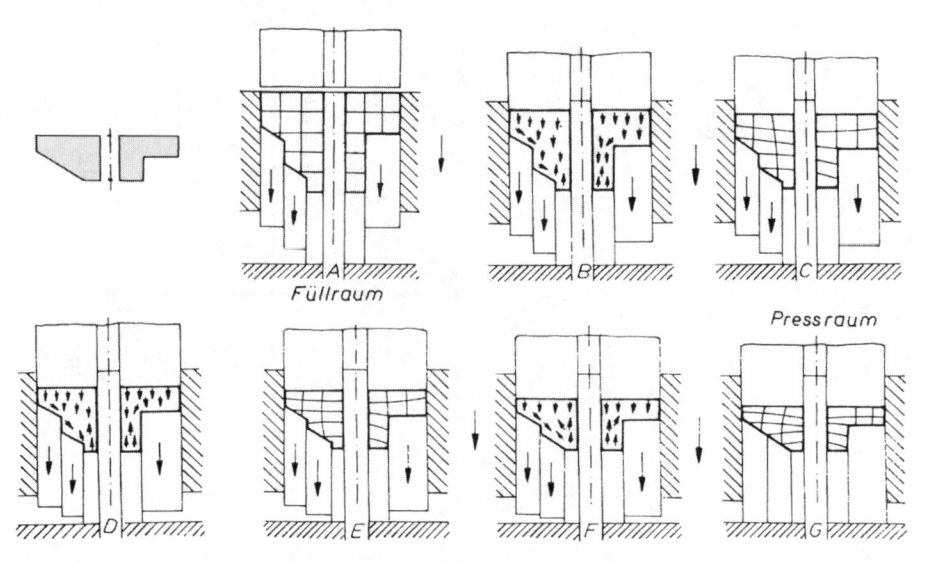

Bild 5–13. Pressstadien bei der Herstellung eines komplizierten Formteils (nach *H. Silbereisen*)

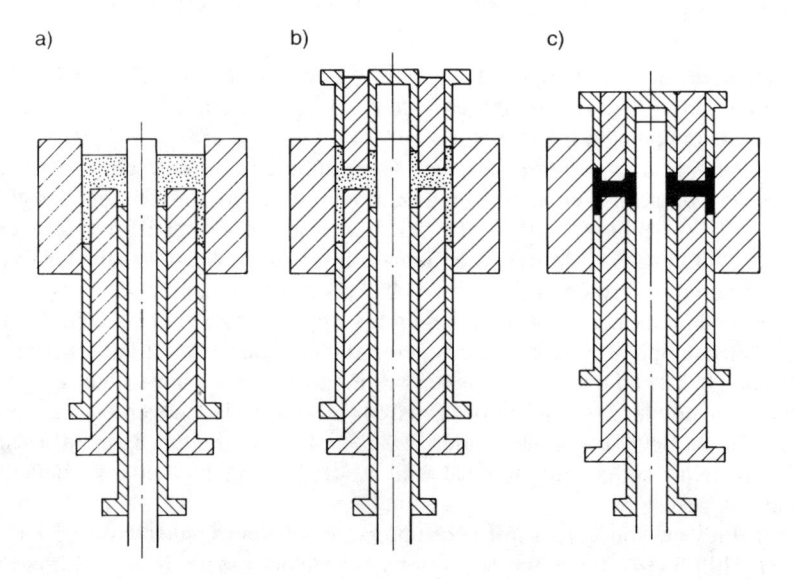

Bild 5–14. Pressen mit Pulvertransport in der Matrize vor Beginn der Verdichtung nach [5.11]. a) Füllen; b) Pulvertransport; c) Verdichten

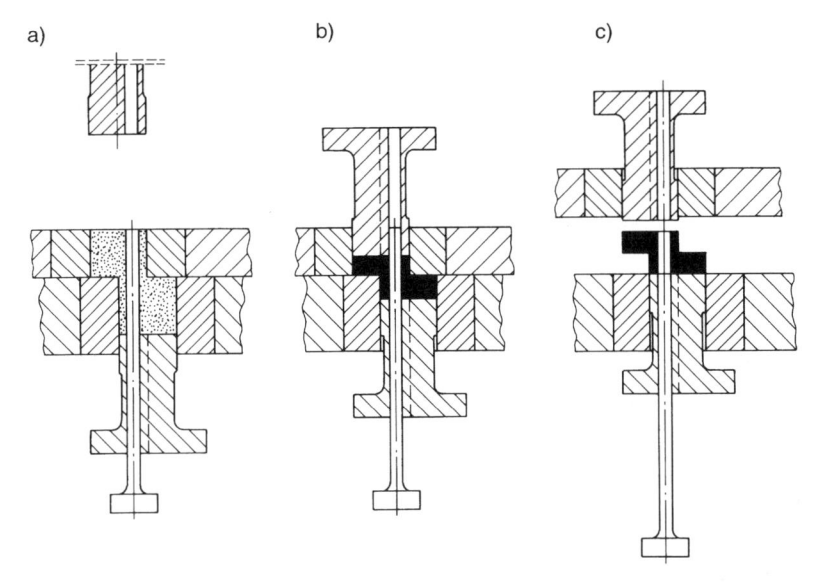

5.2 Formgebung mit Druckanwendung bei Normaltemperatur

Bild 5–15. Pressen in geteilter Matrize (nach Olivetti/Tecsinter). a) Füllen; b) Verdichten; c) Ausstoßen

hergestellt werden. Der beim Füllen in der oberen Ecke zunächst noch verbleibende Hohlraum wird durch übermäßiges Absenken des Unterstempels („Überfüllung" der Matrize) und anschließendes Anheben gefüllt.

Mit Werkzeugadaptern (für mechanische Pressen) und der Steuerung mehrerer Pressachsen durch getrennte Hydraulikkreise bieten die Pressenhersteller vielfältige Möglichkeiten an, den Bewegungsablauf von Pressstempeln und Werkzeugteilen den Erfordernissen anzupassen [5.6, 5.7, 5.8]. Als ein Beispiel wird ein sog. Schieberwerkzeug (Bild 5–16) gezeigt. Die Stempelsegmente, die den Gebieten mit geringerer Presshöhe entsprechen, werden vor Beginn des Füllens über zugeordnete Vorheber so angehoben, dass an allen Stellen des Presslings ein konstantes Verhältnis von Füll- zu Presshöhe gegeben ist. Die Bewegung der Vorheber geschieht durch Hilfskolben im Unterteil des Werkzeuges oder durch die Hubbewegung der Säulenplatte selbst (mit der darauf befestigten Matrize). Während des Pressens stützen sich die Stempel auf entsprechende Schieber ab, die erst beim Abziehen der Matrize zum Freilegen des Presslings seitlich verschoben werden. Im Fall gut pressfähiger Pulver (z.B. Bronzepulver) wird dieses Pressprinzip (einschließlich der Gestaltung entsprechender Werkzeuge) auch zur Herstellung ausgesprochener Kleinstteile mit einem Volumen von 4 mm^3 (etwa 0,02 g Masse) sowie mit Bohrungen und Wandstärken bis herunter zu 0,8 mm beherrscht und genutzt. Formkomplizierte Genauteile mit verschiedenen Höhenniveaus erfordern oft mehrfach geteilte Unter- und Oberstempel, die in modernen Pressen unabhängig voneinander gesteuert werden können, um defektfreie und gleichmäßig verdichtete Presskörper zu erhalten [5.7, 5.8]. Die Werkzeugkosten steigen dadurch zwar beträchtlich, werden aber bei entsprechender Losgröße durch den Wegfall der ebenfalls aufwändigeren spanenden Fertigung dieser Teile kompensiert.

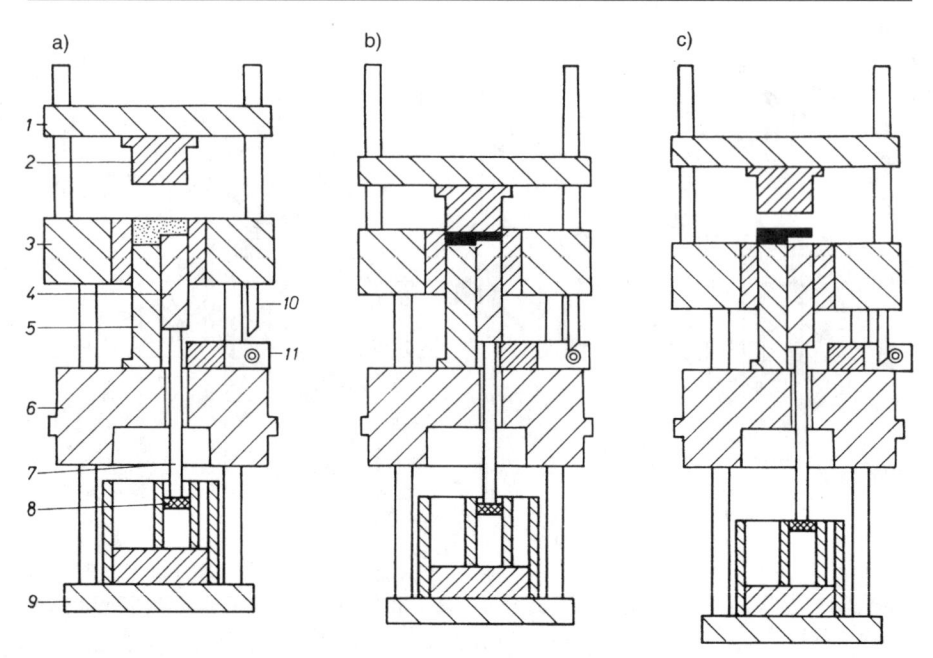

Bild 5–16. Schematische Darstellung eines Schieberwerkzeuges (nach [5.12]). a) Füllstellung, b) Pressstellung, c) Abziehstellung. *1* Kopfplatte; *2* Oberstempel; *3* Matrizenplatte; *4* 1. Unterstempel; *5* 2. Unterstempel; *6* Grundplatte; *7* Vorheber; *8* Hilfskolben; *9* Säulenplatte; *10* Keil; *11* Schieber

Das Pressen von Schneckenrädern mit einem Winkel der Verzahnung von bis zu 30° ist dadurch möglich geworden, dass beim Pressen die Matrize, beim Abziehen der Oberstempel eine Drehbewegung ausführt [5.13]. In Kombination mit der Verwendung geteilter Matrizen lassen sich sogar Pfeilverzahnungen auf diese Weise herstellen. Beim zweiseitigen Pressen besteht wegen der geringen Bewegung des Pulvers relativ zur Matrize auch die Möglichkeit, Querbohrungen oder radiale Nuten im Bauteil durch abziehbare Querdorne oder Schieber zu erzeugen [5.7]. Durch konisch gestaltete Matrizenabschnitte oder Dorne können auch Schrägen bis zu einem gewissen Grade presstechnisch gestaltet werden [5.13]. In den genannten Fällen treten unvermeidlich Dichteunterschiede im Bauteil auf, weshalb für den Einzelfall entschieden werden muss, inwieweit lokal geringere Dichten akzeptiert und ob Überpressungen und Risse vermieden werden können. Das Pressen und die Entformbarkeit von Bauteilen mit radialen Hinterschneidungen werden möglich, wenn ein beweglicher Unterstempel am Ort der Vertiefung die Aufgabe der Matrize übernimmt [5.9]. Das Bauteil wird dann nach dem gemeinsamen Ausfahren aus der Matrize seitlich abgenommen.

Mehrschichtige Pressteile aus unterschiedlichen Pulvern lassen sich durch einen zweistufigen Pressvorgang herstellen. Bei ebenen Schichten wird zunächst eine erste Schicht vorverdichtet und danach das Pulver für die zweite Schicht eingefüllt, ehe der Pressling vollständig verdichtet wird. Bei konzentrischer Schichtfolge wird nach dem Vorverdichten der ersten Schicht durch Abziehen eines zylindrischen Stempels der Füllraum für die zweite Schicht freigegeben [5.10, 5.11].

5.2.2 Isostatisches Pressen

Ein grundsätzlicher Nachteil des Pressens in Matrizen ist die ungleiche Dichteverteilung im Pressling, die durch die Reibung zwischen Pulver und Matrizenwand entsteht (Bild 5–3). Isostatische Pressverfahren (Bild 5–17), bei denen der Pressdruck von allen Seiten (nahezu) ungehindert auf den Körper einwirken kann, ermöglichen eine über den gesamten Probenquerschnitt gleichmäßige und auch im Vergleich zum in der Matrize gepressten Körper höhere Dichte des Grünlings (Bild 5–18). Damit steigt auch die erreichbare Grünfestigkeit. Für Eisenpulver erhöht sich diese

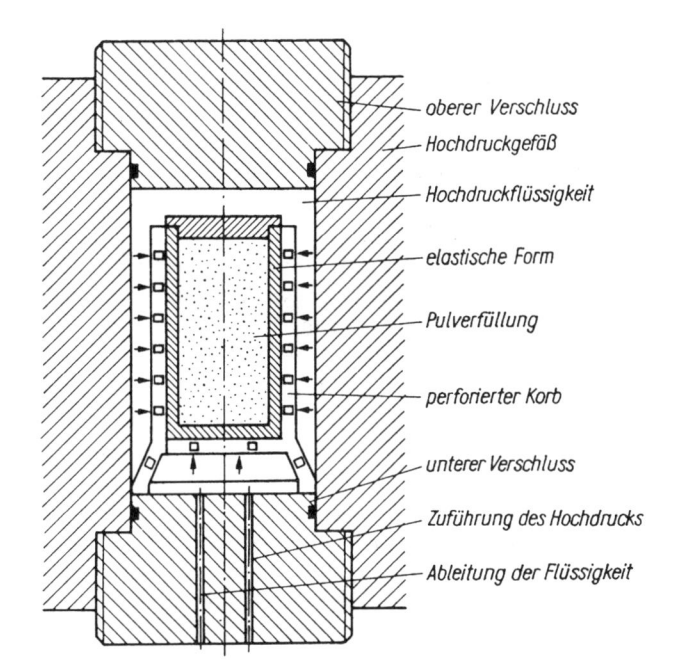

Bild 5–17. Schematische Darstellung einer isostatischen Pressanlage (nach ZDAS)

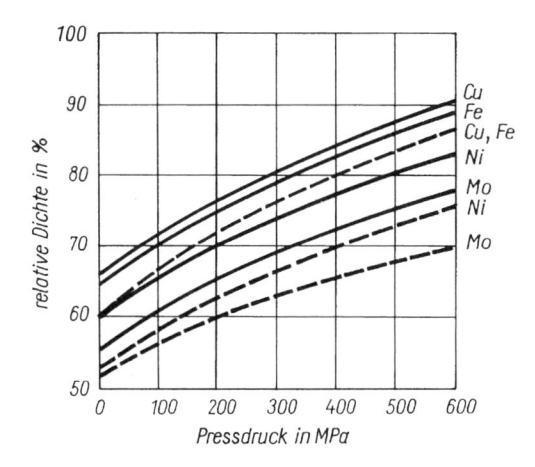

Bild 5–18. Erhöhung der Gründichte durch isostatisches Pressen. Gestrichelte Kurve: zweiseitiges Pressen in Matrize, durchzogene Kurve: isostatisches Pressen (nach P. *Skogum*)

beispielsweise um 50% gegenüber der Festigkeit der bei gleichem Druck in einer Matrize gepressten Teile. Sowohl für die Dichte als auch für die Grünfestigkeit wirkt sich förderlich aus, dass auf Zusätze an Gleitmitteln verzichtet werden kann.

5.2.2.1 Nasspressverfahren

Als Druckübertragungsmittel eignen sich bei Raumtemperatur in erster Linie Flüssigkeiten. Es werden Öle oder auch wässrige Emulsionen verwendet. Im einfachsten Falle ohne besondere Forderungen an Form und Maßhaltigkeit wird das zu pressende Pulver in eine flüssigkeitsdichte Hülle (Gummi- oder Hochpolymerfolie) geschüttet und sorgfältig eingerüttelt. Vor dem Schließen der elastische Hülle wird die zwischen den Pulverteilchen befindliche Luft möglichst evakuiert, damit sie nach dem Pressen bei der Druckentlastung den Formkörper nicht auftreibt. Die Hülle kann sich dabei gegen einen Käfig aus Drahtgewebe oder gelochtem Blech abstützen. Da hier eine oder mehrere dieser Pulveraufnahmen in die Drückübertragungsflüssigkeit abgesenkt werden, spricht man von Nasspressverfahren („wet bag"). Rohre und andere Hohlkörper werden über Dorne gepresst, die aus einem Werkstoff geringer Kompressibilität (vorzugsweise Hartmetall) bestehen, damit bei Druckentlastung der Presskörper sich durch seine Auffederung vom Dorn lösen kann und nicht unter Druckspannungen gerät. Auf diese Weise lassen sich auch Innengewinde pressen; der Dorn wird dann herausgedreht.

Der Pressvorgang wird in druckfesten Stahlbehältern (Autoklaven) ausgeführt. Nach Einsetzen der Formen und Verschließen des Deckels erzeugen Pumpen den geforderten Flüssigkeitsdruck. Wenn auch Laboranlagen für Drücke bis 1500 MPa gebaut wurden, sind doch Drücke von etwa 200 MPa für Kohle- und Keramikpulver und bis zu 400 MPa für Metallpulver technisch ausreichend. Produktionsanlagen verfügen über einen inneren Nutzraum bis zu 2 m Durchmesser und 3–4 m Höhe. Beim Pressen genügt eine Druckhaltezeit von wenigen Sekunden. Die Druckentlastung dagegen muss sich vor allem im unteren Druckbereich über mehrere Minuten erstrecken, damit keine Risse im Pressling entstehen.

Die hohen Arbeitsdrücke verlangen eine Konstruktion des Druckgefäßes einschließlich aller Armaturen, die ein gefahrloses Arbeiten gewährleistet und zugleich ermöglicht, dass das Öffnen und Schließen des Druckbehälters mit geringem Arbeitsaufwand geschehen kann. Ein besonderes Konstruktionsprinzip besteht darin, das zylindrische Druckgefäß mit konzentrischen Lagen eines hochfesten Stahldrahtes unter Vorspannung zu umwickeln. Auch bei dem höchstzulässigen Arbeitsdruck im Gefäßinneren steht die Gefäßwand noch unter der Druckspannung der Windung, so dass im Werkstoff der Wandung keine gefährlichen Zugspannungen auftreten können. Das gleiche gilt für den Rahmen, gegen den sich Gefäßboden und -deckel abstützen (Bild 5–19). Nach Beendigung des Pressvorganges wird das Druckgefäß zum Öffnen aus dem Rahmen herausgefahren (Prinzip ASEA-Quintus).

Das isostatische Pressen in der Form des Nasspressens hat sich vor allem für die Herstellung großformatiger rotationssymmetrischer Teile und rohrförmiger Gebilde aus schwer pressbarem Pulver bewährt; so für Erzeugnisse aus Hartmetall (Walzen, Matrizen) oder Keramik. Verdüste Schnellarbeitsstahlpulver werden auf diese Weise zu Halbzeugen, Molybdän- und Wolframpulver zu großen Abschmelzelektroden für

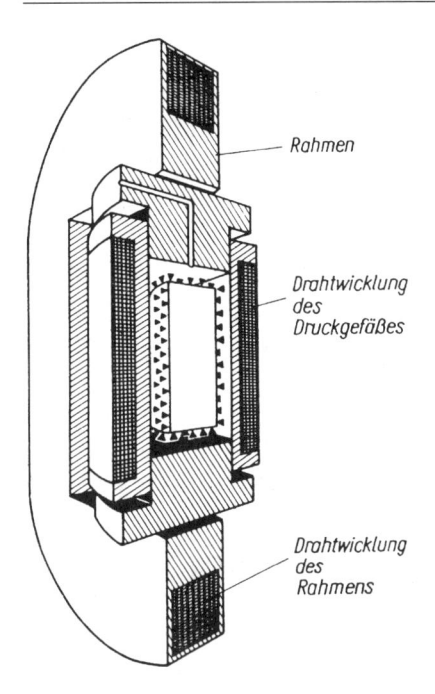

Bild 5–19. Isostatische Presse (nach Prinzip ASEA, Schweden)

Lichtbogenöfen gepresst. Teile mit einer Masse von 1 bis 2 t sind mit derzeitigen Anlagen herstellbar. Die Zykluszeit beim isostatischen Nasspressen liegt zwischen 10 und 30 min.

Für kleinere Teile mit komplizierteren Außenkonturen können elastische Werkzeuge aus Polyvinylchlorid oder besser aus Polyurethan angewendet werden, in die das Pulver eingefüllt wird. Die Innenkontur entspricht der Gestalt des Werkstückes unter Berücksichtigung der Verdichtung des Pulvers, während die zylindrische Außenform von einem Korb gehalten wird. Die großen Maßtoleranzen (> 1 mm), der hohe manuelle Aufwand beim Ausformen der Teile und die Pflege der relativ kurzlebigen Pressformen belasten aber die Wirtschaftlichkeit dieses Verfahrens erheblich.

5.2.2.2 Trockenpressverfahren

Für das isostatische Pressen kleinerer Teile konnte sich die Variante des Trockenpressens („dry-bag") [5.15] zunächst in der keramischen Industrie als Fertigungsverfahren für Zündkerzen durchsetzen. Die elastische Form, die das Pulver aufnimmt, ist an ihrer oberen und unteren Öffnung fest mit dem Pressgefäß verbunden (Bild 5–20a). Die Öffnungen werden durch die Stempel einer hydraulischen Presse verschlossen. Der Pressdruck wird über eine die elastische Hülle umgebende Flüssigkeit aufgebracht. Nach Beendigung des Pressvorganges wird die elastische Hülle durch Leeren der äußeren Kammer zurückgezogen, wodurch der Pressling zur Entnahme freigegeben ist. Eine höhere Produktivität ist über die Montage des elas-

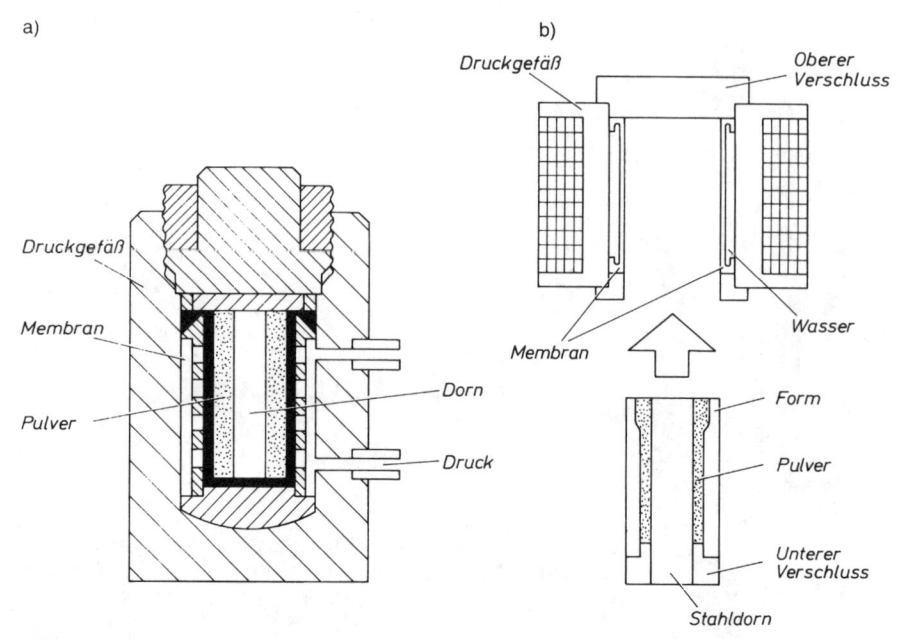

Bild 5–20. Aufbau einer isostatischen Presse nach dem Trockenpress-(dry-bag-)Verfahren (in [5.15]). a) Einfaches Werkzeug, b) zweiteiliges Werkzeug

tischen Werkzeugs auf dem unteren Verschluss erreichbar (Bild 5–20b), insbesondere wenn der nun geschwindigkeitsbestimmende Vorgang des Pulvereinfüllens in getrennten Füllstationen vorgenommen wird. Die Zykluszeiten derartiger Anlagen liegen zwischen 10 s für kleinere Teile und 30 s für größere (Stückgewicht ≥ 1,5 kg für Stahlpulver). Das Trockenpressen eignet sich bevorzugt für die Herstellung von Kleinteilen, insbesondere von hochformatiger Gestalt und mit dünnen Wandstärken. Metallische Pulver werden so vorzugsweise zu Filtern gepresst.

5.2.3 Walzen von Pulvern

Obwohl bereits länger bekannt, hat das Pulverwalzen erst nach dem Zweiten Weltkrieg größere Beachtung gefunden. Die beim Walzen des Pulvers ablaufenden Vorgänge seien mit Bild 5–21 erläutert. Als Folge der Reibungskräfte beginnt ab einem Greifwinkel α die Verdichtung des Pulvers. Im Gegensatz zum Walzen kompakter Bänder nimmt der auf das sich formierende Band ausgeübte Druck zunächst nur sehr langsam zu und steigt erst am Ende der Verdichtungsphase stark an.

Aus geometrischen Betrachtungen folgt nach *P. E. Evans* bei gegebenem Walzenradius R, einer Breite des Walzspaltes h_1 und der Schüttdichte des Pulvers ρ_0 ein Verdichtungsverhältnis

$$\frac{\rho_1}{\rho_0} = \frac{2R(1 - \cos \alpha)}{h_1} + 1 \qquad (5.6)$$

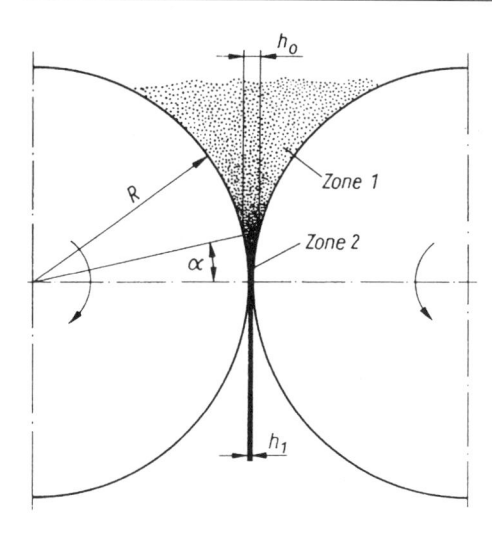

5.2 Formgebung mit Druckanwendung bei Normaltemperatur

Bild 5–21. Pulver im Walzspalt. Zone 1: unverdichtetes Pulver, Zone 2: Zone der Verdichtung des Pulvers. α = Greifwinkel (Beginn der Verdichtungszone)

Der Greifwinkel α ist weitgehend durch die Eigenschaften des Pulvers festgelegt und kann nur in engen Grenzen über ein Aufrauhen der Walzenoberfläche vergrößert werden. Bei einem gewünschten Verdichtungsverhältnis ρ_1/ρ_2 kann die erreichbare Banddicke h_1 nur über die Vergrößerung des Walzenradius R erzielt werden. Ein Beispiel für das Walzen von Nickelpulver zeigt Bild 5–22. Mit der Vergrößerung der Walzgeschwindigkeit nimmt die Dichte des Bandes ab, da nicht nur die effektive Verweilzeit im Walzspalt geringer wird, sondern auch die aus der Pulverschüttung entweichende Luft die Verdichtung immer stärker stört. Höhere Verdichtungsgeschwindigkeiten als 30 m/min sind deshalb kaum realisierbar.

Bei der technischen Verwirklichung des Pulverwalzens liegt es nahe, das eigentliche Pulverwalzen sogleich mit dem Sintern des Rohbandes sowie gegebenenfalls noch folgenden Kaltwalzstichen und Zwischenglühungen zu einem Verfahrenszug zu vereinen (Bild 5–23), an dessen Ende ein nahezu porenfreies Band vorliegt. Aufgrund der unterschiedlichen möglichen Arbeitsgeschwindigkeiten in den einzelnen Prozessstufen, von denen das Sintern bei vertretbaren Ofenlängen gegenwärtig den langsamsten Teilvorgang darstellt, ist eine volle Ausnutzung aller Aggregate jedoch nicht gegeben. Deshalb ist es häufig zweckmäßiger, das nach dem Walzen bereits haspelfähige Rohband zwischenzulagern und das Sintern sowie die nachfolgenden Schritte getrennt voneinander durchzuführen.

Das Pulverwalzen hätte gegenüber der herkömmlichen Bandherstellung durch Gießen und Walzen den Vorteil, dass bereits mit wenigen Walzstichen ein dünnes Band herstellbar ist. Dem stehen hoher Pulverpreis und niedrige Arbeitsgeschwindigkeit gegenüber. Deshalb konnten sich beispielsweise für die Herstellung von Band aus nichtrostendem Stahl entwickelte Produktionsanlagen trotz der erreichbaren Werkstoffeigenschaften (Tab. 5–3) im wirtschaftlichen Wettbewerb bisher nicht durchsetzen. Andererseits wird das Pulverwalzen z.B. von Nickel, Cobalt und Kupfer sowie von Elektroden für Ni-Cd-Batterien verschiedenenorts mit zufriedenstellender Wirtschaftlichkeit betrieben. Anwendungen sind dort zu erwarten, wo

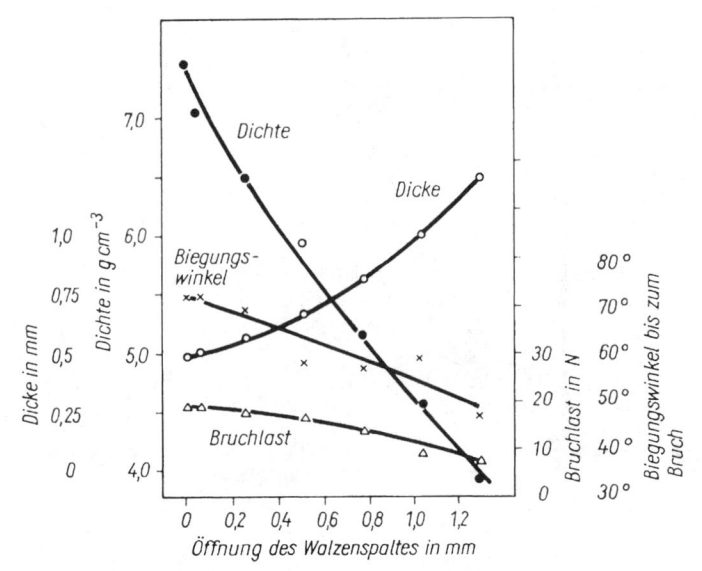

Bild 5–22. Einfluss der Größe des Walzspaltes auf die Eigenschaften eines aus Nickelpulver gewalzten Bandes (nach *D. K. Worn* und *R. P. Perks*). Walzgeschwindigkeit: 0,76 m/min

auf Grund bestimmter Anforderungen an den Werkstoff die pulvermetallurgische Herstellung geboten ist. Dies gilt auch für die Herstellung von porösen Bändern (s. Kap. 12) und von Bändern aus schwer verformbaren Legierungen sowie bestimmten Sonderwerkstoffen, für die die Pulver durch Schnellabkühlung oder mechanisches Legieren hergestellt werden, z.B. für die Fertigung von Bändern mit besonderen magnetischen und elektrischen Eigenschaften aus AlNiCo- oder CuTi-Legierungen. Als weitere Variante hat das Fertigen von Bi- und Trimetallbändern technische Bedeutung erlangt. Hier fließt das Pulver aus einem Vorratsbunker, der durch Scheidewände so unterteilt ist, dass die verschiedenen Pulversorten bis nahe an den Walzspalt voneinander getrennt zugeführt werden (Bild 5–24a, b). Das Aufwalzen von Belägen auf Trägerbänder, beispielsweise für Reib- und Gleitelemente (s.a. Kap. 11, 12), zeigt Bild 5–24c.

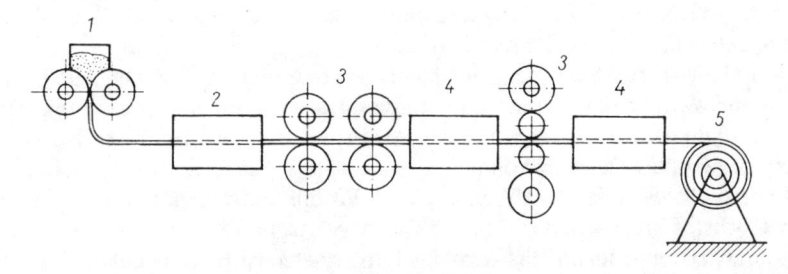

Bild 5–23. Ablaufschema für das Pulverwalzen als kontinuierlicher Prozess: *1* Pulverwalzwerk; *2* Sinterofen; *3* Kaltstich; *4* Glühofen; *5* Haspel

5.2 Formgebung mit Druckanwendung bei Normaltemperatur   133

Tabelle 5–3. Angaben zu Herstellung und Eigenschaften von Band aus Stahlpulver X5CrNiMo1810

	Walzen des Pulvers	Sintern[a]	Kaltwalzen[b] (60% Verformung)
Geschwindigkeit in m min^{-1}	6...10	0,1	30
Banddicke in mm	1		0,4
Dichte in g cm^{-3}	6,8...7,2	6,9...7,4	7,85
Streckgrenze in MPa	n.b.	180...210	230...260
Zugfestigkeit in MPa	5...10	450...500	580...650
Bruchdehnung in %	n.b.	20...27	37...50

[a] Sintern bei 1250 bis 1300 °C mit 10 min Verweilzeit
[b] Nach Austenitisierungsglühung 5 min bei 1050 °C

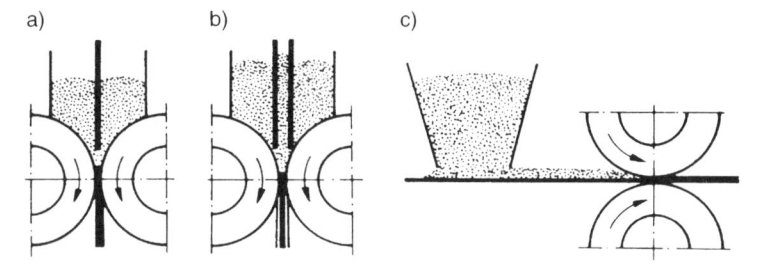

Bild 5–24. Anordnung zum Walzen mehrschichtiger Bänder (nach *H. Franssen*)

5.2.4 Impulspressen

Impulspressen als Hochgeschwindigkeitsverdichtungsverfahren [5.12] befindet sich nach wie vor im Stand der Erprobung, obwohl im Hinblick auf die Verfahrensführung wie auch auf die Eigenschaften des Presskörpers mancherlei Vorteile möglich scheinen. Die meisten Erfahrungen liegen beim Explosionspressen vor. Die Druckwelle eines explodierenden Sprengmittels wirkt entweder direkt auf das Pulver ein, das sich in einer verformbaren Hülle befindet, oder sie setzt ähnlich einem Verbrennungsmotor den Stempel eines Presswerkzeuges in Bewegung (Bild 5–25). Infolge der hohen Geschwindigkeit des Verdichtungsvorgangs (bis 200 m/s) werden die Pulverteilchen auch im Inneren plastisch verformt und verfestigt, an den Teilchenkontaktflächen tritt örtlich eine starke Erwärmung auf. Die Reibung an der Matrizenwand wird merklich herabgesetzt. Aufgrund dessen zeigt der Pressling eine gleichmäßigere Dichteverteilung. Insgesamt wird der Pressling in einen aktiven, das nachfolgende Sintern fördernden Zustand versetzt, was sich auch in verbesserten mechanischen Eigenschaften des Sinterwerkstoffs ausdrückt (Bild 5–26).

Andere Varianten nutzen die elektrodynamischen Kräfte, die in kurzzeitigen, aber sehr starken Magnetfeldern auftreten, zur Verdichtung der Pulver. Gegebenenfalls können diese auch einem konventionellen Pressvorgang überlagert werden (Olivetti-

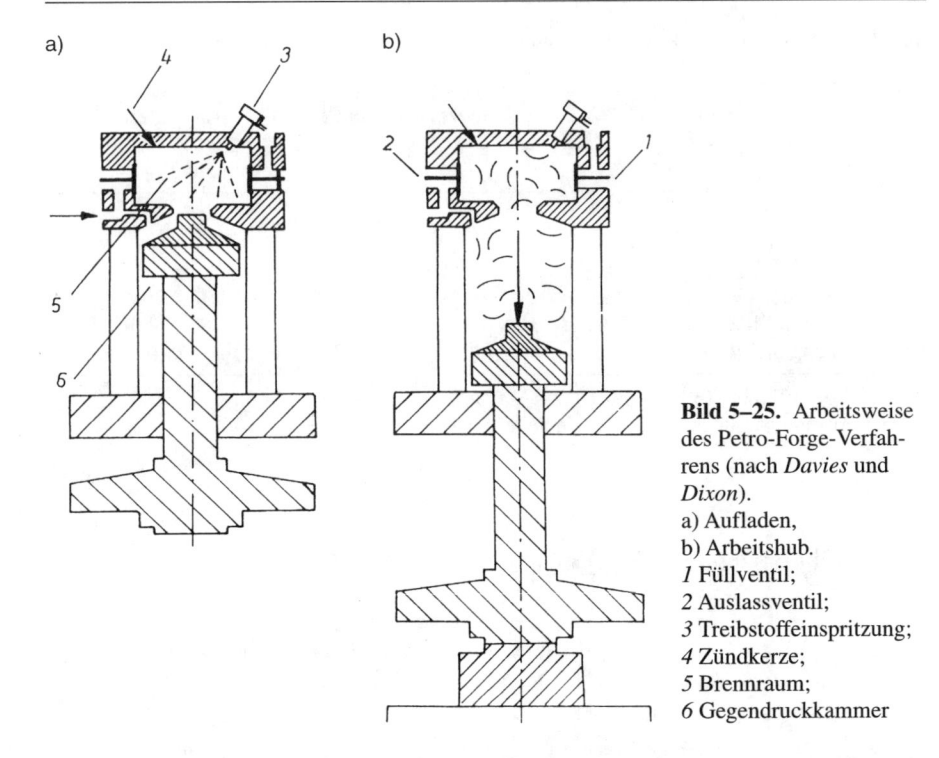

Bild 5–25. Arbeitsweise des Petro-Forge-Verfahrens (nach *Davies* und *Dixon*).
a) Aufladen,
b) Arbeitshub.
1 Füllventil;
2 Auslassventil;
3 Treibstoffeinspritzung;
4 Zündkerze;
5 Brennraum;
6 Gegendruckkammer

Schmelm-Verfahren). Auch wenn durch die sehr kurzzeitigen Verdichtungsprozesse interessante verdichtungsfördernde Ungleichgewichtszustände auftreten, die zu hohen Enddichten führen, dürften die Verfahren für die Herstellung von Genauteilen wegen der bei komplexen Geometrien auftretenden Probleme kaum Verbreitung finden.

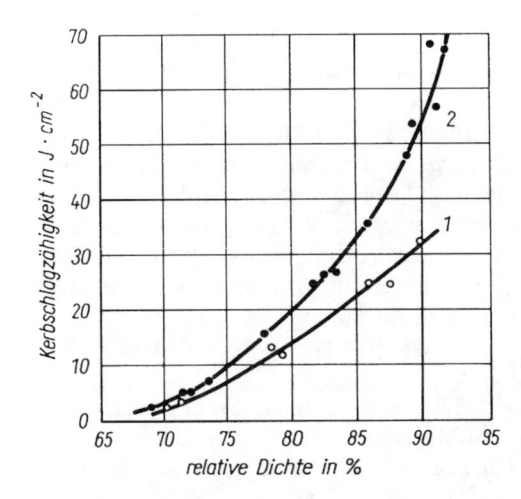

Bild 5–26. Einfluss des dynamischen (Impuls-) Pressens auf die Kerbschlagzähigkeit von Eisensinterkörpern (nach *L. Boginskij*). *1* Normal gepresst; *2* dynamisch gepresst

5.3 Formgebung mit Druckanwendung bei erhöhter Temperatur

Eine für pulvermetallurgische Erzeugnisse, die durch konventionelles Pressen (Abschn. 5.2.1) und Sintern hergestellt werden, charakteristische, aber nachteilige Erscheinung ist deren Restporosität, da im Werkstück verbleibende Poren als bruchauslösende Defekte wirken. Das erreichte Festigkeitsniveau ist für eine große Zahl von Anwendungen ausreichend, die Belastbarkeit des Erzeugnisses unter dynamischer Beanspruchung (Schlagfestigkeit, Ermüdung) ist jedoch deutlich herabgesetzt, wie in Bild 5–27 anhand der Gegenüberstellung eines konventionellen und eines über Sinterschmieden hergestellten Sinterstahles verdeutlicht wird. Diesem Mangel – wenn nötig – zu begegnen, d.h. den Porenraum völlig zu eliminieren oder zumindest drastisch zu reduzieren, bieten sich Verfahren an, bei denen der Sinterprozess ganz oder nur noch als Fertigsintern unter einer Druckbelastung ausgeführt oder aber mit einer intensiven Warmverformung bzw. -umformung gekoppelt wird.

5.3.1 Heißpressen (Drucksintern) und heißisostatisches Pressen

Bei den Heißpressverfahren, laufen Formgebungs- und Sintervorgänge gemeinsam ab, woraus sich die synonym gebrauchten Begriffe Drucksintern und Heißpressen herleiten. Sie werden vor allem für Pulver eingesetzt, die schwer kaltpressbar sind oder schlecht sintern. Nachteilig ist aber in jedem Fall die lange Zykluszeit des Heißpressens und damit seine niedrige Produktivität. Soweit es sich nicht um die Herstellung sehr großformatiger Teile oder Halbzeuge durch isostatisches Heißpressen handelt, wird man immer versuchen, mit Pressen in Matrizen und anschließendem Sintern auszukommen. Die Kombination des letzteren mit einem nachfolgen-

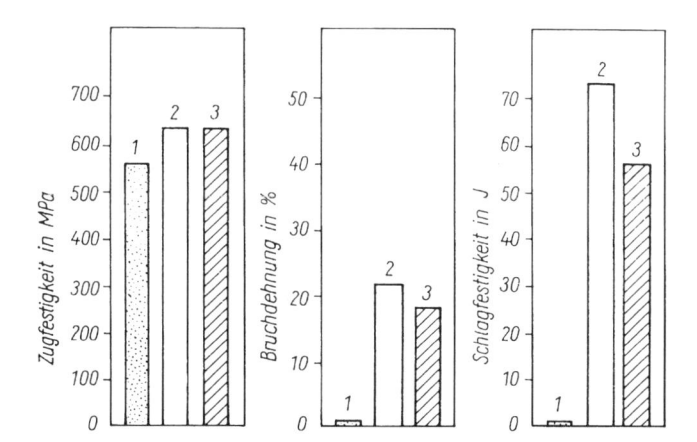

Bild 5–27. Vergleich der Eigenschaften gesinterter oder sintergeschmiedeter Legierungen mit konventionell hergestellten Legierungen (nach *K. Ridal* in [5.13]). *1* Gesinterter hochfester Stahl (4% Ni, 2% Mo), *2* sintergeschmiedete Legierung (2% Ni, 0,5% Mo), *3* konventionell hergestellter Stahl (2% Ni, 0,5% Mo)

den Überdrucksintern (Sinter-HIP) stellt hierfür eine bemerkenswerte Lösung dar und hat das bisher übliche Heißpressen kleinerer Hartmetallteile völlig verdrängt (Kap. 17).

Beim Heißpressen in Matrizen werden für Arbeitstemperaturen bis 600 °C Werkzeuge aus warmfestem Stahl, darüber hinaus solche aus Keramik und besonders aus Graphit verwendet, letztere bis zu Temperaturen von 3000 °C. Die verschiedenen Möglichkeiten zum Erwärmen des Presslings, die beim Drucksintern in der Praxis anzutreffen sind, zeigt Bild 5–28. Dabei wird das Drucksintern in seiner ursprünglichen Form mit offenen Werkzeugen industriell nicht mehr angewandt. Insbesondere für die Herstellung von Sonderkeramiken wurden Heißpresseinrichtungen entwickelt, deren geheizte Werkzeuge sich innnerhalb von Schutzgas- oder Vakuumkammern befinden. Neben der Temperaturmessung wird dabei eine Prozesskontrolle und -steuerung vielfach über die Messung der Schwindung in Pressrichtung verwirklicht [5.17]. Eine neuere Entwicklung des Heißpressens stellt das sogenannte Spark Plasma Sintering (SPS) dar [5.18, 5.19]. Durch wiederholte Gleichstrompulse im Millisekundenbereich werden das noch nicht verdichtete Pulver direkt, gleichzeitig aber auch die aus Graphit bestehenden Stempel und die Matrize erwärmt. Bei Ähnlichkeit mit dem in Bild 5–28b gezeigten Aufbau treten doch prinzipielle Unterschiede auf, da die kurze Pulslänge Temperaturgradienten im Abmessungs. bereich einzelner Pulverteilchen bedingt und ggf. auch zu Aufschmelz- und Verdampfungsprozessen an den Teilchenkontakten führt. Dabei ist zu beachten, dass sich die elektrische Leitfähigkeit vom Pulver bis zum kompakten Material um Größenordnungen ändert. Zwar herrscht über die im Detail ablaufenden verdichtungsfördernden Vorgänge noch keine vollständige Klarheit, doch bieten interessante Werkstoffzustände, wie Fein- oder Nanokristallinität, vor allem aber die kurze Prozesszeit Ansätze für die zukünftige Nutzung bei der Herstellung von Sonderwerkstoffen.

Für das isostatische Heißpressen wird im Inneren eines Druckgefäßes, wie es bereits für das isostatische Kaltpressen beschrieben wurde (Abschn. 5.2.2), zusätzlich

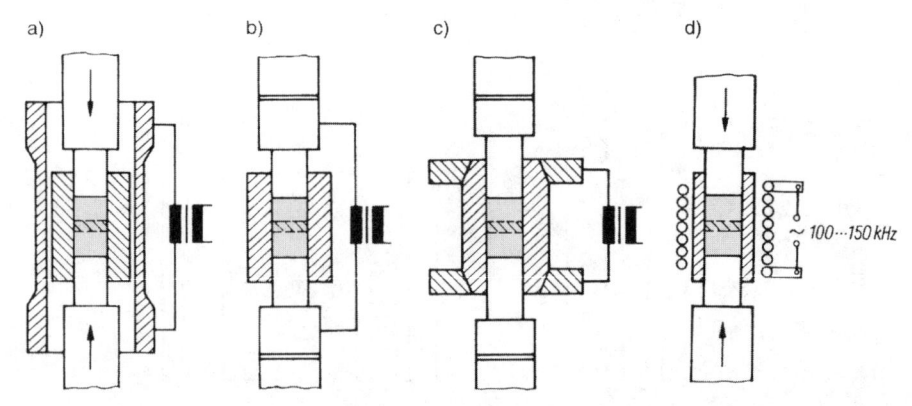

Bild 5–28. Schematische Darstellung von Einrichtungen zum Drucksintern (nach *C. Ballhausen*). a) Indirekte Heizung durch Heizrohr oder -wicklung, b) direkte Heizung mit Stromzuführung über die Stempel, c) direkte Heizung der Matrize, d) induktive Erhitzung der Matrize (oder auch des Presskörpers)

5.3 Formgebung mit Druckanwendung bei erhöhter Temperatur

eine Heizvorrichtung angeordnet, die die zu pressende Probe aufnimmt (Bild 5–29). Sie ist von einer wärmeisolierenden Schicht umschlossen, damit die Wandung des Druckgefäßes nicht unzulässig erwärmt wird. Die Arbeitstemperaturen liegen meist zwischen 800 und 1500 °C, in Sonderfällen reichen sie bis 2000 °C. Druckübertragungsmittel sind Gase, in der Regel Argon hohen Reinheitsgrades, das in das Druckgefäß eingedrückt wird. Der volle Arbeitsdruck (bis 200 MPa) stellt sich im Verlauf und als Folge des Aufheizens im abgeschlossenen Gefäß ein (Bild 5–30). Die Abmessungen des Druckkessels reichen bis zu 2 m Durchmesser und 2,50 m Länge. Wegen der im Druckkessel untergebrachten Heizung und Isolation ist der verfügbare Raum jedoch geringer. Bereits vorverdichtete Körper ohne von außen zugänglichen offenen Porenraum (z.B. gesinterte Hartmetallteile) können ohne weitere Maßnahmen nachverdichtet werden. Andere poröse Körper und Pulver müssen mit einer gasdichten Hülle aus Metallblech oder Glas umgeben (gekapselt) werden, die vor dem endgültigen Verschließen zu evakuieren ist.

Die notwendigen Zeiten für einen Arbeitszyklus einschließlich Beschicken und Entleeren bedingen, dass bei einer Anlage höchstens 2 Zyklen in 24 h möglich sind. Der Durchsatz lässt sich aber erhöhen und der Kostenaufschlag senken, wenn ein

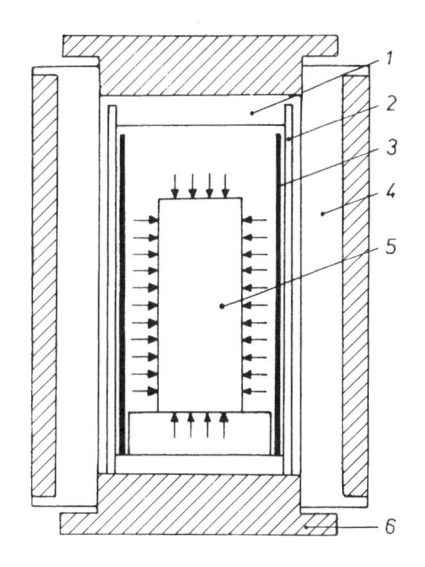

Bild 5–29. Druckkammer für isostatisches Heißpressen (nach Prinzip ASEA, Schweden). *1* Isolierdeckel; *2* Isoliermantel; *3* Ofen; *4* drahtgewickelte Druckkammer; *5* isostatisch verpresstes Teil; *6* Kammerdeckel

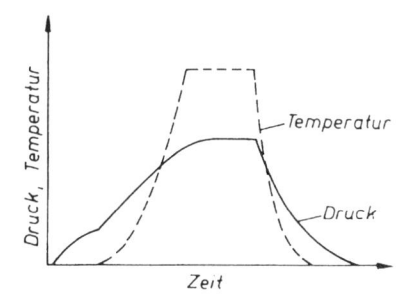

Bild 5–30. Druck- und Temperaturverlauf während des isostatischen Heißpressens (nach W. *Böhlke* und K. *Voigt*)

Modularofensystem verwendet wird. Hier sind mehrere Ofensysteme (evtl. zusätzlich noch Behälter zum isostatischen Kaltpressen) einem fahrbaren Pressrahmen zugeordnet. Während sich beispielsweise ein Ofensystem in der Presse befindet, kann ein zweites abgekühlt und entleert und ein drittes neu beschickt werden.

Trotz hoher Anlagenkosten hat sich das heißisostatische Pressen (HIP-Technik) für die Herstellung von Großteilen aus Hartmetallen (s.a. Kap. 17) sowie von Spezialsinterwerkstoffen wie Schnellarbeitsstahl, Super- oder Titanlegierungen industriell eingeführt. Bei der pulvermetallurgischen Herstellung von Schnellarbeitsstahl (Abschn. 10.1) werden als erster Schritt verdüste gekapselte Pulver heißisostatisch zu großformatigen Halbzeugen verdichtet, die über Warmwalzen und Schmieden schließlich zu Werkzeugen verarbeitet werden.

Bei der Herstellung von Bauteilen aus Super- und Titanlegierungen (s. Kap. 9 und 10) mit Hilfe des heißisostatischen Pressens ist eine endabmessungsnahe Herstellung der Teile (Near-net-shape-Technik) von besonderem Interesse. Als Beispiel ist in Bild 5–31 die galvanoplastische Hüllenherstellung schematisch dargestellt. Auch das Plasmaaufsprühen von Hüllenmaterial auf das Modell ist im Gebrauch. Der Zwischenraum zwischen der Hülle (Container) und einer Kapsel, auf die das Druckübertragungsmedium (Argon) einwirkt, wird mit kleinen Korundkugeln gefüllt, die den Druck allseitig und gleichmäßig auf den in der Hülle befindlichen Werkstoff weiterleiten.

Während das heißisostatische Pressen in der Hartmetallindustrie weitgehend durch das kombinierte Vakuum-Überdruck-Sintern verdrängt wurde (s. Kap. 17) und nur noch für spezielle Bauteile Verwendung findet, hat es außerhalb der Pulvermetallurgie für die Defektausheilung in sicherheitsrelevanten Bauteilen vielfältige neue Anwendungen gefunden und wird sogar für die Qualitätsverbesserung von Leichmetallgussteilen im Automobilbau diskutiert.

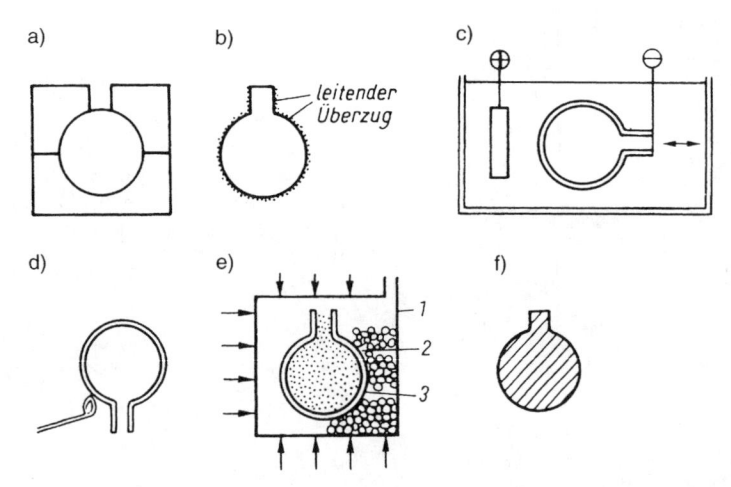

Bild 5–31. Schematische Darstellung der galvanoplastischen Near-net-shape-Technik (nach DE-PS 2730661). a) Gießform, b) Wachsmodell, c) Galvanisieren, d) Wachsausschmelzen, e) HIP, f) Net-Shape. *1* Gasdichte Kapsel; *2* druckübertragendes Medium; *3* innerer Container mit Pulver

5.3.2 Sinterschmieden

Das Sinterschmieden vereinigt in sich die Technik des Gesenkschmiedens mit den Vorteilen pulvermetallurgischer Verfahrensweise, insbesondere auch mit den dort vorhandenen großen Erfahrungen der Werkzeugfertigung und -steuerung [5.10, 5.20 bis 5.22]. Die Begriffe Sinter- und Pulverschmieden sind gleichbedeutend.

Das Prinzip des Sinterschmiedens sei anhand der schematischen Darstellung in Bild 5–32 erläutert. Aus einer dosierten Pulvermenge wird zunächst ein Rohkörper (Vorform) mit etwa 70% relativer Dichte gepresst, dessen Gestalt dem daraus herzustellenden Teil angepasst ist. Danach wird die Vorform in einem Ofen unter Schutzgas auf Schmiedetemperatur erhitzt und anschließend im Gesenk gratfrei zur endgültigen Form geschmiedet. Die geforderten Toleranzen setzen eine Genauigkeit bei der Pulvereinwaage ± 0,5 bis 0,25% für die Rohlinge voraus. Bei härtbaren Stählen wird angestrebt, die Härtung des Teiles sogleich mit dem Abschrecken von Schmiedetemperatur zu verbinden. Bewährt hat sich auch eine induktive Erwärmung des zu schmiedenden Rohlings. Sie hat den Vorteil, dass bei den nur kurzen Erwärmungszeiten mitunter schon ein Überzug von Graphitpaste genügt, um das Teil vor Oxidation schützen und auf eine Schutzgasatmosphäre verzichten zu können. Um kostengünstig zu produzieren, ist ein hoher Automatisierungsgrad und eine Verkettung aller Stufen von besonderer Bedeutung. So ist bei der Herstellung von Sinterschmiedepleuel industriell eine vollständige Verkettung von der Pulverpresse über den Sinterofen bis zur Schmiedepresse, der die Teile von einem Roboter direkt aus der Sinterhitze zugeführt werden, bereits realisiert.

Während des Schmiedevorganges setzt zunächst eine Verformung des Presslings in Richtung der Presskraft ein. Erst wenn der Porenraum etwa 10% unterschreitet, beginnt das Material auch senkrecht dazu zu fließen („dichteabhängige Poissonzahl"). Der Energieaufwand zur Umformung ist deutlich geringer als beim Schmieden kompakter Vorformen. Ein derartiger Materialfluss ermöglicht nicht nur eine

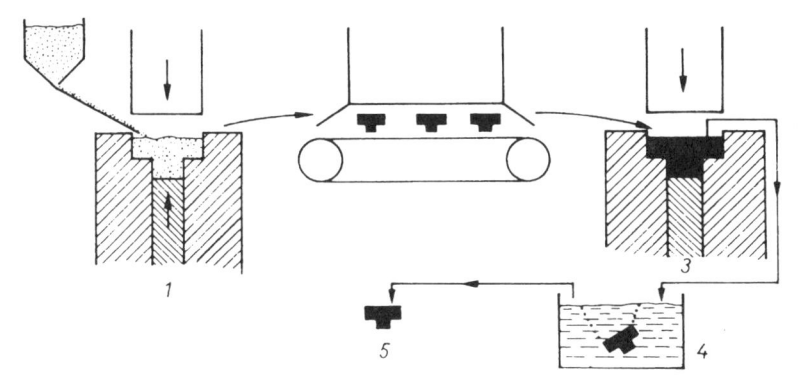

Bild 5–32. Schematische Darstellung des Sinterschmiedeverfahrens (nach [5.13]). *1* Pulverpressen; *2* Vorwärmen des Rohlings (Vorform) unter Schutzgas; *3* Heißverdichten (Schmieden); *4* Abschrecken; *5* fertiges Teil

getreue Abbildung der Werkzeugkonturen, sondern bildet auch die Voraussetzung für eine drastische Absenkung des Porenraumes. In welcher Weise dies von den Arbeitsbedingungen abhängt, verdeutlicht Bild 5–33. In der Regel taucht beim Sinterschmieden der Pressling völlig in die Form ein. Beim Pressen von Zahnrädern steht zunächst Material über, das durch einen Ring gehalten wird, bis der Materialfluss in die Zähne beendet ist (Bild 5–34).

Die Schlagzahl der Schmiedepressen beträgt etwa 20 bis 40 je Minute. Man rechnet mit einer Lebensdauer der Matrizen für 50 000 Teile, der Stempel für 10 000 bis 30 000 Teile. Verwendet werden in der Regel hydraulische Pressen. Wegen der höheren Schlagzahl (s. hierzu die Abhängigkeit in Bild 5–33) werden aber auch mechanische Schmiedepressen bereits auf ihre Eignung untersucht [5.24].

Mit Hilfe des Sinterschmiedens werden die Eigenschaften warmverformter hochfester Legierungen schmelzmetallurgischer Herstellungsweise erreicht (Bild 5–27). Die mitunter unerwünschte Anisotropie der Festigkeitseigenschaften in Abhängigkeit von der Verformungsrichtung erschmolzener Legierungen ist bei sintergeschmiedeten Teilen nicht anzutreffen (Bild 5–35).

Das Sinterschmieden ermöglicht dank genauer Pulvereinwaage ein gratloses Schmieden und wegen der Genauigkeit der Werkzeuge in vielen Fällen einbaufertige Teile mit geringen Toleranzen (Tabelle 5.4). Zumindest wird eine Nacharbeit deutlich verringert. Die daraus sich für Material- und Energieaufwand ergebenden Vorteile des Sinterschmiedens sind in Bild 5–36 aufgezeigt.

Trotz der erwähnten Vorteile ist eine beachtenswerte Produktion von Sinterschmiedeteilen in den USA und Japan erst Anfang der achtziger Jahre, in Deutschland etwa fünf Jahre später angelaufen, obwohl die wissenschaftlichen und technischen Voraussetzungen bereits mindestens zehn Jahre früher gegeben waren. Bevorzugtes Anwendungsgebiet sind derzeit Pleuel und andere Teile für den Kraftfahrzeugbau

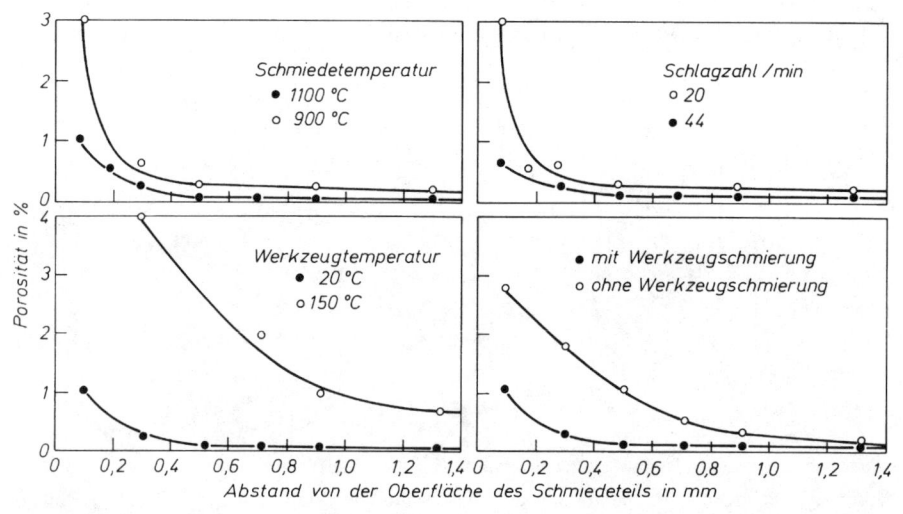

Bild 5–33. Einfluss der Prozessbedingungen beim Sinterschmieden auf die oberflächennahe Porosität (in [5.22])

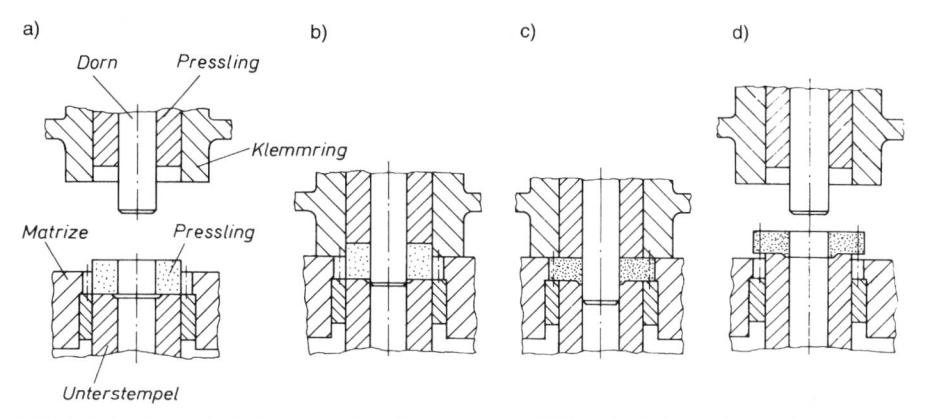

5.3 Formgebung mit Druckanwendung bei erhöhter Temperatur 141

Bild 5-34. Sinterschmieden von Schneckenrädern (in [5.21]). a) Einlegen der Vorform, b) Beginn des Schmiedevorganges, c) Ende des Schmiedevorganges, d) Ausstoßen

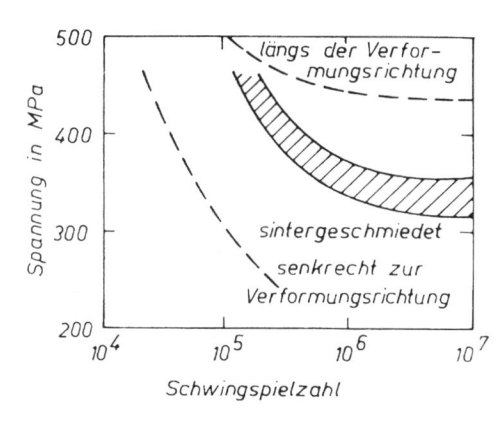

Bild 5-35. Vergleich der Ermüdungsfestigkeit eines sintergeschmiedeten Ni-Mo-Stahles mit der richtungsabhängigen Ermüdungsfestigkeit der gegossenen, warmverformten Legierung (*G.T. Brown*)

(Abschn. 10.1), denn der aus Kostengründen hohe Automatisierungsgrad der Anlagen setzt auch hohe Stückzahlen voraus. Die Masse der Teile liegt zwischen 0,3 und 5 kg [5.21, 5.25].

5.3.3 Strangpressen

Das Strangpressen bei hohen Temperaturen ist in der Regel kein Endformgebungsverfahren. Es ist aber dann ein wichtiger Verfahrensschritt in der Pulvermetallurgie, wenn Oxidhäute auf den hochsauerstoffaffinen Pulverteilchen das Dichtsintern des Formkörpers erheblich behindern. Die hohen Scherkräfte bei ausreichendem Verformungsverhältnis während des Strangpressens (1 : 12 und mehr) lassen die Oxidhäute aufreißen und ermöglichen das Sintern zu einem Körper mit den angestrebten hohen Festigkeiten. Dies trifft für Werkstoffe aus Aluminium und Titan (Kap. 9) sowie deren Legierungen, aber auch für entsprechend hochlegierte Sinterwerkstoffe, wie Schnellarbeitsstähle und Superlegierungen (Kap. 10), zu. Des Weiteren ist das

Tabelle 5-4. Vergleich des Sinterschmiedens mit anderen wettbewerbsfähigen Technologien (nach [5.25])

Technologie	Sinterschmieden	Sintern, konventionell	Gesenk-schmieden	Kalt-umformen	Präzisions-gießen
Masse der Teile in kg	0,1...5	0,01...1	0,05...1000	0,01...35	0,1...10
Verhältnis Höhe/Durchmesser	≦1	≦1	nicht begrenzt	nicht begrenzt	nicht begrenzt
Form	keine größere Variation im Querschnitt, Durchbrechungen begrenzt	keine größere Variation im Querschnitt, Durchbrechungen begrenzt	jede Form, Durchbrechungen begrenzt	meist rotations-symmetrisch	jede Form und Durchbrechung
Materialausnutzung in %	100	100	50...70	95...100	70...90
Toleranzen	IT 8...10	IT 6...8	IT 13...15	IT 7...9	IT 8...10
Oberflächenrauhigkeit in µm	5...30	1...30	30...100	1...10	10...30
Mindeststückzahl für eine ökonomische Produktion	20000	5000	1000	5000	2000
Hauptcharakteristik	hohe Festigkeit, keine Bearbeitung	mäßige Festigkeit, keine Bearbeitung, porig	hohe Festigkeit, Bearbeitung auf Endform	hohe Festigkeit, minimale Bearbeitung	mittlere Festigkeit, minimale Bearbeitung
Kosten einer Produktionseinheit in % (Sintern = 100%)	250	100	150	150	100
Automatisierungsmöglichkeit	gut	gut	begrenzt	sehr gut	begrenzt
Kosten je kg (in Einheiten)	125	100	100	125	150

5.3 Formgebung mit Druckanwendung bei erhöhter Temperatur 143

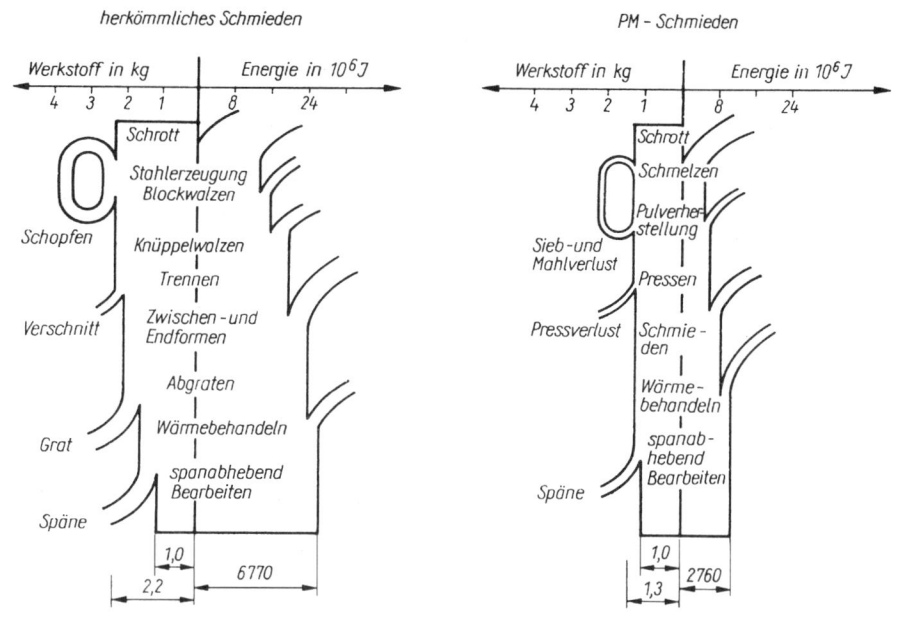

Bild 5–36. Vergleich des Material- und Energieaufwandes beim herkömmlichen und Pulverschmieden (nach *J. Rupprecht*)

Warmstrangpressen bei der Verdichtung dispersionsgehärteter Sinterwerkstoffe von Vorteil, da infolge der intensiven Warmumformung eine gleichmäßige Verteilung des Dispersates erzielt wird, die Voraussetzung für den gewünschten Effekt der Teilchenhärtung ist. Das Strangpressen wird außerdem zur weiteren Verdichtung von Halbzeugen eingesetzt, die durch Sprühkompaktieren (Abschn. 5.4) hergestellt wurden.

Die Arbeitsweise des Strangpressens bei erhöhter Temperatur gleicht im Wesentlichen der bei der Verarbeitung kompakterer Werkstoffe üblichen. Ausgegangen wird im Allgemeinen von Pulverpresslingen, vorgesinterten Rohlingen oder von Strängen nach dem Sprühkompaktieren. Pulver und vorgesinterte Rohlinge mit noch nicht ausreichender Festigkeit werden in eine Hülle aus einem gut verformbaren Material, z.B. weichem Stahlblech, eingepackt (gekapselt), um sie zusammenzuhalten und vor Oxidation beim Vorwärmen zu schützen. Die Düsen sind so gestaltet, dass während des Auspressens eine turbulente Strömung erzeugt und das Material kräftig durchgeknetet wird. Die verwendeten Umhüllungen verzundern während des Pressens u.U. so stark, dass sie gänzlich oder weitgehend abplatzen, Reste können abgebeizt oder geschält werden. Als Schmiermittel werden Gläser geeigneter Viskosität eingesetzt. Untersuchungen haben gezeigt, dass sich der Kraftverlauf beim Strangpressen disperser Werkstoffe gegenüber dem kompakter Werkstoffe deutlich unterscheidet. Während im letzteren Falle die Kräfte zunächst durch ein Maximum gehen und gegen Ende des Vorganges wieder abnehmen, steigen sie bei pulvermetallurgischen Halbzeugen stetig an, bedingt durch die Abnahme des Porenraumes und das Fortschreiten des Sinterns während des Umformvorganges.

5.4 Formgebung ohne Druckanwendung

Mit Formgebungsverfahren ohne Anwendung eines Druckes oder eines Druckes der zu gering ist, um die Pulverteilchen zu verformen, ist eine Verdichtung nur bis zur geometrisch dichtesten Packung der Pulverteilchen erreichbar. Für ein kugliges Pulver ist gegenüber einheitlichem Teilchendurchmesser eine bessere Raumerfüllung noch zu bewirken, wenn eine zweite Teilchenfraktion mit geringerem Teilchendurchmesser, die sich in die Hohlräume zwischen den größeren Teilchen einordnet, zugefügt wird.

Die Anordnung in der dichtesten Packung beim Schütten von Pulvern kann durch eine Vibration unterstützt werden. Bei zu hoher Schwingungsenergie kehrt sich der Effekt jedoch in das Gegenteil um und es treten Entmischungserscheinungen auf. Es ist auch gezeigt worden, dass in wirkungsvoller Weise eine Schwingbehandlung dem statischen Druck beim Pulverpressen überlagert werden kann. Der Pressdruck, der dann notwendig ist, um die gleiche Pressdichte zu erzielen, ist wesentlich niedriger. Anwendungsbeispiele für das Vibrationsverdichten finden sich in der keramischen Industrie.

Als weitere Variante ist die Zentrifugalverdichtung bekannt. Hierbei wird das Pulver von einem Drehteller gegen eine zylindrische Wandung geschleudert (Bild 5–37). Auf diese Weise lassen sich über eine gesteuerte Pulverzufuhr rotationssymmetrische Teile mit über den Querschnitt veränderter Materialzusammensetzung herstellen (Gradientenwerkstoffe) [5.26, 5.27].

Technische Anwendung in der Pulvermetallurgie hat von diesen Verfahren hauptsächlich das Schütten von Pulvern in Formen für die Herstellung hochporöser metallischer Filter (Abschn. 13.1), die einen bestimmten Anteil durchgängigen Porenraumes aufweisen müssen, gefunden. Da das Pulver während des Sinterns in diesen Formen verbleibt, müssen die Formen bei Sintertemperatur beständig sein. Für Buntmetallpulver (Bronze) werden Formen aus Stahl oder Graphit verwendet, für Stahlpulver solche aus keramischen Massen. Die Sinterung wird nur soweit geführt, dass sich ein günstiges Verhältnis von Festigkeit und Filterwirkung einstellt (Abschn. 13.1.3). Um zu verhindern, dass die Metallpulver an der metallischen Formwand ansintern, wird diese mit einer geeigneten Aufschlämmung (z.B. Tonerde mit Wasser) eingestrichen und getrocknet.

5.4.1 Schlickergießen und nasse Verfahren

Die Reibungskräfte, die in einem Pulverhaufwerk der Anordnung der Teilchen in die dichteste Packung entgegenwirken, lassen sich durch Aufschlämmen der Pulver in einer Flüssigkeit (Schlicker) weitgehend reduzieren. Das Gießen von Schlickern in poröse Formen, die die Flüssigkeit unter Bildung eines trockenen Scherbens aufsaugen, ist in der keramischen Technik ein weit verbreitetes Verfahren. Für die Pulvermetallurgie hat es sich in technischem Maßstab nicht durchsetzen können.

Eine Variante ist das „wet powder pouring" [5.28]. Es verwendet eine Aufschlämmung der Pulver in organischen Lösungsmitteln unter Zusatz von Binderstoffen. Der Schlicker wird in undurchlässige Formen gegossen und das Lösungsmittel da-

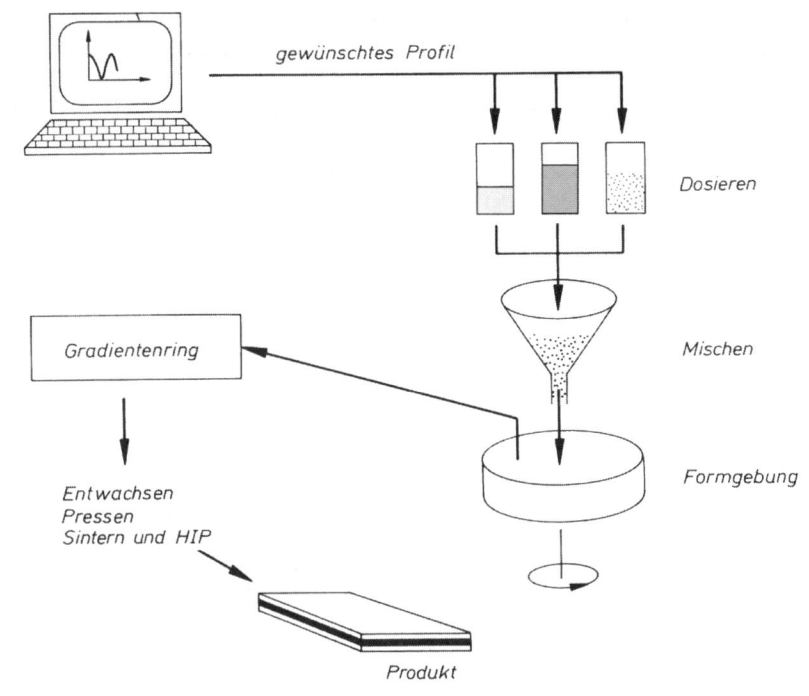

Bild 5–37. Prinzip des Zentrifugalverdichtens (nach [5.26])

nach verdampft. Der getrocknete Formkörper wird in ähnlicher Weise wie beim Pulverspritzgussverfahren weiterbehandelt.

Suspensionen mit ausreichend feinen Pulvern lassen sich durch geeignete Düsen versprühen und auf Unterlagen auftragen. Nach der Trocknung stabilisieren eingebrachte Binder die dünnen Pulverschichten, bevor sie gesintert werden. Auf diese Weise werden z.B. Feinstpulver auf grobporige Körper aufgetragen, um Filter mit sehr kleiner Porengröße zu erhalten [5.29]. Auch für das Auftragen von Reibschichten auf Synchronringen [5.30] und die Herstellung von gradierten Werkstoffen [5.31] wird das Verfahren vorgeschlagen. Bei der Herstellung von hochporösen Hohlkugelstrukturen wird das Pulver auf die als Trägerkörper dienenden Styropor-Kugel ebenfalls aufgesprüht. Je nach Sinterbedingungen und im Ausgangszustand eingestellter Teilchenpackung lassen sich poröse bis dichte Strukturen erzeugen. Wie auch bei dem im Folgenden beschriebenen Pulverspritzgießen müssen organische Bestandteile vor dem Sintern entfernt werden, wobei Reaktionen mit dem Pulver zu vermeiden sind.

5.4.2 Pulverspritzgussverfahren

Die Produktivität und die Präzision einschließlich der erreichten Formenvielfalt des Spritzgussverfahrens für thermoplastische Erzeugnisse einerseits und die Forderung nach Herstellung immer komplizierterer Formteile auch aus schwerpressbaren Pulvern andererseits waren der Auslöser für die Entwicklung des Pulverspritzgussverfahrens (metal-injection-moulding, vielfach nur unter der Kurzbezeichnung MIM [5.10, 5.32 bis 5.35]. Das Verfahrensprinzip zeigt Bild 5–38. Zunächst wird eine Mischung aus dem thermoplastischen Bindersystem und Metall- oder Keramikpulver in Knetern oder ähnlichen Einrichtungen hergestellt (Plastifizieren, Granulieren). Diese Mischung (Feedstock) wird in der geheizten Spritzgussmaschine von einer rotierenden Schnecke vorwärtsbewegt und durch eine achsiale Bewegung der Schnecke in die Form (Werkzeug) gespritzt (Extrusion). Das Werkzeug ist so gestaltet und zu öffnen, dass nach schnellem Abkühlen der Spritzmasse auch kompliziert geformte Pressteile entnommen werden können (Kap. 8, Bild 5–40). Vielfach bietet das Werkzeug auch die Möglichkeit, mehrere kleinere Teile in einem Arbeitsgang zu spritzen.

An die eingesetzten Pulver werden die Forderungen gestellt, dass sie die Viskosität der Mischung so wenig wie möglich erhöhen, gleichzeitig einen maximalen Metallanteil gewährleisten und hohe Sinteraktivität zeigen. Deshalb sind feine, runde Pulver (Teilchengrößen kleiner als 25 µm) mit geringer Rauhigkeit am besten geeignet, auch wenn sich dies nachteilig auf die Festigkeit des Formkörpers nach dem Austreiben des Binders auswirkt. Solche Pulver können durch Inertgasverdüsung (Kap. 2) hergestellt werden und, da keine Verformbarkeit der Pulverteilchen im Prozess erforderlich ist, die Legierungselemente bereits enthalten. Für den Pulverspritzguss müssen jedoch die zu groben Anteile abgesiebt und anderen Verwen-

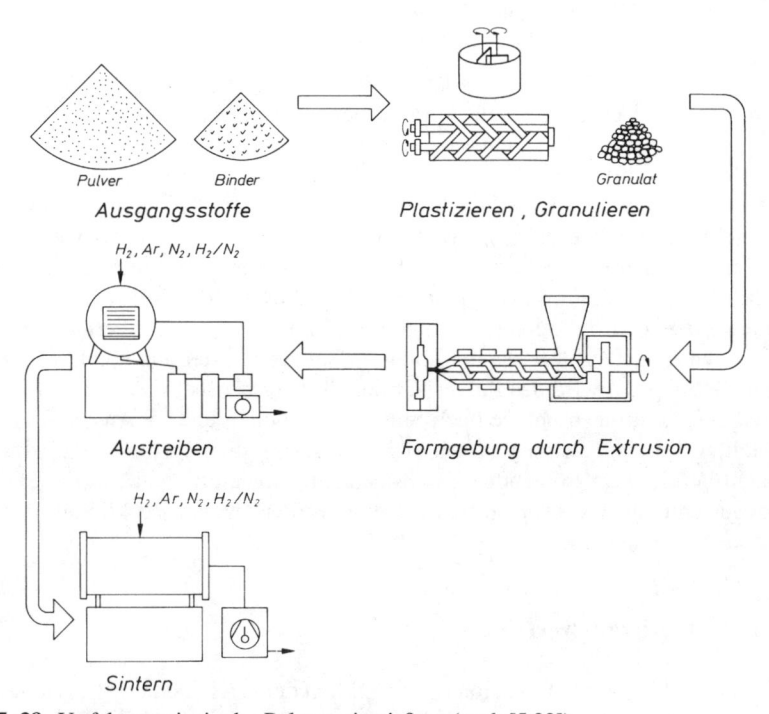

Bild 5–38. Verfahrensprinzip des Pulverspritzgießens (nach [5.33])

5.4 Formgebung ohne Druckanwendung

dungen zugeführt oder wieder der Schmelze zugegeben werden, weshalb die Kosten für die Feinpulver relativ hoch sind. Eine Alternative bieten nach dem Carbonylverfahren (Kap. 2) erzeugte Pulver, denen Legierungselemente nach Bedarf zugemischt werden. Wegen der bei Legierungsbildung im Sinterprozess auftretenden Schwellerscheinungen und verbleibender Porosität ist diese Technik nur für niedriglegierte Werkstoffe geeignet.

Ehe das eigentliche Sintern des Formkörpers beginnen kann, muss der Binder wieder vollständig aus ihm entfernt werden (Austreiben, Entbindern) [5.33]. Der hohe Binderanteil (40–60 Vol-%), der für die plastische Verformbarkeit der erwärmten Mischung unumgänglich ist, erfordert besondere Sorgfalt, um defektfreie und nicht von Binderückständen verunreinigte Sinterteile zu erhalten. Um die Entfernung des Binders zu erleichtern und anschließend ausreichende Festigkeit zu gewährleisten, sollte der Binderanteil im Feedstock so weit wie möglich reduziert werden. Die untere Grenze ist bei gegebener Pulverqualität durch die rasch zunehmende Viskosität der Mischung gegeben. Eine besondere Rolle bei der Optimierung des Binderanteils spielt die Gleichmäßigkeit der Verteilung, weshalb Mischverfahren, die gewisse Scherkräfte erzeugen, bevorzugt werden. Die eingestellte Dichte der Mischung bestimmt außerdem entscheidend die Maßhaltigkeit des später dicht gesinterten Bauteiles. Die Entbinderung muss ohne Verformung des Teiles und Rissbildung vonstatten gehen. Während zu hohe Bindergehalte zur Verformung unter Gravitationswirkung führen, ist eine zu schnelle Entbinderung mit der Gefahr der Rissbildung verbunden. Um den komplexen Anforderungen zu genügen, enthalten die Binder meist mehrere Komponenten, die sich in ihren physikalischen und chemischen Eigenschaften unterscheiden.

Für das Entfernen des Binders stehen heute mehrere Möglichkeiten zur Verfügung. Als erstes Verfahren wurde ein einstufiges Entbindern genutzt, bei dem der Binder thermisch ausgetrieben und mit einem Gasstrom vom Formkörper wegbewegt wird. Dem Vorteil, dass die Proben für das Sintern nicht umgesetzt werden müssen, stehen lange Prozesszeiten gegenüber, da 2–3 mm Wanddicke pro Stunde als zulässige Geschwindigkeit für das Austreiben des Binders gelten, ohne dass Risse auftreten. Die Verdampfung des Binders bzw. seine thermische Zersetzung in flüchtige Komponenten muss dabei an der Binderoberfläche geschehen, um die Gase durch die offenen Porenkanäle entweichen zu lassen. Bei zu rascher Entbinderung führt die Gasentwicklung in noch nicht mit der Oberfläche verbundenen Bereichen zu Poren- und Rissbildung im Sinterkörper. Bei der thermischen Entfernung des Binders ist ein Cracken der höhermolekularen Kohlenwasserstoffe in leichter flüchtige Bestandteile durchaus erwünscht, bringt aber auch gewisse Anteile von freiem Kohlenstoff mit sich. Dieser leistet einen Beitrag zur erforderlichen Restfestigkeit des nach der Binderentfernung sehr fragilen Pulverkörpers, verbleibt jedoch im Material. Für kohlenstoffhaltige Werkstoffe kann dieser Anteil reproduzierbar eingestellt und genutzt werden, in anderen Fällen, wie zum Beispiel bei Titan, ist er so gering wie möglich zu halten. Die genauen Zusammensetzungen der Binder werden von den Herstellern nicht angegeben. Meist enthalten sie mehrere Komponenten, von denen die zuletzt aus dem Formteil entweichende solange für ausreichende Festigkeit sorgt, bis erste Sinterbrücken entstehen [5.10].

Weitere Varianten der Entbinderung sind das Aufsaugen in poröse Unterlagen, die Extraktion eines Teils des Binders mit Lösungsmitteln und die katalytische Entbinderung, bei der bereits bei sehr niedrigen Prozesstemperaturen der Binder durch den Angriff von HNO_3-Dämpfen zersetzt wird und von den strömenden Schutzgasen leicht abtransportiert werden kann. Bei diesen Verfahren müssen natürlich Vorkehrungen getroffen werden, um die Anlagen vor aggressiven Gase zu schützen und im Falle der Lösungsmittelextraktion das Entweichen von Dämpfen (Aceton) zu unterbinden [5.36].

Für das Sintern werden oft verhältnismäßig hohe Temperaturen gewählt, die im Zusammenwirken mit der geringen Teilchengröße der verwendeten Pulver zu einer möglichst vollständigen Verdichtung der Sinterkörper führen. Die trotz des großen Sinterschwundes hohen Genauigkeiten werden durch genaue Einstellung der Differenz zwischen Feedstockdichte und Sinterdichte erreicht und bereits mit der Feedstockherstellung beeinflusst. Abweichungen von dem an sich isotropen Schwindungsverhalten durch Wirkungen der Schwerkraft oder durch Reibungskräfte mit der Sinterunterlage muss durch geeignete Maßnahmen (Lage der Bauteile beim Sintern, integrierte Stützen) begegnet werden, um einen Verzug beim Sintern zu vermeiden. Für das Sintern werden sowohl Batch-Öfen mit Vakuum-

Tabelle 5–5. Auswahlkriterien für das Pulverspritzgießen (nach [5.33] ergänzt durch Angaben aus [5.37])

Auswahlkriterien	Prozessbegrenzungen		
Größe der Bauteile		unproblematisch	möglich
	äußere Abmessungen	10–20 mm	< 100 mm
	Wandstärke	1–5 mm	0,3–1 mm
			5–25 mm
	Bohrungen		≥ 0,5 mm Durchmesser
Geometrie der Bauteile	Beschränkung durch den Formenbau, insbesondere: – keine inneren Hohlräume – Innen- und Außenkantenradius nicht kleiner als 0,2 mm – Löcher und Nuten nicht kleiner als 0,3 mm		
Maßtoleranzen	0,1%…0,5% 0,5% bei Wandstärken > 5 mm		
Oberflächengüte	entscheidend ist die Korngröße und -form des verwendeten Pulvers:		
	Pulverteilchengröße in µm	Rauhtiefe R_a in µm	Rauhtiefe R_t in µm
z.B. Werkstoff			
$FeNi_2$	≤ 10	0,7	5
Hartmetall	≤ 5	1	6
Werkstoffe	keine wesentlichen Beschränkungen bisher vorzugsweise verarbeitete Werkstoffe: Keramiken (z.B. Al_2O_3, Si_3N_4, SiC), Hartmetalle Fe-Werkstoffe, NE-Metalle, Leichtmetalle Superlegierungen, Schwermetalle u.a.		

5.4 Formgebung ohne Druckanwendung

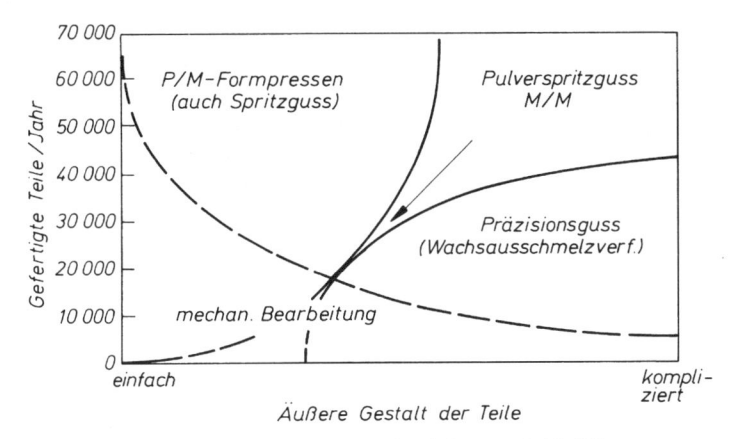

Bild 5–39. Anwendungsbereich für das Pulverspritzgießen (nach [5.40])

oder Schutzgasatmosphäre, aber auch kontinuierlich arbeitende Öfen eingesetzt [5.37].

Das Pulverspritzgießen ist besonders für Kleinteile mit vorzugsweise geringen Wanddicken geeignet. Durch verfahrenstechnische Verbesserungen wurden die zugänglichen Bauteilabmessungen aber bis auf 100 mm erweitert und in Ausnahmefällen werden sogar Wanddicken bis zu 25 mm beherrscht [5.37] (Tabelle 5–5). Nach unten sind scheinbar keine Grenzen gesetzt, da Bauteile mit einer Masse von 0,1 g industriell hergestellt [5.37] und zu Mikrobauteilen (< 100 μm) intensive Forschungen betrieben werden [5.38]. Wirtschaftlich vorteilhaft ist das Verfahren besonders dort, wo große Serien kompliziert geformter Bauteile, ggf. noch aus schwer

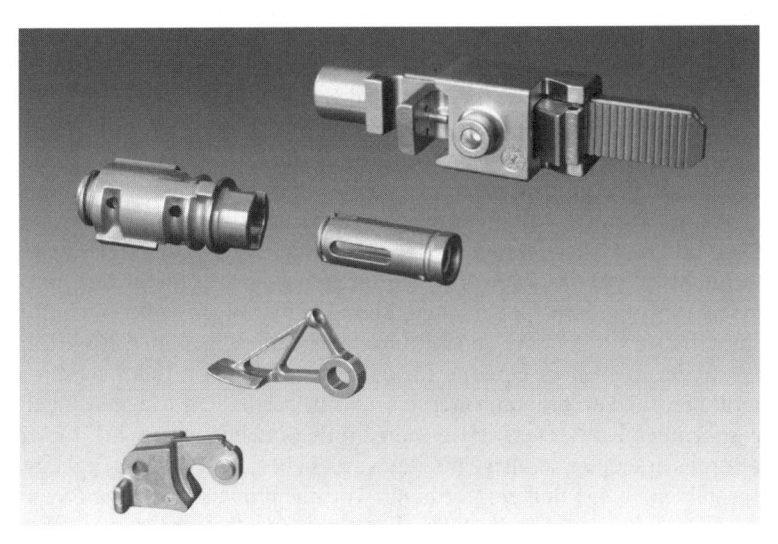

Bild 5–40. Sinterteile, hergestellt durch Pulverspritzgießen aus niedriglegiertem Stahlpulver (Werkfoto Schunk Sintermetalltechnik GmbH)

bearbeitbarem Material, gefertigt werden müssen (Bild 5–39). Die Werkstoffpalette ist durch die Anwendungsfälle aber auch durch sintertechnische Aspekte bestimmt und umfasst im Wesentlichen niedriglegierte Stähle (Fe-Ni), Einsatzstähle, Vergütungsstähle (z.B. 42CrMo4), rostfreie Stähle (316L), Titan, weichmagnetische Werkstoffe, Wolfram-Schwermetalle, Hartmetalle und andere [5.37]. Da mit der MIM-Technik sehr hohe Dichten erreicht werden, unterscheiden sich die Werkstoffeigenschaften kaum von denen des regulinen Materials. Um Porenbildung beim Sintern, wie sie bei Verwendung von Pulvermischungen oft eintritt, zu vermeiden, können mit Erfolg beschichtete Pulverteilchen eingesetzt werden [5.39]. Eine Auswahl spritzgegossener Teile zeigt Bild 5–40.

5.4.3 Sprühkompaktieren

Im weitesten Sinne sind hierunter alle Verfahren zu verstehen, die durch Aufprall ganz oder teilweise aufgeschmolzener Pulverteilchen auf eine Unterlage einen festen Körper bilden. In besonderem Maße wird das Sprühkompaktieren mittels Flammenspritzen zur Erzeugung von Schichten genutzt. Das Aufschmelzen der Teilchen kann sowohl durch eine Flamme als auch bei stationären Anlagen mit Hilfe eines elektrischen Plasmas geschehen. Ringe und Tiegel aus hochschmelzenden Metallen können gefertigt werden, indem der Pulverstrahl auf eine rotierende Unterlage gerichtet wird. Über die Herstellung von Bändern und Streifen ist gleichfalls berichtet worden. Sie konnte sich aber wirtschaftlich bisher nicht durchsetzen.

Besonderes Interesse verdient das von der Firma OSPREY [5.41] entwickelte Verfahren. Es wird vorzugsweise zur Herstellung von Halbzeugen in den Fällen eingesetzt, wo die erreichbare hohe Abkühlgeschwindigkeit (10^4 ... 10^5 K/s) für eine gewünschte Gefügeausbildung im Werkstoff und damit verbundene Werkstoffzustände und -eigenschaftsbilder genutzt werden kann. Das Verfahren besteht aus zwei Schritten (Bild 5–41), nämlich der Zerstäubung eines flüssigen Metallstrahles durch Inertgas (s.a. Abschn. 2.2.2) und der Formierung des Stranges unter Nutzung der kinetischen Energie und des Wärmeinhaltes der Teilchen.

Die Leistung der industriellen Anlagen (Bild 5–42) beträgt bis zu 150 kg/min bei Stahllegierungen (Tabelle 5–6). Durch eine besondere Ausbildung des Verdüsstrahles und die Geometrie der Anlage ist ein stabiles thermisches Regime gewährleistet und gleichzeitig für eine Minimierung des Materials, das am Kopf des Stranges vorbeifliegt und in Abscheidern aufgefangen werden muss, Sorge getragen [5.42]. Die Gesamtanlage steht in ihrem Inneren unter Schutzgas (Stickstoff), um Staubexplosionen zu verhindern. Der erzeugte Strang bedarf einer weiteren Umformung, die zu zusätzlicher Verdichtung und gewünschten Änderungen im Gefüge führt. Das Verfahren findet in großem Umfang für die Herstellung von Laufbuchsen aus Al-Si-Legierungen für Verbrennungsmotoren und in geringeren Mengen für die Herstellung spezieller Kupferwerkstoffe industrielle Anwendung [5.42]. Obwohl die Vorteile bereits eindeutig herausgearbeitet wurden, befinden sich die Erzeugung von Werkzeugstählen [5.43] und ringförmigen Turbinenkomponenten aus Superlegierungen [5.42] noch im Stadium industrieller Erprobung. Nur im letzten Fall hat sich die usprüngliche Idee, endabmessungsnahe Bauteile zu erzeugen, erhalten. In allen anderen Anwendungen wird die Entwicklung durch die mit dem Sprühkompaktie-

5.4 Formgebung ohne Druckanwendung

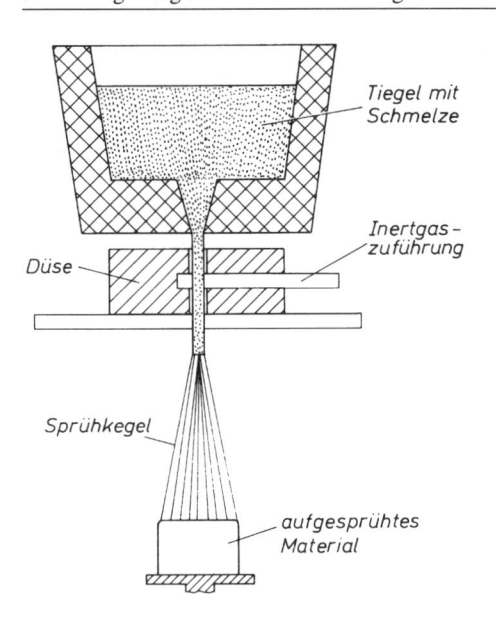

Bild 5–41.
Prinzip des Sprühkompaktierens nach OSPREY (in [5.43])

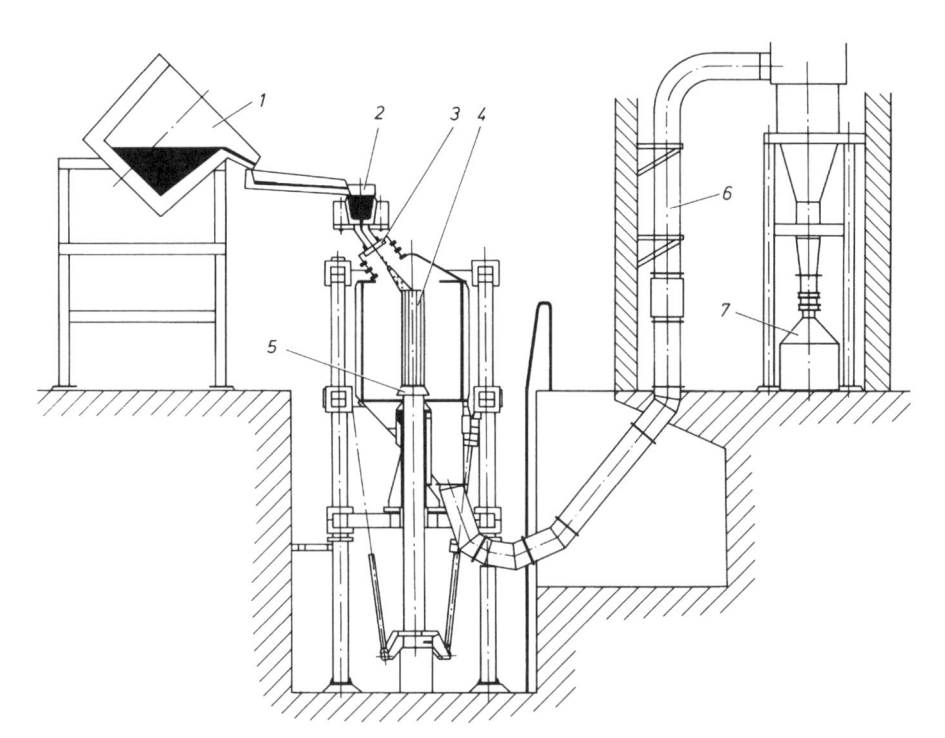

Bild 5–42. Schematische Darstellung einer technischen Anlage zum Sprühkompaktieren (nach [5.43]). *1* Schmelztiegel, *2* Trichter, *3* Zerstäubungsdüse, *4* gesprühter Strang, *5* Strangabzug, *6* Pulverabsaugung, *7* Zyklon

Tabelle 5–6. Leistung technischer Anlagen zur Sprühkompaktierung (nach [5.42] bis [5.44])

Material	Strangabmessung in mm	Strangmasse in kg	Kammerausführung
Aluminium	400 D 2500 L	800	vertikal
Kupfer	300 D 2200 L	1200	vertikal
Stahl	500 D 2500 L	3800	vertikal
Nickel	1500 D (Ring) 1800 L	3000	vertikal

L: Länge, D: Durchmesser des Stranges

ren erreichbaren Vorteile in der Gefügeausbildung der entsprechenden Werkstoffe getrieben.

Literatur zu Kapitel 5

[5.1] *Willert-Porada, M. und H.-S. Park*: Ceram. Trans. Vol. 111 (2001) 459–470
[5.2] *Fischmeister, H. F. und E. Arzt*: Int. Pulvermetall. Tagung, Dresden 1981
[5.3] *Kolaska, H., P. Schulz, P. Beis und E. Ernst*: Powder Met. Internat. 25 (1993) 1, 30
[5.4] *Gethin, D. T., R.W. Lewis, D.V. Tran und A. Jinka*: Advances in Powder Metallurgy, San Francisco 1992, Vol. 2, 11
[5.5] *Beiss, P.*: Fortschritte bei der Formgebung in der Pulvermetallurgie, Hagen 1991, 7
[5.6] *Fischer, E.*: Int. J. Powd. Metall. 28 (1992) 4, 395
[5.7] *Ernst, E. und P. Beiss*: Fortschritte und Innovation in der Presstechnik. Pulvermetallurgie in Wissenschaft und Praxis, Hagen, Bd. 18 (2002) 91–102
[5.8] *Nies, N.*: CHP – Eine neue Pressenreihe von SMS Meer. Pulvermetallurgie in Wissenschaft und Praxis, Hagen, Bd. 18 (2002) 311–313
[5.9] *Rutz, H. G. und F. G. Hanejko*: Int J. Powder Metall. 31 (1995) 9–17
[5.10] *Beiss, P., H. Ruthardt und H. Warlimont (Hrsg.)*: Landoldt-Börnstein, Group VIII, Vol. 2, Subvol. A: Powder Metallurgy Data, Part 1; Metals and Magnets; Chapter 3, 1–43, Springer-Verlag, Berlin-Heidelberg-New York, 2003
[5.11] *Hinzmann, G. und N. Nies*: Advances in Powd. Metallurgy, San Francisco 1992, Vol. 2, 239
[5.12] *Lenel, F.*: Powder Metallurgy – Principles and Applications. Metal Powd. Ind. Fed., Princeton, 1980
[5.13] *Good, H.*: Powd. Metall. Int. 24 (1992) 3, 305
[5.14] *Beiss, P.*: Pulvermetallurgisches Matrizenpressen, VDI-Seminar: Einbaufertige und endkonturnahe Formteile. 13.–14.3.2006, VDI, Düsseldorf, 2006
[5.15] *Lindskog, P.*: Fortschritte bei der Formgebung in der Pulvermetallurgie, Hagen 1991, 141
[5.16] *Mironov, V. A.*: Magnito-impulsnoje pressovanie poroshkov, Riga 1980
[5.17] *Schaefer, R. J.*: Int. J. Powder Metall. 28 (1992) 2, 161

[5.18]   *Tokita, M.*: Journal of the Society of Powder Technology Japan 30, (11), (1993) 790
[5.19]   *Schmidt, J., T. Weißgärber, T. Schubert and B. Kieback*: Proc. EuroPM 2005, Prague, 2–5.10.2005, Vol. 1, 93–98
[5.20]   *Takeda, Y. u.a.*: Metal Powder Report 36 (1981) 215
[5.21]   *Weber, M.*: Fortschritte bei der Formgebung in der Pulvermetallurgie, Hagen, 1991, 119
[5.22]   *Bockstiegel, G. und H. Olsen*: Powd. Metall., Conf. Suppl. Part 1 (1991) 127
[5.23]   *Meiners, K. E. und J. McCall*: Metal Powder Report 36 (1981) 9, 437
[5.24]   *Hendrickson, A. A., P. M. Machmeier und D. W. Smith*: Int. J. Powder Metall. 28 (1992) 3, 289
[5.25]   *Huppmann, W. J.*: Powder Metall. Int. 24 (1992) 3, 186
[5.26]   *Delfosse, D. und B. Ilschner*: Math.-Wiss. Werkstofftechn. 23 (1992), 235
[5.27]   *Birth, U., M. Joensson und B. Kieback*: Centrifugal Powder Forming (CPF) – Possibilities and limits of a special powder compaction process, Proc. of the Powder Metallurgy World Congress Granada, Spain, October 1998, 375
[5.28]   *Ruder, A., H. Buchkremer und D. Stoever*: Advances in Powd. Metall., San Francisco 1992, Vol. 2, 365
[5.29]   *Bram, M., H. P. Buchkremer und D. Stöver*: Pulvermetallurgie von porösen Formkörpern – Herstellung, Eigenschaften, Anwendungen, Hagen, 2000, 47–67
[5.30]   *Walter, G., L. Schneider, T. Weißgärber, B. Kieback, F. Gebhard und M. Holderied*: Hochleistungsreibschicht auf Eisenbasis für Synchronringe, Hagener Symposium Pulvermetallurgie, Hagen, 2005, 99–112
[5.31]   *Joensson, M. und B. Kieback*: Formgebungsverfahren für Gradientenwerkstoffe, Pulvermetallurgie in Wissenschaft und Praxis, Bd. 15, VDI-Gesellschaft Werkstofftechnik, Düsseldorf 1999, 23
[5.32]   *Laag, R. und K. Peichl*: Materials by Powder Technology, Dresden, 1993, 415
[5.33]   *Lietzmann, K.-D. und R. Sack*: Fortschritte bei der Formgebung in der Pulvermetallurgie, Hagen, 1991, 241
[5.34]   *Cohrt, H.*: VDI-Berichte 103 (1993) 25
[5.35]   *Petzold, F., T. Hartwig und A. Rota*: Metallpulverspritzguss – Fortschritte und Trends, Hagener Symposium Pulvermetallurgie, Hagen, 2003, 285–301
[5.36]   *Angermann, H.-H. und O. van der Biest*: Materials by Powder Technology, Dresden 1993, 443
[5.37]   *Weinand, D. und H. Wiesner*: Pulverspritzguss – Ein „near-net-shape"-Verfahren gewinnt Märkte. In: Hagener Symposium Pulvermetallurgie, Hagen, 2000, 31–46
[5.38]   *Rota, A., P. Imgrund und F. Petzoldt*: Micro MIM – a production process for micro components with enhanced material properties, Proceedings of Powder Metallurgy World Congress, Wien, 2004, Vol. 1, pp 467–472
[5.39]   *Wieters, K.-P. und B. Kieback*: Coated metal powders – sintering behaviour and application in alternative forming processes. Proceed. of the 15th International Plansee Seminar-Powder Metallurgical High Performance Materials- Hrsg. Kneringer et. al, Plansee AG, Reutte 2001 Vol. 3, 1–15
[5.40]   *Whittaker, D.*: Powder Metall. 35 (1992) 1, 35
[5.41]   *Leatham, A.G. und R.G. Brooks*: Modern Developments in Powder Metallurgy 15 (1984)
[5.42]   *Hummert, H.*: Produktinnovation and -optimierung durch Sprühkompaktieren neuer Werkstoffe. Hagener Symposium Pulvermetallurgie, Hagen, 2000, 15–29
[5.43]   *Pürling, R., D. Zebrowski, N. Übber, B. Commandeur und O. Metelmann*: Advances in Powder Metallurgy, San Francisco 1992, Vol. 1, 319
[5.44]   *Piotrowiak, R. und V. Schüler*: Sprühkompaktieren – Eine neue Technologie zur Herstellung besonders leistungsfähiger Werkzeugstähle. Hagener Symposium Pulvermetallurgie, Hagen, 2003, 191–210

6 Sintern, Verfahren und Anlagen

Unter „Sintern" versteht man das Wärmebehandlungsverfahren, während dem das nicht oder noch lose gebundene Pulverhaufwerk (Pulverpressling, -schüttung) ausreichend verdichtet und gegebenfalls die gewünschte Zusammensetzung annimmt, wie auch die Summe der vorwiegend physikalischen Vorgänge, die zu einer mehr oder weniger vollständigen Auffüllung des Porenraums mit Materie sowie im Falle von Pulvermischungen zu einem dem Phasediagramm entsprechenden oder angenäherten Zustand führen.

Beim Sintern wird das mit einer großen freien Energie versehene disperse System (Pulverpressling, -schüttung) in einen stabileren Zustand und weniger porösen Körper überführt. Die treibende Kraft des „freiwillig" verlaufenden Vorgangs ist die Differenz der freien Energie zwischen Ausgangs- und Endzustand. Die konkreten Wege des Differenzausgleiches bestehen bei Einphasensystemen (homogenen Pulvern) in der Reduzierung aller äußeren (Begrenzungsflächen des Pulverkörpers, Wände von außen zugänglicher Poren) und inneren Oberflächen (Wände eingeschlossener Poren) sowie in einem Abbau der Strukturdefekte, insbesondere in Form der Umbildung des beim Pressen geschlossenen mechanischen Pulverteilchenkontaktes in eine Großwinkelkorngrenze. Bei mehrphasigen Systemen (heterogenen Pulvern) mit Löslichkeit der Komponenten muss außerdem über eine den genannten Vorgängen einhergehende Homogenisierung (Heterodiffusion) der herrschende Ungleichgewichtszustand aufgehoben werden. Dazu muss in jedem Fall im sinternden Pulverhaufwerk in größerem Umfang Materie bewegt werden, wofür je nach Art und Zustand des Systems unterschiedliche Vorgänge (Materialtransportmechanismen) in Betracht kommen [6.1].

Es gibt keine geschlossene Theorie des Sinterns und deshalb auch keine physikalische Formel, die den Sintervorgang in seiner Gesamtheit zu beschreiben vermag und – wie es die Praxis benötigt – Vorhersagen über Eigenschaften der Sinterwerkstoffe gestattet. Der Grund hierfür ist, dass das Sintern unter realen Bedingungen Ausdruck einer Vielfalt von Teilprozessen ist, die sich in unterschiedlicher, von der Temperatur, der Zeit und anderen Einflussfaktoren abhängiger Weise überlagern. Außerdem ist es derzeit nicht möglich, alle für eine Berechnung erforderlichen Größen, die sich zudem im Zuge des Sinterns noch ändern können, zu bestimmen [6.1].

Sofern nicht Sonderverfahren (Sintern unter äußerem Druck) zur Anwendung kommen, besteht die allgemeinste Form industriellen Sinterns in der nichtisothermen Aufheizphase auf Sintertemperatur, der isothermen Verweilphase bei Sintertemperatur und einer Periode relativ langsamer Abkühlung auf Raumtemperatur oder beschleunigter Absenkung der Temperatur, um Wärmebehandlungseffekte zu erzielen. Während des Aufheizens wird bei einer entsprechenden mittleren Temperatur so lange angehalten, bis die dem Pulver beigemengten Presshilfsmittel (Gleit-, Bindemittel) wieder ausgetrieben sind (Entwachsen) und der stoffeigene Kontakt zwischen den Pulverteilchen gewährleistet ist. Um Mängel der Verdichtung und chemischen Zusammensetzung zu vermeiden, müssen vor allem die Aufheiz- und Abkühlphase kontrolliert verlaufen. Für einphasige Pulver liegt die technische Sintertemperatur bie $^2/_3$ bis $^4/_5$ der Schmelz- bzw. Solidustemperatur. Mehrphasige Pulver (Pulvermischungen) werden i. Allg. in der Nähe oder oberhalb des Schmelz- oder Soliduspunktes der am niedrigsten schmelzenden Phase gesintert. Die die Verdichtung bewirkenden Materialtransportvorgänge finden sowohl im nichtisothermen als auch im isothermen Stadium des Sinterprozesses statt.

Die Stellung des Sinterns im Fertigungsprozess ist unterschiedlich. In Verbindung mit der Herstellung hochporöser Sinterteile (Filter) oder bei geringeren Ansprüchen an den Werkstoff ist es die Endstufe. Für höhere Anforderungen können noch ein Nachpressen und zweites Sintern zur Erhöhung von Dichte, Festigkeit und Bruchdehnung sowie ein Kalibriervorgang zur Verbesserung der Maßtoleranzen oder eine kombinierte thermisch-mechanische Behandlung, wie Heißpressen, heißisostatisches Pressen und Sinterschmieden (s. Abschn. 5.3.1), erforderlich werden. Die Endverdichtung kann auch, wie bei Fe-Cu-Formteilen oder W-Cu-Kontakten, durch Tränken eines gepressten oder vorgesinterten Skelettkörpers mit der niedriger schmelzenden Komponente geschehen. Des Weiteren können Festigkeit und Härte mit Hilfe einer nachfolgenden oberflächlichen oder auch durchgreifenden Wärmebehandlung angehoben oder, sofern sie lediglich von einer dünnen Oberflächenzone zu erbringen sind, über ein geeignetes Beschichtungsverfahren eingestellt werden.

Für den industriellen wie für den Laborbetrieb existieren leistungsfähige Sinteranlagen, deren Bauart dem jeweiligen Verwendungszweck angepasst ist [6.2, 6.3], einschließlich solcher, in denen Formgebung und Sinterung gleichzeitig erfolgen (Abschn. 5.3). Zur Erhöhung und Sicherung der Qualität pulvermetallurgischer Erzeugnisse sowie der Funktionssicherheit und Wirtschaftlichkeit der Anlagen kommen immer mehr den Prozessablauf gestaltende und kontrollierende Steuer- und Regeleinrichtungen mit Computeranschluss zum Einsatz. Die Eigenschaften der Sintererzeugnisse werden von einer Vielzahl von Faktoren, die bei der Sinterbehandlung auftreten und reproduzierbar gestaltet werden müssen, maßgebend beeinflusst; so die Wahl und Kontrolle der Arbeitstemperatur, der Einsatz einer geeigneten Schutzatmosphäre, die Art der Temperaturerzeugung, der Zeit-Temperatur-Ablauf beim Aufheizen, Sintern und Abkühlen sowie die Zusammensetzung, Zahl, Form und Größe der Pressteile. Annähernd 25% der Gesamtkosten für ein pulvermetallurgisch hergestelltes Erzeugnis entstehen durch laufende Kosten und Amortisationen für Wärmebehandlungs- und Schutzgasanlagen sowie deren Betrieb. Außerdem steht für die industrielle Ausführung des Sinterns eine ausreichende Vielfalt ausgereifter Methoden zur Unterbindung von unerwünschter Oxidation oder anderen Reaktionen mittels Schutzgas- und Reduktionsatmosphären bzw. Vakua zur Verfügung.

6.1 Schutzatmosphären

Wegen des porösen Gefüges haben Pulverpressteile im Vergleich zu regulinen Materialien eine erhöhte Neigung, mit der umgebenden Atmosphäre zu reagieren. Die Sinteratmosphäre hat deshalb eine große Bedeutung. Vorrangig werden Schutzgase, in Sonderfällen Vakua, verwendet. Die Wahl des Schutzgases hat die zwischen dem Gas, dem Glühgut und der Ofenanlage (Heizleiter, Ofenauskleidung) denkbaren Reaktionen zu berücksichtigen, die von Temperatur und Druck abhängig und vielfältig sind, da die technischen Schutzgase meist mehrere Komponenten, wie H_2, H_2O, CO, CO_2 oder N_2, enthalten und weitere während der Glühung als Folge von Wechselwirkungen mit den sinternden Teilen gebildet werden können [6.4]. In der Regel soll das Schutzgas eine Oxidation der Presslinge während des Sinterns vermeiden und, sofern von der Vorbehandlung her noch Oxidhäute vorhanden sind, diese reduzieren, damit der Kontakt zwischen den Pulverteilchen und der Stofftransport beim Sintern nicht gestört werden [6.5].

Ein Maß für die Neigung zur Oxidation ist die Änderung der freien Enthalpie ΔG der Oxidbildung. Unter der Voraussetzung, dass Metall und Oxid als feste Phasen vorliegen, nimmt sie die Form

$$\Delta G = R \cdot T \cdot \ln P_{O_2} \tag{6.1}$$

an (R Gaskonstante, T absolute Temperatur, P_{O_2} Sauerstoffdruck). In Bild 6–1 ist ΔG für verschiedene Metalle in Abhängigkeit von T dargestellt. Aus ihm lässt sich für ein bestimmtes Metall der Sauerstoffdruck ermitteln, der bei gegebener Temperatur mit dem Metalloxid im Gleichgewicht steht [6.6]. Eine Unterschreitung dieses Wertes bedeutet eine Verhinderung der Oxidation des Metalles und führt zur Zersetzung bereits vorhandener Oxide.

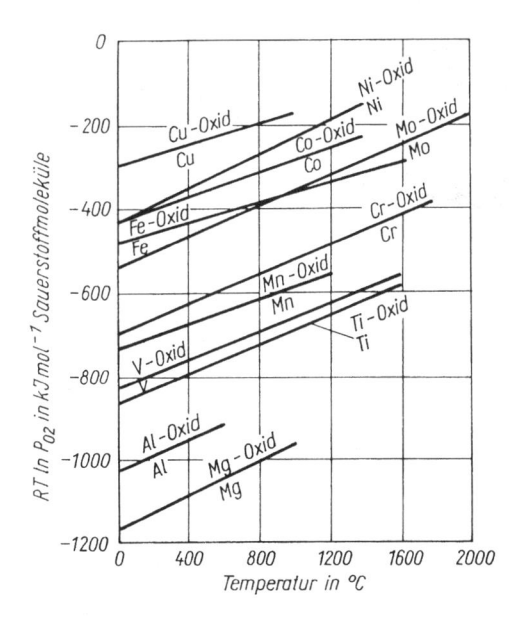

Bild 6–1. Temperaturabhängigkeit der freien Enthalpie der Oxidbildung von Metallen (nach [6.7])

Auch die Anwesenheit von Wasserdampf im Schutzgas kann zur Oxidbildung führen. So stellt sich bei feuchtem Wasserstoffgas ein Sauerstoffdruck ein, der durch die Temperatur und das Partialdruckverhältnis P_{H_2O}/P_{H_2} bestimmt wird (Bild 6–2). Für Eisen beispielsweise reichen bei 400°C bereits $P_{H_2O}/P_{H_2} = 0,1$ aus, um das Eisen zu oxidieren. Dagegen wirken die gleichen Feuchtigkeitsgehalte bei höheren Temperaturen nicht schädigend. Diese Bedingungen sind z.B. für die Aufheiz- und Abkühlzone einer Sinteranlage zu beachten.

Im Allgemeinen wird der Wasserdampfgehalt in Ofenatmosphären mit H_2-H_2O-Gemischen über eine Taupunktmessung ermittelt. Beträgt beispielsweise das Gleichgewichtsverhältnis H_2/H_2O bei gegebenem Druck 10^4 (10000 Teile H_2 auf 1 Teil H_2O) – was einem Taupunkt von – 40°C entspricht (Bild 6–3) – so werden die Oxide von Cu, Ni, Co und Fe auch bei niedrigen Temperaturen reduziert, während eine Reduktion von Cr-Oxid erst bei einer Temperatur oberhalb 1000°C gelingt (Bild 6–2). Eine Absenkung des Taupunktes verschiebt den Bereich der Reduktion zu niedrigeren Temperaturen. Infolge der Oxidreduktion wird der H_2O-Gehalt im Gas erhöht und das Partialdruckverhältnis ungünstig verändert. Das erfordert für die Praxis eine ausreichende Strömungsgeschwindigkeit des Wasserstoffs im Ofen, die eine lokale Anreicherung von Wasserdampf in der Heizzone verhindert [6.8].

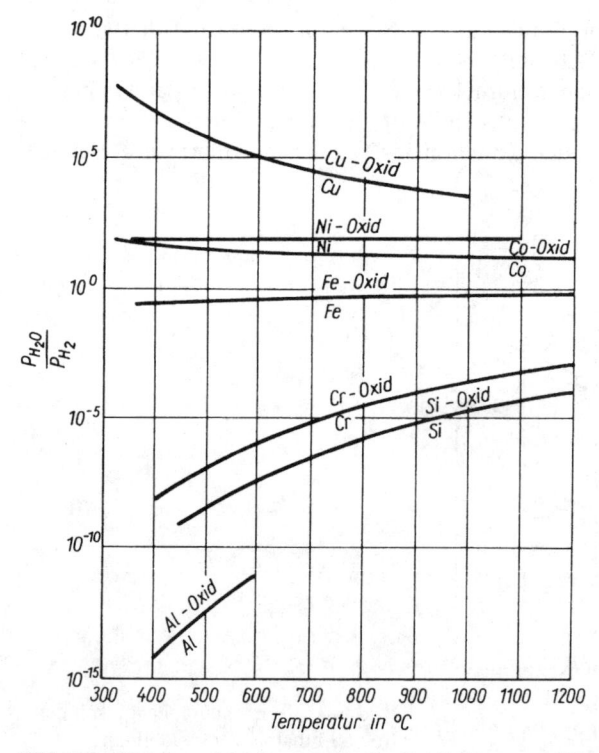

Bild 6–2. Gleichgewichtskurven für die Oxidbildung von Metallen in feuchtem Wasserstoffgas (nach [6.7])

6.1 Schutzatmosphären

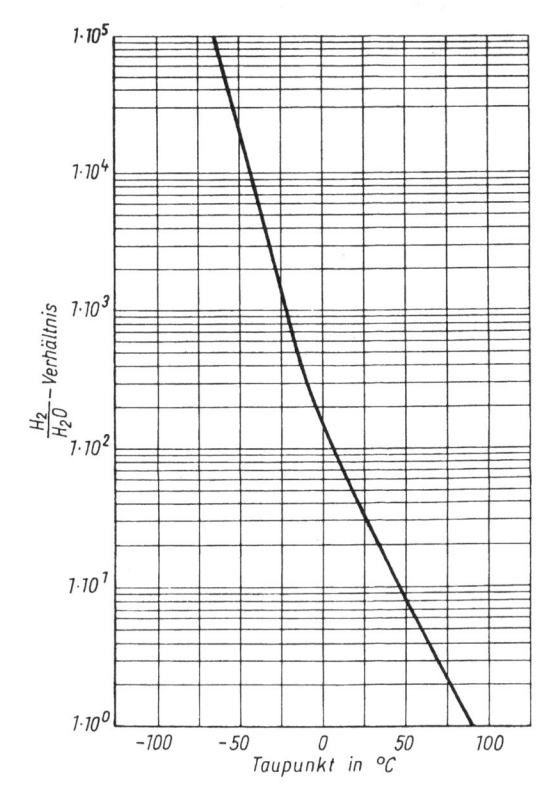

Bild 6–3. Zusammenhang zwischen H_2/H_2O-Verhältnis und Taupunkt (nach [6.8])

Da zum Sintern in kontinuierlich arbeitenden Durchlaufanlagen vielfach Misch- oder Spaltgase als Sinteratmosphären angewendet werden, sind außer Oxidation und Reduktion noch andere chemische Reaktionen möglich (Tabelle 6–1). Von diesen technisch am bedeutungsvollsten sind die Auf- und Entkohlung bei der Herstellung von Sinterstahl [6.5, 6.9].

Die in der Sintertechnik am häufigsten verwendeten Schutzgase [6.2], sind Wasserstoff, Stickstoff und teilverbrannte Gase. Daneben kommen Ammoniak-Spaltgas sowie Vakua zum Einsatz (Tabelle 6–2).

6.1.1 Reine Gase

Von den technisch reinen Gasen ist der Wasserstoff (H_2) als Schutzgas am weitesten verbreitet. Obwohl reiner trockener Wasserstoff ein relativ teures Schutzgas ist, wird er aufgrund seines hohen Reduktionsvermögens häufig als Sinteratmosphäre verwendet. Wegen der in Verbindung mit der Knallgasbildung hohen Explosionsgefahr müssen besondere Sicherheitsmaßnahmen getroffen werden. Knallgas ist ein Wasserstoff-Luft-Gemisch, das im Bereich von 4 bis 74% H_2 explosiv ist und dessen minimale Zündtemperatur 574°C beträgt.

Tabelle 6–1. Wichtige Metall-Gas-Wechselwirkungen beim Sintern (nach [6.3])

Oxidation	Reduktion
O_2	H^2
H_2O	Vakuum
CO_2	CO

	Neutral	
	Ar	
	He	
	N_2	

Entkohlung	Aufkohlung
O_2	CO
H_2O	CH_4
CO_2	

Die großtechnische Herstellung von Wasserstoffgas geschieht entweder über den elektrolytischen Aufschluss von destilliertem Wasser, dem zur Erhöhung der Leitfähigkeit Kali- oder Natronlauge bzw. Natriumchlorid zugemischt wird, oder über die katalytische Konvertierung von Kohlenwasserstoffen (Naturgas, Propan, Butan). Im letzteren Fall wird das Kohlenwasserstoffgas mit Wasserdampf versetzt und über einen erhitzten Katalysator geleitet, so dass ein Gemisch aus H_2, CO und einem geringen Anteil CO_2 entsteht. Durch nochmalige Zugabe von Wasserdampf sowie den Einsatz eines zweiten Konvertierungskatalysators geht CO gemäß

$$CO + H_2O \rightleftharpoons CO_2 + H_2 \tag{6.2}$$

in CO_2 über. Nach Entfernung des CO_2 und Trocknung wird das Wasserstoffgas in Flaschen oder Tanks abgefüllt. Wegen des hohen Automatisierungsgrades ist das Verfahren sehr ökonomisch.

Wasserstoff wird komprimiert in Stahlflaschen angeliefert. Die Anlagekosten des Verbrauchers sind gering, da zur Schutzgasentnahme nur eine Druckreduzierstation mit anschließendem Gasspeicher auf der Niederdruckseite, von der aus gleichzeitig mehrere Sinteröfen versorgt werden können, erforderlich ist. Der Wasserstoff enthält von der Herstellung her bis zu 0,2 Vol.-% Sauerstoff sowie Feuchtigkeit (Taupunkt etwa $-30\,°C$), die vor seiner Verwendung entfernt werden müssen.

Auch der Einsatz von Stickstoff (N_2) als billiges und explosionssicheres Schutz- oder Spülgas ist bei Metallen, wie Eisen und Kupfer, die eine geringe Neigung zur Aufstickung zeigen, möglich. Beim Sintern von Aluminium hat sich Stickstoff hoher Reinheit ebenfalls bewährt, da die in geringerem Maße ablaufende Nitridbildung offenbar das Aufbrechen der stabilen Oxidschicht auf den Pulverteilchen fördert. Für starke Nitridbildner hingegen, wie Titan und Tantal, verbietet er sich. Im Gemisch mit Wasserstoff ist er zum Sintern beliebiger Eisen- und Kupfer-Legierungen verwendbar. In Abhängigkeit von der Art und Zusammensetzung der Legierung ist der Wasserstoffgehalt im Gasgemisch unterschiedlich. Gelangen Oxide mit den zu sinternden Teilen in den Ofen, so werden sie vom Wasserstoff reduziert und bilden Wasserdampf, der entkohlend wirkt. Deshalb wird in den Fällen, wo eine Ent-

6.1 Schutzatmosphären

Tabelle 6–2. Technisch wichtige Schutzgase für ausgewählte Sinterwerkstoffe

Schutzgas	Werkstoff
Wasserstoff	Eisen kupferlegierter Stahl rostfreier Stahl C-haltiger Stahl (mit Zusatz von Kohlungsgas) Kupfer Bronze Messing Hartmetall Molybdän Wolfram
Stickstoff	Aluminium
Ammoniak-Spaltgas	Eisen Stähle mit Legierungselementen wie Cu, Cr, Mn, Ni, Si Kupfer Bronze Messing Wolfram Hartmetalle
Endogas	Eisen Eisen-Kupfer-Legierungen Eisen-Nickel-Legierungen (mit Zusatz von Wasserdampf) Eisen-Graphit C-haltiger Stahl Kupfer Bronze Nickel Silber
Exogas	Eisen Eisen-Kupfer-Legierungen niedriggekohlter Stahl Kupfer Kupfer-Legierungen Nickel-Legierungen Silber
Monogas	Eisen-Kupfer-Legierungen Eisen-Graphit Stähle mit höherem C-Gehalt Messing
Vakuum	Hartmetalle Chrom-Nickel-Legierungen hochreaktive Metalle wie Ti, Ta Aluminium Weichmagnete (Elektrolyt-, Karbonyl-Eisen) Hartmagnete (Alnico, C-freie Al-Ni-Fe-Legierungen)

kohlung möglich aber unerwünscht ist, der Sinteratmosphäre ein Aufkohlungsgas, z.B. Propan, beigemischt.

In der Industrie wird zunehmend die Erzeugung der Schutzgase vor Ort praktiziert [6.10]. Die kleinen, auf den Gasbedarf des Betriebes abgestimmten Anlagen werden von den Gaslieferanten vor Ort aufgebaut und fernüberwacht.

Edelgase (Argon, Helium) sind für die Verwendung als technische Schutzgasatmosphären meist zu teuer und nur Sonderfällen, wie z.B. der Wärmebehandlung von rostfreiem Stahl oder Titan, vorbehalten. Der übliche Reinheitsgrad beträgt 99,9%.

6.1.2 Ammoniak-Spaltgas

Sinteranlagen werden vor allem dann mit Ammoniak-Spaltgas [6.11] betrieben, wenn ein Schutzgas benötigt wird, das infolge seines hohen Wasserstoffgehaltes reduzierend wirkt und frei von CO, CO_2 und Wasser ist sowie keine anderen Sauerstoffverbindungen oder Verbindungen des Schwefels enthält. Seine Anwendung ist für zahlreiche Werkstoffgruppen (Tabelle 6–2) und auch für solche Werkstoffe, die hoch sauerstoffaffine Legierungselemente enthalten (Cr-Ni-Stahl), gegeben. Das Gas wirkt infolge seines hohen H_2-Anteils entkohlend und ist aus diesem Grund nicht zum Sintern C-haltiger Stähle geeignet.

Für die Herstellung des Schutzgases in Anlagen, die direkt zum pulvermetallurgischen Fertigungsbetrieb gehören, wird das als Ausgangsstoff angelieferte, reine in Stahlflaschen komprimierte, flüssige Ammoniak (NH_3) mit Hilfe eines Verdampfers in den gasförmigen Zustand gebracht und über Druckminderer zur Spaltanlage geführt. Der Spaltvorgang findet im elektrisch beheizten Kontaktofen unter Einsatz von Katalysatoren (Fe oder Ni) bei Temperaturen zwischen 900 und 1000°C statt:

$$2\,NH_3 \rightleftarrows N_2 + 3\,H_2 \tag{6.3}$$

Das entspricht einer Gaszusammensetzung von 75 Vol.-% H_2 und 25 Vol.-% N_2. Nach dem Kühlen wird das Spaltgas direkt zum Verbraucher oder in Speicheranlagen geleitet. Moderne Spaltgasanlagen haben einen hohen Automatisierungsgrad, der im Verein mit der wirtschaftlichen Herstellung und dem hohen Reinheitsgrad des Schutzgases (Taupunkt je nach Wassergehalt des NH_3 zwischen –35 und –45°C) die Ursache für die im Vergleich zu Wasserstoff zunehmende Nutzung dieses Schutzgases ist. Besonders hohen Anforderungen kann mittels einer zusätzlichen Reinigung durch Adsorption des Rest-NH_3-Gehaltes (normalerweise < 250 ppm) entsprochen werden, wodurch ein Absenken des Taupunktes bis auf –60°C (Rest-NH_3-Gehalt < 10 ppm) möglich ist. Die im Vergleich mit anderen Schutzgasen relativ hohen Kosten können gesenkt werden, wenn das Gas durch preiswerten Stickstoff bis zu Wasserstoffgehalten von nur noch 5 bis 10% „verdünnt" wird. In der Herstellung von Sinterstahl-Formteilen wurde das Spaltgas inzwischen durch die wirtschaftlich günstigeren N_2-H_2-Mischgase und Endogas verdrängt.

6.1.3 Über Verbrennung von Kohlenwasserstoffen hergestellte Schutzgase

Wegen ihrer gleichfalls hohen Wirtschaftlichkeit befinden sich bei den Herstellern pulvermetallurgischer Erzeugnisse vielfach großtechnisch Gaserzeugungsanlagen im Einsatz, die über die teilweise oder vollkommene Verbrennung von Kohlenwasserstoffen mit Luftsauerstoff ein geeignetes und preisgünstiges Schutzgas liefern (Aufspaltung in N_2, H_2, CO, CO_2, CH_4 und H_2O). Durch Verdünnung mit Stickstoff nimmt das Gasvolumen zu, und die Explosionsgefahr wird gemindert. Eine vollständige Verbrennung des Einsatzgases hat die Oxidation der Kohlenwasserstoffverbindungen zu CO_2, das durch Reinigung entfernt werden muss, sowie einen hohen N_2-Gehalt, der dem Schutzgas einen inerten Charakter verleiht, zur Folge. Je nachdem, ob die Reaktionen unter Wärmezufuhr (Teilverbrennung bei geringerem Luftzusatz) oder ohne Wärmeeinwirkung von außen (größerer Luftzusatz und vollständige Verbrennung) stattfinden, spricht man von einem Endogas (endothermes Gas) oder Exogas (exothermes Gas).

Das Mischungsverhältnis Luft:Ausgangsgas ($\approx 2,5:1$ für Methan) sowie die Art des Rohgases bestimmen die Zusammensetzung des Endogases. Das ist von besonderer Bedeutung, wenn die Sinteratmosphäre ein bestimmtes „Kohlenstoffpotenzial"[1] aufweisen muss, um z.B. beim Sintern C-haltiger Stähle eine Entkohlung oder in anderen Fällen eine Aufkohlung zu verhindern. Für Stähle, die infolge ihrer chemischen Zusammensetzung leicht Carbide bilden, ist Endogas nicht einsetzbar. Bereits geringe Änderungen der Ausgangsmischung und der Reaktionstemperatur können weitgehende Veränderungen der Zusammensetzung des Gases und besonders seines „Kohlenstoffpotenzials" nach sich ziehen. Deshalb empfiehlt sich die automatische Überwachung und Regelung (Taupunkt- und Temperaturbestimmung).

Als Ausgangsgase kommen Kohlenwasserstoffe, wie Propan, Erdgas, Butan, Methan, Stadtgas, Heizöl oder Benzin in Betracht [6.12]. Reinstpropan bietet wegen seiner konstanten chemischen Zusammensetzung Vorteile. Die Zusammensetzung des Endogases schwankt zwischen 30 bis 50 Vol.-% H_2, 18 bis 25 Vol.-% CO, 28 bis 48 Vol.-% N_2, 0 bis 0,5 Vol.-% CO_2, 0 bis 0,5 Vol.-% CH_4 und 0 bis 0,5 Vol.-% H_2O. Der günstigste Bereich der Taupunkttemperatur liegt zwischen 0 und $-5°C$, kann aber auch auf Werte bis $< -20°C$ reduziert werden.

Zur Gewinnung von Endogas [6.12] werden Ausgangsgas und Luft von einem Gebläse angesaugt und gemischt in eine mit aktivem Nickel gefüllte, von außen geheizte Spaltretorte geleitet. Die katalytische Spaltung des Gas-Luft-Gemisches erfordert Temperaturen um 1000°C, damit in Verbindung mit einem abgestimmten Luft-Gas-Gemisch ein praktisch CO_2-freies Endogas entsteht und nicht durch Luftmangel Rußablagerungen gebildet werden (Bild 6–4). Nach der Abkühlung kann das erhaltene Schutzgas direkt zum Verbraucher geleitet werden. Ebenfalls beherrscht und zunehmend industriell angewendet wird die Erzeugung von Endogas aus Erdgas, Butan oder Propan unmittelbar am Sinterofen [6.3].

In Ländern mit reichen Naturgasvorkommen werden Endogase mit einem hohen H_2-Anteil vorzugsweise durch Umsetzung mit Wasserdampf erzeugt, indem ein

---
[1] Unter „Kohlenstoffpotenzial" versteht man einen zahlenmäßigen Ausdruck zur Charakterisierung der Reaktionsfähigkeit eines Gases, derzufolge das System Gas-Festkörper einem den C-Gehalt betreffenden Gleichgewichtszustand zustrebt.

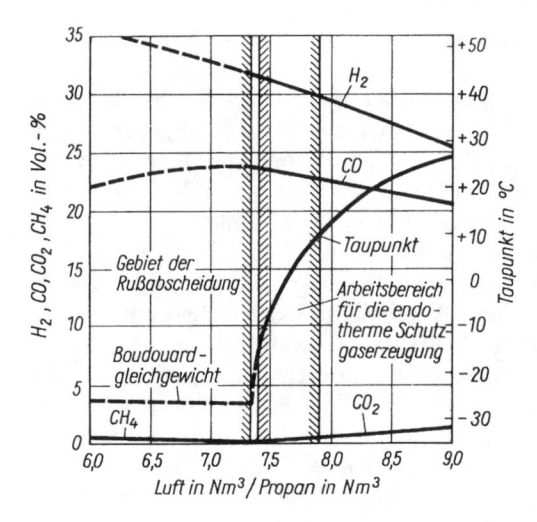

Bild 6-4. Zusammensetzung und Eigenschaften eines aus Propan hergestellten Endogases in Abhängigkeit von der zugefügten Luftmenge (nach D. Grassel)

Erdgas-Wasserdampf-Gemisch bei Temperaturen von etwa 1150°C über auf eine Aluminium-Trägermasse aufgebrachte Nickelkatalysatoren geführt und gespalten wird:

$$CH_4 + H_2O \rightleftarrows CO + 3\,H_2 \tag{6.4}$$

Das Schutzgas, das zum Sintern von Eisen und Eisen-Legierungen sowie zur Reduktion von Oxidpulvern eingesetzt wird, enthält 75 Vol.-% H_2 und 25 Vol.-% CO.

Ausgangsstoffe für Exogas sind technische Brenngase, wie Erdgas, Propan, Propan-Butan, Heizöl u.a., die dank einer hohen Luftzumischung (das Verhältnis Luft: Gas beträgt 6:1 bis 10:1) exotherm verbrennen und nach der katalytischen Spaltung einen Stickstoffgehalt > 50 Vol.-% aufweisen. Von allen üblichen Ofenatmosphären ist Exogas die billigste. Bei der Anwendung als Schutzgas zum Sintern macht es sich erforderlich, den im Exogas enthaltenen hohen Wassergehalt durch geeignete nachgeschaltete Einrichtungen zu entfernen. In Abhängigkeit vom Gas-Luft-Verhältnis, das durch automatische Mess- und Regeleinrichtungen einstellbar ist, beträgt die Zusammensetzung von Exogas (in Vol.-%) 57 bis 89 N_2, 0,5 bis 35 H_2, 0,5 bis 14 CO, 3 bis 10 CO_2, 0 bis 1 CH_4 und < 0,01 O_2. Der Taupunkt hängt vom Kühlverfahren (Entfernung von H_2O) ab und liegt zwischen +25 und –18°C. Dadurch, wie auch aufgrund des relativ hohen CO_2-Gehaltes wirkt Exogas entkohlend. Es ist vorzugsweise für C-freie Materialien, allenfalls für Stähle mit niedrigem C-Gehalt als Schutzgasatmosphäre anwendbar.

Wenn der hohe CO_2-Anteil den Einsatz des Exogases wegen der damit verbundenen Gefahr der Entkohlung verbietet, ist es möglich, nach der exothermen Reaktion durch eine anschließende Reinigung in Monogasgeneratoren ein Schutzgas, das Monogas, zu erzeugen, das vielseitiger als Exogas eingesetzt werden kann, aber durch zusätzliche Anlagen einen um etwa 20% höheren Herstellungspreis hat. Die Gehalte des Gases an CO, H_2 und N_2 sind von der Brenngas-Luft-Mischung abhängig und automatisch einstellbar; der Taupunkt liegt bei –40°C. Durch seine extreme CO_2- und H_2O-Reinheit wirkt Monogas bis zu Temperaturen von 1100°C nicht entkohlend und lässt sich zum Sintern auch höher C-haltiger Werkstoffe einsetzen. Für den Fall, dass die CO- und H_2-Gehalte unter 8% liegen, wirkt Monogas als Inertgas.

6.1.4 Oxidierende Atmosphären

Während des heute meist kontinuierlich in einer einzigen Ofenanlage ablaufenden Sinterprozesses erfolgt das Entwachsen der Pressteile (Austreiben der Presshilfsmittel) im Verlaufe des Aufheizens auf isotherme Sintertemperatur bei relativ niedrigen Temperaturen. Im Fall leicht reduzierbarer Legierungen wird in der Entwachsungszone häufig ein oxidierendes Gas verwendet, das entweder aus Luft oder aus dem Schutzgas der Sinterzone, dem Luft beigemischt wird, besteht [6.13]. Sowohl die brennbaren Bestandteile des Gases als auch die Wachsdämpfe verbrennen. Ist der Anteil brennbarer Gase zu gering, kann die Entwachsungszone auch mit Brenngas und Luft beheizt werden. Da das Erwärmen und Entwachsen in oxidierenden Atmosphären – für Eisenpulverpressteile beispielsweise bei Temperaturen um 600°C – verhältnismäßig schnell geschieht, wird die Oberfläche der Teile nur geringfügig oxidiert, so dass sie während des nachfolgenden Sinterns, ohne dass eine Oberflächenentkohlung eintritt, problemlos wieder reduziert werden kann [6.2, 6.9].

6.1.5 Vakuum

Seit der Entwicklung hochleistungsfähiger Pumpen und anderer Zusatzeinrichtungen sowie von technischen Lösungen, die einen kontinuierlichen Ofenbetrieb ermöglichen, wird das Vakuumsintern zunehmend angewendet. Es hat den Vorteil, dass Metalle vor Oxidation geschützt werden (bei einem Hochvakuum von beispielsweise 10^{-2} Pa stellt sich ein Taupunkt von etwa −90°C ein) und beim Sintern keine Verunreinigungen in den Glühraum gelangen, sondern sogar durch Abdampfen eine gewisse Selbstreinigung des Sintergutes stattfindet. Demgegenüber steht die langsame und mit Schwierigkeiten verbundene Entfernung von Oxiden, die den meisten Massen-Sinterwerkstoffen nach dem Pressen anhaften. Aus diesen Gründen wird Vakuum (Hochvakuum) nur dann als Sinteratmosphäre eingesetzt, wenn die Materialien eine besonders hohe Reaktionsfähigkeit, vor allem mit Sauerstoff, Feuchtigkeit und Wasserstoff (Tantal), aufweisen oder durch Abdampfen von Verunreinigungen Erzeugnisse mit einem hohen Reinheitsgrad hergestellt werden sollen. Beim Vakuumsintern von Hartmetallen kann über eine geeignete Einstellung des Carbid-Kohlenstoffgehaltes die je nach Höhe des Vakuums mehr oder weniger intensive Entkohlung ausgeglichen werden.

Da im Vakuum der Partialdruck gasförmiger Reaktionsprodukte durch ständiges Abpumpen auf einem sehr niedrigen Niveau gehalten wird, sind durch im Sinterkörper vorhandenen Kohlenstoff auch die Oxide sehr sauerstoffaffiner Elemente reduzierbar. Der Kohlenstoff kann hierfür direkt zugegeben werden oder auch von Rückständen organischer Hilfsstoffe herrühren.

6.2 Beheizung der Öfen

Die Beheizung von Pulverreduktions- und Sinteröfen geschieht durch Gasbrenner, mit Hilfe elektrischer Heizleiter oder durch Induktionserhitzung [6.2, 6.3]. Der Einsatz von Gasbrennern wird als besonders wirtschaftlich dargestellt und regelungstechnisch heute gut beherrscht. Das Gas kann unmittelbar im Sinterraum verbrannt werden, beeinträchtigt dabei aber die Reinheit der Ofenatmosphäre. Dagegen sind die Verbrennungsbereiche und das Sintergut bei der indirekten Gasbeheizung durch eine Muffel getrennt und die Schutzgasqualität wird nicht beeinträchtigt. Die Wärme wird entweder bei freier Verbrennung von der Flamme direkt abgegeben oder von Strahlrohren freigesetzt, in denen die Verbrennung stattfindet. Nach wie vor werden die meisten Sinteröfen jedoch elektrisch beheizt. Dabei herrschen, obwohl die Induktionserwärmung (Abschn. 6.2.7) industriell weiter angewendet wird, der Einsatz und die Weiterentwicklung von Anlagen mit Widerstandserwärmung vor. Die dafür in Betracht kommenden Heizleiter (siehe auch [6.3, 6.14]) können metallischer oder nichtmetallischer Art sein (Tabelle 6–3). Berücksichtigt man, dass die Temperatur der Heizleiter durchschnittlich 100 bis 200 K höher als die des Glühgutes ist, so lassen sich metallische Heizleiter bis zu maximalen Sintertemperaturen von etwa 2500°C nutzen. Ein solcher Fall liegt z.B. bei Vakuum-Hochtemperaturöfen mit Wolfram-Heizleitern vor. Zugunsten einer ausreichenden Standzeit des Heizleiters dürfen die vorgeschriebenen Arbeitstemperaturen nicht überschritten werden, die verwendeten Schutzgase nicht zerstörend wirken und wegen der im Betrieb eintretenden Versprödung (Grobkornbildung) auch keine mechanischen Eingriffe vorgenommen werden. Elektrische Heizleiter sind in Form von Drähten, Blechen, Bändern, Stäben oder Rohren lieferbar. In den meisten Fällen werden sie ohne Ummantelung in den Öfen eingesetzt. Als Schutzmaßnahmen kommen nur gelegentlich ein Einbau in dünne Stahlrohre oder eine Verpackung in keramische Massen, die mit einem gewissen Energieverlust verbunden ist, vor.

Tabelle 6–3. Heizleiter für Sinteranlagen

Heizelement/-methode	Max. Arbeitstemperatur in °C
Ni-Cr-Fe-Heizwicklungen	1000
Ni-Cr-Heizwicklungen	1150
Fe-Cr-Al-Heizwicklungen	1300
SiC-Heizstäbe	1450
$MoSi_2$-Heizleiter	1600
Mo-Heizwicklungen	1900
Zr-Heizelemente	2000
W-Heizwicklungen	2700
Graphitrohre	3000
Direkter Stromdurchgang	über 1800

6.2.1 Heizleiter auf Nickel-Chrom-Basis

Heizleiter aus 80 Ni-20 Cr-Legierungen (Drähte, Bänder) sind für Arbeitstemperaturen bis 1150°C, Ni-Cr-Fe-Heizleiter (35/20/45), deren Beständigkeit durch Zugabe von 1 bis 2% Si verbessert ist, bis 1000°C geeignet. Durch eine zweckentsprechende Aufhängung ist eine Berührung mit der Keramik der Ofenauskleidung, die zur Bildung niedrigschmelzender Oxidphasen führen kann, auszuschließen. Unter Einwirkung von Sauerstoff entsteht auf der Oberfläche des Heizleiters eine festhaftende, dunkelgrüne bis schwarze Oxidschicht, die überwiegend aus Cr_2O_3 besteht und das Material vor weiterem Angriff schützt. Die im Ofenbetrieb verwendeten Schutzgase haben je nach Zusammensetzung einen unterschiedlichen Einfluss auf das Heizleiter-Standzeitverhalten. Da Chrom ein starker Carbidbildner ist, wirken Gase mit hohem „Kohlenstoffpotenzial" (teilverbrannte Schutzgase) insofern schädigend, als dass mit der Carbidbildung eine Schmelzpunkterniedrigung verbunden ist, derzufolge bereits bei Temperaturen von 1050°C die Zerstörung des Heizleiters einsetzt. Weiterhin können sich im Spaltgas vorhandene Restgehalte von NH_3 an der Oberfläche des Heizleiters zersetzen und durch Eindiffundieren von atomarem Stickstoff über die Bildung von Chromnitrid schädigend wirken. Schon geringe Gehalte von Schwefel im Schutzgas führen, wenn die Heizleiteroberfläche unvollständig oxidiert ist, zur Bildung niedrigschmelzender Nickelsulfide. Zinkstearat, das bei der Herstellung von Sinterformteilen noch als Presshilfsmittel verwendet wird, muss in der dem Sinterofen vorgeschalteten Abbrennkammer sorgfältig entfernt werden, da Zink in Verbindung mit Ni-Cr eine niedrigschmelzende Oxidphase bildet und auf diese Weise den Heizleiter zerstören kann. Ist das Schutzgas feucht, dann bildet sich auf dem Heizleitermaterial nur eine poröse, grüne Oxidschicht, die das Metall ungenügend vor weiterer Oxidation schützt.

Die zulässige Oberflächenbelastung beträgt für Heizleiter auf Ni-Cr-Basis bis zu Temperaturen von 900°C etwa 3 W cm^{-2} und sinkt bei höheren Temperaturen auf Werte von 2 bis 1,3 W cm^{-2}.

6.2.2 Heizleiter auf Eisen-Chrom-Aluminium-Basis

Heizelemente (Drähte, Bänder) aus Fe-Cr-Al-Legierungen, auch unter dem Namen „Kanthal" bekannt, können auf Grund ihrer hohen Zunderbeständigkeit bis 1400°C eingesetzt werden [6.15]. Voraussetzung für eine hohe Lebensdauer ist eine dichte Oberflächenschicht mit Al_2O_3 als Hauptbestandteil, die sich in oxidierender Atmosphäre ausbildet. Vor Inbetriebnahme ist deshalb der Heizleiter zu oxidieren sowie nach einer bestimmten Einsatzdauer einer Nachoxidation zu unterziehen. Reiner Wasserstoff greift das Material nicht an. In stickstoffhaltigen, sauerstoffarmen Gasen sowie Gasen mit Restammoniak reagiert das Aluminium des Heizleiters infolge seiner hohen Stickstoffaffinität sehr empfindlich. Es ist außerdem möglich, dass sich Chromnitrid bildet und damit die Matrix an Chrom verarmt.

Die maximale Oberflächenbelastung von 3,5 W cm^{-2} bis 1100°C und 1,5 W cm^{-2} für 1350°C liegt bei Fe-Cr-Al-Heizleitern höher als bei Ni-Cr-Elementen.

6.2.3 Siliciumcarbid-Heizelemente

Siliciumcarbid-Heizstäbe (SiC) haben eine im Vergleich zu metallischen Heizleitern hohe spezifische Oberflächenbelastbarkeit und Formbeständigkeit bis zur optimalen Einsatztemperatur von 1450°C. Die Lebensdauer ist von der Oberflächenbelastung, die 22 W cm^{-2} bei 1000°C und 5 W cm^{-2} bei 1450°C nicht überschreiten soll, abhängig. Wenn – was meist der Fall ist – die Heizstäbe im Kontakt mit Luft eingesetzt werden (das Gleiche gilt bei Anwesenheit von CO_2), wird das SiC im Verlauf der Zeit oxidiert. Die dadurch verursachte Erhöhung des elektrischen Widerstandes muss über die Steigerung der Betriebsspannung kompensiert werden. Schutzgase mit einem hohen „Kohlenstoffpotenzial" haben keinen negativen Einfluss auf die Lebensdauer von SiC. In reduzierenden Schutzgasen (H_2, NH_3-Spaltgas) ist wegen der möglichen Zersetzung des Heizleiterwerkstoffes die Anwendungstemperatur auf 1300°C begrenzt.

6.2.4 Molybdändisilicid-Heizleiter

Heizdrähte, -bänder oder -stäbe aus Molybdändisilicid ($MoSi_2$) können im Temperaturbereich von 1000 bis 1600°C in Wärmebehandlungsöfen Verwendung finden. Vor ihrem Gebrauch müssen sie oberhalb 1000°C in oxidierender Atmosphäre geglüht werden, damit eine den Kernwerkstoff umhüllende, festhaftende, glasige Schutzschicht aus SiO_2 entsteht. Unterhalb 1000°C findet lediglich eine selektive Oxidation entlang den Korngrenzen (Molybdändisilicidpest) statt, die die Zerstörung des Materials einleitet. $MoSi_2$ ist bei Raumtemperatur hart und spröde und lässt sich nur oberhalb 1100°C verformen. Bei zuvor ausreichender Oxidation haben sich $MoSi_2$-Heizleiter zum Sintern in Ammoniak-Spaltgas sowie in aus Kohlenwasserstoffen gewonnenen Gasen bewährt. Reiner und trockener Wasserstoff muss mit Wasserdampf angereichert werden, um eine Reduktion der schützenden SiO_2-Haut zu verhindern. Schwefel und Schwefelverbindungen dürfen in den Schutzgasen nicht enthalten sein, da sie mit dem Silicium des Heizleiters niedrigschmelzende Verbindungen eingehen. Bei Einhaltung eines minimalen Sauerstoffgehaltes werden $MoSi_2$-Heizleiter auch in Vakuumöfen mit Erfolg eingesetzt. Durch teilweises Ersetzen von Silicium durch Aluminium sollen weiterentwickelte Heizleiter [6.14] dieses Typs auch in stark reduzierender Atmosphäre eingesetzt werden können, da die sich bildende Al_2O_3-Deckschicht auch bei hohen Temperaturen nicht reduziert werden kann.

$MoSi_2$ zeichnet sich mit 15 bis 22 W cm^{-2} bei 1300°C und 6 bis 12 W cm^{-2} bei 1600°C durch eine hohe Oberflächenbelastung aus.

6.2.5 Molybdän- und Wolfram-Heizleiter

Molybdän und Wolfram werden trotz beträchtlicher Herstellungskosten dank der hohen maximalen Einsatztemperaturen (1900 bzw. 2800°C) und der langen Lebensdauer vielfach in Sinteranlagen als Heizleiterwerkstoffe genutzt. Die Oberflächenbelastung von Drähten kann bis zu 20 W cm^{-2} betragen. Wegen der Versprödung infolge von Grobkornbildung während des Betriebes sind mechanische Beanspruchung von Thermoschocks zu vermeiden. Beide Metalle neigen oberhalb 400°C stark zur Oxidation, so dass sie nur in Verbindung mit trockenen, reduzierenden Schutzgasen, wie Wasserstoff oder NH_3-Spaltgas, bzw. mit Vakuum oder Argon eingesetzt werden dürfen. Auch eine trockene Stickstoffatmosphäre ist zulässig, da das im Fall des Molybdäns sich bildende Metallnitrid bereits bei Temperaturen oberhalb 1000°C zerfällt. In Schutzgasen mit hohem „Kohlenstoffpotenzial" entstehen Metallcarbide, die den Heizleiter zerstören. Berührungen mit der keramischen (oxidischen) Ofenauskleidung können über die Bildung flüchtiger W- bzw. Mo-Oxide den Metallquerschnitt schwächen und den elektrischen Widerstand erhöhen, so dass schließlich der Heizleiter durchbrennt.

6.2.6 Graphit-Heizleiter

In Sinteröfen, die bei Temperaturen bis 3000°C arbeiten, findet Graphit als Heizleiterwerkstoff in Form von Rohren oder Stäben Verwendung. Seine Oberflächenbelastung ist mit 150 W cm^{-2} sehr hoch. Im Temperaturbereich um 2500°C beginnt der Kohlenstoff zu verdampfen, wodurch die Eigenschaften des Sintergutes negativ beeinflusst werden können. Mit Hilfe dichter Überzüge aus pyrolytischem Graphit lässt sich das Abdampfen einschränken. Graphit ist als Heizleiter für Öfen geeignet, die mit nichtoxidierender Atmosphäre oder Vakuum betrieben werden.

6.2.7 Induktive Beheizung

Das Prinzip der Induktionserwärmung wird für das Sintern in zweierlei Varianten angewendet. In den seit langem als Standardtypen bekannten Mittel- und Hochfrequenzsinteranlagen werden Suszeptoren, z.B. in Form von Graphittiegeln (Bild 6–17), induktiv erhitzt und die darin untergebrachten Sinterteile durch Wärmestrahlung und -konvektion (indirekt) erwärmt.

Bei dem als Hochfrequenzsintern (HF-Sintern) bezeichneten Verfahren werden die Sinterkörper selbst unter der Wirkung eines hochfrequenten Wechselstromes (einige kHz) induktiv (direkt) erhitzt. Die Eindringtiefe des induzierten Stromes (Skin-Effekt) ist mit der Frequenz regelbar; sie ist ihr umgekehrt proportional. Das zu sinternde Gut muss im Arbeitstemperaturbereich ein Elektronenleiter sein und wegen der Gewährleistung einer gleichmäßigen thermischen Belastung eine einfache, regelmäßige Gestalt haben. Des Weiteren müssen die Sinterteile mit Rücksicht auf die Richtung des elektrischen Feldes in Abhängigkeit von ihrer Geometrie in einer bestimmten Weise zueinander angeordnet auf das Transportelement gepackt werden. Die Vorteile des HF-Sinterns sind ein kontinuierlicher und vollautomatisierbarer Betrieb, eine flexible Gestaltung des Sinterregimes, schnelle Aufheizung (bis 500 K s^{-1}) und Abkühlung und dadurch eine stark verkürzte Sinterdauer (1 bis 30 min) sowie eine in sintertechnischen Grenzen beliebige Temperatureinstellung [6.16]. Die übrigen Anlagenteile werden thermisch nicht belastet, so dass der spezifische Masse- und Platzbedarf der Anlage (Bild 6–5) relativ gering ist.

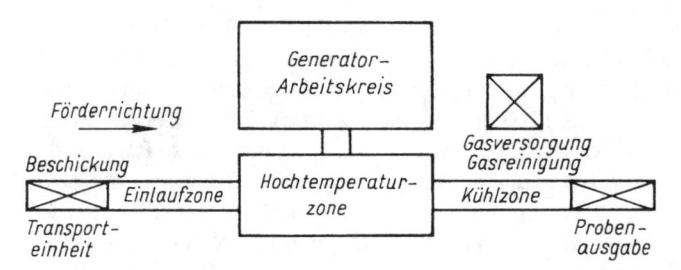

Bild 6–5. Prinzipschema einer Hochfrequenz-Induktionssinteranlage (nach [6.17])

6.2.8 Mikrowellenheizung

Während bei traditionellen Heizmethoden der Wärmeeintrag in das Bauteil über dessen Oberfläche geschieht, hat die Mikrowellenheizung den Vorteil der gleichmäßigen Erwärmung im Bauteilvolumen. Temperaturgradienten und durch sie hervorgerufene mechanische Spannungen können damit vermieden und sehr hohe Aufheizgeschwindigkeiten zugelassen werden. Die Voraussetzung ist allerdings, dass die Mikrowellen in das Bauteil tief eindringen können, was bei metallischen Systemen zunächst nicht gegeben scheint. Intensive Untersuchungen zum Mikrowellensintern von Hartmetallen [6.18, 6.19] und anderen Sinter- und Verbundwerkstoffen [6.20, 6.21] haben jedoch gezeigt, dass der poröse Presskörper mit seinem gegenüber dem regulinen Material um Größenordnungen erhöhten elektrischen Widerstand ein Eindringen der Mikrowellen zulässt und sinteraktivierende Effekte eintreten. Prinzipiell erscheinen dadurch geringere Sintertemperaturen einstellbar und Eigenschaftsvorteile erreichbar zu sein. Der interessanteste Aspekt der Mikrowellenheizung ist aber wohl die Energieeinsparung.

Bei direkter Erwärmung der Pulverkörper durch die Mikrowellen muss der Wärmeabgabe über die Oberfläche entgegengewirkt werden, um einen das Sintern beeinträchtigenden Temperaturgradienten zu vermeiden. Dies kann entweder durch eine gute thermische Isolierung des Sintergutes gegen die Umgebung oder durch eine gleichzeitige konventionelle Heizung erreicht werden. Eine weitere Schwierigkeit stellt die Entstehung von Plasmazuständen im Schutzgas dar, die als Folge lokal erhöhter Feldstärken auftreten und zu örtlicher Überhitzung bis hin zum Anschmelzen führen kann. Gelegentlich finden sich Beschreibungen zum Mikrowellensintern, die in der unmittelbaren Umgebung der Sinterteile die Mikrowellen gut absorbierendes Material, z.B. SiC, positionieren. Dieses nimmt die Energie auf und wirkt dann als Strahlungsheizer, weshalb mikrowellenspezifische Wirkungen auf das Sintern nicht zu erwarten sind.

Um Störungen im Funkverkehr auszuschließen, müssen – auch aus Gründen der Arbeitssicherheit – Mikrowellenanlagen perfekt abgestimmt werden. Ohne besondere Genehmigung ist ein Betreiben nur für die Frequenzen 915 MHz, 2,45 GHz und 28 GHz zulässig. Auch wenn noch nicht alle beim Mikrowellensintern auftretenden Effekte verstanden sind und die technische Erprobung erst am Anfang steht, sind in der Zukunft Anwendungen zu erwarten, die auf einen wirtschaftlicheren Sinterprozess oder verbesserte Werkstoffeigenschaften zielen.

6.3 Sinteröfen

Die Hauptfunktion des Sinterofens besteht in der Aufnahme des zu sinternden Gutes unter Bedingungen, die eine den Gebrauchsanforderungen gerecht werdende Verdichtung der Pressteile gewährleisten. Für die Wahl der Ofenkonstruktion sind die Temperatur, die Wärmebehandlungsdauer, die Sinteratmosphäre, die Durchsatzmenge und die Genauigkeit, mit der die Temperatur und Zeit eingehalten werden müssen, bestimmende Kenngrößen. In Tabelle 6–4 sind Beispiele der dabei für die verschiedenen Werkstoffgruppen zu realisierenden Temperaturen aufgeführt. Da in der pulvermetallurgischen Industrie manche Ofentypen universell, d.h. zur Reduktion und zum Sintern (beispielsweise Durchlauföfen mit Molybdänheizleitern) sowie mit verschiedenen Schutzgasatmosphären eingesetzt werden, ist eine Zuordnung der Öfen zu bestimmten Werkstoffgruppen bis auf einige Ausnahmen nicht angebracht.

Der Einsatz von Ofenanlagen mit vollautomatischem Betrieb und modernen Schalt- und Regeleinrichtungen, die in eine komplette Fertigungslinie eingebaut werden, ist vor allem in der Massenteilefertigung vorherrschend. Das betrifft vor-

Tabelle 6–4. Sintertemperaturen für ausgewählte metallische und nichtmetallische Werkstoffe (z.T. nach [6.22])

Werkstoff	Sintertemperatur in °C
Aluminium-Legierungen	590…620
Kupfer	600…900
Bronzen	740…780
Messing	890…910
Nickel	1000…1150
Eisen-Kohlenstoff, Eisen-Kupfer-Kohlenstoff	1120
Eisen-Kupfer-Nickel-Kohlenstoff	1120
Eisen-Mangan-Kupfer	1120
Eisen-Kupfer-Nickel-Molybdän (Distaloy)	1120…1200
Eisen, Eisen-Kupfer, Eisen-Kupfer-Nickel	1120…1280
Eisen-Chrom, Eisen-Chrom-Kupfer	1200…1280
Eisen-Mangan	1280
Eisen-Chromcarbid (Cr_3C_2)	> 1280
Eisen-Vanadiumcarbid	> 1280
Eisen-Wolframcarbid	> 1280
Eisen-Mangan-Vanadium-Molybdän-Kohlenstoff	> 1280
Eisen-Mangan-Chrom-Molybdän-Kohlenstoff	> 1280
Elektrolyt-, Karbonyl-Eisen, Aluminium-Nickel-Eisen (Weich- und Hartmagnete)	1200…1300
Hartmetalle	1200…1450
Schwermetalle (Schwermetalle des W)	1300…1600
Wolfram-Legierungen	1400…1500
Nitride	1400…2000
Molybdändisilicid ($MoSi_2$-Heizleiter)	bis 1700
Aluminiumoxid (Al_2O_3 – Schneidkeramik)	1800…1900
Wolfram, Molybdän, Tantal	2000…2900

rangig Sinterformteile auf Eisen- und Kupferbasis sowie Hartmetalle. Kontinuierlich betriebene Sinteröfen gestatten gegenüber unterbrochen arbeitenden eine höhere Auslastung der Produktionskapazitäten. Infolge des Wegfalls der Ofenaufheiz- und -abkühlzyklen werden elektrische Energie und Schutzgas eingespart. Durch Veränderung der Transportgeschwindigkeit (Vorschub der Charge) oder Abwandlung des Temperaturprofils in Längsachse der Ofeneinheit können die Temperatur-Zeit-Verhältnisse dem betreffenden Sintergut weitgehend angepasst werden.

Häufig werden den Pulvern zum Formen Presshilfsmittel (meist Stearate) zugemischt (s. Abschn. 3.3), die vor Erreichen der isothermen Sintertemperatur, ohne dass Sintergut, -atmosphäre und Heizleiter durch Dämpfe oder Ablagerungen verunreinigt werden, entfernt werden müssen (Abbrennen). Dafür sind in der Praxis verschiedene Lösungen anzutreffen. Für den kontinuierlichen Sinterbetrieb ergeben sich Schwierigkeiten, wenn in der Abbrennkammer wesentlich niedrigere Temperaturen (500 bis 800 °C) als im Sinterraum herrschen, und das Presshilfsmitel langsam, ohne sich zu zersetzen, verdampfen muss, oder wenn es sich um Werkstoffe handelt, die nur eine kurze Sinterdauer erfordern (z.B. 10 bis 15 min für hochverdichtetes Nickel).

In der Hartmetall- [6.23], Eisen- und Buntmetall-Sinterteilefertigung bilden Abbrennkammer und Sinterofen in der überwiegenden Zahl der Fälle eine Einheit, wobei die gewählte Anordnung unterschiedlich ist. Neuere Anlagen bestehen aus einem Ofenteil mit verschiedenen Temperaturzonen zum Abbrennen und Sintern. Das Schutzgas strömt vom Sinterraum zur Abbrennkammer (Gegenstromprinzip) und verhindert so das Eindringen von Abdämpfen in die Hochtemperaturzone. Andere Ofenanlagen bestehen aus zwei Teilen, wobei die gesondert beheizte Abbrennkammer aus Platzersparnis parallel, rechtwinklig oder U-förmig zum Sinteraggregat angeordnet und durch Schleusen mit diesem verbunden ist. Die Presshilfsmittelabdämpfe entweichen entweder mit dem Schutzgas, kondensieren und müssen in bestimmten Zeitabständen entfernt werden oder werden mit Hilfe elektrostatisch arbeitender Wachsabscheider beseitigt.

Das Beschicken der Sinteröfen mit Einsatzgut und das Entleeren geschehen manuell, mechanisch oder automatisch. Als Abdichtungen des Ofenverschlusses (Tor) dienen – je nach Ofentyp – Vorkammern, Flammensperren, Schutzgas- und Vakuumschleusen. Aus kleineren Teilen bestehendes Sintergut wird überwiegend in Glühkästen gestapelt dem Wärmebehandlungsraum zugeführt. Der Ausstoß fertiger Sinterteile muss so geregelt sein, dass eine dem Sintergut entsprechende Verweildauer in der Aufheiz-, Sinter- und Abkühlzone gewährleistet ist.

Im Folgenden soll auf die wichtigsten, heute in den pulvermetallurgischen Betrieben genutzten Ofentypen eingegangen werden.

6.3.1 Kontinuierlich arbeitende Sinteröfen

Kontinuierlich arbeitende Öfen sind wirtschaftlich vorteilhaft, da sie trotz ihres relativ kleinen Arbeitsraumes einen höheren Durchsatz des Sintergutes im Vergleich zu periodisch arbeitenden ermöglichen. Weitere charakteristische Merkmale sind die gleichmäßige Temperaturverteilung in der Heizzone und der regelbare Temperatur-Zeit-Verlauf durch Einstellung der Geschwindigkeit des Transportbandes bzw. des

Temperaturprofils in der Längsachse des Ofens. Die gebräuchlichen Fördereinrichtungen sind Bänder, Rollen, Hubbalken und Stoßvorrichtungen.

Elektrisch oder durch Gasbrenner beheizte Förderbandöfen bieten durch ihren Aufbau günstige Voraussetzungen zur Mechanisierung und Automatisierung des Sinterablaufs (Bild 6–6). Das zu sinternde Material wird, meist direkt auf dem Förderband liegend, durch tunnelförmige Zonen unterschiedlicher Temperatur (Einlasstunnel, Abbrennkammer, Sinterofen, Kühlkammer, Auslaufkammer) geleitet. Förderbandöfen werden für Temperaturen bis etwa 1150°C unter Verwendung von Ni-Cr- oder Fe-Cr-Heizleitern vorwiegend zum Sintern von Eisen- und Kupferbasisformteilen eingesetzt. Das endlose Förderband in Breiten von 200 bis 1000 mm besteht aus Gliedern einer hitzebeständigen Fe-Ni-Cr-Legierung (NiCr 37/18 oder 25/20). Ein grundsätzlicher Nachteil der Förderung mit Transportband besteht darin, dass der Ofen nicht dicht verschlossen werden kann und entflammbare Schutzgase am Ein- und Ausgang abgebrannt werden müssen. Die Folge ist ein erhöhter Schutzgasverbrauch. Die Verweilzeiten in der Abbrennkammer und in der Sinterzone werden über die Transportgeschwindigkeit des Bandes gesteuert. Die Sinterteile können direkt auf dem Band (Bild 6–7), auf Tabletts aus Blech oder Keramik oder in Kästen durch die Ofenanlage befördert werden. Da die Belastbarkeit des Förderbandes die Einsatztemperatur begrenzt, wird am Einsatz von keramischen Fördersystemen gearbeitet, die jedoch noch mit höheren Anschaffungskosten verbunden sind. Auch die Verminderung der erforderlichen Zugkräfte durch Bewegen des Bandes auf Rollen ist eine mögliche Variante, die die Lebensdauer verlängern und die Einsatztemperaturen erhöhen kann.

In modernen Förderbandöfen [6.2] für die Produktion von Qualitätssinterteilen ist die Abbrennkammer als gasbeheizte Schnellentwachsungszone ausgebildet. Durch einen erhöhten Sauerstoffgehalt im Gas, der über Zufuhr von Luft, Wasserdampf oder CO_2 eingestellt wird, werden die bei Erwärmung austretenden Presshilfsmittel verbrannt und können leichter ohne Kondensation aus dem Ofen entfernt werden. Der Sauerstoffgehalt und das Temperatur-Zeit-Regime der Entwachsung sind so einzustellen, dass eine starke Oxidation der Grünkörper vermieden wird, da sonst Störungen im Kohlenstoffgehalt eintreten.

Für höhere Sintertemperaturen (bis 1350°C) und hohe Durchsatzleistungen stehen überwiegend automatisch arbeitende Hubbalkenöfen zur Verfügung. Da nur bei der Beschickung und der Entnahme die Schleusen an den Enden des Ofens geöffnet werden, ist der Schutzgasverbrauch niedriger als beim Banddurchlaufofen. Den prinzipiellen Aufbau des Hochtemperaturteiles ohne Abbrennkammer zeigt Bild 6–8. Das in dünnwandigen Kästen verpackte Sintergut wird nach Durchlaufen der Abbrennzone erschütterungsfrei mit Hilfe von Hubbalken schrittweise durch die Hochtemperaturzone befördert. Die Hubbalken, deren Schrittgröße und -zahl den erforderlichen Sinterbedingungen angepasst werden können, setzen in Transportrichtung nach jedem Schritt die Metallkästen auf die Ofensohle ab. Da der Transport stoßfrei geschieht, sind derartige Öfen außer für feste Pressteile auch zum Sintern geschütteter Pulver (Metallfilter) oder gegen mechanische Beschädigung empfindlicher Körper gut geeignet. Es gibt auch Anlagen, bei denen drei bis fünf Hubbalken in einem Ofen nebeneinander angeordnet sind. Als Entwachsungsbereich kann dem Hubbalkenofen ein Förderbandofen unmittelbar vorangestellt werden.

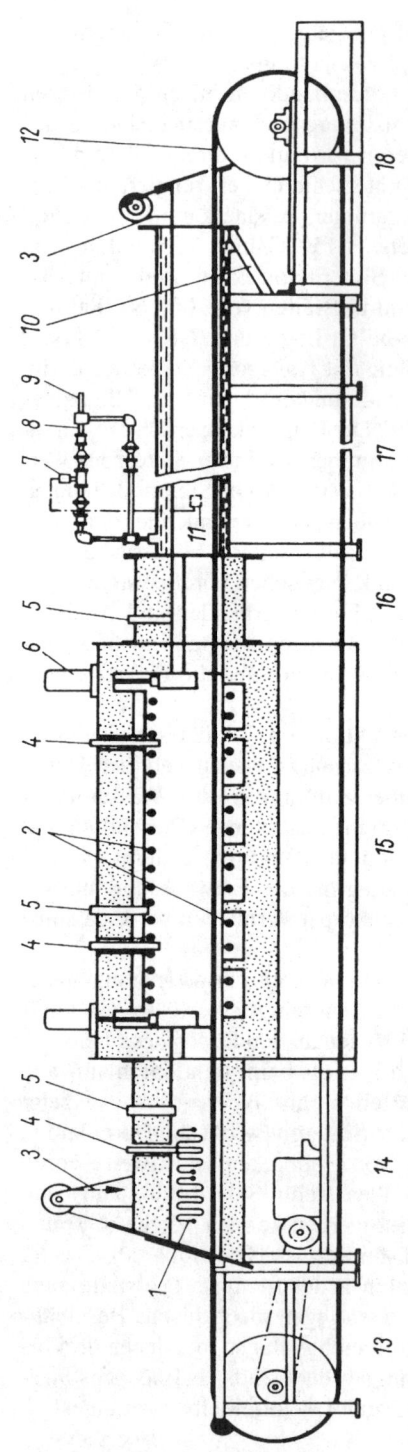

Bild 6-6. Schematische Darstellung eines Förderbandofens (nach *de Groat*). *1, 2* Heizelemente; *3* Tor; *4* Thermoelemente; *5* Schutzgaszufuhr; *6* Zwischentor; *7* Ventil; *8* automatisches Wassertemperatur-Kontrollsystem; *9* Kühlwasserzufuhr; *10* Kühlwasserablauf; *11* „Aquastat"; *12* Förderband; *13* Einlaufzone; *14* Abbrennkammer; *15* Sinterofen; *16* Kühlzone; *17* Kühlkammer; *18* Auslaufzone

6.3 Sinteröfen

Bild 6–7. Förderband zum Sinterofen Typ „Mahler" (nach Mannesmann-Pulvermetallurgie GmbH, Mönchengladbach); Bandgeschwindigkeit 140 mm · min^{-1}; Bandbreite 450 mm

Hubbalkenöfen werden elektrisch beheizt. Ihr Energieverbrauch ist günstiger als bei anderen Ofenarten [6.24], da sich der Hubbalken immer im gleichen Temperaturbereich bewegt. Bei Öfen älterer Bauart bestehen die Heizelemente aus an Molybdänhaken aufgehängten Molybdän-Heizleitern. Infolge der ständigen Umspülung durch die Sinteratmosphäre wird einerseits das zur Aufkohlung neigende Molybdän brüchig und andererseits ergeben sich durch Veränderung der Schutzgaszusammensetzung, insbesondere bei der Sinterung kohlenstoffhaltiger Stähle, erhebliche Schwierigkeiten. Dieser Mangel entfällt, wenn die Molybdän-Heizleiter vom Sinterraum durch eine keramische Platte getrennt werden. Es ist damit abgesichert, dass nur sauberes Frischgas in den Raum mit den Mo-Heizleitern eintritt und sie umspült. Gleichzeitig ist die Möglichkeit gegeben, durch Zugabe von Kohlungsgas in den Sinterraum eine aufkohlende Atmosphäre zur Sinterung kohlenstoffhaltiger, vergütbarer Stähle einzustellen. Hubbalkenöfen werden auch zum Reduzieren von Metallpulvern verwendet.

Gleichfalls bis zu Temperaturen von 1350°C sind für mittlere Durchsatzmengen kontinuierlich arbeitende Durchstoßöfen (Durchschuböfen) der Normalausführung (Bild 6–9) einsetzbar. Die in Transportkästen gestapelten Pressteile werden durch eine von Hand oder hydraulisch gesteuerte, mechanisch angetriebene Stoßvorrichtung befördert. Der Fördertakt beträgt jeweils eine Kastenlänge. Die auf das Sintergut abgestimmte Fördergeschwindigkeit kann stufenlos geregelt werden. Wenn Vor- und Abbrennkammer, Ofenmuffel, Kühl- und Auslaufzone gasdicht nach außen abgeschlossen sind, ist der Schutzgasverbrauch gering, da die Verschlusskappen nur während der Beschickung und der Entnahme betätigt werden. Für jeden Chargier-

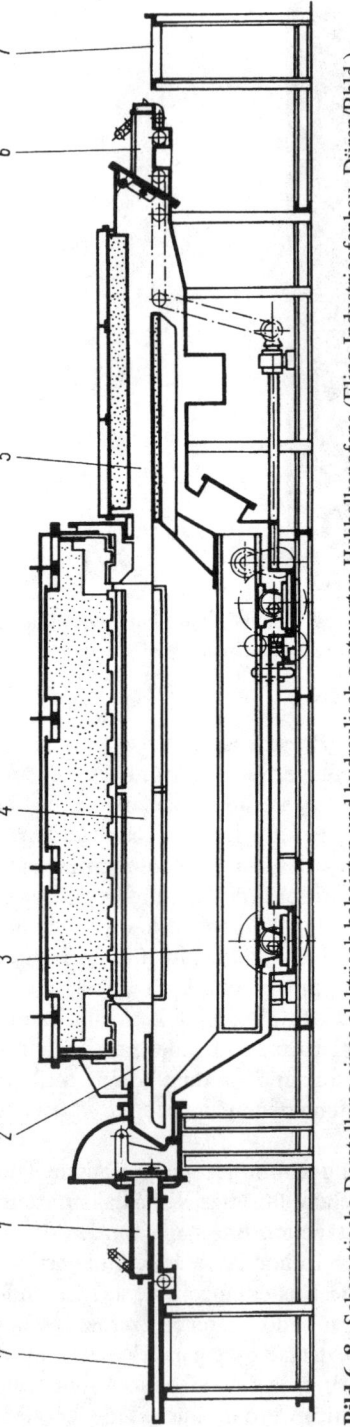

Bild 6-8. Schematische Darstellung eines elektrisch beheizten und hydraulisch gesteuerten Hubbalkenofens (Elino Industrieofenbau, Düren/Rhld.)

6.3 Sinteröfen

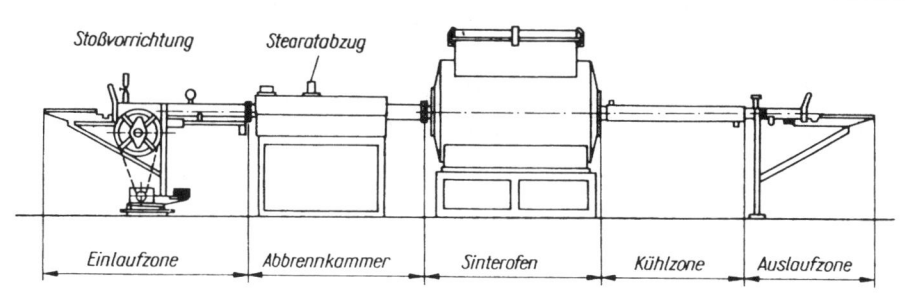

Bild 6–9. Sinterdurchstoßofen mit angeflanschter Abbrennkammer (Degussa, Frankfurt/M.)

prozess werden die Doppelschleusen am Ofeneingang und -ausgang mit N_2-Schutzgas gereinigt.

Eine neuere Entwicklung für Sinteröfen sind die in anderen Bereichen bereits länger betriebenen Rollenherdöfen [6.2]. Das Sintergut wird, auf Platten positioniert oder in Kästen verpackt, mittels angetriebener Rollensysteme durch den Ofen befördert. Die Rollen bestehen im unteren Temperaturbereich aus hochtemperaturbeständigen Stählen, im Hochtemperaturbereich aus SiC-Keramik. Einsatztemperaturen von 1300°C oder auch höher sind dadurch zugänglich. Da die Rollen einzeln oder in Gruppen angetrieben werden, ist die Bewegung der Platten oder Behälter mit den Sinterteilen sehr flexibel steuerbar. Ein Umsetzen in den nächsten Ofenbereich, der auch durch Schleusen oder Tore abtrennbar gestaltet werden kann, ist deshalb rasch möglich. Die Öfen können sehr breit (ca. 1 m) gebaut werden und gestatten einen hohen Durchsatz. Die großen Querschnitte können aber auch wegen der geringeren Schutzgasgeschwindigkeiten zu Problemen führen. Da anfänglich aufgetretene Beeinträchtigungen der Schutzgasqualität durch ungenügende Dichtheit der Rollendurchführungen behoben zu sein scheinen, bietet das Bauprinzip sehr gute Möglichkeiten für eine den unterschiedlichen Wärmebehandlungszonen entsprechende Einstellung der Schutzgasatmosphäre.

Ebenfalls für den Hochtemperaturbereich interessant sind Drehherdöfen, die als Kernstück einer Sinteranlage vorgeschlagen werden [6.13]. Durch vor- und nachgeschaltete Entwachsungsstrecke und Schroffkühlzone ist das System anpassbar. Das Umsetzen in den Hochtemperaturbereich und nach einer Umdrehung in den Abkühlbereich kann durch Schleusensysteme geschehen, wodurch auch höchste Anforderungen an die Sinteratmosphäre erfüllbar scheinen.

Besteht die Innenauskleidung des Ofens aus Aluminiumoxid, dann können unter Verwendung von Wolfram-Heizleitern sowie geeigneten Schutzgasen (Wasserstoff oder -Mischungen) auch Sintertemperaturen bis zu 1800°C verwirklicht werden. Eine weitere Steigerung der Ofentemperatur auf maximal 2200°C ist möglich, wenn der Ofen mit Zirkoniumoxid ausgekleidet wird; sie ist aufgrund der damit verbundenen hohen Kosten aber nur in Ausnahmefällen gerechtfertigt.

Während die Wärmebehandlung der gesinterten Teile früher überwiegend getrennt vom Sinterprozess in separaten Anlagen durchgeführt wurde, wird immer häufiger – ermöglicht durch die notwendigen Werkstoff- und Anlagenentwicklungen – das Sinterhärten praktiziert. Die Wärmebehandlung geschieht hierbei

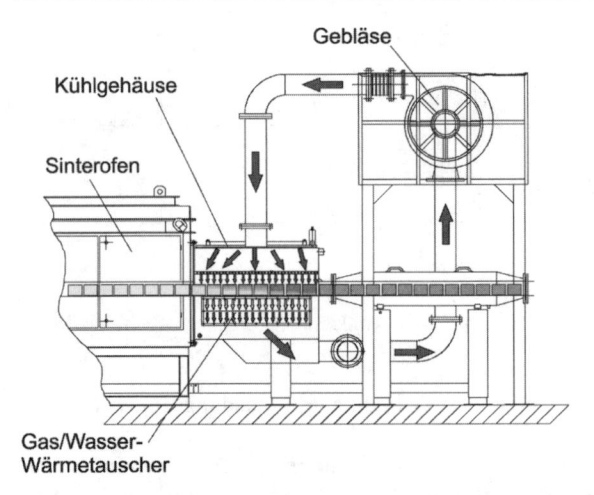

Bild 6–10. Prinzipieller Aufbau einer Schroffkühlzone an Durchlaufsinteröfen (nach *D. Geldner*)

unmittelbar aus der Sinterhitze in einer sog. Schroffkühlzone des Ofens. Um die angestrebten Abkühlgeschwindigkeiten (bis 4 K/s) zu erreichen, wird gekühltes Schutzgas mit großer Strömungsgeschwindigkeit über die Bauteile geleitet. Die Kühlung des mit gasdichten Gebläsen im Kreislauf geführten Schutzgases erfolgt über Wärmetauscher, die entweder direkt innerhalb des wassergekühlten Mantels der Schroffkühlzone oder außerhalb angeordnet sind (Bild 6–10). Über die Drehzahl der Gebläse kann die Abkühlgeschwindigkeit auch bei wechselnden Beladungen der Bänder und Bauteilgeometrien den Gegebenheiten angepasst werden. Unterschiedliche Teile gleichzeitig zu sintern, ist deshalb nur im Ausnahmefall möglich.

Damit die bei den hohen Gasgeschwindigkeiten in der Abkühlzone entstehenden Turbulenzen nicht zu Störungen in der Sinterzone oder im gesamten Ofen führen, muss die Schutzgasführung sorgfältig automatisch kontrolliert und geregelt werden. Obwohl prinzipiell auch in die Ofeneinheit integrierbar, werden nachfolgende Anlassbehandlungen in separaten Öfen vorgenommen.

Auch für die Hartmetallproduktion kommen kontinuierlich arbeitende Sinteröfen in Betracht. In Bild 6–11 ist ein Anlagentyp dargestellt, der auch als „Sinterautomat" bezeichnet wurde [6.8, 6.10]. Die Anlage ist so aufgebaut, dass die in Kästen gepackten Hartmetallteile zunächst in einen gasgespülten (H_2)Entwachsungstrakt eingeführt und nach erfolgter Entwachsung in den Hochtemperatur-Vakuumofen umgesetzt werden. Der Ofeneingang und -ausgang sowie die Übergabestelle zum Vakuum sind mit Schleusensystemen ausgestattet. Obgleich die Trennung von Entwachsung und Vakuumsinterung vorteilhaft ist und sich der Ofentyp vor allem für das Sintern großer Stückzahlen mit konstanter Hartmetallqualität bestens bewährt hat, sind doch überwiegend periodisch arbeitende Sinteröfen für diese Werkstoffgruppe im Einsatz, die zunehmend auch noch eine Defektausheilung mittels Gasdrucksintern (siehe Abschn. 6.3.2) vorsehen.

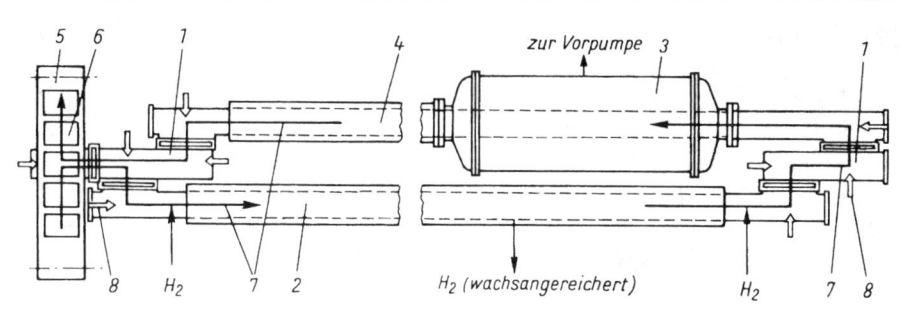

Bild 6–11. Schema einer kontinuierlich arbeitenden Vakuumsinteranlage (nach [6.8]). *1* Schleusenkammer; *2* Durchschubentwachsungsofen; *3* Durchschubsinterofen; *4* Kühlstrecke; *5* Förderband; *6* Kästen mit Sintergut; *7* Weg der Kästen („schwarze" Pfeile); *8* Bewegungsrichtung der Kästen („weiße" Pfeile)

6.3.2 Periodisch arbeitende Sinteröfen

Für Einzel- und Kleinserienfertigung sowie große Pressteile kommen Kammer-, Röhren- und Haubenöfen, die sich durch eine einfache Betriebsweise auszeichnen, zum Einsatz. Auch das Sintern im Vakuum bis zu Temperaturen von 3000 °C geschieht teilweise noch in diskontinuierlich arbeitenden Öfen. Das zu sinternde Teil wird im direkten Stromdurchgang oder mit Hilfe von widerstands- bzw. induktiv erhitzten Heizleitern auf die jeweilige Temperatur gebracht.

Kammer- bzw. Muffelöfen, die für Betriebstemperaturen bis zu 1800 °C mit Molybdän-Heizleitern (Bild 6–12) ausgerüstet sind, eignen sich beispielsweise zum Vorwärmen von gesinterten Molybdän- und Wolframstäben für die weitere mechanische Verarbeitung. Das Ofengehäuse ist mit hochfeuerfesten Steinen ausgemauert. Der Glühraum wird mit Hilfe einer Hubtür verschlossen. Es kann mit Luft oder Schutzgasen gearbeitet werden.

Das Sintern größerer Teile, wie von Friktionsbelägen (Kupplungslamellen aus Eisen-Graphit) oder von Hartmetallblöcken kann in Haubenöfen (Bild 6–13) geschehen. Sie werden mit Schutzgas oder Vakuum betrieben. Die Heizleiter sind in der wärmeisolierenden, äußeren, abhebbaren Haube untergebracht. Die darunter befindliche Schutzhaube sorgt im Verein mit einer Öltasse oder anderen Dichtungssystemen für einen gasdichten Verschluss. Durch Verwendung von mehreren Bodenplatten und Schutzhauben sowie die Umsetzung der Glühhaube ist es möglich, die Abkühlzeiten des Sintergutes zu verringern und die in der Glühhaube gespeicherte Wärme für die nächste vorbereitete, bereits unter die Schutzhaube eingebrachte Charge auszunutzen. Außer der vollautomatischen Regelung von Temperatur und Atmosphäre erfolgt in modernen Anlagen das Entwachsen und Sintern in einem Zyklus, ohne dass im Ofen niedergeschlagenes Wachs beim Hochtemperatursintern die Qualität der Charge beeinträchtigt. Die Presshilfsmittel werden durch Verdampfen im Unterdruckbereich (Vakuum) oder mit leichtem H_2-Überdruck ausgetrieben.

Eine technisch elegante Lösung stellte das Sintern im direkten Stromdurchgang (Kurzschlusssintern) dar, bei dem die Pressteile infolge Widerstandserhitzung auf Temperaturen bis etwa 3000 °C erwärmt werden können. Sie ist seit Beginn des 20. Jahrhunderts als Coolidge-Verfahren bekannt. Die gleichzeitig als elektrische

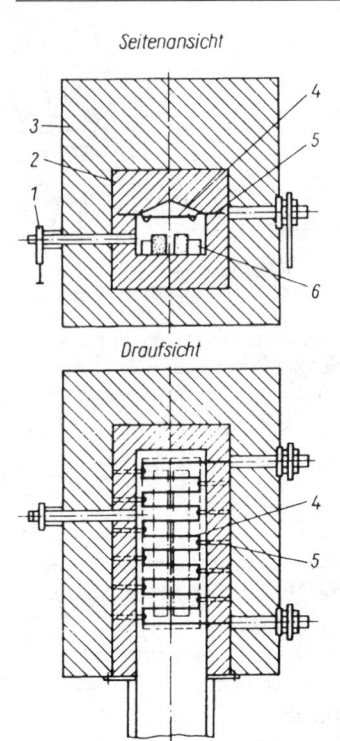

Bild 6–12. Hochtemperatur-Muffelofen mit Molybdän-Heizleiter (nach *R. Kieffer* und *F. Benesovsky*). *1* Schauglas; *2* Al$_2$O$_3$-Ofensteine; *3* Isolierung; *4* Mo-Heizleiter; *5* Mo-Haken; *6* Mo-Schiffchen

Zuleitungen (20 bis 50 Volt, mehrere Tausend Ampere) dienenden Molybdän- oder Wolframeinspannbacken nehmen das Sintergut auf und sind in einer Sinterglocke angeordnet. Wegen der das Sintern begleitenden Schwindung ist eine der Spannbacken beweglich angeordnet. Die Sinterglocke wird vorrangig mit Vakuum und Wasserstoff, aber auch mit Atmosphären aus Spaltgas oder teilverbranntem Ammoniak betrieben. In ihr können hochschmelzende Metalle, vor allem Molybdän und Wolfram sowie deren Legierungen (Wasserstoff) und Tantal (Vakuum) gesintert werden (Kap. 15). Das Verfahren weist insofern Nachteile auf, als die Gestalt der Presslinge bzw. vorgesinterten Teile auf Stäbe, Zylinder oder Rohre beschränkt ist und außerdem wegen der notwendigen Kühlung der Stromanschlüsse die Enden einen geringeren Grad der Sinterung aufweisen. In dieser Hinsicht sind Öfen mit indirekter Erhitzung des Sintergutes vielseitiger einsetzbar. Die Heizelemente derartiger Öfen können sowohl direkt (Kurzschlussverfahren) als auch induktiv erhitzt werden. Die mit Indirekterhitzung erreichbaren maximalen Sintertemperaturen liegen bei 2800°C. Dazu sind Hochtemperaturöfen mit Wolfram- oder Tantal-Heizleitern, wie sie für das Sintern von Mo, W, Ta, Ti, Hartmetallen oder AlNiCo-Magneten Verwendung finden, erforderlich. Der Heizleiter kann als Rohr oder Drahtkäfig (Bild 6–14) ausgebildet sein oder auch aus mehreren Blechen bestehen. Das Vakuum wird in der üblichen Weise mit Hilfe von Vor- und Diffusionspumpen erzeugt. Tritt an die Stelle des Vakuums eine Schutzgasatmosphäre, so ist bei ihrer Wahl die für bestimmte Gase große Reaktionsfreudigkeit der Heizleiter zu beachten.

6.3 Sinteröfen

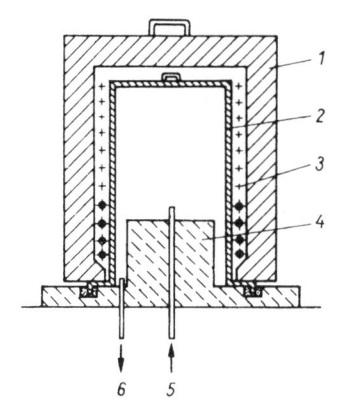

Bild 6–13. Hauben-Ofen zum Sintern unter Schutzgas.
1 Glühhaube; *2* Schutzhaube; *3* Heizelemente; *4* Bodenplatte; *5, 6* Schutzgaszu- und ableitung

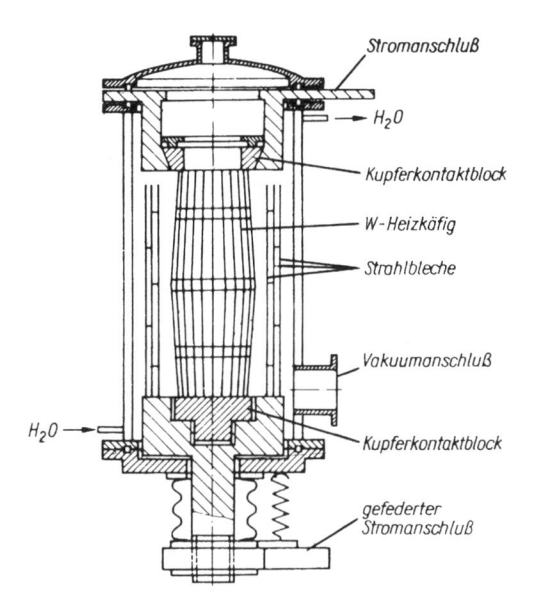

Bild 6–14. Wolframkäfig-Ofen zum Indirektsintern hochschmelzender Sondermetalle (nach R. *Kieffer* und E. *Lugscheider*)

Zum Sintern von Hartmetallpresskörpern werden auch Horizontal-Kammeröfen mit Graphitheizung verwendet. Das Entwachsen und Sintern werden ohne Zwischenbelüftung in der gleichen Ofenkammer, jedoch zeitlich voneinander getrennt durchgeführt (Bild 6–15). Während des Entwachsens sorgt ein außenseitig angebrachter Abscheider mit Hilfe eines Trägergases dafür, dass sich kein Wachs an den Ofenteilen niederschlägt, da sonst die Zusammensetzung der Schutzatmosphäre (Kohlenstoffbilanz) für das nachfolgende Sintern verändert würde. Zur Steigerung des Durchsatzes der Sinteranlage kann die Kühlphase nach dem Sintern abgekürzt werden, indem das über Wärmetauscher rückgekühlte Schutzgas direkt über die Charge geleitet wird.

Einen Fortschritt in der Vakuumofenbautechnik stellen auch horizontale Kammeröfen zum Überdrucksintern dar, die gewisse Nachteile des sonst gebräuchlichen heiß-

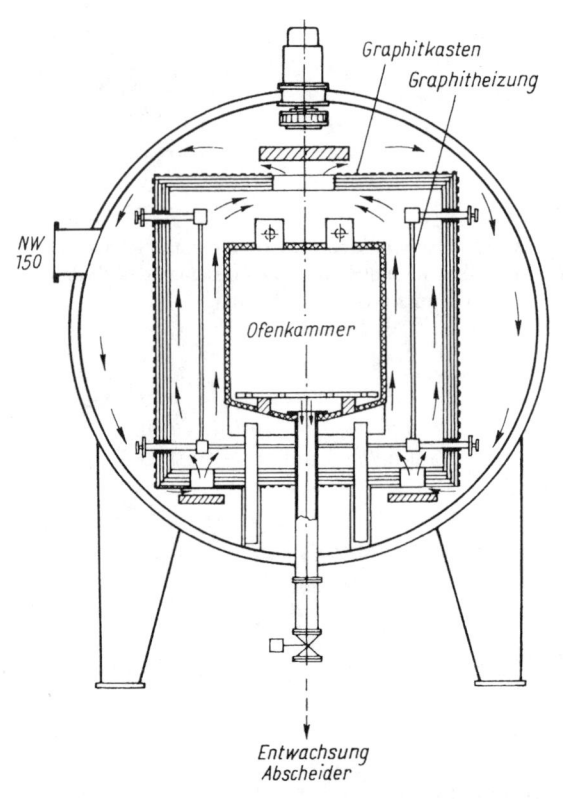

Bild 6–15. Querschnitt eines Vakuumkammerofens mit einem dichten Graphitkasten zum Entwachsen, Vor- und Fertigsintern (nach *R. Bauer*). Die Pfeile zeigen die Bewegungsrichtung des Trägergases an

isostatischen Pressens nach dem Sintern, z.B. bei der Produktion von Hartmetallen (Kap. 17) oder hochlegierten Werkzeugstählen (Kap. 10), ausschließen und porenfreie Fertigteile liefern [6.25]. In den Anlagen zum Überdrucksintern erfolgt das Entwachsen, Vakuumsintern und das isostatische Verdichten bei relativ niedrigen Drücken (bis 6 MPa) mit Hilfe von drei unabhängig voneinander regelbaren Heizkreisen in nur einem Zyklus. Während des Entwachsens ist der Nutzraum vom übrigen Ofenraum gasdicht getrennt, so dass kein Wachsdampf in den Ofenraum gelangt. Durch die besondere Art der Heizungsanordnung und Wärmeisolation mit Konvektionssperren wird bei Temperaturen bis maximal 1600°C eine hohe Temperaturgleichmäßigkeit bei Vakuum- (±7 K) oder Schutzgas-Betrieb mit Argon (±12 K) erreicht. Alle Verfahrensschritte während eines Zyklus laufen vollautomatisch ab.

6.4 Tränken

Tränklegierungen sind Verbundwerkstoffe, die über das Ausfüllen der Poren eines höherschmelzenden Skelettkörpers mit einer Schmelze hergestellt werden (z.B.

6.4 Tränken

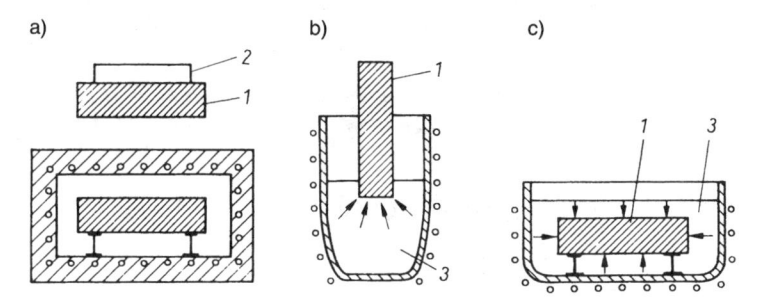

Bild 6–16. Tränkverfahren. a) Auflagetränkung; b) Kapillartauchtränkung; c) Volltauchtränkung. *1* Skelettkörper; *2* fester Tränkwerkstoff; *3* flüssiger Tränkwerkstoff

Abschn. 14.2.5). Die grundsätzlichen Varianten der Infiltration sind im Bild 6–16 schematisch dargestellt. Bei der Auflagetränkung wird die zur Auffüllung des Porenraumes notwendige Menge Tränkmaterial in Form einer Platte, einer Ronde oder eines Drahtringes auf den Skelettkörper aufgelegt und, nachdem die Schmelzhitze erreicht ist, von diesem aufgesaugt. Eine Kapillartauchtränkung lässt sich anwenden, wenn die Kapillarkräfte im zu infiltrierenden Körper ausreichend groß sind, so dass es genügt, nur eine kleine Fläche des Skelettkörpers mit dem flüssigen Tränkmedium in Kontakt zu bringen. Ihr Vorteil besteht darin, dass der überwiegende Teil der Oberfläche des Formstückes nicht verunreinigt wird. Bei der Volltauchtränkung dagegen ist das Zurückbleiben unerwünschter Reste von Tränkmaterial auf der Oberfläche des Werkstücks nicht zu vermeiden.

Für die praktische Durchführung der Infiltration sind die bereits erörterten kontinuierlich oder unterbrochen arbeitenden, elektrisch beheizten Öfen geeignet. Oxidationsempfindliche Skelettkörper und Tränkmetalle werden, um eine ausreichende Benetzung zu sichern, unter Schutzgas, wie Wasserstoff und Ammoniak-Spaltgas, oder auch im Vakuum (Bild 6–17) miteinander verbunden. Die mit einer intensiven Entgasung des Skelettkörpers verbundene Vakuumtränkung kann ebenso wie eine in speziellen Autoklaven vorzunehmende Drucktränkung auch dann zu einer befriedigenden Infiltration führen, wenn das Tränkmedium schlecht netzt und andere, weniger anspruchsvolle Lösungen versagen.

Hinsichtlich weiterer Einzelheiten muss auf die entsprechenden Tränkwerkstoffen vorbehaltenen Abschnitte (z.B. 11.5, 14.2.1) verwiesen werden.

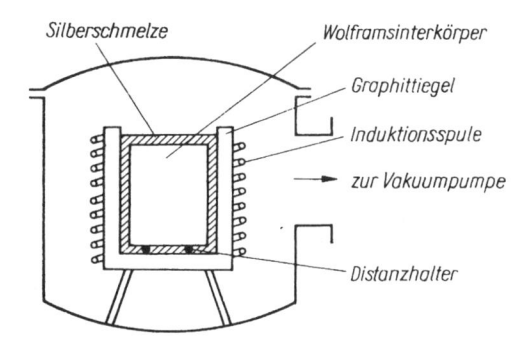

Bild 6–17. Vakuum-Volltauchtränkung von Wolfram-Sinterkörpern (nach *R. Kieffer* und *E. Lugscheider*)

Literatur zu Kapitel 6

[6.1] *Schatt, W.*: Sintervorgänge – Grundlagen, VDI-Verlag, Düsseldorf, 1992
[6.2] *Vervoort, P.*: In: A.v. Starck, A. Mühlbauer, C. Kramer (Hrsg.) Praxishandbuch Thermoprozess-Technik, Band II: Prozesse – Komponenten – Sicherheit, Vulkan Verlag, Essen, 2003
[6.3] *Diehl, W.*: In: Pulvermetallurgie in Wissenschaft und Praxis, Band 12, 141–156, Hagen 1996
[6.4] *Danninger, H. und G. Leitner*: In: Pulvermetallurgie in Wissenschaft und Praxis, Band 19, 211–234, Hagen, 2003
[6.5] *Bradbury, S.* (Ed.): Powder Metallurgy Equipment Manual, Metal Powder Industries Federation, 1986, S. 113
[6.6] *Craig, B.D.*: Fundamental Aspects of Corrosion Science, Plenum Press, New York, 1991
[6.7] *Möbius, H.E. und F. Krall*: Metall 23 (1969), 314
[6.8] *Durdaller, C.*: Technical Bulletin from Höganäs Corporation, Riverton, 1971
[6.9] *Warga, D.*: Powd. Met. Int. 23 (1991), 317
[6.10] *Bücker, K.*: In: Pulvermetallurgie in Wissenschaft und Praxis, Band 17, 123–135, 2001
[6.11] *Nayar, H.S.*: ASM Handbook, Vol. 7, Powder Metal Technologies and Applications, 457–467, 1998
[6.12] *Klix, J.*: Der Endogasgenerator. Firmenschrift, Gebrüder Hammer GmbH, Dreieich, 2003
[6.13] *Vervoort, P.*: Proc. 29th National Powder Metallurgy Conference, January 30–31, 2003, Goa, India
[6.14] *Sundberg, M., A. Magnusson, D.T. Whychell*: Proc. PM^{2}TEC World Congress, 2002, Orlando Florida, Vol. 13, 348–355
[6.15] *Kanthal GmbH*: Powd. Met. Int. 22 (1990), 50
[6.16] *Hermel, W., R. Krumpold, G. Leitner und K. Voigt*: Proceedings of the 10th Planseeseminar, Bd. 2, Hrsg. H.M. Ortner, Reutte 1981
[6.17] *Leitner, G., W. Förster, W. Hermel, R. Krumpold und K. Voigt*: 7. Internationale Pulvermetallurgische Tagung in der DDR, Bd. 2, Dresden 1981
[6.18] *Rödiger, K., K. Dreyer, T. Gerdes, M. Willert-Porada*: Int. J. Refractory Metals & Hard Materials 16 (1998), 409
[6.19] *Willert-Porada, M., R. Klupsch, H. Schmidt, K. Dreyer, K. Rödiger*: Mat.-wiss. und Werkstofftech. 32 (2001), 462
[6.20] *Schmidt, J., T. Schubert, T. Weißgärber, B. Kieback*: Proc. PM 2004 Powder Metall. World Congress, Wien, 17.–21.10.2004, Vol. 2, 101
[6.21] *Schmidt, J., P. Schmid, T. Schubert, T. Weißgärber, B. Kieback*: Proc. Sintering 2005, Grenoble, Frankreich, 2005
[6.22] *Zapf, G.*: Handbuch der Fertigungstechnik, Bd. 1: Urformen, Hrsg. G. Spur, München, Hanser-Verlag, 1981
[6.23] *Schedler, W.*: Hartmetall für den Praktiker, VDI-Verlag, Düsseldorf, 1988
[6.24] *Petzi, F.*: Powd. Met. Int. 21 (1989) 29
[6.25] *Ermel, D.*: Powder Metallurgy 42 (1999), No. 3

7 Prüfung von Sinterwerkstoffen

Das vorrangige Merkmal gepresster oder gesinterter Körper ist ihre Porosität, die die Eigenschaften – im Gegensatz zu schmelzmetallurgisch hergestellten Werkstoffen – in erheblich stärkerem Maße als die chemische Zusammensetzung und Gefügeausbildung beeinflusst. Dies ist auch der Grund dafür, dass die Sinterwerkstoffe in den Standards nach Porositätsklassen eingeteilt sind (DIN 30910). Die Porosität bewegt sich im Bereich von ca. 30% (Filter, Lager) bis zu etwa 2%. Erst mit Hilfe einer Warmverdichtung bzw. durch Tränken kann sie völlig eliminiert werden.

Die Bestimmung der durch Pressen oder Sintern erzielten Verdichtung nimmt deshalb in der Prüfung von Sinterwerkstoffen eine wichtige Stellung ein. Der Grad der Verdichtung kann durch die Dichte oder Porosität (Porigkeit, Porenvolumen) des Press- oder Sinterkörpers ausgedrückt werden. Diese Angaben müssen oft durch solche über Größe und Form der Poren ergänzt werden; darüber hinaus ist zu berücksichtigen, dass die Porosität nicht gleichmäßig im Press- und Sinterteil verteilt ist.

Die mit den Sinterreaktionen i.d.R. einhergehende Verringerung der Porosität hat eine Schwindung des Pulverkörpers zur Folge, deren Kontrolle in Verbindung mit der Einhaltung bestimmter Fertigungstoleranzen und dem Wunsch, auf eine Nachbearbeitung der Formteile weitgehend verzichten zu können, notwendig ist.

Die Poren wirken als Kerben und führen infolge ungleichmäßiger Verteilung zu größeren Schwankungen der Prüfergebnisse. Das Festigkeits- und Verformungsverhalten solcher Werkstoffe mit höherer Porosität ist oft dem des Gusseisens ähnlich, bei dem Form, Verteilung und Anteil des in die metallische Matrix eingelagerten Graphits (der keine Zugspannungen übertragen kann) eigenschaftsbestimmend sind. Aus diesen Gründen ist es in gewissem Umfang möglich, für Grauguss gebräuchliche Prüfverfahren und Berechnungsmethoden auf Sinterwerkstoffe zu übertragen. Alle technologischen Maßnahmen (Pressdruck, Sintertemperatur, -dauer), die geeignet sind, die Dichte des Sinterwerkstoffs zu erhöhen, verbessern auch seine Festigkeit (Bild 7–1) und Bruchdehnung (Tabelle 7–1), während beim schmelzmetallurgisch gewonnenen Material die Erhöhung der Festigkeit in der Regel auf Kosten der Bruchdehnung geht.

Die Zugfestigkeit hat bei Sinterkörpern mehr die Bedeutung einer Trennfestigkeit. Auf Grund der Kerbwirkung der Poren ist die Spannungsverteilung über den Probenquerschnitt inhomogen. Das hat eine niedrige Bruchfestigkeit und Bruchdehnung wie auch das Auftreten bleibender Verformungsanteile bei bereits kleinen Spannungen zur Folge, so dass das Hookesche Gesetz nicht erfüllt (Bild 7–2) und der Elastizitätsmodul spannungsabhängig ist.

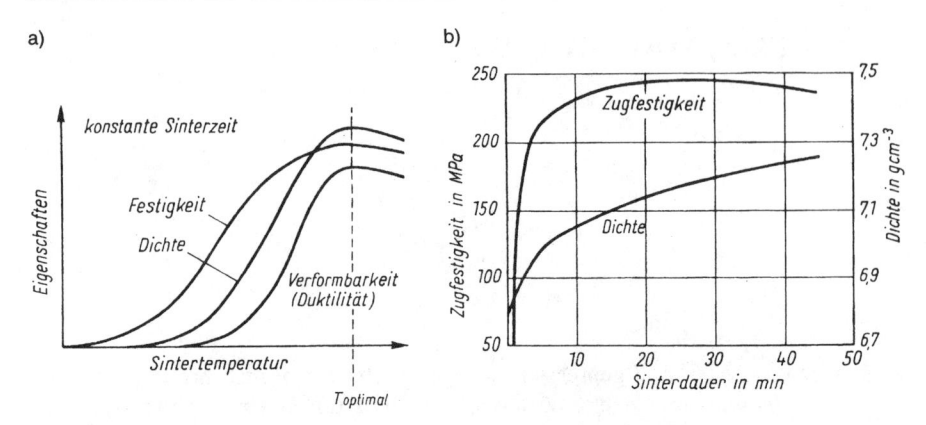

Bild 7–1. Mechanisches Verhalten von Sinterwerkstoffen. a) Schematische Darstellung von Eigenschaften in Abhängigkeit von der Sintertemperatur (nach *F. Benesovsky*); die Eigenschaftsverschlechterung bei $T > T_{\text{optimal}}$ ist durch die zunehmende Grobkornbildung bedingt; b) Eigenschaften von Karbonyleisenpulverpresslingen in Abhängigkeit von der Sinterdauer (nach *H.H. Hausner*); gesintert bei 850°C

Tabelle 7–1. Mechanische Kennwerte von Eisensinterproben, die aus Verdüspulver AHC 100.29 mit 0,6% Kenelube P11 bei unterschiedlichen Pressdrücken hergestellt wurden; 30 min bei 1120°C in 90% N_2 10% H_2 gesintert (nach *Höganäs Handbook, 2002*)

Pressdruck in MPa	Dichte in g/cm³	Porosität P_{ges} in %	R_m in MPa	$R_{\text{p0,2}}$ in MPa	A in %	Härte HV 10	E-Modul E_0 in GPa
400	6,71	14,6	175	102	8,5	51	124
500	6,95	11,6	210	125	10,7	63	145
600	7,13	9,3	240	140	13	71	160
700	7,25	7,8	255	145	14,8	75	167
800	7,30	7,1	260	150	15,5	77	171

Eine an schmelzmetallurgischen Werkstoffen häufig zu beobachtende einfache Beziehung zwischen Härte und Zugfestigkeit ist bei Sinterwerkstoffen nur für den Fall bestimmter, vergleichbarer Herstellungsbedingungen (Pulverart, Teilchengröße, Press- und Sinterparameter) und auch dann lediglich in einem gewissen Dichteintervall anzutreffen (Bild 7–3). Die Härte der Sinterwerkstoffe ist eine komplizierte Funktion von Porosität, Formänderungsmöglichkeiten und Stärke der beim Sintern zwischen den Teilchen entstehenden Verbindungen.

Im Folgenden wird auf ausgewählte und für die praxisnahe Prüfung von Sinterwerkstoffen allgemein in Anwendung befindliche Verfahren eingegangen, während spezielle Prüfmethoden, wie z.B. die Qualitätsprüfung hochporöser Werkstoffe und Sinterlager (s. Kap. 13) oder Hartmetalle (s. Kap. 17), an entsprechender Stelle erörtert werden.

7.1 Dichte, Porosität und Schwindung   187

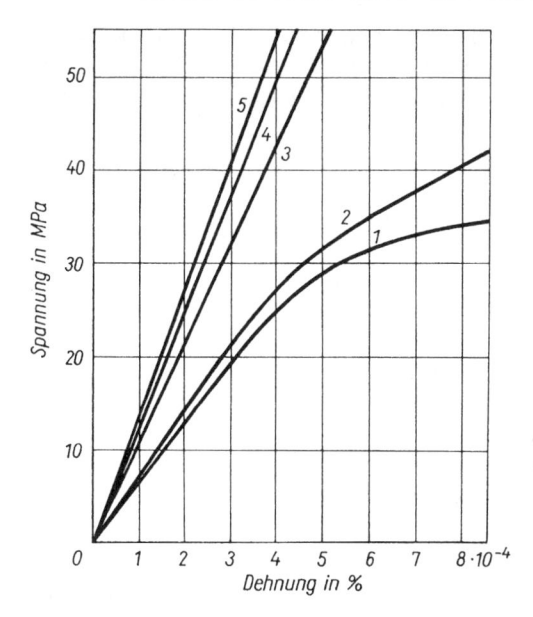

Bild 7–2. Unterer Belastungsbereich des Spannungs-Dehnungs-Diagrammes von Sintereisen unterschiedlicher Porosität (nach *G. Pusch* und *W. Schatt*). Porosität: *1* 33%; *2* 26%; *3* 21%; *4* 18%; *5* 15%; Ausgangsmaterial: Verdüsungspulver

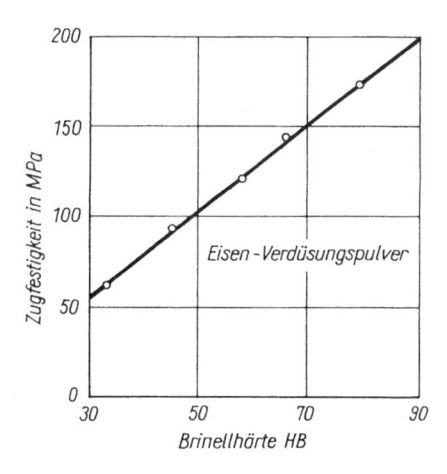

Bild 7–3. Zusammenhang zwischen Zugfestigkeit und Brinellhärte von Eisensinterproben (nach *G. Pusch* und *W. Schatt*). Die Dichte der Proben betrug: 5,24 bis 6,64 cm^{-3} (s. Tabelle 7–1)

7.1 Dichte, Porosität und Schwindung

Die Dichte p geometrisch einfacher poröser Körper lässt sich aus der durch Wägen bestimmten Masse m und den linearen Abmessungen, mit denen das Volumen V (Feststoff- und Porenvolumen) berechnet wird, ermitteln:

$$\rho = m/V \tag{7.1}$$

Für kompliziert gestaltete Press- und Sinterteile wird die Volumenbestimmung nach dem Archimedischen Prinzip durchgeführt (DIN ISO 3369). Die Masse der Probe wird an Luft (m_1) und in einer Prüfflüssigkeit (m_2) mit bekannter Dichte ρ_{Fl} (in der Regel destilliertes Wasser) ermittelt. Die Masse der Probe ist in der Flüssigkeit um die des verdrängten Flüssigkeitsvolumens scheinbar geringer. Aus den so erhaltenen Daten ergibt sich die Dichte des porösen Körpers zu:

$$\rho = \frac{m_1 \cdot \rho_{Fl}}{m_1 - m_2} \tag{7.2}$$

Die Volumenbestimmung ist fehlerbehaftet, wenn Prüfflüssigkeit in die von außen zugänglichen Poren eindringen kann. Es ist zweckmäßig, die poröse Oberfläche durch Eintauchen der Probe z.B. in flüssiges Paraffin oder Silikonöl bzw. durch eine dünne Vaselineschicht abzudichten (DIN ISO 2738). Das Volumen ergibt sich wieder aus der Differenz der Masse der so behandelten Probe an Luft (m_3) und in der Prüfflüssigkeit (m_4) und damit die Dichte:

$$\rho = \frac{m_1 \cdot \rho_{Fl}}{m_3 - m_4} \tag{7.3}$$

Die Porosität, die nicht nur in Verbindung mit den mechanischen Eigenschaften, sondern auch für das Tränkverhalten (Kontakt- und Lagerwerkstoffe) oder die Durchlässigkeit für flüssige und gasförmige Medien (Filterwerkstoffe) von großer Bedeutung ist, wird durch den Anteil der gesamten oder offenen, von außen zugänglichen Poren sowie die Größe und Form der Poren charakterisiert.

Die Gesamtporosität P_{ges} wird aus dem Verhältnis der Dichte des porösen Körpers ρ zu der des kompakten Materials ρ_k (theoretische Dichte) erhalten und zweckmäßigerweise in Prozent ausgedrückt:

$$P_{ges} = \left(1 - \frac{\rho}{\rho_k}\right) \cdot 100 \tag{7.4}$$

Das prozentuale Volumen der von außen zugänglichen (offenen) Poren P_{off} kann nach vollständiger Tränkung des Prüfkörpers mit Öl (Dichte ρ_2) bestimmt werden (DIN ISO 2738). Es ergibt sich aus der Differenz der Masse der ungetränkten Probe an Luft (m_1) und der Masse der vollständig getränkten Probe (m_5) bezogen auf das Probenvolumen:

$$P_{off} = \frac{m_5 - m_1}{\rho_2} \cdot \frac{1}{V} \cdot 100 = \frac{(m_5 - m_1)\rho_{Fl}}{(m_5 - m_6)\rho_2} \cdot 100 \tag{7.5}$$

wobei m_6 die Masse der getränkten Probe, in Wasser bestimmt, bedeutet.

Die Kenntnis der Gesamtporosität eines Formteiles ermöglicht seine pauschale Einordnung in ein entsprechendes Eigenschaftsfeld; welche Werkstoffkennwerte jedoch im konkreten Fall erreicht werden, entscheidet in hohem Maße der Grad der Dichteschwankungen im Formkörper. Dichteunterschiede im Pressling beeinflussen sowohl sein Verhalten während der nachfolgenden Herstellungsschritte als auch die Eigenschaftswerte des fertigen Sinterformteiles. Ein mehr oder weniger ausge-

7.1 Dichte, Porosität und Schwindung

prägtes „Dichteprofil" ist zum einen durch den Verdichtungsprozess selbst und zum anderen auch durch die Werkzeuggestaltung bedingt.

Zur Optimierung des Formgebungsprozesses und darüber hinaus zur statistischen Prozesskontrolle ist die schnelle und zuverlässige Bestimmung der Dichteverteilung im Formteil bzw. die Ermittlung lokaler Dichtewerte an exponierten Stellen des Formteiles außerordentlich hilfreich. Zu deren Bestimmung eignet sich die Messung der Absorption von γ-Strahlen beim Durchtritt an interessierenden Stellen des Bauteiles [7.1, 7.2]. Die Absorption hängt von der Dicke d der durchstrahlten Stelle, der Dichte ρ dieses Volumenbereiches sowie dem Masse-Absorptionskoeffizienten μ des Materials ab. Mit der Strahlungsintensität I_0, die auf die Probe trifft und der Intensität I, die hinter der Probe gemessen wird, ergibt sich:

$$\frac{I}{I_0} = \exp\left(-\mu\, d\, \rho\right) \tag{7.6}$$

Die Materialkonstante μ muss durch Messungen an reinen Standardproben bekannter Dichte ermittelt werden. Aus Beziehung (7.6) ergibt sich die lokal gemessene Dichte:

$$\rho = (\mu\, d)^{-1} \ln\left(I_0/I\right) \tag{7.7}$$

Die Größen d und I_0 können mit der erforderlichen Genauigkeit bestimmt werden, so dass allein die Messung von I (Zahl der γ-Quanten, die im Zeitintervall t durch die Probe gelangen) über die Zuverlässigkeit der erhaltenen Dichtewerte entscheidet. Da die radioaktiven Zerfallsereignisse statistischen Gesetzen (Poisson-Statistik) folgen, hat die Messdauer t Einfluss auf die Genauigkeit der Dichtebestimmung. Sie kann durch die folgende Beziehung, in der auch die angestrebte Standardabweichung der Dichte $\sigma(\rho)$ enthalten ist, festgelegt werden [7.2]:

$$t = \frac{\exp\left(\mu\, \rho\, d\right)}{I_0 \mu^2 d^2 \sigma^2(\rho)} \tag{7.8}$$

Für einen γ-Strahldurchmesser von 0,5 mm und Gd^{153} als Strahlungsquelle ergeben sich beispielsweise Messdauern zwischen 20 und 50 s je Prüfstelle für verschiedene Werkstofftypen, bei einer Standardabweichung der Dichtewerte $\sigma(\rho) = 0{,}033$ g/cm^3 [7.2]. Günstig ist die Verwendung einer Strahlungsquelle, die mehrere Energielinien aufweist, weil dann sowohl für Bauteilstellen geringerer als auch größerer Dicke d minimale Messdauer möglich ist, da jeweils ein bestimmter Bereich der d-Werte kürzeste Messzeiten für entsprechende Strahlintensitäten I ergibt (Bild 7–4).

Durch Kopplung des γ-Strahles mit einem dünnen Laserstrahl gelingt es, ihn genau an der gewünschten Messstelle zu positionieren. Die Verknüpfung der Messeinrichtung mit einem Computer ermöglicht die schnelle, genaue und auf verschiedene Bauteilformen programmierte Bestimmung der Dichte in ausgewählten Regionen des Formteiles (Pressling, Sinterteil) (Bild 7–5).

Bei ferromagnetischen Sinterwerkstoffen ist für die Routinekontrolle eines geforderten Porositätsbereiches auch eine magnetinduktive Prüfung geeignet.

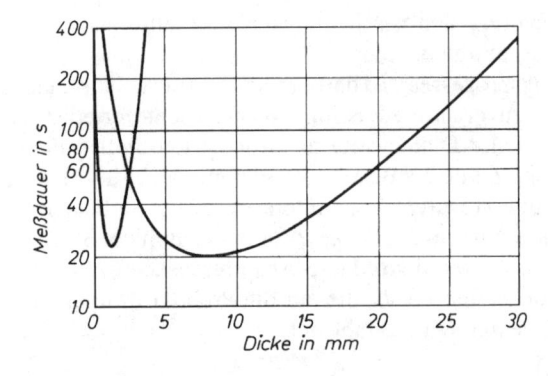

Bild 7–4. Messdauer in Abhängigkeit von der Eisenprobendicke für 0,2 mm² Strahlquerschnitt und zwei verschiedene Strahlungsenergien (nach [7.2])

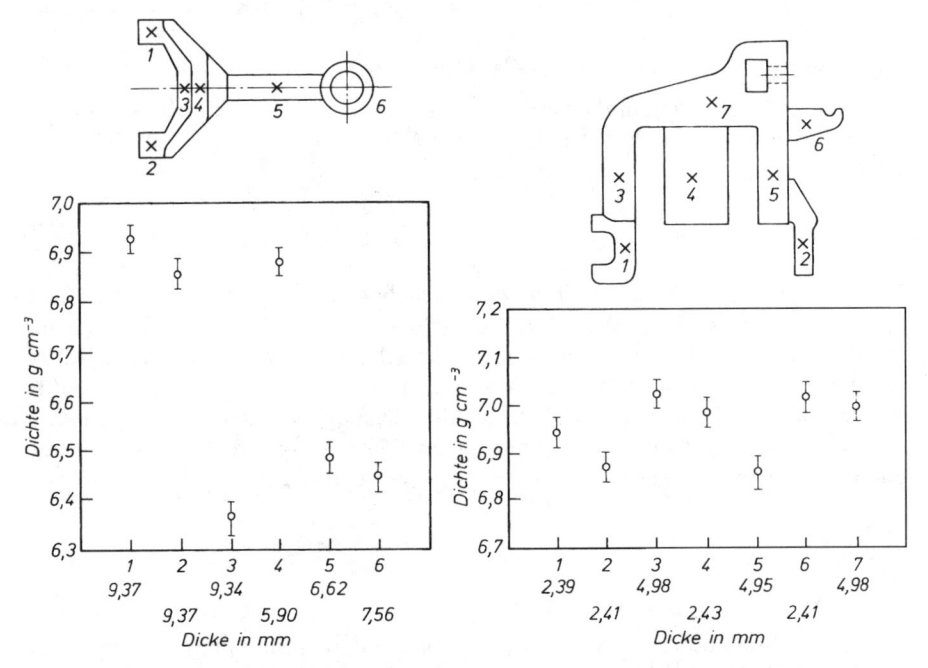

Bild 7–5. Zwei typische Formteile mit den Dichten- und Dickenangaben für die in der Skizze gekennzeichneten Messstellen (nach [7.2])

Die dem Sintern in der Regel einhergehenden Veränderungen der Formteilabmessungen werden nach dem Sintern als Längen- oder Volumenänderung

$$\Delta l = l - l_0 \quad \text{bzw.} \quad \Delta V = V - V_0 \tag{7.9}$$

bestimmt und daraus die prozentuale lineare oder Volumen-Schwindung

$$S_L = \frac{\Delta l}{l_0} \cdot 100 \quad \text{bzw.} \quad S_V = \frac{\Delta V}{V_0} \cdot 100 \tag{7.10}$$

errechnet; der Index Null bezieht sich auf den Ausgangszustand.

7.2 Festigkeit, Elastizitätsmodul und Härte

Für grundlegende Untersuchungen zum Sinterverhalten ist die Kenntnis der Veränderungen in den Abmessungen, die sich während des Sinterns vollziehen, wichtig. Die Auswertung der in Abhängigkeit von Temperatur, Dauer, Aufheizgeschwindigkeit, Sinteratmosphäre oder Vakuum mit Hilfe eines Hochtemperaturdilatometers aufgenommenen Schwindungskurven [7.3] erlaubt im Verein mit anderen Beobachtungen Rückschlüsse auf die Art der abgelaufenen Sinterreaktionen. Wegen der geforderten Temperaturkonstanz über die gesamte Probe beträgt die Prüfkörperlänge für Dilatometeruntersuchungen normalerweise 20 bis 40 mm. Die lineare Ausdehnung wird direkt über einen reibungsarm geführten Abtaststempel auf einen induktiven Wegaufnehmer übertragen bzw. berührungslos mittels Laserstrahl gemessen. Die Messwerte werden kontinuierlich registriert, im Computer aufbereitet und als Schwindungskurven $\Delta l = f(t, T)$ ausgegeben.

7.2 Festigkeit, Elastizitätsmodul und Härte

Wegen der in vielen Fällen geringen Größe der Sinterteile und der Gefahr einer Zerstörung der äußeren Press- und Sinterhaut sowie der Bildung von Haarrissen und Ausbröckelungen beim spanenden Herausarbeiten von Probekörpern werden die für die Festigkeitsprüfung benötigten Proben gesondert und unter denselben Press- und Sinterbedingungen wie das Bauteil, dessen Eigenschaften sie repräsentieren sollen, hergestellt.

Von ausreichend duktilen Sinterwerkstoffen werden Streckgrenze, Zugfestigkeit und Bruchdehnung in der üblichen Weise im Zugversuch an einem eigens dafür entwickelten Prüfstab (Bild 7–6) bestimmt.

Zur Charakterisierung von zylindrischen Teilen mit zentrischer Bohrung (Buchsen und Gleitlager), wird die radiale Bruchfestigkeit ermittelt (DIN ISO 2739, DIN 30911). Der Prüfkörper unterliegt einer gemäß Bild 7–7 langsam und stetig aufgebrachten radialen Belastung bis zum Bruch. Die radiale Bruchfestigkeit K ergibt sich aus:

$$K = \frac{F(D - s)}{l \cdot s^2} \tag{7.11}$$

wobei F die Bruchkraft, D der Außendurchmesser, s die Wanddicke und l die Länge der Buchse sind.

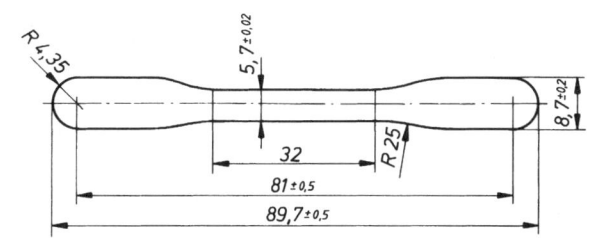

Bild 7–6. Abmessungen der Matrize zur Herstellung der Zugprobe (nach DIN ISO 2740). Dicke des Stabes: 5,4 bis 6 mm

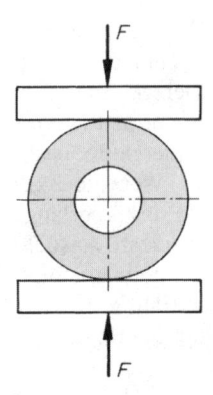

Bild 7-7. Schema der Bruchfestigkeitsprüfung von Sinterbuchsen und -lagern (DIN 30911)

Für die Festigkeitsuntersuchung wenig duktiler oder spröder Sintermaterialien (hochporöse Sinterwerkstoffe, Metall-Nichtmetall-Sinterverbundwerkstoffe, Sinterhartstoffe, Keramik) ist der Biegeversuch (DIN ISO 3325) dem Zugversuch vorzuziehen. Der Absolutbetrag der Verformung ist bei Biegebeanspruchung (Durchbiegung) größer als bei Zugbeanspruchung (Dehnung) und ergibt deshalb z.B. für die E-Modul-Bestimmung mit einem geringeren Messfehler behaftete Werte.

Außerdem lässt sich der Biegeversuch bei erhöhten Temperaturen zur Kennzeichnung der Warmfestigkeit konstruktiv wesentlich leichter realisieren als der Zugversuch. In den meisten Fällen geschieht die Prüfung nach dem Prinzip des Trägers auf zwei Stützen mit Kraftangriff in der Mitte (Bild 7-8). An dieser Stelle wird auch die Durchbiegung gemessen.

Die aus Festigkeitsuntersuchungen spröderer Sinterwerkstoffe ermittelten Werte weisen eine höhere Streuung auf, die damit zu erklären ist, dass sich die materialbedingten Einflüsse, wie Teilchengröße, unterschiedliche Porengröße und -form und -verteilung sowie bei heterogenen Materialien die ungleichmäßige Verteilung der Komponenten, stärker als bei duktilen Werkstoffen auf das mechanische Verhalten auswirken. Aus diesen Gründen sollten spröde brechende Werkstoffe statistisch bewertet werden. Die dazu von *A.M. Freudenthal* und *E.J. Gumbel* nach Vorschlägen von *W. Weibull* erarbeiteten mathematischen Grundlagen haben sich als „Extremwertstatistik" u.a. zur Beschreibung des Festigkeitsverhaltens von gesinterten SiC-Hochtemperaturwerkstoffen und Hartmetallen (s. Abschn. 17.2) bewährt. Zahlreiche Untersuchungen bestätigen die Universalität des Weibull-Ansat-

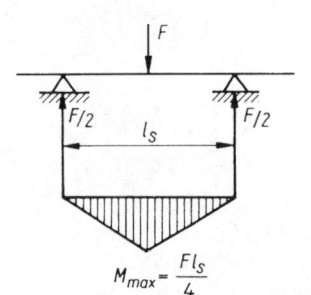

Bild 7-8. Schematische Darstellung des Biegeversuches bei symmetrisch angreifender Kraft (Dreipunktbiegeprobe)

$$M_{max} = \frac{F l_s}{4}$$

7.2 Festigkeit, Elastizitätsmodul und Härte

zes [7.4]. Grundlage für die rechnerische Erfassung der Bruchwahrscheinlichkeit W sind die Funktion

$$W = 1 - 1/\exp\frac{V}{V_0}\left(\frac{\sigma_{bB}}{\sigma_{ObB}}\right)^m \tag{7.12}$$

und die Beziehung für die Bruchwahrscheinlichkeit W_n der n-ten Probe

$$W_n = \frac{n}{(N+1)} \tag{7.13}$$

Darin bedeutet V das Probenvolumen, V_0 das Volumen einer Einheitsprobe, m eine Konstante (Weibull-Parameter), die die Gleichmäßigkeit der Probe charakterisiert, N die Zahl der festgelegten Proben und n eine bestimmte Probe aus N Proben.

Der Vorteil des Verfahrens besteht darin, dass mit einer relativ geringen Probenzahl (in der Regel 12) eine hohe Sicherheit der Aussage erzielt wird. Der aus Gl. (7.12) ermittelte Weibull-Parameter m ist ein Maß für die Homogenität des Werkstoffes und steht in direkter Beziehung zur mittleren Streuung der Festigkeit: Ein kleines m entspricht einer starken Inhomogenität und großen Streubreite der Festigkeit und umgekehrt. Die praktische Handhabung wird durch ein Diagrammblatt (Bild 7–9) erleichtert, in dem die Bruchwahrscheinlichkeit W in Abhängigkeit von der Biegebruchfestigkeit σ_{bB} sowie der Probenzahl n und dem Verteilungsfaktor $s_w = 1/m$ aufgetragen werden.

Die als Beispiel im Bild 7–9 für zwei Hartmetallsorten unterschiedlicher WC-Korngröße aufgetragenen Biegefestigkeiten von 12 untersuchten Proben ($n = 1$ bis 12) wurden nach steigenden Werten geordnet und durch Geraden verbunden. Die Biegebruchfestigketien für 10, 50 und 90% Bruchwahrscheinlichkeit entsprechen den Schnittpunkten der Geraden mit den senkrechten strichpunktierten Linien und lassen sich auf der linken Ordinate ablesen. Der Verteilungsfaktor ist für jede Legierung spezifisch. Er errechnet sich aus der Differenz der sich auf die höchste und niedrigste Bruchfestigkeit beziehenden Skalenwerte der rechten Ordinate des Diagrammblattes (für Hartmetall 2: $s_w = 0{,}452 - 0{,}130 = 0{,}322$). Je größer s_w ist, desto höher ist die Bruchwahrscheinlichkeit unterhalb der mittleren Festigkeit.

Wie schon erwähnt, kann der Elastizitätsmodul E über die Messung der Durchbiegung f_b im Biegeversuch meist mit befriedigender Genauigkeit bestimmt werden. Er ergibt sich für den in Bild 7–8 dargestellten Belastungsfall zu

$$E = \frac{F l_s^3}{48 f_b I_p} \tag{7.14}$$

wobei I_P das Trägheitsmoment der Probe ist.

Gleichfalls geeignet für die E-Modul-Bestimmung sind verschiedene Ultraschallverfahren. Bei der in Bild 7–10 dargestellten Anordnung (Resonanzmethode) wird die zwischen Stahlstiften gelagerte Probe der Länge l_S mit Hilfe eines Messsenders über ein Bariumtitanatplättchen zu Eigenschwingungen angeregt, und die Frequenz des Messsenders so lange geregelt, bis die Probe mit ihrer Eigenfrequenz v_{res} (Re-

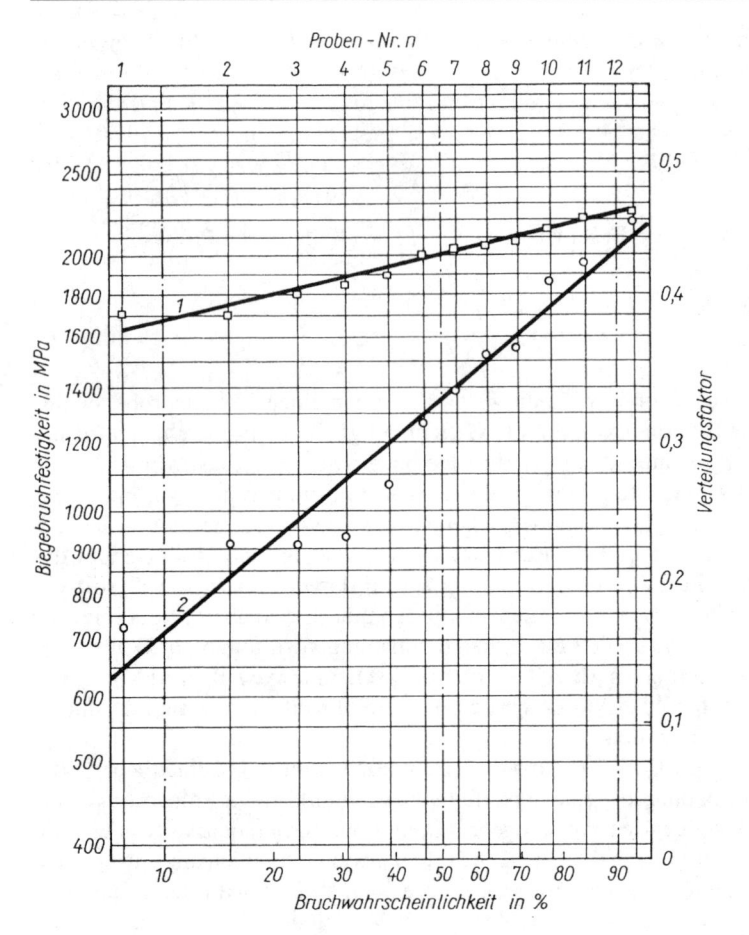

Bild 7–9. Diagrammblatt zur Auswertung der Festigkeit spröder Werkstoffe (nach *H.E. Exner*)

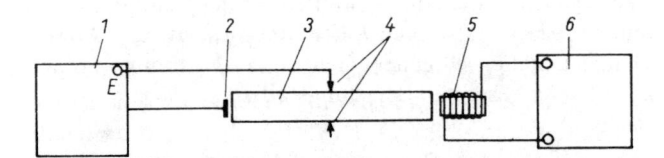

Bild 7–10. Schematische Darstellung einer Messeinrichtung zur E-Modulbestimmung an Sinterwerkstoffen mittels Ultraschall (nach *R. Palme* u. *W. Schreiber*). *1* Messsender; *2* Bariumtitanatplättchen; *3* Probestab; *4* Stahlspitzen; *5* Dauermagnet mit Induktionsspule; *6* Voltmeter

7.2 Festigkeit, Elastizitätsmodul und Härte

sonanzfrequenz), die durch die maximale Amplitude erfasst werden kann, schwingt. Dann kann die Schallgeschwindigkeit c in der Probe gemäß

$$c = 2\, l_S\, v_{res} \tag{7.15}$$

und damit der E-Modul des Probenmaterials

$$E = \rho\, c^2 \tag{7.16}$$

errechnet werden. Eine andere Methode (Impulsechoverfahren) benutzt die Laufzeit kurzer Ultraschallimpulse in der Sinterwerkstoffprobe zur Bestimmung der Größen c und E. Beide Verfahren liefern gut reproduzierbare Ergebnisse geringer Streubreite.

Aufgrund des zwischen Elastizitätsmodul und Porosität sowie Porenform bestehenden Zusammenhanges lässt sich ein „innerer Kerbwert"

$$k = \frac{1 - E'}{1 - \rho'} \tag{7.17}$$

definieren, wenn $E' = E/E_K$ und $\rho' = \rho/\rho_K$ ist; der Index K bezieht sich auf den kompakten Werkstoff. In der Größe des k-Wertes kommt die Tendenz der Porengeometrie zum Ausdruck: Der Übergang von großen zu kleinen k-Werten entspricht dem von einer mehr lamellaren zu einer vorzugsweise globularen Porenform. Als Beispiel sind in Tabelle 7–2 die k-Werte einiger Sinterwerkstoffe denen von Gusseisen gegenübergestellt.

Dank des dominierenden Einflusses der Poren und ihrer Form ist es vielfach auch möglich, in Analogie zu Grauguss das Spannungs- und Dehnungsverhalten von Sinterwerkstoffen mathematisch zu beschreiben. Für Sinterwerkstoffe mit langgestreckten Poren (das ist die Mehrzahl) kann der σ-ε-Verlauf mit der für lamellaren Grauguss geltenden Gleichung

$$\sigma = \frac{1}{\alpha}\, \tan h\, (\alpha\, E_0\, \varepsilon_{ges}) \tag{7.18}$$

bei ausreichender Annäherung an das experimentell aufgenommene σ-ε-Diagramm wiedergegeben werden (Bild 7–11). E_0 (s.a. Tabelle 7–1) ist der durch den Anstieg der Tangente im Ursprung der σ-ε-Kurve bestimmte Ursprungselastizitätsmodul.

Tabelle 7–2. „Innerer Kerbwert" k für Gusseisen und einige ausgewählte Sinterwerkstoffe (nach *D. Pohl*)

Werkstoff	Innerer Kerbwert
Gusseisen mit Kugelgraphit	1,55…1,90
Gusseisen mit Lamellengraphit	4,20…6,70
Sintereisen und Sinterstahl	2,50…3,40
Austenitischer Sinterstahl	2,30…3,30
Sinterbronze	2,60…3,80

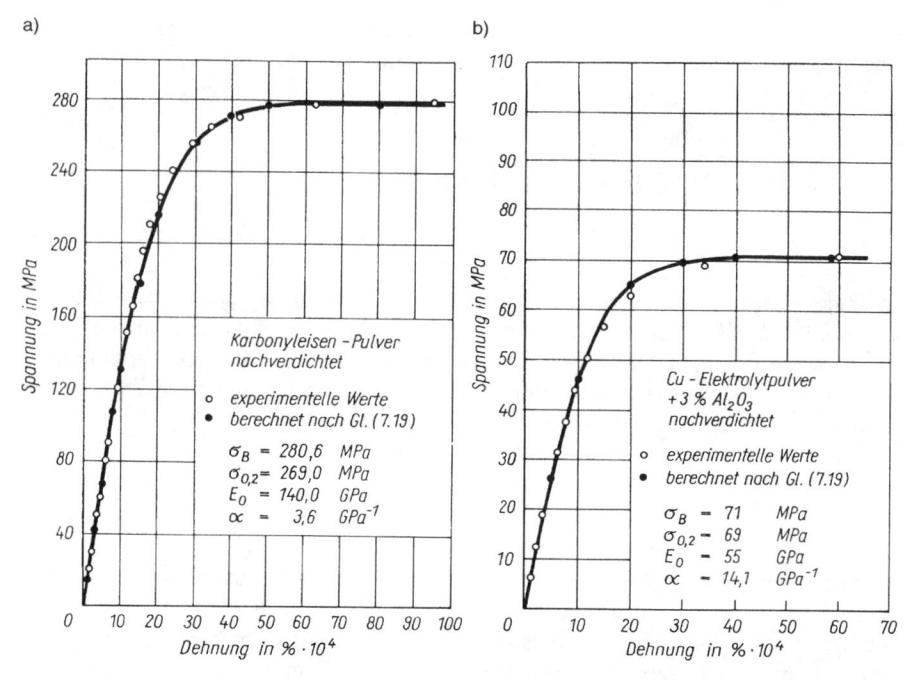

Bild 7–11. Nach Gl. (7.19) berechnete und experimentell aufgenommene Spannungs-Dehnungs-Diagramme (nach *G. Pusch, H. Stroppe* u. *W. Schatt*). a) von Eisensinterproben aus Carbonylpulver; b) Kupfersinterproben aus Elektrolytpulver + 3% Al_2O_3

Der Plastifizierfaktor ist ein Maß für die Spannungsabhängigkeit des E-Moduls. Er kann aus einer einfachen Beziehung zur Zugfestigkeit $\alpha = 1/R_m$ ermittelt und somit bei Kenntnis von E_0 und R_m das gesamte σ-ε-Diagramm näherungsweise vorausberechnet werden. Zeichnet sich die Porosität des Sinterwerkstoffes durch vorwiegend runde Poren aus, dann hat die für Gusseisen mit globularem Graphit entwickelte Gleichung

$$\sigma = \frac{1}{\alpha}(1 - e^{-\alpha E_0 \varepsilon_{ges}}) \qquad (7.19)$$

Gültigkeit. Anders als bei Sinterkörpern mit langgestreckten Poren ist der σ-ε-Verlauf rundporiger Sinterwerkstoffe durch eine mit der Dehnung bis zum Bruch zunehmende Spannung gekennzeichnet. Die nach Gl. (7.19) berechnete σ-ε-Kurve stimmt mit dem experimentell ermittelten Verlauf dann nur bis zur Streckgrenze zufriedenstellend überein; entsprechend gilt für den Plastifizierfaktor $\alpha = 1/R_{p0,2}$.

Die Prüfung der Härte ist bei Sinterwerkstoffen nicht unproblematisch. Werden porige Materialien nach Brinell oder Vickers geprüft, so wird der Rand des durch den Prüfkörper erzeugten Eindruckes unregelmäßig ausgebildet und demzufolge die Messgenauigkeit gemindert. Für spröde und sehr harte Sintermaterialien ist zu bedenken, dass die Vickers Prüfung bei niedrigen Prüflasten u.U. zu kleine Eindrücke liefert und bei höheren Lasten – ebenso wie das Rockwell-C-Verfahren – das Verformungsvermögen des spröden Werkstoffs überfordert und der Eindruckrand ausbröckelt, so dass die Messwerte erheblich streuen können.

Die Ermittlung der Sinterhärte sollte deshalb zunächst mit der HV5-Prüfung vorgenommen und in Abhängigkeit vom festgestellten Härtewert ein evtl. besser geeignetes Verfahren für bestimmte Härtebereiche eingesetzt werden (DIN 30911, Teil 4). Im HV5-Härtebereich unter 200 HV werden neben dem Brinellverfahren (HBS mit unterschiedlichen Laststufen) auch Rockwellvarianten (HRH, HRF, HRB), im Bereich 200 bis 400 HV die Prüfungen nach HV 10, HBW oder HRA sowie im Bereich über 400 HV: HBW, HV 20 oder HRC empfohlen. Die Vickers-Prüfung ist als Referenz-Verfahren gedacht und sollte im Zweifelsfall immer angewandt werden, wenn nicht die oben genannten Schwierigkeiten einer exakten Prüfung entgegenstehen. Für Hartmetalle hat sich das Rockwell-A-Verfahren mit der Prüflast 600 N und für Cermets hohen Oxidanteiles mit auf 300 N verminderter Prüflast bewährt.

Aufgrund der spezifischen Reaktion von Sintermaterialien auf das Eindringen des Prüfkörpers verbietet es sich, die Härtewerte von einer in die andere Skala (z.B. Brinell in Rockwell u.a.) umzurechnen.

Bei kleinen, dünnwandigen oder leicht zerstörbaren Sinterteilen macht es sich oft erforderlich, die Prüflasten unter die empfohlenen Werte abzusenken und damit größere Streuungen der Ergebnisse in Kauf zu nehmen. Für oberflächengehärtete Teile wird die Kleinlast-Vickers-Prüfung eingesetzt oder die Mikrohärteprüfung, die darüber hinaus, wie auch bei kompakten Werkstoffen, zur Ermittlung der Härte einzelner Teilchen, Kristallite oder Phasen dient.

7.3 Bruchzähigkeit und -sicherheit

Hinsichtlich ihres Bruchverhaltens überstreichen die Sinterwerkstoffe einen sehr breiten Bereich, der vom spröden (Sonderkeramik) bis zum relativ zähen Verhalten (sintergeschmiedeter Stahl) reicht. Zur Beschreibung und Bestimmung der Bruchkriterien von Sinterwerkstoffen müssen deshalb verschiedene Konzepte der Bruchmechanik herangezogen werden, weil ihr Belastungs-Verformungsverhalten im rissbehafteten Zustand von einer linear-elastischen (linear-elastische Bruchmechanik) über die Ausbildung von begrenzten plastischen Zonen in der Umgebung der Rissspitze (Kleinbereichsfließen) bis zur elastisch-plastischen Verformung (Fließbruchmechanik) variieren kann.

Das linear-elastische Verhalten wird bei spröden Werkstoffen angetroffen. Das Bruchkriterium ist der Beginn der instabilen Ausbreitung eines ruhenden Risses beim Erreichen eines kritischen Spannungsintensitätsfaktors, der das Spannungsfeld an der Rissspitze charakterisiert. Dieser kritische Wert K_{Ic} (K_I bedeutet das symmetrische Abheben der Rissufer unter Zugspannung als Rissöffnungsart mit größter praktischer Bedeutung) wird als Bruchzähigkeit bezeichnet (Angabe in MPa m$^{1/2}$ bzw. MPa mm$^{1/2}$) und kann als Widerstand des Werkstoffes gegen instabile Rissausbreitung aufgefasst werden.

Für die experimentelle Ermittlung von K_{Ic} wird bei Sinterwerkstoffen im Wesentlichen das Prüfprinzip der Dreipunktbiegeprobe (3-PB-Probe) angewendet. Hinsichtlich der Probenabmessungen gilt für die Standardprobe (Bild 7–12): $W = 2B$,

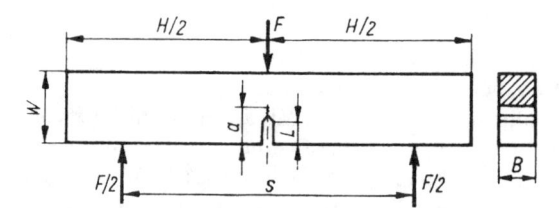

Bild 7–12. Dreipunkt-Biegeprobe (gekerbter Prüfstab)

$s = 4\,W$, $H = 4{,}5\,W$ und $a = (0\ldots0{,}6)\,W$. Außerdem sollen, um ein linear-elastisches Verhalten zu verwirklichen, die Probenabmessungen wesentlich größer als die sich auch bei spröden Werkstoffen an der Rissspitze ausbildende plastische Zone sein [7.6]. Nichtsdestoweniger wird bei pulvermetallurgischen Werkstoffen in der Regel eine 3-PB-Kleinprobe ($B = 11$ mm, $W = 15$ mm, $H = 90$ mm, $s = 60$ mm, $a = (0\ldots0{,}6)\,W$) benutzt, da aufgrund der Spezifik ihrer Herstellung die Gewährleistung eines gleichmäßigen und reproduzierbaren Gefüges mit der Vergrößerung der Probenabmessungen immer mehr in Frage gestellt wird [7.7].

Vor der Prüfung muss an der Probe ein vom Kerb ausgehender Riss erzeugt werden, der in der Regel durch eine Schwellbelastung mit der Amplitude F_a erzeugt wird, wobei das Verhältnis von Anrisstiefe und Probenhöhe $a/W \approx 0{,}55$ anzustreben ist. Dies bereitet bei Sinterwerkstoffen oft Schwierigkeiten oder ist nicht in allen Fällen möglich. In der Annahme, dass in Abhängigkeit von der Werkstoffart die Bruchzähigkeit in einem Kerbradiusbereich von 10 bis 80 µm (für Sinterwerkstoffe schwanken die Angaben zwischen 20 und 225 µm [7.5]) konstant bleibt, werden beispielsweise bei Hartmetallen feinste Schlitze (Risseinbringung) mit Hilfe dünner Drähte (25 µm) und entsprechender Schleifmittel (Diamantpaste) eingearbeitet (Prinzip des Fadentrenners). In Spezialfällen werden auch Proben mit Spitzkerb benutzt oder, wie manchmal bei keramischen Werkstoffen, die Anrisse durch Härteeindrücke erzeugt [7.5]. Die Art der Kerbeinbringung beeinflusst den kritischen Kerbradius und damit das Messergebnis in entscheidendem Maße.

Die unter statischer Belastung der so vorbereiteten Probe infolge der Kerbaufweitung bis zum Bruch auftretende Probenverformung wird mit einem Wegaufnehmer (Halbleiter-Dehnmessstreifen) registriert, so dass eine Kraft-Kerbaufweitungskurve erhalten wird (Bild 7–13). Der Kurvenverlauf ist von der Probenform und dem Werkstoff abhängig. Nach anfänglich linear-elastischem Verhalten treten noch plastische Verformungsanteile auf, ehe bei F_{max} die instabile Rissausbreitung einsetzt. Um unzulässig hohe Verformungen an der Rissspitze auszuschließen, ist nicht F_{max}, sondern F_Q als kritische Kraft anzusehen. Sie entspricht dem Schnittpunkt der F-v-Kurve mit einer Sekanten, die einem um 5 % geringeren Anstieg als der elastische Verformungsteil der Kurve aufweist (Bild 7-13). Mit F_Q, der nach dem Bruch vorliegenden Risslänge a_c und den Probenabmessungen lässt sich die Bruchzähigkeit K_Q bestimmen:

$$K_Q = \frac{3\,F_Q \cdot s}{2\,B\,W^2}\,a_c^{1/2}\left[1{,}93 - 3{,}07\left(\frac{a_c}{W}\right) + 14{,}53\left(\frac{a_c}{W}\right)^2 - 25{,}11\left(\frac{a_c}{W}\right)^3 + 25{,}8\left(\frac{a_c}{W}\right)^4\right]$$

(7.20)

7.3 Bruchzähigkeit und -sicherheit

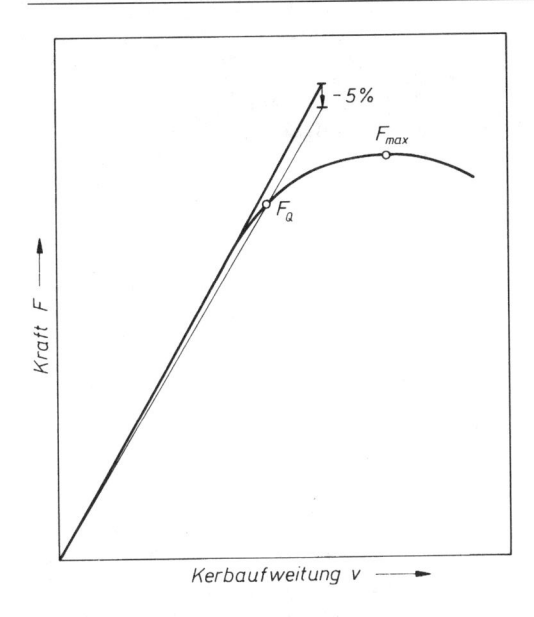

Bild 7–13. Kraft-Kerbaufweitungskurve (nach [7.6])

Der Index „Q" drückt aus, dass es sich zunächst um ein experimentelles Ergebnis handelt, dessen Gültigkeit als Kennwert überprüft werden muss. Die K_Q-Werte sind dann als K_{Ic}-Werte anzusehen, wenn der ebene Dehnungszustand realisiert wurde, d.h. die Beziehung

$$(W - a_c) \quad \text{bzw.} \quad (W - B) > 2{,}5 \cdot \left(\frac{K_Q}{R_{p0,2}}\right)^2 \qquad (7.21)$$

erfüllt ist, der Ermüdungsriss symmetrisch verläuft und die maximale Spannungsintensität bei der Anrisserzeugung $\leq 0{,}6\ K_Q$ war.

Die Dickenbeziehung Gl. (7.21) ist für die Sintermaterial-Kleinprobe jedoch nur in den seltensten Fällen erfüllt. Trotzdem lassen sich auch bei geringeren Probendicken mit

$$(W - a_c) \quad \text{bzw.} \quad (W - B) > 0{,}4 \cdot \left(\frac{K_Q}{R_{p0,2}}\right)^2 \qquad (7.22)$$

für eine Anzahl von Sinterwerkstoffen gültige K_{Ic}-Werte ableiten [7.6], wenn die Größe der plastischen Zone a_{pl} an der Rissspitze (Bild 7–14) durch eine Korrektur der Risslänge berücksichtigt wird. In diesem Fall ist in Gl. (7.20) an Stelle der Risslänge a_c die effektive Risslänge $a_{eff} = a_c + a_{pl}$ einzusetzen. Da bei Sinterwerkstoffen wegen der Gefügeinhomogenitäten a_{pl} nicht ohne weiteres (z.B. durch Mikrohärtemessung) experimentell zu bestimmen ist, wird die Größe der plastischen Zone in den meisten Fällen berechnet und zwar für den ebenen Dehnungszustand nach

$$a_{\text{pl}} = \frac{(1-2\nu)^2}{2\pi} \left(\frac{K_Q}{R_{p0,2}}\right)^2 \tag{7.23}$$

(ν Poissonsche Konstante) und für den ebenen Spannungszustand

$$a_{\text{pl}} = \frac{1}{2\pi} \left(\frac{K_Q}{R_{p0,2}}\right)^2 \tag{7.24}$$

Die im jeweiligen Fall zu treffende Festlegung des Spannungszustandes setzt Erfahrungen voraus, die aus Messungen an Proben unterschiedlicher Dicke gewonnen werden müssen, da sich beim ebenen Spannungszustand dickenabhängig kritische Spannungsintensitätsfaktoren ergeben.

Außer der 3-PB-Probe sind – wenn auch seltener – noch andere Probenformen im Gebrauch, wie die 4-Punkt-Biegeprobe für ausgesprochen heterogene Werkstoffe (Verbundwerkstoffe) oder die sog. „short-rod-Probe", die keinen Ermüdungsriss erfordert, für Hartmetalle und Oxidkeramik.

Treten an der Rissspitze im Verhältnis zur Probendicke ausgedehntere Fließbereiche auf (Bild 7–14), dann müssen im Regelfall die Methoden der Fließbruchmechanik [7.7] zur Ermittlung von K_{Ic}-Werten herangezogen werden. Allerdings ergibt sich auch bei diesem Verfahren hinsichtlich der Sinterproben in vielen Fällen (je nach Werkstoff) eine Abhängigkeit der Ergebnisse von der Probendicke.

Angesichts der Erweiterung des Anwendungsbereiches der linear-elastischen Bruchmechanik (für die Dickenbeziehung Gl. (7.22) statt Gl. (7.21)) und der Tatsache, dass die Größe vieler Sinterteile etwa jener der oben beschriebenen Kleinprobe entspricht, reicht für die Bewertung des Zähigkeitsverhaltens von anrissfrei dimensionierten Bauteilen die Kenntnis von K_Q (Gl. (7.20)), d.h. statische Belastungsbedingungen) aus.

Mit dem Einsatz pulvermetallurgischer Werkstoffe für dynamisch beanspruchte Konstruktionsteile rücken jene Umstände, die mit der Ausbreitung feiner Anrisse

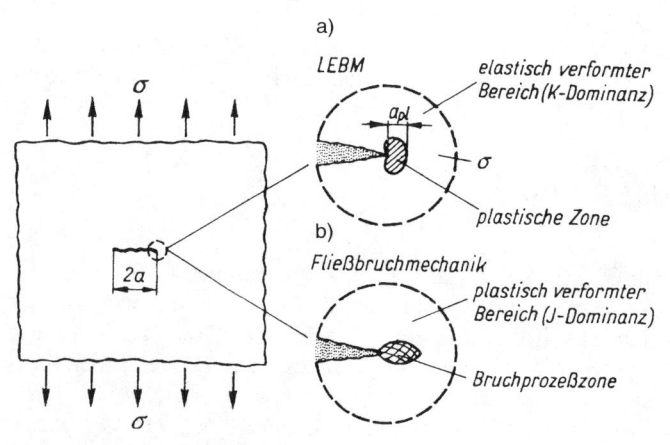

Bild 7–14. Betrachtung des Rissspitzenbereiches (nach [7.7]). a) Auf der Basis der linear-elastischen Bruchmechanik LEBM; b) auf der Basis der Fließbruchmechanik

7.3 Bruchzähigkeit und -sicherheit

(z.B. von einer Pore ausgehend) unter dynamischer Betriebsbeanspruchung zum Bruch führen und damit die Lebensdauer von Sinterbauteilen bestimmen, immer mehr in den Vordergrund. Hierzu wird das Fortschreiten von Ermüdungsrissen (stabiles Risswachstum) durch die Risswachstumsgeschwindigkeit da/dN (N Schwingspielzahl) charakterisiert. Diese ergibt in Verbindung mit dem zyklischen Spannungsintensitätsfaktor

$$\Delta K = K_{max} - K_{min} = \Delta\sigma\,(\pi \cdot a)^{1/2}\, f\,(a/W) \tag{7.25}$$

bei doppeltlogarithmischer Darstellung einen charakteristischen Kurvenverlauf (Bild 7–15), wobei $\Delta\sigma$ die Schwingbreite, K_{max} und K_{min} die aus Unter- und Oberlast resultierenden Spannungsintensitätsfaktoren und $f(a/W)$ den Geometriefaktor bedeuten. ΔK_0 ist ein Grenzwert, unterhalb dessen der Dauerfestigkeitsbereich liegt, d.h. ein vorhandener Anriss nicht wächst. Wird er überschritten, setzt unkritisches Risswachstum ein (Bereich A). Auf das Risswachstum haben in diesem Bereich die Art der Schwingbeanspruchung, das Gefüge und das umgebende Medium einen starken Einfluss. Der Kurvenverlauf im Bereich B (stabiles Risswachstum) wird durch die Beziehung

$$\frac{da}{dN} = C(\Delta K)^m \tag{7.26}$$

beschrieben, wobei die Konstante C durch den Werkstoff und das Spannungsverhältnis K_{max}/K_{min} und der Exponent m vom Werkstoff bestimmt werden. Beim Erreichen der kritischen Spannungsintensität K_c tritt der Restbruch ein, der in Abhängigkeit von der Probendicke durch stabile oder instabile Rissausbreitung ausgelöst wird. Die beschriebenen Zusammenhänge bilden die Grundlage für die Lebensdauerbe-

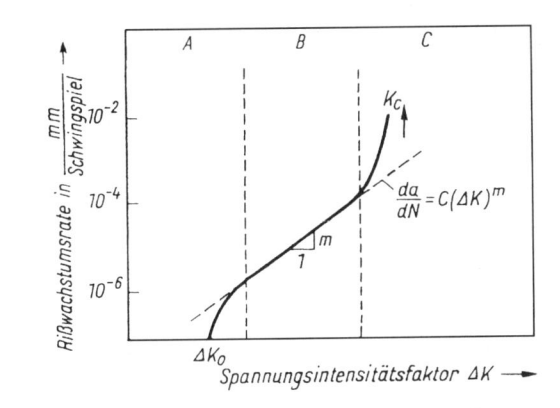

Bild 7–15. Prinzipieller Verlauf der Risswachstumsgeschwindigkeit in Abhängigkeit vom zyklischen Spannungsintensitätsfaktor ΔK (nach [7.7]). Bereich A: großer Einfluss von Gefüge, Mittelspannung und Umgebungsmedien; Bereich B: geringer Einfluss von Mikrostruktur, Mittelspannung, Umgebungsmedien und Bauteildicke; Bereich C: großer Einfluss von Mikrostruktur, Mittelspannung und Bauteildicke; geringer Einfluss Umgebungsmedien

rechnung bei einstufiger Schwingbeanspruchung und sind gleichzeitig Ausgangspunkt für Ansätze zur Abschätzung der Betriebsfestigkeit.

Im Vergleich zur Schlagarbeit, Bruchdehnung und -einschnürung sind die bruchmechanischen Kennwerte sowohl für eine Festigkeits- als auch eine Lebensdauerberechnung geeignet. Unter Verwendung der genannten Werkstoffkennwerte können folgende Bruchsicherheitskriterien aufgestellt werden:

$K_I < K_{Ic}$ und $\Delta K < \Delta K_0$

Anhand des berechneten Spannungsintensitätsfaktors K_I und der experimentell ermittelten Bruchzähigkeit K_{Ic} bzw. K_Q lässt sich bei vorgegebener Rissgröße a eine kritische Nennspannung bzw. bei vorgegebener Nennspannung σ eine kritische Rissgröße berechnen. Die kritische Rissgröße a_{krit} ergibt sich zu

$$a_{krit} = \frac{\Phi \cdot K_c^2}{\sigma^2} \tag{7.27}$$

wobei Φ ein (Riss-, Fehler-) Formfaktor ist. Für Sinterwerkstoffe hat a_{krit} jedoch nicht nur die engere Bedeutung der kritischen Größe eines Anrisses im Bauteil, sondern die von „Werkstoffungänzen" schlechthin. In Abweichung vom schmelzmetallurgisch gewonnenen Werkstoff weist das Sintermaterialgefüge derartige „Ungänzen" in einer weitaus größeren Zahl und Vielfalt auf. Das betrifft in erster Linie Poren (Bild 7–16), aber auch Fremdteilchen sowie alle Gefügebereiche mit sich sprunghaft ändernden Eigenschaften (z.B. Phasengrenzen). Kompliziert werden die Verhältnisse noch dadurch, dass die Poren unter bestimmten Bedingungen als Risskeime, unter anderen Beanspruchungsbedingungen hingegen als rissabstumpfende Elemente wirken. Beispielsweise zeigen verschiedene Sinterstähle im Bereich niedriger Spannungsintensitäten (Dauerfestigkeitsbereich) infolge der rissverzögernden Wirkung der Poren ein den Bau- und Vergütungsstählen gleichwertiges Rissfortschrittsverhalten (Bild 7–17). Dies kommt auch in der relativ geringen Kerbempfindlichkeit der Sinterstähle im Vergleich zu kompakten Stählen zum Ausdruck, so dass bei Dichtewerten > 7,1 g/cm³ unter bestimmten Belastungsbedingungen die Schwingfestigkeitskennwerte [7.8] mit denen von Baustählen vergleichbar sind oder

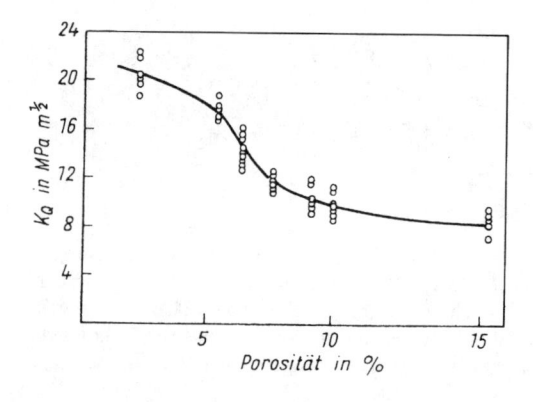

Bild 7–16. Einfluss der Porosität auf die Bruchzähigkeitswerte K_Q von Sintereisen (nach *M. Slesar* u. *L. Parilak*)

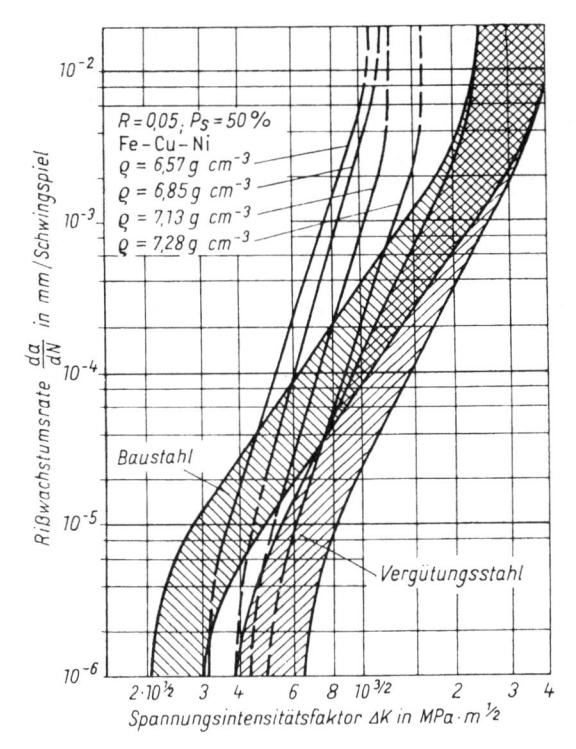

Bild 7-17. Vergleich der Risswachstumsrate von Sinterstahl (2% Cu, 2,5% Ni) unterschiedlicher Dichte mit Bau- und Werkzeugstahl in Abhängigkeit vom zyklischen Spannungsintensitätsfaktor ΔK (nach [7.9]). P_S Überlebenswahrscheinlichkeit; R Verhältnis der minimalen und maximalen Spannungsintensität

diese sogar übertreffen (DIN 30912, Teil 6). Auch Phasengrenzen können durch Energiedissipation einer Verschlechterung der Bruchzähigkeit entgegenwirken (z.B. Optimierung der Zähigkeit bei Hartmetallen).

7.4 Gefügeuntersuchung von Sinterwerkstoffen

Die metallographische Untersuchung von Sinterwerkstoffen hat die Identifizierung sowie die Ermittlung von Menge, Form und Verteilung der Festkörperphase(n) und Hohlraumphase (Poren) zum Inhalt. Die im Sinterkörper bestehende Kombination von Material und Porenraum erfordert hinsichtlich des Anarbeitens und der Vorbereitung der für die metallographischen Untersuchungen notwendigen Schliffffläche eine besondere Aufmerksamkeit und Vorgehensweise [7.10].

7.4.1 Herstellung der Schliffffläche

Da die Oberfläche des metallographischen Schliffes ein gegenüber dem Werkstoffinneren unverfälschtes Gefügebild bieten soll, muss beim Anarbeiten der Schlifffläche durch Schleifen und Polieren insbesondere darauf geachtet werden, dass die Poren randscharf angeschnitten und nicht deformiert sowie ihre Ränder nicht ausgebrochen werden. Das erfordert Werkzeuge hoher Schneidkraft (Diamant) oder – wobei der Schleifprozess abgekürzt bzw. ganz umgangen werden kann – die Einebnung der Oberfläche mit Hilfe des Mikrotoms (Bestückung mit Diamantmesser). Letzteres hat darüber hinaus den Vorteil, dass kein Schleifabrieb entsteht und in die Poren geraten kann, da auch Zwischenreinigungen der Schliffflächen, z.B. mittels Ultraschalls, Porenverstopfungen nur bis zu einem gewissen Grade beseitigen können. Beim Nassschleifen ist die Gefahr des Zusetzens der Poren zwar geringer, dafür wird jedoch Schleifflüssigkeit von den Poren aufgenommen, die ebenfalls den weiteren Bearbeitungsverlauf stört und zu unerwünschten Reaktionen in den Poren führen kann. Da das Ausbrechen der Porenränder häufig die Folge eines schwankenden Anpressdruckes ist, lässt es sich durch den Einsatz automatischer Schleifeinrichtungen, die den Druck gleichmäßig halten, auf ein Mindestmaß reduzieren.

Das sich zur weiteren Einebnung der Schlifffläche anschließende Polieren erfordert häufige Zwischenreinigungen, um Porenverstopfungen entgegenzuwirken. Zur Vermeidung einer raschen Abrundung der Porenränder sind in der Regel nicht zu weiche Polierunterlagen zu verwenden. Als besonders geeignet darf das Vibrationspolieren genannt werden; es liefert randscharfe Oberflächen ohne Ausbrüche an den Porenrändern. In einer Reihe von Fällen hat sich auch das Wischpolieren (Kombination von mechanischem und elektrolytischem Abtrag) bewährt.

Die ungewollten Veränderungen an den Poren (Bild 7–18) lassen sich bei der Schliffherstellung weitgehend vermeiden, wenn die Poren vorher mit einem geeig-

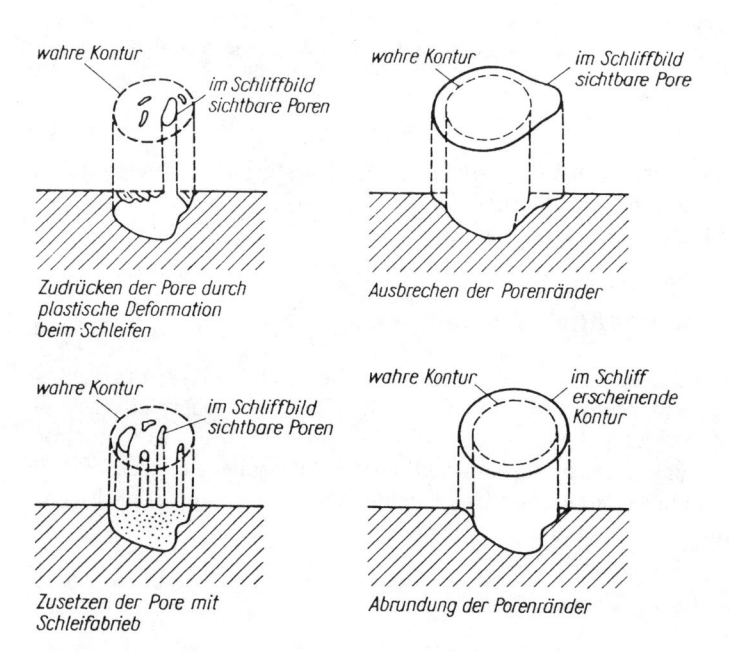

Bild 7–18. Ungewollte und verfälschende Veränderungen der tatsächlichen Porenöffnung in der Schliffebene

7.4 Gefügeuntersuchung von Sinterwerkstoffen

neten Stoff ausgefüllt werden (Bild 7–19). Zufriedenstellend dafür geeignet sind kalthärtende Gießharze, sofern sie folgende Anforderungen erfüllen:

Geringe Viskosität, damit eine hohe Eindringgeschwindigkeit in die Porenkanäle gegeben ist. Die Zeit vom Ansetzen des Harz-Härter-Gemisches bis zum Einsetzen der Polymerisations- bzw. Vernetzungsreaktion (Erhöhung der Viskosität) muss ausreichen, um den Tränkvorgang vollziehen zu können. Das Tränkmittel darf das Probenmaterial nicht angreifen, muss es haftfest umschließen und soll bei der Polymerisation bzw. Vernetzung möglichst geringe Volumenänderung erfahren, um eine Spaltbildung zwischen Porenoberfläche und Füllstoff auszuschließen. Es muss zur Gewährleistung guter Schleif- und Polierbarkeit genügend hart und gegenüber Ätzmitteln beständig sein.

Die Porenfüllung wird sehr begünstigt, wenn der Tränkvorgang bei Unterdruck (etwa 10^2 Pa) abläuft und die Probe anschließend bis zum Zeitpunkt eines merklichen Viskositätsanstieges des Harzes unter erhöhtem Druck (etwa 1 MPa) lagert. Die weitere Bearbeitung getränkter Proben unterliegt keinen Einschränkungen, wenn der Anteil der dem Tränkmittel nicht zugänglichen Poren gering ist. Andernfalls macht sich ein zweiter Tränkvorgang nach dem Vorpolieren erforderlich.

In der Praxis hat sich die in Tabelle 7–3 dargestellte Folge der Bearbeitungsschritte für poröse Proben bewährt.

7.4.2 Entwicklung des Gefüges

Bereits im polierten Zustand können pulvermetallurgische Proben nach bestimmten Merkmalen ausgewertet werden; das betrifft die Porosität (der Schlifffläche), Porengröße und -form, Teilchenform (bei Anschliffen von Presslingen), nichtmetallische Einschlüsse, u.U. nicht gelöste Anteile von Legierungselementen und gewollte nichtmetallische Zusätze zur Verbesserung der spangebenden Bearbeitbarkeit (z.B. MnS). Ein umfassender Befund erfordert allerdings die Entwicklung des Gefüges mit Hilfe der bekannten chemischen, elektrochemischen und physikalischen Verfahren.

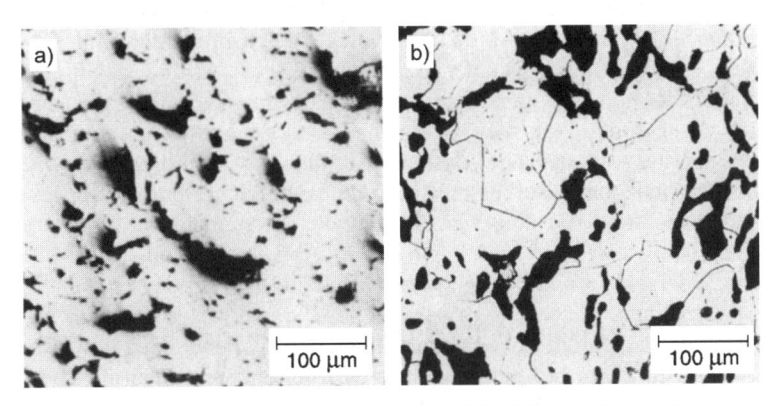

Bild 7–19. Einfluss der Probenpräparation auf die Wiedergabe des Porenraumes im Gefügebild. a) Ungetränkte Sintereisenprobe mit teilweise ausgebrochenen und abgerundeten Porenrändern; b) randscharfe Poren einer mit Gießharz getränkten Sintereisenprobe

Tabelle 7–3. Beispiel für die Vorgehensweise bei der Präparation poröser Proben für die metallographische Untersuchung

Vorgang	Gerät	Parameter/Material
Probe trennen	Trennschleifgerät	Vorschub materialabhängig
Reinigen des Porenraumes von Wasser	Ultraschallwanne	schallen in Äthylalkohol, mehrfach wiederholen, zwischentrocknen
Extraktion von Öl, org. Verbindungen, wenn nötig	Soxhlet-Apparat	entspr. Lösungsmittel
Einbett-Tränkvorgang	Unterdruckeinbettgerät	Probe bei 10^2 Pascal tränken/ z.B. Epoxidharz
Aushärten	Druckgefäß	bei ca. 1 MPa (ca. 12 h)
Schleifen	automatisches Schleifgerät	SiC-Schleifenpapier Körnung 200, 500, 1000 Anpressdruck: ca. 45…35 N (materialabhängig)
Reinigen	Ultraschallwanne	Äthylalkohol, (Schlifffläche senkrecht)
Trocknen	Heißluftgebläse	
Polieren	automatisches Poliergerät Drehzahl: 150 min^{-1}	Diamant-Spray 6, 3, 1 μm Anpresskraft: ca. 32…26 N (materialabhängig)
Zwischenreinigung:	Ultraschallwanne	a) Wasser b) Äthylalkohol

Das Ätzen in Lösungen bereitet bei offenen Poren Schwierigkeiten, da das Potenzial an der Pore negativer als am benachbarten Korn (Tabelle 7–4) und der damit gegebene Potenzialunterschied um so größer ist, je größer die Poren sind.

Die Ursache hierfür ist, dass der Abtransport von Reaktionsprodukten, d.h. Ladungsträgern, aus dem Porenraum behindert ist, demzufolge die Azidität des in der Pore enthaltenen Elektrolyten ansteigt und die unmittelbare Umgebung der Pore stärker angegriffen wird; die Poren erscheinen nach dem Ätzen gegenüber dem Ausgangszustand vergrößert. Ferner ist zu beachten, dass sich Ätzmittelreste sehr hartnäckig besonders in kleinen Poren halten und oft erst nach Abschluss der Schliffpräparation aus diesen austreten und nachträglich zu einer Überätzung der Porenumgebung führen.

Derartige Komplikationen lassen sich, wenn aus anderen Gründen ein Verschließen der Poren mittels Tränken nicht gegeben ist, durch die Anwendung physikalischer Methoden vermeiden. Schon das Erwärmen der Proben an der Luft, das als Anlaufätzen oder Ätzanlassen oder bei Hartmetallen auch als Feuerätzen bzw. bei Keramik (in H_2) als Heißätzen bezeichnet wird, führt bei ein- und mehrphasigen Werkstoffen vielfach zum Erfolg. Die sich auf den verschiedenen Körnern bildenden Oxidschichten unterschiedlicher Dicke und/oder optischer Eigenschaften ergeben ein kontrastreiches Gefügebild (Bild 7–20a).

7.4 Gefügeuntersuchung von Sinterwerkstoffen

Tabelle 7–4. Mikropotenziale in Oxalsäurelösung (100 g l^{-1}) nach 30 min

Sinterwerkstoff	Kleinere Poren Mikropotenzial in mV		Größere Poren Mikropotenzial in mV	
	Pore	Korn	Pore	Korn
Sintereisen	–418	–410	–452	–436
Sinterkupfer	+ 5	+ 12	–30	–15

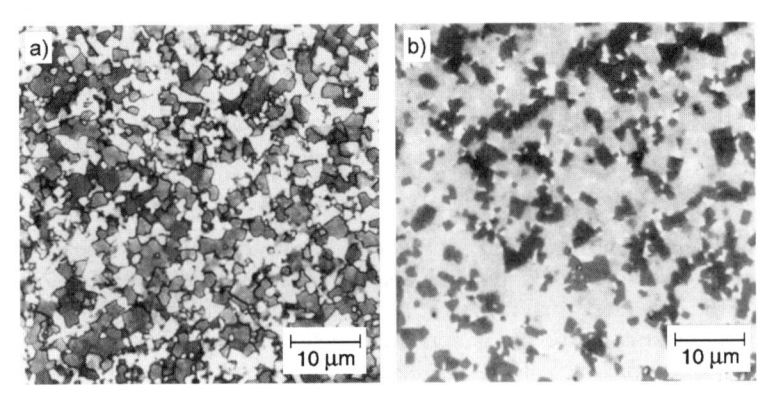

Bild 7–20. Gefügeentwicklung am Hartmetall. a) Hartmetall HS 25 „feuergeätzt"; b) Hartmetall HS 25 mit Interferenzaufdampfschicht

Das wesentlich aufwendigere Interferenzschicht-Aufdampfverfahren wird für sonst schwer ätzbare mehrphasige Werkstoffe angewendet. Die Aufdampfschichten bestehen aus Stoffen mit hohem Brechungsindex, wie ZnS, ZnSe, CdS oder TiO$_2$. Bei niedrigen Bedampfungstemperaturen verläuft das Schichtwachstum relativ langsam (Größenordnung min), so dass der Vorgang genau dann unterbrochen werden kann, wenn die optimalen Kontrastverhältnissen entsprechende Schichtdicke erreicht ist (Bild 7–20b).

Auch mit Hilfe des Ionenätzens ist eine Gefügeentwicklung bei Sinterwerkstoffen ohne Verfälschung der Porengröße möglich. Die als Katode geschaltete Probe wird im Vakuum einem Gasionenbombardement ausgesetzt, wodurch Oberflächenbausteine in Abhängigkeit von der atomaren Belegungsdichte der jeweiligen Kornschnittflächen abgetragen werden. Durch Einlassen von Luft in den Rezepienten (Unterdruck von etwa 2,0 bis 2,6 Pa) und anschließendes Oxidieren entstehen dünne Oxidschichten, die infolge Interferenz den Kontrast wesentlich erhöhen. Weiterhin kann das Ionenätzen zur Oberflächenvorbereitung (z.B. von Hartmetallen) für elektronenmikroskopische Untersuchungen mit Vorteil genutzt werden, da sich mit ihm die für die Abdrucktechnik erforderliche geringe Reliefbildung und Sauberkeit der Oberfläche leicht realisieren lässt.

Das Hochtemperaturmikroskop bietet die Möglichkeit, eine Reihe von Teilvorgängen des Sinterprozesses, wie den zeitlichen Ablauf des Materialtransportes, Diffusionsvorgängen sowie das Auftreten von flüssigen Phasen und Kornwachstum di-

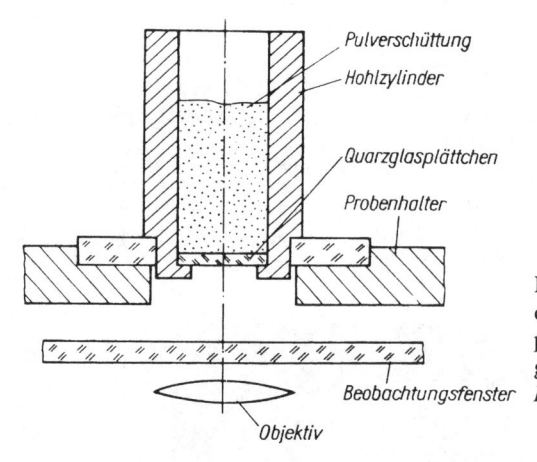

Bild 7–21. Schematische Darstellung der Probenanordnung im Hochtemperaturmikroskop bei der Untersuchung geschütteter Pulver (nach *K. Torkar* u. *H. H. Weitzer*)

rekt verfolgen und beurteilen zu können. Als Proben können mechanisch verdichtete oder vorgesinterte Pulver, aber auch lose Pulverschüttungen eingesetzt werden. Im letztgenannten Fall ist es zweckmäßig, das Pulver in einem Zylinder aus gleichem Material (sein Aussendurchmesser muss der Probenhalterung des HT-Mikroskops angepasst sein) unterzubringen (Bild 7–21), in den ein Quarzglasplättchen, durch das beobachtet wird, eingelegt ist.

7.4.3 Quantitative Gefügeanalyse

Wie bereits erwähnt, wirkt sich bei Sinterwerkstoffen die räumliche Anordnung der Phasen wesentlich stärker auf die Eigenschaften aus als bei den meisten schmelzmetallurgisch erzeugten Werkstoffen. Neben der rein qualitativen Beurteilung des Gefüges wird deshalb in vielen Fällen die Frage nach Menge, Form und Verteilung der einzelnen Phasen beantwortet werden müssen. Aus diesem Grund soll auf die quantitative Analyse des Gefügebildes näher eingegangen werden.

Durch direkte Zählung, Messung und Klassifizierung geometrischer Elemente des Gefügebildes gewinnt man Informationen, aus denen sich auf der Grundlage von Beziehungen der Stereometrie Kenngrößen ableiten lassen, die quantitative Angaben über den räumlichen Aufbau des Werkstoffs gestatten. Messtechnisch stehen die drei Varianten Punkt-, Linear- und Flächenanalyse zur Verfügung:

Bei der Punktanalyse werden alle interessierenden Gefügeelemente, die mit Punkten eines Punktgitters, bei der Linearanalyse die, die mit einer zufällig gewählten Messlinie (in der Regel eine Gerade oder eine Schar paralleler Geraden gleichen Abstands) und bei der Flächenanalyse die, die mit einer zufällig gewählten Ebene im Werkstoff zusammenfallen, gezählt und gemessen (Bild 7–22). In Tabelle 7–5 sind Grundparameter aufgeführt, die aus den aufgelisteten Messgrößen mit Hilfe der angegebenen stereometrischen Zusammenhänge berechnet werden können (bei Bedarf wird die Phasenbezeichnung, auf die sich die Größe bezieht, in Klammern hinter den Parameter geschrieben).

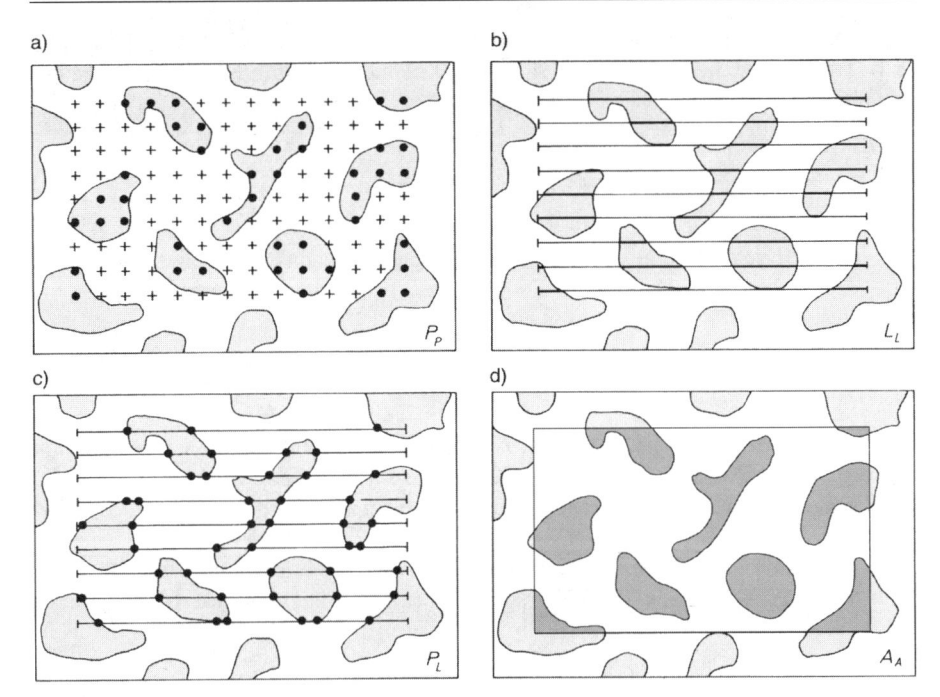

7.4 Gefügeuntersuchung von Sinterwerkstoffen

Bild 7–22. Messprinzipien der quantitativen Gefügeanalyse (s.a. Tabelle 7–5). a) Punktanalyse (Bestimmung von P_P); b) Linearanalyse (Sehnen in der interessierenden Phase dick ausgezogen, Bestimmung von L_L); c) Linearanalyse (Schnittpunkte der Messlinien mit Phasengrenzen, Bestimmung von P_L); d) Flächenanalyse (Schnittflächen der interessierenden Phase in der Messfläche hervorgehoben, Bestimmung von A_A)

Tabelle 7–5. Stereologische Gleichungen für die Grundparameter (nach [7.12, 7.13])

Grundparameter	Punktanalyse	Linearanalyse	Flächenanalyse
Volumenanteil V_V einer Phase	$V_V = P_P$ Anteil der auf die Phasenbereiche entfallenden Punkte des Rasters	$V_V = L_L$ Summe der Sehnenlängen in den Phasenbereichen bezogen auf die Messlinienlänge	$V_V = A_A$ Anteil der Phasenbereiche an der Gesamtfläche des Messfeldes
Grenzfläche S_V (mittlere Grenzflächengröße bezogen auf die Volumeneinheit der Probe)		$S_V = 2\,P_L$ (P_L – Anzahl der Schnittpunkte mit Phasengrenzen je Längeneinheit der Messlinie)	$S_V = 4/\pi\,(L_A)$ (L_A – Linienlänge der von der Messfläche geschnittenen Grenzflächen bezogen auf die Messfeldfläche)

Weitere grundlegende Kennwerte sind die mittlere Größe von Phasenbereichen (z.B. Poren), für die sich in der Praxis die Angabe der mittleren Sehnenlänge ($\bar{L}$) bewährt hat:

$$\bar{L} = \frac{4\,V_V}{S_V} = \frac{2\,L_L}{P_L} \tag{7.28}$$

und der mittlere räumliche Abstand zwischen den Teilchen einer Phase, die in eine Matrix eingebettet sind (z.B. auch der mittlere Abstand von isolierten Poren):

$$\bar{L}_a = \frac{4\,(1 - V_V)}{S_V} \tag{7.29}$$

Ein nach *J. Gurland* als Kontiguität C bezeichneter Gefügeparameter ergibt sich aus der als Doppelfläche betrachteten Korngrenzenfläche einer Phase a ($S_V\,(aa)$) zu ihrer gesamten Oberfläche in einem Phasengemisch aus a und b:

$$C = \frac{S_V\,(aa)}{S_V\,(aa) + S_V\,(ab)} = \frac{2\,P_L\,(aa)}{2\,P_L\,(aa) + P_L\,(ab)} \tag{7.30}$$

wobei $P_L\,(aa)$ die Zahl der Schnittpunkte mit Korngrenzen in der Phase a und $P_L\,(ab)$ die mit Phasengrenzen ab bedeuten. Der C-Wert schwankt zwischen Null und Eins, er wird häufig auch als „Skelettbildungsgrad" der betreffenden Phase bezeichnet, lässt aber keine Schlussfolgerungen hinsichtlich der Ausbildung eines kontinuierlichen räumlichen Netzwerkes dieser Phase zu.

Die im Abschn. 4.1.3.3 beschriebene Bestimmung der Teilchengrößenverteilung und die Formkennzeichnung gilt im gleichen Sinne auch für Poren und andere Gefügebestandteile des Sinterkörpers.

Schließlich lässt sich über eine Kombination von Flächen- und Linearanalyse ein Parameter gewinnen, der vor allem für die quantitative Verfolgung der Gefügeänderungen beim Sintern von Interesse ist. Es ist dies die mittlere Krümmung der Phasengrenzfläche von geschlossenen Konturen (hier besonders der Feststoff-Poren-Grenzfläche):

$$\bar{K} = \pi \cdot \frac{N_A}{P_L} \tag{7.31}$$

wobei N_A in diesem Falle die auf die Messflächeneinheit bezogene Porenzahl ist.

Die Messverfahren für die Datenbeschaffung zur quantitativen Beschreibung der Gefügegeometrie werden unter dem Begriff „Bildanalyse" zusammengefasst. Die Palette der Verfahren erstreckt sich von der manuellen Auswertung von Gefügeaufnahmen über die Anwendung halbautomatischer Geräte bis schließlich zum Einsatz von Vollautomaten. Während bei den halbautomatischen Verfahren der Beobachter die Gefügemerkmale selbst identifiziert und das Gerät das Messen, Berechnen und Darstellen der Ergebnisse übernimmt, wird vom Vollautomaten darüber hinaus die Identifizierung der Phasen erledigt. Zur Bildabtastung werden Video-Systeme

7.4 Gefügeuntersuchung von Sinterwerkstoffen

eingesetzt, die mit Bildprozessoren und Computer gekoppelt sind. Durch die zeilenweise Bildabtastung ist deshalb die zeitaufwändige Flächenanalyse durch eine Linearanalyse mit engem Zeilenabstand und Zeilenverknüpfung realisierbar. Die Videosignale werden digitalisiert und in einem Bildspeicher abgelegt. Das Digitalbild kann anschließend durch elektronische Filter (Grautonschwelle, Untergrundfilterung zur Bildreinigung) verbessert und in ein Binärbild umgewandelt werden. Durch Setzen von Bildmasken (Vermeidung von Bildrandfehlern) und Transformationen (Dilatation und Erosion bzw. Öffnen und Schließen) erfolgt dessen optimale Aufbereitung (Detektion) zur programmierten Parametergewinnung. Es ergibt sich so eine Vielzahl von Bildverarbeitungsmöglichkeiten, die durch entsprechende Software-Entwicklungen noch weiter ausbaufähig sind. Die automatische Bildauswertung erfordert in jeder Hinsicht einwandfreie Bilder mit ausreichendem Kontrast zwischen den Gefügebestandteilen. Aus diesem Grund liegen die Anforderungen an die Schliffpräparation weitaus höher als jene für eine manuelle Auswertung.

Die quantitative Gefügeanalyse kann in entscheidendem Maße zur Aufklärung und Quantifizierung des Zusammenhangs zwischen Herstellungsparametern und Gefüge einerseits und zwischen dem Gefügebau und den Eigenschaften andererseits beitragen. Mit ihrer Hilfe lässt sich an ausgewählten repräsentativen Stellen einzelner Schnittebenen des unterschiedlich gesinterten Pulverhaufwerkes die Änderung der Porosität, der Porenmorphologie, der Korn- und Porengröße, der mittleren Krümmung der Grenzfläche Feststoff-Pore sowie der freien Oberfläche (bzw. Phasengrenzfläche Feststoff-Pore) verfolgen. Aufgrund der im Werkstoff in unterschiedlichem Maß vorhandenen Inhomogenitäten und Anisotropien sind statistische Überlegungen hinsichtlich Probenahme und Auswahl der Messflächen entsprechend der Zielstellung der Analyse unabdingbar. Nicht nur sorgfältig präparierte ebene metallographische Schliffe sondern auch REM-Bilder von unebenen Oberflächen (z.B. Bruchflächen) sind aufgrund ihrer hohen Schärfentiefe zur quantitativen Erfassung von Gefügeelementen geeignet. Die Bruchflächenanalyse von Sinterproben, die in Nachbildung des technischen Prozesses während des kontinuierlichen Aufheizens (nichtisothermen Sinterns) und nachfolgenden isothermen Sinterns entnommen werden, ermöglicht z.B. mit Hilfe einer quantitativen Beschreibung der Sinterkontaktflächengeometrie und der morphologischen Klassifizierung der Kontakttypen Aussagen über die in den Sinterstadien ablaufenden Diffusions- und Materialtransportvorgänge. Als Messgrößen lassen sich die Entwicklung der totalen Fläche von Sinterkontakten und die Anteile bestimmter Kontakttypen an der Gesamtkontaktzahl erfassen und mit Porosität und Festigkeit der Sinterkörper in Abhängigkeit von der Sintertemperatur korrelieren [7.14]. Weitere, die geometrische Änderung des Sinterkörpers beschreibende Kenngrößen können indessen erhalten werden, wenn anstelle einzelner eine ganze Schar von Schnittflächen in den Probekörper gelegt wird, die sein ganzes Volumen in parallele Schnitte (Serienschnitte) zerlegt und mit der der vollständige räumliche Aufbau analysiert wird. Dabei werden Feststoffphase wie auch Porenraum als räumliche Netzwerke beschrieben, in denen die Pulverteilchen die Knoten und die Teilchenkontakte die Zweige des Netzes sind; ebenso lassen sich als Zweige die Porenkanäle und als Knoten die Stellen ihrer Verzweigung ansehen.

Bei der Auswertung derartiger Serienschnitte wird, wenn es z.B. das Porennetzwerk betrifft, so vorgegangen, dass die Porenschnittflächen mit der ersten Schliffebene beginnend über alle weiteren Schliffebenen hinweg in ihrer Lage fixiert und

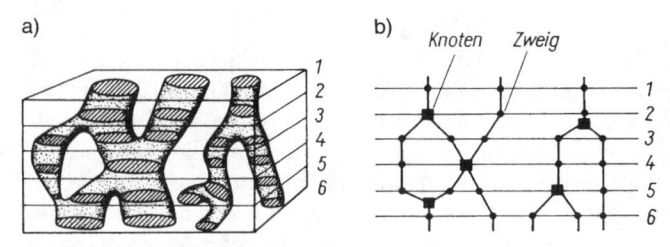

Bild 7–23. Methodik der Auswertung von Serienschnitten zwecks Gewinnung topologischer Kenngrößen (nach *H.F. Fischmeister*). a) Parallele Schnittebenen (1 bis 6) durch ein Probenvolumen mit Porenkanälen (schematisch); b) Netzwerk des Porenraumes; konstruiert aus den Befunden der Schnittebenen 1 bis 6 des Teilbildes a)

die Porenkanäle und ihre Verzweigungen in die Tiefe hinein verfolgt werden (Bild 7–23). Wird als weiterer Parameter die Sinterzeit eingeführt, dann erhält man ein räumliches Bild von den Änderungen, die sich im Porennetzwerk im Verlauf des Sinterprozesses vollziehen. Sie sind in Wesentlichen durch eine Abnahme seines „Verzweigungsgrades" (als „Genus" – topologische Größe – bezeichnet) und eine Zunahme der abgeschlossenen isolierten Poren gekennzeichnet (Bild 7–24).

Die Phasen mehrphasiger Sinterwerkstoffe können Einlagerungs- oder Durchdringungsgefüge bilden, die sich durch die Kontiguität C bis zu einem gewissen Grad quantitativ charakterisieren lassen. Der Einfluss solcher Gefüge auf das Verhalten des Sinterkörpers nimmt in dem Maße zu, wie sich die Eigenschaften der Phasen voneinander unterscheiden. In diesem Zusammenhang sind auch – ohne näher darauf eingehen zu wollen – die Form und die „Orientierung" der Phasen von Bedeutung. Die Form der Gefügeelemente lässt sich analog der Pulverteilchengestalt (s. Abschn. 4.1.3.3) über einen Formfaktor, die „Orientierung" mit einem „Orientierungsfaktor" berücksichtigen. Letzterer gibt an, in welchem Grad die interessierenden, nicht kugligen Phasenbereiche von einer völligen Ausrichtung abweichen; er kann durch Messungen auf verschieden gelagerten Schnittflächen bestimmt werden. Aus diesen experimentell direkt ermittelten Faktoren werden

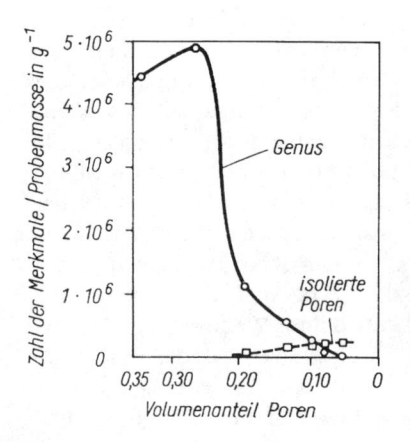

Bild 7–24. Abhängigkeit des „Genus" und der Anzahl der isolierten Poren vom Porenanteil in gesintertem kugligem Kupferpulver (nach *R.T. de Hoff* u. *F.N. Rhines*) mittlere Teilchengröße: 0,05 mm; Sintertemperatur: 1005 °C; H_2-Atmosphäre

7.4 Gefügeuntersuchung von Sinterwerkstoffen

wiederum indirekte Faktoren abgeleitet, die den Einfluss der ersteren auf die Eigenschaften wiedergeben [7.15]. Die Form der Phasenteilchen wird durch Rotationsellipsoide, deren Achsenverhältnis sich der Teilchenform weitgehend anpasst, modellmäßig beschrieben. Der Ausrichtungsgrad der Ellipsoidachsen ist ein Maß für die „Orientierung".

Auf der Grundlage derartiger Vorstellungen lassen sich schließlich für die verschiedenen Eigenschaften eines porigen Werkstoffes Bestimmungsgleichungen ableiten, die den betreffenden Eigenschaftswert des Feststoffes, den Porenanteil sowie den Form- und „Orientierungsfaktor" enthalten. So gehen im Fall des spezifischen elektrischen Widerstandes eines porigen Sinterwerkstoffes der spezifische elektrische Widerstand des Metalles ρ_{elM}, der Volumenanteil der Poren $V_V(p)$ sowie der indirekte Orientierungsfaktor der Poren $\cos^2\alpha_p$ und der indirekte Formfaktor der Poren F_p in die Bestimmungsgleichung ein [7.16]:

$$\rho_{el} = \rho_{elM} (1 - V_V(p))^{(1 - \cos^2\alpha_p/F_p - 1) - (\cos_2 \alpha_p/2F_p)} \tag{7.32}$$

Auf diese Weise sollte es möglich sein, die mit einer vorgegebenen Werkstoffkombination erreichbaren Eigenschaftswerte abzuschätzen.

Zur quantitativen Erfassung von ferromagnetischen Phasenanteilen und deren Dispersität in mehrphasigen Gefügen werden auch magnetische Prüfverfahren, insbesondere für die betriebliche Kontrolle der Gefügeparameter von Hartmetall-Legierungen, herangezogen. Hartmetalle enthalten neben den nichtferromagnetischen Carbiden das ferromagnetische Bindemetall Cobalt. Die Herstellung von WC-Co-Hartmetallen muss so geführt werden, dass diese außer dem Bindemetall nur das W-Monocarbid enthalten. Bei Kohlenstoffunterschuss sowie zu niedriger Sintertemperatur und zu kurzer Sinterdauer bildet sich ein unerwünschtes Doppelcarbid, die unmagnetische η-Phase. Sie wirkt versprödend und enthält einen Teil des Cobalts, so dass ihre Existenz in einer geringeren spezifischen Magnetisierung, als dem Gesamtcobaltgehalt entspricht, zum Ausdruck kommt und zerstörungsfrei zuverlässig nachgewiesen werden kann; die spezifische Magnetisierung sinkt von etwa $2 \cdot 10^{-7}$ Wb mg^{-1} auf Werte von $1,5 \cdot 10^{-7}$ Wb mg^{-1} und darunter ab. Mit Hilfe von magnetischen Sättigungsmessungen ist es außerdem möglich, im Co-Gehalt unterschiedliche Hartmetallsorten zu trennen.

Für die Eigenschaften von WC-Co-Hartmetallen kommt der Korngröße der Carbidphase und der Dicke der Bindemetallschichten (mittlerer freier Weg) eine maßgebliche Bedeutung zu (Abschn. 17.2). Der im gesinterten Gefüge erzielte Dispersitätsgrad der Phase drückt sich empfindlich in der Größe der magnetischen Koerzitivfeldstärke aus. Es besteht ein linearer Zusammenhang zwischen der Koerzitivfeldstärke und der spezifischen Oberfläche der Co-Phase im Hartmetallgefüge, die wiederum der mittleren Schichtdicke umgekehrt proportional ist. Damit ist die Koerzitivfeldstärkemessung eine vorzügliche Methode, den Sinterzustand zu verfolgen und die Gleichmäßigkeit des Gefüges zu kontrollieren. Für optimale Sintertemperaturen erreicht die Koezitivfeldstärke ihren Höchstwert, mit weiter steigender Temperatur nimmt sie infolge Kornwachstums wieder ab.

Literatur zu Kapitel 7

[7.1]   Hummert, K. und V. Arnold: Metal Powder Report *41* (1986), 11
[7.2]   Hertel, N., E. Uggerhoj, G. Mair, A. Bruneck und P. Siffert: Metal Powder Report *44* (1989), 10
[7.3]   Schatt, W.: Sintervorgänge – Grundlagen, VDI-Verlag, Düsseldorf 1992
[7.4]   Tradinik, W., K. Kromp und R. F. Pabst: Materialprüfung *23* (1981), 42
[7.5]   Bretfeld, H., F. W. Kleinlein, D. Munz, R. F. Pabst und H. Richter: Z. Werkstofftechnik *12* (1981), 167
[7.6]   Sonsino, C. M.: Powder metall. int. *15* (1983), 1 und 2
[7.7]   Blumenauer, H. und G. Pusch: Technische Bruchmechanik, Deutscher Verlag f. Grundstoffindustrie, Leipzig, Stuttgart 1993
[7.8]   Sonsino, C. M.: Powder metall. int. *19* (1987) 2, 57
[7.9]   Esper, F. J., G. Leucze und C. M. Sonsino: Powder metall. int. *13* (1981), 203
[7.10] Elsner, G., P. Wellner, K. Dalal und W. J. Huppmann: Metallographie von Sinterwerkstoffen. In: Fortschritte der Metallographie, Hrsg.: G. Petzow, Dr. Riederer-Verlag, Stuttgart 1983
[7.11] Huppmann, W. J. und K. Dalal: Metallographie Atlas of Powder Metallurgy. Verlag Schmid GmbH, Freiburg i. Br. 1986
[7.12] Exner, H. E. und H. P. Hougardy: Einführung in die quantitative Gefügeanalyse. DGM-Informationsgesellschaft, Verlag, Oberursel 1986
[7.13] Ohser, J. und H. Tscherny: Grundlagen der quantitativen Gefügeanalyse. Freiberger Forschungshefte B 264, Deutscher Verlag f. Grundstoffindustrie, Leipzig 1988
[7.14] Slesar, M., E. Dudrova, L. Parilak, M. Besterci und E. Rudnayova: Science of Sintering *19* (1987), 17
[7.15] Ondracek, G.: Reviews on powder metallurgy and physical ceramics *3* (1989), 3 und 4
[7.16] Ondracek, G. und B. Schulz: Prakt. Metallographie *10* (1973), 16

8 Formteile aus Sintereisen oder Sinterstahl

Die pulvermetallurgisch hergestellten Formteile aus Eisenwerkstoffen stellen die Haupterzeugnisgruppe in der Pulvermetallurgie dar. Sie sind in einer entwickelten Industrie Bestandteil der wirtschaftlichen Produktion von Finalerzeugnissen im Fahrzeug-, Maschinen- und Gerätebau sowie in zahlreichen anderen Bereichen der metallverarbeitenden Industrie. Gemessen am Produktionsvolumen anderer, vergleichbarer Herstellungsverfahren für Formteile ist der Anteil pulvermetallurgischer Erzeugnisse jedoch noch nicht sehr hoch, aber durch ein ständiges Wachstum an Umfang wie auch Bedeutung gekennzeichnet.

Allgemein ist die Entwicklung der Sinterformteile durch den Übergang von Funktionselementen untergeordneter Bedeutung zu Maschinenelementen, denen immer höhere und auch stärkere dynamische Belastungen abgefordert werden, charakterisiert. Diese Tendenz resultiert aus der Hochwertigkeit der Formteile, die bei richtiger Werkstoffauswahl hinsichtlich ihrer Anwendungseigenschaften und Funktionssicherheit in zahlreichen Fällen den konventionell hergestellten Werkstücken gleichwertig sind, als weitestgehend spanlos gefertigte Produkte aber bezüglich Maßhaltigkeit, Massegenauigkeit und Oberflächengüte hohen Ansprüchen genügen. Die Eigenschaften der Sinterteile werden in erster Linie von der Porosität sowie der Zusammensetzung der Legierungen bestimmt und sind außerdem durch das Herstellungsverfahren in weiten Grenzen veränderbar.

Bild 8–1 gestattet am Beispiel der Zugfestigkeit einen Vergleich von Sinterwerkstoffen mit Gusswerkstoffen sowie mit unlegierten und legierten Stählen. Infolge ihrer Porosität bleiben die konventionell hergestellten Sinterwerkstoffe in der Bruchdehnung und Härte zum Teil merklich unter den Werten erschmolzener Werkstoffe; bei dynamischer Beanspruchung (Biegewechselfestigkeit) sind sie dem Sphäroguss gleichzusetzen. Dank der Entwicklung hochkompressibler Pulver und der Vervollkommnung der Legierungstechnik wie auch der technologischen Operationen der Formteileherstellung besteht jedoch eine zunehmende Verfügbarkeit z.B. von Eisensinterwerkstoffen mit einer Dichte ≥7,0 g cm^{-3}. Bild 8–2 gibt eine Vorstellung von den Veränderungen einiger wesentlicher Werkstoffeigenschaften mit der Dichte. Man erkennt, dass Zugfestigkeit und Härte linear mit der Dichte zunehmen, wogegen die Bruchdehnung und die für das dynamische Verhalten wichtigen Eigenschaften, wie Biegewechselfestigkeit und Schlagzähigkeit, erst oberhalb einer Dichte von 7,5 g/cm^3 sich merklich ausbilden [8.1]. Mit der Legierungstechnik, d.h. dem Anheben der Grundfestigkeit, wird an diesem, durch die Poren hervorgerufenen, Effekt grundsätzlich nichts geändert. Die Erzielung einer Sinterdichte von mehr als 7,5 g/cm^3 setzt auch heute noch den Einsatz kostenaufwendiger Verfahren,

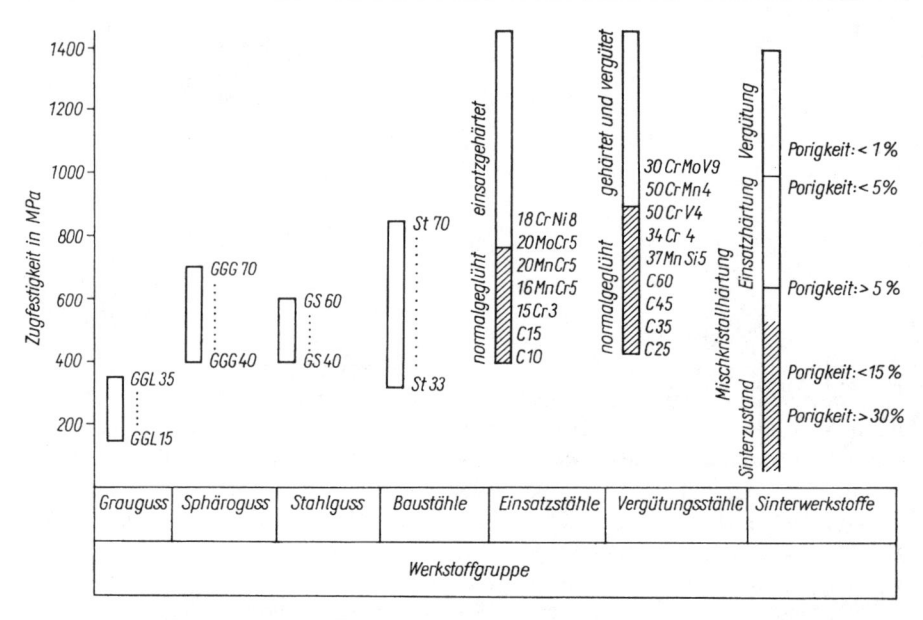

Bild 8–1. Vergleich der Zugfestigkeit von schmelzmetallurgisch und sintertechnisch hergestellten Eisenwerkstoffen

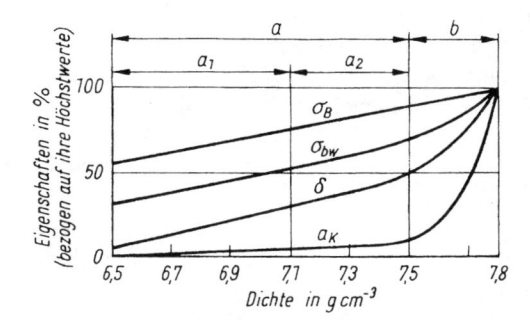

Bild 8–2. Zusammenhang zwischen der verfahrensabhängigen Dichte und wichtigen Eigenschaften von Eisensinterwerkstoffen (nach [8.1]). a Bereich der konventionellen Pulvermetallurgie; a_1 Pressen und Sintern (und Kalibrieren); a_2 Vorpressen, Vorsintern, Nachpressen und Nachsintern (und Kalibrieren); b Bereich des Pulverschmiedens. σ_B Zugfestigkeit, σ_{BW} Biegewechselfestigkeit, δ Bruchdehnung, a_K Schlagzähigkeit

wie Zweifachsintertechnik oder eine der bekannten Warmverdichtungsmethoden voraus (vgl. Abschn. 5.3).

Die Einsatzstruktur von Sinterformteilen ist in den einzelnen Industriestaaten unterschiedlich. Der Hauptanteil an Sinterstahlformteilen wird für den Automobilbau produziert. Weitere Anwendungsgebiete sind Haushalt- und Elektrogeräte, Büromaschinen und Schlossteile. Bild 8–3 gibt einen Überblick über Marktvolumen und Anwendungsgebiete. Grundsätzlich gilt, dass in dem Maße, wie die Voraussetzun-

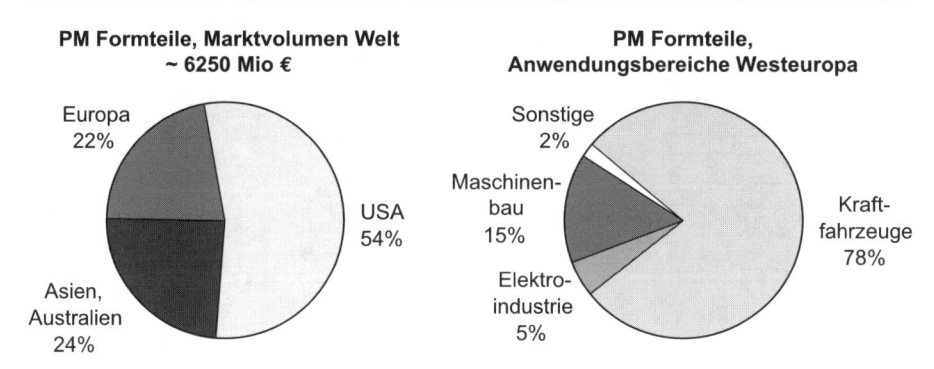

8 Formteile aus Sintereisen oder Sinterstahl 217

PM Formteile, Marktvolumen Welt ~ 6250 Mio €

Europa 22%
USA 54%
Asien, Australien 24%

PM Formteile, Anwendungsbereiche Westeuropa

Sonstige 2%
Maschinenbau 15%
Elektroindustrie 5%
Kraftfahrzeuge 78%

Bild 8–3. Marktvolumen und Anwendungsbereiche von Sinterstahlformteilen im Jahr 2001 (nach P. Beiss)

gen zur Erzeugung immer formkomplizierterer Teile geschaffen werden, auch die Bestrebungen zunehmen, den Einsatz gesinterter Teile auf möglichst viele Gebiete der metallverarbeitenden Industrie auszudehnen. Das schließt jedoch zugleich die Notwendigkeit ein, auch den Sinterwerkstoff selbst so weiterzuentwickeln, dass den Forderungen nach hoher Lebensdauer, Funktionszuverlässigkeit und Wartungsfreiheit des Finalerzeugnisses nachgekommen werden kann. Ursprünglich waren die Sinterformteile hinsichtlich ihrer Masse typische Kleinteile. Gegenwärtig sind Formteile mit einer Masse zwischen 0,05 g und etwa 2000 g üblich, wobei die Mehrzahl allerdings 200 g nicht übersteigt. Die Ursache hierfür ist weniger in den Fertigungskosten für ein pulvermetallurgisches Formteil, die relativ günstig liegen, sondern vielmehr im Preis des zur Herstellung erforderlichen Pulvers, der merklich höher liegt als der für entsprechende erschmolzene Werkstoffe, sowie in den durch die Presstechnik bedingten Einschränkungen in Bezug auf Form und Größe der Teile zu suchen.

Als vorrangiger Vorteil einer pulvermetallurgischen Erzeugung von Formteilen wurde lange Zeit die Senkung der Herstellungskosten infolge der Einsparung von spanender Bearbeitung herausgestellt. Bei einfachen Formteilen werden die Bearbeitungskosten in der Regel um mindestens 15%, bei Teilen mit komplizierter Gestalt bis zu 50% reduziert. Heute wird als volkswirtschaftlich gleichwertiger Effekt auch die Senkung des Material- und Energieverbrauchs hervorgehoben. Bild 8–4 vermittelt einen orientierenden Überblick über Rohstoffausnutzung und Energiebedarf für pulvermetallurgische und einige konkurrierende Verfahren zur Herstellung von Formteilen mit ≤1000 g Masse. Die Bilanz für die Sintertechnik ist positiv und darf nicht ohne die gleichfalls hochwertigen Fertigungstoleranzen gesehen werden, die mit ihr zu erreichen sind (Bild 8–5). Analysen des Energiebedarfs für die Produktion von Stabstahl und Sinterwerkstoffen weisen aus, dass 1 t Stabstahl und 0,87 t Sinterteile (Dichte 6,8 cm^{-3}) in den USA mit einem Energieaufwand von etwa $12,8 \cdot 10^9$ J/t hergestellt werden. Unter Berücksichtigung der bei einer Teilefertigung aus Stabstahl sich ergebenden Zerspanungsverluste nimmt die Energieeinsparung mit der Formkompliziertheit des Sinterteiles zu.

Die Materialeinsparung bei formkomplizierten Teilen, die aus unterschiedlichen Werkstoffen hergestellt sein können, beträgt bis etwa 65%. Außerdem ist der

Fertigungsverfahren

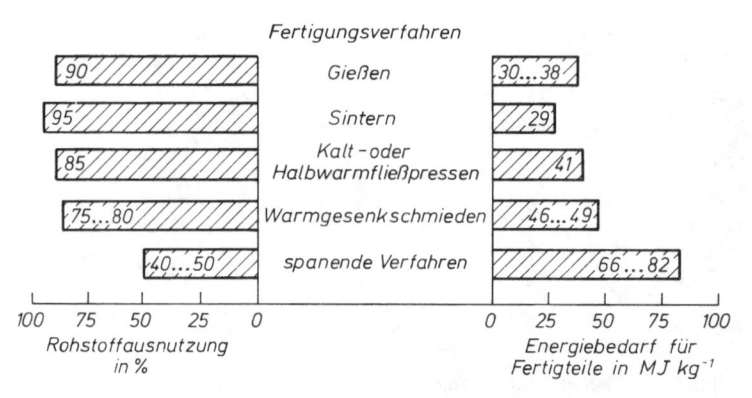

Rohstoffausnutzung in %	Verfahren	Energiebedarf für Fertigteile in MJ kg⁻¹
90	Gießen	30...38
95	Sintern	29
85	Kalt- oder Halbwarmfließpressen	41
75...80	Warmgesenkschmieden	46...49
40...50	spanende Verfahren	66...82

Bild 8–4. Angaben über Rohstoff- und Energiebedarf von verschiedenen Fertigungsverfahren (Quelle: Ingenieur Werkstoffe *4* (1992) 12, 43)

Herstellungsverfahren	Bereich der ISO-Qualität IT										
	5	6	7	8	9	10	11	12	13	14	15	16
konvent. Pulvermetallurgie								▨	▨	▨	▨	
Pulvermetallspritzguss							▨	▨	▨			
Sinterschmieden			▨	▨	▨							
konvent. Pulvermetallurgie mit Kalibrieren		▨	▨	▨	▨							
Feingießen									▨	▨	▨	
Druckgießen						▨	▨	▨				
Gesenkformen, Warmfließpressen						▨	▨	▨	▨			
Halbwarmfließpressen					▨	▨	▨					
Kaltfließpressen				▨	▨	▨						
Drehen		▨	▨	▨	▨							
Rundschleifen	▨	▨	▨	▨								

Bild 8–5. Überblick über die Fertigungstoleranzen verschiedener Verfahren zur Herstellung von Werkstücken (nach *W. Michaeli*)

Energieaufwand für die Operationen der Sintertechnologie (auch bei Anwendung der Zweifachsintertechnik für höherfeste und maßgenaue Teile) vergleichsweise niedrig gegenüber dem einer umformenden bzw. spanenden Bearbeitung (Bild 8–4 und Tabelle 8–1). Der Vergleich mit entsprechenden spanlosen Fertigungsverfahren, deren Nutzung mit etwa 20% Materialverlusten sowie einer spanenden Nacharbeit der Teile infolge zu geringer Genauigkeit und Oberflächengüte verbunden ist, fällt gleichfalls zugunsten der pulvermetallurgischen Fertigung aus.

Mit Hilfe einer Nachbehandlung können die Einsatzmöglichkeiten von Sinterformteilen noch erweitert bzw. ihre Eigenschaften optimiert werden. Dies trifft einmal für alle presstechnisch nicht realisierbaren Konturen zu, die durch eine spanende Nachbearbeitung am Sinterformteil eingearbeitet oder durch verschiedene Fügeverfahren erzeugt werden können. Zum anderen lassen sich an Sinterwerkstoffen, deren Porosität unter 10% liegt, verschleiß- und korrosionshemmende sowie dekorative Schichten erzeugen. Sintereisen und -stahl können außerdem direkt oder nach einer

Tabelle 8–1. Material- und Energieverbrauch bei der spanenden (Sp) und pulvermetallurgischen (PM) Herstellung verschiedener Maschinenbauteile (nach *G. Zapf*)

Bauteil	Fertigteilmasse in g		Materialeinsatzmasse in g		Materialeinsparung in %	Energieverbrauch in kWh		Energieeinsparung in %
	Sp	PM	Sp	PM		Sp	PM	
Zahnrad-Schmierölpumpe für PKW	87	73	192	76,5	60,15	0,281	0,141	49,80
Zahnrad-Schmierölpumpe für LKW	357	311	887	327	63,10	2,618	1,565	40,10
Nabe eines Gebläserades	102	91	312	95,5	69,40	0,169	0,091	46,15
Synchronring für LKW-Getriebe	145	132,5	1110	139	87,50	1,528	0,634	58,50
Rastensegment für LKW-Getriebe	300	312	560	328	41,40	2,847	1,243	56,30

PKW Personenkraftwagen, LKW Lastkraftwagen; der Verbrauch von 1 kWh entspricht etwa dem Verbrauch von 0,26 kg schwerem Heizöl

Aufkohlung gehärtet werden. Bei entsprechender Werkstoffzusammensetzung ist auch eine Ausscheidungshärtung gegeben, die besonders bei metallgetränkten Sinterkörpern angewandt wird.

8.1 Technologische Grundoperationen

Die Herstellung von Sinterformteilen geschieht mittels der bekannten technologischen Grundoperationen, wie Pulverherstellung, ihre Aufbereitung zu pressfähigen Mischungen, Pressen und Sintern, wobei die Form und Festigkeit des Sinterteils bestimmenden Operationen im Interesse der Erzeugung dichter und genauer Teile in abgestimmter Folge mehrfach zur Anwendung kommen können (Zweifachsintertechnik, Doppelpresstechnik). Eine Verbesserung der mechanischen Eigenschaften lässt sich durch zwei gleichzeitig anwendbare Maßnahmen erreichen: die Verminderung der Porosität und die Zugabe von geeigneten Legierungselementen [8.10].

Sinterformteile werden aus Metallpulvern mit einer Teilchengröße bis etwa 200 µm hergestellt. Auch wenn durch Diffusionsglühen anlegierte oder, wenn möglich über die Schmelze vorlegierte Pulver wegen ihrer Anwendungssicherheit gegen Entmischung den Vorrang genießen, werden der Pulvermischung für Legierungszwecke auch feine Elementpulver zugesetzt. Neben Legierungszusätzen wird auch noch ein Gleitmittel zugegeben, um die Reibung zwischen dem Pulver und dem Werkzeug zu vermindern (vgl. Abschn. 3.3 u. 5.1). Mit der Herstellung der Pulvermischung muss auch gewährleistet werden, dass aus unterschiedlichen Chargen stammende Pulver hinsichtlich ihrer Eigenschaften wie Teilchengröße, Füllvolumen und Fließfähigkeit, vor allem aber auch die Maßänderung nach dem Sintern vereinheitlicht wird. Da die Pulvermischung auf den automatischen Pulverpressen nach Volumen dosiert und das Pressteil nicht druck-, sondern weg- beziehungsweise höhenbegrenzt gepresst wird, ist ein gleichmäßiges und reproduzierbares Füllverhalten für das Erreichen einer konstanten Pressdichte unverzichtbar. Aus den genannten Gründen hat sich zunehmend die Praxis durchgesetzt, pressfertiges Pulver (Premix) unmittelbar vom Pulverhersteller zu beziehen, der bei großem Mengendurchsatz die Gleichmäßigkeit besser gewährleisten kann.

Von entscheidendem Einfluss auf die Eigenschaften eines Formteils aus Sinterstahl ist dessen Porosität. Da die Porosität beim Sintern zu einem fertigen Formteil aus Gründen der Maßstabilität nur noch in sehr geringem Umfang abnehmen soll, ist bereits die Pressdichte des Formteils für seine Endeigenschaften ausschlaggebend.

Wie Bild 8–6 zeigt, ist die Pressdichte von mehreren Faktoren abhängig, insbesondere aber vom Pressdruck und von der Verdichtbarkeit des Pulvers bzw. der Pulvermischung. Die Verdichtbarkeit des Eisenpulvers wird im Wesentlichen von der Teilchenform, dem noch vorhandenen Grad der Kaltverfestigung und der Reinheit des Materials bestimmt. Da kompakte und sehr reine Pulver zu höheren Pressdichten führen, sind die Entwicklungsarbeiten bei der Pulverherstellung in der Vergangenheit in diese Richtung vorangetrieben worden. Bild 8–7 zeigt bisherige Maßnahmen zur Erhöhung der Pressdichte.

Bis Ende der sechziger Jahre wurden Reinheit und Morphologie der neben den druckluftverdüsten RZ-Pulvern verwendeten Schwammeisenpulver kontinuierlich verbessert. Ab etwa 1970 kamen wasserverdüste Pulver auf den Markt. Sie sind nicht nur kompakter als die bisher verwendeten Pulver, sondern stellten auch durch höhere Reinheit eine Verbesserung dar. Diese Entwicklung fand zunächst mit dem sehr reinen und sehr gut verdichtbaren Eisenpulver ABC 100.30 ihren Abschluss.

Gleichzeitig wurde, gefördert durch den Einsatz besserer Werkstoffe die Leistungsfähigkeit der Presswerkzeuge gesteigert, so dass auch eine Erhöhung der Pressdrücke möglich wurde. Die für Formteile üblichen Pressdrücke liegen heute zwi-

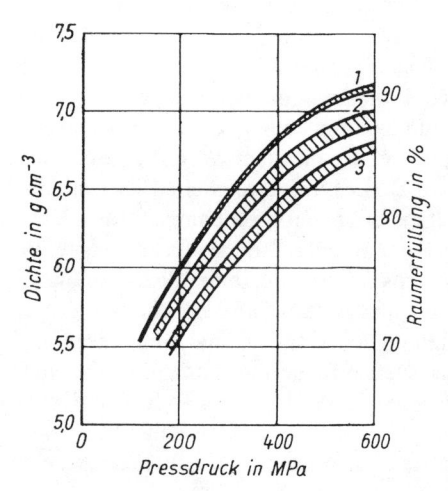

Bild 8–6. Verdichtbarkeit handelsüblicher Eisenpulver (nach *G. Zapf*). *1* Superkompressibles Eisenpulver; *2* hochkompressibles Eisenpulver; *3* normalkompressibles Eisenpulver

8.1 Technologische Grundoperationen 221

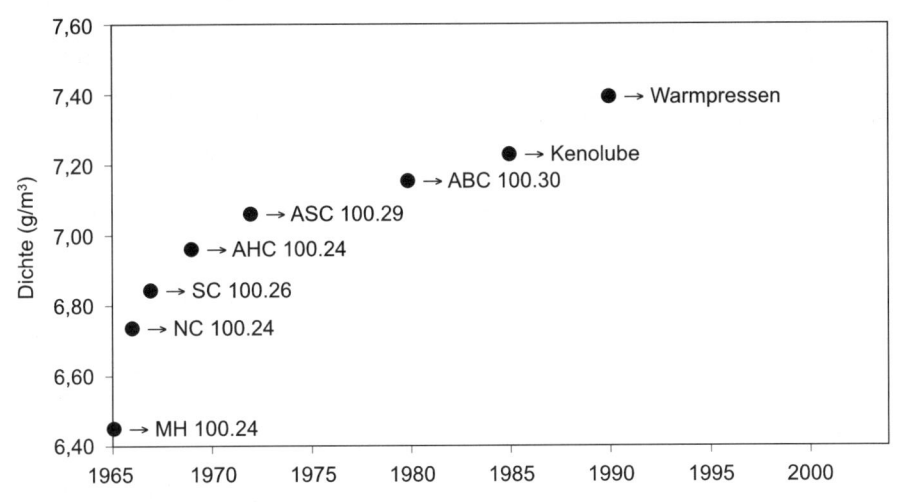

Bild 8–7. Maßnahmen zur Steigerung der Pressdichte bei Pressdruck ca. 600 MPa im Zeitraum 1965 bis 1995 (Höganäs AB, Schweden)

schen 400 und 800 MPa, am häufigsten im Bereich zwischen 600 und 800 MPa. Die Verminderung des Gleitmittelgehaltes ist zur weiteren Erhöhung der Pressdichte mit steigendem Pressdruck unbedingt erforderlich. Die Dichte des Gleitmittels, meist eine wachsartige organische Substanz, beträgt etwa 1,0 g/cm^3. Etwa 0,8 Gewichtsprozent, (6 Volumenprozent) bedeutet, dass ein Gemisch aus 99,2% Eisenpulver und 0,8% Gleitmittel eine Feststoffdichte von ca. 7,45 g/cm^3 aufweist. Eine höhere Pressdichte als diese ist also auch bei Anwendung höchster Drücke nicht erreichbar. Im Ergebnis von Entwicklungsarbeiten, deren Ziel die verbesserte Wirksamkeit des Presshilfsmittels war, kam 1985 das Gleitmittel Kenolube auf den Markt, mit dem der Gehalt des presserleichternden Zusatzes auf 0,6 Gew.-% verringert werden konnte.

Ab 1994 erfolgte die Einführung des Warmpressens. Hintergrund dieser Prozessmodifikation ist, dass die Streckgrenze gebräuchlicher Eisenpulver bereits bei geringen Temperaturerhöhungen deutlich abnimmt. Als Arbeitstemperatur für das Warmpressen werden 150°C angegeben [8.11]. Es gibt aber auch Entwicklungen, in deren Ergebnis die Warmpresstemperatur auf Bereiche von etwa 90°C gesenkt wird [8.19, 8.36]. Beim Warmpressen ist nicht nur das Presswerkzeug, also Matrize und Stempel, sondern auch die gesamte Fülleinrichtung und die zugeführte Pulvermischung auf diese Temperatur zu erwärmen. Das bedeutet, dass nicht mehr mit den herkömmlichen Gleitmitteln gearbeitet werden kann, weil sich dann ab etwa 70°C das Fließverhalten der Pulvermischung so weit verschlechtert, dass beim automatischen Pressen gleichmäßige und reproduzierbare Füllmengen nicht mehr gewährleistet werden können. Es mussten neue, speziell für diese Technologie geeignete Gleitmittel entwickelt werden. Beim Warmpressen von niedriglegiertem Eisenpulver mit einem Druck von 700 MPa können Dichten bis 7,45 g/cm^3 erreicht werden. Die erreichbare relative Dichte (den Gehalt an Gleitmitteln oder auch Graphit eingeschlossen) kann durch das Warmpressen von ca. 96% beim herkömmlichen Kaltpressen um etwa 2% auf 98% gesteigert werden. Zu diesen hohen Pressdichten trägt nicht nur die Erniedrigung der Streckgrenze bei, sondern auch der um 25 bis 40% geringere Gleitmittelgehalt [8.17]. Ein weiterer Vorteil des Warmpressens ist eine gegenüber dem Kaltpressen deutlich erhöhte Grünfestigkeit. Dadurch wird es möglich, warmgepresste Teile bereits im ungesinterten Zustand mechanisch zu bearbeiten, was besonders bei Fertigteilen mit hoher Härte vorteilhaft ist. Höhere Bearbeitungsgeschwindigkeiten und geringerer Werkzeugverschleiß ergeben außerdem eine deutliche Kostenreduzierung. Insofern wird das Warmpressen als eine bessere Alternative zu Doppelpressen und Zweifachsintern gesehen [8.18].

Eine andere Maßnahme, die Dichte beim Pressen von Formteilen zu erhöhen, ist die Matrizenschmierung. Hier wird das Pulver ohne Gleitmittelzusatz gepresst. Dadurch steht das sonst vom Gleitmittel eingenommene Volumen für eine weitere Verdichtung zur Verfügung. Bei Matrizenschmierung können mit Pressdrücken zwischen 600 und 800 MPa Pressdichten über 7,3 g/cm^3 erreicht werden. Auch hier ist die Grünfestigkeit gegenüber herkömmlich gepressten Teilen deutlich erhöht. Für die Matrizenschmierung wird das Gleitmittel vor dem Füllvorgang in die offene Matrize eingesprüht, weshalb auf diese Weise nur einfache Pressteile hergestellt werden können. Teile der Werkzeugoberfläche, die beim Pressen, beispielsweise nach einem Pulvertransfer, zwar durch den Verdichtungsvorgang beansprucht werden, aber beim Füllvorgang nicht frei liegen, werden vom Gleitmittel nicht erreicht. Dieser Nachteil steht einer weiten Verbreitung der Matrizenschmierung entgegen. Trotzdem sind Matrizenschmiersysteme entwickelt worden, die sich für den Einsatz in automatischen Pressen eigenen [8.20].

Ein weiterer Weg, der zur Steigerung der Pressdichte untersucht wird, ist das uniaxiale Hochdruck-Pressen mit mehr als 1000 MPa bei nur etwa 0,3% Gleitmittel. Das erfordert Werkzeugwerkstoffe mit einem besonders hohem Elastizitätsmodul. Um das Kaltverschweißen von Pulverteilchen mit Werkzeugoberflächen, speziell den Matrizenwänden zu verhindern, werden die Werkzeugoberflächen mit einer reibungs- und verschleißmindernden Beschichtung versehen. In der Standzeit dieser Schichten liegt sicherlich das Hauptrisiko dieses Verfahrens. Die auf diese Weise erreichbaren Dichten sind mit denen vergleichbar, die beim Warmpressen erreicht werden [8.21].

Neben der Verdichtung hat das Pressen (s. Abschn. 5.2) die Funktion der Formgebung. Die hierfür eingesetzten mechanischen oder hydraulischen Pressen („Pulverpressen") sind mit speziellen Presswerkzeugen ausgestattet. Bei dem automatischen Pressvorgang werden das Füllen der Matrize, das Pressen, das Freilegen des Presskörpers durch Abziehen der Matrize (auch durch Ausstoßen aus der Matrize) fortlaufend wiederholt. Formteilkonturen senkrecht zur Pressrichtung sind durch die Gestaltung der Matrize festgelegt. Die Größe der quer zur Pressrichtung liegenden Fläche sowie die geforderte Dichte des Presskörpers bestimmen unter Berücksichtigung der Verdichtbarkeit des Pulvers die Presskraft und somit die Leistung der einzusetzenden Presse. Eine hohe Maßgenauigkeit setzt präzise gefertigte und funktionssichere Presswerkzeuge voraus. Die Maßänderungen beim Pressen und Sintern sind sehr komplex und hängen vom Pulver, dem Werkzeugwerkstoff und der Bauteilgeometrie senkrecht zur Pressrichtung ab. So beträgt das Auffedern (spring back) eines Pressteils 0,1 bis 0,3%. Dieser Betrag ergibt sich aus der Aufweitung der unter Druck stehenden Matrize, dem Auffedern des Pressteils nach dem Entformen sowie der thermischen Ausdehnung von Pressteil und Werkzeug [8.29]. Bei der Auslegung

8.1 Technologische Grundoperationen

der Presswerkzeuge muss weiterhin die Maßänderung nach dem Sintern berücksichtigt werden, die je nach Legierung zwischen −3% und +1% betragen kann.

In Pressrichtung liegende Konturen mit geringer Höhe können über die Gestaltung der Pressstempel eingebracht werden. Im Fall sehr unterschiedlicher Presshöhen werden die Stempel geteilt, um die Füllhöhen den Presshöhen proportional anzupassen. Die unterschiedliche Stempelbewegung wurde früher vorwiegend mittels Keil, Schieber und Vorhebern, teils auch separaten hydraulischen Arbeitszylindern bewerkstelligt. Das spring back ist in Pressrichtung bedeutend höher. Resultierend aus der Verformung des Pulvers, der Stempel und Platten, des Adaptors und der Presse selbst kann es 2 bis 3 mm betragen.

Um Bauteile komplizierterer Form herstellen zu können, wurde die Presstechnik in den letzten Jahren in beeindruckendem Maße weiterentwickelt. Bild 8–8 zeigt die Entwicklung der Herstellung von Synchronkörpern für Kfz-Schaltgetriebe. Durch die CNC-lagegeregelten Multifunktionspressen mit exakt steuerbaren Mehrplattenadaptoren, deren Aufbau bis zu 5 Oberstempel- und 5 Unterstempelebenen ermöglicht, können heute sehr formkomplizierte Teile gepresst werden. Über die einzeln steuerbaren Ober- und Unterstempelbewegungen kann nicht nur verdichtet werden, sondern es ist auch möglich, Pulversäulen innerhalb des Matrizeninnenraumes zu transferieren. Bild 8–9 stellt dar, wie ein Bauteil gepresst werden kann, das stark unterschiedliche Höhen sowohl an der Oberseite, als auch an der Unterseite

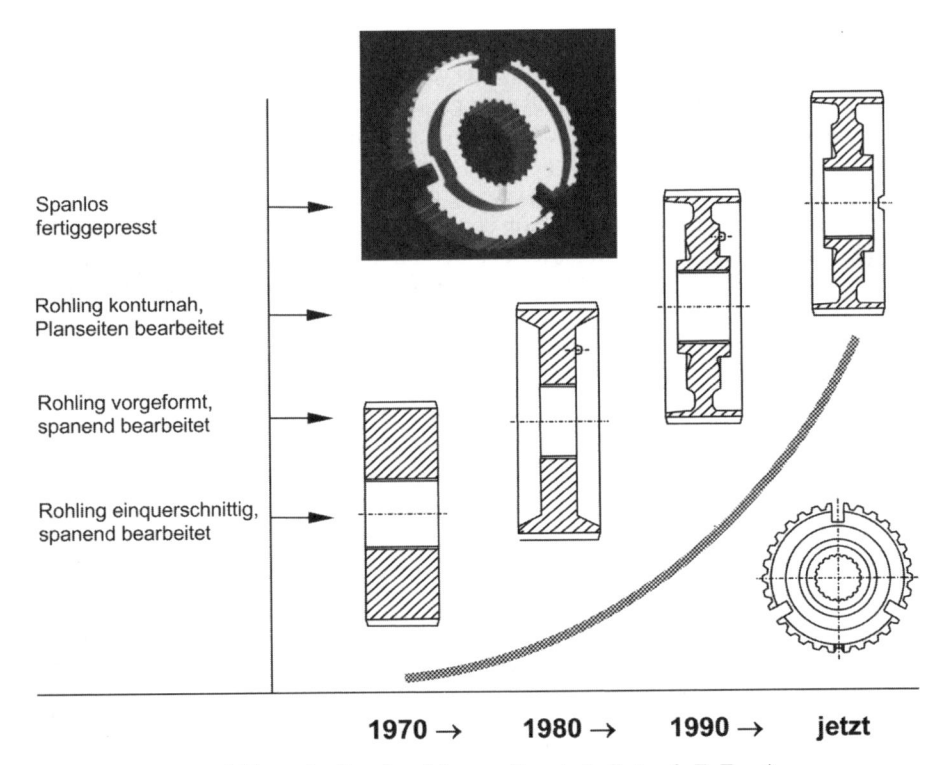

Bild 8–8. Die Entwicklung der Synchronkörper – Presstechnik (nach *E. Ernst*)

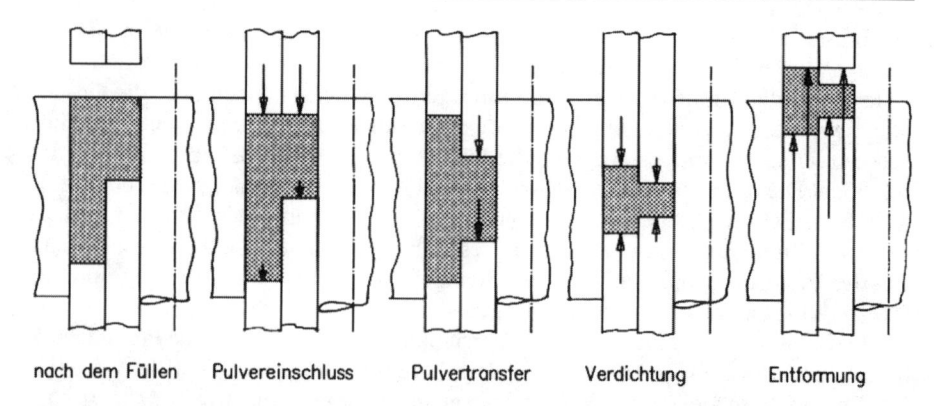

| nach dem Füllen | Pulvereinschluss | Pulvertransfer | Verdichtung | Entformung |

Bild 8–9. Ideales Pulverpressen, Bewegungen relativ zur Matrize (nach *E. Ernst*)

aufweist. Von links nach rechts ist dargestellt: Nach dem abgeschlossenen Füllvorgang (2 unterschiedliche Unterstempel bestimmen unterschiedliche Füllhöhen) wird durch Absenken der beiden auf gleicher Position befindlichen Oberstempel nur wenige Millimeter in die Matrize die Matrize verschlossen. Anschließend kommt es zum Pulvertransfer. Während die linken Ober- und Unterstempel in ihrer Position verbleiben, bewegen sich die rechten Ober- und Unterstempel mit gleicher Geschwindigkeit nach unten und verschieben die rechte Pulversäule so, dass sie mittig zur linken Pulversäule positioniert wird. Danach erfolgt der Verdichtungsvorgang, indem sich Ober- und Unterstempel in einer der Füllhöhe proportionalen Geschwindigkeit aufeinander zu bewegen und eine gleichmäßige Verdichtung des gesamten Pressteils erreicht wird. Nach Abschluss der Verdichtung fährt der rechte Oberstempel auf die Position des linken Oberstempels zurück. Die Matrize bewegt sich nach unten, was der relativen Aufwärtsbewegung beider Unterstempel gleichkommt, bis die Matrizenoberkante erreicht ist. Nun bewegen sich beide Oberstempel nach oben, der Presskörper kann entnommen werden und der nächst Füllvorgang beginnen.

Durch diese spezialisierte Technik, aber auch weitere Neuentwicklungen wie beispielsweise die Konturfüllung [8.23] sind heute presstechnische Probleme lösbar, deren Realisierung bisher als unmöglich galt. Dazu gehören Hinterschneidungen, auch umlaufende Hinterschneidungen, Querbohrungen, Schrägverzahnungen bis zu 30°, sogar auch Pfeilverzahnungen [8.22]. Da der press- und werkzeugtechnische Aufwand für diese Lösungen oft relativ hoch ist, muss immer im jeweiligen Fall entschieden werden, ob die presstechnische Variante oder die Möglichkeit einer nachträglichen Zerspanung wirtschaftlicher ist.

Die der Pulvermetallurgie eigene, einstellbare hohe Maßgenauigkeit spricht für die Qualität der Formteile. Sie bestimmt auch die Position der Sintertechnik gegenüber vergleichbaren Fertigungsverfahren, die ebenfalls einer ständigen Weiterentwicklung unterliegen. Wie Bild 8–5 ausweist, werden ISO-Qualitäten besser oder gleich IT8 außer durch Zweifachsintertechnik und Pulverschmieden nur noch durch Kaltfließpressen oder spanende Verfahren, wie Drehen und Schleifen erreicht. Aus dem zwischen Dichte und Festigkeit bestehenden Zusammenhang leitet sich eine entscheidende Tatsache ab, die von den Anwendern von pulvermetallurgisch hergestellten Formteilen zu berücksichtigen ist. Die Belastung der Formteile ist so zu

8.1 Technologische Grundoperationen

wählen, dass mit Sicherheit die Streckgrenze des Werkstoffes nicht überschritten wird. Andernfalls ist mit unerwünschten Maßänderungen der Werkstücke oder Versagen von Funktionselementen mit Passungen zu rechnen.

Das pulvermetallurgische Formgebungsverfahren stellt zweifelsohne eine elegante und relativ einfache Methode der Fertigung von Genauteilen dar. Es ist aber außer durch die Begrenzung der Größe der zu pressenden Formteile auch noch an eine Reihe von konstruktiven Vorbedingungen gebunden (s.a. Bild 5–12), die, abgesehen von Weiterentwicklungen der presstechnischen Möglichkeiten, seine Anwendung einschränken und bei der Einschätzung der Fertigungseignung eines gegebenen Teils zu berücksichtigen sind. Einige wesentliche und für die Gewährleistung eines einwandfreien Pressvorganges wichtige Forderungen sind in Bild 8–10 aufgeführt. Ihre Einhaltung vereinfacht auch den Werkzeugbau und schließt die Gefahr von Stempelbrüchen aus. Ausgewählte technisch interessante Formteile, die die vorangegangenen Ausführungen unterstreichen, zeigt Bild 8–11 a und b.

Bild 8–11 c zeigt Formteile, die durch Pulverspritzgießen hergestellt wurden. Bei diesem Formgebungsverfahren bestehen deutlich weniger Einschränkungen hinsichtlich der geometrischen Gestaltung der Bauteile. Die wesentlich geringere Gründichte muss jedoch durch eine größere Schwindung beim Sintern kompensiert werden, was zu höherer Maßabweichung als bei der Presstechnik führt. Nähere Ausführungen zum Pulverspritzgießen sind in Abschn. 5.4.2 dargestellt.

Der dem Pressen folgende Arbeitsgang ist das Sintern. Von diesem Prozessschritt werden in entscheidendem Maße die Festigkeitseigenschaften und die Maßgenauigkeit des Formteils bestimmt. Im Verlauf des Sinterns werden die beim Pressen zwischen den Pulverteilchen gebildeten lockeren Stoffbrücken über thermisch aktivierte Vorgänge [8.7] in Bindungen hoher Festigkeit überführt. Zugleich verändert sich das Gefüge des Werkstoffes hinsichtlich der Poren- und Korngrößenverteilung und bei Pulvermischungen aus chemisch verschiedenen Komponenten auch bezüglich der Zusammensetzung, wenn das sinternde System eine Legierungsbildung zulässt. Der Verlauf der Sinterung wird vom Ausgangszustand des Presskörpers und von den Sinterbedingungen (Temperatur und Temperaturverlauf, Dauer, Zusammensetzung des Schutzgases) bestimmt. In der Regel wird mit der Wahl der Sinteratmosphäre (Kap. 6) eine Reduktion der den Pulverteilchen anhaftenden Oxidbelegung angestrebt, da diese einen negativen Einfluss auf die mechanischen Eigenschaften ausübt. Das Sintern von Formteilen aus Sinterstahl erfolgt in Durchlauföfen. Zunächst werden in einer Ausbrennzone die Gleitmittelanteile unter oxydierender Atmosphäre ausgebrannt. An die Ausbrennzone schließt sich die Sinterzone an. Bei der am häufigsten angewendeten Sintertemperatur von 1120°C können Förderbandöfen verwendet werden. Für höhere Temperaturen müssen andere Ofentypen, beispielsweise Hubbalkenöfen, verwendet werden. Obwohl eine Sinterung im Bereich von 1250°C gerade die dynamischen Festigkeitseigenschaften deutlich verbessert, wird sie aus Kostengründen und wegen der größeren Schwindung, die die Maßhaltigkeit der Formteile mindert, seltener angewendet. Die Sinterzeiten liegen allgemein bei 30 Minuten.

Als Schutzgase werden Endogas oder Gemische aus Stickstoff mit etwa 10% Wasserstoff verwendet. Endogas ist ein sehr kostengünstiges Schutzgas. Es wird zweckmäßig direkt im Ofen über einen Katalysator unter Ausnutzung der Ofenwärme aus gasförmigem Kohlenwasserstoff wie beispielsweise Propan oder Erdgas

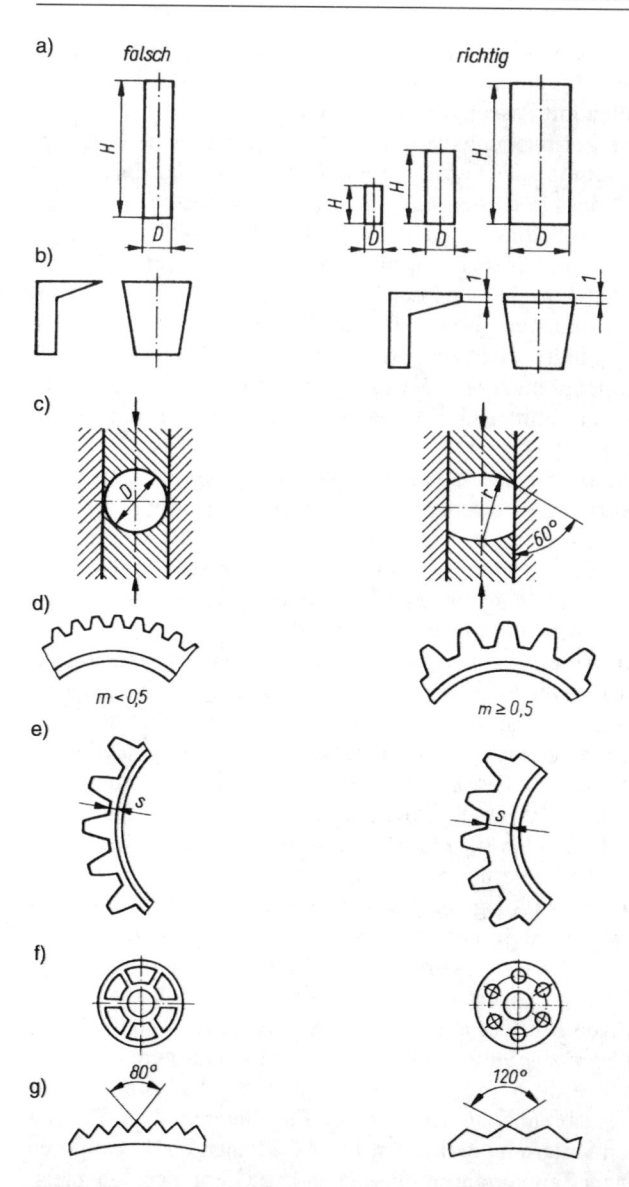

Bild 8–10. Konstruktionsprinzipien für Sinterformteile. a) Verhältnis Höhe: Durchmesser der Presskörper nicht größer als 2,5:1, sonst treten Stempelbrüche oder Überpressungen auf; b) scharfe Kanten durch Flächen ersetzen, sonst treten Stempelbrüche auf; c) Kreisprofile quer zur Pressrichtung wegen spitzer Pressstempel vermeiden; d) Zähne mit Modul < 0,5 sind nicht abpressbar, bedingt aber Schrägverzahnungen; e) Abstand zwischen Zahngrund und Nabe ist zu vergrößern, sonst gefährdete Pressstempel; f) Durchbrüche in Pressrichtung wegen einfacheren Werkzeugbaus als Rundprofil gestalten; g) feinverzahnte Rändelungen erfordern komplizierte Werkzeuge und erschweren die Auspressung; Kreuzrändel sind presstechnisch nicht herstellbar

8.1 Technologische Grundoperationen

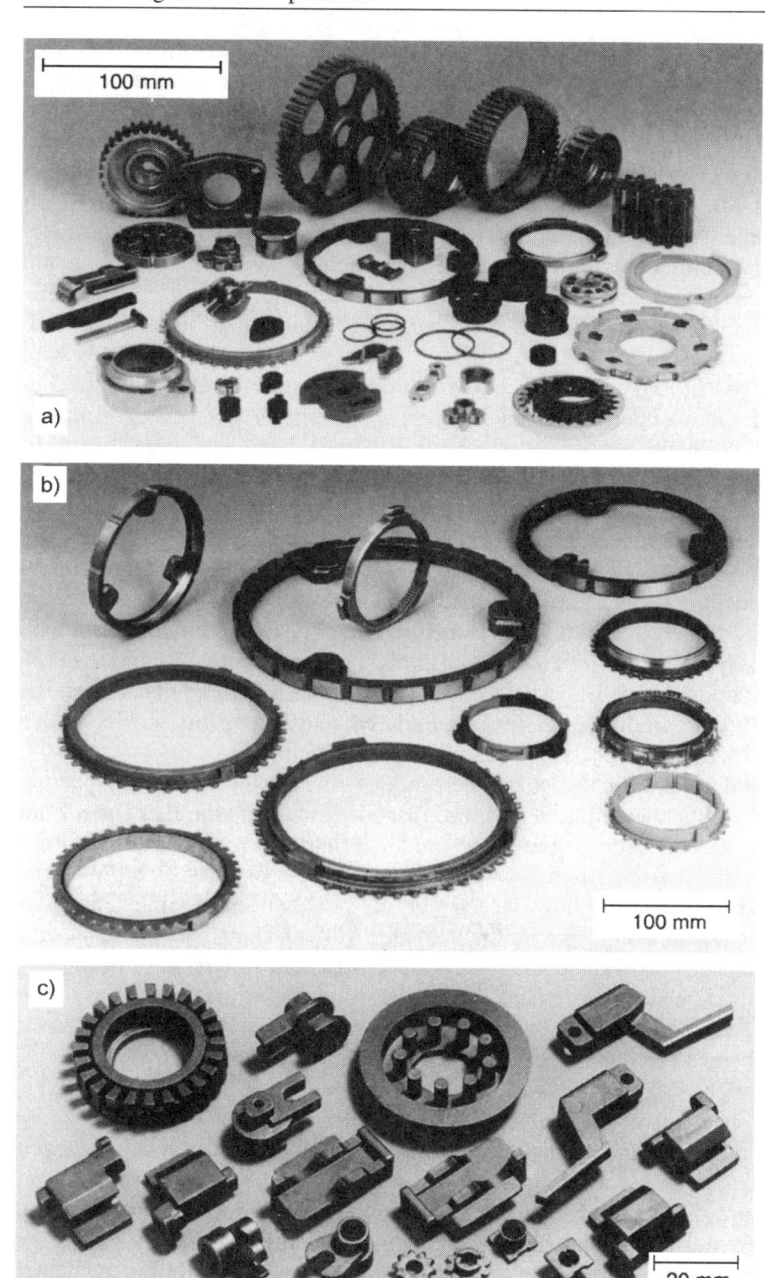

Bild 8–11. Sintereisen- und Sinterstahlformteile: a), b) nach der konventionellen Technologie (Pressen in Werkzeugen und Sintern) hergestellte a) Sinterstahlformteile, die überwiegend im Automobilbau eingesetzt werden (Sinterstahl GmbH Füssen), sowie b) Synchronringe für Getriebe in Personen- und Nutzfahrzeugen (Sinterstahl GmbH Füssen); c) Eisenbasis-Sinterformteile, die durch Pulverspritzgießen gefertigt werden (GKN Sintermetals)

und Luft hergestellt (Abschn. 6.1.3). Endogas enthält neben Stickstoff, Kohlenmonoxid (das aufkohlend wirkt) und Wasserstoff auch geringe Mengen an Kohlendioxid und Wasserdampf, die beide entkohlend wirken. Vor allem zur Einhaltung der geforderten Kohlenstoffgehalte von Sinterstählen ist demnach eine sehr genaue Konstanz der gewünschten Gaszusammensetzung erforderlich. Moderne Öfen verfügen über entsprechende Mess- und Regeltechnik. Nicht ganz so kostengünstig, aber dafür gegenüber Kohlenstoff weitgehend inert sind die Stickstoff-Wasserstoffgemische.

Vorteilhaft sind in Durchlauföfen eingebaute Schroffkühlzonen, die sich unmittelbar an die Sinterzone anschließen und in denen die gesinterten Formteile durch einen extrem gekühlten Schutzgasstrom mit Abkühlraten bis zu 5 K/s aus der Sinterhitze abgeschreckt werden können. Dieses sogenannte Sinterhärten wird zur Erhöhung von Festigkeit, Härte und Verschleißwiderstand häufig genutzt, da es wesentlich kostengünstiger ist als nachfolgendes externes Härten der gesinterten Formteile.

8.2 Nachbehandlung von Sinterformteilen

Die Nachbehandlung der Sinterformteile umfasst eine Reihe von Maßnahmen, die nicht in jedem Fall durchgeführt werden. Insbesondere in Verbindung mit erhöhten Genauigkeitsansprüchen ist es zweckmäßig, die Formteile durch Vibrationsnassgleitschleifen zu entgraten. Dabei ist es wichtig, dass nach dem Gleitschleifen die Waschflüssigkeit, die in die Poren der Formteile eingedrungen sind, wieder restlos entfernt wird. Man verwendet dazu spezielle Trockenöfen.

In vielen Fällen kann auch bei der Fertigung von Formteilen auf Zerspanung nicht völlig verzichtet werden. Eine spanende Bearbeitung, meist sind es Dreh- oder Bohrvorgänge, ist bei niedriglegierten und nicht gehärteten Sinterformteile problemlos, sofern die wirtschaftlichen Vorteile einer pulvermetallurgischen Vorfertigung noch überwiegen. Allerdings lassen sich die porösen Sinterstähle schlechter spanend bearbeiten als porenfreie Stähle. Höherer Aufwand entsteht beispielsweise beim Bearbeiten der schwer zerspanbaren austenitischen Sinterstähle, besonders dann, wenn sie nach dem Sintern in stickstoffhaltiger Atmosphäre Chromnitride enthalten (Abschn. 8.3.2). Zur deutlichen Verbesserung der Zerspanbarkeit wird Sinterstählen bereits mit der Pulvermischung Mangansulfid zugesetzt.

Von vorrangiger Wichtigkeit sind die Nachbehandlungsverfahren, die der Verbesserung der mechanischen Eigenschaften sowie der Verschleiß- und Korrosionsbeständigkeit dienen. Zur Erhöhung der mechanischen Festigkeit von einfachen Sinterformteilen werden Kaltverfestigungs- und Kaltverschweißungsvorgänge im Werkstoff genutz, die während eines Nachpressens bzw. Kalibrierens dann eintreten, wenn das Werkstück noch einen gewissen Nachverdichtungsgrad zulässt. Günstige Bedingungen dafür bieten bildsame Sinterwerkstoffe geringer bis mittlerer Dichte, bei denen diese Maßnahme im Bereich höherer Pressdrücke zu einer praktisch nutzbaren Festigkeitserhöhung führt (Bild 8–12). Das Kaltverdichten kann auch so geartet sein, dass damit gleichzeitig eine teilweise Formänderung von Konturen des Sinterbauteils verbunden ist.

Die Kalibrierwerkzeuge sind den Presswerkzeugen ähnlich, aber einfacher im Aufbau. Sinterstähle geringer Festigkeit können mit Drücken von 600 MPa kali-

8.2 Nachbehandlung von Sinterformteilen

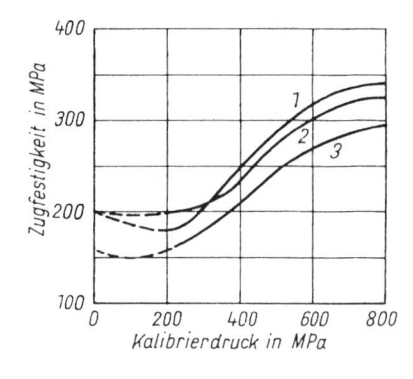

Bild 8–12. Einfluss einer Kaltnachverdichtung auf die Zugfestigkeit von aus verschiedenen Pulvern hergestellten Sinterwerkstoffen (nach [8.1]).
1 Bronzepulver CuSn 10; *2* wasserverdüstes Eisenpulver plus 5 Masse-% Kupferpulver; *3* wasserverdüstes Eisenpulver

briert werden, während Werkstoffe höherer Härte und Dichte Drücke bis 1000 MPa erfordern. Die Dichte nimmt dann kaum noch zu und der Prozess dient vorrangig der Maßhaltigkeit und Oberflächengüte.

Eine weitergehende Umformung des Sintergefüges, die zugleich mit einem erheblichen Festigkeitszuwachs des Werkstoffes verbunden ist, lässt sich über Kaltfließpressen erreichen. Das Verfahren ist dann von Interesse, wenn Teile mit presstechnisch nicht realisierbarem Verhältnis von Höhe : Dicke, z.B. Hülsen, erzeugt werden sollen. Die gesinterte Vorform (wasserverdüstes Pulver, Sinterdichte $\geq 7{,}0$ g cm^{-3}) wird nach einer dem Sinterwerkstoff angepassten Technologie verarbeitet. Das Werkstück erreicht ein Festigkeitsbild, das gleich oder besser ist als bei Einsatz eines erschmolzenen Kaltfließstahls.

Für spezielle Anwendungen ist selbst die Rauhigkeit kalibrierter Teile nicht ausreichend. Man glättet diese Oberflächen dann durch Rollieren, wobei, bedingt durch örtliche Verdichtung und die Bildung von Druckeigenspannungen, die Schwingfestigkeit der Teile ansteigt. Beispielsweise werden in den USA die Flanken und der Fußkreis pulvermetallurgischer Zahnräder gezielt nachgewalzt [8.25]. Ähnliche Effekte lassen sich bei geeigneter Bauteilgeometrie auch mittels Kugelstrahlen erzielen.

Obwohl in der Mehrzahl der Fälle die Festigkeitssteigerung von Eisensinterwerkstoffen noch über eine Mischkristallhärtung geschieht, gewinnt die Umwandlungshärtung kohlenstoffhaltiger Sinterstähle immer mehr an Bedeutung. Die Entwicklung der Legierungstechnik und von Verfahren zur Erzeugung porenarmer Sinterformteile haben wesentlich dazu beigetragen, dass gesinterte Stähle wie erschmolzene gehärtet werden können. Bei Sinterstählen mit niedriger Dichte fällt die geringe Bruchdehnung beim Härten noch weiter ab, wodurch eine Nutzung der erzielten Festigkeitszunahme in der Regel eingeschränkt ist. Deshalb wird das Härten dieser Sinterstähle meist als Oberflächenhärten zur Verbesserung der Verschleißfestigkeit durchgeführt. Es können Oberflächenhärten von 800 bis 900 HVM, nahezu unabhängig von der Dichte und Härte der Matrix, erreicht werden.

Werkstoffe mit Zusammensetzungen, die Vergütungsstählen entsprechen und porenarm sind, können zur generellen Verbesserung der mechanischen Eigenschaften gehärtet und vergütet werden, wie beispielsweise Formteile, die einer dynamischen Beanspruchung ausgesetzt sind [8.3]. Selbst wenn die Eigenschaften vergleichbarer erschmolzener Stähle nicht erreicht werden, ist der Härtungseffekt

(Bild 8–13) technisch nutzbar. Die beim Härten von Sinterwerkstoffen zu beachtenden Besonderheiten sind durch deren Porigkeit sowie eine gegenüber erschmolzenen Stählen veränderte Legierungszusammensetzung und Gefügebeschaffenheit bedingt. Insbesondere die von außen zugängliche Porosität nimmt auf den Aufkohlungs- und Härteverlauf Einfluss (Bild 8–14), indem durch einen Gaszutritt über die Poren die Tiefe der aufgekohlten Zone verändert oder infolge einer verringerten Wärmeleitfähigkeit die für eine Durchhärtung erforderliche obere kritische Abkühlungsgeschwindigkeit nicht erreicht wird. Diese Einflüsse entfallen, wenn wie z.B. beim Pulverschmieden nahezu porenfreie Werkstoffe erhalten werden (s. Kap. 8.4).

Der für das Härten von Sinterstählen erforderliche Kohlenstoff wird der Pulvermischung in Form von Graphit (Bild 8–15) zugegeben. Der Kohlenstoff wird während der Sinterung im Basiswerkstoff gelöst. Durch eine geeignete Schutzgasauswahl wird eine Entkohlung insbesondere der Randzone der Werkstücke verhindert.

Der angestrebte Kohlenstoffgehalt kann jedoch auch über eine nachträgliche Gas-, Bad- oder Einsatzaufkohlung eingebracht werden. Die angewendete Methode richtet sich nach der Beschaffenheit und zum Teil auch nach der Größe der Teile, in entscheidendem Maße aber nach deren Porosität. Die Gasaufkohlung ist bei sehr porigen Werkstoffen nicht zweckmäßig, da die Aufkohlungstiefe schwer zu kontrollieren und die Gefahr, kernspröde Produkte zu erhalten, groß ist. Die Badaufkohlung bereitet wegen der Salzrückstände in den Poren Probleme. Eine Einsatzaufkohlung schränkt diese Nachteile zwar ein, erfordert aber eine zusätzliche Wärmebehandlung.

Zu den Nachbehandlungsverfahren, die den Eisenbasis-Sinterwerkstoff nicht durchgreifend sondern nur oberflächlich zum Zwecke der Erhöhung von Oberflächenhärte und Verschleißfestigkeit verändern, zählen neben dem Karburieren noch

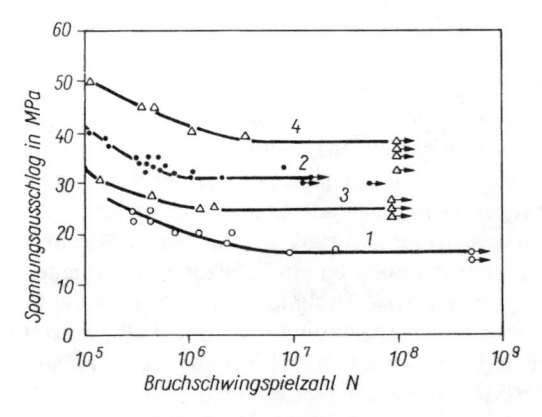

Bild 8–13. Wöhlerkurven von Sintereisen und -stahl (nach [8.3]). *1* Sintereisen (Elektrolyteisenpulver), Dichte 7,4 g cm^{-3}, Zugfestigkeit 254 MPa, *2* Sinterstahl mit 2 Masse-% Cu, Dichte 7,1 g cm^{-3}, Zugfestigkeit 620 MPa; *3* Sinterstahl mit 4 Masse-% Ni und 0,4 Masse-% C, Dichte 7,0 g cm^{-3}, Zugfestigkeit 472 MPa (Sinterzustand); *4* Sinterstahl mit 4 Masse-% Ni und 0,4 Masse-% C, Dichte 7,0 g cm^{-3}, Zugfestigkeit 735 MPa (gehärtet und angelassen)

8.2 Nachbehandlung von Sinterformteilen

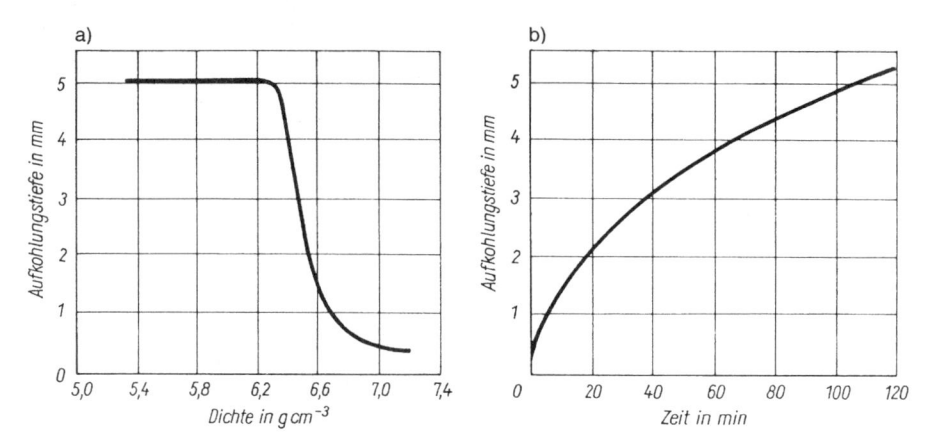

Bild 8–14. Abhängigkeit der Aufkohlungstiefe des Sintereisens von der Dichte und Aufkohlungszeit (nach *W.D. Jones*). a) Aufkohlung 80 min bei 850°C und Abschrecken in Öl; b) Sintereisen mit einer Dichte von 6,4 g cm^{-3}, Aufkohlung bei 850°C und Abschrecken in Öl

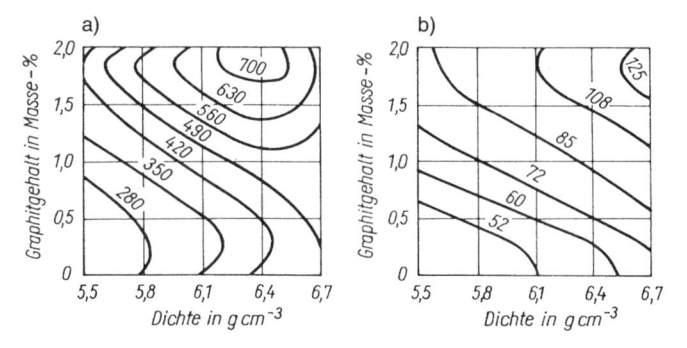

Bild 8–15. Abhängigkeit der Biegebruchfestigkeit und Härte von Sintereisen vom Graphitgehalt und der Dichte (nach [8.3]). Sinterbehandlung 30 min bei 1120°C, getrocknetes Exogas; Kurvenparameter: a) Biegebruchfestigkeit in MPa, b) Härte HB

andere chemo-thermische Methoden, wie das Nitrieren, Karbonitrieren und Borieren. Sie alle haben, wie beim erschmolzenen Stahl, eine Maßänderung der behandelten Formteile zur Folge, die bei der Herstellung von maßgenauen Werkstücken zu berücksichtigen ist. Das Borieren beispielsweise liefert Boridschichten bis 200 µm Dicke, die eine Härte 1600...2000 HVM aufweisen.

Von der Möglichkeit, den Sinterstahl durch eine Ausscheidungshärtung zu verfestigen, wird insbesondere bei kupferlegierten oder martensitaushärtenden Sinterstählen Gebrauch gemacht. Unter ihnen haben die kupferhaltigen Stähle (Abschn. 8.3), auch in Kombination mit weiteren Legierungselementen, eine dominierende Stellung inne. Ihre Aushärtung ist durch die temperaturabhängige Löslichkeit von Kupfer in Eisen gegeben, die bei der Sintertemperatur von 1120°C 9%, bei 700°C dagegen nur noch 0,9% beträgt und mit fallender Temperatur weiter abnimmt. Die an kupferlegierten Sinterstählen über eine Ausscheidungshärtung, d.h. Lösungsglü-

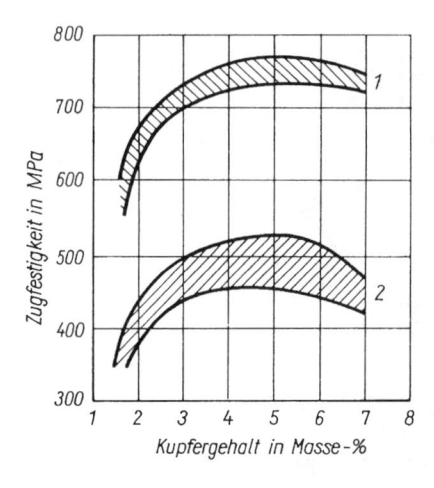

Bild 8–16. Zusammenhang zwischen Kupfergehalt und Zugfestigkeit von Sinterstahl (nach *R.L. Sands* und *G.R. Shakespeare*). *1* nach dem Aushärten; *2* im Sinterzustand

hen, Abschrecken und Anlassen, erzielbaren Festigkeitssteigerungen sind beträchtlich (Bild 8–16).

Zu den Nachbehandlungsverfahren, die zu einer wesentlichen Verbesserung des Gebrauchswertes von Sinterformteilen führen, gehört die Wasserdampfoxidation. Sie wird sowohl für die Erhöhung der Korrosions- als auch der Verschleißfestigkeit genutzt oder als Vorbehandlung für eine galvanische Veredlung von Formteilen, insbesondere im Porositätsbereich zwischen 15 und 5%, herangezogen. Dazu wird der Eisensinterwerkstoff zunächst unter Wasserstoff und danach in einer Atmosphäre mit Wasserdampf (Partialdruck zwischen 1962 und 3924 Pa) bei 370 bis 550°C erwärmt, so dass gemäß

$$3\,Fe + 4\,H_2O \rightleftharpoons Fe_3O_4 + 4\,H_2 \tag{8.1}$$

auf der dem Wasserdampf zugänglichen Oberfläche (auch in den offenen Poren) eine dichte, blauschwarze Reaktionsschicht aus Magnetit (Fe_3O_4) gebildet wird, die mit wachsender Dicke auch die Porenkanäle schließt. Ihre Bildungsgeschwindigkeit nimmt mit der Zunahme der Schichtdicke ab. Die Gleichgewichtskonstante $K_p = H_2O/H_2$ und die Reaktionstemperatur sind so einzustellen, dass nur Fe_3O_4, nicht aber Fe_2O_3 entstehen kann oder gar eine Reduktion eintritt. Die Oxidbildung, die über die Kontrolle der Massezunahme oder Schichtdicke verfolgt werden kann, wird im technischen Prozess nach 30 min Glühdauer abgebrochen. Die dann 5 bis 10 μm starke Magnetitschicht gibt einen guten Haftgrund für temporäre Korrosionsschutzmittel, wie Lacke, Öle und Fette, ab. Aufgrund ihrer Halbleitereigenschaften können auf ihr auch elektrolytische Schichten aus Kupfer, Nickel oder Chrom abgeschieden werden. Die größere Bedeutung hat die Wasserdampfoxidation jedoch für die Erhöhung von Härte (Bild 8–17) und Verschleißfestigkeit; gleichzeitig steigt die Zugfestigkeit der Sinterstähle geringfügig (bis zu 10%) an, währenddem die Bruchdehnung im Mittel um 50% abfällt.

Einen zeitlich begrenzten oder dauernden Korrosionsschutz erreicht man durch folgende Maßnahmen:

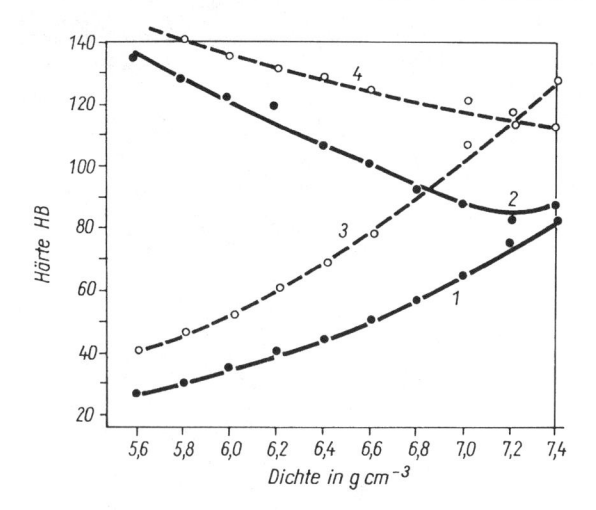

Bild 8–17. Einfluss der Wasserdampfoxidation auf die Härte von Sintereisen und -stahl mit verschiedener Dichte (nach *W. Werner*). *1* Sintereisen, unbehandelt; *2* Sintereisen wasserdampfoxidiert; *3* Sinterstahl mit 10 Masse-% Cu, unbehandelt, *4* Sinterstahl mit 10 Masse-% Cu, wasserdampfoxidiert

– Aufbringen organischer Schutzschichten aus Lacken oder Ölen sowie Imprägnieren und Beschichten mit Hochpolymeren;
– Herstellung nichtmetallischer anorganischer Schichten durch Phosphatieren, Brünieren oder Wasserdampfoxidation;
– Niederschlag metallischer (und zugleich dekorativer) Schichten auf elektrolytischem Weg oder aus der Gasphase als Diffusionsschichten (z.B. Inchromieren).

Voraussetzung für einen ausreichenden Korrosionsschutz ist, dass die Schichten auf einem sauberen Untergrund aufgebracht werden und dass sie möglichst frei von Poren und Rissen sind. Dann bieten metallische Schichten einen dauerhaften Korrosionsschutz. Mit anderen Schichten wird eine temporäre Schutzwirkung erzielt, die einen geringeren Aufwand erfordert, für einen Rostschutz der Sinterteile z.B. während der Lagerung oder des Versandes aber völlig ausreicht.

In manchen Fällen werden die Zwecke des Korrosionsschutzes mit der Gewährleistung noch anderer Funktionen verbunden. So werden Sintergleitlager mit Öl getränkt (Abschn. 11.1), um im Betrieb den Nasslauf und damit ein gutes Gleitverhalten zu gewährleisten. Oder gehärtete, hochfeste Sinterformteile werden z.T. unter Druck mit Kunststoffen getränkt. Sie sind danach vollständig dicht und finden in der Mitteldruckhydraulik Einsatz.

Formteile aus Sinterstahl können durch Fügen unter Verwendung geeigneter Verfahren verbunden werden (DIN 30912 Teil 5). Dabei können Formteile sowohl untereinander als auch mit anderen Werkstoffen gefügt werden. Neben mechanischen Verbindungen wie Schrauben, Klemmen oder Nieten kommen vor allem Schweißverbindungen in Frage. Hier dominieren das Widerstandsschweißen (Pressschweißen) und das Reibschweißen. Für das Schmelzschweißen sind Formteile aus Sinterstahl nur sehr eingeschränkt geeignet. Zum Verbinden von Formteilen mit Stahlteilen wird auch das Laserschweißen eingesetzt.

Verbreitet ist auch das Diffusionsfügen von zylindrischen Bauteilen (auch als Sinterfügen bezeichnet) unter Ausnutzung des Aufschrumpfeffektes, der dadurch entsteht, dass die zu fügenden Teile beim Sintern eine unterschiedliche Schrumpfung aufweisen. Diese kann über den Kupfergehalt oder bei gleichen Kupfergehalten über den Kohlenstoffgehalt eingestellt werden. Die zu verbindenden Teile werden bereits vor dem Sintern zusammen positioniert und während des Sintervorganges gefügt.

Auch das Löten oder das Sinterlöten hat sich für pulvermetallurgische Formteile bewährt. Herkömmliche Lotwerkstoffe sind für das Sinterlöten allerdings weniger geeignet, da das geschmolzene Lot von den Poren aufgenommen wird und dann zwischen den zu fügenden Flächen nicht mehr zur Verfügung steht. Man verwendet Lote, die mit dem Eisen des Grundwerkstoffes reagieren, dabei feste Phasen bilden und dadurch die Poren verstopfen. Solche Lote bestehen beispielsweise aus dem Legierungssystem CuMnSi.

Formteile aus Sinterstahl sind wegen ihrer porösen Oberfläche auch hervorragend für Klebeverbindungen geeignet, die beim Verbinden von Formteilen mit nichtmetallischen Werkstoffen dominiert.

8.3 Sinterformteile auf Eisenbasis

Im Zusammenhang mit Sinterformteilen auf Eisenbasis werden immer wieder die Begriffe Sintereisen und Sinterstahl gebraucht. Sintereisen ist ein Sintermetall aus unlegiertem Eisen, dem weder Kohlenstoff noch andere Legierungselemente zugesetzt werden. Dagegen ist Sinterstahl ein Sintermetall auf Eisenbasis mit gezielt zugesetzten Legierungselementen (DIN ISO 3252). Sintereisen wird nur noch für poröse Sinterlager (Kap. 11) oder weichmagnetische Anwendungen (Kap. 16) hergestellt. Für Maschinenelemente oder ähnliche Bauteile enthalten auch die einfachsten Werkstoffqualitäten aus Gründen der Festigkeit und Maßhaltigkeit zumindest Kupfer, oft aber auch Kohlenstoff und weitere Legierungskomponenten.

8.3.1 Niedriglegierte Sinterstähle

Bei der Herstellung von Sinterstählen dominieren die Legierungselemente Kupfer, Nickel und Molybdän, häufig in Kombination mit Kohlenstoff. Auch Phosphor hat sich als Legierungszusatz von Sinterstahl einen festen Platz erobert. Diese Legierungselemente, die in der Schwarzmetallurgie bei analogen Anforderungen an den Stahl kaum herangezogen werden und zum Teil als eher schädlich gelten, haben für die pulvermetallurgische Fertigung einige praktische Vorteile. Infolge der leichten Reduzierbarkeit der Oxide von Kupfer, Nickel und Molybdän wird eine wirtschaftliche Durchführung des Sinterprozesses ermöglicht, da an die verwendeten Schutzgase nicht besonders hohe Anforderungen gestellt werden müssen. Hinzu kommt, dass sich mit Kupferzusätzen die Maßhaltigkeit der Formteile weitgehend beeinflussen lässt oder dass durch Tränken porenarme Eisenbasis-Sinterwerkstoffe

8.3 Sinterformteile auf Eisenbasis

hergestellt werden können. Die in Deutschland und Westeuropa meist angewendeten Sinterstähle sind in DIN 30910 Teil 4 enthalten.

Wie in der Schwarzmetallurgie ist Kohlenstoff das wichtigste Legierungselement für das Eisen. Er wird der Pulvermischung in Form von gereinigtem Naturgraphit oder auch synthetischem Graphit mit geringer Teilchengröße zugesetzt und geht beim Sintern in Lösung. Die Schutzgasatmosphäre (z.B. Endogas) muss dabei so eingestellt werden, dass sich der Kohlenstoffgehalt beim Sintern nicht oder nur geringfügig ändert. Die Schwierigkeit nehmen bei Kohlenstoffgehalten oberhalb 0,4% zu, bei denen besonders hohe Anforderungen hinsichtlich äußerst geringer Wasserdampf- und Kohlendioxidgehalte im Endogas zu stellen sind.

Kohlenstoff steigert die Festigkeit eines Sinterstahls gegenüber Sintereisen beträchtlich. Die Streckgrenze eines Sinterstahles mit 0,5% C ist bei einer Dichte von 7,0 g/cm^3 mit 210 MPa etwa doppelt so hoch wie die von vergleichbarem Sintereisen, gleichzeitig ist die Bruchdehnung aber mit 3% auch deutlich geringer. Bild 8–18 zeigt den Zusammenhang zwischen den mechanischen Eigenschaften von Sintereisen und kohlenstofflegiertem Sinterstahl.

Der wohl am häufigsten beschrittene Weg zur Erzeugung von legiertem Sinterstahl ist der Zusatz von 1 bis 10 Masse-% Kupfer zum Eisenpulver. Dieses Legierungselement demonstriert eindrucksvoll die z.T. recht unterschiedlichen Ziele, die die Legierungstechnik in der Schmelz- und in der Sintermetallurgie verfolgt. Neben ihrer festigkeitssteigernden Wirkung (Bild 8–19) hat die mit dem Sintern einhergehende Fe-Cu-Mischkristallbildung eine Volumenzunahme des Eisengitters zur Folge. Damit ist es möglich, die mit dem Sintern verbundene Schwindung des Eisens zu kompensieren und bereits mit einmaligem Pressen und Sintern von Pulvern, die ≈2% Cu enthalten, weitgehend maßgetreue Teile herzustellen. Höhere Kupfergehalte führen zu einer Volumenzunahme der Sinterkörper, die in Abhän-

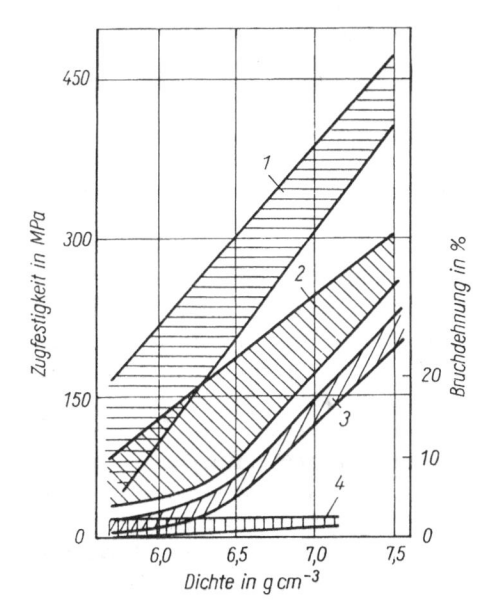

Bild 8–18. Zusammenhang zwischen mechanischen Eigenschaften und Dichte von Sintereisen und Sinterstahl (nach *R.L. Sands*). *1, 4* Zugfestigkeit bzw. Bruchdehnung von kohlenstofflegiertem Sinterstahl im Sinterzustand; *2, 3* Zugfestigkeit bzw. Bruchdehnung von Sintereisen

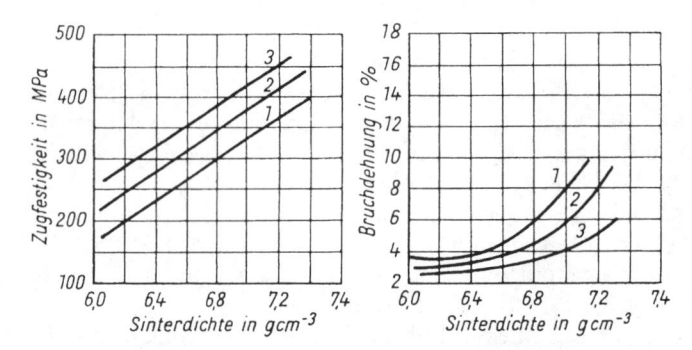

Bild 8-19. Abhängigkeit der Zugfestigkeit und Bruchdehnung von Eisen-Kupfer-Sinterlegierungen von der Dichte (nach [8.1]). *1* mit 1,5 Masse-% Cu; *2* mit 3 Masse-% Cu; *3* mit 4,5 Masse-% Cu

gigkeit von der Teilchengröße des Eisenpulvers zwischen 8 und 10% Cu ein Maximum erreicht. Wird die Schmelztemperatur des Kupfers beim Sintern überschritten, so dass es als flüssige Phase vorliegt, dann können infolge Heterodiffusion sowie Teilchendisintegration eine Volumenzunahme und Teilchenumordnung sowie Lösen und Wiederausscheiden von Eisen auftreten [8.7]. Mit Hilfe weiterer Zusätze kann der eine oder andere Teilvorgang beeinflusst werden, so z.B. mit Kohlenstoff die Schwindung gefördert oder durch Zugabe von Ni und WO_3 die Löslichkeit von Cu in Fe eingeschränkt und die Volumenzunahme verringert werden. Es finden sich auf diese Weise Zusammensetzungen, die sowohl eine Festigkeitssteigerung als auch eine befriedigende Maßhaltigkeit einzustellen gestatten.

Noch höher (bis zu 20%) mit Kupfer legierte Sinterstähle werden durch Tränken (Infiltrieren) von gesinterten Eisenskelettkörpern oder aus speziell mit diesem Kupfergehalt vorlegierten Eisenpulvern hergestellt. Das Tränken liefert, da die Eisenskelettkörper zuvor auf Maß gepresst werden können, gleichfalls Formteile hoher Genauigkeit. Als Tränklegierung bevorzugt man neben reinem Kupfer eine Legierung aus Kupfer mit etwa 5% Eisen und 5% Mangan. Der Eisenanteil soll einen Angriff des Skelettkörpers als Folge einer geringen Löslichkeit von Eisen in der Kupferschmelze verhindern. Das Mangan dient zur Desoxydation der Schmelze. Die Festigkeit der getränkten Sinterwerkstoffe beträgt etwa das Doppelte der der üblichen Werkstoffe hoher Dichte. Nach dem Lösungsglühen und Ausscheidungshärten weist ein getränkter Sinterstahl mit z.B. 15% Cu und 1% C eine Zugfestigkeit von 1250 MPa und eine Bruchdehnung von 4 bis 6% auf. In den USA werden etwa 10% der kupferlegierten Sinterformteile über die Infiltrationsmethode hergestellt (HPIT: high performance infiltration technology). Diese Erzeugnisse schließen hinsichtlich ihres mechanischen Verhaltens wie auch des Kostenaufwandes die Lücke zwischen den nach der Einfachpress- und -sintertechnik und den nach den Mehrfachtechnologien bzw. anderen dichtesteigernden Verfahren hergestellten Cu-legierten Sinterstählen [8.13].

Mit Kupfer infiltrierte Sinterstähle lassen sich besser mechanisch bearbeiten als poröser Sinterstahl, weil kein unterbrochener Schnitt, sonst hervorgerufen durch die Porosität, auftritt. Die bearbeiteten Teile haben eine glatte Oberfläche. Durch die versiegelten Poren wird auch die Galvanisierbarkeit erleichtert. Wegen der dichten

8.3 Sinterformteile auf Eisenbasis

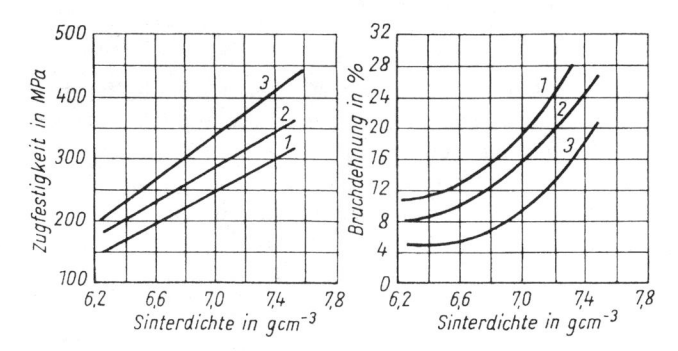

Bild 8–20. Abhängigkeit der Zugfestigkeit und Bruchdehnung von Eisen-Nickel-Sinterlegierungen von der Dichte (nach [8.1]). *1* Ohne Ni; *2* mit 2,5 Masse-% Ni; *3* mit 5 Masse-% Ni

Oberfläche werden kupferinfiltrierte Sinterstähle häufig für Bauteile in der Mitteldruckhydraulik eingesetzt [8.2].

Den Fe-Cu-Sinterlegierungen in der Festigkeit ähnlich sind die binären Eisen-Nickel-Sinterlegierungen (Bild 8–20); ihre Bruchdehnung ist jedoch höher. Außerdem bieten sie den Vorteil guter Schweißbarkeit. Die festigkeitssteigernde Wirkung des Nickels bleibt etwas hinter der des Kupfers zurück, so dass für vergleichbare Festigkeitswerte ein höherer Nickelgehalt erforderlich wird. Ebenso wie Eisen-Kupfer- können auch die Eisen-Nickel-Legierungen unter Zusatz von Kohlenstoff als härtbare Sinterwerkstoffe hergestellt werden. Bei beiden Legierungstypen treten bereits im Sinterzustand eine merkliche Festigkeitszunahme und ein Abfall der Bruchdehnung ein.

Molybdän bewirkt als im Eisen gelöstes Legierungselement eine deutlich geringere Mischkristallverfestigung als andere Legierungselemente (Bild 8–21), weshalb sich mit Molybdän vorlegiertes Pulver relativ gut verpressen lässt. Molybdänhaltiges Stahlpulver wird als fertig legiertes, wasserverdüstes Pulver mit Gehalten bis zu 4% Mo angeboten. Die Festigkeitssteigerung durch Mo in binären Fe-Mo-Sinterlegierungen bleibt gleichfalls hinter der Wirkung von Cu und Ni im Sinterstahl zurück. Molybdän verhindert in kohlenstofffreien Fe-Mo-Legierungen die Bildung von Austenit, so dass auch bei Sintertemperatur α-Eisen vorliegt. Der Koeffizient der Selbstdiffusion, die die Sintervorgänge ermöglicht, ist bei Sintertemperatur im ferritischen Eisen um etwa zwei Größenordnungen höher als im γ-Eisen. Durch die intensiveren Diffusionsprozesse werden höhere Dichten und eine weitergehende Abrundung der Poren erreicht. Letzteres wirkt sich besonders vorteilhaft auf die Festigkeitseigenschaften bei dynamischer Beanspruchung aus. In [8.26] wird über eine kohlenstofffreie binäre Eisensinterlegierung mit 3,5% Molybdän berichtet, bei der nach Sinterung bei 1250 bis 1280°C in einer N_2/H_2-Atmosphäre mit 30–40% Wasserstoff Dichten von 7,5–7,6 g/cm^3 erreicht wurden, was aber mit einer relativ hohen Schwindung von 2% verbunden ist. Nach Einsatzhärtung liegt die Schwingfestigkeit bei 450 MPa und übertrifft damit beträchtlich das sonst für Sinterstähle übliche Niveau (150–300 MPa). Die Legierung wird zur Herstellung von Zahnrädern vorgeschlagen.

Molybdän ist in mehrfach legierten Sinterstählen bei Gehalten bis zu 0,8% ein äußerst wichtiges Legierungselement zur Verbesserung der Härtbarkeit.

Von den nichtmetallischen Legierungselementen hat bisher außer Kohlenstoff lediglich der Phosphor praktische Anwendung gefunden. Er zählt in der Schwarzmetallurgie zu den unerwünschten Elementen, da er im Stahl zur Seigerung neigt und spröde Phosphidausscheidungen bildet. Im Interesse der Zähigkeit wird der P-Gehalt der Sinterstähle deshalb auf 0,3 bis 0,6% beschränkt. Für die pulvermetallurgische Herstellung von Eisen-Phosphor-Legierungen kommen als Zusatz zum Eisenpulver mit Fe_3P anlegierte Eisenpulver in Betracht, die unter technisch üblichen Sinterbedingungen Werkstoffe mit einer Zugfestigkeit bis zu 400 MPa bei einer Bruchdehnung von 10% liefern. Da Phosphor wie Molybdän infolge Mischkristallbildung das α-Gitter des Eisens stabilisiert, lassen sich phosphorlegierte Stähle mit ≥0,55% P umwandlungsfrei in der α-Phase sintern. Die höhere Geschwindigkeit der Selbstdiffusion im α-Gitter fördert den Materialtransport beim Sintern und lässt im Prinzip Sintertemperaturen von 1000°C zu. Wichtig ist ferner, dass mit 0,3% P die gleiche Mischkristallhärtung des Eisens wie mit 2% Cu erreicht wird. Allerdings beträgt die Schwindung der Formteile mehr als 1%, insbesondere dann, wenn die P-Gehalte ≥0,4% sind. Obwohl die einfach phosphorlegierten Sinterstähle sich wenig zur Herstellung von Teilen mit höheren Genauigkeitsanforderungen eignen, haben sie sich in der Praxis behauptet.

Während die bisher genannten Legierungselemente für die Herstellung von Formteilen auch in binären Legierungssystemen mit Eisen von Bedeutung sind, ergeben sich besonders als Kombination dieser Legierungselemente untereinander ternäre und quaternäre oder noch höhere Legierungssysteme, von denen die wichtigsten nachfolgend beschrieben werden sollen.

Das in der Formteilherstellung am weitesten verbreitete Legierungssystem für Sinterstähle ist das System Fe-Cu-C. Relativ günstige Pulverpreise (da auf anlegierte Pulver verzichtet werden kann), die freie Wahlmöglichkeit geeigneter und gut verdichtbarer Eisenpulver und die Möglichkeit, über den Kupfergehalt die Maßstabilität sowie im Verein mit Kohlenstoff die mechanischen Eigenschaften einstellen zu können, sind die Vorteile dieses Systems. Da die Verwendung reiner Eisenpulver, meist Schwammeisenpulver, eine der komplizierten Form und Größe der Formkörper angemessene Presskörperfestigkeit ermöglicht, werden diese Sinterstähle beispielsweise mit einer Dichte von 6,5 bis 6,8 g/cm^3 für Zahnriemen- und Kettenräder für den Automobilbau eingesetzt [8.5]. Streckgrenzen- bis 400 MPa und Bruchdehnungswerte von 2 bis 3% sind ohne Probleme erreichbar.

Phosphor wird in vielen Fällen in Verbindung mit Kupfer oder Kohlenstoff angewendet, um höhere Festigkeiten zu erzielen. Bei geringeren Kohlenstoffgehalten bleibt die gute Zähigkeit, die durch das Legierungselement Phosphor hervorgerufen wird, erhalten. Durch den Kupferzusatz wird die Maßhaltigkeit der Teile verbessert, während gleichzeitig höhere Festigkeiten bei weiterhin guten Zähigkeitseigenschaften eingestellt werden.

Eine neuere Entwicklung ist ein Sinterstahl mit 3% Cr und 0,5% Mo. Chrom als sauerstoffaffines Element galt bis dahin für die Herstellung von Sinterstählen als kritisch. Die Legierung wird als fertig legiertes Pulver durch Wasserverdüsung hergestellt, da weder Chrom noch Molybdän im Eisen eine hohe Mischkristallverfestigung bewirken (Bild 8–21). Dabei kann der Sauerstoffgehalt des Pulvers unter

8.3 Sinterformteile auf Eisenbasis

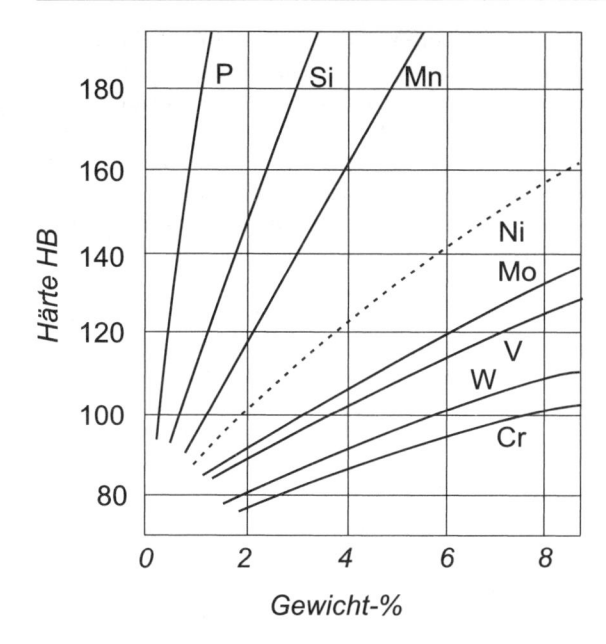

Bild 8–21. Einfluss verschiedener Legierungselemente auf die Härte von reinem Eisen (*nach Bain, E. und H. Baxton*)

0,25% gehalten werden. Beim Sintern werden an die Atmosphäre erhöhte Anforderungen gestellt. Als Schutzgas ist eine N_2/H_2 Atmosphäre, in der der Sauerstoffpartialdruck unter $5 \cdot 10^{-18}$ gehalten werden muss, erforderlich [8.27]. Letzteres wird dadurch erreicht, dass dem Schutzgas geringe Mengen Methan als Korrekturgas zugesetzt werden. In Verbindung mit Kohlenstoffzusätzen können aus dieser Legierung Sinterformteile hergestellt werden, die bereits nach der Sinterung sehr hohe Härten und Festigkeiten aufweisen. Da das Pulver vorlegiert ist, ist auch das Gefüge des gesinterten Formteils sehr gleichmäßig.

Eine weitere interessante Entwicklung ist eine Fe-Mo-P Legierung, aus der Teile für hohe dynamische Belastungen hergestellt werden können [8.28]. Ausgangsmaterial ist ein mit 1,5% Molybdän vorlegiertes Pulver, dem 0,6% Phosphor in Form von Ferrophosphor Fe_3P zugesetzt wurde. Bei diesem Sinterstahl wird der Effekt des Sinterns in der α-Phase ausgenutzt. Nach dem Sintern bei 1120°C in Ammoniakspaltgas entsteht ein Werkstoff, der die für Sinterstahl besonders hohe Schlagzähigkeit von 100 J aufweist. Die Legierung sollte möglichst kohlenstofffrei sein, da bereits geringe Kohlenstoffgehalte die Schlagzähigkeit senken.

Für höchste Festigkeitsansprüche hat sich der Legierungstyp Fe-Ni-Cu-Mo durchgesetzt. Er kommt ohne sauerstoffaffine Legierungselemente aus, lässt eine einfache Durchführung aller Wärmebehandlungsprozesse zu und kommt deshalb sowie wegen der ansprechenden mechanischen Eigenschaften auch für das Pulverschmieden in Betracht (Abschn. 8.4). Vorteilhafte Lösungen zur Herstellung dieses Legierungssystems bieten die diffusionsanlegierten Eisenpulver [8.8], bei denen die presstechnischen Vorteile hochverdichtbarer unlegierter oder mit Mo vorlegierter Eisenpulver nahezu erhalten bleiben, die Nachteile von Elementmischungen (Entmischung, unzureichende Homogenisierung bei kurzen Sinterzeiten und wirtschaftlichen Sintertemperaturen) oder fertiglegierten Pulvern (schlechte Verdichtbarkeit) aber weitgehend vermieden werden können. Die Pulver enthalten Ni, Cu und Mo als Legierungselemente in einem mit den Eigenschaften des Eisenpulvers abgestimmten Verhältnis. Sie werden üblicherweise unter Zusatz von Graphit, um den Sinterstahl härten und vergüten zu können, als einfache oder entmischungsstabilisierte Pulvermischungen verarbeitet [8.4]. Höherfeste Sinterstähle mit einer Festigkeit von 1200 MPa und einer Bruchdehnung von 1,5% sind technisch beherrschbar. Typische Formteile aus einem mit Cu, Ni, Mo und Kohlenstoff legierten Sinterstahl mit einer Dichte von über 7,0 g/cm^3, deren Härte und Festigkeit durch Wärmebehandlung noch erhöht wurde, findet man beispielsweise in Heimwerkermaschinen. Derartige Teile werden, wenn besonders hohe Forderungen an die mechanischen Eigenschaften gestellt werden, auch durch Warmpressen hergestellt. Auch Schlossteile, die bei Dichten zwischen 6,8 und 7,0 g/cm^3 hohe Maßhaltigkeit, Festigkeit und Zähigkeit aufweisen, bestehen aus diesem Legierungstyp. Synchronkörper (siehe Bild 8–8) werden ebenfalls aus Pulvern dieses Legierungssystems hergestellt. Ihre Dichte liegt im Bereich von 7,0 bis 7,2 g/cm^3 [8.5], was nach dem Sinterhärten zu einer Härte von 300 HV führt. Umfangreiche Informationen über Legierungszusammensetzungen für Sinterformteile sowie deren mechanischen Eigenschaften in Abhängigkeit von der Dichte findet man in [8.21].

Allgemein gilt die in Bild 8–22 ausgewiesene Beziehung zwischen Festigkeit und Maßhaltigkeit, wobei das Verhältnis von Nickel zu Kupfer im Sinterstahl zur Steue-

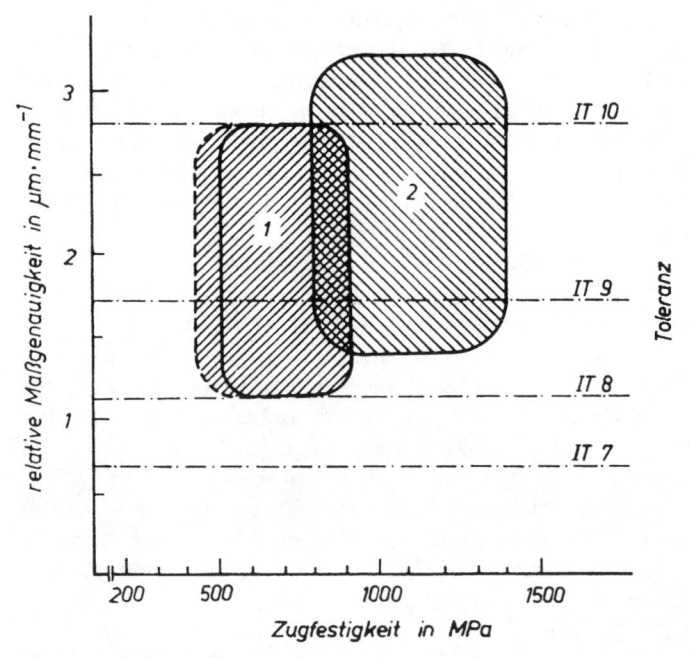

Bild 8–22. Zusammenhang zwischen der Festigkeit von Sinterstählen aus Distaloy-Pulver im Sinterzustand oder nach einer Wärmebehandlung und der Maßgenauigkeit der Formteile (nach [8.4]). *1* Sinterzustand; *2* nach Wärmebehandlung, Abmessung der Teile 30 mm (senkrecht zur Pressrichtung)

8.3 Sinterformteile auf Eisenbasis

rung der Maßhaltigkeit genutzt wird, während für die Festigkeit vorrangig der Gehalt an Mo, Ni, und C, aber auch die Abkühlungsgeschwindigkeit von Sintertemperatur, sofern die Teile nicht noch gehärtet oder vergütet werden sollen, von Einfluss sind.

Interessant könnten auch mikrolegierte Sinterstähle sein. Mikrolegierte Stähle sind in der konventionellen Metallurgie üblich. Als Legierungselemente werden stark Carbide oder Nitride bildende Metalle wie Titan, Niob oder Vanadium in Gehalten von weniger als 0,1% verwendet. Damit sich diese geringen Mengen der als Elementpulver oder Ferrolegierungspulver zugesetzten Legierungselemente auch zufriedenstellend verteilen können, sind hohe Sintertemperaturen im Bereich von 1300°C erforderlich. Die Ergebnisse entsprechender Versuche haben gezeigt, dass mikrolegierte Stähle mit geringfügig höheren Legierungszusätzen prinzipiell zur Herstellung von pulvermetallurgischen Formteilen geeignet sind [8.15].

Auch die Herstellung von Sinterstählen, bei denen das relativ billige Mangan, teils auch in Verbindung mit Kohlenstoff, Silicium und weiteren Legierungselementen genutzt werden kann, ist das Ziel intensiver Entwicklungsarbeiten gewesen. Mangan hat, vor allem bei den üblichen Sintertemperaturen, einen sehr niedrigen Dampfdruck. Beim Sintern verdampft Mangan und kondensiert auf der Oberfläche der Eisenpulverteilchen. Dadurch wird der Legierungsvorgang intensiviert. Eine Porosität von > 5% ist aber dazu erforderlich [8.15]. Mangan hat eine hohe Affinität zu Sauerstoff. Es hat sich wegen dieser Eigenschaften als Legierungselement in der Pulvermetallurgie bisher nicht durchsetzen können.

Als weiterer Weg, die in der Schwarzmetallurgie bei weitem am häufigsten anzutreffenden Stahlhärter Mangan und Vanadium (auch unter Einbeziehung von Chrom und Molybdän) als Legierungselemente für kohlenstoffhaltige härtbare Sinterstähle nutzen zu können, wurde vorgeschlagen, dem Eisenpulver diese Metalle in Form von Pulver aus binären Legierungen, intermetallischen Phasen oder Vorlegierungen komplexer Zusammensetzung hinzuzufügen. Beispiele für derart entwickelte Vorlegierungen enthält Tabelle 8–2. Bei der als Masteralloy-Technik bezeichneten Methode wird von der pulverisierten Vorlegierung, z.B. vom Typ MCM bis zu 4%

Tabelle 8–2. Chemische und Phasenzusammensetzung von MCM-, MVM- und MM-Vorlegierungen und von in ihnen vorliegenden Phasen (nach [8.12])

MCM[a]						MVM[a]						MM[a]				
Mn	Cr	Mo	Fe	C	O_2	Mn	V	Mo	Fe	C	O_2	Mn	Mo	Fe	C	O_2
25	23	22	22	7	0,18	25,5	23	25,5	20	5	0,2 …1,0	40	20	32	7	0,3
80% (Cr, Mn, Fe, Mo)$_7$C$_3$ 10% (Fe, Mo, Cr, Mn)$_6$C 5% (Fe, Mn, Mo)$_3$C 5% α-(Fe, Mn, Cr, Mo)						25% (V, Mo)C 25% (V, Mo$_2$)C 20…25% α-(Mn, Fe, Mo) 20…25% γ-(Fe, Mn, Mo) MnO (Anteil abhängig vom O_2-Gehalt)						3 Carbidphasen mit M_7C_3 als Hauptbestandteil, etwas metallische α-Phase				

[a] Chemische Zusammensetzung in Masse-%.

dem Eisenpulver zugemischt und zur Einstellung des erwünschten C-Gehaltes noch Graphit zugegeben. Gegenüber anderen Legierungstypen für maßgenaue Sinterstahlformteile haben die manganlegierten den Vorteil einer guten Härtbarkeit und eines geringeren Legierungsaufwandes. Die diffusionsabhängige Legierungsbildung erfordert jedoch zur Einstellung der Eigenschaftswerte eine Sintertemperatur von 1280°C, trockenes Schutzgas (Ammoniakspaltgas) sowie eine zusätzliche Getterung. Die erhöhte Schwindung der Presskörper, zu der die Fe-Mn-C enthaltenden Systeme wegen einer temporär auftretenden flüssigen Phase beim Sintern neigen, kann im Fall der Einfachpresstechnik durch die Wirkung eines Kupferzusatzes kompensiert werden. Die erwünschte hohe Festigkeit und Härtbarkeit des Sinterstahles wird jedoch erst oberhalb einer Dichte von 7,0 g/cm^3 erreicht. Durch Doppelpressen und -sintern erhält man Formteile, deren Festigkeit bei einer Dichte von etwa 7,3 g/cm^3 um 700 MPa liegt. Durch nachfolgendes Sinterschmieden kann man die Festigkeit auf Werte um 1000 MPa anheben. Die Dichte beträgt dann rund 7,7 g/cm^3. Der Zustand höchster Festigkeit schließlich wird mit Hilfe einer Abschreckhärtung eingestellt. Je nach Vorbehandlung und Anlasstemperatur erreicht die Zugfestigkeit Werte von 1190 bis 1950 MPa.

Trotz dieser Vorteile haben sich diese Legierungssysteme zur Herstellung von Sinterformteilen nicht durchgesetzt. Die in der Massenteilfertigung vorzugsweise eingesetzten Bandsinteröfen mit einer oberen Grenze der Arbeitstemperatur von 1150°C und der dadurch bedingten Lage der Redoxgleichgewichte genügen nicht den zu stellenden hohen Anforderungen an die Sinterbedingungen. Hinzu kommt, dass es durch die Zusätze der äußerst harten carbidischen Pulver zu einem hohen, nicht tolerierbaren Verschleiß der Presswerkzeuge kommt.

Anders ist die Situation bei der Herstellung von MIM-Teilen. Da die Formgebung durch die Viskosität eines organischen Binders ermöglicht wird, gibt es keine Kompressibilitätsanforderungen an die Pulver. Man kann also für diesen Zweck auf fertiglegierte Pulver zurückgreifen, deren Teilchengröße lediglich sehr gering sein muss, damit eine ausreichende Sinterfähigkeit gewährleistet wird. Bei den niedriglegierten Sinterstählen für MIM dominieren neben binären Legierungen des Eisens mit Nickel, Chrom oder Silicium, jeweils auch mit Kohlenstoffzusätzen, das Legierungssystem FeNiMoC und das System FeCrMoC [8.16; 8.24].

8.3.2 Hochlegierte Sinterstähle

Mit metastabilen austenitischen Fe-Ni und Fe-Cr-Ni-Legierungen lassen sich über eine thermomechanische Behandlung Festigkeiten von $\geqq 1500$ MPa bei ausreichender Zähigkeit erzielen; es ist bekannt, dass diese Möglichkeit in der Metallurgie technisch genutzt wird. Auch in der Pulvermetallurgie sind Werkstoffe mit einem derartigen mechanischen Verhalten von Interesse. Es wird mit Sinterlegierungen vom Maraging-Typ erhalten, die aber sehr hohe Legierungsgehalte, beispielsweise 15 Masse-% Ni, 7 Masse-% Co, 5 Masse-% Mo und $\leqq 3$ Masse-% Ti oder Al, aufweisen. Die im Vakuum gesinterten metastabil-austenitischen und abschließend martensitausgehärteten Sinterstähle erreichen Zugfestigkeiten von 900 bis 1800 MPa, ihre Bruchdehnung liegt unter 4%. Die Herstellung maßgenauer Teile wird durch eine hohe Schwindung (bis zu 3%) erschwert. Auch die Möglichkeit, den lösungsgeglühten und dann relativ duktilen Stahl auf Maßtoleranz zu kalibrieren und erst danach auszuhärten, stellt ebenso keine befriedigende Lösung dar wie der Zusatz von einigen Zehntel Prozent Bor, der zwar die Schwindung verringert, aber auch die erreichbare Festigkeit merklich unter 1000 MPa sinken lässt (weniger als 50% des Wertes von entsprechenden erschmolzenen Legierungen). Das in den martensitaushärtenden Legierungen enthaltene Ti oder Al bewirkt durch die Bildung von Ausscheidungsphasen mit Nickel (z.B. von Ni_3Al) eine Teilchenverfestigung (Dispersionshärtung), erschwert aber andererseits als oxidationsempfindliches Element die pulvermetallurgische Herstellung mittels Schutzgassinterung. Grundsätzlich kann durch eine Erhöhung des Legierungsgehalts auf 18 Masse-% Ni, 8 Masse-% Co und 7 Masse-% Mo, aber ohne Ti- oder Al-Zusatz, die gewünschte hohe Festigkeit erreicht werden; aber auch mit dieser Legierungsvariante wird das Problem der Herstellung maßhaltiger Teile nicht gelöst. Da auch noch die Kosten für die rund 33 Masse-% Legierungselemente hinzukommen, ist es verständlicherweise nur in geringem Umfang zu praktischen Anwendungen von Teilen auf der Basis gesinterter Maraging-Stähle gekommen, wobei die Herstellung über MIM erfolgte.

Hochlegierte Sinterstähle sind deshalb vorzugsweise für Werkstücke erforderlich, die einer korrosiven Beanspruchung unterliegen, und wo zusätzlich noch ihr dekorativer Charakter eine Rolle spielen kann. Wie seit langem bekannt und bei erschmolzenen Werkstoffen üblich, werden dafür austenitische Chrom-Nickel-Stähle oder ferritische und martensitische Chromstähle angewendet. Weniger geeignet, vor allem wegen des Verlustes an Maßhaltigkeit, ist das nachfolgende Auflegieren von Sintereisen durch Diffusion, z.B. Inchromieren. Trotz der mit dem Sintern chromhaltiger Werkstoffe wegen der hohen Sauerstoffaffinität des Chroms verbundenen Probleme haben in der pulvermetallurgischen Praxis vor allem austenitische Chrom-Nickel-Stähle Eingang gefunden. Man stellt sie entweder aus Pulvermischungen her oder setzt fertiglegierte Pulver ein, die wegen der besseren Gefügehomogenität des Sinterwerkstoffs favorisiert sind. Diese kann für die Korrosionsbeständigkeit des austenitischen Sinterstahl entscheidend sein.

In den üblichen Werkstoffbezeichnungen steht L (low) für sehr geringe Gehalte an Kohlenstoff und Sauerstoff, wodurch eine bessere Verdichtbarkeit beim Pressen erreicht, aber auch durch das Fehlen von Chromcarbiden, -nitriden oder -oxiden an ehemaligen Partikelgrenzen und Korngrenzen die Korrosionsbeständigkeit erhöht wird [8.2]. Eine Übersicht über korrosionsbeständige Sinterstähle zeigt Tabelle 8–3.

Die Herstellungsparameter richten sich nach dem Anwendungszweck der Formteile, der von Kleinstteilen für die Elektronik- und Feingerätetechnik bis zu korrosionsbeanspruchten oder dekorativen Teilen mittlerer Größe für Maschinen oder Haushaltmaschinen reicht. Aktuelle Anwendungsgebiete im Kraftfahrzeugbau sind Spiegelhalter, ABS-Sensorringe und Auspuffflansche [8.14]. Die Pulver aus korrosionsbeständigen Sinterstählen sind hochlegiert und deshalb weniger gut verpressbar als die Pulver zur Herstellung von niedriglegierten Sinterstählen. In den meisten Fällen werden zur Herstellung von Formteilen aus korrosionsbeständigen Sinterstählen wasserverdüste Pulver verwendet. Bei einem Pressdruck von 600 MPa werden bei der Verwendung von Pulvern für austenitische Sinterstähle (Presshilfsmittel 1% Acrawachs) Gründichten von 6,5 bis 6,7 g/cm³ erreicht. Bei den ferritischen Sinterstählen liegen unter diesen Bedingungen die Gründichten zwischen 6,3 und

Tabelle 8-3. Werkstoffe für hochlegierte korrosionsbeständige Sinterstähle (nach A. *Salak*)

Werkstoff AISI	Zusammensetzung						Eigenschaften und Anwendung
	C	Ni	Cr	Mo	Si	Mn	
304	max. 0,08	8–12	18–20	–	0,7	0,25	18-8 Basis-Typ, kostengünstig, Korrosionsbeständigkeit und Spanbarkeit sind nicht so gut wie 316 L. Wird verwendet, wenn das Verhältnis von Materialkosten zu Prozesskosten hoch ist.
304 L	max. 0,02	8–12	18–20	–	0,7	0,35	
303 L	max. 0,02	12,5	17,5	0,25	0,7	0,35	Für Teile, die umfangreiche zerspanende Nachbearbeitung erfordern, Korrosionsbeständigkeit nicht so gut wie 304 L oder 316 L.
316	max. 0,08	10–14	16–18	2–3	0,7	0,2	Bester und universeller austenitischer Werkstofftyp für PM-Teile. Vereinigt gute Korrosionsbeständigkeit mit Verarbeitbarkeit durch PM. Gut zerspanbar, unmagnetisch.
316 L	max. 0,02	10–14	16–18	2–3	0,7	0,2	
410 L	max. 0,02	–	11–13	–	0,7	0,4	Martensitischer Typ, wärmebehandelbar. Kohlenstoffzugabe zwecks Steigerung von Härte und Verschleißbeständigkeit möglich, akzeptable Korrosionsbeständigkeit.
430	max. 0,08	–	16–19	–	0,7	0,4	Ferritischer Typ, bessere Korrosionsbeständigkeit als 410 L, geringe Wärmedehnung, wirtschaftlicher Werkstoff.
434 L	max. 0,02	–	17	–	0,7	0,25	

6,5 g/cm³. Durch Steigerung des Pressdruckes auf 800 MPa können die Gründichten auf 6,7 bis 6,85 g/cm³ für die austenitischen und auf 6,6 bis 6,75 g/cm³ für die ferritischen Werkstoffe erhöht werden.

Das Sintern der korrosionsbeständigen Sinterstähle erfordert höheren Aufwand als das der niedrig legierten Sinterstähle. Die Oberfläche der Pulver enthält nicht nur adsorbierte Gase, sondern auch in Chromoxid gebundenen Sauerstoff. Zusätzlich führt die hohe Abkühlrate bei der Pulverherstellung durch Verdüsen der Stahlschmelze mit Wasser oder Intergas zu Inhomogenitäten in der chemischen Zusammensetzung, die während des Sinterns wieder beseitigt werden müssen [8.15], was stark reduzierend wirkende Sinteratmosphären erfordert. Korrosionsbeständige Sinterstähle werden deshalb unter reinem Wasserstoff oder Ammoniakspaltgas mit einem extrem niedrigen Taupunkt (Wasserdampfpartialdruck) gesintert. Die hohe Schutzgasqualität ist dabei nicht nur in der Sinterzone des Ofens, sondern auch während der Aufheizung und der Abkühlung zu gewährleisten. Das Sintern im Hochvakuum ist möglich und liefert mit der Sinterung unter Ammoniakspaltgas vergleichbare Ergebnisse, wird jedoch nur selten angewandt. Endo- und Exogase sind als Sinteratmosphäre für die korrosionsbeständigen Stähle ungeeignet.

Besondere Aufmerksamkeit ist auch einer rückstandsfreien Entwachsung der Presskörper zu schenken, da bereits geringe Mengen an Kohlenstoff die Eigenschaften des Endproduktes verschlechtern.

Die Sintertemperaturen liegen zwischen 1120°C und 1320°C. Bereits bei Sintertemperaturen von 1150°C und einer Sinterdauer von 0,5 bis 1 Stunde können zufriedenstellende Ergebnisse erreicht werden. Der Einfluss der Sintertemperatur auf wichtige Eigenschaften ist exemplarisch für den Stahl 316L in Bild 8–23 dargestellt.

Um eine hohe Korrosionsbeständigkeit zu gewährleisten, sind wegen des negativen Einflusses offener Porosität hohe Pressdrücke und Sintertemperaturen vorteilhaft. So führt das Sintern bei 1320°C über 2 h zu einem sehr homogenen Werkstoff hoher Dichte und abgerundeten Poren, aber bereits auch zu einem merklichen Kornwachstum [8.15].

Einen deutlichen Einfluss auf die mechanischen Eigenschaften des gesinterten Werkstoffes übt die Sinteratmosphäre aus. Der in der Atmosphäre des Ammoniakspaltgases enthaltene Stickstoff bildet mit dem Chrom Nitride, die die Härte und Festigkeit des Sinterkörpers erhöhen, seine Zähigkeit jedoch herabsetzen (Bild 8–24). In Tabelle 8–4 sind für verschiedene korrosionsbeständige Sinterstähle die wichtigsten Eigenschaften bei sonst gleichen Herstellungsbedingungen nach Sinterung in Wasserstoff und in Ammoniakspaltgas dargestellt.

Auffällig ist der für Sinterstähle relativ hohe Schwund nach dem Sintern. Wird eine höhere Maßhaltigkeit der Teile gefordert, muss die Schwindung mit Hilfe der Zweifachsintertechnik verringert werden. Die maßstabilisierende Erhöhung der Dichte verbessert zugleich die Bruchdehnung des Werkstoffes, hat aber auf die Festigkeit nur einen geringen Einfluss.

Die Restporosität der korrosionsbeständigen Sinterstähle hat zur Folge, dass die Korrosionsbeständigkeit nicht die Werte ihnen vergleichbarer erschmolzener Stähle erreicht. Unter ungünstigen Beanspruchungsbedingungen neigen sie zu einer ungleichmäßig abtragenden Korrosion, die bevorzugt in den Poren abläuft. Die Korrosionsrate in verdünnten Säuren (HCl, H_2SO_4) liegt um den Faktor 5- bis 2-mal höher

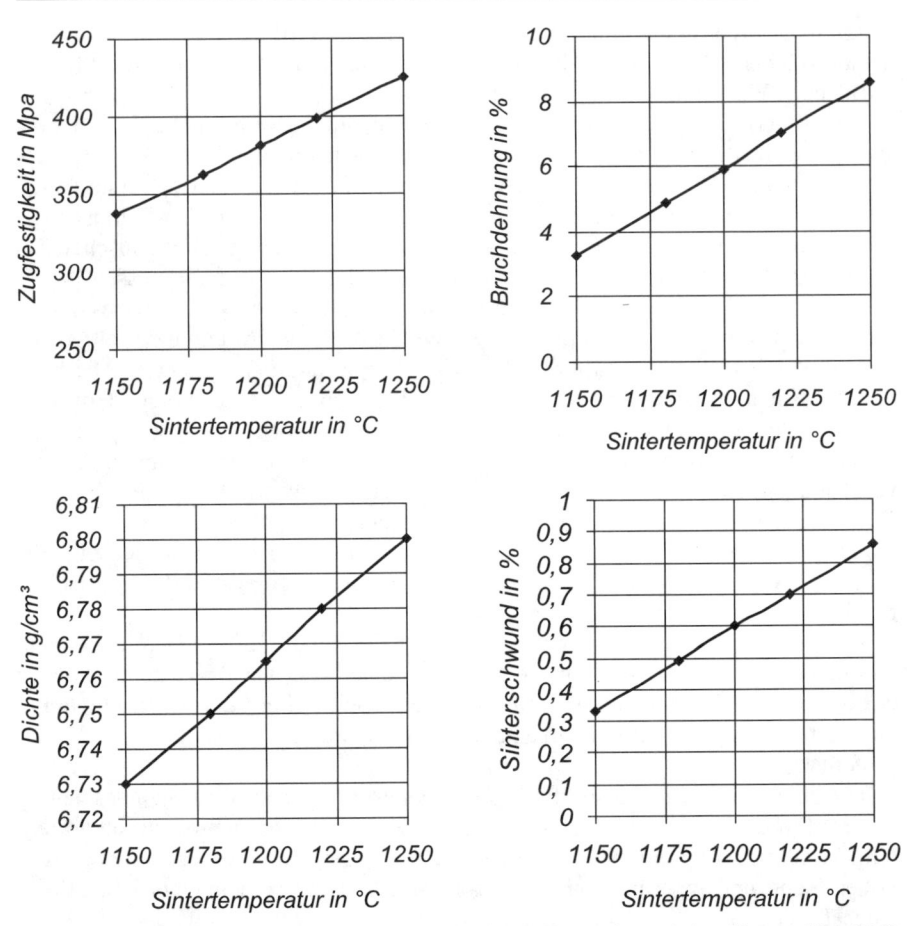

Bild 8–23. Zugfestigkeit, Bruchdehnung, Dichte und Sinterschwund des Sinterstahles 316L gepresst unter 0,6% Zusatz von Kenolube mit 600 MPa, gesintert 30 Minuten unter Ammoniakspaltgas in Abhängigkeit von der Sintertemperatur (nach Höganäs CASIP Version 4.5. Computer Aided Selection of Iron Powders, Software Copyright Polydata Ltd. Dublin, Ireland 1995)

als die von erschmolzenen Legierungen. Die besten Werte werden mit in Wasserstoff (Taupunkt von –50°C) hochgesintertem Material erhalten.

Es ist auch vorgeschlagen worden, mit Hilfe schmelzbildender Zusätze wie Kupfer, Cu_3P, Ni_3P oder borhaltigen Legierungen ein Sintern mit flüssiger Phase durchzuführen. Ihr das Dichtsintern fördernder Einfluss ermöglicht es, ohne Probleme bei Temperaturen unterhalb 1250°C (2 h) zu sintern. Die Zugfestigkeit so erzeugter Sinterstähle erreicht Werte bis zu 500 MPa, die Bruchdehnung beträgt etwa 12 bis 20%. Bei den borhaltigen Chrom-Nickel-Sinterstählen mit hoher Dichte bestehen die genannten Nachteile der durch Restporosität erhöhten Korrosionsanfälligkeit nicht mehr. Phosphorlegierte Proben (bis etwa 0,4% P) weisen ebenfalls keine erhöhte Korrosion auf, solange nicht im Gefüge Phosphidausscheidungen auftreten. Eine Verbesserung des Korrosionsverhaltens kann auch durch einen Zusatz von

Tabelle 8–4. Eigenschaften verschiedener korrosionsbeständiger Sinterstähle in Abhängigkeit von der Sinteratmosphäre (nach Höganäs CASIP Version 4.5. Computer Aided Selection of Iron Powders, Software Copyright Polydata Ltd. Dublin, Ireland 1995)

Werk-stoff	Schutzgas	Zug-festigkeit R_m N/mm²	Streck-grenze $R_{p0,1}$ N/mm²	Bruch-dehnung A %	Härte HV	Dichte	Sinter-schwund
304 L	Wasserstoff	297	160	17,9	75	6,74	−1,12
	NH₃ Spaltgas	413	335	7,7	131	6,69	−0,70
316 L	Wasserstoff	294	167	15,8	79	6,84	−1,04
	NH₃ Spaltgas	425	344	8,6	123	6,80	−0,86
410 L	Wasserstoff	282	177	20,5	87	6,99	−2,56
	NH₃ Spaltgas	548	465	1,0	298	6,90	−2,00
430 L	Wasserstoff	228	168	7,8	168	6,76	−2,21
	NH₃ Spaltgas	380	200	5,6	130	6,68	−1,88
434 L	Wasserstoff	250	165	9,4	100	6,76	−2,54
	NH₃ Spaltgas	460	280	6,0	150	6,68	−2,05

Gepresst unter 0,6% Zusatz von Kenolube mit 600 MPa; gesintert bei 1250°C, 30 Minuten.

Zinn erreicht werden [8.6], wobei das Sintern unter Ammoniakspaltgas bei 1180°C möglich ist.

Beachtlich ist die nach dem Sintern mit flüssiger Phase beobachtete Dichte von 7,3 bis 7,75 g/cm³, die natürlich mit stärkerer Schwindung (über 3%) verbunden ist und deshalb die Herstellung maßgenauer Formteile sehr erschwert. Aus diesem Grund haben die genannten Sinterhilfen bisher keine breite Anwendung gefunden.

Trotz der anspruchsvollen Sintertechnik bei der Verarbeitung von austenitischen Cr-Ni-Stahlpulvern und auch der hinsichtlich der Korrosionsbeständigkeit nicht zu übersehenden Nachteile weist die pulvermetallurgische Herstellung von korrosionsbeständigen Sinterformteilen eine steigende Tendenz auf. Dazu zählen auch Formteile, die über das Spritzgießen entsprechender Metallpulver erzeugt werden, sowie Filtermaterialien und -teile (Abschn. 13.1). Die Menge der Formteile, die durch Metallpulverspritzguss aus korrosionsbeständigen Sinterstählen hergestellt werden, hat in den letzten Jahren bedeutend zugenommen. Durch die Verwendung von Pulvern mit geringer Teilchengröße und der damit verbundenen hohen Sinteraktivität werden beispielsweise beim Stahl 316L Dichten von 7,6 bis 7,8 g/cm³ erreicht. Bei guter Korrosionsbeständigkeit beträgt die Zugfestigkeit 480 bis 550 MPa und es werden Bruchdehnungen von 40 bis 60% gemessen. Neben dem häufig eingesetzten Werkstoff 316L hat besonders der Werkstoff AISI 17-4 PH an Bedeutung gewonnen. Dieser aushärtbare Werkstoff enthält 16% Chrom, 4% Nickel, 4% Kupfer und weniger als 0,03% Klenstoff. Man erreicht mit diesem Werkstoff Dichten von 7,6 bis 7,7 g/cm³ und im wärmebehandelten Zustand Zugfestigkeiten von 1100 bis 1330 MPa bei 3 bis 10% Dehnung sowie eine Härte von 35 bis 42 HRC [8.16].

8.4 Herstellung und Eigenschaften geschmiedeter Sinterstähle

Im Zusammenhang mit geschmiedeten Sinterstählen werden meist die Begriffe Pulverschmieden und Sinterschmieden verwendet. Das Pulverschmieden ist das Verdichten durch Warmschmieden von ungesinterten, vorgesinterten oder gesinterten, aus Pulver hergestellten Vorformen, verbunden mit einer Formänderung. Unter Sinterschmieden versteht man das Pulverschmieden von gesinterten Vorformen (DIN ISO 3252). Letzteres wird entweder als Schmieden unmittelbar aus der Sinterhitze oder, wenn aus fertigungstechnischen Gründen ein Zwischenlagern nach dem Sintern erfolgt, nach induktivem Vorerwärmen der Rohlinge durchgeführt. Da das Sinterschmieden also letztlich eine Form des Pulverschmiedens ist, soll nachfolgend nur der Begriff Pulverschmieden verwendet werden. Das Pulverschmieden ist industriell zuerst in den USA und danach in Japan und in einigen europäischen Ländern eingeführt worden.

Um die Eigenschaften von hochdichten, pulvergeschmiedeten Eisenbasiswerkstoffen in das Bild des sintertechnisch Zugänglichen einordnen zu können, ist es zweckmäßig, nochmals auf Bild 8–1 und die dort gegebene Gegenüberstellung der Festigkeit von gesinterten und schmelzmetallurgisch hergestellten Stählen zu verweisen. Man erkennt, dass eine vollständige Ausschöpfung der über das Legieren erzielbaren Eigenschaften nur mit Methoden erreicht werden kann, die zu einem weitestgehend porenfreien Gefüge führen, ohne dass dabei aber der Zustand eines Gussgefüges auftritt.

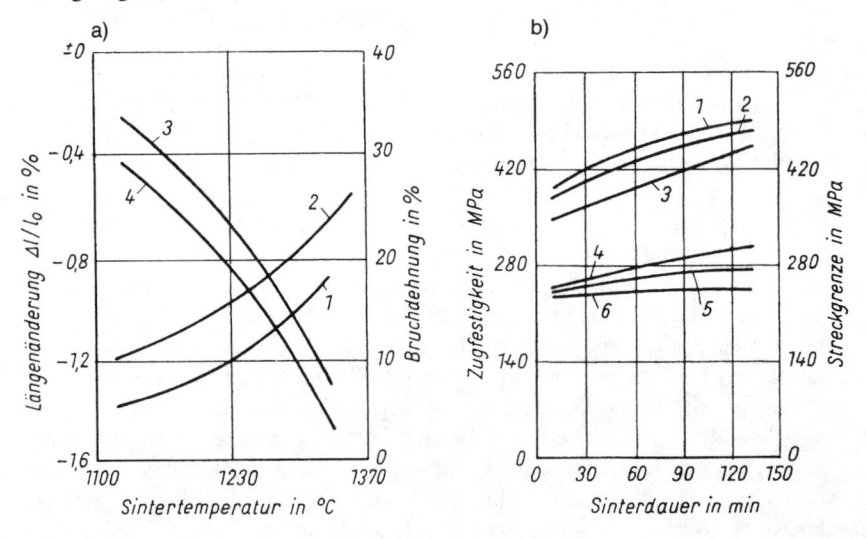

Bild 8–24. Längenänderung und mechanische Eigenschaften von austenitischen Chrom-Nickel-Stählen in Abhängigkeit von den Sinterbedingungen (Quelle: Handbook of Stainless Steel, Hrsg. *D. Peckner* und *I.M. Bernstein*, New York, McGraw-Hill 1977). Stahlmarke: 316 US-Norm (X5CrNiMo 17.13), Pressdichte: 6,85 g cm^{-3} (Pressdruck 690 MPa). a) Sinterdauer: 30 min; *1, 3* Bruchdehnung bzw. Längenänderung nach dem Sintern in Ammoniakspaltgas; *2, 4* Bruchdehnung bzw. Längenänderung nach dem Sintern in Wasserstoffgas; b) Schutzgas: Ammoniakspaltgas. *1, 4* Sintertemperatur 1120°C; *2, 5* Sintertemperatur 1230°C; *3, 6* Sintertemperatur 1320°C

8.4 Herstellung und Eigenschaften geschmiedeter Sinterstähle

Die Leistungsfähigkeit des Pulverschmiedens (Abschn. 5.3.2) wird im Allgemeinen an der konventionellen Gesenk-Schmiedetechnik gemessen, deren Entwicklungsstand sich beispielsweise in dem vollautomatisierten Hatebur-Verfahren widerspiegelt, das aus Vollmaterial über vier Schmiedestufen bis zu 4000 Stück rotationssymmetrische Teile in der Stunde herzustellen gestattet. Wenn mit dem Pulverschmieden auch bei weitem nicht derartig hohe Stückzahlen je Zeiteinheit erreicht werden, so hat es gegenüber der herkömmlichen Schmiedetechnik doch den wesentlichen Vorteil aufzuweisen, dass die Massegenauigkeit der gepressten Vorform höher und damit die Gratbildung weniger ausgeprägt sind, das Verfahren nicht auf rotationssymmetrische Teile beschränkt ist und die Endverdichtung und Formgebung nur eine Schmiedestufe und eine geringere Schmiedekraft erfordern. Die Produktivität des Sinterschmiedens ist stark vom Grad der Automatisierung, insbesondere der Zuführung der erwärmten Vorformen zur Schmiedepresse abhängig und wird mit 300 bis 900 Stück je Stunde bei einer Stückmasse von etwa 0,1 bis 5,0 kg angegeben.

Es darf als gesichert gelten, dass dem Pulverschmieden für die Herstellung auch dynamisch hochbeanspruchbarer Bauteile mit engeren Masse- und Maßtoleranzen bei verbesserter Oberfläche und Materialökonomie sowie hohen Stückzahlen gegenüber anderen vergleichbaren Formgebungsverfahren der Vorrang gebührt. Seine technische Weiterentwicklung und Optimierung werden vor allem in Richtung auf die Auswahl der für das Pulverschmieden geeignetsten Werkstoffe, die Gestaltung der Vorform, den Ablauf des Erwärmungs- und Schmiedevorgangs sowie die Aufstellung eines möglichst umfassenden Eigenschaftsbildes des geschmiedeten wie auch abschließend wärmebehandelten Sinterwerkstoffs betrieben. Hauptnutzer von pulvergeschmiedeten, vorzugsweise kraftübertragenden Bauteilen sind die Automobilindustrie und der Maschinenbau. In Tabelle 8–5 sind verschiedene schmiedbare Automobilteile sowie die dazugehörigen vier Werkstoffhauptgruppen und Anforderungen hinsichtlich Härtbarkeit, Verschleißwiderstand, Dauerfestigkeit und Schlagzähigkeit aufgeführt. Für das Sinterschmieden bieten sich etwa 150 Werkstofftypen an; bevorzugt werden in der europäischen Pulvermetallurgie mit Mn, Cr, Ni und Mo fertiglegierte Pulver mit 0,2 bis 0,6 Masse-% Graphit (DIN 30910 Teil 6), in den USA und Japan aber auch Mischungen mit 2–3 Masse-% Cu und bis zu 0,8 Masse-% Graphit, wobei der sich einstellende C-Gehalt immer auf die Art der vorgesehenen Wärmebehandlung (Einsatzhärten, bzw. Härten und Anlassen) abgestimmt ist.

Für das Legieren des sintergeschmiedeten Stahls zeichnen sich grundsätzlich zwei Wege ab: die Verarbeitung fertiglegierter druckwasserverdüster Pulver unter Zusatz von Kohlenstoff in Form von Graphit sowie die Verarbeitung von Mischungen aus Eisenpulvern, pulverförmigen Legierungsträgern (master alloy) und Graphit. Die erstgenannte Variante bedingt, dass der Zusatz von sauerstoffaffinen Legierungselementen, wie Cr, Mn, Si und V, die die Härtbarkeit des Stahls erheblich verbessern, nicht in der optimalen Höhe erfolgen kann, sofern dem Verdüsen keine Nachbehandlung der Pulver zur Reduktion der Oxide nachgeschaltet (Kap. 2) oder eine Reduktion während des Sinterns der Vorformen bei relativ hohen Temperaturen durchgeführt wird. Die zweite Variante ist für die Herstellung von Eisenlegierungen nahezu beliebiger Zusammensetzung geeignet, erfordert aber immer eine längere Diffusionsglühung der zu Vorformen verpressten Pulvermischung, um vor dem Schmiedevorgang eine

Tabelle 8-5. Einsatzmöglichkeiten pulvergeschmiedeter Teile im Automobilbau sowie Angaben über Werkstoffe und Hauptanforderungen (nach [8.30])

Teile und Stückzahl	Masse der Teile in kg/Auto	Anforderung an					Bei konventionellen Fertigungsverfahren eingesetzte Werkstoffe[1]	Für das Pulverschmieden geeignete Pulversorten
		Härtbarkeit	Verschleißfestigkeit	Wechselfestigkeit	Kerbschlagzähigkeit			
Radnabe	2				gering		Kohlenstoffstähle, Gusseisen AISI 1038, 1043, 1055 B.S. En 1, En 2, En 3 DIN C 10, C 15, C 22, C 35 SIS 1150, 1350, 1450, 1550	Pulvermischungen (Eisen und Legierungselemente) oder diffusionslegierte Eisenpulver[2] z.B. Fe + C, Fe + Cu + C, Fe + Mn + C, Fe + Ni + Cu + C, Fe + Ni + Cu + Mo + C
Kardanflansch	2							
Hinterachsenflansch	2	gering	gering	gering				
Kugelgelenkpfanne	4			gering – mittel				
Pleuelstange	4 bis 6	mittel	gering	mittel – hoch	gering – mittel		härtbare Stähle, Sphäroguss AISI 1137, 1141 (4020) B.S. En 8, En 10, En 11, En 15 DIN CK 45 SIS 1650, 1957, 2120	Pulvermischungen, diffusionslegierte Eisenpulver oder fertiglegierte Stahlpulver; z.B. 0,5% Mn; 0,2% Cr; 0,3% Ni; 0,3% Mo oder 0,2% Mn; 0,5% Ni; 0,6% Mo mit dem erforderlichen Graphitzusatz

Tabelle 8-5 (Fortsetzung)

Teile und Stückzahl	Masse der Teile in kg/Auto	Anforderung an				Bei konventionellen Fertigungsverfahren eingesetzte Werkstoffe[1]	Für das Pulverschmieden geeignete Pulversorten
		Härtbarkeit	Verschleißfestigkeit	Wechselfestigkeit	Kerbschlagzähigkeit		
Getriebezahnräder 3 Synchronringe 2	2,5	mittel	hoch	hoch	gering – mittel	Einsatzstähle AISI 4023, 5120, 8620 (4620) B.S. En 351, En 352 DIN 21 NiCrMo22, 15CrNi6, 16MnCr5 SIS 2506, 2524	fertiglegierte Stahlpulver, z.B. 0,2% Mn; 1,8% Ni; 0,5% Mo, 0,2% Mn; 0,5% Ni; 0,6% Mo sowie 0,5% Mn; 0,2% Cr; 0,3% Ni; 0,7% Mo mit dem erforderlichen Graphitzusatz[3]
Kegelrad 2 Differenzialtellerrad 2 Differenzialkegelrad 1	3,5	hoch	hoch	hoch	mittel – hoch	durchhärtende Einsatzstähle AISI 4130, 4320, 4620, 8620 B.S. En 24, En 353, En 34, En 35 DIN 14NiCr10, 14NiCr14, 13NiCr12 SIS 2224, 2524, 2541	

[1] Werkstoffnormen: AISI (USA), SIS (Schweden), B.S. (Großbritannien), DIN (Deutschland).
[2] Anwendung in USA und Japan.
[3] Anwendung in Deutschland (Sint 30, Sint 31; Sint 30 auch mit 0,2 Masse-% S zwecks verbesserter Spanbarkeit bei Bearbeitung der Schmiedeteile).

ausreichende Legierungsbildung zu gewährleisten. In jedem Fall müssen die Vorformen durch eine geeignete Gasatmosphäre vor Oxidation geschützt werden.

In den Fällen, wo nicht von einem fertiglegierten Pulver ausgegangen wird, besteht grundsätzlich die Möglichkeit, das Auftreten einer schmelzflüssigen Phase beim Glühen für eine beschleunigte Verdichtung und Legierungsbildung zu nutzen. Die Bedingungen hierfür sind bei den Vorformen relativ günstig, da an deren Maßhaltigkeit keine hohen Forderungen gestellt werden und eine gewisse Schwindung die Verwendung der Vorform zum Schmieden nicht beeinträchtigt.

Unter den Legierungselementen kommt dem Kohlenstoff, eine große Bedeutung zu. Sowohl bei sintergeschmiedeten Vergütungsstählen als auch für einsatzhärtbare Eisenwerkstoffe eröffnet der Kohlenstoff vielfältige Möglichkeiten der Wärmebehandlung und Einflussnahme auf die Werkstoffeigenschaften. Daneben fungiert er als wichtiges Reduktionsmittel nicht nur für die Oxide von Elementen mit geringer Sauerstoffaffinität, sondern auch für die des Chroms und Mangans. Wie aus der freien Bildungsenthalpie hervorgeht, ist ihre Reduktion thermodynamisch oberhalb 1100°C möglich, entweder über die Bildung von Metallcarbiden oder durch Absenken des Partialdruckes p_{co}, beispielsweise bei einer Vakuumglühung unter ständigem Abpumpen von Kohlenmonoxid.

Die Pulverherstellung muss deshalb mit erhöhter Sorgfalt betrieben, aber auch im Hinblick auf die Legierungselemente beurteilt werden, inwieweit unter wirtschaftlichen Bedingungen mit Hilfe einer reduzierenden Nachbehandlung der Pulver noch eine annähernd vollständige Oxidreduktion möglich ist. Einer solchen Einschätzung zufolge sind eben die aus Eisenerzen oder Walzzunder gewonnenen Reduktionspulver weniger als druckwasserverdüste Pulver für Pulverschmiedeteile geeignet, auch dann, wenn die Masteralloy-Technik angewendet wird. Bei fertig legierten Pulvern sind einige Produzenten der einfacheren Technologie wegen nach wie vor beim Einsatz von mit Ni und Mo legierten Pulvern geblieben. Generell wird auf Pulver mit extrem niedrigem Gehalt an Oxid- und Schlackeeinschlüssen orientiert, da beide Einschlussformen, ähnlich den Poren, die Zähigkeit sowie die Dauer- und Schlagfestigkeit des Werkstoffs merklich herabsetzen. Die Herkunft der nichtmetallischen Einschlüsse ist unterschiedlich: Schlacken aus der Abdeckung der Schmelze und Oxide aus der feuerfesten Auskleidung des Tiegels, die beim Verdüsen der Schmelze mit dem Metall zerkleinert werden; Sulfide von der Desoxidation mit Mn bzw. andere Reaktionsprodukte aus Schmelze und zugesetztem Reduktionsmittel (SiO_2); Oxidbelegungen der Pulverteilchen als Folge der Wechselwirkung zwischen Metalltröpfchen und Verdüsungswasser bzw. mitgerissenem Sauerstoff.

Zur Verarbeitung von mit Mn und Cr legierten Pulvern scheinen Sintertemperaturen von $\geqq 1200°C$ für eine weitgehende Reduktion der Oxide unumgänglich, da diese bei der üblichen Glühung der Pulver im Anschluss an das Verdüsen nicht erreicht wird. Gehalt, Größe und Verteilung der im geschmiedeten Werkstoff eingeschlossenen Oxide bilden die Hauptursache für mangelnde Zähigkeit. Tabelle 8–6 enthält Ergebnisse aus Untersuchungen zum Zusammenhang zwischen der Wärmebehandlung vor dem Schmieden, dem Sauerstoffgehalt und dem Abbau von Einschlüssen für ein Stahlpulver mit noch relativ niedrigem Gehalt an Legierungselementen. Die Einschlüsse liegen vor allem als Mikroeinschlüsse (Größe $\leqq 1$ µm) vor, die in den Pulverteilchen oder deren ursprünglichen Kontaktgrenzen im Gefüge auftreten. Der Anteil der Makroeinschlüsse (Größe $\geqq 10$ µm) im Schmiedekörper

8.4 Herstellung und Eigenschaften geschmiedeter Sinterstähle

Tabelle 8–6. Reduktion von Oxideinschlüssen im pulvergeschmiedeten Stahl durch dem Schmieden vorangestellte Glühbehandlungen (nach [8.31]). (Stahlpulver mit 0,34% Mn, 0,18% Cr, $\leq$0,3% Ni, Mo, Cu und 0,22% O_2)

C-Gehalt in %	O_2-Gehalt in ppm	Reduktions- grad*) in %	Mikroeinschlüsse ($\leq$1 μm)		Makroeinschlüsse ($\geq$10 μm)	
			Flächen- anteil in %	Abnahme des Flä- chenan- teils in %	Flächenan- teil in %	Abnahme des Flä- chenanteils in %
0,26	1500	0	13,35	0	0,51	0
0,28	1100	26,6	10,20	23,4	0,43	15,6
0,43	700	53,3	7,84	41,3	0,35	31,3
0,45	150	90,0	2,22	83,4	0,14	72,5
0,43	50	96,6	1,10	91,7	0,06	88,2

*) Der Reduktionsgrad wird über Zugabe von Graphit und durch die Glühbehandlung gesteuert.

ist gering. Mit steigendem Reduktionsgrad nimmt der Flächenanteil beider Einschlussarten ab. Der Restsauerstoff liegt entweder in Form sehr stabiler Metalloxide wie CaO, TiO_2 und MgO vor, oder er ist an Mn gebunden, das auch den Schwefel bindet [8.31].

Hinsichtlich des Sauerstoffgehaltes bestehende Unsicherheiten bei der Verarbeitung von Pulvern, die mit Mn und Cr legiert sind, lassen sich beheben, wenn die Vorformen im Vakuum gesintert werden; bei gleichzeitig guter Zähigkeit der auf diesem Wege erzeugten Sinterschmiedeteile beträgt deren Sauerstoffgehalt $\leq$200 ppm [8.32]. Da der dem Pulver zugemischte Graphit sowohl die Reduktion als auch die Härtbarkeit zu gewährleisten hat, müssen möglichst sauerstoffarme Pulver (< 1000 ppm O_2) eingesetzt und zur Einstellung des erwünschten Kohlenstoffgehalts für die Härtung eine genauere Prozesskontrolle als bei anderen Verarbeitungsmethoden vorgenommen werden.

Weniger problematisch ist die Herstellung von geschmiedeten Sinterteilen, die mit Mo, Ni und Cu legiert sind. In diesem Fall lässt sich der Sauerstoffgehalt über Sintern oder Glühen der Vorformen in reduzierenden Gasen unter den meist üblichen Bedingungen (Temperatur $\approx$120°C, Glühdauer $\leq$40 min) weitgehend absenken; im günstigsten Fall auf $\leq$200 ppm. Die Oxide sauerstoffaffiner Stahlbegleiter werden dabei jedoch nicht mit Sicherheit reduziert. Wie Bild 8–25 ausweist, nimmt die Schlagzähigkeit linear mit der Sauerstoffabnahme im Stahl zu.

Da es nicht gelingt, die lose erwärmten Pulver direkt im Schmiedegesenk zu verdichten, werden diese zunächst zu Vorformen gepresst. Ihre Dichte liegt meist im Bereich von 6,4 bis 6,8 g/cm³. Um ein störungsfreies Schmieden im geschlossenen Werkzeug durchführen zu können, muss das Gewicht der gepressten Vorform sehr genau eingehalten werden, um Überlastungen und damit einen vorzeitigen Werkzeugausfall zu vermeiden. Deshalb erfolgt nach dem Pressen eine lückenlose Gewichtskontrolle aller gepressten Vorformen. Über- und untergewichtige Teile werden von der Weiterverarbeitung ausgeschlossen. Nach dem Pressen ist ein Sintern

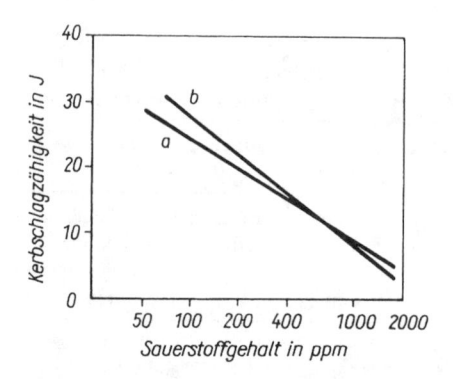

Bild 8–25. Einfluss des Sauerstoffgehalts pulvergeschmiedeter Stähle auf die Schlagzähigkeit (nach *M.S. Maclean, W.E. Campbell* und *R.J. Dower*). Zusammensetzung der Stähle (in Masse-%): *a* 1,7 Ni, 0,51 Mo, 0,12 Mn; *b* 0,45 Ni, 0,55 Mo, 0,35 Mn; C-Gehalt im Schmiedeteil ≈0,25; Wärmebehandlung: Austenitisieren bei 840°C; Abschrecken in Öl, Anlassen 1 h bei 650°C

zur Legierungsbildung unerlässlich; eine kurzzeitige Erwärmung der Vorformen auf Schmiedetemperatur reicht dafür nicht aus. Auch im Fall fertiglegierter Pulver ergeben gesinterte Vorformen nach dem Schmieden die besseren Werkstoffeigenschaften, so dass man dieser Variante immer dann den Vorzug gibt, wenn die Schmiedeteile eine hohe Zähigkeit aufweisen oder einer nachfolgenden Umformung gewachsen sein müssen. Eine kurzzeitige Induktionserwärmung ist nur üblich, wenn das Schmieden nicht aus der Sinterhitze erfolgt, sondern zuvor gesinterte Vorformen auf Schmiedetemperaturen zu bringen sind.

Das Pulverschmieden von Eisenbasiswerkstoffen geschieht als automatisiertes und prozessgesteuertes Verfahren, bei dem gesinterte Vorformen in üblicherweise auf 300°C erwärmten Werkzeugen bei Temperaturen zwischen 800 und 1300°C abgeschmiedet werden. Es wird eine, meist auf die Vorform aufgebrachte, Graphitschmierung angewendet. Eine hohe Schmiedetemperatur begünstigt die Verdichtung, verursacht aber auch einen erhöhten Verschleiß der Schmiedeform, so dass in der Regel etwa 1150°C nicht überschritten werden. Die Restporosität des Schmiedeteils hängt außer von der Schmiedetemperatur vom Schmiededruck ab, der mindestens so hoch sein muss, dass die Warmstreckgrenze des Werkstoffs überschritten und über plastisches Fließen das Vormaterial an die Form des Schmiedegesenks angepasst wird. Wird die Verformungsgeschwindigkeit gesteigert, um die Produktivität der Schmiedepresse zu erhöhen oder eine nennenswerte Abkühlung des Schmiedeteils zu verhindern, muss gemäß Bild 8–26 auch der Mindestschmiededruck angehoben werden. Berücksichtigt man, dass für eine weitgehende Verdichtung eines einem CK 15 entsprechenden Pulvers Schmiedekräfte von mehr als 1000 kN erforderlich (Bild 8–26) und 100 cm^2 ein repräsentativer Wert für die Schmiedeteiloberfläche sind, dann ergeben sich in Verbindung mit Bild 8–26 Schmiedetemperaturen, die oberhalb 800°C liegen.

Die Temperaturabhängigkeit der zum Verdichten von Eisenpulverpresslingen erforderlichen Schmiedekraft sowie die dabei erreichte Dichte ist für zwei unterschiedliche Eisenpulver in Bild 8-27 dargestellt. Die α-γ-Umwandlung äußert sich in einem erhöhten Kraftbedarf (für eine Höhenabnahme des Presslings von 50%),

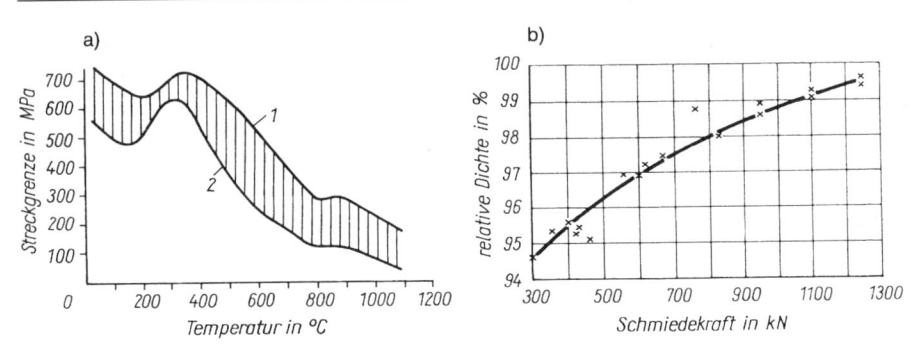

8.4 Herstellung und Eigenschaften geschmiedeter Sinterstähle

Bild 8-26. Beziehungen zwischen verschiedenen für das Schmieden wichtigen Kenngrößen. a) Streckgrenzen des Stahls CK 15 in Abhängigkeit von der Temperatur und Verformungsgeschwindigkeit (nach [8.33]) Verformungsgeschwindigkeit: *1* 0,40 s^{-1}, *2* 0,25 s^{-1}; b) Zusammenhang zwischen Schmiedekraft und relativer Dichte (nach *M.P. Jarrett* und *P.K. Jones*)

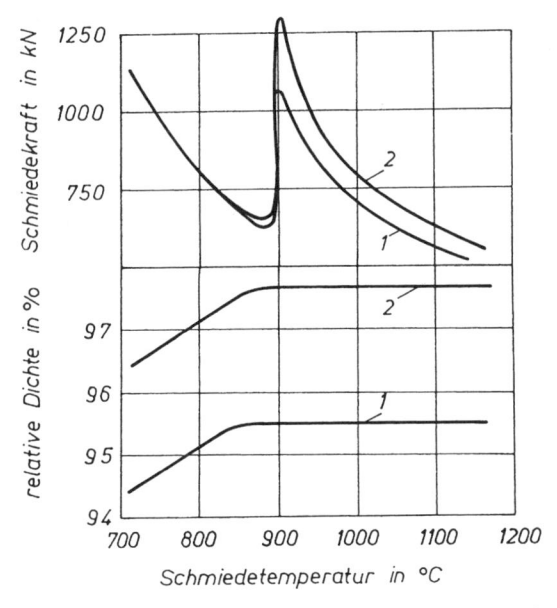

Bild 8-27. Zusammenhang zwischen Temperatur, Schmiedekraft und Dichte für Presslinge aus verschiedenen unlegierten Eisenpulvern (nach *W.J. Huppmann*). *1* Schwammeisenpulver, *2* wasserverdüstes Eisenpulver

der erst weit im γ-Gebiet um 1050°C wieder auf einen Wert absinkt, wie er für das α-Eisen schon unterhalb der Umwandlungstemperatur gemessen wurde. Das Schwammeisenpulver ist zumindest im Bereich > 900°C leichter als Verdüsungspulver zu verdichten, wofür die Abgleitvorgänge erleichternde Oxidschichten geltend gemacht werden. Diese sowie andere nichtmetallische Einschlüsse im Pulver haben aber andererseits zur Folge, dass mit Schwammeisenpulver eine geringere Dichte erhalten wird.

Der entscheidende Unterschied und wohl auch Vorteil des Sinterschmiedens gegenüber dem konventionellen Gesenkschmieden resultiert aus der Beschaffenheit des Vormaterials. Die aus Pulver gefertigten Vorformen weisen eine Porosität zwischen 10 und 25% auf, derzufolge der Werkstoff deformierbarer ist und mit einem geringeren Druck in die Gesenkform gebracht werden kann. Er hat aber auch eine verminderte Duktilität, so dass nicht gesinterte Vorformen keine hohe Umformung aufnehmen können, wenn es nicht zur Bildung von Rissen kommen soll, die im weiteren Verdichtungsablauf nicht mehr verschweißen. Obwohl man grundsätzlich im geschlossenen Gesenk schmiedet, liegen zu Beginn des Schmiedens an bestimmten Stellen der Vorform noch Bedingungen wie bei Freiformschmieden vor, die die Rissbildung im noch porigen Material begünstigen. Erst im weiteren Verlauf des Schmiedevorgangs werden der Porenraum eliminiert und die Duktilität erhöht.

Die Entwicklung einer für das Pulverschmieden optimal geeigneten Vorform ist für jedes zu schmiedende Teil eine unabdingbare Vorbedingung. Sie wird hinsichtlich der Geometrie und Masseverteilung so an das Fertigteil angepasst, dass neben der Verdichtung durch Reduzierung der Porosität noch ein erwünschtes zulässiges Maß an plastischem Fließen stattfinden und auch bei dünnen Querschnitten ein gleichmäßig dichter Werkstoff (Restporosität <1%) ohne die Bildung von Rissen oder Überlappungen entstehen kann. So werden beispielsweise Pleuelstangen für Kraftfahrzeuge aus Vorformen geschmiedet und gefertigt, die in ihrer Geometrie dem Werkstück sehr nahe kommen (Bild 8–28). In Bild 8–29a erkennt man eine pulvergeschmiedete Pleuelstange, die in der für das Kurbelwellenlager vorgesehenen Öffnung zwei press- und schmiedetechnisch eingebrachte Kerben aufweist. Diese Sollbruchstellen (vgl. Bild 8–29b) erlauben eine passgenaue Abtrennung der unteren Hälfte des Pleuelstangenauges, die zwecks Montage von Gleitlagerschalen notwendig ist. Dieses als Fracture Splitting bezeichnete Verfahren und eine hohe Masse- und Maßgenauigkeit der Schmiedeteile führen zu einer Reihe von Fertigungsvorteilen gegenüber anderen Verfahren [8.34].

Getriebezahnräder werden wegen der erforderlichen Maßhaltigkeit oder einer nicht presstechnisch realisierbaren Evolventenverzahnung aus Teilen ohne vorher eingepresstes, bzw. pulvergeschmiedetes Zahnprofil hergestellt und durch Fräsen

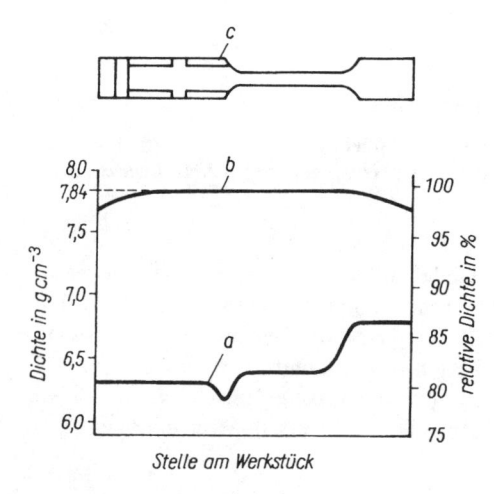

Bild 8–28. Dichteverteilung beim Pulverschmieden (nach S. Corso und C. Downey). a In der Vorform; b in der aus der Vorform pulvergeschmiedeten Pleuelstange; c Seitenansicht des Werkstücks

8.4 Herstellung und Eigenschaften geschmiedeter Sinterstähle

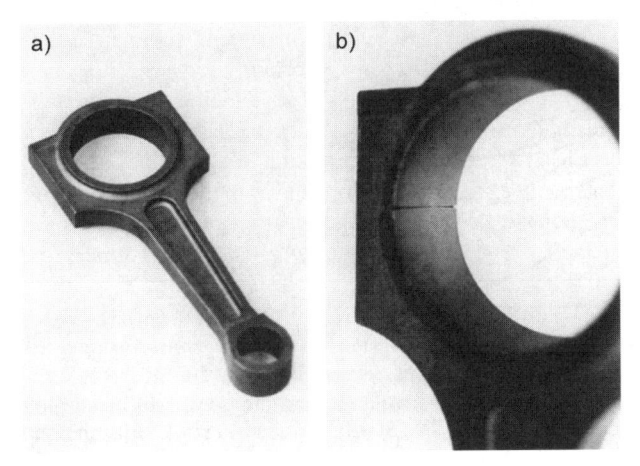

Bild 8–29. Pulvergeschmiedete Pleuelstange (Quelle: GKN Sintermetals) a) Gesamtansicht der Pleuelstange nach dem Schmieden, b) Teilansicht der großen Bohrung mit schmiedetechnisch erzeugter Sollbruchstelle (Fracture-Splitting-Verfahren)

endgefertigt. Für die Herstellung von schrägverzahnten Zahnrädern hingegen bietet die Pulverpress- und -schmiedetechnik geeignete Lösungen an [8.35].

Ein Vergleich von sinter- und konventionell geschmiedeten Stählen zeigt, dass bei sorgfältiger Pulverherstellung und Führung des Schmiedeprozesses keine nennenswerten Differenzen in den Eigenschaften beider Werkstoffe bestehen. Geringe Unterschiede treten z.B. bei der Dauerfestigkeit auf, die durch die Isotropie des Gefüges der pulvergeschmiedeten Stähle verursacht sind. Wie Bild 8–30 deutlich macht, hat der schmelzmetallurgisch erzeugte Stahl in der Verformungsrichtung eine etwas höhere, quer zur Verformungsrichtung aber eine geringere Dauerfestigkeit als der pulvergeschmiedete Stahl.

Von den für die Beeinflussung des Härtbarkeitsverhaltens der sintergeschmiedeten Stähle in Betracht kommenden Elementen zeigt das Mn die stärkste Wirkung (Bild 8–31). Der Mn-legierte Stahl weist bei vergleichbarem C-Gehalt die höchste Härte und Einhärtungstiefe auf, wohingegen mit Ni und Mo legierte Stähle weniger gut einhärten. Der Härtbarkeitsverlust lässt sich mit einer Erhöhung des C-Gehaltes, allerdings auf Kosten von Bruchdehnung und Einschnürung, ausgleichen. Um die Zähigkeitseinbuße zu minimieren, wird empfohlen, einen vom Durchmesser des Werkstücks abhängigen C-Gehalt zu ermitteln, der gerade zur Durchhärtung ausreicht und über den Zusatz von Graphit eingestellt werden kann. Die erreichbare Höchsthärte hängt im Wesentlichen von der zum Zeitpunkt des Abschreckens im Austenit gelösten Kohlenstoffmenge ab. Ein stärkerer Einfluss der Legierungselemente besteht nur dann, wenn durch sie die kritische Abkühlungsgeschwindigkeit und der Restaustenitanteil wesentlich verändert werden. Die erreichbare Höchsthärte wird weiter von der Temperatur der Sinterung oder Erwärmung der Vorform und der Austenitisierungstemperatur beim Härten beeinflusst, da ein stärkeres Kornwachstum in der Vorform oder ein Überhitzen bzw. Überzeiten bei der Austenitisierung ein grobnadeliges Härtegefüge und folglich auch Sprödigkeit und Härterissgefahr nach sich ziehen. Auf diesen Zusammenhang ist bei pulvergeschmiedeten Stählen

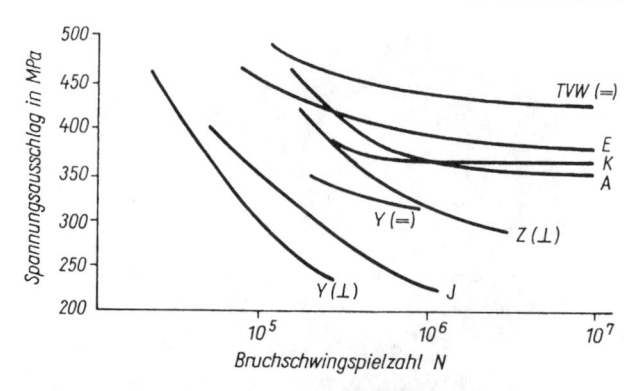

Bild 8–30. Gegenüberstellung der Wöhlerkurven von schmelzmetallurgisch erzeugten und pulvergeschmiedeten Stählen (nach *G.T. Brown* und *J.A. Steed*). Bezeichnung und Zusammensetzung der Stähle entsprechend den in Tabelle 8–7 angegebenen. Prüfrichtung bei schmelzmetallurgisch erzeugten Stählen: (=) in Verformungsrichtung; ($\perp$) senkrecht zur Verformungsrichtung des Stabstahls

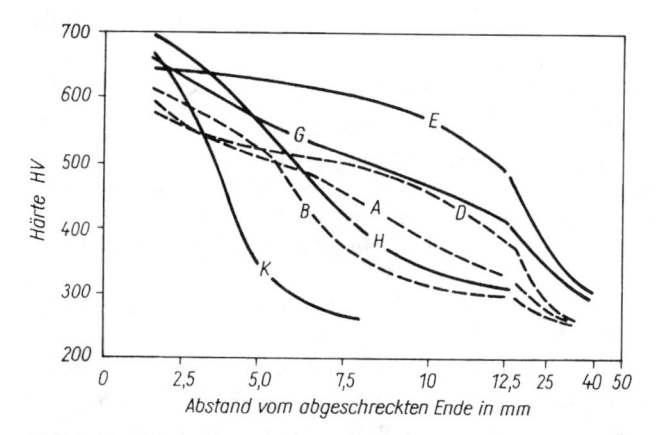

Bild 8–31. Ergebnisse des Stirnabschreckversuchs an pulvergeschmiedeten Stählen (nach *G.T. Brown* und *J.A. Steed*). Bezeichnung und Zusammensetzung der Stähle entsprechend den in Tabelle 10–3 angegebenen. Wärmebehandlung: Austenitisieren bei 860°C; Abschrecken in Öl; Anlassen 1 h zwischen 500 und 625°C

besonders hinzuweisen, da eine zunehmende Temperatur und Dauer des Sinterns und Glühens der Vorform in Bezug auf das Härten nachteilig, für die gewünschte weitgehende Oxidreduktion und Homogenisierung aber vorteilhaft sind, weil damit nicht nur die oxidischen Einschlüsse im Gefüge vermindert, sondern auch die wirksamen Gehalte der Legierungselemente erhöht werden.

Die Entwicklung von Technologien, mit deren Hilfe der Einsatz der Legierungselemente Mn und Cr in legierten gesinterten und pulvergeschmiedeten Stählen beherrschbar wurde, hat die Bedeutung der Wärmebehandlung zur Optimierung der Gebrauchseigenschaften dieser Werkstoffe wesentlich erhöht. Die Möglichkeit, die genannten Legierungselemente auch in der Pulvermetallurgie in stärkerem Maße

8.4 Herstellung und Eigenschaften geschmiedeter Sinterstähle

Tabelle 8–7. Chemische Zusammensetzung und mechanische Eigenschaften von pulvergeschmiedeten und schmelzmetallurgisch hergestellten Stählen (nach *G.T. Brown* und *J.A. Steed*)

a Pulvergeschmiedete Stähle

Kenn-zeichen	Pulver-sorte[1]	Legierungselemente in Masse-%								Mechanische Eigenschaften[4]						
		C (Pulver)	S	P	Si	Mn	Ni	Cr	Mo	Glühverlust in Masse-%	Zugfestig-keit in MPA	Streck-grenze in MPa	Bruch-deh-nung in %	Ein-schnü-rung in %	Schlag-zähig-keit[3] in J	Dauer-wechsel-festig-keit in MPa	Dauer-wechsel-festig-keit: Zugfes-tigkeit	Dauer-wechsel-festig-keit: Streck-grenze
A	4600	0,01	0,014	0,008	0,02	0,20	1,86	0,05	0,4	0,20	840/1030	727/825	12/16	45/50	27	353	0,40	0,46
B	4600	0,01	0,006	0,025	0,04	0,01	1,70	0,01	0,47	0,10	930/1000	750/800	11/13	35/48	26	337	0,35	0,43
C	4600	0,01	0,010	0,004	0,01	0,03	1,97	0,05	0,52	0,15	890/930	770/830	15	40/50	25	320	0,35	0,40
D	4600	0,01	0,016	0,005	0,02	0,25	1,80	0,10	0,47	0,18	900/930	800/840	13/15	40/50	27	295	0,32	0,36
E	EN 16	0,39	0,014	0,008	0,06	1,40	0,03	0,01	0,34	0,10	980/1000	830	13	36/38	10	385	0,39	0,465
F	EN 16	0,22	0,012	0,001	0,04	1,32	0,03	0,03	0,29	0,53	970/995	880/930	11/14	30/35	15	320	0,325	0,355
G	EN 16	0,31	0,015	0,009	0,03	1,19	0,05	0,31	0,34	0,31	920/975	830/840	10/13	15/33	15	270	0,28	0,32
H	,Conalloy'	0,30	0,030	0,014	0,10	0,66	0,46	0,10	0,31	0,45	930/960	810/860	10/11	15/27	10	345	0,365	0,41
J	,Conalloy'	0,42	0,010	0,018	0,21	0,57	0,50	0,20	0,30	0,45	760/790	620/640	5/9	5/15	7	200	0,26	0,35
K	W 4/2	0,24	0,028	0,012	0,04	0,36	0,07	0,28	0,31	0,10	850/860	700/710	16	45/48	16	363	0,42	0,525

b Schmelzmetallurgisch hergestellte Stähle

Kenn-zeichen	Pulver-sorte[1]	Legierungselemente in Masse-%								Prüfrich-tung[2]	Mechanische Eigenschaften[4]						
		C (Pulver)	S	P	Si	Mn	Ni	Cr	Mo		Zugfestig-keit in MPA	Streck-grenze in MPa	Bruch-deh-nung in %	Ein-schnü-rung in %	Schlag-zähig-keit[3] in J	Dauer-wechsel-festig-keit in MPa	Dauer-wechsel-festig-keit: Zugfes-tigkeit	Dauer-wechsel-festig-keit: Streck-grenze
T	EN 16 22 mm rund	0,39	0,036	0,016	0,32	1,62	0,29	0,18	0,26	‖	920	808	22	62	130 (120)	450	0,50	0,55
V	EN 18 22 mm rund	0,45	0,047	0,031	0,26	1,00	0,12	1,05	0,03	‖	917	766	22	57	120	–	–	–
W	EN 19 22 mm rund	0,35	0,039	0,022	0,28	0,62	0,35	0,96	0,26	‖	922	844	22	65	106	–	–	–
X	EN 16 76 mm quadratisch	0,37	0,042	0,029	0,28	1,60	0,27	0,22	0,24	⊥	920/980	810/880	17/19	60/62	100	310	0,32	0,37
Y											910/950	840/850	5/12	8/24	10	250	0,27	0,30
Z	EN 16 82 mm quadratisch	0,41	0,045	0,017	0,35	1,62	0,17	0,25	0,31	‖	960/1000	870/900	17/18	58/62	100	400	0,41	0,45
Z										⊥	950/970	860/800	7/10	6/15	10	290	0,30	0,33

[1] Werkstoffnormen: AISI (USA) bzw. B.S. (Großbritannien); Pulver mit Graphitzusatz.
[2] Prüfrichtung: ‖ = in Walz- bzw. Schmiederichtung, ⊥ senkrecht zur Walz- bzw. Schmiederichtung.
[3] Prüftemperatur: 20°C.
[4] Im wärmebehandelten Zustand.

verwenden zu können, ist nicht nur mit wirtschaftlichen Vorteilen verbunden, sondern hat auch bedeutend dazu beigetragen, dass die Eigenschaften der Pulverschmiedestähle denen entsprechender schmelzmetallurgisch erzeugter Konstruktionsstähle ebenbürtig sind. Beispiele hierfür enthält Tabelle 8–7. Alle darin gemachten Angaben beziehen sich auf den gehärteten Zustand, der durch Austenitisierungsglühen bei 860°C im Salzbad, Abschrecken in Öl und einstündiges Anlassen bei 500 bis 625°C erhalten wurde. Die Werkstoffproben wurden einem pulvergeschmiedeten Knüppel oder aber durch Walzen hergestellten Profilen entnommen, so dass eine unterschiedliche Anisotropie des Gefüges gegeben war.

Das Pulverschmieden ist das technologische Bindeglied zwischen der klassischen pulvermetallurgischen Formteilherstellung durch Pressen und Sintern einerseits und dem Präzisionsschmieden konventionell hergestellten Stahls im Gesenk andererseits. Die Menge pulvergeschmiedeter Erzeugnisse ist erheblich geringer als die der gesinterten Formteile und der geschmiedeten Teile. Etwa 8% des weltweit erzeugten Eisenpulvers wird durch Pulverschmieden verarbeitet [8.37]. Die Tendenz zu höheren Dichten bei der Formteilherstellung und auch die technische Weiterentwicklung des Präzisionsschmiedens verschlechtern die Wettbewerbssituation des Pulverschmiedens. Das Pulverschmieden hat zwar einen festen Platz in der Pulvermetallurgie, die Wachstumsraten dieses Fertigungszweiges sind allerdings relativ gering.

Literatur zu Kapitel 8

[8.1] *Zapf, G.*: In: Handbuch der Fertigungstechnik, Bd. 1: Urformen, Kap. 4, Hrsg.: G. Spur; München, Hanser-Verlag 1981

[8.2] MPIF Standard 35 Materials Standards for P/M Structural Parts 1997 Edition, Published by Metal Powder Industries Federation, 105 College Road East, Princeton, NJ 08540-6692 U.S.A.

[8.3] *Hausner, H.H.*: Handbook of Powder Metallurgy; New York: Chemical Publishing Co. 1973

[8.4] *Lindskog, P.F.* und *G.F. Bocchini*: Intern. J. Powder Met. and Powder Technol. 15 (1979), 199

[8.5] Höganäs Iron and Steel powders for Sintered Components, Höganäs AB, 2002

[8.6] *Jones, W.D.*: Powder Metallurgy 24 (1981), 101

[8.7] *Schatt, W.*: Sintervorgänge – Grundlagen, VDI-Verlag, Düsseldorf 1992

[8.8] *Dautzenberg, N.*: Stand der Pulvermetallurgie in den westlichen Industriestaaten, Mannesmann DEMAG Pulvermetall, 1986

[8.9] *Thümmler, F.*: Powd. Met. Int. 20 (1988), 39

[8.10] *Huppmann, W.J.* und *G. Schlieper*: Maschinenmarkt 94 (1988), 16

[8.11] *Tengzelius, J.*: Höganäs Iron Powder Information PM 95-2

[8.12] *Banerjee, S.G., G. Schlieper, F. Thümmler* und *G. Zapf*: Intern. Powder Metallurgy Conf. 22.–27.6.1980, Washington, D.C.

[8.13] *Klar, E., D. Berry, P. Samal, J.D. Rigney* und *J.J. Lewandowski*: Copper infiltrated P/M steels. 1993 Powder Metallurgy World Congress, 12.–15. July, Kyoto/Japan

[8.14] *Causton, R.J., C. Muman and T.M. Cimino*: PM stainless steels uses in automotive exhausts; Metal Powder Report, May 1998

[8.15] *Šalak, A.*: Ferrous Powder Metallurgy, Cambridge International Science Publishing, 1995

[8.16] *Müller, R.* in: Landolt-Börnstein 2003; subvolume VIII/2A1, chapter 6

[8.17] *Benner, A., P. Beiss, O. Andersson, U. Engström*: Hagener Symposium 2001; Pulvermetallurgie in Wissenschaft und Praxis, Bd. 17

[8.18] *Koch, H.-P.*: Hagener Symposium 2002; Pulvermetallurgie in Wissenschaft und Praxis, Bd. 18
[8.19] www.qmp-powders.com (August 2004)
[8.20] *Ball, W.G., P.F. Hibner, F.W. Hinger, J.E. Peterson* und *R.R. Phillips:* The international Journal of Powder Metallurgy, Vol 33, No. 1 1997
[8.21] *Beiss, P.* in: Landolt-Börnstein 2003; subvolume VIII/2A1, chapter 5
[8.22] *Ernst, E.* und *P. Beiss:* Hagener Symposium 2002; Pulvermetallurgie in Wissenschaft und Praxis, Bd. 18
[8.23] Osterwalder expands hybrid press range; Metal Powder Report, Febr. 1999
[8.24] MPIF Standard 35, Materials Standards for Metall Injection Molded Parts 1993–1994 Edition, Published by Metal Powder Industries Federation, 105 College Road East, Princeton, NJ 08540-6692 U.S.A.
[8.25] *Beiss, P.:* DGM Fortbildungsseminar Pulvermetallurgie, Mai 2004 in Aachen
[8.26] *Lindner, K.H.:* Hagener Symposium 1995; Pulvermetallurgie in Wissenschaft und Praxis, Bd. 11
[8.27] MPR Supplement November 2000, Technical Briefs
[8.28] *Lindberg, C.:* „A new Fe-Mo-P sintered steel with extremly high impact strength" www.hoganas.com/sesame (August 2004)
[8.29] *Ernst, E.:* „Axiale Pressvorgänge in der Pulvermetallurgie" VDI Fortschritt Berichte Reihe 2 Fertigungstechnik Nr. 259 VDI Verlag, 1992
[8.30] *Bockstiegel, G.:* Some technical and economic aspects of P/M-hotforming. Höganäs AB, PM; Iron Powder Information 73–7
[8.31] *Saritas, S.* und *T.J. Davies*: Reduction of oxide inclusions during preforging heat treatment; Proc. Intern. Powder Met. Conf., June 20–25, 1982, Florence, Italy, 405
[8.32] *Motooka, N., M. Kuroishi, A. Hara* und *N. Furukawa*: Strength and ductility of Mn-Cr-sintered steels; Proc. Intern. Powder Met. Conf., June 20–25, 1982, Florence, Italy, 445
[8.33] *Brown, G.T.:* Pulvergeschmiedete, niedriglegierte Stähle für die Maschinenteileproduktion: Eigenschaften und Zukunftsaussichten. In: Pulvermetallurgie – Perspektiven und Probleme; Paris: Materiaux et techniques 1976
[8.34] *Weber, M.:* Powd. Met. Int. 25 (1993) 125
[8.35] *König, W., G. Röher, K. Vossen* und *M. Strömgreu*: Powder Forging of Helical Gears for Passenger Car Manual Gear Boxes – Concept and Properties; Mod. Dev. in Powder Met.: Hrsg.: *P.U. Gummerson* und *G. Gustafson*; MPIF, Princeton, 18, 1988, 253
[8.36] *Kruzhanov, V., K. Dollmeier* und *I. Donaldson:* Hagener Symposium 2005; Pulvermetallurgie in Wissenschaft und Praxis, Bd. 21
[8.37] *Arnhold, V.* und *T. Geiman:* Hagener Symposium 2005; Pulvermetallurgie in Wissenschaft und Praxis, Bd. 21

9 Sinterwerkstoffe aus Nichteisenmetallen

Um den Technikbezug der Pulvermetallurgie möglichst deutlich herauszustellen, ist die Gliederung der die Sinterwerkstoffe behandelnden Kapitel nicht vordergründig nach der chemischen Zusammensetzung der Sintermaterialien, sondern nach ihren technischen Anwendungen und den dabei geforderten Eigenschaftsbildern vorgenommen worden. Ein solches Vorgehen hat zwangsläufig zur Folge, dass die überwiegende Mehrheit der NE-Metallsinterwerkstoffe an anderer Stelle erörtert werden; so die metallischen Filter (Kap. 13), Lager- und Gleitwerkstoffe (Kap. 11), bestimmte Reib- und Friktionsmaterialien (Kap. 12), Nickelbasis-Superlegierungen (Abschn. 10.2), Kontaktwerkstoffe (Kap. 14), hochschmelzende Metalle und deren Legierungen (Kap. 15) sowie einige Gruppen von Sintermagneten (Kap. 16) und Verbundwerkstoffe (Kap. 17).

Hinzu kommt, dass im Vergleich zu den Sinterwerkstoffen auf Eisenbasis der Anwendungsumfang wie auch die zum Einsatz kommende Masse der gesinterten Werkstoffe auf Nichteisenmetallbasis wesentlich geringer und ihr Gebrauch nur dort ökonomisch gerechtfertigt ist, wo spezielle Vorteile der pulvermetallurgischen Verfahrenstechnik genutzt werden können. Hierzu gehören auch die durch mechanisches Legieren (Hochenergiemahlen) erzeugbaren besonderen Gefügezustände und die Ausscheidungs- sowie die Dispersionshärtung, bei der eine im Temperaturgebiet der Anwendung thermodynamisch stabile (häufig oxidische) Phase feindispers eingebracht wird. Die submikroskopisch feinen Ausscheidungen wie auch die Dispersatpartikel hemmen beziehungsweise erschweren auf verschiedene Weise die der plastischen Deformation zugrunde liegenden Versetzungsbewegungen, wodurch die Zug- und die Kriechfestigkeit merklich verbessert werden können [9.1, 9.2]. Mit Hilfe der Pulvermetallurgie ist es auch gegeben, Ausscheidungs- und Dispersionshärtung in einem Werkstoff zu kombinierter Wirkung zu bringen (Abschn. 10.2). Während die Ausscheidungshärtung infolge einer überkritischen Vergröberung (Überalterung) der feindispersen metastabilen Phase schon bei relativ niedrigen Temperaturen ihre optimale Wirksamkeit einbüßt, bleibt die Dispersionshärtung insbesondere in Form erhöhter Kriechfestigkeit (Zeitstandfestigkeit) bis zu hohen homologen Temperaturen erhalten. Bild 9–1 gibt eine überschlägliche Information über die aus heutiger Sicht mit Hilfe der Dispersionsverstärkung erschlossenen, bzw. in nächster Zukunft erschließbaren Festigkeitsbereiche für Aluminium-, Titan- und Nickelbasiswerkstoffe.

Die Bedeutung der Pulvermetallurgie bei der Herstellung metallischer Verbundwerkstoffe auf Basis von Nichteisenmetallen ist ebenfalls unbestritten. Das Konzept der Verbundwerkstoffe, die spezifischen Eigenschaften einzelner Werkstoffe so zu

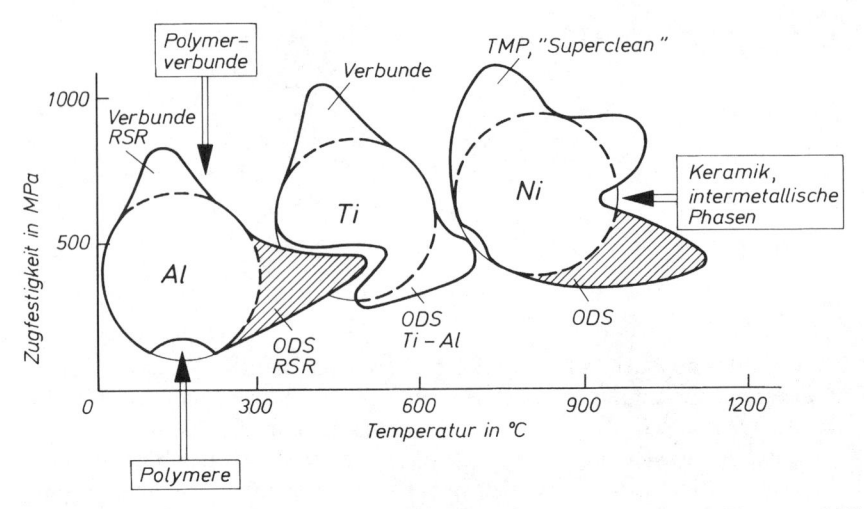

Bild 9–1. Einsatzbereiche und Entwicklungspotentiale von Aluminium-, Titan-, und Nickellegierungen in bezug auf Festigkeit und Temperatur (nach [9.3]). Die Kreise symbolisieren die „klassischen" Einsatzgebiete, die Ausbuchtungen die derzeitigen Entwicklungstendenzen. *RSR* Rascherstarrung; *TMP* thermomechanische Behandlung; *DS* gerichtete Erstarrung; *ODS* Oxiddispersionsverstärkung

kombinieren, dass die Eigenschaften des Verbundes die gestellten Anforderungen erfüllen, kann hierbei innerhalb eines breiten Spektrums umgesetzt werden. Das Interesse an Verbundwerkstoffen hat in den letzten Jahren durch die steigenden Anforderungen an die Werkstoffeigenschaften stark zugenommen. Die positiven praktischen Erfahrungen sollten die Chancen für die Einführung derartiger Werkstoffe in der nächsten Zeit weiter verbessern.

9.1 Kupferbasis-Werkstoffe

Dank der hohen Duktilität und Sinterfreudigkeit (-aktivität) der Kupferpulver bereitet die Herstellung von Formteilen und Halbzeugen aus Sinterkupfermaterialien kaum nennenswerte Schwierigkeiten. Um eine (Grün-) Pressdichte von 7 g/cm^3 zu erreichen, genügt bereits ein Pressdruck von 350 MPa, für 8 g/cm^3 (9% Porenraum) sind 600 MPa erforderlich. Die Sintertemperatur für Kupfer (und seine niedrigschmelzenden Legierungen) liegen zwischen 600 und 1000°C. Um der zu lokalen „Aufblähungen" führenden „Wasserstoffkrankheit" des Kupfers beim Sintern zu begegnen, ist die Verwendung trockener Schutzgase und vor allem der Einsatz eines gut vorreduzierten Pulvers zu empfehlen. Die in Abhängigkeit von der Sinterdichte erzielbaren Zugfestigkeiten zeigt Bild 9–2. Die Härte des gesinterten Kupfers beträgt bis zu 40 HB. Bezüglich der elektrischen Leitfähigkeit [9.4] erreichen aber selbst sehr dichte Werkstoffe aus reinsten Pulvern nicht die Werte, die „OFHC-Kupfer" (oxygen-free, high-conductivity) aufweist.

Die Herstellung legierter Werkstoffe geht entweder von Mischungen der Elementepulver oder von fertiglegierten Pulvern, mitunter unter Zusatz einiger Prozente

9.1 Kupferbasis-Werkstoffe

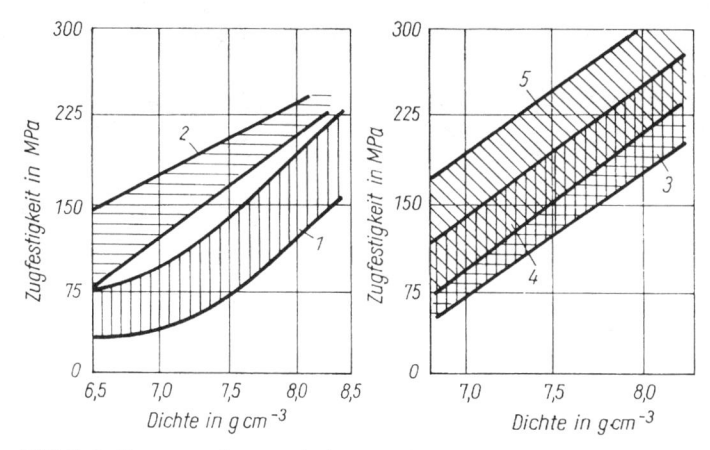

Bild 9–2. Zusammenhang zwischen Zugfestigkeit und Dichte gesinterter NE-Metallegierungen (nach *R.L. Sands* und *G.R. Shakesspeare*). *1* Kupfer; *2* Zinnbronze CuSn10; *3* Messing CuZn10; *4* Messing CuZn20; *5* Neusilber CuNi

eines Vorlegierungspulvers, aus. Die Sintertemperaturen liegen in den bereits genannten Grenzen, bei Kupfer-Nickel-Legierungen aber reichen sie bis zu 1300 °C. Dabei sind Sinterzeiten von weit über eine Stunde notwendig, wenn ausgehend von Elementepulvermischungen eine vollständige Homogenisierung erreicht werden soll. Die Festigkeiten dieser Legierungen sind in Abhängigkeit von der Sinterdichte ebenfalls in Bild 9–2 aufgeführt; die Bruchdehnungen liegen im Bereich zwischen 5 und 20%. Durch Doppelpressen (Abschn. 5.2.1.2) und eine nachfolgende zweite Sinterung können das Festigkeitsniveau und die Dehnung angehoben werden. Bei Bronzen ist die Zweifachsintertechnik in jedem Fall erforderlich, wenn sie aus Mischungen der Elementepulver hergestellt werden, da durch die Mischkristallbildung des bei Sintertemperatur aufschmelzenden Zinns mit dem Kupfer die gepressten Teile zunächst eine Volumenzunahme erfahren. Grund ist das größere spezifische Volumen des Mischkristalls im Vergleich zum Kupfer. Fertiglegierte verdüste Bronzepulver sollten vor der Verarbeitung einer Homogenisierungsglühung unterzogen werden, um die die Schwindung behindernde δ-Phase zu beseitigen. Die Härte der genannten Legierungen beträgt in der Regel 50 bis 75 HB. Härte und Festigkeit können durch die Zugabe weiterer Legierungselemente wie Nickel und Phosphor zu Messing oder von Nickel zu Bronze unter Nutzung von Aushärtungseffekten gesteigert werden. Durch Einsatz des Sprühkompaktierens kann der Sn-Gehalt im binären System Cu-Sn deutlich erhöht werden, was ebenfalls zu einer Festigkeitssteigerung bei weitestgehendem Erhalt der Duktilität dieser Werkstoffe führt. Aufgrund der Feinheit und Homogenität dieser sprühkompaktierten Werkstoffe ist ihre Weiterverarbeitung durch Strangpressen oder Ziehen bis zu einem Sn-Gehalt von etwa 16% ohne vorherige Homogenisierungsglühung möglich [9.5].

Eine Spitzenposition unter den Kupferbasislegierungen nehmen die aushärtbaren hochfesten Berylliumbronzen ein. Der Versuch, sie pulvermetallurgisch herzustellen, stieß jedoch auf große Schwierigkeiten. Bei niedriger Temperatur verläuft die Mischkristallbildung wegen der geringen Diffusionsgeschwindigkeit des Be im Cu

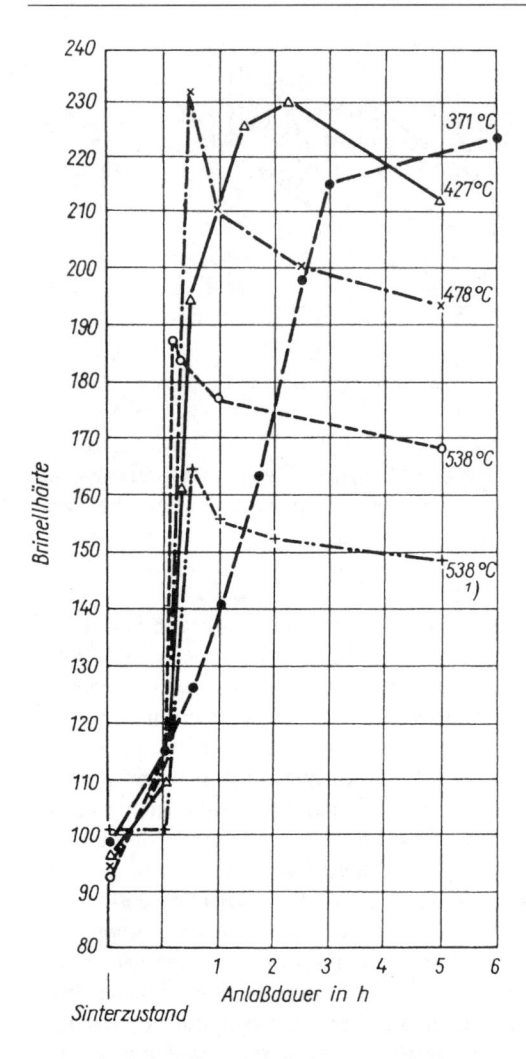

Bild 9–3. Härte einer gesinterten Bronze Cu-5,8% Ni-9,8% Sn-6% FeMn nach dem Anlassen (nach *E. Fetz*).
1) ohne Nachverdichten nach dem Sintern, sonst nachverdichtet mit 500 MPa

äußerst langsam. Oberhalb 875°C werden mit dem Auftreten einer flüssigen Phase (4,3 Masse-% Be) die zur Homogenisierung führenden Vorgänge zwar sehr beschleunigt, aber die schmelzflüssigen Anteile und die schnelle Mischkristallbildung verursachen unkontrollierbare Formänderungen. Diese Schwierigkeiten lassen sich auch durch den Einsatz von Vorlegierungen nicht beheben.

Weniger problembehaftet ist die Herstellung aushärtbarer Cu-Ni-Sn-Sinterbronzen. Um eine größtmögliche Aushärtung zu erreichen, sind hohe Übersättigungen des Mischkristalls notwendig. Da die ternären Cu-Fe-Sn- und Cu-Mn-Legierungen ebenfalls aushärtbar sind, kann ein Teil des Nickelgehaltes durch eine preisgünstigere Ferromanganlegierung ersetzt werden. Als Beispiel für eine Vielzahl ähnlicher Legierungen sind in Bild 9–3 das Aushärteverhalten und die Entwicklung der Härte einer gesinterten Cu-Ni-Sn-Fe-Mn-Legierung gezeigt. Bereits nach relativ kurzen Zeiten treten in einem weiten Temperaturbereich beachtliche Aushärtungseffekte

9.1 Kupferbasis-Werkstoffe

Tabelle 9–1. Mechanische Eigenschaften sprühkompaktierter Werkstoffe [9.5]

Legierung/Zustand	Zugfestigkeit in MPa	Streckgrenze in MPa	Bruchdehnung in %	Härte HV
CuNi15Sn8				
lösungsgeglüht + abgeschreckt	510	240	45	125
wie oben + kaltverformt + warmausgelagert	1000–1250	900–1150	1–5	350–400
CuMn20Ni20				
lösungsgeglüht + abgeschreckt	540	200	35	120
wie oben + kaltverformt + warmausgelagert	< 1300	> 1050	> 5	350

auf, denen zufolge sich die Ausgangshärte z.T. mehr als verdoppelt. Hinsichtlich der Einhaltung der Aushärtebedingungen sind diese Legierungen wenig empfindlich, da mit zunehmender Anlassdauer nur allmählich ein Wiedererweichen (Überaltern) eintritt. Das Sprühkompaktieren stellt auch bei den hochfesten Kupferwerkstoffen eine aussichtsreiche und effiziente Herstellungstechnologie insbesondere für hochlegierte Varianten wie CuNi15Sn8 und CuMn20Ni20 dar [9.5]. Durch Kombination von Kaltverformung und Ausscheidungshärtung können Zugfestigkeiten >1000 MPa erhalten werden (Tabelle 9–1). Mögliche Anwendungen dieser Werkstoffe liegen in den Bereichen hochbelasteter Gleitelemente oder Bohrwerkzeuge.

Entwickelt wurden auch aushärtbare Cu-Ti-Legierungen, deren Herstellung lange Zeit die starke Sauerstoffaffinität des Titans im Wege stand. Überraschend ist die stark sinterfördernde Wirkung des Titans, wenn für die Legierungsbildung von einer Mischung beider Elementepulver ausgegangen wird. Das Sintern geschieht zwischen 900 und 1000°C in einem inerten Schutzgas, das eine Hydrierung des Titans ausschließt. Oberhalb 900°C bildet sich vorübergehend eine eutektische bzw. naheeutektische Schmelze, die die Homogenisierung und das Dichtsintern der Pulvermischung stark beschleunigt. Bereits innerhalb weniger Minuten stellt sich ein Homogenisierungsgrad ein, der in der Regel ausreicht, um eine genügende Härtezunahme beim Anlassen zu erzielen.

Völlig homogene und porenfreie CuTi4-Sinterlegierungen mit theoretischer Dichte erhält man, wenn die Ausgangspulvermischung durch mechanisches Legieren behandelt und dabei eine gleichmäßige sowie extreme feindisperse Titanverteilung in der Kupfermatrix erzielt wird. Das nach konventioneller Technik nicht mehr verarbeitbare hochverfestigte Pulver muss als Rohpressling in Kupferhülsen gekapselt bei 700°C stranggepresst werden. Die auf diese Weise hergestellte porenfreie Legierung weist nach dem Aushärten bei 400°C eine Zugfestigkeit von 900 MPa bei immerhin noch 16% Bruchdehnung und eine Härte von 300 HV 20 auf [9.6].

Wie am Beispiel gesinterter Friktionswerkstoffe (Abschn. 12.1.3.1) gezeigt werden konnte, eignen sich die aushärtbaren Cu-Ti-Legierungen vorzüglich als höherfeste Matrices für Hartstoffe verschiedener Art. Für die feste Einbindung carbidischer Hartstoffe ist die Kohlenstoffaffinität des Titans von entscheidender Bedeutung (Abschn. 17.3).

Des Weiteren sei auf die Möglichkeit hingewiesen, Kupfer und Kupferlegierungen durch Einlagerung thermodynamisch stabiler Teilchen zu verfestigen (Dispersionshärtung) [9.7]. Es wurden zahlreiche Versuche unternommen, derartige Legierungen mit verschiedenen Technologien herzustellen. Das unter der Bezeichnung „GlidCop" bekannte Material wird durch innere Oxidation hergestellt. Hierzu wird die entsprechende aluminiumhaltige Legierung verdüst und dann in sauerstoffhaltiger Atmosphäre bis zur vollständigen Oxidation des Zusatzmetalls Aluminium geglüht. Gebildetes Oxid des Basismetalls wird anschließend wieder reduziert [9.8]. Auch ein Reaktionsmahlen von Kupferpulver mit Legierungszusätzen und Dispersoidbildnern hat sich als geeignet erwiesen. Hierbei werden die Dispersoide (Oxide, Carbide) während der Mahlung oder bei der anschließenden Wärmebehandlung aus den zuvor bis in den Nanometerbereich zerkleinerten und feinverteilten Ausgangsstoffen durch Reaktion gebildet. ECKA DISCUP® ist die Bezeichnung einer heute kommerziell angebotenen Palette derart hergestellter dispersionsverfestigter Kupferwerkstoffe [9.9]. Ebenfalls wurde leicht dispergierbarer Kohlenstoff in elementarer Form genutzt, um durch Reaktion TiC in Cu-Legierungen zu erzeugen [9.10, 9.11].

Die Weiterverarbeitung der modifizierten Pulver zu dichten Halbzeugen erfolgt dann durch Pressen, Sintern und Warmumformung mit einem Umformgrad von mindestens 12:1. Derartige Legierungen haben dank ihrer verbesserten Warmfestigkeit (Bild 9–4) Anwendung für Schweißelektroden (Bild 9–5) gefunden. Weitere physikalische Eigenschaften sind in Tabelle 9–2 zusammengefasst.

Ein weiterer Einsatzbereich für Kupfer ergibt sich aus der Kombination seiner hohen thermischen Leitfähigkeit mit der geringen thermischen Ausdehnung einer zweiten Komponente wie SiC, C-Fasern oder Diamant. Damit steht eine Eigenschaftskombination zur Verfügung, die z.B. für Kühlkörper in elektronischen Bauteilen, für Gehäuse elektronischer Geräte sowie für Komponenten in Mikrowellenverstärkern gute Voraussetzungen bietet. Derartige Cu-Verbundwerkstoffe werden durch Mischen der Pulver mit anschließendem Verdichten durch Heißpressen oder HIP hergestellt und sind Gegenstand zahlreicher F & E-Arbeiten; ein Überblick wird in [9.12] gegeben.

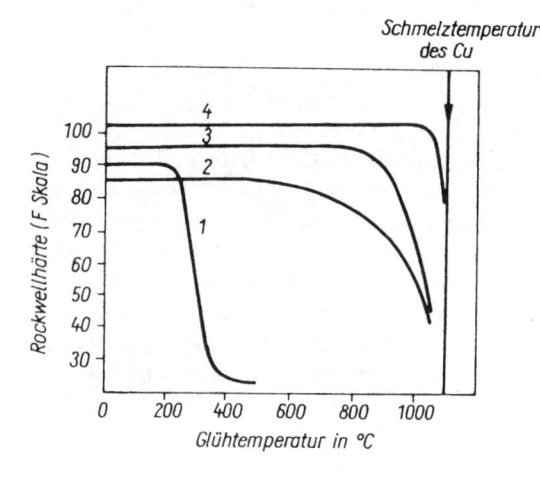

Bild 9–4. Rekristallisationsverhalten von reinem und mit Oxiden dispersionsgehärtetem Kupfer (nach *W.T. Read* und *W. Shockley*). *1* Reinkupfer; *2* Cu + 2,1 Vol.-% SiO_2 (innere Oxidation); *3* Cu + 7,5 Vol.-% ThO_2 (mechanisches Legieren); *4* Cu + 3,5 Vol.-% Al_2O_3 (innere Oxidation)

9.1 Kupferbasis-Werkstoffe

Bild 9–5. Produktbeispiele (Stromkontaktdüsen, Elektrodenkappen für schweißtechnische Anwendungen) eines Werkstoffverbundes aus ECKA DISCUP® und R-Kupfer, hergestellt durch Koextrusion [9.9]

Tabelle 9–2. Physikalische Eigenschaften von Kupfer-Legierungen im Vergleich [9.9]

Legierungen	Dichte in g/cm^3	Schmelztemp. in °C	Elektr. Leitfähigkeit	
			in Sm/mm^2	in % IACS
C3/60 (Cu-Al-B-C-O)	8,71	1083	47	81
C3/07 (Cu-Al-Ti-C-O)	8,68	1083	38	66
CuCrZr	8,91	1080	45	78
Glidcop Al-60	8,81	1083	45	78

Legierungen	Härte in HV30	Härteverlust nach 1000°C/1h in %	Zugfestigkeit in MPa	Bruchdehnung in %
C3/60 (Cu-Al-B-C-O)	140...155	– 15	450...510	15...20
C3/07 (Cu-Al-Ti-C-O)	170...190	– 11	590...640	7,5...8,5
CuCrZr	125...155	/	370...490	8...18
Glidcop Al-60	140...155	/	450...540	14...23

Das Bild 9–6 zeigt ein typisches Gefüge eines Cu-SiC Verbundwerkstoffes mit 70 Vol.-% SiC. Um eine ausreichende mechanische Festigkeit und eine hohe Wärmeleitfähigkeit zu erreichen, muss eine starke Bindung in den Grenzflächen eingestellt werden. Dies kann durch die Zugabe von geringen Mengen an Legierungselementen, wie z.B. Cr, Ti oder Mg realisiert werden. Bisher erzielte Eigenschaften sind in Tabelle 9–3 dargestellt [9.13].

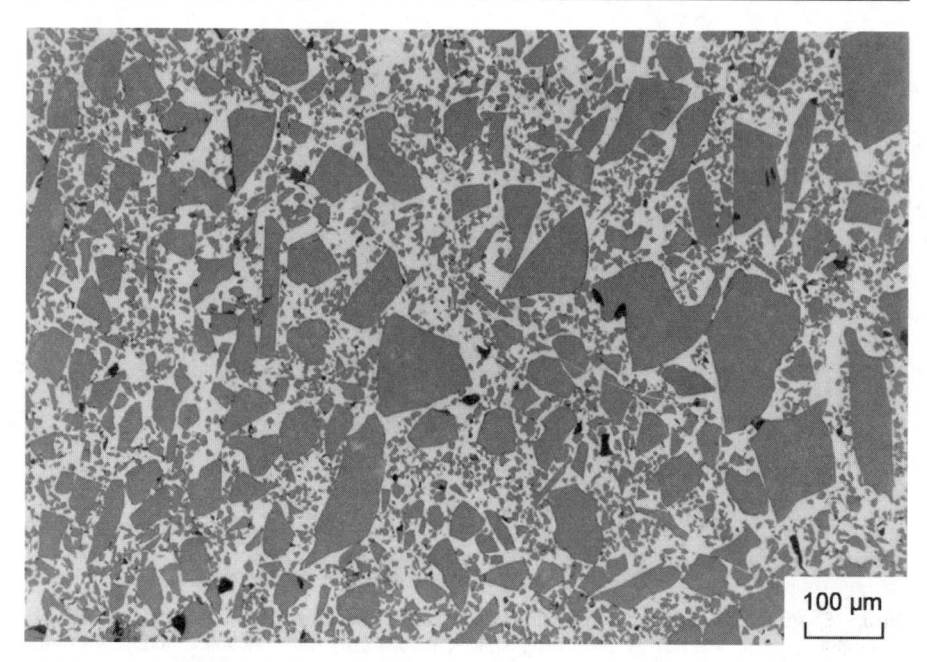

Bild 9–6. Gefüges eines Cu-SiC Verbundwerkstoffes mit 70Vol.-% SiC

Tabelle 9–3. Ausgewählte Eigenschaften von Cu-SiC Verbundwerkstoffen

Werkstoff	Zusammen-setzung in Vol.-%	Dichte in g/cm^3	CTE* in ppm/K	Wärmeleit-fähigkeit in W/m · K	E-Modul bei 20°C in GPa
Cu/40SiC	Cu: 60 Rest SiC	6,6	11,0	320	200
CuMg/60SiC	Cu: 39,7 Mg: 0,3 Rest SiC	5,5	9,9	210	235

* CTE – Thermischer Ausdehnungskoeffizient.

Als Zweitphasen mit höherer Wärmeleitfähigkeit als Siliziumcarbid kommen Diamant oder C-Fasern mit starker Orientierung für die Herstellung von Verbundwerkstoffen in Frage. Wärmeleitfähigkeiten von über 400 W/mK sind dann in Kombination mit einem geringen CTE realisierbar [9.14, 9.15]. Die Pulvermetallurgie bietet für derartige Bauteile den Vorteil der endkonturnahen Fertigung und damit geringerer Kosten.

9.2 Aluminiumbasis-Werkstoffe

Für die pulvermetallurgische Herstellung von Leichtbauteilen aus Aluminium werden verschiedene Fertigungsverfahren eingesetzt:

- die klassische Sintertechnik zur Herstellung von Formteilen, bestehend aus dem Kompaktieren pressfertiger Pulvermischungen, dem Sintern und Kalibrieren,
- die Halbzeug-Herstellung unter Verwendung von vorlegierten, reaktionsgemahlenen oder partikelverstärktem Aluminiumpulvern durch kaltisostatisches Pulverpressen und anschließende Warmumformung bei hohen Umformgraden, vielfach durch Strangpressen,
- das Sprühkompaktieren von Al-Hochleistungswerkstoffen in Kombination mit einer Warmumformung (Strangpressen, Schmieden) des Halbzeugs hat in den letzten Jahren Serienreife erlangt,
- die endkonturnahe Bauteilfertigung durch Pulverschmieden (Sinterschmieden), was sich bisher für Pleuel in Kleinmotoren z.B. für Rasenmäher, Kompressoren, Pumpen durchgesetzt hat.

9.2.1 Sinterformteile aus Aluminium

Zur Herstellung von Formteilen wird zumeist luftverdüstes Aluminiumpulver eingesetzt. Typische Pulver haben bei besonderer Führung des Verdüsprozesses einen Sauerstoffgehalt von etwa 0,3 % und eine mittlere Teilchengröße von 100 µm. Wichtigste Legierungselemente, die in Pulverform zugesetzt werden, sind Kupfer, Magnesium, Silizium und Zink. Diese bilden mit Aluminium das Sintern aktivierende flüssige Phasen, gehen in Lösung und werden für die Mischkristall- und Ausscheidungshärtung genutzt.

Die Al-Sinterwerkstoffe können in Analogie zu den Knet- und Gusslegierungen in Legierungsgruppen eingeteilt werden (Tabelle 9–4).

Al-Sintermischungen können durch Zusatz von harten Teilchen (z.B. Al_2O_3, SiC, $ZrSiO_4$) in ihrer Verschleißbeständigkeit wesentlich verbessert werden [9.16, 9.17].

Zur Optimierung technologischer Pulvereigenschaften, wie Fließ-, Press-, Ausstoßverhalten, Entmischungsneigung und Staubverlust, werden den Sintermischun-

Tabelle 9–4. Beispiele verfügbarer Al-Sintermischungen

Reihe	Legierungstyp	Typ. Zusammensetzung in %				Produktbeispiele
		Cu	Mg	Si	Zn	
2xxx	AlCuSiMg	4–5	0,5	0,8	–	ALUMIX 123[1], AMB 2712[2], 201AB[3]
4xxx	AlSiCuMg	2–3	0,5	13–15	–	ALUMIX 231[1]
6xxx	AlMgSiCu	0,3	1	0,6	–	ALUMIX 321[1], AMB 6711[2], 601AB[3]
7xxx	AlZnMgCu	1–2	2–3	–	5–7	ALUMIX 431[1], AMB 7775[2]

[1] ECKA Granulate Velden GmbH, Deutschland, [2] AMPAL Inc, USA, [3] Alcoa Speciality Metals Div., USA.

gen üblicherweise etwa 1,5 Gew.% eines organischen Presshilfsmittels zugesetzt. Stearinsäure oder Stearate als Gleitmittel, die für Eisensinterteile häufig verwendet werden, scheiden wegen ihrer Reaktion mit Aluminium aus [9.18, 9.19]. In Al-Sintermischungen haben sich Amid-Wachse (z.B. Microwachs C von Hoechst, Acrawax C von Glyco Chemicals Inc.) bewährt.

Wenn auch mit einem Pressdruck von 400 MPa eine fast vollständige Verdichtung von reinem Aluminiumpulver sowie Mischungen aus Al- und Cu-Pulvern erreicht werden kann, ist im Hinblick auf das Austreiben des Gleitmittels ohne Schädigung des Presslings eine optimale Dichte beim Pressen zu finden. Erhöhte Anteile von Masterlegierungen oder die Verwendung von harten Verstärkungsteilchen setzen die Verpressbarkeit herab. Ein Warmpressen des Grünteiles [9.20] oder ein Nachpressen des Teiles nach dem Entwachsen und vor dem Sintern [9.21] kann in diesen Fällen vorteilhaft sein.

Die Sinterung von Aluminiumpulver zu dichten Formteilen ist durch die Anwesenheit der Oxidhäute auf der Teilchenoberfläche erheblich behindert. Für die Herstellung von Formteilen durch Pressen und Sintern werden Pulvermischungen mit solchen Zusätzen angewandt, die während des Sinterns zeitweilig eine niedriger schmelzende eutektische Phase bilden, die die Oxidschichten durchdringt und letztendlich zerteilt (S. Storchheim) [9.18]. Die sinteraktivierende Wirkung von Mg durch eine teilweise Reduktion der Oxidhäute und die Bildung von $MgAl_2O_4$-Spinell spielt hierbei eine wesentliche Rolle [9.22, 9.23, 9.24]. Die pressfertigen Sintermischungen enthalten daher mindestens 0,5% Mg. Das Sintern von Aluminium erfolgt überwiegend in Durchlauföfen bei Temperaturen zwischen 560°C und 620°C unter sehr trockenem Stickstoff, wobei ein Taupunkt von –45°C nicht überschritten werden darf [9.18]. Mit dem Auftreten eutektischer Schmelzen wird zunächst ein Schwellen des Presskörpers beobachtet, im weiteren Verlauf der Sinterung setzt dann Schwindung ein (Bild 9–7).

Das Maßverhalten während des Sinterns wird wesentlich von den temperatur- und zeitabhängigen Diffusionsvorgängen und Löslichkeiten der Legierungselemente im Aluminium und der Löslichkeiten von Aluminium in den Flüssigphasen beeinflusst. So kann der Zusatz kleiner Mengen (<0,1%) schmelzbildender Komponenten mit sehr geringer Löslichkeit im Aluminium, wie z.B. Sn oder Pb, positiv auf das Verdichtungsverhalten und die resultierenden mechanischen Eigenschaften des Sinter-

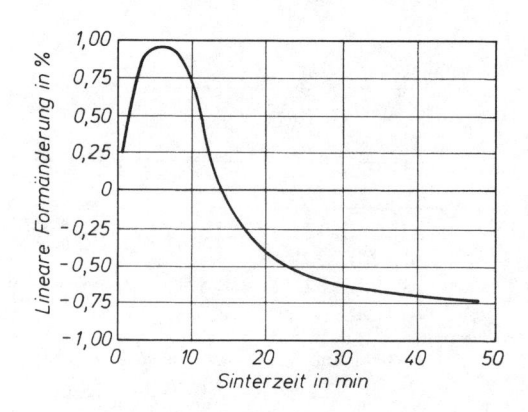

Bild 9–7. Lineare Maßänderung während des Sinterns von Aluminiumpresskörpern in Abhängigkeit von der Sinterzeit (nach [9.8]). Sintertemperatur 580°C; Pressdichte 2,54 g/cm³

9.2 Aluminiumbasis-Werkstoffe

körpers wirken [9.25, 9.26]. Der variierende Mengenanteil permanenter und transienter Flüssigphasen macht eine genaue Temperaturführung und -kontrolle beim Sintern von Aluminium erforderlich, um reproduzierbare Ergebnisse zu erhalten.

Bei hohen Anforderungen an die Maß- und Formgenauigkeit ist ein Kalibrieren der Sinterteile unumgänglich, wofür möglichst weiche Werkstoffzustände unmittelbar nach dem Abschrecken vom Lösungsglühen die besten Voraussetzungen bieten.

Aufgrund der temperaturabhängigen Löslichkeiten der Legierungselemente im Aluminium ist durch eine anschließende Wärmebehandlung (Lösungsglühen, Abschrecken, Kalt- oder Warmauslagern) eine weitere Festigkeits- und Härtesteigerung erreichbar. Exemplarisch sind in der Tabelle 9–5 mechanische Eigenschaften nach dem Sintern sowie nach anschließender Wärmebehandlung aufgeführt. Durch ein zusätzliches Warmverdichten, z.B. durch Schmieden, kann die nach dem Sintern noch vorhandene Restporosität weiter reduziert und dadurch die Schwingfestigkeit bei dynamischer Belastung erheblich verbessert werden.

Höhere Siliciumgehalte in Al-Sinterwerkstoffe (Bild 9–8) verringern den Wärmeausdehnungskoeffizienten und erhöhen die Verschleißbeständigkeit bei ansprechender Festigkeit, führen aber auch zu geringeren Werten für die Bruchdehnung [9.28, 9.29].

Durch die steigende Nachfrage nach Leichtbauteilen zur Gewichts- und Massenreduktion insbesondere im Automobilbau hat auch das Interesse an pulvermetallurgisch hergestellten Aluminiumbauteilen zugenommen. Serienreife erlangten bereits Nockenwellenlagerdeckel (Bild 9–9) und Nockenwellenversteller [9.21]. Zu interessanten Anwendungsbeispielen gehören weiterhin Ölpumpenrotoren, Zahnriemen- und Kettenräder sowie Stoßdämpferkomponenten. Auch außerhalb der Fahrzeugtechnik haben gesinterte Al-Legierungen Anwendungen für Kleinteile gefunden, wo Verschleiß- und Korrosionsbeständigkeit oder auch unmagnetisches Verhalten gefordert werden, so z.B. für Pleuel in Büro-, Nähmaschinen, Generatoren oder Rasenmähern, für Gehäuse elektrischer Kleinstmotoren oder medizinischer Geräte [9.18, 9.29].

Tabelle 9–5. Press- und Sintereigenschaften von Al-Sintermischungen der Firma ECKA Granulate Velden GmbH [9.27]

ECKA ALUMIX	Legierungstyp	Pressdruck in MPa	Sinterdichte in g/cm^3	Werkstoffzustand	Zugfestigkeit in MPa	Härte HB	Bruchdehnung A_5 in %
123	AlCuSiMg	250	2,52	T1	190	60	5
				T6	320	100	1
231	AlSiCuMg	600	2,67	T1	240	100	1
				T6	280	130	0,5
321	AlMgSiCu	250	2,47	T1	120	40	5
				T6	230	75	3
431	AlZnMgCu	400	2,55	T1	270	100	4
				T7$_6$	400	150	2

(T1 – im Sinterzustand, abgekühlt auf RT; T6 – Lösungsglühen, Abschrecken und Warmauslagerung; T7$_6$ – Lösungsglühen, Abschrecken und Stufenauslagerung).

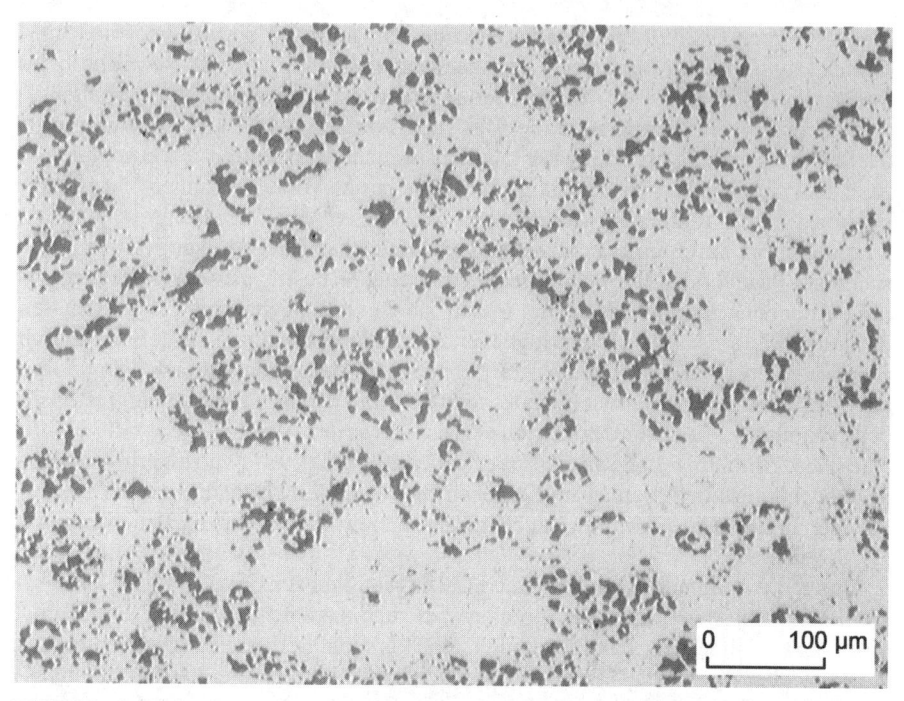

Bild 9–8. Gefüge eines gesinterten Werkstoffes aus der Mischung ECKA ALUMIX 231

Bild 9–9. Nockenwellen-Lagerdeckel aus PM-Aluminium (GKN Sinter Metals)

9.2.2 Aluminium-Hochleistungswerkstoffe

Im Gegensatz zur Verarbeitung pressfertiger Pulvermischungen (Pressen–Sintern–Kalibrieren) zu Sinterformteilen, werden Al-Hochleistungswerkstoffe zunächst als Halbzeug durch Konsolidierung und Warmumformung von hochwertigen Legierungspulvern für eine Weiterverarbeitung durch konventionelle Verfahren hergestellt. Im Wesentlichen vollzieht sich die Entwicklung in drei Richtungen:

Für hochfeste Werkstoffe ermöglicht die Pulvermetallurgie die Herstellung ausscheidungsgehärteter AlZnMgCu-Legierungen mit Zugfestigkeiten von über 750 MPa (Bild 9–10) in Kombination mit hinreichender Duktilität und Bruchzähigkeit [9.30, 9.31].

Diese Verbesserungen gegenüber konventionellen Werkstoffen der Legierungsreihe 7xxx ergeben sich aus höheren Legierungsgehalten und homogeneren Gefügen mit optimaler Teilchengröße der intermetallischen Phasen, die vorrangig Mn, Cr und Zr enthalten. Der hohen Festigkeit bei Raumtemperatur steht aber ein relativ schneller Abfall der Festigkeit mit steigender Temperatur gegenüber.

Nur eine Dispersionsverfestigung in warmfesten Legierungen ermöglicht den Einsatz von Aluminium bei hohen Temperaturen mit ausreichenden Festigkeiten (Bild 9–11).

Die Entwicklung dispersionsverfestigter Aluminiumwerkstoffe wurde durch die 1950 von *A.v. Zeerleder* und *R. Irmann* veröffentlichten Arbeiten eingeleitet. Ausgangsmaterial für den von den Erfindern *SAP* (sintered aluminium powder) genannten Werkstoff waren Aluminiumabfälle, die in Stampfwerken zerkleinert wurden, wobei die natürlich vorhandenen Oxidhäute verstärkt und als feine Partikel in der

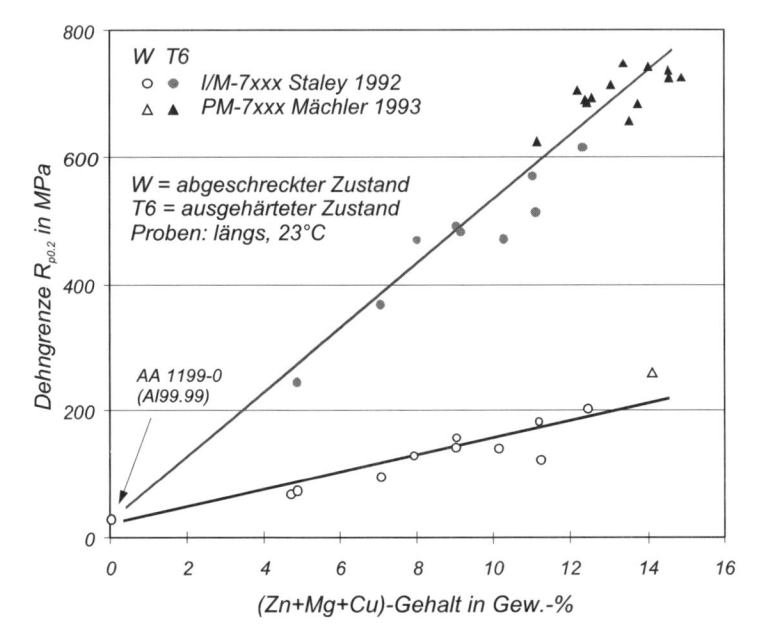

Bild 9–10. Streckgrenze von AlZnCuMg-Legierungen in Abhängigkeit vom Legierungsgehalt [9.31]

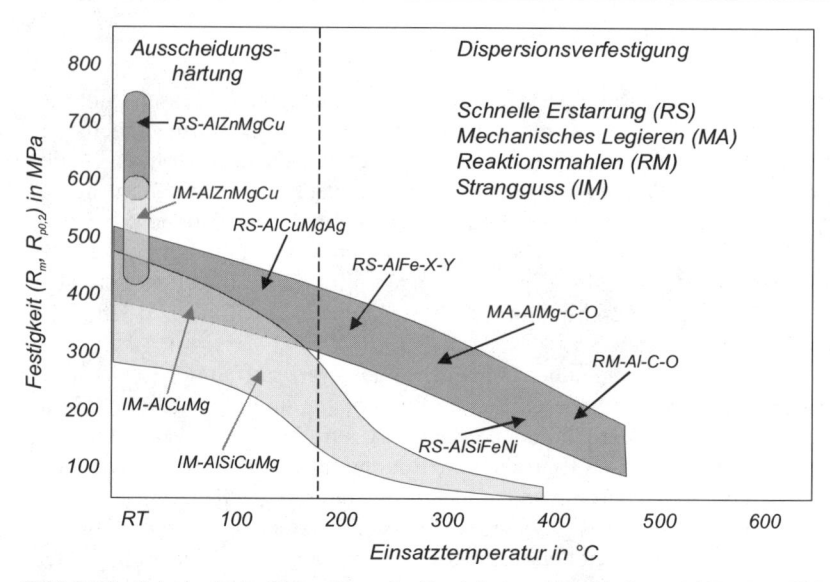

Bild 9–11. Schematische Darstellung der Festigkeiten verschiedener Al-Werkstoffe in Abhängigkeit von Prüftemperatur und Verfestigungsmechanismus (Ausscheidungshärtung bzw. Dispersionsverfestigung) [9.32]

Aluminiummatrix verteilt wurden. Das so gewonnene Pulver wurde gepresst und durch Warmstrangpressen zu einem dichten Halbzeug verarbeitet.

Die günstigste Teilchengröße der Oxidpartikel in bezug auf die erreichbare Festigkeit liegt zwischen 10 und 100 nm und die Subkorngröße des Matrixwerkstoffes bei 1 µm. Später wurden verdüstes Aluminiumpulver als Ausgangsmaterial und Schwingmühlen oder andere energiereiche Mühlen zum Zerkleinern eingesetzt. Wichtig für die weitere Entwicklung war die Beobachtung, dass sich zugesetzter Ruß während des Hochenergiemahlens zu Aluminiumcarbid oder zu oxidisch-carbidischen Mischphasen umsetzt [9.33, 9.34]. Die dispersionshärtende Wirkung dieser Phasen im stranggepressten Zustand zeigt Bild 9–12 (s.a. Tabelle 9–6). Bezüglich der Warmfestigkeit wurde eine stärkere Wirkung des Aluminiumcarbids im Vergleich zu Aluminiumoxid festgestellt (Bild 9–13), was nach [9.3] nicht allein auf die geometrische Verteilung in der Matrix, sondern auch auf günstigere Grenzflächenverhältnisse an der Oberfläche der Dispersatpartikel zurückzuführen ist.

Derartige Al-Werkstoffe sind heute kommerziell unter den Handelsnamen DISPAL M (PEAK Werkstoff GmbH, Deutschland) [9.37], RSA-xxx (Powder Light Metals GmbH, Deutschland) [9.38] oder Calidus 350 (AMC Ltd., England) [9.39] verfügbar.

Zahlreiche Entwicklungen warmfester Al-Werkstoffe nutzen das Zulegieren stabile intermetallische Ausscheidungen bildender Elemente (Übergangs- bzw. Refraktärmetalle) wie Fe, Mn, Cr, Zr oder Ti, die im festen Aluminium nur eine geringe Löslichkeit bei niedriger Diffusionsgeschwindigkeit haben. Bekannte Vertreter dieser Legierungen, die Zugfestigkeiten > 300 MPa bei 300°C aufweisen können, sind AlFe8,3Ce4, AlFe8,5Si2,4V1,3 oder AlCr5Zr2Mn1 [9.40]. Eine Reihe von

9.2 Aluminiumbasis-Werkstoffe

Tabelle 9–6. Eigenschaften eines dispersionsgehärteten Aluminiumsinterwerkstoffes *DISPAL* 2, verstärkt mit 4,5 Vol.-% Al_4C_3 und 1,6 Vol.-% Al_2O_3 als Mischphase nach [9.36]

Dichte in g/cm^3	2,7
Härte HV 30	100
Zugfestigkeit in MPa	370
Fließgrenze in MPa	340
Bruchdehnung in %	10
Elastizitätsmodul in GPa	70
Schlagzähigkeit in J/cm^2	14
Elektrische Leitfähigkeit in $S \cdot m/mm^2$	24
Thermischer Ausdehnungskoeffizient (20…500°C) in $10^{-6}/K$	25
Thermische Leitfähigkeit in $W/m \cdot K$	159

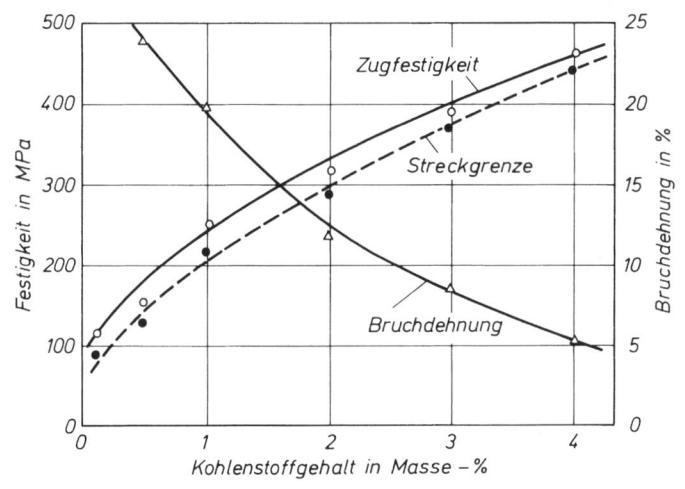

Bild 9–12. Zugfestigkeit und Bruchdehnung von Aluminiumsinterwerkstoffen, verstärkt mit Al_4C_3, stranggepresster Zustand (nach [9.35]). 1 Masse-% C entspricht 4,5 Vol.-% Al_4C_3

Veröffentlichungen [9.41–9.43], insbesondere aus Japan, zeigt für nanokristalline Al-Legierungen ebenfalls ein herausragendes Potenzial als hochwarmfeste Werkstoffe. Interessante Legierungsbeispiele hierfür sind in den Systemen AlMnCe oder AlNiMmX zu finden.

Verschleißfeste Legierungen zeichnen sich insbesondere durch hohe Siliciumgehalte aus. Darüber hinaus wird auch hier Dispersionshärtung, teilweise in Kombination mit einer Ausscheidungshärtung, zur Festigkeitserhöhung eingesetzt. Die thermische Stabilität der Dispersoide sichert die in Bild 9–14 dargestellte Festigkeit auch über lange Einsatzzeiten. Die Eigenschaftsvorteile gegenüber konventionellen Werkstoffen ergeben sich auch hier aus höheren Legierungsgehalten und homogeneren Gefügen bei günstiger Teilchengröße <10 µm der primär ausgeschiedenen Siliciumteilchen und der intermetallischen Phasen. Bei hohen Si-Gehalten (20–25%) und einer hinreichend festen Matrix werden eine oft geforderte hohe Verschleißbeständigkeit und eine spezifische Steifigkeit von >35 $GPacm^3g^{-1}$ erreicht;

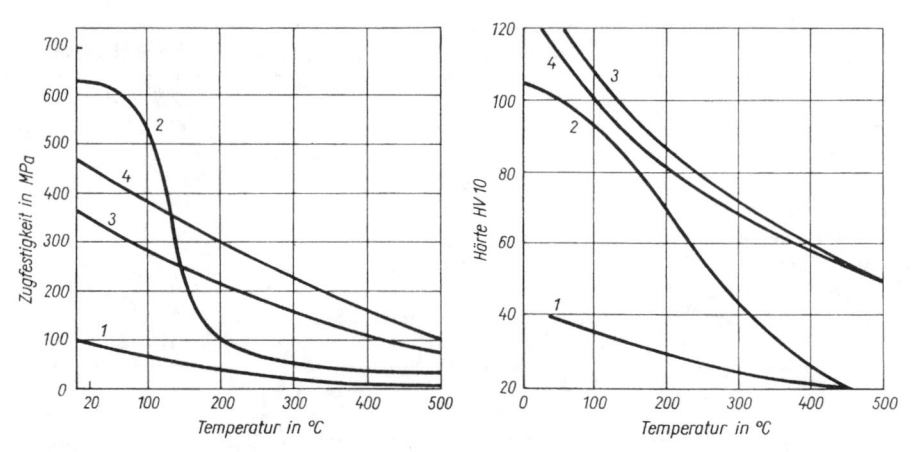

Bild 9–13. Temperaturabhängigkeit der Zugfestigkeit und Härte verschiedener Aluminiumsinterwerkstoffe (nach [9.34]). *1* Aluminium 99%, weich; *2* AlZnMgCu 1,5-Legierung; *3* SAP mit 10% Al_2O_3; *4* Al mit 4% C als Al_4C_3

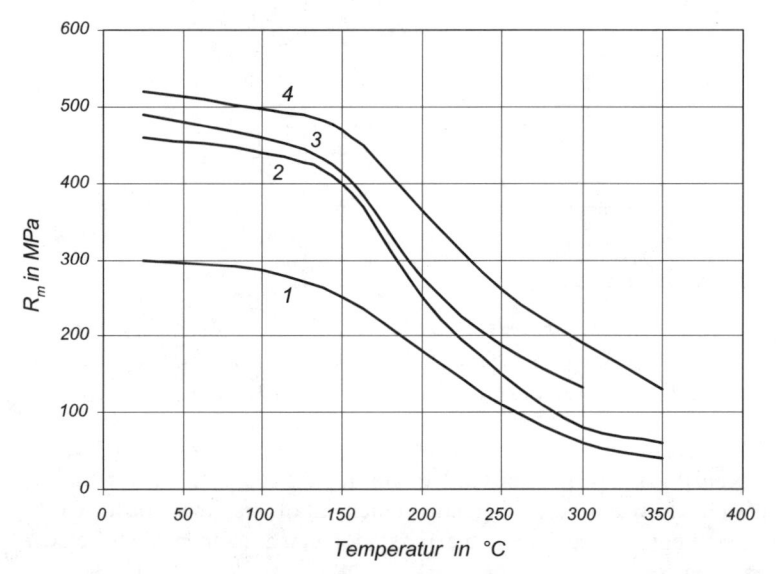

Bild 9–14. Festigkeiten der PM-Werkstoffe *4* AlCuFeMg und *3* AlSi17FeCuMgZr im Vergleich zu den gegossenen Legierungen *1* AlSi12CuMgNi (M124) und *2* AlCuMgFeNi (AA2618) [9.30]

ein niedriger und über weite Grenzen einstellbarer thermischer Ausdehnungskoeffizient (23–14 ppm/K) ist charakteristisch [9.44]. Sowohl die hochfesten AlZnCuMg- als auch die genannten AlSi-Legierungen werden unter den Handelsnamen DISPAL S/A (PEAK Werkstoff GmbH, Deutschland) oder RSA 7xx bzw. RSA 4xx (Powder Light Metals GmbH, Deutschland und RSP Technology BV, Niederlande) kommerziell angeboten.

9.2 Aluminiumbasis-Werkstoffe

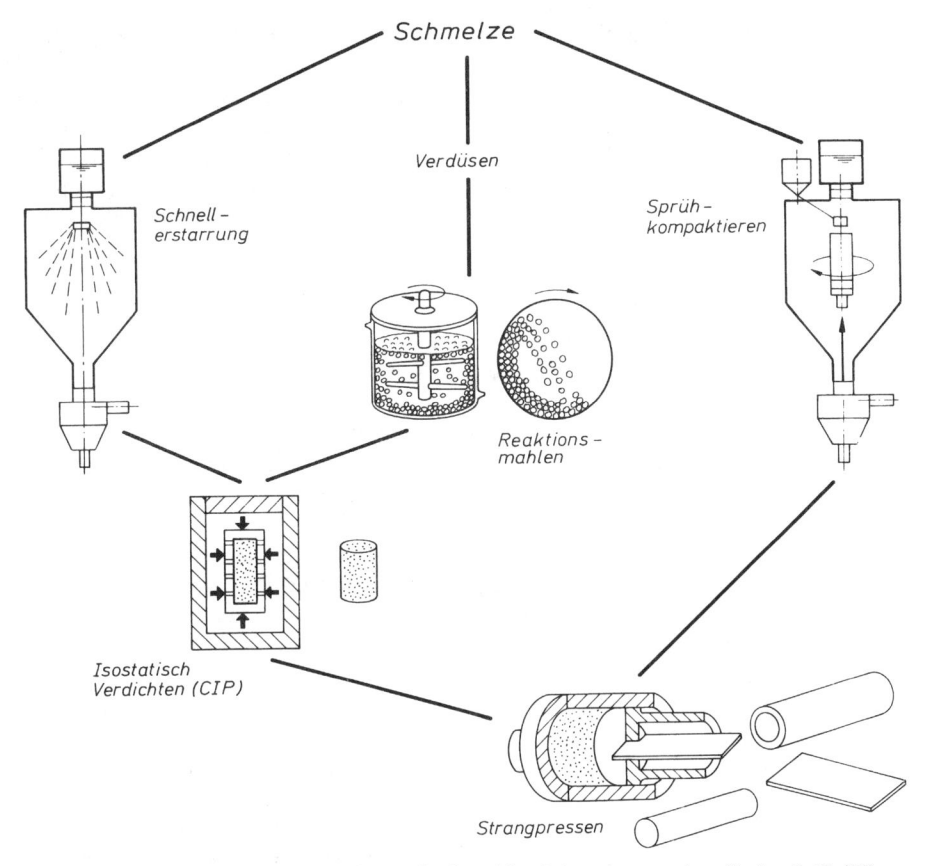

Bild 9–15. Drei Herstellungswege für verfestigte Aluminiumsinterwerkstoffe (nach [9.47])

Durch den hohen Siliciumgehalt wird die Duktilität der Werkstoffe deutlich reduziert. Hier stellen partikelverstärkte Verbundwerkstoffe auf der Basis von AlCuMg-Legierungen eine mögliche Alternative dar (Abschn. 9.2.3).

Die derzeit angewendeten Herstellungsmethoden sind schematisch in Bild 9–15 gezeigt. Ausgegangen wird in jedem Fall von einer Schmelze der Aluminiumlegierung. Die Rascherstarrung beim Verdüsen überhitzter und übersättigter Schmelzen (Abschn. 2.2) ermöglicht beim Erstarren selbst oder späteren Anlaßbehandlungen die feinteilige Ausscheidung intermetallischer Verbindungen als härtende Phase. Abkühlraten von 10^5 bis 10^6 K/min sind erforderlich. Das Verfahren hat eine hohe Produktivität und wird vorzugsweise für die hochfesten Legierungen im obigen Sinne genutzt. Beim Melt spinning als weitere serienfähige Methode der Hochgeschwindigkeitserstarrung wird die metallische Schmelze kontinuierlich auf eine rotierende, wassergekühlte Kupferrolle gegossen, wobei eine extrem schnelle und starke Abkühlung der Schmelze erfolgt. Bei diesem Verfahren ist kein Prozeßgas erforderlich [9.30]. Zur Verdichtung der aus dem rascherstarrten Pulver oder Granulat gepreßten Rohkörper durch Warmstrangpressen werden Umformgrade über 10:1 benötigt, was den Querschnitt der herstellbaren Halbzeuge begrenzt.

Das Sprühkompaktieren (Abschn. 5.4.3) liefert sofort Rohlinge mit hoher Dichte > 97%, die direkt warm stranggepresst oder geschmiedet werden können, wodurch größere Querschnitte der Halbzeuge möglich werden. Wegen der geringeren Abkühlgeschwindigkeit (10^3 bis 10^4 K/min) im Vergleich zu Rascherstarrung ist aber das erreichbare Festigkeitsniveau niedriger. Die Ökonomie des Verfahrens wird stark davon beeinflusst, inwieweit es gelingt, die Menge des am Strang vorbeifliegenden Pulvers (Overspray-Pulver) klein zu halten.

Das Reaktionsmahlen unter kontrollierter Atmosphäre (Abschn. 2.1) ermöglicht die in-situ-Herstellung der dispersionshärtenden carbidischen oder oxidischen Phasen und kann bei Zusatz weitere Legierungsbestandteile als Elemente- oder Vorlegierungspulver zugleich mit dem Vorgang des „mechanischen Legierens" (Abschn. 3.6) gekoppelt werden. Waren hierfür zunächst nur energiereiche Mühlen (Schwingmühlen, Attritoren) eingesetzt worden, ist es zwischenzeitlich gelungen, gleichwertige Ergebnisse auch mit Kugelmühlen geringerer Energiedichte (LED-Prozess – low-energy-density) zu erreichen, was die Umsetzung in die Produktion erleichterte. Bei der Verdichtung reaktionsgemahlener Pulver durch Warmstrangpressen sind hohe Umformgrade erforderlich. Nach [9.35] ist Sinterschmieden (Abschn. 5.3.2) nicht ausreichend, um die notwendigen Scherkräfte zum Aufreißen der Oxidhäute aufzubringen, was Voraussetzung für eine hohe Festigkeit des Halbzeuges ist.

Als bevorzugtes Anwendungsgebiet für pulvermetallurgisch hergestellte Werkstoffe auf Al-Basis wird neben dem Flugzeugbau der Bau von Verbrennungsmotoren [9.30] angesehen, wo eine Gewichtseinsparung schnellbewegter Teile (z.B. Kolben, Pleuel, Einlassventile, Ölpumpenräder) und damit eine Energieeinsparung und Reduzierung von Schadstoffemissionen angestrebt wird. Zylinderlaufbuchsen aus PM-Aluminium, hergestellt über Sprühkompaktieren, sind ein bereits in Serie hergestelltes Bauteil [9.48]. Weitere potenzielle Märkte für PM-Aluminium sind der Maschinenbau (z.B. steife und leichte Führungstische, Bauteile für schnelllaufende Textil- bzw. Druckmaschinen), die Elektronikindustrie (z.B. Kühlkörper, Präzisionsteile), der Sport- und Freizeitsektor (z.B. Fahrradrahmen, Golfschläger, Motorrennsport) und die Militärindustrie.

9.2.3 Aluminiumverbundwerkstoffe

Mit den metallischen Verbundwerkstoffen (MMC – metal matrix composite) lassen sich vielfältige Eigenschaftskombinationen einstellen, die auf verschiedene Anwendungsfälle optimal angepasst werden können. Als Verstärkungskomponente werden bevorzugt keramische Partikel, wie z.B. SiC, Al_2O_3 oder B_4C, eingesetzt, wobei SiC wegen seiner guten Verfügbarkeit dominiert. Durch die Kombination bekannter Aluminiumlegierungen mit diesen Hartstoffpartikeln können Verbundwerkstoffe hergestellt werden, die durch einen hohen Elastizitätsmodul, gute Festigkeiten, eine hohe Verschleißbeständigkeit und eine reduzierte thermische Ausdehnung gekennzeichnet sind. In Tabelle 9–7 sind Eigenschaften einiger partikelverstärkter MMC zusammengefasst.

Die Pulvermetallurgie bietet Möglichkeiten einer endabmessungsnahen Herstellung von Produkten aus verstärktem Aluminium, die eine mechanische Nach-

Tabelle 9–7. Eigenschaften ausgewählter Aluminiumverbundwerkstoffe im T6-Zustand; die Angaben für die Verstärkung sind in Vol.-% angegeben [9.45]

Werkstoff/ Herstellung	CTE ppm/K	$P_{p0,2}$ MPa	R_m MPa	Dehnung %	E-Modul GPa
2124+20%SiC A	–	379	517	5,3	105
2124+30%SiC A	–	434	621	2,8	121
2124+40%SiC A	–	414	586	1,5	134
2618+13%SiC B	19,0	333	450	–	75
6061+20%SiC A	15,3	397	448	4,1	103
6061+30%SiC A	13,8	407	496	3,0	121
6061+40%SiC A	11,1	431	538	1,9	138
7090+20%SiC A	–	621	690	2,5	107
7090+30%SiC A	–	676	759	1,2	124
8090+12%SiC B	19,3	486	529	–	100
A356+20%SiC C	–	297	317	0,6	85

(A: gasverdüst und stranggepresst, B: sprühkompaktiert und stranggepresst, C: gegossen).

bearbeitung der Bauteile minimieren können. Die Verdichtung und Formgebung von Metallpulver-Partikel-Mischungen erfolgt vorrangig über Verfahren mit Druckanwendung, wie Heißpressen, isostatisches Pressen oder Strangpressen. Das Strangpressen oder Schmieden von sprühkompaktiertem Vormaterial wird ebenfalls eingesetzt. Die Vorteile der pulvermetallurgischen Herstellung von MMC gegenüber der Gießtechnik liegen in der Realisierbarkeit hoher Volumenanteile an Verstärkungskomponenten und homogener Gefüge auch bei Einsatz feiner keramischer Partikel. Bekannte Hersteller derartiger Verbundwerkstoffe auf der Basis von Al-Legierungen der 2xxx- und 6xxx-Reihen sind Aerospace Metal Composites Ltd. in England und DWA Aluminium Composites in den USA [9.46]. Auch mit B_4C verstärkte Verbundwerkstoffe auf Aluminiumbasis (beispielsweise unter dem Handelsnamen Talbor®) sind kommerziell verfügbar und wegen der neutronenabsorbierenden Eigenschaften des Borcarbides für Nuklearanwendungen interessant [9.46]. AlBeMet® der Firma Brush Wellmann Inc. sind mit Beryllium verstärkte Al-Verbundwerkstoffe, die für das thermische Management im Bereich der militärischen Luftfahrtelektronik eingesetzt werden. In diesem Zusammenhang sei auch auf pulvermetallurgisch hergestellte Al-Verbundwerkstoffe mit sehr hohen SiC-Gehalten (bis 70 Vol.-%) von Sumitomo Electric USA, Inc. für Wärmesenken verwiesen.

9.3 Titanbasis-Werkstoffe

Seit Mitte der siebziger Jahre werden neben der schon länger bestehenden Titanfilterproduktion zunehmend Sinterformteile aus Titanlegierungen hergestellt. Den Anstoß hierzu gab der Flugzeugbau, der im größeren Umfang Titanbauteile benötigt. Die Haupttriebfeder für die Anwendung der Pulvermetallurgie waren die Einsparungen an Maschinenarbeit (50 bis 80%) sowie an Material (Reduzierung der Materialverluste um 70 bis 80%), was in Anbetracht des nicht gerade niedrigen

Rohstoffpreises von Bedeutung ist. Basis der Entwicklung war zumeist die im Flugzeugbau bereits eingeführte Legierung TiAl6V4.

Für die Herstellung von Sinterteilen werden im einfachsten Fall Pulvermischungen aus den reinen Metallpulvern, bzw. aus Titanpulver und einem Vorlegierungspulver verwendet. Die Pulver werden in Matrizen oder isostatisch zu Formteilen gepresst und im Hochvakuum zwischen 1100 und 1300°C gesintert. Durch anschließendes isostatisches Heißpressen oder Sinterschmieden kann die Dichte weiter erhöht werden. Auf diese Weise lassen sich auch komplizierte Formteile herstellen (Abschn. 5.3.2). Die mechanischen Eigenschaften, insbesondere die dynamische Festigkeit konventionell hergestellter Bauteile werden jedoch nicht erreicht [9.49]. Trotzdem sind die Eigenschaften für viele Anwendungen bereits interessant. Der Verwendung von pulvermetallurgischen Ti-Formteilen stehen vor allem noch die hohen Preise der Titanpulver entgegen. Diese hängen entscheidend von der Pulverqualität ab und liegen zwischen 20 und 100 $/kg [9.50]. Für eine konkurrenzfähige PM-Massenproduktion, beispielsweise von Motorkomponenten in der Automobilindustrie, sind jedoch Ti-Pulverpreise zwischen 6–10 $/kg erforderlich [9.51]. Aus diesem Grunde wird versucht, über neue Wege der Ti-Metallgewinnung Kostensenkungen zu erreichen. Aussichtsreich erscheinen vor allem das auf der elektrolytischen Reduktion von TiO_2 in einer Salzschmelze beruhende FFC-Verfahren und die in einer kontinuierlichen Prozessführung ablaufende Reduktion von $TiCl_4$ mit Natrium (Armstrong-Prozess) [9.52]. Für beide Verfahren ist der Nachweis der großtechnischen Machbarkeit jedoch noch zu erbringen. Auch Optimierungen des HDH-Verfahrens [9.53] können sich kostenreduzierend auswirken. Aus den genannten Entwicklungen sind in Zukunft preiswertere Titanpulver zu erwarten, die für den Einsatz im Metallpulverspritzgießen (MIM) und für Press- und Sinterteile neue Perspektiven eröffnen.

In gewissem Grade lässt sich dem Mangel bezüglich der dynamischen Festigkeitseigenschaften durch Verwendung vorlegierter Pulver begegnen (Bild 9–16). Legierungpulver mit nahezu kugelförmiger Partikelgestalt und demzufolge hoher Schüttdichte werden durch Zentrifugalzerstäubung im Schmelzschleuderverfahren (REP-, PREP-Verfahren, Abschn. 2.2.3) gewonnen. Spratzige Pulveranteile, die die Schüttdichte des Pulvers mindern, werden in der Regel ausgesiebt. Es bedarf jedoch besonderer Anstrengungen, die Pulver von spröden, vor allem die dynamischen Eigenschaften der Formteile negativ beeinflussenden Beimengungen (von der Gegenelektrode absplitternde Wolframpartikel bei REP-Verfahren) frei zu halten. Die Pulver werden nach einer Ausgasbehandlung vakuumdicht eingekapselt und heißisostatisch verdichtet. Bevorzugtes Interesse findet das heißisostatische Pressen in der Near-net-shape-Variante (Abschn. 5.3.1), da sie es gestattet, ein der Endform nahes Formteil in einem Verfahrensschritt zu fertigen [9.54].

Bei zweiphasigen Legierungen wie TiAl6V4 wird die Ermüdungsfestigkeit stark durch die Gefügeausbildung beeinflusst. Vorteilhaft ist ein feinglobulitisches Gefüge. Bei den hohen Abkühlgeschwindigkeiten während der Pulverherstellung bildet sich aber ein martensitisch nadelförmiges Gefüge, und die Umformgrade während des Heißpressens sind bei vertretbaren Zykluszeiten für eine vollständige Rekristallisation nicht ausreichend. Eine erhebliche Steigerung der Ermüdungsfestigkeit kann durch Warmumformung im α-β-Gebiet und anschließende Glühung erreicht werden (Bild 9–17), was aber wiederum den Einsatz der Near-net-shape-Technik in

9.3 Titanbasis-Werkstoffe

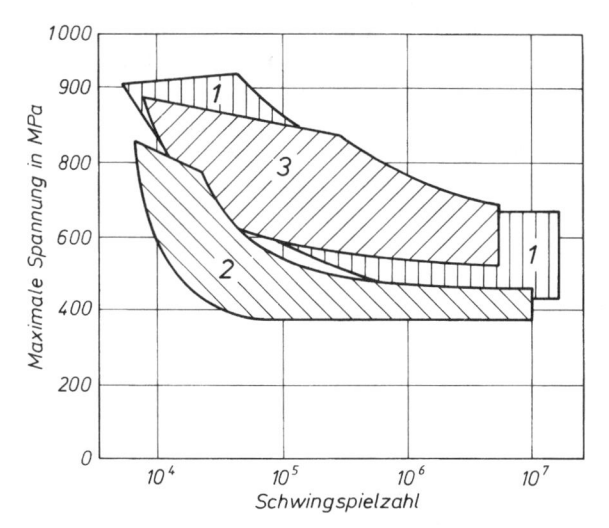

Bild 9–16. Ermüdungsverhalten von TiAl6V4-Legierungen unterschiedlicher Herstellungsart (Stand 1984) (nach [9.49]). *1* geschmiedete Legierung; *2* Sinterlegierung aus Elementepulvermischung; *3* HIP-Sinterlegierung aus Vorlegierung

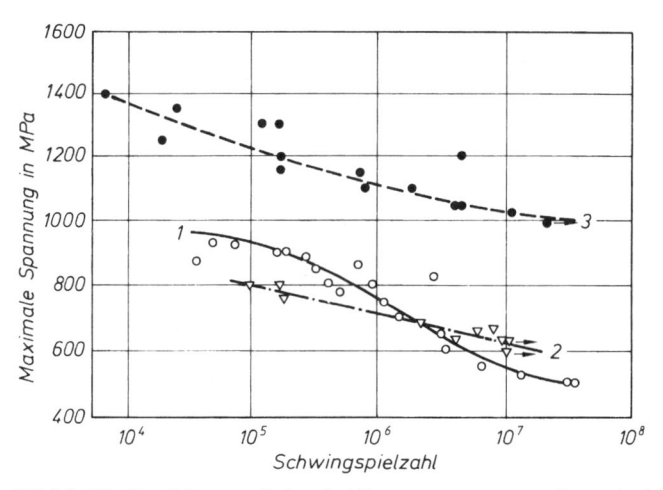

Bild 9–17. Ermüdungsverhalten bei Raumtemperatur von isostatisch heißgepresstem TiAl6V4-Pulver mit und ohne thermomechanische Behandlung (nach [9.61]). *1* Nach HIP; *2* HIP und thermomechanisch behandelt; *3* sintergeschmiedete Legierung (zum Vergleich)

Frage stellt. Ein sehr feinkörniges globulitisches Gefüge und damit eine Verbesserung der Ermüdungsfestigkeit lässt sich hingegen durch das sog. Fließmatrizenverdichten erzielen. Es entspricht dem Sinterschmiedeverfahren (Abschn. 5.3.2), nur wird das vorverdichtete Pulver in eine sehr dickwandige Stahl- oder Kupferkapsel (Fließmatrize) eingeschlossen und im Gesenk mit sehr hohen Umformgraden kompaktiert [9.54].

Neben der bisher besprochenen und am häufigsten eingesetzten Legierung TiAl6V4 werden Legierungen mit weiteren Zusätzen wie Mo, Sn, Zr, Fe u.a. angegeben.

Unter Nutzung der pulvermetallurgischen Verfahrenswege lassen sich auch partikelverstärkte Titanmatrix-Verbundwerkstoffe vorteilhaft herstellen, wobei der Aspekt der endkonturnahen Fertigung wegen des hohen Titanpreises eine entscheidende Rolle spielt. Legierungen mit $(\alpha + \beta)$-, β- bzw. near-α-Matrizes und einer TiB- bzw. TiC-Partikelverstärkung sind insbesondere durch ihre erhöhte Verschleißbeständigkeit sowie gewichtsspezifische Steifigkeit und Festigkeit interessant. Derartige Verbundwerkstoffe werden bereits unter dem Handelsnamen CermeTi von der Firma Dynamet Technology Inc. angeboten [9.55]. Hergestellt wird CermeTi über ein kombiniertes Verfahren aus kalt- und heißisostatischem Pressen von Elementpulvermischungen mit bis zu 20% TiC-Partikeln. Die Partikelverstärkung mit TiB beruht auf einer in-situ Reaktion, bei der das zugesetzte TiB_2 mit Titan der Matrix während des Sinterns oder Heißpressens reagiert [9.56].

Tabelle 9–8 gibt einen Überblick über die mechanischen Eigenschaften repräsentativer, auf unterschiedliche Weise hergestellter und behandelter Titanlegierungen, die für den Einsatz als Konstruktionselemente im Flugzeugbau sowie in der chemischen Industrie und im Kraftfahrzeugbau oder auch im Sport- und Freizeitbereich interessant sind. Die Anwendung pulvermetallurgisch hergestellter Titanwerkstoffe (partikelverstärkte Verbundwerkstoffe) erfolgt seit 1998 auch für

Tabelle 9–8. Mechanische Eigenschaften einiger repräsentativer Titansinterlegierungen unterschiedlicher Herstellung und Behandlung

Legierung	Herstellung	Streckgrenze in MPa	Zugfestigkeit in MPa	Bruchdehnung in %
TiAl6V4 [9.58]	Pulvermischung gemahlen, kaltgepresst, gesintert (99,2% Dichte)	860	922	15
TiAl6V4 [9.59]	Legierungspulver, stranggepresst	930	986	11
TiAl6Sn2 Zr4Mo2 [9.60]	Pulvermischung gemahlen, kaltgepresst, gesintert (99% Dichte)	982	1059	15
TiAl6V4/ 10% TiB [9.57]	Pulvermischung kaltgepresst, gesintert (93,5% Dichte); warmgepresst, gesintert (99,5% Dichte)	– –	1050 1240	1,5 2,5
TiAl6V4/ 11% TiB [9.56]	Legierungspulver HIP/Strangpressen	1315	1470	3,1
TiAl6V4/ 10% TiC [9.55] (CermeTi-C-10)	Pulvermischung kalt- und heißisostatisch gepresst	1014	1082	–
TiFe4,3Mo7 Al1,4V1,4/ 20% TiB [9.56]	Pulvermischung kaltgepresst gesintert warmgeknetet	–	1640	~3

Motorkomponenten (Ein- und Auslassventile) in einem PKW der Marke Toyota [9.57].

Titansinterwerkstoffe beanspruchen auch als körperverträgliches Implantationsmaterial Interesse. Dabei stehen die Fragen einer langzeitbeständigen Verbindung zwischen Knochen und Implantat, in dessen poröse Oberfläche die sich neubildende Knochensubstanz einwachsen soll, im Vordergrund [9.55, 9.62].

Ein völlig andersartiger Titansinterwerkstoff mit Sauerstoffgehalten bis zu 4% konnte durch konventionelle pulvermetallurgische Verfahrensschritte hergestellt werden. Aufgrund der starken Verfestigung des Ti-Mischkristalls durch den vorwiegend über die Pulveroberfläche eingebrachten Sauerstoff weisen die Sinterkörper höchste Härte und Verschleißfestigkeit auf. Der Werkstoff hat sich für Mahlkörper an Stelle von Achatkugeln zur Zerkleinerung keramischer Spezialmassen, die für Erzeugnisse der Elektronik benötigt werden, bewährt [9.62].

In den vergangenen Jahren sind in der Pulvermetallurgie auch die intermetallischen Phasen, insbesondere die Titanaluminide, stärker in den Blickpunkt des Interesses gerückt [9.64, 9.65, 9.66]. Der Dichtevorteil der TiAl-Basis-Legierungen führt zu spezifischen Fließspannungen und Festigkeiten, die denen von Nickelbasislegierungen vergleichbar, teilweise sogar höher sind. Gegenüber Ti-Legierungen weisen sie höhere Oxidationbeständigkeit und Warmfestigkeit auf. Daher wird für TiAl-Basis-Legierungen ein besonderes Anwendungspotenzial als Leichtbauwerkstoff in Luft- und Raumfahrt (Flugzeugstrukturen, Turbinenkomponenten) sowie im Automobilmotorenbau (z.B. Auslassventil, Pleuel, Kolbenbolzen, Turboladerrad) im Temperaturbereich 600–800°C gesehen [9.65, 9.67].

Fertiglegierte inertgasverdüste Pulver finden ausschließlich für die Bauteilherstellung durch heißisostatisches Pressen Einsatz. Mit Dichten von nahezu 100% der theoretischen Dichte weisen die Werkstoffe ein chemisch und strukturell sehr homogenes Gefüge auf. Dem Auftreten prozessbedingter Materialfehler (z.B. Mikroporen durch Gaseinschluss, keramische Verunreinigungen) muss jedoch besondere Aufmerksamkeit geschenkt werden. Durch eine geeignete Form der HIP-Kapsel ist es möglich, ein endformnahes Bauteil zu erhalten. Eine Weiterverarbeitung von HIP-Vormaterial kann aufgrund seines gleichmäßigen Gefüges direkt durch Schmieden, Walzen wie auch durch superplastische Umformprozesse erfolgen. Diese thermomechanische Weiterverarbeitung geschieht oberhalb der spröd-duktil-Übergangstemperatur dieser Werkstoffklasse, d.h. bei Temperaturen >700°C. Über diese pulvermetallurgische Prozessroute können kostengünstig γ(TiAl)-Bleche mit sehr guten mechanischen Eigenschaften hergestellt werden. Der Advanced Sheet Rolling Process – ASRP (Plansee AG) ermöglicht die fehlerfreie Herstellung von großformatigen Blechen (2000 × 500 × 1 mm^3) auf konventionellen Warmwalzgerüsten [9.65]. Eine Folienherstellung mit Dicken von etwa 50 µm durch Walzen ist ebenfalls in Entwicklung. Darüber hinaus konnte bereits demonstriert werden, dass aus diesen Blechen bzw. Folien komplexe dreidimensionale Strukturen (z.B. Hohlschaufeln für Fluggasturbinen, Honeycomb-Strukturen) aufgebaut werden können.

Im Labormaßstab ist auch die Herstellung von TiAl-Bauteilen durch reaktionspulvermetallurgische Verfahren geprüft worden [9.64, 9.68, 9.69]. Die Fertigung endformnaher Bauteile unter Verwendung preisgünstiger Ausgangspulver und klassischer Umformtechnologien der NE-Metallurgie ist möglich. Hierbei geht man von Elementpulvern aus, die intensiv gemischt und danach unterhalb der Reaktionstemperatur zu Formteilen oder Halbzeugen kompaktiert werden. Anschließend erfolgt während eines Drucksinterns die Reaktion zur intermetallischen Phase. Durch Hochenergiemahlen hergestellte Pulver, in deren Teilchen die elementaren Ausgangsstoffe bis in den Submikrometerbereich dispergiert vorliegen, bieten einen aussichtsreichen Ansatz durch druckloses Sintern hohe Dichten und Porenabschluss zu erreichen, was Voraussetzung für einen kapsellosen HIP-Vorgang für die Nachverdichtung der Bauteile ist [9.68, 9.69].

9.4 Berylliumwerkstoffe

Der dem hexagonalen Beryllium inhärenten Sprödigkeit kann mit der pulvermetallurgischen Herstellung feinkörniger und ausreichend reiner Be-Werkstoffe begegnet werden [9.70]. Die Produkte (>98,5% Be) enthalten üblicherweise 0,5–2,0% BeO und geringe Verunreinigungen an Al, C, Fe, Mg und Si. Die Be-Pulver werden zu Blöcken mit nahezu theoretischer Dichte durch heißisostatisches Pressen (HIP) bei Temperaturen zwischen 760 und 1040°C und einem Druck von etwa 100 MPa verdichtet. Im Vergleich zum Vakuumheißpressen sind die Werkstoffe homogener, dichter und weisen bessere mechanische Eigenschaften auf. Eine Weiterverarbeitung dieser Blöcke erfolgt entweder durch mechanische Bearbeitung direkt zum Bauteil oder durch Warmumformung (Walzen, Strangpressen, Schmieden) zu Halbzeug wie Platten, Bleche, Folien, Stäbe oder Rohre. Das kaltisostatische Pressen von Be-Pulver zu endformnahen Bauteilen mit anschließender Vakuumsinterung und kapsellosem HIP ist ebenfalls möglich.

Pulvermetallurgische Verfahrenstechniken werden auch bei der Herstellung von Be-Verbundwerkstoffen eingesetzt. AlBeMet®-Produkte (siehe Abschn. 9.2.3) werden durch Verdichtung gasverdüster Legierungspulver gefertigt. Unter der Bezeichnung E-Materials sind Be-BeO-Verbundwerkstoffe verfügbar (Tabelle 9–9), die durch Mischen beider Komponenten und anschließendes HIP hergestellt werden. Einziger Anbieter berylliumhaltiger Werkstoffe und Produkte ist gegenwärtig die Firma Brush Wellman Inc. [9.71].

Die Eigenschaften von Beryllium (Tabelle 9–10) machen es trotz seines hohen Preises und seiner Toxizität für einige Anwendungen sehr interessant [9.72]. Hinzu kommen seine außergewöhnlichen kernphysikalischen Eigenschaften wie leichter Atomkern, großer Streuquerschnitt für schnelle Neutronen und kleiner Absorptionsquerschnitt für thermische Neutronen sowie eine hohe Durchlässigkeit für Röntgen- und γ-Strahlen. Einige Anwendungsbeispiele sind:

– Moderator- und Reflektorwerkstoffe in Kernreaktoren und im Fusionsversuchsreaktor JET (Joint European Torus),
– Neutronenmultiplikator in schnellen Brütern, Kernwaffen und möglicherweise in Fusionsreaktoren,
– Strahlungsfenster in Röntgenröhren,
– Konstruktionswerkstoff mit hoher spezifischer Steifigkeit in der Flugzeug- und Weltraumtechnik,
– Bremsscheiben in Militärluft- und Raumfahrt,
– Passive Kühlelemente (Wärmesenken) in der Luftfahrtelektronik.

Tabelle 9–9. Eigenschaften von Be-BeO-Verbundwerkstoffen (E-Materials)

Legierung	BeO-Gehalt in Vol.-%	Dichte in g/cm^3	E-Modul in GPa	Wärmeleit-fähigkeit in W/m · K	Thermischer Ausdehnungskoeffizient in ppm/K
E20	20	2,06	303	210	8,7
E40	40	2,30	317	220	7,5
E60	60	2,52	330	230	6,1

Tabelle 9–10. Mechanische und physikalische Eigenschaften von Beryllium

Dichte	1,848 g/cm^3
Schmelzpunkt	1283 °C
Wärmeleitfähigkeit	201 W/m · K
Wärmekapazität	1825 J/kg · K
Thermischer Ausdehnungskoeffizient	11,4 ppm/K
E-Modul	315 GPa
Zugfestigkeit	240–480 MPa
Bruchdehnung	2–4 %

Der Vollständigkeit wegen sei erwähnt, dass Beryllium überwiegend als Legierungselement zur Herstellung von Kontakt- und Federwerkstoffen aus Berylliumbronzen verwendet wird, die jedoch schmelzmetallurgisch hergestellt werden.

Literatur zu Kapitel 9

[9.1] *Schatt, W.* (Hrsg.): Einführung in die Werkstoffwissenschaft, Deutscher Verlag für Grundstoffindustrie, Leipzig, 7. Auflage 1991
[9.2] *Schatt, W.* (Hrsg.): Pulvermetallurgie, Sinter- und Verbundwerkstoff, Dr. Alfred Hüthig Verlag, Heidelberg, 3. Auflage 1988
[9.3] *Arzt, E.*: 2. Symposium Materialforschung, Dresden 1991, 102
[9.4] *Dombroski, M. J., A. Lawley* und *D. Apelian*: Intern. J. Powd. Metallurg. *28* (1992) 1, 27
[9.5] *Müller, H.R.* und *R. Zauter*: Spray-formed copper alloys – process and industrial application. Erzmetall *56* (2003) 11, 643–702
[9.6] *Böhme, C., Ch. Sauer* und *W. Schatt*: Metall *47* (1993), 1028
[9.7] *Slesár, M., G. Jangg* und *M. Besterci*: Z. Metallkde *72* (1981) 6, 423
[9.8] *Klar, E.* und *A.V. Nadkarni*: Dispersion Strengthening of metals by Internal Oxidation. US Patent 3,779,714 (1973)
[9.9] Produktinformation der ECKA Granulate Velden GmbH
[9.10] *Sauer, C., T. Weißgärber, G. Dehm, J. Mayer* und *B. Kieback*: Dispersion strengthening of copper alloys. Z. Metallkde *89* (1998) 2, 119–125
[9.11] *Weißgärber, T.*: Herstellung, Gefüge und Eigenschaften TiC-dispersionsverfestigter Kupferlegierungen. Dissertation, TU Dresden 1998
[9.12] *Weißgärber, T., Th. Schubert* und *B. Kieback*: Metallische Verbundwerkstoffe für passive Kühlkörper in der Elektronik. In: Pulvermetallurgie in Wissenschaft und Praxis, Bd. 19, Hagen: ISL-Verlag 2003, 97

[9.13] *Weißgärber, T., J. Schulz-Harder, H. Meyer, G. Lefranc* und *O. Stöcker*: 5. Werkstofftechnisches Kolloquium 2002, Tagungsband, TU Chemnitz
[9.14] *Kerns, J.A., N.J. Colella, D. Makowieck* und *H.L. Davidson*: Dymalloy: A composite substrate for high power density electronic components. The Int. J. of Microcircuits and Electronic Packaging *19* (1996) 3, 206
[9.15] *Zweben, C.*: Advanced materials for thermal management – part 3. Cooling Zone *2* (2001), 10
[9.16] *Jangg, G., H. Danninger, K. Schröder, K. Abhari, H.-C. Neubing* und *J. Seyrkammer*: PM aluminium camshaft belt pulleys for automotive engines. Mat.-wiss. u. Werkstofftechn. *27* (1996), 179
[9.17] *Schaffer, G.B.* und *S.H. Huo*: The design of wear resistant aluminium P/M alloys. In: Advances in Powder Metallurgy & Particulate Materials 2003, June 2003, Las Vegas, Metal Powder Industries Federation, CD-ROM
[9.18] *Neubing, H.C.* und *G. Jangg*: Metal Powd. Rep. *42* (1987), 354
[9.19] *Neubing, H.-C.* und *H. Danninger*: Neuere Entwicklungen bei Al-Basis-Sintermischungen für Präzisionsteile. In: Pulvermetallurgie in Wissenschaft und Praxis, Bd. 14, Düsseldorf: VDI-Gesellschaft Werkstofftechnik 1998, 266
[9.20] *Simchi, A.* und *G. Veltl*: Investigation of warm compaction and sintering behaviour of aluminium alloys. Powder Metallurgy *46* (2003), 159
[9.21] *Kruzhanov, V.* und *H.-C. Neubing*: Pulvermetallurgische Leichtbauwerkstoffe – Status und Ziele. In: Pulvermetallurgie in Wissenschaft und Praxis, Bd. 19, Hagen: ISL-Verlag 2003, 177
[9.22] *McLeod, A.D.* und *C.M. Gabryel*: Kinetics of the Growth of Spinel $MgAl_2O_4$ on aluminium particulates in aluminium alloys containing magnesium. Metall. Trans. A, *23A* (1992), 1229
[9.23] *Lumley, R.N., T.B. Sercombe* und *G.B. Schaffer*: Surface oxide and the role of magnesium during the sintering of aluminium. Metall. Mater. Trans A, *30A* (1999), 457
[9.24] *Kondoh, D., A. Kimura* und *R. Watanabe*: Effect of Mg on sintering phenomenon of aluminium alloy powder particle. Powder Metallurgy *44* (2001) 2, 161
[9.25] *Sercombe, T.B.* und *G.B. Schaffer*: The effect of trace elements on the sintering of Al-Cu alloys. Acta mater. *47* (1999) 2, 689
[9.26] *Schaffer, G.B., S.H. Huo, J. Drennan* und *G.J. Auchterlonie*: The effect of trace elements on the sintering of an Al-Zn-Mg-Cu alloy. Acta mater. *49* (2001), 2671
[9.27] *Neubing, H.-C.*: Sintern von Al-Legierungen. DGM-Fortbildungsseminar, 12.–14.09.2001, Dresden
[9.28] *Schubert, Th., G.Walther, H. Balzer, H.-C. Neubing, H. Gans, U. Baum* und *R. Braun*: Tribologische und mechanische Untersuchungen an pulvermetallurgisch hergestellten Aluminiumwerkstoffen. Tribologie + Schmierungstechnik 51 (2004) 4, 10
[9.29] *Ishijima, Z., H. Shikata, H. Urata* und *S. Kawase*: Development of P/M forged Al-Si alloy for connecting rod. In: Advances in Powder Metallurgy & Particulate Materials-1996 (compiled by T.M. Cadle und K.S. Narasimhan), June 1996, Washington, Metal Powder Industries Federation, Vol. 4, 14.3
[9.30] *Hummert, K.*: PM-Hochleistungsaluminium im industriellen Maßstab. DGM-Fortbildungsseminar, Aachen 10./11.05.2004
[9.31] *Mächler, R.*: Höchstfeste sprühkompaktierte Aluminium-Zink-Magnesium-Kupfer-Legierungen, Diss. ETH Zürich Nr. 10332, 1993
[9.32] *Hummert, K., W. Frech* und *M. Schwagereit*: Industriell hergestellte sprühkompaktierte Aluminiumlegierungen. Metall 53 (1999) 9, 496
[9.33] *Jangg, G., F. Kutner* und *G. Korb*: Aluminium *51* (1975), 641
[9.34] *Jangg, G., F. Kutner* und *G. Korb*: Powd. Metall. Internat. *9* (1977), 105
[9.35] *Jangg, G.*: Radex Rundschau (1986) 2/3, 169
[9.36] *Arnhold, V.* und *J. Baumgarten*: Aluminium *51* (1985), 168

[9.37]   Produktkatalog PEAK Werkstoff GmbH, Velbert
[9.38]   Produktkatalog PLM GmbH, Gladbeck
[9.39]   *Hull, M.*: AMC: Leading edge MMCs and powder materials. Powder Metallurgy *40* (1997) 2, 102–103 (1997)
[9.40]   *Buhl, H.*: Advanced Aerospace Materials. Berlin-Heidelberg: Springer-Verlag 1992
[9.41]   *Masumoto, T.*: Recent progress in amorphous metallic materials in Japan. Mater. Sci. Eng. *A179/A180* (1994) 8–16
[9.42]   *Inoue, A.* und *H. Kimura*: Fabrications and mechanical properties of bulk amorphous, nanocrystalline, nanoquasicrystalline alloys in aluminium-based system. J. of Light Metals *1* (2001), 31
[9.43]   *Schurack, F., J. Eckert* und *L. Schultz*: Synthesis and mechanical properties of quasicrystalline Al-based composites. In: Quasicrystals (ed. H.-R. Trebin), Weinheim: Wiley-VCH 2003, 551
[9.44]   *Krug, P.* und *G. Sinha*: Sprühkompaktieren – ein alternatives Herstellverfahren für MMC-Aluminiumlegierungen. In: Metallische Verbundwerkstoffe (Hrsg. K.U. Kainer), Weinheim: Wiley-VCH 2003, 296
[9.45]   *Hort, N.* und *K.U. Kainer*: Pulvermetallurgisch hergestellte Metall-Matrix-Verbundwerkstoffe. In: Metallische Verbundwerkstoffe (Hrsg.: K.U. Kainer), Weinheim: Wiley-VCH 2003, 260
[9.46]   *Evans, A., Ch.S. Marchi* und *A. Mortensen*: Metal Matrix Composites in Industry: An Introduction and Survey. Dordrecht: Kluwer Academic Publishers Group 2003
[9.47]   *Arnhold, V., K. Hummert* und *R. Schattevoy*: Materials by Powder Technology, Dresden 1993, 485
[9.48]   *Stocker, P., F. Rückert* und *K. Hummert*: Die neue Aluminium-Silicium-Zylinderlaufbahn-Technologie für Kurbelgehäuse aus Aluminiumdruckguss. MTZ Motortechnische Zeitschrift *58* (1997), 9, 502
[9.49]   *Wirth, G.*: Z. Werkstofftechn. *18* (1987), 242
[9.50]   Opportunities for low cost titanium in reduced fuel consumption, improved emissions, and enhanced durability heavy-duty vehicles. Research report, EHKT Technologies, Vancouver, USA, 2002
[9.51]   *Froes, F.H., H. Friedrich, J. Kiese* und *D. Bergoint*: Titanium in the family automobile: the cost challenge. JOM February (2004), 40
[9.52]   Summary of emerging titanium cost reduction technologies. Research report, EHFT Technologies, Vancouver, USA, 2004
[9.53]   *Duan, Q.W., Y.J. Wu, M.C. Han* und *L. Zhou*: New production techniques for low-cost titanium powder. In: Ti-2003 Science and Technology. (eds. G. Lütjering, J. Albrecht), Weinheim: Wiley-VCH 2004, 479
[9.54]   *Lizenby, J.R., W.J. Rozmus, L.J. Barnard* und *C.A. Kelto*: Metal Powder Report Conf., Zürich 1980
[9.55]   *Abkowitz, S., S.M. Abkowitz, H. Fisher* und *P.J. Schwartz:* CermeTi® discontinuously reinforced Ti-matrix composites: Manufacturing, properties, and applications. JOM, May (2004), 37
[9.56]   *Chandran, K.S.R., K.B. Panda* und *S. Sahay*: TiB$_W$-reinforced Ti composites: Processing, properties, application prospects, and research needs. JOM, May (2004), 42
[9.57]   *Saito, T.*: New titanium products via powder metallurgy process. In: Ti-2003 Science and Technology. (eds. G. Lütjering, J. Albrecht), Weinheim: Wiley-VCH 2004, 399
[9.58]   *Saito, T.*: A cost-effective P/M titanium matrix composite for automobile use. Adv. Performance Materials *2* (1995), 121
[9.59]   *Lederich, R.J., W.O. Soboyejo* und *T.S. Srivatsan*: Preparing damage-tolerant titanium-matrix composites. JOM, November (1994), 68
[9.60]   *Hagiwara, M., S. Emura, Y. Kawabe* und *S.-J. Kim*: In-situ reinforced titanium-based metal matrix composites. In: Synthesis/Processing of lightweight metallic materials

(Eds. F.H. Froes, C. Suryanarayana, C.M. Ward-Close), The Minerals, Metals & Materilas Soc. 1995, 97

[9.61] *Froes, F.H.* und *J.R. Pickens*: J. Metals *36* (1984), 14

[9.62] *Wu Bende* und *G. Fuhe*: Advances in Powd. Metallurgy, San Francisco 1992, Vol. 6, 145

[9.63] *Heinrich, W., H. Rebsch* und *L. Illgen*: Tagungsband Internat. Pulvermetall. Tagung, Brno 1982

[9.64] *Dahms, M.*: Pulvermetallurgisch hergestellte Titanaluminide und ihre potentiellen Anwendungen. In: Pulvermetallurgie in Wissenschaft und Praxis, Bd. 11, Oberursel: DGM-Informationsgesellschaft 1995, S. 113

[9.65] *Kestler, H.* und *H. Clemens*: Herstellung, Verarbeitung und Anwendungen von γ(TiAl)-Basislegierungen. In: Titan und Titanlegierungen (Hrsg. M. Peters, C. Leyens), Weinheim: WILEY-VCH Verlag 2002, 369

[9.66] *Clemens, H., F. Appel, A. Bartels, H. Baur, R. Gerling, V. Güther* und *H. Kestler*: Processing and Application of Engineering γ-TiAl based alloys. In: Ti-2003 Science and Technology. (eds. G. Lütjering, J. Albrecht), Weinheim: Wiley-VCH 2004, 399

[9.67] *Sauthoff, G.*: Intermetallics. In: Ullmann's Encycloedia of Industrial Chemistry, Sixth Edition, Electronic Release, 6. Aufl., Weinheim: WILEY-VCH Verlag 2001

[9.68] *Böhm, A.* und *B. Kieback:* Investigation of swelling behaviour of Ti-Al elemental powder mixtures during reaction sintering. Zeitschrift für Metallkunde 2 (1998), 90

[9.69] *Böhm, A.*: Untersuchungen zum Reaktionssintern von Ti-Al-Elementpulvermischungen. Dissertation, TU Dresden, 2001

[9.70] *Haws, W.J.*: New Trends in Powder Processing Beryllium-containing alloys. JOM *5* (2000), 35

[9.71] www.brushwellman.com

[9.72] *Lupton, D.F.*: Beryllium. In. Landolt-Börnstein, Numerical Data and functional relationships in Science and Technology, Vol. 2 Materials, Subvol. A Powder Metallurgy Data (Hrsg. P. Beiss, R. Ruthardt, H. Warlimont), part 1, Berlin/Heidelberg/New York: Springer-Verlag 2003, S. 11–1

10 Hochdichte und hochlegierte Sinterwerkstoffe

Für die hier behandelten Werkstoffgruppen, hartstoffangereicherte Sinterlegierungen, Schnellarbeitsstähle sowie Superlegierungen, existieren jeweils spezifische Anwendungsgebiete. Sie setzen bestimmte Gebrauchseigenschaften der Werkstoffe voraus, die, wie die Methoden und Kosten zu ihrer Einstellung, immer an den Erzeugnissen konkurrierender Herstellungsverfahren gemessen werden. Eine Bevorzugung der pulvermetallurgischen Herstellungsvariante ist nur dort zu erwarten, wo sich mindestens in einem dieser Punkte Vorteile abzeichnen.

Zur Herstellung und Verarbeitung von hochdichten oder hochlegierten Sinterwerkstoffen sind von den bekannten Verfahren der Metallverarbeitung das Schmieden, Walzen und Strangpressen geeignet, die in einer der Handhabung von Pulvern oder vorgesinterten Rohlingen angepassten oder speziell dafür entwickelten Form benutzt werden. Weiterhin ist für diesen Zweck das isostatische Pressen, vor allem in Verbindung mit erhöhten Arbeitstemperaturen (HIP) einsetzbar, das in Form der Near-net-shape-Technik auch Formteile herzustellen gestattet. Sofern es sich dabei um Stoffsysteme handelt, die beim Sintern, bis auf eine durch geschlossene Poren hervorgerufene Restporigkeit, nahezu dicht geworden sind, kommt für die Herstellung von hochdichten Werkstücken auch das Sinter-HIP-Verfahren in Betracht. Der isostatisch wirkende, vergleichsweise niedrige Inertgasdruck von 60 bis 100 bar wird erst im fortgeschrittenen Sinterstadium erzeugt; man benötigt für die Werkstücke keine Umhüllung und kann den Vorgang in einer Wärme durchführen. Die durch HIP oder Sinter-HIP erzeugten Formteile bedürfen allerdings einer stärkeren Nachbearbeitung als die durch das Sinterschmieden gefertigten, weitgehend maßgenauen Formkörper. Mit den anderen Verfahren lassen sich lediglich Halbzeuge herstellen. Grundsätzlich ist es mit diesen Methoden wie auch beim Heißpressen (Drucksintern) möglich, die Verdichtung eines Pulvers durch Sintervorgänge und die Formgebung des Pulverhaufwerkes in einem Verfahrensschritt zu vereinen (Abschn. 5.3).

Unter dem Gesichtspunkt der Erzielung eines dichten Gefüges ist auch das Sintern in Gegenwart einer flüssigen Phase in Betracht zu ziehen, das aber – ungeachtet der technisch einfachen Durchführung – oft nicht die an ein Sinterformteil zu stellenden Anforderungen erfüllt. Es stört die hohe Schwindung bei der Herstellung maßgenauer Teile. Außerdem ist es mit ihm nur in Ausnahmefällen möglich, ein zugleich homogenes und feinkörniges Gefüge zu erzeugen.

Neben der Einsparung von technologischen Teiloperationen bietet die Sintertechnik den Vorteil, dass auch Pulvermischungen zu dichten Werkstoffen verarbeitet werden können, deren schmelzmetallurgische Herstellung aus schmelztechnischen oder thermodynamischen Gründen nicht gelingt. Als Beispiele seien die hartstoffangereicherten Stähle genannt, die durch ihren Gehalt an Metallverbindungen in der Härte und Verschleißfestigkeit der Matrix überlegen sind, hinsichtlich der Zähigkeit und Härtbarkeit aber im Wesentlichen die Eigenschaften der Matrix aufweisen.

Im Hinblick auf die gefügeabhängigen Eigenschaften der zu erörternden Sinterwerkstoffe ist es wichtig, dass bereits während der Pulverherstellung Verunreinigungen fern gehalten sowie unerwünschte metallurgische Reaktionen, wie grobe Entmischungen oder die Bildung von Eutektika, unterdrückt und über die Pulver die Ausgangskorngröße sowie später durch die mit dem Verdichten einhergehende Umformung die Endkorngröße im erforderlichen Ausmaß beeinflusst und gleichzeitig die Restporigkeit auf ein Minimum reduziert werden können.

Während bei konventionell hergestellten Sinterformteilen und geringeren Festigkeitsanforderungen noch eine gewisse Porosität und nichtmetallische, auch gasförmige Einschlüsse zulässig sind, muss das Gefüge höherfester und dynamisch sowie thermisch hochbelastbarer Werkstoffe davon nahezu frei und von gleichmäßiger Beschaffenheit sein. Folglich sind die nach den sehr wirtschaftlichen Verfahren der Erz- und Walzzunderreduktion (Kap. 2) hergestellten Pulver hierfür in der Regel nicht geeignet. Durch Druckwasserverdüsung gewonnene Pulver werden, obwohl sie noch einen gewissen Sauerstoffgehalt aufweisen, dann eingesetzt, wenn neben den relativ geringen Herstellungskosten eine gute Verpressbarkeit zur Erzeugung von Vorformen nach konventionellen Methoden erforderlich ist. Höhere Reinheitsanforderungen setzen mindestens eine Inertgasverdüsung der Schmelzen voraus, die aber vorwiegend globulare und daher nur durch isostatisches Pressen genügend verdichtbare Pulver liefert.

10.1 Gesinterte Schnellarbeitsstähle und hartstoffangereicherte Eisenbasislegierungen

Mit den Verfahren der Pulvermetallurgie ist es möglich, bekannte wie auch modifizierte Sorten von Schnellarbeitsstählen herzustellen, die sich gegenüber den schmelzmetallurgisch erzeugten Produkten durch verbesserte Eigenschaften auszeichnen. Obwohl mit höheren Kosten verbunden, haben sie sich in der Fertigung und Anwendung von hochwertigen Metallbearbeitungswerkzeugen durchgesetzt. In einer Reihe von Fällen, wie z.B. Fräser, wird auch die sintertechnische Fertigung anwendungsgerechter Werkzeugformen, die nur noch einer geringen Nachbearbeitung durch Schleifen bedürfen, beherrscht. Schließlich werden zunehmend Verschleißteile aus Schnellarbeitsstahl oder anderen in ihrer Zusammensetzung dem Verschleißfall angepassten Legierungen pulvermetallurgisch hergestellt (z.B. Bild 10–7). Die Vorteile des pulvermetallurgisch gewonnenen Schnellarbeitsstahles sind vor allem in einer Verbesserung von Härte und Härtbarkeit, Carbidverteilung, Zähigkeit und Querzähigkeit sowie der Bearbeitbarkeit durch Schleifen, die die gesteigerten Herstellungskosten aufwiegen, zu sehen. Dabei bietet sich der pulvermetallurgische Weg zum Halbzeug besonders für die hochlegierten, schmelzmetallurgisch schwer verarbeitbaren Stahlmarken an. Bei den Formteilen dagegen stehen die hohe Materialausnutzung und der geringere Nachbearbeitungsaufwand bei der Werkzeugfertigung im Vordergrund.

10.1 Gesinterte Schnellarbeitsstähle und hartstoffangereicherte Eisenbasislegierungen

Die Schnellarbeitsstähle gehören zur Gruppe der ledeburitischen Stähle. Für sie ist die Entstehung eines stark inhomogenen Gefüges beim Erstarren der Schmelze, in dem Makro- und Mikroseigerungen neben groben Primärcarbidkristallen vorkommen, kennzeichnend. Um dem Seigern entgegen zu wirken, werden bei der schmelzmetallurgischen Herstellung Blöcke kleiner Abmessungen vergossen, oder es wird in anderer Weise für eine rasche Abkühlung des Gusses gesorgt. Es bedarf nachfolgend hoher Warmumformgrade, um das Gefüge soweit einzuformen, dass eine ausreichende Härtbarkeit und Formstabilität beim Härten sowie Schleifbarkeit und Verschleißfestigkeit der daraus hergestellten Werkzeuge gesichert sind. Der pulvermetallurgische Weg über die Verwendung eines durch Verdüsen des geschmolzenen Stahls bei rascher Abkühlung und Erstarrung gewonnenen Pulvers verhütet dagegen die Makroseigerungen vollständig und reduziert die Mikroseigerungen auf ein unbedeutendes Maß, da sie, bedingt durch die sehr schnelle Abkühlung der bei der Verdüsung gebildeten Metalltröpfchen, sich nur auf kleine Bereiche eines Pulverteilchens erstrecken. In der Regel sind die Pulver so beschaffen, dass sie nach einer Verarbeitung bei Temperaturen von ≈ 60 K unterhalb der Liquidustemperatur der Stahlsorte ein Fertigprodukt liefern, das sich durch eine isotrope Verteilung der Carbide und eine Carbidteilchengröße ≤ 4 μm auszeichnet. Bei der Verarbeitung großer Chargen wird zur Qualitätssicherung außerdem dafür gesorgt, dass der Anteil nichtmetallischer Einschlüsse und eine Kontaminierung mit Pulvern aus anderen Werkstoffen minimal ausfallen.

Die Verpressbarkeit hochlegierter und mischkristallgehärteter Stahlpulver reicht bei den meisten, auch weichgeglühten Pulvern mit unregelmäßiger Teilchengestalt nicht aus, um daraus Formkörper in Matrizen pressen zu können. Eine Ausnahme bilden durch modifizierte Verfahren der Wasserverdüsung erzeugte Pulver. Nicht bewährt hat sich auch eine Pulvernachbehandlung durch Mahlen. Der dadurch erzielten Verringerung der Teilchengröße und Verbesserung der Verpressbarkeit steht der mit der Mahldauer ansteigende Sauerstoffgehalt gegenüber, der die für die Härtbarkeit notwendige Feineinstellung des Kohlenstoffgehaltes im Sinterwerkstoff erschwert.

Zufriedenstellende Lösungen, mit denen die notwendige hohe Verdichtung (Porosität $\leq 1\%$) der Pulver erreicht wird, bieten für die Herstellung von Formteilen das Sinterschmieden und für die Halbzeugproduktion die isostatische Verdichtung, das Strangpressen sowie die dem Schmieden ähnliche Verarbeitung nach dem STAMP-Prozess. Darüber hinaus ist die Herstellung von Formteilen aus Schnellarbeitsstahl durch Pressen in Matrizen und Sintern, die materialökonomische Vorteile bietet, gegeben, wenn man von eigens dafür durch Wasserverdüsung und Nachbehandlung erzeugten Pulvern mit ausreichender Verpressbarkeit (Pressdichte 6,5 g cm^{-3} bei einem Pressdruck von 800 MPa) und geringem Sauerstoffgehalt (≤ 1000 ppm) ausgeht. Sie werden nach dem Verpressen in Matrizen oder nach kaltisostatischem Pressen (für formkomplizierte Körper) unter Vakuum zwischen 30 und 240 min gesintert. Die Höhe der Sintertemperatur (≥ 1220°C) richtet sich nach der Zusammensetzung des Schnellarbeitsstahls, in der Weise, dass beim Sintern zeitweise eine flüssige Phase (10 bis 20 Vol.-%) auftritt, die den Verdichtungsvorgang fördert. Wie das Sinterschema in Bild 10–1 ausweist, werden die Grenzen des für die Sinterbehandlung geeigneten Temperaturintervalls von der Forderung nach ausreichender Verdichtung (viel flüssige Phase) und einer kleinen Carbidkorngröße (wenig oder

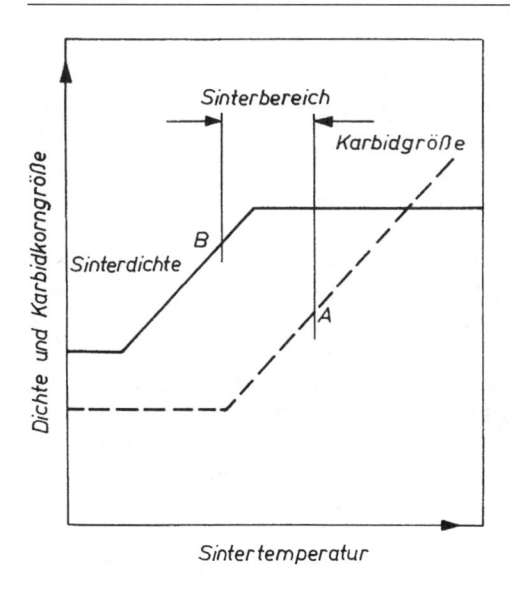

Bild 10–1. Sinterschema zur Herstellung dichter Formteile aus Schnellarbeitsstahlpulvern (nach *J. B. Smart, W. Reed* und *P. R. Brewin*). A maximal erlaubte Carbidgröße, B minimal erlaubte Sinterdichte

keine Schmelze im Presskörper) bestimmt [10.1]. Zur Sinterförderung kann man dem Pulver einige Zehntel Masse-% Graphit zumischen. Dadurch erhöht sich der C-Gehalt im Stahl, der Volumenanteil an flüssiger Phase und schließlich der Grad der Dichtsinterung, auf die wesentliche Gebrauchseigenschaften des Schnellarbeitsstahles ansprechen. Das Sintern lässt sich weiter optimieren, wenn eine stickstoffhaltige Atmosphäre angewendet wird, beispielsweise 90 Vol.-% N_2, 9 Vol.-% H_2 und 1 Vol.-% Methan. Dann reagiert von den Metallcarbiden M_6C und MC des Stahlpulvers das MC bei Sintertemperatur mit Stickstoff und setzt unter Bildung von Carbonitriden Kohlenstoff frei. Der damit zunehmende Anteil schmelzflüssiger Phase senkt die Temperatur des Sinterbeginns ab bzw. verschiebt er das Sinterintervall. Günstig wirkt sich weiterhin aus, dass die gebildeten Carbonitride (Teilchengröße ≲1 μm) feinkörniger als das Carbid MC anfallen und relativ unempfindlich gegen Übersintern sind. Sie neigen nicht zu rascher Teilchenvergröberung und hemmen zugleich das Austenitkornwachstum. Die Sintertemperatur kann durch diese Maßnahmen unter 1150°C gesenkt werden, so dass mit kontinuierlichen Durchlauföfen gearbeitet werden kann [10.2, 10.3].

Die Herstellung von Halbzeug aus Schnellarbeitsstahlpulvern ist das Ziel des CPM-Verfahrens (Crucible Particle Metallurgy) [10.4] und des ASEA-STORA-Processes [10.5]. Beispiele für Zusammensetzungen von nach den Verfahren erzeugten Werkstoffen sind in den Tabellen 10–1 und 10–2 aufgeführt. Beide Verfahren wurden gleichzeitig und unabhängig voneinander entwickelt, verfolgen aber im Wesentlichen den gleichen Herstellungsweg: Zunächst wird aus einer Schmelze mit der dem Endprodukt entsprechenden chemischen Zusammensetzung durch Gasverdüsung ein Pulver hergestellt. Die mittels Gas realisierte schnelle Abkühlung unterdrückt Seigerungen bis auf unkritische Werte. Wichtig ist die erzielte sphärische Partikelform für eine hohe und gleichmäßige Fülldichte als Voraussetzung für ein gleichmäßiges Schrumpfen der HIP-Kapsel ohne Faltung. Die Pulverteilchenoberflächen müssen frei von Oxiden sein (Sauerstoffgehalt <100 ppm), damit eine gute Partikelbindung

10.1 Gesinterte Schnellarbeitsstähle und hartstoffangereicherte Eisenbasislegierungen

Tabelle 10–1. Werkstoffbeispiele von ASP®-Hochleistungsstählen [10.6]

Werkstoff	Chemische Zusammensetzung					
	C	Cr	Mo	W	V	Co
ASP®2005	1,5	4,0	2,5	2,5	4,0	–
ASP®2053	2,5	4,2	3,1	4,2	8,0	–
ASP®2023	1,3	4,2	5,0	6,4	3,1	–
ASP®2030	1,3	4,2	5,0	6,4	3,1	8,5
ASP®2060	2,3	4,0	7,0	6,5	6,5	10,5

Tabelle 10–2. Werkstoffbeispiele von CPM®-Hochleistungsstählen [10.6]

Werkstoff	Chemische Zusammensetzung					
	C	Cr	Mo	W	V	Co
CPM®3V[1]	0,8	7,5	1,3	–	2,8	–
CPM®15V[1]	3,4	5,0	1,3	–	14,5	–
CPM®9V[1]	1,8	5,3	1,3	–	9,0	–
CPM®10V[1]	2,4	5,3	1,3	–	10,0	–
CPM®REX M4[2]	1,4	4,2	5,2	5,7	4,0	–
CPM®REX T15[2]	1,6	4,0	–	12,2	5,0	5,0
CPM®REX 76[2]	1,5	3,7	5,2	10,0	3,1	9,0
CPM®420V[3]	2,2	13,0	1,0	–	9,0	–
SUPRACOR[3]	3,8	24,5	3,1	–	9,0	–

[1] für Kaltarbeitsverwendungszwecke; [2] für Zerspanungswerkzeuge; [3] für korrosionsbeanspruchte Bauteile

erreicht werden kann. Durch Vibration wird eine maximale Fülldichte des Pulvers in der Stahlkapsel eingestellt, diese dann evakuiert und gasdicht verschlossen. Beim ASEA-STORA Prozess wird die Kapsel in einem Zwischenschritt kaltisostatisch gepresst, um die Wärmeleitfähigkeit des Pulvers zu erhöhen. Zur besseren Ausnutzung der Kapazität des kostenintensiven Heißisostatpressens werden die Kapseln in separaten Vorwärmöfen aufgeheizt und anschließend bei einem Argongasdruck von etwa 100 MPa verdichtet. Die typischen Temperaturen liegen im Bereich von 1050–1150 °C. Das heißisostatisch gepresste Material wird anschließend zusammen mit der Kapsel auf die geforderten Abmessungen warmverformt, wobei die wegen des geringen Seigerungsgrades gute Warmverformbarkeit sehr vorteilhaft ist.

Da in herkömmlichen Schnellarbeitsstählen fast immer die Carbidseigerungen festigkeitsbestimmend sind, kann mit pulvermetallurgisch hergestellten Werkstoffen bei Fehlen der Seigerungen ein wesentlich höheres Festigkeitsniveau erreicht werden. Die Voraussetzung dafür ist jedoch, dass andere Defekte, die in schmelzmetallurgisch erzeugten Stählen nicht vorkommen, vermieden werden. So können Poren aufgrund unzureichender HIP-Bedingungen oder fehlender anschließender Warmumformung verbleiben. Eine so genannte Argonporosität entsteht, wenn anstatt Stickstoff Argon als Verdüsungsgas verwendet wird, die HIP-Kapseln unzureichend entgast wurden (Luft enthält etwa 1% Argon), oder beim HIP Gas in undichte

Kapseln eindringen kann. Argon ist im Schnellarbeitsstahl unlöslich und mit dem Gas gefüllte Poren können bei der Warmumformung nicht vollständig geschlossen werden [10.7]. Bereits ein Argongehalt von 0,09 ppm beeinflusst die Biegefestigkeit eines sonst perfekten PM-Schnellarbeitsstahles merklich [10.8]. Festigkeitsbegrenzend können – da die Carbidseigerungen fehlen – auch nichtmetallische Einschlüsse sein [10.9], weshalb hohe Reinheitsgrade gefordert werden müssen. Dies trifft auch für Sauerstoff zu, dessen Anteil durch geeignete Maßnahmen bei der Verdüsung und beim Pulverhandling auf Werte <100 ppm zu senken ist. Andernfalls wirken Oxidschichten auf den Pulverteilchen noch im verdichteten Werkstoff als Defekte und mindern die Festigkeit.

Einen Beitrag zur Erhöhung der Reinheit von Schnellarbeitsstahlpulvern und damit zur Vermeidung möglicher Defekte leistet das ESH-Verfahren (Electro Slag Heating) zur Herstellung „ultra-reiner" Pulver. Mit Graphitelektroden wird das Schmelzbad erhitzt und die Temperatur über den gesamten Verdüsungsprozess (Verdüsungsgas Stickstoff) konstant gehalten. Im ESH-Prozess wird die Schmelze bereits vor dem Beginn der Verdüsung für 30 Minuten bei Endtemperatur gehalten, wodurch Schlackeeinschlüsse separiert werden und sich der Zustand der Schmelze (Temperatur, Reinheit) stabilisiert [10.9]. Durch die hohe kinetische Energie des Verdüsungsgases können feine Pulver (<500 μm) hergestellt werden, deren schnellere Abkühlung die Homogenität verbessert.

Um die Kosten des heißisostatischen Pressens zu senken, wurden die Temperatur-Druck-Zeitregime optimiert. In der ersten Generation wurden die evakuierten Kapseln zunächst kaltisostatisch gepresst, dann in einem separaten Ofen auf die Endtemperatur (1050–1150 °C) erwärmt, in die HIP-Anlage umgesetzt und dort durch einen Druck von etwa 100 MPa zu einem Stahlblech verdichtet, dessen Porosität von der Blechgröße und der Verarbeitungstemperatur abhängt.

Wegen der immer noch relativ niedrigen Dichte des in der Kapsel kaltisostatisch gepressten Pulverhaufwerkes bildet sich im Anfangsstadium des Aufheizprozesses ein steiler Temperaturgradient aus, demzufolge O_2, S und C ins Blockinnere diffundieren und bei länger anhaltender Temperatureinwirkung grobe Mangansulfideinschlüsse gebildet werden können [10.10].

Seit Mitte der 80er Jahre wird dies mit einem modifiziertem Verfahren umgangen (2. Generation), indem die evakuierte gekapselte Pulverfüllung sogleich heißisostatisch verdichtet wird. Bei geeigneter Führung der simultan verlaufenden Druck- und Temperatursteigerung wird die Anreicherung von Verunreinigungen im zentralen Teil des Blockes nicht nur unterdrückt und eine gleichmäßige Verteilung feiner Mangansulfidpartikel erzielt [10.10], sondern auch die Verarbeitung von mit Schwefel dotiertem Schnellarbeitsstahl ermöglicht. Über die Bildung feiner Sulfidausscheidungen wird die Zerspanbarkeit des Stahls im Interesse einer effektiven Herstellung von Schnellarbeitsstahlwerkzeugen verbessert. Nachteile für die Gebrauchseigenschaften des gesinterten Stahles entstehen dabei nicht. Nach erfolgter Verdichtung beansprucht die Abkühlung eine relativ lange Zeit, da wegen der Gefahr der Rissbildung langsam und um die Molybdänheizer zu schützen bis unter die Oxidationstemperatur abgekühlt werden muss. Neueste Entwicklungen ermöglichen bei entsprechender Konstruktion der HIP-Anlage eine Materialentnahme bei hoher Temperatur, so dass Qualitätsvorteile der 2. Generation mit Kostenvorteilen durch geringere Zyklenzeiten einhergehen [10.9].

10.1 Gesinterte Schnellarbeitsstähle und hartstoffangereicherte Eisenbasislegierungen

Die Herstellung eines porenfreien Materials ist grundsätzlich möglich, aber angesichts noch weiterer verdichtender Verarbeitungsstufen nicht erforderlich. Das auf dem Block belassene Kapselmaterial dient als Oxidationsschutz. Es verhindert in allen Arbeitsstufen die mit einer Oxidation sonst verbundenen nachteiligen Folgeerscheinungen auf die Kohlenstoffbilanz und das Härten des Stahls. Das während der Weiterverarbeitung des Blocks meist stark abgedünnte Kapselmaterial wird erst bei der Verarbeitung zu Werkzeugen, z.B. durch Spanen oder Schleifen, entfernt. Für die Fertigung von Maschinenwerkzeugen, die große Innenbohrungen aufweisen, setzt man wegen ökonomischer Vorteile gleich rohrförmige Blöcke ein, deren Herstellung mit anwendungsnahen Abmessungen ebenfalls durch heißisostatisches Pressen erfolgen kann.

Neben den genannten Verfahren haben sich zur Verarbeitung von gleichfalls gekapselten Pulvern noch weitere Methoden eingeführt. Sie vereinen die durch das spezielle Gefüge des pulvermetallurgischen Schnellarbeitsstahls gegebenen Vorteile mit denen einer höheren Produktivität und eines geringeren Energieverbrauchs sowie geringerer Anlagenkosten oder verbesserter Materialausnutzung. Von diesen ist vor allem der STAMP-Prozess [10.11, 10.12], mit dem Formteile aus beliebigen Qualitäts- und Edelstahlpulvern hergestellt werden können, zu nennen. Er geht von Kapseln mit Pulver aus, die dem zu schmiedenden Teil in Form und Masse angepasst sind. Die Verdichtung der entgasten und erwärmten Pulverkapsel erfolgt mittels einer isostatischen Presse innerhalb von 5 min bei sehr hohem Druck. Anschließend wird das Halbzeug im Gesenk auf Form geschmiedet. Es können dafür aber auch andere bekannte Umformverfahren eingesetzt werden.

In diesem Zusammenhang gleichfalls zu erwähnen ist das Heißstrangpressen. Es verwendet kaltisostatisch in Kapseln vorverdichtete Pulver, die im Fall von Schnellarbeitsstahlqualitäten bei $\leq 1200\,°C$ stranggepresst werden, wobei ein Strangpressverhältnis von $\geq 1:10$ anzustreben ist. Das gegenüber der schmelzmetallurgischen Herstellung prozessstufenarme Verfahren wird bevorzugt zur Erzeugung von Profilen mit anwendungsgerechten Abmessungen eingesetzt und weist eine Materialausnutzung von $\geq 80\%$ aus. Man erhält Werkstoffe mit einer Austenitkorngröße zwischen 4 und 1,4 µm, die Carbidkorngröße beträgt 2 µm.

Der Metallpulverspritzguss (metal injection moulding) wird für die Verarbeitung von Schnellarbeitsstahl zur Herstellung formkomplexer Teile genutzt. Besondere Bedeutung kommt der Binderauswahl und dem Entbinderungs- und Sinterregime zu, damit eine hohe Dichte erhalten wird und O-, N-, C-Verunreinigungen durch den Binder vermieden werden [10.13, 10.14, 10.15].

Bei höheren Carbidanteilen als etwa 30 Vol.-% sind die Stahlschmelzen teigig und nicht mehr verdüsbar. Deshalb werden über die Zusammensetzung der Schnellarbeitsstähle hinaus hartstoffangereicherte Eisenbasislegierungen als Sinterverbundwerkstoffe hergestellt, denen die Eisenbasislegierung Zähigkeit, Bearbeitbarkeit und Korrosionsbeständigkeit, die carbidische Komponente hingegen Härte, Warmhärte und Verschleißfestigkeit verleihen. Es entstehen so Werkstoffe, die in ihrer Härte und ihrem Verschleißwiderstand den Stählen, hinsichtlich Verarbeitbarkeit und Zähigkeit aber den Hartmetallen überlegen sind und die Eigenschaftslücke zwischen Stahl und Hartmetall schließen. Die Herstellung derartiger Sinterverbunde geht von einem metallischen Matrixpulver bzw. -pulvergemisch aus, dem zur Carbidbildung Graphit oder direkt das entsprechende Carbidpulver untergemischt bzw. zugemahlen wird. Neben der Anwendung von Hartstoffen sind auch Hartstoff-Bindemetallgemische (z.B. TiC-Co u.a.) oder auch nichtmetallische Hartstoffe, wie z.B. Al_2O_3, SiC u.a. als Wirkkomponenten in Stähle eingebracht worden. Eine ausreichende Bindung zwischen Stahlmatrix und Hartstoff wird, sofern sie sich nicht stoffbedingt einstellen kann, durch einen mit beiden Komponenten reagierenden Zusatz herbeigeführt.

Die für hartstoffangereicherte Metallbasissinterlegierungen (Verbundwerkstoffe) verwendeten Pulvermischungen, deren Matrixpulver aus einer dem Anwendungszweck optimal angepassten Stahlsorte oder einer anderen Metall-, z.B. Nickelbasislegierung, bestehen und die Zusätze von Ti- und Cr-Carbid sowie weitere geringfügige Beimengungen beispielsweise zur Erhöhung der Härte nach dem Anlassen, zur Verminderung der Festkörperreibung oder zur Erleichterung der Sintervorgänge enthalten, erfordern nicht unbedingt eine Druckverdichtung bei hohen Temperaturen. Sie sind relativ gut verpressbar und können als konventionelle Pressteile oder auch in Form von großen, isostatisch kaltgepressten Blöcken in der „klassischen" Weise zu einem porenarmen Werkstoff (Porosität <3%) gesintert werden. Die Sinterbedingungen werden in Abhängigkeit von der Zusammensetzung der Matrix so eingestellt, dass zwischen 1300 und 1450°C gearbeitet und die mit dem Auftreten einer flüssigen Phase verbundene Sinterbeschleunigung genutzt werden kann. Vorteilhaft ist auch eine Vorreduktion des Materials mit nachfolgendem Dichtsintern unter Vakuum (10^{-2} Pa, 2 h). Die Abkühlungsgeschwindigkeit sollte 10 bis 100 K min^{-1} betragen, damit man ein weich geglühtes, für die Weiterbearbeitung gut geeignetes Material erhält. Grundsätzlich ist es auch möglich, einen Carbidskelettkörper mit 40 bis 60% Porosität herzustellen und diesen mit der Legierungsschmelze zu tränken.

Für Massenteile mit erhöhtem Verschleißwiderstand werden aber auch Pulvermischungen aus Schnellarbeitsstahl, z.B. S 6-5-3, und Zusätzen von bis zu 7 Masse-% TiC und bis zu 7 Masse-% Kupferphosphid Cu_3P verarbeitet. Das Dichtsintern der Presslinge (> 96% der theor. Dichte) kann infolge der Bildung einer niedrigschmelzenden flüssigen Phase im Temperaturbereich zwischen 1120 und 1160°C vorgenommen werden, d.h. hierfür ist ein kontinuierlich arbeitender Bandsinterofen ausreichend. Höhere Hartstoffgehalte wirken sich in der Regel sinterhemmend und folglich ungünstig auf Härte und Biegebruchfestigkeit der Werkstoffe aus, so dass sie für diese Sintermethode nicht in Betracht kommen. Ein anderes Beispiel ist ein mit Al_2O_3-Teilchen unter Zusatz von Silicium als Binder verstärkter Schnellarbeitsstahl AlSl M2 (analog S 6-5-1), der bereits bei 4 Vol.-% Al_2O_3 einen um 50% geminderten abrasiven Verschleiß aufweist; bei 20 Vol.-% Al_2O_3 sinkt er um eine Größenordnung [10.16].

Kennzeichnend für die Gefüge aller sintertechnisch hergestellten Werkzeugwerkstoffe sind ihre Feinkörnigkeit und die gleichmäßige Verteilung der Primärcarbide in der Matrix. Man findet sie sowohl bei Schnellarbeitsstählen, deren Carbidanteil 30 Vol.-% im Gefüge nicht übersteigt, als auch bei den hartstoffangereicherten Sinterwerkstoffen mit einem Carbidanteil zwischen 30 und 70 Vol.-%, unabhängig davon, ob die Matrix aus Schnellarbeitsstahl oder anderen Legierungen besteht. In gesinterten Schnellarbeitsstählen (Bild 10–2) tritt keine Carbidzeiligkeit auf. Die Primärcarbide sind bevorzugt in den Zwickeln der Körner eingelagert und von gleichmäßiger Größe. Es wurde schon erwähnt, dass die schnelle Erstarrung der Pulverteilchen beim Verdüsen die wesentliche Voraussetzung für die Ausbildung

10.1 Gesinterte Schnellarbeitsstähle und hartstoffangereicherte Eisenbasislegierungen   299

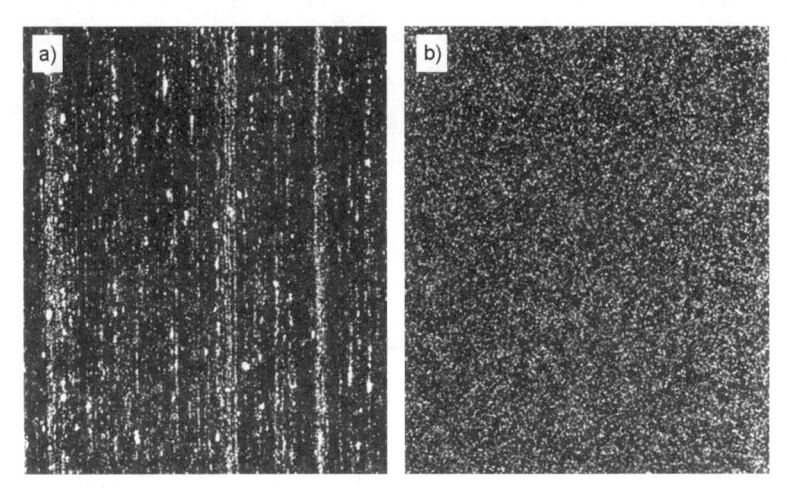

Bild 10–2. Vergleich des Gefüges von Schnellarbeitsstählen (Quelle: Sächsische Edelstahlwerke GmbH, Freital/Sa.); a) Schmelzmetallurgisch erzeugter Schnellarbeitsstahl; b) Pulvermetallurgisch erzeugter Schnellarbeitsstahl

dieses günstigen Gefüges darstellt. Darüber hinaus dürfte aber auch die Tatsache, dass die Gitterkonstanten von Martensit und Restaustenit im Pulverteilchen (Herstellungszustand) größer als im gehärteten, schmelzmetallurgisch erzeugten Stahl sind, von Bedeutung sein, da sie für eine höhere Löslichkeit von Legierungselementen und Kohlenstoff im dispergierten Stahl sprechen und im Pulverteilchen weniger Bereiche mit Zusammensetzungen, die zur Bildung eines Eutektikums führen können, existieren. Bei alledem ist jedoch eine genaue Überwachung der Parameter des Warmverdichtungsprozesses notwendig, um zu gewährleisten, dass der mittels der Pulver erzielbare Homogenitätsgrad des Gefüges im Halbzeug oder Formteil auch erhalten bleibt.

Das Härtungsverhalten von Schnellarbeitsstählen wird außer durch Härtemessung durch die Snyder-Graff-Kornzahl (Austenitkorngröße) beurteilt. Wie Bild 10–3 zeigt, weisen die Sinterstähle für niedrige bis mittlere (Austenitisierungs-) Härtetemperaturen die größeren Werte für die Kornzahl auf. Diese Aussage stimmt mit den Härtewerten, die etwas höher als die der erschmolzenen Vergleichsstähle sind, überein. Außerdem erreichen die gesinterten Schnellarbeitsstähle die Höchsthärte stets bei niedrigeren Austenitisierungstemperaturen. Hierin kommt die enge Beziehung zwischen Härtetemperatur und Primärcarbidkorngröße zum Ausdruck: Mit zunehmender Feinheit der Carbidkörner nimmt ihre Auflösungsgeschwindigkeit beim Lösungsglühen zu, bzw. die Carbide gehen schon bei niedrigerer Temperatur in Lösung; die erreichbare Höchsthärte (Härteannahme) ist aber unmittelbar vom Anteil der bei Härtetemperatur in Lösung gebrachten Carbide abhängig. Die Härte des Schnellarbeitsstahls wird wesentlich durch den Volumenanteil der Carbide M_6C und MC bestimmt. Die nach dem Austenitisieren und Abschrecken erreichte Härte kann noch durch eine oder mehrere Anlassbehandlungen beträchtlich erhöht werden, was auf die Ausscheidung von M_6C-Carbiden zurückzuführen ist (Bild 10–4). Alle Schnellarbeitsstähle erfordern die genaue Einhaltung der oberen Härtetemperatur,

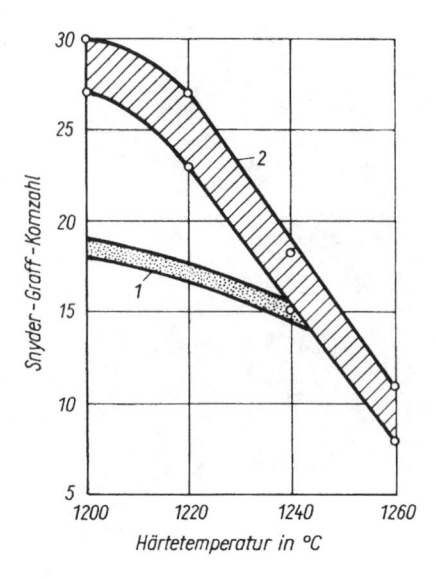

Bild 10-3. Snyder-Graff-Kornzahl in Abhängigkeit von der Härtetemperatur für schmelz- (*1*) und pulvermetallurgisch (*2*) durch Strangpressen und Walzen hergestellten Stahl (nach *W. Spyra* und *H. E. Lilienthal*).
Werkstoff: Schnellarbeitsstahl S 6-5-2 (Mo20) mit 6% W; 5% Mo; 1,8% V, 4,4% Cr; 0,87% C (in Masse-%); O_2-Gehalt des Pulvers 300 ppm

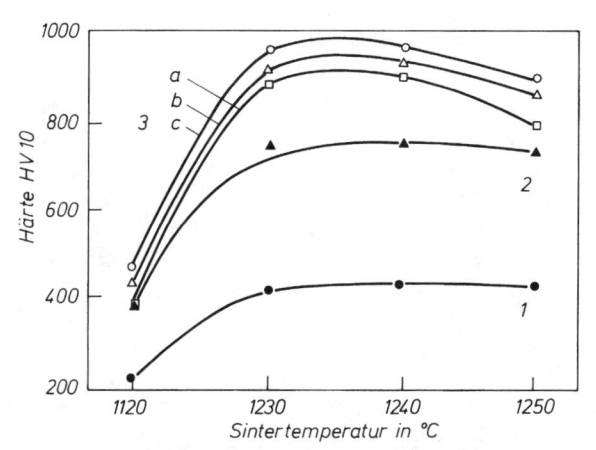

Bild 10-4. Zusammenhang zwischen Sintertemperatur und Härte von Schnellarbeitsstahl, engl. Stahlmarke T42 (S 10-4-3-11), nach dem Sintern sowie nach dem Härten und Anlassen (nach *P. K. Kar* und *G. S. Upadhyaya*). *1* Sinterzustand, Sinterdauer 90 min; *2* Härten 1200°C, 10 min, Abschreckung; *3a* 1 × Anlassen 550°C 1 h; *3b* 2 × Anlassen 550°C 1 h; *3c* 3 × Anlassen 550°C 1 h

um das Aufschmelzen des Eutektikums und mit dessen Wiedererstarren die Bildung eines Korngrenzen-Carbidnetzes zu vermeiden, das ein Absinken der erreichbaren Maximalhärte, mehr aber noch der Biegebruchfestigkeit nach sich zieht (Bild 10-5). Ungeachtet der Zunahme, die die Biegefließgrenze mit der Härtetemperatur erfährt, nimmt die Sprödigkeit bei fallender Biegebruchfestigkeit stark zu; beim Zusammentreffen beider Kennwertlinien erreicht sie ein Maximum. Die Bruchzähigkeit K_{Ic} nimmt mit steigender Härte ab. Ein linearer Zusammenhang zwischen beiden

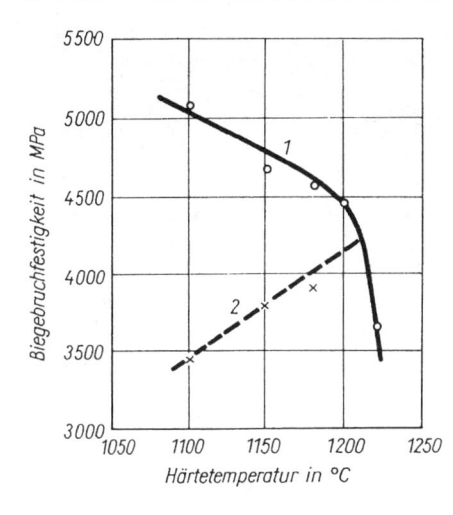

10.1 Gesinterte Schnellarbeitsstähle und hartstoffangereicherte Eisenbasislegierungen 301

Bild 10-5. Abhängigkeit der Biegebruchfestigkeit (*1*) und Biegefließgrenze (*2*) eines pulvermetallurgisch hergestellten Schnellarbeitsstahls von der Härtetemperatur (Quelle: Stora Koppaberg Edelstahlwerke AB, Schweden). Werkstoff: Schnellarbeitsstahl ASP 30, 3mal 1 h bei 560 °C angelassen

Größen besteht unabhängig davon, ob der Stahl lediglich gesintert oder isostatisch heißgepresst wurde.

Bei der Anwendung bietet der pulvermetallurgisch hergestellte Schnellarbeitsstahl häufig als Near-net-shape-Halbzeug materialökonomische Vorteile. Er zeichnet sich in der Regel durch gute Verarbeitungseigenschaften bei der Werkzeugherstellung aus. Die Werkzeuge erreichen in der Praxis hohe Standzeiten. Bild 10-6 enthält Angaben zum Verschleiß beim unterbrochenen Schnitt von aus Stabstahl oder durch Direktsintern hergestellten Schneidwerkzeugen. Die Zusammensetzung und die mechanischen Eigenschaften beider Schnellarbeitsstähle sind nahezu identisch. Der Sinterstahl weist ein um einige Mikrometer gröberes Carbidkorn und eine bis zu 10 Einheiten HV geringere Härte auf. Er kann aber i.d.R. bereits bei

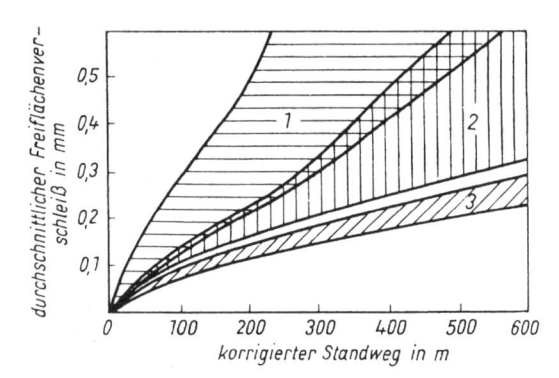

Bild 10-6. Verschleißuntersuchungen an aus erschmolzenem Stabstahl oder durch Direktsintern hergestellten Werkzeugen aus Schnellarbeitsstahl beim unterbrochenen Schnitt (nach *E. A. Dickinson* und *P. I. Walner*). Werkzeuge: engl. Stahlmarke T6 (21 Masse-% W; 0,5 Masse-% Mo; 1,5 Masse-% V; 4 Masse-% Cr; 8,0 Masse-% Co); *1* aus Stabstahl, quer zur Walzrichtung; *2* aus Stabstahl, in Walzrichtung; *3* Herstellung durch Direktsintern. Werkstück: engl. Stahlmarke EN 8, geschlitzt; Versuchsbedingungen: Schnittgeschwindigkeit 30 m/min; Vorschub 0,254 mm je Umdrehung; Spantiefe 2,54 mm; Spanwinkel 0,261 rad

Bild 10–7. Bauteile aus pulvermetallurgisch hergestelltem Schnellarbeitsstahl (links – Presswerkzeug; rechts – Fräser; BÖHLER Edelstahl GmbH)

Temperaturen um 1100 °C gehärtet werden und erreicht demzufolge die höhere Bruchzähigkeit. Die Unterschiede in der Standzeit beider Werkstoffsorten fallen relativ deutlich aus.

Bei gesinterten, höher mit Vanadium legierten ferritischen Werkzeugstählen wird die bei schmelzmetallurgisch erzeugten Stählen übliche Legierungsgrenze von 5 Masse-% V überschritten. Sie werden als hochverschleißfeste Sorten entweder mit ≤12 Masse-% Cr und bis zu 14,5 Masse-% V oder aber als verschleiß- und korrosionsbeständige Sorten mit ≥17 Masse-% Cr und < 9 Masse-% V hergestellt und in Werkzeug- und Maschinenbau eingesetzt [10.17]. Im weichgeglühten Zustand beträgt ihre Grundhärte 29 bis 43 HRC, nach dem Härten und Anlassen bis zu 64 HRC.

Auch die Sinterwerkstoffe des Typs Ferrotitanit (bis zu 45 Vol.-% Carbide, vor allem TiC), deren Matrix nicht aus Schnellarbeitsstahl besteht, dafür aber sehr anwendungsspezifisch variiert werden kann, haben in den meisten Fällen gegenüber den Hartmetallen gleichfalls den Vorteil der Härtbarkeit der Matrix, die z.B. aus Chromstahl, martensitischem Cr-Ni-Stahl oder Maraging-Stahl besteht [10.18]. Im Unterschied zu den Schnellarbeitsstählen weisen sie im weichgeglühten Zustand eine geringere Grundhärte (35 bis 50 HRC) auf, die die Verarbeitung des Halbzeugs zum Werkstück wesentlich begünstigt. Bereits benutzte Werkstücke können zum Zweck einer oder mehrfacher Nachbesserung weichgeglüht und danach durch Härten (und Anlassen) wieder in den Gebrauchszustand gebracht werden. Über die Zusammensetzung der Matrix und den Hartstoffgehalt lassen sich Sinterwerkstoffe herstellen, die sich neben einer vom Matrixzustand und Hartstoffgehalt abhängigen hohen Härte (46 bis 70 HRC) durch Verschleißfestigkeit, Warmhärte, Anlassbeständigkeit bis zu hohen Temperaturen, Korrosionswiderstand, hohen Elastizitätsmodul oder hohe Temperaturwechselfestigkeit auszeichnen. Sie finden als verschleißbeanspruchte Teile (Kap. 12) vor allem als Matrizen zum Pressen, in der Schneid- und Umformtechnik, sowie für Maschinenelemente, wie z.b. Rollen, Walzen oder Führungsleisten, Einsatz. Ferro-Titanit® hat ein geringes spezifisches Gewicht, der Werkstoff ist 50% leichter als Hartmetall und noch 15% leichter als Stahl. Bei Anwendungen mit hohen Fliehkräften ergeben sich dadurch Vorteile. Im Falle des Einsatzes bei hohen Temperaturen (bis 1100°C) müssen als Matrixmaterialien Superlegierungen verwendet werden.

Basierend auf dem Legierungskonzept von Schnellarbeitsstahl können Werkstoffe durch Sprühkompaktieren hergestellt werden. Im gehärteten und angelassenen Zustand liegt der Carbidgehalt bei 28%, der den konventioneller Schnellarbeitsstähle deutlich übersteigt. Die homogene Verteilung und die geringe Größe von ca. 4 µm sind charakteristisch. Das Sekundärhärtemaximum liegt bei 70 HRC [10.19].

10.2 Pulvermetallurgisch hergestellte Superlegierungen

Superlegierungen sind metallische Werkstoffe, die bei Temperaturen bis zu 85% ihrer absoluten Schmelztemperatur noch hohe Warmfestigkeit zeigen. Sie enthalten generell hohe Gehalte an Cr sowie eine Reihe anderer Legierungselemente (Tabelle 10-3), denen zufolge sie ausscheidungshärtbar (Al, Ti) und dispersionshärtbar (Y_2O_3) sind. Die pulvermetallurgische Herstellung von Superlegierungen auf Nickel-Basis bewährt sich in der Praxis immer dann, wenn Kostenvorteile aufgrund der möglichen endformnahen Herstellung oder Eigenschaftsvorteile durch homogenere und feinere Gefüge existieren. Superlegierungen vom ODS-Typ (oxide dispersion strengthened) auf Nickel-Basis und auf Eisen-Chrom Basis finden ebenfalls Anwendung in der Praxis.

Tabelle 10–3. Zusammensetzung von pulvermetallurgisch hergestellten Superlegierungen auf Ni-Basis

Bezeichnung	Zusammensetzung in Masse-%, Rest Ni									
	Cr	Co	Mo	W	Ta	Hf	Nb	Al	Ti	Y_2O_3	Andere
IN-718	18,0	–	3,0	–	–	–	5,0	0,5	0,9	–	0,004B
IN-100	12,4	18,5	3,2	–	–	–	–	4,4	4,4	–	0,85V; 0,03B; 0,06Zr
René 88DT	16,0	13,0	4,0	4,0	–	–	0,7	2,0	3,7	–	0,015B; 0,03Zr
René 95	13,0	8,0	3,6	3,5	–	–	3,5	3,5	2,5	–	0,01B; 0,05Zr
Nimonic AP 1	15,0	17,0	5,0	–	–	–	–	4,0	3,5	–	0,02B; 0,04Zr
Udimet 720	18,0	14,7	3,0	1,3	–	–	–	2,5	5,0	–	0,33B; 0,03Zr
Merl 76	12,4	18,5	3,2	–	–	0,8	1,7	5,0	4,3	–	0,02B; 0,04Zr
MA 754[1)]	20,0	–	–	–	–	–	–	0,3	0,5	0,6	1,0Fe
MA 758[1)]	30,0	–	–	–	–	–	–	0,3	0,5	0,6	1,0Fe; 0,05C
PM1000[1)]	20,0	–	–	–	–	–	–	0,3	0,5	0,6	3,0Fe
PM1500[1)]	30,0	–	–	–	–	–	–	0,3	0,5	0,6	

[1)] Oxid-dispersionsgehärtete (ODS-)Legierung

Bei den Eisen-Chrom-Basislegierungen, die im Motorenbau, der Glasverarbeitung oder im Hochtemperaturofenbau sowie im Chemieanlagenbau eingesetzt werden, stehen deren Warmfestigkeit und Oxidationsbeständigkeit als Gebrauchseigenschaften im Vordergrund. Sie enthalten mindestens 13 Masse-% Cr sowie Zusätze von Al und Ti und hochschmelzenden Oxiden (Y_2O_3). Alle diese Legierungen [10.20] bilden Chrom- bzw. Aluminiumoxidschichten, die durch zugesetzte Oxide, wie Y_2O_3, verstärkt oder stabilisiert werden und denen sie ihre hohe Oxidationsbeständigkeit zu danken haben. Ausführlichere Darstellungen zu den ODS-Sinterlegierungen finden sich in den Arbeiten [10.21, 10.22, 10.23, 10.24 und 10.25].

Die schmelzmetallurgische Herstellung der Superlegierungen ist ähnlich wie bei den Schnellarbeitsstählen von groben Ausscheidungen und geminderter Warmumformbarkeit begleitet; manche Legierungen, deren Komponenten sich in der Schmelztemperatur stärker unterscheiden, sind überhaupt davon ausgeschlossen. Nachteilig ist weiter, dass das Gussgefüge auch durch eine lange Homogenisierungsglühung z.T. nicht befriedigend beseitigt werden kann und bei der weiteren Verarbeitung der Legierungen höhere Verluste kostbaren Materials auftreten. Mit Hilfe der Sintertechnik können diese Nachteile umgangen und Material- und Fertigungskosten eingespart werden. Für Werkstücke mit Durchmessern bis ca. 200 mm bieten im Elektronenstrahl umgeschmolzene, heißstranggepresste und zurückgeschmiedete Werkstoffe noch ein z.B. für Turbinenscheiben geeignetes Material, insbesondere wegen der geringen Gasgehalte (O_2, N_2 < 20 ppm) und Fremdeinschlüsse [10.26]. Materialien mit einem Durchmesser von mehr als 200–300 mm bleiben aber der Sintertechnik vorbehalten, auch weil sich hier häufig die materialökonomisch vorteilhafte Near-net-shape-Technik für den Formgebungsprozess anwenden lässt [10.27].

Wegen der gesteigerten Anforderungen an die Reinheit (Gase, Oxide, Schlacken) sowie ein gleichmäßig beschaffenes Gefüge der Pulver verwendet man für die ausscheidungsgehärteten Sinter-Superlegierungen als Ausgangsmaterial in der Regel durch Dispergierung einer Schmelze unter Inertgas (Argon) gewonnene Legierungspulver; die Abkühlungsgeschwindigkeit bei der Dispergierung beträgt $\geq 10^2$ Ks^{-1}.

Weitere Verfahren zur Herstellung von Superlegierungspulver sind die Zentrifugalverdüsung (REP (rotating electrode process)-Prozess) und die Vakuumverdüsung von mit Gas gesättigten (z.B. H_2) Schmelzen. Diese Methode mit Abkühlgeschwindigkeiten von 10^3 Ks^{-1} wurde für IN100 oder MERL76 erfolgreich angewendet. Erstgenanntes Verfahren mit Abkühlgeschwindigkeiten von 10^5 Ks^{-1} hat sich in der Praxis bisher nicht durchgesetzt.

Die Pulvernachbehandlung wird mit erhöhter Sorgfalt durchgeführt, z.B. durch elektrostatische Abtrennung von Oxid- und Schlackenteilchen oder durch Windsichten im Edelgasstrom zur Entfernung von Teilchen mit Gaseinschlüssen (Hohlkugeln). Dem letztgenannten Zweck dient auch eine Absiebung von Teilchen >150 µm, da mit zunehmender Teilchengröße verdüster Pulver die Wahrscheinlichkeit, dass Hohlkugeln mit vorliegen, zunimmt. In der Praxis hat sich die Verarbeitung von Pulvern mit Teilchengrößen <75 µm bewährt, da sie geringere Gasgehalte und Verunreinigungen sowie im Gefüge eine kleinere Primärkorngröße als gröbere Pulver aufweisen. Obwohl hierbei bereits etwa 50% der Produktkosten, z.B. einer Turbinenlaufscheibe, anfallen, trägt diese Maßnahme entscheidend zur Verbesserung der Eigenschaften, insbesondere der niederzyklischen Belastbarkeit der Teile bei.

Die Herstellung von dispersionsgehärteten Legierungen (ODS-Legierungen, z.B. MA-Typ in Tabelle 10–3, bzw. Legierungen auf Fe-Cr-Basis) geht von einem Material aus, das aus einem Gemisch von Element- und Vorlegierungspulver (das hauptsächlich die reaktiven Metalle enthält und sie vor einer Oxidation schützt) über mechanisches Legieren gewonnen wurde. Das Verarbeiten der Pulvergemische geschieht im Labor in Attritoren oder Planetenkugelmühlen; große Chargen werden in Kugelmühlen behandelt. Das dabei eintretende mechanische Legieren erfolgt über Zerkleinerung, Verschweißen und Wiederaufbrechen der Mahlgutteilchen, bis schließlich im Verlaufe der Mahlung über ein Lamellengefüge der gebildeten Mahlzwischenprodukte lichtmikroskopisch homogene Pulverteilchen vorliegen.

Die Legierungspulver zeigen ein extrem feinkörniges Gefüge, in dem die festigkeitssteigernden Dispersoide und die Legierungselemente sehr homogen verteilt sind. Die Größe der Dispersoide (Y_2O_3, siehe Tabelle 10–3) liegt im Bereich weniger Nanometer.

Zur Verarbeitung der Pulver aller Herstellungskonzepte existieren verschiedene Varianten, denen gemeinsam ist, dass die Pulver in gekapselter Form, durch isostatisches Heißpressen, Heißstrangpressen (-extrudieren) und Warmschmieden oder durch eine Kombination dieser Methoden zu porenfreien Körpern verdichtet werden. Die in Kapseln gefüllten Pulver werden durch eine Vakuumglühung entgast. Anderenfalls können bei einem Gehalt an (Edel-)Gasen von ≥ 2 ppm im verdichteten Werkstoff bei den nachfolgend notwendigen Wärmebehandlungen oberhalb 1200°C gasinduzierte Mikroporen entstehen, die eine Zähigkeitseinbuße der Superlegierung hervorrufen (Bild 10–8a).

Der werkstofftechnisch zweckmäßigste Weg ist das Heißstrangpressen eines vorverdichteten Körpers (z.B. HIP), das eine vollständige Verdichtung der Pulver sichert, das Gefüge weiter verfeinert und durch die hohe Umformung eine Verteilung der noch geringen Verunreinigungen auf den ehemaligen Teilchenoberflächen im Gefüge bewirkt. Der teilchengrößenabhängige Einfluss der Einschlüsse auf die Festigkeit wird gemindert, und die erhaltene Korngröße des Strangpresslings zwischen 0,15 und 3 µm bietet optimale Voraussetzungen für eine bei der Rekristalli-

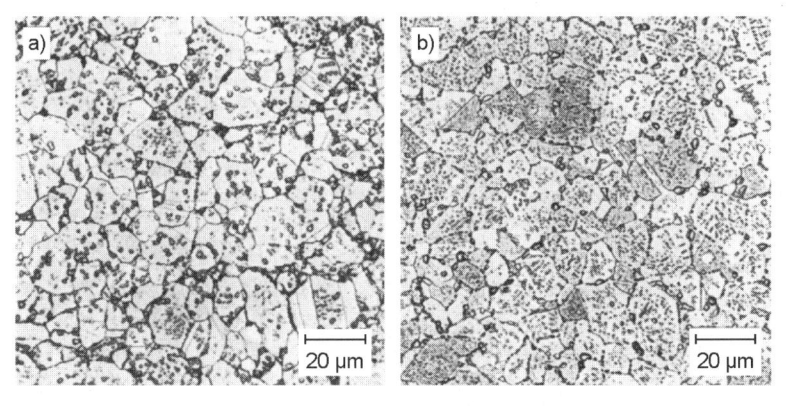

Bild 10–8. Gefüge von Nickelbasis-Sintersuperlegierungen (MTU Aero Engines München GmbH), s.a. Tabelle 10.3; a) Gefüge von Nimonic AP 1, nicht nachgeschmiedet, mit gasinduzierten Poren; b) Gefüge von Udimet 720, nachgeschmiedet, porenarm

Tabelle 10-4. Mechanische Eigenschaften von wärmebehandelten Werkstoffen für Laufradscheiben, hergestellt aus Pulvern der Nimonic-Legierung AP1 durch isostatisches Heißpressen mit anschließendem konventionellem Schmieden (nach [10.30])

Temperatur des HIP in °C	Probendurchmesser in mm	Lösungsglühen in h/°C/A*)	Kurzzeitfestigkeit, 650°C					Zeitbruchgrenze, 750 MPa, 705°C			Niederzyklische Ermüdung, 1080 MPa, 600°C Zahl der Lastwechsel
			0,2-Dehngrenze in MPA	Zugfestigkeit in MPa	Bruchdehnung in %	Einschnürung in %	Kerbzugfestigkeit in MPa	glatte Probe in h	Bruchdehnung in %	gekerbte Probe in h	
1150	150	4/1100/L	971	1307	30,4	31,6	1869	42	30,1	195	> 276000
1150	150	4/1080/Ö	1120	1513	23,2	24,2	1992	64	15,3	159	> 307000
1150	150	4/1100/M	1037	1381	30,4	46,7	1776	88	20,4	163	> 214000
1220	150	4/1100/L	999	1328	28,6	32,7	1868	45	20,5	188	> 155000
1220	150	4/1080/Ö	1085	1463	23,2	23,4	1941	66	17,2	247	> 228000
1220	150	4/1100/M	1052	1383	25,0	25,8	1844	74	16,9	315	> 242000
1150	475	4/1100/L	952	1320	29,5	31,4	1521	85	22,9	500	> 35000
1150	475	4/1080/Ö	993	1356	26,1	28,0	1785	113	20,3	450	> 100000

*) A Abschreckmedium: L = Luft; Ö = Öl; M = 50% Wasser, 50% wasserlösliches Polymer; Anlassbedingungen: 24 h/650°C/Luftabkühlung und 8 h/760°C/Luftabkühlung

10.2 Pulvermetallurgisch hergestellte Superlegierungen

sation angestrebte Grobkornbildung. Das Strangpressverhältnis für vorverdichtete Pulver kann bei 3:1 liegen. Werden nicht vorverdichtete Pulver stranggepresst, ist ein Strangpressverhältnis von mindestens 7:1 notwendig. Typische Strangpresstemperaturen liegen im Bereich von 1040–1175°C [10.28]. Das Strangpressen bleibt jedoch auf geringe Querschnitte beschränkt und man erhält dabei nur das Vormaterial für kleine Turbinenbauteile (Bild 10–9).

Für die Herstellung größerer Turbinenschaufeln wird das isostatische Heißpressen (HIP) eingesetzt. Da der Prozess bei höheren Temperaturen stattfindet als das Heißstrangpressen, erhält man ein Gefüge mit gröberem Korn, dessen Umformung höhere Kräfte erfordert, das sonst aber nicht nachteilig für die Eigenschaftsentwicklung ist. Zur Reduzierung des nachfolgenden Fertigungsaufwandes wird die near-net-shape Technik forciert betrieben. Bei einigen Legierungen lassen sich damit über 75% Materials und ungefähr 50% Fertigungskosten einsparen.

Das HIP der gekapselten Pulver kann wenig unterhalb oder oberhalb der Lösungsglühtemperatur der γ'-Phase vorgenommen werden. Bevorzugt wird im Bereich bis zur Lösungsglühtemperatur gearbeitet, da hierbei ein feinkörniges Gefüge entsteht, das im Hinblick auf die zur endgültigen Einstellung der Werkstoffeigenschaften noch ausstehende Wärmebehandlung Vorteile bietet. Das isostatische Heißpressen wird typischerweise im Temperaturbereich von 1093–1204°C und einem Druck von ungefähr 100 MPa durchgeführt [10.28]. Das Gefüge isostatisch heißgepresster Superlegierungen ist spannungsfrei, es spricht anders auf eine Wärmebehandlung an als z.B. ein danach noch heißgeschmiedetes. Dadurch lassen sich offenbar die im Zusammenhang mit der Wärmebehandlung verschieden großer Werkstoffquerschnitte auftretenden Restspannungen, die die Anwendungseigenschaften beeinträchtigen, besser beherrschen, als dies bei geschmiedeten Werkstücken der Fall ist.

Bild 10–9. Leitschaufelprofile für Gasturbinen, gefertigt aus der dispersionsverfestigten Nickelbasis-Superlegierung PM 1000 (Mit freundlicher Genehmigung der Plansee AG, Österreich)

Jedoch können bei dieser Verarbeitungsvariante (alleiniges HIP) auch unerwünschte metallurgische Reaktionen auftreten, die sich nachteilig auf die von der Zähigkeit beeinflussten Eigenschaften sowie auf das Rekristallisationsverhalten auswirken. Eine davon ist die Bildung von sehr stabilen Filmen aus Titancarbid auf den ursprünglichen Oberflächen der Pulverteilchen, deren Entstehung durch einen erhöhten Gehalt der Pulver an Sauerstoff und Stickstoff begünstigt wird. Man begegnet ihr einmal durch drastische Senkung des C-Gehaltes der Legierung ($\leq 0{,}02\%$) und einen Zusatz sehr stabiler Carbidbildner (Tantal, Niob oder Hafnium). Die Verdichtung kann dann in dem schmalen Temperaturintervall zwischen Solidus- und Lösungsglühtemperatur der γ'-Phase, meist einige Kelvin unterhalb der letztgenannten, vorgenommen werden. Zum anderen lässt sich der TiC-Film dadurch zerstören, dass man das Verdichten oberhalb der Lösungsglühtemperatur durchführt, was allerdings auf Kosten der meist angestrebten Kornfeinheit des Gefüges geht.

Die Modifizierung der chemischen Zusammensetzung von Superlegierungen hat Auswirkungen auf die Verarbeitbarkeit und die mechanischen Eigenschaften. Die Optimierung der Bor und Zirkongehalte in der PM Udimet 720 Legierung hat beispielsweise positive Auswirkungen auf das LCF-Verhalten, die Kriechfestigkeit und die Zugfestigkeit [10.29].

Das Sprühkompaktieren von Superlegierungen ist Gegenstand von Entwicklungsarbeiten. Sprühkompaktierte Werkstoffe haben eine Dichte von >99%, ein anschließendes Nachverdichten durch HIP oder anderer Warmumformschritte um vollständig verdichtete Bauteile mit besseren Eigenschaften zu erhalten, ist notwendig. Die Vorteile des Verfahrens sind die geringeren Kosten, da Pulverhandling, Kapseln und Vorkompaktierung entfallen. Nachteile ergeben sich aufgrund gröberer Gefüge und der Möglichkeit von Fremdeinschlüssen im Werkstoff. Kommerzielle Anwendungen sind derzeit nicht bekannt. Als weitere Möglichkeit der Konsolidierung ist das Sintern gekapselter Pulver unter Normaldruck (CAP-consolidation at atmospheric pressure) zu nennen.

In für sehr hohe Anwendungstemperaturen vorgesehenen Superlegierungen wird die Legierungszusammensetzung so verändert, dass im ausscheidungsgehärteten Gefüge bis zu 60 Vol.-% an γ'-Phase vorliegen können. Grundsätzlich neigen solche Legierungen bereits beim isostatischen Heißpressen unterhalb der Lösungsglühtemperatur der γ'-Phase zu einer Ausscheidung und Überalterung der γ'-Phase. Darüber liegende Verdichtungstemperaturen und die in der isostatischen Presse geringe Abkühlgeschwindigkeit begünstigen bei Werkstofftypen, die zur Verbesserung der Hochtemperatureigenschaften mit Bor legiert sind, boridhaltige Korngrenzenausscheidungen. Diese und andere Gefügeinhomogenitäten, wie auch Poren und Fremdphasen, wirken sich in den zu Turbinenlaufrädern verarbeiteten Werkstoffen besonders negativ auf die niederzyklische Beanspruchbarkeit aus, die während der An- und Abfahrphase einer Turbine neben einer hohen mechanischen und thermischen Beanspruchung eintritt. Eine Wärmebehandlung (Lösungsglühen, Abschrecken, Aushärten und Anlassen) kann die während des isostatischen Heißpressens entstandenen Mängel nur bedingt beheben, eine entscheidende Veränderung des Gefüges bedarf einer weiteren Warmumformung des Werkstoffes (Warmschmieden, Bild 10–8b).

Nicht nur zur Beseitigung der in Pulvern mit hohem Anteil an γ'-Phase während des isostatischen Heißverdichtens entstandenen Ausscheidungen, sondern auch

10.2 Pulvermetallurgisch hergestellte Superlegierungen

zur Einstellung von Zuständen, die bei der nachfolgenden Wärmebehandlung der Werkstücke die Herausbildung eines besonderen Gefüges begünstigen, wird häufig die kombinierte Variante HIP (bzw. Extrudieren) plus konventionelles oder isotermes Warmschmieden eingesetzt. Die aus der Schmelze dispergierten Pulver weisen feindisperse Segregationen und eine kleine Kristallitgröße auf, so dass hohe Warmformgrade möglich sind. Extrudiertes IN-100-Material beispielsweise hat eine Korngröße von weniger als 5 μm, so dass unter Ausnutzung des dadurch gegebenen superplastischen Verhaltens der Werkstoff über ein isothermes Schmieden direkt zu Scheiben geformt werden kann (Gatorizing-Prozess). Es scheint, dass die kombinierte Verarbeitung (wenn auch mit größerem Fertigungsaufwand) ein Material mit weniger rissempfindlichem Gefüge und mit einer für niederzyklische Beanspruchung höheren Lebensdauer [10.30] als das nur heißisostatisch verdichtete liefert.

Durch HIP konsolidiertes und anschließend wärmebehandeltes Material aus Udimet 720 zeigen im Vergleich zu extrudiertem und anschließend geschmiedetem Material ähnliche Eigenschaften (Zugfestigkeit, LCF-Verhalten). Es ergeben sich geringere Kosten aufgrund der Einsparung von Prozessschritten und der Möglichkeit der near-net-shape Fertigung [10.31].

Beim isothermen Schmieden wird das Werkstück auf einer gleichbleibenden Temperatur gehalten, die unterhalb oder oberhalb der Lösungsglühtemperatur der γ'-Phase liegen kann. Meist wird jedoch keine einschneidende Veränderung des Gefüges erzielt. Das konventionelle Schmieden dagegen geschieht nach einmaliger Erwärmung des Werkstücks auf eine Temperatur von maximal 1100°C bei einer mit zunehmendem Umformgrad fallenden Temperatur. Es bietet gute Voraussetzungen, mit der nachfolgenden Wärmebehandlung eine optimale Kombination der erwünschten Werkstoffeigenschaften einzustellen. Tabelle 10–4 enthält Eigenschaftswerte von einem nach der letztgenannten Verfahrensvariante zu Laufradscheiben verarbeiteten Werkstoff, dessen Wärmebehandlung dem durch das Schmieden erzeugten Gefügezustand angepasst wurde. Man erhält auf diese Weise ein regelmäßiges, sehr feinkörniges Gefüge bzw. ein als necklaced bezeichnetes Gefüge mit unterschiedlicher Korngröße und spezieller Kornanordnung. Beide verleihen dem Werkstoff eine hohe Kurzzeit- und Zeitstandfestigkeit sowie eine hohe Lebensdauer bei niederzyklischer Belastung. Die in Tabelle 10–4 angeführten Kennwerte übertreffen die von den bisher für diese Zwecke verwendeten Guss- und Knetlegierungen, in der niederzyklischen Lebensdauer auch die von nur isostatisch heißgepressten oder noch zusätzlich isotherm geschmiedeten Werkstoffen des untersuchten Legierungstyps.

Eine andere Möglichkeit, durch nachfolgendes Warmschmieden ein anwendungsoptimiertes Gefüge herzustellen, besteht darin, dass die Umformung so vorgenommen wird, dass an verschieden beanspruchten Stellen des Werkstücks unterschiedliche Umformgrade und demzufolge auch Korngrößen vorliegen. Die nachfolgende Ausscheidungshärtung wird dann ohne vorheriges Lösungsglühen durchgeführt. Es können auch getrennt erzeugte Teile mit unterschiedlichen Eigenschaften miteinander verbunden werden. Im Fall einer Turbinenlaufradscheibe beispielsweise wird der Bohrungsbereich aus einer Legierung mit hoher Zugfestigkeit und niederzyklischer Belastbarkeit, der Laufkranz dagegen aus einer Superlegierung mit hoher Kriechfestigkeit gefertigt. Kern und Laufkranz werden durch HIP hergestellt und isotherm unter Bildung einer Diffusionsverbindung verschmiedet. Wegen der unterschiedlich hohen γ'-Lösungsglühtemperatur ist es nach dem Ausscheidungshärten möglich,

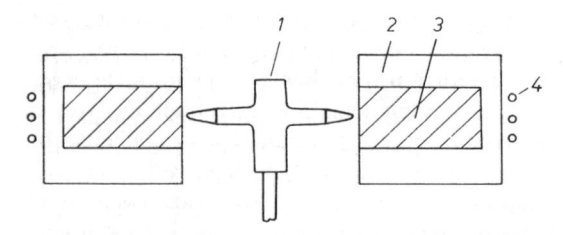

Bild 10–10. Prinzipdarstellung einer Anordnung für radial gerichtete Rekristallisation an Turbinenbauteilen (nach G. H. *Gessinger*): *1* Laufradscheibe mit Turbinenschaufeln; *2* Isolationsmaterial; *3* Suszeptor aus Graphit; *4* Induktionsspule

den Laufkranz auf Grobkorn zu rekristallisieren [10.32]. Oder es wird, wie in Bild 10–10 schematisch dargestellt, die Wärmebehandlung des komplexen Turbinenteils aus einer Legierung in einem Temperaturgefälle vorgenommen. Hiernach rekristallisiert der Bereich mit den Turbinenschaufeln bei der höchsten, die Bohrungszone der Laufradscheibe dagegen bei der niedrigsten Temperatur. Im erstgenannten Fall entsteht ein grobkörniges Gefüge mit einer radial orientierten Anisotropie, das dem Werkstoff die bei hohen Anwendungstemperaturen geforderte Kriechfestigkeit verleiht. In der Bohrungszone der Laufradscheibe bildet sich dagegen ein feinkörniges isotropes Gefüge, das den Werkstoff mit hoher Zugfestigkeit in die Lage versetzt, die im Betrieb auftretenden Kräfte aufzunehmen.

Schließlich können die mechanischen Eigenschaften von Superlegierungen auch über eine Kombination von Ausscheidungshärtung und mechanischer Beanspruchung (thermomechanische Behandlung) eingestellt werden [10.33]. Sie kann einmal dazu dienen, das für eine superplastische Verformung erforderliche Gefüge auszubilden. Hierzu bieten die porenfrei gefertigten Sinterlegierungen gute Voraussetzungen, da sie keine Makroseigerung aufweisen. Die Legierung wird kurz unterhalb der Rekristallisationstemperatur stranggepresst und bei adiabatischer Wärmezufuhr rekristallisiert. Es entsteht ein isotropes Gefüge mit einer Korngröße zwischen 1 und 10 µm, das sich mit geringer Energie superplastisch weiter verformen lässt. Nach dem Anlassen auf meist 930 bis 1090 °C, bei dem zuerst Kornwachstum und dann die Ausscheidung der γ'-Phase stattfinden, hat die Sinterlegierung Eigenschaften, die denen der in gleicher Weise thermomechanisch behandelten Gusslegierung überlegen sind. Zum anderen kann die thermomechanische Behandlung dazu benutzt werden, die Legierung zu verfestigen und im Endzustand ein grobkörniges Gefüge (Korngröße einige mm) zu erreichen, mit dem erhöhte Zeitstandfestigkeit verbunden ist.

Mit der Möglichkeit der near-net-shape Herstellung formkomplexer Teile bietet sich das MIM (metal injection moulding) als Herstellungsvariante für Bauteile aus Superlegierungen an. Die Verarbeitung von gasverdüsten IN-718 Pulvern mit anschließender Vakuum- oder Wasserstoffsinterung ist möglich, eine anschließende Nachverdichtung durch HIP zur Verbesserung der Eigenschaften ist aber erforderlich [10.34, 10.35, 10.36]. Der möglichen Kosteneinsparung von bis zu 50% stehen derzeit aber ungenügende Eigenschaften im Vergleich zu geschmiedeten Werkstoffen gegenüber [10.37]. Durch MIM hergestellte Legierungen, wie z.B. IN-100, IN-718 oder HX und N90, zeigen bei Raumtemperatur mechanische Eigenschaften, die mit Gusslegierungen und zum Teil Knetlegierungen vergleichbar sind [10.38].

Die für den Einsatz bei hohen Temperaturen entscheidende mechanische Kenngröße ist die Kriechfestigkeit. Sie lässt sich über Korngröße und -form sowie über eine Teilchenhärtung (Kombination von Ausscheidungs- und Dispersionshärtung) merklich beeinflussen.

Die beste Hochtemperatur-Kriechfestigkeit zeigen die ODS-Legierungen (z.B. MA-Typ in Tabelle 10–3). Zu ihrer Gewährleistung muss das nach dem Heißstrangpressen feinkörnige Gefüge über Zonen-Rekristallisieren (Rekristallisation im Temperaturgradienten) in ein Stapelfasergefüge mit großem Kornlängen-Korndurchmesser-Verhältnis (analog dem Gefüge des Wolframdrahtes) überführt werden. Erst danach stellt man mit konventionellen Bearbeitungsverfahren die Endform her.

Die ODS-Legierungen [10.21, 10.22, 10.23] haben von allen bekannten Superlegierungen die nicht nur beste Hochtemperatur-Kriechfestigkeit, sondern sind auch hinsichtlich ihrer hochzyklischen Ermüdungseigenschaften den Superlegierungen ohne Dispersoid gleich, wenn nicht sogar überlegen. Das Festigkeitsverhalten der ODS-Legierungen wird im Bereich mittlerer Temperaturen von den γ'-Ausscheidungen, im Hochtemperaturgebiet, wo γ'-Dispersoide und Carbidpartikel rasch eine Vergrößerung erfahren (überaltern) oder in Lösung gehen, von den feindispersen Y_2O_3-Teilchen bestimmt. Die Oxidpartikel verfestigen nicht nur die Metallmatrix, sondern vermindern auch direkt (als Korngrenzeneinlagerungen, -stopper) und indirekt (über die Induzierung des Stapelfasergefüges) die Gefahr des Korngrenzengleitens.

Gleichfalls zum ODS-Legierungstyp gehören die warmfesten und oxidationsbeständigen Fe-Cr-Basis-Sinterlegierungen. Sie enthalten i.d.R. ≥13 Masse-% Cr, ≥5 Masse-% Al und gegebenenfalls nur geringe Mengen anderer Elemente. Die entsprechenden Guss- und Knetlegierungen zeigen oberhalb 1250°C einen starken Abfall der Warmfestigkeit, Kornwachstum und Versprödung sowie eine geringe Kriechfestigkeit. Durch eine Dispersionshärtung kann dieses Verhalten zumindest partiell entscheidend verbessert werden. Für die pulvermetallurgische Herstellung derartiger Materialien bietet sich das mechanische Legieren an, wobei 0,6 Masse-% Y_2O_3 als Dispersat in die Fe-Cr-Al-Basis eingebracht werden. Nach dem Intensivmahlen liegt das Oxid mit einer Teilchengröße von 10 bis 50 nm in der Matrix vor, deren Weiterverarbeitung in bekannter Weise durch HIP, Strangpressen oder Warmschmieden erfolgt. Über die Warmverdichtung und -umformung wird derart auf die Gefügeausbildung Einfluss genommen, dass in der Regel ein feinkörniges Material anfällt, das in abgestimmter Folge von Wärme und Umformgrad zu Blechen gewalzt werden kann.

Das mechanische Legieren verleiht den ODS-Legierungen auf Fe-Cr-Al-Basis eine ausgezeichnete Warmfestigkeit und Kriechbeständigkeit. Durch Rekristallisationsglühen des zu Teilen verarbeiteten Werkstoffs kurz unterhalb der Schmelztemperatur (≈1470°C) wird ein Grobkorngefüge eingestellt, das insbesondere bei dünnen Blechen eine sehr starke Anisotropie aufweist (Korndurchmesser zu Kornlänge bis 1 zu 50; Bild 10–11), die dem Material die hohe Zeitstandfestigkeit verleiht. So werden Werte der 1000 h-Zeitstandfestigkeit genannt, die die der anderen Superlegierungen übersteigen [10.23, 10.39].

Von entscheidender Bedeutung beim Einsatz der dispersionsgehärteten Fe-Cr-Al-Basislegierungen in Brennern von Kleinturbinen, Hochtemperaturwärmetauschern oder Bauteile in Hochtemperaturöfen (Bild 10–12) ist die Ausbildung einer

Bild 10–11. Gefüge der dispersionsgehärteten Fe-Cr-Al-Sinterlegierung PM 2000. Dünnes Band nach vollständiger Wärmebehandlung (Quelle: Plansee AG, Österreich)

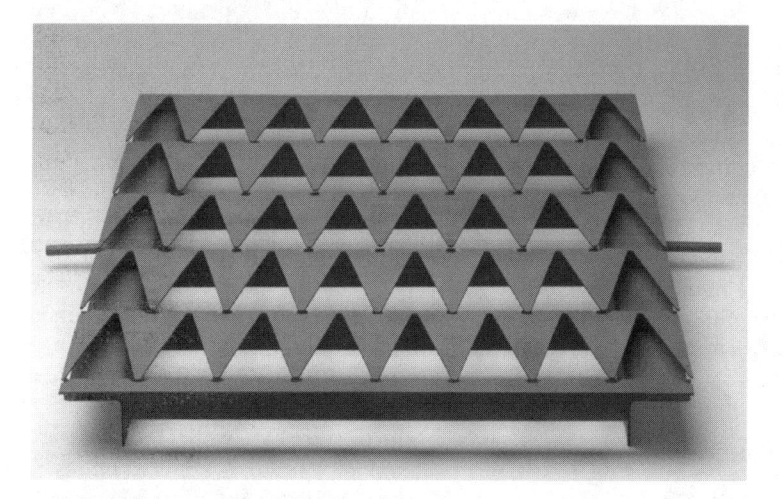

Bild 10–12. Chargiergestell für Wärmebehandlung an Luft bis ca. 1300 °C mit Al_2O_3-Schutzschicht durch Voroxidationsprozess (Mit freundlicher Genehmigung der Plansee AG, Österreich)

festhaftenden und oxidationshemmenden Schutzschicht. Sie bildet sich an Luft und besteht aus feinen Al_2O_3-Körnern, die durch das Y_2O_3-Dispersat stabilisiert werden. Neben der verbesserten Oxidationsbeständigkeit ist auch eine erhöhte Beständigkeit in schwefel-, kohlenstoff- und stickstoffhaltiger Atmosphäre nachgewiesen (Bild 10–13) [10.23].

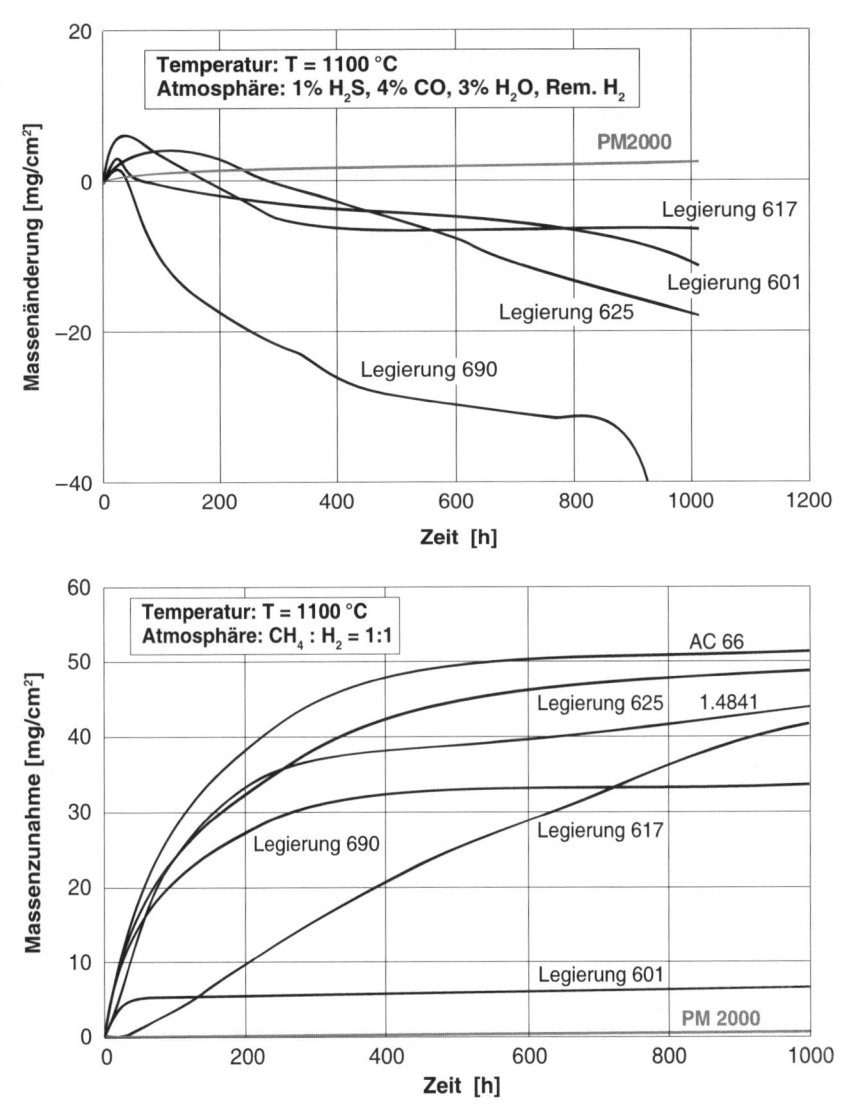

10.2 Pulvermetallurgisch hergestellte Superlegierungen

Bild 10–13. Massenänderung von PM 2000 in a): schwefel- und b): kohlenstoffhaltiger Atmosphäre im Vergleich (Mit freundlicher Genehmigung der Plansee AG, Österreich)

Literatur zu Kapitel 10

[10.1] *Hoffmann, G.* und *K. Dalal*: Powder Met. Int. 11 (1979), 177
[10.2] *Tallachia, S., J. Amador, R. Reinstadler* und *J. Urcola*: Metal Powder Report, (1995) 16–20
[10.3] *Talacchia, S., F. Oliveira, M. Oliviera* und *J. Urcola*: Sintering of Modified M35M High Speed Steels in a Nitrogen Rich Atmosphere below 1150°C, In: *Cadle, T. und K. Narashimhan*: Advances in Powder Metallurgy & Particulate Materials, MPIF, part 17, 189–202, 1996
[10.4] *Dulis, E. J.* und *T. A. Neumeyer*: Materials for Metal Cutting, The Iron and Steel Institute, London, 1970, S. 112–118
[10.5] *Hellman, P., H. Larker, J. B. Pfeffer* und *I. Strömblad*: Modern Developments in Powder Metallurgy, 4 (1970) 578–582
[10.6] Informationsbroschüre der Fa. Robert Zapp Werkstofftechnik GmbH „Lieferprogramm Werkzeuglegierungen" 2004
[10.7] *Hellman, P.* und *E. Söderström*: Gases in Metals, Swedish National Defence Research Institute, 1975, 161–173
[10.8] *Hellman, P.*: High Speed Steels by Powder Metallurgy, Scandinavian Journal of Metallurgy, 27 (1998) 44–52
[10.9] *Tornberg, C.* und *A. Fölzer*: Fully Dense PM Tool Steels and High Speed Steels with 3rd Generation Processing Technology, PM2001, Nizza
[10.10] *Hellman, P.*: In: Materials by Powder Technology-PTM'93, Ed.: F. Aldinger, DGM Informationsgesellschaft-Verlag, S. 283
[10.11] *Göransson, M.* und *H.-G. Larson*: The STAMP-Process-Special Steel Production by PM. Proc. of the 10th Plansee-Seminar 1981, Vol. 1, 365
[10.12] *Atkinson, H. V.* und *B. A. Rickinson*: Hot Isostatic Pressing, Adam Hilger, Bristol, Philadelphia and New York, 1991
[10.13] *Dobranski, L. A., G. Matula, A. Varez, B. Levenfeld* und *J. Torralba*: Structure and Properties of the heat treated high speed steel HS6-5-2 and HS12-1-5-5 produced by powder injection moulding process, Materials Science Forum, Switzerland, Trans Tech Publ., vol. 437-438, 2003, p. 133–6
[10.14] *Herranz, G., B. Levenfeld, A. Varez, J. Torralba* und *R. M. German*: Metal Injection Moulding of M2 high speed steel using a polyethylene based binder, Materials Science Forum, Switzerland, Trans Tech Publications, vol. 426-432, 2003, p. 4361–6
[10.15] *Varez, A., B. Levenfeld* und *J. Torralba*: Materials Science & Engineering A (Structural Materials: Properties, Microstructure and Processing), Switzerland: Elsevier, vol. A366, no. 2, 2004, p. 318–24
[10.16] *Queeney, R. A.*: Reinforced High Speed Steels as Metal Matrix Composites; Advances in Powder Met.&Part. Mat. MPIF, Princeton, 1992, 8, 89
[10.17] *Pinnow, K. E., W. Stasko, J. H. Hauser* und *R. B. Dixon*: Wear and Corrosion Resistance of Advanced High Vanadium Tool Steels, Advances in Powder Met.&Part. Mat., MPIF, Princeton, 1992, 6, 281
[10.18] www.ferro-titanit.com
[10.19] *Piotrowiak, R.* und *V. Schüler*: In: Pulvermetallurgie in Wissenschaft und Praxis, (2003) Bd. 19, 191–210
[10.20] *Moon, D. P.*: Mater. Sci. Technol. 5 (1989) 754
[10.21] *Rösler, J.* und *E. Arzt*: Acta metall. Mater. 38 (1990), 671
[10.22] *Arzt, E.*: Metallische Hochleistungswerkstoffe für hohe Temperaturen: Grundlagen und Perspektiven, 2. Symposium Metallforschung 1991, 26.–29. August 1991, Dresden
[10.23] Dispersionsverfestigte Hochtemperaturwerkstoffe, Informationsbroschüre der Fa. Plansee, 2004
[10.24] www.specialmetals.com

[10.25] *Weißgärber, T.* und *B. Kieback*: Dispersion strengthened materials obtained by mechanical alloying – an overview, J. of Metastable and Nanocrystalline Materials, Vol. 8, part 1, pp. 275–284 (2000)
[10.26] *Patel, S. J.* und *I. C. Elliott*: Clean Melting of High Strength PM Disc Alloys, Int. Conf. on PM Aerospace Mat. 1991, Lausanne, Schweiz
[10.27] *Green, K. A., I. Lemsky* und *R. Gasior*: Development of Isothermally Forged P/M UDIMET 720 for Turbine Disk Applications, In: Kissinger, R.: Superalloys 1996, The Minerals, Metals & Materials Society, (1996) 697–703
[10.28] *Donachie, M.* und *S. Donachie*: Superalloys – A Technical Guide (2.Ed.), ASM Int. 2002, ISBN 0-87170-749-7
[10.29] *Jain, S., B. Ewing* und *C. Yin*: Development of Improved Performance PM Udimet 720 Turbine Disks, In: Pollock, T., Kissinger, R., Bowman, R.: Superalloys 2000, The Materials, Metals & Minerals, 2000
[10.30] *Symonds, C. H., G. Eggar, G. Lewis* und *R. Siddall*: The properties and structures of as-HIP and HIP plus forged NIMONIC Alloy AP1 (Low carbon astrology), Henry Wiggin and Co. LTD 1981
[10.31] *Moll, J.* und *J. Conway*: Characteristics and Properties of As-HIP P/M Alloy 720, In: Pollock, T., Kissinger, R., Bowman, R.: Superalloys 2000, The Materials, Metals & Minerals, 2000
[10.32] *Iwai, K., S. Takigawa, S. Furuta, T. Tsuda* und *N. Kanamura*: Dual Structure PM Ni-Base Superalloy Turbine Disk, Int. Conf. on PM Aerospace Mat. 1991, Lausanne, Schweiz
[10.33] Werkstoffe des Maschinen-, Anlagen- und Apparatebaues, Hrsg.: *W. Schatt* , 4. Auflage Leipzig, Deutscher Verlag für Grundstoffindustrie 1991
[10.34] *Bose, A., J. Valencia, J. Spirko* und *R. Schmess*: Powder Injection Moulding of IN 718 Alloy, Advances in Powder Metallurgy & Particulate Materials, MPIF, NJ, 1997, vol. 3, pp.18.99–18.112
[10.35] *Schmess, R.* und *J. Valencia*: Mechanical Properties of Powder Injection Moulded Inconel 718, Advances in Powder Metallurgy & Particulate Materials, MPIF, Princeton, NJ, 1998, part 5, pp. 5.107–5.118
[10.36] *Diehl, W., H. Buchkremer, H. Kaiser* und *D. Stöver*: Spritzgießen von Superlegierungen und deren kapsellose HIP-Behandlung, Werkstoff und Innovation, 1 (1998) [4] 48–51
[10.37] *Kraus, M.*: Metal Injection Moulding of Aeroengine Components, Proc. Of Euro PM 2000, Materials and Processing Trends for PM Components in Transportation, European Powder Metallurgy Association, 2000, pp. 73–80
[10.38] *Wohlfromm, H., A. Ribbens, J. Maat* und *M. Blömacher*: Metal Injection Moulding of Nickel Base Superalloys for High Temperature Applications, Proc. Of Euro PM2003, Valencia, Spain, vol. 3, p. 207–215
[10.39] *Sporer, K.* und *G. Korb*: PM 2000 – An iron base ODS sheet alloy for advanced combustion system and other high temperature applications in corrosive environments, Int. Conf. on PM Aerospace Mat. 1991, Lausanne, Schweiz

11 Gleitwerkstoffe und Sinterlager

Gleitwerkstoffe haben die Aufgabe, bei gleichzeitiger Relativbewegung Kräfte aufzunehmen und die gewünschte Lage der Konstruktionselemente zu sichern. Der Energieverlust durch Reibung soll dabei so gering wie möglich bleiben.

An einen Gleitwerkstoff werden im Allgemeinen folgende Anforderungen gestellt: niedrige Reibungszahl, hohe Verschleißfestigkeit und Belastbarkeit, gute Notlaufeigenschaften, ausreichende statische und dynamische Festigkeit, geringe Kantenempfindlichkeit, befriedigende thermische Beständigkeit, hohe Dämpfung auftretender Schwingungen, gute Wärmeleitfähigkeit, Korrosionsbeständigkeit, Einbettfähigkeit für Fremdkörper, gutes Einlaufverhalten sowie geringe Wärmeausdehnung. Im Allgemeinen werden jedoch nicht alle genannten Anforderungen gleichzeitig gestellt, sondern entsprechend dem Einsatzfall bestimmte Kombinationen davon verlangt.

Um bei den Gleitvorgängen die Festkörperreibung soweit wie möglich auszuschalten, ist man bestrebt, die aufeinandergleitenden Teile durch einen ausreichend dicken flüssigen oder gasförmigen Schmierfilm zu trennen. Hierdurch wird ein Festkörperkontakt vermieden und der Verschleiß verhindert. Das tribologische Geschehen spielt sich dann allein in der Schmierschicht ab, so dass der Energieverlust sehr gering ist. Ein solcher Zustand lässt sich jedoch nicht immer und überall verwirklichen. Häufig arbeiten Gleitpaarungen im Gebiet der Mischreibung, wo Flüssigkeits- und Festkörperreibung nebeneinander auftreten. Das ist beispielsweise bei hydrodynamisch geschmierten Lagern im An- und Auslauf der Fall, wenn der im Schmierspalt zwischen Welle und Lager auftretende Druck zum Aufbau eines geschlossenen Schmierfilms noch nicht ausreicht.

Neben den hydrodynamisch oder hydrostatisch (Zwangsschmierung) geschmierten Gleitpaarungen gibt es jedoch auch eine ganze Reihe von Fällen, in denen eine Zuführung von Schmiermitteln nach dem Einbau nicht mehr möglich ist. Dann muss entweder eine ausreichend große Menge Schmierstoff im oder am Lager deponiert werden, oder der Schmierstoff muss im Gefüge des Lagerwerkstoffs enthalten sein. Derartige Werkstoffe bezeichnet man als gebrauchsdauergeschmiert. Weist das Material – wie Hochpolymere oder Kohlenstoff – selbst Schmierfähigkeit auf, spricht man von selbstschmierenden Lagern. In beiden Fällen ist der Begriff „wartungsfrei" mit eingeschlossen.

Zur Herstellung wartungsfreier Gleitwerkstoffe bietet sich die pulvermetallurgische Technologie an, da man mit ihr sowohl poröse Werkstoffe mit Hohlräumen zur Aufnahme von flüssigen und gasförmigen Schmierstoffen als auch eine Vielzahl von Verbunden mit Feststoffschmiermitteln herstellen kann. Die Produktion an

Lagerwerkstoffen macht im Rahmen der pulvermetallurgischen Gesamtfertigung einen nicht unbeträchtlichen Anteil aus, der in den einzelnen Industrieländern zwischen 15 und 35% schwankt.

11.1 Ölgetränkte Sinterwerkstoffe

Poröse, ölgetränkte Sinterlager sind die bekanntesten und am häufigsten eingesetzten wartungsfreien Gleitlager. Ihr Anteil an der Gesamtmenge der pulvermetallurgisch hergestellten Lager liegt bei mindestens 70%. Sie weisen einen Porenraum von 15 bis 27% auf, der ein zusammenhängendes Porensystem, in dem 98 bis 99% der Poren miteinander verbunden sind, bildet. Je nach Wahl des Ausgangspulvers betragen die Porendurchmesser etwa 1 bis 20 µm. Auf 1 mm^2 Oberfläche entfallen zwischen 500 und 2000 Porenausgänge. Die Länge der Porenkanäle kann sich in 1 cm^3 Lagerwerkstoff auf 1000 bis 2000 m belaufen [11.1]. Die offenen Poren werden mindestens zu 90% mit einem speziellen Öl getränkt.

Die Ausbildung des Schmierfilms erfolgt in einem Massivlager mit äußerer Schmierstoffzuführung und in einem ölgetränkten Sinterlager nach verschiedenen Mechanismen. Im Massivlager entsteht die tragende Flüssigkeitsschicht durch den hydrodynamischen Druck, der sich infolge der Relativbewegung im keilförmigen Spalt zwischen Welle und Lager aufbaut und erst bei einer bestimmten Gleitgeschwindigkeit die erforderliche Größe erreicht.

Beim porösen, ölgetränkten Lager besteht bereits im Stillstand ein Gleichgewicht zwischen den im vorhandenen Lagerspalt und den innerhalb des Porenraumes wirkenden Kapillarkräften. Hieraus resultiert, dass von Beginn der Bewegung an ein dünner Ölfilm zwischen Welle und Lager existiert, so dass poröse, ölgetränkte Sinterlager ein gutes Anlaufvermögen aufweisen (Bild 11–1a). Bei Rotation verlagert

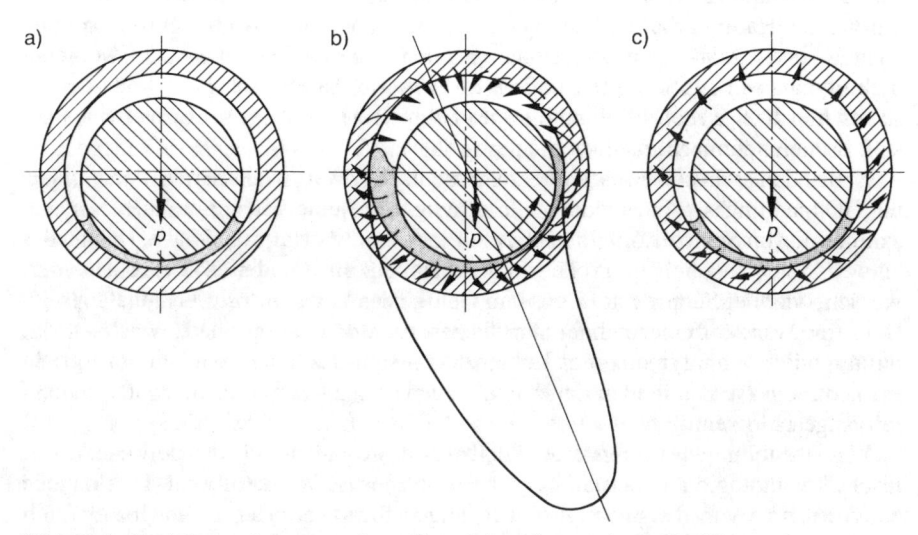

Bild 11–1. Funktionsweise von porösen, ölgetränkten Lagern (nach [11.2])

11.1 Ölgetränkte Sinterwerkstoffe

sich die Welle in Drehrichtung, wodurch ein unter Druck stehender Schmierkeil aufgebaut wird, dessen Druckverlauf in Bild 11–1b qualitativ eingezeichnet ist. Innerhalb des Druckberges ist die Lagerschale vollständig mit Öl gefüllt; es bildet sich ein geschlossener und stabiler Ölfilm. Das in der porösen Lagerschale auftretende Druckgefälle führt zu einer Zirkulation des Öls von den unter Druck stehenden Schmierkeilbereichen in Zonen geringeren Druckes, von wo es dann wieder in den Schmierraum eintritt. Mit dem Stillstand des Lagers wird das Öl bis auf einen dünnen Restfilm durch die Kapillarwirkung in den Porenraum zurückgesaugt (Bild 11–1c).

Aufgrund der Eigenheiten ihres Gefüges ergeben sich für den Einsatz von Sinterlagern folgende Vorteile und Besonderheiten:

– hervorragende Notlaufeigenschaften und Laufruhe;
– Anwendung für Fälle, die eine Schmierung nicht bzw. nur schwer zulassen oder bei denen keine Verunreinigung durch austropfendes Öl eintreten darf;
– prädestiniert für Pendelbewegungen und niedrige Gleitgeschwindigkeiten, bei denen sich in Massivlagern kein zusammenhängender Ölfilm ausbilden kann;
– Einbau an senkrechten oder geneigten Lagerstellen, die bei Massivlagern ein Ausfließen von Schmiermittel erwarten lassen.

Diesen Vorteilen stehen aber auch Nachteile gegenüber:

– Ölgetränkte Sinterlager sind hinsichtlich Gleitgeschwindigkeit und Belastung nur begrenzt einsatzfähig, da sonst die Dicke des Ölfilms unzulässig abnimmt.
– Sie haben aufgrund des beträchtlichen Porenanteils eine geringere Festigkeit als Massivlager und sind deshalb auch empfindlich gegen Stöße und Kantenpressungen.

Als Standardwerkstoffe für Sinterlager haben sich Zinnbronze 90/10 und Sintereisen mit 1 bis 5 bzw. 15 bis 25 Masse-% Cu bewährt, denen im Falle des Sintereisens noch 0,4 bis 1,0 bzw. 0,5 bis 2,0 Masse-% C und bei Zinnbronze gleichfalls 0,5 und 2,0 Masse-% C je nach Anwendungsfall zugefügt sein können. Zusammensetzung und Eigenschaften sind in DIN 30910, Teil 3 genormt. In den USA sind auch Bronzelager in Gebrauch, denen zwecks Senkung der Rohstoffkosten 40 bis 60% Eisen zugesetzt wird. Sie sind für geringe bis mittlere Lasten und mittlere bis hohe Gleitgeschwindigkeiten geeignet [11.3]. Für bestimmte Einsatzfälle werden auch Sinterlager auf Al-Basis, die Cu, Mg, Si, Sn oder Pb enthalten, verwendet [11.4].

Ausgangsmaterial für die Herstellung ölgetränkter Sinterlager sind sowohl fertiglegierte Pulver spratziger Teilchenform als auch Metallpulvermischungen der reinen Komponenten. Die Verarbeitung erfolgt nach der üblichen pulvermetallurgischen Technologie. Zur Gewährleistung einer ausreichenden Porosität werden die Pressdrücke meist niedrig gehalten (200 bis 400 MPa). Über die Wahl geeigneter Kornformen und -größenverteilungen sowie der technologischen Parameter lassen sich die Werkstoffe in bezug auf Porenraum und -größe in bestimmten Grenzen variieren. Presslinge auf Al-Basis werden zwischen 480 bis 580°C, auf Cu-Basis zwischen 750 und 900°C und solche auf Eisen-Basis im Gebiet von 950 bis 1150°C gesintert. Zur Einstellung der erforderlichen hohen Maßgenauigkeit und einer glatten Lauffläche wird in allen Fällen nach dem Sintern kalibriert, wobei die Arbeitsbedingungen so zu wählen sind, dass keine Poren zugedrückt werden. Bei

Kalottenlagern erfolgt durch das Kalibrieren die endgültige Ausbildung der Kalotte. Besonders wichtig ist, dass die Tragfläche des Lagers, die nach dem Sintern noch relativ rau ist, durch das Kalibrieren geglättet wird. Auf diese Weise entsteht eine große Tragfläche, die Voraussetzung für einen ruhigen Lauf und geringen Verschleiß ist. Abschließend werden die Lager unter Unterdruck mit einem Spezialöl getränkt und sind danach einbaufertig.

Mit ölgetränkten Sinterlagern lassen sich unter normalen Betriebsbedingungen mehrere tausend, bei sehr günstigen Voraussetzungen auch bis 10 000 Betriebsstunden erreichen. Eine zusätzliche Vergrößerung des Ölreservoirs kann die Nutzungsdauer und Laufleistung um den Faktor 4 bis 5 erhöhen. Bild 11–2 zeigt einen Leistungsvergleich von ölgetränkten Sinterlagern verschiedener Zusammensetzung mit einem Massivlager. Die Kurven geben die Grenzwerte der Belastung an, bei der eine unzulässige Erhöhung der Lagertemperatur auftrat.

Die Belastbarkeit von ölgetränkten Bronze- und Eisenlagern wurde besonders im Bereich der Extremwerte näher untersucht (Bild 11–3). Sie zeigen, dass Sinterlager

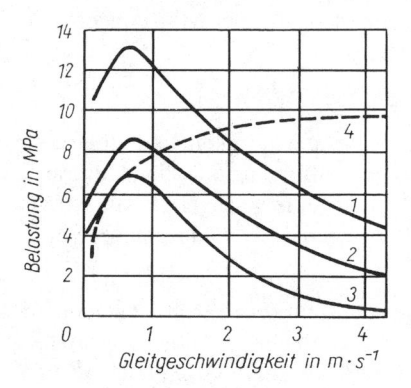

Bild 11–2. Belastungsgrenzen von ölgetränkten, porösen Sinterlagern ohne Zusatzschmierung in Abhängigkeit von der Gleitgeschwindigkeit und im Vergleich mit einem tropfölgeschmierten Massivlager (nach [11.5]). *1*: Sint-B 50 (Bronze); *2*: Sint-B 20 (Eisen mit hohem Cu-Zusatz); *3*: Sint-B 00 (Eisen); *4*: Massivlager

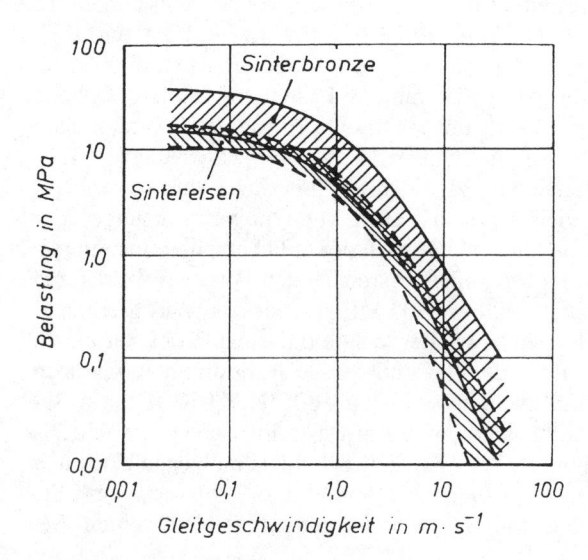

Bild 11–3. Belastbarkeit von ölgetränkten Sinterbronze- und -eisenlagern (nach *H. Wiemer* und *H. Stein*)

11.1 Ölgetränkte Sinterwerkstoffe

in Verbindung mit sehr niedrigen Gleitgeschwindigkeiten relativ hohe Belastungen aufzunehmen vermögen. Für poröse Sn-Bronze-Lager liegt die Leistungsgrenze unter günstigsten Bedingungen bei einem p · v-Wert von 100 W/cm^2. Die zulässige Axialbelastung beträgt 15 bis 27% der Radialbelastung. Der Hauptanwendungsbereich erstreckt sich für Sinterbronze auf Gleitgeschwindigkeiten bis zu 3 m/s und für Sintereisen bis zu 2 m/s. Mit Zusatzschmierung sind im Falle von Sinterbronze Gleitgeschwindigkeiten von maximal 4 m/s und im Kurzzeitbetrieb bei gleichzeitiger niedriger Belastung sogar von 6 bis 8 m/s möglich. Bei Sinterlagern auf Al-Basis werden Grenzbelastungen von 7 MPa und maximale p · v-Werte von 175 W/cm^2 genannt. Obgleich Sintereisenlager hinsichtlich Belastbarkeit den Bronzelagern unterlegen sind (Bilder 11–2 und 11–3) werden sie, insbesondere für Lager größerer Abmessungen, aus Preisgründen jedoch vielfach vorgezogen. Nachdem die Herstellungstechnologie von Aluminium-Sinterlagern wesentlich verbessert werden konnte und damit die Kosten in die Größenordnung der für Sintereisenlager gerückt sind, ist in Verbindung mit gewissen Vorteilen (verbesserte Korrosionsbeständigkeit, Wärmeleitfähigkeit, Anpassungs- und Einbettungsfähigkeit) eine teilweise Substitution der Eisen- durch Aluminiumsinterlager gegeben.

Die Eigenschaften und Einsatzgrenzen ölgetränkter, poröser Sinterlager hängen außer der Werkstoffzusammensetzung in hohem Maße von der Porengröße und dem Porenvolumen ab. Ein charakteristischer Kennwerte hierfür ist die Permeabilität, in die Form und Größe sowie Durchlässigkeit der Poren eingehen. Zwischen dem Logarithmus der Permeabilität und der Porosität besteht im Allgemeinen ein linearer Zusammenhang [11.6]. Eine bestimmte Porosität kann sowohl durch eine kleine Zahl großer Poren als auch durch eine große Anzahl kleiner Poren gekennzeichnet sein. Kleinere Poren haben größere Kapillarkräfte und eine geringere Permeabilität zur Folge, so dass der Widerstand gegenüber der Ölzirkulation im Lager höher ist. In großen und leichtdurchlässigen Poren dagegen wird das Öl durch die Kapillarkräfte nur wenig gebunden, die Permeabilität ist hoch. Bereits beim Anlauf steht ausreichend Öl zur Verfügung. Mit steigender Gleitgeschwindigkeit jedoch nehmen die Ölverluste zu. Lager mit hoher Permeabilität sind deshalb für geringe Gleitgeschwindigkeiten sowie schwingende oder pendelnde Bewegungen geeignet. Diese Verhältnisse kehren sich um, wenn das Lager eine geringe Permeabilität und dementsprechend hohe Kapillarkräfte aufweist. Es zeigt dann ein schlechteres Anlaufverhalten, dafür sind aber die zulässigen Gleitgeschwindigkeiten und Belastungen höher. Für spezielle Fälle sind Zweischichtlager als Werkstoffverbund entwickelt worden, die eine dünne, feinporige Laufschicht auf einem Grundwerkstoff mit gröberer Porosität aufweisen.

Zur Gewährleistung einer optimalen Lebensdauer und Belastbarkeit des Sinterlagers müssen auch an die Qualität des Öls Anforderungen gestellt werden, die sich hauptsächlich auf eine gute und gleichbleibende Schmierfläche sowie hohe Oxidations- und ausreichende Temperaturbeständigkeit richten. Aufgrund der infolge ihrer Porosität großen Metalloberfläche sowie deren katalytischer Wirkung ist das Öl einer verstärkten Alterungsbeanspruchung ausgesetzt. In dieser Weise am intensivsten wirkt das Cu, das infolge ungenügender Homogenisierung in Sn-Bronze-Lagern noch in gewissen Restanteilen auftreten kann. Im Ergebnis der Alterung entstehen harzige Produkte, die – wenn sie den Porenraum zusetzen – einen raschen Abfall der Lagerlebensdauer nach sich ziehen. Deshalb müssen Tränköle besonders al-

Tabelle 11–1. Schmierstoffe für Sinterlager (nach W. Pahl)

Schmierstoff	Preis-relation	Dauer-temperatur am Lager [°C]	Grenzlast*) [N/mm²]	
			Sintereisen Sint B00	Sinterbronze Sint B50
Mineralöl	1	80–90	6–11	13
Mineralöl, Li-verseift	2,5	80–90	16	26
Esteröl	5–15	100–110	4	13
Esteröl, Li-verseift	15	100	14	26
Synthetisches Kohlenwasserstofföl	5	110–130	7	13
Synthetisches Kohlenwasserstofföl Li-verseift	12,5	140	16	26
Polyglykolätheröl	3	140–150	24–26	26
Cl-Phenylmethyl-Silikonöl	10–40	130	5	10–12
F-Silikonöl	150	180	6	12
PFP-Öl	60–120	180–200	4–6	11

*) Ergebnisse von Prüfstandversuchen mit Belastungssteigerungen von je 1 N/mm² bei $v = 1$ m/s nach jeweils 3 h Laufzeit

terungsbeständig sein, und die Tränkung darf nicht unter zu hohen Temperaturen (max. 80 °C) erfolgen. Einen Überblick über die Vielfalt der Tränköle für Sinterlager gibt Tabelle 11–1. Dabei ist besonders bemerkenswert, dass durch neuere Entwicklungen hohe Temperaturansprüche auch durch preisgünstigere Öle erfüllt werden können [11.7]. Die Tabelle zeigt aber auch, dass nicht nur der Lagerwerkstoff selbst, sondern auch das Tränköl die Leistungsfähigkeit der Sinterlager maßgeblich beeinflusst.

Die Viskosität des Öls richtet sich nach den vorgesehenen Einsatzbedingungen und zu erwartenden Lagertemperaturen. Werden zugunsten einer höheren Belastbarkeit höherviskose Öle eingesetzt, muss ein größeres Anlaufmoment in Kauf genommen werden. Im Verlauf des Betriebes tritt in Sinterlagern ein Ölverlust ein (Bild 11–4). Ist der Ölanteil in den Poren auf 70% der ursprünglich vorhandenen Menge abgesunken, dann muss neues Öl zugeführt werden, anderenfalls tritt ein rascher Verschleiß des Lagers ein [11.8]. Mit Hilfe einer Zusatzschmierung können Belastung bzw. Gleitgeschwindigkeit oder Laufleistung bis auf das Fünffache gesteigert werden. Die dazu erforderliche Ölreserve soll mindestens ein- bis zweimal so groß wie die in den Poren befindliche Ölmenge sein. Sie kann in Filzringen, Dochten oder anderen Öldepots sowie, was in zunehmendem Maße geschieht, in Depotfetten gespeichert sein (s.a. Bild 11–7). Letztere enthalten das Tränköl und geben es, wenn eine bestimmte Temperatur erreicht ist, frei (Tropfpunkt). Erhöht sich bei Ölmangel die Temperatur des Lagers weiter, erweicht auch das Depotfett und führt zusätzlichen Schmierstoff zu. Im Falle der Verwendung von Filzringen ist die Saugkraft von Filz und Lager so aufeinander abzustimmen, dass bei Ölverlust im Lager auch tatsächlich Öl aus dem Filz abgegeben werden kann. Schließlich gestattet eine Zusatzschmierung, die Porosität des Lagers zugunsten einer höheren Belastbarkeit zu verringern.

Die Reibungszahl μ von Paarungen mit porösen Sinterlagern ist von zahlreichen Faktoren abhängig, insbesondere von der Ölviskosität η, vom Lagerspiel ψ, von der

11.1 Ölgetränkte Sinterwerkstoffe

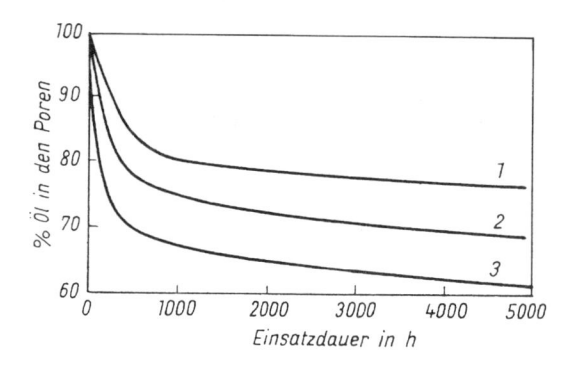

Bild 11–4. Typische Ölverlustkurve für ölgetränkte Sinterlager (nach V. T. Morgan). *1*: niedrige Geschwindigkeit, niedrige Temperatur; *2*: niedrige Geschwindigkeit, hohe Temperatur oder hohe Geschwindigkeit, niedrige Temperatur; *3*: hohe Geschwindigkeit, hohe Temperatur

Belastung p und der Gleitgeschwindigkeit v, von der Oberflächengüte sowie vom Verhältnis Lagerdurchmesser zu -länge. Im Bereich der hydrodynamischen Schmierung gilt nach [11.8]

$$\mu \approx k \frac{\eta \cdot v}{p \cdot \psi} \qquad (11.1)$$

k ist ein Zahlenfaktor. Die Beziehung zwischen Reibungszahl und Gleitgeschwindigkeit wird in Bild 11–5 dargestellt. Da die Reibung hauptsächlich in Wärme umgesetzt wird, besteht auch ein enger Zusammenhang zwischen Lagertemperatur und Reibungszahl. Bei entsprechenden Werkstoffpaarungen und Ölqualitäten lassen sich mit ölgetränkten Lagern Temperaturen bis 100 °C beherrschen. In besonderen Fällen sind mit Spezialölen, wie Silikonöl, auch noch höhere Temperaturen angängig.

Beim Einsatz von ölgetränkten Sinterlagern sind Härte und die Oberflächengüte der Welle von besonderer Bedeutung. Wegen des relativ dünnen Ölfilms im Vergleich zu zwangsgeschmierten Lagern muss die Rautiefe der Welle sehr gering sein. Bei niedrigeren Belastungen und Gleitgeschwindigkeiten kommt man mit ungehärteten Stählen mit einer Festigkeit von 600 bis 700 MPa und einer Oberflächenrauigkeit von ca. 1 µm aus. Für mittlere bis höhere Beanspruchungen werden gehärtete Wellen mit Härten von HRC 55 und Oberflächenrauigkeiten von höchstens 0,3 bis 0,8 µm erforderlich, um eine ausreichend lange Lebensdauer des Lagers zu sichern. Hierzu sind Feinstbearbeitungsverfahren wie Superfinish, Läppen oder Glattwalzen heranzuziehen.

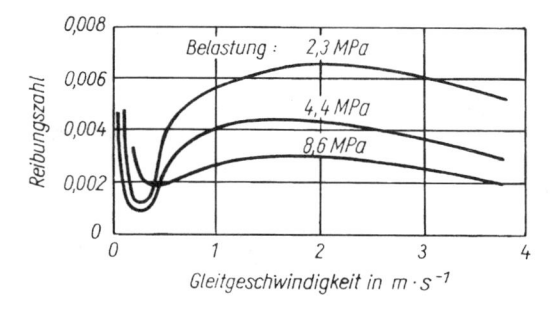

Bild 11–5. Abhängigkeit der Reibungszahl von Gleitgeschwindigkeit und Belastung für ölgetränkte Sinterbronzelager

Die gebräuchlichsten Ausführungsformen, die vorzugsweise zu verwendenden Abmessungen und die vorgeschriebenen Toleranzen für Sinterlager sind in DIN 1850, Teil 3 und DIN 1495, Teil 1 und 2 festgelegt. Diese Normen enthalten die Lagertypen Zylinderlager (Form J), Bundlager (Form V) und Kalottenlager (Form K). Für den Gehäusesitz und den Außendurchmesser der Lager wird die Passung H7/r6 vorgeschrieben. Die Lagerbohrung ist mit G7 (Form J und V) und mit H6 (Form K) zu fertigen. Das Lagerspiel zwischen Welle und Bohrung muss bei Sintermetall-Lagern geringer gehalten werden als bei Massivwerkstoffen. Als Richtwerte haben sich 0,05 bis 0,15% des Wellendurchmessers bewährt, für Lager und Bohrungen von über 10 mm Durchmesser 0,2 bis 0,4%. Um die bei der Fertigung gewährleistete hohe Maßhaltigkeit und Oberflächengüte beim Einbau zu erhalten, werden Sinterlager mit Hilfe spezieller Einpressdorne montiert. Der Einpressdorn soll mindestens die dreifache Länge des Lagers aufweisen sowie gehärtet und feingeschliffen sein. Er muss beim Montieren genau in axialer Richtung der Lagerbohrung geführt werden (Bild 11–6). Hieraus geht auch die notwendige Bemaßung des Borndurchmessers hervor. Durch den Presssitz wird die Lagerbohrung geringfügig eingeengt, z.B. bei Zylinder- und Bundlagern von ISO G7 auf ISO H7. Es ist je-

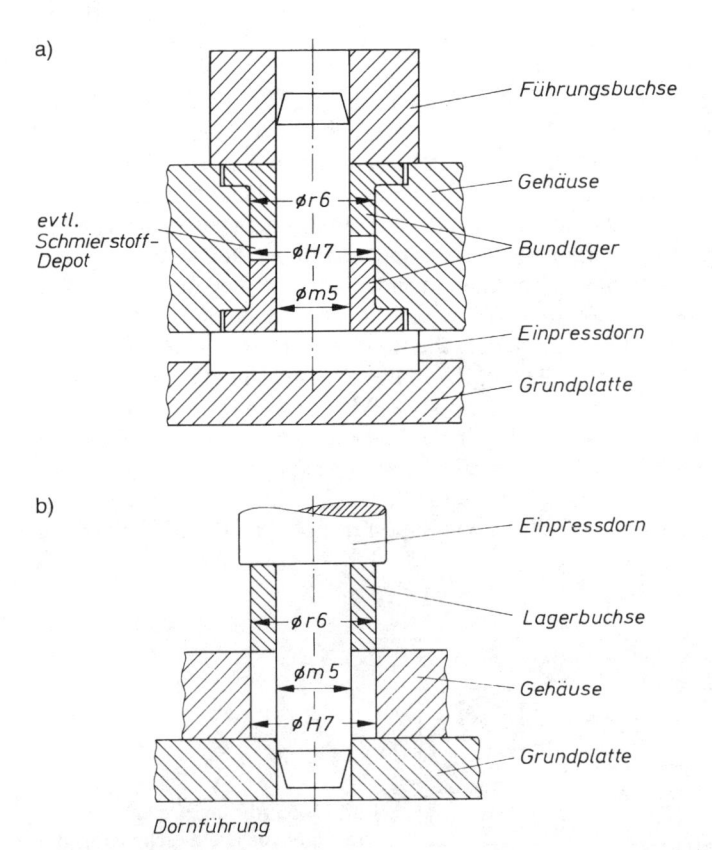

Bild 11–6. Einpressen von Sinterlagern in die Gehäusebohrung (GKN Sintermetals). a) Einpressen zweier fluchtender Bundlager; b) Einpressen eines Zylinderlagers

doch auch möglich, die Lager in Metalle oder Kunststoffe über Eingießen bzw. -spritzen einzubetten.

Für sehr enge Lagerspiele und hohe Anforderungen an die Fluchtung der Bohrung kommen Kalottenlager zum Einsatz. Sie werden mit Sprengringen und Klemmbrillen befestigt (Bild 11–7), die das Lager gegen die sphärisch gestaltete Fläche des Gehäuses drücken. Die Einspannung muss so erfolgen, dass sich das Lager entsprechend der Fluchtlinie der Welle einstellen kann, ein Mitdrehen aber ausgeschlossen wird. Auch zur Aufnahme kleiner axialer Belastungen sind poröse Sinterlager geeignet, wofür Anlaufscheiben aus gehärtetem Stahl, Hartgewebe oder Polymeren angebracht werden. Bei vertikaler Lagerung werden zweckdienlichere Bundlager verwendet. Die senkrechte Lagerung lässt sich verbessern, indem die Welle am unteren Ende ballig geschliffen oder mit einer gehärteten Stahlkugel versehen wird.

Ölgetränkte Sinterlager werden auf fast allen Gebieten des Geräte-, Maschinen-, und Apparatebaues eingesetzt. In den USA werden allein je Kraftfahrzeug 0,7 kg selbstschmierende Lager verbraucht. Andere Anwendungsgebiete sind Haushaltmaschinen, Ventilatoren, Regler, Kühlschränke, Küchenmaschinen, optische Geräte, Staubsauger, Hobbywerkzeuge, Tonwiedergabegeräte, medizinische Ausrüstungen, Büromaschinen, Textil-, Verpackungs-, Druck- und Landwirtschaftsmaschinen sowie im Kraftfahrzeugbau für Anlasser, Öl- und Wasserpumpen, Lichtmaschinen, Scheibenwischer oder Verteiler.

11.2 Poröse Sinterwerkstoffe für Gasschmierung

Eine interessante Entwicklung ist der Einsatz von porösen Sinterwerkstoffen als gasgeschmierte Lager, die für geringe Belastungen und hohe Drehzahlen geeignet sind und in denen fast keine Energieverluste auftreten. Zur Schmierung wird durch die Poren Luft oder ein anderes Gas geleitet, auf dem die Welle gleitet. Die Werkstoffe müssen in diesem Fall eine sehr gleichmäßige Porengröße und -verteilung

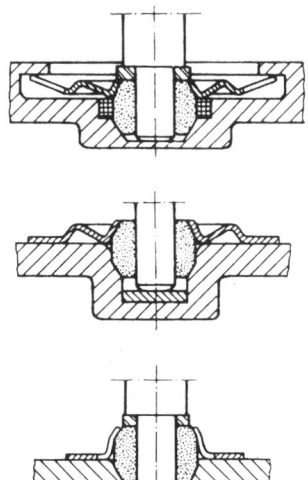

Bild 11–7. Beispiele für den Einbau von Kalottenlagern

sowie eine hohe Oberflächengüte aufweisen. Je nach Anwendungszweck werden Poren von 100 bis 1000 µm Durchmesser verlangt. Die Sinterlager sollen in speziellen Anwendungsfällen den mit einem System eingearbeiteter Nuten versehenen Massivlagern überlegen sein. Neben metallischen Materialien haben sich auch poröse Werkstoffe aus Al_2O_3, Si_3N_4 u.a. bewährt.

11.3 Metall-Festschmierstoff-Verbundwerkstoffe

Für größere Gleitflächenbeanspruchung sowie für erhöhte Temperaturen haben sich Metall-Verbundwerkstoffe mit eingelagerten Feststoffschmiermitteln durchgesetzt. Als Matrixkomponenten kommen zahlreiche Legierungssysteme wie Cu-Sn, Cu-Sn-Pb, Cu-Zn, Cu-Ni, Cu-Al, Cu-Sn-P, Fe, Fe-Cu, Fe-Ni, Fe-Mo u.a. sowie Ni-, Co-, und Al-Legierungen (z.B. Al-Sn, Al-Sn-Cu) in Betracht. Der am häufigsten benutzte Festschmierstoff ist Graphit, gefolgt von MoS_2 und WS_2. Für noch höhere Temperaturen werden BN, CaF_2 und BaF_2, mitunter auch Talkum eingesetzt. Bei Werkstoffen auf Eisenbasis sind gelegentlich weitere Zusätze, insbesondere Schwefel und schwefelhaltige Stoffe wie ZnS, Cu_2S oder CdS, anzutreffen. Schwefel und seine Verbindungen verringern in Eisenbasiswerkstoffen die Reibungszahl, erhöhen den Verschleißwiderstand und fördern die Bildung von feinlamellarem Perlit. Vielfach enthalten die Werkstoffe auch größere Anteile an niedrigschmelzenden Metallen (Pb, Bi, In, Sn), wobei das besonders wirksame Blei wegen seiner Giftigkeit nur noch eingeschränkt benutzt wird. In manchen Fällen werden auch Selenide wie $MoSe_2$, $NbSe_2$ oder WSe_2 eingesetzt.

Die weitaus größte Bedeutung als gleitfördernder Zusatz hat Graphit, dessen Anteil bei Gleitwerkstoffen mit Zusatzschmierung bis 5 Masse-% (15 Vol-%) und bei selbstschmierenden Werkstoffen bis 20 Masse-% (ca. 60 Vol.-%) beträgt. Da mit zunehmendem Graphitanteil die Festigkeit des Verbundmaterials rasch absinkt, richtet sich der maximal zulässige Festschmierstoffgehalt nach der geforderten Mindestfestigkeit. Oft wird der Graphit zur Erhöhung der Verbundfestigkeit und zur Verbesserung des Laufverhaltens einer besonderen Vorbehandlung unterzogen und in größeren Nestern unter Vorspannung in die metallische Matrix eingelagert. Bei Beanspruchung zerfallen dann die globularen Einschlüsse wieder in feine Partikel, wodurch das tribologische Verhalten des Verbundmaterials optimiert wird. Als metallische Matrix herrschen Eisen- und Eisenbasiswerkstoffe vor. Erfolgt der Einsatz unter korrosiven Bedingungen, werden neben Kupfer und Kupferlegierungen Ni-, Co-, Cr- und Mo-Basismaterialien oder Cr-Ni-Stähle als Matrixkomponenten bevorzugt verwendet.

Die Herstellung der Metall-Graphit-Verbundwerkstoffe kann nach der üblichen pulvermetallurgischen Technologie geschehen: Mischen der Bestandteile, Pressen, Sintern und gegebenenfalls kalt oder warm Nachverdichten sowie zweites Sintern. Häufig wird der Werkstoff jedoch auch in direkt oder indirekt beheizten Werkzeugen druckgesintert oder isostatisch heißgepresst. Tabelle 11–2 bringt eine Zusammenstellung von Metall-Graphit-Lagerwerkstoffen, die sowohl zusatzgeschmiert als auch selbstschmierend zum Einsatz gelangen können.

Die Eigenschaften von Metall-Festschmierstoff-Verbundwerkstoffen werden außer von der Zusammensetzung maßgeblich vom Gefügeaufbau beeinflusst, bei

11.3 Metall-Festschmierstoff-Verbundwerkstoffe

Tabelle 11–2. Zusammenstellung von vorwiegend ungeschmiert eingesetzten Gleitwerkstoffen (DEVA™-Metall, Fa. FEDERAL MOGUL)

Matrix	Gewichtsanteile	Festschmier-stoff	Dichte	Härte HB	Einsatz-temperatur	max. zul. Belastung stat.	max. zul. Belastung dyn.	max. Gleitge-schwindigkeit
	%	Gewichts-%	g/cm^3		°C	N/mm^2	N/mm^2	m/s
Bronze	86 Cu; 13 Sn	8	6,8	40	−50 bis 200	200	100	0,3
	86 Cu; 13 Sn	12	6,0	50	−50 bis 200	140	70	0,4
Bronze, wärmebehandelt	86 Cu; 13 Sn	8	6,3	35	−100 bis 350	170	85	0,3
	86 Cu; 13 Sn	10	6,4	50	−100 bis 350	170	85	0,4
Bleibronze	83 Cu; 13 Sn; 3 Pb	6	7,2	50	−50 bis 200	260	130	0,3
Eisenlegierungen	83 Fe; 10 Ni; 4 Cu; 3 MoS$_2$	8	6,0	80	0 bis 600	150	60	0,2
	69 Fe; 23 Ni; 6 Cu; 2 MoS2	25	6,7	70	0 bis 500	70	30	0,2
	98 Fe; 2 MoS2	10	6,0	120	0 bis 600	70	30	0,2
	94 Fe; 4 Cu; 2 MoS2	8	5,9	50	280 bis 450	70	30	0,2
Nickellegierungen	98 Ni; 2 MoS2	8	6,4	45	−200 bis 200	100	50	0,2
Nickel/Kupfer	65 Ni; 28 Cu; 5 Fe; 2 MoS2	8	6,2	40	−200 bis 450	100	50	0,2
Nickel/Eisen	60 Ni; 5 Cu; 33 Fe; 2 MoS2	10	6,0	45	−200 bis 650	100	50	0,2
Rostfreier Stahl	72 Fe; 18 Cr; 10 Ni	20	5,8	55	−100 bis 750	100	70	0,2

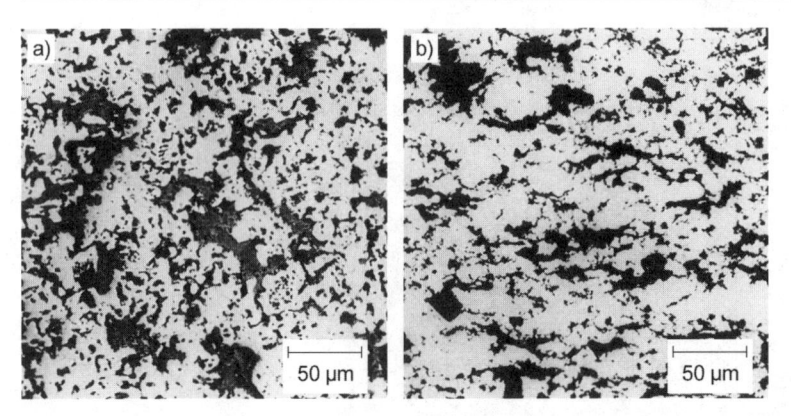

Bild 11–8. Gefügeaufbau von selbstschmierenden Metall-Graphit-Gleitwerkstoffen. a) Eisen-Blei-Graphit, ungeätzt; b) Eisen-Bronze-Graphit, ungeätzt

Werkstoffen auf Eisenbasis beispielsweise von den Anteilen an Ferrit, Perlit und freiem Zementit, von der Art der Einlagerung und Verteilung der Festschmierkomponente und nicht zuletzt von der Porosität. Werkstoffe mit zusätzlicher Ölschmierung weisen Porositäten über 10% auf, während sie für selbstschmierende Verbunde unter 10% liegen. Bild 11–8 zeigt an zwei Beispielen das Gefüge von Metall-Graphit-Verbundwerkstoffen.

Die Grenzbelastbarkeit verschiedener Metall-Graphit-Verbundwerkstoffe, die durch einen sprungartigen Anstieg der Lagertemperatur gekennzeichnet ist, verdeutlicht Bild 11–9. Sie liegt generell höher, wenn die Werkstoffe nach dem Sintern

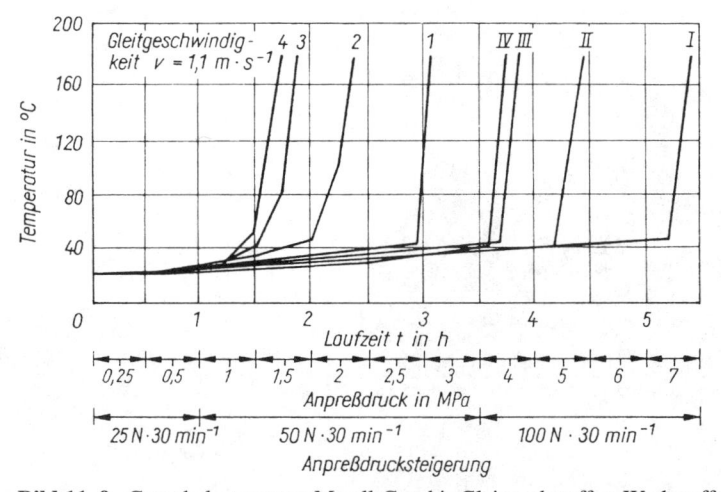

Bild 11–9. Grenzbelastung von Metall-Graphit-Gleitwerkstoffen. Werkstoffzusammensetzung: *1/I* Eisen-Kupfer-Graphit (60 Fe, 27 Cu, 9 Pb, 4c); *2/II:* Eisen-Kupfer-Nickel-Graphit (40 Fe, 41 Cu, 13 Ni, 6 C); *3/III:* Kupfer-Nickel-Graphit (80 Cu, 13 Ni, 7 C); *4/IV:* Eisen-Blei-Graphit (75 Fe, 20 Pb, 5 C). Herstellung der Werkstoffe: *1–4:* gepresst, gesintert, kalibriert; *I–IV:* gepresst, gesintert, warm nachverdichtet

11.3 Metall-Festschmierstoff-Verbundwerkstoffe

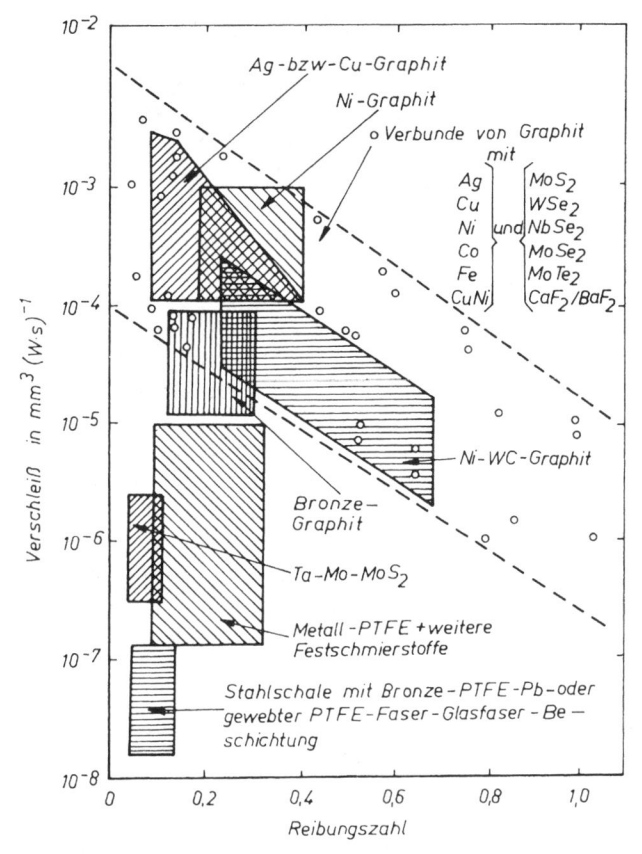

Bild 11–10. Verhältnis zwischen Reibungszahl und Verschleiß von Metall-Festschmierstoff-Verbundwerkstoffen bei Reibung gegen Stahl (nach [11.9])

nicht kalt, sondern warm nachverdichtet werden. Dann sind bei Gleitgeschwindigkeiten um 1 m/s Grenzbelastungen von 3 bis 6 MPa möglich. Feststoffgeschmierte Lager haben grundsätzlich eine wesentlich höhere Reibungszahl als Lager mit Flüssigkeitsschmierung. Bild 11–10 gibt eine Übersicht zum Verschleiß-Reibungs-Verhalten von Metall-Festschmierstoff-Verbunden einschließlich Verbundlager auf Hochpolymerbasis (s.a. Abschn. 11.4).

Die Einsatzgebiete der feststoffselbstschmierenden Verbundwerkstoffe liegen dort, wo bedingt durch Druck, äußere Bedingungen oder korrosive Einflüsse die Flüssigkeitsschmierung Schwierigkeiten bereitet. Der Hauptbeweggrund für ihren Einsatz besteht jedoch in den wesentlich höheren Arbeitstemperaturen. So sind Werkstoffe auf Bronzebasis bis zu Temperaturen von 350 °C, Verbundwerkstoffe mit Eisenmatrix bis 600 °C und spezielle Legierungen auf Ni- und Fe-Cr-Ni-Grundlage sogar bis 750 °C einsetzbar (s. Tabelle 11–2). Hier erweisen sich Metall-Festschmierstoff-Verbunde auch reinen Graphit- bzw. Kohlelagern überlegen, die infolge ihrer höheren Härte und Sprödigkeit sowie wegen ihres niedrigen Ausdehnungskoeffizienten mitunter zu Komplikationen führen. Weitere Vorteile gegenüber Kohlewerkstoffen sind die größere Stoßbelastbarkeit und Gesamtbelastungsfähigkeit. Der Verschleiß liegt jedoch mitunter höher.

In gleichem Maße einsetzbar sind feststoffgeschmierte Lager für sehr tiefe Temperaturen, bei denen die Schmieröle stocken und der Schmierfilm abreißt. Gegen Verunreinigungen sind Metall-Graphit-Lager relativ unempfindlich; sie bleiben auch bei Einwirkung von Stäuben, z.B. Kohlenstaub oder Gießereistaub, einsatzfähig. Besonders geeignete Anwendungsfälle sind der Lauf unter wässrigen Flüssigkeiten. Hierbei wird in einem weiten Belastungsbereich ein hydrodynamischer Reibungszustand erreicht.

Als Toleranzfeld für den Einbau von Festkörperschmiermittel-Lagern in die Aufnahmebohrung empfiehlt sich die Passung H7/r6–t6. Treten beim Betrieb höhere Temperaturen auf, ist eine zusätzliche mechanische Verankerung oder auch das Fixieren des Lagers mit einem temperaturbeständigen Kleber zweckmäßig. Als günstige Einbaumethode, insbesondere bei größeren Abmessungen, hat sich das Unterkühlen des Lagers bewährt.

Das richtige Laufspiel im Betriebszustand ist eine wichtige Voraussetzung für die sichere Funktion und lange Lebensdauer des Lagers. Trockenlaufende Gleitlager brauchen grundsätzlich ein etwas größeres Lagerspiel als geschmierte. Für den Normalbetrieb (Temperaturen bis max. 80°C) wird die Paarung h7/B7 empfohlen [11.10]. Bei höheren Betriebstemperaturen muss auf die Veränderung des Lagerspiels besonders geachtet werden, gegebenenfalls ist eine Kontrolle im Betriebsversuch notwendig.

Der große Einsatzbereich feststoffgeschmierter Lager erfordert, dass der Auswahl des Gegenwerkstoffes spezielle Aufmerksamkeit geschenkt werden muss. Für die relativ weichen Lager auf Bronzebasis sind Wellenwerkstoffe, deren Härte HB 220 beträgt (St 66, GGL 25), ausreichend. Bei Paarungen, die bei höheren Temperaturen eingesetzt werden oder in korrosiven Medien arbeiten, werden entsprechend hochwertige, gehärtete bzw. vergütete Werkstoffe mit einer Härte von mindestens HRC 45 erforderlich. Hierfür eignen sich beispielsweise Stähle der Qualität 30 CrNiMo 8 (W. Nr. 1.6580), bei korrosiver Einwirkung X 20 Cr 13 (W. Nr. 1.4021) oder für höchste Beanspruchung X 80 CrNiSi 20 (W. Nr. 1.4747). Insbesondere für größere Wellendurchmesser hat sich auch das Aufbringen verschleißfester und korrosionsbeständiger Oberflächenschichten, beispielsweise durch Auftragschweißen, Spritzen, Eindiffundieren oder durch galvanische Verfahren (z.B. Hartverchromen), bewährt. Die Oberfläche soll möglichst feinstgeschliffen sein, wobei Rautiefen von R_t = 1,2 bis 4 µm anzustreben sind.

Die Anwendungsgebiete von Feststoff-Verbundsinterlagern sind sehr vielfältig. Bei höheren Temperaturen werden die Werkstoffe vor allem als Lager, Stopfbuchsen, Gleitringdichtungen und Führungen in Wärmekraftmaschinen, dampfbetriebenen Motoren, Turbinen, Kesselanlagen, Pumpen, Back- und Trockenöfen oder Kunststoffverarbeitungs- und Textilveredelungs-Maschinen eingesetzt. Gesteigerte Temperaturanforderungen an die Verbundlager bestehen im Ofenbau bei Drehrohröfen und Härtereianlagen, bei Hüttenwerksanlagen z.B. Stranggussmaschinen, Gießtiegeln, Walzwerken oder auch bei Glasverarbeitungsmaschinen. Besonders bewährt haben sich festkörpergeschmierte Sintergleitwerkstoffe bei Anwesenheit wässriger Flüssigkeiten, wie im Über- und Unterwasserbau für Hubwerke und Schleusen, im Schiffsbau für Ladegeschirre, Ruderanlagen, Winden, bei Kernreaktoren zur Förderung der Wärmeträgerflüssigkeit, in der Chemie zum Pumpen und Rühren von aggressiven Flüssigkeiten, Salzlösungen, Laugen, für Absperrschieber, Regeleinrichtungen usw. Des weiteren sind Einsatzfälle von Bedeutung, bei denen durch Einwirkung abrasiver Stäube spezielle Anforderungen auftreten, wie in Bergbaueinrichtungen, Baumaschinen, Förderanlagen für Schüttgüter, der Landwirtschaftstechnik, bei der Kohlegewinnung u.a. Schließlich werden die Werkstoffe in größerem Umfange in der Lebensmittelverarbeitung, der Mühlentechnik, für Bäckereimaschinen, der Papier verarbeitenden Industrie, der Verpackungstechnik oder auch für Textilmaschinen verwendet, also Einsatzfälle, bei denen keine Verunreinigungen durch Schmierstoffe auftreten dürfen.

Außer für Lager werden Metall-Festschmiermittel-Verbundwerkstoffe als Kolbenringe eingesetzt. Dank der großen Variationsbreite der Zusammensetzung und der möglichen Beeinflussung von Gefüge, Porengröße und -verteilung können gesinterte Kolbenringe den verschiedensten Einsatzbedingungen angepasst werden. Insbesondere bei Mangelschmierung und zur Verdichtung aggressiver und korrosiver Medien sind gesinterte Kolbenringe prädestiniert, beispielsweise für Kolbenpumpen, Dampfmotoren, Verdichter und Kompressoren. Bei Verbrennungskraftmaschinen haben sich gesinterte Kolbenringe nicht generell durchsetzen können. Für größere Motoren z.B. von Traktoren werden sie jedoch häufig genutzt. Die Stahlmatrix gesinterter Kolbenringe enthält in der Regel bis zu 3% Graphit und vielfach bis zu 3% Cu, aber auch Zusätze von Cr, Ni, Mn, Mo oder Si. In manchen Fällen werden auch Sulfide zugesetzt. Für höhere Beanspruchungen sind Werkstoffe entwickelt worden, die zusätzlich bis zu 4% TiC, bis 0,8% P und bis 10% Cu enthalten.

Ein weiteres wichtiges Anwendungsgebiet pulvermetallurgischer Antifriktionswerkstoffe sind Ventilführungen und Ventilsitzringe in Verbrennungsmotoren. Ventilführungen haben die Aufgabe, die Seitenkräfte, die auf den Ventilschaft wirken, aufzunehmen und das Ventil auf dem Ventilsitz zu zentrieren. Sie leiten außerdem einen Teil der Wärme vom Ventilkopf über den Ventilschaft zum Zylinderkopf ab. Neben Grauguss oder Messing werden für Ventilführungen bei hoch beanspruchten Motoren auch pulvermetallurgisch hergestellte Ventilführungen eingesetzt. Die Werkstoffe bestehen beispielsweise aus 0,5 bis 1,0% Kohlenstoff, 10 bis 25% Kupfer, dazu auch Zusätze von Zinn und Mangansulfid, der Rest ist Eisen. Das Gefüge ist perlitisch mit kupferreichen Zonen, enthält als Festschmierstoff meist Graphit und weist ein feinverteiltes Porennetzwerk auf. Je nach Werkstofftyp liegen die Dichte pulvermetallurgisch hergestellter Ventilführungen zwischen 6,4 und 7,0 g/cm^3, die Härte im Bereich von 120 bis 240 HB und die Wärmeleitfähigkeit zwischen 35 und 55 W/mK.

Ventilsitzringe gewährleisten zusammen mit dem Ventil eine einwandfreie Abdichtung des Verbrennungsraumes, damit die erforderlichen Verdichtungs- bzw. Verbrennungsdrücke im Zylinder erreicht werden können. Sie unterliegen dabei nur in einem sehr geringen Maße einer Gleitbeanspruchung. Der Ventilsitzring bildet aber mit dem Ventil ein tribologisches System, das auch nach mehreren Millionen Zyklen die Funktionalität des Abdichtens sicherstellen muss, indem er das Einschlagen des Ventils in den Zylinderkopf verhindert. Er nimmt außerdem einen Teil der Verbrennungswärme auf, mit der das Ventil beaufschlagt wird, und gibt diese Wärme an den Zylinderkopf ab. Der Werkstoff des Ventilsitzringes muss demgemäß bei hohen Temperaturen eine hohe Härte und einen entsprechenden Widerstand gegen

Mikroverschweißen, eine gute Wärmeleitfähigkeit, einen dem Werkstoff des Zylinderkopfes angepassten Wärmeausdehnungskoeffizienten sowie einen ausreichenden Korrosionswiderstand gegen die heißen Verbrennungsabgase aufweisen. Um diesen unterschiedlichen Anforderungen gerecht zu werden, ist eine optimale Werkstoffzusammensetzung erforderlich, die nur durch einen pulvermetallurgischen Werkstoff erreicht werden kann. Eine für Ventilsitzringe typische Zusammensetzung ist 0,5 bis 1,1% Kohlenstoff, 0,5 bis 1,5% Blei, 1 bis 2% Nickel, 8 bis 12% Cobalt, der Rest ist Eisen. Es gibt darüber hinaus Ventilsitzringwerkstoffe, die Chrom oder Kupfer, aber auch harte Phasen enthalten. Wegen der gesundheitsschädlichen Wirkung des Bleies werden auch bleifreie Varianten hergestellt, die Mangansulfid enthalten. Das Gefüge von Ventilsitzringen ist meist bainitisch, teils auch perlitisch mit geringen Festschmierstoffanteilen. Die Dichte von Ventilsitzringen beträgt 7,0 bis 7,6 g/cm^3. Ihre Härte liegt zwischen 220 und 410 HB, die Zugfestigkeit zwischen 400 und 1200 MPa und der E-Modul zwischen 135 und 185 GPa. Der Wärmeausdehnungskoeffizient liegt im Bereich von 10,6 bis 12,3 × 10^{-6}/K und die Wärmeleitfähigkeit bei 29 bis 39 W/m*K.

11.4 Metall-Polytetrafluorethylen-Verbundwerkstoffe

Verbundwerkstoffe auf Basis von Polytetrafluorethylen (PTFE) gehören zu den am häufigsten eingesetzten selbstschmierenden Sinterlagern und rangieren im Bedarf gleich hinter den ölgetränkten Sinterlagern. Aufgrund der niedrigen mechanischen Festigkeit des PTFE, das unter Druck bereits bei Raumtemperatur fließt, sowie des damit verbundenen hohen Verschleißes ist das PTFE für Lagerzwecke nur in Form von Verbundmaterialien technisch nutzbar. Mit Hilfe geeigneter Füllstoffe kann der Verschleiß, wie Bild 11–11 deutlich macht, um mehrere Größenordnungen reduziert werden [11.11]. Aus dem gleichen Bild geht die große Vielfalt der Stoffe hervor, die als Verbundkomponenten in Gebrauch sind. Das Verschleißminimum wird in der Regel bei einem Zusatz von etwa 40 Vol.-% erreicht. Handelsübliche Materialien enthalten jedoch meist nur bis 25 Vol.-% schmierende und festigkeitssteigernde Komponenten.

Die Herstellung der PTFE-Verbunde geschieht durch Mischen der Zusatzkomponenten mit PTFE-Pulver, Verdichten der Mischung und Sintern bei Temperaturen um 360°C in Inertgas oder Vakuum. Vielfach wird auch das Drucksintern mit nachfolgend langsamer Abkühlung unter Druck herangezogen, mit dem bessere mechanische und tribologische Eigenschaften erzielt werden. Bei Lagern kleinerer Abmessungen ist eine Fertigung aus extrudiertem Stangenmaterial möglich.

Als besonders geeignet haben sich Lager erwiesen, die Zusätze von Bronzepulver (bis 60 Masse-%) und Festschmiermitteln, wie Graphit, Blei oder MoS$_2$ sowie außerdem oft noch Glasfasern als Verstärkungskomponente, enthalten; z.B. DX-Lager der Fa. Glacier mit 20 Vol.-% Bronzepulver und 20 Vol.-% Graphit. Sie erlauben $(p \cdot \upsilon)$-Werte bis 40 W/cm^2 bei Gleitgeschwindigkeiten bis zu 5 m/s. Der Grenzwert der Druckbelastung fällt mit wachsender Gleitgeschwindigkeit von beispielsweise 2,4 MPa für 0,5 m/s auf 0,3 MPa bei 3 m/s ab. Dieser Lagerwerkstofftyp hat sich auch für den Lauf unter Wasser gut bewährt.

11.5 Gleitwerkstoffe auf Stützschalen   333

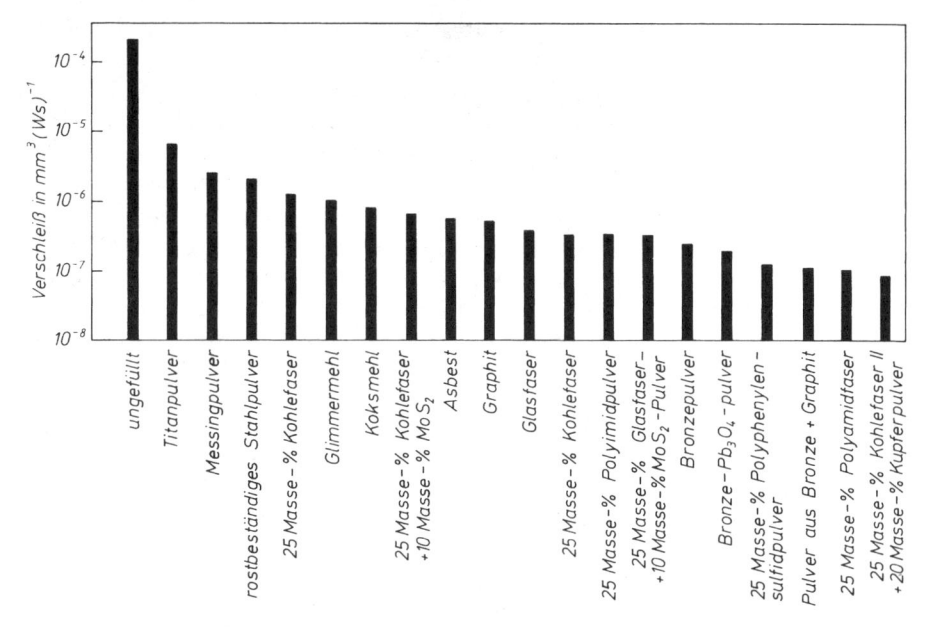

Bild 11-11. Verschleißverhalten von PTFE-Basis-Verbundwerkstoffen gegen unlegierten Stahl im Vergleich zu ungefülltem PTFE (nach [11.11])

11.5 Gleitwerkstoffe auf Stützschalen

Die Gleit- und Reibungsvorgänge spielen sich im Oberflächenbereich der im Eingriff befindlichen Festkörper ab. Für Lagerpaarungen können nur geringe Verschleißbeträge bis zum Unbrauchbarwerden zugelassen werden. Da Massivlager zudem materialaufwendig und teuer sind und außerdem in vielen Fällen auch eine unzureichende Festigkeit haben, wurden schon frühzeitig Verbundlager entwickelt, bei denen der eigentliche Lagerwerkstoff als dünne Schicht auf einer Unterlage verankert und von dieser getragen wird. Für große Lagerdurchmesser ist es ohnehin meist die einzige Möglichkeit, ausreichende Festigkeiten zu erzielen.

11.5.1 Metallische Gleitwerkstoffe

Verbundlager für den Maschinenbau mit blei- oder zinnhaltigem Weißmetall sowie Kupfer- und Aluminiumbasislegierungen als Lagerwerkstoff [11.12] werden heute noch zum überwiegenden Teil in herkömmlicher Weise durch Gießen oder Walzen hergestellt. Aber auch der pulvermetallurgische Weg wird für die Fertigung nichtporöser Lagerwerkstoffe wegen ökonomischer und technischer Vorteile in zunehmendem Maße praktiziert. Er bietet vor allem für das Aufbringen hochbleihaltiger Legierungen, die im Gießverfahren leicht zu Schwerkraftsteigerung neigen, Vorteile. Hierfür werden sowohl Pulvergemische als auch fertiglegierte inertgasverdüste Pulver auf ein verkupfertes Stahlband aufgeschüttet, aufgestreut, als Schlicker aufgegossen, aufgespritzt oder im Pulverwalzverfahren aufgetragen. Die Sinterung geschieht meist kontinuierlich im Durchlauf bei Temperaturen von 800 bis 850 °C in reduzierender Atmosphäre. Danach wird das Verbundband durch Walzen weiter verdichtet. Mitunter wird ein zweites Mal gesintert und zur Verbesserung der Oberflächengüte und Abmessungen nochmals gewalzt. Schließlich werden die Bänder zu Lagern der gewünschten Durchmesser gerollt. Bei sehr kleinen Radien wendet man Verfahren an, die von Rohren oder Rohrabschnitten ausgehen. Die pulvermetallurgische Verfahrensweise ergibt im Vergleich zum Gießen ein wesentlich feineres Gefüge mit einer sehr gleichmäßigen Bleiverteilung und folglich eine erhöhte Leistungsfähigkeit des Lagers.

In einer anderen Verfahrensvariante wird auf einem Stahlband eine poröse Grundschicht aus einem Matrixmetall aufgesintert, dessen Poren nachfolgend mit einem weichen, gleitfähigen Metall ausgefüllt werden. Auf diesem Wege lässt sich das für Gleitwerkstoffe typische Gefüge aus feinverteilten harten und weichen Bestandteilen weitaus besser als in der herkömmlichen Verfahrensweise realisieren. Als Beispiel sei eine Lagerschicht aus einer relativ harten, porösen Cu-Ni-Matrixlegierung, auf die ein 0,05 bis 0,07 mm starker Weißmetallbelag aufgewalzt wird, angeführt. Aufgrund der geringen Dicke und der guten Verankerung des Weißmetallbelages ist die Tragfähigkeit des Verbundlagers hoch. Zu ähnlichen Ergebnissen gelangt man, wenn eine aufgesinterte poröse Fe-Cu- oder Cu-Sn-Matrixschicht mit einem hochbleihaltigen Kupferbelag (Pb-Gehalt 40 bis 50%) versehen wird.

Das Laufverhalten derartiger Verbundlager lässt sich über das Einwalzen noch anderer Festschmiermittel, wie Graphit oder Molybdändisulfid, weiter verbessern bzw. den gegebenen Betriebsbedingungen anpassen. Insbesondere können sehr gute Notlaufeigenschaften erzielt werden.

11.5.2 Metall-Hochpolymer-Verbundgleitlager

Hochbelastbare selbstschmierende Gleitwerkstoffe auf Hochpolymerbasis werden in größerem Umfang auf Stützschalen (Stützschalenlager), Stahlrücken oder auch auf dünne Federstähle (Folienlager) aufgesintert oder aufgewalzt. Dies ist wegen der herausragenden tribologischen Eigenschaften des Polytetrafluorethylens besonders für PTFE-Verbund-Werkstoffe der Fall. Außer PTFE werden in geringerem Ausmaß auch noch andere Hochpolymere als Basiskomponenten für die Herstellung von Verbundgleitlager-Werkstoffen verwendet. Gleiches gilt für die im Verbundmaterial unterschiedliche Funktionen erfüllenden mineralischen, textilen und metallischen Zusatzstoffe.

PTFE-Metall-Paarungen sind durch eine niedrige Reibungszahl gekennzeichnet. PTFE weist eine hohe chemische Resistenz sowie ein starkes antiadhäsives Verhalten (geringe Verschleiß- und Fressneigung) auf. Die gute Temperaturbeständigkeit (Erweichungspunkt 327 °C) lässt einen Einsatz zwischen −200 und 300 °C zu. PTFE quillt praktisch nicht, neigt aber bei Langzeitbeanspruchung stark zum Fließen. Deshalb, wie auch wegen der großen Wärmeausdehnung und der geringen Wärmeleitfähigkeit, ist die Verwendung von PTFE ohne Füll- bzw. Stützstoffe nicht möglich.

Metall-PTFE-Verbund-Schalenlager sind unter der Bezeichnung DU-Lager (GLACIER GARLOCK BEARINGS GMBH & CO. KG) bekannt geworden.

11.5 Gleitwerkstoffe auf Stützschalen

Bei der Fertigung dieser Lager wird von einem kupferplattierten Stahlband (für DU®-Lager) oder einem Bronzeblech (für DU™-B-Lager) ausgegangen. DU™-B wird dann eingesetzt, wenn auf unmagnetisches Material oder erhöhten Korrosionswiderstand Wert gelegt wird.

Auf die genannte Blechunterlage wird eine poröse Schicht aus Zinnbronzepulver mit einer Dicke von 0,2 bis 0,6 mm aufgesintert. Durch Variation der Pulverteilchengröße (0,15 bis 0,4 mm) und der Sinterbedingungen werden Porositäten zwischen 40 und 50% erzielt. In diese poröse Schicht wird meist eine Paste aus PTFE und Bleipulver (z.B. 80% PTFE und 20% Bleipulver) eingewalzt. Die technologischen Bedingungen werden so gewählt, dass am Ende über der ausgefüllten porigen Matrix noch ein PTFE-Bleiüberzug von 10 bis 30 µm Dicke steht, der die Funktion einer Einlaufschicht übernimmt. Der Schichtaufbau bietet eine relativ hohe Druckfestigkeit (etwa 150 MPa) und eine gute Wärmeleitfähigkeit. Bild 11–12 zeigt ein Mikroschliffbild des Gleitlagertyps DU™-B.

PTFE-Blei-imprägnierte Lager können ohne jegliche zusätzliche Schmiermittel arbeiten. Ihre Lebensdauer hängt von der Beanspruchung ab. Sie beträgt in Kombination mit einer ungehärteten Welle für einen $(p \cdot v)$-Wert von 18 bis 20 W · cm^{-2} beispielsweise 4000 bis 5000 und für einen $(p \cdot v)$-Wert von 180 bis 200 W · cm^{-2} bis 400 Betriebsstunden. Gleitgeschwindigkeiten über 2 m · s^{-1} sollten vermieden werden. Bei Belastungen von 0,1 bis 10 MPa und Gleitgeschwindigkeiten zwischen 0,2 und 5 m · s^{-1} nimmt die Reibungszahl (bezogen auf Stahl mit einer Oberflächenrauigkeit von 2 bis 3 µm) Werte von 0,10 bis 0,16 an. Mit zunehmender Belastung erniedrigt sich die Reibungszahl; sie beträgt beispielsweise für Flächenpressungen über 100 MPa etwa 0,04. Die Einsatztemperatur darf maximal 250 bis 300 °C betragen; allerdings nimmt mit steigender Temperatur die Lebensdauer ab.

Besonders geeignet sind PTFE-Gleitwerkstoffe für nicht allzu oft betätigte, unter großer Belastung stehende Mechanismen, z.B. im Schwermaschinenbau, in der Fahrzeugindustrie und im Flugzeugbau sowie unter verschiedenen Bedingungen im

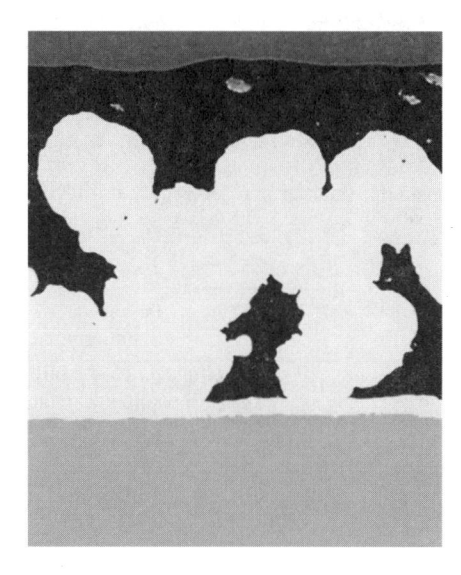

Bild 11–12. Mikroschliffbild des Lagerwerkstoffes DU™-B (GLACIER GARLOCK BEARINGS GMBH & Co. KG)

Maschinenbau, beispielsweise für Textil- und Webmaschinen, für Erntemaschinen oder Förderanlagen, für Lagerungen von Kleingetrieben sowie Kupplungs- und Bremsbackenlager, für Kniehebelsysteme, Zahnradpumpen, Getriebehebelschalter, Kolbenstangenführungen, Achsschenkelbolzen, Rollenketten, Federbolzen, Kippachsen oder Tragrohrarme. Weitere Einsatzbeispiele sind Lager- und Gleitelemente in Kleingeräten, Haushaltmaschinen und Pumpen sowie anderen Fördereinrichtungen für Flüssigkeiten.

Hinsichtlich Zusammensetzung und Gefügeaufbau von Schichtlagern existieren außer dem oben genannten Typ noch weitere Varianten. So wird beispielsweise das poröse Bronzegerüst mit einer Suspension getränkt, die PTFE und MoS_2 enthält. Auch PTFE/Keramik-Mischungen, die ein besseres Einbettverhalten für Abriebteilchen und ein größeres Gesamtverschleiß-Volumen aufweisen, sind im Einsatz. Des weiteren werden PTFE-Fasern mit Glas- oder Metallfasern zu Bändern verwebt und mittels Klebern (z.B. Phenolharzen) so auf Stahlrücken befestigt, dass die PTFE-Fasern in Drehrichtung der Welle liegen. Sie sollen höhere Belastungen (bis 35 MPa) bei niedrigen Gleitgeschwindigkeiten zulassen und sich besonders für oszillierende Bewegungen eignen. Schließlich finden – wie schon erwähnt – neben PTFE noch andere Hochpolymere in Gleitschichten Verwendung. So werden Verbundschichten, die aus einer porösen, mit Polyacetat imprägnierten Bronzeschicht bestehen, in Verbindung mit Ölschmierung eingesetzt. Sie bewähren sich vor allem dort, wo das Ölangebot zum Aufbau eines hydrodynamischen Schmierfilms nicht genügt. Bei einer einmaligen Schmierung, die durch Einbringen von ölgefüllten Schmiertaschen in die Belagschicht gewährleistet wird, erreichen sie Standzeiten, die das 2- bis 3fache der Lebensdauer ölgetränkter poröser Sinterlager betragen. Nachfolgende Zusammenstellung (Tabelle 11–3) zeigt einen Vergleich der Eigenschaften von Lagern mit einer PTFE/Blei- und der Polyacetat-Laufschicht.

Selbstschmierende Verbundwerkstoffe werden aber nicht nur im Gleitlagersektor, sondern auch in trockenlaufenden Wälzlagern, vorzugsweise in Form von massiven Scheibenkäfigen, die den Schmierstoff auf die Kugeln und Rollbahnen übertragen, benötigt. Für in Vakua oder im Temperaturgebiet zwischen –185 und 300°C betriebene Kugellager werden z.B. PTFE/MoS_2/Glasfaser-Verbundwerkstoffe eingesetzt. Die Belastungsfähigkeit der Wälzlager ist in diesem Falle verglichen mit herkömmlich geschmierten Lagern allerdings sehr gering ($\leq 4\%$). Weiterhin kom-

Tabelle 11–3. Eigenschaften von Schichtlagern aus aufgesinterter poröser Bronze mit PTFE/Blei- und Polyacetat-Gleitschicht

Eigenschaft		Gleitschicht	
		PTFE + Blei	Polyacetat + Schmiermittel
Zugfestigkeit der Gleitschicht	MPa	10…34	62…70
Dichte der Gleitschicht	g/cm^2	2,17	1,4
max. Belastung bei dynam. Beanspruchung	MPa	55	70
max. zul. Gleitgeschwindigkeit	m/s	2	2,5
zul. ($p \cdot \upsilon$)-Wert	W/cm^2	20…160	150…280
Arbeitstemperatur	°C	–200…280	–40…110

men in trockenlaufenden Wälzlagern selbstschmierende Käfige aus Bronze/PTFE/ Blei-Verbundwerkstoffen zum Einsatz. Durch zusätzliche, mit Festschmierstoff (beispielsweise MoS_2-Graphit-Na_2SiO_3-Mischungen) gefüllte Reservoire in Form von Schmiertaschen oder -nuten in den Käfigen oder Laufringen wird die Lebensdauer erhöht. Für relativ große Wälzlager haben sich Verbundwerkstoffe aus einem Titanstützkörper mit einer WSe_2-Ga/In-Schicht oder aus MoS_2-Ta-Mo als geeignet erwiesen [11.9].

11.6 Sintergleitwerkstoffe für hohe Beanspruchungen

Zur Erhöhung der Belastbarkeit der porösen ölgetränkten Lager gibt es eine Reihe von Möglichkeiten. Neben dem Einsatz unterschiedlicher Matrixlegierungen stehen auch Lager mit zusätzlichen Anteilen an Festschmierstoffen zur Verfügung. Eine neuere Werkstoffgruppe sind Lager mit heterogenem Werkstoffaufbau. Dabei werden in die poröse Grundmatrix einer üblichen Lagerlegierung zusätzlich harte, sehr verschleißfeste Teilchen eingelagert. Besonders bewährt haben sich hierfür ternäre oder quarternäre Legierungen auf Co- oder Ni-Basis mit Zusätzen von Mo, Cr und Si, die unter dem Handelsnamen Tribaloy bekannt geworden sind. Sie enthalten bis zu 70% harter (HVM > 1000) und sehr verschleißfester Laves-Phasen, z.B. Co-Mo-Si oder Co_3Mo_2Si, die in eine relativ weiche Matrix eingelagert sind. Typische Zusammensetzungen sind: 55% Co; 35% Mo; 10% Si (65% Laves-Phase) oder 50% Ni; 32% Mo; 15% Cr; 3% Si (60% Laves-Phase).

Durch das Einsintern von feinverteiltem Tribaloy-Pulver in übliche poröse herkömmliche Sinterwerkstoffe, kann deren Leistungsfähigkeit beachtlich gesteigert werden. Auf Grund ihres hohen Verschleißwiderstandes ragen die eingelagerten Partikel leicht aus der Gleitfläche des Lagers heraus und bilden eine reliefartige Oberfläche mit feinen Vertiefungen, in denen bei Lagerstillstand ein größerer Restölfilm beständig erhalten bleibt. Beim Anlauf des Lagers steht dann eine vergrößerte Ölmenge zur Verfügung, so dass bereits bei sehr geringen Gleitgeschwindigkeiten eine gute Schmierfilmbildung gegeben ist. Aber auch für höhere Laufgeschwindigkeiten wirkt sich die Topographie der Lauffläche günstig aus, da die Ölzufuhr in den Lagerspalt deutlich verbessert wird. Deshalb sind solche Lager für extrem niedrige Gleitgeschwindigkeiten von 0,001 m/s bis zu 80 m/s einsetzbar, wobei die Flächenbelastung bis 50 MPa betragen kann. Sie sind damit drei- bis sechsfach leistungsfähiger als herkömmliche Sintergleitlager. Die Wellenwerkstoffe müssen dabei eine hohe Härte von mindestens HRC 61 aufweisen und die Oberflächenrautiefe sollte unter 1,2 µm liegen.

Weitgehende Laufruhe bei geringen Drehzahlen und bei Mangelschmierung weisen poröse Sinterlager mit erhöhten Festschmieranteilen auf, die zusätzlich mit Sonderölen getränkt und für erhöhte Temperaturanforderungen (max. 250°C) geeignet sind. Tabelle 11–4 gibt eine Zusammenstellung von handelsüblichen Sintergleitlagern für erhöhte Anforderungen wieder.

Stark beanspruchte und zugleich hohen Temperaturen ausgesetzte selbstschmierende Lager werden vorwiegend auf der Basis von Mo-, W- und Co-Legierungen sowie von hochlegierten Cr-Ni-Stählen hergestellt. Nach dem Pressen und Sintern der Pulver verbleiben Porositäten von etwa 30%, die mit geschmolzenen anorgani-

Tabelle 11-4. Poröse Gleitlager für besondere Anwendungsbedingungen (Sintermetallwerk Krebsöge)

Werkstoff	Dichte g/cm^3	Porosität Vol.-%	Chemische Zusammensetzung in %		rad. Bruch-festigkeit N/mm^2	Härte HB	Stauchgrenze N/mm^2
			Matrix	Zusätze			
Werkstoffe mit höchster Belastbarkeit							
TPM Ögit 715	6,7	15	Fe	15 Tribaloy	560	120	160
TPM Bronze-Porit 715	7	20	Cu + 8-9 Sn	15 Tribaloy	140	50	50
TPM Ögit R 725	6,7	15	Cr-Ni-Stahl	25 Tribaloy	330	140	220
TPM Densit 715	7	10	Fe + 1,5 Sn	15 Tribaloy	960	180	360
TPM Alu-Porit 715	2,75	20	Al + 2 Cu	15 Tribaloy	220	60	120
Werkstoffe mit eingelagertem Festschmierstoff							
Ögit Cu C	7	15	Cu	10 Graphit	120	50	40
Bronze-Moly-Porit	7	20	Cu + 10 Sn	3,5 MoS$_2$	120	50	45
Ferro-Moly-Porit	6,6	17,5	Fe + 20 Cu	2,5 MoS$_2$ + 0,2 C	720	120	240
Chroni-Porit BN	6,2	20	Cr-Ni-Stahl 18/8	1,5 BN	150	50	100
Rhölit R 24 B	7	7,5	Cr-Stahl (16 Cr)	1,5 BN	1080	110	180
Werkstoffe mit extremer Korrosionsbeständigkeit							
Chroni-Porit	6,2	20	Cr-Ni-Stahl 18/8	–	220	70	160

11.6 Sintergleitwerkstoffe für hohe Beanspruchungen

schen Fluoriden getränkt werden. Lager auf Cr-Ni-Stahlbasis beispielsweise lassen in oxidierenden Atmosphären Arbeitstemperaturen bis 700 °C und in nicht oxidierenden Atmosphären bis 900 °C zu. Derartige Lager wurden für Raketenmotoren und andere Hochtemperaturzwecke, wie Pumpen zum Fördern geschmolzener Salze oder für Kernkraftwerke, entwickelt. Sie sind für Gleitgeschwindigkeiten zwischen 6 und 60 m/s geeignet.

In Fällen, wo vom Lager eine extrem hohe Lebensdauer verlangt wird, ist man genötigt, die verschleißfesten WC-Co- (10 bis 15% Co) und (Ti, Mo)C-NiMo-*Hartmetalle* (Kap. 17) als Gleitmaterial zu verwenden. Die Schmierung geschieht mit Öl, Wasser oder wässrigen Lösungen. Anwendungsbeispiele sind Lager in Umwälzpumpen für Heißwasser und chemische Anlagen für Hochdrucksyntheseverfahren. Aber auch für den Trockenlauf kommen Hartmetalle in Verbindung mit erhöhten Arbeitstemperaturen (WC-Co bis 500 °C, TiC-NiMo bis 700 °C) zum Einsatz.

Sinterwerkstoffe mit Stahlmatrix und TiC-Zusätzen werden für Gleitpaarungen mit Flüssigkeitsschmierung herangezogen. Der TiC-Gehalt kann bis zu 50% betragen. Die Stahlmatrix wird in ihrer Zusammensetzung dem Verwendungszweck angepasst, wobei als Legierungsbestandteile mittlere bis höhere Gehalte an Cr, Mo, Co, W u.a. in Frage kommen. Die Werkstoffe sind in geglühtem Zustand noch ausreichend bearbeitbar und können fast verzugsfrei gehärtet werden. Als Beispiel seien Stahl-TiC-Verbundwerkstoffe mit 50% TiC und einer Stahlmatrix, die 10 bis 20% Cr, 1% C sowie geringe Zusätze von Mo, Ni, und Cu enthält, genannt. Zur Verbesserung des Verschleißverhaltens werden Stahl-TiC-Werkstoffe auch mit Graphitzusätzen hergestellt. Sie enthalten beispielsweise neben maximal 35% TiC bis zu 30 Vol.-% Graphit, der in der Stahlmatrix in feinlamellarer Form vorliegt.

Cermets werden dann für Lagerzwecke eingesetzt, wenn hohe Temperaturen und korrosiv-aggressive Medien gemeinsam auftreten. Cermets (Metall-Keramik-Verbunde) zeigen gegenüber reinen Keramiken eine leicht verbesserte Duktilität und Temperaturschockbeständigkeit. Für Lagerungen im Bereich bis etwa 800 °C sind Cermets auf Al_2O_3-Basis, z.B. 19% Al_2O_3, 59% Cr, 20% Mo oder 15% Al_2O_3, 60% W, 25% Cr, geeignet. Darüber hinaus werden aus Cermets auch Wälz- und gasgeschmierte Lager hergestellt. Insbesondere Werkstoffe auf Si_3N_4-Basis haben hierfür Bedeutung erlangt. Schließlich werden Cermets auch zu Schichtlagern verarbeitet, wobei Schichten bis zu 0,5 mm Dicke durch Plasma- oder Detonationsspritzen auf Metallunterlagen aufgebracht werden. Als Gegenwerkstoffe dienen ebenfalls Cermets oder hochlegierte Stähle, Hartmetalle, Kohle sowie Stellite. Die Oberflächenrauigkeit beider Partner muss so gering wie möglich sein.

Abschließend sei mit Tabelle 11–5 eine zusammenfassende und nach Arbeitsanforderungen gewertete Übersicht zu den gesinterten wartungsfreien Gleitlagerwerkstoffen gegeben.

Tabelle 11–5. Auswahlkriterien für selbstschmierende Lagerwerkstoffe entsprechend den vorliegenden Arbeitsanforderungen (nach *J. K. Lancaster*)

Arbeitsanforderungen	Lagerwerkstoff: abnehmende Eignung ⟶				
geringer Verschleiß, lange Lebensdauer	5	3	6	7	4
niedrige Reibung	11	9	5	3	4
hohe Arbeitstemperatur	10	9	11	7	8
niedrige Arbeitstemperatur	3	11	9	4	5
hohe Druckbelastung	9	10	6	5	4
hohe Gleitgeschwindigkeit	11	9	8	5	7
hohe Steifigkeit	11	9	6	4	5
gute Dimensionsstabilität	10	11	9	7	8
Verträglichkeit mit flüssigen Schmiermitteln	7	10	4	8	2
gutes Korrosionsverhalten	10	7	3	4	2
Verträglichkeit gegenüber Fremdteilchen	1	3	2	4	5
Paarungsmöglichkeit mit weichen Gegenpartnern	1	9	2	3	4
Verträglichkeit gegenüber Strahlung	7	4	9	10	2
Vakuum/Weltraumanforderungen	11	9	4	3	2
niedrige Kosten	1	2	3	4	5

1: ungefüllte Thermoplaste, 2: Verbundwerkstoffe auf Thermoplast-Basis, 3: Verbundwerkstoffe auf PTFE-Basis, 4: Verbundwerkstoffe auf Duroplast-Basis, 5: Bronzebasis-Verbundwerkstoff mit Feststoffschmiermitteln, 6: Gewebte PTFE-Glasfaser-Verbunde, 7: Kohlewerkstoffe, 8: Metall-Graphit-Verbundwerkstoffe, 9: Festschmierstoff-Filme auf massivem Basismetall, 10: Hartmetalle, Cermets, Sondermetalle, 11: Wälzlager mit selbstschmierendem Käfig

Literatur zu Kapitel 11

[11.1] *Zapf, G.*: In: Handbuch der Fertigungstechnik, Bd 1, Urformen. Hrsg. G. Spur, München. Hanser Verlag 1981
[11.2] *Daver, E.M.* und *D.P. Ferriss*: Light Metal Age 35 (1977), 16
[11.3] MPIF Standard 35, Materials Standards of Metal Injection Moulded Parts 1993–1994 Edition, Published by Metal Powder Industries Federation, 105 College Road East, Princeton, NJ 08540-6692 USA
[11.4] *Eudier, M.*: Neue Hütte 23 (1978) 273
[11.5] *Adler, A.*: Sintered bearings. Friction and antifriction materials. New York/London, Plenum Press 1970, 263
[11.6] *Morgan, V. T.*: Porous metal bearing. Friction and antifriction materials. Hrsg.: *H. Hausner, R.R. Kempten* und *P.K. Johnson*. New York/London, Plenum Press 1970
[11.7] *Pahl, W.*: „Selbstschmierende Gleitlager", DGM-Fortbildungsseminar „Pulvermetallurgie" in Aachen, 10.–11. Mai 2004
[11.8] *Morgan, V.T.*: Tribology 2 (1969), 107
[11.9] *Lancaster, J.K.*: Tribology 6 (1973), 219
[11.10] *Waldhüter, W.*: Wartungsfreie, metallische Gleitwerkstoffe. Informationsblatt 74.05-27, Glacier GmbH-Deva Werke, D-35260 Stadtallendorf
[11.11] *Evans, D.C.* und *J.K. Lancaster*: The Wear of Polymers in Treatise on Materials. Science and Technology, Vol. 13. Hrsg.: D. Scott, New York/San Francisco/London, Academic Press 1979
[11.12] *Schatt, W.* (Hrsg.): Werkstoffe des Maschinen-, Anlagen- und Apparatebaues. 4. Aufl., Leipzig, Deutscher Verlag für Grundstoffindustrie 1991, S. 394

12 Reibwerkstoffe

Reibwerkstoffe (Friktionswerkstoffe) dienen in Kupplungen und Bremsen zur Umwandlung von kinetischer in vorzugsweise thermische Energie, wobei Bewegungsvorgänge eingeleitet bzw. beschleunigt oder verzögert bzw. gestoppt werden. Die Anforderungen an Reibwerkstoffe sind im Verlauf der technischen Entwicklung ständig gestiegen und nehmen auch noch weiter zu. Während in der frühen Technikentwicklung natürlich vorkommende Stoffe wie Holz, Leder, Kork oder Horn den Ansprüchen genügten, machte sich mit der Erhöhung der zu beherrschenden Leistungen und Laufgeschwindigkeiten im Fahrzeug- und Maschinenbau der Einsatz spezieller Reibwerkstoffe erforderlich. Das waren zunächst Verbundwerkstoffe auf der Basis von Asbest mit Bindungen aus Phenol- und Kresolharzen oder Kautschuken, denen im Laufe der Zeit weitere Komponenten wie Mineralien, Metalloxide, organische Füllstoffe, Graphit, Koks, Metallspäne u.a. zugefügt wurden.

Da die Verarbeitung und insbesondere der Abrieb von Asbest sich wegen seines hohen Anteils an lungengängigen Faseranteilen unter 3 µm Durchmesser als sehr gesundheitsgefährdend herausgestellt hat, wurde Asbest vollständig aus Brems- und Kupplungsbelägen entfernt. Die Entwicklung ging dabei in zwei Richtungen. Bei der ersten Gruppe, die als Bindemittel nach wie vor verschiedene Polymere enthält, werden zur Asbestsubstitution metallische Zusätze verwendet, vorzugsweise Stahlwolle und Eisenpulver sowie Pulver und Späne aus Kupfer, Zinnbronze oder Messing. Sie werden im anglo-amerikanischen Sprachraum als „Semimetallics" bezeichnet. Eine zweite Richtung verwendet anstelle des reibtechnisch zweifellos hervorragend geeigneten Asbests Fasern aus anorganischen Materialien, z.B. natürliche Mineralfasern (Wollastonit, Kalziummetasilikat), künstliche mineralische Fasern (Glasfasern, Schlacken- und Gesteinswolle), Keramikfasern (Aluminiumsilikate) aber auch Kohlenstoff-Fasern. Von Bedeutung sind außerdem organische Fasern aus Baumwolle, Zellulose, Flachs, Fasern aus PAN (Polyacrylnitril) und für besondere Ansprüche die hochfesten, gut temperaturbeständigen aber auch sehr teuren Aramidfasern. Meist werden bei den so genannten Faseraustauschbelägen Kombinationen verschiedener Fasern verwendet, die teilweise auch metallische Anteile enthalten [12.1 bis 12.3].

Hohen und höchsten Ansprüchen genügen die gesinterten Friktionswerkstoffe. Sie zeichnen sich durch große Temperaturbeständigkeit sowie eine wesentlich höhere Wärmeleitfähigkeit aus, wodurch die Temperaturverteilung und die Wärmebilanz der Reibpaarung deutlich verbessert werden. Konstruktiv ist dieser für den Reibungsvorgang positiven Eigenschaften allerdings Rechnung zu tragen, damit hydraulische Betätigungselemente keinen Schaden erleiden.

Als Hauptzusatzkomponenten zur Metallmatrix kommen Festschmierstoffe, vorzugsweise Graphite, aber auch Koksprodukte und Metallsulfide zum Einsatz. Für hohe Beanspruchungen, wie sie bei Hochleistungsmaschinen, überschweren Fahrzeugen und Fördereinrichtungen, bei Landebremsen von Flugzeugen und Hochgeschwindigkeitszügen vorliegen, werden höhere Anteile an mineralischen und oxidkeramischen Zusätzen angewendet.

An einen Reibwerkstoff sind folgende Grundforderungen zu stellen: eine ausreichend hohe und von den Beanspruchungsbedingungen (Gleitgeschwindigkeit, Anpressdruck und Temperatur) weitgehend unabhängige Reibungszahl, niedriger Verschleiß, kein oder nur geringer Angriff des Gegenmaterials, hohe thermische Belastbarkeit und ausreichende Festigkeit und Scherfestigkeit. Darüber hinaus müssen entsprechend dem jeweils vorliegenden Fall noch andere Forderungen vom Werkstoff erfüllt werden, wie gutes Einlaufverhalten und weicher Eingriff, hohe Schwingungsdämpfung und Korrosionsbeständigkeit oder weitgehende Unabhängigkeit der Reibungscharakteristik von den meteorologischen Bedingungen (Luftfeuchte, Nässe, Kälte). Schließlich spielen auch Fragen wie die Geruchsbelästigung oder die Funkenbildung beim Reibungsvorgang eine nicht zu unterschätzende Rolle [12.4].

12.1 Reibwerkstoffe für Trockenlauf

12.1.1 Aufbau und Wirkungsweise

Die an Reibwerkstoffe gestellten hohen und vielfältigen Anforderungen lassen sich nur mit Mehrkomponenten-Verbundwerkstoffen realisieren. Im Zusammenwirken verschiedener, aufeinander abgestimmter Zusätze ist es möglich, Werkstoffe mit einem bestimmten tribologischen Verhaltensprogramm zu entwickeln. Es hängt von der Zusammensetzung und der tribologischen Beanspruchung des Verbundes ab, in welchem Umfang während des Reibungsvorganges die in den Eingriffsflächen der Paarungspartner enthaltenen Komponenten untereinander, wie auch mit der umgebenden Atmosphäre Reaktionen eingehen. Die dabei entstehenden komplex zusammengesetzten Oberflächenschichten können in ihren Eigenschaften erheblich von denen des Grundwerkstoffs abweichen.

Entsprechend den von trockenlaufenden Paarungen zu erfüllenden unterschiedlichsten Bedingungen, der Vielzahl der zur Herstellung von Reibwerkstoffen in Betracht kommenden Stoffe und der technologischen Möglichkeiten der pulvermetallurgischen Verfahrensweise, existiert eine große Reihe unterschiedlicher Werkstoffzusammensetzungen. Ihre Eignung zu ermitteln, ist nur mit Hilfe umfangreicher, zeit- und kostenaufwendiger Versuche möglich. Hierzu sind entsprechende Reibungsprüfstände und Versuchsprogramme notwendig. Man unterscheidet dabei nach Modell-, Bauteil-, Erzeugnis- und Feldprüfung. Eine endgültige Aussage über die Lebensdauer und die Leistungsfähigkeit einer Reibpaarung lässt sich freilich nur im praktischen Betriebsversuch erbringen [12.5, 12.6].

Als metallische Matrix für gesinterte Reibwerkstoffe kommen fast ausnahmslos Kupfer oder Eisen und deren Legierungen in Betracht. Zur Erzielung der gewünschten tribologischen Eigenschaften werden unterschiedliche Anteile weiterer metallischer und nichtmetallischer Stoffe zugegeben, die sich hinsichtlich ihrer Wirkung

12.1 Reibwerkstoffe für Trockenlauf

in gleitfördernde und reibungsstabilisierende Zusätze einteilen lassen. Die erste und wichtigste Gruppe umfasst Festschmiermittel, vor allem Graphit und niedrigschmelzende Metalle wie Blei, Zinn, Wismut und Indium, wobei das sehr effektive Gleitschichten bildende Blei wegen seiner Giftigkeit allerdings immer weniger eingesetzt wird. Weiterhin sind Metallsulfide, besonders das Molybdändisulfid, Sulfate z.B. Bariumsulfat (Schwerspat) aber auch Koksmehl, bestimmte Gläser sowie Fluoride u.ä. in Anwendung. Die Zusätze der zweiten Gruppe haben die Aufgabe, einen gleichmäßigen und von den Beanspruchungsbedingungen möglichst wenig abhängigen Reibungsverlauf einzustellen. Dafür werden vorzugsweise Oxide (z.B. Al_2O_3, SiO_2, MgO), Silikate, Carbide, mineralische Stoffe, vor allem Mullite oder Phosphide eingesetzt. Die Vertreter beider Stoffgruppen erhöhen den Verschleißwiderstand und tragen zur Bildung von Oberflächenreaktionsschichten bei.

Häufigster Zusatz aller gesinterten Reibwerkstoffe ist Graphit. Für trockenlaufende Werkstoffe beträgt sein Anteil in der Regel zwischen 8 und 30 Masse-% (d.h. bis 50% Volumenanteile). Graphit bildet infolge der geringen Bindungskräfte in Richtung der c-Achse seines hexagonalen Schichtgitters leicht scherbare Lamellen. Die hohe Scherfähigkeit ist jedoch nur gegeben, wenn bestimmte Mengen Wasserdampf und Sauerstoff aus der Umgebungsatmosphäre adsorbiert werden können. Deshalb versagt die Graphitschmierung im Vakuum und in höheren Temperaturbereichen, bei denen der Wasserdampf desorbiert wird. Durch zusätzliche Anlagerungen bestimmter Fremdatome bzw. -moleküle, beispielsweise Metalloxide, kann die Scherfähigkeit weiter verbessert und auch noch bei höheren Temperaturen aufrechterhalten werden.

Bei Vorhandensein einer ausreichenden Graphitmenge bilden sich während der Reibbeanspruchung Reaktionsschichten an den Reibflächen der Paarung aus, die je nach Werkstoffzusammensetzung und der tribologischen Beanspruchung komplex aus feinsten Graphitbestandteilen, Metalloxiden, -carbiden, -nitriden u.a. bestehen. Sie verhindern die direkte metallische Berührung der Paarungspartner und damit die Adhäsion, stabilisieren den Reibungsverlauf und verringern den Verschleiß. Bild 12-1 zeigt die Bildung einer derartigen Reaktionsschicht beim Reibungsvorgang in einer schematischen Darstellung. Im Fall a) entstand eine Schicht, die eine wesentlich niedrigere Scherfestigkeit als der Grundwerkstoff aufweist. Ein solches Verhalten lässt sich über das Einbringen von niedrigschmelzenden Metallen (Pb, Bi, In, Sn) wie auch von Stoffen mit Schichtgitteraufbau (Graphit und Molybdändisulfid) erreichen. Derartige Schichten erniedrigen die Reibung und vermindern den Verschleiß, haben jedoch aufgrund ihrer schwachen Bindung zum Grundwerkstoff eine geringe Lebensdauer. Die im Fall b) angenommene Schicht hat eine höhere Härte und Festigkeit als der Grundwerkstoff. In der Praxis entstehen solche Schichten durch das Zusammenwirken von plastischer Verformung und Verfestigung, der Einlagerung weiterer Bestandteile, von thermo- und triboplastischen Reaktionen, Phasenumwandlungen und Diffusionsprozessen. Sie weisen vielfach einen hohen Verschleißwiderstand auf. Infolge des großen Festigkeitsgradienten an der Grenzfläche Schicht/Grundwerkstoff ist die Gefahr, dass sich die Schicht periodisch durch Ermüdung im Bereich der Phasengrenze ablöst und damit der Verschleiß stufenförmig ansteigt, groß. Eine erstrebenswerte Lösung stellt der in Bild 12–1c angegebene Schichtaufbau dar. Die tribologisch wirksame Deckschicht ist vom Grundwerkstoff durch eine höherfeste Zwischenschicht getrennt. Die mechanischen Eigenschaften

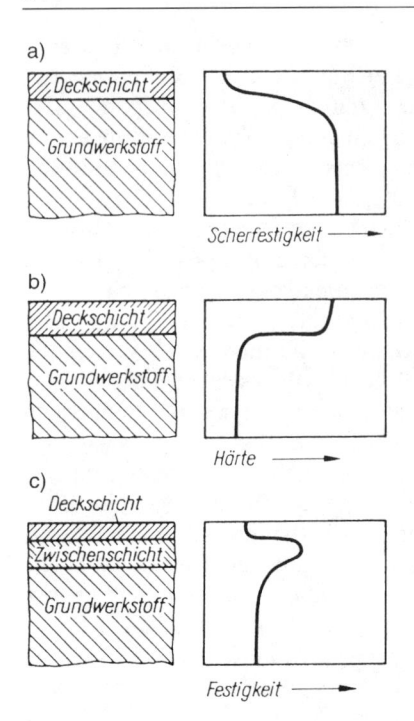

Bild 12-1. Schematische Darstellung des Aufbaus von Reaktionsschichten bei tribologischer Beanspruchung (nach *H. Czichos* und *K.-H. Habig*).
a) weiche Schicht auf höherfestem Grundwerkstoff; b) harte Schicht auf weicherem Grundwerkstoff; c) Deckschicht mit höherfester Zwischenschicht

ändern sich beim Übergang in den Grundwerkstoff nicht sprungartig, so dass die Haftfestigkeit zwischen Deckschicht und Grundwerkstoff groß und die Verschleißminderung dauerhaft ist.

Zur Veranschaulichung ist in Bild 12–2 eine Auswahl von tribologisch erzeugten Oberflächenveränderungen an Sinterwerkstoffen unterschiedlicher Zusammensetzung wiedergegeben. Auf der Oberfläche des unlegierten Sintereisens (Bild 12–2a) bilden sich lediglich Eisenoxide, die Verbindung untereinander und mit dem Grundwerkstoff ist lose und locker. Auf den Eisen-Graphit-Reibwerkstoffen (Teilbilder b bis f) entstehen je nach Beanspruchung oberflächliche Gefügeänderungen (Bild 12–2b), starke Kornzertrümmerungen (Bild 12–2c) und strukturlos erscheinende Schichten (Bild 12–2e). Enthalten die Werkstoffe oxidkeramische oder silikatische Zusätze (z.B. Al_2O_3, MgO, Mullit, SiO_2), dann können sich beständigere Schichten mit verbesserter Bindung zum Grundwerkstoff ausbilden (Bild 12–2d). Zu ihrer Formierung ist allerdings der Umsatz meist wesentlich höherer tribologischer Leistungen notwendig. Teilbild 12–2f zeigt, wie durch extreme tribologische Umformung bei einem mit Ni- oder Cr-legierten Eisen-Graphit-Friktionswerkstoff eine feinkörnige Verteilung und Durchmischung der Gefügebestandteile entsteht, wobei nach Ausschöpfung der Deformationsfähigkeit Risse auftreten, die zur Ablösung von Verschleißteilchen führen.

Auch auf dem Gegenwerkstoff der Reibpaarung bilden sich, wie Bild 12–3 verdeutlicht, Reaktionsschichten. Bei dem oft eingesetzten perlitischen Grauguss (GGL 25) werden sowohl die Graphitlamellen als auch das harte und spröde Phosphideutektikum in den Schichtaufbau einbezogen (Bilder 12–3a und b). Dank der

12.1 Reibwerkstoffe für Trockenlauf

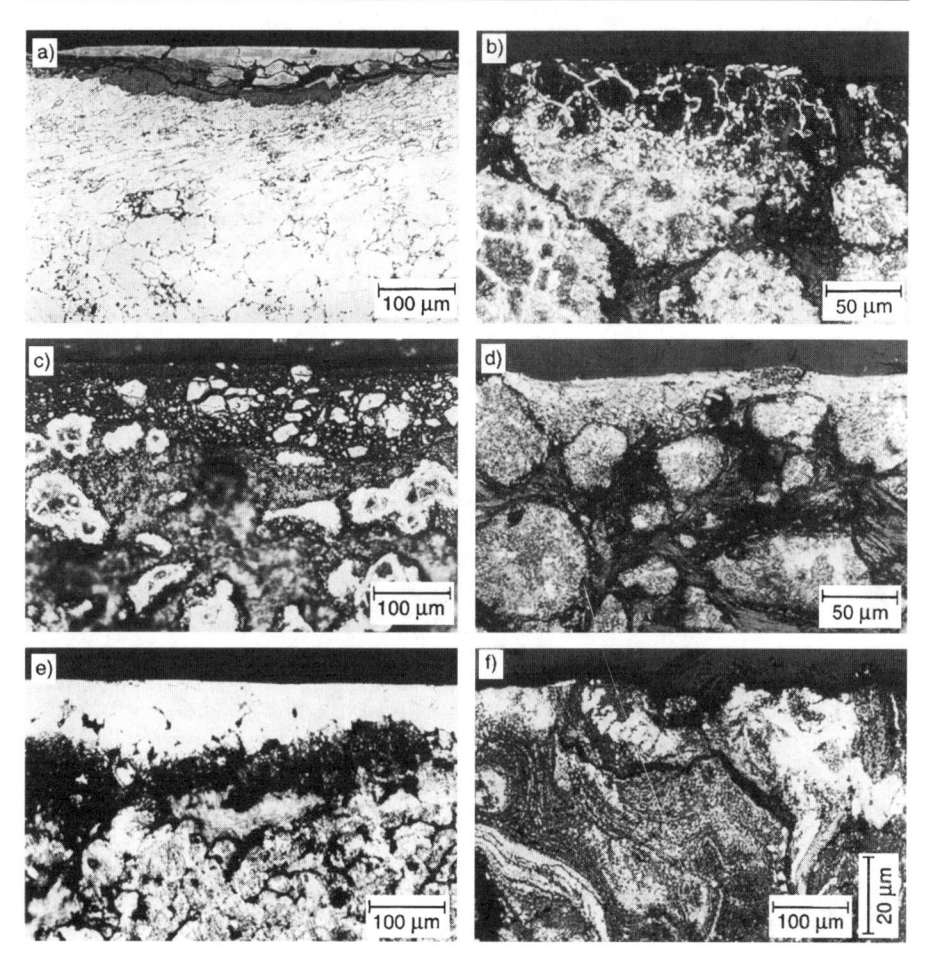

Bild 12–2. Tribologisch gebildete Reaktionsschichten auf Sintereisen-Werkstoffen. a) Oxidschichten mit geringer Haftung auf Sintereisen ohne Zusätze; b) oberflächliche Gefügeänderung auf einem Eisen-Graphit-Friktionswerkstoff durch tribothermische Beeinflussung; c) starke Kornzerkleinerung im Oberflächenbereich eines Eisen-Graphit-Friktionswerkstoffs; d) Aufbau von feinstkörnigen Schichten bei einem Eisen-Graphit-Friktionswerkstoff mit MgO-Zusatz; e) Bildung einer strukturlosen, nicht anätzbaren „weißen Schicht" bei hoher Beanspruchung (Eisen-Graphit-Friktionswerkstoff mit 17,5 Masse% Graphit); f) stark deformierter Oberflächenbereich eines Eisen-Graphit-Friktionswerkstoffs mit Ni- und Cr-Zusatz (Schrägschliff)

Widerstandsfähigkeit gesinterter Friktionswerkstoffe wird in Verbindung mit herkömmlichen Gegenwerkstoffen wie Gusseisen, Stahlguss, unlegiertem und niedriglegiertem Stahl, die Leistungsgrenze der Reibpaarung oft durch das Verhalten der auf dem Gegenwerkstoff gebildeten Schicht entscheidend mitbestimmt. Einen solchen Fall zeigen die Teilbilder 12–3d und e. Nach Überschreiten der Bindungsfestigkeit beginnt sich die Reaktionsschicht auf dem perlitischen Grauguss abzulösen. Es bleibt eine raue und zerklüftete Oberfläche zurück, die eine intakte Schicht auf

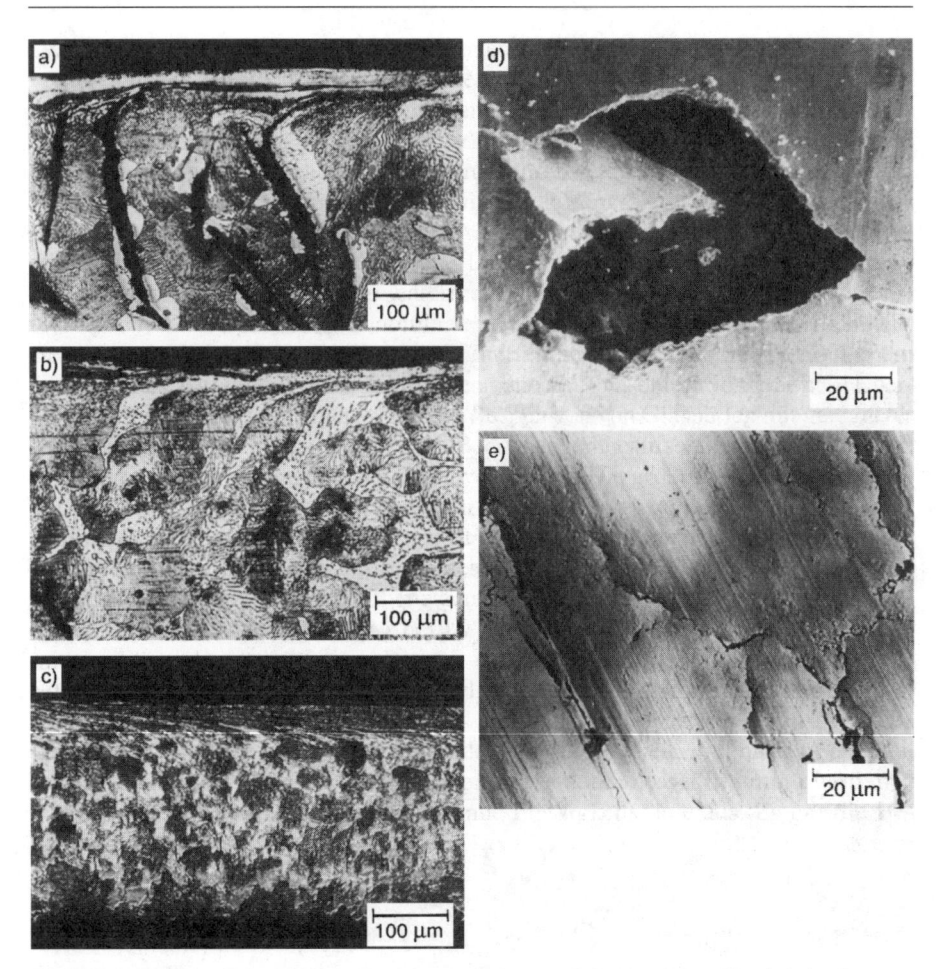

Bild 12–3. Tribologisch gebildete Reaktionsschichten auf Gegenwerkstoffen bei der Paarung mit einem Eisen-Graphit-Friktionswerkstoff. a) Grauguss GGL 25; b) Grauguss GGL 25; c) Stahl St 50; d) aufbrechende Schicht auf GGL 25; e) Oberfläche mit aufgebrochener Reaktionsschicht

dem Friktionswerkstoff vorzeitig zerstören kann. Der Reibvorgang ist also mit der ständigen Bildung und Ablösung von Reaktionsschichten verbunden. Es ist deshalb von großer Bedeutung, dass die Partner einer Reibpaarung in ihrem Leistungsvermögen gut aufeinander abgestimmt sind, insbesondere dann, wenn hohe Energieumsätze auftreten.

12.1.2 Herstellung

Wegen des hohen Anteils an pulverförmigen nichtmetallischen Komponenten, die nicht am Sintervorgang teilnehmen, müssen die Metallpulver, aus denen die festigkeitstragende Matrix hervorgeht, eine möglichst hohe Sinteraktivität aufweisen und

12.1 Reibwerkstoffe für Trockenlauf

ein ausreichend stabiles Gerüst bilden. Aus diesem Grunde werden vorzugsweise schwammartige und dentritische Pulver mit hoher Oberflächenaktivität und Korngrößen meist nicht über 150 µm verwendet. Für Eisenbasiswerkstoffe kommen vor allem die durch Reduktion aus Oxiden hergestellten Schwammeisenpulver zur Anwendung, wobei für die Reibwerkstofffertigung auch spezielle Pulverqualitäten in hoher Pressund Sinterfähigkeit zur Verfügung stehen. Bei Kupferbasiswerkstoffen wird hauptsächlich Elektrolytkupferpulver eingesetzt und mit flüssiger Phase gesintert. Dabei dominieren nach wie vor die Zinnbronzen, wobei der Zinnzusatz entweder durch Zugabe von feinem Zinnpulver oder zinnreichen Kupfer-Vorlegierungen erfolgt. Es werden aber auch andere Kupferlegierungen eingesetzt, z.B. Messing. Eine ebenfalls sehr sinteraktive Matrix erhält man mit Mischungen aus Kupfer- und Titanpulvern, die während des Sinterns eine kurzzeitig auftretende flüssige Phase bilden.

Beim Mischen der Bestandteile ist Vorsicht geboten, um den infolge der großen Dichteunterschiede möglichen Entmischungserscheinungen vorzubeugen. Wichtig ist dabei die Auswahl eines geeigneten Graphits sowie die Reihenfolge der Zugabe in den Mischer. Teilweise werden die Mischungen auch vor der Weiterverarbeitung stabilisiert (s. Abschn. 3.4). Die Herstellung der Formkörper geschieht bei trockenlaufenden Werkstoffen durch Kaltpressen in Matrizen-Werkzeugen. Der hohe Graphitgehalt und die sonstigen Zusätze haben oft ein sehr mangelhaftes Fließverhalten der Pulvermischung und geringe Schüttdichten zur Folge. Dies muss bei der Verarbeitung berücksichtigt werden. Günstig ist, dass der beachtliche Graphitanteil den Werkzeugverschleiß vermindert. Die spezifische Struktur des Graphits führt dazu, dass nach dem Pressen der Pressling auffedert und zwar sowohl in Pressrichtung als auch senkrecht dazu, wodurch eine zusätzliche Porosität entsteht. Sehr feine Graphitkorngrößen und ein wachsender Anteil an Synthesegraphiten oder Kokszusätzen verstärken diesen Effekt. Am günstigsten verhalten sich gut kristallisierte Naturgraphite gröberer Körnung. Die Pressdrücke beim Verdichten liegen in der Regel bei 100 bis max. 400 MPa. Höhere Drücke beseitigen das Auffedern nicht. Gesintert wird in Durchlauf- oder Haubenöfen bei Temperaturen von 600 bis 850 °C für Werkstoffe auf Kupferbasis und bei 900 bis 1100 °C für Beläge auf Eisengrundlage. Die Sinterzeiten liegen zwischen 30 min und 3 h. Dabei verbessern sich zwar die mechanischen Eigenschaften, die Dichte nimmt jedoch nicht oder nur unwesentlich zu [12.7].

Trockenlaufende Reibwerkstoffe werden entweder als kompakte Formkörper gefertigt oder als Beläge auf einen Stahlträger aufgesintert. Letzteres geschieht für Kupplungslamellen in Form dünner Ringe oder bei Scheibenbremsbelägen in Gestalt dickerer Platten. Zur Gewährleistung einer guten Bindung zum Stahlträger ist eine bestimmte Vorbehandlung (Entfetten, Sandstrahlen, Oberflächenbeschichten durch Verkupfern u.ä.) notwendig. Mit Hilfe spezieller Fluss- und Lötmittel und der Anwendung entsprechender Lotlegierungen lässt sich die Haftung weiter verbessern. Bei Friktionswerkstoffen, die für sehr hohe Leistungen vorgesehen sind und deshalb einen großen Anteil an nichtmetallischen Zusätzen enthalten, ist die durch den reduzierten Metallgehalt erreichbare Festigkeit im Einsatzfall nicht mehr ausreichend. Hier sind besondere Maßnahmen erforderlich, wie das Einpressen und -sintern in flache Metallnäpfchen oder das Einbringen von Fasern und Drahtgeflechten.

Nach dem Sintern sind die Beläge meist einbaufertig. Vielfach wird jedoch zur Verbesserung der Oberflächenqualität und der Maßhaltigkeit durch Schleifen nachbearbeitet. Vor allem bei großflächigen Belägen ist zur Abführung des im Betrieb anfallenden Abriebs außerdem das Einbringen von zweckdienlichen Nuten erforderlich.

12.1.3 Werkstoffe, Eigenschaften, Anwendung

12.1.3.1 Werkstoffe auf Kupferbasis

Reibwerkstoffe auf der Basis von Kupferlegierungen werden in großem Umfang für hochleistungsfähige Kupplungen und Bremsen eingesetzt. Als Matrixwerkstoffe dominieren Kupfer-Zinn-Bronzen. Es wird jedoch nicht selten auch auf Kupferlegierungen mit Zusätzen von Zn, Ni, Mn, Co, Cr u.a. verwiesen. Ein besonders interessantes System ist Kupfer-Titan, das infolge seiner hohen Sinteraktivität sowie seines guten tribologischen Verhaltens für die Herstellung von Reibwerkstoffen prädestiniert erscheint [12.7].

Analog der Vielzahl der stofflichen Kombinationsmöglichkeiten existiert bei Reibwerkstoffen auch eine große Zahl von Zusammensetzungsvarianten. Die genaue Rezeptur sowie technologische Feinheiten sind wohlgehütetes Geheimnis der Herstellerfirmen. In Tabelle 12–1 sind zur Veranschaulichung Beispiele von Zusammensetzungen unterschiedlicher pulvermetallurgischer Reibwerkstoffe zusammengestellt, die vorzugsweise der Patentliteratur entstammen.

Tabelle 12–1. Beispiele für die Zusammensetzung von pulvermetallurgisch hergestellten Reibwerkstoffen (N = Nasslauf; T = Trockenlauf)

Zusammensetzung in %				
Matrixwerkstoff	metallisch	Schmierstoff	Reibstabilisator	Einsatz
CuSn 92/8	4–7 Fe; 5–10 Pb	3–8 Graphit	2–4 SiO_2	N; T
CuSn 95/5	5 Pb	4 Graphit	5 Mullit	N
CuTi 95/5	–	12 Graphit	12 TiO_2	N; T
CuSn 90/10	5–10 Fe	3–10 Graphit; 3–12 MoS_2	2–7 SiO_2	T
Cu	7,5 Pb; 15 Bi	3 Graphit	5 SiO_2	N
CuZnSn 65/30/5	4,5 Fe; 1,8 Pb	7 Graphit; 4 MoS_2	3,5 SiO_2; 2,5 Al_2O_3	N; T
FeCu 85/15	–	bis 13 Pb; 9 Graphit	bis 25 $BaSO_4$	T
Fe	–	11 Bi; 15 Graphit	14 Mullit	T
Fe	–	5 Pb; 15–20 Graphit	bis 0,8 P	T
FeCu 70/30	–	5–10 Graphit	5 Phosphide + Sulfide	T
FeNiCu 78/15/7	–	7 Bi; 10–30 Graphit; 6 MoS_2	7 Mullit	T
FeNiCrMo 85/5/5/5	–	bis 10 Pb; 20–30 Graphit	bis 0,8 P	T
Ni	–	28 Graphit; 5 $PbWO_4$	20 Al_2O_3	T
Cermet 40 Mullit/7 MgO	35 CuSn 90/10	3–20 Cd; 5–0 Pb	–	T

12.1 Reibwerkstoffe für Trockenlauf

Die erreichbaren mechanischen Eigenschaften hängen in starkem Maße von den verwendeten Ausgangsrohstoffen sowie der Zusammensetzung und den technologischen Bedingungen bei der Fertigung ab. Zur Kennzeichnung des mechanischen Verhaltens hat sich die Bestimmung der radialen Bruchfestigkeit (DIN ISO 2739) und der Rockwellhärte mit 1/8 Zoll Kugeleindruckkörper HRH (DIN EN ISO 6508-1) eingeführt. Zwischen der Festigkeit und dem tribologischen Verhalten besteht jedoch kaum ein definitiv zuordnungsfähiger Zusammenhang; nicht immer weisen die Werkstoffe mit höchsten Festigkeiten den günstigsten Verschleißwiderstand auf. Unabhängig davon muss für gesinterte Reibbeläge eine Mindestbiegebruchfestigkeit von 40 bis 60 MPa garantiert werden. Bei dünnen Belägen zur Aufsinterung auf ein Trägerblech kann dieser Wert auch niedriger sein. Für Reibwerkstoffe mit sehr hohem Anteil an sinterinaktiven Zusätzen sind zusätzliche mechanische Maßnahmen zur Erhöhung des Abscherwiderstands notwendig.

Den maßgeblichen Einfluss auf das Reibungs- und Verschleißverhalten üben die Zusammensetzung, die Verteilung der Komponenten und die Gefügeausbildung aus. Bild 12–4 zeigt dies für einen Reibwerkstoff mit 70% Zinnbronze (10% Sn-Gehalt) und unterschiedlichen Zusätzen von Blei, SiO$_2$ und Graphit. Die ausgezogenen Kurven stellen Linien konstanter Reibungszahlen dar, während die gestrichelte Kurve das Verschleißverhalten widerspiegelt. Rechts von dieser Linie liegt der Verschleiß bei ≤0,025 mm/h, links darüber. Daraus ist abzuleiten, dass für einen guten Verschleißwiderstand hohe Blei- und Graphitgehalte des Friktionswerkstoffs notwendig sind, während der Zusatz von SiO$_2$ unter 10% bleiben muss. Größere SiO$_2$-Gehalte haben eine verstärkte Bildung von Oxid-Silikat-Schichten an den Eingriffsflächen zur Folge, die eine geringe Haftung zum Grundwerkstoff aufweisen und somit

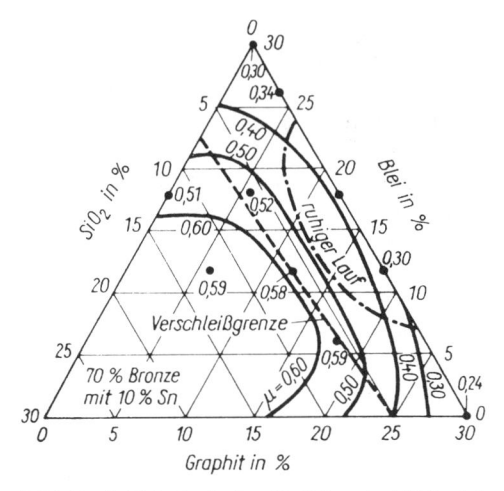

Bild 12–4. Tribologisches Verhalten in Abhängigkeit von der Zusammensetzung (Graphit, Blei und SiO$_2$) für einen Sinterwerkstoff mit 70% Bronzematrix (10% Sn) und 30% wechselnden Zusätzen (nach *J. Dedrick* und *J. Wulff*). —— durchgezogene Linien: Linien konstanter Reibungszahlen; – – – gestrichelte Linie: Verschleißgrenze von 0,025 mm/h; rechts davon liegt der Verschleiß unter, links über diesem Wert; – · – · Strich-Punkt-Linie: Zusammensetzungen innerhalb dieser Linie zeichnen sich durch ruhigen, schwingungsfreien Lauf aus

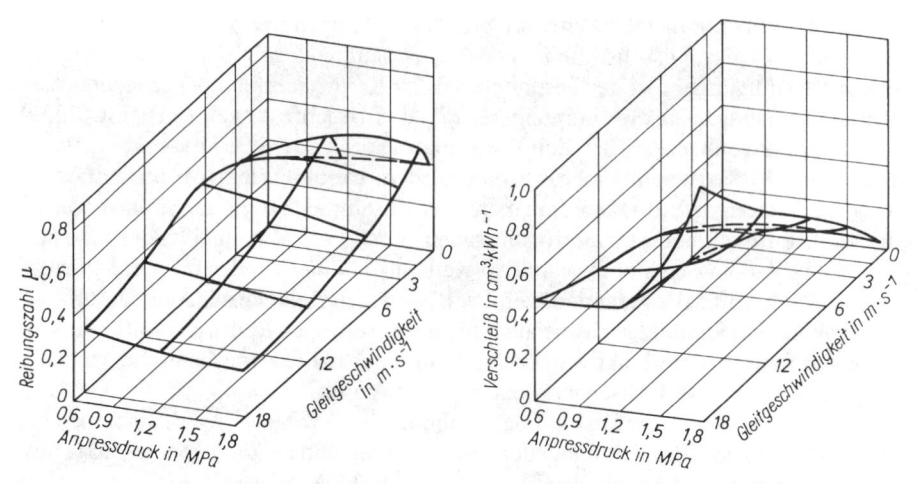

Bild 12–5. Reibungs- und Verschleißverhalten eines Bronze-Graphit-Werkstoffs (17,5 Masse-% Graphit, 5 Masse-% Zinn; 5 Masse-% Mullit; 4,7 Masse-% Blei; Rest Cu) bei Trockenlauf und Teilbelag-Leistungsprüfung; Gegenwerkstoff GGL 25

die Verschleißneigung erhöhen. Die im Schaubild strichpunktierte Linie weist auf Werkstoffzusammensetzungen hin, die sich durch einen ruhigen und schwingungsfreien Lauf auszeichnen.

In ähnlicher Weise Auskunft über das tribologische Verhalten eines Bronze-Graphit-Werkstoffs (17,5 Masse-% Graphit; 5 Masse-% Sn; 5 Masse-% Mullit; 4,7 Masse-% Pb) gibt Bild 12–5. Die Ergebnisse beziehen sich auf eine Teilbelag-Leistungsprüfung mit dem Gegenwerkstoff GGL 25. Bei der maximalen Beanspruchung (18 m/s; 1,8 MPa) von 700 W/cm^2 wurden Temperaturen von 650 bis 680°C gemessen. Sie stellen die obere Grenze der Wärmebelastbarkeit dieser Werkstoffgruppe dar.

Sehr leistungsfähig sind auch die bereits erwähnten Reibwerkstoffe mit einer Cu-Ti-Matrix. Während des Sinterns bildet sich bei diesem System zeitweilig kurz oberhalb 850°C eine eutektische Schmelze, die den Sintervorgang merklich fördert. Damit werden günstige Voraussetzungen für eine hohe Bindefestigkeit und rasche Homogenisierung geschaffen. Es hat sich gezeigt, dass gegenüber der temporär flüssigen metallischen Matrixphase von den reibungsstabilisierenden Zusätzen das TiO_2 das beste Benetzungsverhalten aufweist. Durch Kombination von TiO_2 und Graphit mit einer Cu-Ti-Matrix erhält man sehr leistungsfähige Reibwerkstoffe, die ohne das gesundheitlich bedenkliche Blei auskommen [12.7].

Als Gegenwerkstoffe (Paarungspartner) gelangen für gesinterte Reibwerkstoffe auf Kupferbasis Grauguss, Kohlenstoffstähle und niedriglegierte Vergütungsstähle sowohl in gehärteter als auch ungehärteter Form zum Einsatz. In Verbindung mit höheren Beanspruchungen haben sich hartverchromte Stähle bewährt. Derartige Reibpaarungen finden bei Traktoren, in Erdbewegungs- und Straßenbaumaschinen, in Lokomotiven, Kränen, Flugzeugen, Pressen, Kettenfahrzeugen, Hub- und Gabelstaplern, Hebezeugen, Werkzeug-, Textil- und Verpackungsmaschinen, Bremsmotoren sowie in Maschinen für die spanlose Formgebung oder in Erntemaschinen Verwendung.

12.1.3.2 Werkstoffe auf Eisenbasis

Friktionswerkstoffe auf Eisenbasis für trockenlaufende Paarungen werden in vielen Industrieländern hergestellt. Der günstige Preis, die relativ hohen Reibungszahlen und der gute Verschleißwiderstand haben ihre Einführung gefördert. In Anpassung an den jeweiligen Anwendungszweck kann die Zusammensetzung sehr unterschiedlich sein (Tabelle 12–1). Die spezifische Wirkung der Bestandteile des Verbundwerkstoffes, die Wechselwirkung mit der Eisenmatrix und deren Gefügeausbildung wie auch der Einfluss ganzer Stoffgruppen auf das Reibungs- und Verschleißverhalten wurden verschiedentlich untersucht. Infolge der sehr komplexen Zusammenhänge können jedoch keine allgemein gültigen Aussagen gemacht und nur bedingt kann aus der Zusammensetzung und dem Gefüge auf das tribologische Verhalten geschlossen werden.

Wie bei den Kupferbasis-Reibwerkstoffen ist auch für die Friktionswerkstoffe auf Eisenbasis der Graphit dominierender Nichtmetall-Bestandteil. Seine Gehalte bewegen sich zwischen 10 und 30 Masse-%. Bereits Anteile um 15 Masse-% (Bild 12–6) verringern vor allem im Bereich höherer Gleitgeschwindigkeiten den Verschleiß beachtlich. Zusammensetzungen mit etwa 20% erweisen sich als besonders günstig. Bei noch höheren Graphitgehalten (über 25%) sinkt die Festigkeit der Verbundwerkstoffe sehr schnell ab, so dass ihre Verwendung als Reibelemente allenfalls mit Hilfe besonderer Maßnahmen möglich ist. Die Reibungszahl steigt mit dem Graphitgehalt zunächst an und fällt erst bei verhältnismäßig hohen Zusätzen wieder ab. Dieses Verhalten weist darauf hin, dass der Graphit nicht nur als gleitfördernde und schmierende Komponente wirkt, sondern, wie bereits erwähnt, auch wesentlichen Anteil am Aufbau von Komplexschichten hat.

Zur Herstellung von Eisen-Graphit-Friktionswerkstoffen werden Natur- und Kunstgraphit gleichermaßen eingesetzt. Seine Korngröße beeinflusst sowohl das tribologische Verhalten als auch die Festigkeit des Verbundwerkstoffs. Da gröbere

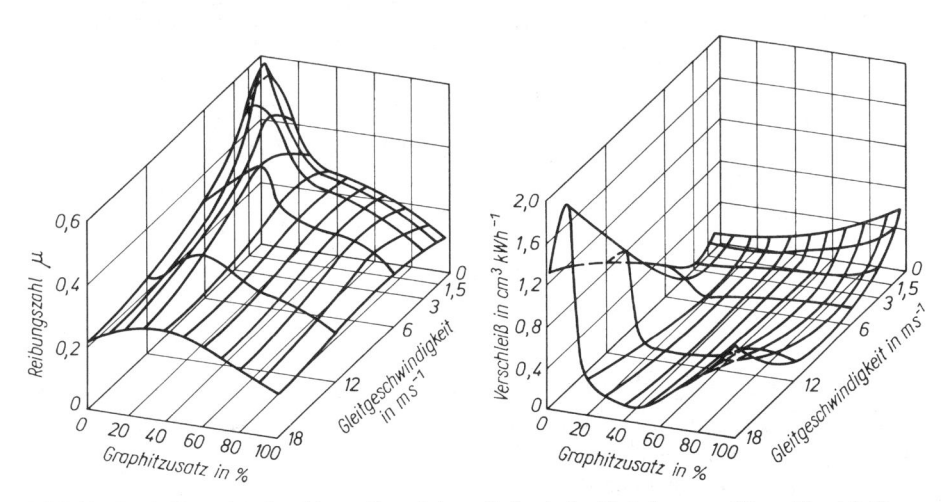

Bild 12–6. Einfluss des Graphitanteils auf das tribologische Verhalten von Eisen-Graphit-Sinterwerkstoff bei Teilbelag-Leistungsprüfung; Gegenwerkstoff GGL 25

Graphitteilchen die Ausbildung einer größeren Anzahl von Sinterbrücken im Matrixwerkstoff gestatten und damit die Festigkeit des Verbundes verbessern, werden in der Regel Graphite mit Körnungen zwischen 40 und 100 µm verwendet. Während des Sintervorganges, der bei Temperaturen zwischen 1000 und 1150 °C stattfindet, treten die nach dem Eisen-Kohlenstoff-Zustandsschaubild zu erwartenden Reaktionen auf. Das Eisengitter nimmt die der Temperatur entsprechende Menge Kohlenstoff auf. In Verbunden mit über 10% Graphit ist damit zu rechnen, dass sich beim Abkühlen ein Teil des gelösten Kohlenstoffs als Graphit ausscheidet, wobei die in größerer Anzahl noch vorkommenden nicht gelösten Graphitteilchen offensichtlich als Kristallisationskeime wirken. Es liegt dann nach normaler Abkühlung ein ferritisch-perlitisches Gefüge mit geringen Anteilen von sekundär gebildetem Graphit vor.

Der Gefügeaufbau der Matrix übt einen nicht unwesentlichen Einfluss auf das tribologische Verhalten des Verbundwerkstoffes aus. Den höchsten Verschleißwiderstand hat Gefüge aus feinstreifigem Perlit. Mit zunehmendem Ferritgehalt wird der Verschleiß größer, andererseits jedoch der Eingriff weicher und die Neigung zur Schwingungserregung geringer. Größere Mengen an Korngrenzenzementit vermindern den Verschleiß, haben aber einen starken Angriff des Gegenwerkstoffes zur Folge. Durch Variation der Abkühlbedingung von Sintertemperatur und mit Hilfe von Legierungszusätzen lässt sich die Gefügeausbildung soweit beeinflussen (Bild 12–7), dass sowohl die mechanischen als auch die tribologischen Eigenschaften der Eisen-Graphit-Reibwerkstoffe den vorliegenden Anforderungen angepasst werden können. Ein Kupferzusatz vermindert den Perlitanteil der Eisenmatrix; bei etwa 10 Masse-% Cu besteht das Gefüge ausschließlich aus kupferhaltigem Ferrit. Cu wird deshalb in geringen Mengen vielfach zur Unterdrückung der Entstehung von sekundärem Zementit zulegiert. Ni verbessert über die Mischkristallbildung die Festigkeit wesentlich. Ein Zusatz von beispielsweise 5 Masse-% Ni hebt die Festigkeit eines Eisen-Graphit-Friktionswerkstoffes mit 17,5 Masse-% Graphit auf das Doppelte an. Ni bietet außerdem die Möglichkeit, bei gleicher Festigkeit des Verbundmaterials die Menge der tribologisch wirksamen Komponenten erhöhen zu können. Cr verbessert den Verschleißwiderstand und erhöht geringfügig die Reibungszahl, die mechanischen Eigenschaften hingegen werden nur unwesentlich beeinflusst. Seine Wirkung ist vorzugsweise auf die Bildung von Cr-Carbiden zurückzuführen. Eine beträchtliche Verbesserung des Verschleißwiderstandes bringen Mo-Zusätze. Gehalte bis zu 5 Masse-% vermindern den Verschleiß auf 1/3 bis 1/5. Neben der Bildung von feinverteilten Carbiden ist dies der Einstellung eines sehr feinkörnigen Matrixgefüges (Bild 12–7) zuzuschreiben.

In fast allen Reibwerkstoffen sind zur Eigenschaftsoptimierung niedrigschmelzende Metalle (Pb, Bi, Sn, Cd) enthalten, die sich nicht in der metallischen Matrix lösen und von denen das Pb im Vordergrund steht. So wird der Verschleiß eines Eisen-Graphit-Friktionswerkstoffes beispielsweise durch Zugabe von 5 Masse-% Pb auf etwa die Hälfte reduziert. Die Reibungszahl steigt bei geringer tribologischer Beanspruchung zunächst an, fällt aber mit Erreichen der Blei-Schmelztemperatur bis um 25% ab. Bleizusätze, die über 5 Masse-% hinausgehen, sind nur noch in geringfügigem Maße wirksam. Zunehmend erfolgt jedoch ein vollständiger oder teilweiser Ersatz des giftigen Bleies durch andere unbedenkliche Stoffe.

Zur Stabilisierung des Reibungsverlaufes und zur Verschleißminderung werden außer Graphit vielfach noch weitere nichtmetallische Komponenten zugesetzt, spe-

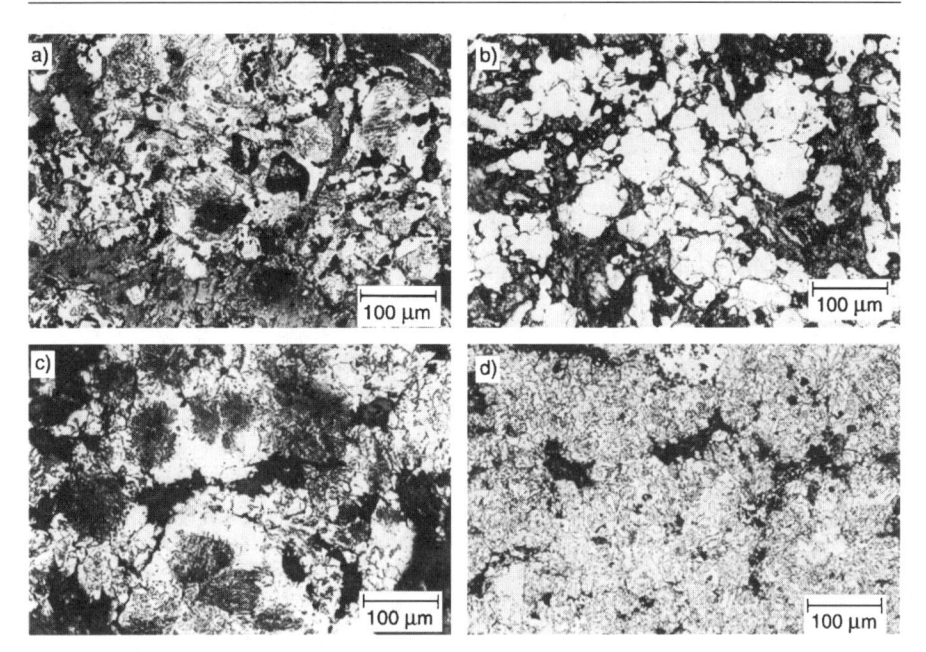

Bild 12–7. Einfluss der Legierungszusammensetzung auf die Gefügeausbildung der Matrix eines Eisen-Graphit-Friktionswerkstoffs (17,5 Masse-% Graphit). a) Gefüge ohne weitere Zusätze; b) Gefüge mit 10 Masse-% Cu-Zusatz; c) Gefüge mit 10 Masse-% Ni-Zusatz; d) Gefüge mit 10 Masse-% Mo-Zusatz

ziell mineralische Stoffe wie Mullit, Quarz, Sillimanit oder Aluminiumsilikate, sowie Metallcarbide, -nitride, -phosphide und häufig auch -sulfide (FeS, PbS, MoS_2, Sb_2S_3) (s.a. Tabelle 12–1). In einigen Ländern wird dem $BaSO_4$, das bei Graphitgehalten zwischen 5 und 10 Masse-% bis zu 10 Masse-% zugegeben wird, eine höhere Bedeutung beigemessen. Seine Wirkung beruht vor allem darauf, dass während der Reibbeanspruchung die Bildung und Stabilisierung von Reaktionsschichten gefördert und damit die Belastbarkeit des Friktionsmaterials beträchtlich gesteigert wird.

Das in Abhängigkeit von den Beanspruchungsbedingungen unterschiedliche Verschleißverhalten der Eisen-Graphit-Friktionswerkstoffe (Bild 12–8) ist in erster Linie auf die während des Reibungsvorganges an der Eingriffsfläche der Paarungspartner zu beobachtende beträchtliche Temperaturerhöhung zurückzuführen; 70 bis 80% der mechanischen Energie werden in thermische Energie umgewandelt. Während bei polymergebundenen Belägen aufgrund ihrer geringen Wärmeleitfähigkeit nur etwa 10% der erzeugten Wärmeenergie über den Reibwerkstoff abgeführt werden können, sind gesinterte Beläge auf Metallbasis in der Lage, 40 bis 50% der Wärme abzuleiten. Außer von der Wärmeleitfähigkeit des Belagwerkstoffes wird die Gesamtwärmebilanz einer Kupplung oder Bremse insbesondere auch von ihren geometrischen Kenngrößen und von konstruktiven Einzelheiten beeinflusst.

Die Nutzungsmöglichkeiten für Reibwerkstoffe auf Eisenbasis sind sehr vielfältig (Bild 12–9). Anwendungsbeispiele sind Brems- und Kupplungsbeläge in schwe-

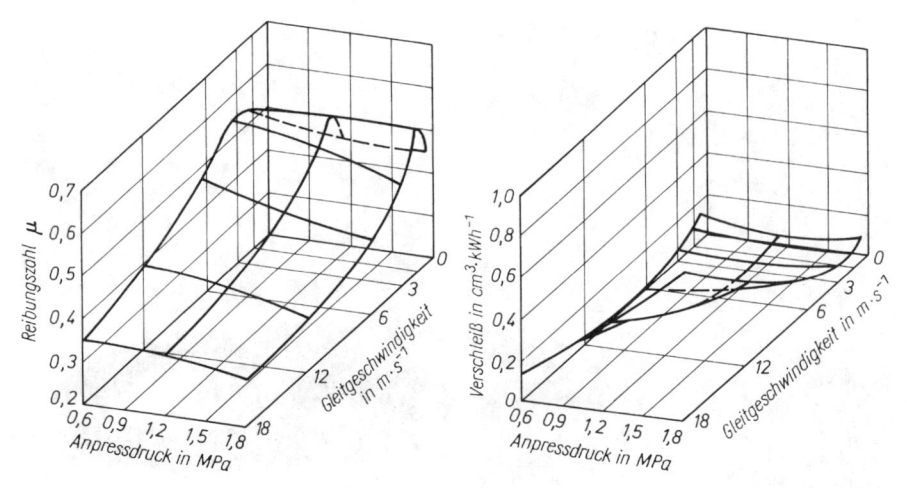

Bild 12–8. Reibungs- und Verschleißverhalten eines Eisen-Graphit-Friktionswerkstoffs bei Teilbelag-Leistungsprüfung (19 Masse-% Graphit; 4,8 Masse-% Blei; Rest Eisen); Gegenwerkstoff GGL 25

ren Pressen, Werkzeugmaschinen, Walzwerken, Erdbewegungsmaschinen und Förderanlagen. Bewährt haben sich außerdem mit Eisen-Graphit-Reibwerkstoffen ausgerüstete Sicherheits- und Überlastkupplungen für Land- und Erntemaschinen, Sonderfahrzeuge und Seilwinden. Auch für Scheibenbremsen von Straßenbahnzügen werden gesinterte Eisenbasiswerkstoffe mit Erfolg eingesetzt. Ein weiteres Anwendungsgebiet sind Bremsklötze für herkömmliche, auf den Laufkranz von Eisenbahnwagen wirkende Bremsen (Bild 12–10). Sie zeichnen sich gegenüber Gusseisenbremsklötzen durch eine bessere Wärmeverteilung an den Radreifen sowie einen geringeren Verschleiß der Bremsbeläge und der Lauffläche der Radreifen aus. Letzteres ist für eine verbesserte Laufruhe bedeutsam. Von Belang ist schließlich auch die deutlich geringere Geräuschbildung bei der Bremsung des Zuges. Tabelle 12–2 zeigt eine Zusammenstellung der Eigenschaften von verschiedenen Reibbelägen auf Eisenbasis für Bremsklötze. Einige Reibwerkstoffe wurden speziell zur Substitution von im Einsatz befindlichen Gussklötzen entwickelt und bezüglich des Reibverhaltens auf die Anforderungen der jeweiligen Kategorie von Schienenfahrzeugen abgestimmt.

Der gesteigerten Leistungsfähigkeit der Eisen-Graphit-Reibwerkstoffe entsprechend sind auch die Anforderungen an den Gegenwerkstoff höher. Für mittlere Beanspruchungen werden Grauguss mit perlitischem Gefüge und Kohlenstoffstähle mit mindestens 500 MPa Zugfestigkeit gefordert. Für höhere Belastung sind niedriglegierte Gusswerkstoffe und Vergütungsstähle im Einsatz. Bei hohen Leistungen haben sich auch hartverchromte Werkstoffe als sehr gut geeignet erwiesen.

12.1.3.3 Hochleistungswerkstoffe

Für sehr hohe Beanspruchungen kommen Reibwerkstoffe, die große Anteile hochtemperaturbeständiger keramischer Komponenten enthalten (Cermet-Friktions-

12.1 Reibwerkstoffe für Trockenlauf   355

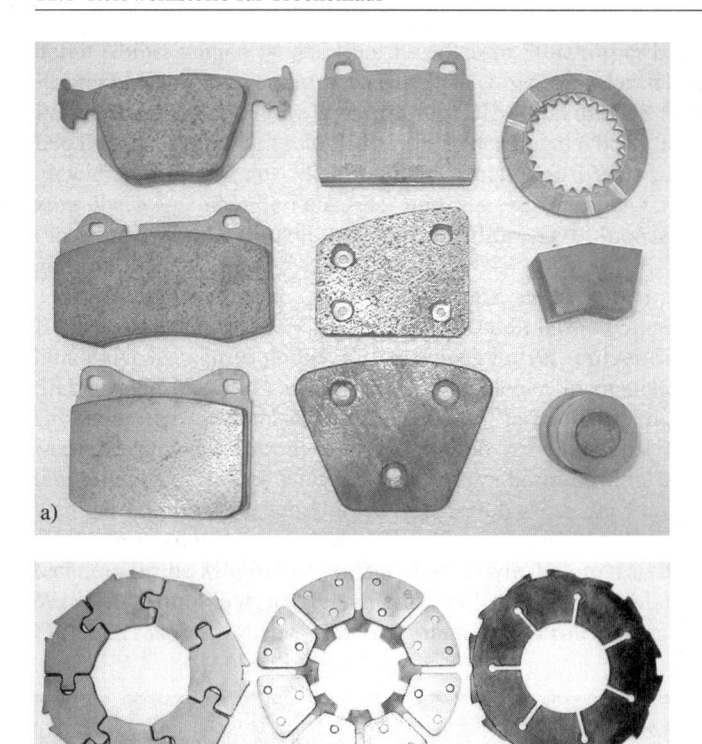

Bild 12–9. Bremsbeläge aus Sintereisen-Reibwerkstoffen (Honeywell Reibbelag GmbH, Glinde bei Hamburg). a) Scheibenbremsbeläge für Industrieanwendungen und Wehrtechnik; b) Rotorscheibe aus Segmenten und Statorscheibe mit aufgenieteten Reibbelagsegmenten (WS Tornado, Bild links bzw. mitte) sowie aufgesinterte Bremslamellen (WS Phantom, Bild rechts)

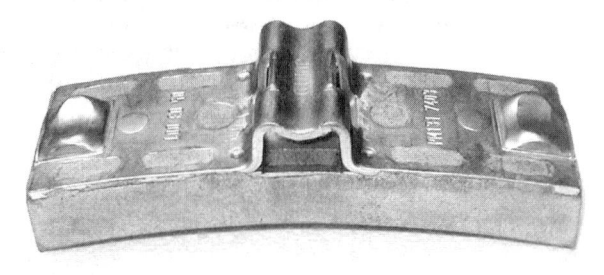

Bild 12–10. Bremsklotz auf Eisenbasis in Qualität JURID 777 (Honeywell Reibbelag GmbH, Glinde bei Hamburg)

Tabelle 12–2. Physikalische Eigenschaften und Anwendungsbereiche pulvermetallurgisch hergestellter Reibwerkstoffe für Bremsklötze auf Eisenbasis für hoch beanspruchte Bremssysteme (Honeywell Reibbelag GmbH, Glinde bei Hamburg)

Physikalische Eigenschaften und Anwendungsbereiche	Eisensinterreibbelag		
	JURID 737 µ-Niveau L	JURID 738 µ-Niveau K	JURID 777 µ-Niveau LL
Einsatzgebiet	Personenwagen	Lokomotiven, Güterwagen, Spezialfahrzeuge	geräuscharme Güterwagen
Dichte g/cm^3	4,4	4,3	5,6
Härte HRV* oder HRP**	50*	35*	75**
Wärmeleitfähigkeit W/m K	15	8	20
spezif. Wärmekapazität J/g K	0,5	0,5	0,43
Wärmeausdehnungskoeffizient 10^{-6}/K	13	10	13
Scherfestigkeit MPa	35	30	180
max. Geschwindigkeit km/h	140	200	160
spezif. Flächenpressung N/cm^{2***}	250	250	250
Dauertemperatur °C	500	500	500
Kurzzeittemperatur °C	850	900	900
mittlere Reibungszahl µ	0,15–0,25	0,20–0,30	0,09–0,30****

* Nach ASTM E 18-60 T.
*** erprobter Anwendungsbereich.
**** wie GG P10.

werkstoffe), zum Einsatz. Als Bindephase werden wegen der guten Leitfähigkeit in der Hauptsache Kupferlegierungen, in speziellen Fällen aber auch Eisen und Eisenlegierungen sowie Nickel und Molybdän verwendet. Die nichtmetallischen Anteile sind vorzugsweise Metalloxide (Al_2O_3, SiO_2, MgO, TiO_2) und andere mineralische Stoffe (Mullit, Sillimanit, Silikate). Zur Modifikation des tribologischen Verhaltens sind oft noch Graphit, niedrigschmelzende Metalle, Sulfide, Carbide oder Phosphide oder auch intermetallische Phasen (Laves-Phasen der Systeme Co-Mo-Si bzw. Co-Mo-Cr-Si), die sehr hart und verschleißfest sind, enthalten. Die in die metallische Matrix eingebundenen Zusatzbestandteile können mehr als 50 Vol.-% betragen. Beispiele der Zusammensetzung solcher Werkstoffe sind:

31% Cu, 22% Mullit, 32% Graphit, 15% andere Zusätze
55% Fe, 20% Graphit, 20% MgO, 5% Pb
47,6% Ni, 19,8% Mullit, 27,5% Graphit, 5% $PbWO_4$
50% Mo, 50% Co-Mo-Si-Laves-Phase.

Neben Reibwerkstoffen mit metallischer Bindung haben sich auch Kohlenstoff-Kohlenstoff-Faser-Verbunde, teilweise mit keramischen Zusätzen, als Hochleistungsbremsbeläge eingeführt.

Der für die gesamte Werkstoffgruppe kennzeichnende hohe Anteil nichtmetallischer Komponenten bedingt, dass diese Friktionswerkstoffe sehr temperaturbeständig sind; die maximalen Arbeitstemperaturen liegen zwischen 600 und 1000 °C,

12.1 Reibwerkstoffe für Trockenlauf

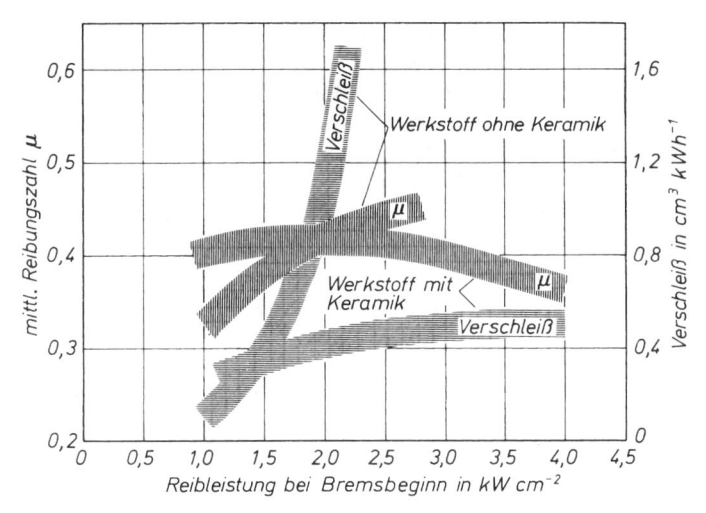

Bild 12–11. Tribologisches Verhalten von gesinterten Reibwerkstoffen ohne und mit keramischen Zusätzen (Cermet-Werkstoffen) bei Arbeitsprüfungen mit hohen Reibleistungen

z.T. noch darüber. Die Reibungszahlen erreichen je nach Einsatzbedingungen Werte zwischen 0,3 und 0,6. Für hohe Beanspruchungen erweisen sich die hochkeramikhaltigen Reibwerkstoffe als verschleißfest, wohingegen bei geringen Reibleistungen der Verschleiß nicht selten verhältnismäßig stark ansteigt (Bild 12–11).

Das Verhalten der Cermet-Friktionsmaterialien ist in besonderem Maße von der Bildung verschleißmindernder Reaktionsschichten (Bild 12–12) geprägt, die erst beim Erreichen einer gewissen Leistungsgröße entstehen. Sie sind relativ stabil und erhöhen den Verschleißwiderstand in einem breiten Beanspruchungsbereich.

Der hohe in dieser Werkstoffgruppe vertretene Anteil an Nichtmetallen hat zur Folge, dass die Festigkeit der Verbundkörper oft sehr niedrig ist. Um die Festigkeit zu verbessern, sind aufwendigere Technologien erforderlich, z.B. das Doppelpressen und -sintern oder das Heißpressen bzw. Drucksintern. Zur Gewährleistung ausreichender Scherfestigkeiten werden die Werkstoffe vielfach in flache Metallnäpfchen

Bild 12–12. Tribologisch gebildete Schichten auf pulvermetallurgisch hergestellten Hochleistungs-Reibwerkstoffen auf Eisenbasis

eingepresst, die auf den Belagträger aufgenietet oder angeschweißt werden (Bild 12–14). Eine andere Möglichkeit, die mechanischen und zugleich auch tribologischen Eigenschaften zu verbessern, besteht in der Einlagerung von Fasern wie Cu-, Fe-, Ni-, Mo-, Ti-, oder C-Fasern; dies geschieht meist in ungeordneter Form.

Die Eigenheiten dieser Friktionswerkstoffgruppe bringen es mit sich, dass auch an den Gegenwerkstoff sehr hohe Anforderungen gestellt werden müssen und die üblichen Werkstoffe, wie Grauguss und unlegierte Kohlenstoffstähle, nur noch begrenzt im Kontakt mit ihnen einsetzbar sind. Um die Belastung des Gegenwerkstoffs zu verringern, wird in vielen Fällen das Überdeckungsverhältnis von Belag und Gegenfläche klein gehalten, d.h. auf einer großen Gegenfläche laufen kleinflächige Reibelemente. Trotzdem ist es notwendig, als Gegenmaterial höherlegierte und kriechfestere Stähle einzusetzen.

Metall-Keramik-Reibwerkstoffe werden für sehr hochbelastete Kupplungen und Bremsen in schweren Erdbewegungsmaschinen unterschiedlicher Art sowie in sehr großen Transport- und Militärfahrzeugen eingesetzt; neuerdings auch für Hochgeschwindigkeitszüge und die Luftfahrt, wo eine zunehmende Nachfrage nach sehr leistungsfähigen Reibbelägen besteht.

Die Verlagerung eines beachtlichen Teils des Straßentransportes auf die Schiene ist in den nächsten Jahrzehnten eine vorrangige Aufgabe aller Industrieländer. Insbesondere bei der Personenbeförderung werden für mittlere Entfernungen Hoch-

Tabelle 12–3. Physikalische Eigenschaften und Anwendungsbereiche pulvermetallurgisch hergestellter Reibwerkstoffe für Scheibenbremsbeläge auf Bronzebasis für hochbeanspruchte Bremssysteme (Honeywell Reibbelag GmbH, Glinde bei Hamburg)

Physikalische Eigenschaften und Anwendungsbereiche	Bronzesinterreibbelag		
	JURID 721	JURID 767	JURID 755
Einsatzgebiet	Hochgeschwindigkeitszüge z.B. ICE, Talgo	Hochgeschwindigkeitszüge z.B. TGV, Eurostar	thermisch hochbelastete Sicherheitsbremsen in Hubwerken und Bandanlagen
Dichte g/cm^3	5,25	5,35	6,1
Härte HRV[*]	75	80	65
Wärmeleitfähigkeit W/m K	14	15	23
spezif. Wärmekapazität J/g K	0,5	0,5	0,45
Wärmeausdehnungskoeffizient 10^{-6}/K	27	27	o.A.
Scherfestigkeit MPa	40	25	50
max. Geschwindigkeit km/h	bis ca. 300	bis ca. 350	85[****]
spezif. Flächenpressung N/cm^2[**]	250	250	650
Dauertemperatur °C	700	700	650
Kurzzeittemperatur °C	900	900	850
mittlere Reibungszahl µ[***]	0,34–0,45	0,37–0,45	0,35–0,40

[*] Nach ASTM E 18-60 T
[**] erprobter Anwendungsbereich
[***] je nach Einsatzgebiet
[****] m/s

12.1 Reibwerkstoffe für Trockenlauf

geschwindigkeitszüge dominieren. Dies stellt an die hierfür notwendigen Reibpaarungen sehr hohe Anforderungen. Für Zuggeschwindigkeiten bis 300 km/h wird eine Bremsleistung von 410 bis 430 kW/Bremsscheibe gefordert [12.8], wobei Scheibentemperaturen bis über 400 °C auftreten. Infolge der starken thermischen und mechanischen Wechselbelastung ist die Gefahr der Bildung von Oberflächenrissen an der Bremsscheibe, die sich infolge der hohen Fliehkräfte ausbreiten und im schlimmsten Falle zum Bersten führen können, groß. Beim Belag steht eine weitgehend von den rasch wechselnden Beanspruchungsbedingungen unabhängige Reibungszahl im Vordergrund, insbesondere um möglichst geringe Bremswege und damit auch verkürzte Fahrzeiten zu erreichen. Darüber hinaus wird ein niedriger Verschleiß sowie eine geringe Neigung zur Funkenbildung (kein Feuerstreifen beim Bremsen) und zu Bremsgeräuschen verlangt. Ein noch nicht ausreichend gelöstes Problem stellt z.Z. das Bremsen bei Nässe dar, weil durch den sich bei hohen Geschwindigkeiten aufbauenden Wasserfilm das Erreichen der vollen Reibleistung verzögert wird. Hier sind Reibwerkstoffe mit sehr hoher Nässeunempfindlichkeit gefordert.

Zu Beginn der Bremsung eines Hochgeschwindigkeitszuges liegt die Gleitgeschwindigkeit bei ca. 45 m/s und die Flächenpressung beträgt etwa 0,7 MPa. Die Reibungszahl soll 0,35 bis 0,55 betragen. Bei einer Stoppbremsung von 270 km/h bis auf Null wird ein Energiebetrag von 15 MJ an jeder Bremse umgesetzt. Hierzu ist ein besonders großes Energiespeichervermögen der Bremsscheibe erforderlich, deshalb dominiert eine kompakte und unbelüftete Bauart [12.9 bis 12.11].

Als Reibwerkstoff kommen vorzugsweise Cermet-Sinterbeläge auf Kupfer- oder Eisenbasis in Frage. Der französische TGV und der deutsche ICE sowie auch die japanischen Schnellzüge haben meist gesinterte Bremsbeläge auf Kupferbasis. Die Eigenschaften und Anwendungsbereiche solcher Hochleistungsbeläge sind in Tabelle 12–3 zusammengefasst. Die Bremsscheibe besteht in der Regel aus einem kriechfesten C-Mo-V-Stahl. Bild 12–13 zeigt das Reibungs- und Verschleißverhalten

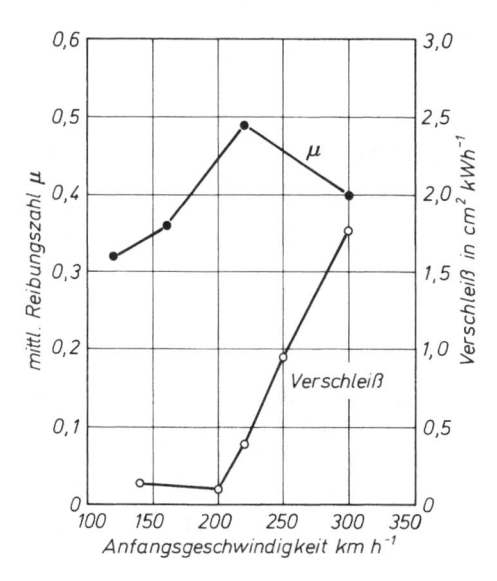

Bild 12–13. Reibungs- und Verschleißverhalten von gesinterten Hochleistungs-Reibbelägen für Hochgeschwindigkeitszüge (Jurid-Werke, Glinde b. Hamburg)

Bild 12–14. Scheibenbremsbelag aus gesintertem Hochleistungs-Reibwerkstoff für Hochgeschwindigkeitszüge u.a. für den Triebkopf ICE 1 und 2 sowie DB + Baureihe 101 (Honeywell Reibbelag GmbH, Glinde bei Hamburg)

eines pulvermetallurgisch hergestellten Hochleistungsbremsbelags mit einer Matrix auf Kupferbasis und höheren nichtmetallischen Anteilen für den Einsatz im Hochgeschwindigkeitszug TGV [12.12]. In Bild 12–14 ist ein derartiger Bremsbelag abgebildet. Die Anordnung des in Näpfchen eingesinterten Reibmaterials ist so gewählt, dass sich eine günstige Temperaturverteilung auf der Bremsscheibe einstellt.

12.2 Reibwerkstoffe für Öllauf

12.2.1 Aufbau und Wirkungsweise

Reibwerkstoffe für Öllauf werden in großem Umfange in der Antriebstechnik eingesetzt. Sie dienen als Beläge in Lamellensystemen für Kupplungs- und Bremseinheiten sowie konischen Reibkupplungen (Synchronisierungen) zum Drehzahlangleich [12.13]. Ihre Anwendung und Verbreitung zeigt auch weiterhin eine steigende Tendenz. Der besondere Vorteil von in Öl laufenden Reibpaarungen besteht in der guten Wärmeabfuhr über einen kontinuierlichen Öldurchfluss, wodurch die Temperaturen an der Reibfläche relativ niedrig bleiben. Hierdurch wird, von einem gewissen Abrieb beim Einlauf abgesehen, der Verschleiß so gering gehalten, dass die Funktion der Reibpaarungen über die gesamte Lebensdauer des Aggregats gewährleistet ist.

Von den an Reibwerkstoffe für Öllauf zu richtenden Anforderungen ist die nach einer möglichst hohen und konstanten Reibungszahl erstrangig. Sie gestattet in Verbindung mit dem äußerst geringen Verschleiß, wodurch die Dicke der Beläge stark reduziert werden kann, eine beachtliche Verminderung der Baugröße und die Übertragung hoher Leistungen auf kleinstem Raum.

Eine hohe Reibleistung und der schnelle Aufbau des Reibungsmomentes beim Schaltvorgang setzt voraus, dass der Ölfilm zwischen den Reibflächen rasch durchbrochen wird und kein hydrodynamischer Schmierfilm bestehen bleibt, sondern stets ein Mischreibungszustand aufrechterhalten wird. Dies kann einerseits über die Zusammensetzung und vor allem die Porigkeit des Reibwerkstoffs gesteuert werden. Andererseits ist ein geeignetes und ausgeklügeltes System von Nuten und Rillen auf der Belagfläche erforderlich, das den raschen Durchbruch des Ölfilms an der Reibfläche gewährleistet und gleichzeitig für einen ständigen Öldurchfluss durch das Lamellenpaket zwecks Abführung der Reibungswärme sorgt. Der infolge

12.2 Reibwerkstoffe für Öllauf

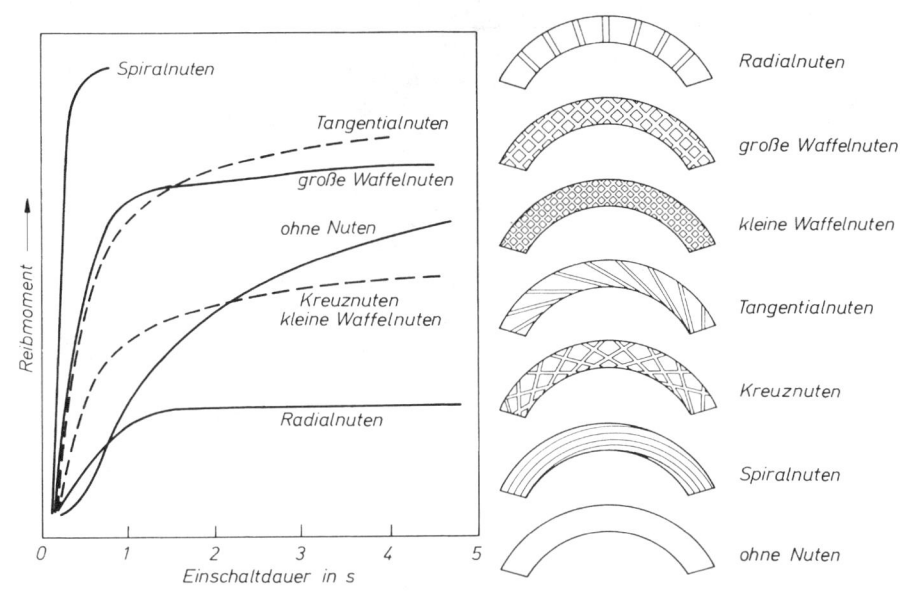

Bild 12–15. Einfluss der Geometrie der Nuten des Reibbelages auf das Schaltmoment bei unter Öl laufenden Kupplungen (nach *G. Gemeinholzer*)

der Zentrifugalkraft erzeugte Öldurchfluss kann die entstehende Reibungswärme bis zu 70% abführen. Bild 12–15 gibt eine Vorstellung davon, wie sich die geometrische Anordnung der Rillen und Nuten auf das Schaltmoment einer Kupplung auswirkt. Es ist ersichtlich, dass glatte und breite Nuten zu einem flachen Momentanstieg führen, während durch Spiralrillen ein rascher Momentaufbau erreicht wird [12.14]. In der Praxis kommen meist Nuten und Rillen kombiniert vor.

Für die Funktionstüchtigkeit des Belages ist neben der Zusammensetzung des Verbundwerkstoffs dessen Porigkeit von Bedeutung. In Anbetracht des Gleichgewichts, das sich zwischen dem hydrodynamischen Druck im Ölfilm und den Kapillarkräften in den Poren ausbildet, ist es verständlich, dass Anzahl und Größe der Poren den Zustand des Ölfilms beträchtlich beeinflussen. Besonders günstige Verhältnisse liegen vor, wenn ein räumliches Porensystem aus größeren Poren, die durch kleinere Poren miteinander verbunden sind, existiert. Des weiteren spielt der Graphitzusatz eine wichtige Rolle. Er vermindert durch die Bildung von gleitfördernden Schichten den Verschleiß insbesondere in der Einlaufphase und verhindert das Fressen bei Überlastung. Außerdem wirken die Graphiteinlagerungen in ähnlicher Weise wie die Porigkeit hinsichtlich der Zerteilung des Ölfilms [12.14]; sie erhöhen auf diese Weise das Reibungsniveau (Bild 12–16).

Die durch Porigkeit und Graphitzusatz erzielte Wirkung auf die Höhe der mittleren dynamischen Reibungszahl spiegelt sich auch in der Größenordnung des Elastizitätsmoduls des Verbundwerkstoffs wider. Dies gilt offenbar ungeachtet des Typs der unter Öl laufenden Reibbeläge, wie aus Bild 12–17 hervorgeht. Je niedriger der im Druckversuch ermittelte Elastizitätsmodul des Verbundwerkstoffs ist, umso höher liegt die mittlere dynamische Reibungszahl.

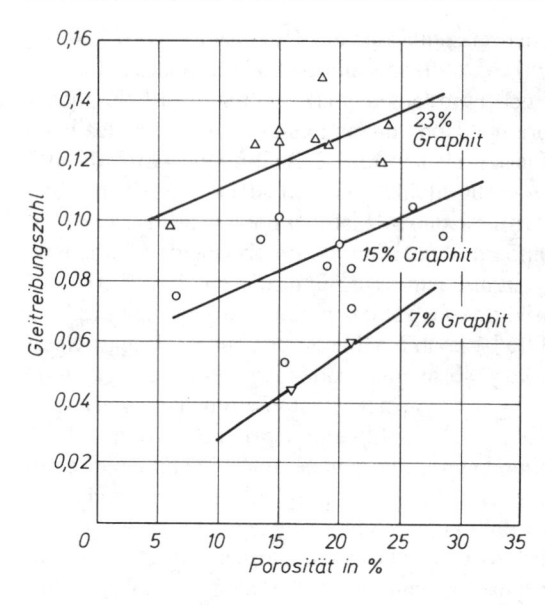

Bild 12–16. Einfluss der Porosität und des Graphitgehaltes auf die Gleitreibungszahl von Sinterbronze-Reibbelägen bei Öllauf (Gleitgeschwindigkeit 31 m/s; Anpressdruck 1,0 kPa) (nach [12.14])

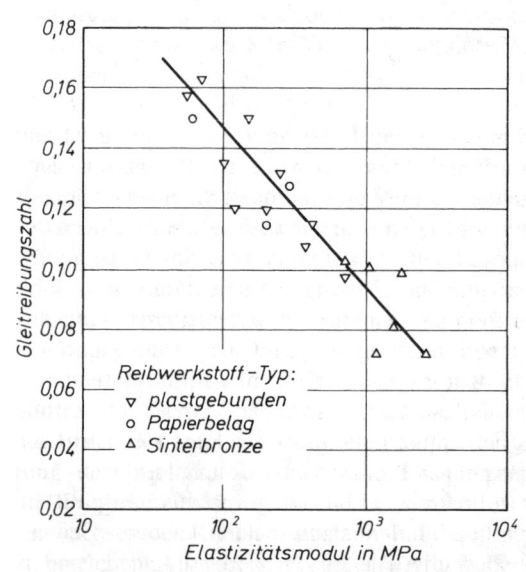

Bild 12–17. Gleitreibungszahl in Abhängigkeit von E-Modul für unterschiedliche Typen von Öllauf-Reibwerkstoffen bei Kupplungsprüfungen (Anfangsgleitgeschwindigkeit 42,3 m/s; kinetische Energie 88,3 J/cm^2) (nach [12.14])

Die Leistungsfähigkeit einer unter Öl laufenden Kupplung ist eng mit der Qualität und der Stabilität des verwendeten Öls verknüpft. Die darin enthaltenen Additive haben wesentlichen Einfluss auf das Verschleißverhalten und die Reibwertstabilität der Reibpaarung. Sie können an den Werkstoffoberflächen adsorbiert werden, mit ihnen chemisch reagieren sowie Verbindungen aus Bestandteilen des Werkstoffes und des Additivs bilden [12.15]. Bei hoher Beanspruchung treten an den Eingriffsflächen der Paarung in Mikrobereichen sehr hohe Energiespitzen auf, die eine lokale Zersetzung des Öls zu Ölkohle und hierdurch eine fortschreitende Veränderung

12.2 Reibwerkstoffe für Öllauf

der Öleigenschaften zur Folge haben. Die auf den Belagflächen zurückbleibende Ölkohle verringert die Reibung und setzt in zunehmendem Maße die Poren des Reibwerkstoffs zu, wodurch das übertragbare Reibungsmoment vermindert wird. Bei rechtzeitigem Ölaustausch kann nach einer bestimmten Erholungs- und Reinigungsphase der ursprüngliche Zustand nahezu wieder hergestellt werden. Wichtig ist ebenfalls, dass die Ölqualität mit Rücksicht auf die Belastungsanforderungen gewählt wird. Mineralöle haben sich am besten bewährt. Im Fall von Ölsorten, die so genannte HD- (Heavy Duty) vor allem aber EP- (Extreme Pressure) Zusätze enthalten, besteht die Gefahr eines Reibungsmomentabfalls. Diese Bestandteile bilden beim Auftreten von Belastungsspitzen tribologische Reaktionsschichten aus, die beispielsweise die Zahnflanken von Getrieberädern vor Zerstörung schützen sollen. Sie entstehen jedoch auch als unerwünschte Bedeckung mit niedriger Reibungszahl auf den Metallbestandteilen der gesinterten Reibbeläge.

12.2.2 Herstellung

Bei der Fertigung von pulvermetallurgischen Reibwerkstoffen für den Öllauf muss der Einstellung eines geeigneten Porengefüges in besonderem Maße Rechnung getragen werden. Sinterwerkstoffe für den Öllauf werden ausschließlich in Form von relativ dünnen Belägen auf Stahlträger aufgesintert. Bei Kupplungslamellen liegt die Dicke des Reibbelages je nach Durchmesser meist zwischen 0,25 und 1,5 mm (Faustregel: Sinterreibbelagdicke beträgt ca. 1/500 des Belagaußendurchmessers [12.16]). Es werden zwei Hauptherstellungsverfahren angewendet, die so genannte Folientechnologie und das Streusinterverfahren. Bei dem erstgenannten handelt es sich um die übliche Presstechnologie, bei der aus entsprechenden Pulvermischungen in Presswerkzeugen dünne Ringe vorgepresst werden, die anschließend in einem Drucksinterprozess auf die in geeigneter Weise vorbehandelten und mit einer sinterfördernden Zwischenschicht versehenen Stahlträger aufgesintert werden. Als Nachbehandlungsschritte sind das mechanische Einbringen von Nuten und Rillen und das Schleifen auf genaue Planparallelität erforderlich. Dieses Verfahren ist vor allem in den USA, Japan und Großbritannien eingeführt [12.10]. Im europäischen Raum jedoch wird daneben auch das Streusinterverfahren sehr häufig praktiziert, das sich durch die Möglichkeit einer günstigen Porositätsgestaltung auszeichnet und keine teuren Presswerkzeuge erfordert. Mittels einer speziellen Vorrichtung wird die Pulvermischung auf die über ein siebartiges Förderband laufenden Stahlträger aufgestreut und anschließend durch einen Sinterofen geleitet. Eine vorher aufgestreute dünne Schicht eines niedrigschmelzenden Pulvergemisches gewährleistet die Bindung zum Trägerwerkstoff. Durch geeignete Abdeckvorrichtungen können breite Nuten bereits beim Aufstreuen ausgespart werden. Zur beiderseitigen Beschichtung müssen die Lamellen den Sinterofen ein zweites Mal durchlaufen. Es wird grundsätzlich mit flüssiger Phase gesintert, so dass die Verweilzeiten in der Sinterzone des Durchlaufofens nur wenige Minuten betragen müssen. Die angesinterte und noch sehr poröse Schicht wird anschließend auf einer Presse auf die gewünschte Dicke verdichtet, wobei gleichzeitig feinere Nuten und die Rillierungen eingepresst werden können. Um die gewünschte Endfestigkeit zu erreichen, erfolgt das Fertigsintern im Haubenofen unter Druck. Eine abschließende Kalibrierung gewährleistet die Planparallelität.

Streusinterbeläge haben sich ebenfalls in hoch leistungsfähigen Synchronisierungen in Kraftfahrzeuggetrieben etabliert. Hierfür gibt es eine Vielzahl an Bauarten von Synchronringen aus verschiedenen Materialien, welche mit Reibbelägen versehen werden. Bei Einfachkonussynchronisierungen wird auf den Grundkörper eine nach dem Streusinterverfahren auf der Basis von Kupferlegierungen hergestellte besinterte Stahlfolie formschlüssig eingepresst oder eingeschweißt. In einem neu entwickelten Verfahren erfolgt in einem Ziehprozess die Umformung einer mit einem Sinterreibbelag beidseitig beschichteten Stahllamelle zu einem Doppelkonusring. Dabei werden die Umformkräfte hauptsächlich über die Nutungen übertragen, so dass die Porosität des Belages erhalten bleibt [12.17].

Auch das Aufspritzen (Flammen- oder Plasmaspritzen) hat für die Herstellung von Reibbelägen eine gewisse Bedeutung erlangt, allerdings nur für Molybdän. Molybdänspritzschichten, die oft einen bestimmten gewollten Oxidanteil enthalten, werden anschließend nachverdichtet oder geschliffen. Eine neue und interessante Lösung ist in Verbindung mit der Herstellung von gesinterten Synchronringen mit einem Reibbelag auf Eisenbasis vorgeschlagen worden. Dabei werden in einem Verbundpressverfahren das Pulver für den festigkeitstragenden Grundkörper und die Pulvermischung für die relativ dünne Reibbelagschicht in einem Schritt gemeinsam verpresst. Der so entstandene Schichtverbundpressling kann wegen der Gleichheit der dafür erforderlichen Temperaturen in einem Gang gesintert werden, so dass in einem sehr prozessstufenarmen Verfahren ein einbaufertiger Synchronring entsteht [12.18]. Diese Idee hat sich in der Praxis aus verfahrenstechnischen und Kostengründen jedoch bisher nicht durchgesetzt. Ein neues Konzept sieht das Aufsintern einer hochporösen Eisenbasisschicht direkt auf den Synchronring vor [12.19]. Das Reibschichtmaterial wird als Pulvergemisch über einen Beschichtungsprozess auf den als Schmiedeteil, Grünling oder tiefgezogenen Blechring vorliegenden Stahlsynchronringkörper aufgetragen und aufgesintert. Das Verfahren ist für unterschiedliche Synchronringgeometrien anwendbar. Nach dem Sintern ist ein Kalibrieren erforderlich, um den hohen Anforderungen an Rundheit, Konuswinkel und Geradheit gerecht zu werden.

12.2.3 Werkstoffe, Eigenschaften, Anwendung

Die Matrix der gesinterten Reibwerkstoffe für Öllauf besteht vorwiegend aus Zinnbronze, neben der auch Messing und Kupfer-Zinn-Zink-Legierungen eingesetzt werden. Eisenbasisreibwerkstoffe stehen ebenfalls kurz vor der industriellen Anwendung. Außerdem wird, um die Reaktionsschichtbildung durch EP-Zusätze zu vermeiden, mit weiteren Kupferbasislegierungen experimentiert, z.B. Cu-Mn oder Cu-Ni. Manchmal werden zur Erhöhung der Reibungszahl auch Zusätze von Eisenpulver zugegeben. Eine interessante Lösung bietet die Verwendung einer Kupfer-Titan-Legierung zur Herstellung von Öllauf-Werkstoffen [12.5, 12.6]. Wichtig ist, dass überwiegend mit flüssiger Phase gesintert wird, auf alle Fälle dann, wenn das Streusinterverfahren zum Einsatz kommt.

Bild 12–18 zeigt die Geometrie und das Gefüge von Reibbelägen für Synchronisierungen. Bei der Molybdänspritzschicht (Bild 12–18a, b) wird die Ölverdrängung während des Schaltvorgangs vorrangig über die spanend eingebrachte Ra-

12.2 Reibwerkstoffe für Öllauf

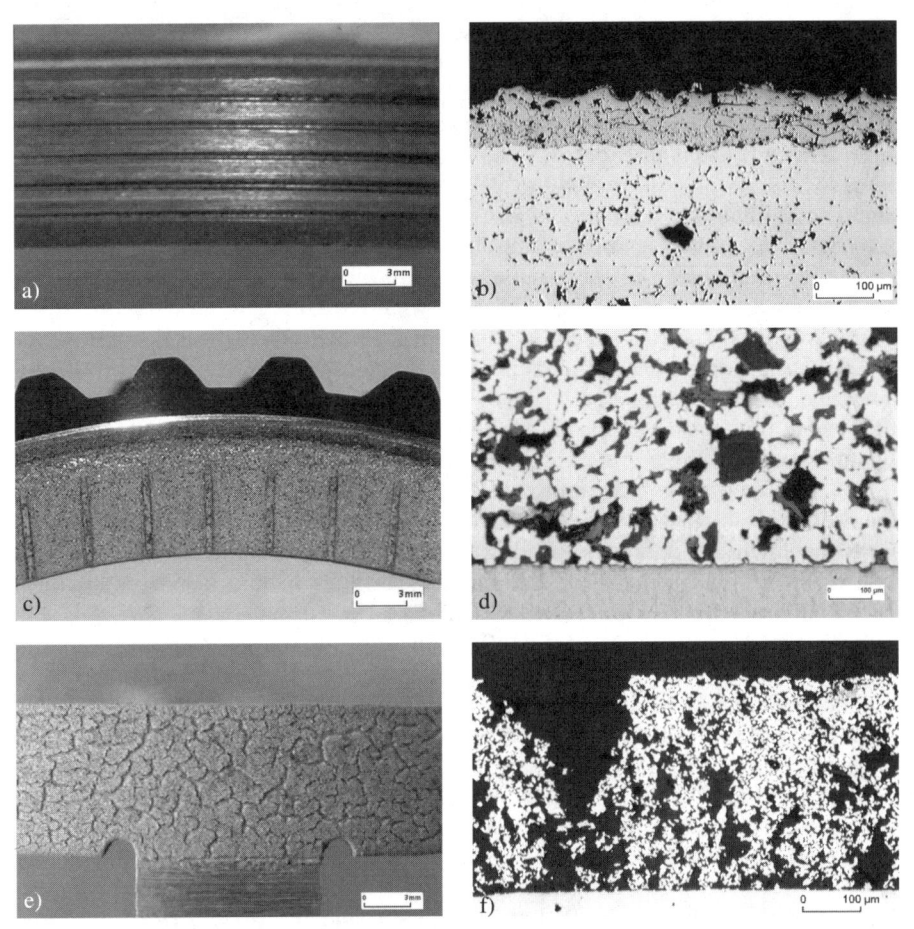

Bild 12–18. Oberflächengeometrie und Gefüge von Reibbelägen für Synchronringe. a) flammgespritzter Molybdänbelag mit Radialrillen, b) Gefüge der Molybdänspritzschicht, c) Streusinterbelag mit Axial- und Radialnutung, d) Gefüge und poröse Struktur eines Bronzebasis-Streusinterbelages (Qualität HS 45, Fa. Hoerbiger, Schongau), e) gesinterte Reibschicht auf Eisenbasis mit netzartiger Rissstruktur, f) hochporöse und mit kanalartigen Vertiefungen durchzogene Struktur und Gefüge der legierten Eisenmatrix mit eingelagerten Hartphasen (Qualität DS 230, Fa. Diehl Metall Nürnberg/IFAM Dresden)

dialrillierung gewährleistet, da die Reibschicht selbst nur eine sehr geringe Porosität aufweist. Aufgrund der Fressneigung sind für diese Schichten nur maximale Spitzenbelastungen von 1,5 W/mm^2 zulässig. Die Umsetzung höherer Reibenergien ermöglichen Sinterbeläge auf Bronze- (Bild 12–18c, d) und Eisenbasis (Bild 12–18e, f). Zur Erhöhung der Öldrainageleistung werden beim klassischen Streusinterbelag Nutungen in die Belagfläche eingebracht. Diese zusätzliche Strukturierung ist bei einem neu entwickelten Eisenbasisreibwerkstoff nicht erforderlich. Durch den Einsatz von Oxiden als Ausgangsrohstoff bildet sich durch den großen Sinterschwund eine hochporöse Schichtstruktur aus, welche zusätzlich mit einem Netzwerk kanalartiger Vertiefungen (Bild 12–18e) versehen ist [12.19]. Derartige Reibschichten zeichnen sich durch eine hohe Reibwertkonstanz, geringe Fressneigung und sehr gute Ölverträglichkeit über der gesamten Lebensdauer aus. Als weitere Zugaben enthalten die gesinterten Reibwerkstoffe für Öllauf die gleichen Stoffe wie die entsprechenden trockenlaufenden Materialien, d.h. Graphit sowie niedrigschmelzende Metalle, die sowohl zum Aufbau tribologisch wirksamer Oberflächenschichten als auch zur Bildung sinterfördernder Phasen dienen. Des Weiteren sind in ihnen verschiedene mineralische, oxidkeramische und carbidische Bestandteile enthalten. Die Teilchengröße der letztgenannten wird sehr klein gehalten, um keinen Angriff des Gegenwerkstoffs zu verursachen. Eine wichtige Funktion dieser Stoffe ist die Reinigung der Gegenfläche von sich bildenden Crackprodukten aus dem Öl.

Über die Wirkung des Graphits bei Öllauf-Sinterwerkstoffen wurde bereits gesprochen. Die Zusätze bewegen sich zwischen 8 und 15 Masse-%. Reibwerkstoffe, die sowohl für Trocken- als auch für Öllauf geeignet sind, werden gleichfalls angeboten (Tabelle 12–1). Für die Trägerbleche finden meist unlegierte Stähle wie C 45 oder C 60 Verwendung. Legierungszusätze von Si oder Cr über 0,35% vermindern die Bindungsfähigkeit zwischen Trägerblech und Reibbelag. Als Werkstoffe für die Gegenlamellen dienen in der Regel ebenfalls Kohlenstoffstähle. Bevorzugte Qualitäten sind Ck 35 und Ck 45. Für hohe und sehr hohe Beanspruchungen kommen auch Stähle wie Ck 67, Cf 70, C 85 W, 62 SiCr 5 (W. Nr. 1.4250), 50 CrV 4 (W. Nr. 1.4190) oder 42 CrMo 4 (W. Nr. 1.4160) in Betracht. Sie werden vergütet eingesetzt, wobei Härten über HRC 50 wegen der Gefahr des Verzuges bei thermischer Überbelastung vermieden werden sollen.

Die bei unter Öl laufenden Paarungen erreichbaren dynamischen Reibungszahlen bewegen sich je nach Werkstoffqualitäten, Ölsorten, Beanspruchungsparametern und Ausführungsform der Lamellen zwischen 0,05 bis 0,15. Die Haltereibung ist dabei in der Regel etwa 20 bis 30% höher als die Gleitreibung. Wie bereits erwähnt, lassen sich der Verlauf des Drehmomentenaufbaus beim Schaltvorgang durch Nutenform und -anordnung sowie die Öleigenschaften in bestimmten Grenzen variieren. Gesinterte Friktionswerkstoffe für Öllauf sind bis zu Anpressdrücken von 5 MPa und Gleitgeschwindigkeiten von 80 m/s einsetzbar. Der Verschleiß ist nach dem Einlaufvorgang sehr gering und liegt im Bereich von nur wenigen 1/100 mm. Die flächenbezogene Schaltarbeit kann bis zu 300 J/cm^2 und die Reibleistung bis 20 W/cm^2 betragen. Als maximale Schalthäufigkeit werden Zahlen von 90 bis 120 Zyklen/h angegeben. Die zulässige mittlere Temperatur ist in erster Linie durch die Temperatur des Öls bestimmt und sollte 150 bis 180°C nicht überschreiten. Bild 12–19, veranschaulicht das Reibungsverhalten von Kupplungsbelägen, die nach dem Streusinterverfahren hergestellt wurden, in Abhängigkeit von Gleitgeschwindigkeit und Flächenpressung.

Die Anwendungsgebiete für gesinterte Reibbeläge unter Öllauf sind sehr vielfältig. Der größte Anwendungsbereich sind Schaltkupplungen in Automatikgetrieben von PKWs, Bussen, LKWs, Traktoren und Sonderfahrzeugen, der auch weiterhin noch im Wachsen begriffen ist. Weitere Einsatzfälle sind in Verbindung mit Lenkgetrieben von Raupen, Baumaschinen, Radladern, Gabelstaplern, Spezial- und Militärfahrzeugen sowie Wendegetrieben im Schiffsbau gegeben. Auch der Landmaschinenbau verwendet Öllaufkupplungen in vielfältiger Weise, wobei der Einsatz sowohl als Lastschalt- und Lenkkupplungen als auch in Kupplungen für Nebenag-

12.2 Reibwerkstoffe für Öllauf

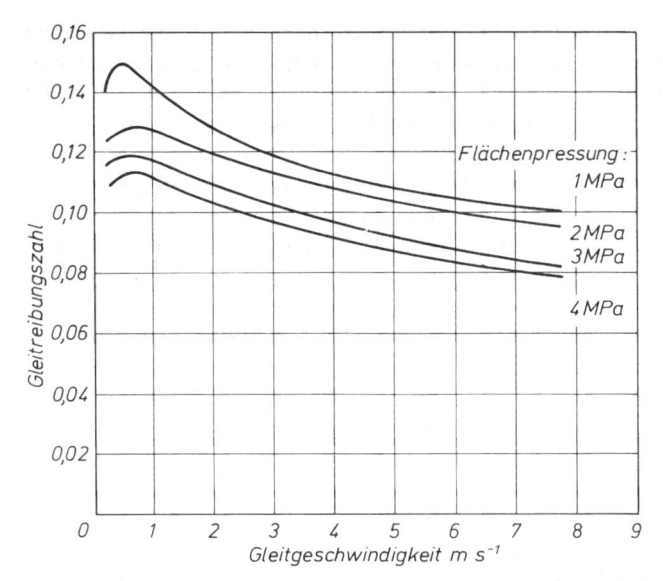

Bild 12–19. Reibungsverhalten eines Streusinter-Reibbelags mit Waffelrillenmuster in Abhängigkeit von der Gleitgeschwindigkeit und der Flächenpressung (Qualität HS 48; Fa. Hoerbiger, Schongau). Versuchsbedingungen: Schaltarbeit: 0,94 J/mm^2; Schalthäufigkeit: 90/h; Drehzahl: 1805/min; Reibbelagabmessungen: D_a/D_i 99/77,2 mm; Öl: Donax TM

Bild 12–20. Kupplungslamellen mit Sinterbronzebelägen für Öllauf (Streusinterverfahren) und unterschiedliche Einsatzzwecke (Fa. Hoerbiger, Schongau)

gregate und als Sicherheitsrutsch-Kupplungen erfolgt. Ein relativ neuer Einsatzfall sind Haltebremsen in Windkraftanlagen. Schließlich dienen eine nicht unbeträchtliche Menge von Öllauf-Kupplungen im Maschinen- und Anlagenbau zur Steuerung der Arbeitsvorgänge von Werkzeugmaschinen, Pressen, Kränen usw. Beispiele von Kupplungslamellen sind in Bild 12–20 dargestellt.

Eine Sonderstellung nimmt der Einsatz in Kranbremsen für Atomkraftwerke ein, wo eine extrem hohe Zuverlässigkeit auch nach längeren Stillstandszeiten verlangt wird. Ein kontinuierlich wachsendes Anwendungsgebiet sind gesinterte Beläge für Synchronisierungseinrichtungen in Kraftfahrzeuggetrieben. Es handelt sich dabei um relativ hochbelastete ölgeschmierte Kegelreibungskupplungen [12.13, 12.16] bis [12.22]. Sinterreibbeläge übertreffen die Leistungsfähigkeit der vielfach noch verwendeten Sondermessingringe und der Sinterstahlringe mit Molybdänspritzschicht deutlich.

Literatur zu Kapitel 12

[12.1] *Baker, R.*: Powder Metallurgy 35 (1992), 225
[12.2] N.N.: Ingenieur-Werkstoffe 4 (1992), 18
[12.3] *Habig, K.-H.*: Verschleiß und Härte von Werkstoffen. Carl Hanser Verlag München/ Wien 1980. Kap. 4.5: Reibungsbremsen
[12.4] *Oehl, K.-H.* und *H.-G. Paul*: Bremsbeläge für Straßenfahrzeuge. Verlag moderne Industrie AG & Co., Landsberg/Lech (1990)
[12.5] *Drees, D.* und *J.-P. Celis:* Tribological Testing – Intelligent Test Selection Using the Tribological Aspect Number. Proc. 13th International Colloquim Tribology, January 15–17, 2002, Esslingen, Germany, Vol. 1, 409
[12.6] *Schatt, W.* (Hrsg.): Werkstoffe des Maschinen-, Anlagen- und Apparatebaues, Dtsch. Verlag f. Grundstoffindustrie, Leipzig (1991). Kap. 8: Werkstoffe für Verschleißbeanspruchung und Reibwerkstoffe
[12.7] *Schneider, L.*: Pulvermetallurgische Reib- und Gleitwerkstoffe. DGM Fortbildungsseminar „Pulvermetallurgie", 24.–27. März 1992, Dresden
[12.8] *Gehr, K., E. Horn, E. Saumweber, J. Föhl* und *K. Sommer*: Untersuchungen und Weiterentwicklung des tribologischen Systems Bremsscheibe/Belag für Hochgeschwindigkeitszüge. Dokumentation d. BMFT zum F/E-Programm Tribologie, Reibung, Verschleiß, Schmierung. Bd. 12, Springer Verlag (1988), 161
[12.9] *Dolebear, K.*: Powder Metallurgy 35 (1992), 258
[12.10] *Löcker, K.-D.*: Powder Metallurgy 35 (1992), 253
[12.11] *Tracy, V.A.*: Powder Metallurgy 35 (1992), 31
[12.12] Prospektunterlagen der Fa. Jurid-Werke, D-21509 Glinde b. Hamburg
[12.13] *Firmeninformation Hoerbiger:* Engineering Report (34), Entwicklung optimierter Reibsysteme für Kraftfahrzeuggetriebe, 1998
[12.14] *Ohkawa, S., T. Kuse, N. Kawasaki, A. Shibata* und *M. Yamashita*: Elasticity – An Important Factor of Wet Friction Materials. SAE-Paper Nr. 911 775
[12.15] *Czichos, H., K.-H. Habig:* Tribologie-Handbuch, 2. Aufl., Wiesbaden: Friedr. Vieweg Sohn Verlag/GWV Fachverlage GmbH 2003
[12.16] Prospektunterlagen der Fa. Hoerbiger, D-86956 Schongau
[12.17] *Firmeninformation Hoerbiger:* Kostenoptimierung von Synchronisierungssystemen und Komponenten mit Streusinterbelag, 1995

[12.18] *Gonia, D.* und *L. Schneider*: Gesinterte Verbundbauteile für Schaltgetriebe. Pulvermetallurgie in Wissenschaft und Praxis. Bd. 8: Beschichten und Verbinden in PM und Keramik. VDI-Verlag Düsseldorf (1992), 204

[12.19] *Schneider, L., G. Walther, T. Weißgärber, F. Gebhard* und *M. Holderied*: Deutsche Offenlegungsschrift DE 102 39 093 A1, 2004

[12.20] *Baum, U., E. Brüge, J. Sauter* und *I. Schmidt*: Getriebeteile aus Sinterstahl – Anforderungen und Einsatzgrenzen. Vortrag VDI-Werkstofftag 4./5. März (1991), München

[12.21] N.N.: Metal Powder Report. 12 (1992), 1

[12.22] *Ferchl, H., A. Konrad, P. Oster, H. Pflaum* und *H. Winter*: Reibungs- und Verschleißverhalten von Synchronisationseinrichtungen in Kfz-Schaltgetrieben. Dokumentation d. BMFT zum F/E-Programm Tribologie, Reibung, Verschleiß, Schmierung. Bd. 12, Springer-Verlag (1988), 161

13 Hochporöse Werkstoffe und Filter

Neben den in Kap. 11 behandelten porösen Sinterlagern, deren Porosität max. 30% beträgt, werden auch hochporöse Sinterwerkstoffe mit Porositäten bis 60% auf der Basis von Metallpulvern und bis max. 90% bei Verwendung von Metallfasern technisch weitgehend genutzt. Intensive Entwicklungen finden gegenwärtig zur pulvermetallurgischen Herstellung zellularer metallischer Werkstoffe mit Porositäten bis 97% statt. Bild 13–1 gibt einen Überblick über verschiedene poröse metallische Werkstoffe. Das wichtigste Einsatzgebiet sind Filter, bei denen die den porösen Werkstoff durchströmenden flüssigen oder gasförmigen Medien vor allem unter Ausnutzung der Sieb- und Labyrintheigenschaften gereinigt werden. In anderen Fällen werden fließende Medien in ihrem Strömungszustand bewusst beeinflusst, z.B. zum Druckausgleich oder zur Dämpfung bzw. Beruhigung. Für die Eigenschaften der hochporösen Werkstoffe ist der Betrag der durchgängigen, d.h. beidseitig offenen Porosität entscheidend, wobei außerdem die Porengröße und -form, der Verlauf des Porennetzes, die Rauigkeit innerhalb der Porenkanäle u.a. eine Rolle spielen. Durch eine sinnvolle Kombination und Wahl dieser Parameter lassen sich

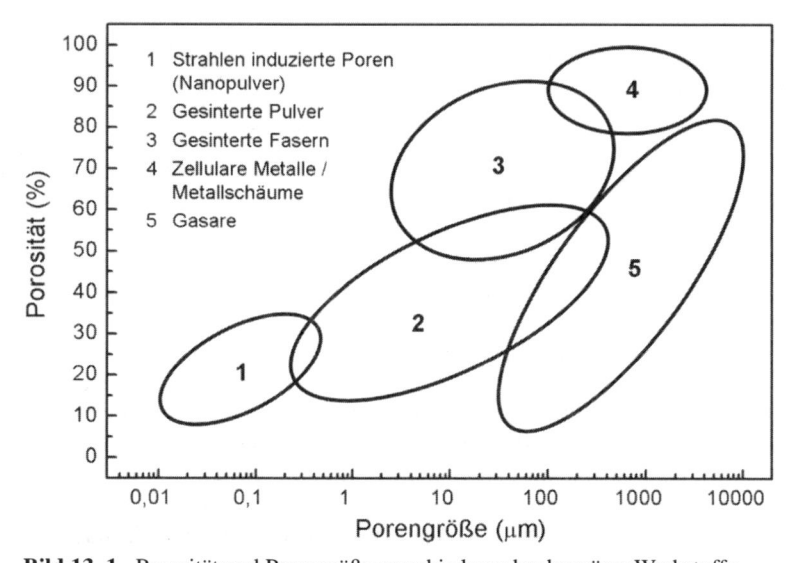

Bild 13–1. Porosität und Porengröße verschiedener hochporöser Werkstoffe

die unterschiedlichsten Funktionen (Filtration, Separation, Drosselung, Verteilung, Trocknung, Befeuchtung, Transport von Schüttgütern) verwirklichen und steuern.

Gegenüber herkömmlichen Filtern auf organischer (Filze, Papiere, Textilien einschließlich Polymere) sowie anorganischer Basis (Keramiken, Mineralfasern, Glas) weisen metallische Filter eine Reihe von Vorteilen auf. Dies sind vor allem die große Variationsbreite von Porosität und Durchlässigkeit, die gut einstellbare Durchströmbarkeit sowie die hohe Festigkeit kombiniert mit Duktilität, die eine geringe Empfindlichkeit gegen schlagende und stoßende Beanspruchung ergeben. Die PM-Formgebungsverfahren ermöglichen die Herstellung einer Vielfalt an Formen bis hin zu sehr großen Abmessungen sowie die Verarbeitung sehr vieler Metalle und Legierungen einschließlich der Kombination unterschiedlicher Werkstoffe und Dichtegradienten. Zudem lassen sie sich spanlos und spanabhebend bearbeiten sowie schweißen und löten. Ihre große Temperaturwechselbeständigkeit, die gute Wärmeleitfähigkeit und der hohe Korossionswiderstand sind weitere positive Merkmale. Bei nur wenigen Werkstofftypen lässt sich über die Wahl der Ausgangsstoffe und der technologischen Parameter ein so breites Eigenschaftsspektrum erzielen wie bei den hochporösen metallischen Werkstoffen. Ein nicht zu vernachlässigender Aspekt ist die problemlose Reinigung und schließlich die unter wachsenden Umweltauflagen wichtige vollständige Recyclefähigkeit.

13.1 Filter und durchströmte Werkstoffe

13.1.1 Einsatz und Anwendung

Die Anwendungsmöglichkeiten von hochporösen durchströmten Werkstoffen sind sehr vielfältig. Generell lassen sie sich in folgende Gruppen zusammenfassen:

1. Filtrieren und Trennen,
2. Verteilen und Dispergieren,
3. Drosseln, Dämmen und Dämpfen,
4. Trocknen und Befeuchten,
5. Fördern

Der Einsatz als Filter ist dabei die dominierende Aufgabe. Sie umfasst das Filtern und Reinigen von Flüssigkeiten und Gasen wie Wasser, wässrige Gemische, Salzlösungen, Kraftstoffe, Schmiermittel, Heizöle, Kältemittel oder bei höheren Temperaturen Salz- und Polymerschmelzen, Abgase und Verbrennungsgase. Die leichte Handhabung, ihre große Tiefenfilterwirkung, die hohe Temperatur- und Temperaturwechselbeständigkeit, das günstige Korrosionverhalten sowie die vielfältigen Möglichkeiten zur Regenerierung haben gesinterten Metallfiltern ein weites Anwendungsfeld erschlossen. Dies trifft beispielsweise in hohem Maße für die chemische Industrie zu, wo bevorzugt Sinterfilter aus rostbeständigen Cr-Ni-Stählen, aber auch zunehmend aus Ni-Superlegierungen und Metallen wie Titan und Tantal angewendet werden. Der Einsatz der isostatischen Presstechnik erlaubt die Herstellung großformatiger Filter, wie sie in chemischen Anlagen benötigt werden. Ein sich ausweitendes Feld ist die Filtration von Kunststoffschmelzen. Wachsende Anforderungen an die Reinheit von Fasern und Folien und der störungsfreie Lauf der

Spinn- und Extrusionsanlagen verlangen eine leistungsfähige Filtration. Neben dem Reinigungseffekt spielt dabei auch die Homogenisierung der Schmelze und die Zerteilung von Einschlüssen, beispielsweise von Gelteilchen, eine Rolle. Hierfür haben sich insbesondere Mehrschicht- und Gradientenfilter gut bewährt.

Der Filtration von Gasen kommt im Rahmen des Umweltschutzes eine wachsende Bedeutung zu. Für die Abscheidung von Feststoff- und Flüssigkeitspartikeln (Aerosolen) aus strömenden Gasen aller Art sind Metallfilter prädestiniert. So haben beispielsweise Bronzefilter unterschiedlicher Spezifikation in der gesamten Drucklufttechnik Einzug gehalten. Filter aus Cr-Ni-Stählen finden bevorzugt zur Reinigung von Dämpfen und heißen sowie aggressiven Gasen wie auch als Rußfilter für Dieselmotoren Anwendung.

Hochporöse Sinterwerkstoffe spielen als Gas- und Luftverteiler, beispielsweise zur gleichmäßigen Gasverteilung in der Apparate- und Fördertechnik, eine besondere Rolle. Durch die große Zahl sehr gleichmäßig verteilter und weitgehend gleichgroßer Poren lassen sich in Flüssigkeiten feinste Blasen erzeugen, wobei die dabei entstehenden großen Grenzflächen physikalische und chemische Reaktionen beschleunigen, z.B. bei Umsätzen in Wirbelstromreaktoren, bei der Begasung von Flüssigkeiten wie Bier, Wein, Milch für die Keimabtötung, bei der direkten Beheizung von Flüssigkeiten mit Dampf, jedoch auch bei der Belüftung ganzer Seen, die „umzukippen" drohen. Pulverförmige Stoffe und Granulate können durch Einblasen von Gasen getrocknet oder befeuchtet sowie aufgelockert und transportfähig gemacht werden. Dies erfolgt beispielsweise bei der Förderung von Zement, Mehl oder Düngemitteln in und aus Silos sowie bei der Fließbettförderung in Förderrinnen.

Weitere spezielle Anwendungen für durchströmte poröse Werkstoffe betreffen die Be- und Entlüftung von Werkzeugen für die Herstellung von Kunstoff-, Gummi- und Glasteilen, die Formung von Seifenstückchen sowie von Schießzylindern für Kernschießanlagen. In der Autogentechnik und anderen Fällen, in denen brennbare Gase verwendet werden, sind die sicherheitstechnischen Anforderungen deutlich gestiegen. Explosionsschutz- und Flammensperren aus poröser Bronze und rostfreiem Stahl erfüllen die dabei gestellten Anforderungen nach hohem Strömungswiderstand bei plötzlichem Druckanstieg, hoher mechanischer Festigkeit und guter Wärmeaufnahme- und -leitfähigkeit zum Löschen der Flamme am besten. Ein anderes Einsatzgebiet ist die Schalldämpfung bei schnell strömenden Gasen, wie die Ansaug- und Abluftgeräusche in pneumatisch betriebenen Maschinen und Anlagen. Poröse Sintermetalle weisen ein hohes Schallabsorbtionsvermögen auf, wobei der Lautstärkepegel teilweise um 30% gesenkt werden kann.

Die Möglichkeit der Herstellung großformatiger Teile mit sehr feiner Porosität hat zur Entwicklung von Umlenk- und Transportrollen und -rinnen für Folien und Filme aus Metallen und Plastiken geführt. Hierzu dienen lange, dünne Rohre aus porösen Metallen, wobei durch das Rohrinnere Pressluft gedrückt wird. Es bildet sich ein tragfähiges Luftkissen auf der Oberfläche, das einen mechanischen Kontakt der vorbeigeführten Folie wirksam verhindert. Wichtig dabei ist, dass die Oberfläche der Umlenkrollen sehr glatt ist. Dies wird durch isostatisches Kalibrieren erreicht. Die Reibungskräfte und die zum Transport notwendige Zugspannung vermindern sich beachtlich; Oberflächenfehler und Kratzer wie beim mechanischen Kontakt werden vermieden. Dieses Prinzip findet auch für Transportrinnen zum Bewegen leicht deformierbarer Teile wie noch weicher stranggepresster Plastikprofile oder keramischer Rohlinge Nutzung. Durch Anlegen eines Vakuums wird der Vorgang umgekehrt und man erhält wirksame Haltevorrichtungen für unterschiedliche Zwecke.

Besondere Anwendungsfälle für hochporöse Metalle bieten der Flugzeugbau und die Raumfahrt. Um Vereisungen zu verhindern, bringt man an gefährdeten Stellen der Flugzeuge hochwertige Faserfilter (metallische Dochte) an, in denen unter der Wirkung von Kapillarkräften eine erst bei tiefen Temperaturen erstarrende Flüssigkeit (Antifrismittel) zirkuliert. In Gasturbinen und Düsenantrieben werden porige Materialien zur Schwitzkühlung verwendet. Eine durch die Poren geleitete Flüssigkeit verdampft und bewirkt damit eine ständige Kühlung der den heißen Verbrennungsgasen ausgesetzten Konstruktionsteile.

Metallfilter lassen sich schnell und wirksam regenerieren. Durch Rückspülen unter erhöhtem Druck oder Ausblasen mit Pressluft bzw. Auswaschen mit geeigneten Lösungsmitteln können die Filterrückstände in den meisten Fällen entfernt werden. Stark haftende Verunreinigungen werden durch Glühen oder Ausbrennen in verschiedenen Atmosphären entfernt oder verascht und danach ausgespült. Für die Reinigung von Filtern bei der Kunststoff-Filtration werden das Vakuumausbrennen oder das Auskochen in Äthylenglykol erfolgreich eingesetzt. Eine Regenerierung mit heißem Gas oder überhitztem Dampf ist gleichfalls möglich.

13.1.2 Prüfung der spezifischen Eigenschaften

Hochporöse Werkstoffe weisen ein spezifisches Eigenschaftsbild auf. Entsprechend ihrer technischen Funktion sind neben den üblichen Maß- und Festigkeitsprüfungen vor allem die Bestimmung der Porosität, der Größe und Verteilung der Poren und der damit zusammenhängenden Durchströmbarkeit oder Permeabilität, des Druckverlusts bei vorgegebenem Mengenstrom sowie des Partikelrückhaltevermögens für Filter von grundlegender Bedeutung.

Die Bestimmung der Porosität bzw. der Dichte erfolgt in üblicher Weise nach dem Auftriebprinzip entsprechend DIN 30911, Teil 3 oder mittels moderner Strahlenmessverfahren (z.B. Gamma-Densomat). Druckverlust und Durchströmbarkeit werden experimentell in Abhängigkeit vom durchströmenden Medium und dem Betriebsdruck bei Berücksichtigung der geometrischen Abmessungen des Filters unter den in DIN 30911 Teil 6 und DIN/ISO 4022 festgelegten Prüfbedingungen gemessen. Die für den Druckverlust maßgebende Größe ist die spezifische Durchströmbarkeit α, die vom Hersteller ermittelt und als kennzeichnende Filterkenngröße angegeben wird. Zur Bestimmung der Durchströmbarkeit sind Messungen des Druckabfalls vor und nach dem Filter und der Strömungsgeschwindigkeit erforderlich. Sie erfolgt mit einer Messanordnung, wie sie in Bild 13–2 angegeben ist.

Quantitativ lässt sich die Durchströmbarkeit eines Filters aus folgender von *Darcy* angegebener Beziehung berechnen:

$$\alpha = \frac{V \cdot s \cdot \eta}{A \cdot \Delta p} \tag{13.1}$$

Dabei sind α der Durchströmbarkeitskoeffizient (m²), Δp die Druckdifferenz ($p_1 - p_2$) (N/m²), p_1 der Druck vor dem Filter (N/m²), p_2 der Druck hinter dem Filter (N/

13.1 Filter und durchströmte Werkstoffe

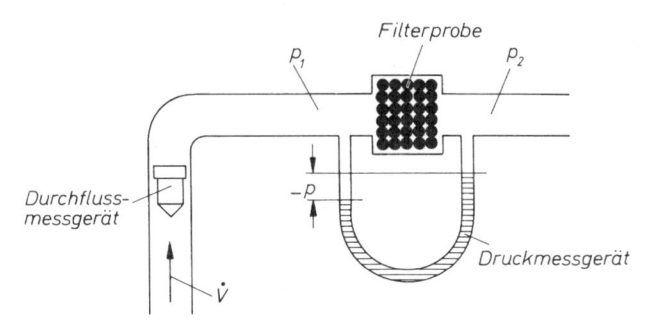

Bild 13–2. Messanordnung zur Prüfung der spezifischen Durchströmbarkeit entsprechend DIN/ISO 4022

m²), V die Volumen-Strömungsgeschwindigkeit (m³/s), s die Filterwanddicke (m), A die Filterfläche (m²) und η die dynamische Viskosität des strömenden Mediums (N s/m²).

Formel (13.1) gilt jedoch nur für inkompressible Medien und laminaren Strömungsverlauf. Deshalb wurde in DIN/ISO 4022 eine Erweiterung vorgenommen, um auch anderen Medien und Strömungsverhältnissen Rechnung zu tragen. Für poröse Werkstoffe sind drei Strömungszustände von Bedeutung: die lamellare Strömung, die Trägheitsströmung und die Gleitströmung. Im Falle der lamellaren Strömung treten die Verluste als Folge von Reibungskräften auf, die durch die Wechselwirkung des strömenden Mediums mit den Wänden der Porengänge zustande kommen. Sie ist, wie Gl. (13.1) angibt, von der Viskosität des zu filternden Mediums und seiner Strömungsgeschwindigkeit abhängig. Gleitströmung entsteht dann, wenn Filter mit sehr kleinen Poren und Gase mit verminderten Drücken benutzt werden. Voraussetzung ist, dass die mittlere freie Weglänge der Gasmoleküle in die Größenordnung der Porendurchmesser gelangt. Beim Auftreten von Gleitströmung erscheint das poröse Material nach außen hin durchlässiger. In DIN/ISO 4022 wird im Anhang eine Korrekturgleichung für diesen gelegentlich auftretenden Fall angegeben. Die Energieverluste bei der Trägheitsströmung ergeben sich als Ursache der vielfachen Änderung der Strömungsrichtung beim Durchfluss durch die verwundenen Porenkanäle und durch den Einfluss der Turbulenzen, die dabei in den Poren entstehen. Sie hängen von der Dichte des zu filternden Mediums und dem Quadrat seiner Strömungsgeschwindigkeit ab. Bei Berücksichtigung der Trägheitsströmung sieht ISO/DIN 4022 folgende Gleichung vor:

$$\frac{\Delta p \cdot A}{s \cdot V \cdot \eta} = \frac{1}{\beta} \cdot \frac{V \cdot \rho}{A \cdot \eta} + \frac{1}{\alpha} \tag{13.2}$$

Es bedeuten ρ die Dichte des Prüfmediums (kg/m³) und β den Trägheits-Permeabitätskoeffizienten (m). Nach Umschreibung von Beziehung (13.2) in die Form $y = ax + b$ ergibt sich mit

$$y = \frac{\Delta p \cdot A}{s \cdot V \cdot \eta} \quad \text{und} \quad x = \frac{V \cdot \rho}{A \cdot \eta}$$

die folgende Berechnungsgleichung:

$$y = \frac{1}{\beta} x + \frac{1}{\alpha} \quad (13.3)$$

Die Werte von x und y lassen sich für jeden Messwert der Strömungsgeschwindigkeit und des dazugehörigen Druckes berechnen. Die Ergebnisse werden in einer graphischen Darstellung über x und y eingetragen und eine Ausgleichsgerade gezogen. Der Schnittpunkt dieser Geraden mit der y-Achse ergibt den Reziprokwert der Durchströmbarkeit ($1/\alpha$). Aus der Steigung der Geraden kann man den Reziprokwert der Trägheitspermeabilität ($1/\beta$) ermitteln. Dies wird in Bild 13–3 am Beispiel von Filtern aus nichtrostendem Stahl demonstriert. Bei Kenntnis der Durchströmbarkeitskoeffizienten α und β ist es mit den angegebenen Gleichungen möglich, für eine bestimmte Filtrationsaufgabe das geeignete Filter zu ermitteln. Soll beispielsweise bei vorgegebenem Druck und Durchsatz eines Mediums der Druckabfall berechnet werden, wird zweckmäßigerweise die in der folgenden Weise umgeformte Gl. (13.2) verwendet:

$$\Delta p = \frac{V \cdot s}{A} \left(\frac{\eta}{\alpha} + \frac{\rho \cdot V}{A \cdot \beta} \right) \quad (13.4)$$

Die Filterwirkung eines porösen Werkstoffes wird von der Porengröße bestimmt, wobei die größte Pore seine nominelle Filterfeinheit angibt. Ein idealer Filter sollte eine möglichst einheitliche Porengröße aufweisen, da dann das günstigste Verhältnis zwischen Durchströmbarkeit und Filtrationsgüte besteht. Liegt dagegen ein breites Porengrößenspektrum vor, werden die gröbsten Poren bei der Filtrationswirkung den Ausschlag geben und die kleinen Poren die Durchströmbarkeit negativ beeinflussen. Deshalb ist man bei der Filterherstellung bestrebt, ein möglichst enges Porengrößenspektrum einzuhalten. Die Porenweite eines Filters lässt sich durch die verwendete Pulverteilchengröße und die Verdichtung des Pulvers bei der Filterfertigung steuern.

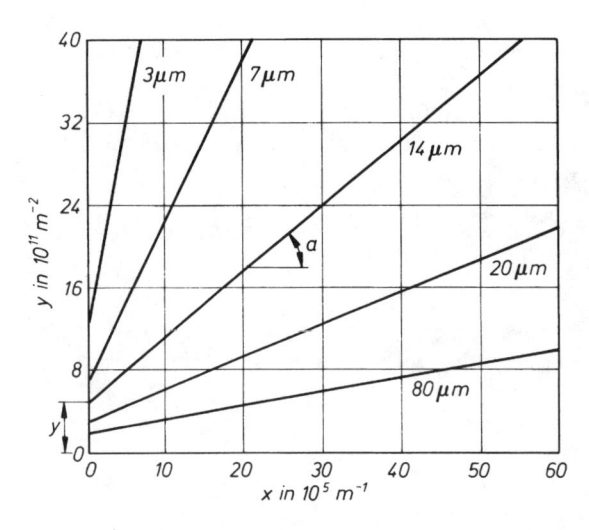

Bild 13–3. Graphische Ermittlung des Durchströmungskoeffizienten α und des Trägheits-Permeabilitätskoeffizienten β aus Messergebnissen an gesinterten Filtern aus spratzigem austenitischen Cr-Ni-Stahl. Für die als Beispiel gewählte Gerade der Filterfeinheit 14 μm ergibt sich: $\alpha = 1/y$ und $\beta = 1/\tan a$ (nach *G. Dörr* und *A. Kirste*)

13.1 Filter und durchströmte Werkstoffe

Bei idealer Kugelgestalt der Pulverteilchen kann man sich theoretisch eine Vorstellung machen, welche Porengrößen bei Schüttfiltern zu erwarten sind. Im Falle der dichtesten Kugelpackung hat der zwischen den geschütteten Teilchen entstehende Zwischenraum den Wert von 0,155 mal Pulverteilchendurchmesser, bei kubischer Kugelpackung steigt diese Zahl auf 0,414 (Bild 13–4). Durch Form- und Korngrößenabweichung sowie Stapelfehler im Schüttfilter weichen die Porengrößen und ihre Verteilung bei technischen Produkten oft deutlich hiervon ab. Für nichtkuglige Pulver ist der Zusammenhang zwischen Ausgangskorngröße und Porengröße sowie ihrer Verteilung nur messtechnisch erfassbar. In Bild 13–5 ist dies am Beispiel eines Filters aus Cr-Ni-Stahlpulver dargestellt.

Das dreidimensionale Porenlabyrinth eines pulvermetallurgisch hergestellten Filters weist beim Filtrationsvorgang eine Tiefenwirkung auf, bei der drei Mechanismen beteiligt sind. Zunächst werden durch die Siebwirkung alle Teilchen zurückgehalten, die größer als die größten Porendurchmesser sind. Teilchen mittlerer Größe, die in das Porensystem einzudringen vermögen, prallen bei der mehrfachen

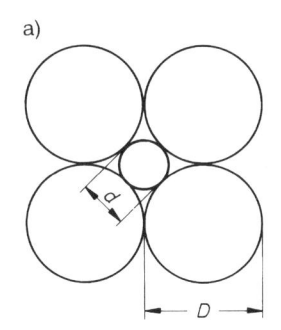

a) Theoretische Porengröße $d = 0,414\,D$ bei kubischer Kugelpackung

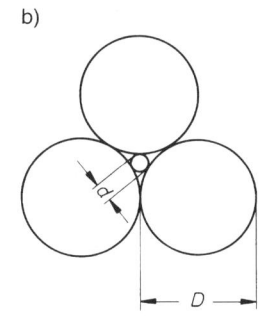

b) Theoretische Porengröße $d = 0,155\,D$ bei dichtester Kugelpackung

Bild 13–4. Theoretisch ermittelter Porendurchmesser bei Kugelpackungen (nach [13.1])

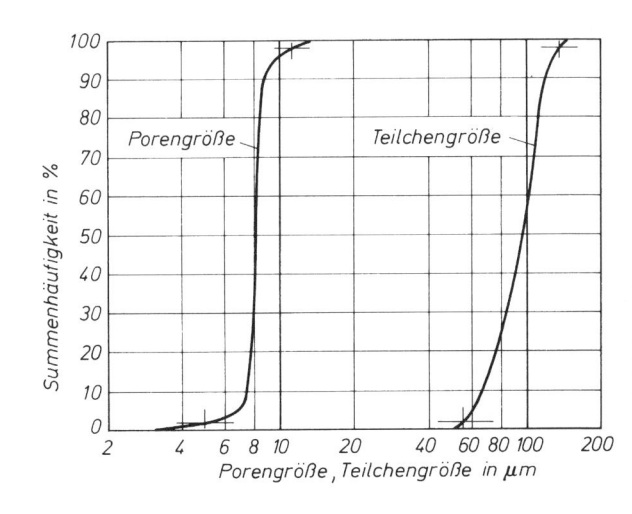

Bild 13–5. Zusammenhang zwischen der Teilchengrößenverteilung des Ausgangspulvers und der Porengrößenverteilung im Filter bei Verwendung spratziger Cr-Ni-Stahl-Pulver (nach [13.2])

Umlenkung der Strömung in den verzweigten Porenkanälen gegen die Porenwände, verlieren dabei ständig an kinetischer Energie und bleiben schließlich bis zu einem bestimmten Prozentsatz an Verzweigungen und engen Stellen der Porenstruktur stecken. Sehr kleine Teilchen werden zusätzlich durch Adsorption an den Rauigkeiten der Porenwände zurückgehalten. Insgesamt führt dies dazu, dass die Filtrationswirkung oft besser ist, als sich aus der nominalen Porengröße erwarten lässt. Da das Ergebnis jedoch auch vom zu filternden Medium und der Art der Verunreinigungen abhängig ist, sind praxisnahe Versuche hierzu erforderlich. Normalerweise kann in Gasen ein um ca. 30% und in wässrigen Flüssigkeiten ein um mindestens 20% niedrigerer Wert gegenüber der nominalen Porengröße angenommen werden. Zur Bestimmung der Porengröße bzw. der Filterfeinheit sieht DIN 30911, Teil 6 ein kombiniertes Verfahren mittels Glasperlen- und Luftblasentest vor. Beim Glasperlentest wird der Filter mit einer wässrigen Suspension von Glasperlen mit geeigneter Korngrößenverteilung unter definierten Bedingungen beaufschlagt. Die hinter dem Filter aufgefangenen Glasperlen werden vermessen. Die größte aufgefundene Glasperle gibt den Durchmesser des weitesten Porenkanals an.

Eine einfache und auch an größeren Filterelementen anwendbare Bestimmung der größten Pore bietet der Luftblasentest (bubble point). Der zu prüfende Filter wird dabei in eine vollkommen benetzende Flüssigkeit z.B. Isopropanol (Dichte: 0,79 g/cm³, Oberflächenspannung bei 20°C: 0,0215 N/m) getaucht, bis alle Poren mit der Flüssigkeit gefüllt sind. Danach wird das gemäß Bild 13–6 eingespannte Filterelement einseitig mit Luft beaufschlagt, deren Druck allmählich gesteigert wird, so dass die Flüssigkeit langsam aus den Poren tritt. Erreicht der aufgegebene Druck die Größe der Kapillarspannung der Tränkflüssigkeit, die mit dem äußeren Luftdruck im Gleichgewicht steht und vom Porendurchmesser bestimmt wird, tritt eine Luftblasenkette in die darüberstehende Flüssigkeitssäule aus. Es gilt die Beziehung:

$$d^* = \frac{4 \cdot \gamma}{\Delta p} = \frac{4 \cdot \gamma}{p_1 - \rho_\mathrm{f} \cdot h} \tag{13.5}$$

wobei d^* der scheinbare Durchmesser der größten Pore (µm), γ die Oberflächenspannung der Flüssigkeit (N/m) (Benetzungswinkel = 0), Δp der Differenzdruck am Filter bei Austritt der ersten Blasen mit ($\Delta p = p_1 - \rho_\mathrm{f} \cdot h$ in N/m²), p_1 der Druck vor dem Filter bei Auftreten der ersten Blasen (N/m²), ρ_f die Dichte der Flüssigkeit (g/cm³) und h die Höhe der Flüssigkeitssäule (mm) sind.

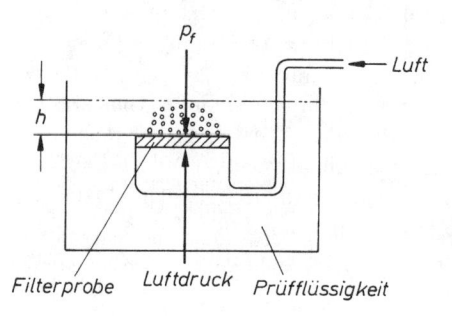

Bild 13–6. Messanordnung zur Durchführung des Luftblasentests entsprechend DIN/ISO 4003

13.1 Filter und durchströmte Werkstoffe

Der auf diese Weise ermittelte Wert d^* ist jedoch der wirklichen Größe der Poren nicht gleichzusetzen, da die Beziehung nur für streng kreisförmige Kapillaren gilt. Die Unregelmäßigkeiten der Porenform verschieben den Wert gegenüber der wirksamen Größe der Poren deutlich nach oben. Durch Korrelation der Ergebnisse des Glasperlen- und des Luftblasentests kann ein Korrekturfaktor K ermittelt werden, der dann die rechnerisch ermittelte scheinbare Größe der Pore liefert:

$$d = K \cdot d^* \tag{13.6}$$

Der Korrekturfaktor sollte für stark unregelmäßige Poren, wie sie von spratzigem Pulver gebildet werden, mit 0,2 und für Poren, die mit kugligen Pulvern erzeugt werden, mit 0,4 angesetzt werden. Da jedoch auch die geometrische Form des Filters den Faktor verändert, sind diese Faktoren streng genommen nur im Wanddickenbereich von 1 bis 4 mm gültig.

In bestimmten Fällen ist auch die Kenntnis der Porengrößenverteilung von Bedeutung. Neben metallographischen Verfahren stehen heute automatisch arbeitende Geräte, so genannte Coulter Porometer zur Verfügung (siehe hierzu auch US-Norm ASTM E 1294-89). Dabei liegt das gleiche physikalische Prinzip wie beim Luftblasentest zugrunde, nur dass durch gesteuerte Druckbeaufschlagung die Tränkflüssigkeit kontinuierlich aus allen Poren des zu prüfenden porösen Werkstoffs gedrückt wird. Ein Messsystem erfasst den dabei aufsteigenden Luftblasenstrom in seiner Intensität und Blasengrößenverteilung. Durch Vergleiche zwischen dem anliegenden Differenzdruck und der bekannten Durchströmbarkeitskurve an Luft kann die Porengrößenverteilung über einen Rechner ausgedruckt werden. Die Messung ist allerdings nur an relativ kleinen Proben möglich.

Untersuchungen zum Partikelrückhaltevermögen von Filtern sind aufwendig, da sowohl die Kennwerte und Form des Filters, die Filtrationsgeschwindigkeit, die Art und Eigenschaften des zu filternden Mediums und der aufzufilternden Partikel sowie die Wechselwirkung der Partikel mit dem Filtermaterial eine Rolle spielen. Deshalb können aussagekräftige Ergebnisse nur für den jeweiligen Praxisfall ermittelt werden. Zu Vergleichszwecken wird mit Modellsubstanzen z.B. einer Aufschlämmung von Quarzsand in Wasser gearbeitet. In Bild 13–7 sind die Ergebnisse solcher Untersuchungen an Faserfiltern aus rostbeständigem Cr-Ni-Stahl aufgezeigt.

Zur Bestimmung der Festigkeit an Filterwerkstoffen ist gemäß DIN 30911, Teil 6 der Scherversuch vorgesehen, da beispielsweise die Zugfestigkeit eine zu große Streubreite ergibt und für Filterwerkstoffe auch keine relevante Eigenschaft darstellt. Der Scherversuch wird mit einem speziellen Lochschergerät ausgeführt und die Scherfestigkeit τ als Kenngröße angegeben.

13.1.3 Herstellung und Eigenschaften

Zur Herstellung von hochporösen Sinterwerkstoffen dienen Metallpulver unterschiedlicher Kornform und auch Metallfasern. Zur Erzielung einer einheitlichen und gleichmäßigen Porigkeit bieten kugelige Pulver die besten Voraussetzungen. Sie werden durch Gasverdüsung gewonnen. Um einen hohen Anteil an kugelförmigen Pulverteilchen zu erhalten, müssen die technischen Voraussetzungen, z.B.

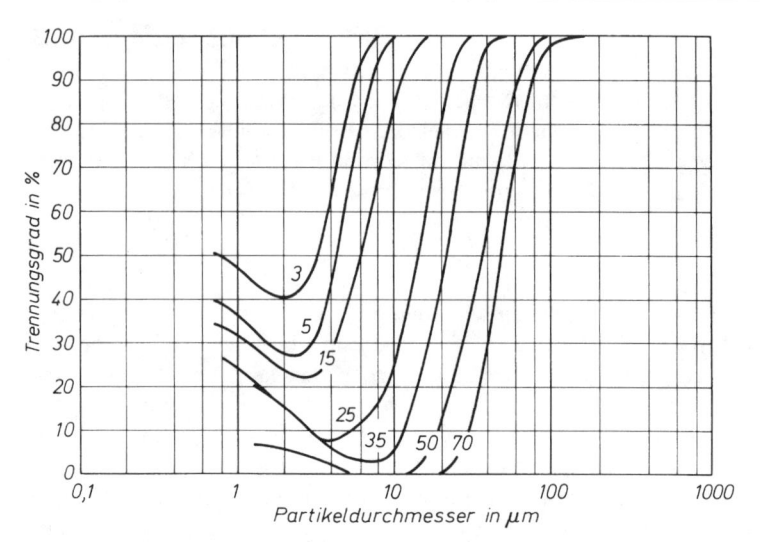

Bild 13–7. Trennkurven von gesinterten Faserfiltern aus austenischem Cr-Ni-Stahl ermittelt mit Testgemischen von Quarzsand in Wasser bei Strömungsgeschwindigkeiten von 10 m/h, bezogen auf den freien Porenquerschnitt (GKN Sintermetals). Die Zahlen an den Kurven sind eine betriebsinterne Produktbezeichnung und bedeuten zunehmende Porendurchmesser und Durchströmbarkeit

ausreichende Flugzeit zum Erstarren der schmelzflüssigen Tröpfchen und Verdüsbedingungen gut abgestimmt sein, aber auch metallurgische Möglichkeiten, wie die Zugabe von Zusätzen zur Schmelze, die deren Oberflächenspannung vergrößern, werden herangezogen. Gute Wirkung zeigt in dieser Hinsicht ein geringer Phosphorzusatz (ca. 0,05 bis 0,08%) zu Zinnbronze, mit dem man nahezu ideal kuglige Pulver erhält (Bild 13–8). Bei anderen Cu-Legierungen, wie Cu-Ni (Monel), die wegen ihrer besseren Korrosionsbeständigkeit auch verwendet werden, gelingt es lediglich „knollenförmige" Pulver herzustellen.

Eine gleichmäßige Porenverteilung setzt voraus, dass die zum Einsatz gelangenden Pulver in möglichst enge Korngrößenbereiche klassiert werden. Zur Formgebung werden die Pulver anschließend in hitzebeständige Formen aus Graphit, Metall oder Keramik gefüllt und durch Vibration leicht nachverdichtet. Dabei müssen die Schwingungsamplitude und die angelegte Frequenz der Vibration optimiert werden. An Bronzefiltern wurde außerdem festgestellt, dass bei gleichen Vibrationsparametern ein starker Einfluss der Pulverteilchengröße vorliegt [13.3]. Nach der Formgebung werden die geschütteten Pulver in den Formen im Durchlaufsinterofen unter reduzierender Atmosphäre gesintert. Die Sintertemperatur hängt vom verwendeten Werkstoff und der Korngröße der Teilchen ab. Dominierender Werkstoff für geschüttete hochporöse Formkörper aus kugeligem Pulver ist Zinnbronze, die wegen der niedrigen Sintertemperaturen von 750 bis 850°C auch die geringsten Probleme hinsichtlich der Lebensdauer der Formen macht. Im Zuge des Sintervorganges entstehen an den Berührungspunkten der Teilchen Sinterbrücken, deren Durchmesser bei etwa 15% des Pulverdurchmessers liegt (Bild 13–9). Sie sind Träger der Festigkeit sowie anderer physikalischer Eigenschaften. Über diese Technologie lassen

13.1 Filter und durchströmte Werkstoffe

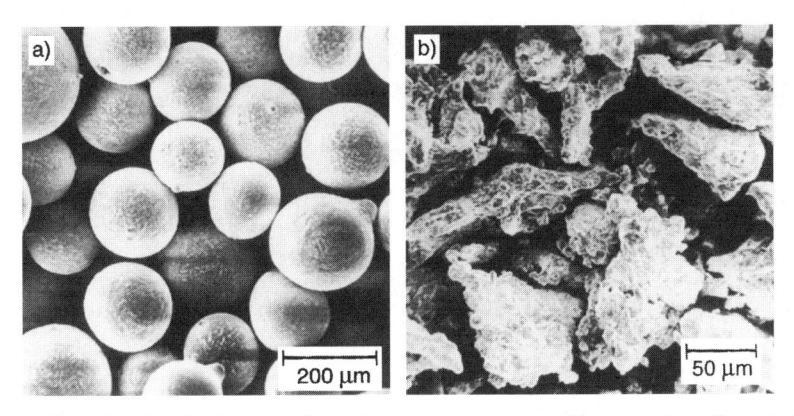

Bild 13–8. Metallpulver zur Herstellung von gesinterten Filtern. a) kugeliges Pulver aus Sn-Bronze (Cu/Sn 90/10); b) spratziges Pulver aus Cr-Ni-Stahl

sich durch Anwendung unterschiedlicher Ausgangskorngrößen Filter mit Feinheitsgraden von 5 bis über 200 µm herstellen (s.a. DIN 30910, Teil 2). Die Wandstärke eines Filters muss dabei ein Mehrfaches des Pulverdurchmessers betragen. Durch Schüttsintern kann man eine Vielzahl von unterschiedlichen Formen wie Scheiben, Platten, Ronden, Rohre, Töpfe, Kegel, Kerzen usw. fertigen, wobei beispielsweise auch Nippel, Gewinde und Flansche zur Befestigung mit angesintert werden. Eine Zusammenstellung der Eigenschaften und der Durchströmbarkeit solcher Filter ist Tabelle 13–1 zu entnehmen.

Ein hoher Anteil von hochporösen Werkstoffen jedoch wird aus spratzigen oder unregelmäßig geformten Pulvern hergestellt (Bild 13–8). Man gewinnt sie vorrangig durch Verdüsen mit Druckwasser. Andere Verfahren, wie die Reduktion von Oxiden oder die chemische Fällung haben dann Bedeutung, wenn extrem feine Pulver benötigt werden. Für sehr sauerstoffaffine Metalle wie beispielsweise Titan und -legierungen, sind Sonderverfahren, wie die Inertgasverdüsung oder das Abschmelzen rotierender Elektroden in Gebrauch. Als Ausgangspulver zur Herstellung hochporöser Werkstoffe überwiegen die rost- und säurebeständigen Cr-Ni-Stähle; darüber hinaus

Tabelle 13–1. Eigenschaften von Filtern aus kugeligem Sn-Bronzepulver (GKN Sintermetals)

Bezeichnung	Werkstoff	Dichte [g/m³]	spez. Durchströmbarkeit		Filterfeinheit [µm]	Scherfestigkeit [N/mm²]
			α [19^{-12} m²]	β [10^{-7} m]		
SIKA-B 200	Bronze	5,0	700	500	200	30
SIKA-B 150	Cu-Sn	bis	350	350	150	40
SIKA-B 100	90/10	6,8	200	150	100	70
SIKA-B 80			120	120	80	80
SIKA-B 60			100	100	60	100
SIKA-B 45			80	80	45	100
SIKA-B 20			20	20	20	120
SIKA-B 8			4	4	8	150

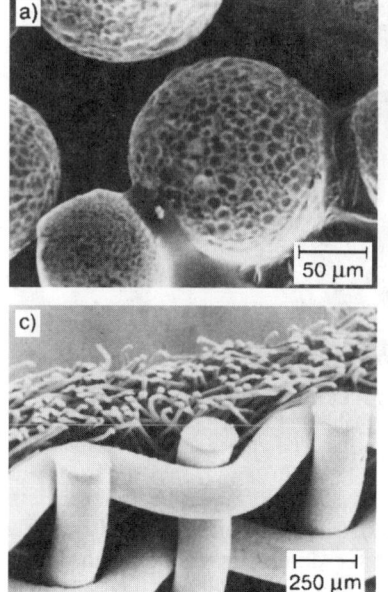

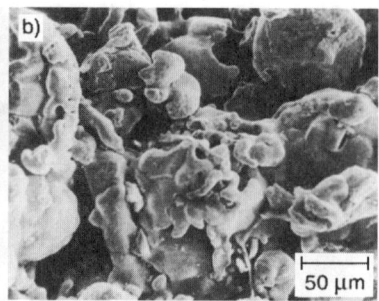

Bild 13–9. Oberfläche und Gefüge von gesinterten Filtern (GKN Sintermetals).
a) aus kugeligem Sn-Bronzepulver, b) aus spratzigem Eisenpulver, c) aus Cr-Ni-Stahlfasern; das dickfasrige Geflecht dient als Trägerschicht

werden insbesondere für die chemische Industrie Ni und Ni-Legierungen, Ti- und Ti-Legierungen und Ta verwendet. Für den Hochtemperatureinsatz kommen vor allem Ni-Legierungen (Inconel, Incoloy, Hastelloy, Nimonic u.ä.) und für Sonderzwecke auch Cr, Mo, W, Al zum Einsatz. Im Allgemeinen ist die Durchströmbarkeit von aus spratzigen Pulvern hergestellten porösen Werkstoffen geringer, weil ein wesentlich komplizierteres Porennetz mit unterschiedlicherer Porengrößenverteilung gebildet wird, wobei auch die Oberfläche innerhalb der Porenkanäle meist rauer ist. Vielfach liegt auch ein bestimmter Anteil an nichtdurchgängigen Poren vor. Andererseits wird dadurch aber die Filtrationsfähigkeit für feinere Teilchen beachtlich verbessert.

Die Weiterverarbeitung von unregelmäßig geformten Pulvern zu hochporösen Körpern kann auf verschiedene Weise erfolgen. Zunächst sei wieder auf das Sintern im geschütteten bzw. schwach verdichteten Zustand (Vibrieren) verwiesen, wobei die Packungsdichte im Vergleich zu kugeligen Pulvern wesentlich geringer ist; es sind Porositäten von bis zu 70% erreichbar gegenüber max. 50% bei kugeligen Pulvern. Die bevorzugt genutzten Methoden zur Formgebung sind jedoch das axiale Pressen in Matrizenwerkzeugen und das kaltisostatische Verdichten mittels elastischer Formen. Daneben werden Verfahren angewendet, bei denen die Pulver mit speziellen Bindemitteln versetzt oder in pastenförmig aufbereiteten Gemischen nach verschiedenen Methoden ausgeformt werden.

Die Formgebung durch axiales Pressen dominiert für kleinere bis mittelgroße Teile. Dabei kann jedoch ein bestimmtes Verhältnis zwischen Höhe der Teile und ihrem Durchmesser nicht überschritten werden. Die Pressbedingungen müssen so gewählt sein, dass sich entsprechend dem jeweiligen Ausgangspulver die geforderte Porosität bei gleichzeitig ausreichender Grünfestigkeit zur Handhabung ergibt.

13.1 Filter und durchströmte Werkstoffe

Unter Umständen kann die Porosität auch durch Zusätze zum Ausgangspulver, die sich beim Sintern verflüchtigen und ensprechende Hohlräume hinterlassen, beeinflusst werden. Große Teile, wie lange Rohre, dicke Zylinder, große Filterkerzen und komplizierter gestaltete Teile werden serienmäßig isostatisch kaltgepresst. Das Pulver wird dazu in einen Hohlraum zwischen einem Stahlkern und einer elastischen Matrize gefüllt und durch isostatischen Druck einer Flüssigkeit allseitig verdichtet, wodurch sich eine sehr homogene Dichteverteilung im Presskörper ergibt. Es lassen sich damit Formkörper von 1000 mm, in Sonderfällen bis 1500 mm Länge und bis 400 mm Durchmesser bei Wandstärken von nur 3 bis 5 mm, aber auch komplizierte Formen wie spiralförmige Teile fertigen. Auch das Anformen von Flanschen und Gewinden sowie das Einpressen von vorgefertigten Anschlussstücken ist problemlos möglich [13.4 bis 13.6]. Gepresste Cr-Ni-Stahlfilter sind in DIN 30910 genormt. Sie und andere sehr oxidationsempfindliche Werkstoffe wie Ti und Ti-Legierungen werden im Vakuum gesintert. Bild 13–10 gibt Auskunft über die Durchströmbarkeit solcher Filter.

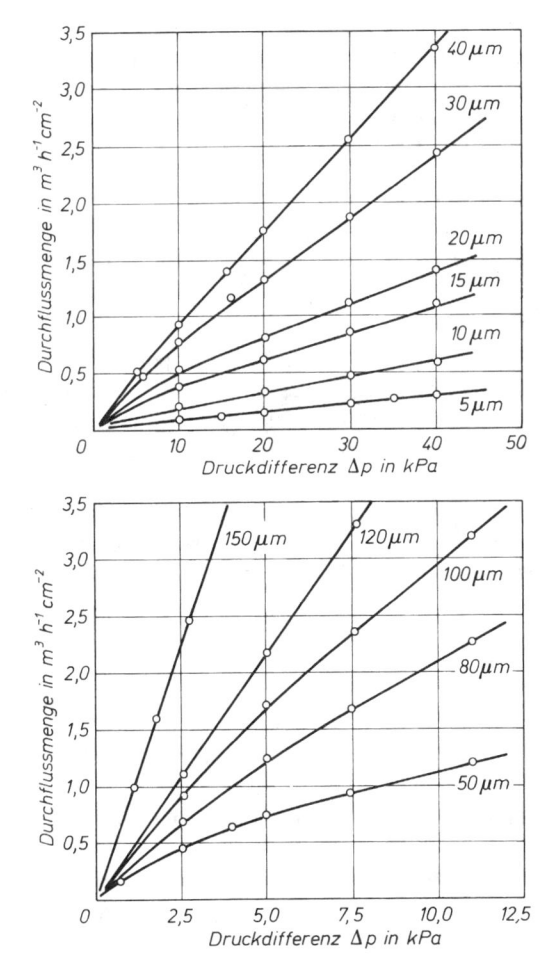

Bild 13–10. Durchströmbarkeit von gesinterten Filtern aus spratzigem Cr-Ni-Stahlpulver (X2 CrNiMo 18 12, W.-Nr. 1.4404) mit Luft von 20 °C und einer Filterstärke von 2,5 mm (GKN Sintermetals)

Zu den Druckverdichtungsverfahren gehört auch das Pulverwalzen, welches für Sonderzwecke durchaus Bedeutung hat, wobei mit und ohne Zusätzen gearbeitet wird und kontinuierlich Bänder von 0,1 bis ca. 1 mm Dicke erzeugt werden können. Auch Verbunde von unterschiedlichen Pulvern oder mit Drahtgeflechten sind realisierbar. Je nach Pulverart und Verwendungszweck kann direkt im Anschluss an das Pulverwalzen kontinuierlich im Durchlaufofen oder in vorkonfektionierter Form, beispielsweise als gehaspeltes Band, gesondert gesintert werden.

Zur Herstellung komplizierterer Formteile mit bestimmten Porositätsstrukturen und Gradientenverläufen oder eines Mehrschichtverbundes werden Verfahren bei denen die Pulver mit einem Binder vermischt oder zu einer Paste angeteigt verwendet. Hierzu gehören das Pulverspritzgießen (Metal Injection Molding, MIM), das Pulverstrangpressen (Powder Extrusion), das Zentrifugalformen (Centrifugal Powder Metallurgy, CPM), das Pulver- oder Schlickergießen, mit dem auch Bänder erzeugt werden können, oder der Z/S-Prozess (Zapf-Schelb-Verfahren), der zur Fertigung hochporöser Werkstoffe spezifisch modifiziert wurde [13.7] (Kap. 5). Bei letzterem wird das mit einem Binder (ca. 4 bis 5%) vermischte Pulver vermittels einer Kernschießmaschine, wie sie aus der Gießereitechnik bekannt ist, in die Form eingeschossen. Durch anschließendes Behandeln der Form mit einem gasförmigen Katalysator erfolgt die Aushärtung des Binders, so dass problemlos entformt und das Teil gehandhabt werden kann. Damit lassen sich komplexe Geometrien und durch Fügesintern auch Verbindungen mit vorgefertigten Teilen realisieren. Ein wichtiger Prozessschritt bei allen Verfahren, die mit einem Binderzusatz arbeiten, ist das Austreiben des Binders, wobei der Zusammenhalt des Formkörpers in allen Phasen der thermischen Behandlung gewährleistet und der Sintervorgang möglichst nicht behindert werden soll. Mit Hilfe neuer Bindersysteme und speziell entwickelter Öfen zur Binderaustreibung werden die damit in Zusammenhang stehenden Probleme im Wesentlichen gelöst.

Neben Metallpulvern finden Metallfasern für die Fertigung hochporöser Werkstoffsysteme Anwendung. Sie ermöglichen Porositätsgrade bis max. 90% und erlauben die Herstellung von Filterelementen höchster Durchlässigkeit bei gleichzeitig hoher Filtrationswirkung. Die hierzu notwendigen Metallfasern von 4 bis 100 µm Dicke und einer mittleren Länge von 10 bis 25 mm werden noch vorwiegend mittels aufwendiger Umformungs- und Zerspanungsprozesse hergestellt und sind deshalb entsprechend teuer. Besonders trifft dies auf Fasern unter 20 µm zu, die beispielsweise durch stufenweises Ziehen von in metallische Trägerwerkstoffe eingebetteten Drahtbündeln gewonnen werden. Ist die gewünschte Faserstärke erreicht, wird der Umhüllungswerkstoff mit Hilfe eines kombinierten thermisch-chemischen Verfahrens abgelöst. Weitere Methoden sind das Abspanen mittels feinzahniger Werkzeuge oder das Schneiden übereinandergelegter Walzfolien. Ein sehr aussichtsreiches, effektives und kostengünstiges Verfahren zur Erzeugung von Metallfasern ist die Schmelzextraktion. Die Faserbildung erfolgt dabei in einem einzigen Verfahrensschritt unmittelbar aus dem schmelzflüssigen Zustand, indem durch eine speziell geformte, wassergekühlte Walze Schmelzfäden aus dem Oberflächenbereich des metallischen Schmelzbades herausgezogen und sofort von der Walze abgeschleudert werden (Abschn. 2.2.4). Auf der Oberfläche der Walze befinden sich zahlreiche schneidenförmige Kanten, von denen jeweils ein Faserstrom ausgeht. Durch in die Kanten eingebrachte Kerben lässt sich die Länge der Fasern, die in der Regel zwi-

13.1 Filter und durchströmte Werkstoffe

schen 1 bis 50 mm variiert, festlegen. Mit offen arbeitenden Anlagen ist die Herstellung von Fasern zwischen 50 µm bis zu 1 mm Dicke möglich; bei Anwendung von Schutzgas oder Vakuum lassen sich auch feinere Fasern herstellen. Da die Faserbildung direkt aus dem Schmelzbad erfolgt, können praktisch fast alle Metalle und Legierungen zu Fasern verarbeitet werden, z.B. austenitische Cr-Ni- und Cr-Ni-Si-Stähle, Cu, Ni, Al und deren Legierungen, sowie hochwarmfeste Superlegierungen. Als vorteilhaft erweist sich auch die hohe Abkühlungsgeschwindigkeit von 10^3 bis 10^5 K/s je nach Faserdurchmesser, die zu äußerst feinen, sehr homogenen Gefügen, zur Unterdrückung von Ausscheidungen und der Erweiterung von Löslichkeitsgrenzen führen können, wodurch weitere Eigenschaftsverbesserungen möglich werden [13.8].

Aus den schmelzextrahierten Fasern werden Platten mit Abmessungen bis 1 m Breite und Länge bei einer Dicke von 0,5–10 mm hergestellt. Weiterhin sind Blöcke, Zylinder und rohrförmige Geometrien mit Durchmessern von bis zu 100 mm und einer Länge von 1500 mm realisierbar. Dabei liegen die Porengrößen der gesinterten Faserkomponenten typischerweise zwischen 10 und 250 µm. Unter Ausnutzung der Rascherstarrungseffekte während der Tiegelschmelzextraktion können auch Faserwerkstoffe aus oxidationsbeständigen intermetallischen Verbindungen, z.B. Ni_3Al, oder hochaluminiumhaltigen FeCr-Legierungen verarbeitet werden. So können Filterkerzen aus Ni_3Al-Fasern (Bild 13–11) an Luft bis zu Temperaturen von 1100 °C eingesetzt werden. Weitere mögliche Einsatzgebiete sind Katalysator-Träger im Automobilbau oder bei der katalytischen Nachverbrennung, Heißgasfilter und Brennersubstrate für Strahlungsbrenner. Im Turbinenbau ergeben sich Anwendungsmöglichkeiten als Hitzeschutzschild oder abrasive Dichtungen. Dabei sind gerade in der Luftfahrt neben den guten Hochtemperatur-Korrosionseigenschaften auch die mögliche Gewichtseinsparung sowie die gute Geräuschdämpfung durch poröse Faserstrukturen von Vorteil. Ein weiteres Beispiel schmelzextrahierter hochporöser Faserstrukturen zeigt Bild 13–12 in der Anwendung als Ringstrukturen für eine Wärmeregeneratormatrix eines Sterlingmotors.

Hochporöse Faserwerkstoffe lassen sich sowohl durch Verfilzen als auch über textile Technologien herstellen. Während im erstgenannten Falle die Fasern ungeordnet in Form eines sog. Wirrfaservlieses vorliegen, besteht bei Geweben eine regelmäßige Anordnung. Oft erfolgt eine Kombination von beiden, wobei das ge-

Bild 13–11. Filterkerze aus Ni_3Al-Fasern. Länge 250 mm; Durchmesser 50 mm; Gesamtporosität 55%; Porendurchmesser 5 µm (IFAM Dresden)

Bild 13–12. Wärmeregeneratormatrix aus hochporösen Faserstrukturen; Durchmesser 120 mm, Werkstoff FeCr23Al10; Gesamtporosität 75% (IFAM Dresden)

webte Band als tragende Unterlage dient. Im einfachsten Falle werden die Fasern mit oder ohne Druck zu Filzen vibrationsverdichtet. Oder das Zusammenlagern der Fasern zu einem Faserverband erfolgt über einen starken Luftstrom, wobei sich das Faservlies auf einem Siebgewebe bildet. Eine andere Möglichkeit besteht darin, die Fasern in einer Flüssigkeit höherer Viskosität aufzuschlämmen. Während die Flüssigkeit über eine poröse Unterlage abgesaugt wird, lagern sich die Fasern zu einem gleichmäßigen Vlies zusammen. Die erhaltenen Fasermatten oder -bänder werden anschließend gesintert, je nach Werkstoff und Verwendungszweck kontinuierlich im Durchlaufofen oder diskontinuierlich in geschnittenen Teilstücken, wobei Wasserstoff, Endogas oder Vakuum als Schutzatmosphäre in Betracht kommen. Ist die Eigenstabilität dünner Fasermatten gering, wird ein Verbund mit stützenden Drahtgeweben aus dem gleichen oder einem verträglichen Material hergestellt.

Infolge abweichender Kontakt- und Diffusionsbedingungen unterscheidet sich das Sinterverhalten von Faserfilzen von dem der schwach verdichteten Pulver. Der vorherrschende Transportmechanismus hängt vom Durchmesser der Metallfasern ab. Sehr feine Fasern mit Durchmessern unter 10 µm sintern vorzugsweise über Oberflächendiffusion, während bei Fasern über 100 µm Durchmesser die Volumendiffusion dominiert. Da mit der Oberflächendiffusion keine Sinterschwindung verbunden ist, die beim Verfilzen deformierten Fasern sich aber entspannen, ist das Sintern feiner Fasern im Allgemeinen von einer Volumenvergrößerung begleitet. Gelangen dagegen Filze aus dickeren Fasern zum Sintern, dann überlagert sich die durch Entspannungsvorgänge verursachte Volumenzunahme der mit der Volumendiffusion verbundenen Schwindung, so dass meist nur geringe Maßänderungen beobachtet werden.

Nach dem Sintern wird auf definierte Dicke gewalzt und die Bahnen, die in der Regel 0,7 bis 2 mm Dicke aufweisen, werden zu Formfiltern, beispielsweise zu Rohren, Kerzen, Scheiben usw. verarbeitet, wobei durch Wellen oder Plissieren eine weitere Vergrößerung der Oberfläche vorgenommen werden kann [13.5]. Bei größeren Abmessungen ist das Einschweißen in Stützkörper bzw. das Umbördeln mit Kantenblechen notwendig. Faserfilter zeichnen sich durch eine sehr gleichmäßige Porenverteilung und hohe Porosität aus (DIN 4003 und US Norm ASTM F 902-84). Die Durchströmbarkeit mittels Luft ist in der Regel 6 bis 8mal höher als die von vergleichbaren Filtern aus Metallpulvern. Hochporöse Werkstoffe aus Fasern werden zum überwiegenden Teil aus rost- und säurebeständigen Cr-Ni-Stählen hergestellt. Für Sonderzwecke sind Ni- und Ni-Legierungen z.B. Inconel (Ni-Cr-Basislegierungen) im Einsatz.

Im Bereich der hochporösen Werkstoffsysteme haben auch Verbundstrukturen Bedeutung erlangt [13.7, 13.9]. Dabei handelt es sich vorwiegend um Schichtverbunde der Kategorie grobes Pulver/feines Pulver, Pulver/Siebgewebe, Fasermatte/Siebgewebe und Pulver/Fasermatte. Sie dienen in manchen Fällen lediglich der Erhöhung der mechanischen Stabilität des Verbundkörpers, meist jedoch auch der Verbesserung der Filtrationseigenschaften bei möglichst niedrigen Druckverlusten (Bild 13–13). Des Weiteren werden gradierte Strukturen mit einem mehr oder weniger kontinuierlichen Übergang beispielsweise der Porengrößenverteilung, der Gesamtporosität oder auch der Porenform angestrebt. Dazu wurden verschiedene technologische Möglichkeiten entwickelt, wie die programmgesteuerte Füllung der Werkzeuge mit Pulver unterschiedlicher Körnung beim Matrizenpressen bzw. beim Füllen der isostatischen Kaltpressformen, das Formen eines Rohlings durch Zentri-

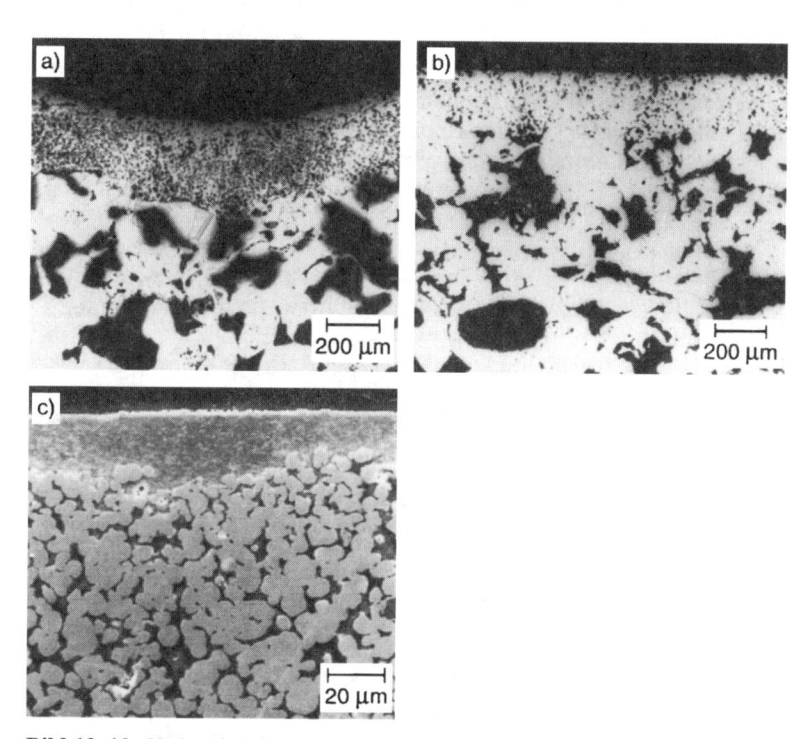

Bild 13–13. Verbundstrukturen bei gesinterten Filtern (GKN Sintermetals). a) Feinporige Faserschicht auf grobporigem Pulverfilter; b) Feinporige Pulverschicht auf grobporigem Pulverfilter; c) Mikro-Verbundfilter: feinstporige Ti/TiO$_2$-Schicht auf Pulverfilter aus Cr-Ni-Stahl

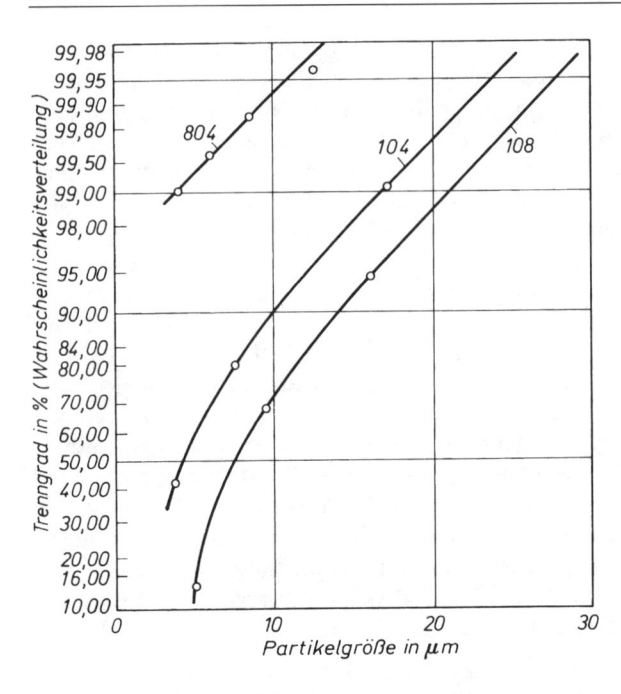

Bild 13–14. Trenngrad von Mikroverbundfiltern bestehend aus Pulverfilter mit aufgesinterten feinstporigen Pulverschichten unterschiedlicher Porengröße (Werkstoff: rostbeständiger Cr-Ni-Stahl, GKN Sintermetals). Die Zahlen an den Kurven sind eine betriebsinterne Kennzeichnung für die Filterfeinheit, von links nach rechts abnehmend

fugaltechniken oder die Anwendung spezieller Spritztechnologien (MIM) mittels plastifizierter Pulver. Zielstellung der Verbundtechnologie ist die Entwicklung von Filtern, die einen möglichst weitgehenden Reinigungseffekt aufweisen. So können Verbundfilter aus gröberen und feineren Pulvern einen sehr hohen Anteil feinster Teilchen bis 2 µm mit großer Effektivität ausfiltern, wie Bild 13–14 erkennen lässt. Eine abermalige Erhöhung der Filterwirkung und Oberflächenvergrößerung wird erreicht, wenn man die innere Oberfläche der Poren mit einer dünnen und rauen Schicht eines weiteren Metalls oder einer Keramik überzieht. Zur Mikrofiltration für Bereiche deutlich unter 1 µm kommen immer feinere Pulver bis hin zu nanokristallinen Partikeln zum Einsatz. Solche Mikrofilter finden in Bereichen der Ultrafiltration, der Katalyse, der Membrantechnik und der Gas-Sensorik Anwendung. Gegenüber den bisher verwendeten Mikrofiltern aus Keramik, natürlichen Stoffen oder Kunststoffen kann das Anwendungsspektrum durch Kombination der Filterwirkung und der katalytischen Eigenschaften erheblich erweitert werden. Außerdem lassen sich bei metallischen Mikrofiltern durch die Einstellung elektrischer Felder oder eine örtliche Temperaturerhöhung zusätzliche Effekte erzielen [13.10 bis 13.12].

13.2 Zellulare metallische Werkstoffe

Zellulare metallische Werkstoffe bilden eine neue Werkstoffklasse mit sehr hoher Porosität bis 97% und Porengrößen von ca. 100 µm bis 10 mm. In den letzten Jahren haben zahlreiche Forschungs- und Entwicklungsaktivitäten zu zellularen metallischen Werkstoffen/Metallschäumen das Ziel verfolgt, multifunktionelle Leichtbauwerkstoffe zu entwickeln. Die wesentliche Triebkraft hierfür ist die zunehmende

Bedeutung von Gewichtseinsparungen, insbesondere im Fahrzeugbau, der Luft- und Raumfahrt aber auch im Maschinen-, Anlagen- und Gerätebau. Eine Reduzierung der Dichte von metallischen Werkstoffen auf Werte bis < 1 g/cm^3 ist nur durch den systematischen Einbau von Poren im erheblichen Umfang möglich.

Prinzipiell können zellulare metallische Werkstoffe aus der flüssigen, festen und gasförmigen Phase hergestellt werden. Im Weiteren sollen aber nur solche Verfahren und Werkstoffe vorgestellt werden, die der Pulvermetallurgie zuzuordnen sind.

13.2.1 Metallschaum-Treibmittel-Verfahren

Von den pulvermetallurgisch erzeugten zellularen Werkstoffen ist der Aluminium-Schaum am intensivsten untersucht worden. Für die Herstellung werden das Al-Pulver mit einem Treibmittel (vorzugsweise Titanhydrid, <1,0 Gew. %) gemischt, die erhaltene Mischung zu einem Halbzeug verdichtet und gegebenenfalls durch eine Umformung weiter verarbeitet. Bei der Erwärmung des Halbzeuges bis knapp über den Schmelzpunkt des Aluminiums löst die Gasfreisetzung des Treibmittels den Aufschäumvorgang in der Schmelze aus. Nachdem die Expansion bis zum gewünschten Grad fortgeschritten ist, wird der Schäumvorgang durch Abkühlung unter den Schmelzpunkt beendet und die Schaumstruktur stabilisiert [13.13]. Bild 13–15 zeigt beispielhaft die Porenstruktur eines Al-Schaumes.

Mit diesem Verfahren sind mit Aluminium und Aluminiumlegierungen Strukturdichten im Bereich zwischen 0,3–1,0 g/cm^3 erreichbar und auch Stahl-Aluminium-Sandwich-Strukturen sowie ausgeschäumte Profile herstellbar. Die Technik eignet sich gleichermaßen für Zinn-, Zink- und Bleischäume, wogegen Versuche, auch höherschmelzende Metalle und Legierungen (z.B. Fe-, Ni-, Ti-Basis) aufzuschäumen, keine befriedigenden Ergebnisse hinsichtlich der Porengrößenhomogenität ergaben und auch nur relativ geringe Porositäten erreicht wurden. Die Hauptprobleme liegen

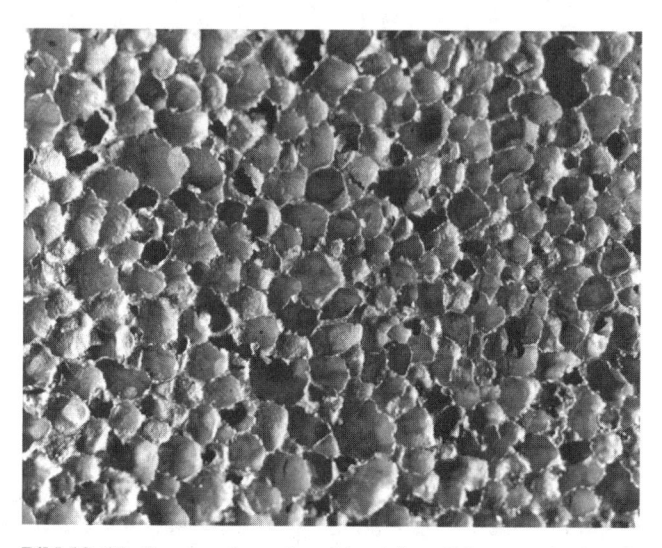

Bild 13–15. Porenstruktur eines Aluminium-Schaums mit einer Strukturdichte von 0,35 g/cm^3

im Auffinden geeigneter Treibmittel für Schmelztemperaturen oberhalb 1000°C, sowie in der komplizierten Prozessführung insbesondere beim Aufschäumvorgang.

Charakteristisch für Al-Schäume ist aufgrund des ausgeprägten langen Plateaus plastischer Deformation ein hohes Energieabsorptionsvermögen, das durch die Strukturdichte, die Porengröße und die Eigenschaften der verwendeten Werkstoffe einstellbar ist. Metallschäume bieten sich daher für den Crashschutz in Front- und Seitenteilen von Fahrzeugen an [13.14].

13.2.2 Metallpulver-Platzhalter-Verfahren

Bei diesem Verfahren werden Metallpulver mit einem Platzhalter (z.B. Carbamid oder Ammoniumhydrogencarbonat) gemischt. Die Porosität kann durch geeignete Wahl des Platzhalteranteils zwischen 40 bis 80 Vol.-% definiert eingestellt werden, wobei die Platzhalterpartikelgröße üblicherweise 0,1–4 mm beträgt. Die Mischung wird uniaxial oder kaltisostatisch mit Pressdrücken zwischen 300 und 500 MPa verdichtet. Nach dem Entfernen der Platzhalter bei Glühtemperaturen <200°C werden die Bauteile je nach Werkstoff im Temperaturbereich zwischen 900–1300°C gesintert. Für eine hohe Grünfestigkeit der Formkörper nach dem Entfernen der Platzhalter sind duktile Metallpulver mit einer spratzigen Teilchenmorphologie von Vorteil. Untersuchungen wurden mit Edelstahl (316L), verschiedenen Superlegierungen (HastelloyX, Inconel 625) und Titan durchgeführt [13.15]. Auf diesem Wege hergestellte hochporöse Titanschäume, deren mechanische Eigenschaften denen des natürlichen Knochens entsprechen, sollen als Knochenersatz verwendet werden. Bei einer Dichte von 0,48 g/cm^3 zeigt eine Titanschaumstruktur einen E-Modul von 5,13 GPa sowie eine Druckfestigkeit von 208 MPa, was im Eigenschaftsspektrum natürlicher Knochen liegt [3.16, 13.17].

13.2.3 Offenzellige Metallschäume

Offenzellige Metallschäume werden derzeit über spezielle Gießtechniken (Investment-Casting), galvanisches Beschichten von Polyurethanschäumen z.B. mit Nickel oder durch CVD- bzw. PVD-Verfahren hergestellt. Verfahrensbedingt bestehen jedoch Einschränkungen in der Werkstoffauswahl wie auch in den darstellbaren Geometrien. Bei der pulvermetallurgischen Herstellung werden Polyurethanschäume mit einer Pulver-Binder-Suspension beschichtet. Nach der Trocknung werden die organischen Bestandteile (Binder, PU-Schaum) im Temperaturbereich von ca. 300–700°C entfernt und der Pulverkörper anschließend gesintert. Je nach Werkstoff liegen die Sintertemperaturen bei 1000 bis 1400°C und als Sinteratmosphären werden Vakuum, H_2, oder Ar gewählt. Die herstellbaren Zellgrößen liegen zwischen 200 µm (100 ppi) und 5 mm (10 ppi), wobei die Porosität bei geeigneter Wahl der PU-Schäume und Beschichtungsparameter bis zu ca. 90% betragen kann [13.18]. Bild 13–16 zeigt die Porenmorphologie eines hochtemperaturbeständigen Stahlschaumes (FeCrAlY) mit einer Strukturdichte von 0,5 g/cm^3. Die beschriebene pulvermetallurgische Verfahrensroute hat den Vorteil der großen Werkstoffvielfalt, wobei jedoch die notwendige Wahl sehr feiner Pulver ein ungünstiger Kostenfaktor

13.2 Zellulare metallische Werkstoffe

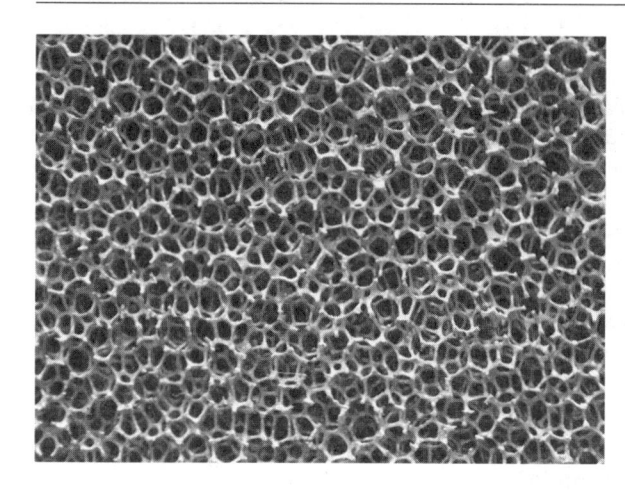

Bild 13–16. Porenmorphologie eines offenzelligen Hochtemperatur beständigen Stahlschaumes (FeCrAl-Basis) mit einer Strukturdichte von 0,5 g/cm^3 (IFAM Dresden)

sein kann. Durch vorherige Konfektionierung der PU-Schäume sind auch geformte Bauteile herstellbar. Der Einsatz offenzelliger Metallschäume wird in Wärmetauschern, Porenbrennern, für die Wärme- und Schalldämmung, als Katalysatorenträger, Elektroden, Filterelemente und Implantate erwartet [13.19].

Noch ganz am Anfang steht die Entwicklung von über Siebdruck erzeugten zellularen Strukturen. Das Grundprinzip der Technologie ist ein schichtweiser Aufbau der Struktur durch wiederholtes Drucken einer pastösen Metallpulversuspension. Die Strukturierung selbst wird durch Maskenwahl und -variation vorgenommen. Die meist offenzelligen Strukturen werden durch thermisches Entbindern und Sintern in den Endzustand überführt. Bei einer aus der Drucktechnik folgenden großen Freiheit in der Gestaltung (Bild 13–17) können präzise Strukturen mit typischen Zellabmessungen von 0,1 bis 10 mm und Wandstärken zwischen 50 und 1000 µm erzeugt werden [13.20]. Anwendungsmöglichkeiten liegen in der Mikrosystemtechnik, der Mikromechanik, für Wärmetauscher, Bio-Implantate, Katalysatorträger und für Brennstoffzellen.

Bild 13–17. Zellulare Siebdruckstrukturen aus Edelstahl (316L), Stegbreite ca. 100 µm (IFAM Dresden)

13.2.4 Hohlkugelstrukturen

Im Gegensatz zu anderen Verfahren der Erzeugung von Metallschäumen werden Hohlkugelstrukturen aus massenhaft erzeugten Einzelzellen zusammengefügt. Die Einzelzellen erhält man durch Beschichtung eines organischen Trägermaterials (z.B. Styroporkugeln) mit einer Metallpulver-Binder-Suspension in einem modifizierten Wirbelbettverfahren. Bei einer anschließenden Wärmebehandlung werden die Grünkugeln entbindert und gesintert. Die die einzelnen Zellen bildenden metallischen Hohlkugeln lassen sich in einem Durchmesserbereich von ca. 0,5–10 mm mit Schalendicken von etwa 20–500 µm herstellen. Bauteile entstehen durch Versintern, Verkleben oder Verlöten (Bild 13–18), wobei die Strukturdichte durch das Verhältnis von Schalendicke zu Kugeldurchmesser definiert wird, z.B. für Hohlkugelstrukturen aus Stahl in einem Dichtebereich von 0,2–1,5 g/cm^3 [13.21]. Um die geringen Wandstärken zu erhalten, sind ausreichend feine und möglichst dicht packende Pulver erforderlich.

Die eindeutigen Vorteile der Hohlkugelstrukturen bestehen in der großen Materialvielfalt, der Variationsmöglichkeit der Zellstruktur und in der Gleichmäßigkeit der Struktur, die eine für Ingenieuranwendungen unumgängliche Berechenbarkeit bei der Bauteilauslegung gestattet. Darüber hinaus können neben der geringen Dichte auch weitere anwendungsspezifische Eigenschaften, wie Energie- und Schallabsorption, geringe Wärmeleitung und mechanische Dämpfung in vorbedachter Weise eingestellt werden. Dadurch eröffnen sich Anwendungsfelder, bei denen die funktionellen Eigenschaften gefordert sind, z.B. das Schallabsorptionsvermögen in Schalldämpfern von Kraftfahrzeugen oder die geringe Wärmeleitfähigkeit von nur 1% des Kompaktmaterials bei Hohlkugelstrukturen aus Molybdän (Struktur-

Bild 13–18. Hohlkugeln und Hohlkugelstrukturen aus Edelstahl (316L), Dichte der Strukturen 0,35 g/cm^3 (IFAM Dresden)

dichte 0,3 g/cm³) für die Wärmedämmung bei hohen Temperaturen. Wie auch andere zellulare Werkstoffe weisen Hohlkugelstrukturen ein ausgezeichnetes Absorptionsvermögen für mechanische Energie auf, das hier über die Wahl des Werkstoffes und sowie den strukturellen Aufbau in weiten Grenzen einstellbar ist [13.22].

13.3 Hochporöse Werkstoffe für Sonderzwecke

Dieser Abschnitt stellt keine geschlossene Darlegung eines besonderen Teilgebietes der porösen Sintermaterialien dar, sondern beschreibt vielmehr eine Reihe mehr oder weniger zusammenhängender Spezialfälle, die jedoch in besonderer Weise geeignet erscheinen, die vielfältigen wie auch einzigartigen Möglichkeiten, die die Sintertechnik bietet, anschaulich zu demonstrieren.

Von Elektroden für Ni-Cd-Akkumulatoren beispielsweise werden, um einen hohen Anteil aktiver Füllmasse aufnehmen zu können, Porositäten von 70 bis 90% gefordert. Die Elektrodenplatten bestehen aus einem als Stützkörper fungierenden gelochten Metallstreifen oder einem Gewebe aus Ni, die zu beiden Seiten mit einer porösen Schicht versehen werden. Der Stützkörper verbessert die Festigkeit und übernimmt gleichzeitig die Rolle des Stromsammlers. Die Schicht, der ein meist über eine chemische Fällung gewonnenes Pulver der Körnung 3 bis 5 µm zugrunde liegt, wird über das Auftragen eines Pulverschlickers bzw. einer Pulverpaste oder durch Aufwalzen bzw. -pressen des Pulvers aufgebracht. Zur Erhöhung der Porosität werden 15 bis 20% eines flüchtigen Füllmittels zugesetzt. Die Sinterung erfolgt zwischen 800 bis 1000 °C in reduzierender Atmosphäre. Oft sind die Platten dicker als 1 mm, in Sonderfällen können sie aber auch nur 0,3 mm stark sein. Abschließend werden sie mit Ni-Hydroxid (positive Platte) bzw. Cd-Hydroxid (negative Platte) imprägniert. Um einen zu raschen Verlust an Füllmasse beim Betrieb zu unterbinden, ist der Herstellungsgang so zu führen, dass der Porendurchmesser 100 µm nicht überschreitet. Auch zur Fertigung von Alkalibatterien werden hochporöse Platten in großem Umfang eingesetzt. Als Ausgangsmaterial wird vorzugsweise Nickelpulver verwendet. Ni hat einen hohen Korrosionswiderstand, und das Pulver kann mit Hilfe chemischer Verfahren in der geforderten Reinheit, Korngröße und -form sowie mit einer hohen Sinteraktivität hergestellt werden.

Ein anderes Anwendungsgebiet sind Abrasivdichtungen für Gasturbinen. Poröse hochwarmfeste Ni-Mo-Sinterlegierungen (Hastelloy) sowie austenitische Cr-Ni-Sinterstähle mit Porositätsgraden zwischen 65 und 70% werden in den Raum zwischen die rotierenden Turbinenschaufeln und das Gehäuse eingebracht. Bei Wärmeausdehnung kann das poröse Material leicht abgetragen oder zusammengedrückt werden, ohne dass dabei die Gewährleistung einer einwandfreien Abdichtung im Betriebstemperaturbereich zwischen 200 und 1100 °C in Frage gestellt würde.

Neue Einsatzgebiete werden durch Beschichten der Porenoberflächen mit weiteren Metallen, insbesondere aber mit dünnen, mikroporösen Schichten aus Oxiden, wie beispielsweise Aluminium-, Silicium- und Zirkoniumoxid, erschlossen. Das Aufbringen solcher Überzüge kann elektrokataphoretisch (Zirkoniumoxid) oder durch Oxidation von Metallschichten (Silicium) über eine anschließende Wärmebehandlung erfolgen [13.10, 13.23]. Als Spezialfall hierfür seien Rußfilter für Dieselmotoren genannt, an die sehr hohe Anforderungen gestellt werden. Die Rußpartikel von 0,3 bis über 1 µm Durchmesser haben eine Dichte von nur 0,07 g/cm^3, wobei bei einem PKW-Dieselmotor für eine Fahrtstrecke von 1000 km bis zu 5,5 l Rußpartikel frei werden. Als geeignet erwiesen haben sich Dieselrußfilter, die aus einer schwach verdichteten Packung hochlegierter Stahlwolle (Werkstoff Carpenter 20 : 20 Cr/34 Ni/3,5 Co/2,5 Mo/Rest Fe; Faserdurchmesser ca. 200 µm) bestehen und auf deren Oberfläche eine Schicht aus γ-Al_2O_3 mit Rauhigkeiten von ca. 10 bis 15 µm abgeschieden wurde. Die dabei auftretenden Temperaturwechsel und das wiederholte Regenerieren bei höheren Temperaturen werden anstandslos ertragen [13.24]. Eine neue Variante pulvermetallurgisch hergestellter Dieselpartikelfilter, die kurz vor der Anwendung steht, geht von Ni-Schäumen aus, die mit feinen, die Legierungselemente enthaltenden Pulvern beschichtet und durch anschließendes Glühen unter Schutzgasatmosphäre in die gewünschte hochtemperaturbeständige Legierung überführt werden [13.25].

Hochporöse Sintermetallgebilde finden als Katalysatorenträger für Festbettreaktoren in der chemischen Technologie Anwendung. Die spezifische Oberfläche wird zunächst durch Beschichtung mit sehr feinverteiltem SiO_2 bis zu einem Faktor von 30 vergrößert und anschließend die eigentlich katalytisch wirkende Substanz, z.B. dispers verteiltes Platin, aufgebracht. So weist ein Sinterwerkstoff aus Inconel 600-Pulver (76 Ni/15,5 Cr/8 Fe) mit einer Porosität von 21% und einer mittleren Teilchengröße von 62 µm nach der SiO_2-Beschichtung von 1 µm Dicke eine spezifische Oberfläche von etwa 10 m^2/g auf. Besondere Vorteile der metallischen Katalysatorenträger sind die relativ hohe Festigkeit und Duktilität sowie die gute Wärmeleitfähigkeit. Letztere ermöglicht eine exaktere Steuerung der Reaktionstemperaturen und trägt zur Vermeidung von Überhitzungen bei größeren Reaktionsflächen bei. Dies ist besonders bei Prozessen mit hohen Wärmetönungen wichtig. Ein spezielles Beispiel hierfür sind katalytische Verbrennungssysteme, bei denen die Zusammensetzung des Abgases sehr genau von der Einhaltung der Reaktionstemperaturen abhängig ist. Damit lässt sich die Emission besonders umweltschädlicher Stoffe, wie Stickoxide, durch eine geeignete Temperatursteuerung weitgehend vermeiden.

Gute Fortschritte hat die Entwicklung poröser Schichten auf Knochen- und Gelenkimplantaten gemacht. Bei herkömmlicherweise mit „Zement" im Knochen verankerten Implantaten ist eine Lockerung der Verbindung möglich, wobei durch Auftreten örtlicher Spannungsspitzen nach Überschreiten der Ermüdungsfestigkeit der Bruch des Implantats eintreten kann. Das Ziel besteht darin, durch Vergrößerung der Implantatoberfläche die Flächenpressung zwischen Knochensubstanz und Prothese zu verringern und bei zementloser Implantation ein möglichst tiefes Einwachsen der Knochensubstanz und damit eine natürliche feste Verklammerung zu erreichen. Als vorerst geeignet hierfür haben sich poröse Schichten von 0,5 bis 1,5 mm Dicke mit Porengrößen von mindestens 50 bis 100 µm bei Porositäten von 30 bis 40% erwiesen. Besonders hohe Anforderungen werden wegen der vergrößerten Oberfläche an die Bioverträglichkeit und die Korrosionsbeständigkeit der dabei verwendeten Werkstoffe gestellt. Sehr häufig werden Co-Cr-Legierungen und zunehmend auch Titan-Basis-Werkstoffe (z.B. Ti-Al-V-Legierungen) eingesetzt. Wichtig ist, dass die Beschichtung auf dem Prothesenkörper gut haftet und die Ermüdungsfestigkeit nicht beeinträchtigt wird. Die porösen Schichten werden auf die nach herkömmlichen Verfahren (Feingießen, Schmieden oder pulvermetallurgisch durch isostatisches Heißpressen) hergestellten Implantatkörper auf Basis von Pulvern oder Fasern beispielsweise über Pasten- oder Schlickerverfahren aufgebracht und aufgesintert. Besonders effektiv können geeignete Schichten auch durch einen speziell modifizierten Plasmaspritzprozess erzeugt werden. Umfangreiche Untersuchungen zeigten, dass das Knochengewebe bereits nach relativ kurzer Zeit die offene Porenstruktur besiedelt, wodurch nicht nur eine dauerhafte und langlebige Verankerung entsteht, sondern auch eine verbesserte Krafteinleitung erreicht sowie der Aufbau von Spannungskonzentrationen vermieden werden [13.26].

Literatur zu Kapitel 13

[13.1] Produktinformation Sintermetallwerk Krebsöge GmbH, D-42477 Radevormwald und Terryville, CT 06786 USA: Metallfaservlies SIKA-FIL, Porous Metal Products, Hochporöse Sinterwerkstoffe, Mikrofilter SIKA-RF, Schalldämpfer
[13.2] *Zapf, G.*: Handbuch der Fertigungstechnik, Bd. 1: Urformen, Hrsg. *G. Spur*, Carl Hanser Verlag München/Wien 1981
[13.3] *Pilinevich, L.P.*: In: Proc. 1998 PM World Congress, Granada, Vol. 5, 231–234
[13.4] *Huppmann, W.J., L. Albano-Müller* und *R.W. Johnson*: Progress in Powd. Metallurgy 41 (1986) Metal Powd. Industries Federation, Princeton, N.Y. USA
[13.5] *Beiss, P.*: Powd. Met. Int. 15 (1983), Mitt. Auss. Pulvermetall. S 14 u. 15
[13.6] *Neumann, P., V. Arnhold, K. Heiburg* und *R. Rohlig*: Colloquium Powd. Metallurgy, Mater. featuring spec. Physical Properties, Paris 06.–08.04.1992
[13.7] *Ilschner, B.*, und *K. Bartel*: Pulvermetallurgie in Wissenschaft und Praxis, Bd. 8, VDI-Verlag GmbH Düsseldorf 1992, 325
[13.8] *Lehnert, F., G. Lotze* und *G. Stephani*: Mat.-wiss. U. Werkstofftech. 22 (1991), 355
[13.9] *Eisenmann, M., A. Fischer, H. Leismann* und *R. Sicken*: Proc. 1988 Intern. Powd. Metallurgy Conf. „PM 88", Orlando 1988, S. 637
[13.10] *Neumann, P., und V. Arnhold*: Pulvermetallurgie in Wissenschaft und Praxis, Bd. 8; VDI-Verlag GmbH Düsseldorf 1992, 343
[13.11] *Scheuermann, E.*: F & S Filtrieren und Separieren 5 (1990), 145
[13.12] *Baumeister, J.*, und *H.-D. Kunze*: Schweizer Maschinenmarkt (Goldach) 37 (1991), 124
[13.13] *Banhart, J.*, und *F. Baumgarten*: In „Handbook of Cellular Metals", Hrsg. *H.-P. Degischer* und *B. Kriszt*, Weinheim, WILEY-VCH, 2002, 14
[13.14] *Broggiato, G.B., F. Campana* und *L. Peroni*: In „Cellular Metals: Manufacture, Properties and Application", Hrsg. *J. Banhart, N.A. Fleck, A. Mortensen*, Berlin, MIT, Publishing, 2003, 441
[13.15] *Bram, M., C. Stiller, H.-P. Buchkremer, D. Stöver* und *H. Baur*: Advanced Engineering Materials, 4 (2000), 196
[13.16] *Wen, C.E., Y. Yamada* und *K. Shimojima*: J. Mater, Res. Vol. 17, 10 (2002), 2633
[13.17] *Laptov, A., M. Bram, H.-P. Buchkremer* und *D. Stöver*: Powder Metallurgy, Vol. 47, 1 (2004), 85
[13.18] *Adler, J., G. Standke* und *G. Stephani*: In „Cellular Metals and Polymers", Hrsg. *R.F. Singer, C. Körner, V. Altstädt*, Fürth, Fragezeichenverlag, 2004
[13.19] *Li, J.P., S.H. Li, K. de Groot* und *P. Layrolle*: Key Engineering Mat. 220 (2002), 51
[13.20] *Andersen, O., T. Studnitzky* und *J. Bauer*: In „Proceedings World Congress Powder Metallurgy", Wien 2004, EPMA, Vol. 4 (2004), 189
[13.21] *Waag, U., L. Schneider, P. Loethman* und *G. Stephani*: Metal Powder Report 55 (2000), 29
[13.22] *Waag, U., G. Stephani, O. Andersen, B. Kieback, R. Kretzschmar, H. Venghaus* und *J. Färber*: In: Pulvermetallurgie in Wissenschaft und Praxis, Bd. 20, Hrsg. *H. Kolaska*, Hagen, 2004, 259

[13.23] *Boudier, G., J.A. Alary* und *J.M. Bauer*: Colloquium Powd. Metallurgy, Mater. featuring spec. Physical Properties, Paris 06.–08.04.1992
[13.24] *McMahon, M.A., C.H. Faist, K.S. Virk* und *W.T. Tierney*: SAE paper No. 820183
[13.25] *Böhm, A., G. Walther, D. Naumann, M. Croset*: Proc. Int. Chromium Colloquium, Saint Etienne, France (2004), 41
[13.26] *Winkler-Gniewek, W., H. Stallfort* und *M. Ungetüm*: Verbundwerkstoffe und Stoffverbunde in Technik und Medizin, Bd. 2: Medizin. Hrsg.: *G. Ondracek*. DGM Informationsgesellschaft-Verlag Oberursel 1983

14 Kontaktwerkstoffe

Die Übertragung von elektrischer Energie und von elektrischen Signalen erfordert den Durchgang des elektrischen Stromes durch zahllose Geräte und Bauelemente, die entweder direkt oder mittels Kabel verbunden sind. Der Weg vom Energieerzeuger (Generator) zum Verbraucher enthält über 1.000 Kontaktstellen, von denen ca. 100 schaltbar gestaltet sein müssen, um den Strom in Bereichen von einigen mA bis zu 100.000 A einschalten, danach verlustarm weiterleiten und nach dem Ausschalten zuverlässig trennen zu können. Das Anforderungsspektrum an Kontaktwerkstoffe für Schaltgeräte ist dabei sehr vielfältig und umfasst maximale Abbrandfestigkeit, hohe Verschweißresistenz, geringen Kontaktwiderstand und damit niedrige Übertemperatur, geringe Neigung zu Materialwanderungen (bei Gleichstrom), gute Lichtbogenlaufeigenschaften und günstiges Lichtbogenlöschverhalten. Zusätzlich werden eine konstante Werkstoffqualität mit guten physikalischen, mechanischen und chemischen Eigenschaften, z.B. hohe elektrische und thermische Leitfähigkeit, hohe Härte, gute Korrosionsbeständigkeit, aber auch eine kostengünstige Fertigung, eine gute Bearbeitbarkeit sowie möglichst Löt- bzw. Schweißbarkeit erwartet.

Die sich teilweise widersprechenden Anforderungen lassen sich mit reinen Metallen oder homogenen Metalllegierungen nur zum Teil oder gar nicht erfüllen. Mittels pulvermetallurgischer Verfahren ist es jedoch möglich, unterschiedlichste Eigenschaftsträger in einem Verbundwerkstoff zu vereinen. Dadurch können nicht nur die klassischen Edelmetallkontakte (Au, Ag, Pd, Pt) teilweise oder ganz sub-

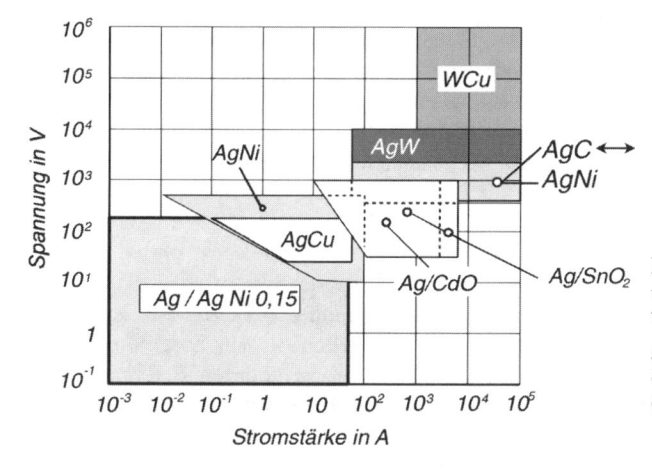

Bild 14–1. Einsatzbereiche von Kontaktwerkstoffen für Wechselstromanwendungen in Abhängigkeit von Strom und Spannung (nach [14.1])

stituiert, sondern auch durch wesentlich verbesserte Kontakteigenschaften (Verschleiß- und Abbrandfestigkeit) der Gebrauchswert erhöht und das Materialvolumen der Kontakte verringert werden.

Zweckmäßigerweise teilt man die Kontaktwerkstoffe in Werkstoffe für die Starkstromtechnik (Energietechnik) und für die Schwachstromtechnik (Informations-, Steuer- und Regeltechnik) ein. Zwischen beiden besteht keine scharfe Grenze, dennoch gibt es in jeder Gruppe typische Beanspruchungskriterien, die auf eine optimale Werkstoffauswahl entscheidend Einfluss nehmen. Im praktischen Einsatzfall hängt die genaue Auswahl eines Kontaktwerkstoffes von einer Vielzahl an Faktoren ab, zu denen neben der Schaltlast (Bild 14–1) und der Stromversorgung (Gleichstrom, Wechselstrom) auch die notwendige elektrische Lebensdauer des Schalters, die Kontaktzuverlässigkeit, die maximal zulässige Temperatur sowie Umwelteinflüsse gehören.

14.1 Vorgänge an Kontakten

Für die Kontaktwerkstoffe der Starkstromtechnik ist die Beherrschung der mehr oder weniger starken Lichtbogenerosion sowie der Gefahr des durch die Kontakterwärmung beim Stromdurchgang und die Lichtbogenentwicklung gegebenen Verschweißens vorrangig. Beim Öffnen von Schaltgliedern entsteht zwischen den Schaltstücken ein Lichtbogen. Der damit verbundene Materialverlust beeinflusst die Lebensdauer des Schaltgerätes erheblich und ist werkstoffabhängig. Beim Trennvorgang nimmt zunächst der Querschnitt der Kontaktfläche ab; Stromdichte sowie Kontaktspannung nehmen zu, und die Temperatur steigt so weit an, dass unmittelbar vor der völligen Trennung das Kontaktmaterial aufschmilzt und der Strom lediglich noch über eine kleine metallische Schmelzbrücke geführt wird. Bei hohen Strömen zerreißt diese explosionsartig, und das schmelzflüssige Material verspritzt. Mit der nachfolgenden Ausbildung des Lichtbogens wird das Kontaktmaterial an den Lichtbogenfußpunkten örtlich bis zur Siedetemperatur aufgeheizt und verdampft. Ein Teil schlägt sich in Tropfenform in der Umgebung der Schaltstrecke nieder. Der Gesamtmaterialverlust, der beim Trennen der Schaltstücke auftritt, wird als Schaltstückabbrand oder Erosionsrate bezeichnet. Nach dem Ausschaltvorgang und dem Löschen des Lichtbogens muss ein Wiederzünden eines Lichtbogens vermieden werden. Im Kontaktmaterial dürfen somit keine Bestandteile vorhanden sein, die einem guten Ablöschen des Lichtbogens entgegenstehen.

Beim Schließen eines Kontaktes prellt das bewegliche Schaltstück gegen das feststehende. Dabei kommt es sowohl zu elastischer als auch plastischer Verformung. Die elastische Verformung hat zur Folge, dass sich die Schaltkontakte durch Rückfederung kurzzeitig wieder öffnen. Die Amplituden der Abhebungen können bis 0,2 mm betragen. Der Prellvorgang kann sich je nach Gerätekonstruktion, -masse und Kontaktwerkstoffeigenschaften mehrfach wiederholen und bis zu $8 \cdot 10^{-3}$ s dauern, wobei 2 bis 5 Abhebungen möglich sind. Während der kurzen Abhebezeiten treten Lichtbögen auf, die den Kontaktwerkstoff örtlich bis zur Siedetemperatur aufheizen und zu ähnlichen in vielen Fällen noch gravierenderen Erscheinungen führen, wie das einmalige Öffnen des Kontaktes. Infolge der beim prellenden Einschalten auftretenden erheblichen Temperatursteigerungen können schließlich die

14.1 Vorgänge an Kontakten

beiden Kontaktstücke miteinander verschweißen. Eine Trennung ist dann nur möglich, wenn die Rückstellkräfte im Gerät groß genug sind bzw. wenn die obere Kontaktschicht keine sehr feste Bindung zum darunter liegenden Material aufweist. Es ist verständlich, dass dieser Umstand in Verbindung mit einer Geräteminiaturisierung und Erhöhung der Schaltleistungen besondere Berücksichtigung finden muss.

Während des Stromdurchganges berühren sich die Kontaktoberflächen nur an einzelnen Punkten, was zum Einschnüren des Stromlaufes und damit zu einem erhöhten elektrischen Widerstand führt. Verschweißungen infolge der Erwärmung der Kontaktkomponenten kann am besten durch möglichst geringe Kontaktwiderstände entgegengewirkt werden.

Wegen der wesentlich geringeren zu übertragenden Leistungen spielen Abbrand und Schweißneigung bei den Kontaktwerkstoffen für die Schwachstromtechnik eine untergeordnete Rolle. Von ihnen wird in erster Linie Korrosionsbeständigkeit und eine minimale Materialwanderung verlangt. Unter Materialwanderung versteht man die lokale Übertragung von Elektrodenmaterial. Sie tritt sowohl als Anoden- als auch Katodenwanderung auf. Nach einer gewissen Anzahl von Schaltungen bildet sich auf der einen Seite des Kontaktes ein Krater, während auf der Gegenelektrode ein Kegel aufwächst. Die Erscheinung ist gefürchtet, da sie zu Verhakungen und damit zum Ausfall der Schaltfunktion führen kann. Menge und Richtungssinn der Materialwanderung hängen sehr wesentlich vom Werkstoff und der Schaltkreisinduktivität ab.

Alle Werkstoffe neigen dazu, an ihrer Oberfläche mehr oder weniger stabile Verbindungen zu bilden. Selbst Edelmetalle sind davon nicht ausgeschlossen. Sie bilden relativ dünne und über längere Zeiträume ihre Dicke nicht verändernde Reaktionsschichten, die in einigen Fällen auch noch leitenden Charakter aufweisen, so dass einer der Hauptforderungen der Schwachstromtechnik, der Konstanz des Übergangswiderstandes, mit dieser Werkstoffgruppe entsprochen werden kann. Die zunehmende Verschmutzung der Atmosphäre, besonders durch schwefelhaltige Verbindungen, schafft neue Probleme, die bisher noch nicht gelöst werden konnten.

Die pulvermetallurgisch hergestellten Kontaktwerkstoffe werden nahezu ausschließlich als Kontaktstücke für mittlere Leistungen (W-Verbunde, Ag–Ni, Ag–CdO, Ag–SnO_2 u.a.), für Kontaktstücke mit extremer Abbrandfestigkeit (W-Verbunde, u.a.) sowie als Gleitkontaktstücke (Ag–C, Cu–C) verwendet. Hier sind die Möglichkeiten der Pulvermetallurgie so vielseitig, dass nahezu jede Eigenschaft hinsichtlich eines guten Kontaktverhaltens speziell gezüchtet werden kann. Dem stehen nur preisliche Erwägungen bzw. die Unmöglichkeit, für jeden Schaltfall einen gesonderten Werkstoff zu entwickeln und auf Lager zu halten, entgegen.

Der Einsatz von Sinterwerkstoffen im Schwachstromsektor ist relativ gering, da die pulvermetallurgische Fertigung am Korrosionsverhalten der metallischen Basis im Prinzip nichts ändert und die in der Schwachstromtechnik übliche Teilveredelung des Kontaktes mit Au, Pt oder Pd durch Plattier-, galvanische oder chemische Verfahren am Sinterwerkstoff schwierig und uneffektiv ist. Wohl aber lässt sich über eine Dispersionshärtung der Metallmatrix die Materialwanderung günstig beeinflussen.

14.2 Werkstoffe auf Basis hochschmelzender Metalle

In dieser Gruppe von Kontaktwerkstoffen sind einphasige Sinterwerkstoffe aus hochschmelzenden Metallen (s. Kap. 15) sowie deren Verbunde mit Metallen, die sich durch gute Leitfähigkeit auszeichnen, zu finden. Bei den einphasigen Kontaktwerkstoffen dominiert das Wolfram, während Molybdän und Rhenium auf spezielle Einsatzfälle beschränkt sind.

Der extrem hohe Schmelzpunkt des W, verbunden mit einem auch bei hohen Temperaturen niedrigen Dampfdruck, lässt dieses Metall für einige typische extreme Belastungsfälle geeignet erscheinen. Diese liegen besonders dort vor, wo es gilt, relativ kleine Ströme bei sehr hohen Spannungen häufig zu schalten, ohne dass bei der hohen Schalthäufigkeit auf Grund der mechanischen und elektrischen Erosion nennenswerte Materialverluste auftreten.

Obwohl W noch als mäßig guter elektrischer Leiter bezeichnet werden kann, ist die Stromtragfähigkeit der reinen Wolframkontakte naturgemäß begrenzt. Sollen höhere elektrische Leistungen übertragen werden, so ist man gezwungen, Kompromisse zu schließen und das Wolfram mit gut leitenden Metallen, wie Ag und Cu, in Verbundwerkstoffen zu kombinieren, deren Gerüst aus dem hochschmelzenden Metall besteht und mit Cu oder Ag durchsetzt ist. Durch Veränderung des Anteils der hochschmelzenden und der gut leitfähigen, niedrigschmelzenden Komponente können die Kontakteigenschaften über einen größeren Bereich variiert und jene Eigenschaftskombinationen realisiert werden, die vom Kontaktmaterial je nach Gerätetyp gefordert werden. Dieser Möglichkeit zur Optimierung ist es zu verdanken, dass die Sinterverbundwerkstoffe in zunehmendem Maße die vordem eingesetzten reinen Metalle und Schmelzlegierungen verdrängen.

Die infolge der Lichtbogenbildung (Einschaltprellen) mit dem Einschalten des Stroms verbundenen Materialverluste (Abbrand) sind bei den wolframhaltigen Werkstoffen auf Grund der hohen Härte und der ausgezeichneten Lichtbogenbeständigkeit des W gegenüber allen anderen Kontaktwerkstoffen außerordentlich gering. Der vorhandenen Neigung zum Verschweißen kann durch gerätekonstruktive Maßnahmen begegnet werden, indem man beispielsweise unsymmetrische Kontaktpaarungen verwendet. So wird häufig dem wolframhaltigen Schaltstück ein solches aus Silber-Graphit gegenübergestellt. Diese Praxis hat sich in Leistungsschaltern sehr bewährt. Dem Einschaltverhalten entsprechend ist auch das Verhalten in Verbindung mit dem beim Ausschalten entstehenden Lichtbogen sehr günstig: Die wolframhaltigen Verbundwerkstoffe weisen die höchste Abbrandfestigkeit aller Kontaktwerkstoffe auf. Für das Schalten hoher Ströme (>10 000 A, Niederspannungsleistungsschalter) sind Wolframbasiswerkstoffe durch keine anderen Werkstoffe zu ersetzen.

Wegen der begrenzten Stromtragfähigkeit des W können von Wolfram- und Wolframverbundkontakten nur relativ schwache Ströme je Fläche übertragen werden. Das hat zur Folge, dass alle wolframhaltigen Werkstoffe im Dauerbetrieb bei starker Stromführung eine hohe Erwärmung erfahren. Während der Lichtbogenbelastung bilden sich außerdem sehr schnell Wolframoxide bzw. mit vorhandenem Cu oder Ag die entsprechenden Wolframate, die mechanisch sehr fest sind, an der Kontaktoberfläche Krusten bilden und elektrisch isolieren. Das führt unter Umständen zum vorzeitigen Ausfall des Kontaktsystems. Auch diesem Umstand kann über

14.2 Werkstoffe auf Basis hochschmelzender Metalle

konstruktive Maßnahmen (hohe Kontaktkräfte, gleitende Schaltstücke) entgegengewirkt werden.

14.2.1 Werkstoffherstellung

Die Herstellung von W geschieht, soweit es Kontaktmaterialien betrifft, ausschließlich nach pulvermetallurgischen Verfahren (s.a. Kap. 15). Ausgangspunkt der Fertigung von Wolfram-Schaltstücken sind gehämmerte und auf maximal 15 mm Durchmesser gezogene hochdichte Stäbe, die auf Trennschleifautomaten zu Plättchen von 0,5 bis 3 mm Stärke getrennt und auf geeignete Trägerwerkstoffe hart aufgelötet werden. Als Trägermaterial kommen Stahl, Cu, Ag sowie verschiedene Cu- und Ni-Legierungen in Betracht. Es kommt auch vor, dass das W in Form von Nietschaltstücken hergestellt wird und in dieser Form zum Einsatz gelangt. Da die mechanische Bearbeitung von W schwierig ist, werden meist einfache Kontaktformen verwendet.

Verfahrensbedingt weisen die gezogenen und gehämmerten Sinterstäbe ein in Verformungsrichtung gestrecktes Fasergefüge auf; nach dem Trennschleifen sind die Wolframkörner senkrecht zur Oberfläche, d.h. vertikal zur Kontaktfläche der Kontaktplättchen orientiert. Die Eignung als Kontaktwerkstoff ist umso besser, je länger die Kristallite und je geringer deren Durchmesser sind. Kontaktmaterial mit einem langfasrigen und sehr feinen Gefüge ist einem solchen mit grobkörnigem, kurzfasrigem oder rekristallisiertem Gefüge vorzuziehen. Aus diesem Grund haben auch die nach der herkömmlichen Press- und Sintertechnik hergestellten W-Schaltstücke, die ein im Hinblick auf die Kornlage regellos orientiertes Gefüge aufweisen, weniger gute Gebrauchseigenschaften.

Die Herstellung von W-Verbundwerkstoffen kann prinzipiell auf zweierlei Weise geschehen:

– Die verschiedenen Metallpulver werden gemischt, zu Formkörpern gepresst und schließlich bei Temperaturen unterhalb des Schmelzpunktes der niedrigschmelzenden Komponente (Ag, Cu und deren Legierungen) gesintert. Bei Ag- bzw. Cu-Gehalten über 30 Masse-% können die nach diesem Verfahren erhaltenen Sinterkörper durch Walzen oder Pressen kalt nachgeformt werden.
– Zu einem Wolframskelettformkörper gepresstes oder gepresstes und gesintertes W-Pulver wird mit flüssigem Ag oder Cu getränkt (s. Abschn. 6.4). Der Verbundwerkstoff (Tränklegierung) lässt sich danach ebenfalls kalt verformen.

Während nach der ersten Methode Werkstoffe mit beliebigem Verhältnis von hochschmelzender zu niedrigschmelzender Komponente hergestellt werden können, ist das zweite Verfahren nur für solche Verbundwerkstoffe geeignet, deren W-Gehalt über 30 Masse-% liegt. Diese Einschränkung hat praktisch aber wenig Bedeutung, da die am meisten eingesetzten, hoch abbrandfesten Verbundwerkstoffe sowieso einen höheren W-Anteil aufweisen. Deshalb dominieren in Verbindung mit ihren hervorragenden Gebrauchseigenschaften eindeutig die Tränklegierungen.

Für die Herstellung von Tränklegierungen ist die Einstellung eines definierten Porenraumes im Pressling entscheidend. Mit der Größe, Anzahl und Verteilung der Poren wird sowohl die Gesamtmenge als auch die Verteilung der zweiten Komponente festgelegt. Um die offenen Poren des W-Skeletts mit der schmelzflüssigen

Phase, die sich mit dem W nur wenig oder nicht legieren darf, füllen zu können, müssen bestimmte Bedingungen hinsichtlich der Grenzflächenspannung (Benetzbarkeit, [14.2]) erfüllt sein; das flüssige Tränkmetall muss vom W-Skelettkörper wie von einem Schwamm aufgesaugt werden. Durch den Tränkprozess erfährt der Verbundkörper keine Maßänderung. Die Beseitigung noch anhaftenden Tränkmetalls macht jedoch eine spangebende Nachbearbeitung erforderlich.

Zur Gewährleistung eines möglichst stabilen W-Skeletts werden dem Wolfram 0,2 bis 0,5% Ni zugesetzt, die den Materialfluss beim Sintern so aktivieren, dass schon Sintertemperaturen von 1400°C ausreichen, um einen genügend druckfesten W-Skelettkörper zu erhalten (Agte-Vacek-Effekt, [14.2]). Voraussetzung ist, dass vorher beim Pressen Drücke von 400 bis 600 MPa angewendet worden sind. Die Sinterzeit soll mindestens 90 min betragen; kürzere Zeiten ergeben Werkstoffe mit größerer Porigkeit und geringerer Festigkeit.

Um bestimmte Eigenschaften des Kontaktverbundes dominant zu lokalisieren, kann das Kontaktstück auch aus mehreren Schichten unterschiedlicher Zusammensetzung aufgebaut gefertigt werden (Bild 14–2).

14.2.2 Sinterwolfram

Wie schon erörtert, sind die für Kontaktzwecke herausragenden Eigenschaften die hohe Abbrandfestigkeit, Schmelztemperatur und Härte des W. Seine elektrische Leitfähigkeit beträgt mit $18,2 \cdot 10^6 \; \Omega^{-1} \, m^{-1}$ nur etwa ein Drittel der des Cu; seine Bearbeitbarkeit ist schwierig, die Duktilität gering. Über weitere Eigenschaften des Sinterwolframs wird in Kap. 15 berichtet. Das trifft gleichfalls für das nachfolgend zu erörternde Sintermolybdän und -rhenium zu.

Gegenüber Sauerstoff ist W oberhalb 400°C verhältnismäßig unbeständig. Bei den im Verlaufe des Schaltvorganges örtlich auftretenden höheren Temperaturen bilden sich dünne oxidische Deckschichten, die bei ungenügendem Kontaktdruck den Übergangswiderstand erhöhen. Außerdem besteht in Verbindung mit Kunststoffisoliermassen und längeren Lagerzeiten in feuchtwarmem Klima die Gefahr, dass sich Fremdschichten bilden. Ursache dieser Reaktion, die nicht nur bei direkter Berührung von Metall und Isolierstoff anzutreffen ist, sind vermutlich Weichmacher

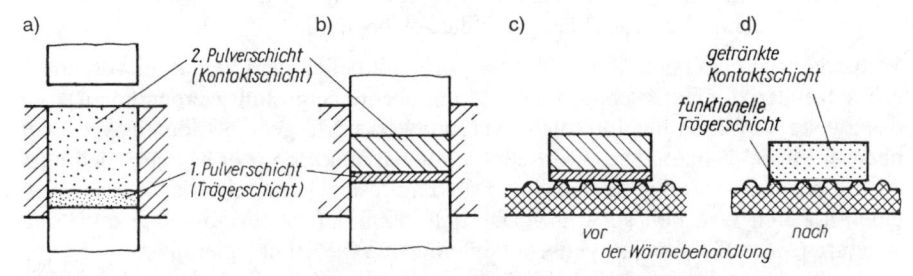

Bild 14–2. Herstellung eines Zweischichten-Schaltstücks aus einem Zweischichten-Presskörper über die Sinter-Tränktechnik (nach *H. Schreiner*) [14.3]. a) Füllen der beiden Pulverschichten in einer Matrize, b) Verdichten der beiden Schichten, c) Zweischichtenpresskörper auf profilierter Keramikplatte, d) nach der Tränkung

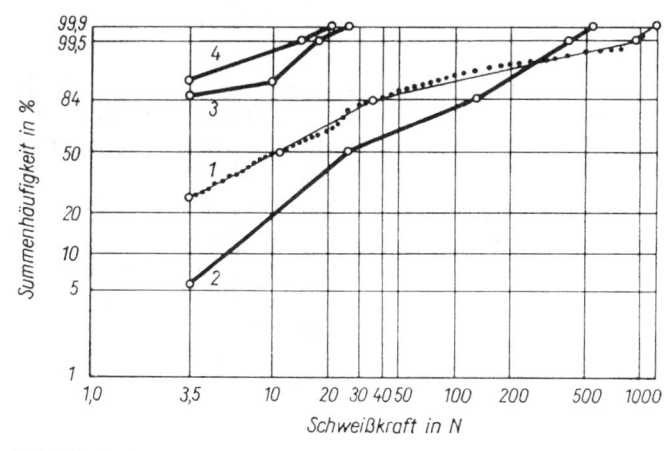

14.2 Werkstoffe auf Basis hochschmelzender Metalle

Bild 14–3. Schweißneigung reiner Metalle im Einschaltlichtbogen (nach *K. Pichler* und *A. Wollenenk*). *1* Kupfer; *2* Silber; *3* Wolfram; *4* Molybdän

des Kunststoffes. Daraus folgt die Notwendigkeit, vor der Festlegung eines Isolierwerkstoffes – z.B. für das Kontaktgehäuse – dessen spezifische Eigenschaften gegenüber W zu prüfen. Kritisch zu bewerten ist die Schweißneigung der Wolfram-Kontakte im Einschaltlichtbogen (Bild 14–3), der – wie schon erwähnt – mit konstruktiven Maßnahmen (unsymmetrische Kontaktpaarung) begegnet werden kann. Als günstig wird dagegen die geringe Materialwanderung im Gleichstrombetrieb angesehen.

Für eine ausreichende Kontaktierung sind Kontaktkräfte von >1 N erforderlich oder es ist eine reibende Betätigung des Kontaktes vorzusehen; Schaltspannungen <6 V sind nicht zu empfehlen. In allen Fällen, wo viele Schaltfolgen zu erwarten sind, außerdem hohe elektrische Belastungen auftreten und dabei kaum Materialwanderungen auftreten sollen, ist der Einsatz von W-Kontakten sinnvoll. Sie werden bevorzugt in der Autoelektrik als Unterbrecherkontakte, für Signalhupen, Zündelektroden und Spannungsregler genutzt.

14.2.3 Sintermolybdän und Sinterrhenium

Sintermolybdän, das analog dem Sinterwolfram hergestellt wird, ist als Kontaktwerkstoff von wesentlich geringerer Bedeutung als Wolfram, da es gegen Oxidation eine geringere Beständigkeit aufweist. Ähnlich dem Wolfram wird auch Mo als Werkstoff für Abbrennkontakte (führen keinen Dauerstrom, sondern müssen nur dem Schaltlichtbogen standhalten) in Hochleistungs- und Hochspannungsschaltern verwendet, wenn die elektrische Belastung den Einsatz von Wolfram nicht rechtfertigt. Die gegenüber Wolfram geringere Dichte des Molybdäns ist dort von Vorteil, wo es gilt, die Massenträgheit der Schaltglieder herabzusetzen. Weiterhin ist es weniger spröde als Wolfram und lässt sich deshalb wesentlich günstiger (spanabhebend) bearbeiten; auch die Resistenz gegenüber Gasen und Dämpfen ist bei Molybdän besser.

Durch den hohen Schmelzpunkt haben Rhenium (T_S = 3180°C) und seine Legierungen mit anderen hochschmelzenden Metallen (z.B. Ru, Pt) ausgezeichnete Kontakteigenschaften (abbrandfest, geringe Verschweißneigung). Schaltstücke aus Rhenium können Stromstärken bis zu 10 A schalten und zeigen selbst nach 10^8 Schaltungen noch keine Folgen einer Materialwanderung (Spitzenbildung). Der Einfluss sich bildender Korrosionsschichten auf den Kontaktwiderstand ist nahezu unmessbar. Das beruht insbesondere darauf, dass die niederen Rheniumoxide elektrisch gut leitend sind, die höheren Oxide aber leicht verdampfen. Die guten Kontakteigenschaften des Rheniums bleiben auch bei höheren Temperaturen (bis ca. 1000°C) erhalten, während entsprechende W-Kontakte oberhalb 700°C ausfallen. Aus diesen Gründen werden Rheniumkontakte in den Fällen eingesetzt, in denen Wolframkontakte den Anforderungen nicht genügen (z.B. bei höheren Temperaturen und in feuchter Atmosphäre). Die Herstellung der Rheniumschaltstücke ist der von Kontakten aus Wolfram analog. Beim Hämmern, Ziehen und Walzen des gesinterten Rheniums bildet sich ebenfalls ein faserförmiges Gefüge aus. Die Nachteile von Rhenium bestehen hauptsächlich in seinem hohen, eine breite Wolframsubstitution behindernden Preis und den Schwierigkeiten bei der Verarbeitung.

14.2.4 Wolfram–Kupfer-Verbundwerkstoffe

W–Cu-Kontaktwerkstoffe (Anteil an Cu bzw. Cu-Legierungen in der Regel zwischen 20 und 40 Masse-%) zeichnen sich durch hervorragende Abbrandfestigkeit aus; der Kontaktabbrand durchläuft im System W–Cu zwischen 60 und 80% ein Minimum (Bild 14–4). Die Abbrandraten von W–Cu 80/20 betragen beispielsweise nur etwa ein Drittel der des W. Die elektrische Leitfähigkeit und Härte (Tabelle 14–1) hängen weitgehend vom Cu-Gehalt und davon ab, ob das Cu legiert ist. Kupferlegierungen (Cu–Ni, Cu–Cr) werden im Allgemeinen dann herangezogen, wenn höhere mechanische Festigkeitswerte verlangt werden. Die W–Cu-Tränkwerkstoffe sind mit allen spangebenden Formgebungsverfahren gut bearbeitbar. Da bei diesen Werkstoffen beide Komponenten aus Unedelmetallen bestehen, tritt beim Schalten

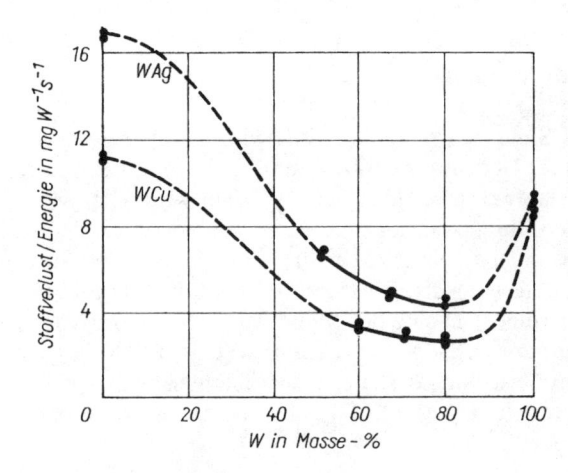

Bild 14–4. Energiebezogener Abbrand von Wolfram-Tränkwerkstoffen (nach *W. Merl* und *E. Vinaricky*)

14.2 Werkstoffe auf Basis hochschmelzender Metalle

Tabelle 14–1. Eigenschaftswerte von Wolfram–Kupfer-Tränkwerkstoffen [14.4]

Werkstoff	Dichte in g cm^{-3}	Brinellhärte	Elektrische Leitfähigkeit in 10^6 Ω^{-1} m^{-1}
W-Cu 80/20 leg*	15,5	265	15
W-Cu 80/20	15,5	220	19
W-Cu 70/30 leg*	14,2	240	15
W-Cu 70/30	14,2	200	21
W-Cu 60/40 leg*	13,0	220	16
W-Cu 60/40	13,0	170	25

* Unter Verwendung einer Kupferlegierung

an Luft eine Oxidation der Kontaktstelle ein, was bei höheren Dauerströmen zu einer starken Erwärmung führen kann. Deshalb werden diese Werkstoffe nur dort eingesetzt, wo kein Dauerstrom fließt, wie z.B. als Abbrennkontakte von Last- sowie Leistungsschaltern im Mittel- und Hochspannungsbereich. Die Schaltstücke werden in Form von Leisten, Schaltspitzen, Kontaktringen und Profilkörpern geliefert (Bild 14–5).

Das Abbrandbild der Verbunde (W–Cu, W–Ag, Mo–Ag, WC–Ag) unterscheidet sich grundsätzlich von dem der reinen Metalle. Während bei letzteren unter Einwirkung des Lichtbogens eine Vielzahl von Schmelztröpfchen entsteht, die z.T.

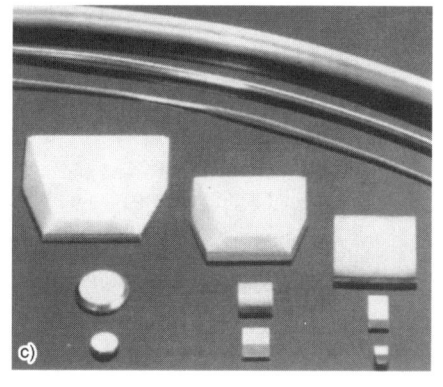

Bild 14–5. Schaltstücke und Kontaktmaterialien: a) Wolfram–Kupfer-Verbundwerkstoffe, b) Molybdän-35% Kupfer-Verbundstücke nach dem Tränkverfahren für Vakuumschalter hergestellt, c) Dispersionsgehärtetes Silber–Nickel-Kontaktmaterial (TRIDELTA AG, Werk Hermsdorf)

abgeschleudert werden, wird die Oberfläche der Verbundwerkstoffe gleichmäßig abgetragen und nur wenig aufgeraut. Das Gerüst aus hochschmelzendem Metall wird durch die eingelagerte niedrigschmelzende Komponente über eine Art Verdampfungskühlung geschützt. Ein solcher Abbrandmechanismus erklärt auch das Abbrandminimum bei 60 bis 80% W-Anteil (Bild 14–4) und den Einfluss der W-(Mo-)Pulverteilchengröße auf die Abbrandrate. Niedrigste Abbrandraten werden beobachtet, wenn der Kontaktherstellung ein W-Pulver im Teilchengrößenbereich von 2 bis 8 µm zugrunde liegt. Im Fall von W-Pulvern, deren mittlerer Teilchendurchmesser beispielsweise 25 µm beträgt, steigt der Abbrand auf das Dreifache an [14.5]. Die zwischen Abbrand und Verteilung sowie gegenseitiger Anordnung der Verbundkomponenten bestehenden Wechselwirkungen sind schließlich auch die Ursache dafür, dass Kontaktwerkstoffe unterschiedlicher Herstellung trotz gleicher Zusammensetzung große Unterschiede im Abbrandverhalten zeigen (Bild 14–6).

Neueste Untersuchungen zeigen, dass es durch Hochenergiemahlen von W–CuO-Pulver sowie anschließendes Reduzieren und Sintern mit hohen Heizraten (20 K/min) unter H_2-Atmosphäe möglich ist, einen nahezu dichten Verbundwerkstoff (97% theoretische Dichte) mit äußerster Homogenität bei einer Teilchengröße von 0,5 µm zu erhalten [14.7].

14.2.5 Wolfram–Silber-Verbundwerkstoffe

W–Ag-Verbundkontakte (Tabelle 14–2) weisen neben hoher Abbrandfestigkeit (Bild 14–4) eine sehr geringe Schweißneigung auf. Zur Verbesserung der Benetzungsverhältnisse beim Sintern enthält das Silber meist geringe Mengen (≈0,04 Masse-%) Ni. Infolge des Silberanteils wird die elektrische Leitfähigkeit des Verbundes so

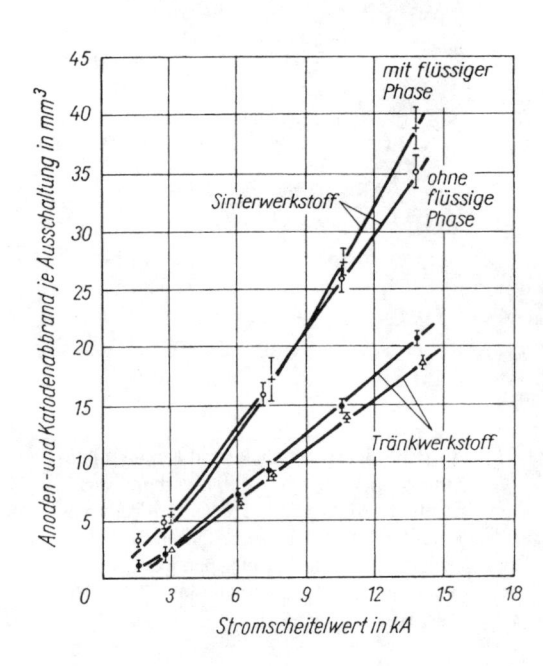

Bild 14–6. Volumenabbrand von Anode und Katode je Ausschaltung in Abhängigkeit vom Stromscheitelwert unterschiedlich hergestellter Wolfram–Kupfer-Verbundwerkstoffe der Zusammensetzung W-Cu 80/20, Schaltungen unter Öl (nach [14.6])

Tabelle 14–2. Eigenschaften von handelsüblichen Wolfram–Silber-Tränklegierungen

Werkstoff	Dichte in g cm^{-3}	Brinellhärte	Wärmeleitfähigkeit in W m^{-1} K^{-1}	Elektrische Leitfähigkeit in 10^6 Ω^{-1} m^{-1}
W–Ag 90/10	16,9	180...240*	222	18
W–Ag 80/20	16,0	180...240*	239	22...2*
W–Ag 70/30	15,0	120...160*	256	26...32*
W–Ag 60/40	14,0	100...130*	277	29...36*
W–Ag 30/70	11,9	60	327	43

* Gefügeabhängig

verbessert, dass W-Ag-Schaltstücke in der Lage sind, auch höhere Dauerströme zu führen. Sie werden in Verbindung mit größeren Schaltfrequenzen vorzugsweise in Leistungsschaltern bis zu 1000 A eingesetzt; das bedeutet, dass bei Kurzschluss Schaltströme bis zu 50 000 A bewältigt werden können. Der Anwendungsbereich umfasst sowohl Abbrennkontakte in Mittel- und Niederspannungsleistungsschaltern als auch Hauptkontakte in strombegrenzend wirkenden Leistungsschaltern und Schutzschaltern, besonders in elektrisch betriebenen Bahnen und Fahrzeugen mit hohen Schaltströmen. Kritisch sind die im Schaltbetrieb sich bildenden Silber-Wolframate, die als isolierende, auf den Schaltflächen fest haftende Schichten zu schweren Betriebsstörungen führen können. Sie lassen sich u.U. durch die Kombination mit einem geeigneten Gegenkontakt, z.B. aus Silber–Graphit (Abschn. 14.4.1), vermeiden. Eine andere, gegen die unerwünschte Erhöhung des Kontaktwiderstandes gerichtete Maßnahme besteht im Zusatz von Co. Für mittlere Ag- und W-Gehalte (43 bis 47%) beispielsweise 8 bis 12 Masse-% Cobalt. Infolge des Co-Zusatzes weisen diese Verbundwerkstoffe auch ein günstigeres Oxidationsverhalten auf.

14.2.6 Wolframcarbid–Silber-Verbundwerkstoffe

Diese Gruppe der Kontaktwerkstoffe mit üblicherweise 40 bis 65 Masse-% Wolframcarbid kombiniert dessen hohe Verschleißfestigkeit mit der guten Leitfähigkeit des Silbers. Gegenüber Wolfram-Silber weisen die Werkstoffe eine höhere Verschweißresistenz und einen niedrigeren Abbrand auf. Eine Reduktion der WC-Teilchengröße verringert die Verschweißneigung, lässt aber die Erosionsrate ansteigen [14.8]. Das Widerstandsverhalten des Kontaktes ist günstiger als beim Wolfram-Silber, da die Bildung von widerstandserhöhenden Wolframaten auf den Kontaktflächen durch den beim Zerfall des Wolframcarbides im Lichtbogen freiwerdenden, reduzierend wirkenden Kohlenstoff weitgehend unterdrückt wird. Wie auch bei Wolfram-Silber verbessert ein Paaren mit Silber–Graphit-Kontakten weiter die Verschweißresistenz.

Die Anwendung erfolgt in Schaltgeräten mit hoher Kurzschlussstrombelastung wie in Niederspannungs-Leistungsschaltern und verschiedenen Schutzschaltern.

14.2.7 Kontaktwerkstoffe für Vakuumschaltgeräte

Die Vorteile eines Schaltens im Vakuum werden seit etwa 1970 in Vakuumschaltgeräten in den USA und in Großbritannien genutzt [14.9]. Nur sehr langsam ist deren Einführung infolge des Mangels an ausgereiften Fertigungstechnologien in das restliche Europa geschehen. Der Hauptgrund für den nicht generellen Einsatz von Vakuumschaltgeräten liegt bis heute vor allem in den hohen Herstellungskosten für Vakuumröhren. Die wesentlichen Vorteile des Schaltens unter Vakuum sind eine hohe dielektrische Festigkeit, ein kleiner Kontaktwiderstand und ein geringer Abbrand. Daraus resultieren eine hohe elektrische Lebensdauer, geringe Wartungskosten, eine geringe Lärmentwicklung sowie der Schutz der Umgebung vor direktem Kontakt mit elektrischen Lichtbögen. Hauptsächlich werden Vakuumschalter in Schaltgeräten in explosionsgefährdeten Bereichen (Bergbau, Chemieindustrie), in Leistungsschaltern und für sehr hohe Nennströme eingesetzt.

Neben den üblichen Eigenschaften der Kontaktwerkstoffe, wie Abbrandfestigkeit, Verschweißresistenz, niedriger Kontaktwiderstand, müssen weitere „vakuumtypische" Forderungen, wie eine geringe Gasfreisetzung bei Lichtbogeneinwirkung, ein gutes Ausschaltvermögen (schnelle dielektrische Wiederverfestigung, hohe Durchschlagfestigkeit) und ein geringer Abreißstrom erfüllt werden. Dafür sind die entsprechenden Werkstoffeigenschaften der einzelnen Materialkomponenten, wie Gasgehalt und Getteraktivität, Schmelz- und Erstarrungsverhalten, Elektronenaustrittsarbeit und thermische Elektronenemission, Metalldampfentladung sowie Gefüge und Bruchverhalten entsprechend den Anforderungen abzustimmen. Unabdingbare Voraussetzung für ein sicheres Arbeiten von Vakuumschaltern ist ein ausreichend niedriger Druck (<10 mPa $= 10^{-4}$ mbar), der trotz Lichtbogeneinwirkung und thermischer Belastung mit der damit verbundenen Gasfreisetzung durch die Wirkung von Getterkomponenten über die gesamte Betriebszeit aufrechterhalten werden muss. Zurzeit werden 10^6 Schaltungen bei Schaltschützen und 10^4 bei Leistungsschaltern gefordert, was bei Nennspannungen bis 36 kV und Strömen bis 60 kA erreicht wird [14.10].

Werkstoffe auf der Basis von Wolfram oder Wolframcarbid, wie W–Cu, W–Ag, WC–Cu oder WC–Ag und auch Mo–Cu, werden in breiter Variation in Kontakten benutzt. Die Kombination des hochschmelzenden Gerüstes mit der Metalldampfbildung von Ag bzw. Cu unter dem Einfluss des Schaltlichtbogens bewirkt einen hohen Lichtbogen-Erosionswiderstand, was die Basis für eine hohe Lebensdauer bei starker Belastung ist.

Da nahezu keine gegenseitige Löslichkeit von Wolfram bzw. Wolframcarbid und Kupfer bzw. Silber, aber auch von Molybdän und Kupfer bzw. Silber vorliegt, erfolgt die Herstellung dieser Werkstoffe auf pulvermetallurgischem Wege durch Pressen und Sintern der W-, WC- bzw. Mo-Gerüststruktur und anschließendes Tränken mit Cu oder Ag. Um das teure Infiltrieren zu vermeiden, wird ein intensives Mischen von WC und Ag bzw. Cu durch einen Mahlprozess vorgeschlagen, nach dem durch Pressen, Sintern und Nachpressen die Dichte des getränkten Materials und vergleichbare Eigenschaften erreicht werden [14.8]. Die W- bzw. WC-Gehalte liegen üblicherweise zwischen 60 und 85 Masse-%.

Wichtige Kriterien für den Einsatz dieser Werkstoffe auf der Basis hochschmelzender Metalle sind der Abreißstrom, das Ausschaltverhalten (Wiederzündun-

14.2 Werkstoffe auf Basis hochschmelzender Metalle

gen, Löschverhalten) sowie der Abbrand, verbunden mit dem Erosionsverhalten. Insbesondere im Nieder- und Mittelspannungsbereich spielt das Verhalten des Vakuumlichtbogens im Bereich des Stromnulldurchganges (Wechselstrom) eine entscheidende Rolle, da beim Abreißen des Stromes kurz vor diesem Punkt Induktionsspannungsspitzen erzeugt werden, die vor allem bei induktiven Lasten (z.B. Motoren) zu Überspannungen führen und die angeschlossenen Verbraucher schädigen können. Hohe Abreißströme bedingen große Stromänderungsraten dI/dt und damit hohe Spannungsimpulse. Die Vorgänge sind materialabhängig und fordern die Wahl geeigneter Kontaktwerkstoffe, wobei sich vor allem ein hoher WC-Gehalt sehr positiv auswirkt (Bild 14–7) [14.11], durch den die Erosionsraten generell stark vermindert werden. Bemerkenswert ist bei den erst neuerdings eingesetzten WC–Cu-Werkstoffen, dass diese bei gleichen WC-Gehalten zwar etwas höhere Abreißströme als WC–Ag-Werkstoffe aufweisen, dafür aber deutlich abbrandfester sind [14.12].

Gegen die bei WC–Ag-Werkstoffen anzutreffende Neigung zu Wiederzündungen, die durch den höheren Ag-Dampfdruck im Vergleich zum Cu bedingt ist, hat sich der Zusatz von ca. 1% Zr als wirksam erwiesen, das als Benetzungshilfe für das Ag dient und zugleich den gelegentlich auftretenden WC-Staub vermindert. Beim W–Cu-Material wird durch Zusätze von Antimon oder Tellur in Gehalten von ca. 1% der Abreißstrom deutlich erniedrigt und die Verschweißresistenz verbessert. Dies ist sowohl auf die durch die Legierungselemente Sb und Te verringerte elektrische (und thermische) Leitfähigkeit des Cu als auch auf den hohen Dampfdruck dieser Elemente zurückzuführen, in dessen Folge die Metallverdampfung unter Lichtbogeneinwirkung verstärkt wird [14.13], [14.14]. Letzteres fördert aber die Tendenz zu Wiederzündungen (ungünstiges Löschverhalten), weshalb je nach Einsatzfall der Zusatz stets abzuwägen ist.

Mo–Cu-Werkstoffe haben ein Anwendungsspektrum in Vakuumschaltgeräten, das dem von W–Cu ähnlich ist. Sie sind für Vakuumlastschalter mit hohen Schaltleistungen besonders geeignet (Bild 14–5). Das temperaturbeständige Molybdän wirkt in diesem System gleichzeitig getternd.

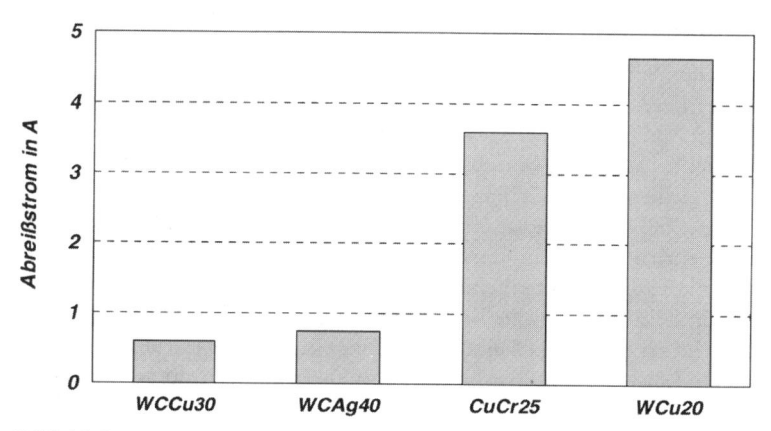

Bild 14–7. Abreißströme unterschiedlicher Kontaktwerkstoffe bei einem Strom von max. 630A (20 kA/24 kV – Vakuumschaltschütz) nach ELEKTRO-METALL [14.11]

Tabelle 14–3. Auswertung der Lichtbogenspannungsspitzen ≤ 50 µs vor dem Stromabriss (Siemens, Erlangen aus [14.16])

Werkstoff	du/dt [V/s]		du/dt ≤ 3 · 10⁴ V/s % der Messwerte	I_{ab} (A)
	99%	90%		
Cu	$1,2 \cdot 10^6$	$3,4 \cdot 10^5$	68%	3,0
Cr	$7 \cdot 10^5$	$9 \cdot 10^4$	86%	2,5
Zn	$6,7 \cdot 10^5$	$1,6 \cdot 10^5$	82%	0,35
In	$2,6 \cdot 10^5$	$1,2 \cdot 10^5$	90%	0,45
Pb	$2,9 \cdot 10^5$	$< 10^4$	97%	0,35
Sb	$2 \cdot 10^5$	$< 10^4$	97%	0,175
Bi	$1,1 \cdot 10^5$	$< 10^4$	97%	0,225
CrCu	$3,5 \cdot 10^6$	$1,5 \cdot 10^6$	22%	2,5
CuCrSbTe	$4,2 \cdot 10^5$	$9 \cdot 10^4$	89%	0,35

Als wirtschaftlich interessante Alternative zu W–Cu-Werkstoffen sind für den Einsatz in Leistungsschaltern bei mittleren Spannungen Cu–Fe50-Werkstoffe, gegebenenfalls mit Zusätzen von Mn, Ni, Mg oder Si, vorgeschlagen worden. Sie können durch Gießen und nachfolgendes Strangpressen oder bei höheren Fe-Gehalten durch Infiltrieren eines porösen Eisenskelettkörpers hergestellt werden. Eine breite Anwendung haben diese Werkstoffe aber bisher noch nicht gefunden.

Hauptsächlich für Vakuum-Leistungsschalter und auch für Vakuum-Schütze haben sich nach umfangreichen Entwicklungsarbeiten und langjährigen Praxiserprobungen gasarme Kontaktwerkstoffe auf der Basis von Cu–Cr als optimale Lösung herausgestellt [14.10]. Bei Cr-Gehalten zwischen 25 und 55 Masse-% vereinen diese Werkstoffe eine akzeptable elektrische und thermische Leitfähigkeit mit hoher dielektrischer Festigkeit, geringem Abbrand, guter Verschweißresistenz und niedrigen Abreißströmen. Die günstigen Eigenschaften ergeben sich aus dem Zusammenwirken der beiden Metallkomponenten. Im festen Zustand (Temperatur <1000 °C) besteht nur eine geringe Löslichkeit des Cr im Cu, was die gute elektrische und thermische Leitfähigkeit der Cu–Cr-Werkstoffe bedingt. Im flüssigen Zustand nimmt die Löslichkeit bis zum Cr-Schmelzpunkt stetig zu. Bei Lichtbogeneinwirkung während des Schaltvorganges entsteht so auf der Kontaktoberfläche eine Cu-Schmelzpfütze, deren Viskosität infolge der höher schmelzenden Cr-Partikel erhöht ist, was dem Verspritzen des Materials entgegenwirkt. Beim Abkühlen und Erstarren der Schmelze scheiden sich die Cr-Teilchen feindispers unter Formation einer glatten Oberfläche aus. Durch den etwa gleichen Dampfdruck von Cu und Cr zwischen 1600 und 2600 °C bleibt die Zusammensetzung des Kontaktmaterials im Oberflächenbereich erhalten. Da auf diese Weise der Stromdurchgang über einzelne Materialspitzen und die damit einhergehende Ausbildung heißer Stellen vermieden wird, ist durch schnelles dielektrisches Wiederverfestigen der Schaltstrecke und gutes Lichtbogenlöschen ein sicheres Ausschalten hoher Kurzschlussströme möglich. Das ausgezeichnete Leistungsschaltverhalten von Cu–Cr kann so durch die hohen du/dt-Werte (u-Lichtbogenspannung) erklärt werden (Tabelle 14–3), die auf eine rasche Wiederverfestigung der aufgeschmolzenen Kontaktstückoberfläche hinweisen [14.13].

Durch die ausgezeichnete Getterwirkung von Cr für O_2 und N_2 können für Cu–Cr höhere Gasgehalte als bei den Refraktär-Metallen toleriert werden (500 bis 700 Masse-ppm). Durch geringe Zusätze von Bi, Sb, Te, Zn, W, WC, Fe, Co oder C ist es möglich, die Eigenschaften des Grundwerkstoffes Cu–Cr gezielt vor allem in Hinsicht auf eine höhere Lichtbogenstabilität und niedrigere Abreißströme zu beeinflussen. Neuere Untersuchungen weisen auf einen Einfluss der Korngröße der Cr-Partikel auf die Schalteigenschaften hin, wobei z.B. eine Zugabe von ca. 5 Masse-% Mo- oder W-Teilchen (4–5 µm) eine feinere Verteilung der Cr-Partikel durch deren Zerbrechen im Cu bewirkt [14.15]. Für die Herstellung von Cu–Cr-Werkstoffen haben sich pulvermetallurgische Methoden durchgesetzt. Das am weitesten verbreitete Verfahren basiert auf dem Mischen von Cu- und Cr-Pulver mit anschließendem Pressen und Sintern. Statt einer Cu–Cr-Pulvermischung kann auch verdüstes vorlegiertes Cu–Cr-Pulver verwendet werden. Möglich ist auch das Vakuum-Sintern eines Cr-Gerüstes, das danach mit Cu infiltriert wird. Vorteilhaft für den praktischen Einsatz der Cu–Cr-Werkstoffe ist die leichte mechanische (spanabhebende) Bearbeitbarkeit sowie die Möglichkeit des Auflötens auf Cu bzw. Cu-Legierungen unter reduzierender Atmosphäre (Vakuum, H_2).

14.3 Verbundwerkstoffe auf Silberbasis

Als bester elektrischer Leiter und wegen der geringen Affinität zu Sauerstoff bietet sich Silber auch für elektrische Kontakte an. Reines Silber weist jedoch eine geringe Verschleißfestigkeit, eine niedrige Entfestigungstemperatur sowie vor allem eine hohe Affinität gegenüber Schwefel auf. Zudem bestehen eine starke Verschweißneigung und speziell im Gleichstrombetrieb ein geringer Widerstand gegen Materialwanderungen. Durch Zulegieren von metallischen Zusatzkomponenten in Anteilen <10 Masse-% lassen sich sowohl die mechanische Festigkeit als auch die Abbrandfestigkeit erhöhen. Praktische Bedeutung haben hier Ag–Cu-, Ag–Ni- bzw. Ag–Cu–Ni-Legierungen erlangt. Im Bereich mittlerer und hoher Schaltlasten reichen die Eigenschaften des reinen Silbers und der genannten Silberlegierungen nicht mehr aus, weshalb auf Silber-Verbundwerkstoffe zurückgegriffen werden muss, von denen die Kombinationen mit Refraktärmetallen bereits beschrieben wurden, so dass an dieser Stelle nur auf die Werkstoffe Silber–Metalloxid und Ag–Ni näher eingegangen werden soll.

14.3.1 Werkstoffherstellung

Für die Herstellung von Silberbasis-Verbundwerkstoffen ist in jedem Fall die klassische pulvermetallurgische Verfahrensweise (mechanisches Mischen der Pulverkomponenten, Pressen und Sintern der Pulvergemische) anwendbar. Neben dem Einbringen von Metalloxiden muss in gleicher Weise auch die Kombination Ag–Ni betrachtet werden, da aufgrund der gegenseitigen Unlöslichkeit von Ag und Ni im festen Zustand eine Werkstoffkombination mit höheren Ni-Gehalten schmelzmetallurgisch nicht herstellbar ist. Zugunsten einer gleichmäßigeren und feineren Verteilung der Phasen und damit auch besseren Qualität des Kontaktmaterials wird, wie beispielsweise bei der Fertigung von Ag–Ni- und bislang Ag–CdO-Werkstoffen, jedoch häufig von feindispersen Pulvergemischen, die durch chemische Fällung erhalten wurden (s. Abschn. 2.6.5), ausgegangen.

Es kann auch wie im Fall Ag–SnO$_2$ das Dispersat in einer Ag-Salzlösung chemisch ausgefällt werden [14.17]. Eine Verbesserung dieses Verfahrens stellt die doppeldüsige Fällung dar, bei der die Oxidteilchen durch Silber bzw. Silberverbindungen, die eine nachgeschaltete thermische Behandlung in metallisches Ag umsetzt, beschichtet werden. Dieser Prozess gestattet auch, über ein gleichzeitiges Ausfällen Additivkomponenten sehr homogen in die Ag–SnO$_2$-Verbundpulver einzubringen [14.18]. Für das Herstellen dotierter SnO$_2$-Pulver hat sich das Reaktions-Sprüh-Verfahren durchgesetzt [14.19]. Die erhaltenen Mischoxid-Pulver werden mit Ag-Pulver pulvermetallurgisch weiterverarbeitet. Ein weiteres Verfahren ist die innere Oxidation (selektive Oxidation) [14.20], die vor allem beim Ag–CdO-Werkstoff zur Herstellung von entsprechenden Legierungspulvern wie auch von massiven Bauteilen eingesetzt wird. Das Prinzip besteht in der Erzeugung eines Metalloxids einer oder mehrerer unedler Komponenten im Innern einer homogen erschmolzenen Legierung durch eindiffundierenden Sauerstoff. Im System Ag–Cd läuft dieser Vorgang problemlos ab, während für Ag–Sn der Oxidationsvorgang bei >5 Masse-% Sn durch sich bildende Deckschichten behindert wird. Dem entgegen wirken In- bzw. Bi-Zusätze oder auch ein hoher Sauerstoffdruck [14.21]. Neue Prozessrouten sind das Reaktionsmahlen [14.22], bei dem sich durch chemische Reaktionen der Ausgangsstoffe (z.B. Ag$_3$Sn und Ag$_2$O) homogen verteilte Oxide in einer metallischen Matrix bilden (z.B. SnO$_2$ in Ag), sowie das mechanische Legieren [14.23], das die einzubringenden Zusatzkomponenten in einem metallischen Grundmaterial gleichmäßig verteilt (z.B. Y$_2$O$_3$ bzw. Cr$_2$O$_3$ in Ag). In der Übersicht der möglichen Herstellungsvarianten für Ag–MeO-Sinterwerkstoffe (Bild 14–8) [14.24] sind die Intensivmahlverfahren ebenfalls der Pulvermetallurgie zuzuordnen.

Da die durch Sintern der Pulvermischungen hergestellten Körper noch nicht die erforderliche Enddichte aufweisen, wird diese durch nachträgliches Gesenkpressen in Einzelpresstechnik oder durch ein nahezu theoretische Dichten erzielendes Strangpressen eingestellt. Letzteres gestattet im heißen Zustand auch Verbundwerkstoffe zu einem Halbzeug, z.B. Draht oder Band, umzuformen. Gleichzeitig wird, indem die einzelnen Bestandteile in Strangpressrichtung gestreckt werden, ein stark anisotropes Gefüge erreicht, das beim praktischen Einsatz der Kontaktwerkstoffe vorteilhaft ausgenutzt wird (z.B. Abbrandverhalten, Verschweißneigung) [14.24].

14.3.2 Silber–Metalloxid-Verbundwerkstoffe

14.3.2.1 Silber–Cadmiumoxid

Ag–CdO-Werkstoffe haben sich seit über 40 Jahren vor allem beim Einsatz in Schützen bewährt. In der Breite ihres Einsatzes haben sie lange Zeit eine dominierende Stellung eingenommen. Da Cadmium als Schwermetall toxisch ist und zudem als Krebs erregend eingestuft wird, suchte man seit den 70er Jahren verstärkt nach Ersatzwerkstoffen. Insbesondere das System Ag-SnO$_2$ hat sich zum Substituieren angeboten und ist seitdem laufend weiterentwickelt worden.

14.3 Verbundwerkstoffe auf Silberbasis

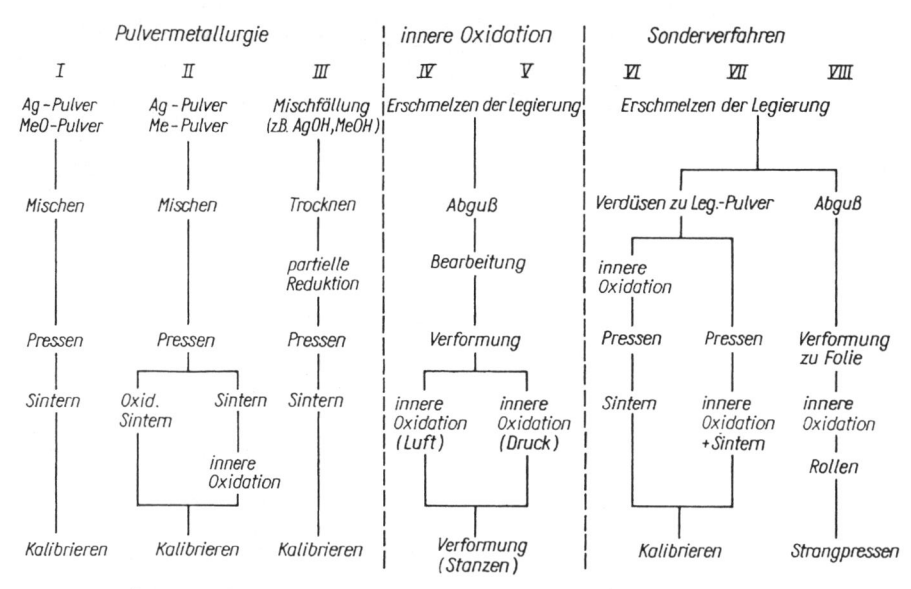

Pulvermetallurgie			innere Oxidation		Sonderverfahren		
I	II	III	IV	V	VI	VII	VIII
Ag-Pulver MeO-Pulver	Ag-Pulver Me-Pulver	Mischfällung (z.B. AgOH,MeOH)	Erschmelzen der Legierung		Erschmelzen der Legierung		
Mischen	Mischen	Trocknen	Abguß		Verdüsen zu Leg.-Pulver		Abguß
		partielle Reduktion	Bearbeitung		innere Oxidation		
Pressen	Pressen	Pressen	Verformung		Pressen	Pressen	Verformung zu Folie
Sintern	Oxid. Sintern	Sintern	innere Oxidation (Luft)	innere Oxidation (Druck)	Sintern	innere Oxidation +Sintern	innere Oxidation
	Sintern						Rollen
	innere Oxidation						
Kalibrieren	Kalibrieren	Kalibrieren	Verformung (Stanzen)		Kalibrieren		Strangpressen

Bild 14–8. Übersicht der Herstellungsverfahren für Ag–MeO-Werkstoffe (nach *H. Scheibe, W. Kunert* und *H. Tenzler*) [14.24]

Zu den guten elektrischen Eigenschaften kommt beim Ag–CdO hinzu, dass sich bis zu 15 Masse-% CdO-Gehalt die Werkstoffe einfach und kostengünstig durch innere Oxidation oder pulvermetallurgische Verfahren herstellen lassen [14.25]. Ag–CdO-Kontakte sind in Schaltgeräten nahezu sämtlicher Typen des Niederspannungsgebietes verwendet worden: in Niederspannungsschützen im gesamten Leistungsbereich, in Motorschaltern und Motorschutzschaltern ab 10 A bis zu größten Leistungen sowie in Niederspannungsleistungsschaltern, Fehlerstromschutzschaltern und Relais für die Energietechnik, die besonders hohen Einschaltstromspitzen (beispielsweise beim Schalten kleinerer Motoren) ausgesetzt sind.

Ausschlaggebend für die Anwendung von Ag–CdO war zunächst die im Vergleich zu Ag wesentlich verbesserte Sicherheit gegenüber Verschweißen (Bild 14–9). Gleichzeitig stellte sich heraus, dass auch der Materialverlust (Abbrand) weit unter dem des reinen Ag liegt und damit Edelmetall eingespart werden kann. Das CdO wirkt in mehrfacher Weise: Die eingelagerten Oxidteilchen steigern durch Dispersionshärtung die Härte und die mechanische Festigkeit des Kontaktmaterials. Unter der Wirkung des Schaltlichtbogens schmilzt das Grundmaterial (Ag) oberflächlich, wobei sich das darin befindliche CdO zersetzt bzw. sublimiert. Dem Lichtbogen werden dadurch ein erheblicher Anteil der auf den Kontaktwerkstoff übertragenen Energie entzogen und durch diesen „Kühleffekt" der durch Verdampfen des Ag bewirkte Materialverlust (Abbrand) verringert [14.26, 14.27]. Gleichzeitig erhöhen die noch nicht zersetzten Oxidpartikel die Viskosität der Schmelze, was das Verspritzen von schmelzflüssigem Material reduziert. Die Wirkung hängt stark von der homogenen Verteilung (Benetzung) sowie von der Größe der Oxidpartikel in der Schmelze ab (Bild 14–10). Es ist aber zu beachten, dass die Materialerosion nicht nur von den Materialeigenschaften (Oxidpartikel und deren Ein-

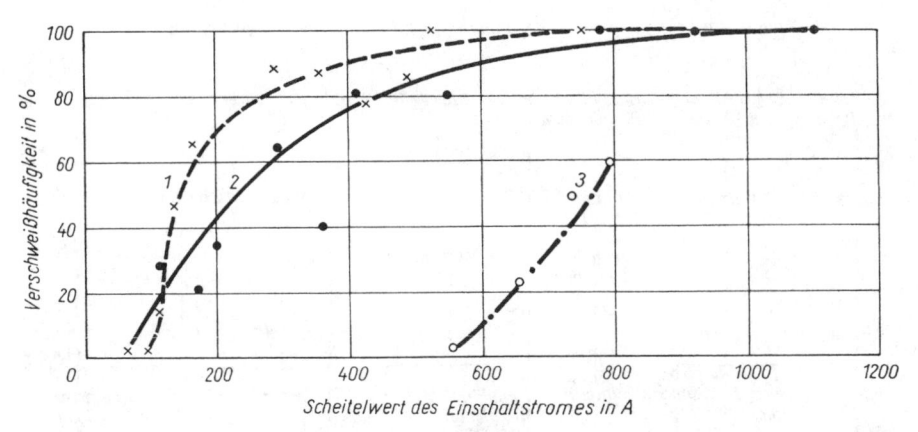

Bild 14–9. Experimentell ermittelte Verschweißhäufigkeit verschiedener Kontaktwerkstoffe in Abhängigkeit vom Scheitelwert des Einschaltstromes (nach *A. Erk* und *H. Finke*). *1* Elektrolytkupfer; *2* Feinsilber; *3* Ag–CdO 90/10 (mittelkörnig)

bindung, Gefügeaufbau und chemische Zusammensetzung des Grundmaterials), sondern auch von der Konstruktion und Gestaltung des Schaltgerätes bzw. dessen Kontakten sowie von den verschiedenen elektrischen Lastkreisen (Lampenlast, Motorenlast, Widerstandslast), die durch unterschiedliche Stromänderungen und Lichtbögen gekennzeichnet sind, abhängt.

Beim Erstarren der Schmelze verhindern die Oxiddispersoide die Ausbildung einer fehlerfreien Schweißzone, wodurch die zum Öffnen der Kontaktstücke benötigte Trennenergie reduziert wird (günstiges Verschweißverhalten – Bild 14–11). Der Unterschied im Verschweißverhalten zwischen reinem Ag und Ag–CdO tritt besonders bei höheren Stromstärken hervor.

Die herausragenden Kontakteigenschaften der Ag–CdO-Gruppe sind richtungweisend für neue Schützkonstruktionen gewesen. Für die technische Praxis haben sich aus der Fülle der Entwicklungen Werkstoffe mit 10, 12 und 15 Masse-% CdO als optimal herausgestellt, die zunächst hauptsächlich durch innere Oxidation schmelzmetallurgisch hergestellter Werkstoffe erzeugt wurden. Aus wirtschaftlichen Gründen müssen aber die Materialdicken bei Atmosphärendruck auf ca. 1 mm und im Fall der Druckoxidation auf maximal 4 mm beschränkt werden. Den gestiegenen Anforderungen hinsichtlich Verschweißresistenz und Abbrandfestigkeit Rechnung tragend, sind diese Werkstoffe durch pulvermetallurgisch hergestellte, die eine homogenere Verteilung und eine geringe Teilchengrößenstreuung der Oxidpartikel aufweisen, abgelöst worden. Wegen der Umweltschädlichkeit des Cadmiums wurden die Ag–CdO-Werkstoffe im Bereich der Wechselstromschütze für Ströme >25 A und bei Gleichstromanwendungen (Kfz-Elektrik) mittlerweile in Europa vollständig durch andere Silber–Metalloxid-Werkstoffe, insbesondere Ag–SnO_2, ersetzt. Nur bei Haushaltgeräten und Installationsschaltgeräten wird noch in merklichen Mengen Ag–CdO als Kontaktwerkstoff eingesetzt, was durch neue EU-Verordnungen über die Behandlung von Elektro- und Elektronikschrott ab 2006 ebenfalls unterbunden wird [14.29].

14.3 Verbundwerkstoffe auf Silberbasis

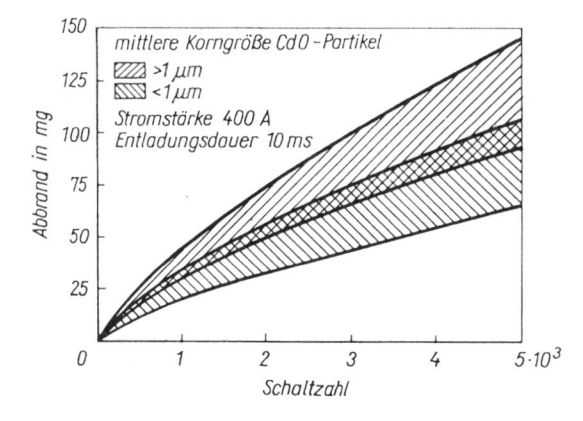

Bild 14–10. Anodenverlust von Ag–CdO-Kontakten in Abhängigkeit von der Größe der CdO-Partikeln und der Schaltzahl (nach [14.28])

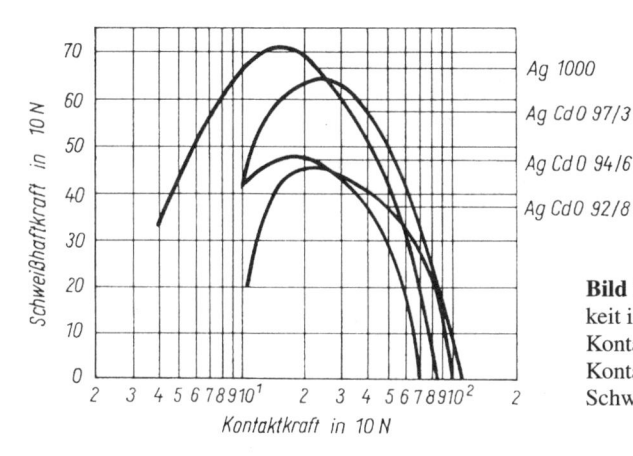

Bild 14–11. Schweißhaftigkeit in Abhängigkeit von der Kontaktkraft bei verschiedenen Kontaktwerkstoffen (nach [14.4]) Schweißstrom 13,8 kA

14.3.2.2 Silber–Zinndioxid

Die Zugabe von CdO zum Ag bewirkt, da sich ein größerer Teil des Oxides zersetzt bzw. sublimiert, hauptsächlich eine Energieabsorption des elektrischen Lichtbogens. Dabei verbraucht sich das eingelagerte Material mit zunehmenden Schaltspielzahlen und die Abbrandfestigkeit nimmt mit steigender Betriebsdauer ab. Bei thermisch stabileren Oxiden ist dagegen nur ein geringer Anteil vom Zersetzungsprozess betroffen. Die Oxidpartikel bleiben über eine größere Schaltzahl in der Ag-Schmelze erhalten und tragen dauerhaft zur Viskositätserhöhung und damit zur Verhinderung von Materialverlusten durch Verdampfen und Verspritzen bei. Für diese Gruppe von Oxiden, in der SnO_2 der weitaus wichtigste Vertreter ist, trifft daher ein anderer Abbrandmechanismus als für CdO zu.

Bei der Suche nach Ersatzwerkstoffen für das CdO hat lange Zeit die Einwirkung auf den Lichtbogen, ihn zu stabilisieren und gleichzeitig seine Energie herabzusetzen, im Vordergrund gestanden. Wie Tabelle 14–4 zeigt, ist das CdO allen anderen Oxiden in dieser Hinsicht weit überlegen. Allgemein sollen Zusätze von Metalloxiden, deren Zersetzungstemperatur unterhalb der Ag-Siedetemperatur (2210 °C) liegt, wie CdO, CuO, ZnO, SnO_2, PbO und NiO, die Lichtbogenlöschung begünstigen; Metalloxide mit höherliegenden Zersetzungstemperaturen, wie Al_2O_3, ZrO_2 und MgO, dagegen fördern die Wiederzündung des Lichtbogens. Eine Reihe von Ag-Basis-Systemen, wie $Ag-SnO_2$, Ag–ZnO, Ag–CuO, $Ag-Al_2O_3$, Ag–MgO, Ag–MgO–NiO und $Ag-Fe_2O_3-ZrO_2$, finden auch, zumindest für ganz spezielle Fälle, ihren Einsatz. Jedoch hat nur das System $Ag-SnO_2$ eine dem Ag–CdO vergleichbare Verbreitung erlangt. Die Herstellungsverfahren für $Ag-SnO_2$ sind in Abschn. 14.3.1 beschrieben und teilweise dem Ag–CdO analog [14.30].

Während Ag–CdO im Allgemeinen ohne Zusätze verwendet wird, enthält $Ag-SnO_2$ neben der Komponente SnO_2 (zwischen 8 und 14 Masse-%) in allen Anwendungsfällen weitere Additive in Anteilen von 0,05 bis 3 Masse-%, von denen die wichtigsten MoO_3, WO_3, CuO, Bi_2O_3 und In_2O_3 sind [14.32], [14.33]. Die Additive für das Kontaktmaterial $Ag-SnO_2$ sollen dessen Eigenschaften denen des Ag–CdO annähern. Es hat sich gezeigt, dass der Kontaktwiderstand sowie der Temperaturan-

Tabelle 14–4. Daten von Oxiden, die für Kontaktwerkstoffe verwendet werden (bei 298 K, Energieminderung bei 1200 K nach [14.31])

Oxid	Schmelzpunkt [°C]	Siedepunkt [°C]	Dichte [g/cm³]	Spez. Wärme c_P [kJ/mol · K]	Bildungsenthalpie [kJ/mol]	Zerfall bei [°C]	Energieminderung bei 927°C [kJ/mol]
Al_2O_3	2053		3,98	0,0790	1675,6		– 103,6
Bi_2O_3	817	1890	8,64	0,1135	573,9		
CaO	2927	3570	3,33	0,0421	635,1		– 45,3
CeO_2	2600		7,13	0,0616	1090,4		
CdO			8,15	0,0436	256,1	700–1385 Subl.	– 365
CuO	1326		6,35	0,0422	155,8	> 1000	– 48,6
Fe_2O_3	1565		5,25	0,1038	823,4		– 129,7
In_2O_3	ca. 2000		7,08	0,1002	925,8	> 850 flüchtig	
La_2O_3	2315	4200	6,51	0,1088	1793,1		
MgO	2831	3600	3,58	0,0371	601,2		– 42,3
MnO	1842		5,45	0,0439	382,5		– 46,5
MoO_3	795	1155	4,70	0,0740	745,5		
NiO	1990		6,67	0,443	239,7		– 49
PbO	888	1472	9,14	0,0458	219,2		– 111
Sb_2O_3	656	1425	5,25	0,1014	708,8		– 185,2
SiO_2	1726	2950	2,33	0,0450	910,0		– 56,5
SnO_2	1127	2230	6,95	0,0526	580,8	> 1500	– 67,9
TeO_2	733	1245	6,02	0,0638	321,7		
ThO_2	3370	4400	9,86	0,0618	1226,7		
WO_3	1473	1800	7,29	0,0728	842,9		
Y_2O_3	2410	4300	5,01	0,1025	1905,3		
ZnO	1975		5,61	0,0411	348,8	> 1300 Verd., > 1800 Subl.	– 64,5
ZrO_2	2715		5,6	0,0561	1100,6		

stieg unter gleichen Bedingungen für Ag–SnO$_2$ größer als für Ag–CdO sind. Um die Beständigkeit von Ag–SnO$_2$ zu verbessern, werden von den Zusatzkomponenten folgende Eigenschaften gefordert [14.34]:

– Sie sollen sich leicht in der Nähe der Ag-Schmelztemperatur zersetzen und dabei die Lichtbogenenergie zur beschleunigten Lichtbogenlöschung absorbieren. Da kleinere Teilchen einfacher unter der Lichtbogenwirkung zerfallen, geht der Trend beim Einsatz in Kontaktwerkstoffen zu superfeinen Metalloxidpartikeln.
– Die Metalloxidteilchen dürfen jedoch nicht zu schnell unter Lichtbogeneinfluss verdampfen bzw. sublimieren. Sie sollen sich in der Ag-Schmelze verteilen und durch Viskositätserhöhung eine Spritzerosion des Ag verhindern. Eine stabile Suspension der Oxidpartikel verlangt deren Benetzung durch das geschmolzene Ag, weshalb die Additive die Oberflächenspannung des schmelzflüssigen Ag so ändern sollen, dass die Benetzbarkeit verbessert wird.
– Ist der Lichtbogen gelöscht, so sollen sich die Oxidpartikel in der erstarrenden Ag-Matrix gleichmäßig verteilen, um die Entstehung einer Oxidschicht und damit das Ansteigen des Kontaktwiderstandes zu vermeiden.

Die eingelagerten zusätzlichen Oxide, wie z.B. MoO$_3$, WO$_3$, Bi$_2$O$_3$, CuO, bewirken eine bessere Benetzung aller Oxidpartikel durch Ag. Ein notwendigerweise homogenes Dotieren der Additive (Bi$_2$O$_3$, CuO) im Zinnoxid-Pulver kann mittels Reaktions-Sprüh-Verfahren (Abschnitt 14.3.1) erreicht werden. Schwer zerfallende Oxide (z.B. La$_2$O$_3$, ThO$_2$) dienen zur stabilen Viskositätserhöhung der Ag-Schmelze über die gesamte Kontaktlebensdauer. Die bei der Herstellung des Ag–CdO problemlos ablaufende innere Oxidation geht für Ag–SnO$_2$ nur bis zu Sn-Gehalten von ca. 5 Masse-%, da bei größeren Sn-Anteilen durch entstehende Deckschichten die Gasdiffusion in das Werkstoffinnere verhindert wird. Höhere Oxidanteile sind mit Zusätzen von In (bis zu 12 Masse-%) und Bi (<1 Masse-%) zu erreichen.

Die bisher sowohl als Hauptkomponente als auch als Additiv eingesetzten Oxide sind in Tabelle 14–4 aufgelistet.

Ag–SnO$_2$-Kontaktwerkstoffe zeigen nur dann gute Schalteigenschaften, wenn die Enddichte mehr als 98% der theoretischen Dichte beträgt und das Gefüge des Materials sehr feinteilig ist. Aus diesen Gründen sind das Sintern aktivierende Zusätze von 0,5 bis 1,5% CuO bei Anwendung der Einzelpresstechnik notwendig, auf jeden Fall jedoch ist die Einhaltung enger Pulverteilchengrößenbereiche erforderlich; beim Ag-Pulver um 7 µm, für das SnO$_2$ um 1 µm [14.35]. Der relativ hohe Kontaktwiderstand und die im Vergleich zum Ag–CdO auftretende stärkere Erwärmung können durch Zusätze von WO$_3$ und MoO$_3$ (etwa 0,5 bis 1,0%) sowie von W-Legierungen verringert und das Erwärmungsverhalten dem des Ag–CdO angeglichen werden (Bild 14–12). Das Dopen mit 1 bis 3% Telluroxid vermindert die Schweißneigung des Ag–SnO$_2$ und reduziert die Schweißkräfte auf rund die Hälfte (Bild 14–13), wodurch bei der Auslegung von Schützen höhere Schließkräfte ermöglicht werden [14.16].

Der Einfluss des WO$_3$ auf den Abbrand ist negativ, d.h. es wirkt abbrandfördernd. Dennoch lässt sich das Abbrandverhalten, wie Bild 14–14 verdeutlicht, dem des Ag–CdO gut anpassen, insbesondere wenn nicht das „trockene" Verfahren (dem durch Fällung gewonnenen Ag-Pulver werden die Oxidzusätze trocken zugemischt), sondern das „nasse" zur Anwendung kommt (die Oxidzusätze werden vor der Fäl-

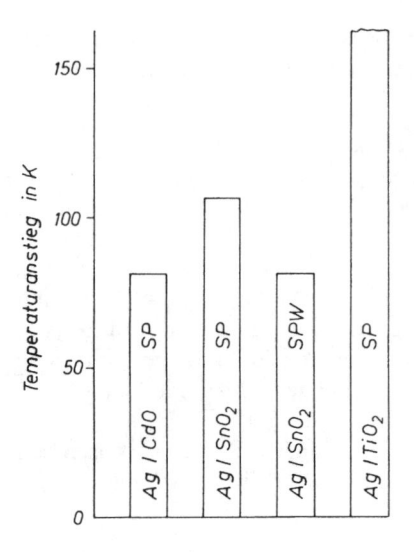

Bild 14-12. Temperaturanstieg beim Schalten für verschiedene gesinterte und anschließend stranggepresste (SP) Kontaktwerkstoffe (nach [14.36]). SPW Kontaktmaterial mit W-Legierungszusatz

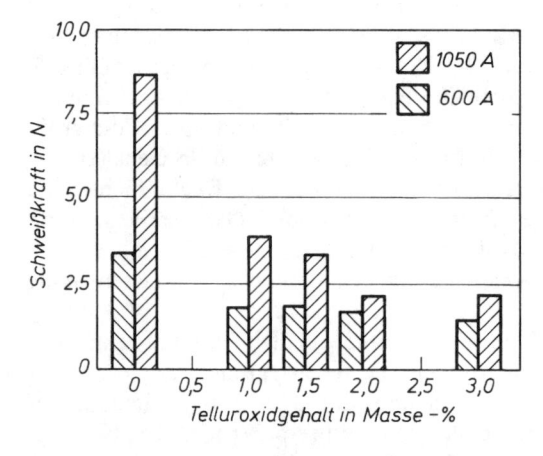

Bild 14-13. Durchschnittliche Schweißkräfte in Abhängigkeit vom Telluroxidgehalt bei Stromstärken von 600 und 1050 A (CLA, Paris, aus [14.16])

lung in der Silbersalzlösung suspendiert). Generell sind die Auswirkungen des WO_3 auf das Kontaktverhalten der Ag–SnO_2-Materialien ausgesprochen lastfallabhängig, so dass es angeraten ist, den WO_3-Gehalt an die jeweilige Schaltaufgabe anzupassen [14.35].

Das Ag–SnO_2-Kontaktmaterial stellt für Schütze des mittleren und oberen Leistungsbereichs wegen überzeugender Vorteile eine echte Alternative zum Ag–CdO dar. Im unteren Leistungsbereich dagegen wird das Ag–CdO zunehmend durch Ag–Ni-Kontaktwerkstoffe (10 bis 15 Masse-% Ni) substituiert. Es sind jedoch auch Untersuchungen bekannt, z.B. [14.37], wonach die Ag–SnO_2-Kontakte ebenfalls im kleinen Leistungsbereich (Relais, Motorschütze) mit Vorteil einsetzbar sind, wenn nicht unbedingt eine niedrige Abbrandrate, sondern eine hohe Verschweißresistenz und eine geringe Materialwanderung im Vordergrund stehen.

14.3 Verbundwerkstoffe auf Silberbasis

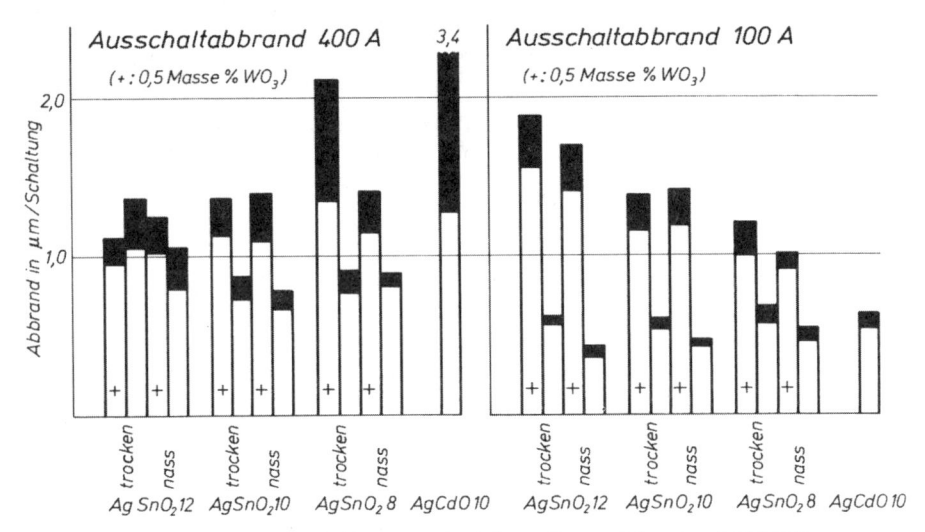

Bild 14–14. Ausschaltabbrand bei hohen und mittleren Stromstärken (nach [14.35])

Letzteres ist in der Kfz-Elektrik sehr wichtig, wo durch die bei der Gleichstrom-Anwendung gegenüber Ag–CdO bei Ag–SnO$_2$-Kontakten festgestellte geringere Neigung zu Werkstoffübertragungen eine höhere Lebensdauer in Kfz-Relais erreicht wird. Insbesondere beim Schalten von Lampenlasten ist es bei dieser Anwendung, unabhängig von dem gesetzlichen Zwang des Ersetzens von Cadmium, zu einer vollständigen Ablösung des Ag–CdO gekommen [14.38].

14.3.2.3 Silber–Zinkoxid- und sonstige Silber–Metalloxid-Werkstoffe

Ag-ZnO-Werkstoffe werden mit typischen Oxidgehalten zwischen 8 und 12 Masse-% pulvermetallurgisch hergestellt und anschließend durch Gesenk- oder Strangpressen verdichtet. Wegen ihrer hohen Verschweißresistenz und Abbrandfestigkeit werden diese Kontaktwerkstoffe vornehmlich in Motorschutzschaltern und in kleineren strombegrenzenden Leistungsschaltern eingesetzt. Für das Anwendungsgebiet in Wechselstrom-Relais wurde durch Zusätze von Ag$_2$WO$_4$ zum Ag–ZnO ein guter Ersatz für das Ag–CdO in Bezug auf die Lebensdauer erreicht [14.39].

In der Informationstechnik hat sich als Ersatz für reines Ag bzw. für Ag-Legierungen Ag mit Zusätzen von MgO und NiO (gesamt ca. 0,5 Masse-%) bewährt. Der Werkstoff zeigt Federeigenschaften, ist thermisch wie mechanisch hoch belastbar und lötbar. Für die Substitution von Ag–Ni20 (siehe 14.3.3) findet der Werkstoff Ag–Fe$_2$O$_3$–ZrO$_2$ (Gesamtoxidgehalt 6,4 Masse-%) in Niederspannungsgeräten Verwendung [14.40].

14.3.3 Silber-Nickel-Verbundwerkstoffe

Silberbasis-Sinterverbundwerkstoffe mit Nickelgehalten von 10 bis 40 Masse-% zeichnen sich infolge der dispersionshärtenden Wirkung des Ni gegenüber Ag-Kon-

Tabelle 14–5. Eigenschaften von Silber–Nickel-Kontaktwerkstoffen

	Ag–Ni10	Ag–Ni20	Ag–Ni30	Ag–Ni40
Dichte in g cm^{-3}	10,3	10,1	9,95	9,75
Vickershärte HV weich	50	60	65	70
hart (kaltverformt)	90	95	105	115
Elektrische Leitfähigkeit in 10^6 Ω^{-1} m^{-1}	54	47	42	37

takten durch ein günstigeres mechanisches Verhalten und im Vergleich zu mischkristallgehärteten Ag-Legierungen auch durch eine bessere Leitfähigkeit aus (Tabelle 14–5). Da Ag und Ni im festen Zustand ineinander unlöslich sind und Ag auch im schmelzflüssigen Zustand lediglich einige Zehntel Prozent Ni zu lösen vermag, lassen sich derartige Legierungen nur pulvermetallurgisch in zufriedenstellender Qualität herstellen. In vielen Fällen werden die gesinterten Rohlinge einer abschließenden Verformungsbehandlung unterworfen, um eine bestimmte Halbzeug- oder Endform des Produkts einzustellen (Bild 14–5). Dabei entsteht ein anisotropes Gefüge, indem die Nickelpartikel in die Verformungsrichtung gestreckt werden, was für bestimmte Belange vorteilhaft ist. Ag–Ni-Kontaktmaterialien lassen sich auch als Faserverbunde herstellen, die selbst bei hohen Ni-Faseranteilen sehr duktil sind. Umformgrade von über 90% sind ohne Zwischenglühung möglich, was insbesondere für das Ziehen von Verbunddrähten von Bedeutung ist. Die Faserverbunde zeigen ein besseres Abbrandverhalten (Bild 14–15) als die aus Pulvergemischen hergestellten Verbundkontakte.

Für nicht allzu hohe Stromstärken ist die Verschweißneigung der Ag–Ni-Werkstoffe geringer als die von Silber oder Hartsilberlegierungen; bei Einschaltströmen bis zu 150 A kommt es kaum zu Verschweißungen. Während des Schaltbetriebes

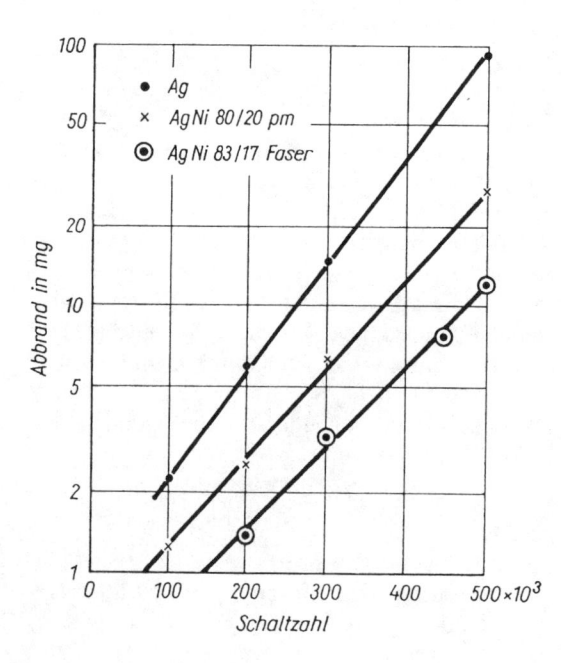

Bild 14–15. Abbrand von verschiedenen Ag–Ni-Werkstoffen als Funktion der Schaltzahl [14.41] pm pulvermetallurgische Herstellung, Belastung: 10 A Wechselstrom, Ohmsche Last, 1 N Kontaktkraft

14.3 Verbundwerkstoffe auf Silberbasis

steigt infolge der Bildung von Nickeloxid die Sicherheit gegen das Verschweißen noch an. Es wird dann – vor allem im Gleichstrombetrieb – eine ähnliche Schweißsicherheit wie bei Silber–Metalloxid-Kontakten erreicht. Bei sehr hohen Strömen allerdings treten Einschaltverschweißungen auf, so dass die Verwendung von Ag–Ni-Kontakten nur noch bedingt möglich und der Einsatz unsymmetrischer Werkstoffpaarungen besser ist. Normalerweise werden in Leistungsschaltern unsymmetrische Paarungen des Typs Ag–Ni–C/Ag–Ni (30–50 Masse-% Ni) eingesetzt [14.26]. Durch die Verwendung derartiger asymmetrischer Werkstoffpaarungen können gleichzeitig die bei symmetrischen Paarungen Ag–Ni/Ag–Ni auftretenden vergleichsweise hohen Schweißkraft- und Kontaktwiderstandswerte in den erforderlichen Grenzen gehalten werden [14.42]. Der Ni-Massenanteil der feststehenden Ag–Ni–C-Kontaktstücke liegt zwischen 10 und 30% und der C-Massenanteil zwischen 0,5 und 4% Graphit [14.43].

Hinsichtlich des Ausschaltabbrandes sind Ag–Ni-Kontakte bis zu Strömen von 100 A durchaus den sehr abbrandfesten Ag–CdO-Kontakten vergleichbar und dem Ag überlegen (Bild 14–16). Bei Betrachtung der Summe aus Anoden- und Katodenabbrand, die für ein Wechselstromschaltgerät von Bedeutung ist, liegt das Abbrandminimum bei einer Zusammensetzung von 80% Ag und 20% Ni. Für die gleiche Zusammensetzung wird auch die höchste Schweißgrenzstromstärke beobachtet. Mit Hilfe unsymmetrischer Kontaktpaarungen (auch Paarungen von Ag–Ni-Kontaktstücken unterschiedlichen Ni-Gehaltes) lassen sich die Abbrandraten noch verringern. Bei hohen Strömen ($\gtrsim 200$ A) befriedigt das Abbrandverhalten der Ag–Ni-Werkstoffe allerdings nicht mehr.

Aufgrund der angeführten Eigenschaften werden Ag–Ni-Kontaktwerkstoffe vorzugsweise in Hilfsstromschaltern für Gleich- und Wechselstrom bis zu Nennströmen von 10 A, d.h. in Leistungsrelais, in Nockenschaltern, Kleinschützen und dgl. eingesetzt. Ein anderer Anwendungsbereich, der sich in den letzten Jahren stark ausgeweitet hat, sind Schalter für Haushaltgeräte, die in der Regel mit Nennströmen bis zu etwa 10 A arbeiten, z.B. Thermostate in Bügeleisen, in automatischen

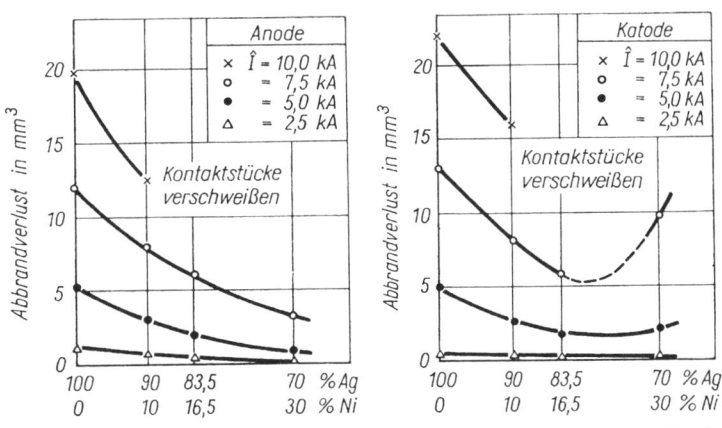

Bild 14–16. Abbrandverluste in Abhängigkeit von der prozentualen Werkstoffzusammensetzung bei Silber–Nickel-Kontaktstücken für verschieden große Stromstärken (nach *K.-H. Schröder*)

Elektroherden oder in Wasch- und Spülmaschinen. Hier kommen die weitgehende Schweißsicherheit und der geringe Abbrand der Ag–Ni-Werkstoffe zu besonderer Geltung. Aber auch Elektromotoren- und Kraftfahrzeugschalter sowie Luftschütze, die höhere Leistungen zu übertragen haben, und Fahrschalter von elektrisch angetriebenen Fahrzeugen, wie Straßen-, S- und U-Bahnen sowie allgemein handbetätigte Schaltgeräte im Nennstrombereich bis zu 25 A sind mit Ag–Ni-Kontakten bestückt. Selbst als Hauptkontakte in großen Leistungs- und Überstromschaltern sind sie anzutreffen.

Ein nicht unwesentlicher Faktor für die Wahl von Ag–Ni-Werkstoffen ist die Tatsache, dass allein von der Zusammensetzung her bis zu 40% Edelmetall eingespart werden, die sich dank der besseren Gebrauchseigenschaften dieser Werkstoffgruppe und der dadurch möglichen Verringerung der Abmessungen der Schaltstücke noch erhöhen können. Ein weiterer Vorteil ist die „fertigungstechnische Freundlichkeit" von Ag–Ni, das sich sowohl gut schweißen als auch mit allen Silberhartloten (ohne Zwischenschichten) löten lässt. Damit können für das Aufbringen der Kontakte auf Trägermaterialien rationelle Fertigungsverfahren herangezogen werden. Besondere Bedeutung hat diese Tatsache in Verbindung mit modernen Technologien, bei denen die einzelnen Fertigungsstufen eng verkettet und technologische Teilschritte taktmäßig miteinander verbunden sind. Ein nicht zu unterschätzender Vorteil ist schließlich auch die Tatsache, dass der im Schaltbetrieb entstehende Materialdampf, der sich in den Schaltkammern niederschlägt, nicht leitend ist, während bei allen anderen Kontaktwerkstoffen ein leitender Niederschlag gebildet wird, der u.U. zu unangenehmen Nebenerscheinungen führen kann (Kriechstrecken).

Da Ni-Stäube als krebserregend klassifiziert sind, gibt es seit einiger Zeit Diskussionen um den Einsatz von Ag-Ni. Während in der Produktion und bei der Verarbeitung eine Gefährdung von Mensch und Umwelt aufgrund des bestehenden Standes der Technik ausgeschlossen ist, da die Nickelpartikel fest in der Ag-Matrix eingebunden sind, könnten sich Probleme durch das Verdampfen von Ni unter Lichtbogeneinfluss und nachfolgendes Niederschlagen im Schaltgerät bzw. in der Umgebung beim Gebrauch als Kontaktmaterial ergeben. Vor diesem Hintergrund haben Entwicklungen für Ersatzwerkstoffe auf der Basis Ag–Fe (reines Ag–Fe, Ag90–Fe9–Zn1, Ag91,2–Fe8,4–Re0,4) stattgefunden. Im praktischen Einsatz gelang aber wegen des ungünstigen Kontaktwiderstandsverhaltens, schlechter Wiederverfestigungsspannungen und ausgeprägter Materialwanderungen keine vollwertige Substitution von Ag–Ni (besonders Ag–Ni10) [14.32].

14.4 Metall–Graphit-Verbundwerkstoffe

Die Kontaktmaterialien dieser Werkstoffgruppe haben im Wesentlichen die Funktion, die Übertragung von Elektroenergie mit einem guten Gleitverhalten zu verbinden und beim Schaltvorgang das Verschweißen der Schaltstücke zu verhindern. Dementsprechend sind die Zusammensetzungen der in Betracht kommenden Verbundlegierungen auch unterschiedlich. Da ein Graphitgehalt von 5% ausreicht, um das gefürchtete Verschweißen von Schaltstücken zu verhindern, wird den Antischweißwerkstoffen auch nur bis zu dieser Grenze Graphit zugesetzt; bei den so genannten Metallkohlen, die elektrische Energie auf sich bewegende Teile zu übertragen haben,

14.4 Metall-Graphit-Verbundwerkstoffe

Tabelle 14–6. Zusammensetzung von Cu–Graphit-Verbundwerkstoffen (Metallkohlen) (nach R. *Kieffer* und W. *Hotop*). Angaben in Masse-%

Cu in %	C in %	Sn in %	Pb in %	Zn in %
85	5	–	10	–
80	10	–	10	–
80	10	10	–	–
70	20	–	10	–
70	30	–	–	–
68	12	8	–	12
30	70	–	–	–

sind in der Regel höhere Graphitanteile anzutreffen (Tabelle 14–6). Während sich für die Antischweißwerkstoffe in der Praxis als metallische Komponente das Ag durchgesetzt hat, bildet bei den Metallkohlen meist das Cu die Metallkomponente, der gegebenenfalls noch Sn, Zn oder Pb zugefügt werden. Die Verwendung von graphitreichen Silber–Graphit-Werkstoffen als Metallkohlen-Gleitkontakte bleibt auf spezielle Stromabnehmer (meist für Messkreise) beschränkt.

Sinterwerkstoffe der gleichen Gruppe, die aber keine Elektroenergie zu übertragen haben, sondern entweder ausschließlich wegen ihrer guten Gleiteigenschaften oder aufgrund ihres besonderen Verhaltens bei Reibbeanspruchung genutzt werden, wurden bereits in den Abschn. 11.3 und 12.1.3 behandelt. Hinsichtlich der Herstellung von Metall–Graphit-Materialien kann auf Abschnitt 11.3 verwiesen werden.

14.4.1 Silber–Graphit-Verbundwerkstoffe

Silber-Graphit-Sinterwerkstoffe werden seit reichlich 50 Jahren als elektrische Kontakte verwendet. Ausschlaggebend dafür ist die Tatsache, dass ab Graphitgehalten von 3% die Einschaltverschweißungen nicht mehr auftreten. Da beim Einschalten jedoch Material, vorzugsweise Kohlenstoff, abgetragen wird, muss man, um ein Verschweißen mit Sicherheit auszuschließen, den Graphitgehalt heraufsetzen. In kritischen Fällen empfiehlt sich deshalb ein Kontaktwerkstoff mit 5% Graphit.

Leider liegen die Abbrandraten der Silber–Graphit-Kontaktwerkstoffe sehr hoch. Das ist vor allem darauf zurückzuführen, dass es Schwierigkeiten bereitet, einen ausreichend dichten Silber–Graphit-Verbundwerkstoff herzustellen und die Silberteilchen der Matrix genügend fest miteinander zu verbinden. Durch eine Nachverdichtung der Sinterblöcke über Verformung, insbesondere mit Hilfe des Warmstrangpressens (s. Abschn. 5.3.3), kann die Dichte und damit auch das Abbrandverhalten noch verbessert werden. Auch das dabei entstehende anisotrope Gefüge lässt sich mit Vorteil nutzen. Wie sich in Verbindung mit Schutz- und Leistungsschaltern gezeigt hat, ist der Abbrand geringer, wenn die in die Verformungsrichtung gestreckten Graphitanteile senkrecht zur Schaltfläche angeordnet sind. Die Faserstruktur kann durch wiederholtes Strangpressen (IRE = indirect repeated extrusion) weiter optimiert werden [14.44].

Tabelle 14–7. Eigenschaften von Silber–Graphit-Kontaktwerkstoffen

	Ag–C3	Ag–C5
Dichte in g cm^{-3}	8,9	8,5
Vickershärte HV	40	40
Elektrische Leitfähigkeit in 10^6 Ω^{-1} m^{-1}	47	43,5

Schließlich lässt sich der Abbrand auch über die schon mehrfach erwähnte unsymmetrische Kontaktpaarung vermindern. Aufgrund der reduzierenden Wirkung des Kohlenstoffs kann der Silber–Graphit-Kontakt sogar mit einem leichter oxidierenden Werkstoff (z.B. Cu oder Messing) kombiniert werden, ohne dass der Kontaktwiderstand selbst bei langer Einschaltdauer wesentlich ansteigt.

Außer in unsymmetrischen Kontaktpaarungen mit Unedelmetallen (wodurch erhebliche Edelmetalleinsparungen erzielt werden) trifft man Silber–Graphit-Werkstoffe im Wesentlichen dort an, wo der Abbrand eine untergeordnete Rolle spielt. Das sind vorzugsweise nicht sehr häufig betätigte Schalter, wie Fehlerstromschutzschalter, Sicherungsautomaten, Geräteschutzschalter und Niederspannungsleistungsschalter, aber auch Kondensatorschütze, die große Kondensatorbatterien mit hohen Einschaltstromspitzen zu schalten haben. Wegen der absoluten Sicherheit gegen Verschweißen finden Silber–Graphit-Werkstoffe außerdem in der Nachrichtentechnik für Signal- und Sicherungsanlagen und aufgrund der guten Gleiteigenschaften gelegentlich auch als Schleifkontakte in Elektromotoren Anwendung. Für die technische Praxis haben sich vor allem Silberverbunde mit 3 und 5% Graphit (Tabelle 14–7) eingeführt.

Die Befestigung der Silber–Graphit-Kontakte am Trägerwerkstoff bereitet wegen ihrer Nichtlöt- und -schweißbarkeit Umstände. An der Verbindungsseite muss der Kohlenstoff erst bis zu einer Tiefe von 0,15 bis 0,25 mm ausgebrannt werden, ehe der Kontakt mit Silberhartlot aufgelötet werden kann. Mit reduzierenden Fluss- und Lötmitteln ist es auch ohne Ausbrennen möglich, das Kontaktmaterial mit dem Trägerwerkstoff zu verbinden.

14.4.2 Kupfer–Graphit-Verbundwerkstoffe

Als so genannte Metallkohlen zählen die Kupfer–Graphit-Verbunde zu den ältesten Vertretern pulvermetallurgisch hergestellter Werkstoffe. Cu und Graphit sind ineinander unlöslich, so dass eine schmelzmetallurgische Herstellung ausscheidet. Die Metallkohlen stellen eine technische Weiterentwicklung der Kohlebürsten dar, gegenüber denen sie infolge der durch Metallzusatz verbesserten elektrischen Leitfähigkeit die Übertragung höherer Ströme ermöglichen. Zuweilen legiert man zur Steigerung von Härte und Festigkeit Sn oder/und Zn zu oder bedient sich des Zusatzes von Pb, um die Gleiteigenschaft weiter zu verbessern (Tabelle 14–6).

Wenn der Metallgehalt ausreichend hoch ist (> ca. 80 Masse-%, entspricht ca. 50 Vol.-% Metall), bildet die Cu-Phase ein Gerüst. Bei geringeren Metallgehalten muss der Kohlenstoff zur Ausbildung eines Graphit-Strukturkörpers mit einem verkokbaren Bindemittel (z.B. Pech oder Kunstharz) versetzt werden. Nach dem Verkoken (Brennen unter Sauerstoffabschluss) sorgt die aus den Bindemittelbrücken entstandene feste Koksverbindung für eine erhöhte Verschleißfestigkeit. Die nach dem Brennen reiner Kohlenstoffwerkstoffe vorliegende Porosität kann zur Erhöhung der Leitfähigkeit mittels teurer Tränkverfahren (Vakuum) nachträglich mit Metall gefüllt werden (s. Abschn. 6.4).

Wie zu erwarten, nimmt der elektrische Widerstand der Metallkohlen mit steigendem Kupfergehalt ab. Die Biegefestigkeiten sind bis zum 3-fachen höher als die der Kohlebürsten. Eine größere Restporosität lässt sich wie bei den Silber–Graphit-Verbundwerkstoffen trotz einer ausgefeilten Press- und Sintertechnik nicht vermeiden. Gelegentlich wird die verbliebene Resporosität genutzt, um sie mit organischen Stoffen, die dem Verbundwerkstoff gewisse Schmiereigenschaften vermitteln sollen, auszufüllen oder mit Hochpolymeren zu tränken, um die Festigkeit zu erhöhen und den Verschleiß zu mindern.

Kupfer–Graphit-Verbundwerkstoffe werden in Schleifringmaschinen, vor allem aber in Motoren von elektrisch angetriebenen Fahrzeugen, wie Eisenbahnen, Straßenbahnen oder O-Bussen, verwendet. Weiterhin sind sie im Kraftfahrzeugbau als Schleifbürsten von Anlassern und Lichtmaschinen eingesetzt. Zur Übertragung der elektrischen Energie von Fahrdrähten bzw. Stromschienen bei Translationsbewegungen werden diese Werkstoffe als Schleifstücke bei Vollbahnen, Nahverkehrsbahnen, Oberleitungsbussen, Krananlagen und in automatischen Fördersystemen eingesetzt. Größere Formate werden aus gesinterten Platten herausgeschnitten, kleinere Teile direkt auf Fertigmaß gepresst bzw. extrudiert und auf Länge geschnitten sowie gesintert.

Literatur zu Kapitel 14

[14.1] *Schröder, K.-H.*: Grundlagen der Werkstoffauswahl für elektrische Kontakte; in: Buchreihe „Kontakt & Studium", Band 366: „Werkstoffe für elektrische Kontakte und ihre Anwendungen", Expert-Verlag Renningen (1997)

[14.2] *Schatt, W.*: Sintervorgänge – Grundlagen, VDI-Verlag Düsseldorf (1992)

[14.3] *Behrens, N.* und *W. Boehm*: Switching performance of different Ag/SnO$_2$ contact materials made by powder metallurgy; 11. ITK Elektrische Kontakte 1982, Vorträge auf der 11. int. Tagung über elektrische Kontakte, Berlin, D, 7.–11. Juni 1982, Band 11 (1982) S. 203–207, VDE-Verlag Berlin

[14.4] Sintermetall-Handbuch, Keramische Werke Hermsdorf (1969)

[14.5] *Althaus, B.* und *E. Vinaricky*: Das Abbrandverhalten verschieden hergestellter Wolfram-Kupfer-Verbundwerkstoffe im Hochstromlichtbogen; METALL, Band 22 (1968), Heft 7, S. 697–701

[14.6] *Magnusson, M.*: Über das Abbrandverhalten von Verbundwerkstoffen auf Wolframbasis bei dem Schalten großer Wechselströme in Luft und Öl; Forschungsbericht an der TU Braunschweig (1977)

[14.7] *Kim, D.G., G.-S. Kim, M.-J. Suk, S.-T. Oh* und *Y.D. Kim*: Effect of heating rate on microstructural homogeneity of sintered W-15wt% Cu nanocomposite fabricated from W-CuO powder mixture; Scripta Materialia 51 (2004), p. 677–681

[14.8] *Grill, R., P. Kläusler, F. E.-H. Mueller, O. Schrott* und *H. Hauser*: WC/Ag contact materials with improved homogeneity, ICEC 2002, 21th Internat. Conf. on Electrical Contacts, Proc. (2002), S. 486–491, Fehraltorf: SEV Schweiz. Elektrotechnischer Verein

[14.9] *Brooks, W.C. und M.P. Reece:* Vakuumschalter, in: A. Keil, W. Merl und E. Vinaricky (Hrsg.); „Elektrische Kontakte und ihre Werkstoffe", Springer-Verlag Berlin, Heidelberg, New York (1984), S. 349–362

[14.10] *Heitzinger, F., H. Kippenberg, K.E. Saeger und K.-H. Schröder:* Contact Materials for Vacuum Switching Devices; IEEE Transation on Plasma Science, vol. 21 (1993), No. 5, p. 447–453

[14.11] *Heitzinger, F., H. Kippenberg, K.E. Saeger und K.-H. Schröder:* Contact materials for vacuum switching devices; in: Proc. 15th Int. Symp. on Discharges and Electrical Insulation in Vacuum; Darmstadt (1992), p. 273–278

[14.12] *Behrens, V., T. Honig und A. Kraus:* Kontaktmaterialien auf Wolfram- und Wolframcarbid-Basis für Anwendungen in Niederspannungsvakuumschaltern; VDE-Fachberichte, Bd. 55 (1999), S. 175–180

[14.13] *Kippenberg, H., W. Schilling und W. Schlenk:* Einfluss des Kontaktwerkstoffes auf den Stromabriss von Vakuumlichtbögen; VDE-Fachberichte, Band 40 (1989), S. 99–104 VDE-Verlag Berlin, Offenbach

[14.14] *Czarnecki, L. und M. Lindmayer:* Experimental und theoretical investigations of current chopping in vacuum with different contact materials; Proc. 13th Int. Conf. Electric Contacts (Lausanne), (1986), p. 128–134

[14.15] *Capus, J.M.:* PM chromium alloys in electrical applications; Metal Powder Report, No. 11 (November), (2001)

[14.16] *Taubitz, G.:* Kontaktverhalten und Schalten in der Energietechnik; Elektrotechnik (Aarau), Band 41 (1990), Heft 4, S. 21–23

[14.17] *Munesia, J.:* Silver-tin oxide materials used in low voltage switching devices; Proc. 15th Int. Conf. on Electrical Contacts, Montreal (Canada), (1990), p. 139–142

[14.18] *Heringhaus, F. und P. Braumann:* Anwendung der nasschemischen Fälltechnik zur Herstellung neuartiger pulvermetallurgischer Kontaktwerkstoffe; Pulvermetallurgie in Wissenschaft und Praxis, Band 18 (2002), S. 31–48, ISL-Verlag Hagen

[14.19] *Haug, T., M. Fandel und T. Staneff:* Zirconia-Toughened Alumina Obtained by Means of the Reaction Spray Process; Proc. 11th Riso Int. Symp. on Metallurgy and Materials Science, (1990), p. 339–346

[14.20] *Keil, A.:* Über die innere Oxidation von Silber-Cadmium-Legierungen; Z. Metallkunde, 57 (1966), S. 151–155

[14.21] *Homma, M., K. Ogawa und A. Shibata:* Electrical Characteristics of Contact Materials of Silver-Tin Oxide System Made by High-Pressure Oxidation Method; Proc. 17th Int. Conf. on Electrical Contact Phenom., Nagoya, (1994), p. 641–645

[14.22] *Zoz, H., H. Ren und N. Späth:* Improved Ag-SnO_2 electrical contact material produced by mechanical alloying; Metall, 53 (1999), p. 423–428

[14.23] *Heilmaier, M., U. Grundmann, H. Saage und J. Eckert:* Novel Oxide Dispersion Strengthened Alloys produced by Mechanical Milling; Processing and Fabrication of Advanced Materials X, Proc. of a Symp. Organized by ASM Internat. (2002), p. 241–253

[14.24] *Scheibe, H., W. Kunert und H. Tenzler:* Innere Oxidation von Silberlegierungen bei höheren Sauerstoffdrücken; Konferenz-Einzelbericht: 5. Internat. Pulvermetallurg. Tagung, DDR (1973), S. 1–19

[14.25] *Shen, Y., W.D. Cote und L.J.A. Gould:* A historic review of Ag-MeO materials; Electrical Contacts 1986. Proc. of the 32nd Meeting of the IEEE. Holm Conf. on Electric Contact Phenomena (1986), p. 71–76

[14.26] *Reis, H. und W. Schaffer:* Metallische Sonderwerkstoffe – Spitzenerzeugnisse für die Elektrotechnik/Elektronik; Hermsdorfer Technische Mitteilungen, Band 30 (1990), Heft 77, S. 2458–2463

[14.27] *Vinaricky, E. [Hrsg.]:* Elektrische Kontakte, Werkstoffe und Anwendungen; Springer-Verlag Berlin, Heidelberg (1984 und 2002)

[14.28] *Leis, P. und H. Scheibe:* Verfahren zur Prüfung der Schaltstückerosionen bei der Kontakttrennung; Elektrie, Band 29 (1975), S. 553–556

[14.29] *Behrens, V., T. Honig, A. Kraus* und *O. Lutz*: Schaltverhalten cadmiumfreier Kontaktwerkstoffe in Installationsanwendungen mit Nennströmen bis 16 A; VDE-Fachberichte, Band 59 (2003), S. 143–148, VDE-Verlag Berlin, Offenbach
[14.30] *Braumann, P.* und *K.-H. Schröder*: Lichtbogenlöschung mit Silber-Metalloxid-Kontaktwerkstoffen; Elektrotechnische Zeitschrift (ETZ), Band 112 (1991), S. 1210–1215
[14.31] *Shen, Y.-S.* und *R.H. Krock*: 7th Internat. Conf. on Electrical Contacts, Paris (1974), p. 31
[14.32] *Behrens, V.* und *W. Weise*: Contact materials; in: Landolt-Börnstein, New Series VIII/2A1, Springer-Verlag Berlin, Heidelberg (2003), p. 10-1 bis 10-30
[14.33] *Heringhaus, F., J. Beuers, P. Braumann, B. Kempf, A. Koffler, E. Susnik* und *R. Wolmer*: On the Optimization of the Microstructure in Powder Metallurgical Ag-SnO$_2$-In$_2$O$_3$ Contact Materials; Zeitschrift für Metallkunde, Band 92 (2001), Heft 7, S. 784–787
[14.34] *Lu, J., J. Wang, j. Zhao, M. Wen, B. Wang* und *X. Wang*: A new contact material – Ag/SnO$_2$-La$_2$O$_3$-Bi$_2$O$_3$; Rare Metals, vol. 21 (2002), No 4, p. 289–293
[14.35] *Hofmann, S., H.-U. Lübcke* und *A. Röhr*: Hoch gesinterte Kontaktwerkstoffe aus Silber-Zinndioxid; Metall – Wirtschaft, Wissenschaft, Technik, Band 46 (1992), Heft 7, S. 686–689
[14.36] *Behrens, N.* und *W. Boehm*: Switching performance of different Ag/SnO$_2$ contact materials made by powder metallurgy; 11.ITK Elektrische Kontakte 1982, Vorträge auf der 11. int. Tagung über elektrische Kontakte, Berlin, D, 7.–11. Juni 1982, Band 11 (1982), S. 203–207, VDE-Verlag Berlin
[14.37] *Huck, M., A. Kraus, R. Michal* und *F.J. Wagner*: Silber/Zinnoxid in Relais und in kleinen Schaltkreisen; Metall (Berl.), Band 44 (1990), Heft 7, S. 643–649
[14.38] *Behrens, V., T. Honig, A. Kraus* und *R. Michal*: Schalteigenschaften von verschiedenen Silber/Zinnoxidwerkstoffen in Kfz-Relais; VDE-Fachberichte, Band 51 (1997), S. 51–57, VDE-Verlag Berlin Offenbach
[14.39] *Schöpf, T.J., V. Behrens, T. Honig* und *A. Kraus*: Development of silver zinc oxide for general-purpose relays; ICEC 2000, Proc. of 20th Internat. Conf. on Electrical Contacts, (2000), p. 187–192
[14.40] *Hauner, F.*: AgFe- und AgFe$_2$O$_3$-Kontaktwerkstoffe für Niederspannungsschaltgeräte; VDE-Fachberichte, Band 51 (1997), S. 157–166, VDE-Verlag Berlin, Offenbach
[14.41] *Stöckel, D.* und *F. Schneider*: Silber-Nickel-Faserverbundwerkstoff für elektrische Kontakte; METALL, Band 28 (1974), Heft 7, S. 677–683
[14.42] *Haufe, W.*: Eigenschaften von heterogenen AgNi-Sinterkontaktwerkstoffen; Metall (Berl.), Band 44 (1990), Heft 7, S. 650–654
[14.43] *Haufe, W.*: Eigenschaften pulvermetallurgisch hergestellter heterogener AgNi- und AgNi–C-Kontaktwerkstoffe für die Niederspannungs-Energietechnik bei asymmetrischer Paarung; Metall – Wirtschaft, Wissenschaft, Technik, Band 45 (1991), Heft 7, S. 674–679
[14.44] *Müller, K.* und *D. Stöckel*: Ein neues Verfahren zur Herstellung komplexer graphithaltiger Verbundwerkstoffe; Metall (Berl.), Band 36 (1982), Heft 7, S. 743–746

15 Hochschmelzende Metalle und Legierungen

Wie allgemein bekannt, begann die großtechnische Anwendung der Pulvermetallurgie mit der industriellen Erzeugung der hochschmelzenden Metalle W und Mo, denen sich in der darauf folgenden Zeit noch das Ta und vorübergehend auch Nb sowie deren Legierungen zugesellten. Der Grund dafür war, dass diese Metalle wegen ihrer insbesondere bei erhöhten Temperaturen hervorragenden speziellen physikalischen und mechanischen Eigenschaften in der rasch aufwärtsstrebenden Elektrotechnik und später auch in der Vakuumtechnik sowie Elektronik in größerem Umfang benötigt wurden, wegen der hohen Schmelztemperaturen aber mit den seinerzeit zur Verfügung stehenden Anlagen nicht schmelzmetallurgisch gewonnen werden konnten. Nach der Entwicklung leistungsfähiger Vakuumlichtbogen- und Elektronenstrahlöfen, in denen Mo und auch Ta, Re sowie W geschmolzen werden können, vollzog sich ein teilweiser Übergang zur schmelzmetallurgischen Erzeugung, die heute in nennenswertem Maße allerdings nur für Mo und Ta genutzt wird.

Wenn auch durch Sonderschmelzverfahren eine höhere Reinheit der Materialien erzielt werden kann, ist doch ein so beträchtlicher technologischer und anlagentechnischer Aufwand erforderlich, dass für die Massenteilproduktion die Pulvermetallurgie wirtschaftlicher ist. Außerdem weisen die auf dem Schmelzwege hergestellten Formstücke das während der Erstarrung üblicherweise entstehende grobkörnige und von Stengelkristallbildung gekennzeichnete Gefüge auf, wodurch die Festigkeitseigenschaften und die Duktilität außerordentlich beeinträchtigt werden. An gegossenen Produkten muss deshalb vor der Weiterverarbeitung erst über Verformung und Rekristallisation eine Gefügeverfeinerung vorgenommen werden, die im Fall des Mo durch Warmstrangpressen, bei dem Glas als Schmiermittel dient, geschieht. An W hat man zum selben Zweck das Hochgeschwindigkeitswarmpressen mit Erfolg versucht. In pulvermetallurgisch hergestellten Formkörpern dagegen liegt von vornherein ein feinkörnigeres Gefüge vor, das für eine weitere Umformung besser geeignet ist. Da die pulvermetallurgische Herstellungsweise neben ausreichender Wirtschaftlichkeit auch eine hohe Duktilität der Erzeugnisse gewährleistet, gehört ihr für die Erzeugung von Blechen, Bändern, Drähten und Profilen aus W, Mo und Ta nach wie vor der Vorrang. Im Falle von W erfolgt die Bauteilproduktion ausschließlich über den pulvermetallurgischen Weg und bei Mo zu etwa 97% (Rest schmelzmetallurgisch) [15.1]. Dieser hohe Anteil bei Mo ist in der Verfügbarkeit von reinem, sinteraktivem und preiswertem Mo-Pulver, hergestellt durch H_2-Reduktion von Mo-Oxid, begründet. Die Herstellung partikelverstärkter Refraktärmetalle ist ebenfalls nur pulvermetallurgisch möglich. Bleche aus Ta werden heute wirtschaftlicher aus schmelzmetallurgischem Ausgangsmaterial gefertigt.

Von außerordentlicher Bedeutung für die Duktilität und das mechanische Verhalten der genannten Metalle ist auch ihr Gehalt an den Elementen H, O, N und C, die in beschränktem Ausmaß im krz-Gitter interstitiell gelöst werden oder beim Überschreiten der Löslichkeit Ausscheidungen in Form von Oxiden, Nitriden und Carbiden bilden. Im Falle von W und Mo liegt die Löslichkeit der Interstitiellen bei Raumtemperatur so niedrig, dass es technisch nicht ohne weiteres gelingt, diese Materialien ausscheidungsfrei zu erhalten. Menge und Art der Verunreinigungen beeinflussen die Temperatur des Überganges vom duktilen zum spröden Zustand, ein Verhalten, das bei Metallen mit kubisch-raumzentrierter Kristallstruktur häufig ist. Die Übergangstemperatur für 99,95%iges Mo und W liegt bei etwa 150 und 350°C, während sie für Fe und Cr vergleichbaren Verunreinigungsanteiles etwa –20 und 50°C beträgt. Die gleichfalls kubisch-raumzentrierten Nb und Ta sind dagegen bis zu tiefsten Temperaturen duktil und vermögen bis zu 0,2% Verunreinigungen (O + N + C) aufzunehmen, ohne ihre Verformbarkeit zu verlieren [15.2].

Der Verunreinigungsgehalt der auf sintertechnischem wie auf schmelzmetallurgischem Wege hergestellten Erzeugnisse wird in hohem Maße vom Reinheitsgrad der Ausgangsmaterialien, die in beiden Fällen Metallpulver sind, bestimmt. Auch zum Schmelzen wird dem Lichtbogen- oder Elektronenstrahlofen das Metall in der Regel als aus dem Pulver gepresste oder gesinterte Abschmelzelektrode zugeführt. Die Gewinnung von W- und Mo-Pulver – beide Metalle gehören der Gruppe VIa des Periodensystems an – erfolgt fast ausschließlich durch Wasserstoffreduktion ihrer Oxide (s. Abschn. 2.3.2). Für Wolfram-Feinstpulver mit einem besonders hohen Reinheitsgrad und gleichmäßig kugelförmiger Teilchenform hat sich die Abscheidung aus Wolfram-Hexafluorid mit Wasserstoff als ein sehr geeignetes Verfahren erwiesen (s. Abschn. 2.6.2). Feinstdisperse Pulver hochschmelzender Metalle können auch über die Anwendung gepulster Nd-YAG-Laserstrahlung hergestellt werden [15.3].

Die chemisch verwandten Va-Metalle Nb und Ta zeichnen sich durch große Affinität zu N und H aus. Da sie Hydride bilden, lassen sich ihre Pulver nicht über eine Wasserstoffreduktion darstellen. Beide Metalle werden zum Teil durch Reduktion ihrer Verbindungen mit Metallen (s. Abschn. 2.3.3), z.B. Na, das Ta außerdem mit Hilfe der Schmelzflusselektrolyse aus Fluoridsalzschmelzen (s. Abschn. 2.4.2) als Pulver gewonnen. Die pulvermetallurgische Weiterverarbeitung von Nb-Pulver zu kompaktem Metall hat stark an Bedeutung verloren. Hochreines Nb, wie es beispielsweise für supraleitende Werkstoffe großes Interesse findet, wird überwiegend schmelzmetallurgisch erzeugt.

Im Laufe der Entwicklung sind zu den reinen Sintermetallen noch eine Reihe von Sinterlegierungen, insbesondere für den Einsatz als hochwarmfeste Werkstoffe, hinzugekommen. Wegen ihrer teilweise einzigartigen mechanischen, physikalischen und chemischen Eigenschaften haben die hochschmelzenden Metalle und Legierungen als Sonderwerkstoffe in der Elektrotechnik und Elektronik, im Turbinen- und Reaktorbau, in der chemischen Industrie, in der Metallverarbeitung sowie in der Luft- und Raumfahrttechnik große Bedeutung erlangt.

15.1 Herstellung von Halbzeugen und Formteilen

Die Verarbeitung von W-, Mo- und Ta-Pulvern zu duktilen Halbzeugen und Formteilen geschieht durch Pressen, Sintern und anschließende Warm- und Kaltumformung. Dabei kommen auch als Sonderformen dieser technologischen Operationen das kalt- und heißisostatische Pressen sowie das Sinterschmieden unter Inertgas und spezielle Walzverfahren (Konti-, Streckkaliberwalzen) in gewissem Umfang zur Anwendung (s.a. Kap. 5). Um die für die Verarbeitung notwendigen technologischen sowie auch die von den verschiedensten Anwendern geforderten Gebrauchseigenschaften, die in erster Linie vom Gefügezustand abhängen, zu gewährleisten, müssen neben der chemischen Reinheit der Ausgangspulver vor allem optimale Teilchengrößen eingehalten werden. Das trifft vordergründig auf W und Mo zu. Die Teilchengröße der Ausgangspulver dieser beiden Metalle lässt sich, wie in Abschn. 2.3.2 beschrieben, über kontrollierte Fällungs- bzw. Kristallisationsbedingungen und die Anwendung gestufter Temperaturen bei der Wasserstoffreduktion der Oxide sowie durch den Feuchtigkeitsgehalt und die Strömungsgeschwindigkeit des Reduktionsgases weitgehend beeinflussen. Für die Halbzeugfertigung werden im Allgemeinen W- und Mo-Pulver mit mittleren Korngrößen zwischen 2 und 5 µm und Ta-Pulver zwischen 6 und 10 µm eingesetzt.

Die Verdichtung der Pulver zu Stäben und Formkörpern geschieht meist mittels hydraulischer Pressen und Stahlmatrizen. Das spröde, schwer verdichtbare Wolframpulver wird mit presserleichternden Zusätzen, vornehmlich Stearaten oder in Benzin gelöstem Paraffin (s. Kap. 3), versetzt. Bei Molybdän- und Tantalpulver kommt man ohne Presszusätze aus bzw. verwendet nur gelegentlich Plastifikatoren.

Die Verdichtung der Pulver insbesondere zu großvolumigen Rohlingen für die Weiterverarbeitung zu Stäben, Blechen, Platten erfolgt heute überwiegend durch isostatisches Kaltpressen. Bei Pressdrücken von 200 bis 500 MPa werden bei Mo und W relative Gründichten von 60–67% und im Falle von Ta zwischen 70 und 80% erreicht. Zur Vermeidung von Abschiebungen müssen die Tantalpresslinge nach Erreichen des maximalen Pressdruckes langsam entlastet werden.

Nur wenige Formteile (< 5% der gesamten Produktion) werden bereits im gesinterten Zustand eingesetzt. Obwohl das Metallpulverspritzgießen (MIM) zur Fertigung kompliziert geformter Bauteile auch für Refraktärmetalle interessant ist, wird es derzeit nur im Labormaßstab praktiziert [15.1]. Üblicherweise folgt auf das Sintern zur vollständigen Verdichtung und Erzielung gewünschter Eigenschaftsprofile eine thermomechanische Weiterverarbeitung durch Walzen, Schmieden, Hämmern oder Ziehen.

15.1.1 Sintern von Wolfram, Molybdän und Tantal

Das zu Presskörpern verarbeitete W-, Mo- und Ta-Pulver wie auch die Pulver auf der Basis dieser Elemente zur Herstellung entsprechender Legierungen werden heute überwiegend durch indirekte Erhitzung in Hochtemperaturöfen mit Widerstandsheizung oder in Induktionsöfen gesintert (Abschn. 6.3.2). Im Falle des sehr reinen Ta und Nb kommt das früher wesentlich umfangreicher genutzte Coolidge-

Verfahren zur Anwendung, bei dem stabförmige vorgesinterte Presslinge mit quadratischem oder rechteckigem Querschnitt direkt vom Strom durchflossen und über Widerstandserhitzung auf die notwendige Sintertemperatur gebracht werden. Das Verfahren ermöglicht hohe Sintertemperaturen, ist allerdings nur für die Herstellung von kleinen bis mittleren Stäben oder Blöcken bis zu etwa 10 kg Masse und mit Querschnitten unter 50 cm^2 geeignet. Die Abmessungen der für das Coolidge-Verfahren verwendeten Stäbe liegen zwischen 8 × 8 × 200 mm^3 und 30 × 30 × 1000 mm^3 und richten sich nach dem herzustellenden Halbzeug. Die Stäbe haben quadratischen Querschnitt, wenn daraus Stangen und Rundmaterial gefertigt werden sollen, und rechteckigen Querschnitt für das Walzen von Blechen und Bändern. Es sind Sinteranlagen für Stablängen bis 1200 mm in Betrieb. Allgemein zeigt der Einsatz des Indirektsinterns für die hochschmelzenden Metalle eine steigende Tendenz. So wird das Molybdän fast ausschließlich über Indirektsintern kompaktiert.

Das Indirektsintern verlangt gegenüber dem Sintern mit direktem Stromdurchgang einen höheren Energieaufwand, zeichnet sich aber durch eine gleichmäßigere Temperaturverteilung aus und liefert daher auch ein gleichmäßigeres Gefüge, was auf die Weiterverarbeitung der Sinterkörper und die Eigenschaften des Endprodukts entscheidenden Einfluss haben kann. Bei der Widerstandssinterung können bei zu hohen Stromstärken oder zu großen Querschnitten im Innern der Stäbe Wärmestauungen entstehen, die zuerst eine stärkere Rekristallisation und später ein Aufschmelzen unter gleichzeitiger Bildung eines Hohlraumes (Schmelzseele) zur Folge haben. Aufgrund dieser Erscheinungen sind dem Direktsintern hinsichtlich der maximalen Querschnittsgröße des Stabes Grenzen gesetzt.

Während man beim Direktsintern bis nahe an die Schmelztemperatur des betreffenden Materials herangeht, wird beim Indirektsintern mit Temperaturen < 0,85 T_s (bei Mo beispielsweise zwischen 1600 und 1700 °C) gearbeitet, wodurch allerdings bedeutend längere Sinterzeiten erforderlich sind. Als Heizelemente kommen in dafür verwendeten Hochtemperaturöfen W, Mo und MoSi$_2$ – letzteres für das Sintern von Molybdän – zum Einsatz (s. Abschn. 6.2).

Das Indirektsintern wird immer angewendet, wenn komplizierter geformte oder großformatige Teile zur Verdichtung anstehen. Es ist mit ihm möglich, bis zu 5000 kg schwere Stäbe und Blöcke, in Einzelfällen für Zwecke der Raketentechnik auch aus W, herzustellen. Für Teile größerer Abmessungen geschieht die vorangehende Verdichtung durch isostatisches Pressen (Abschn. 5.2.2). Um den Sintervorgang zu intensivieren und trotz niedrigerer Sintertemperaturen ausreichende Dichten und Festigkeiten zu erzielen, werden sinteraktivierende Maßnahmen angewendet. Sie bestehen bei W vor allem darin, dass dem W-Pulver einige Zehntel Masseprozent Ni oder Pd [15.4] oder auch Fe und Co [15.1] zugesetzt werden. Eine andere Methode, die für W- und Mo-Formteile in Betracht kommt, aber weniger wirksam ist, ist das Sintern in feuchter Wasserstoffatmosphäre, bei dem durch Oxidations-Reduktions-Reaktionen das Sintern über die „Aktivierung" des Oberflächenmaterialflusses beschleunigt wird.

Zum Sintern mit direktem Stromdurchgang weisen die Mo- und Ta-Presslinge bereits eine für die ungestörte Handhabung ausreichende Festigkeit (Kantenfestigkeit) auf, während die W-Presskörper – je nach Pulverbeschaffenheit – erst noch bei 1000 bis 1400 °C einer Vorsinterung im Wasserstoffdurchschubofen unterworfen werden müssen; sie erfahren dabei gleichzeitig eine Reinigung. Nach dem Vorsintern beträgt die Dichte des W 10 bis 13 g cm^{-3}. Es erreicht damit den Verdichtungs-

15.1 Herstellung von Halbzeugen und Formteilen

grad der Mo- und Ta-Presslinge, d.h. 2/3 des Dichtewertes des kompakten Metalls (Bild 15–3).

Auch Sintermethoden, bei denen das Aufheizen durch Elektronenstrahl, Plasma oder Induktion erfolgt, wurden erprobt und könnten zukünftig Bedeutung für die Sintertechnologie hochschmelzender Werkstoffe erlangen.

Beim Sintern (Hochsintern) werden für W Temperaturen von 2100 bis 2800 °C und für Mo bis 2200 °C benötigt. Als Sinteratmosphäre dient trockener Wasserstoff; die Durchsatzmengen betragen 3 bis 5 l je h. Während des Sinterns tritt eine beträchtliche Schwindung ein, die bei geringen Gründichten mit 14 bis 16% angegeben wird. Beim Sintern im direkten Stromdurchgang macht dies mindestens eine bewegliche Stromanschlussklemme erforderlich (s. Abschn. 6.3.2). In dem Maße, wie das Material dichter wird, nimmt auch der elektrische Widerstand ab, so dass, um Überhitzungen und damit Gefügeschädigungen zu vermeiden, die Sinterstromstärke ständig kontrolliert und nachgeregelt werden muss. Die fortschreitende Sinterung ist von einem mehr oder minder starken Kornwachstum begleitet. Um dieses einzuschränken, hält man die Sinterdauer möglichst kurz. Außerdem enthalten die Pulver in den meisten Fällen als kornwachstumshemmende Dotanden Fremdmetalloxide (ThO_2, La_2O_3, Y_2O_3, CeO_2) oder Alkalisilikate in Mengen von 0,03 bis 5%. Die Dotierungselemente werden entweder dem Ausgangsoxid zugemischt und anschließend mit diesem reduziert, oder dem bereits reduzierten, metallischen Pulver zugesetzt. Als Dotierungsverfahren werden das Pulvermischen, Flüssigdotieren und Sol-Gel-Dotieren genutzt [15.5]. Der größte Teil der Alkalisilikat-Zusätze dampft während des Sintervorganges aus, und nur ein geringer Teil verbleibt in feindisperser Form im Gefüge. Das Sintern von mit Aluminium-Kalium-Silikat gedoptem Wolfram führt zur Bildung kornstabilisierender, kaliumgefüllter Mikroporen. Dagegen enthalten Kalium-Silikat gedopte Molybdänwerkstoffe feine verformbare Teilchen, bestehend aus K–Si–O bzw. Si–O. Diese Zweitphasen wirken nicht nur beim Hochsintern, sondern auch während der nachfolgenden Warmumformung und bei hohen Dauerbetriebstemperaturen (W-Drähte in Glühlampen) der Grobkornbildung entgegen.

Auf Grund seines hohen Gasaufnahmevermögens muss das Ta im Hochvakuum gesintert werden. Ebenso, wie es mit C, N und O Verbindungen eingeht, reagiert es mit H und bildet Hydride, die zu einer starken Versprödung führen. Mit der Sinterung im Hochvakuum werden gleichzeitig eine weitere Entgasung und das Ausdampfen von restlichen Verunreinigungen, die dem Pulver von der Schmelzflusselektrolyse her noch anhaften, angestrebt. Deshalb verzichtet man auch darauf, hohe Pressdichten zu erzielen, weil damit der Entgasungsvorgang gehemmt würde. Um eine vorzeitige Verdichtung, die den Gasaustritt behindert und zum Auftreiben der Stäbe führt, zu vermeiden, werden die Ta-Presslinge langsam stufenweise auf Sintertemperatur hochgeheizt. Dabei werden in bestimmten Temperaturbereichen Wasserstoff (400 bis 800 °C) und Spuren von Alkalisalzen und Fluoriden (800 bis 1200 °C) sowie niedere Oxide und Stickstoff (oberhalb 2200 °C) ausgetrieben [15.2]. Das Dichtsintern, das bei Temperaturen von 2500 bis 2700 °C abläuft, soll erst dann einsetzen, wenn die Verunreinigungen völlig ausgedampft sind. Der Sintervorgang durch Widerstandserhitzung, der für W und Mo nach 2 bis 3 Stunden abgeschlossen ist, beansprucht bei Ta daher 8 bis 10 Stunden.

Werden gröbere Ta-Pulver verarbeitet, dann kommt man mit einer Sinterung nicht mehr aus, da die daraus hergestellten Sinterstäbe nach dem ersten Sintergang noch eine höhere Porosität aufweisen. Sie werden deshalb um 5 bis 20% kaltverformt und anschließend erneut im Vakuum nahe der Schmelztemperatur gesintert. In Verbindung mit der Zwischenverformung wird dadurch starkes Kornwachstum ausgelöst.

15.1.2 Weiterverarbeitung der Sinterteile

Sinterteile aus Ta zeigen bereits bei Raumtemperatur eine gute Duktilität und lassen sich durch Walzen, Hämmern und Ziehen kaltumformen, wenn die versprödenden Elemente H, O, N und C während der Sinterung bzw. von den Ausgangsstoffen her ferngehalten wurden. Obgleich die Löslichkeit für diese Elemente im Ta-Gitter verglichen mit derjenigen im W- oder Mo-Gitter um Größenordnungen höher liegt, wird die Verarbeitbarkeit von Ta bei Überschreiten bestimmter Grenzgehalte empfindlich beeinflusst, wie dies im Bild 15–1 für die Zugfestigkeit und die Formänderungseigenschaften am Beispiel des Sauerstoffgehaltes gezeigt wird. Das Ta lässt sich jedoch industriell ohne Schwierigkeiten so rein herstellen, dass die Gesamtverunreinigungsgehalte genügend unter der schädlichen Grenze bleiben und damit auch das an sich gute Formänderungsvermögen dieses Metalls technisch genutzt werden kann.

Während das zweifach gesinterte Ta sehr gut kaltverformbar ist und die Sinterstäbe beispielsweise ohne Zwischenglühen zu Blech von 0,01 mm Dicke gewalzt werden können, wird beim Umformen des einfach gesinterten Materials bei Verformungsgraden über 50% eine zunehmende Verfestigung beobachtet. Für eine weitere Kaltumformung macht sich deshalb ein Zwischenglühen im Vakuum bei Temperaturen von 1200 bis 1450°C erforderlich. Beim Drahtziehen neigt das Ta, wenn der Ziehfettfilm zerstört wird, zum Fressen. Um die Haftung des Ziehfettes zu verbessern, wird die Tantaloberfläche mit 1%iger Schwefelsäure anodisch oxidiert.

Das endverdichtete und -bearbeitete Ta weist bis zu tiefsten Temperaturen eine ausreichende Zähigkeit (Sprödbruchsicherheit) auf, derzufolge es auch als Sondermetall in der Tieftemperaturtechnik (z.B. unter Weltraumbedingungen) verwendet wird. Auch eine vollständige Rekristallisation beeinträchtigt die Duktilität des Ta nicht, so dass die Herstellung komplizierter Formteile und nahtloser Rohre keine

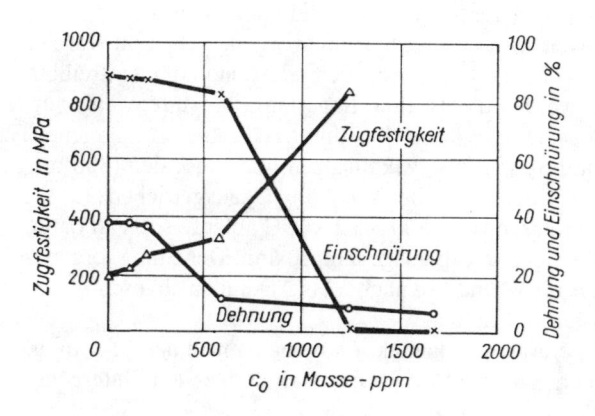

Bild 15–1. Abhängigkeit der Zugfestigkeit, Brucheinschnürung und Bruchdehnung des Tantals vom Sauerstoffgehalt c_O

15.1 Herstellung von Halbzeugen und Formteilen

Tabelle 15–1. Mechanische Eigenschaften von Tantal (nach [15.2])

	hochrein	technisch rein
Härte HV	70…90	90…150
Zugfestigkeit in MPa	200	400
Bruchdehnung in %	50	20
Elastizitätsmodul in GPa	190	

Schwierigkeiten bereitet. Die mechanischen Eigenschaften sind vom Reinheitsgrad abhängig (Tabelle 15–1). Ta ist unter Edelgasatmosphäre schweißbar. Bei der Tantalverarbeitung entstehende Abfälle werden in den Herstellungsprozess zurückgeführt.

Durch eine Glühung bei 1100 °C in reinem H_2 und Hydridbildung werden die Abfälle so spröde, dass sie in Kugelmühlen leicht zerkleinert und dem Ausgangspulver wieder zugemischt werden können. Der Wasserstoff entweicht bei der nachfolgenden Vakuumsinterung.

Die Bedingungen für die umformende Verarbeitung der Wolfram- und Molybdän-Sinterstäbe sind dadurch gekennzeichnet, dass die Übergangstemperatur vom duktilen zum spröden Verhalten bei beiden Metallen im technisch reinen Zustand weit oberhalb der Raumtemperatur liegt und – wie schon beschrieben – dabei noch maßgeblich vom Reinheitsgrad abhängt. Hinzu kommt, dass die nicht löslichen Gehalte an N, O und C als Nitride, Oxide und Carbide vorzugsweise an den Korngrenzen ausgeschieden werden. Als Folge dessen besteht bei beiden Metallen eine ausgeprägte Abhängigkeit des Formänderungsvermögens von der Korngröße und Kornform, die bei den Verarbeitungsschritten der Halbzeugherstellung zu berücksichtigen ist.

Die bei Raumtemperatur spröden W- und Mo-Sinterstäbe zeigen erst oberhalb etwa 1300 °C eine genügende Bildsamkeit, derzufolge sie sich schmieden, hämmern und walzen lassen. Ein typisches Beispiel für die Weiterverarbeitung der nach dem Coolidge-Verfahren hochgesinterten Stäbe zu Rundmaterial ist die Herstellung von W-Feinstdrähten. Zunächst werden die auf 1400 bis 1600 °C erhitzten W-Stäbe in Rundhämmermaschinen (Bild 15–2) bearbeitet und weiter verdichtet. Zwei kleine Hämmer, die radial verschiebbar in eine rotierende Scheibe eingesetzt sind, werden an Rollen vorbeigeführt, wodurch sie in Richtung auf den zentrisch hindurchgedrückten W-Stab beschleunigt werden. Mit etwa 10 000 Schlägen in der Minute wird der W-Stab „durchgeknetet" und zu Draht bis herab zu Durchmessern von 1 mm verjüngt. In jeder Verformungsstufe soll die Querschnittsabnahme nicht mehr als 10 % betragen. Zwischen den einzelnen Hämmerstufen müssen die Stäbe unter Schutzgas erneut erhitzt werden. Mit fortschreitender Verdichtung und Verformung erhält der Stab ein Fasergefüge, und die Duktilität verbessert sich soweit, dass die Verformungstemperaturen auf 600 bis 800 °C gesenkt werden können. Nach dem Hämmern ist die Zugfestigkeit des W auf 1400 bis 1500 MPa angestiegen gegenüber einer Zugfestigkeit von etwa 130 MPa der Sinterstäbe. Abschließend werden die Drähte bei Temperaturen von 500 bis 600 °C bis etwa 0,3 mm Durchmesser in Hartmetall-, darunter bis zu 0,01 mm Durchmesser in Diamantziehsteinen gezogen, wodurch die Festigkeit abermals stark ansteigt. Über die Entwicklung der Dichte sowie über weitere Änderungen der mechanischen Eigenschaften im Verlauf der verschiedenen Verarbeitungsstufen informieren Bild 15–3 und Tabelle 15–2.

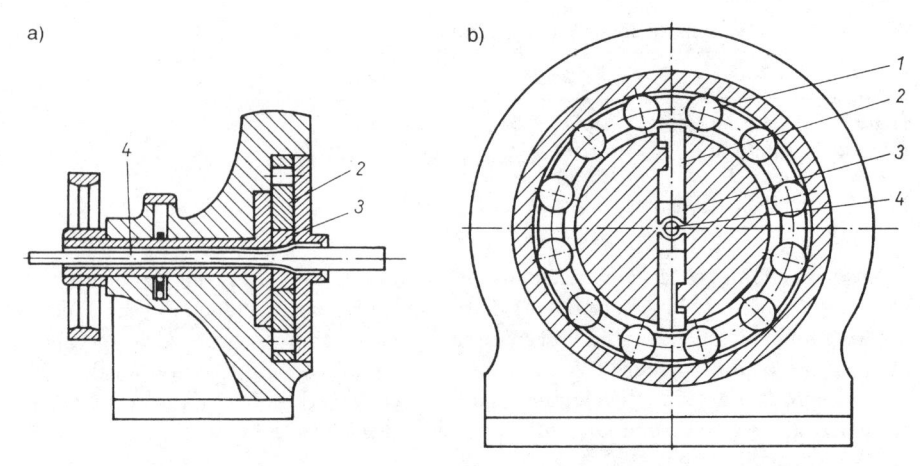

Bild 15–2. Rundhämmermaschine (nach *R. Kieffer* und *W. Hotop*): a) Längsschnitt, b) Querschnitt; *1* Rollen; *2* Hämmerbacken; *3* Hämmerförmchen; *4* Wolframstab

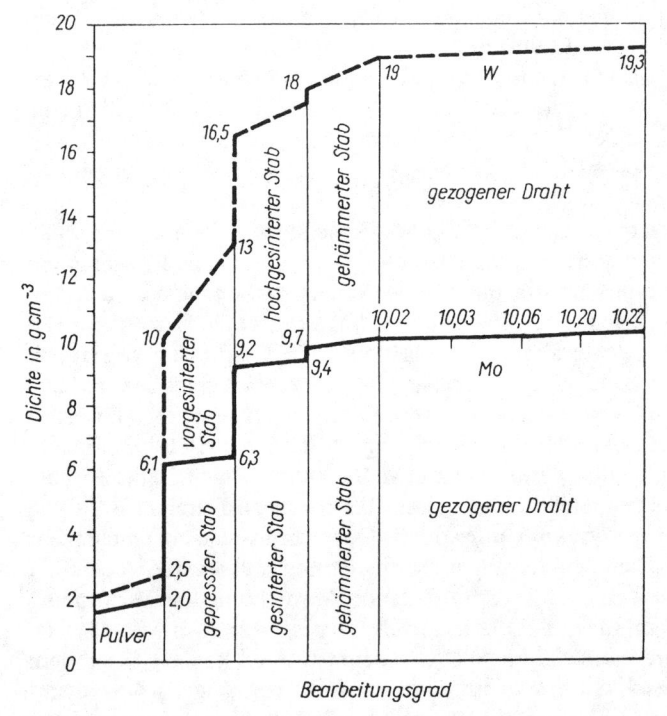

Bild 15–3. Abhängigkeit der Dichte von Wolfram und Molybdän von der Bearbeitungsstufe

15.1 Herstellung von Halbzeugen und Formteilen

Tabelle 15–2. Mechanische Eigenschaften von Wolfram und Molybdän

	Zustand	Wolfram	Molybdän
Härte HV	gesintert	200...250	150...160
	gehämmert	350...500	200...240
	Blech, gewalzt	450...500	250...350
	Blech, geglüht (rekristallisiert)	260...380	250...300
Zugfestigkeit in MPa	gesintert	100...150	
	gehämmert	400...1500	500...1000
	Draht, gezogen	1800...4100	1000...2500
	Draht, geglüht	900...1100	800...1100
Bruchdehnung in %	Draht, gezogen	1...4	2...5
	Draht, geglüht	–	
Elastizitätsmodul in GPa	bei 20°C	390	355
Schubmodul in GPa	bei 20°C	150	134

Da das beim Hämmern und Ziehen gebildete Fasergefüge sehr stark zu grobkörniger Rekristallisation neigt, enthalten die für die Halbzeugherstellung bestimmten W-Pulver die bereits weiter vorn aufgeführten kornwachstumshemmenden Beimengungen. Bei W-Feinstdrähten für Glühlampenwendeln, die Arbeitstemperaturen bis zu 3000°C ausgesetzt sind, haben die Zusätze außerdem die Aufgabe, die Gefügeneubildung in Richtung auf eine bestimmte Anordnung der Kristallite hin zu steuern. Eine ungehinderte Rekristallisation würde bei diesen hohen Temperaturen zu dem für Glühlampenwendeln unerwünschten „Schachtelhalmgefüge" (Bild 15–4a) führen, das durch grobe, jeweils den gesamten Drahtquerschnitt erfassende Kristallite gekennzeichnet ist. Im Dauerbetrieb schieben sich die Kristallite an den Korngrenzen ab (Hochtemperatur-Korngrenzengleiten); das hat zunächst ein Durchhängen und bald darauf die Zerstörung des Glühfadens zur Folge. Mit geringen Zusätzen an Alkalisilikaten und Al_2O_3 oder Gemengen der schon erwähnten Oxide kann die Rekristallisation jedoch so beeinflusst werden, dass langgestreckte, sich gegenseitig überlappende Körner mit dominierender [531]-Fasertextur wachsen, deren Korngrenzen im Wesentlichen parallel zur Drahtachse gerichtet sind [15.6]. Die Ursache einer solchen, auch als „Stapeldrahtgefüge" (Bild 15–4b) bezeichneten Anordnung der Körner wird darin gesehen, dass das Material nach dem Hochsintern zahlreiche bis etwa 100 nm große kaliumgefüllte Mikroporen (bubbles) enthält, die infolge der einachsigen hohen Umformung in den Subkorn- und Korngrenzen als vorzugsweise reihenförmige, in Richtung der Drahtachse gestreckte Dispersate vorliegen und bei der Rekristallisation die Korngrenzenbewegung senkrecht zur Drahtachse wirkungsvoll hemmen [15.7]. Obwohl das Kalium als das für diese Erscheinung wichtigste Element erkannt wurde, führt sein alleiniger Zusatz nicht zur Entstehung des „Stapeldrahtgefüges"; es diffundiert völlig aus dem Material heraus. Die Ausbildung des „Stapeldrahtgefüges" schränkt das Hochtemperatur-Korngrenzengleiten ein (Bild 15–5) und schließt ein Durchhängen des Glühfadens weitestmöglich aus („non-sag wire").

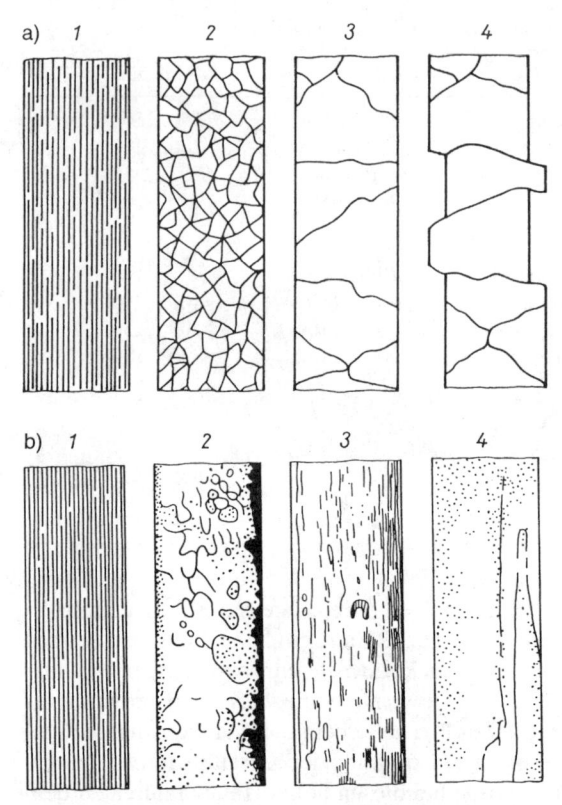

Bild 15–4. Wolframdraht. a) Für Glühfäden unbrauchbar: *1* nach dem Ziehen; *2* nach kurzzeitiger Rekristallisation; *3* Kornwachstum nach langanhaltender Erhitzung bei hohen Temperaturen (Schachtelhalmgefüge); *4* Zerstörung durch Gleiten der Kristallite an den Korngrenzen; b) für Glühfäden brauchbar: *1* nach dem Ziehen; *2* rekristallisiert bei 2500 °C (technisch reines Wolfram); *3* rekristallisiert bei 2500 °C (Wolfram mit 0,75% ThO$_2$); *4* rekristallisiert bei 2500 °C mit Stapeldrahtgefüge (gedoptes Wolfram)

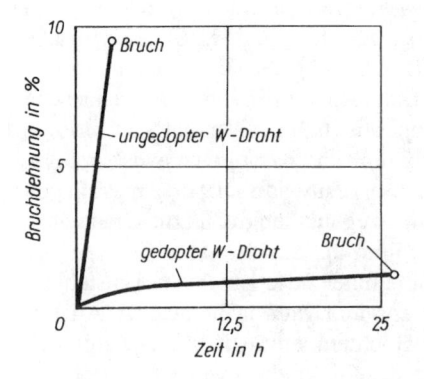

Bild 15–5. Bruchdehnung in Abhängigkeit von der Beanspruchungsdauer für reinen und „gedopten" Wolframdraht. $T = 2800$ K; $\sigma = 13$ MPa: Drahtdurchmesser 0,9 mm

15.1 Herstellung von Halbzeugen und Formteilen

Die Umformung der W-Sinterstäbe zu Breit-Flach-Erzeugnissen, wie Blechen und Bändern, geschieht durch Schmieden und Walzen. Da beim Schmieden die Verdichtung weniger intensiv als beim Rundhämmern ist, muss, um eine einwandfreie Weiterverarbeitung zu sichern, das Stab-Vormaterial eine möglichst hohe Sinterdichte aufweisen. In der ersten Verformungsstufe, dem Hochtemperaturschmieden, werden die Sinterstäbe zu Platinen geformt; die Schmiedetemperaturen betragen anfangs 1600 bis 1800 °C. Mit fortschreitender Verformung und Verdichtung kann die Temperatur bis auf etwa 1100 °C vermindert werden.

Das sich anschließende Heißwalzen der Platinen wird, beginnend bei 1300 °C, in mehreren Stichen unter ständigem Wiedererwärmen auf Walztemperatur vorgenommen und bis zu etwa 1 mm Blechdicke beibehalten. Wegen des hohen Formänderungswiderstandes ist die mit jedem Walzstich verbundene Dickenabnahme nur gering. Die Duktilität des Materials hat jedoch soweit zugenommen, dass die weitere Verformung durch Kaltwalzen mit Zwischenglühen geschehen kann. Bei genügender Reinheit des Materials lassen sich W-Bleche bis zu 0,02 mm Dicke und unter besonderen Maßnahmen (Paketwalzen) auch noch darunter herstellen. Besondere Aufmerksamkeit gilt dem Zwischenglühen. Die Temperaturen sind möglichst hoch, aber unter Berücksichtigung des für W ausgeprägten Zeiteinflusses so zu wählen, dass eine Rekristallisation und damit eine Versprödung des Bleches ausgeschlossen wird. Das kaltgewalzte Blech aus reinem W beginnt bei etwa 1200 °C, allerdings erst nach einer Glühdauer von 4 h, zu rekristallisieren; bei Arbeitstemperaturen um 1400 °C setzt die Rekristallisation jedoch bereits nach wenigen Minuten ein. Die kornwachstumshemmenden Zusätze des „gedopten" W verschieben den Rekristallisationsbeginn auf Temperaturen oberhalb 1650 °C. Obwohl die Warmumformung des W, wenn die Bearbeitungszeiten genügend kurz sind, an der Atmosphäre vorgenommen werden kann, da das oberflächlich gebildete Oxid abraucht, wird zur Vermeidung der damit verbundenen Materialverluste meist unter einem Schutzgasschleier gearbeitet.

Ein alternatives Umformstreckverfahren zur Weiterverarbeitung von Wolfram- und Molybdänsinterstäben zu Draht, Band oder Folie ist das Streckkaliberwalzen [15.8]. Gegenüber dem Umformstrecken im Kontiwalzwerk, wo das Kaliber aus drei Rollen gebildet und maximal Umformgrade von 14% erzielt werden, erlaubt das Streckkaliberwalzen wesentlich höhere Umformgrade, wodurch das Gefüge durchgreifender verformt und die Anzahl der Walzstiche und Zwischenerwärmungen vermindert werden. Der gesinterte Stab mit einer relativen Dichte $\geq 80\%$ wird unter H_2 auf Anstichtemperatur erwärmt und bei Einsparung des Vorschmiedens einer Umformung in mehreren Walzstichen (Oval-Quadrat-Kalibrierung) unterzogen; die Querschnittverminderung beträgt beim ersten Stich $\geq 25\%$. Die Anstichtemperatur beläuft sich für W-Basiswerkstoffe auf 0,37 bis 0,47 T_S, für Mo-Basiswerkstoffe auf 0,44 bis 0,57 T_S; sie kann auch im kontinuierlichen Prozess über die Abkühlung des Walzgutes aus der Sinterwärme eingestellt werden. Die nachfolgende Verarbeitung geschieht durch Hämmern sowie Ziehen oder Walzen.

Aus dem gehämmerten, gezogenen, geschmiedeten oder gewalzten Material lassen sich weitere W-Formteile, wie Stäbe, Stifte, Plättchen oder Bänder, herstellen. Je nach Form und Abmessung werden hierfür das Trennen mit Karborundscheiben, die spanende Formgebung mit Hartmetallwerkzeugen (s. Kap. 17) sowie das Schneiden mit geeigneten Scheren herangezogen. Die Weiterverarbeitung von W-Halbzeug

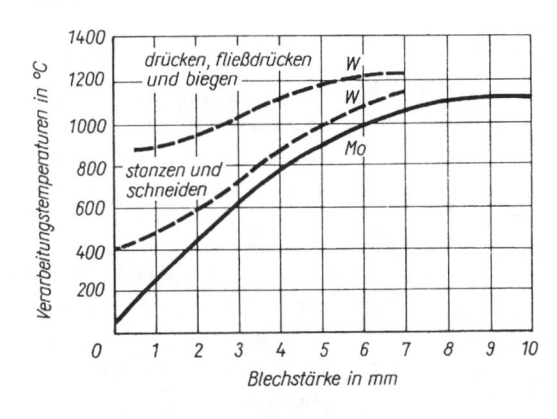

Bild 15–6. Verarbeitungstemperaturen von Wolfram und Molybdän in Abhängigkeit von der Blechstärke

durch Biegen, Drücken, Fließdrücken und Stanzen geschieht grundsätzlich bei erhöhten Temperaturen (600 °C) und mit angewärmten Werkzeugen (Bild 15–6).

Neben der thermomechanischen Weiterverarbeitung wird auch die Infiltration gesinterter, noch offenporiger Formteile aus Wolfram mit einer Schmelze zur Herstellung dichter Komponenten eingesetzt. Hierbei dienen sowohl Metalle wie Kupfer und Silber als auch elektronenemittierende Werkstoffe wie Bariumaluminat oder Bariumcalciumaluminat als Infiltrationsmaterial.

Für die Fertigung von Halbzeugen aus Mo sind die gegenüber dem W weitaus höhere Bildsamkeit sowie die niedrigere Schmelz- und Übergangstemperatur duktil/spröde des Mo bestimmend. Die Warmumformung von gesinterten Mo-Stäben oder -Blöcken bietet, solange ein feinkörniges Gefüge vorliegt, keine Schwierigkeiten. Je nach der Beschaffenheit des gesinterten Vormaterials liegen die Umformtemperaturen um 200 bis max. 400 K tiefer als beim W. Neben dem schon erwähnten Streckkaliberwalzen findet das Strangpressen (s. Abschn. 5.3.3) im Glashemd (Séjournet-Verfahren) sowohl für schmelzmetallurgisch hergestelltes als auch gesintertes Mo Anwendung. Daneben sind für die Drahtherstellung die Verformung und Verdichtung in Rundhämmermaschinen (Anfangsarbeitstemperaturen von 1200 bis 1400 °C) weiterhin im Gebrauch. Die stranggepressten Stäbe und Knüppel sind so duktil, dass sie auf kontinuierlichen Drahtwalzstraßen oder in Warmwalzgerüsten bearbeitet werden können.

Ab Durchmessern bzw. Dicken von etwa 1 mm wird kalt, allenfalls bei mäßig erhöhten Temperaturen bis 200 °C weiterverformt. Je nach den Umformbedingungen ist zwischendurch ein Entspannungsglühen (800 bis 1100 °C) unter Schutzgas oder im Vakuum notwendig. Feinbleche, Bänder und Folien werden auf Feinwalzwerken gewalzt, die – wenn an die Oberflächengüte des Erzeugnisses höchste Anforderungen gestellt werden – mit hochglanzpolierten, über isostatisches Pressen hergestellten Hartmetallwalzen bestückt sind. Dünne Drähte können dank der besseren Bildsamkeit des Mo im Mehrfachzug gefertigt werden. Bei dieser hochproduktiven Technologie sind Ziehsteine abnehmender Größe der Düsenöffnung hintereinander geschaltet, so dass der Draht ohne Zwischenglühen in einer Operation die Ziehstufen durchläuft, die zur Einstellung seines Enddurchmessers erforderlich sind. Für die Duktilität des Drahtes ist es am besten, wenn gleich am ersten Zug eine Querschnittsabnahme von 50 bis 60 % realisiert wird. Bild 15–3 gibt eine Vorstellung von der Dichtesteigerung, die das Mo im Verlauf seiner Verarbeitung zu Feinstdraht erfährt.

Während das pulvermetallurgisch hergestellte W – wie übrigens auch das schmelzmetallurgisch gewonnene Mo – bei Rekristallisationstemperatur stark zur Bildung eines groben, das Material versprödenden Korns neigt, entsteht beim Sintermolybdän, wenn die Glühdauer kurz und die Temperaturen auf 1600 bis 1700°C gehalten werden, ein stabiles feinkörniges Rekristallisationsgefüge, das bei nur wenig geminderter Zugfestigkeit von einer starken Zunahme der Bruchdehnung begleitet ist. Dank dieser Besonderheit ist es bei den über den Sinterweg gefertigten Mo-Halbzeugen möglich, nach dem Fertigwalzen bzw. -ziehen mit Hilfe einer Glühbehandlung Festigkeit und Formänderungsfähigkeit in einem weiten Bereich zu variieren und dem jeweiligen Verwendungszweck anzupassen. Dem Wolfram analoge Effekte durch Dotierung lassen sich auch beim Molybdän (K-Si-dotiertes Mo) erzielen (HT-Molybdän), wobei jedoch keine Al-haltigen Zusätze verwendet werden. Infolge der höheren Duktilität des Mo ist das „Stapeldrahtgefüge" sowohl bei Molybdändraht als auch bei -blech stärker als im W ausgeprägt.

Das Biegen, Prägen, Drücken, Tiefziehen und Stanzen von Molybdänhalbzeug geschieht bis zu Dicken bzw. Durchmessern von etwa 0,5 mm kalt, im Dickenbereich zwischen 0,5 und 1 mm bei leicht (100 bis 150°C) und im Fall noch größerer Querschnitte bei bis auf 500°C erhöhter Temperatur (Bild 15–6). Die Duktilität ist dabei – ähnlich wie beim Kaltziehen von Draht – am besten, wenn ein um 60 bis 65% kaltverformtes Material zum Einsatz kommt. Für das Arbeiten im mittleren Temperaturgebiet genügt es, lediglich das Werkzeug entsprechend vorzuwärmen. Die spanende Formgebung (Drehen, Hobeln, Fräsen) wird mit Hartmetallwerkzeugen vorgenommen.

Außer über die Einstellung eines Feinkorngefüges sowie die Erweiterung des Duktilitätsbereiches durch Verringerung des Gehaltes an schädlichen Verunreinigungen (O, N, C) ist es auch möglich, das Formänderungsverhalten der hochschmelzenden Metalle W und Mo auf dem Wege des Legierens günstig zu beeinflussen. Als ein hierfür besonders geeignetes Legierungselement hat sich das Re erwiesen. W und Mo bilden mit Re bis zu größeren Konzentrationen Mischkristalle. Mit ansteigendem Re-Gehalt nimmt die Duktilität der W-Re- und der Mo-Re-Legierungen stark zu und erreicht ein Maximum, wenn sich im Gefüge neben den W- bzw. Mo-Mischkristallen bereits die tetragonale σ-Phase, Re_3W_2 bzw. Re_3Mo_2 anzeigt. So sind Mo-Re-Legierungen mit etwa 35 Atom-% Re schon kaltduktil, wohingegen beim W der Re-Zusatz vor allem die Warmformbarkeit verbessert. W-Re-Legierungen mit 26 bis 30 Atom-% Re lassen sich im Temperaturbereich von 800 bis 1000°C ausgezeichnet walzen. Da die Rekristallisationstemperatur je nach dem Re-Gehalt um 200 bis 400°C heraufgesetzt wird, weisen sie außerdem eine erhöhte Warmfestigkeit auf. Schließlich zeichnen sich W-Re- und Mo-Re-Legierungen durch einen gegenüber den Grundmetallen stark erhöhten spezifischen elektrischen Widerstand aus. Die geringe Verfügbarkeit und der hohe Preis von Re stehen einer breiteren Anwendung dieser Legierungen jedoch entgegen.

15.2 Anwendungen von Wolfram-, Molybdän- und Tantal-Werkstoffen

In den letzten Jahrzehnten haben sich die pulvermetallurgisch hergestellten W-, Mo- und Ta-Werkstoffe zu jederzeit verfügbaren Gebrauchsmaterialien mit einer Fülle alltäglicher Anwendungen entwickelt. Bevorzugt werden sie in der Elektrotechnik und Elektronik, in der Hochtemperaturvakuum-, Raketen- und Nukleartechnik sowie Tantal auf Grund seiner ausgezeichneten Resistenz im Kontakt mit aggressiven Medien außerdem in der chemischen Industrie verwendet. Auf weitere wichtige Einsatzgebiete, wie die Nutzung von W bzw. W-Cu als Kontaktmaterial (s. Abschn. 14.2) und die Verwendung von W und Mo als Heizleiterwerkstoffe (s. Abschn. 6.2) wird an anderer Stelle ausführlicher eingegangen. Spezielle W-Legierungen, die so genannten Schwermetalle, werden im Abschnitt 15.3 gesondert behandelt.

15.2.1 Hochwarmfeste Bauteile

Die für Hochtemperaturzwecke am meisten verwendeten Konstruktionswerkstoffe sind die Nickelbasis- und Cobaltbasis-Superlegierungen [15.9]. Im Dauerbetrieb halten sie Temperaturen um 1000 °C, maximal 1100 °C stand (Kap. 10). Der Ausnutzungsgrad, d.h. das Verhältnis von maximaler Betriebstemperatur zur Schmelztemperatur, erreicht bei diesen Legierungen annähernd den Wert 0,8. Werden in Sonderfällen noch höhere Arbeitstemperaturen verlangt, beispielsweise bei Energieumwandlungsprozessen in Verbindung mit einer weiteren Verbesserung des thermischen Wirkungsgrades oder in der Raketen- und Kerntechnik, dann finden aus den Reihen der metallischen Werkstoffe hochschmelzende Metalle und ihre Legierungen Anwendung. Nachteilig stehen dem Einsatz als Hochtemperaturwerkstoffe neben einer höheren Dichte vor allem die starke Oxidationsneigung und bei Ta sowie Nb außerdem noch das hohe Gasaufnahmevermögen entgegen.

Das Mo beginnt an der Atmosphäre ab 400 °C zu oxidieren. Oberhalb 600 °C wird es unter Abrauchen des flüchtigen MoO_3 bereits nach kurzer Zeit zerstört. Die W-Oxidation, die bei etwa 500 °C einsetzt, nimmt erst ab 800 °C ein merkliches Ausmaß an. Da das WO_3 wesentlich weniger flüchtig als MoO_3 ist, bildet sich eine Oxidschicht, die aber porös ist und den weiteren Angriff des Grundwerkstoffs nicht behindert. Infolgedessen kommen die W- und Mo-Werkstoffe überwiegend für solche Hochtemperatur-Anwendungsfälle in Betracht, wo eine Gas-Metall-Reaktion ausgeschlossen oder die Beanspruchung unter oxidierenden Bedingungen (bei ausreichender Dimensionierung der Bauteile) zeitlich begrenzt ist. Neuere Entwicklungen zeigen, dass das Oxidationsverhalten der Refraktärmetalle durch Beschichtungen, z.B. auf Si-Cr-Fe- bzw. Si-B-C-Basis verbessert werden kann [15.10, 15.11]. Unter den Handelsnamen Sibor® und Nicrom® werden von der Plansee AG, Reutte, entsprechende Schutzschichten bereits angeboten [15.12]. PVD-Schichten, wie CrC oder TiAl, können ebenfalls zur Oberflächenveredlung, z.B. für gießereitechnische Anwendungen von Refraktärmetallen, genutzt werden.

W und in geringerem Maße auch Mo weisen bei Raumtemperatur und in bestimmten Verarbeitungszuständen hervorragende Festigkeitseigenschaften auf (s. Tabelle 15–2). Da beide Metalle keine temperaturabhängigen Gitterumwandlungen

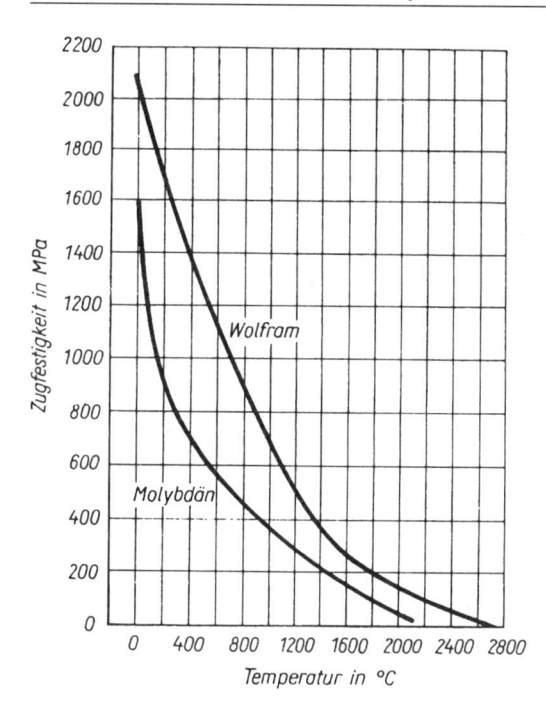

15.2 Anwendungen von Wolfram-, Molybdän- und Tantal-Werkstoffen

Bild 15–7. Temperaturabhängigkeit der Zugfestigkeit von Wolfram und Molybdän (nach [15–2])

(Polymorphie) erfahren, nehmen Elastizitätsmodul, Zugfestigkeit und Härte mit steigender Temperatur stetig ab (Bilder 15–7, 15–8, 15–9).

Die Zugfestigkeit des hochreinen verformten und anschließend geglühten W beträgt für 1800 °C etwa 200 MPa, bei 2200 °C 100 MPa. Das wesentlich niedriger schmelzende Molybdän erreicht bei Temperaturen um 1400 °C immerhin noch Zugfestigkeitswerte von 200 MPa. Die im Dauerbetrieb nutzbaren Warmfestigkeiten werden jedoch durch Kriechvorgänge beeinträchtigt, die im Falle des W – je nach Gefügezustand und Reinheitsgrad – bis ungefähr 1600 °C weniger, beim Reinmolybdän aber schon bei 850 °C in Erscheinung treten. Warmfestigkeit und Zeitstandverhalten werden von den Rekristallisationsvorgängen, die in reinem W oberhalb 1200 bis 1300 °C und im Mo ab 1000 °C einsetzen, entscheidend beeinflusst. Gegenmaßnahmen sind der Einsatz des über die Gasphasenreaktion aus W-Hexafluorid gewonnenen feinkörnigen W-Pulvers, das ein Sintermetall mit besonders hoher Rekristallisationstemperatur liefert, und die schon erwähnte Zugabe von Oxiden. Insbesondere durch feindispers verteilte La_2O_3-, CeO_2- und ThO_2-Zusätze, die das Kornwachstum hemmen und die Ausbildung eines feinkörnigen Rekristallisationsgefüges bewirken, wird eine beträchtliche Erhöhung der Rekristallisationstemperatur und der Kriechbeständigkeit erzielt (Tabelle 15–3). Bei kaliumdotiertem Wolfram werden ähnliche Effekte mittels eingebrachter feinster Bläschen ("bubbles") erhalten. Auch das Legieren von W mit 25% Re bewirkt eine beachtliche Steigerung der Warmfestigkeit; die Zeitstandsfestigkeit bleibt davon aber unbeeinflusst (Bild 15–11).

Die Bemühungen, das Gebiet oberhalb des Festigkeitsbereiches der Superlegierungen – z.B. Nimonic – zu erschließen und einen breiteren Einsatz metallischer

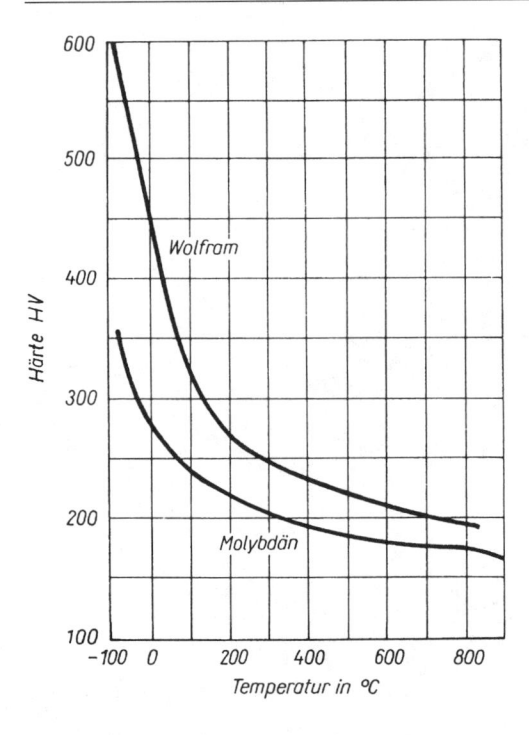

Bild 15–8. Temperaturabhängigkeit der Härte von Wolfram und Molybdän (nach [15–2])

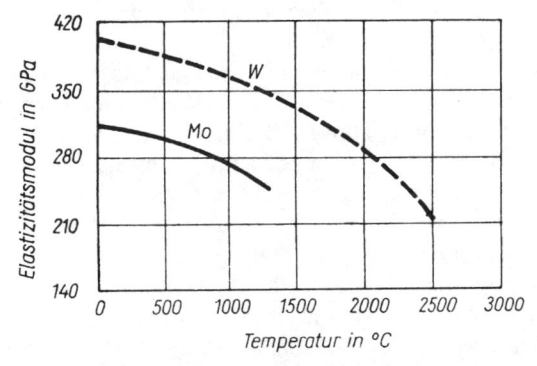

Bild 15–9. Temperaturabhängigkeit des Elastizitätsmoduls von Wolfram und Molybdän

Bauteile auch über 1000 bis 1100 °C hinaus zu ermöglichen, haben sich hauptsächlich auf Mo-Werkstoffe konzentriert (Bild 15–10), die preisgünstiger sind und sich wegen ihrer gegenüber W besseren Duktilität leichter verarbeiten lassen.

Technisch eingeführt für Hochtemperaturanwendungen sind Mo-Re, Mo-W-Legierungen und Mo-Legierungen mit geringen Gehalten an carbidbildenden Elementen Ti und Zr (TZM, TZC) bzw. Hf (MHC, ZHM) oder oxidischen Dispersoiden wie La_2O_3 (z.B. ML), Y_2O_3, CeO_2 oder ZrO_2 (Tabelle 15–3). Zur Herstellung der TZM-Standardlegierung werden dem Mo-Pulver Titanhydrid- und Zirkonhydridpulver sowie Ruß zugemischt und die Pulvergemische mit Drücken von 200 bis 400 MPa gepresst. Beim Aufheizen auf Sintertemperatur (2200 °C, H_2) zersetzen

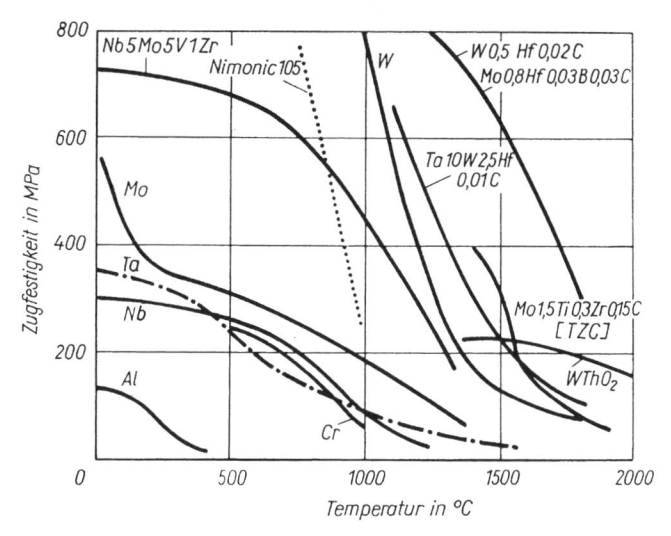

15.2 Anwendungen von Wolfram-, Molybdän- und Tantal-Werkstoffen

Bild 15–10. Warmzugfestigkeit von hochschmelzenden Metallen und Legierungen (nach E. *Fromm* und F. *Benesovsky*)

Tabelle 15–3. Mechanische Eigenschaften ausgewählter Mo- und W-Werkstoffe (90% Umformgrad φ) [15.13]

Legierungs-Bezeichnung	Chemische Zusammensetzung in Gewichts-%	Rekristallisationstemperatur in °C	Zugfestigkeit bei 1000°C in MPa
Mo		1100	250
TZM	Mo0,5Ti0,08Zr0,025C	1400	600
TZC	Mo1,2Ti0,3Zr0,1C	1550	800
MHC	Mo1,2Hf0,08C	1550	800
ML	Mo0,3La$_2$O$_3$	1300	300
K-Si-Mo	Mo0,05Si0,025K	1200	300
Mo50Re	Mo47,5Re	1300	600
Mo30W	Mo30W	1200	350
W		1350	350
WL15	W1,5La$_2$O$_3$	1550	420
WC20	W1,9CeO$_2$	1550	420
WT20	W2,0ThO$_2$	1450	400
AKS-W-ThO$_2$	W1,0ThO$_2$0,004K	2400 ($\varphi = 99,9\%$)	1000 ($\varphi = 99,9\%$)
W26Re	W26Te	1750	900

sich die Hydride unter H$_2$-Bildung. Die Legierungselemente werden im Mo gelöst und während der Abkühlung von Sintertemperatur in Form feindisperser Carbide wieder ausgeschieden. Um die Oxidation der Legierungsbestandteile und damit die Bildung oxidischer, die Duktilität verschlechternder Korngrenzeneinlagerungen zu verhindern, werden beim Sintern geeignete Gettermethoden angewendet. Die genannten Legierungselemente erhöhen die Rekristallisationstemperatur des Mo

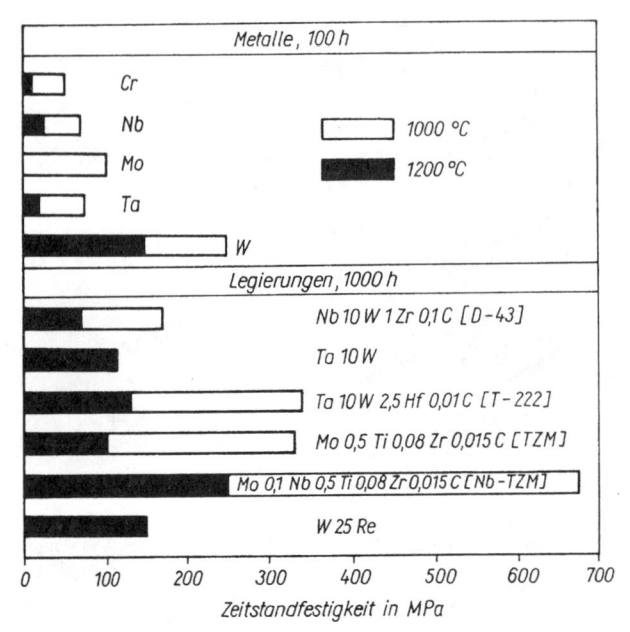

Bild 15–11. Zeitstandfestigkeit von hochschmelzenden Metallen und Legierungen (nach E. Gebhardt, E. Fromm und F. Benesovsky)

wesentlich und verbessern über die Mischkristallbildung, mehr aber noch durch die Ausscheidung hochdisperser Carbidphasen seine Warmfestigkeit und Zeitstandfestigkeit (Bild 15–11) stark. Eine optimale Wirkung liegt bei etwa 0,5% Ti-Zusatz und einem bestimmten Ti/C-Verhältnis vor. Bemerkenswert ist auch die durch Nb-Zugabe erzielte erhebliche Verbesserung des Zeitstandverhaltens.

Die Mo-Legierungen (TZM, TZC) werden sowohl pulver- als auch schmelzmetallurgisch gefertigt. Das Warmfestigkeitsverhalten und die technologischen Eigenschaften der über Sintern erzeugten Materialien sind jedoch im Allgemeinen günstiger, da diese Verfahrenstechnik bessere Möglichkeiten einer Gefügebeeinflussung (Begrenzung der Korngröße, gleichmäßige Verteilung der Phasen) beinhaltet. Weitere Verbesserungen, insbesondere hinsichtlich der Bruchdehnung, lassen sich erzielen, indem kaltisostatisch vorverdichtete TZM-Pulver bei etwa 1430°C heißisostatisch endverdichtet werden. MHC ist eine hochwarmfeste teilchenverstärkte Mo-Basislegierung. Durch die Zugabe von Hf und C kommt es zur Bildung von fein verteilten Hafnium-Carbiden, die wegen ihrer guten thermischen Stabilität bis zu sehr hohen Temperaturen (1550°C) festigkeitssteigernd sind und somit eine im Vergleich zu TZM höhere Warmfestigkeit bewirken. Auch La_2O_3-Teilchen im Nanometerbereich erhöhen die Rekristallisationstemperatur beträchtlich und sorgen in Verbindung mit einem längsgestreckten grobkörnigen Gefüge für ausgezeichnete Hochtemperatureigenschaften (insbesondere Kriecheigenschaften) bis zu höchsten Einsatztemperaturen (Bild 15–12). Hinzu kommen verbesserte Schweißeigenschaften und im Fall von Mo–La_2O_3 und Mo–Y_2O_3 dotierten Werkstoffen auch eine verbesserte Oxidationsbeständigkeit bis ca. 600°C [15.5].

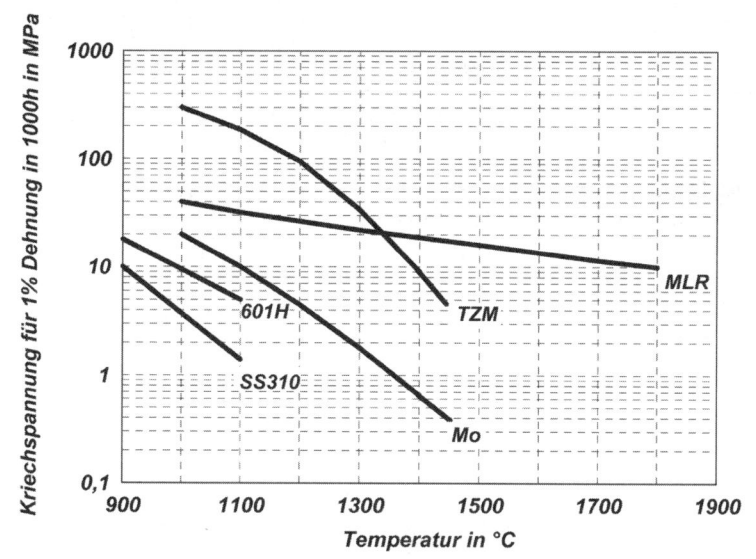

15.2 Anwendungen von Wolfram-, Molybdän- und Tantal-Werkstoffen

Bild 15–12. Kriecheigenschaften von teilchenverstärkten Mo-Basislegierungen (TZM mit Ti, Zr-Carbiden, MLR mit La_2O_3-Teilchen)

Anwendungsfälle für TZM- bzw. MHC-Molybdän sind vor allem Werkzeuge und Kerneinsätze für Aluminium- und Messingdruckguss, Strangpressmatrizen, wie überhaupt Werkzeuge, mit denen Verformungen bei Temperaturen bis 1200 °C durchgeführt werden. Gute Voraussetzungen bietet das TZM auch als Werkzeugwerkstoff für das Isothermschmieden, z.B. von Ti-Legierungen bei 850 bis 950 °C. Gegenüber den Nickel-Basis-Legierungen weist TZM eine bessere Kriechfestigkeit und eine vierfach höhere Wärmeleitfähigkeit auf, so dass das Werkzeug homogen erwärmt und demzufolge die Anrissempfindlichkeit wesentlich vermindert wird. Von Nachteil ist allerdings die geringe Oxidationsbeständigkeit, die für das Isothermschmieden mit TZM-Werkzeugen Schutzgasbetrieb erfordert. Weiterhin ist das TZM-Mo aufgrund seiner hervorragenden Zeitstandfestigkeit bis 1000 °C als Schaufelwerkstoff für Helium-Turbinen, die in Verbindung mit Hochtemperaturreaktoren betrieben werden, geeignet [15.15]. Die Endverdichtung und Formgebung des Materials geschieht durch Sinterschmieden unter Schutzgas. Einsatzmöglichkeiten für oxiddispersionsverfestigte Mo-Werkstoffe sind beispielsweise Komponenten wie Heizelemente oder Chargiergestelle im Hochtemperatur-Ofenbau oder Schiffchen für Glüh- und Sinterprozesse (Temperaturen bis 1100 °C).

Die ohnehin schon gute Beständigkeit des Mo gegen geschmolzenes Zn kann durch Zulegieren von W noch verbessert werden. Deshalb wird die Legierung Mo30W bevorzugt in der Zn-Industrie eingesetzt. Über weitere Einsatzmöglichkeiten der hochschmelzenden Metalle und ihrer Legierungen informiert (Tabelle 15–4).

Unter den Tantalwerkstoffen sind Legierungen mit W sowie Hf und C als hochwarmfeste Werkstoffe im Gebrauch (Bilder 15–10, 15–11, Tabelle 15–3). Ihr Warmfestigkeitsverhalten ist mit dem des W und einiger Mo-Legierungen vergleichbar, sie lassen sich jedoch wesentlich leichter verarbeiten als diese.

Tabelle 15–4. Anwendungsfälle für hochschmelzende Metalle und Legierungen

Werkstoff	Anwendung
Mo-Re, W-Re, Nb, Nb-Hf-W	Komponenten für Raketen und -triebwerke, Steuerdüsen in Luft- und Raumfahrt
W, Ta, TZM, MHC, ML	hochwarmfeste Bauteile, Hochtemperatur-Ofenbau, Metallguss-, -spritz- und -umformtechnik
Mo-Re, W-Re bzw. ML, W-gedopt	Hochtemperatur-Thermoelemente bzw. -Heizleiter
W-gedopt, W-La_2O_3/ThO_2, ML, Nb-Zr	Lampen- und Röhrenindustrie
Ta	Elektrolytkondensatoren
Ta, Ta-W, Nb	Chemische Industrie (z.B. Behälter, Rohre, Autoklavauskleidungen, Schutzrohre für Thermoelemente)
Mo, W, Mo-W	Glasindustrie (z.B. Glasschmelzelektroden, Rührwerkzeuge, Schmelztiegel, Heizer)
W-La_2O_3/ThO_2/CeO_2/ZrO_2	Elektroden für Schweißen und Plasmaschneiden
W-gedopt, W-Re, TZM	Steh-, Drehanoden in der Medizintechnik

15.2.2 Korrosiver Beanspruchung ausgesetzte Teile

Für einen Einsatz unter stark korrosiven Bedingungen ist von den hochschmelzenden Sintermetallen nur das Ta geeignet. Es ist gegen Salz- und Salpetersäure jeder Konzentration und Temperatur beständig. Auch Schwefelsäure niederer Konzentration greift es nicht an. In konzentrierter warmer oder rauchender Schwefelsäure ist jedoch die Beständigkeit nicht mehr gegeben. Ebenfalls wirkt Phosphorsäure bei höheren Konzentrationen und Temperaturen, Flusssäure hingegen in jeder Konzentration korrodierend. Organische Säuren, gleich welcher Konzentration, greifen Ta nicht an. Desgleichen ist das Tantal an Luft, auch in Industrieatmosphäre sowie gegenüber Chlorgasen beständig. In alkalischen Lösungen nimmt der Abtrag mit der Konzentration und Temperatur zu [15.9].

Auf Grund seiner hervorragenden, nur noch von den Edelmetallen übertroffenen Korrosionsbeständigkeit findet das Ta als Konstruktionswerkstoff im Kontakt mit korrosiven Medien überwiegend im chemischen Apparatebau für Großbehälter, Reaktionsgefäße, Säuregewinnungsanlagen, Wärmetauscher und Pumpen sowie in der Kunstseidenindustrie für Spinndüsen Anwendung. Aus materialökonomischen Gründen (Ta ist wegen seiner relativ geringen Verfügbarkeit und kostspieligen Herstellung ein sehr teures Metall) wird der Korrosionsschutz häufig auch über eine Plattierung nicht korrosionsbeständiger Teile mit Ta-Blech vorgenommen. Wegen seiner guten Verträglichkeit mit dem menschlichen Gewebe (Biokompatibilität) wird das Ta außerdem in der Medizin (z.B. Knochenersatz, Kieferimplantate, Clips) eingesetzt [15.16].

Im Vakuum und unter Edelgasatmosphäre ist das Ta auch bei hohen Temperaturen gut beständig, so dass es z.B. als Tiegelmaterial beim Schmelzen von Seltenerdmetallen genutzt werden kann. An der Luft weist das Ta jedoch wie die anderen hochschmelzenden Metalle eine starke Neigung zur Hochtemperaturkorrosion auf; ab etwa 450 °C beginnt es unter Bildung von Ta_2O_5 stark zu verzundern.

Im Bemühen, das hervorragende Warmfestigkeitsverhalten der hochschmelzenden Metalle auch unter atmosphärischen Bedingungen nutzen zu können, sind in der Vergangenheit zahlreiche Versuche, die Hochtemperaturkorrosion sowohl über das Legieren als auch das Aufbringen von Schutzschichten einzuschränken, unternommen worden. Eine teilweise Lösung des Problems ist wohl mit der Erzeugung von Silicidschichten auf Refraktärmetallen wie Mo gegeben, die oberhalb 1300 °C bei statischer Beanspruchung einen brauchbaren Oberflächenschutz bieten. Die sich auf der Silicidschicht oberflächlich ausbildende glasige SiO_2-Phase dient als Oxidationssperre. Bei sehr hohen Temperaturen diffundiert jedoch ein Teil des Si in das Grundmetall ab, wodurch nicht nur die Schutzschicht an Si verarmt, sondern infolge gegenseitiger Reaktionen auch das Grundmetall verspödet. Mit Silicidschichten kann daher immer nur ein von der Arbeitstemperatur abhängiger, zeitlich begrenzter Schutz erzielt werden. Da eine Selbstausheilung der Silicidschichten nicht gegeben ist, führt auch eine örtliche Beschädigung innerhalb kürzester Zeit zur Zerstörung des Bauteils.

Silicide sind auch aussichtsreiche Werkstoffe für Strukturbauteile beispielsweise für die Luftfahrt (Turbinenkomponenten), die Energietechnik (Brennkammerauskleidungen, Brennerdüsen), Öfen (Heizer, Schutzrohre) und für andere Hochtemperaturbauteile (Presswerkzeuge) in oxidativer und korrosiver Umgebung [15.17]. Derzeit wird von den Silicidphasen nur das $MoSi_2$ als Hauptbestandteil von Heizleiterwerkstoffen für oxidierende Atmosphären technisch genutzt (s. Abschn. 6.2). Darüber hinaus gehende technische Anwendungen erfordern jedoch neben der wirtschaftlichen Herstellung auch weitere Verbesserungen der für den Einsatz relevanten Eigenschaften (Bruchzähigkeit, Kriechfestigkeit, tribologisches Verhalten). Neben legierungstechnischen Maßnahmen (Mo–Si–B [15.18]) bieten auch Verbundwerkstoffe mit Partikelverstärkung (z.B. SiC, ZrO_2, TiB_2) Lösungsansätze [15.19]. Die in Frage kommenden Silicidwerkstoffe sind nur durch pulvermetallurgische Verfahren herstellbar. Um hohe Dichten der Werkstoffe zu erreichen, werden meist druckunterstützte Verfahren (z.B. Heißpressen, Heißisostatpressen (HIP)) eingesetzt. Neben diesen Herstellungsvarianten bietet das drucklose Sintern mechanisch aktivierter Pulvermischungen eine auch aus wirtschaftlicher Sicht aussichtsreiche Möglichkeit der Herstellung komplexer Bauteile [15.20].

Hochschmelzende Metalle finden zunehmend auch Anwendung für Rührer bei der Glasherstellung, wobei diese in vielen Fällen zum Schutz gegen Korrosion mit Platin ummantelt oder mit Al_2O_3 beschichtet werden.

15.2.3 Bauelemente der Elektrotechnik und Elektronik

Der älteste industrielle Einsatz von W und Mo liegt in der Elektrotechnik als Drähte (Wendeln), Halterungen und Stromdurchführungen für Glühlampen. Der hohe Schmelzpunkt des W gestattet eine hohe Betriebstemperatur und damit Lichtausbeute im Bereich des sichtbaren Lichts. Um eine lange Nutzlebensdauer der Glühlampe zu gewährleisten und zu verhindern, dass das Wendelmaterial durch Abdampfen im Querschnitt geschwächt und der Glaskolben geschwärzt wird, darf die Wendeltemperatur für gasgefüllte Lampen 2700 °C nicht übersteigen. In Halogenglühlampen, die mit wesentlich größerer Lichtausbeute arbeiten, kann die Glühwendel allerdings bis an die Grenze ihrer mechanischen Stabilität (oberhalb 3000 °C) erhitzt werden, da während des Betriebs zwischen W und seinen Halogeniden Reaktionen ablaufen, die eine weitgehende Regenerierung besorgen: Die W-Wendel brennt in einer bromhaltigen Atmosphäre. An den heißesten Stellen des Glühfadens dissoziiert das W-Bromid, und es scheidet sich metallisches W ab. An den kälteren, auf Temperaturen unterhalb der Zersetzungstemperatur erhitzten Stellen der Wendel wird W in W-Bromid überführt. Auf diese Weise entsteht ein Kreisprozess, in dem im Idealfall an den dünnen Stellen des Fadens, die sich wegen ihres höheren elektrischen Widerstandes stärker erhitzen, W niedergeschlagen und an den dickeren Stellen W abgebaut wird. Anders als bei den Allgebrauchslampen tritt dabei keine Schwärzung (Metallniederschlag) an der Innenwand des Quarzglaskolbens auf. Als Wendelwerkstoff wird heute wegen seiner erhöhten Kriechbeständigkeit fast ausschließlich Aluminium-Kalium-Silikat gedoptes Wolfram (AKS-W) verwendet. Für Stromdurchführungen werden Drähte aus warmfesten Mo-Werkstoffen wie K-Si-Mo oder ML eingesetzt, während bei Lampen mit Quarzglaskolben duktile Bänder aus Y_2O_3- und CeO_2-dotiertem Mo zur Anwendung kommen, die zum Abbau von Spannungen aufgrund unterschiedlicher thermischer Ausdehnungen von Glas und Metall beitragen. Halte- und Kerndrähte für Lampenwendeln oder Abblendkappen in Fahrzeuglampen werden ebenfalls aus Mo gefertigt.

In großem Umfang werden W und Mo in der Lichttechnik auch für thermisch beanspruchte Elektroden und Stromführungs- bzw. -durchführungskomponenten in Entladungslampen aller Art eingesetzt. Hochdruckentladungslampen finden in der Straßen-, Freiflächen- und Industriebeleuchtung, Stadion- und Hallenbeleuchtung sowie Schaufenster- und Innenbeleuchtung, Kurzlichtbogenlampen dagegen in der Halbleiter-, Film- oder Medizintechnik Anwendung.

Auch in Elektronenröhren (Senderöhren, Kathodenstrahlröhren) sind hochschmelzende Werkstoffe im Einsatz. Neben der hohen Temperaturbelastbarkeit kommen diesem Verwendungszweck noch andere, in der Vakuumtechnik geforderte Eigenschaften zugute. Im Vordergrund stehen die bis zu verhältnismäßig hohen Betriebstemperaturen niedrigen Dampfdrücke und die demzufolge kleinen Verdampfungsgeschwindigkeiten von W, Mo und Ta (Bild 15–13). Sie vermindern nicht nur das Abdampfen von Metall und Wiederkondensieren auf den umgebenden kälteren Baugruppen, sondern verringern auch die Gefahr einer funktionsbeeinträchtigenden Verschmutzung des Vakuums in der Röhre. Weiterhin von Bedeutung ist der Gehalt an gelösten Gasen sowie anderen bei Betriebstemperatur gasförmig entweichenden Verunreinigungen. Über eine Verschlechterung des Vakuums hinaus können sie mit anderen Werkstoffen des Röhrensystems reagieren und die Betriebsdaten bzw. die Lebensdauer empfindlich beeinträchtigen. Vor dem Einbau oder dem Evakuieren ist daher eine Entgasung der Werkstoffe erforderlich, die umso vollständiger ist, je dünner der Querschnitt der Bauteile und je höher die Entgasungstemperatur gewählt werden können. Schließlich wird von den Bauteilen noch eine ausreichende chemische Indifferenz gegenüber anderen Röhrenmaterialien und, um Kontakte und Formtreue nicht zu gefährden, eine geringe thermische Ausdehnung verlangt. Während W und Mo allen genannten Anforderungen in hohem Maße genügen, zeigt Ta

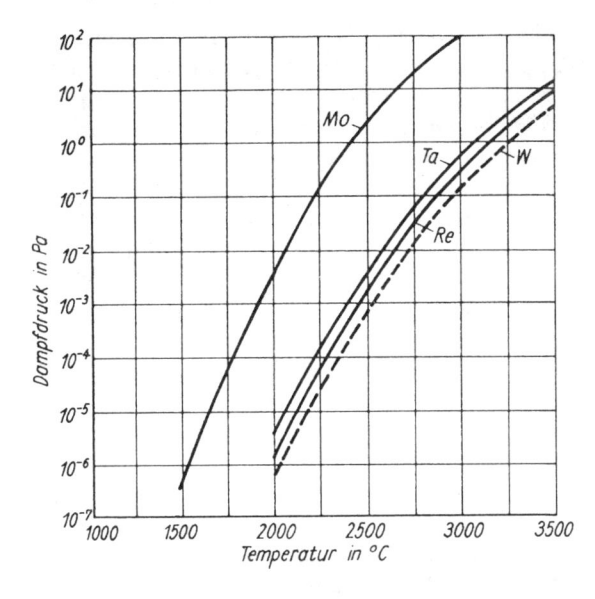

15.2 Anwendungen von Wolfram-, Molybdän- und Tantal-Werkstoffen

Bild 15–13. Temperaturabhängigkeit des Sättigungsdampfdruckes hochschmelzender Metalle

hinsichtlich der Gasaufnahme und -abgabe ein abweichendes Verhalten, weswegen es in der Röhrentechnik eine gewisse Sonderstellung einnimmt und meist als Gettermetall Verwendung findet.

Von den drei genannten Metallen weist W den höchsten Schmelzpunkt, den niedrigsten Dampfdruck und die geringste Verdampfungsgeschwindigkeit auf. Es wird daher im Röhrenbau für die thermisch am höchsten belasteten Teile und Funktionselemente, wie feindrähtige Gitter (Drahtdurchmesser bis herunter zu 7 µm) oder Brenner von indirekt geheizten Oxidkatoden, verwendet. Da der E-Modul bei hohen Temperaturen noch beachtliche Werte aufweist (Bild 15–9), werden aus W auch federnde Teile, z.B. Spannfedern für Glühkatoden, hergestellt.

Weiterhin spielt Wolfram im Elektronenröhrenbau als Katodenwerkstoff eine wichtige Rolle. Obgleich die zur Glühemission (Thermoemission) aufzubringende Elektronenaustrittsarbeit mit 4,54 eV verhältnismäßig groß ist und die Zuführung hoher thermischer Energie erfordert, finden W-Katoden bei Arbeitstemperaturen zwischen 1900 und 2400 °C wegen der auch über lange Zeiträume zu beobachtenden Konstanz der Emissionswerte vorrangig in Hochleistungssenderöhren und in Messröhren Nutzung. In Verbindung mit dem Schmelzen von Metallen in Elektronenstrahlöfen werden ebenfalls leistungsfähige W-Glühkatoden als Emissionselektroden eingesetzt.

Durch Thoriumoxidzusatz werden die Elektronenaustrittsarbeit auf etwa 2,6 eV herabgesetzt und das Emissionsvermögen des Katodenwerkstoffes erheblich verbessert. Dazu ist eine so genannte Aktivierungswärmebehandlung (Erhitzen über 2300 °C) erforderlich, während der das nach der Herstellung als Dispersat im thorierten Draht enthaltene ThO_2 (0,7 bis 2%) teilweise vom W reduziert wird. Die Th-Atome diffundieren an die Oberfläche des Drahtes, wo sie eine monoatomare Bedeckung bilden. Während des Betriebes werden vom Thoriumfilm abdampfende Atome immer wieder durch aus dem Drahtinneren an die Oberfläche nachdiffundierendes Th ersetzt. Oft wird der thorierte W-Draht zusätzlich carburiert und mit einer sehr dünnen oberflächlichen Wolframcarbidschicht versehen, die die Reduktion des ThO_2 und die Korngrenzendiffusion des Th zur Oberfläche begünstigt.

Die Qualität des Th-Films und damit die Funktion der Katode hängen maßgeblich vom Dispersitätsgrad der Thoriumoxidpartikel in der W-Matrix ab. Dieser kann während des pulvermetallurgischen Herstellungsganges über die Form und den Zeitpunkt der Zugabe – meist wird das gereinigte Wolframsäureanhydrid WO_3 mit Th-Verbindungen versetzt und im Dreistufenverfahren reduziert – sowie über die Bedingungen des Sinterns und der Weiterverarbeitung zu Katodendraht beeinflusst werden. Die Wolfram-Thoriumfilm-Katoden können bei Temperaturen unterhalb 1500 °C betrieben werden, wodurch die Verluste und die Wärmebelastung der anderen Röhrenbauteile merklich verringert werden. Sie werden als direkt beheizte Katoden von Sende-, Gleichrichter- und Messröhren oder auch als Elektroden der Xenon-Kurzbogenlichtlampen für Kinoprojektoren und Leuchtturmscheinwerfer eingesetzt. Emissionselektroden für Hochleistungsblitzlampen, Laserlampen oder pulsierende Mikrowellen-Hochleistungssenderöhren werden aus porösen W-Sinterkörpern, die mit Bariumaluminat imprägniert sind, hergestellt.

Ein weiteres Anwendungsgebiet für das W ist die Schweißtechnik. Bei den Schutzgas-Lichtbogenschweißverfahren (Wolfram-Inertgas-Schweißen) wie auch bei Plasmabrennern bestehen die Elektrodenstäbe entweder aus reinem W oder aus W mit Zusätzen bis etwa 2% ThO_2 (u.U. auch ZrO_2). Der Thoriumoxidzusatz sorgt für eine verbesserte Zündfähigkeit, eine Stabilisierung des Lichtbogens und trägt zur Verringerung des Abbrandes bei. Jedoch führt gerade bei WIG-Elektroden die schwache Radioaktivität des Thoriums zu einer störenden Umweltbelastung. Thoriumfreie Elektroden durch Einsatz von La_2O_3, CeO_2, ZrO_2 [15.21] werden deshalb ThO_2-haltige Elektroden in absehbarer Zeit vollständig ersetzen.

Den in Abschn. 15.1 bereits erörterten günstigen Einfluss eines Rheniumlegierungszusatzes auf die Warmfestigkeit und Duktilität von W und Mo macht man sich auch bei der Verwendung von rheniumlegierten Wolframlegierungen für direkt beheizte Elektroden sowie für Steuergitter von Elektronenröhren zunutze. Die erhöhte Warmfestigkeit und die Tatsache, dass selbst nach Glühungen bei hohen Temperaturen noch eine gewisse Duktilität besteht, ermöglichen es, die Arbeitstemperaturen und Heizleistungen rheniumlegierter Katoden- und Brennerdrähte spürbar (bis auf 150%) heraufzusetzen. Die Herstellung entsprechender Legierungen geht üblicherweise von einem W-Re-Metallpulvergemisch aus, das gepresst und bei 1100 °C vor- sowie im direkten Stromdurchgang bei 2400 bis 2500 °C endgesintert wird. Bessere Legierungseffekte erhält man jedoch mit einem sehr feinen und sinteraktiven Mischpulver, das über die Fällung aus einer Lösung von Ammoniumparawolframat und Ammoniumperrhenat gewonnen wird (s.a. Abschn. 2.6.5). Für den Einbau in Spezialröhren und Langlebensdauerröhren haben sich insbesondere eine W-Legierung mit 3 Masse-% Rhenium sowie K-, Si- und Al-Zusätzen und eine Legierung mit 25 Masse-% Re eingeführt. Die Lebensdauer der Glühdrähte wird bereits durch kleine Re-Gehalte erhöht, sofern ein Stapeldrahtgefüge vorliegt. 3% Re behindern die Ausbildung dieses Gefüges in gedopten Wolframdrähten nicht.

Für den Einsatz von W-Re-Drähten in Elektronenröhren ist auch der erhöhte spezifische elektrische Widerstand (Bild 15–14) der W-Re-Legierungen von Bedeutung, der die Verwendung von dickeren Glühfäden gestattet. Das durch die Le-

15.2 Anwendungen von Wolfram-, Molybdän- und Tantal-Werkstoffen

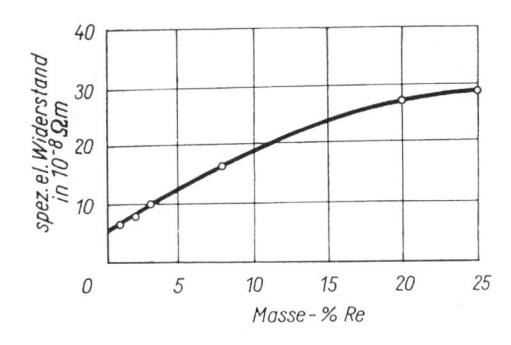

Bild 15–14. Spezifischer elektrischer Widerstand von 200 µm dicken Wolfram-Rhenium-Drähten bei 20 °C in Abhängigkeit vom Rheniumgehalt (nach *H. Kaiser, H. Marx* und *H. Sähmisch*)

gierungsbildung stark reduzierte Warm-Kalt-Widerstandsverhältnis vermindert den Einschaltstromstoß bei Röhrenbrennern und lässt sich für eine Verkürzung der Anheizzeit nutzen.

In mindestens ebensolchem Umfang wie W werden Mo und Mo-Legierungen in der Elektrotechnik und Elektronik sowie in der Hochvakuumtechnik verwendet. Wegen der im Vergleich zu W wesentlich günstigeren Be- und Verarbeitungstechnik ist man bestrebt, überall dort Mo anstatt W heranzuziehen, wo dies die Temperaturbelastbarkeit zulässt und die Formbeständigkeit der Bauteile gewährleistet ist. So werden Mo-Stanzteile und hartgezogene oder geglühte Drähte in der Röhren- und Lichttechnik als Konstruktionsteile und Elektroden bei Betriebstemperaturen unter 1000 °C eingesetzt. Bauteile, von denen bei höheren Temperaturen eine verbesserte Formbeständigkeit verlangt wird, werden heute auch aus gedopten Mo-Drähten und -Blechen mit Langkristallgefüge („Stapeldrahtgefüge") hergestellt (HT-Molybdän. Abschn. 15.1.2).

Sowohl W als auch Mo dienen in der Röhrentechnik als Glas-Einschmelzwerkstoffe. Bild 15–15 informiert über das Ausdehnungsverhalten der beiden Metalle. Die Ausdehnungskoeffizienten (Tabelle 15–5) stimmen im Temperaturbereich bis etwa 700 °C annähernd mit denen von Hartgläsern überein, wobei W für das Verschmelzen auch mit härtesten Spezialgläsern geeignet ist. Vor dem Einschmelzen werden die Metallteile oberflächlich oxidiert. Da die Metalloxide im Glas löslich

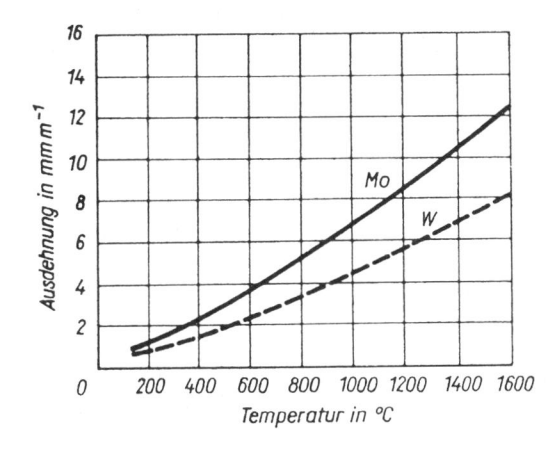

Bild 15–15. Wärmeausdehnung von Wolfram und Molybdän

Tabelle 15–5. Thermische Eigenschaften von Wolfram, Molybdän und Tantal

Eigenschaft	Zustand	Wolfram	Molybdän	Tantal
Schmelzpunkt in °C		3410	2622	2996
Siedepunkt in °C		5900	4860	6030
Spezifische Wärme in J kg^{-1} K^{-1}	20...100°C	138	268	142
	1000°C	155	314	159
	1500°C	165	342	171
	2000°C	176		186
Wärmeleitfähigkeit in W m^{-1} K^{-1}	20°C	130	147	54,5
	$\leqq$1000°C	113	105	65
	1600°C	105	92	77
Linearer Wärmeausdehnungskoeffizient in K^{-1}	0...100°C	$4{,}44 \cdot 10^{-6}$	$5{,}1 \cdot 10^{-6}$	$6{,}5 \cdot 10^{-6}$
Spezifischer elektrischer Widerstand in 10^{-8} Ωm	20°C	5,5	5	12,5
	1000°C	33	27	54
	2000°C	66	60	87
	3000°C	103	–	–
Elektronenemissionsstromdichte in A cm^{-2}	1000°C	$3{,}2 \cdot 10^{-10}$	$1 \cdot 10^{-12}$	
	2000°C	$3{,}0 \cdot 10^{-2}$	$8 \cdot 10^{-2}$	$1 \cdot 10^{-4}$
	3000°C	84	–	–

sind, entsteht so eine gute Haftung zwischen Metall und Glas, die eine vakuumdichte und temperaturwechselfeste Bindung gewährleistet. Auf diese Weise lassen sich Stäbe, Kappen, Rohre und Ringe einwandfrei mit dem Glas verschmelzen.

Wolfram zeigt eine ähnliche thermische Ausdehnung wie Silicium und wird in Form von Ronden als Träger und auch als Gegenkontakt der Siliciumeinkristallscheiben von Hochleistungsgleichrichtern eingesetzt. Verbundwerkstoffe wie Mo-Cu und W-Cu (Tabelle 15–6) finden aufgrund ihrer hohen Wärmeleitfähigkeit und geringen thermischer Dehnung in elektronischen Bauteilen (z.B. Verstärker, Wandler) für passive Kühlelemente (Wärmesenken) Anwendung. Diese werden entweder durch Pressen und Sintern poröser Formkörper aus den Refraktärmetallen hergestellt und mit schmelzflüssigem Kupfer infiltriert, oder die Metallpulver werden gemischt und zu Formkörpern durch Pressen oder MIM (metal injection molding) verarbeitet und anschließend oberhalb des Schmelzpunktes von Kupfer gesintert (Flüssigphasensintern). Zur Erhöhung der Sinterfähigkeit der Pulvermischungen können sub-μ bis Nano-Pulver der Refraktärmetalle Mo und W eingesetzt werden.

Schichtverbunde zwischen Kupfer und den genannten Refraktärmetallen sind ebenfalls bekannt. Als weitere Entwicklung können die so genannten ARM-Laminate (Advanced Refractory Metal) genannt werden [15.22]. Diese Werkstoffverbunde sind beidseitig mit Reinkupfer plattierte Mo/Cu-Bleche, die durch Walzen von mit Kupfer infiltrierten Molybdänkörpern hergestellt werden. Durch ein an das Package optimal angepasstes ARM-Laminat konnten durch Reduzierung der Betriebstemperaturen Leistungssteigerungen von über 35% am elektronischen Bauteil nachgewiesen werden. Das Metallpulverspritzgießen erlaubt eine günstige

15.2 Anwendungen von Wolfram-, Molybdän- und Tantal-Werkstoffen

Tabelle 15–6. Physikalische und mechanische Eigenschaften von Wärmesenkenwerkstoffen auf der Basis hochschmelzender Metalle (Plansee AG, Osram Sylvania, Inc.) [15.22, 15.24]

Material	Zusammensetzung (Gew.-%)	Dichte (g/cm^3)	CTE (ppm/K)	Wärmeleitfähigkeit bei 25°C/100°C (W/mK)	E-Modul bei 20°C (GPa)
R750	Cu: 30, Rest Mo	9,7	7,5	195/190	225
R990	Cu: 50, Rest Mo	9,5	9,9	250/240	172
Tungstar Typ III	Cu: 5, Rest W	17,5	5,1	171	309
Tungstar Typ III	Cu: 10, Rest W	16,95	5,8	188	292
T700	Cu: 10, Rest W	17,1	6,4	195/190	330
T725	Cu: 12, Rest W	16,8	6,7	210/200	320
T750	Cu: 15, Rest W	16,4	7,3	215/205	310
T800	Cu: 20, Rest W	15,5	8,3	235/225	280

Fertigung komplex geformter Bauteilkomponenten in hoher Stückzahl. Um hohe Dichten und homogene Gefüge der Verbundwerkstoffe zu erreichen, werden feine Kompositpulver (Teilchengröße 1–3 μm) [15.23, 15.24] verwendet.

In der Glasindustrie haben sich zur zusätzlichen oder alleinigen Beheizung von Glasschmelzöfen weitgehend Mo-Elektroden durchgesetzt. Die Widerstandsfähigkeit des Mo gegen Glasschmelzen und die Tatsache, dass Mo-Oxide im Gegensatz zu anderen Metalloxiden das Glas nicht verfärben, haben hier trotz des größeren Materialaufwandes zu einer ökonomisch sehr vorteilhaften Lösung geführt.

Thermoelemente auf der Basis von W-Re- oder Mo-Re-Legierungen bewähren sich vorzüglich in der Hochtemperaturtechnik. W-3% Re/W-25% Re-Thermoelementpaarungen gestatten Temperaturmessungen bis 2500°C. Mit Mo-5% Re/Mo-41% Re-Elementen, die sich durch eine sehr stabile Thermospannungskurve und gute Duktilität auszeichnen, können Temperaturen bis 2000°C gemessen werden. Die Anwendung dieser Hochtemperatur-Thermoelemente ist jedoch an eine Wasserstoff-Schutzgasatmosphäre oder Vakuum gebunden.

Ta wird in der Vakuumtechnik als thermisch hoch belastbarer Werkstoff für Konstruktionselemente und wegen seiner starken Absorptionsfähigkeit gegenüber Gasen in größerem Umfang als Gettermaterial verwendet. So werden beispielsweise Ta-Anoden in Senderöhren, die mit hohen Anodenspannungen betrieben und infolge der Anodenverlustleistung heiß werden, eingebaut. Die heiße Ta-Anode absorbiert existierende bzw. aus den anderen Röhrenbauteilen austretende Restgase und hält das Hochvakuum in der Röhre aufrecht. Die Getterwirkung des Ta besteht im Temperaturbereich zwischen 400 und 800°C, wo es über 1 Atom-% O und N sowie annähernd das 700fache seines Eigenvolumens an H aufzunehmen vermag. Oberhalb 1500°C lässt sich Ta im Hochvakuum leicht entgasen. Deshalb können ausgebrannte Senderöhren durch eine entsprechende Entgasung der Bauteile ohne weitere Nacharbeit wieder ihrer Verwendung zugeführt werden. Große Bedeutung hat das Ta für die Kondensatorenfertigung erlangt [15.25]. Für die Herstellung von Ta-Elektrolytkondensatoren dürften heute fast 80% des erzeugten metallischen Ta verbraucht werden. Ta-Kondensatoren zeichnen sich durch eine konstante Kapazität in einem großen Temperaturintervall um die Raumtemperatur aus (−55 bis +125°C).

Bei anodischer Oxidation überzieht sich das Tantal mit einer festhaftenden Oxidschicht (Ta_2O_5), deren Dielektrizitätskonstante etwa viermal größer als die von Al-Oxid ist. Damit ist Ta ein ausgezeichneter Kondensatorenbaustoff, der den Forderungen nach Miniaturisierung der Bauelemente sehr entgegenkommt. Die Kondensatoren enthalten entweder aus Pulvern der Teilchengröße 6 bis 10 µm gesinterte und dann nicht weiter bearbeitete Ta-Anoden oder Anoden aus Drähten bzw. Folien, die zur Erhöhung der spezifischen Oberfläche noch durch eine nachfolgende Ätzbehandlung aufgerauht wurden. Das anodische Oxidieren (Formieren) geschieht in einem Schwefelsäure- oder Phosphorsäurebad. Für Kondensatoren mit festen Elektrolyten werden die formierten Sinteranoden mit einem Mn-Salz getränkt, das, durch thermische Behandlung zu MnO_2 oxidiert, alle Hohlräume des Anodenkörpers ausfüllt und die Gegenelektrode bildet.

Der Einsatz von Ta als Heizleitermaterial in Hochtemperaturöfen bringt gegenüber dem von W und Mo (s. Abschn. 6.2.5) sowohl technologische als auch konstruktive Vorteile mit sich. Die Ta-Elemente sind schweißbar und frei von der Gefahr einer Versprödung. Die maximale Betriebstemperatur für Ta-Heizleiter beträgt 2500 °C.

15.3 Schwermetalle

Als Schwermetalle (heavy alloys) bezeichnet man Wolframbasisverbundwerkstoffe, die sich durch eine hohe Dichte und zugleich gute mechanische Eigenschaften auszeichnen [15.26]. Von der Zusammensetzung her wird, um die Forderung nach möglichst hoher Dichte zu befriedigen, meist ein W-Gehalt von 90% und darüber gewählt. Als Bindephase sind Ni-Cu, Ni-Fe sowie weitere Zusatzmetalle im Gebrauch. Es sind auch W-U-Verbundkörper als Schwermetalle entwickelt worden.

Die Herstellung der Schwermetalle hat davon auszugehen, dass eine nahezu 100%ige Raumerfüllung erreicht werden muss. Das geschieht entweder durch Tränken poröser Wolframsinterkörper (s.a. Abschn. 6.4) oder über das Sintern mit flüssiger Phase. Das Tränken, das einen Mindestporenraum von 10% voraussetzt, hinterlässt häufig Restporositäten von über 1%. Die hinsichtlich der Enddichte und auch der Duktilität des Schwermetalls bessere Variante ist die Herstellung über das Flüssigphasensintern, wenn die Metallpulver nicht mechanisch gemischt, sondern die Komponenten chemisch aufbereitet werden. Dazu wird das Wolframsäureanhydrid WO_3 mit Nitraten oder Sulfaten des Cu, Ni und Fe angetränkt, bei erhöhter Temperatur an Luft zersetzt und anschließend im Wasserstoff reduziert. Auf diese Weise lässt sich eine feinteilige und homogene Verteilung der Komponenten erzielen. Zudem können während der Reduktion die Pulver bereits anlegiert werden, was sich auf die Sinterfähigkeit positiv auswirkt. Die Pulver werden mit Pressdrücken von etwa 200 MPa verpresst; das Verdichten durch hydrostatisches Pressen ist gleichfalls in Anwendung.

Die mechanischen Eigenschaften der Schwermetalle hängen entscheidend von den auf das jeweilige System richtig abgestimmten Sinterbedingungen ab. Zur Gewährleistung eines gleichmäßigen Sinterns hat das Aufheizen auf isotherme Sintertemperatur relativ langsam zu geschehen. Die Sintertemperatur ist so zu wählen, dass eine optimale Menge flüssiger Phase auftritt. Zu hohe Sintertemperaturen und

15.3 Schwermetalle

lange Sinterzeiten bedingen ein Schwermetallgefüge mit groben W-Körnern und einen Rückgang der Duktilität. Damit der Porenraum vollständig eliminiert und eine maximale Sinterdichte erreicht werden kann, muss die flüssige die feste Phase vollständig benetzen und ein Stofftransport über Lösen und Wiederausscheiden (Materialumfällung) [15.4] möglich sein. Die Löslichkeit von W in der Schmelzphase ist dann gegeben, wenn sie Fe und Ni enthält; der Cu-Anteil setzt die Schmelztemperatur herab. Die Sintertemperaturen liegen bei 1400 bis 1480 °C. Infolge des Auflösungs- und akkommodativen Wiederausscheidungsvorgangs, über den der noch bestehende Porenraum beseitigt und der Sinterkörper weiter verdichtet wird, wachsen die W-Körner und erhalten die für das Schwermetallgefüge charakteristische globulare Form.

Die Duktilität der Schwermetalle wird nachteilig beeinflusst, wenn es während der Abkühlung von Sintertemperatur zur Bildung der spröden intermetallischen Phase Ni_4W kommt. Schwermetalle mit Ni-Cu-Binder, bei denen diese Gefahr besteht, werden deshalb im kritischen Temperaturgebiet möglichst schnell abgekühlt. Die Gegenwart von Fe und Ni in der Binderphase verhindert das Entstehen der Ni_4W-Phase oder schränkt sie zumindest stark ein. Schwermetalle mit Ni-Fe-Bindern weisen daher im Allgemeinen bessere mechanische Eigenschaften auf. Durch einen Mo-Zusatz werden die Härte und Festigkeit erhöht, die Dehnungswerte aber nicht wesentlich erniedrigt.

Für die technische Anwendung der Schwermetalle ist in erster Linie deren hohe Dichte ausschlaggebend. Sie beträgt bei einem W-Ni-Cu-Schwermetall 16,9 bis

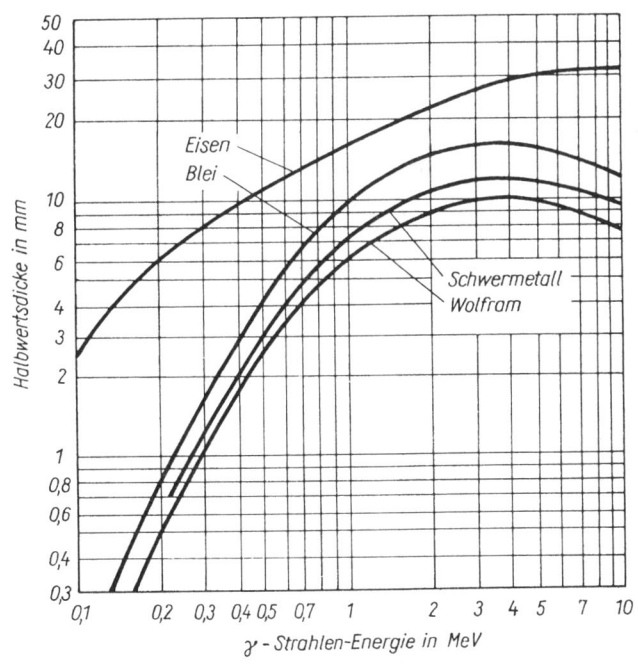

Bild 15–16. Halbwertsdicken verschiedener Metalle und von Schwermetall in Abhängigkeit von der Strahlungsenergie (nach *K. Sedlatschek*)

18,0 gcm^{-3}; die Härte erreicht 260 bis 280 HB und die Zugfestigkeit 700 MPa. Die spangebende Bearbeitung ist mit größter Präzision möglich und wird mit Hartmetallwerkzeugen vorgenommen. Anwendungsbeispiele sind Ausgleichsgewichte in rotierenden Systemen (z.B. Propeller, Kurbelwellen, Kreiselkompasse), Auswuchtteile, Schwungmassen in selbstaufziehenden Armbanduhren und anderen Instrumenten sowie Gewichte (als Ersatz von Blei) an Sportgeräten (Golfschläger) und Wuchtgeschosse in der Panzerbekämpfung. Wegen des gegenüber reinem W nur wenig verringerten Elastizitätsmoduls sind Schwermetalllegierungen zur Herstellung von vibrationsfreien Wellen geeignet. W-Ni-Fe-Mo-Schwermetall findet aufgrund seiner Resistenz gegenüber Warmrissen, Aufschweißen und Erosion bei Verfahren der Warmumformung weite Verwendung. Einsatzmöglichkeiten sind z.B. Matrizen zum Strangpressen von Messing und Kupfer, Werkzeuge zum Aluminium- bzw. Messing-Druckguss und Warmstauchmatrizen.

Ein weiteres Anwendungsgebiet ist auf Grund des großen Absorptionsvermögens der Schwermetalle für Röntgen- und γ-Strahlen der Strahlenschutz. Die Abschirmwirkung (charakterisiert durch die Halbwertsdicke) nimmt mit steigender Dichte des Materials zu (Bild 15–16). Die Schwermetalle werden als Behältermaterialien für radioaktive Isotope, in Strahlenschutzvorrichtungen sowie in medizinischen Therapiegeräten eingesetzt. Im Vergleich zu Pb können die Materialstärken bei gleicher Abschirmwirkung auf die Hälfte verringert werden.

Literatur zu Kapitel 15

[15.1] *Leichtfried, G.*: Powder metallurgical components for light sources. Habilitationsschrift, Montanuniversität Leoben (2003)
[15.2] *Kieffer, R., G. Jangg* und *P. Ettmayer*: Sondermetalle, Wien/New York: Springer-Verlag 1971
[15.3] *Fritze, L.*: Maschinenmarkt 97 (1991) 46, 108
[15.4] *Schatt, W.*: Sintervorgänge-Grundlagen, Düsseldorf: VDI-Verlag 1992
[15.5] *Knabl, W., G. Leichtfried* und *W. Spielmann*: Pulvermetallurgisch hergestellte Molybdän- und Wolframwerkstoffe für die Lichttechnik. In: Pulvermetallurgie in Wissenschaft und Praxis, Bd. 19, Düsseldorf: VDI-Gesellschaft Werkstofftechnik 2003, S. 113–125
[15.6] *Schade, P.*: In: Proc. of the 10. Plansee-Seminar, Reutte (Austria) 1981, S. 301
[15.7] *Briant, C.L.* and *J.L. Walter*: In: Proc. of the 12. Plansee-Seminar, Reutte (Austria) 1989, Vol. 1, S. 151
[15.8] Wirtschaftspatent der DDR, Patentschrift 143 565, 29.02.84, Int. C1.B22F
[15.9] *Schatt, W.* (Hrsg.): Werkstoffe des Maschinen-, Anlagen- und Apparatebaues, 4. Aufl., Leipzig: Deutscher Verlag für Grundstoffindustrie 1991
[15.10] *Disam, J., D. Gohlke, K. Lübbers, H.-P. Martinz* und *P. Rödhammer*: Oxidationsgeschützte Refraktärmetalle für die Glasindustrie. In: Proc. 14. Plansee Seminar, Reutte (Austria) Vol. 1, 1997, S. 269
[15.11] *Martinz, H.-P.,* und *M. Sulik*: Oxidation protection of refractory metals in the glass industry. Glass Science and Technology, 73 (2001) C2, 299–304
[15.12] Technische Information: Oxidationsschichten für Anwendungen in der Glasindustrie, Plansee AG
[15.13] *Leichtfried, G.*: Refractory metals. In: Landolt-Börnstein, Numerical Data and functional relationships in Science and Technology, Vol. 2 Materials, Subvol. A Powder Metallurgy Data (Hrsg.: P. Beiss, R. Ruthardt, H. Warlimont), part 2, Berlin/Heidelberg/New York: Springer-Verlag 2002, S. 12-1

[15.14] Technische Information: ML/MLR/MLS, Plansee AG
[15.15] *Jacobeit, W.*: In: Proc. Of the 10. Plansee-Seminar, Reutte (Austria) 1981, Vol. 1, S. 1
[15.16] *Zitter, H., K.L., Maurer, T. Gartner* und *R. Wilfing:* Berg- und Hüttenmänn. Monatshefte *135* (1990), 171
[15.17] *Petrovic, J.J.* und *A.K. Vasudevan*: Key developments in high temperature structural silicides. Mater. Sci. Eng. A261 (1999), 1–5
[15.18] *Berczik, D.*: Patent WO 96/22402
[15.19] *Ward-Close, C.M., R. Minor* und *P.J. Doorbar*: Intermetallic matrix composites – a review. Intermetallics (1996) 4, 217–229
[15.20] *Scholl, R., A. Böhm* und *B. Kieback*: Fabrication of silicide materials and their composites by reaction sintering. Mater. Sci. Eng. A261 (1999), 204–211
[15.21] *Leichtfried, G.,* und *J. Resch*: Thoriumfreie Wolframelektroden für das WIG-Schweißen. DVS-Berichte, Bd. 186 (1997), S. 1
[15.22] *Luedtke, A.*: In: Tagungsband 14. Symp. Verbundwerkstoffe und Werkstoffverbunde, Wien, Weinheim: WILEY-VCH Verlag 2003, S. 797
[15.23] *Knüwer, M., H. Meinhardt* und *K.-H. Wichmann*: In: Proc. 15. Plansee Seminar, Reutte (Austria) Vol. 1, 2001, S. 44
[15.24] www.sylvania.com/pmc/chem/tungcopow.htm
[15.25] *Sedlatschek, K.*: In: Pulvermetallurgie und Sinterwerkstoffe, 2. Aufl. Hrsg.: *F. Benesovsky*. Reutte. Metallwerk Plansee AG und Co KG 1980, S. 104
[15.26] *Wittenauer, J.P., T.G. Nieh* und *J. Wadsworth*: Advanced Materials & Processes *142* (1992) 2, 28

16 Pulver- und Sintermagnete

Als vorteilhaft für eine pulvermetallurgische Fertigung ferromagnetischer Werkstoffe bietet sich die hohe Reinheit an, mit der die Sinterwerkstoffe frei von den beim üblichen Schmelzverfahren nicht vermeidbaren Verunreinigungen durch Schlacken- und Tiegelreaktionen hergestellt werden können. Der Reinheitsgrad, der für den weichmagnetischen Zustand von erstrangiger Bedeutung ist, lässt sich nicht nur durch die Wahl des Ausgangspulvers, sondern auch über die Sinterung im Vakuum oder in einer geeigneten Gasatmosphäre, in denen noch enthaltene geringe Mengen magnetisch schädlicher Elemente, wie C, O, N, S und P, entfernt werden, weitgehend beeinflussen. Praktisches Beispiel hierfür sind die weichmagnetischen Eisensintermagnete. Dabei ist jedoch zu bedenken, dass mit der Vakuumschmelztechnik gleiche Reinheitsgrade erzielt werden können und es kaum möglich ist, pulvermetallurgisch Weichmagnete zu fertigen, die den im Vakuumschmelzverfahren hergestellten überlegen sind. Dennoch werden in zunehmendem Umfang für sich ständig erweiternde Anwendungsfälle metallische Sinterweichmagnete produziert. Das geschieht hauptsächlich in Verbindung mit technologischen und wirtschaftlichen Vorteilen, insbesondere der abfall- und nacharbeitungsarmen Formgebung, aber auch, weil es bei dieser Werkstoffgruppe in neuerer Zeit bedeutende Weiterentwicklungen gegeben hat.

Einzigartige, schmelzmetallurgisch nicht zu verwirklichende Lösungen bietet die Pulvertechnik dann, wenn magnetische Verbundkörper aus einem metallischen und einem nichtmetallischen Anteil gefordert werden. Sie werden nicht gesintert und deshalb auch als Pulvermagnete bezeichnet. Die wichtigsten Entwicklungen dieser Art sind die klassischen weichmagnetischen Massekerne und – in der Vergangenheit – die hartmagnetischen Feinstpulvermagnete. Massekerne (Pulververbund- bzw. Pulverkernwerkstoffe) sind Bauelemente der Nachrichtentechnik, die in tonfrequenten oder hochfrequenten Wechselstromkreisen als Kerne von Spulen Verwendung finden. Zur Reduzierung der „Eisenverluste" (Hysterese-, Wirbelstrom- und Nachwirkungsverluste) ist der Kern aus einem ferromagnetischen Pulver, dessen einzelne Teilchen durch isolierende Schichten (meist aus Polymeren) voneinander getrennt sind, aufgebaut. Wenn auch die Massekerne in der Nachrichtentechnik zum Teil durch Ferrite verdrängt wurden, so haben sie doch wegen der einfachen und kostengünstigen Herstellungsweise sowie der Stabilität ihrer magnetischen Parameter unter Betriebsbedingungen eine gewisse technische Bedeutung behalten [16.1].

Aus den Massekernen hervorgegangen ist in neuerer Zeit eine inzwischen eigenständige Gruppe weichmagnetischer Pulververbundwerkstoffe, die „Soft Magnetic Composites" (SMC). Fortschritte in der kostengünstigen Herstellung hochreiner

Eisenpulver und bei den Pulverbeschichtungstechnologien eröffneten die Möglichkeit, über die Pulverpresstechnik größere Formteile für Anwendungen im unteren bis zum mittleren Frequenzbereich zu fertigen. SMC-Magnetkerne haben wegen ihrer im Vergleich mit den Massekernen höheren magnetischen Flussdichte inzwischen ein beträchtliches Produktionsvolumen erreicht.

Die hartmagnetischen Feinstpulvermagnete, denen man eine Zeit lang große Entwicklungschancen eingeräumt hatte, sind – wohl aus Kostengründen – nicht in der industriellen Produktion zu finden. Ihre Herstellung geht von einem Pulver aus, dessen Teilchenabmessungen in der Größe der magnetischen Elementarbereiche liegen (Einbereichsteilchen) und das mit einem Binder vermischt zu Formteilen gepresst wird. Für Feinstpulvermagnete mit geringer Formanisotropie der Teilchen sind durch Reduktion von Fe-Co-Formiat gewonnene Fe-Co-Legierungspulver, für solche mit großer Formanisotropie der Teilchen (ESD-Magnete) langgestreckte, aus einer Eisensulfatlösung an Hg-Kathoden abgeschiedene Fe-Feinstpulver geeignet. Das Einbereichsteilchen besteht bei jedem Feldstärkewert nur aus einem magnetischen Elementarbereich (Weißscher Bezirk), es enthält keine Blochwand. Demzufolge treten bei der Magnetisierung nur Drehprozesse und ein ausgeprägt hartmagnetische Verhalten auf [16.2], [16.3]. Die Entwicklung der Feinstpulvermagnete ist offenbar nicht über Laborproduktionen hinausgekommen. Unabhängig davon hat sie eine Fülle wertvoller grundlegender Erkenntnisse über Einbereichsteilchen sowie Erfahrungen mit Feinstpulvern gebracht, die beispielsweise bei der Herstellung hochwertiger AlNiCo-Magnete (Ausscheidung von Teilchen in Elementarbereichsgröße durch geeignete Wärmebehandlung) genutzt werden oder bei der Weiterentwicklung von Ferriten und Magneten aus Metall-Seltenerd-Verbindungen Berücksichtigung finden (Feinmahlung des Materials und anschließende Verdichtung).

Über viele Jahrzehnte gehörten die AlNiCo-Legierungen zu den Dauermagneten mit den damals höchsten Energiedichten. Obwohl die modernen Magnete aus intermetallischen Phasen von Seltenerd- und Übergangsmetallen sowie auf Basis von Neodym, Eisen und Bor aufgrund ihrer hervorragenden hartmagnetischen Eigenschaften die bisherigen Einsatzgebiete der herkömmlichen AlNiCo-Legierungen bereits deutlich besetzen, wird letzteren auch heute noch ein gewisses Einsatzfeld als Massenmagnete mittlerer Qualität eingeräumt. Noch sind AlNiCo-Magnete wegen ihrer bei erhöhten Arbeitstemperaturen exzellenten magnetischen Stabilität in bestimmten Einsatzfällen nicht zu ersetzen und werden auch deswegen künftig im Standardsortiment der Dauermagnete einen Platz behaupten.

Die AlNiCo-Gusslegierungen sind grobkörnig, sehr spröde und lassen sich nur durch Schleifen bearbeiten. Hier bietet die Sintertechnik vorteilhafte Lösungen, indem sie Formteile liefert, an die Weicheisen-Flussleitstücke angesintert werden können und die nur minimale, wegen des feinkörnigen Gefüges auch leichtere Nachbearbeitung erfordern.

Mit den Sm-Co- und den Nd-Fe-B-Magneten sind die hartmagnetischen Werkstoffkennwerte nahezu sprungartig auf eine überraschend hohe Stufe angehoben worden. Die charakteristische Energiedichte dieser Magnete erreicht im Vergleich mit den Standard-AlNiCo-Legierungen um ein Mehrfaches höhere Werte. Die Herstellung geschieht fast ausschließlich über pulvermetallurgische Prozesstechniken, wobei bis heute in den technologischen Vorstufen immer neue Verfahrensvarianten entwickelt werden, wie beispielsweise die Pulvergewinnung über Meltspinning oder wasserstoffunterstützte Verfahren (HDDR, HD). Bereits seit der Einführung des Hochenergiemahlens ist ein Übergang zur Verwendung von Nanopulvern zu beobachten. Im Verein damit wird versucht, über die Modifizierung der Werkstoffzusammensetzung gezielt Einfluss auf die gefügesensitiven Eigenschaften zu nehmen (Koerzitivfeldstärke, Remanenzinduktion) [16.4]. Obwohl das physikalische Potenzial dieser Werkstoffgruppe nahezu ausgeschöpft ist, scheint ihre technologische Entwicklung gegenwärtig noch nicht abgeschlossen zu sein.

Derzeit noch im Entwicklungsstadium bzw. in der industriellen Erprobung befinden sich Dauermagnete auf der Basis der interstitiellen Verbindungen $Sm_2Fe_{17}(C,N)_x$. Bei der technischen Nutzung dieser Phasen in Dauermagneten ist neben sehr guten hartmagnetischen Gütewerten insbesondere eine im Vergleich zu handelsüblichen hochwertigen Nd-Fe-B-Magneten deutlich höhere Anwendungstemperaturgrenze zu erwarten. Wegen des Phasenzerfalls bei Temperaturen knapp oberhalb von 600°C bereitet die Kompaktierung des dispergierten Materials auf dem üblichen pulvermetallurgischen Wege besondere technologische Schwierigkeiten. Das hartmagnetische Pulver wird deshalb mit einem Bindemittel versetzt (Polymer, niedrigschmelzendes Metall) und zu Formteilen gepresst. Durch phasenstabilisierende Zusatzelemente (z.B. Ga, Al, Si) kann die Zersetzungstemperatur bis etwa 800°C angehoben werden, so dass die Pulver, vorzugsweise die thermisch stabileren ternären Carbide ($Sm_2Fe_{15}Ga_2C_2$), auch durch Heißpressen zu kompakten Magneten verdichtet werden könnten.

Eine zunehmende Anwendungsbreite ist bei den weich- und hartmagnetischen Ferriten zu beobachten. Infolge der verhältnismäßig niedrigen Herstellungskosten und guten magnetischen Eigenschaften dringen sie immer mehr in Einsatzgebiete vor, die bisher den metallischen Magnetwerkstoffen, wie den Permalloy-(Fe-Ni)- und den AlNiCo-Legierungen, vorbehalten waren. Die Hartferrite stellen massemäßig den größten Anteil der derzeitig erzeugten Dauermagnetwerkstoffe dar. Ferrite werden ausschließlich auf dem Sinterweg hergestellt. Da sie den oxidischen Magnetwerkstoffen zuzuordnen sind, werden sie im Rahmen der vorzugsweise auf metallische Werkstoffe eingegrenzten Thematik dieses Buches nicht behandelt. Es wird dazu auf die einschlägige Standardliteratur verwiesen, z.B. [16.5].

16.1 Pulverkerne

Die ältesten Vertreter der weichmagnetischen Pulververbundwerkstoffe sind die Massekerne, die üblicherweise im Frequenzbereich 1 kHz bis > 5 MHz angewendet werden und im Bereich niedriger Induktionen (mT) arbeiten. Massekerne (Pulverkerne, dust cores) sind ihrem Aufbau nach Verbundwerkstoffe aus ferro- oder ferrimagnetischen Pulverteilchen und einem elektrisch isolierenden Bindemittel. Deshalb ist ihre hervorstechendste Eigenschaft der relativ hohe isotrope elektrische Volumenwiderstand. Durch die Dispergierung des Magnetwerkstoffs und seine allseitige Isolierung wird die Wirbelstrombildung, die in kompakten metallischen Magnetkernen zu Wirbelstromverlusten führt, die quadratisch mit der Frequenz ansteigen, weitestgehend unterdrückt. Der spezielle Gefügeaufbau bedingt außerdem eine starke innere Scherung, die zwar nur sehr niedrige Werkstoffpermeabilitäten zulässt, aber die erwünschte Linearisierung der

Permeabilität-Feldstärke-Kurve bis zu hohen Feldstärken (2000 A m^{-1}) erlaubt. Der Anstieg sowie auch der Temperaturkoeffizient der Permeabilität lassen sich über den Bindemittelgehalt beeinflussen.

Als Ausgangspulver für Massekerne dienen Carbonyl- bzw. Formiateisenpulver sowie hochreine feinkörnige Fe-Verdüspulver oder Legierungspulver aus hochpermeablen Ni-Fe-Legierungen (Permalloypulver: z.B. 81% Ni, 2% Mo, Rest Fe), Fe-Si-Legierungspulver sowie Ferritpulver. Die Teilchendurchmesser des für Massekerne verwendeten Carbonylpulvers liegen zwischen 1 und 10 µm. Legierungspulver werden im Korngrößenbereich von 20 bis 200 µm eingesetzt. Zur Herstellung von Massekernen werden die Pulverteilchen zunächst mit einer dünnen völlig umschließenden Isolierschicht versehen (Silikonlacküberzug, Oxidhaut, durch milde Säuren hervorgerufene Salzschicht), die auch durch die mechanische Beanspruchung während der nachfolgenden Formgebung nicht zerstört werden darf. Das so vorbehandelte Pulver wird dann mit Bindemitteln (aushärtbare Polymere, Polycarbonat, Polytetrafluorethylen, Polystyrol, Wasserglas) gemischt und anschließend in Matrizen zu Kernen verpresst oder in Spritzmaschinen warm gespritzt. Bei Verwendung härtbarer Polymerbinder wird nach der Formgebung noch auf 130 bis 180°C erwärmt.

Für die Wahl des Bindemittels sind dessen dielektrische Eigenschaften im Anwendungsfrequenzbereich maßgebend. Der Bindemittelanteil kann 3 bis 40 Vol.-% betragen. Die Wahl der Kornfraktionen richtet sich ebenfalls nach dem vorgesehenen Einsatzfrequenzbereich. Für höchste Frequenzen (bis 5 MHz) kommen mittlere Korngrößen von nur etwa 1 bis 3 µm in Frage. Kleines Korn bedingt eine stärkere Scherung sowie ein allerdings sehr niedriges Permeabilitätsniveau ($\mu_i \approx 10$). Liegt die maximale Einsatzfrequenz tiefer, wird mit Korngrößen um 10 µm und verringertem Isolierstoffgehalt gearbeitet. Man erreicht dann höhere Permeabilitätswerte ($\mu_i = 25$ bis 175). Die Permeabilität eines Pulverkerns hängt außer von der Werkstoffpermeabilität vor allem von der Packungsdichte der Teilchen ab (Bild 16–1). Über die Packungsdichte der Pulverteilchen beeinflusst auch der Pressdruck die Permea-

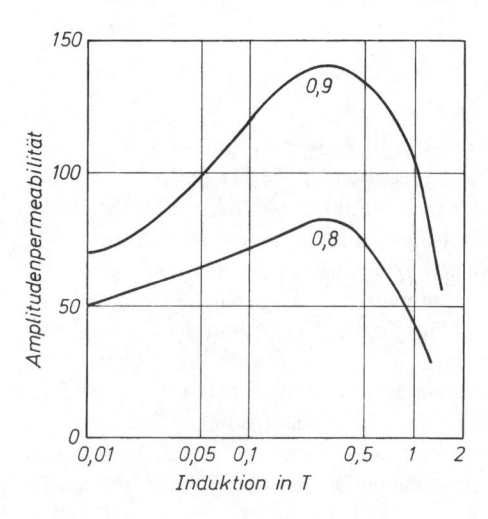

Bild 16–1. Amplitudenpermeabilität eines Pulverkernwerkstoffes als Funktion der Induktion für Packungsdichten ≈ 0,8 und 0,9 (nach [16.1])

16.1 Pulverkerne

bilität maßgeblich; sie steigt mit dem Pressdruck an. Üblicherweise werden Pressdrücke zwischen 200 MPa (niederpermeable Hochfrequenzkerne) und 2000 MPa (höherpermeable Kerne für niedrigere Frequenzen) angewendet. Die Sättigungsinduktion wird bei gleicher Packungsdichte von der eingesetzten Basislegierung bestimmt. Ungeachtet des Vordringens der Ferrite behaupten sich die Massekerne dank ihrer kostengünstigen Herstellung und guten Hochfrequenzeigenschaften in vielfältigen Formen (Schalen-, Topf-, Ring-, Zylinder-, Gewindekerne) als Spulenkerne insbesondere in Rundfunk- und Fernsehgeräten und in zahlreichen Fällen der Nachrichtentechnik (z.B. NF-, HF-Drosselspulen) sowie in HF-Sperren an Hochspannungsleitungen.

In letzter Zeit haben weichmagnetische Pulverkernwerkstoffe bedeutende Verbesserungen und damit eine Erweiterung ihres Einsatzgebietes erfahren. Mit neuartigen, speziell beschichteten und gleichzeitig hochverdichtbaren Pulvern lassen sich kompakte weichmagnetische Formteile herstellen, die Sättigungsinduktionen bis zu 2 T erreichen und Ummagnetisierungsverluste von nur 6...10 Wkg^{-1} (bei 1 T, 50 Hz) aufweisen [16.6], [16.7], [16.8]. Die betreffenden Werkstoffe werden als „Soft Magnetic Composites" (SMC) bezeichnet. SMC-Kerne kommen den Induktionswerten von Elektroblechkernen (aus gewalzten Fe- bzw. Fe-Si-Blechen) sehr nahe; sie sind diesen hinsichtlich der Ummagnetisierungsverluste bei Netzfrequenz und bis zu etwa 1 kHz fast gleichwertig. Neben dem kostengünstigen pulvermetallurgischen Herstellungsweg liegt ihr Hauptvorteil im dreidimensionalen Flussverlauf in den Magnetbauteilen, im Unterschied zum zweidimensionalen in den geschichteten Blechkernen. Die Nutzung der isotropen magnetischen Eigenschaften gestattet eine freiere Gestaltung der Magnetbauteile und führt bei veränderten Konstruktionsprinzipien bei elektrischen Maschinen vielfach zu kleineren Abmessungen der Baugruppen und zur Verminderung des benötigten Cu-Leitermaterials [16.9].

Ausgangsstoffe für die SMC-Kerne sind hochreines wasserverdüstes Fe-Pulver oder in manchen Fällen Reduktionspulver. Je nach Einsatzfall werden Teilchengrößen von d = 40 µm bis 500 µm mit sehr engem Größenverteilungsspektrum oder für universelle Anwendungen Pulver mit $d \leq$ 150 µm verwendet. Jedes Pulverteilchen ist mit einer dünnen, vollständig umhüllenden, elektrisch isolierenden Schicht versehen (Bild 16–2). Die Isolierschicht muss beim Kompaktieren des Pulvers den

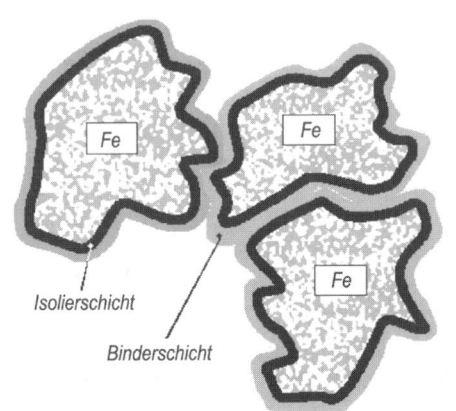

Bild 16–2. Fe-Pulverteilchen mit Isolierschicht und Binderschicht (nach K.-P. Wieters)

Beanspruchungen auch bei Anwendung höherer Pressdrücke widerstehen, damit ein metallischer Kontakt zwischen benachbarten Pulverteilchen ausgeschlossen bleibt. Da Pulverkernwerkstoffe nicht gesintert werden, können hohe magnetische Induktionswerte nur über möglichst hohe Pressdichten erreicht werden (Bild 16–3). Deshalb darf die Schichtsubstanz die Verdichtbarkeit des Pulvers nicht oder nur geringfügig herabsetzen. Für den jeweiligen Einsatzzweck des SMC-Materials sind nicht nur dessen magnetische Eigenschaften von Bedeutung sondern gleichermaßen auch bestimmte Festigkeitskennwerte und deren Temperaturverhalten sowie die Wärmeleitfähigkeit und die thermische Ausdehnung.

Die Teilchenisolation kann organisch, anorganisch oder eine Kombination von beiden sein. Die gebräuchlichen anorganischen Beschichtungssysteme sind meist Oxid-Beschichtungen, die Mg und/oder P enthalten. Trotz sehr geringer Schichtdicke weisen sie gute Isolationseigenschaften und insbesondere eine höhere Temperaturbeständigkeit (bis 600°C) auf. Letztere ermöglicht, dass aus solchen Pulvern – bekannt sind z.B. die von der Höganäs AB, Schweden, unter der Bezeichnung „Somaloy™" gelieferten Pulver – gepresste Magnetbauteile nach der Pressformung stets einer Entspannungsglühung bei mindestens 500°C an Luft unterzogen werden. Hierbei werden die Eigenspannungen zum überwiegenden Teil abgebaut und die Gitterfehler weitgehend ausgeheilt, die in den Pulverteilchen als Folge der mechanischen Beanspruchung beim Pressen (Pressdrücke bis zu 800 MPa) entstanden sind. Auf diese Weise gefertigte SMC-Formteile erreichen relativ hohe magnetische Permeabilitätswerte ($\mu_{max} \approx 650$) [16.10]. Sie liegen allerdings wegen der inneren Scherung, verursacht durch die jedes Pulverteilchen umhüllende unmagnetische Schicht, deutlich unter denjenigen von Elektroblechen (Fe-Si-Bleche: μ_{max} bis zu 5000).

Die einlagig anorganisch beschichteten Pulver werden prinzipiell unter Zusatz von Presshilfsmitteln (Gleitmittel, Abschn. 3.3) verdichtet. Als Presshilfsmittel für SMC-Teile hat sich das handelsübliche „Kenolube™" bewährt, aber auch Amidwachse sind zunehmend im Gebrauch. Beide Zusätze sind schon bei mittle-

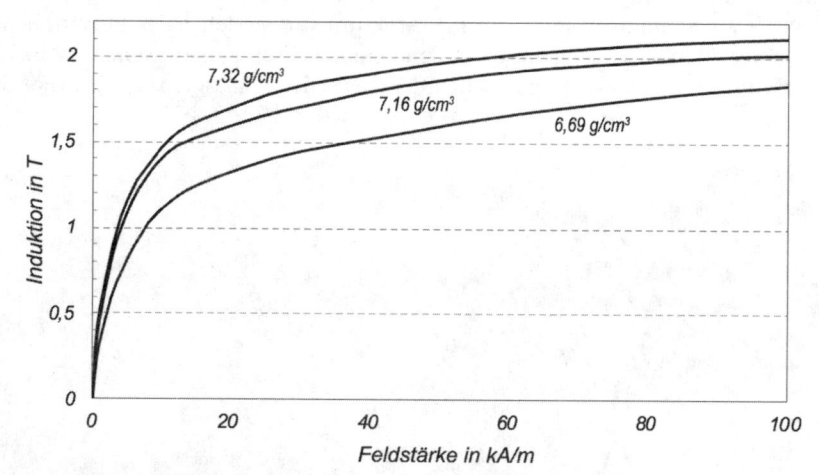

Bild 16–3. Induktionskurven von SMC-Pulverkernen mit verschiedener Dichte (Somaloy500 + 0,5% Kenolube), gepresst mit 400, 600 und 800 MPa, thermisch nachbehandelt bei 500°C/30 min an Luft (nach [16.9])

16.1 Pulverkerne

ren Temperaturen flüchtig und müssen bei der dem Pressen jeweils anschließenden thermischen Nachbehandlung (500°C) vollständig ausgetrieben werden. Die beizugebende Menge an Gleitmittel ist so gering wie möglich zu halten (0,1...0,5 Masse-%), da größere Gleitmittelzugaben sowie eventuelle Rückstände sich in einer geringeren Pressdichte und somit auch in niedrigeren Permeabilitätswerten auswirken. Die genannten Gleitmittel enthalten weitere festigkeitserhöhende Additive, um die nötige mechanische Stabilität der SMC-Formteile sowohl beim Montageprozess und beim Bewickeln als auch gegenüber mittleren Betriebsbeanspruchungen (z.B. Statorkerne in elektrischen Maschinen) zu gewährleisten. Die Biegebruchfestigkeit der allein durch Pressen gefertigten SMC-Pulverkerne beträgt etwa 50 MPa [16.11].

Höhere Festigkeitsanforderungen an Magnetbauteile, wie beispielsweise bei Einsatzfällen mit mechanischer Wechselbeanspruchung oder in schnelllaufenden Rotoren, in denen stärkere Fliehkräfte wirken, werden über die Anwendung von Bindemitteln erfüllt. Gebräuchlich sind Binder auf Polymerbasis, vorzugsweise aushärtbare Kunstharze und Polyimide [16.8]. Im einfachen Falle dient der Binder gleichzeitig als Isolierschicht auf den Teilchen. Die Art und die Menge des zugesetzten Binders sind maßgebend für die Festigkeit. Der übliche Binderanteil liegt zwischen 0,6 und 2%.

Die vorteilhafteste Lösung stellen Verbundpulver dar, deren einzelne Teilchen mit einer Schichtenfolge anorganische Isolierschicht – Binderschicht versehen sind (Bild 16–2). Die Kunstharzüberzüge werden vorzugsweise durch Nassbeschichtungsverfahren mit flüchtigen organischen Lösungsmitteln erzeugt. Spezielle Binder wie z.B. „LB1" (Lubricating Binder) wirken beim Pressen gleichzeitig als Gleitmittel. Die mit LB1-Binder beschichteten Pulver (LB1-Gehalt im pressfertigen Pulver etwa 0,6%) können sowohl konventionell als auch durch Warmpressen bei Temperaturen bis 275°C und Pressdrücken bis 800 MPa verdichtet werden. Die thermische Nachbehandlung dieser SMC-Formteile, bei der auch gleichzeitig die endgültige Aushärtung des Binders stattfindet, erfolgt ebenfalls bei 275°C/1 h an Luft. Die Biegebruchfestigkeit der LB1-Binder enthaltenden SMC-Kerne wird mit mindestens 100 MPa angegeben [16.11], allerdings lassen sich wegen der zusätzlich vorhandenen Binderphase nur mittlere Permeabilitätswerte erreichen ($\mu_{max} \leq 280$) [16.12].

Die Wahl der Teilchengröße des Ausgangspulvers richtet sich nach der vorgegebenen Betriebsfrequenz des SMC-Bauteils. Der Ummagnetisierungsverlust eines magnetischen Kernwerkstoffes setzt sich hauptsächlich aus zwei Anteilen zusammen, dem Hysterese- und dem Wirbelstromverlust. Wegen der untereinander magnetisch isolierten Pulverteilchen ist der Hystereseverlust der SMC-Kerne im Vergleich zu den geschichteten Blechkernen viel höher, der Wirbelstromverlust dagegen niedriger. Da der Hystereseverlust mit steigender Frequenz linear, der Wirbelstromverlust aber quadratisch zunimmt, wird das Verlustverhalten der SMC-Kerne bei höheren Frequenzen (ab 200 – 300 Hz, je nach vorliegender Partikelgröße) günstiger als das der Blechkerne. Darin besteht ein wichtiger Vorteil der SMC-Formteile. Allgemein gilt, dass gröbere Pulverfraktionen – hohe Pressdichte vorausgesetzt – stets höhere Permeabilitäts- und Induktionswerte zeigen und für Anwendungen bei niedrigen Frequenzen geeigneter sind (f = 50 bis 200 Hz). Demgegenüber haben feinere Pulver bei Frequenzen bis weit über 1 kHz hinaus ein günstiges Verlustverhalten und

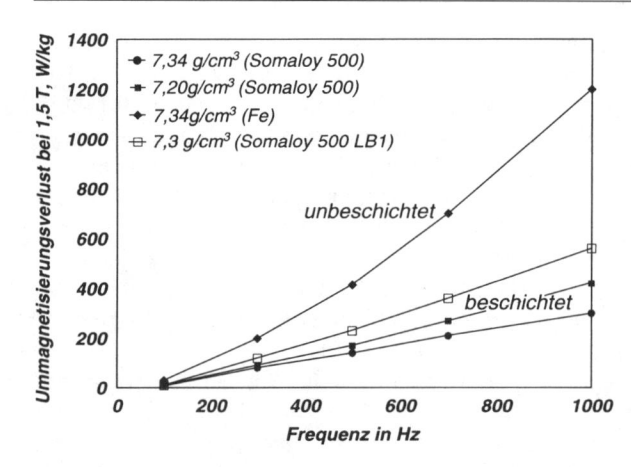

Bild 16–4. Ummagnetisierungsverlust von SMC-Pulverkernen verschiedener Dichte und mit Binderzusatz LB1; unbeschichtetes Fe: ASC 100.29-Pulver mit Binder (nach [16.13] und [16.14])

ein zwar niedriges, bezüglich der Frequenzabhängigkeit aber konstantes Permeabilitätsniveau. Bild 16–4 zeigt die Frequenzabhängigkeit des Ummagnetisierungsverlustes für SMC-Kerne, die aus Fe-Pulvern (d ≤ 150 µm) mit verschiedenen Beschichtungsvarianten gefertigt wurden.

Jede spezielle Anwendung der SMC-Pulverkerne erfordert eine geeignete Kombination von magnetischen Eigenschaften und Festigkeitseigenschaften. Kommerziell stehen verschiedene pressfertige Pulvermischungen zur Verfügung, aus denen Magnetkerne mit für den Verwendungszweck angepassten Eigenschaften hergestellt werden können. Jede Pulvermischung ist nach den folgenden Auswahlgesichtspunkten unterschiedlich zusammengesetzt:

- Pulverteilchengröße
- Gleitmittel
- Art der Isolationsschicht bzw. des Schichtsystems auf den Teilchen
- Bindertyp und gegebenenfalls weitere Additive

Pulverkernwerkstoffe aus SMC-Pulvern werden angewendet in induktiven Bauelementen der Leistungselektronik, insbesondere in Speicher-, Glättungs- und Stromanstiegsbegrenzungsdrosseln, für Impulsübertrager in Zündsystemen sowie als Formteile in elektrischen Motoren und dynamisch beanspruchten Magnetsystemen [16.7]. Hervorzuheben ist die besonders vorteilhafte Nutzung von SMC-Formstücken in Transversalflussmaschinen (TFM) für elektrische Antriebe (derzeit im Leistungsbereich bis 150 kW), die im Verein mit einer Neukonstruktion zu einer wesentlichen Verkürzung der Baugruppen und Verringerung des Gewichts geführt hat [16.11].

16.2 Sintereisenmagnete

Reines Fe wird in der Elektrotechnik wegen seiner hohen Sättigungsmagnetisierung (-polarisation) sowie seiner verhältnismäßig guten Permeabilität und niedrigen Koerzitivfeldstärke als billiger Magnetwerkstoff eingesetzt. Die weichmagnetischen Eigenschaften des Fe hängen empfindlich vom Reinheitsgrad und vom Gefügezu-

16.2 Sintereisenmagnete

stand ab. Gitterbaufehler und insbesondere heterogene Bestandteile des Gefüges verschlechtern die Permeabilität und erhöhen die Koerzitivfeldstärke.

Für die Fertigung kleinerer kompakter weichmagnetischer Eisenteile ist die pulvermetallurgische Technik gut geeignet, da sie bei großen Stückzahlen wirtschaftliche und fertigungstechnische Vorteile bringt und gleichzeitig über die Wahl entsprechender Pulver und Herstellungsbedingungen eine erhöhte Reinheit der gesinterten Teile sichert. Ein Mangel ist jedoch, dass gesinterte Magnetkörper noch Poren aufweisen, die die Blochwandbewegung erheblich behindern. Es ist deshalb notwendig, eine hohe Dichte anzustreben. Das setzt wiederum die Verwendung hoch verdichtbarer, ausreichend sinterfähiger Pulver sowie eine dem angepasste Technologie voraus.

Weichmagnetische Eigenschaften, die denen des nach Sonderschmelzverfahren hergestellten Reineisens nahekommen, lassen sich erzielen, wenn bei der Sintermagnetfertigung von Carbonyl- oder Elektrolyteisenpulver (Abschn. 2.6, 2.4) ausgegangen wird. Die Pulver sind sehr sinteraktiv und frei von Schwefel und Phosphor. Weitere magnetisch schädliche Elemente, wie C, N und O, können während des Sinterns in Wasserstoffatmosphäre ohne Schwierigkeiten entfernt werden. So sind beispielsweise für Sintermagnete, die aus Carbonylpulvern praktisch porenfrei hergestellt wurden, folgende Eigenschaftswerte kennzeichnend: Anfangspermeabilität $\mu_i = 2000$, Maximalpermeabilität $\mu_{max} = 24\,000$, Koerzitivfeldstärke $H_c = 11$ A m^{-1} (s.a. Tab. 16–1).

Wegen des relativ hohen Preises werden die Carbonyl- und Elektrolyteisenpulver zur Herstellung von Sintereisenmagneten jedoch kaum in größerem Umfang herangezogen. In der Massenteilefertigung dominiert das aus Verdüspulver (Abschn. 2.2) hergestellte billigere Sintereisen, mit dem sich die Mindestwerte, die von Relaiseisen bezüglich Induktion und Koerzitivfeldstärke ($H_c \approx 100$ A m^{-1}) verlangt werden, noch erfüllen lassen. Hierzu wird das Verdüspulver, dessen Korngröße unter 0,04 mm liegen soll, mit Pressdrücken von 300 bis 600 MPa in Stahlmatrizen zu Formkörpern gepresst (Abschn. 5.2.1) und in ein oder zwei Stufen unter H$_2$ gesintert. Wenn nötig, wird zur Entfernung von störenden Verunreinigungen vor dem eigentlichen Sintern mehrere Stunden bei 600°C und erhöhter Strömungsgeschwindigkeit des reduzierenden Schutzgases gehalten. Je nach Art und Menge des verwendeten Presshilfsmittels muss das *Entwachsen* sehr sorgfältig vorgenommen werden. Um die geforderten höheren Dichten (Porenraum $\leq$ 6 bis 7%) zu gewährleisten, sind die Sintertemperaturen relativ hoch (1200 bis 1300°C). Die Sinterschwindung beträgt $\geq$ 6%.

Wie Bild 16–5 zeigt, steigen Induktion und Remanenz mit der Dichte annähernd proportional an, während die Maximalpermeabilität exponentiell zunimmt und die Koerzitivfeldstärke entsprechend absinkt. Mit den zur Erzielung ausreichender Dichten verwendeten verdüsten Fe-Pulvern erhöhter Reinheit und Verpressbarkeit erreicht man nach einmaligem Verdichten mit Drücken von $\approx$ 600 MPa und Sintern bei 1250°C Dichten von 7,2 g cm^{-3} sowie $\mu_{max} \approx 5000$ und $H_c \leq 75$ A m^{-1}. Mit Hilfe höherer Pressdrücke und Sintertemperaturen sowie der Doppelpresstechnik (Abschn. 8.1) und der Anwendung sehr reiner Wasserstoffsinteratmosphären lassen sich die magnetischen Eigenschaften noch beträchtlich verbessern.

Die Koerzitivfeldstärke hängt vor allem von der Kristallitgröße, der Porengröße und der Porenrundung ab und wird daher maßgeblich durch die Sinterbedingungen

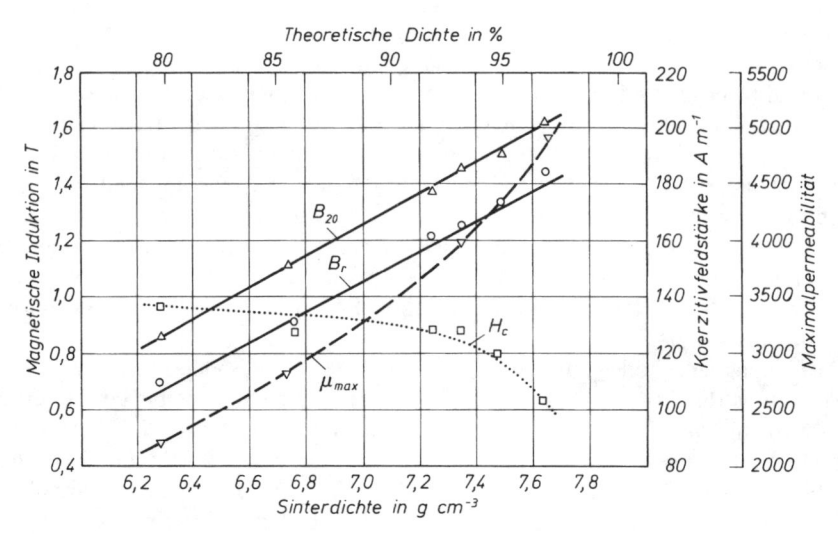

Bild 16–5. Einfluss der Sinterdichte auf die magnetischen Gleichfeld-Eigenschaften von Sintereisenmagneten (nach L. W. Baum). B_{20} magnetische Induktion bei der Feldstärke H = 2000 A m^{-1}; B_r Remanenz; H_c Koerzitivfeldstärke; μ_{max} Maximalpermeabilität

bestimmt [16–15]. In den Sintermagneten besteht – bei gleicher Porosität – ein Zusammenhang zwischen deren weichmagnetischem Verhalten und der spezifischen Porenoberfläche. Anders als durch wenige große Poren wird die Blochwandbeweglichkeit durch viele kleine, unregelmäßig geformte Poren im Sintergefüge wesentlich stärker eingeschränkt, was zur weiteren Erhöhung des für die Ummagnetisierung notwendigen Energiebedarfs führt. Außer der Verminderung des Gesamtporenvolumens ist deshalb die Einstellung größerer, gut abgerundeter Poren und damit einer möglichst geringen spezifischen Porenoberfläche die technologische Zielrichtung. Vorteilhaft wirkt sich ein gewisser Phosphoranteil (P = 0,3...0,8%) im Ausgangspulver aus. Infolge seiner sinteraktivierenden Wirkung (temporäres Flüssigphasensintern) erhält man schon bei Sintertemperaturen um 1200°C hohe Sinterdichten. Gleichzeitig werden die Kristallitgröße und die Porengestalt so beeinflusst, dass die Sintereisenmagnete Koerzitivfeldstärken von $H_c \leqq 40$ A m^{-1} und μ_{max} bis über 10 000 aufweisen (Tab. 16.1) [16.8], [16.16].

Zur Verbesserung der Maßgenauigkeit werden die Sinterteile in der Regel kalibriert (Abschn. 8.2), wozu Drücke von 600 bis 1000 MPa erforderlich sind. Die dabei entstehende und das weichmagnetische Verhalten verschlechternde Kaltverfestigung wird durch eine anschließende Glühung (750 bis 850°C) wieder beseitigt.

Sintereisenmagnete sind wirtschaftlich in Losgrößen ab etwa 10 000 Stück (im allgemeinen ohne spanende Nachbearbeitung) herzustellen. Sie finden vorzugsweise als Rundkerne und dickwandige Joche in Gleichstromrelais, als Flussleitstücke und Polschuhe, z.B. auch in Autostartermotoren, sowie als Armaturen in elektrischen Geräten Anwendung. In Dauermagnetsystemen werden sie als Weicheisenpolschuhe unmittelbar an den Dauermagnetwerkstoff angesintert, so dass mechanische Verbindungselemente entfallen.

16.2 Sintereisenmagnete

Tabelle 16–1. Eigenschaften verschiedener weichmagnetischer Sinterwerkstoffe (Sinterdichte $\rho \geq 7{,}4$ g cm^{-3})

Magnetische Eigenschaften	Karbonyl-Eisenpulver	verdüstes Eisenpulver, unleg.	Fe-P P: 0,45%	Fe-P P: 0,8%	Fe-Si Si: 3%	Fe-Si Si: 6,5% $\rho > 7{,}0$ g/cm^3	Fe-Ni Ni: 50% $\rho > 8{,}0$ g/cm^3
Maximalpermeabilität μ_{max}	20000…30000	3500…6000	5000…>10000	4500…5000	4300…8400	7500 $=$ Feld 2800 $\sim$ Feld	20000
Koerzitivfeldstärke H_c in A/m	8…12	80…110	40…95	95	50…80	40…60	20
Remanenzinduktion B_r in T	0,12	1,25…1,4	1,25…1,35	1,20…1,30	1,00…1,25		0,85
Mindestinduktion B_{20} in T		1,45…1,65	1,45…1,55	1,30…1,35	$\approx 1{,}45$	$B_{100} = 1{,}50$	1,40
Sättigungsinduktion B_s in T	2,1	2,0	2,0		1,85…1,95		1,55
Spez. elektr. Widerstand in 10^{-8} Ωm	11	12…13	20		50	100…110	45

Unlegierte Sintereisenmagnete kommen nur dann in Betracht, wenn Gleichstrommagnetisierung vorliegt. Wegen der relativ hohen elektrischen Leitfähigkeit des Fe würden in Wechselfeldern stärkere Wirbelströme und demzufolge große magnetische Verluste entstehen. Um dem zu begegnen, werden dem Fe für den Einsatz unter Wechselstrombedingungen bis zu 6,5% Si zulegiert, wodurch der spezifische elektrische Widerstand beträchtlich erhöht und die Koerzitivfeldstärke gesenkt werden (s. Tab. 16–1), so dass solche Legierungen niedrige Ummagnetisierungsverluste aufweisen. Die Herstellung kompakter *Fe-Si-Weichmagnete* mit höheren Si-Gehalten ist auf pulvermetallurgischem Wege relativ unkompliziert. Man geht von Mischungen aus hochverdichtbaren Fe-Pulvern (z.T. gering P-legiert) und Fe-Si-Vorlegierungspulvern aus. Fertiglegierte Ausgangspulver kommen wegen der hohen Härte und schlechten Verpressbarkeit nicht in Frage. Bewährt haben sich Fe-Si-Vorlegierungspulver mit ≈ 33% Si, die in ihrer Zusammensetzung der intermetallischen FeSi-Phase entsprechen [16.17]. Die Sintertemperaturen liegen bei 1200 bis 1250°C, wobei aufgrund des zeitweisen Auftretens einer flüssigen Phase (eutektische Schmelze) die Homogenisierung der Legierung rasch voranschreitet und der Sintervorgang bereits nach wenigen Minuten abgeschlossen ist. Während des Sinters können stärkere Schwell- und Schwindungsvorgänge auftreten, die die Maßhaltigkeit der Formteile beeinträchtigen. Ursache dafür sind Diffusionsvorgänge, die über die Bildung verschiedener intermetallischer Phasen unterschiedlicher Dichte ablaufen [16.18]. Durch technologische Maßnahmen, wie z.B. die Anwendung speziell zusammengesetzter Pulvermischungen und unterschiedlicher Teilchengröße sowie eines entsprechenden Temperaturregimes beim Sintern, können die Störungen eingeschränkt werden. Unter geeigneten Sinterbedingungen lassen sich Fe-6% Si-Weichmagnete herstellen, deren Koerzitivfeldstärke $H_c \leq 60$ A m^{-1} bei einem spezifischen elektrischen Widerstand $\rho > 100 \cdot 10^{-8}$ Ωm beträgt. Solche Magnetteile werden in großen Stückzahlen als Kerne in Wechselstromrelais, in Kleintransformatoren, in kleinen Elektromotoren und Generatoren sowie in Büromaschinen und Hochgeschwindigkeitsdruckern eingesetzt.

Für Anwendungsfälle, bei denen anspruchsvollere magnetische oder zusätzliche Anforderungen an die Sinterformstücke bestehen, werden Legierungspulver eingesetzt und auf demselben sintertechnischen Wege weiterverarbeitet wie die Eisenpulver. Aus Fe-Ni-Pulvern mit 45…50% Ni werden höherpermeable weichmagnetische Kompaktteile mit Sättigungsinduktionen um 1,5 T gefertigt (Tab. 16–1). Seit der Einführung von ABS-Bremssystemen in Kraftfahrzeugen hat sich ein zunehmender Bedarf an korrosionsbeständigem weichmagnetischem Sintermaterial entwickelt. Das Ausgangspulver dafür ist hochreines vorlegiertes Fe-Cr-Pulver mit 13…17% Cr, das mit 600…700 MPa gepresst und bei 1260°C in reinem Wasserstoff gesintert wird. Je nach dem Restsauerstoffgehalt, der die magnetischen Eigenschaften empfindlich beeinflusst, haben die Fe-Cr-Sinterteile etwa folgende Eigenschaften: Sättigungsinduktion 1,3…1,5 T, Koerzitivfeldstärke 120…160 Am^{-1} und Permeabilität $\mu_{max} \leq 2000$ [16.19]. Die nichtrostenden Sinterweichmagnete finden insbesondere Anwendung als Raddrehzahlsensoren in ABS-Systemen.

Neben dem konventionellen Senkrechtpressen und dem neuerdings immer mehr eingeführten Warmpressen kommt bei der Sintermagnetfertigung auch das Pulverspritzgussverfahren (MIM-Technik, Abschn. 5.4.2) zur Anwendung. Es wird vorwiegend für kleinere, dünnwandige Teile mit komplexen Konturen und Geometrien genutzt, da die verfahrensbedingt notwendige hohe Bindermenge wieder rückstandsfrei ausgetrieben werden muss. Wenn die Zersetzungsprodukte nicht restlos abgeführt werden – auch aus der Sinteratmosphäre –, kann das einen höheren Gehalt an C-, O- und N-Verunreinigungen im Sintergut zur Folge haben und magnetisch schädliche Alterungsvorgänge verursachen.

16.3 AlNiCo-Sintermagnete

Die AlNiCo-Legierungen stellten bis in die jüngere Zeit neben den hartmagnetischen Ferriten die technisch wichtigste Gruppe der Dauermagnetwerkstoffe dar. Sie müssen sich heute den Markt mit diesen und den neu entwickelten Fe-Cr-Co-Legierungen sowie vor allem den Sm-Co- und den Nd-Fe-B-Magneten teilen. Die derzeit gebräuchlichen AlNiCo-Magnete sind Mehrstofflegierungen mit den Hauptbestandteilen Fe, Co, Ni, Al und Cu sowie gegebenenfalls noch weiteren metallischen Komponenten, vorzugsweise Ti (Tab. 16–2). Ihre hochwertigen Dauermagneteigenschaften verdanken sie der Formanisotropie einer im Gefüge in Stäbchen- bzw. Nadelform feindispers ausgeschiedenen stark ferromagnetischen Phase. Das magnetisch optimale Gefüge wird im Anschluss an die Formgebung der Magnete über eine definierte, der jeweiligen Zusammensetzung angepasste Wärmebehandlung ausgebildet.

AlNiCo-Legierungen sind spröde und lassen sich nur über Gießen oder Sintern zu Formteilen verarbeiten. Die Sintertechnik wird bevorzugt bei Erzeugnissen, die in großen Stückzahlen und mit kleinen Stückmassen (unter etwa 120 g) anfallen, angewendet. Magnete größerer Abmessungen werden wegen der geringeren Materialeinsatzkosten durch Gießen hergestellt. Die magnetische Güte der gegossenen Magnete kann gegenüber der von Sintermagneten gleicher Zusammensetzung über eine im Temperaturgefälle verlaufende Erstarrung mit gerichteter Kristallisation (Stengelkristallbildung) noch wesentlich verbessert werden (kristallographisch anisotrope AlNiCo-Sorten, z.B. AlNiCo 52/6, Tab. 16–2). Andererseits sind die Gussmagnete mit Lunkern und Seigerungen behaftet, die bei der pulvermetallurgischen Herstellung entfallen. Zudem haben die Sintermagnete ein sehr gleichmäßiges, feinkörniges Gefüge und demzufolge auch günstigere mechanische Eigenschaften sowie eine bessere Kantenbeständigkeit. Die Biegebruchfestigkeit gesinterter Magnete liegt mit 1000 bis 1400 MPa dreimal so hoch wie die von Gussmagneten. Das ist besonders für rotierende Magnete von Bedeutung. Während sich Gussmagnete ausschließlich durch Schleifen bearbeiten lassen, gelingt bei Sintermagneten zumindest in bestimmten Gefügezuständen auch eine spangebende Formung mit Hartmetallwerkzeugen.

16.3.1 Herstellung der AlNiCo-Sinterteile

In Bild 16–6 ist der Fertigungsgang von AlNiCo-Sintermagneten schematisch dargestellt. Außer Al werden dem Pulvergemisch alle Komponenten elementar in Pulverform zugegeben. Da das Aluminium gegenüber Fe, Ni und Co einen erheblich niedrigeren Schmelzpunkt hat und stark zu Verdampfung und Oxidation neigt,

Tabelle 16–2. Werkstoffkennwerte und chemische Zusammensetzung der AlNiCo-Legierungen (Auswahl nach [16.20] und DIN IEC 60404-8-1; Ausgabe 2003)

Werkstoff	Maximale Energiedichte $(BH)_{max}$	Remanenz B_r	Induktionskoerzitivfeldstärke H_{cB}	Dichte γ	Chemische Zusammensetzung, Masse-% (Rest Fe) Richtwerte					
	kJ m^{-3}	mT	kA m^{-1}	g cm^{-3}	Al	Ni	Co	Cu	Ti	
	mindestens									
Isotrope AlNiCo-Legierungen										
AlNiCo 9/5 (S)	9,0	550	44	6,8	11…13	21…28	≤ 5	2…4	≤ 1	
AlNiCo 12/6 (S)	12,0	650	54	7,1	9…13	18…24	12…17	2…6	≤ 1	
AlNiCo 18/8 (S)	18,0	640	80	7,2	6…8	13…19	24…34	3…6	5…9	
Anisotrope AlNiCo-Legierungen										
AlNiCo 35/5 (S)	35,0	1120	47	7,2	8…9	13…16	23…26	3…4	–	
AlNiCo 44/5 (G)	44,0	1200	52	7,2	8…9	13…16	23…26	3…4	–	
AlNiCo 52/6 (G)	52,0	1300	55	7,2	8…9	13…16	23…26	3…4	≤ 1	
AlNiCo 26/6 (S)	26,0	900	58	7,2	7…9	14…16	25…27	3…4	≤ 1	
AlNiCo 36/12 (S)	36,0	800	110	7,2	6…8	13…15	30…36	3…4	4…6	
AlNiCo 60/11 (G)	60,0	900	110	7,2	6…8	13…15	35…39	2…4	4…6	
AlNiCo 33/15 (S)	33,0	650	136	7,2	6…8	13…15	38…42	2…4	7…9	

In der Bezeichnung der AlNiCo-Magnete bedeuten die Zahlen vor dem Schrägstrich den $(BH)_{max}$-Wert in kJ m^{-3} und die nach dem Schrägstrich 1/10 des Wertes der Polarisationskoerzitivfeldstärke H_{cJ} in kA m^{-1}, auf- oder abgerundet, z.B. AlNiCo 12/6: $(BH)_{max}$ = 12,0 kJ m^{-3}; H_{cJ} = 57 kA m^{-1}; (S) gesintert, (G) gegossen

16.3 AlNiCo-Sintermagnete

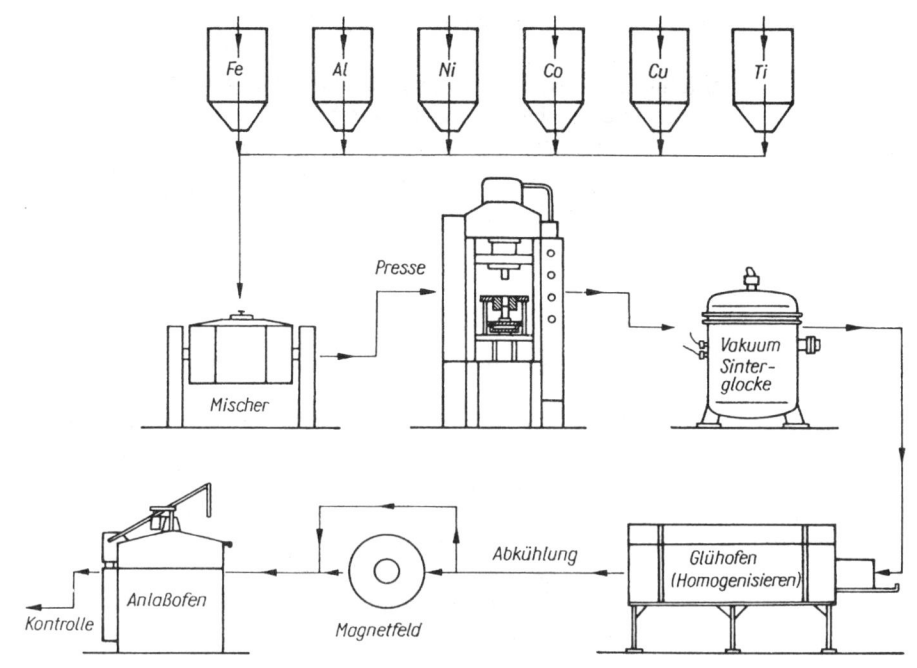

Bild 16–6. Fertigungsgang von AlNiCo-Sintermagneten (nach *K. Schüler* und *K. Brinkmann*)

muss es in Form einer Vorlegierung, in der Regel als Fe-Al-Legierungspulver (Fe:Al meist 1:1), zugesetzt werden.

Das Teilchengrößenspektrum der Pulvermischung soll möglichst eng begrenzt sein und im Bereich 60 bis 100 µm liegen. Die Pulvermischung wird auf hydraulischen oder mechanischen Pressen mit Pressdrücken zwischen 500 und 1000 MPa gepresst. Bei der Verwendung presserleichternder Zusätze (Abschn. 3.3) ist darauf zu achten, dass eine Aufkohlung bzw. Carbidbildung, von der vor allem titanhaltige AlNiCo-Legierungen betroffen sind, unter allen Umständen vermieden wird.

Das Sintern geschieht je nach der Legierungszusammensetzung bei Temperaturen zwischen 1200 und 1350°C entweder in Vakuumöfen oder unter reinem H_2 (Taupunkt – 60°C). Während des Aufheizens auf isotherme Sintertemperatur werden die Presslinge im Temperaturgebiet unter 500°C sorgfältig entgast. Um im Schutzgas noch enthaltene Sauerstoffreste vom Sintergut fernzuhalten, sind die Presslinge in Fe-Al- bzw. Ti-Al-Pulver, die als Getter wirken, eingepackt. Im Verlaufe des Sinterns entsteht aus den beteiligten Komponenten eine homogene Mischkristalllegierung, deren Bildung durch eine im Zuge des Konzentrationsausgleichs vorübergehend auftretende flüssige Phase erheblich beschleunigt wird. Die lineare Sinterschwindung der AlNiCo-Formkörper liegt bei 8 bis 10%.

Für den Gerätebau ist es nicht unwesentlich, dass bei der pulvermetallurgischen Herstellung von AlNiCo-Magneten die Möglichkeit besteht, durch gemeinsames Verpressen und Sintern den Dauermagnetwerkstoff mit einer weichmagnetischen Eisenansinterung zu versehen. Dazu wird das Legierungspulver zusammen mit dem

Reineisenpulver durch dünne Blechwände getrennt in die Matrize gefüllt und nach dem Entfernen der Trennwände verpresst. Die Festigkeit der beim Sintern entstandenen schmalen Verbindungszone beträgt mehr als 400 MPa. Die Anfertigung solcher kombinierten Magnete erfordert allerdings viel Sorgfalt, weshalb neuerdings hierfür die Löt- oder Klebetechnik bevorzugt wird. Auch Verbindungselemente oder Wellen aus Eisen und anderen höher schmelzenden Werkstoffen können mit eingepresst und beim Sintern fest eingeschrumpft werden. Die gesinterte AlNiCo-Legierung hält aufgrund ihrer höheren Festigkeit der Schrumpfbeanspruchung stand, während Gussmagnete dabei rissig werden.

16.3.2 Wärmebehandlung, Gefüge und Eigenschaften

Die AlNiCo-Dauermagnete weisen im Gebrauchszustand ein formanisotropes Zweiphasengefüge auf, das sich während einer dem Sintern bzw. Gießen nachfolgenden mehrstufigen Wärmebehandlung (Bild 16–7) einstellt. Nach unkontrollierter Abkühlung von isothermer Sintertemperatur liegen im Gefüge unregelmäßige Ausscheidungen verschiedener Phasen vor. Um die hartmagnetischen Eigenschaften, die in diesem Zustand insgesamt geringwertig sind, zu verbessern, ist zunächst eine Homogenisierungsglühung erforderlich, die im Bereich des homogenen α-Mischkristalls bei Temperaturen von 1250 bis 1300°C vorgenommen wird (Bild 16–8). Die Abkühlung von der Homogenisierungstemperatur durch das $(\alpha + \gamma)$-Zweiphasengebiet muss so erfolgen (Abkühlungsgeschwindigkeit $\gtrsim 1\,\mathrm{K\,s^{-1}}$), dass die Bildung der kubisch-flächenzentrierten γ-Phase unterdrückt wird und die α-Hochtemperaturphase bis zum Beginn ihres spinodalen Zerfalls erhalten bleibt. Entstehende γ-Mischkristalle würden die Ausscheidung der magnetisch wirksamen Gefügebestandteile behindern und sich im Verlaufe der weiteren Abkühlung in die im AlNiCo-Gefüge unerwünschte, die magnetischen Eigenschaftswerte verschlechternde kubisch-raumzentrierte α_γ-Phase umwandeln.

Nach Unterschreiten der kritischen Zerfallstemperatur von etwa 900°C setzt die spinodale Entmischung ein: Die übersättigten α-Mischkristalle zerfallen in eine paramagnetische bzw. schwach ferromagnetische Ni-Al-reiche α-Phase und eine stark ferromagnetische Fe-Co-reiche α'-Phase mit hoher Sättigungspolarisation. Die α-Phase wird häufig weiterhin als Matrix bezeichnet, während die α'-Phase als Ausscheidung angesehen wird. Die Entmischung erfolgt räumlich periodisch und kristallographisch orientiert. Die α'-Phase bildet stäbchenförmige Einbereichsteil-

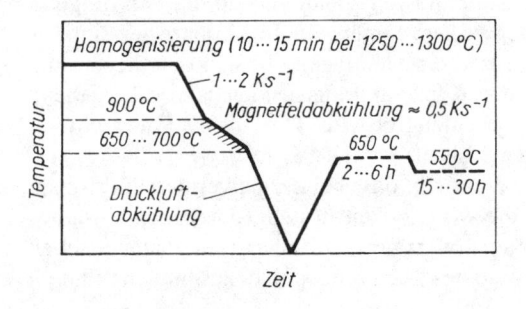

Bild 16–7. Wärmebehandlungsschema für titanfreie AlNiCo-Legierungen (nach *H.-G. Müller, L. Jahn* und *M. Lenz*)

16.3 AlNiCo-Sintermagnete

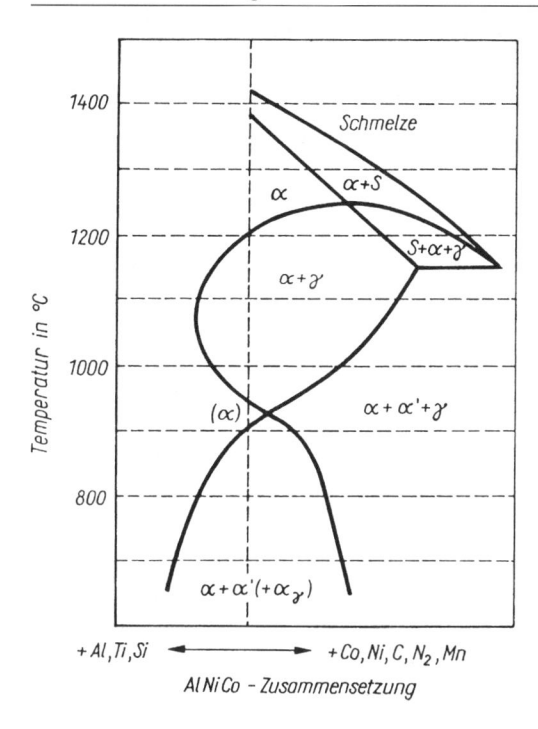

Bild 16-8. Schematisches Zustandsdiagramm der AlNiCo-Legierungen (nach *H.-G. Müller, L. Jahn* und *M. Lenz*). Die eingezeichnete senkrechte Strichlinie bezieht sich auf die Standardlegierung AlNiCo 26/6 (DIN IEC 60404-8-1). Wird die Zusammensetzung durch Hinzufügen der an der Abszisse angegebenen Komponenten verändert, so verschiebt sich die Strichlinie in die angedeuteten Richtungen

chen, die parallel den ⟨100⟩-Richtungen der α-Phase angeordnet sind und über ihre große Formanisotropie die Dauermagneteigenschaften der AlNiCo-Legierungen bedingen. Die Dicke der α'-Teilchen liegt in der Größenordnung von 10 nm, so dass Blochwände energetisch nicht möglich sind und die Ummagnetisierung nur durch Drehprozesse vonstatten gehen kann. Während des spinodalen Zerfalls werden alle drei Würfelkantenrichtungen der Matrixkristalle gleichermaßen von der α'-Phase belegt. Das führt bei polykristallinem Material zu einem magnetisch isotropen Verhalten.

Läuft die spinodale Entmischung unter dem Einfluss eines von außen angelegten starken Magnetfeldes ab, dann entstehen AlNiCo-Magnete mit magnetischer Vorzugsrichtung. Die formanisotropen α'-Teilchen bilden sich nun nicht mehr entlang aller drei Würfelkantenrichtungen, sondern es wird die ⟨100⟩-Richtung der Matrix als Wachstumsrichtung bevorzugt, die mit der Feldrichtung übereinstimmt bzw. ihr nächst benachbart ist. Die Wirksamkeit einer Magnetfeldabkühlung ist allerdings an die Voraussetzung geknüpft, dass der Curiepunkt der α'-Phase oberhalb der Temperatur des Zerfallsbeginns $\alpha \rightarrow a + \alpha'$ liegt. Das äußere Magnetfeld kann das Wachstum der als Folge der spinodalen Entmischung entstehenden Partikeln nur dann beeinflussen, wenn diese bereits im status nascendi magnetisch reagieren. Man erreicht das mit einem auf mehr als 10% erhöhten Cobaltgehalt, der die Curietemperatur bis über die obere Temperaturgrenze des Zerfallsbeginns anhebt. Ferner muss das anliegende Magnetfeld groß genug sein, um die magnetische Sättigung der Fe-Co-reichen α'-Phase zu gewährleisten. In der Praxis wird dazu mit Feldstärken zwischen 100 und 200 kA m^{-1} gearbeitet. Die Magnetfeldabkühlung ist effektiv im Temperaturgebiet von 900 bis 700°C, wobei die Abkühlungsgeschwindigkeit ≈ 0,5 K s^{-1} beträgt und so gesteuert wird, dass die Größe der α'-Teilchen die Einbereichsabmessungen nicht überschreitet.

An die Magnetfeldabkühlung schließt sich eine jeweils mehrstündige isotherme Anlassbehandlung bei 650°C und 550°C an. Sie hat vor allem den Zweck, die Koerzitivfeldstärke bis zum erreichbaren Maximum zu steigern. Man nimmt an, dass beim Anlassen die spinodale Entmischung fortgesetzt und der Konzentrationsunterschied zwischen der α- und α'-Phase schärfer wird, ohne dass die Teilchenabmessungen verändert werden. Auf diese Weise vergrößert sich die Differenz der Sättigungspolarisation, wodurch auch die magnetische Anisotropieenergie zunimmt. Außerdem begünstigt das Anlassen die Herausbildung von Ordnungsstrukturen in den beteiligten Phasen. Das bedeutet eine abermalige Erhöhung der Anisotropieenergie.

Gemessen an der produzierten Gesamtmenge geht der Anteil der AlNiCo-Magnete mit isotropen magnetischen Eigenschaften und geringerer Energiedichte immer mehr zurück, weil diese meist durch die billigeren Ferrite ersetzt werden können oder weil Nd-Fe-B-Magnete (bei Betriebstemperaturen unter ≈200°C) und polymergebundene Nd-Fe-B- bzw. Sm-Co-Magnete sie aus ihren bisherigen Einsatzfeldern verdrängen. Nach wie vor haben dagegen die AlNiCo-Magnete höherer Energiedichte technische Bedeutung. Mit Hilfe der Magnetfeldabkühlung kann die maximale Energiedichte $(BH)_{max}$ über die Steigerung der Remanenz in der magnetischen Vorzugsrichtung und die gleichzeitige Erhöhung des Ausbauchungsfaktors der Entmagnetisierungskurve auf mindestens das Doppelte des Wertes der isotropen AlNiCo-Magnete gleicher Zusammensetzung gebracht werden. Bei optimal zusammengesetzten AlNiCo-Werkstoffen mit regelloser Kristallitorientierung lassen sich $(BH)_{max}$-Spitzenwerte von 50 kJ m^{-3} erzielen. Dieser Wert ist zugleich auch der an AlNiCo-Sintermagneten erreichbare obere Grenzwert der Energiedichte. Eine weitere Gütesteigerung über die Ausnutzung einer durch Stengelkristallisation erzeugten kristallographischen Vorzugsorientierung, wie sie bei den hochwertigen AlNiCo-Gussmagneten vorliegt, kommt für die Sintermagnete nicht in Betracht.

Die Eigenschaftswerte der AlNiCo-Dauermagnete können durch die Wärmebehandlungsbedingungen und über eine geeignete Wahl der Legierungszusammensetzung in verhältnismäßig weiten Grenzen variiert und den verschiedenen Verwendungszwecken angepasst werden. Dementsprechend sind sowohl remanenzbetonte als auch koerzitivfeldstärkebetonte Sorten verfügbar. Titanfreie, hochcobalthaltige und magnetfeldabgekühlte Legierungen liefern Magnete mit hoher Remanenz; hochkoerzitive Magnete erhält man, wenn den Grundlegierungen bis zu 10% Ti zugesetzt wird (Tab. 16–2). Der durch den Titanzusatz erzielten bedeutenden Erhöhung der Koerzitivfeldstärke geht allerdings ein Abfall der Sättigungspolarisation und Remanenz einher, der nur teilweise über erhöhte Cobaltzugaben wieder kompensiert werden kann. Ti-haltige AlNiCo-Legierungen werden oberhalb 800°C zur Qualitätsverbesserung einer zusätzlichen isothermen Magnetfeldwärmebehandlung unterworfen.

Ungeachtet des vielfältigen Einsatzes der von den Rohstoffen her etwas billigeren hartmagnetischen Ferrite sowie des Vordringens der Nd-Fe-B- und der Sm-Co-Magnete haben die AlNiCo-Dauermagnete dort ihre Bedeutung behalten, wo eine hohe Stabilität der magnetischen Eigenschaften gegen Temperaturschwankungen gefragt ist. Die Temperaturkoeffizienten der magnetischen Kennwerte (TK(J_s) = −0,02% K^{-1}, TK(H_{cJ}) = + 0,03 bis − 0,07% K^{-1}) sind im Bereich der Raumtemperatur um mehr als eine Zehnerpotenz kleiner als die der Ferrite und der Nd-Fe-B-Magnete, und auch Sm-Co-Magnete weisen so niedrige Werte nicht auf. Deswegen und im Verein mit ihrer hohen Unempfindlichkeit gegenüber äußeren entmagnetisierenden Feldern werden AlNiCo-Magnete noch heute in magnetischen Sensoren angewendet. Einsatzfälle von Dauermagneten bei höheren Temperaturen bleiben ausschließlich den AlNiCo-Werkstoffen vorbehalten. Während die Ferrite knapp oberhalb 100°C ihre Dauermagneteigenschaften verlieren, die Einsatztemperaturen der Nd-Fe-B-Magnete bei maximal 200°C und die der Sm-Co-Magnete bei 250°C ($SmCo_5$) bzw. 350°C (Sm_2Co_{17}) begrenzt sind, können die AlNiCo-Magnete Betriebstemperaturen bis etwa 500°C ausgesetzt werden.

16.4 Hartmagnete aus intermetallischen Phasen von Seltenerd- und Übergangsmetallen

16.4.1 Samarium-Cobalt-Magnete

Eine Reihe intermetallischer Phasen von leichten Seltenerdmetallen (*RE*: La bis Sm und Y, das sich chemisch diesen Elementen ähnlich verhält) mit Übergangsmetallen weist eine hohe Sättigungsmagnetisierung und Curietemperatur sowie eine starke Anisotropie der Magnetisierung auf, mit denen wesentliche Voraussetzungen für eine Eignung als Dauermagnetmaterial gegeben sind.

Von allen zunächst untersuchten Phasen zeigten aber nur die cobaltreichen Verbindungen des Samariums $SmCo_5$ und Sm_2Co_{17} eine technisch interessante Kombination dieser Eigenschaften (Bild 16–9). Wie später festgestellt wurde, kann das Co auch teilweise durch Fe und/oder Cu und das Sm durch Pr oder Cer-Mischmetall (*MM*: 40 bis 60 Atom-% Ce, 23 bis 35 Atom-% La, 9 bis 20 Atom-% Nd, 3 bis 7 Atom-% Pr) substituiert werden. Das magnetische Moment der *Seltenerdmetalle* rührt von der nicht aufgefüllten 4f-Schale, das der Übergangsmetalle von einer nicht abgeschlossenen 3d-Schale her. Allein in den Phasen des Co mit den leichten *RE*-Elementen ist jedoch die Kopplung der Spins der Seltenerd- und Co-Untergitter so, dass die magnetischen Teilmomente parallel gerichtet sind und ein großes resultierendes Moment ergeben. Die schweren Seltenerden (Gd bis Tm) koppeln antiferromagnetisch mit dem Co-Moment, wodurch die Sättigungsmagnetisierung reduziert und die Phase als Hartmagnet uninteressant wird.

Das Anisotropieverhalten der Sm-Co-Phasen ist durch eine starke Richtungsabhängigkeit der bei gegebener Feldstärke erzielbaren Magnetisierung gekennzeichnet (Bild 16–10). Wird das Feld parallel zur Basisebene der hexagonalen Elementarzelle des $SmCo_5$-Gitters (Bild 16–11) angelegt, verhält sich der Kristall fast so, als ob er paramagnetisch wäre, während er in Richtung der c-Achse schon bei kleinen Feldstärken magnetisch gesättigt ist. Analog sind die Verhältnisse beim Sm_2Co_{17}, das bei Raumtemperatur eine rhomboedrische Struktur hat (Th_2Zn_{17}-Typ), die aus dem $CaCu_5$-Typ abgeleitet werden kann, indem in jeder dritten Elementarzelle ein Sm-Atom durch zwei Co-Atome ersetzt wird [16.21].

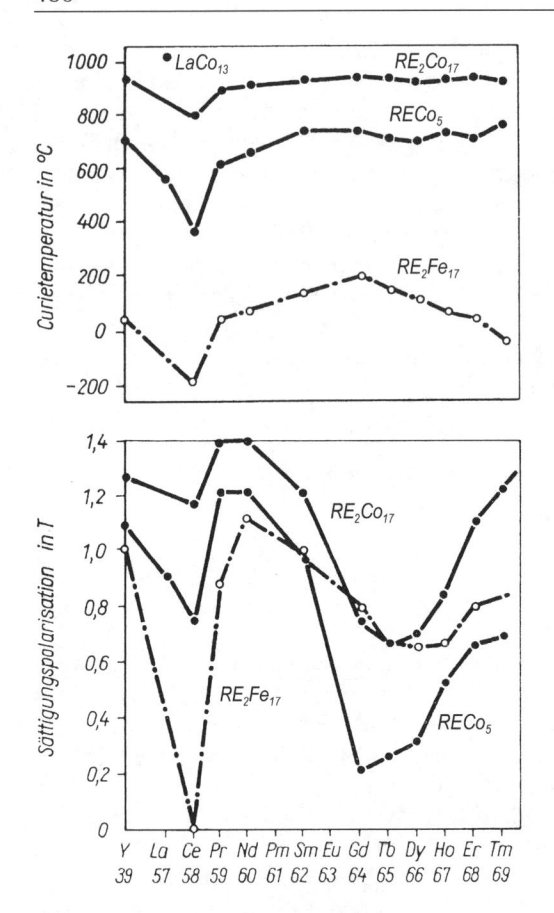

Bild 16–9. Curietemperatur und Raumtemperatur-Sättigungspolarisation der Phasen RE_2Co_{17}, $RECo_5$ und RE_2Fe_{17} (nach Daten von *K.J. Strnat* und *A.E. Ray*)

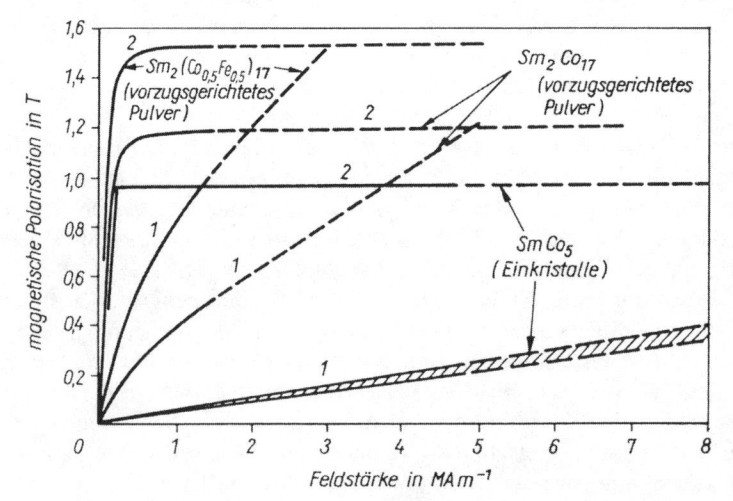

Bild 16–10. Magnetisierungskurven für verschiedene Sm-Co-Materialien (nach *K.J. Strnat*) *1* Richtung schwerer Magnetisierung; *2* Richtung leichter Magnetisierung

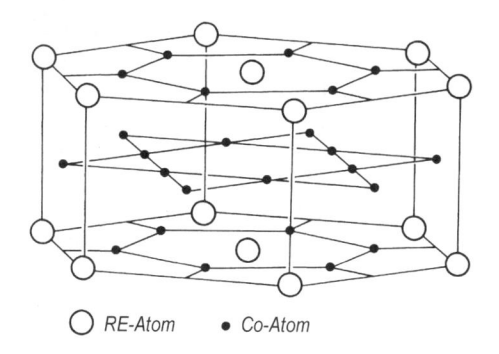

16.4 Hartmagnete aus intermetallischen Phasen von Seltenerd- und Übergangsmetallen

Bild 16–11. Elementarzelle des $RECo_5$-Gitters (Strukturtyp $CaCu_5$)

○ RE-Atom • Co-Atom

Für die industrielle Herstellung der *Seltenerdmetall-Co-Magnete* hat sich die pulvermetallurgische Produktion weitestgehend durchgesetzt. Nur bei Cu-haltigen Materialien kommen in geringem Umfang noch Sonderschmelzverfahren zur Anwendung. Die sintertechnische Fertigung der Magnete sieht folgende Verfahrensschritte vor: Legierungsherstellung, Mahlen, Pressen im Magnetfeld, Sintern und Anlassen, mechanisches Bearbeiten und schließlich Aufmagnetisieren (Bild 16–12).

Die Ausgangslegierung wird entweder über eine calciothermische Reaktion aus Oxidpulvergemischen (Reduktions- und Diffusionsverfahren) oder schmelzmetallurgisch aus den Elementen erzeugt. Während des Schmelzens müssen verunreinigende Stoffe ferngehalten werden, da diese mit dem hochreaktiven Seltenerdme-

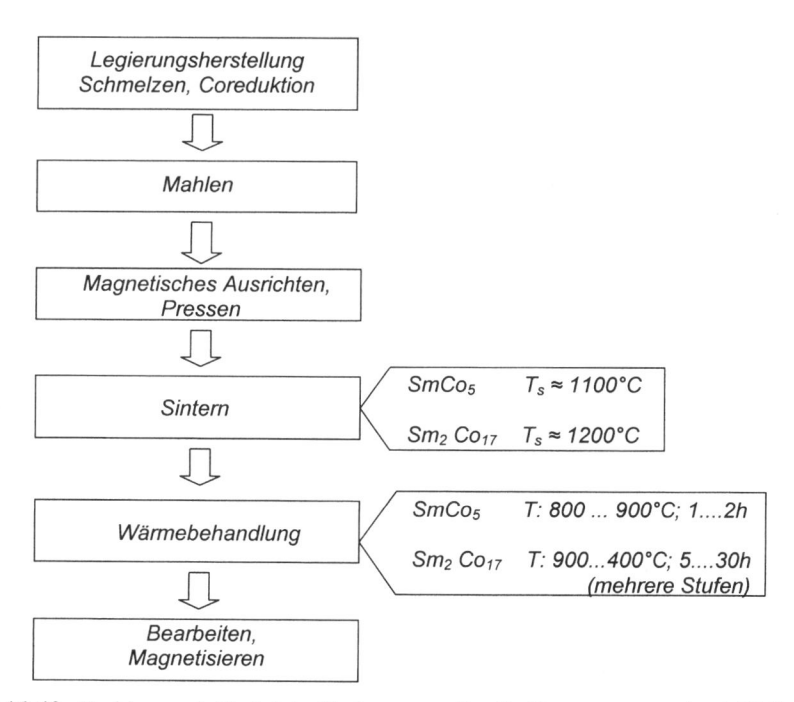

Legierungsherstellung
Schmelzen, Coreduktion
⇩
Mahlen
⇩
Magnetisches Ausrichten, Pressen
⇩
Sintern — $SmCo_5$ $T_s \approx 1100°C$ / Sm_2Co_{17} $T_s \approx 1200°C$
⇩
Wärmebehandlung — $SmCo_5$ T: 800 ... 900°C; 1....2h / Sm_2Co_{17} T: 900...400°C; 5....30h (mehrere Stufen)
⇩
Bearbeiten, Magnetisieren

Bild 16–12. Verfahrensschritte bei der Fertigung von Sm-Co-Dauermagneten (nach W. Ervens)

tall Verbindungen eingehen, wodurch die Legierung mit Cobalt angereichert und die Koerzitivfeldstärke vermindert würde. Es wird daher mit hochreinen, dichten, rekristallisierten Al_2O_3-Tiegeln im Lichtbogen- oder Induktionsofen unter reiner Edelgasatmosphäre oder im Hochvakuum gearbeitet. Da die $SmCo_5$-Phase durch eine peritektische Reaktion der Schmelze mit der benachbarten höherschmelzenden Sm_2Co_{17}-Phase (Bild 16–13) entsteht, in deren Verlauf es zur Ausbildung von Mikroseigerungen kommen kann, muss, um Konzentrationsunterschiede in der Legierung auszugleichen, nachfolgend mehrere Stunden unterhalb der peritektischen Temperatur geglüht werden.

Aufgrund der hexagonalen bzw. rhomboedrischen Kristallstruktur sind die 1:5- wie auch die 2:17-Sm-Co-Verbindungen sehr spröde und mechanisch über Grob- und Feinzerkleinerung (Abschn. 2.1) leicht dispergierbar. Zur Vermeidung von Oxidation und Pyrophorität wird unter Schutzgas (Stickstoff, Argon) oder bei Anwesenheit einer geeigneten Mahlflüssigkeit (Benzin) in Kugel-, Strahl- oder Attritormühlen auf Teilchengrößen < 10 µm, bevorzugt 3 bis 4 µm, gemahlen. Mit dem Mahlen („controlled milling") strebt man möglichst einkristalline und deshalb im Magnetfeld gut ausrichtbare (Einbereichs-)Pulverteilchen an. Eigenspannungen und Fehlstellen werden in einer anschließenden Wärmebehandlung abgebaut. Findet das Mahlen – wie in der Schwingmühle – unter Bedingungen statt, bei denen auf den Teilchenoberflächen plastisch deformierte Schichten geminderter Koerzitivfeldstärke entstehen, werden diese durch Ätzen der Pulver wieder beseitigt. Eine große spezifische Teilchenoberfläche muss angestrebt werden, um eine hohe Sinteraktivität zu gewährleisten.

Die Verdichtung und Formgebung der Pulver erfolgt durch Kalt- oder Heißpressen in Matrizen bzw. durch heißisostatisches Pressen. Hierbei wird das Pulver – ähnlich wie bei der Herstellung von Hartferriten – zur Erzielung höchster magnetischer Werte (vorzugsgerichtete Magnete) in einem angelegten äußeren Magnetfeld (5 bis 10 MA m^{-1}) ausgerichtet und mit Drücken von 200 bis 1000 MPa verpresst (s. Bild

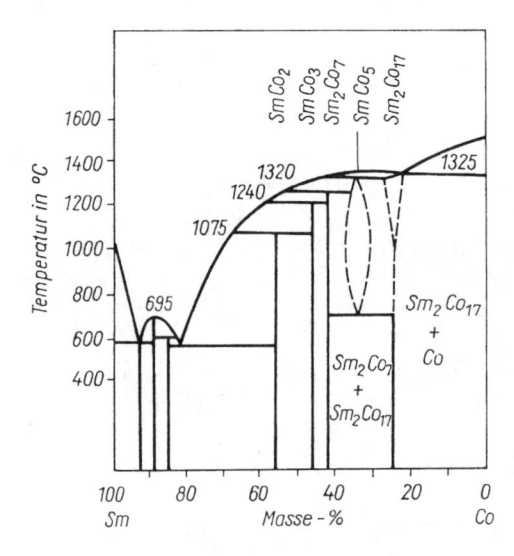

Bild 16–13. Zustandsdiagramm Sm-Co

16–17). Je nachdem, wie Pressrichtung und magnetische Feldrichtung zueinander orientiert sind, ergeben sich unterschiedlich hohe Ausrichtgrade. Bei senkrechter Anordnung von Magnetfeld und Pressrichtung (Querfeldpressen) werden die besten B_r- und $(BH)_{max}$-Werte erreicht. Verlaufen Pressrichtung und Magnetfeld parallel (*Axialfeldpressen*), so werden ca. 10% geringere B_r- bzw. 20% niedrigere $(BH)_{max}$-Werte erzielt. Während des Pressvorganges zeigen die Umordnungsvorgänge der Teilchen aufgrund der hexagonalen bzw. rhomboedrischen Kristallstruktur eine gewisse Anisotropie, wodurch sich die (Einbereichs-) Pulverteilchen mit ihrer magnetischen Vorzugsrichtung teilweise aus der axialen Pressrichtung herausdrehen. Die geforderte Geometrie und Vorzugsrichtung der Magnete bestimmen im wesentlichen die jeweils anzuwendende Presstechnik. Neben dem Formpressen in Matrizen wird die isostatische Presstechnik zur Herstellung von Sm-Co-Magneten angewandt. Dabei wird das Pulver in Schläuche gefüllt, in starken Impulsfeldern magnetisch ausgerichtet und anschließend mit Drücken von 100 bis 200 MPa verdichtet. Mit dieser Technik lassen sich Rohlinge im kg-Massebereich herstellen. Isostatisch verpresste Magnete erreichen die höchsten Dichten und auch die höchsten $(BH)_{max}$-Werte.

Das nachfolgende Sintern der Presslinge geschieht im Vakuum oder unter inertem Schutzgas (Argon) bei Temperaturen zwischen 1050 und 1150°C ($SmCo_5$) oder zwischen 1150 und 1230°C (Sm_2Co_{17}); die Sinterdauer beträgt 30 bis 90 min. Da schon geringe Mengen Sm_2O_3 die magnetischen Eigenschaften der Seltenerdmetall-Co-Legierungen merklich verschlechtern, muss der Sauerstoffgehalt der Presskörper wie auch der der Sinteratmosphäre minimal gehalten werden. Meist wird in einer vorangehenden Temperaturstufe noch entgast. Um durch Abdampfen und Oxidation entstehende Verluste an Sm zu kompensieren, wird beim Gattieren des Ausgangsmaterials in der Regel mit Sm-Überschuss (bis zu 2,5%) gearbeitet. Durch Zumischen einer oder mehrerer niedriger schmelzenden RE-Co-Phasen zu $RECo_5$ lässt sich über das Flüssigphasensintern die Verdichtung der Presslinge fördern und beschleunigen. Die Sinterdichten sollen mindestens 97% der theoretischen Dichte betragen (theoretische Dichte $\approx 8{,}6$ g cm^{-3}). Sowohl das Entstehen einer offenen Porosität als auch stärkeres Kornwachstum, das eine Verminderung der Koerzitivfeldstärke zur Folge hätte, müssen vermieden werden.

Wie das Zustandsdiagramm (Bild 16–13) ausweist, zerfällt das $SmCo_5$ unterhalb etwa 750°C in die Phasen Sm_2Co_7 und Sm_2Co_{17}, von denen insbesondere die erstgenannte wegen ihrer geringen Koerzitivfeldstärke höchst unerwünscht ist. Um den Phasenzerfall und die Bildung der qualitätsmindernden Phasen Sm_2Co_7 und Sm_2Co_{17} zu unterdrücken, wird im praktischen Fall der gesinterte Magnet nach dem Homogenisierungsglühen bei 900°C (wie auch nach jeder anderen Behandlung in diesem Temperaturbereich) abgeschreckt. Die Wärmebehandlungsparameter (Sintertemperatur und -dauer, Anlasstemperatur, Abkühlgeschwindigkeit) beeinflussen deshalb in entscheidendem Maße die Koerzitivfeldstärke. Bild 16–14 verdeutlicht den starken Einfluss der Abkühlgeschwindigkeit.

Die Ummagnetisierung in den polykristallinen einphasigen $RECo_5$-Legierungen geht über einen Keimbildungsmechanismus vor sich, der die Höhe der Koerzitivfeldstärke bestimmt. Dabei bewirkt die in technischen Materialien immer gegebene Ausscheidung von Restoxiden, die bei den einphasigen Legierungen an den Korngrenzen stattfindet, eine zusätzliche Verankerung der Blochwände an den Kristallitoberflächen und verhindert deren Übergang von Korn zu Korn. Bei den gleich-

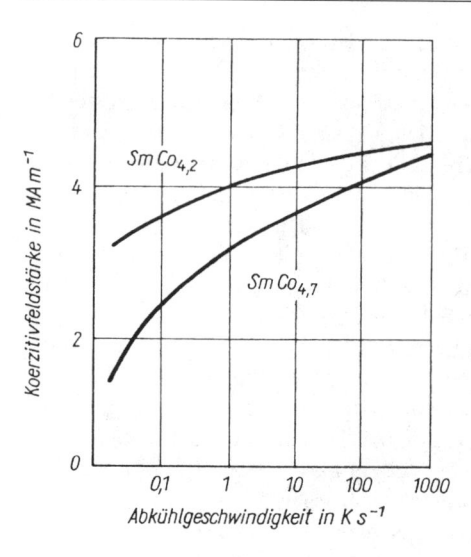

Bild 16–14. Änderung der Koerzitivfeldstärke H_{cJ} zweier $SmCo_{5-x}$-Magnete mit der Abkühlungsgeschwindigkeit im Temperaturbereich 800 bis 500°C (nach *F.J.A. Den Broeder, G.D. Westerhaut* und *K.H.J. Buschow*)

falls einphasigen 2:17-Verbindungen mit nahezu stöchiometrischer Zusammensetzung treten im wesentlichen die gleichen Ummagnetisierungsprozesse wie bei den $SmCo_5$-Magneten auf. Weicht die Zusammensetzung hingegen stärker von der 2:17-Zusammensetzung ab und wird das Co teilweise durch Cu und weitere Übergangsmetalle (Fe, Zr, Hf) substituiert, dann kommt es zu Ausscheidungen sowohl an den Korngrenzen als auch im Kornvolumen selbst. In der mehrphasigen Legierung wird der Ummagnetisierungsprozess jetzt von einem Pinning-Mechanismus bestimmt. Meist bedarf es mehrstufiger und langdauernder Anlassbehandlungen im Temperaturgebiet zwischen 900 und 400°C, um ein optimales Zweiphasengefüge einzustellen (Bild 16–12). Im Falle der ausscheidungshärtenden Cu-haltigen 2:17-Legierungen folgt dem Homogenisierungsglühen zwischen 1160 und 1190°C ein Abschrecken auf die erste Anlassstufe bei 800 bis 850°C. Daran schließt sich nach einer weiteren raschen Abkühlung auf $T \leq 450$°C eine mehrstündige zweite Anlassbehandlung an.

Die Dauermagnetwerkstoffe des 2:17-Legierungstyps – formelmäßig dargestellt als $Sm(Co, Cu, Fe, M)_{6,8...8,5}$, wobei M ein weiteres Metall ist, wie Zr, Hf, oder Ti, lassen sich hinsichtlich des Molverhältnisses, der Zugabe von Übergangsmetallen und anderen Elementen weitgehend modifizieren. Die kommerziell gefertigten Magnete weisen einen sehr breiten Legierungsbereich auf (in Masse-%):

Sm	Fe	Cu	M	Co
24,5...28	13,5...22	3...12	1,3...3,2	Rest

Cu ist das wichtigste Zusatzelement in den Sm_2Co_{17}-Legierungen. Mit seiner stark temperaturabhängigen Löslichkeit in der 2:17-Phase ist die notwendige Voraussetzung für die Ausscheidungshärtung gegeben. Aus der bei hoher Temperatur vorliegenden homogenen 2:17-Phase scheidet sich im Verlaufe der Anlassbehandlungen ein feines zellulares Netzwerk einer Cu-reichen $SmCo_5$-Phase aus, das einen

16.4 Hartmagnete aus intermetallischen Phasen von Seltenerd- und Übergangsmetallen

starken Pinningeffekt bezüglich der Blochwandbewegungen verursacht und der Ummagnetisierung einen dementsprechenden Widerstand entgegensetzt. In der im Zellinneren verbleibenden 2:17-Matrixphase ordnet sich feindispers eine plättchen- bzw. lamellenförmige Phase von wenigen nm Abmessungen an, die reich an Zr (bzw. Hf) und Fe ist („z-Phase") [16.4, 16.22] und zum Pinningprozess maßgeblich beiträgt.

Neben Cu kommt dem Fe als Substitutionselement besondere Bedeutung zu. Bis maximal 20 At.-% anstelle von Co zugesetzt, bewirkt Fe eine noch weitere Erhöhung der Kristallanisotropieenergie und gleichzeitig auch der Sättigungsmagnetisierung [16.23]. Darüber hinaus nimmt das Fe, wie erwähnt, auch an den Aushärtungsvorgängen teil.

Üblicherweise sind die technologischen Prozesse bei der Magnetfertigung (Zusammensetzung, Legierungsherstellung, Glüh- und Anlassbehandlungen) auf das Erreichen einer hohen Energiedichte $(BH)_{max}$ im Raumtemperaturgebiet und bis zu Arbeitstemperaturen von 300°C gerichtet. Spezielle Eigenschaftsforderungen, wie z.B. eine erleichterte Aufmagnetisierbarkeit (aufmagnetisierendes Feld $H \leq 1500$ kA m^{-1}) im bereits montierten Magnetsystem – was eine verminderte Polarisationskoerzitivfeldstärke H_{cJ} des Magnetwerkstoffs verlangt – lassen sich bei identischer Werkstoffzusammensetzung allein durch Veränderung der Wärmebehandlungsbedingungen (Anlasstemperaturen und Abkühlgeschwindigkeiten) erfüllen.

In Tabelle 16–3 sind Daten einer Auswahl handelsüblicher Sm-Co-Legierungen, die sich insbesondere in ihren Koerzitivfeldstärken unterscheiden, zusammengestellt. Die Sm_2Co_{17}-Legierungen sind im Vergleich zu $SmCo_5$ durch höhere Werte der Sättigungspolarisation ($J_s \leq 1,3$ T) und um etwa 100 K höhere Curietemperaturen ($T_c \approx 825$°C) gekennzeichnet. Magnete aus dieser Gruppe zeigen sich hinsichtlich der maximalen Energiedichte den $SmCo_5$-Verbindungen teilweise überlegen. Tabelle 16–4 veranschaulicht das magnetische Verhalten im Vergleich zu anderen Dauermagnetwerkstoffen.

Die Temperaturkoeffizienten der magnetischen Polarisation bzw. der Remanenz kommen denen der AlNiCo-Magnete gleich (TK(J_s) $\approx -0,03\%$ K^{-1}), dagegen liegen die temperaturabhängigen reversiblen Änderungen der Koerzitivfeldstärke um etwa eine Größenordnung schlechter. Durch Zumischen von $GdCo_5$ zu $SmCo_5$ bis zu einer Zusammensetzung $Sm_{0,6}Gd_{0,4}Co_5$ gelingt es, im Temperaturgebiet von Raumtemperatur bis zu ca. 200°C den Temperaturkoeffizienten TK_{Br} auf ≈ 0 zu senken.

Aus der Gruppe der $Sm_2(Co,Cu,Fe,Zr)_{17}$-Legierungen sind aufgrund ihrer hervorragenden Dauermagneteigenschaften und ihrer höheren Curietemperaturen (s. Tab. 16–4) neuerdings Werkstoffe entwickelt worden, die bis zu Betriebstemperaturen von 500°C Anwendung finden können. Bei bestimmten Einsatzfällen in der Luft- und Raumfahrt, für hochbeanspruchte Magnetkupplungen und -bremsen sowie magnetische Lager, für temperaturbelastete Sensoren und Aktoren werden eine geringere Temperaturabhängigkeit der Koerzitivfeldstärke und eine bis zu $T \approx$ 550°C noch linear verlaufende Entmagnetisierungskurve gefordert. Die werkstofftechnische Umsetzung geschieht über die komplexe Beeinflussung der Art und der Anordnung der feindispersen Ausscheidungen im Gefüge. Die Magnete enthalten höhere Sm- und Cu-Anteile bei gleichzeitig vermindertem Fe-Anteil sowie einen auf den Cu-Gehalt genau abgestimmten Zr-Anteil. In Verbindung mit einem sorgfältig angepassten Anlassregime bildet sich ein sehr feingliedriges, bis zu $T > 550$°C

Tabelle 16–3. Magnetische Kennwerte und Dichte handelsüblicher Samarium-Cobalt-Dauermagnete (Auswahl)

Werkstoff (Kurzbez. nach DIN IEC 60404-8-1)	Maximale Energiedichte $(BH)_{max}$ kJ m^{-3}	Remanenz B_r mT	Induktionskoerzitivfeldstärke H_{cB} kA m^{-1}	Polarisationskoerzitivfeldstärke H_{cJ} kA m^{-1}	Dichte γ g cm^{-3}
RECo$_5$-Typ-Legierungen					
RECo$_5$ 140/200[1]	140…160	850…900	600…660	2000…2400	
RECo$_5$ 160/120[1]	160…180	900…950	660…720	1200…1800	
RECo$_5$ 180/100[1]	180…200	980…1010	710…755	1000…1500	8,35
RECo$_5$ 170/70	≥ 170	≥ 930	≥ 600	≥ 700	
RECo$_5$ 70/240[4]	70	610	480	≥ 2400	
RE$_2$Co$_{17}$-Typ-Legierungen					
RE$_2$Co$_{17}$ 190/160[2]	190…215	1030…1060	720…790	1600…2000	8,4
RE$_2$Co$_{17}$ 170/159[1]	170…205	970…1040	680…760	1590…2070	
RE$_2$Co$_{17}$ 200/140[3]	≥ 200	≥ 1030	≥ 720	≥ 1400	
RE$_2$Co$_{17}$ 150/120[3]	≥ 150	≥ 850	≥ 650	≥ 1200	
RE$_2$Co$_{17}$ 200/64[1]	200…240	1050…1120	600…730	640…800	
RE$_2$Co$_{17}$ 220/40[3]	≥ 220	1100…1140	≥ 440	455…500	

In der Werkstoffbezeichnung bedeuten die Zahlen vor dem Schrägstrich den Mindest-$(BH)_{max}$-Wert in kJ m^{-3} und die nach dem Schrägstrich 1/10 des Mindestwertes der Polarisationskoerzitivfeldstärke H_{cJ} in kA m^{-1}

Die Magnetwerte können die angegebenen oberen Werte noch übertreffen.

[1] Vacuumschmelze GmbH, Hanau [16.29]
[2] Magnetfabrik Schramberg GmbH, Schramberg-Sulgen [16.28]
[3] ThyssenKrupp Magnettechnik GmbH, Gelsenkirchen [16.20]
[4] EEC Electron Energy Corporation, Landisville (USA): $Co_5Sm_{0,6}Gd_{0,4}$-Werkstoff mit sehr niedrigem $TK(B_r)$ zwischen 20 und 200°C

stabilisiertes Ausscheidungsgefüge aus, das Blochwandbewegungen wirksam behindert [16.24].

Die Werkstoffentwicklung bei den Sm-Co-Magneten ist in letzter Zeit geprägt durch die Anwendung neuer Methoden der Pulvergewinnung und die dadurch ermöglichte Erzeugung nanokristalliner bzw. feinstkristalliner Gefüge. Prinzipiell lassen sich Prozesse wie Rascherstarrung der Schmelze, reaktives Mahlen oder HDDR (Hydrogenation-Disproportionation-Desorption-Recombination), die bei der Herstellung von Nd-Fe-B-Magneten in breitem Umfang eingeführt sind (Abschn. 16.4.2), auch bei den SmCo$_5$- und Sm$_2$(Co,Cu,Fe,Zr)$_{17}$-Werkstoffen – allerdings jeweils mit Modifizierungen – für die Pulverherstellung nutzen. Die Rascherstarrung erfolgt nach der Methode des „melt spinning". Im Vergleich zu den üblichen Fertigungsgeschwindigkeiten, wie sie bei den amorphen weichmagnetischen Bändern bzw. bei Nd-Fe-B angewendet werden (25 bis 30 m s^{-1} bzw. ≥15 m s^{-1}), wird hier die Umfangsgeschwindigkeit der Cu-Walze, auf die die Schmelze aufgespritzt wird, mit 5 bis 7 m s^{-1} wesentlich niedriger gewählt. Das rascherstarrte einphasige metastabile Bandmaterial, das infolge der Sprödigkeit des Sm-Co in Form von kurzen schuppenartigen Bandstücken („Flakes") entsteht, wird, ohne eine (zeitaufwändige)

16.4 Hartmagnete aus intermetallischen Phasen von Seltenerd- und Übergangsmetallen

Homogenisierungsglühung zwischenschalten zu müssen, direkt einer Anlassbehandlung bei 850°C mit nachfolgender langsamer Abkühlung bis 400°C ($\approx 0{,}7$ K min^{-1}) unterzogen und dann auf Raumtemperatur abgeschreckt [16.25].

Die Anlassbehandlung führt aufgrund der hohen Keimbildungsrate im rascherstarrten Material zur Ausbildung eines nanokristallinen Gefüges mit Kristallitdurchmessern d = 20 bis 50 nm und vor allem zu einer magnetisch besonders wirksamen feinen und gleichmäßigen Zellstruktur. Sehr hohe Koerzitivfeldstärken werden an solchen Bändern gemessen ($H_{cJ} \geq 2200$ kA m^{-1}). Die magnetischen Eigenschaften hängen empfindlich ab von der Werkstoffzusammensetzung (optimierter Cu- und Zr-Gehalt), dem Ausgangszustand nach der Rascherstarrung und den Anlassbedingungen (Temperatur- und Abkühlungsregime). Über rascherstarrtes Ausgangsmaterial hergestellte Magnete kommen insbesondere mit ihrem Einsatzpotential für höhere Temperaturen dem der konventionell gesinterten Magnete gleich oder übertreffen diese sogar. Wegen ihres bei T = 500°C noch akzeptablen H_{cJ}-Wertes in Verbindung mit einem niedrigen TK(H_{cJ}) < $-0{,}14\%$ K^{-1} sind solche Werkstoffe neuerdings als Hochtemperaturmagnete industriell eingeführt.

Nach der Dispergierung durch Grobmahlen werden die Pulver auf zwei verschiedenen Wegen weiterverarbeitet. Im ersten Falle geschieht die Kompaktierung durch Heißpressen sowie durch nachfolgendes Gesenkstauchen (die-upsetting) bzw. Rückwärtsstrangpressen zu hochdichten anisotropen Dauermagneten. Im anderen Falle werden die nanokristallinen Pulver mit Bindemitteln vermischt und über Formpressen oder Spritzgießen zu polymergebundenen Magnetteilen geformt.

Eine besondere Erscheinung zeigen SmCo$_5$-Verbindungen sowie auch nahezu Cu- und Zr-freie Werkstoffe des Sm$_2$Co$_{17}$-Typs nach Rascherstarrung auf Cu-Walzen, die mit der o.g. niedrigen Umfangsgeschwindigkeit laufen. In den abgeschreckten Bändern bildet sich eine kristallographische Textur aus, bei der die hexagonalen bzw. rhomboedrischen Gitter mit ihrer c-Achse parallel zur Bandlängsrichtung orientiert sind [16.26, 16.27]. Auf diese Weise gewonnene magnetisch anisotrope Pulver lassen sich in polymergebundenen Magneten während des Herstellungsprozesses leicht im äußeren Magnetfeld ausrichten. Solche Magnete vom SmCo$_5$-Typ erreichen (BH)$_{max}$-Werte bis 150 kJ m^{-3}.

Ebenfalls in die industrielle Magnetfertigung bereits übernommen sind wasserstoffunterstützte Methoden für die Erzeugung von Sm-Co-Nanopulvern. Wegen ihrer gegenüber Nd$_2$Fe$_{14}$B und Sm$_2$Fe$_{17}$ größeren thermodynamischen Stabilität gelingt der HDDR-Prozess bei den Sm-Co-Verbindungen nur unter erhöhtem H$_2$-Druck (40 bar) und bei Temperaturen über etwa 600°C. Die Überführung der Sm$_2$Co$_{17}$-Phase in disproportioniertes Sm-Hydrid und Co-Partikel geschieht nach der Beziehung

$$\text{Sm}_2\text{Co}_{17} + (2 \pm x)\,\text{H}_2 \leftrightarrow 2\,\text{SmH}_{2 \pm x} + 17\,\text{Co} \qquad (16.1)$$

Über den disproportionierten Zwischenzustand, in dem die Partikelabmessungen im Bereich von 10 bis 30 nm liegen, tritt während der Rekombination eine weitere Kornfeinung ein.

Günstiger als mit dem HDDR-Verfahren sind Sm-Co-Nanopulver durch reaktives Mahlen, das unter Wasserstoffgas mit hohem Druck und bei erhöhter Temperatur vorgenommen wird, herzustellen [16.4]. Die mechanisch aktivierte Gas-Festkörper-Reaktion führt, verglichen mit HDDR, im disproportionierten Zustand zu wesentlich feineren Sm-Hydridpartikeln (d < 10 nm), die mit den Co-Partikeln innig durchmischt sind. Die Desorption und Rekombination erfolgt zuerst im Wasserstoffgas mit niedrigem Partialdruck und abschließend im Hochvakuum. Die gewählte Desorptionstemperatur beeinflusst die sich einstellende Korngröße der rekombinierten Sm_2Co_{17}-Phase. Bei T ≤ 500°C entstehen Teilchengrößen < 30 nm [16.28], höhere Desorptionstemperaturen (bis 700°C) ergeben gröbere Pulverteilchen. Die aus feinen Nanopulvern kompaktierten Magnete zeigen nach dem Aufmagnetisieren eine anomale Remanenzerhöhung, bezogen auf die in isotropem Material theoretisch zu erwartenden B_r-Werte. Dies ist zurückzuführen auf eine zwischen den Nanokörnern stattfindende magnetische Austauschkopplung und dadurch bewirkte zusätzliche Spin-Parallelstellung. Infolgedessen wird insgesamt auch ein höherer $(BH)_{max}$-Wert erzielt.

Sm-Co-Magnetwerkstoffe weisen eine hohe Energiedichte, eine weitgehend lineare Entmagnetisierungskennlinie (Bild 16–22) und eine große Koerzitivfeldstärke auf. Bei Raumtemperatur werden ihre magnetischen Kennwerte inzwischen von den Nd-Fe-B-Magneten übertroffen (Bild 16–15 und Tab. 16–4). Gegenüber diesen zeichnen sich Sm-Co-Magnete allerdings durch höhere Anwendungstemperaturen (bis zu 350°C bzw. 500°C, s. Bild 16–19) und deutlich niedrigere Temperaturkoeffizienten ($TK(B_r)$ = –0,03…–0,045% K^{-1}, $TK(H_{cJ})$ = –0,15…–0,24% K^{-1}) aus. Auch dem Einsatz bei tiefsten Temperaturen stehen keine physikalisch bedingten Einschränkungen entgegen. Das Korrosionsverhalten ist gekennzeichnet durch weitgehende Beständigkeit gegen organische Säuren, Lösungsmittel, Öle sowie neutrale Schadgase [16.28]. Anorganische Säuren, Laugen und Salzlösungen greifen die Sm-Co-Werkstoffe stärker an. Die Magnete werden meist durch metallische oder Polymerbeschichtungen oberflächengeschützt. Aufgrund der starken Affinität von Sm zu Sauerstoff ist bei Einsatztemperaturen über 250°C an Luft eine gegen Oxidation schützende, temperaturbeständige Beschichtung, wie z.B. eine galvanische Vernickelung oder das Aufbringen einer IVD-Aluminiumschicht (IVD = Ion Vapour Deposition [16.29]) notwendig.

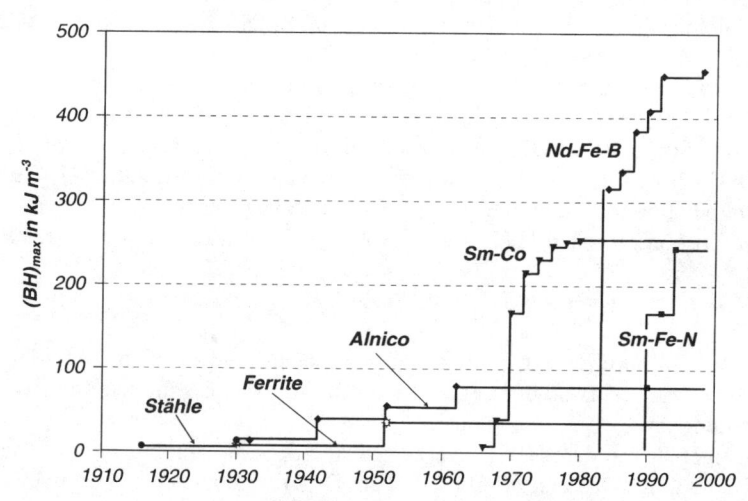

Bild 16–15. Entwicklung der maximalen Energiedichte in Dauermagneten (nach *O. Gutfleisch* [16.4])

16.4 Hartmagnete aus intermetallischen Phasen von Seltenerd- und Übergangsmetallen

Tabelle 16-4. Kenngrößen verschiedener Dauermagnetwerkstoffe

Kenngröße	Material						
	AlNiCo	FeCrCo	Ferrite	PtCo	SmCo$_5$	Sm(Co, Cu, Fe, M)$_{6,5...9}$	NdFeB(Dy, Co)
Curietemperatur, °C	800...880	620...680	460	510	720	800...825	310...350
Höchste Anwendungstemperatur, °C	450...550	500	250	300	250	250...350 (500)	60...230
Remanenz, T	0,52...1,35	1,0...1,4	0,21...0,44	0,6...0,64	0,73...1,01	0,9...1,14	1,05...1,47
Induktionskoerzitivfeldstärke, kA m^{-1}	35...140	30...60	125...310	330...400	560...775	440...820	780...1100
Polarisationskoerzitivfeldstärke, kA m^{-1}	40...160	30...65	140...400	430	700...2400	455...2070	950...2800
Maximale Energiedichte, kJ m^{-3}	9...72	25...55	8...36	32...76	140...200	160...250	210...420 (450)

Sm-Co-Magnete werden bevorzugt dort eingesetzt, wo bestimmte Anforderungen bezüglich der Temperatur- und der Korrosionsstabilität bestehen, z.B. in Magnetsystemen, die größeren Temperaturänderungen unterworfen sind, in Raddrehzahl- und Beschleunigungsmessern (ABS-, ESP-Systeme), für die periodische Fokussierung in Wanderfeldröhren, für Strahlführungssysteme in Sputteranlagen, in Klystrons (Elektronenröhren zur Erzeugung und Verstärkung von Spannungen sehr hoher Frequenz) sowie in weiteren Mikrowellensystemen und in Anlagen der Kerntechnik. Interessante Beispiele der Verwendung liegen auch im Bereich der Medizin, z.B. als Stützmagnete zur Entlastung von Teilen des Skelettsystems sowie als Haftmagnete in der Zahnprothetik.

16.4.2 Neodym-Eisen-Bor-Magnete

Die Dauermagnetwerkstoffe mit den höchsten Energiedichten stellen derzeit die Nd-Fe-B-Legierungen dar (Bild 16–15). In ihren magnetischen Güteziffern bei Raumtemperatur übertreffen sie noch deutlich die der Sm-Co-Magnete (Tab. 16–4). Im Vergleich zu Sm-Co sind die für ihre Herstellung notwendigen Rohstoffe wesentlich leichter verfügbar und billiger, so dass die Produktionsmenge der Nd-Fe-B-Magnete seit der Einführung in die industrielle Fertigung noch immer rasch anwächst (jährliche Zunahme ≥ 10%). Ihre Zusammensetzung (in Masse-%) wird wie folgt angegeben [16.30]:

Nd	B	Dy	Co	Al	Fe
15...35	0,8...1,3	0...15	0...15	0,5...2	Rest

Zur Optimierung bestimmter Magneteigenschaften werden geringe Mengen weiterer Elemente (Pr, Ga, Nb, V, Cu, Sn, Ti) zulegiert.

Die Herstellung der Nd-Fe-B-Magnete geschieht ebenso wie die der Sm-Co-Magnete auf pulvermetallurgischem Wege, wobei zur Verbesserung der Temperaturstabilität der Eigenschaften die Anwendung von nanokristallinen Pulvern in letzter Zeit deutlich in den Vordergrund tritt. Dementsprechend können zwei hauptsächliche Herstellungswege unterschieden werden: die konventionelle Sinter-Route und der Weg über die Erzeugung von nano- bzw. feinstkristallinen Pulvern, die durch Heißpressen und anschließendes Heißumformen zu Halbzeugen bzw. Magnetteilen verdichtet werden (Bild 16–16).

Die Ausgangslegierungen entsprechender Zusammensetzung werden vorzugsweise über zwei unterschiedliche Verfahren gewonnen. In einem Falle wird der Werkstoff aus den Elementen bzw. aus Nd-Fe- und Fe-B-Vorlegierungen im Vakuuminduktionsofen erschmolzen. Da sich die $Nd_2Fe_{14}B$-Phase bei der Erstarrung durch eine peritektische Umsetzung bildet, enthält der Abguss noch einen größeren Anteil an freiem Fe (Dendriten), das durch eine längere Hochtemperatur-Homogenisierungsglühung des Ingots vor der Weiterverarbeitung in Lösung gebracht werden muss.

Das andere Verfahren führt über einen Reduktions- (calciothermische Reduktion) und Diffusionsprozess, wobei von Nd_2O_3, Fe und Fe-B ausgegangen wird. Das

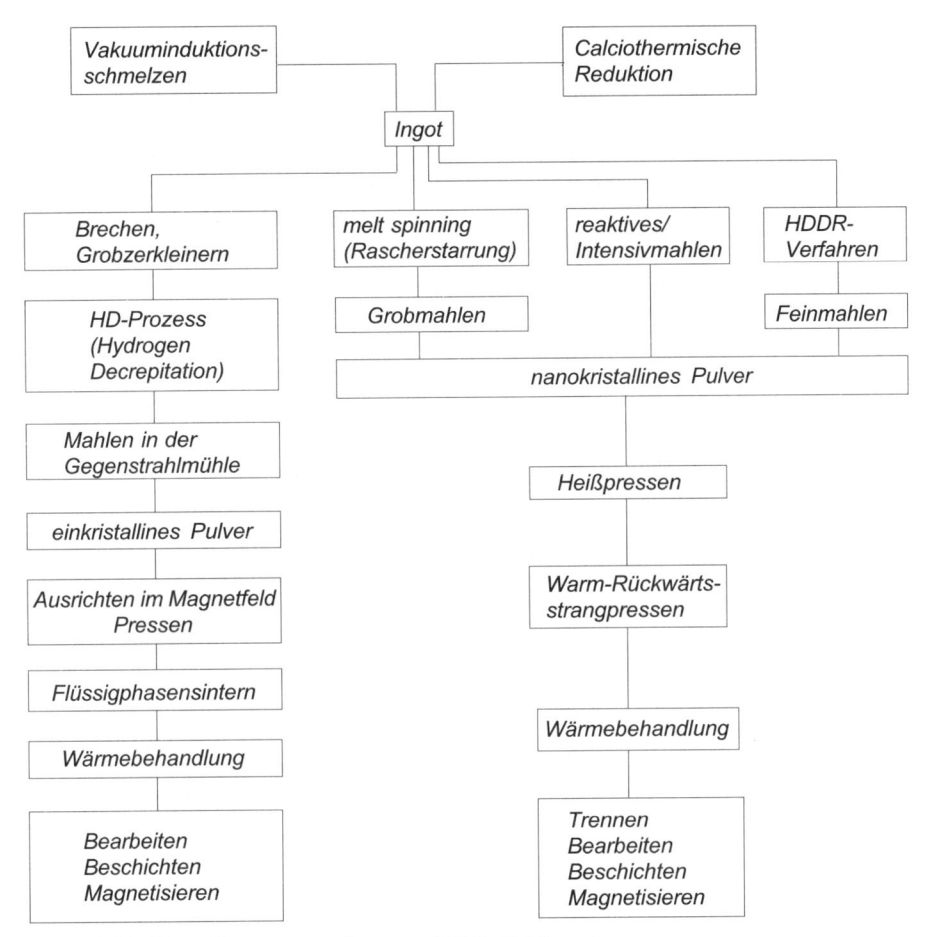

16.4 Hartmagnete aus intermetallischen Phasen von Seltenerd- und Übergangsmetallen 491

Bild 16–16. Herstellungswege anisotroper Nd-Fe-B-Magnete

hierbei ausgebrachte Legierungspulver mit Teilchengrößen ≤ 200 µm wird entweder unmittelbar darauf folgend bis zu den geforderten Endpartikelgrößen feingemahlen, oder das aus der Coreduktion anfallende Grobpulver wird zwecks Hochreinigung im Vakuum nochmals umgeschmolzen.

Gesinterte Nd-Fe-B-Magnete
Die zunächst durch Brechen des Ingots anfallenden Gussbrocken werden in Hochenergie-Schlagmühlen unter N_2-Schutzgas bis zu Teilchengrößen ≤ 500 µm vorzerkleinert. Im Vergleich zu den Sm-Co-Verbindungen sind die Nd-Fe-B-Legierungen sehr viel weniger spröde – bewirkt vor allem vom α-Fe im Gefüge – und deshalb schwieriger zu zerkleinern. Als vorteilhaft erweist es sich, im technologischen Ablauf einen HD-Prozess (Hydrogen Decrepitation) zwischenzuschalten. Dieser besteht aus einer interstitiellen Wasserstoff-Aufnahme in die einzelnen im Gefüge befindlichen Phasen und führt zur Versprödung sowie, wegen der jeweils unterschiedlichen Volumenzunahme der $Nd_2Fe_{14}B$-Phase und der Korngrenzensubstanz,

zur Zersprengung des kompakten Materials [16.31]. Der HD-Prozess ist druck- und temperaturabhängig und läuft bei Nd-Fe-B im Temperaturbereich von 600°C bis 800°C und bereits bei einem H_2-Partialdruck von 1 bar ab. Des Weiteren hängen die Prozessparameter von vorhandenen zusätzlichen Legierungselementen ab. Durch Variieren der Prozessparameter ermöglicht das HD-Verfahren andererseits, die Korngröße und die Korngrößenverteilung des anfallenden Pulvers in bestimmtem Maße zu beeinflussen. Vor dem Verpressen der Pulver muss im Hochvakuum bzw. bei geringem Sauerstoff-Partialdruck eine sorgfältige H-Desorption erfolgen. Je nach der speziellen Legierungszusammensetzung kann letzterer Verfahrensschritt auch während des Aufheizens der Presslinge kurz vor dem Erreichen der Sintertemperatur vorgenommen werden.

Das Feinmahlen der Legierungspulver bis zu Partikelgrößen ≤ 5 μm geschieht in Attritor- oder, bei kontinuierlichem Durchsatz, in Fließbett-Gegenstrahlmühlen. Wegen der großen Sauerstoffaffinität der Seltenerdmetall-Komponenten muss das Mahlen grundsätzlich unter einer Mahlflüssigkeit (Cyclohexan) oder unter hochreinem N_2-Schutzgas (Gegenstrahlmühle) stattfinden.

Die einkristallinen Pulver werden mit Drücken von 100 bis 1000 MPa und unter gleichzeitiger Einwirkung eines starken, die Pulverteilchen kristallographisch ausrichtenden Magnetfeldes in Matrizen verpresst. Beim Magnetfeldpressen drehen sich die Pulverteilchen im Matrizenhohl mit ihrer magnetokristallinen Vorzugsrichtung (c-Achse im tetragonalen $Nd_2Fe_{14}B$-Kristallgitter) parallel zu den Feldlinien ein. Diese kristallographische Orientierung wird durch das Pressen im Formteil fixiert und bleibt auch nach dem Sintern erhalten. Je nach der Anordnung von Pressrichtung und Magnetfeldrichtung zueinander unterscheidet man Axialfeldpressen und Querfeld-(Transversalfeld-)pressen (Bild 16–17). Entsprechend der beim Pressen anliegenden Magnetfeldrichtung erhält man anisotrope Magnete mit längs oder quer zur Pressrichtung verlaufender Polarisation. Besonders effektiv ist die Ausrichtung des Pulvers beim isostatischen Verdichten unter Magnetfeldeinwirkung,

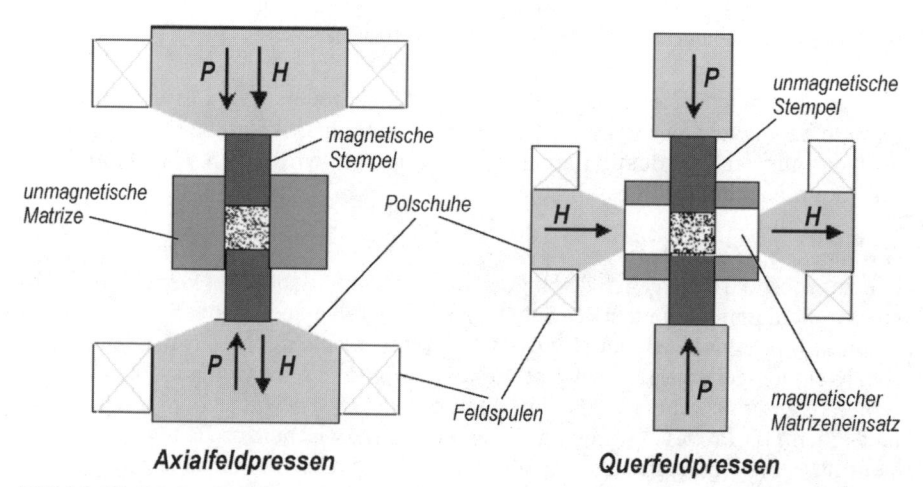

Bild 16–17. Pressen im Magnetfeld, schematisch; Anordnungen von Pressrichtung und magnetischer Feldrichtung zueinander (nach [16.31])

16.4 Hartmagnete aus intermetallischen Phasen von Seltenerd- und Übergangsmetallen

so dass auf diesem Wege bei Nd-Fe-B-Sintermagneten die höchsten magnetischen Gütewerte (Energiedichte, Remanenz) erzielt werden. Der Ausrichtgrad der Pulverteilchen bestimmt maßgeblich den B_r-Wert der Magnete. Die Remanenz querfeldgepresster Magnete liegt nur wenig niedriger ($\approx$ 2%) als die von Magneten, die aus isostatisch gepressten Sinterblöcken herausgearbeitet worden sind. Stärker gestört wird die Ausrichtung der Pulverteilchen dagegen beim Axialfeldpressen (beeinflusst durch gittergeometrische Gegebenheiten und die Teilchenform), weshalb die Remanenz etwa 6–8% geringere Werte als bei isostatisch gepressten Magneten aufweist [16.32]. Diese Tatsache verdeutlichen auch Bild 16–20 und Tab. 16–5. Die notwendige Feldstärke des ausrichtenden Magnetfeldes hängt von der Art und den Eigenschaften des Pulvers ab sowie von der Feldausrichtung in Bezug auf die Pressrichtung und beträgt 0,8 bis > 1 MA m^{-1}. Besonders hoch muss sie gewählt werden beim isostatischen Verdichten größerer Blöcke (bis zu 5 MA m^{-1}). Häufig werden beim kaltisostatischen Pressen (CIP) gepulste Magnetfelder oder Wechselfelder mit geregelt abnehmender Amplitude angewendet.

Um das kostenaufwändige Heraustrennen hochwertiger Magnete aus größeren Sinterblöcken zu umgehen, wird in der Magnetfertigung verschiedentlich das isostatische Pressen in elastischen Formen (RIP – Rubber Isostatic Pressing) [16.33]

Tabelle 16–5. Magnetische Kennwerte handelsüblicher Nd-Fe-B-Dauermagnete bei Raumtemperatur (Auswahl)

Werkstoff (Kurzbezeichnung nach DIN IEC 60404-8-1)	Maximale Energiedichte $(BH)_{max}$ kJ m^{-3}	Remanenz B_r mT	Induktionskoerzitivfeldstärke H_{cB} kA m^{-1}	Polarisationskoerzitivfeldstärke H_{cJ} kA m^{-1}	max. Dauertemperatur T_{max} °C
Isostatisch oder im Querfeld gepresste Magnete:					
REFeB 380/87,5[1])	380...415	1420...1470	835...915	875...955	50
REFeB 370/111,5[1])	370...400	1400...1440	1065...1115	1115...1195	70
REFeB 325/127[2])	≥ 325	≥ 1300	≥ 845	≥ 1275	110
REFeB 300/125[3])	300...330	1260...1320	900...950	1250...1400	130
REFeB 280/167[1])	280...305	1220...1260	925...970	1670...1910	150
REFeB 230/220[3])	230...255	1100...1160	840...890	2200...2500	190
Im Axialfeld gepresste Magnete:					
REFeB 335/87.5[1])	335...350	1330...1360	835...915	875...955	60
REFeB 240/151[1])	240...270	1140...1190	835...900	1510...1750	130
REFeB 230/175[3])	230...260	1130...1190	840...890	1750...1900	160
REFeB 220/220[2])	≥ 220	≥ 1080	≥ 780	≥ 2250	180
REFeB 200/262,5[1])	200...225	1030...1080	770...830	2625...2865	230
REFeB 180/250[3])	180...210	1000...1050	720...790	2500...2800	220
„melt-spun"-Pulver, heißgepresst/-umgeformt:					
REFeB 330/125[4])	334	1310	979	1274	150

Die Magnetwerte können die angegebenen oberen Werte noch übertreffen.
[1]) Vacuumschmelze GmbH, Hanau [16.29]
[2]) ThyssenKrupp Magnettechnik GmbH, Gelsenkirchen [16.20]
[3]) Magnetfabrik Schramberg GmbH, Schramberg-Sulgen [16.28]
[4]) Magnetquench International Inc.

angewendet. Dabei wird das Legierungspulver in eine elastische schlauchartige Pressform, die in eine Stützform eingesetzt ist, gefüllt und unter axialer Magnetfeldeinwirkung (starke Wechselfeldimpulse mit abklingender Amplitude) quasi-isostatisch verdichtet. Das Verfahren liefert Presslinge mit sehr guter axialer Ausrichtung der Pulverteilchen und endabmessungsnahe Sintermagnete, die bezüglich ihrer Magnetqualität den üblichen isostatisch gepressten Magneten gleichkommen. Inertbedingungen müssen auch beim Pulververdichten sorgfältig eingehalten werden, um jegliche Sauerstoffbeladung des Pulvers sowie auch der Presslinge auszuschließen.

Das Sintern der Presslinge erfolgt im Vakuum oder unter Schutzgas (hochreines Ar) bei 1080°C, die Sinterdauer beträgt 20 bis 90 min. Ist ein Teil des Nd durch Dy substituiert, wird die Sintertemperatur bis zu 40 K höher gewählt. Durch das Sintern entstehen Dauermagnete mit einer ausgeprägten magnetischen Vorzugsrichtung. Die Dichte der fertiggesinterten Nd-Fe-B-Magnete liegt bei 7,5 bis 7,8 g cm^{-3}. Zur Ausbildung eines hinsichtlich einer möglichst hohen Koerzitivfeldstärke H_{cJ} günstigen Gefüges wird abschließend eine ein- bis dreistündige Wärmebehandlung zwischen 900 und 600°C vorgenommen. Alle technologischen Bedingungen beim Sintern und bei nachfolgenden Wärmebehandlungen müssen darauf gerichtet sein, dass ein gleichmäßiges feinkörniges Gefüge mit einem hohen Ausrichtungsgrad der $Nd_2Fe_{14}B$-Körner entsteht und ein anomales Kornwachstum vermieden wird.

Das sich während des Sinterns und der thermischen Nachbehandlung ausbildende Gefüge bestimmt sehr wesentlich die Kennwerte der Magnete. Das Gefüge besteht aus zwei Komponenten, der $Nd_2Fe_{14}B$-Grundphase (Φ-Phase) mit hoher Sättigungspolarisation ($J_s = 1,6$ T bei 20°C) und starker magnetokristalliner Anisotropie und der unmagnetischen, bei Sintertemperatur flüssigen Nd-reichen Bindephase (Bild 16–18). Bei der Sintertemperatur befindet sich die Φ-Phase außer mit der flüssigen Nd-reichen Phase mit einer dritten Phase, der paramagnetischen Boridphase Fe_4NdB_4 (η-Phase) im thermodynamischen Gleichgewicht. Diese ordnet sich bei der endgültigen Erstarrung ebenfalls in der Korngrenze an [16.8]. Die Nd-reiche Phase dient zur magnetischen Entkopplung der Nd_2Fe_{14}-B-Körner. Von ihrer homogenen Verteilung hängt maßgeblich die Koerzitivfeldstärke ab. Ein geringer Zusatz von Al, das sich in der Korngrenzenphase anreichert, erhöht deren

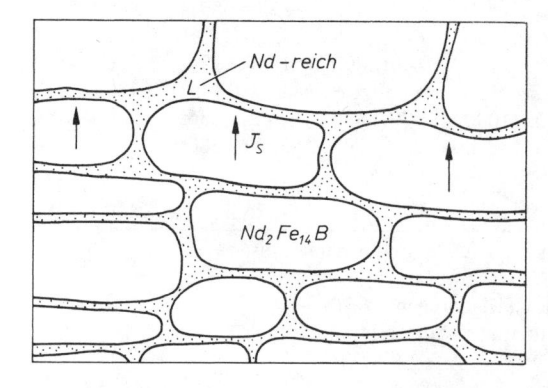

Bild 16-18. Gefüge (schematisch) gesinterter Nd-Fe-B-Magnete

16.4 Hartmagnete aus intermetallischen Phasen von Seltenerd- und Übergangsmetallen

Benetzungsfähigkeit und sorgt für eine gleichmäßigere Ausbreitung rund um die $Nd_2Fe_{14}B$-Körner. Damit wird die magnetische Entkopplung verbessert und folglich die Koerzitivfeldstärke weiter erhöht. In gleicher Weise wie Al wirkt die Zugabe von Ga [16.34].

Träger der hartmagnetischen Eigenschaften im Werkstoff ist die $Nd_2F_{14}B$-Phase. Ihr Anteil im Gefüge soll möglichst groß sein bei gleichzeitig guter Ausrichtung der Körner, wenn eine hohe Remanenz und Energiedichte des Magneten gefordert werden. Andererseits muss ein ausreichendes Volumen an nichtferromagnetischer Korngrenzenphase vorhanden sein, damit die magnetische Entkopplung gewährleistet ist und ein hoher Koerzitivfeldstärkewert H_{cJ} erzielt wird. In hochremanenten Nd-Fe-B-Magneten sind über 96% der hartmagnetischen $Nd_2Fe_{14}B$-Phase und nur etwa 2% an Nd-reicher Korngrenzensubstanz enthalten. Die bei Sintertemperatur flüssige Nd-reiche Phase erstarrt erst zwischen T = 650...630°C, wodurch der Sintervorgang sehr gefördert wird (Flüssigphasensintern) und sich relative Sinterdichten > 99% erreichen lassen [16.32]. Damit ist allerdings auch eine beachtliche anisotrope Schwindung von linear 15 bis teilweise über 20% verbunden, die unter Berücksichtigung bestimmter Geometrieregeln bei der Net-Shape-Massenfertigung einfacher Formteile aber beherrschbar ist.

Die bei Raumtemperatur ausgezeichneten magnetischen Kennwerte der Nd-Fe-B-Dauermagnete fallen bei Temperaturerhöhung relativ stark ab. Das betrifft insbesondere die Polarisationskoerzitivfeldstärke H_{cJ} und damit die Energiedichte $(BH)_{max}$ (Bild 16–19). Um die Temperaturstabilität von Nd-Fe-B-Magneten zu verbessern, muss folglich in erster Linie die Koerzitivfeldstärke bei höheren Temperaturen gesteigert werden. Zu diesem Zweck wird das Nd in den Magnetlegierungen

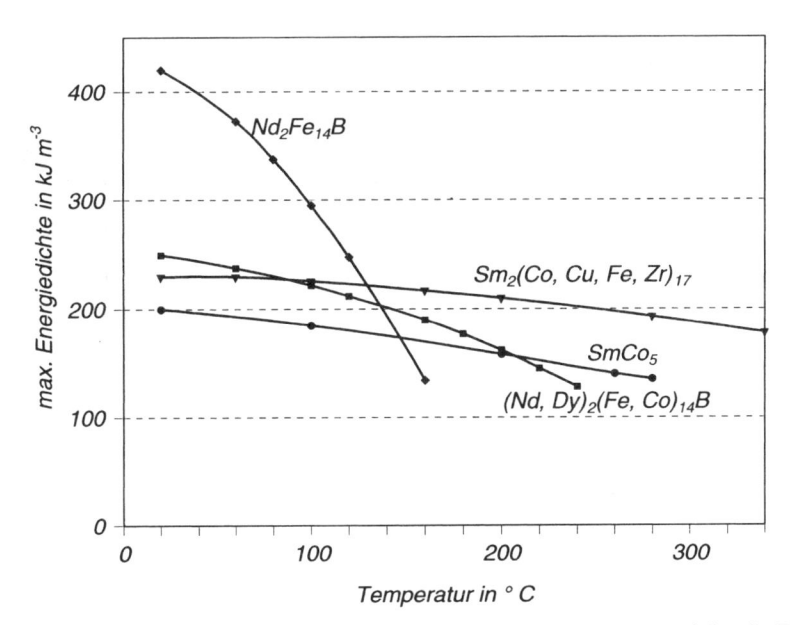

Bild 16–19. Temperaturabhängigkeit der $(BH)_{max}$ – Werte von Nd-Fe-B- und Sm-Co-Dauermagneten (nach [16.32])

teilweise durch Dy substituiert, das Nd-Plätze in der $Nd_2Fe_{14}B$-Struktur besetzt, wodurch eine merkliche Erhöhung der Anisotropiefeldstärke und damit von H_{cJ} der Grundphase erreicht werden. Verbunden ist damit jedoch eine Verminderung der magnetischen Polarisation J_S und folglich der Remanenz. Weitere Möglichkeiten zur H_c-Steigerung über die Optimierung der Zusammensetzung vor allem der Bindephase ergeben sich durch Zulegieren der eingangs genannten Elemente.

Das Element Co, auf Kosten von Fe zugesetzt, beeinflusst vorzugsweise die Curietemperatur der Grundphase (T_c von $Nd_2Fe_{14}B$ = 310°C), indem diese um mehr als 60 K angehoben wird. Weist das Material eine sehr hohe Koerzitivfeldstärke H_{cJ} auf, dann setzen irreversible Änderungen der magnetischen Polarisation bei einer Temperaturerhöhung beträchtlich verzögert ein, so dass die Anwendungstemperaturgrenze bis auf 230°C gesteigert werden kann (s. Tab. 16–5). Kommerziell werden Nd-Fe-B-Dauermagnete aufgrund verschiedener chemischer Zusammensetzung und jeweils spezieller Prozessparameter während ihrer Herstellung in mehreren Gütewerteabstufungen angeboten. Man unterscheidet hochremanente Magnete mit B_r bis über 1,4 T und hochkoerzitive Typen mit H_{cJ} bis zu 2800 kA m^{-1}. Letztere verbinden damit höhere maximale Anwendungstemperaturen und werden mit der allgemeinen Zusammensetzung Nd-Dy-Fe-TM-B bezeichnet (TM = transition metal). Eine Verknüpfung von höchsten B_r-Werten mit höchsterreichbaren H_{cJ}-Werten schließt sich bei den gesinterten Magneten zusammensetzungsbedingt und vom jeweiligen Gefügehabitus her aus. Bild 16–20 veranschaulicht dazu die gegenläufigen Kombinationsmöglichkeiten.

Die Temperaturkoeffizienten der Remanenz TK(B_r) und der Koerzitivfeldstärke TK(H_{cJ}), die im Verein mit der Anwendungstemperaturgrenze die Temperaturstabilität ausweisen, liegen bei den Nd-Fe-B-Magneten im Vergleich zu den

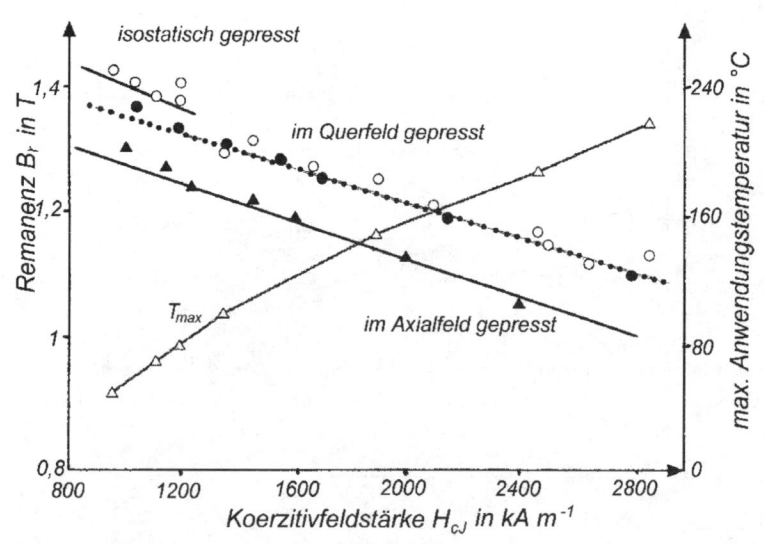

Bild 16–20. Derzeit technisch realisierbare maximale Wertekombinationen von B_r und H_{cJ} sowie höchster Anwendungstemperatur T_{max} in gesinterten Nd-Fe-B-Dauermagneten (nach [16.30])

Sm-Co-Verbindungen (Abschn. 16.4.1) und zu den AlNiCo-Legierungen (Abschn. 16.3.2) deutlich schlechter: TK(B_r) = – 0,09...–0,115% K^{-1} und TK(H_{cJ}) = –0,55... –0,8% K^{-1}, bezogen auf den Temperaturbereich von 20 bis 80°C (bzw. 100°C). Um die magnetischen Eigenschaften zu stabilisieren, werden bei temperaturbelasteten Magneten eventuell zu erwartende Alterungsprozesse durch eine thermische Behandlung ca. 10...20 K über der maximalen Anwendungstemperatur künstlich herbeigeführt und damit vorweggenommen.

Nanokristalline Nd-Fe-B-Magnete
Die jüngere Entwicklung bei den Nd-Fe-B-Dauermagneten ist dadurch gekennzeichnet, dass zunehmend nanokristalline Legierungspulver in der Magnetfertigung Anwendung finden. Nanokristalline Magnete zeichnen sich durch insgesamt hochwertige und zugleich temperaturstabilere Magneteigenschaften sowie vor allem durch eine erhöhte Korrosionsresistenz aus. Die Pulvergewinnung erfolgt hauptsächlich über die bereits seit längerer Zeit in der Magnetwerkstofftechnik genutzte Rascherstarrung der Schmelze, durch (reaktives) Intensivmahlen zu Teilchengrößen im Nanometerbereich und durch Anwendung der speziell für Seltenerd-Übergangsmetall-Magnete weiterentwickelten HDDR-Verfahren. In allen Prozessstufen müssen auch hier Inertbedingungen (Vakuum, Schutzgas) sorgfältig eingehalten werden.

Bei der Rascherstarrung wird ein Schmelzstrahl der entsprechend gattierten Legierung auf eine schnell rotierende wassergekühlte Cu-Walze aufgespritzt („melt spinning", Ein-Walzen-Technik). Im Falle des Nd-Fe-B fällt das rascherstarrte, metastabile Bandmaterial wegen seiner Sprödigkeit als kurze schuppenartige Blättchen („Flakes") von etwa 30 µm Dicke an. Infolge der hohen Abkühlgeschwindigkeit ($\leq 10^6$ K s^{-1}) ist in den Flakes die Keimbildungsrate sehr hoch, sie kann über die Umfangsgeschwindigkeit der Cu-Walze, über die Temperatur der Schmelze sowie über weitere Bedingungen beim Aufspritzen in gewissem Maße gesteuert werden [16.27]. Während einer kurzen Anlassglühung bei 650...700°C bzw. bei der thermischen Weiterverarbeitung bildet sich in den Flakes ein nanokristallines Gefüge mit einer gewünschten durchschnittlichen Korngröße von 20...50 nm, die damit etwa zwei Zehnerpotenzen kleiner als in gesinterten Nd-Fe-B-Magneten ist. Im Unterschied zu Sm-Co mit ≤ 7 m s^{-1} (Abschn. 16.4.1) hat sich bei Nd-Fe-B im Hinblick auf eine hohe Koerzitivfeldstärke eine Walzenumfangsgeschwindigkeit von 15...20 m s^{-1} als zweckmäßig erwiesen [16.31].

Das bei der Rascherstarrung der Schmelze auskommende „melt-spun"-Pulver kann direkt dem Heißpressen zugeführt werden. Meist wird ein schwaches Grobmahlen zwischengeschaltet, um einheitliche Teilchengrößen einzustellen (Bild 16–16). Immer mit der Zielrichtung auf ein homogenes Gefüge, wird zuerst ein Kaltpressen zu einem einfachen, weniger dichten Formkörper (Zylinder) vorgenommen, dann das Heißpressen bei 700...800°C zu einem nahezu 100% dichten isotropen Formkörper. Dieses Ausgangsmaterial dient im Weiteren zur Erzeugung anisotroper Magnete. Dazu werden die heißgepressten Formkörper einer kontrollierten Verformung bei erhöhter Temperatur (T = 725...≈ 780°C) unterzogen, die entweder in einem Warmstauchen im Gesenk („die-upset") oder im Warm-Rückwärtsstrangpressen („backward extrusion") besteht. Bei diesen Warmverformungsprozessen entwickelt sich im Werkstoff eine ausgeprägte kristallographische Textur mit der c-Achse des tetragonalen Kristallgitters quer zur Materialflussrichtung. Der Verformungsgrad und die zeitlich konstante Einhaltung einer bestimmten Umformgeschwindigkeit ($\approx 0,1$ s^{-1}, „strain rate") sind kritische Prozessparameter, von denen maßgeblich der Ausrichtungsgrad der Nanokristallite abhängt [16.4], [16.30]. Aus den rohrartigen Strangpressprofilen werden beispielsweise Multipol-Magnetringe mit radialer kristallographischer Textur für kleinere elektrische Motoren und Generatoren mit sehr geringem Rastmoment herausgetrennt.

Die hohen Koerzitivfeldstärkewerte der nanokristallinen Nd-Fe-B-Magnete sind in ihrem Gefüge begründet, in dem die Kristallitabmessungen unterhalb der Abmessungen für die Bildung von Eindomänenteilchen liegen, sowie durch Grenzflächeneffekte zwischen den Nanokristallen. Um ein unkontrolliertes Kornwachstum bei notwendigen Wärmebehandlungen bzw. bei Heißverformungsprozessen zu verhindern, wird den Ausgangslegierungen bis zu 0,8% Ga zugesetzt [16.34]. Gleichzeitig verbessert eine geringe Ga-Zugabe deutlich das Heißumformverhalten [16.36].

Die Rascherstarrung nach der „melt-spinning"-Methode bietet für die Herstellung von Nd-Fe-B-Magneten folgende Vorteile:

- Sie stellt eine prozessstufenarme Technologie zur Erzeugung von nano- und feinstkristallinen Pulvern dar.
- Infolge der hohen Abkühlgeschwindigkeit tritt im rascherstarrten Material kein freies Fe, das eine Verminderung der magnetischen Kennwerte, insbesondere von $(BH)_{max}$, bewirken würde, auf. Folglich kann eine Hochtemperatur-Homogenisierungsglühung entfallen.
- Die Legierungszusammensetzung kann sehr nahe der stöchiometrischen Zusammensetzung der $Nd_2Fe_{14}B$ gewählt werden. Dadurch ist der Volumenanteil der magnetisch aktiven $Nd_2Fe_{14}B$-Phase im Gefüge gegenüber dem der Korngrenzenphase, deren Dicke nur wenige nm beträgt, sehr groß. Der Magnetwerkstoff weist gleichzeitig hohe Koerzizivfeldstärke- und Remanenzwerte auf [16.34].

Wie bei den Sm-Co-Magneten bereits erwähnt (Abschn. 16.4.1), können aus Nanopulvern kompaktierte Magnete eine anomale Remanenzerhöhung zeigen. Voraussetzung ist ein nanokristallines Gefüge mit regellos orientierten und hinreichend kleinen Körnern (< 20 nm) sowie sehr wenig nichtferromagnetischer Korngrenzenphase. Die quantenmechanische Austauschkopplung wirkt dann über die Kristallitgrenzen hinweg und richtet die magnetischen Spinmomente in benachbarten Körnern entgegen der Kristallanisotropieenergie parallel aus. Es entstehen im nanokristallinen Gefüge große magnetische Domänen, die sich beim Aufmagnetisieren leicht und bleibend ausrichten lassen. Dieser Effekt liegt teilweise auch kommerziellen Magneten zugrunde.

Eine weitere Methode zur Gewinnung von sehr feinen Nanopulvern mit Teilchengrößen vorzugsweise im Bereich von 10...20 nm besteht im Intensivmahlen bzw. – in Verbindung mit einer Wasserstoffatmosphäre – im reaktiven Mahlen [16.4], [16.27]. Das Intensivmahlen ist eine Form des Hochenergiemahlens, mit dem nanokristalline sowie auch amorphe Zustände durch extreme Verformungs- und Erholungsprozesse bei relativ niedrigen Temperaturen herbeigeführt werden können. Anders als beim mechanischen Legieren, wo durch Einmischen von Element- oder vorlegierten Pulvern über thermodynamisch metastabile Stufen Legierungspulver erzeugt werden sollen, geht man in der Regel von fertiglegiertem Dauermagnetpulver aus, um dieses zu nanokristallinen Teilchen zu zerkleinern. Allerdings wird auch die dabei gegebene Möglichkeit genutzt, zur Eigenschaftsoptimierung der Dauermagnete (z.B. Steigerung der maximalen Anwendungstemperatur) geringe Zusätze weiterer Elemente in das Pulver mit einzubringen (u.a. Zr, Co). An das Intensivmahlen (Mahldauer 30...60 h) schließt sich eine kurze Anlassbehandlung (550...600°C) an.

Reaktives Mahlen bewirkt mechanisch aktivierte Gas-Festphasen-Reaktionen und erfolgt bei erhöhtem H_2-Partialdruck und erhöhter Temperatur – jeweils abhängig von der speziellen Legierungszusammensetzung. Die interstitielle H_2-Aufnahme (Hydridbildung) führt zu einer Versprödung der Pulverteilchen und erleichtert die weitere Dispergierung zu extrem feinem Pulver (Teilchengrößen wenige nm). Ebenso wie beim HD-Verfahren (s.o.) muss vor der Weiterverarbeitung oder an geeigneter Stelle im technologischen Prozess eine Desorption des Wasserstoffs, die gleichzeitig von einer Rekombination der $Nd_2Fe_{14}B$-Phase begleitet ist, vorgenommen werden. Die Höhe der gewählten Desorptionstemperatur (500...650°C) bestimmt die sich ergebende mittlere Teilchengröße. Aufgrund der hohen Oberflächenenergie der Nanopulverteilchen und infolge von Oberflächendiffusionsvorgängen tritt eine Teilchenagglomeration ein, der durch rechtzeitiges Suspendieren der Teilchen während der Pulverherstellung in einer geeigneten Flüssigkeit (Suspension) entgegengewirkt werden muss.

Die Kompaktierung der Pulver geschieht, wie bereits beim „melt-spun"-Pulver beschrieben, über Heißpressen und Warmumformung.

Das HDDR-Verfahren (Hydrogenation-Disproportionation-Desorption-Recombination) gehört neben dem „melt spinning" (Rascherstarrung der Schmelze) zu den bevorzugten Methoden der Pulvergewinnung für Nd-Fe-B-Magnete [16.4]. Es beruht auf der energetisch leichten Hydridbildung der Seltenerdmetalle und speziell des Nd. Ausgangsmaterial sind polykristallines Grobpulver bzw. gut homogenisierte Gussbrocken. In Bild 16–21 sind die einzelnen Stadien des HDDR-Prozesses schematisch dargestellt. Im ersten Stadium findet bei Erhitzung im Temperaturbereich von 650...800°C und bei einem H_2-Partialdruck von ≈ 1 bar eine starke Wasserstoffaufnahme sowohl in der $Nd_2Fe_{14}B$-Phase als auch in der Nd-reichen Korngrenzenphase statt (Hydrogenation), die jeweils mit einer erheblichen Volumenzunahme verbunden ist (≈ 4,8 Vol.-% für $Nd_2Fe_{14}B$). Die Disproportionierung ist eine exotherme Reaktion und folgt für die Grundphase der Beziehung

$$Nd_2Fe_{14}B + (2 \pm x) H_2 \leftrightarrow 2\, Nd_{2 \pm x} + 12\, Fe + Fe_2B \pm \Delta H \tag{16.2}$$

Es entsteht eine sehr feine Mischung aus Nd-Hydrid-, Fe- und Borid-Pulver (Teilchengrößen < 20 nm). Der Wert von x hängt vom H_2-Partialdruck und von der Reaktionstemperatur ab. Der Prozess nach Gl. 16.2 verläuft reversibel, indem der Wasserstoff bei sehr niedrigem Partialdruck entzogen wird (Desorption, endotherm) und sich wieder $Nd_2Fe_{14}B$-Kristalle bilden (Recombination). Die H-Desorption beginnt zweckmäßig zunächst mit Glühen (ebenfalls bei T = 650...800°C) in sehr reinem Schutzgas und wird anschließend im Hochvakuum fortgeführt. Die rekombinierte $Nd_2Fe_{14}B$-Phase fällt als Pulver mit einem engen Teilchengrößenspektrum um 300 nm an. Durch Variieren der Prozessbedingungen (Druck, Temperatur, Dauer)

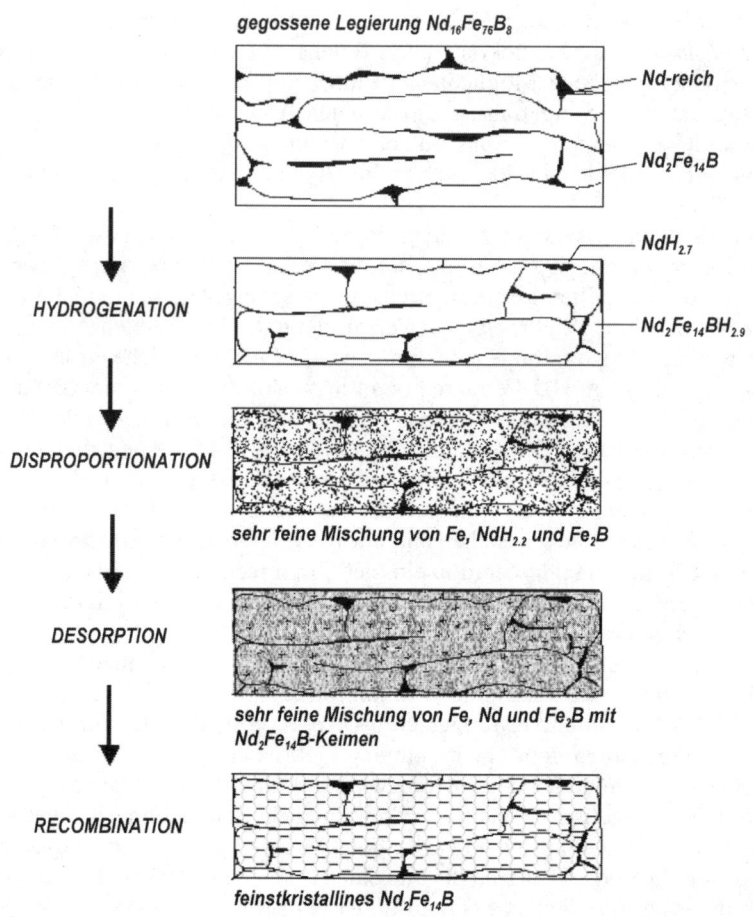

Bild 16–21. Schematische Darstellung der Stadien des HDDR-Prozesses (nach *I.R. Harris* in [16.31])

kann die Teilchengröße beeinflusst werden. Je nach Zielstellung für die magnetischen Gütewerte und den Anforderungen für die Weiterverarbeitung (Heißpressen/ Warmumformung oder Verwendung in polymergebundenen Magneten) wird das bereits hochkoerzitive HDDR-Pulver nochmals feingemahlen.

Wenn den Nd-Fe-B-Ausgangslegierungen kleine Zusätze bestimmter Elemente, wie z.B. Ga, Nb, Zr, beigegeben werden, wird die Phasenstabilität gegen die Hydridbildung beeinflusst, was Auswirkungen auf den disproportionierten Zwischenzustand hat. Bei bestimmter Prozessführung kann sich während der Rekombination in den Pulverteilchen eine kristallographische Textur (Ausrichtung der c-Achsen) entwickeln [16.37]. Anisotropes HDDR-Pulver ist besonders für die Anwendung in polymergebundenen Magneten geeignet und wird bereits in zunehmender Menge eingesetzt.

Mit der Verfügbarkeit spezieller hochremanenter und hochkoerzitiver Nd-Fe-B-Pulver hat die Erzeugung polymergebundener Magnete einen bedeutenden Aufschwung genommen. Das Magnetpulver wird mit ca. 5…10% Thermoplast- oder

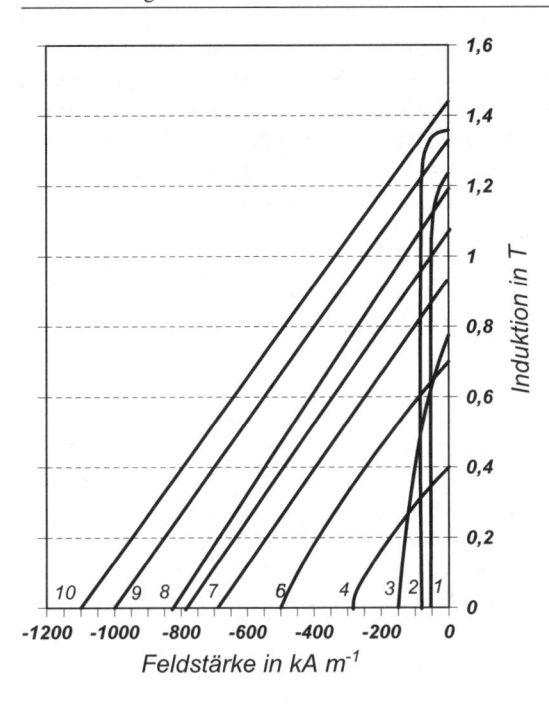

16.4 Hartmagnete aus intermetallischen Phasen von Seltenerd- und Übergangsmetallen 501

Bild 16–22. Entmagnetisierungskurven verschiedener Dauermagnetwerkstoffe.
1 AlNiCo 37/5;
2 AlNiCo 52/6 (Gussqualität);
3 AlNiCo 39/15;
4 Hartferrit 30/32;
5 REFeB 82/68p (polymergebunden);
6 RECo$_5$ 160/120;
7 RE$_2$Co$_{17}$ 190/160 [16.28];
8 REFeB 250/240;
9 REFeB 310/130;
10 REFeB 370/111,5 „VACODYM" 745 HR" [16.29]; (Werkstoffbezeichnungen nach DIN IEC 60404-8-1, Ausg. 2003)

Duromerbindern gemischt und über Spritzgießen oder Formpressen (meist im Magnetfeld) zu fertigen Magneten geformt. Die Anwendungstemperaturgrenze richtet sich nach den thermischen Eigenschaften des verwendeten Binders (Polyamide, Polyphenylensulfid, Epoxidharz, Polyimide). Die Vorteile liegen in der kostengünstigeren Technologie, der guten Maßhaltigkeit der Magnetkörper und im Wegfall jeglicher mechanischer Nachbearbeitung. Aufgrund der inneren Scherung sind die magnetischen Kennwerte jedoch mindestens 20% niedriger als die der gesinterten bzw. heißgepressten und warmumgeformten nanokristallinen Nd-Fe-B-Magnete (Bild 16–22). Die (BH)$_{max}$-Werte kommerzieller polymergebundener Magnete erreichen bis 100 kJ m^{-3}. Mit anisotropem HDDR-Pulver lassen sich die Energiedichte-Werte auf über 100 kJ m^{-3} steigern.

Die Anwendungsgebiete der Nd-Fe-B-Magnete – sowohl der gesinterten als auch der nanokristallinen – weiten sich aufgrund ihrer hervorragenden Kennwerte ständig aus. Bild 16–22 vermittelt einen Vergleich der Entmagnetisierungskennlinien von ausgewählten Nd-Fe-B-Magneten mit denen der anderen handelsüblichen Dauermagnetwerkstoffgruppen bei Raumtemperatur. An vorderer Stelle zu beachtendes Anwendungskriterium ist ihre größere Temperatur- und Korrosionsempfindlichkeit. Bei Einsatztemperaturen über 120°C sind Sm-Co-Magnete, vor allem Sm$_2$(Co,Fe,Cu,Zr)$_{17}$-Werkstoffe, den Nd-Fe-B-Magneten überlegen (Bild 16–19). Anders als Sm-Co verlieren verschiedene Nd-Fe-B-Werkstoffe bei tiefen Temperaturen (T ≤ 135 K) ihre hochwertigen Magneteigenschaften aufgrund beginnender Spin-Reorientierung.

Je nach den technischen Anforderungen für den speziellen Einsatzfall stehen hochkoerzitive oder hochremanente Werkstoffe zur Verfügung (Tab. 16–5). Die meisten hochkoerzitiven Magnete werden in elektrischen Generatoren und Motoren, von winzigen Kleinstmotoren und kleinen Servomotoren bis zu großen Schiffsantrieben, eingesetzt, wofür bei Betriebstemperaturen von etwa 100°C eine noch linear verlaufende Entmagnetisierungskennlinie gefordert wird. Nd-Fe-B-Magnete mit höchsten Energiedichten werden z.B. in Festplattenspeichern für die schnelle Positionierung der Schreib-/Leseköpfe benötigt und in sehr großen Stückzahlen gefertigt. Hochremanente Magnete, mit denen die dauerhafte Bereitstellung hoher magnetischer Flussdichten gewährleistet werden soll, finden in der Elektroakustik (u.a. in Lautsprechern, Mikrofonen) oder in Geräten der medizinischen Diagnostik (MRI-Systeme/MRT) Anwendung. Als weitere typische Einsatzgebiete seien genannt: Haftsysteme, Magnetseparation sowie in großem Umfang für die Sensorik.

Herkömmliche Nd-Fe-B-Legierungen zeigen eine starke Korrosionsanfälligkeit, hervorgerufen durch das intensive Reaktionsbestreben des Nd. Schon in feuchtwarmer Atmosphäre tritt insbesondere in der Nd-reichen Phase des Gefüges zuerst Nd-Hydroxid- und nachfolgend Hydridbildung ein, so dass der Werkstoff rasch zerstört wird. Zulegieren kleiner Mengen edlerer Elemente, wie Cu, Co, Nb, V, Ga verändert das elektrochemische Potenzial der Korngrenzensubstanz in Richtung positiverer Werte und verbessert deutlich das Korrosionsverhalten neuerer Nd-Fe-B-Magnetlegierungen [16.35].

Zum Schutz gegen Korrosion erhalten die Nd-Fe-B-Magnete zum Abschluss ihrer Fertigung einen Lacküberzug oder eine metallische Beschichtung. Hochwertige organische Überzüge gegen klimatische Einflüsse stellen die kathodische Elektrotauchlackierung und die Al-Sprühlackierung (Einbrennlackierung) dar. Metallische Schutzschichten werden üblicherweise galvanisch abgeschieden (Sn, Zn). Besten, auch thermisch beständigen Korrosionsschutz (T ≤ 500°C) bietet eine nach dem IVD-Verfahren (ion vapour deposition) aufgebrachte Al-Schicht.

Literatur zu Kapitel 16

[16.1] *Boll, R.* (Hrsg.: Vacuumschmelze GmbH): Weichmagnetische Werkstoffe – Einführung in den Magnetismus, VAC-Werkstoffe und ihre Anwendungen, 4., völlig neu überarb. u. erw. Aufl., Berlin/München: Siemens-Aktiengesellschaft 1990

[16.2] *Schatt, W. und H. Worch (Hrsg.):* Werkstoffwissenschaft, Weinheim: Wiley-VCH Verlag GmbH & Co KGaA 2003

[16.3] *Nitzsche, K. und H.-J. Ullrich (Hrsg.):* Funktionswerkstoffe der Elektrotechnik und Elektronik, 2. Aufl. Leipzig; Stuttgart: Deutscher Verlag für Grundstoffindustrie 1993

[16.4] *Gutfleisch, O.:* J. Phys. D: Appl. Phys. 33 (2000) R 157 – R 172

[16.5] *Evetts, J. (Ed.):* Concise Encyclopedia of Magnetic & Superconducting Materials, 129 ff.: Ferrites, Hard and Soft, Oxford · New York · Seoul · Tokyo: Pergamon Press 1992

[16.6] *Hultman, L. O. und A. G. Jack*: Soft Magnetic Composites – Motor Design Issues and Applications, Proceedings PM^{2}TEC2004, Chicago, USA, 2004, Vol. III, Part 10, 194–204

[16.7] *Pennander, L.-O. und A. G. Jack*: Soft Magnetic Iron Powder Materials – Properties and their Application in Electrical Machines, Proceedings EURO PM 2003, Valencia, Spain, 2003, Vol. 2, 213–220

[16.8]   Harada, H., N. Horiishi, P. Jansson, T. Murase, H. Nagel, S. Takaragi und H. Warlimont: Chapt. 9: Magnetic Materials in: Landolt-Börnstein, New Series VIII/2A1, Beiss, P., R. Ruthardt und H. Warlimont (Eds.), Berlin – Heidelberg: Springer-Verlag 2003

[16.9]   Krogen, Ö. und A.G. Jack: Insulated Iron Powders (SMC) Used as Soft Magnetic Material in a Rotating Electrical Machine, Proceedings Powder Metallurgy World Congress, Kyoto, Japan, 2000, Vol. 2, 1368–1372

[16.10] Andersson, O.: High Velocity Compaction of Soft Magnetic Composites, Proceedings PM^{2}TMC2002, Orlando, USA, 2002, Part 14, 60–72

[16.11] Andersson, O. und A. G. Jack: Iron Powder in Electrical Machines, Possibilities and Limitations, Proceedings PM^{2}TEC2001, New Orleans, USA, 2001, Part 7, 26–35

[16.12] Hultman, L. und Zhou Ye: Soft Magnetic Composites – Properties and Applications, Proceedings PM^{2}TEC2002, Orlando, USA, 2002, Part 14, 26–38

[16.13] Jansson, P.: SMC Materials – Including present and future applications PM^{2}TEC2000, New York, USA, 2000, 7, 87–98

[16.14] Tengzelius, J.: Weichmagnetische Verbundwerkstoffe für Elektromotoren, Pulvermetallurgie in Wissenschaft und Praxis, Bd. 16, Vorträge des Hagener Symposiums, 30.11./1.12.2000, 211–228

[16.15] Jangg, G., M. Drozda, G. Eder und H. Danninger: Powder Metallurgy International 16 (1984) 16

[16.16] Lall, Ch.: In: Proc. of the 1992 Powder Metallurgy World Congress, June 21–26, 1992, San Francisco, California, USA, Vol. 3, 129

[16.17] Jangg, G., M. Drozda, H. Danninger, H. Wibbeler und W. Schatt: The Intern. Journal of Powder Metallurgy and Powder Technology 20 (1984) 287

[16.18] Schatt, W.: Sintervorgänge – Grundlagen, Düsseldorf: VDI-Verlag 1992

[16.19] Kopech, H. M., H. G. Rutz und P. A. dePoutiloff: Technical Data Report, Hoeganaes Corp., Riverton, NJ, USA

[16.20] Firmenschrift ThyssenKrupp Magnettechnik GmbH: Magnete – Technische Information, Gelsenkirchen: Ausg. 2004

[16.21] Buschow, K. H. J. (Ed.): Handbook of Magnetic Materials, Vol. 10, Chapt. 4: Magnetism and Processing of Permanent Magnetic Materials; Amsterdam: Elsevier Science, North-Holland 1997

[16.22] Stadelmaier, H. H., E. T. Henig, G. Schneider und G. Petzow: Z. Metallkunde 79 (1988) 313

[16.23] Strnat, K. J. und A. E. Ray: Goldschmidt Inf. 35 (4/1975) 47

[16.24] Schobinger, D., O. Gutfleisch, D. Hinz, K.-H. Müller, L. Schultz und G. Martinek: J. Magn. Magn. Mater. 242–245 (2002) 1347–1349

[16.25] Yan, A., A. Bollero, O. Gutfleisch, K.-H. Müller und L. Schultz: Mater. Sci. Eng. A 375–377 (2004) 1169–1172

[16.26] Yan, A., W. Y. Zhang, H. W. Zhang und B. Shen. J. Magn. Magn. Mater. 210 (2000) L10

[16.27] Gutfleisch, O., A. Bollero, A. Handstein, D. Hinz, A. Kirchner, A. Yan, K.-H. Müller und L. Schultz: J. Magn. Magn. Mater. 242–245 (2002) 1277–1283

[16.28] Firmenschrift MS Magnetfabrik Schramberg GmbH & Co., Schramberg-Sulgen: Ausgabe 07/2000

[16.29] Firmenschrift VAC Vacuumschmelze GmbH & Co. KG: Selten-Erd-Dauermagnete VACODYM VACOMAX, Hanau: Ausgabe 2003

[16.30] Harada, H., M. Müller und H. Warlimont: Part 4/Chapt. 3: Magnetic Materials in: Martienssen, W., and H. Warlimont (Eds.): Springer Handbook of Condensed Matter and Materials Data, Berlin – Heidelberg – New York: Springer 2005

[16.31] Harris, I. R.: Chapt. 7: Magnet Processing in: Coey, J. M. D. (Ed.): Rare-earth Iron Permanent Magnets Oxford: Clarendon Press 1996

[16.32] *Rodewald, W., M. Katter und G. W. Reppel*: Fortschritte bei pulvermetallurgisch hergestellten Neodym-Eisen-Bor Magneten in: Hagener Tagungsbände: Pulvermetallurgie in Wissenschaft und Praxis, Vorträge des Hagener Symposiums am 28./29. November 2002, Fachverband Pulvermetallurgie, 225–245

[16.33] *Sagawa, M., H. Nagata, T. Watanabe und O. Itatani*: Rubber Isostatic Pressing of Powders for Magnets and Other Materials, Materials and Design 21 (2000) 243–249

[16.34] *Kirchner, A., J. Thomas, O. Gutfleisch, D. Hinz, K.-H. Müller und L. Schultz*: HRTEM Studies of Grain Boundaries in Die-Upset Nd-Fe-Co-Ga-B Magnets, Journal of Alloys and Compounds 365 (2004) 286–290

[16.35] *Rodewald, W. und M. Katter*: Properties and Applications of High Performance Magnets, Proc. 18th Int. Workshop on High Performance Magnets and their Applications, Annecy (France) 29.08. bis 02.09.2004, 52–63

[16.36] *Kirchner, A., D. Hinz, V. Panchanathan, O. Gutfleisch, K.-H. Müller und L. Schultz*: Improved Hot Workability and Magnetic Properties in NdFeCoGaB Hot Deformed Magnets, IEEE Transactions on Magnetics, Vol. 36, No. 5, Sept. 2000, 3288–3290

[16.37] *Honkura, Y., C. Mishima, N. Hamada, G. Drazic und O. Gutfleisch*: Texture Memory Effect of Nd-Fe-B during Hydrogen Treatment, J. Magn. Magn. Mater, 290–291 (2005) 1282–1285

17 Hartstoffe und Hartstoffverbunde

Die außergewöhnliche Härte der Hartstoffe ist Ausdruck starker Bindungskräfte zwischen den Gitterbausteinen, weshalb für diese Stoffgruppe in der Regel auch hohe Schmelztemperaturen, kleine thermische Ausdehnungskoeffizienten und hohe Elastizitätsmoduln kennzeichnend sind [17.1 bis 17.3]. Dank solcher Eigenschaftskombinationen werden die Hartstoffe vorwiegend als verschleißfeste und hochtemperaturbeständige Werkstoffe genutzt. Die Anwendungsformen reichen von gebundenen und ungebundenen Pulvern (Schleifmittel) über gesinterte Hartstoffformkörper bis hin zu Sinterverbunden mit einer Bindephase, deren Funktion meist in der Verbesserung des Sinter- und Festigkeitsverhaltens sowie in einer graduellen Minderung der Sprödigkeit besteht. Das allen Hartstoffen eigene grundsätzliche Sprödverhalten übt einen bestimmenden Einfluss auf die Grenzen ihres Einsatzes aus. Bild 17–1 vermittelt eine Vorstellung von der Lage technisch bedeutsamer Hartstoffmaterialien im Festigkeits-Härte-Feld.

17.1 Übersicht und Charakterisierung der Hartstoffe

Die Hartstoffe lassen sich in zwei Gruppen unterteilen:
– Verbindungen der Übergangsmetalle der Gruppe IVa bis VIIIa des Periodensystems mit den Elementen B, N, C, Si gegebenenfalls P und S sowie deren Monoxide werden als metallische Hartstoffe bezeichnet.
– Verbindungen der Elemente B, C, N, Si untereinander zuzüglich einiger Oxide wie Al_2O_3, ZrO_2 oder ThO_2 werden als nichtmetallische Hartstoffe zusammengefasst. Dieser Gruppe sind auch die „superharten" Stoffe Diamant und Bornitrid zuzuordnen.

17.1.1 Metallische Hartstoffe

Gute Leitfähigkeit für Elektrizität und Wärme mit dem für Metalle charakteristischen positiven Temperaturkoeffizienten des elektrischen Widerstands sowie ein zumeist breiter Homogenitätsbereich der vorkommenden Phasen legen es nahe, diese Hartstoffgruppe als intermetallische Phasen anzusehen. Solange das Verhältnis der Atomradien der nichtmetallischen und der metallischen Komponente innerhalb der durch die *Häggsche* Regel gegebenen Grenzen $0{,}41 < r_x/r_{Me} < 0{,}59$ liegt, bilden sich Einlagerungsstrukturen vom NaCl-Typ. Hierbei erscheint in ein flächenzentriertes

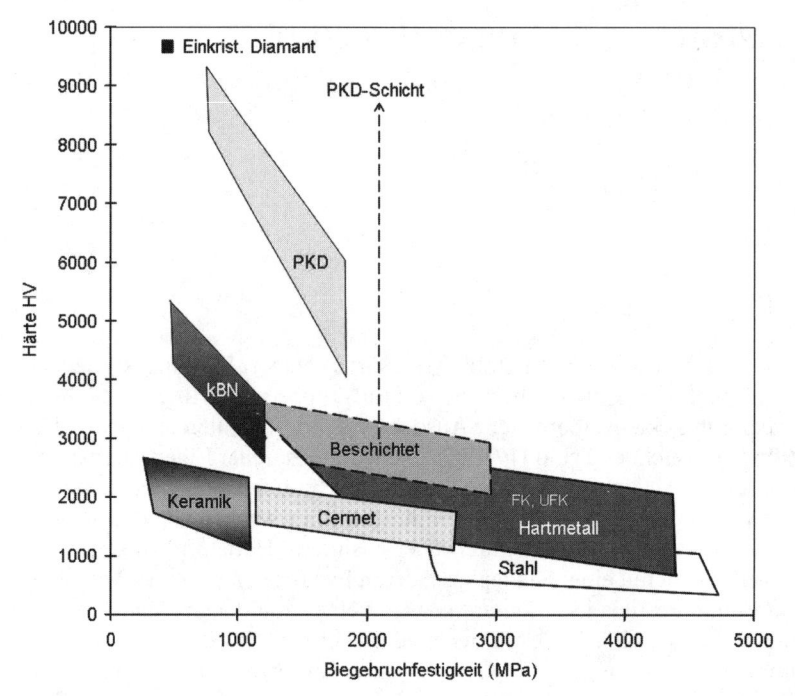

Bild 17–1. Biegebruchfestigkeit und Härte technisch bedeutsamer Hartstoffe und Hartstoffverbunde (nach V. *Richter*)

Gitter der Metallatome ein ebensolches der Nichtmetallatome hineingestellt. Dies ist bei den meisten Carbiden und Nitriden der IVa- und Va-Metalle der Fall; der Homogenitätsbereich ist sehr ausgedehnt, für Titancarbid z.B. $TiC_{0,5}$ bis $TiC_{0,98}$. Bei den unterstöchiometrischen Verbindungen bleiben die Plätze der Nichtmetallatome unbesetzt. Eine vollständige Besetzung wird auffallenderweise nicht erreicht (obere Phasengrenze für Titancarbid beispielsweise $TiC_{0,98}$). In Tabelle 17–1 sind wichtige Eigenschaften verschiedener Hartstoffe zusammengestellt.

Für die Hartmetallfertigung hat sich Wolframcarbid als wichtigste Hartphase erwiesen. Es kristallisiert einfach hexagonal. Bemerkenswert sind sein hoher Elastizitätsmodul, die für keramische Stoffe hohe Bruchzähigkeit von ca. 6 MPa $m^{1/2}$ und die gute Benetzbarkeit durch Metalle der Eisengruppe. Die Härte des Einkristalls ist stark anisotrop und liegt auch für dicht gepackte Flächen deutlich unter der von TiC. Für gesinterte polykristalline Hartstoffe sind die Härte- und Festigkeitswerte gefügeabhängig. Bei Korngrößen von 150 nm werden beispielsweise für WC Härten von HV 10 = 3000 erzielt [17.4]. Die Festigkeit liegt allgemein unter 800 MPa, kann für WC und Si_3N_4 aber Werte über 1000 MPa erreichen. In kubischer Form tritt WC nur als Hochdruck- und Hochtemperaturphase WC_{1-x} oberhalb 2530°C auf [17.5].

Kubische Carbide vermögen erhebliche Mengen von WC unter Bildung eines kubischen Mischkristalls aufzunehmen; so löst TiC bei 1400°C etwa die gleiche Menge WC (Bild 17–8).

Die isomorphen kubischen Hartstoffe bilden untereinander überwiegend lückenlose Mischkristallreihen. Auftretende Mischungslücken werden zur Härtesteigerung

17.1 Übersicht und Charakterisierung der Hartstoffe

Tabelle 17–1. Eigenschaften metallischer Hartstoffe

Hartstoff	Dichte in g cm^{-3}	Schmelzpunkt in K	Vickers-härte	Elastizitäts-modul in 6 GPa
WC	15,70	2720	1780*)	700
TiC	4,93	3150	3000	450
TaC	14,48	3880	1600	285
VC	5,36	2810	2095	420
NbC	7,56	3500	1960	390
ZrC	6,73	3530	2930	350
HfC	12,30	3890	2910	350
Cr_3C_2	6,68	1890	1350	370
Mo_2C	9,18	2410	1500	530
UC	12,97	2310	920	–
TiN	5,43	3200	1990	250
ZrN	7,09	2980	1520	–
TiB_2	4,50	2980	3300	530
ZrB_2	6,17	3040	2250	345
$TiSi_2$	4,39	1530	890	260
$MoSi_2$	6,27	2030	1200	260

*) Mittelwert vom Einkristall, starke Anisotropie der Härte, nach *O. Rüdiger* für Basisfläche 2200 HVM, für Prismenflächen 1300 HVM; beim Polykristall ist die Härte stark von der Korngröße abhängig.

genutzt. Charakteristisch ist der Verlauf der Härte der Mischkristallreihen mit auftretenden Härtemaxima (Bild 17–2).

Formkörper aus metallischen Hartstoffen lassen sich durch Sintern oder Heißpressen herstellen. Der Einsatz von bindephasenfreien Hartstoffformkörpern ist aufgrund ihrer Sprödigkeit jedoch beschränkt geblieben. Molybdänsilicid wird als Hochtemperaturheizleiter wegen seiner Oxidationsbeständigkeit bis 1700°C genutzt (Abschn. 6.1.2). Lanthanhexaborid ist dank seiner geringen Elektronenaustrittsarbeit von 2,5 eV (entspricht der des thorierten Wolframs) als Katodenwerkstoff von Interesse. Aus Zirkonium- oder Titanborid werden Verdampfer für Aluminium, die im direkten Stromdurchgang aufgeheizt werden können, hergestellt. Hingegen technisch höchst bedeutungsvoll sind die gesinterten Verbundwerkstoffe auf der Basis metallischer Hartstoffe (Abschn. 17.2).

17.1.2 Nichtmetallische Hartstoffe

In den nichtmetallischen Hartstoffen herrschen Bindungsverhältnisse vor, die von rein kovalenter Bindung (Diamant) über kovalente Bindung mit Anteilen an Ionenbindung bis zu überwiegender Ionenbindung reichen (Al_2O_3) (Bild 17–3). Ein metallischer Bindungsanteil und damit metallische Leitfähigkeit fehlen. Einige dieser Hartstoffe (SiC) weisen Halbleitereigenschaften auf (negativer Koeffizient des spezifischen elektrischen Widerstandes). Bei Diamant können sie durch Dotierung mit Elementen der III. und V. Gruppe erzeugt werden. Die übrigen sind Isolatoren. Eine Zusammenstellung von Eigenschaften wichtiger nichtmetallischer Hartstoffe gibt

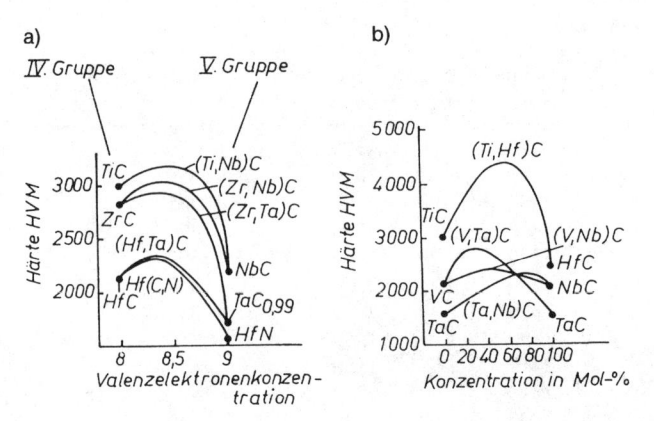

Bild 17–2. Härteverlauf bei Mischcarbiden der Übergangsmetalle (nach *H. Hollek*). a) Mischcarbide aus Metallen der IV. und V. Gruppe; b) Mischcarbide aus Metallen einer Gruppe

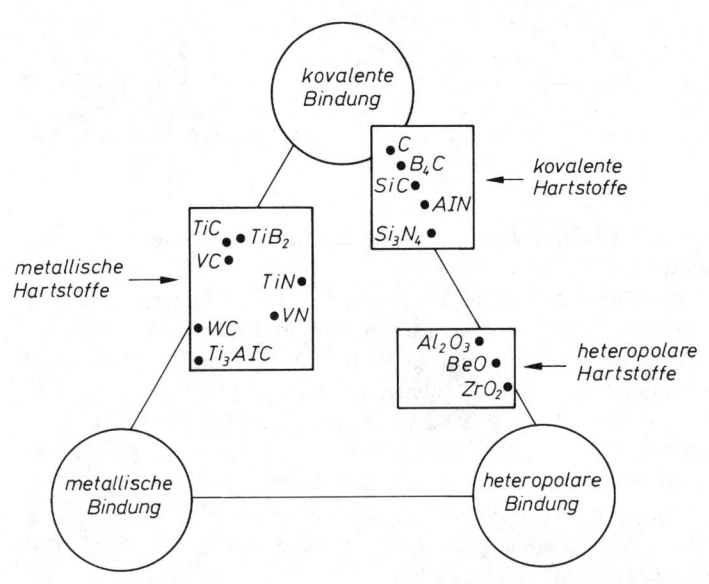

Bild 17–3. Einteilung der Hartstoffe nach ihrem unterschiedlichen Bindungscharakter (nach [17.6])

Tabelle 17–2. Bemerkenswert ist, dass ihre Härte mit zunehmender Temperatur zumeist langsamer abfällt als die der metallischen, insbesondere kubischen Hartstoffe (Bild 17–4).

Die den nichtmetallischen Hartstoffen eigenen Kristallstrukturen sind sehr unterschiedlich. Eine gewisse Systematik ist nur für die Hartstoffe aus den IVb-Elementen erkennbar. Beim ersten hier in Betracht kommenden Element dieser Gruppe, dem Kohlenstoff, hat eine Drucksteigerung die Umwandlung der unter Normalbedingungen stabilen Schichtstruktur des Graphits in die Diamantstruktur mit tetraedrischer Atomanordnung zur Folge (Koordinationszahl K = 4). Eine wei-

17.1 Übersicht und Charakterisierung der Hartstoffe

Tabelle 17–2. Eigenschaften gesinterter nichtmetallischer Hartstoffe. Der Einfluss von Herstellungsbedingung und Gefüge kann einen breiten Schwankungsbereich der aufgeführten Eigenschaftswerte einer Verbindung bedingen

	Dichte in g cm^{-3}	Schmelztemperatur in K	Vickershärte	Biegebruchfestigkeit in MPa	Elastizitätsmodul in GPa
B_4C	2,52	2720	3000…3900	300	440
SiC	3,20	≈ 2500	3500	30…600	470
Be_2C	2,26	> 2200	–	–	340
AlN	3,05	2670	1230	–	–
Si_3N_4	3,21	1900	1500…2000	400…1200	170…300
SiB_6	2,43	2220	2450…2800	–	–
B	2,34	≈ 2300	2000	–	–
Al_2O_3	3,8…3,9	2320	2200	300…600	360
BeO	3,03	2843	1230…1490	180	300
ZrO_2	5,56 (monokl.) 6,27 (kub.)	2963	1200	200…300*⁾	185
MgO	3,65	3073	745	100	210
Cr_2O_3	5,21	2573	2915	–	–

*⁾ teilstabilisiert bis 1200 MPa.

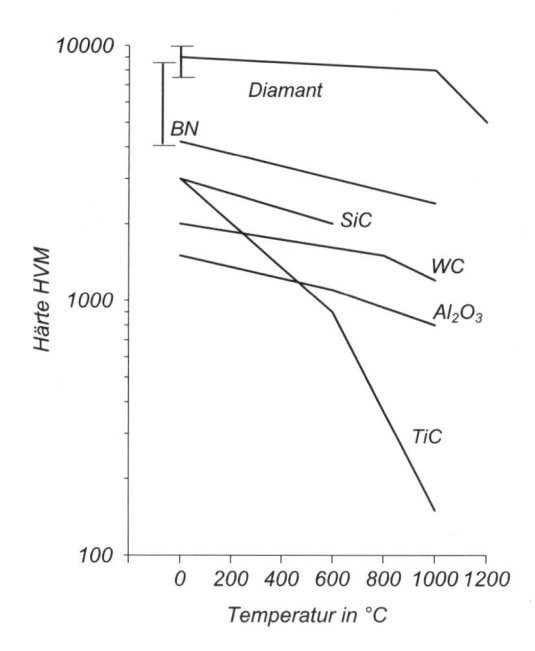

Bild 17–4. Warmhärte nichtmetallischer Hartstoffe (nach *P. St. Pierre* u.a.); WC und TiC sind zum Vergleich angegeben

tere Druckerhöhung führt zum Anwachsen der Koordinationszahl; es treten Anteile metallischer Bindung auf. Für die Elemente der folgenden Perioden sind die Übergänge zu Strukturen höherer Koordinationszahl mit erheblich niedrigeren Drücken verbunden. So ist bei SiC die tetraedrische, diamantähnliche Atomordnung (K = 4) bereits bei Normaldruck stabil, wobei eine unterschiedliche Abfolge der Tetraeder zu einer Vielzahl kristallographischer Formen (kubisch, hexagonal, rhomboedrisch) führt. Silicium und die folgenden Elemente (Ge, Sn) zählen bereits nicht mehr zu den Hartstoffen. Sie kristallisieren mit noch höherer Koordinationszahl und haben damit zunehmend metallischen Charakter sowie eine geringere Härte.

Die Entwicklung der Höchstdrucktechnik und die Ermittlung von Druck-Temperatur-Zustandsdiagrammen waren wichtige Voraussetzungen für eine verstärkte Nutzung superharter Sinterwerkstoffe. Ihnen ist auch das in der Natur nicht vorkommende Bornitrid BN zu danken, das als isoelektronische Verbindung dem Kohlenstoff sehr nahe steht. Aus der Graphitstruktur ordnen sich die Atome unter Druck zu Tetraedern, die zunächst ein hexagonales Gitter (Wurtzit-Struktur) und bei weiterer Druckerhöhung eine kubische Elementarzelle (Zinkblendetyp) bilden. Die Darstellung beider superharten Phasen (Wurtzit- und Zinkblendetyp), auch die des „synthetischen" Diamanten, sind in Abschn. 2.6.4 näher erörtert. Im Vergleich zum Diamant zeigt das BN eine größere Oxidationsbeständigkeit und höhere thermodynamische Stabilität gegenüber den Metallen der Eisengruppe, wodurch es sich besser als Diamant zum Spanen dieser Werkstoffe eignet (Abschn. 17.3). Auf die technisch bedeutsamen Sinterwerkstoffe aus nichtmetallischen Hartstoffen (Keramik) wird nicht näher eingegangen werden, da zum Gebiet der keramischen Werkstoffe inzwischen eine umfassende Literatur vorliegt.

17.2 Hartmetalle

Hartmetalle sind Verbundwerkstoffe aus metallischen Hartstoffen und Bindemetall [17.6 bis 17.8]. Zumeist werden nur die gesinterten Verbunde aus Carbiden (und Nitriden) mit Eisenmetallen als Bindephase darunter verstanden. Gelegentlich finden sich in der Literatur auch andere Begriffsbestimmungen. Dies betrifft insbesondere die Abgrenzung zu den Cermets und den Verbunden mit superharten Stoffen.

Die bis heute marktbeherrschenden Hartmetallgrundtypen sind WC-Co-Hartmetalle, vorzugsweise eingesetzt für die Bearbeitung kurzspanender Werkstoffe (Grauguss), und die Hartmetalle auf Basis WC-TiC-Co sowie WC-TiC-TaC-Co für die Bearbeitung langspanender Werkstoffe (Stahl). In einer Reihe von Anwendungsfällen konnte durch die Beschichtung der Hartmetalle (Abschn. 17.2.5) nochmals eine bedeutende Leistungssteigerung erzielt werden [17.8] bis [17.10]. Bedeutung für den Einsatz bei hohen Schnittgeschwindigkeiten haben außerdem Hartmetalle mit TiC, TiN oder Ti(C,N) als Hartstoffbasis [17.11] bis [17.14]. Sie werden, übernommen aus dem angelsächsischen Sprachraum, oft als „Cermets" bezeichnet. Um spezielle Forderungen, z.B. hohe Korrosionsbeständigkeit, zu erfüllen, werden auch andere Hartstoffe und Bindemetalle verwendet (Abschn. 17.2.6).

Die handelsüblichen Hartmetalle für spanende Werkzeuge werden in der Regel entsprechend DIN-ISO-Standard 513 nach dem Einsatzgebiet gekennzeichnet. Es werden drei Hauptanwendungsgruppen unterschieden. Diese sind ihrerseits wieder

17.2 Hartmetalle

nach Spanungsbedingungen untergliedert. Sie reichen von der Feinbearbeitung mit hoher Schnittgeschwindigkeit bis zum Spanen bei niedriger Schnittgeschwindigkeit und ungünstigen Bedingungen, wie hoher Spanquerschnitt und Schnittunterbrechungen.

17.2.1 Bildung des Hartmetallgefüges

Wolframcarbid WC lässt sich nicht unzersetzt schmelzen. (Das so genannte Gusshartmetall ist ein bei etwa 2700 °C erschmolzenes Eutektikum, WC-W_2C, das als Bestandteil von Aufschweißlegierungen zum Verschleißschutz eingesetzt wird.) Die Herstellung des Hartmetalls geschieht deshalb durch Sintern eines Gemisches aus WC und Co, meist im Bereich von 1350 bis 1500 °C. Bereits während des Aufheizens (ab etwa 700 °C) werden bis zu 80 % der erforderlichen Verdichtung durch Festphasensintern erreicht [17.15]. Gleichzeitig löst das Cobalt WC, so dass es beim isothermen Sintern als mit WC gesättigte flüssige Phase vorliegt (Bild 17–5), die die abschließende vollständige Verdichtung des Sinterkörpers gestattet.

Nach dem Sintern soll der Restporenraum Werte unter 1 % erreichen und ein Gefüge vorliegen, das ein günstiges Verhältnis von Härte und Biegebruchfestigkeit, wie es für Hartmetalle charakteristisch ist (Bild 17–1), gewährleistet. Hierzu muss das System Hartstoff-Bindemetall Bedingungen genügen, die vom System WC-Co in hervorragender Weise erfüllt werden: Das geschmolzene Bindemetall benetzt die Hartstoffphase vollständig und dringt zwischen deren agglomerierte Teilchen ein. Während die Hartstoffphase praktisch keine Löslichkeit für das Bindemetall zeigt,

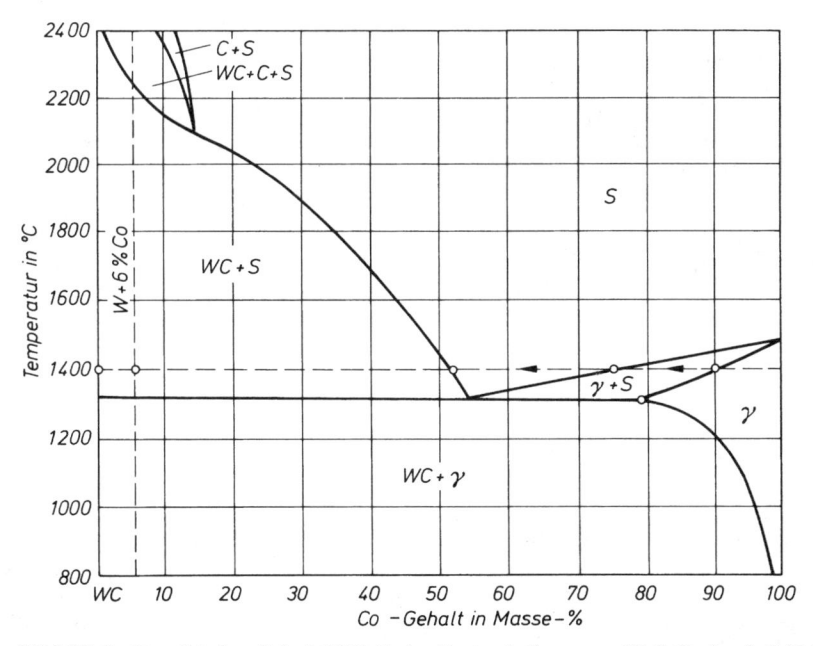

Bild 17–5. Quasibinärer Schnitt WC-Co im Zustandsdiagramm W-C-Co (nach S. *Takeda*)

weist das Bindemetall eine temperaturabhängige Löslichkeit für den Hartstoff auf (Bild 17–5). Im Verlauf des Sinterns führen Umlösungsvorgänge der Hartstoffphase über die Bindemetallschmelze im Streben nach Minimierung der Grenzflächenenergie zu wohlausgebildeten WC-Kristalliten (Bild 17–6). Die Auflösung kleinerer und das Wachstum größerer Kristallite (Ostwald-Reifung) ist die Ursache des Kornwachstums beim Sintern, wobei Verunreinigungen mit Fremdatomen in geringsten Konzentrationen (ppm) der Kornvergröberung entgegenwirken [17.16].

Bei der Erstarrung der flüssigen Phase während der Abkühlung von Sintertemperatur kristallisiert der größte Teil des gelösten WC wieder an die Hartstoffteilchen aus. Mit der abnehmenden Löslichkeit im Bindemetall wird weiter WC ausgeschieden, bis die Diffusion eingefroren ist. Die noch gelösten Hartstoffanteile stabilisieren die kubische Cobaltphase bis zur Raumtemperatur (sonst Umwandlung in die hexagonale Phase bei 417 °C) und bestimmen die mechanischen Eigenschaften der Bindemetallphase. Infolge der unterschiedlichen Ausdehnungskoeffizienten steht die Cobaltphase nach dem Abkühlen unter Zug- und die WC-Phase unter Druckspannung. Dadurch wird bei mechanischer Belastung der Bruch der spröden Carbidphase verzögert.

Der beschriebene Ablauf setzt die Existenz eines Zweiphasengebietes Hartstoff-Bindemetall voraus (Bild 17–7). Im System W-C-Co ist für dieses Gebiet die Stöchiometrieabweichung auf 6,08 bis 6,20 Masse-% C im WC beschränkt (stöchiometrische Zusammensetzung 6,13 Masse-% C im WC), wobei höhere Cobaltgehalte die größeren Abweichungen von der stöchiometrischen Zusammensetzung gestat-

Bild 17–6. Gefüge verschiedener WC-Co-Hartmetalle (WC-Phase dunkel, Co-Phase hell) (Fa. CERATIZIT). a) WC-10 Masse-% Co Feinstkornhartmetall; b) WC-10 Masse-% Co Grobkornhartmetall

17.2 Hartmetalle

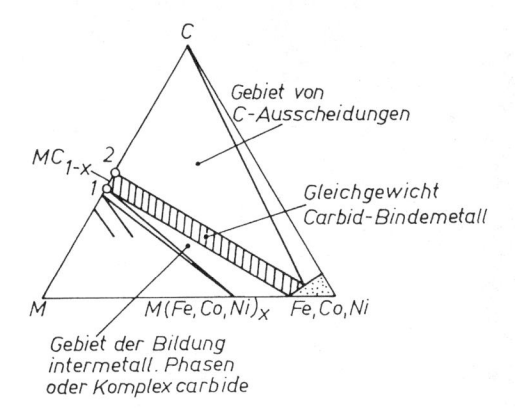

Bild 17-7. Schematische Darstellung des Phasengleichgewichtes Hartstoff-Bindemetall als isothermer Schnitt (nach *H. Hollek*). *1* untere Grenze der Stöchiometrieabweichung des reinen Hartstoffes; *2* obere Grenze der Stöchiometrieabweichung des reinen Hartstoffes

ten. Andernfalls wird eine spröde ternäre η-Phase (W_3Co_3C) oder freier Kohlenstoff ausgeschieden, was beides die Biegefestigkeit mindert.

Beim Sintern von Hartmetallen des Systems TiC-WC-Co löst das TiC bis zur Sättigungsgrenze Wolframcarbid (Bild 17–8). Im Gefüge erscheinen deshalb bei den handelsüblichen Hartmetallen dieser Gruppe drei Phasen, nämlich eine kubische Mischcarbidphase (W,Ti)C, hexagonales WC und die mit Hartstoffanteilen gesättigte Cobaltbindephase (Bild 17.9). Wird der Legierung außerdem noch TaC zugefügt, so tritt dieses in die Mischcarbidphase unter Bildung von (W,Ti,Ta)C bei gleichzeitiger Verengung des (W,Ti,Ta)C-Mischkristallgebietes (Bild 17–8) ein.

Einen anderen Gefügetyp weisen die Hartmetalle auf Ti(CN)-(Ni,Co)-Basis mit Zusätzen von Mo_2C, WC und/oder TaC auf. Während des Sinterns bilden sich um die primären Ti(CN)-Körner Hüllen aus einem kubischen (Ti,Mo,W,Ta)C_{1-x}-Mischkristall, die vom Nickel-Cobalt-Binder – im Gegensatz zum reinen Ti(CN) – gut benetzt werden (Bild 17–9). Boride werden nur in geringem Umfang als Härteträger in Hartmetallen eingesetzt, da sie beim Sintern zur Bildung spröder ternärer Phasen unter Beteiligung des Bindemetalls neigen. Durch Zugabe von Titan zu TiB_2-(Fe,Cr,Ni) Hartmetallen können diese jedoch vermieden werden [17.17]. Hartmetalle auf der Basis von Boriden dienen in geringem Umfang zur Herstellung spezieller Umformwerkzeuge und Verschleißteile.

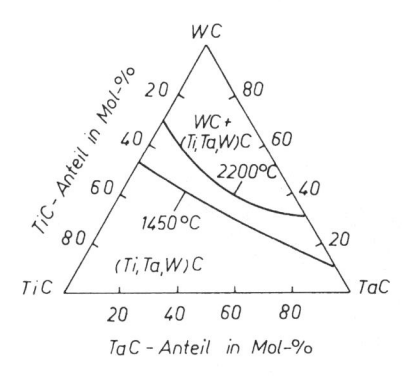

Bild 17-8. Isothermer Schnitt bei 1450 °C und 2200 °C im quasiternären System WC-TiC-TaC (nach *H. E. Exner*)

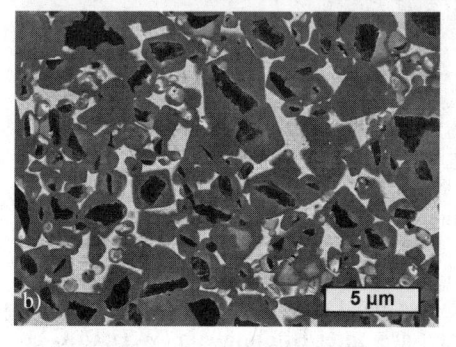

Bild 17–9. Gefüge von Hartmetallen (nach V. *Richter*): a) WC-TiC-TaC-Co (chem. Ätzung; WC-Phase grau, (W,Ti,Ta)C dunkel (grau und Co-Phase schwarz), b) Ti(C,N)-Mo$_2$C-WC-TaC-(Ni,Co) (chem. Ätzung); (Ni,Co)-Phase hell, TiN-reiche Hartstoffkerne grau umgeben von dunkler (Ti,Mo,W,Ta)C-Hülle, TiC-Kerne schwarz

17.2.2 Mechanische Eigenschaften von Hartmetallen

Der Elastizitätsmodul von (WC-Co-)Hartmetallen als Kennwert des linearen Materialverhaltens wird vorrangig von den Werten beider Phasen des Hartmetalles und deren Volumenteilen f_{WC} und f_{Co} bestimmt. Er hängt von der Verteilung der Phasen (Gefüge) nur wenig ab. Festigkeit, Bruchverhalten und Härte dagegen werden von der geometrischen Anordnung der Gefügeelemente stark beeinflusst.

Das Gefüge eines WC-Co-Hartmetalls kann durch die lineare Mittelkorngröße l_{WC} und die mittlere Dicke der Cobaltzwischenschichten p_{Co}, auch als freie Weglänge bzw. mittlerer Abstand bezeichnet, charakterisiert werden (Abschn. 7.4.3). Danach gilt

$$\frac{1}{1-c} \cdot \frac{l_{WC}}{p_{Co}} = \frac{f_{WC}}{f_{Co}} \tag{17.1}$$

Zwischen den Gefügekenngrößen und der Bruchzähigkeit K_{1C} der WC-Co-Hartmetalle, die in den Grenzen von 7 bis 30 MPa · m$^{1/2}$ liegt, sowie der Bruchflächenenergie G_{1C} besteht der experimentell ermittelte Zusammenhang

$$G_{1C} = \frac{K^2_{1C}}{\pi \cdot E} = F\left(\frac{p^2_{Co}}{l_{WC}}\right) \tag{17.2}$$

17.2 Hartmetalle

Daraus folgt unter Berücksichtigung von (17.1), dass die Bruchflächenenergie monoton mit dem Volumenanteil des Binders und der WC-Korngröße ansteigt, was verständlich ist, da die Bruchenergie maßgeblich von der plastischen Arbeit im Binder beeinflusst wird. In Abhängigkeit von eben demselben Parameter p_{Co}^2/l_{WC} zeigt die Härte den umgekehrten monotonen Verlauf. Für die Härte HV gilt dabei bis zu Werten von etwa HV10 = 1700 näherungsweise nach [17.18]:

$$HV = 877 \, (p_{Co}^2/l_{WC})^{-1/5} \tag{17.3}$$

Somit können in einem entsprechenden Verbundsystem Härte und Bruchzähigkeit immer nur gegenläufig verändert werden (Bild 17–10).

Die Biegebruchfestigkeit σ_{bB} der Hartmetalle ist an den Vorgang der Rissentstehung und -fortpflanzung gebunden. Üblicherweise gehen Risse in spröden Werkstoffen von Defekten wie Poren, Mikrorissen oder Gefügeinhomogenitäten (Cobalt„seen", WC-Agglomerate ohne Bindemetall oder große WC-Körner) aus. Den Defekten kann man eine kritische Spannung σ_{krit} zuordnen. Übersteigt die lokale Zugspannung σ_{lokal} am Ort des Defektes den kritischen Wert, so bildet sich aus dem Defekt ein Riss, der sich im homogenen Material mit hoher Geschwindigkeit ausbreitet und zum Bruch führt. Die kritische Spannung hängt von der Bruchzähigkeit des Materials sowie von der Größe a und der Form des Defektes ab

$$\sigma_{krit} = A \cdot K_{1C}/\sqrt{a} \tag{17.4}$$

Für kugelförmige Defekte nimmt A etwa den Wert 1 an. Die lokale Spannung ist der außen angelegten Spannung proportional ($\sigma_{lokal} = B \cdot \sigma$), wobei der Proportionalitätskoeffizient B von der Probengeometrie, Ort und Richtung der angreifenden Kraft sowie der Lage des Defektes abhängt. Im Fall des Bruchs ($\sigma = \sigma_{bB}$) gilt

$$\sigma_{krit} = A \cdot K_{1C}/\sqrt{a} = B \cdot \sigma_{bB} \tag{17.5}$$

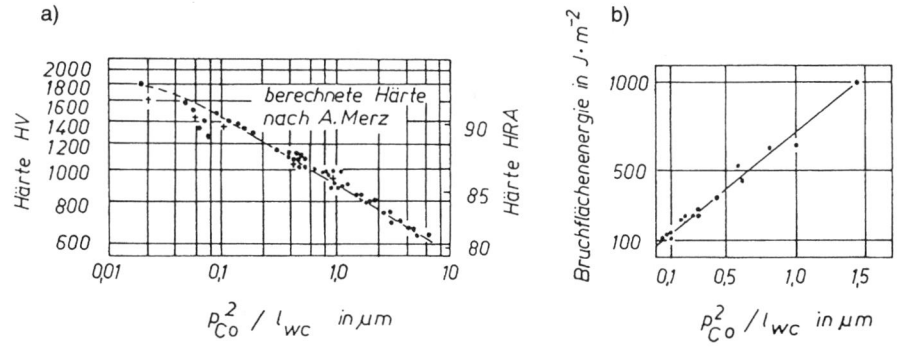

Bild 17–10. Härte und Bruchflächenenergie von WC-Co-Hartmetallen. a) Verlauf der Härte nach *Merz* unter Verwendung experimenteller Werte von *Gurland* und *Platov*; b) Verlauf der Bruchflächenenergie nach *Chermant* und *Osterstock*; • experimentelle Härtewerte nach *Gurland*; + experimentelle Härtewerte nach *Platov*

Für die Biegebruchfestigkeit σ_{bB}, die aus dem Mittelwert einer größeren Zahl von Einzelmessungen bestimmt wird, ergibt sich

$$\sigma_{bB} = \frac{1}{n} \cdot \sum_1^n \frac{A_i}{B_i} \cdot K_{1C} / \sqrt{a_i} = K_{1C} \cdot \frac{1}{n} \cdot \sum_1^n \frac{A_i}{B_i} \cdot 1/\sqrt{a_i} \qquad (17.6)$$

Da die Bruchzähigkeit mit der WC-Korngröße und dem Bindergehalt ähnlich wie die Bruchflächenenergie (Gln. 17.2 und Bild 17–10) zunimmt, sollte man die höchsten Biegebruchfestigkeiten bei grobkörnigen, binderreichen Hartmetallen erwarten. In der Praxis ergeben sich die höchsten Festigkeitswerte überraschenderweise aber bei extrem feinkörnigen Sorten mit WC-Korngrößen unter 1 µm (Bild 17–11). Das hängt damit zusammen, dass moderne Hartmetalle praktisch frei von Poren und Makrodefekten sind und deshalb die Gefügebestandteile als Bruchauslöser wirken. Die kritische Größe a liegt dann in der Größenordnung der Abmessungen der Gefügebestandteile. Der Anstieg des Wertes von $a^{-1/2}$ mit fallender WC-Korngröße überkompensiert den gleichzeitigen Abfall der Bruchzähigkeit.

Wegen der hohen Härte und Biegebruchfestigkeit eignen sich die Feinstkorn- und ultrafeinen Hartmetalle besonders zur Herstellung von dünnen Bohrern und Fräsern für die Leiterplattenbearbeitung. Es sei aber darauf hingewiesen, dass sich diese hohen Festigkeiten nur erzielen lassen, wenn die Oberflächen frei von Kerben oder Kratzern sind. Entstehen im Einsatz Kerben mit Abmessungen > 10 µm, so fällt die Festigkeit des Bauteils deutlich ab. Auch sind diese Hartmetalle trotz ihrer hohen Festigkeit sehr schlagempfindlich. Im Bereich des Bergbaus und der schlagenden Gesteinsbearbeitung dominieren deshalb grobe Sorten mit höherem Bindergehalt. WC-Co-Hartmetalle werden aus diesem Grund für die unterschiedlichen Anwendungen mit sehr verschiedenen Korngrößen angeboten (Tab. 17–3).

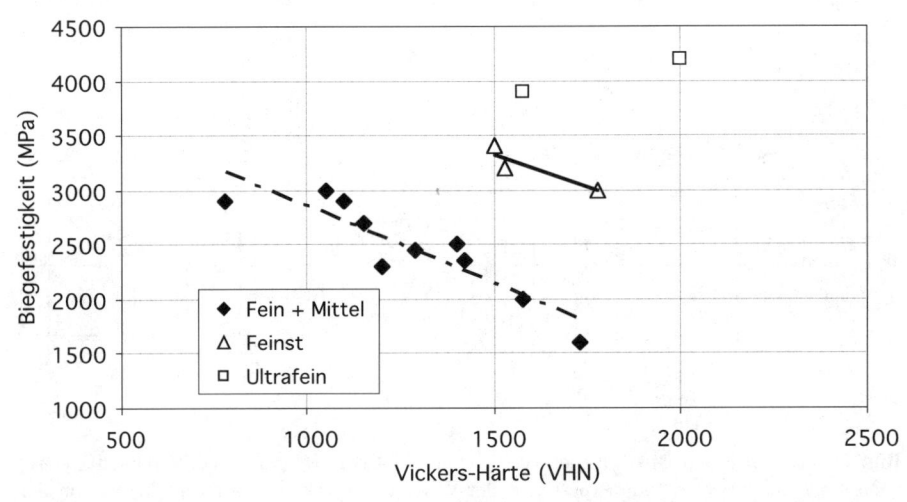

Bild 17–11. Zusammenhang zwischen Biegebruchfestigkeit und Härte von WC-Co-Hartmetallen verschiedener WC-Korngröße

17.2 Hartmetalle

Tabelle 17-3. Klassifizierung von WC-Co-Hartmetallen nach der Korngröße (nach einem Vorschlag des Arbeitskreises Hartmetall im Fachverband Pulvermetallurgie, 1999)

WC-Korngröße	Deutsche Bezeichnung	Englische Bezeichnung
< 0,2 µm	Nano	Nano
0,2 µm–0,5 µm	Ultrafein	Ultrafine
0,5 µm–0,8 µm	Feinst	Submicron
0,8 µm–1,3 µm	Fein	Fine
1,3 µm–2,5 µm	Mittel	Medium
2,5 µm–6,0 µm	Grob	Coarse
> 6,0 µm	Extragrob	Extracoarse

Gefüge und Gefügefehler wirken sich auch auf das Ermüdungsverhalten unter dynamischer Belastung aus (Abschn. 7.3). Die Verringerung der Bruchschwingzahl N ist mit der Änderung der statischen Biegebruchfestigkeit durch die Beziehung

$$\frac{\Delta N}{N} = (n - 2) \frac{\Delta \sigma_{bB}}{\sigma_{bB}} \tag{17.6}$$

verknüpft. Wegen des hohen Sprödbruchanteils bei der Ermüdungsrissausbreitung ergibt sich für Hartmetalle ein ungünstig großer Wert $n \approx 15$.

Die dargelegten Zusammenhänge beziehen sich auf Raumtemperatur und können sich bei erhöhter Temperatur sogar umkehren. So haben WC-Feinstkornhartmetalle trotz ihrer hohen Raumtemperaturhärte (Bild 17–11) bei Temperaturen >800°C eine geringere Kriechfestigkeit als Hartmetalle mit gröberem WC-Korn. Die genannten Beziehungen gelten auch nicht ohne weiteres, wenn zusätzliche oder neue Phasen auftreten, wie bei den TiC(TaC)-WC-Co-Hartmetallen. Durch den TiC-Zusatz wird infolge der damit verbundenen Mischkristallhärtung die Härte auf Kosten der Biegebruchfestigkeit erhöht. Die damit teilweise auch höhere Warmhärte des WC-TiC(TaC)-Mischkristalls gegenüber WC und vor allem TiC (Bild 17–12 und 17–4) ist in Anbetracht der höheren Schnitttemperaturen bei der Bearbeitung langspanender Werkstoffe von besonderer Bedeutung. Sie wird im Hinblick auf die

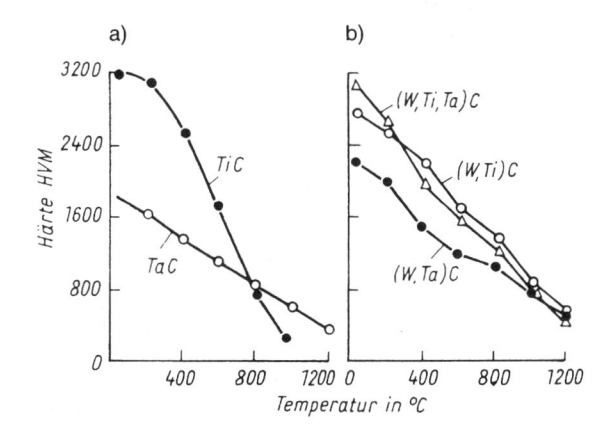

Bild 17–12. Warmhärte (nach *Miyoshi* und *Hara*).
a) kubische Carbide;
b) kubische Mischcarbide

Verbesserung des Spanungsverhaltens noch ergänzt durch Veränderungen von Reibungsverhalten sowie Diffusionsvorgängen zwischen Hartmetall und zu zerspanendem Werkstoff. TaC-Zusätze vermindern außerdem die „Kammrissbildung" an der Hartmetallschneide, die als Folge der Temperaturwechselbelastung vor allem beim Fräsen auftritt.

Die vor allem für die Zerspanung von Stahl eingesetzten Hartmetalle mit TiC, TiN, TiCN oder (Ti,Mo)(C,N) als Hartstoffbasis weisen zwar eine geringere Warmhärte und Kriechfestigkeit als vergleichbare WC-Basis-Hartmetalle auf [17.13], zeigen aber wegen der erhöhten chemischen Beständigkeit gegenüber Stahl ähnlich den beschichteten Hartmetallen (s. Abschn. 17.2.5) geringeren Verschleiß beim Spanen [17.19].

17.2.3 Herstellung von Hartmetallen

Im Folgenden werden die Verfahrensschritte bei der Produktion der marktgängigen Hartmetalle auf Basis WC-Co und TiC-TaC-WC-Co beschrieben. Dabei gibt es bei den einzelnen Herstellern, je nach Erfahrung und Stand ihrer technischen Einrichtung, vielfältige Detailabweichungen, mitunter sogar gegensätzliche Auffassungen über die Zweckmäßigkeit dieser oder jener Variante. Das angegebene Schema hat prinzipiell auch für die Herstellung andersartig zusammengesetzter Hartmetalle (Abschn. 17.2.6) Gültigkeit.

Das Wolframcarbid wird durch Karburierung von W-Pulver (Abschn. 2.6.3) nach Mischen mit Ruß unter Wasserstoff bei 1400 bis 1800°C (sehr grobe Carbide auch bis 2000°C) gewonnen. Die Arbeitsbedingungen (Reinheit des Wasserstoffs, Temperatur) beeinflussen wesentlich die Teilchengröße und deren Verteilung im Reaktionsprodukt. Günstig ist die Verwendung eines W-Pulvers, dessen Teilchengröße der angestrebten WC-Teilchengröße entspricht, da die Steuerung der Hartmetallkorngröße über die Zerkleinerung beim Mahlen zu unregelmäßigen Gefügen führt. Der Kohlenstoffgehalt des WC ist in den Grenzen von 6,00 bis 6,20 Masse-% zu halten (Abschn. 17.2.1). Die direkte Umsetzung von WO_3 und Ruß zu WC wird zur Herstellung nanoskaliger WC-Pulver genutzt.

Die übrigen Carbide werden durch Umsetzung der Metalloxide mit Ruß im Vakuum oder unter Wasserstoff erhalten; TiC bei Temperaturen >2000°C, TaC >1600°C (Abschn. 2.6.3). Anstelle von TiC wird oft ein Mischcarbid TiC-WC (Gewichtsanteile 50:50) hergestellt, da hierfür schon Reaktionstemperaturen von 1750°C ausreichen. Die Titancarbonitride erhält man analog der TiC-Synthese, jedoch bei etwas tieferen Temperaturen, geringerem C-Zusatz und unter stickstoffhaltiger Atmosphäre.

Die Hartmetallmischung wird aus den einzelnen Carbiden bzw. vorgebildeten Mischcarbiden, aus feinteiligem Cobaltpulver und dem später notwendigen Presshilfsmittel (Paraffin, Polyvinylalkohol, Polyäthylenglykol) zusammengestellt und unter einer Flüssigkeit (Heptan, Äthanol, Azeton oder auch Wasser) gemahlen. Beim Mahlen, das im Attritor, in Schwingmühlen oder rotierenden Kugelmühlen geschieht, wird eine möglichst gleichmäßige Verteilung des Cobalts zwischen den Carbidteilchen angestrebt. Eine ungenügende Verteilung lässt sich während des Sinterprozesses, obwohl das Cobalt zwischen die Carbidteilchen einzudringen ver-

17.2 Hartmetalle

mag, nicht mehr völlig rückgängig machen. Die Hartstoffzerkleinerung spielt im Mahlprozess nur insofern eine Rolle, als die Hartstoffe nach der Synthese nicht vollständig deagglomeriert wurden. Anschließend wird das in der Mahlflüssigkeit aufgeschlämmte Gemisch im Sprühtrockner unter Inertgas getrocknet (Abschn. 3.5). Es fällt ein riesel- und pressfähiges Granulat mit einer Sekundärteilchengröße von 0,06 bis 0,3 mm an.

Wendeschneidplatten und andere Formteile, soweit es deren Größe und Form zulassen, werden auf automatischen Pressen in Matrizen (Abschn. 5.2.1) unter Berücksichtigung des Schwundmaßes beim Sintern (15 bis 20% linear) mit einem Druck von 100 bis 300 MPa gepresst, und zwar etwa 20 bis 60 Teile/Minute (direkte Formgebung). Durch automatische Prozesskontrolle korrigieren moderne Pressen ständig Schwankungen des Verdichtungsverhaltens, so dass die Presslingsdichte und damit die Schwindung konstant bleiben. Das Sintern beginnt bei steigender Temperatur bis 600°C mit dem Austreiben des Presshilfsmittels (Entwachsen) unter Wasserstoff oder im Vakuum. Hierauf wird je nach Zusammensetzung des Hartmetalls bei 1350 bis 1500°C in der Regel unter Vakuum aber auch im Wasserstoff fertig gesintert.

Meist werden die Presskörper einer Hartmetallsorte in diskontinuierlich arbeitenden Vakuumöfen, die 500–1000 kg Material fassen können, gesintert. Dieser Ofentyp kann leichter und schneller, als dies bei Durchlauföfen möglich ist, auf die zu sinternde Hartmetallsorte eingestellt werden. Das Sintergut wird, um eine hohe Ausnutzung des Ofenraumes zu erreichen, auf stapelbaren Graphittellern, -platten oder -kästen eingebracht, wobei der aus den Unterlagen und der Ofenisolierung eingestellte Kohlenstoffgehalt der Restgasatmosphäre einer Entkohlung des Hartmetalls entgegenwirkt. In modernen Ofenanlagen mit integrierter Entwachsungsmöglichkeit werden automatisch das Temperatur-Zeit-Regime und die im jeweiligen Schritt erforderliche Gasatmosphäre eingestellt. Bei über längere Zeiträume konstanter Produktion hinsichtlich Hartmetallsorte und Teilgröße haben sich auch kontinuierlich arbeitende Durchlauföfen mit Schleusensystem zwischen der Außenluft, dem Entwachsungs- und dem Sinterbereich bewährt. Für großformatige Teile oder solche mit hohem Plastifikatorgehalt (z.B. stranggepresste Stäbe, Abschn. 5.3.3) sind spezielle Entwachsungsöfen mit entsprechend langen Zykluszeiten im Einsatz.

Für Teile, die nicht in der endgültigen Form gepresst werden können, wird die „indirekte Formgebung" angewendet. Sie geht von einem gepressten Rohkörper aus, der nach dem Entfernen des Presshilfsmittels bei Temperaturen bis 600°C oder nach einem Vorsintern bis 1000°C soweit verdichtet (fest) ist, dass er durch Drehen, Schleifen oder Bohren in die gewünschte Endform gebracht werden kann. Darauf folgt das Fertigsintern. Sehr große Teile werden kaltisostatisch gepresst (Abschn. 5.2.2). In diesem Fall sind die Presskörper auch ohne Zusatz von Presshilfsmittel so fest, dass eine sofortige Bearbeitung möglich ist. Das Heißpressen, früher vielfach angewendet für die Herstellung bindemetallarmer und sehr porenarmer Hartmetalle, ist durch das heißisostatische Nachverdichten (HIP) fast völlig verdrängt worden (Abschn. 5.3.1). Die Einführung dieses Verfahrens war vor allem dem Einsatz von Hartmetall für dynamisch hochbelastete Umformwerkzeuge (Abschn. 17.2.4) sehr förderlich. Beim (isostatischen) Drucksintern (Sinter-HIP) wird nach anfänglichem Sintern unter Vakuum in der gleichen Anlage bei Sintertemperatur, d.h. unter Anwesenheit der flüssigen Phase, mit dem heißisostatischen Pressvorgang begonnen, ehe sich ein festes Carbidgerüst ausgebildet hat, weshalb auch ein geringerer Argondruck (<10 MPa) für eine entsprechende Verdichtung ausreicht [17.20].

Gesinterte Hartmetalle lassen sich nur noch elektroerosiv oder mit superharten Werkzeugen sowie durch Schleifen (Siliziumcarbid-, besser Diamantschleifscheiben) bearbeiten. Wendeschneidplatten werden an den Auflageflächen mit Borcarbid geläppt und je nach Toleranzforderung an den Umfangsflächen geschliffen (Elysier-Kopierschleifen). Die Schneidenkanten werden durch Bürsten oder Kugelstrahlen verrundet. Für dynamisch beanspruchte Teile, insbesondere heißisostatisch nachverdichtete, ist ein Schleifen unumgänglich, um die durch Abdampfvorgänge oder Reaktionen mit der Gasatmosphäre (Verunreinigungen im Schutzgas) entstandene gestörte Außenschicht, die bruchauslösende Defekte enthält, zu entfernen.

Zur Prüfung von Biegefestigkeit und Härte der Hartmetalle dienen die im Kap. 7 beschriebenen Verfahren. Die Porigkeit wird wegen ihrer geringen Größe (<1%) am Querschliff im Vergleich mit Richtreihen bestimmt. Zur schnellen und zerstörungsfreien Beurteilung des gesinterten Erzeugnisses werden bei den cobalthaltigen Hartmetallen auch magnetische Messungen herangezogen. Aus der Koerzitivfeldstärke kann auf die Dicke der Cobaltschichten p_{Co} zwischen den Hartstoffkörnern und damit bei bekannter Zusammensetzung auf die mittlere Korngröße der Hartstoffphase l_{WC} geschlossen werden. Die magnetische Sättigung ist der Menge der Bindemetallphase proportional. Ein Absinken unter den Erwartungswert zeigt das Vorhandensein der spröden und unerwünschten η-Phase W_3Co_3C (Abschn. 17.2.1) an, die unmagnetisch ist.

17.2.4 Anwendung unbeschichteter Hartmetalle

Unbeschichtete Hartmetalle kommen heute vorwiegend bei der Bearbeitung von Holz und Kunststoffen, für Umformwerkzeuge oder im Verschleißschutz zur Anwendung. Als spanende Werkzeuge wurden die Hartmetallplättchen zunächst ausschließlich auf Träger aus Stahl aufgelötet. Gebräuchlich sind Kupferlote, aber auch nickelhaltige Reaktionslote mit besserer Temperaturbeständigkeit sowie Silberlote wegen der niedrigeren Löttemperaturen. Inzwischen dominiert, abgesehen von Plättchen kleiner Abmessungen, wie für Bohrer oder Abstechmeißel, der Einsatz in Form von Wendeschneidplatten, die auf einen Werkzeughalter mechanisch aufgespannt werden (Bild 17–13). Nach Erliegen einer Schneidkante können sie dank ihrer symmetrischen Form (rund, dreieckig, quadratisch, rhombisch usw.) in eine neue Arbeitslage gedreht oder auch gewendet werden, bis alle vorhandenen Kanten verschlissen sind. Für die Anwender bedeutet dies kurze Werkzeugwechselzeiten ohne Neueinstellung des Halters; ein automatischer Plattenwechsel aus einem Magazin im Halter ist gleichfalls möglich. Ein weiterer mit der Verwendung von Wendeschneidplatten verbundener Vorteil ist das Fehlen jeglicher Lötspannungen, die sich stets nachteilig auf die Standzeit auswirken. Je nach Toleranzklasse gewährleisten die Hersteller Maßabweichungen der Platte unter 0,13 bis 0,013 mm.

Das komplizierte, durch Computermodellierung optimierte Relief der Schneidplattenoberfläche dient dem optimalen Spanablauf und -bruch beim Schneiden und erhöht Leistung und Lebensdauer des Werkzeuges. Ein Nachschleifen ist nicht vorgesehen.

17.2 Hartmetalle

Bild 17–13. Wendeschneidplatten verschiedener Geometrie (nach *H. Kolaska*)

Für die Metallbearbeitung dominieren heute beschichtete Hartmetalle. Unbeschichtete Sorten werden verwendet, wenn eine scharfe Schneidkante erforderlich ist oder ungünstige Schnittbedingungen vorliegen. Zur Bearbeitung kurzspanender Werkstoffe (Anwendungshauptgruppe K) werden dann hauptsächlich reine WC-Co-Hartmetalle mit einem Cobaltgehalt von 3 bis 11 Mass-% eingesetzt (Tabelle 17–3). Die Korngröße der WC-Phase beträgt 0,5 bis etwa 5 µm. Die feinkörnigen Sorten (mittlere Korngröße $\lessapprox$ 1 µm) dienen vor allem der Bearbeitung durch Schlichten. Geringe Zusätze anderer Carbide (TaC, VC) haben die Aufgabe, die Rekristallisation der WC-Phase beim Sintern zu hemmen (Kornfeinung). Ausgesprochene Feinstkornhartmetalle (micrograin) mit Korngrößen weit unter 1 µm zeichnen sich durch eine noch höhere Härte bei Raumtemperatur aus. Durch eine sehr homogene Verteilung der Co-Phase und die Beseitigung von Defekten durch HIP oder Sinter-HIP werden gleichzeitig auch hohe Festigkeiten erreicht (Bild 17–14). Wegen der geringen Warmfestigkeit (Abschn. 17.2.2) kommen nur niedrige Schnittgeschwindigkeiten in Betracht. Feinstkornhartmetalle finden wegen ihrer hohen Verschleißfestigkeit und Festigkeit Anwendung bei der Zerspanung von Al-Si-Legierungen, beim Abstechen von Hartgusswalzen [17.10], der Holzbearbeitung sowie als Bohrer für Verbundwerkstoffe (Leiterplatten).

Die Bearbeitung langspanender Werkstoffe (Anwendungshauptgruppe P, Hauptmenge der Bau- und Vergütungsstähle) geschieht mit Hartmetallen auf Basis WC-TiC-TaC-Co (Tabelle 17–4), wobei das im Tantal stets vorkommende Begleitelement Niob in Anteilen bis 30% (bezogen auf Tantal) keine nachteiligen Wirkungen ausübt. Auch der Ersatz des Tantals durch Hafnium ist ohne Minderung der Hartmetallqualität möglich. Hartmetalle der Gruppe P 25 werden speziell zum

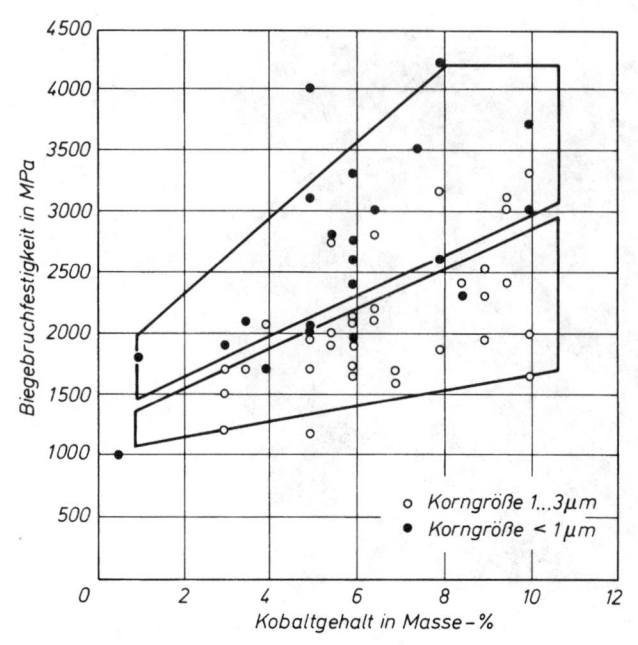

Bild 17–14. Biegebruchfestigkeit von WC-Co-Hartmetallen (Daten verschiedener Hersteller aus [17.14])

Fräsen empfohlen. Sie weisen meist höhere Gehalte an Tantalcarbid auf (Abschn. 17.2.2).

Die Hauptgruppe M ist hauptsächlich für die Bearbeitung von schwerspanbaren hochlegierten Stählen und Buntmetallen vorgesehen. Darüber hinaus nimmt sie aufgrund ihres niedrigeren TiC-Gehaltes eine Zwischenstellung der K- und P-Gruppe ein. Die dementsprechenden Sorten werden deshalb auch als Mehrzweckhartmetalle bezeichnet und sind für die Bearbeitung von lang- wie auch kurzspanenden Werkstoffen geeignet. Jedoch ist dieser Vorteil mit einer Einschränkung der Leistungsfähigkeit erkauft. Solche Qualitäten, die die Hersteller nach Verbesserung von Härte und Biegefestigkeit für die Anwendung in zwei oder mehr Gruppen (z.B. P 10 bis P 30) empfehlen, werden als Mehrbereichshartmetalle bezeichnet. Die Substrate beschichteter Hartmetalle enthalten auch in dieser Anwendungsgruppe nur geringe Zusätze an TiC und TaC, da die Schicht die Wirkung dieser Carbide übernimmt.

Daneben haben sich im Spektrum der Schneidstoffe Titancarbonitridhartmetalle mit oft komplizierten Zusammensetzungen im System (Ti,Mo,W)(C,N)-(Ni,Co,Al) für das Schlichten von Stahl und Guss mit hohen Schnittgeschwindigkeiten etabliert [17.11].

Infolge der vielseitigen Nutzung von Hartmetall für andere Zwecke als die Spanung, wo es sich vielfach um großformatige Teile handelt (Walzen, Matrizen), werden erhebliche Anteile des produzierten Hartmetalls für diese Anwendungen benötigt. In fast allen diesen Fällen werden WC-Co-Hartmetalle (Tabelle 17–5) eingesetzt. (Auf besondere Entwicklungen wird in Abschn. 17.2.6 eingegangen.) Dort wo ein abrasiver Verschleiß gegenüber einer Beanspruchung auf Schlag vor-

Tabelle 17–4. Zusammensetzung und Eigenschaften von Hartmetallsorten zum Spanen. Die Tabelle ist lediglich zur Orientierung gedacht. Eine Aufstellung der Zusammensetzungen und Eigenschaften gehandelter Hartmetalle, soweit diese Angaben in den Firmenschriften der Hersteller oder Lieferer enthalten sind, findet sich in [17.14]

ISO Anwendungsgruppe	Zusammensetzung in Masse-%				Dichte in g cm^{-3}	Härte HV	Biegebruchfestigkeit in MPa	Bruchzähigkeit K_{1C} in MPa m$^{1/2}$	E-Modul in GPa
	WC	TiC	Ta(Nb)C	Co					
P 01	50	35	7	6	8,5	1900	1300		450
P 05	78	16	–	6	11,4	1820	1400	6,9	–
P 10	69	15	8	8	11,5	1740	1700	6,9	520
P 20	79	8	5	8	12,1	1580	1800	8,0	530
P 25	82	6	4	8	12,9	1530	2000		540
P 30	84	5	2	9	13,3	1490	2000		550
P 40	85	5	–	10	13,4	1420	2300	9,0	540
P 50	78	3	3	16	13,1	1250	2500		510
M 10	85	5	4	6	13,4	1590	1750		570
M 20	82	5	5	8	13,3	1540	1950		560
M 30	86	4	–	10	13,6	1440	2200		540
M 40	86	4	2	10	14,0	1380	2500		530
K 01	97	–	–	3	15,2	1850	1900		660
K 05	95	–	1	4	15,0	1780	2050		640
K 10	92	–	2	6	14,9	1730	2200		620
K 20	94	–	–	6	14,8	1650	2300	8,5	610
K 30	91	–	–	9	14,4	1400	2600	9,4	570
K 40	89	–	–	11	14,1	1320	2900	10,8	560

herrscht, bevorzugt man cobaltärmere Legierungen, wie sie bereits für die Anwendungsbereiche K 01 bis K 20 erörtert wurden. Beispiele sind Sandstrahldüsen sowie Mahlkugeln und Auskleidungen für Mühlen, Mischer und Anlagen, in denen sich abrasive Schüttgüter bewegen. Weitere Anwendungsfälle sind Ventilsitze, Gleitringdichtungen, Lauf- und Führungsbuchsen sowie Messlehren. Ein von Anfang an wichtiges Einsatzgebiet stellen Ziehsteine für den Draht- und Stangenzug dar. Im Feinzugbereich sind erhöhte Druckfestigkeit und Abriebfestigkeit sowie geringste Oberflächenrauigkeit im Ziehhol erforderlich, weshalb hierfür Hartmetalle mit geringerem Bindemetallanteil (≈ 2,5 Masse-%) und kleinem Carbidkorn eingesetzt werden. Für das Ziehen von Stangen und Profilen dagegen sind zähere Sorten zu empfehlen, da die Belastung beim Einstich und die Umformkräfte weit größer als beim Feinzug sind.

Pressmatrizen (Abschn. 5.2.1.1), Zerteilwerkzeuge, Kaltschlagmatrizen, Warmschmiedematrizen und Strangpresswerkzeuge werden sowohl erheblich auf Verschleiß wie auch stark mechanisch (Druck und Schlag) belastet. Die höheren Kosten für Material und Bearbeitung rechtfertigen einen Einsatz von Hartmetall, wenn mindestens die 10fache Standmenge (bearbeitete Masse oder Stückzahl bis zum erforderlichen Werkzeugwechsel) im Vergleich zu Werkzeugen aus Werkzeugstäh-

Tabelle 17–5. Eigenschaften von WC-Co-Hartmetallen für Umformwerkzeuge (nach [17.14]) (s.a. Anmerkung zu Tab. 17–3). Die Biegebruchfestigkeiten wurden aktualisiert

Co-Gehalt in Masse-%	Dichte in g cm^{-3}	Vickershärte	Biegebruchfestigkeit in MPa	Druckfestigkeit in MPa	E-Modul in GPa	Poissonzahl	Empfehlungen für Anwendungen
3	15,3	1850	1900	6500	660	0,22	Ziehsteine für Feinzug, vorzugsweise Buntmetalle im Nasszug
5,5	14,9	1700	2200	6300	650	0,22	Ziehsteine für Draht- und Stangenzug bis 25 mm Durchmesser
9	14,6	1400	2600	5400	620	0,22	desgl. für Draht- und Stangenzug bis 80 mm Durchmesser
12	14,3	1300	2600	5000	600	0,22	Rohrzugmatrizen
15	14,0	1200	2700	4500	570	0,23	Ziehdorne, Drahtwalz- und -richtrollen
20	13,5	1000	3000	3800	520	0,24	Reduziermatrizen, Tubenpresswerkzeuge, Walzen
24	13,2	900	3400	3500	500	0,24	Hämmerbacken, Fließpressstempel, Kaltschlagmatrizen, Profilwalzen

len erreicht wird. Oft wird dieser Wert überboten; für Kaltschlagmatrizen in der Schraubenindustrie beispielsweise werden Standmengenverhältnisse von 20:1 bis 100:1 angegeben. Es handelt sich hierbei um Hartmetalle hoher Bruchzähigkeit, deren Bindemetallgehalt bis zu 30% und die WC-Korngröße bis zu 10 µm beträgt. Generell ist beim Einsatz der Hartmetalle, auch dieser „zähen" Sorten, zu beachten, dass sie zwar eine hohe Druckfestigkeit (3500 bis 6200 MPa) aufweisen, bei Zugbelastung jedoch infolge von Spannungsüberhöhungen an zufälligen Defekten (Poren, Einschlüssen) vorzeitig zu Bruch gehen können. Deshalb müssen alle hochbelasteten Werkzeuge (Matrizen, Ziehsteine) in eine Stahlfassung so eingeschrumpft oder mit Kegelsitz eingepresst werden, dass die damit in das Hartmetall eingebrachte Druckvorspannung die in der Arbeitsphase auftretende Zugspannung kompensiert. Das gilt in besonderem Maße für Hochdruckwerkzeuge der Diamantsynthese, wo Arbeitsdrücke von mehr als 5 GPa auftreten und durch ein System von Stahlringen die Vorspannung stufenweise von außen nach innen aufgebaut wird.

17.2 Hartmetalle

Eine umfangreiche Nutzung finden Hartmetalle auch für die Tiefbohrung, beim Abbau von Erzen und Kohle, für alle Vortriebsarbeiten und zur Gewinnung und Bearbeitung von Gesteinen. Je nach Arbeitsweise der Werkzeuge – z.B. drehendes oder schlagendes Bohren – werden dafür unterschiedliche Sorten von WC-Co-Legierungen angeboten; zumeist in den Grenzen 6 bis 17 Masse-% Co und WC-Korngrößen bis 10 µm.

Für Sonderfälle werden auch spezielle bei sehr hohen Synthesetemperaturen erhaltene WC-Pulver mit Korngrößen bis 20 µm eingesetzt. Um die notwendige Zähigkeit des Werkzeuges im Kern und hohe Verschleißfestigkeit an der Oberfläche zu erreichen, werden Hartmetalle mit zur Oberfläche abnehmendem Bindemetallanteil (Gradientenhartmetalle) hergestellt. Außer der Hartmetallqualität haben die geometrische Gestaltung der einzelnen Einsätze (z.T. über 100 je Bohrkrone), ihre Anordnung auf der Bohrkrone und die Löttechnik einen maßgeblichen Einfluss auf die Vortriebsleistung. Die Leistungsfähigkeit solcher Werkzeuge wird nur noch von der diamantbestückter Werkzeuge übertroffen. Eine in diesem Zusammenhang steigende Bedeutung gesinterter polykristalliner Diamantplatten zeichnet sich ab (Abschn. 17.4).

Die Aufnahme der Produktion heißisostatisch nachverdichteter Hartmetallteile hat wesentliche Auswirkungen auf den Einsatz unter Bedingungen dynamischer Beanspruchung gehabt. Wie aus Gl. (17.6) hervorgeht, schlägt sich schon eine geringe Zunahme der Biegebruchfestigkeit in einer deutlich höheren Lebensdauer bei Wechsellast nieder. Der Einsatz von Hartmetallwalzen in Blech-, Draht- und Kaliberwalzwerken erbringt Standmengen, die die herkömmlicher Walzen um ein bis zwei Größenordnungen übertreffen. Außerdem überträgt sich die hervorragende Qualität der Oberflächenpolitur der Hartmetallwalzen auf das Walzgut, wodurch Nacharbeit eingespart wird. Da ein Aufschrumpfen im Hartmetallkörper Zugspannungen verursachen würde, wird der Walzenring (Hartmetallhohlzylinder) entweder auf die Stahlachse aufgeklebt oder durch seitlich angebrachte Druckplatten mit dieser kraftschlüssig verspannt.

17.2.5 Beschichtung von Hartmetall

Unter Beschichtung versteht man das Aufbringen einer dünnen Schicht eines Hartstoffes auf ein bereits gesintertes Hartmetall (Bild 17–15) mit dem Ziel, die Verschleißfestigkeit weiter zu verbessern [17.21]. Für die Beschichtung von Hartmetallen werden heute überwiegend CVD-Verfahren (chemical vapour deposition) aber auch PVD-Prozesse (physical vapour deposition) eingesetzt. Beim CVD-Verfahren erfolgt die Schichtabscheidung meist durch thermische Zersetzung eines reaktionsfähigen Gasgemisches. Eine andere Variante ist das plasmaaktivierte CVD, wobei Gasentladungen die für die Schichtbildung notwendige Energie liefern. Dies ermöglicht geringere Beschichtungstemperaturen als beim thermischen CVD. PVD-Verfahren sind Hochvakuumprozesse, bei denen die schichtbildenden Materialien auf physikalischem Wege in die Gasphase überführt werden, z.B. durch Verdampfungsprozesse oder durch Kathodenzerstäubung (Sputtern). Beschichtungstemperaturen beim PVD liegen typischerweise unterhalb von 500°C und damit deutlich niedriger als beim thermischen CVD.

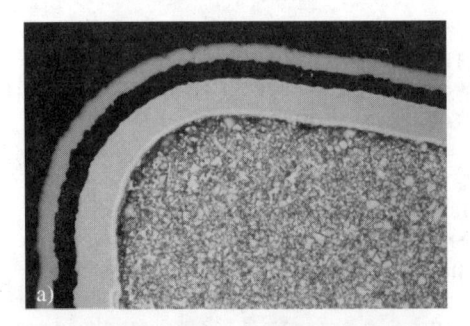

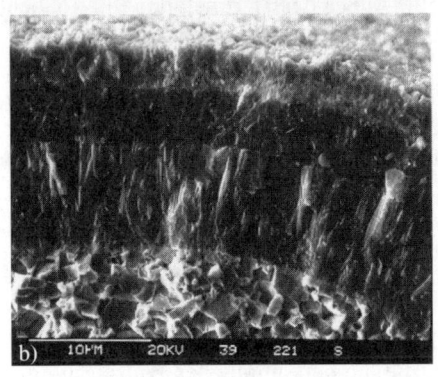

Bild 17-15. Gefüge eines beschichteten Hartmetalles mit einem modernen mehrlagigen CVD-Hartstoffschichtsystem TiN-Ti(C,N)-Al$_2$O$_3$-Zr(C,N) nach [17.22].
a) Gefügebild; b) Bruchgefüge

Dreh- und Fräswerkzeuge aus WC-Co-Hartmetallen werden heute bevorzugt mittels thermischer CVD-Verfahren beschichtet, da aufgrund der hohen Temperatur eine sehr gute Schichthaftung erreicht wird. Eine wichtige industrielle CVD-Schicht ist TiC. Ihre Herstellung erfolgt bei Temperaturen zwischen 900 und 1050°C nach folgender formaler Reaktionsgleichung

$$TiCl_4 + C_xH_y \xrightarrow{H_2} TiC + 4\,HCl + C_mH_n \tag{17.7}$$

wobei C_xH_y ein Kohlenwasserstoff und C_mH_n seine Spaltprodukte sind; für die Berechnung des temperaturabhängigen Gleichgewichts sind noch weitere Zwischenprodukte zu berücksichtigen. Die Abscheidung erfolgt unter Bedingungen, bei denen eine Entkohlung der oberflächennahen Bereiche des Hartmetalls unbedingt vermieden wird, da die sonst als Zwischenschicht entstehende η-Phase (W$_3$Co$_3$C) die Biegebruchfestigkeit erheblich mindert.

Die Beschichtung geschieht in einem Reaktor, in dem die Wendeschneidplatten auf Trägern liegen oder hängen. Der Reaktionsraum wird entweder durch eine übergestülpte Heizglocke (Heißwandreaktor) (Bild 17-16) oder durch einen innen liegenden (Graphit-)Heizkörper (Kaltwandreaktor) erwärmt. Geeignete Gaseinführungen oder Drehbewegungen der Probenträger gewährleisten eine gleichmäßige Beschichtung der Hartmetallteile.

Die Festigkeit des Hartmetalls wird durch die Beschichtung entscheidend beeinträchtigt (Bild 17-17). In der nur wenige μm dicken, spröden Schicht bilden sich un-

17.2 Hartmetalle

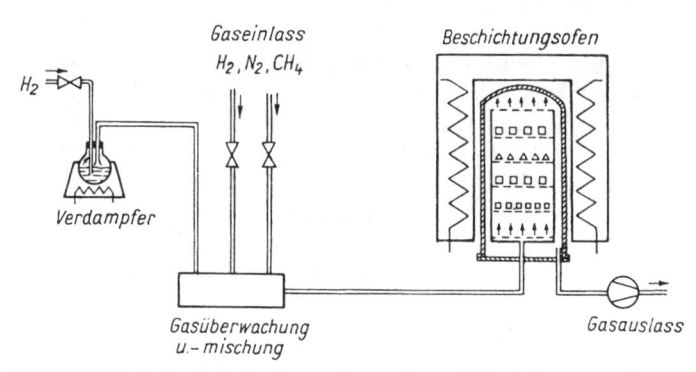

Bild 17–16. Schematische Darstellung einer CVD-Anlage zur Hartmetallbeschichtung (nach [17.23])

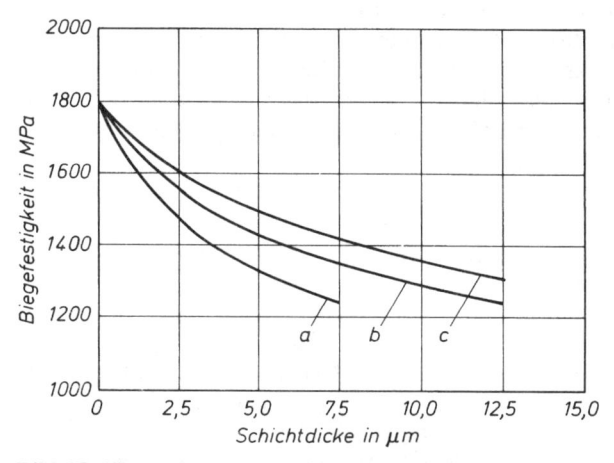

Bild 17–17. Abhängigkeit der Biegebruchfestigkeit von der Schichtstärke (nach [17.6]). a) TiC-Beschichtung mit η-Phasen-Ausscheidungen; b) TiC-Beschichtung (ohne η-Phase); c) TiC-Ti(C,N)-TiN-Mehrlagenbeschichtung

ter Zugbelastung Entlastungsrisse, die senkrecht zur Oberfläche liegen und als Kerben wirken. Durch Wechselwirkung mit Defekten im darunterliegenden Hartmetall lösen sie den Bruch aus. Die Schichtdicken handelsüblicher Wendeschneidplatten betragen meist 5 bis 20 µm; für das Fräsen werden auch geringere Schichtdicken (3 µm) empfohlen. Schichten in der genannten Dicke erhöhen die Standzeit des Hartmetalls auf das 2- bis 3fache, bzw. es kann bei gleicher Standzeit die Schnittgeschwindigkeit beträchtlich gesteigert werden. Es ist auffallend, dass der Verschleißfortschritt durch die Schicht auch dann noch gehemmt wird, wenn der Span die Hartstoffschicht durchbrochen hat. Da beschichtete Hartmetalle nur schwer lötbar sind und ein Nachschliff die Schicht beseitigen würde, werden sie zum Spanen ausschließlich als Wendeplatten geliefert. Bei den marktgängigen beschichteten Hartmetallen dominieren Schichten oder Schichtsysteme aus titanhaltigen Hartstoffen wie TiC, TiN, Ti(CN) und Al_2O_3.

Moderne Beschichtungen bestehen aus Schichtfolgen unterschiedlicher Zusammensetzung, wobei man den jeweiligen Einzelschichten bestimmte Funktionen zuordnet. Eine typische Schichtfolge beginnt mit einer dünnen TiN-Schicht als Haftvermittler auf dem Hartmetall. Ihr folgen eine 10 bis 15 µm dicke Ti(C,N)-Schicht, die üblicherweise über eine Mitteltemperatur-CVD-Beschichtung bei Temperaturen um 900°C abgeschieden wird, und eine ca. 5 µm starke Schicht aus κ- oder α-Al_2O_3. Den Abschluss bildet meist eine dünne TiN-Schicht. Sie dient der Verringerung von Reibung und Verschweißneigung gegenüber dem Span. Die TiC-schicht erhöht die Verschleißbeständigkeit gegen Abrasion an der Freifläche. Beide Stoffe werden jedoch hinsichtlich Verschleißfestigkeit auf Freifläche und Spanfläche noch von Titancarbonitrid geeigneter Zusammensetzung übertroffen. Das günstige Verschleißverhalten von Al_2O_3-Deckschichten (Bild 17-15) wird auf dessen Oxidationsbeständigkeit und geringe Wärmeleitfähigkeit zurückgeführt. Eine Weiterentwicklung stellt die Viellagenbeschichtung mit keramischen Stoffen (z.B. Al-O-N-Verbindungen) dar, die mit Titancarbid- und -nitridschichten kombiniert sind. Häufig werden abschließende Schichten aus goldfarbenen TiN- oder TiN-reichen Mischkristallen nur zur besseren Erkennbarkeit des Verschleißzustandes oder aus dekorativen Gründen abgeschieden. Den dekorativen Effekt nutzt auch die Schmuckwarenindustrie anstelle einer Vergoldung, jedoch unter Anwendung physikalischer Beschichtungsverfahren.

Es ist für die Mehrzahl der genannten Schichtarten kennzeichnend, dass sie die Verschleißfestigkeit beim Spanen lang- und kurzspanender Werkstoffe gleichermaßen erhöhen. Deshalb werden beschichtete Hartmetalle vielfach als Mehrzweck- oder Universalsorten empfohlen, die in den beiden Anwendungshauptgruppen P und K einsetzbar sind. Beschichtete Hartmetalle eignen sich nicht für sehr schwere Schnitte, wo höchste Bruchfestigkeit der Werkzeuge gefordert wird, und nicht für die Feinstbearbeitung, da wegen der Gefahr der Bruchauslösung an scharfen Kanten ein bestimmter Schneidkantenradius der beschichteten Platten nicht unterschritten werden darf. Höhere Standmengen sind auch mit beschichteten Umform- und Zerteilwerkzeugen nachgewiesen worden. Jedoch stehen hier oft Fragen der Kantenfestigkeit, Nachschleifbarkeit u.a. im Vordergrund [17.24].

Die physikalischen Beschichtungsverfahren (PVD-Verfahren), wie reaktives Bedampfen (Bild 17–18), Sputtern, Ionenplattieren u.a. haben gegenüber den CVD-Verfahren den Vorteil geringerer Arbeitstemperatur (ca. 500°C). Dadurch können die thermischen Spannungen zwischen Schicht und Substrat vermindert oder, wie bei der TiN-Beschichtung von Bohrern aus Schnellarbeitsstahl, ein Härteabfall durch Anlassen des Substrates vermieden werden. Wegen der Abscheidung bei Bedingungen, die weit vom thermodynamischen Gleichgewicht entfernt liegen, können über die bereits genannten Hartstoffe hinaus auch metastabile Phasen (z.B. (Ti,Al)N, (Hf,Al)N, (Ti,Si)C als kristalline, nanokristalline oder auch amorphe Schichten abgeschieden werden [17.25]. PVD-Verfahren, vor allem die Beschichtung mit TiN, haben für Werkzeuge aus Schnellarbeitsstählen große Bedeutung erlangt. PVD-Beschichtungen auf Hartmetallen werden vor allem für Fräswerkzeuge, bei deren Einsatz hohe Forderungen an die Zähigkeit gestellt werden, genutzt. Nachteilig bei den physikalischen Beschichtungsverfahren ist aber, dass wegen des niedrigen Ar-

17.2 Hartmetalle

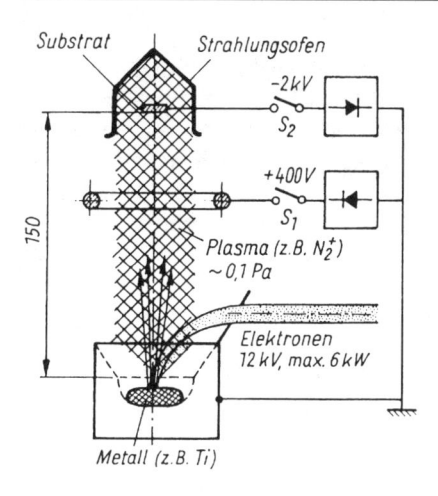

Bild 17–18. Schema des reaktiven Bedampfens (nach [17.23])

beitsdruckes der Teilchenstrom gerichtet auf die Probe trifft und deshalb für eine gleichmäßige Beschichtung eine zweckentsprechende Bewegung der Teile erforderlich ist.

Die Vorteile der PVD- und CVD-Verfahren können beim plasmaaktivierten CVD-Prozeß (PACVD) vereinigt werden [17.26]. Bei relativ niedrigen Arbeitstemperaturen (400 bis 600 °C) wird dabei im Reaktionsgas durch Überlagerung eines Niederdruckplasmas eine Anregung erreicht, die sonst nur bei höheren Temperaturen ablaufende Reaktionen ermöglicht. Das Nichtgleichgewichtsplasma entsteht durch gepulste stromstarke Glimmentladungen (Bild 17–19) und ist durch eine im Vergleich zu der der Ionen und Neutralteilchen höhere Temperatur der Elektronen gekennzeichnet. Mit dem plasmaaktivierten CVD-Verfahren können Titancarbonit-

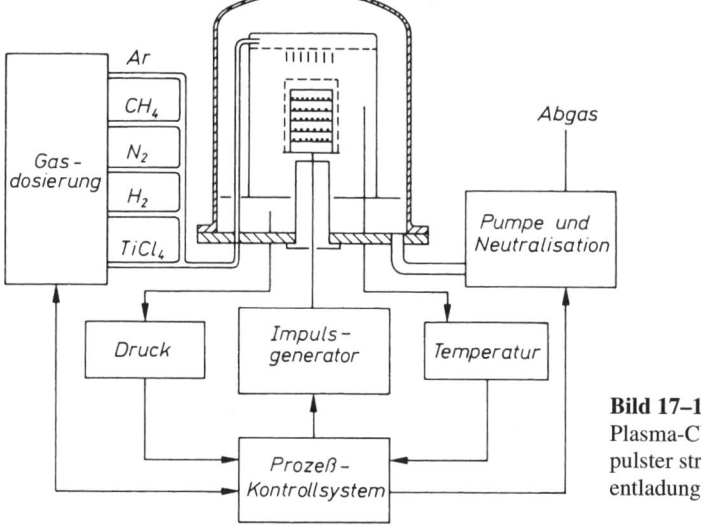

Bild 17–19. Prinzip einer Plasma-CVD-Anlage mit gepulster stromstarker Glimmentladung (nach [17.26])

ride mit beliebigem C/N-Verhältnis abgeschieden werden. Die Festigkeit der Hartmetallwerkzeuge nimmt mit zunehmender Schichtdicke nur geringfügig ab, was sich besonders bei Fräswerkzeugen bemerkbar macht.

Neben den genannten Beschichtungsverfahren sind vielfältige Versuche, durch Oberflächenbehandlung das Leistungsvermögen von Hartmetallwerkzeugen zu verbessern, bekannt. So wurden durch Nitrieren, Borieren oder auch durch Ionenimplantation (B, C, N, P) zum Teil beträchtliche Standzeiterhöhungen in unterschiedlichen Einsatzfällen erreicht, jedoch konnten sich die Verfahren vor allem aus Kostengründen nicht durchsetzen. Über die Beschichtung mit Diamant, die seit längerem in Form von Verbundplatten (polykristalline Diamantplatten >0,3 mm auf Hartmetallsubstrat) handelsüblich ist, und neue Möglichkeiten der Erzeugung von Diamantschichten durch CVD-Verfahren wird in Abschnitt 17.3 berichtet, da hier die superharte Komponente die Eigenschaften bestimmt und dem Hartmetall nur die Rolle des geeigneten Trägermaterials zukommt.

17.2.6 Hartmetalle mit verändertem Bindemetall oder Härteträger

Seit dem Aufkommen der WC-Co-Hartmetalle hat es nicht an Bemühungen gefehlt, Hartmetalle unter Verwendung anderer Hartstoffe oder Bindemetalle herzustellen, sei es, um für bestimmte Anwendungsfälle bessere Eigenschaften zu erzielen, oder um die Rohstoffe Wolfram und Cobalt durch preiswertere zu ersetzen. Ein Teil der Entwicklungen ist über das Versuchsstadium nicht hinausgekommen. Andere, die zur Produktion gelangten, sind gegenüber den bisher besprochenen Hartmetallen mengenmäßig klein geblieben, haben jedoch durch ihre für den Einsatzfall optimalen Eigenschaften einen festen Platz in der Anwendung.

In Anbetracht des Cobaltpreises bietet sich die teilweise oder gänzliche Substitution von Cobalt durch Nickel oder Eisen-Nickel-Legierungen an. Bei der Verwendung von Fe-Co-Ni-Bindern ergibt sich zudem die Möglichkeit, eine Qualitätsverbesserung der Hartmetalle durch Umwandlungsvorgänge in der Bindephase zu erreichen [17.27]. Mit dem Vorliegen einer austenitischen Phase erhöht sich die Beständigkeit gegenüber abrasivem Verschleiß im Vergleich zu Hartmetallen mit Cobaltbinder (Tabelle 17–6). Enthält der Binder Martensitphasen, die als Folge des Sinterns oder nach der Wärmebehandlung eines umwandlungsfähigen Austenits gebildet werden, dann ist eine merkliche Verbesserung der Biegebruchfestigkeit festzustellen. Eine Nutzung erscheint dort sinnvoll, wo mäßige Schneidentemperaturen auftreten, beispielsweise an Werkzeugen für die Holzbearbeitung.

WC-Hartmetalle mit Nickelbinder haben eine geringere Biegefestigkeit als solche mit Cobalt, dafür aber ein wesentlich besseres Korrosionsverhalten in sauren Medien, besonders wenn noch Chrom oder Molybdän zulegiert wird (Bild 17–20). Solche Hartmetalle finden als Dichtungsringe, Lager u.ä. in aggressiven Flüssigkeiten Anwendung. In dieser Hinsicht besonders geeignet sind die hochkorrosionsfesten Hartmetalle aus Chromcarbid mit Nickelbinder. Sie sind zugleich unmagnetisch und werden deshalb auch vielfach zur Bestückung von Messlehren benutzt.

Ihrer chemischen Verwandtschaft wegen liegt es nahe, Wolfram durch Molybdän im Hartmetall zu ersetzen. Das hexagonale MoC ist nur als Hochtemperaturphase existent. Jedoch vermag das Wolframcarbid unter Beibehaltung seiner hexagonalen

17.2 Hartmetalle

Tabelle 17–6. Mechanische Eigenschaften einiger WC-20-Masse-% (Fe/Co/Ni)-Hartmetalle im gesinterten und wärmebehandelten Zustand (nach [17.27])

Binderzusammensetzung in Masse-%			Gefüge des Binders nach dem Sintern	Härte HV 10	Biegebruchfestigkeit in MPa	Abrasiver Verschleißwiderstand in km cm^{-3}	Bruchzähigkeit K_{IC} in MPa m$^{1/2}$
Fe	Co	Ni					
72,1	10,7	17,2	ganz oder teilweise martensitisch	1180	2970 ± 460	4,9	18,2 ± 0,3
71,0	9,5	19,5		1060	3200 ± 200	7,4	
65,0	20,0	15,0		1190	3650 ± 200	4,5	17,7 ± 2,0
55,0	30,0	15,0		1100	3510 ± 200	6,0	17,8 ± 0,3
45,0	40,0	15,0	austenitisch	960	3330 ± 190	4,7	–
50,0	25,0	25,0		850	3420 ± 70	5,0	20,0 ± 1,5
25,0	25,0	50,0		850	3060 ± 110	5,7	19,1 ± 0,3
88,0	0,0	12,0	umwandlungsfähiger Austenit	980	2630 ± 60	3,7	
			und nach Wärmebehandlung	1090	3160 ± 260	9,7	
Fe(100)				910	2600 ± 210	3,6	16,8 ± 0,3
Co(100)				1000	3380 ± 160	2,7	–
Ni(100)				820	2190 ± 340	2,2	

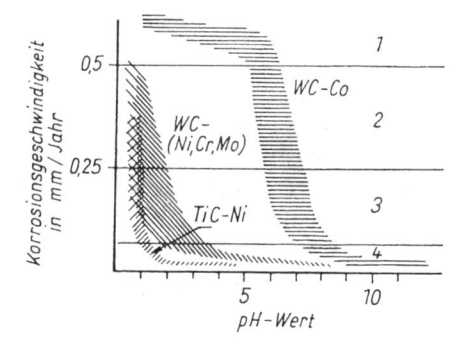

Bild 17–20. Korrosionsverhalten von Hartmetallen in Pufferlösungen (nach *S. Ekemar, L. Lindholm* und *T. Hartzell*). *1* unbeständig; *2* wenig beständig; *3* beständig; *4* sehr beständig

Struktur Molybdäncarbid bis zu einem Molverhältnis WC:MoC ≈ 10:90 zu lösen. Solche Mischkristalle sind grundsätzlich für die Hartmetallherstellung nutzbar, haben aber keine Bedeutung in der Produktion erlangt.

Besonderes Interesse beanspruchte seit jeher das sehr harte und oxidationsbeständige Titancarbid, dessen Rohstoffe relativ leicht verfügbar sind. Die zunächst entwickelten warmfesten TiC-Basiswerkstoffe mit Bindephasen aus Ni-Cr, Ni-Co und anderen, mit den Superlegierungen auf Nickelbasis (Kap. 10) ähnlichen Zusammensetzungen, konnten sich wegen der im Turbinenbau geforderten hohen statistischen Sicherheit der Bruchfestigkeit gegenüber den gegossenen oder geschmiedeten hochwarmfesten Legierungen nicht durchsetzen. Auch für Zerspanungsaufgaben

Tabelle 17–7. Eigenschaften von Carbonitrid-Hartmetallen (nach [17.8])

Zusammensetzung in Masse-%					Dichte in g cm^{-3}	Vickers-härte	Biegebruch-festigkeit in MPa	Anwendungs-empfehlungen nach DIN-ISO
TiC-TiN-Mo$_2$C	WC	TaC	Ni	Co				
63	16	9	4	8	6,9	1650	1600	P 01 – P 10
60	13	12	5	10	7,1	1600	1700	P 01 – P 15
57,5	16	8,5	6	12	7,0	1550	1800	P 10 – P 20
53	18	12	7	10	7,3	1500	1800	P 20 – P 30

blieben Hartmetalle auf der Basis TiC-Mo$_2$C-Ni ohne Bedeutung, da sie hinsichtlich der Zähigkeit und Warmfestigkeit nicht befriedigten. Erst Hartmetalle, die zweiphasige (Ti,Mo)(C,N)-Hartstoffe enthalten, führten zum breiten Einsatz von Titanbasishartstoffen. Die im Werkstoff vorliegenden harten Phasen bestehen dabei aus einem titannitridreichen Kern und einer molybdäncarbidreichen Hülle, wodurch das Benetzungsverhalten der Hartstoffphase durch den metallischen Binder verbessert und durch Lösung von Molybdän im Bindemetall die Warmfestigkeit sowie die Kriechbeständigkeit erhöht werden. Zusätze weiterer Carbide, wie WC und TaC, und modifizierte Binderzusammensetzungen mit Ni, Co, Fe und Al als Bestandteile bewirken weitere Eigenschaftsoptimierungen, so dass handelsübliche Hartmetalle (oft als „Cermets" bezeichnet) eine z.T. sehr kompliziert wirkende Summenformel mit unterschiedlichen Anteilen der Komponenten im System (Ti,Mo,W,Ta)(C,N)-(Ni,Co,Fe,Al) aufweisen.

Je nach Hersteller geht man von den einzelnen Carbiden und Nitriden, von Titancarbonitrid oder von vorgebildeten Hartstoffen (Ti,Mo)(C,N) aus [17.14]. Hinsichtlich der mechanischen Eigenschaften (Tabelle 17-7) bei Raumtemperatur stehen die Carbonitridhartmetalle den konventionellen Sorten nicht nach. Die bei großen Zerspanungsquerschnitten auftretenden hohen Schneidentemperaturen führen jedoch wegen der geringeren Kriechbeständigkeit eher zum Versagen. Deshalb werden Anwendungsempfehlungen für die Bereiche P01-P20 und K01-K15 ausgesprochen [17.14], wo durch die für kleine Spanquerschnitte erforderliche scharfkantige Schneide auch Vorteile gegenüber beschichteten Schneidwerkzeugen bestehen. Während der Anteil der „Cermets" an den Schneidstoffen für Japan mit ca. 25% angegeben wird, liegen die Zahlen für Europa noch weit darunter. Zeitweilig wiesen sie eine steigende Tendenz auf [17.11]; die Fortschritte in der PVD- und CVD-Beschichtungstechnik engen die Anwendung aber ein.

17.3 Werkzeuge aus superharten Stoffen

Die superharten Stoffe (Abschn. 2.6.4) finden im einkristallinen und polykristallinen Zustand oder in Kombination mit Metallen, Keramik oder Polymeren als Verbundwerkstoffe wegen ihrer extremen Verschleißbeständigkeit und Schnittkraft zunehmend in Werkzeugen Anwendung. Aus Kostengründen blieb ihr Einsatz bisher auf Fälle beschränkt, wo andere Werkzeuge versagen, z.B. bei der Bearbeitung gehärteter Stähle, oder wo durch höhere Produktivität die Werkzeug-

17.3 Werkzeuge aus superharten Stoffen

kosten kompensiert werden. Sinkende Herstellungskosten superharter Stoffe und der Wunsch nach effizienter Fertigung führen heute zu einer rasch zunehmenden Verbreitung in der Metall-, Holz- und Gesteinsbearbeitung. Neue Möglichkeiten ergeben sich aus den CVD-Verfahren zur Oberflächenbeschichtung mit Diamant [17.28], [17.29].

Für die Herstellung kompakter polykristalliner Sinterteile aus superharten Stoffen wird von einkristallinen Diamant- oder kubischen Bornitridkörnungen ausgegangen (Abschn. 2.6.4). Wegen der schlechten Sinterfähigkeit bei geringen Temperaturen und der Zersetzung der Komponenten bei Temperaturerhöhung unter Normaldruck muss die Verdichtung unter gleichzeitiger Einwirkung von Druck und Temperatur, bei denen die superharten Stoffe stabil sind, erfolgen. Die polykristallinen superharten Werkzeuge sind für die Zerspanung als Plättchen (bis etwa 10 mm Dicke und Breite) oder als in Stahlhalter eingelötete und angeschliffene zylindrische Stifte (Durchmesser z.B. 6 mm) anzutreffen. Die Plättchen werden auf einen Stahlhalter oder auf Hartmetallsubstrate (meist nur an den Schneidecken) aufgelötet oder unter hohem Druck und bei hoher Temperatur aufgesintert. Im Angebot sind mehrere Varianten von superharten Werkzeugwerkstoffen:

– Einphasiges Material mit meist noch geringer Porosität. Das Sintern des Diamantpulvers (gegebenenfalls mit Sinterhilfen wie 1 bis 2% B, Be, oder Si) geschieht bei etwa 3000 °C unter Hochdruck (bis 12 GPa). Es wird eine weitgehend direkte Bindung zwischen den Diamantkörnern angestrebt, wobei Härten von 8000 HVM erreicht werden. Dieser Typ entspricht dem in der Natur zu findenden Carbonado, der im Vergleich zu den natürlichen Einkristallen eine geringere Sprödigkeit aufweist.
– Mehrphasiges Sintermaterial, das in den Teilchenkontakten teilweise eine Bindephase enthält und wegen der nicht ganz so hohen, für eine weitgehende Verdichtung erforderlichen Drücke und Temperaturen billiger und deshalb in der technischen Anwendung bevorzugt ist. Zur Herstellung des mehrphasigen polykristallinen Diamant- bzw. Bornitridmaterials wird das Hartstoffpulver in Hartmetallringe gepresst und bei Drücken von 5 bis 8 GPa und Temperaturen bis 1800 °C gesintert. Dabei gehen einige Prozente W, Co u.a. aus dem Hartmetall zur Bildung der Bindephase in die Hartstoffkorngrenzen [17.30]. Bei noch teilweiser Hartstoff-Hartstoff-Bindung zwischen den Körnern werden Härten von 5000 bis 8000 HVM erzielt.
– Ein gleichfalls mehrphasiges Material, das unter Hochdruckbedingungen (3 bis 6 GPa und 1200 bis 1600 °C) hergestellt wird, sind Diamantverbundkörper mit hohem (20 bis 30%) Metallbinderanteil (z.B. Co). Die Festigkeit wird durch die Diamant-Metall-Bindung bestimmt. Der für Abrichtwerkzeuge und Werkzeuge der Gesteinsbearbeitung genutzte Verbundwerkstoff weist Härten bis 4000 und 5000 HVM auf.

Zunehmend wird auch von der Möglichkeit Gebrauch gemacht, das Diamant- bzw. kubische Bornitridpulver mit einer Schichtdicke von >0,3 mm auf einen Hartmetall-Grundkörper unter Hochdruck aufzusintern. Herstellbar sind Platten bis zu 72 mm Durchmesser [17.29], die zu Werkzeugen weiterverarbeitet werden. Über wichtige Eigenschaften superharter Stoffe informiert Tabelle 17–8. Eine Kopplung von Hartstoffsynthese und Sintern bis zum polykristallinen Körper ist nur von BN bekannt

Tabelle 17–8. Eigenschaften superharter Schneidstoffe (nach *K. Hoermann* und *A. Vilser*)

	Dichte in g cm^{-3}	Härte HV	Druckfestigkeit in MPa	Obere Grenze der Wärmebehandlung in °C
Naturdiamant	3,01...3,56	10 000	1900...2100	600...850
Synthetischer Diamant				
einkristallin	3,48...3,54	8600...11 000	2000	850
polykristallin	3,3...4,0	8000...11 000	200...808	700
Bornitrid				
einkristallin	3,44...3,49	9000...9500	500	1200
polykristallin	3,3...3,4	2500...5500	2000...3000	1400

geworden. Die Bindephase stammt dann von dem verwendeten Katalysator-Lösungsmittel (Abschn. 2.6.4).

Die Herstellung von Diamantschichten und -platten durch Niederdruck-CVD ist in der Systematik den Beschichtungsverfahren zuzuordnen, soll jedoch hier kurz behandelt werden, da sowohl Anwendungsgebiete wie auch die bestimmenden Stoffeigenschaften mehr Beziehung zu den superharten Werkzeugen haben. Obwohl bereits Anfang der 70er Jahre die prinzipielle Möglichkeit der kontinuierlichen Abscheidung von Diamantschichten bekannt war, sind anwendungsreife technische Lösungen erst seit kurzem verfügbar [17.28], [17.29]. Das Verfahren beruht auf der Abscheidung aus kohlenstoffhaltigen Reaktionsgasen unter Anwesenheit von atomarem Wasserstoff. Der hochreaktive Wasserstoff „ätzt" dabei alle sich abscheidenden festen Kohlenstoffphasen, außer dem stabileren Diamant, wieder hinweg. Außerdem soll der im Überschuss vorhandene Wasserstoff mit den sp^3-Bindungen des Kohlenstoffs an der wachsenden Diamantoberfläche reagieren und so die Reaktion mit den sp^2-Bindungen (Graphitbildung) verhindern. Mehrere Verfahren, die sich in der Art der Erzeugung von atomarem Wasserstoff unterscheiden, sind inzwischen ausgereift. Als Substrate kommen Hartmetalle, Keramik aber auch die erwähnten höherbinderhaltigen Diamantverbundwerkstoffe in Frage [17.29]. Als direkte Alternative zum polykristallinen Diamant lassen sich auch dicke Schichten (<0,3 mm) herstellen, die nach Auflösen des für die Abscheidung benötigten Substrates in einer Säure weiterverarbeitet werden können.

Bei der Anwendung als Schneidwerkzeug zum Drehen und Fräsen sind die superharten Materialien bevorzugt geeignet für die Bearbeitung sehr harter Werkstoffe (z.B. gehärtete Stähle, Superlegierungen, Hartmetalle, Keramik) und von Nichteisenmetallen (z.B. Al-Si-Legierungen) sowie zum Schlichten mit sehr hohen Arbeitsgeschwindigkeiten und gleichzeitig hoher Oberflächengüte des bearbeiteten Werkstücks. Wegen der guten Beständigkeit gegen abrasiven Verschleiß werden auch in der Holzbearbeitung hervorragende Ergebnisse erzielt. Für Diamantwerkzeuge gelten allerdings Einschränkungen hinsichtlich der Einsatztemperatur (Tabelle 17–8) und wegen der C-Diffusion bei der Bearbeitung von Eisenwerkstoffen. Ihr Einsatzgebiet liegt deshalb hauptsächlich in der Spanung von Al-Werkstoffen mit hohen Schnittgeschwindigkeiten bis zu 2800 m min^{-1} bei niedrigen und 1200 m min^{-1} bei

17.3 Werkzeuge aus superharten Stoffen

hohen Si-Gehalten. Schneidwerkzeuge aus kubischem Bornitrid sind hingegen für das Drehen, Fräsen und Bohren von gehärtetem Stahl sowie für die Zerspanung von Grauguss sehr effektiv einsetzbar. So können beispielsweise bei Grauguss mit einer Härte von 180 bis 210 HB Schnittgeschwindigkeiten bis 1800 m min^{-1} gefahren und dabei Standwege von rund 200 km (Verschleißmarkenbreite 0,3 mm) erreicht werden.

Ein großer Teil der synthetischen superharten Materialien wird für die Herstellung von Schleifkörpern verwendet. Schleifkörper sind Verbundwerkstoffe, die aus einem Schleifmittel (hier die superharten Stoffe) und einer Bindematrix bestehen. Für die Verwendung der superharten Stoffe werden diese mit hochpolymerer, keramischer oder metallischer Bindephase verarbeitet. Beim kubischen Bornitrid herrschen die organische und die keramische Bindung vor, wohingegen bei Diamant neben diesen für Hochleistungs-Schleifkörper eine metallische Bindung bevorzugt wird. In der Regel wird von Pulvermischungen ausgegangen, die meist durch Druck geformt und mit Hilfe einer Temperaturbehandlung (Vernetzung bei Hochpolymeren, Sintern bei Keramik- und Metallbindung) endverdichtet oder im Fall der Metallbindung auch direkt heißgepresst werden.

Es werden auch beschichtete Diamantkörnungen gehandelt, bei denen eine Metallschicht nach verschiedenen Methoden, wie aus dem Schmelzfluss oder stromlos, aufgebracht ist. Hierdurch soll die Bindefestigkeit zur Matrix, insbesondere auch zu Hochpolymerbindematrizes, verbessert werden.

Diamantschleifkörper hoher Abriebfestigkeit werden erhalten, wenn als Bindephase Metalle gewählt werden, die als Carbidbildner den Diamant gut benetzen, wie Fe oder W. Sie werden als Pulvermischungen heissgepresst (Drucksintern). Bei niedrig schmelzenden Metallbindern (Bronze, Cu, Co, Ni) kann auch der Porenraum eines aus Hartstoff- und Metallpulver vorgepressten Skelettkörpers mit der Metallschmelze getränkt werden. Zur Verbesserung des Benetzungsverhaltens und der Bindung zwischen dem Diamant und dem Metallbinder tragen geringe Zusätze von carbidbildenden Metallen, wie Cr oder Ti, bei. Der Effekt beruht auf der Bildung einer dünnen, fest haftenden Carbidschicht zwischen Diamant und Bindemetall. Daneben haben elektrolytische Verfahren Bedeutung, z.B. die gemeinsame Abscheidung von Nickel und Diamant (elektrophoretische Wanderung) auf einen metallischen Grundkörper (oft aus Al-Legierung).

Bei der Herstellung von Diamantschleifkörpern ist in Verbindung mit entsprechenden Verfahren zu beachten, dass die Temperaturen eine gewisse Höhe nicht überschreiten, da oberhalb 900°C die Umwandlung von Diamant in Graphit beginnt. Bronzebindungen z.B. erfordern Temperaturen zwischen 650 und 800°C, Eisenlegierungen, Nickel und Cobalt bis 900°C. Im Falle einer Hartmetallbindung ist die Einwirkung der notwendig hohen Sintertemperatur von über 1000°C so kurz wie möglich zu halten (Drucksintern) oder es muss unter Hochdruckbedingungen gearbeitet werden.

Die Konzentration des Hartstoffs übt bei Diamantschleifkörpern einen besonders starken Einfluss auf die Schleifeigenschaften aus. Für sie wurde ein eigenes Maß K eingeführt. Ein K-Wert von 100 bedeutet, dass der Schleifkörper einen Volumenanteil von 25% Diamantkörnern bzw. einen Masseanteil von 0,88 g · cm^{-3} bzw. 4,4 Karat · cm^{-3} enthält. Eine hohe Konzentration von beispielsweise K = 150 ermöglicht auch eine hohe Schleifleistung. Dabei können weiche Werkstoffe mit gröberem Korn und infolgedessen mit großem Span bearbeitet werden, während für harte Werkstoffe ein Diamantschleifmittel mit einer großen Zahl kleiner Körner zu wählen ist. Werden eine hohe Genauigkeit der Bearbeitung und eine lange Lebensdauer des Schleifwerkzeuges verlangt, dann kommen Diamantschleifkörper mit metallischer Bindung zum Einsatz, wobei jedoch nur kleine Spanleistungen erzielt werden; sie sind auch für die Bearbeitung von Glas, Beton und Gestein geeignet. Für große Spanleistungen und zur Bearbeitung von Hartmetall werden Diamantwerkzeuge mit Kunstharzbindung, die eine geringe Härte haben, herangezogen.

Die technischen Anwendungsgrenzen der Diamantwerkzeuge werden hauptsächlich durch deren Temperaturbeständigkeit bestimmt. Die maximal möglichen Arbeitstemperaturen liegen bei etwa 800 °C. Bei höheren Temperaturen beginnt sich der Diamant zunächst in Graphit umzuwandeln, der dann zu CO bzw. CO_2 oxidiert wird. Dabei dringt Kohlenstoff teilweise in den bearbeiteten Werkstoff ein, was zu starken Verschleißerscheinungen führt.

Die Schleifkörper aus kubischem BN sind kein Ersatz für Diamantschleifkörper. Sie ermöglichen vielmehr eine Ausweitung des Fertigungsverfahrens „Schleifen" und seinen hocheffektiven Einsatz auch für schwerbearbeitbare Stähle hoher Härte, wie Schnellarbeitsstähle und andere hochlegierte Stähle. In diesem Zusammenhang hat das BN gegenüber Diamant den Vorteil, dass es eine große Zerfalls- und Oxidationsbeständigkeit auch bei hohen Temperaturen zeigt. Seine chemische Beständigkeit ist jedoch geringer. Es zersetzt sich, besonders bei gleichzeitiger Einwirkung von Druck, bis zu einem gewissen Grad bereits im Wasser, so dass beim Schleifen spezielle Kühlflüssigkeiten benutzt werden müssen. Nichtsdestoweniger sind Schleifscheiben aus kubischem Bornitrid sehr leistungsfähig und ökonomisch, beispielsweise in der Werkzeugmacherei oder bei der Kugellagerherstellung.

17.4 Cermets

Der Begriff „Cermet" (ceramic + metal) hat sich als Bezeichnung für Hartstoff-Metall-Sinterverbundwerkstoffe eingeführt. Vor allem im anglo-amerikanischen Sprachraum versteht man unter ceramic alle Arten von Hartstoffen. Demzufolge zählen beispielsweise auch die Hartmetalle (Abschn. 17.2) zu den Cermets. Unterschiede in der Herstellung und im mechanischen Verhalten wie auch andersartige Wechselwirkungen der Verbundkomponenten lassen jedoch eine gewisse Trennung angeraten erscheinen. Deshalb wird im Folgenden der Begriff „Cermets" auf Sinterverbunde aus elektrisch nichtleitender, bevorzugt oxidischer Keramik und Metall beschränkt.

Das Ausgangsmotiv für die Entwicklung von Oxid-Metall-Verbundwerkstoffen war, die recht unterschiedlichen Eigenschaften der Komponenten in einem geeigneten Verbund zu gemeinsamer oder neuer Wirkung zu bringen. Im Vordergrund standen dabei die Verminderung der der reinen Oxidkeramik eigenen hohen Sprödigkeit und die Verbesserung der Temperaturwechselbeständigkeit. Aus diesem Grund werden Werkstoffgruppen, die vom Gefüge her ebenfalls Metall-Oxid-Verbundmaterialien darstellen, jedoch unter völlig anderen Gesichtspunkten eingesetzt werden und andere Funktionen haben, wie dispersionsverfestigte Sinterlegierungen (Kap. 9) oder manche Friktionswerkstoffe (Kap. 12), hier nicht als den Cermets zugehörig erörtert.

17.4.1 Einflussnahme von Eigenschaften der Komponenten

Die zur Kombination kommenden Komponenten (Oxide, Metalle) unterscheiden sich meist sehr stark in Dichte, Härte, E-Modul, Fließgrenze, Festigkeit, Wärmeausdehnung und -leitung sowie Schmelztemperatur, Oberflächenenergie und Pulverteilchengestalt. Das wirkt sich in allen Stufen der Herstellung aus und hat Auswirkungen auf die Eigenschaften der Verbunde.

Größere Dichteunterschiede führen beim Mischen der Komponenten leicht zur Entmischung sowie zur Agglomeration der Komponenten des Pulvergemisches untereinander, so dass stabilisierende Zusätze (Abschn. 3.4) angebracht sind. In besonders kritischen Fällen sind optimale Homogenisierungsbedingungen und Mischungsgüten (Abschn. 4.3) zu erzielen, wenn die zur Mischung gelangenden Fraktionen sedimentativ angepasst werden, d.h. die Auswahl der Kornfraktionen der Komponenten so getroffen wird, dass die Komponenten bei der Sedimentation gleiche Sinkgeschwindigkeiten (Abschn. 4.1.2) aufweisen. Außer dem mechanischen Mischen kommt auch die Kombination durch chemische Mischfällung oder Aufsprühen der einen auf die Körner der anderen Phase („Wälzbeschichtung") in Betracht.

Die Zusammenhänge zwischen Pressdichte und aufgebrachtem Druck sind für Gemische aus Komponenten mit unterschiedlichen Eigenschaften von grundsätzlich gleicher Art wie für homogene Pulver. Der metallische Anteil wird mit dem gleichen Pressdruck stärker verdichtet als die keramische Komponente. Die Verdichtbarkeit der Gemische folgt jedoch keiner einfachen Mischungsregel. Neben den Volumenanteilen der Bestandteile spielen die unterschiedlichen Reibungsverhältnisse zwischen den ungleichartigen Körnern eine große Rolle. Während des Press- bzw. Verdichtungsvorgangs wird in Abhängigkeit von den Mengenanteilen, den Korngrößenverteilungen und den Teilchenformen der Gefügecharakter des Verbundes vorgebildet. Bei merklichem Überwiegen einer Komponente entstehen „Einlagerungsgefüge", d.h. die Partikel der einen Phase werden von der zweiten ganz umschlossen [17.15]. Vergleichbare Volumenanteile der Komponenten führen zu „Gerüst"- oder „Durchdringungsgefügen". Die Lage der Übergangsgebiete zwischen den Grenzfällen hängt von den geometrischen Faktoren ab. Die Verteilung der Komponenten und die Zusammensetzung der Pulvermischung sind auch für die Höhe des anwendbaren Pressdrucks von grundsätzlicher Bedeutung. Ein durchgehendes duktiles Metallgerüst erlaubt höhere Drücke und folglich eine weitergehende Verdichtung. Wird hingegen das Gerüst von der spröden Phase gebildet, dann treten in dieser bei hohen Drücken in stärkerem Maße elastische Verformungen auf, die bei Entlastung zu Mikrorissen führen können.

Als mögliche Stellen von Verdichtungsreaktionen beim Sintern sind grundsätzlich drei Arten von Kontaktflächen vorhanden (Metall-Metall, Metall-Keramik und Keramik-Keramik), die unterschiedliche Energiebilanzen und Reaktionstemperaturen aufweisen. Für Einlagerungsgefüge wird die Sinterschwindung von der Matrix bestimmt. Schwinden die Einlagerungen stärker als die Matrix, entstehen in den Grenzflächen Risse (Poren). Die Porenbildung kann oft vermieden werden, wenn die Verdichtung durch Drucksintern geschieht.

Beim Abkühlen von Sintertemperaturen ist wegen der unterschiedlichen thermischen Ausdehnungskoeffizienten der Phasen mit der Ausbildung von Spannungszuständen zu rechnen, die sich in unterschiedlicher Weise äußern können. Ist der Sintervorgang mit einer nur kurzzeitigen Erwärmung verbunden (Drucksintern, Sintern durch Widerstandserhitzung), so kann es bei entsprechender Zusammensetzung des Sinterkörpers vorkommen, dass der Sinterprozess abgebrochen wird, bevor alle im System möglichen Phasenreaktionen abgelaufen sind. Man spricht dann auch von einem „instabilen Verbundwerkstoff", da sich bei Temperaturerhöhung sein Phasenzustand in Richtung auf das im Zustandsdiagramm verzeichnete Gleichgewicht weiter verändern kann.

Weisen die im Verbund zu kombinierenden Komponenten größere Abweichungen in der Schmelz- und damit auch Sintertemperatur auf oder führt das Pressen und Sintern der Mischung aufgrund der erwähnten Eigenschaftsdifferenzen der Pulverkomponenten nicht zum Erfolg, so kommt für die Cermetherstellung auch das Tränken vorgesinterter oxidischer Skelettkörper mit Metallschmelzen in Betracht [17.31], [17.32]. Erschwerend wirkt sich hierbei jedoch die oft ungenügende Benetzung der oxidischen Phase durch die Metallschmelze aus, derzufolge die Schmelze den Skelettsinterkörper unter der Wirkung der Kapillarkräfte unvollständig oder gar nicht durchtränkt und selbst bei Druckinfiltration im Autoklaven keine vollständige Porenauffüllung erreicht wird. Praktisch bestehen aber in den meisten Fällen Möglichkeiten, das Benetzungsverhalten soweit günstig zu beeinflussen, dass technisch brauchbare Verbunde herstellbar sind. Dazu gehören die Zugabe geringer Gehalte geeigneter Legierungselemente zur Schmelze sowie die Verwendung sauerstoffhaltiger Metallschmelzen oder der Zusatz spezieller Metalloxide, wodurch sich an den Oxid-Metall-Grenzflächen diese „verbindende" Oxidmischkristall- oder Spinell-Zwischenschichten (z.B. Al_2O_3-Cr_2O_3, Al_2O_3 – TiO_2, Al_2O_3 – CoO) bilden. Auch durch Aufbringen dünner metallischer Schichten an den inneren Oberflächen des Oxid-Skelettkörpers mit Hilfe der Infiltration konzentrierter Lösungen leicht zersetzlicher Metallsalze und über deren Abscheidung, Trocknung und Reduktion in Wasserstoff können die Benetzungsverhältnisse weitgehend verändert werden. Ist die Metallschmelze von einer Art und so beschaffen, dass sie die Oxidoberfläche anreduziert und auf diese Weise eine Metallisierung der Porenoberflächen bewirkt, lassen sich gleichfalls ausreichende Benetzungsbedingungen einstellen. So ermöglicht beispielsweise die Metallisierungstechnik, Al_2O_3 mit Cu und Cu-Legierungen, mit Al und Al-Legierungen sowie mit Ni-, Fe-Ti- und Zr-Legierungen zu infiltrieren [17.32].

17.4.2 Anwendung und Entwicklungsaussichten

Den ehedem (noch vor der Entwicklung der super alloys) an die Cermets geknüpften Erwartungen, mit ihnen einen im „warmen Maschinenbau" einsetzbaren und insbesondere für die Erhöhung des Wirkungsgrades der Wärmekraftmaschinen geeigneten rohstoffgünstigen Konstruktionswerkstoff zur Verfügung gestellt zu bekommen, konnte nicht entsprochen werden. Die Nutzung der Cermets ist bislang auf wenige Spezialfälle beschränkt geblieben, die den Hochtemperaturbereich – oft in Verbindung mit der Anwesenheit aggressiver Medien – betreffen.

Oxid-Metall-Sinterverbundwerkstoffe haben sich vor allem als Thermoelementschutzrohre eingeführt. Die Prozessführung der Schmelzvorgänge in der Schwarzmetallurgie setzt die laufende Temperaturmessung der Schmelzen und dieses wiederum Thermoelementschutzrohre aus einem Material voraus, das dem starken korrosiven Angriff des flüssigen Eisens sowie der hohen Thermoschockbeanspruchung beim Eintauchen in das Schmelzbad widersteht und außerdem eine Haltbarkeit von mehreren hundert Stunden aufweist. Diesen Anforderungen genügen Cermets aus ZrO_2 + Mo sowie, in geringerem Maße, Al_2O_3 + Mo und Cr_2O_3 + Cr. Im Fall von ZrO_2-Mo-Verbunden liegt die optimale Zusammensetzung bei 40 Vol.-% ZrO_2, Rest Mo. Bei höheren Oxidanteilen nimmt die Thermoschockempfindlichkeit stark zu. Während Al_2O_3-Mo- und Cr_2O_3-Cr-Cermets in dem für den Einsatz in der Metallurgie infrage kommenden Zusammensetzungsbereich kaum bearbeitbar sind, haben ZrO_2-Mo-Werkstoffe selbst bis zu 50 Vol.-% Oxidanteil den Vorteil guter mechanischer Bearbeitbarkeit. Dank solcher Thermoelementschutzrohre konnte z.B. das LD-Verfahren (Sauerstoffaufblasverfahren im Konverter) voll automatisiert werden. Des Weiteren haben die Cermets zum Schutz von Thermofühlern in Zinkschmelzen und Bariumchlorid-Salzbädern, als Kokillenmaterial für den Strangguss von Stahl und Hartguß, als Matrizen zum Strangpressen von Kupferlegierungen und Führungsbuchsen für die Cu-Drahtherstellung sowie als Lager, die hohen Temperaturen und aggressiven Medien ausgesetzt sind (Abschn. 11.7), Eingang gefunden. Aussichtsreich erscheinen auch schmelzabweisende und thermoschockbeständige Sinterverbunde aus ZrO_2 + Ti sowie ZrO_2 + Zr.

Die Ursache dafür, dass trotz erheblicher Anstrengungen seitens der Entwicklung der Anwendungsbereich der Cermets eng geblieben ist, besteht vor allem darin, dass es nicht gelang, die Sprödigkeit und Temperaturwechselempfindlichkeit der Oxidkeramik durch Metallzusätze merklich zu verringern. Unterdessen haben, soweit es die Hoffnungen auf einen rohstoffgünstigen HT-Konstruktionswerkstoff betrifft, die SiC- und Si_3N_4-Keramik – freilich auf einem höheren Niveau der möglichen Arbeitstemperaturen – die Nachfolge der Cermets angetreten. Doch auch für die Cermets eröffnen sich neue Aussichten. Sie sind verbunden mit der Herstellung von gerichteten Oxid-Metall-Eutektika, wodurch eine wesentlich feinere und gleichmäßigere, allerdings anisotrope Gefügeausbildung der Cermets gegeben ist. Bekanntgeworden sind solche Eutektika z.B. für die Systeme $(Cr,Al)_2O_3$-(Mo,W), ZrO_2-Ta oder $(Al,Cr)_2O_3$-Cr [17.33] und [17.34]. Auch die Möglichkeit, die eutektische Zusammensetzung zunächst in Form eines amorphen Pulvers zu fixieren und daraus über eine geeignete Temperaturführung beim Sintern ein extrem feinkristallines eutektisches und gerichtetes Gefüge zu erhalten, könnte den Cermets neue Anwendungen erschließen. Schließlich ist es denkbar, durch mechanisches Legieren und nachfolgende Verdichtung unter Druckeinwirkung nanokristalline Verbundstrukturen einzustellen und damit der Cermet-Entwicklung neue Impulse zu geben.

Literatur zu Kapitel 17

[17.1] *Kieffer, R.* und *F. Benesovsky*: Hartstoffe, Wien, Springer-Verlag 1963

[17.2] *Holleck, H.*: Binäre und ternäre Carbid- und Nitridsysteme der Übergangsmetalle. Berlin-Stuttgart, Gebr. Borntraeger 1984

[17.3] *Kosolapova, T.J.* (Hrsg.): Svoistva, polucenije i primenenije tugoplavkich soedinenij. Moskau, Metallurgija 1986

[17.4] *Richter, V., R. Holke, M. v. Ruthendorf; J. Schmidt* und *Y. Grin*: Properties of binderless hardmetal densified by sinterHIP, hot pressing and SPS, Proceedings of the Powder Metallurgy World Congress 2004, Wien, Österreich, Vol. 3, 573–577

[17.5] *Schintlmeister, W., O. Pacher, W. Wallgram* und *J. Kanz*: Metall 34 (1980), 905
[17.6] *Holleck, H.*: In: Proc. 12th Int. Plansee Seminar '89, Reutte, Metallwerk Plansee 1989, V. 3, C3
[17.7] *Kieffer, R.* und *F. Benesovsky*: Hartmetalle. Wien, Springer-Verlag 1965
[17.8] *Schedler, W.*: Hartmetall für den Praktiker, Düsseldorf, VDI-Verlag (1988)
[17.9] *König, W.* und *R. Fritsch*: In: Proc. 13th Int. Plansee Seminar '93, Reutte, Metallwerk Plansee 1993, V. 3, 1
[17.10] *Reiter, N.* und *H. Kolaska*: In: Pulvermetallurgie in Wissenschaft und Praxis, Bd. 4: Schneidstoffe. Freiburg, Verlag Schmid 1988, S. 135
[17.11] *Ettmayer, P.* und *H. Kolaska*: In: Pulvermetallurgie in Wissenschaft und Praxis, Bd. 4: Schneidstoffe, Freiburg, Verlag Schmid 1988, S. 163
[17.12] *Kolaska, H.* und *P. Ettmayer*: Proc. 9. Int. Pulvermetall. Tagung Dresden 1989, Bd. 3, 153
[17.13] *Fährmann, M., G. Gille, H. Kotsch, V. Richter* und *A. Beger*: Proc. 9. Int. Pulvermetall. Tagung, Dresden 1989, Bd. 3, 179
[17.14] *Brookes, K.J.A.*: World directory and handbook of hardmetals and hard materials. Int. Carbide Data 1992
[17.15] *Schatt, W.*: Sintervorgänge, Düsseldorf, VDI-Verlag 1992
[17.16] *Schreiner, M., Th. Schmitt, E. Lassner* und *B. Lux*: Powder metallurgy international 16 (1984), 180
[17.17] *Jüngling, Th., L.S. Sigl, R. Oberacker, F. Thümmler* und *K.A. Schwetz*: In. Proc. 13th Plansee Seminar '93, Reutte, Metallwerk Plansee 1993, V. 2, 43
[17.18] *Merz, A.*: Hartstoffe und Hartstoff-Verbundwerkstoffe, in: Intermetallische Phasen. Leipzig, Verlag für Grundstoffindustrie 1977, 247
[17.19] *Leopold, J., H. Weber, A. Beger, M. Fährmann* und *B. Schultrich*: Spanen mit wolframfreiem Hartmetall. Wiss. Schriftenreihe der TU Karl-Marx-Stadt, 1987
[17.20] *Kieback, B., W. Kaysser, A. Fritsch* und *H. Kubsch*: In: Proc. 9. Int. Pulvermetall. Tagung, Dresden, 1989, Bd. 2, 85
[17.21] *Prengel, H.G., W.R. Pfouts* und *A.T. Santhanam*: State of the art in hard coatings for carbide cutting tools, Surface and Coatings Technology 102 (1998), 183–190
[17.22] *van den Berg, H., H. Westphal, R. Tabersky, V. Sottke* und *U. König*: EURO PM99', Conference on Advances in Hard Materials Production, Turin, 8.–10.11.1999
[17.23] *König, U., K. Dreyer, N. Reiter, H. Kolaska* und *H. Grewe*: In: Proc. 10th Plansee Seminar '81, Reutte, Metallwerk Plansee 1981, V. 1, 411
[17.24] *Schintlmeister, W., O. Pacher, W. Wallgram* und *J. Kanz*: Metall 34 (1980), 905
[17.25] *Hollek, H.*: In: Proc. 12th Plansee Seminar '89 Reutte, Metallwerk Plansee 1989, V. 3, 1
[17.26] *König, U.*: In: Pulvermetallurgie in Wissenschaft und Praxis, Bd. 6 Konsolidierung und Wärmebehandlung von Sinterwerkstoffen. Freiburg, Verlag Schmid 1990, S. 271–90
[17.27] *Prakash, L.*: In: Proc. 13th Plansee Seminar '93, Reutte, Metallwerk Plansee 1993, V. 2, 80
[17.28] *Lux, B.* und *R. Haubner*: Diamonds and Related Materials 1 (1992), 1935
[17.29] *Lux, B.* und *R. Haubner*: In: Diamond Films and Coatings. Park Ridge, NOYES Publications 1993
[17.30] *Kaishi, M.A. u.a.*: J. Materials Science 17 (1982), 193
[17.31] *Jangg, G., R. Kieffer, E. Gugel, W. Kollwentz* und *G. Jicinski*: Ber. Dt. Keram. Ges. 48 (1971), 262
[17.32] *Jangg, G., W. Wruss* und *A. Stumreich*: Ber. Dt. Keram. Ges. 52 (1975), 367
[17.33] *Banik, G., T. Schmitt, W. Wruss* und *B. Lux*: Radex-Rundschau (1980), 337
[17.34] *Banik, G., W. Wruss* und *A. Vendl*: sprechsaal, intern ceramics and glass magazin (1980), 4

Anhang

Normen für die Pulvermetallurgie und für Sinterwerkstoffe

1495-1 (DIN) Gleitlager aus Sintermetall mit besonderen Anforderungen für Elektro-Klein- und Kleinstmotoren; Kalottenlager, Maße
1495-2 (DIN) Gleitlager aus Sintermetall mit besonderen Anforderungen für Elektro-Klein- und Kleinstmotoren; Zylinderlager, Maße
1495-3 (DIN) Gleitlager aus Sintermetall mit besonderen Anforderungen für Elektro-Klein- und -Kleinstmotoren – Teil 3: Anforderungen und Prüfungen
1496 (DIN) Gleitlager – Ermittlung des Betriebsverhaltens von feinwerktechnischen Gleitlagern mit der SLPG-Prüfeinrichtung
1850-3 (DIN) Gleitlager – Teil 3: Buchsen aus Sintermetall
2738 (DIN EN ISO) Sintermetalle, ausgenommen Hartmetalle – Durchlässige Sintermetalle – Bestimmung der Dichte, des Tränkstoffgehaltes und der offenen Porosität
2739 (DIN ISO) Buchsen aus Sintermetall – Bestimmung der radialen Bruchfestigkeit
2740 (DIN EN ISO) Sintermetalle, ausgenommen Hartmetalle – Zugprobestäbe
3252 (DIN EN ISO) Pulvermetallurgie – Begriffe
3312 (DIN ISO) Sintermetalle und Hartmetalle; Ermittlung des Elastizitätsmoduls
3325 (DIN EN ISO) Sintermetalle, ausgenommen Hartmetalle – Ermittlung der Biegebruchfestigkeit
3326 (DIN ISO) Hartmetalle; Ermittlung der Koerzitivfeldstärke (Magnetisierung)
3327 (DIN EN ISO) Norm-Entwurf. Hartmetalle – Bestimmung der Biegebruchfestigkeit
3327 (DIN ISO) Hartmetalle; Bestimmung der Biegebruchfestigkeit
3369 (DIN ISO) Undurchlässige Sintermetalle und Hartmetalle; Ermittlung der Dichte
3369 (ISO) DAM 1. Undurchlässige Sintermetallwerkstoffe und Hartmetalle – Ermittlung der Dichte; Änderung 1
3738-1 (DIN ISO) Hartmetalle; Rockwell-Härteprüfung (Stufe A); Prüfverfahren
3738-2 (DIN EN ISO) Hartmetalle – Rockwell-Härteprüfung (Skala A) – Teil 2: Vorbereitung und Kalibrierung von Standard-Prüfblöcken
3878 (DIN ISO) Hartmetalle; Vickers-Härteprüfung
3907 (DIN ISO) Hartmetalle; Bestimmung des Gesamtkohlenstoff-Gehaltes; Gravimetrisches Verfahren

3908 (DIN ISO) Hartmetalle; Bestimmung des unlöslichen (freien) Kohlenstoff-Gehaltes; Gravimetrisches Verfahren
3909 (DIN ISO) Hartmetalle; Bestimmung des Cobalts; Potentiometrische Methode
3923-1 (DIN ISO) Metallpulver; Ermittlung der Fülldichte, Teil 1: Trichterverfahren
3923-1 (ISO/DIS) Metallpulver – Ermittlung der Fülldichte – Teil 1: Trichterverfahren
3923-2 (DIN ISO) Metallpulver; Ermittlung der Fülldichte; Scott-Volumeter-Verfahren
3927 (DIN EN ISO) Metallpulver, mit Ausnahme von Hartmetallpulvern – Bestimmung der Verdichtbarkeit bei einachsigem Pressen
3928 (DIN EN ISO) Sintermetallwerkstoffe, ausgenommen Hartmetalle – Probekörper für die Ermüdungsprüfung
3953 (DIN ISO) Metallpulver – Bestimmung der Klopfdichte
3954 (DIN ISO) Pulver für die Pulvermetallurgie – Probenahme
3954 (DIN EN ISO), Norm-Entwurf. Pulver für die Pulvermetallurgie – Probenahme
3995 (DIN ISO) Metallpulver; Bestimmung der Presskörperfestigkeit von Probekörpern mit rechteckigem Querschnitt unter Biegebeanspruchung
4003 (DIN ISO) Durchlässige Sintermetalle; Ermittlung der Porengröße mittels Gasblasentest
4022 (DIN EN ISO) Durchlässige Sintermetallwerkstoffe – Bestimmung der Flüssigkeitsdurchlässigkeit
4489 (DIN ISO) Sinterhartmetalle; Probenahme und Prüfung
4490 (DIN EN ISO) Metallpulver – Ermittlung der Fließdauer mit Hilfe eines kalibrierten Trichters (Hall flowmeter)
4491-1 (DIN ISO) Metallpulver; Bestimmung des Sauerstoffgehaltes durch Reduktionsverfahren; Allgemeine Hinweise
4491-2 (DIN ISO) Metallpulver – Bestimmung des Sauerstoffanteils durch Reduktionsverfahren – Teil 2: Masseverlust durch Reduktion mit Wasserstoff
4491-3 (DIN EN ISO) Metallpulver – Bestimmung des Sauerstoffgehaltes durch Reduktionsverfahren – Teil 3: Wasserstoffreduzierbarer Sauerstoff
4491-4 (DIN ISO) Metallpulver; Bestimmung des Sauerstoffgehaltes durch Reduktionsverfahren; Gesamt-Sauerstoffgehalt durch Reduktions-Extraktion
4492 (DIN ISO) Metallpulver, mit Ausnahme von Hartmetallpulvern; Ermittlung der Maßänderungen beim Pressen und Sintern
4496 (DIN ISO) Metallpulver; Bestimmung der säureunlöslichen Bestandteile in Eisen-, Kupfer-, Zinn- und Bronzepulvern
4497 (DIN ISO) Metallpulver; Bestimmung der Teilchengrößen durch Trockensiebung
4498 (DIN EN ISO), Norm-Entwurf. Metallische Sinterwerkstoffe, ausgenommen Hartmetalle – Bestimmung der Sinterhärte und der Mikrohärte
4499 (DIN ISO) Hartmetalle; Metallographische Bestimmung der Mikrostruktur
4501 (DIN ISO) Hartmetalle; Bestimmung des Titans
4503 (DIN ISO) Hartmetalle; Bestimmung des Gehaltes metallischer Elemente durch Röntgenfluoreszenz in fester Lösung
4505 (DIN ISO) Hartmetalle; Metallographische Bestimmung der Porosität und des ungebundenen Kohlenstoffs

4506 (DIN ISO) Hartmetalle; Druckversuch
4507 (DIN ISO) Sinter-Eisenwerkstoffe, aufgekohlt oder carbonitriert – Bestimmung und Prüfung der Einsatzhärtungstiefe durch Messung der Mikrohärte
4507 (DIN EN ISO), Norm-Entwurf. Sinter-Eisenwerkstoffe, aufgekohlt oder carbonitriert – Bestimmung und Prüfung der Einsatzhärtungstiefe durch Messung der Mikrohärte
4883 (DIN ISO) Hartmetalle; Bestimmung des Gehaltes metallischer Elemente durch Röntgenfluoreszenz; Lösungsverfahren
4884 (DIN ISO) Hartmetalle; Probenahme und Prüfung von Pulvern unter Verwendung von gesinterten Probekörpern
5754 (DIN ISO) Sintermetalle, ausgenommen Hartmetalle; Ungekerbte Probe für den Schlagzähigkeitsversuch
5755 (DIN ISO) Sintermetalle – Anforderungen
7625 (DIN ISO) Sintermetalle, ausgenommen Hartmetalle; Vorbereitung von Proben für die chemische Analyse zur Bestimmung des Kohlenstoffgehaltes
7625 (DIN ISO), Norm-Entwurf. Gesinterte Metallwerkstoffe, ausschließlich Hartmetalle – Herstellung von Proben für die chemische Analyse zur Bestimmung des Kohlenstoffgehaltes
7627-1 (DIN ISO) Hartmetalle; Chemische Analyse durch Flammenatomabsorptionsspektrometrie; Allgemeine Anforderungen
7627-2 (DIN ISO) Hartmetalle; Chemische Analyse durch Flammenatomabsorptionsspektrometrie; Bestimmung des Kalzium-, Kalium-, Magnesium- und Natrium-Gehaltes von 0,001 bis 0,02 % (m/m)
7627-3 (DIN ISO) Hartmetalle; Chemische Analyse durch Flammenatomabsorptionsspektrometrie; Bestimmung des Cobalt-, Eisen-, Mangan- und Nickelgehaltes von 0,01 bis 0,5 % (m/m)
7627-4 (DIN ISO) Hartmetalle; Chemische Analyse durch Flammenatomabsorptionsspektrometrie; Bestimmung des Molybdän-, Titan- und Vanadiumgehaltes von 0,01 bis 0,5 % (m/m)
7627-5 (DIN ISO) Hartmetalle; Chemische Analyse durch Flammenatomabsorptionsspektrometrie; Bestimmung des Cobalt-, Eisen-, Mangan-, Molybdän-, Nickel-, Titan- und Vanadiumgehaltes von 0,5 bis 2,0 % (m/m)
7627-6 (DIN ISO) Hartmetalle; Chemische Analyse durch Flammenatomabsorptionsspektrometrie; Bestimmung des Chromgehaltes von 0,01 bis 2 % (m/m)
10076 (DIN ISO) Metallpulver – Ermittlung der Teilchengrößenverteilung durch Schwerkraftsedimentation in einer Flüssigkeit und Messung der Abschwächung
13944 (DIN EN ISO) Metallpulver mit Gleitmittelzusatz – Bestimmung des Gleitmittelanteils – Modifiziertes Extraktionsverfahren nach Soxhlet
14168 (DIN ISO) Metallpulver, ausgenommen Hartmetalle – Prüfverfahren für Tränkpulver auf Kupferbasis
30905 (E DIN), Norm-Entwurf. Thermophysikalische Eigenschaften von Hartmetallen – Messung der Temperaturleitfähigkeit mit der Laserflash- (Wärmepuls-) Methode
30910-1 (DIN) Sintermetalle; Werkstoff-Leistungsblätter (WLB); Hinweise zu den WLB
30910-2 (DIN) Sintermetalle; Werkstoff-Leistungsblätter (WLB); Sintermetalle für Filter

30910-3 (DIN) Sintermetalle – Werkstoff-Leistungsblätter (WLB) – Teil 3: Sintermetalle für Lager und Formteile mit Gleiteigenschaften
30910-4 (DIN) Sintermetalle – Werkstoff-Leistungsblätter (WLB) – Teil 4: Sintermetalle für Formteile
30910-6 (DIN) Sintermetalle; Werkstoff-Leistungsblätter (WLB); Sinterschmiedestähle für Formteile
30911-0 (DIN) Sintermetalle; Sint-Prüfnormen (SPN); Hinweise zu den SPN
30911-1 (DIN) Sintermetalle; Sint-Prüfnormen (SPN); Prüfung der Maße und Werkstoff-Kennwerte
30911-6 (DIN) Sintermetalle; Sint-Prüfnormen (SPN); Prüfung der Filtereigenschaften
30911-7 (DIN) Sintermetalle; Sint-Prüfnormen (SPN); Prüfung der weichmagnetischen Eigenschaften
30912-1 (DIN) Sintermetalle; Sint-Richtlinien (SR); Mechanische Bearbeitung von Sinterteilen
30912-2 (DIN) Sintermetalle; Sint-Richtlinien (SR); Gestaltung von Sinterteilen
30912-3 (DIN) Sintermetalle; Sint-Richtlinien (SR); Wärmebehandlung von Sinterteilen
30912-4 (DIN) Sintermetalle; Sint-Richtlinien (SR); Oberflächenbehandlung von Sinterteilen
30912-5 (DIN) Sintermetalle; Sint-Richtlinien (SR); Fügen von Sinterteilen
30912-6 (DIN) Sintermetalle; Sint-Richtlinien (SR); Schwingfestigkeit von Sinterstählen
30995 (DIN V), Vornorm. Sintermetalle, ausgenommen Hartmetalle – Metallographische Vorbereitung und Prüfung
30999 (DIN) Hartmetalle – Rockwell-Härteprüfung (Skalen A und 45N) – Kalibrierung von Härtevergleichsplatten aus Hartmetall für die Prüfung und Kalibrierung von Härteprüfmaschinen

Prüfnormen mit enger Beziehung zur Pulvermetallurgie

4438 (DIN EN), Norm-Entwurf. Luft- und Raumfahrt – Metallische Werkstoffe – Prüfverfahren; Bestimmung des linearen Wärmeausdehnungskoeffizienten von festen Stoffen mit dem Quarzglasdilatometer
6506-1 (DIN EN ISO) Metallische Werkstoffe – Härteprüfung nach Brinell – Teil 1: Prüfverfahren
6507-1 (DIN EN ISO) Metallische Werkstoffe – Härteprüfung nach Vickers – Teil 1: Prüfverfahren
6508-1 (DIN EN ISO) Metallische Werkstoffe – Härteprüfung nach Rockwell – Teil 1: Prüfverfahren (Skalen A, B, C, D, E, F, G, H, K, N, T)
9277 (DIN ISO) Bestimmung der spezifischen Oberfläche von Feststoffen durch Gasadsorption nach dem BET-Verfahren
9556 (DIN EN ISO) Stahl und Eisen – Bestimmung des Gesamtkohlenstoffgehalts – Verfahren mit Infrarotabsorption nach Verbrennung im Induktionsofen
10002-1 (DIN EN) Metallische Werkstoffe – Zugversuch – Teil 1: Prüfverfahren bei Raumtemperatur

13320-1 (ISO) Partikelgrößenanalyse – Laserbeugungsverfahren – Teil 1: Allgemeine Grundlagen
13322-1 (ISO) Partikelgrößenanalyse – Bildanalyseverfahren – Teil 1: Statisches Bildanalyseverfahren
13322-2 (ISO), Norm-Entwurf. Particle size analysis – Image analysis methods – Part 2: Dynamic image analysis methods
13323-1 (ISO) Determination of particle size distribution – Single-particle light interaction methods – Part 1: Light interaction considerations
13323-2 (ISO/DIS), Norm-Entwurf. Bestimmung der Partikelgrößenverteilung – Partikelmessung durch Lichtstreuung an Einzelpartikeln – Teil 2: Geräte und Durchführung für die Lichtstreuung an Einzelpartikeln
13323-3 (ISO/DIS), Norm-Entwurf. Bestimmung der Partikelgrößenverteilung – Partikelmessung durch Lichtstreuung an Einzelpartikeln – Teil 3: Geräte und Durchführung für die Lichtauslöschung
14887 (ISO) Partikelgrößenanalyse – Dispersionsverfahren für Pulver in Flüssigkeiten
51004 (DIN) Thermische Analyse (TA); Bestimmung der Schmelztemperaturen kristalliner Stoffe mit der Differenzthermoanalyse (DTA)
51006 (DIN) Thermische Analyse (TA) – Thermogravimetrie (TG) – Grundlagen
51045-1 (DIN) Bestimmung der thermischen Längenänderung fester Körper – Teil 1: Grundlagen
51045-2 (DIN) Bestimmung der Längenänderung fester Körper unter Wärmeeinwirkung; Prüfung gebrannter feinkeramischer Werkstoffe
51045-3 (DIN) Bestimmung der Längenänderung fester Körper unter Wärmeeinwirkung; Prüfung ungebrannter feinkeramischer Werkstoffe
51913 (DIN) Prüfung von Kohlenstoffmaterialien – Bestimmung der Dichte mit dem Gaspyknometer (volumetrisch) unter Verwendung von Helium als Messgas – Feststoffe
66132 (DIN) Bestimmung der spezifischen Oberfläche von Feststoffen durch Stickstoffadsorption; Einpunkt-Differenzverfahren nach Haul und Dümbgen

Quellenangabe:
– Pulvermetallurgie. Metallpulver, Sintermetalle, Hartmetalle. Normen. (Hrsg.: DIN Deutsches Institut für Normung e.V.) 2. Auflage (2001), Beuth Verlag GmbH, Berlin-Wien-Zürich
– Aktuelle Angaben: www.beuth.de

Abkürzungen:
ISO/DIS: ISO-Entwurf
ISO/FDIS: Abschließender ISO-Entwurf

Sachverzeichnis

A

Abbrand 398, 400
Ablöschen des Lichtbogens 398
Abreißstrom 408
Abreißströme 409
Abzugsverfahren 117
Agte-Vacek-Effekt 402
AlNiCo-Magnete 475
Al-Sinterwerkstoffe 271
AlZnMgCu-Legierungen 275
Ammoniak-Spaltgas 161
anisotropes HDDR-Pulver 502
anomale Remanenzerhöhung 490, 500
Anwendung 536, 540
äquivalenter Teilchendurchmesser 72
ASEA-STORA-Process 294
ASEA-STORA-Verfahren 16
Attritoren 8
Aufkohlung 159, 160
Ausschaltverhalten 408
Ausscheidungshärtung 231
austenitische Chrom-Nickel-Stähle 243
Axialfeldpressen 485, 494

B

Belastungsgrenzen von Sinterlagern 320
Benetzung 415, 417
Benetzungsverhältnisse 406
Beryllium 286
Berylliumpulver 35
beschichtete Hartmetalle 523
Beschichtung von Hartmetall 527
BET-Verfahren 89
Biegebruchfestigkeit 517
Bildung des Hartmetallgefüges 513
Bindemittel 53, 469
Bindungsverhältnisse 509
Bornitrid 512

Bremsbeläge 359
Bronzen 265
Bruchflächenenergie G_{IC} 516
bruchmechanische Kennwerte 202
Bruchzähigkeit 516
Bundlager 324

C

Cadmium 419
calciothermische Reduktion 492
Carbonylverfahren 41
Cermets 339, 538
chemische Fällung 46, 412
CMP-Verfahren 294
Coldstream-Verfahren 9
controlled milling 484
Coreduktion 493
Cu-Ni-Sn-Sinterbronzen 266
Cu-Ti-Legierungen 267
Cu-Verbundwerkstoffe 268
CVD 527

D

Diamantschichten 536
Dichteverteilung im Formteil 189
dielektrische Festigkeit 408, 410
dielektrische Wiederverfestigung 408
diffusionsanlegierte Eisenpulver 239
Dispersionshärtung 268, 414
Dispersionsverfestigung 275
doppeldüsige Fällung 412
Doppelpressen 121
Dreipunktbiegeprobe 192
Druckluftverdüsung 13
Drucksintern 135
DU-Lager 334
Durchstoßöfen 175
Durchströmbarkeit 383
Durchströmungsverfahren 91
DX-Lager 332

E
EIGA-Verfahren 18
Eigenschaften
–, gesinterter nichtmetallischer Hartstoffe 511
–, metallischer Hartstoffe 509
–, superharter Schneidstoffe 536
–, von Carbonitrid-Hartmetallen 534
Einbereichsteilchen 478
Ein-Domänen-Teilchen 478
Einlagerungsgefüge 539
Einsatzstruktur von Sinterformteilen 216
Eisenansinterung 477
Eisen-Graphit-Friktionswerkstoffe 351
Eisen-Nickel-Sinterlegierungen 237
Elektrolyse 32
–, wässrige 33
–, von Metallsalzen 32
Endogas 161, 163, 225
Entbinderung 147
Entkohlung 159, 160
Entwachsen 471
Erosionsrate 398
ESH-Verfahren 296
Exogas 161, 164

F
Φ-Phase 496
Fasergefüge 401
Faserverbunde 420
Feedstock 146
Feinstpulver 39
Ferrotitanit 302
fertiglegierte Pulver 249
Fe-Si-Weichmagnete 474
Festigkeit des Hartmetalls 528
Festschmiermittel 343
Feststoffschmiermittel 326
Filter 383
Filterwirkung 376
Fisher Subsieve Sizer 92
Flakes 488, 499
Folientechnologie 363
Förderbandöfen 173
Formanisotropie 475, 479
Formfaktoren 86
Formgebungsverfahren 111
– ohne Druckanwendung 144
formkomplizierte Teile 223
Fractal dimension 87
Fracture Splitting 255
Fraktionen 49, 73

freie Weglänge 516
Friktionswerkstoffe 357, 366

G
gasgeschmierte Lager 325
Gatorizing-Prozess 309
Gegenmaterial 358
Gegenwerkstoffe 350
Gerüst- oder Durchdringungsgefüge 539
Gerüststruktur 408
gesinterte Nd-Fe-B-Magnete 493
Gestaltung der Sinterteile 122
geteilte Matrizen 123
geteilte Unter- und Oberstempel 125
Getterwirkung 411
Gleitmittel 51
Gleitverhalten 422
Gradientenwerkstoffe 144
Graphit 230, 326, 343, 352, 366
Größenklassen 85
Gusshartmetall 513

H
Häggsche Regel 507
Härte HV 517
Härten von Sinterstählen 230
Hartmetalle 512
–, auf Ti(CN)-(Ni,Co)-Basis 515
–, für Umformwerkzeuge 526
–, mit verändertem Bindemetall oder Härteträger 532
Hartmetallsorten zum Spanen 525
hartstoffangereicherte
– Eisenbasislegierungen 297
– Sinterlegierungen 291
Hartstoffe 43, 507
Hartstoffverbunde 507
HDDR-Verfahren 501
HD-Prozess 493, 494
Heißpressen 135, 305
Heißstrangpressen 305
Heizleiter 166
Herstellung
– hochporöser Sinterwerkstoffe 379
– von Hartmetallen 520
Hinterschneidungen 123
HIP 291
Hochdruckumwandlung 44
Hochenergiemahlen 8, 64, 276, 406
Hochgeschwindigkeitsverdichtung 133
hochporöse
– Faserwerkstoffe 385

Sachverzeichnis 549

– Filter 371
– Werkstoffe 371
Hochtemperaturdilatometer 191
Hochtemperaturmagnete 489
Höganäs-Verfahren 25
Hohlkugelstrukturen 392
Homogenisierung 59
Hubbalkenöfen 173
Hunter-Prozess 32
hydraulische Pressen 118
hydrodynamischer Schmierfilm 360
Hydrogen Decrepitation 493
Hydrometallurgie 36

I
Impulspressen 133
Impulszerstäubung 19
indirekte Formgebung 521
Induktionserwärmung 169
Inertgasverdüsung 16
innere Oxidation 268, 414
–, (selektive Oxidation) 412
innerer Kerbwert 195
Intensivmahlen 500
isostatisch verpresste Magnete 485
isostatisches Heißpressen 136
–, (HIP) 307
isostatisches Pressen 127
IVD-Aluminiumschicht 490
IVD-Verfahren 504

K
Kalibrieren 228
Kalottenlager 324
Keimbildungsmechanismus 485
Klassifizierung von WC-Co-Hartmetallen 519
Koerzitivfeldstärke 522
Kontakteigenschaften 398, 400
Kontaktwerkstoffe 397
kornwachstumshemmende Dotanden 433
Korrosionsanfälligkeit 504
Korrosionsbeständigkeit 245
Korrosionsschutz 232
Korrosionsverhalten 490
kristallographische Textur 500
Kristallstrukturen 510
kubische Carbide 508
Kugelmühle 7
Kupferbasislegierungen 364
Kupplungsbeläge 366

L
Lanthanhexaborid 509
Laser-Teilchengrößenanalyse 81
Laval-Düse 17
Lebensdauer von Sinterbauteilen 201
LED-Prozess 280
Legierungspulver 474
Lichtbogen 398
Lichtbogenerosion 398
Löschverhalten 409
Luftblasentest (bubble point) 378
Luftstrahlsieb 75

M
Magnetfeldabkühlung 479
Magnetfeldpressen 494
magnetische
– Entkopplung 496
– Sättigung 522
Massekerne 465
Masteralloy-Technik 241
Materialwanderung 399, 412
Matrizenschmierung 122, 222
mechanische
– Eigenschaften 516
– Granulation 66
– Zerkleinerung 6
mechanisches Legieren 6, 8, 305
Mehrplattenadaptoren 223
melt spinning 279, 488, 499
metal-injection-moulding 146
Metallfasern 22
metallische Hartstoffe 507
Metallkohlen 422–424
Metallpulverspritzguss 297
Metallschäume 390
Mikrobauteile 149
Mikrowellenheizung 170
MIM 146
–, (metal injection moulding) 310
Mischer 54
Mittelkorngröße 516
MMC – metal matrix composite 280
Mo-Legierungen 444, 446
Molybdänpulver 28
Monogas 161, 162
Mo-Re-Legierungen 444

N
nanokristalline Al-Legierungen 277
Nanokristalline Nd-Fe-B-Magnete 499
Nanopulver 40

Nasspressverfahren („wet bag") 128
$Nd_2F_{14}B$-Phase 497
Nd-Fe-B-Legierungen 492, 504
Nd-Fe-B-Magnete 492
Near-net-shape-Technik 138
Neodym-Eisen-Bor-Magnete 492
nichtmetallische Hartstoffe 509
Notlaufeigenschaften 319

O
OFHC-Kupfer 264
ölgetränkte Sinterlager 319
Öllauf 360
optimale Mischungsgüte 97
OSPREY-Verfahren 150
Ostwald-Reifung 514
Oxidation 157, 160
Oxid-dispersionsgehärtete (ODS-)Legierung 303

P
Packungscharakteristik eines Pulvers 104
PACVD 531
Permeameter nach *Blaine* 92
physikalische Beschichtungsverfahren 530
Pinningeffekt 487
Pinning-Mechanismus 486
Planetenkugelmühle 7
plasmaaktiviertes CVD 527
Plasma-Verdüsung 18
Plastifizierungsmittel 53
polymergebundene Magnete 502
Porengrößenverteilung 379
PREP-Verfahren 20
Pressbarkeit von Pulvern 107
Pressen 521
–, in Matrizen 114
–, mechanische 117
Presswerkzeuge 116, 120
Pulverkerne 465
Pulverpressen 222
Pulverschmieden 139, 248
Pulverspritzgießen 225
Pulverspritzguss 146
Pulverwalzen 130
PVD 527

Q
QMP-Prozess 28
Querfeldpressen 485, 494

R
radiale Bruchfestigkeit 191
Rascherstarrung 488, 499
Reaktionsmahlen 413
Reaktionsschichten an den Reibflächen 343
Reaktions-Sprüh-Verfahren 412, 417
reaktives Mahlen 489, 500
Reduktion 158, 160
– der Pulver 50
– mit Metallen 31
– von Metallverbindungen 24
Reduktionsverfahren 24
Reibbelag 364
Reibung 343
REP-Verfahren 20
RIP – Rubber Isostatic Pressing 495
Rollenherdöfen 177
RSC 19

S
Samarium-Cobalt-Magnete 481
SAP (sintered aluminium powder) 275
Schachtelhalmgefüge 437
Schichtdicken 529
Schlämmen 50
Schleifkörper 537
Schleuderverfahren 19
Schmelzextraktion 19, 22
Schmelzflusselektrolyse 35
Schmelzschleuderverfahren 19, 282
Schnellarbeitsstahl 292
Schnellarbeitsstähle 291
Schroffkühlzone 178
Schutzgase 157
Schwebematrize 116
Schwermetalle 456
Schwingmühle 7
Sehnenlängenverteilung 85
Seltenerdmetall-Co-Magnete 483
Seltenerdmetalle 481
Sichtanalyse 76
Sichten 49
Silicide 449
Sinteratmosphäre 157
Sinterbeläge 365
Sintereisenmagnete 470
Sinterhärten 177, 228
Sinter-HIP 291
Sintern 155, 521
– eines Gemisches aus WC und Co 513
– mit direktem Stromdurchgang 432

Sachverzeichnis 551

– von Hartmetallen des Systems TiC-WC-Co 515
Sinterschmieden 139, 248, 291, 293
Sinterung im Hochvakuum 433
Sinterverbundwerkstoffe 297
Skelettbildungsgrad 210
Skelettkörper 402
Sm_2Co_{17}-Legierungen 486
$SmCo_5$-Legierungen 485
Sm-Co-Nanopulver 489
Sm-Co-Phasen 481
Sm-Co-Verbindungen 484
SMC-Pulverkerne 467, 469
Soft Magnetic Composites 467
Spark Plasma Sintering (SPS) 136
spinodale Entmischung 478
spinodaler Zerfall 478
Spritzgießen 247
Sprühkompaktieren 149, 265, 271, 280, 303
Sprühtrocknung 68
Stabilisierungsmittel 57
STAMP-Prozess 293, 297
Stapeldrahtgefüge 437
Stickstoff 160
Strangpressen 141
Strangpressen 293
Streusinterverfahren 363, 364
Superlegierungen 16, 291, 303
Synchronring 364

T
Tantal 442, 248
Tantalpulver 35
Taupunkt 158
Teilchengrößenklassen 49
Teilchenkonzentrationsmessung 79
Temperaturkoeffizienten
– der magnetischen Kennwerte 481
– der magnetischen Polarisation bzw. der Remanenz 487
– der Remanenz $TK(B_r)$ und der Koerzitivfeldstärke TK 498
Temperaturstabilität von Nd-Fe-B-Magneten 497
thermische Granulation 67
thermomechanische Behandlung 310
TiAl-Basis-Legierungen 285
Titancarbonitridhartmetalle 524
Titanlegierungen 281
Titan-Pulver 18
Tränken 236

Tränklegierung 402
Tränklegierungen 182
Tränkverfahren 425
Tränkwerkstoffe 404
Tribaloy 337
tribologische Eigenschaften 342
Trockenpressen („dry-bag") 129
TZM-Standardlegierung 444

U
Überdrucksintern 181
unbeschichtete Hartmetalle 522
unsymmetrische Kontaktpaarungen 400, 403, 421, 424

V
Vakuum 161
Vakuumsintern 165
Variationskoeffizient 54–58
Verbundpulver 63, 469
Verbundwerkstoff 397
Verdampfung und Kondensation 39
Verdichtungsverhalten 112
Verhältnis von Füll- zu Presshöhe 125
Verpressbarkeit 108
Verschleiß 343
Verschleißwiderstand 357
Verschneiden 53
Verschweißen 398, 400, 422
Verschweißverhalten 415
Vibrationsverdichten 144
Viskosität der Schmelze 415
Viskositätserhöhung 416, 417

W
Warmpressen 121, 221
Warmschmieden 305
Warmstrangpressen 143
wartungsfreie Gleitwerkstoffe 317
Wasserdampfoxidation 232
Wasserstoff 159
Wasserverdüsung 12
Werkzeuge aus superharten Stoffen 534
wet powder pouring 144
wet powder spraying – WPS 145
Wiederzünden eines Lichtbogens 398
Wiederzündungen 409
Wolframcarbid 508
Wolframpulver 29, 30
W-Re-Legierungen 441
W-Werkstoffe 442

Z

zellulare metallische Werkstoffe 388
Zentrifugalverdichtung 144
Zentrifugalzerstäubung 282
Zersetzungstemperatur 416
Zirkonium- oder Titanborid 509

Zufallsmischung 54
Zweifachsintertechnik 245
Zweiphasengebiet 514
zweiseitiges Pressen in Matrizen 116
Zylinderlager 324